原子光谱分析
及其在冶金工业中的应用

赵 娟 等编著

化学工业出版社

·北京·

内容提要

本书共十二章，内容包括原子光谱分析法，稀土及其相关产品的分析，钢和铁、铁合金的分析，贵金属及其合金的分析，铝及其相关产品的分析，钨及其相关产品的分析，钼及其相关产品的分析，铜及其相关产品的分析，镍、锌、锑、铅及其相关产品的分析，锂、镁、钾、钙及其相关产品的分析，钛、铌、钽、硒、铟、硬质合金及其相关产品的分析，金属盐、工业硅和其他产品的分析。

本书具有较强的针对性和参考价值，可供冶金行业从事相关分析的一线技术人员参考，也可供高等学校化学工程、环境科学与工程、冶金工程及相关专业师生参阅。

图书在版编目（CIP）数据

原子光谱分析及其在冶金工业中的应用/赵娟等编著. —北京：
化学工业出版社，2020.3
ISBN 978-7-122-35972-8

Ⅰ.①原… Ⅱ.①赵… Ⅲ.①原子光谱-光谱分析-应用-冶金工业 Ⅳ.①O657.31②TF

中国版本图书馆 CIP 数据核字（2020）第 023501 号

责任编辑：刘兴春　刘　婧　　　　　　　装帧设计：刘丽华
责任校对：王素芹

出版发行：化学工业出版社（北京市东城区青年湖南街 13 号　邮政编码 100011）
印　　装：涿州市京南印刷厂
787mm×1092mm　1/16　印张 39¼　字数 937 千字　　2020 年 8 月北京第 1 版第 1 次印刷

购书咨询：010-64518888　　　　　　　售后服务：010-64518899
网　　址：http://www.cip.com.cn
凡购买本书，如有缺损质量问题，本社销售中心负责调换。

定　　价：198.00 元

序

光谱学起源于 17 世纪，到 19 世纪初建立了光谱定性定量分析方法，同时光谱分析仪器得到迅速发展。到 1960 年以后，电感耦合等离子体开始作为发射光谱的光源，使原子光谱技术得到迅速发展。原子光谱分析具有灵敏度高、选择性好、分析速度快、线性范围宽等优点，而电感耦合等离子体原子发射光谱技术可以同时分析多种元素，由此发展而来的电感耦合等离子体质谱技术检出限更低，同时分析元素可多达 70 余种，其在冶金、地矿、环保、化工、食品安全等领域有着广泛应用，仅对冶金产品分析的现行有效国家标准方法就有 312 个，可见应用范围之广泛。

本书以上述 300 余个国家标准为基础，将冶金产品类型作为索引，重点介绍原子吸收光谱法（AAS）、原子荧光光谱法（AFS）、电感耦合等离子体原子发射光谱法（ICP-AES）在冶金产品中的应用，由于应用范围一致，将电感耦合等离子体质谱法（ICP-MS）和三种原子光谱方法一并介绍。在方法原理、样品消解处理、仪器参数选择、干扰及消除、分析过程质量控制等方面本书都做了详细讲解，特别是对这些分析方法中的重点和难点进行了诠释和总结，并以实际工作出发，指出在分析过程中对分析结果的准确性和稳定性产生影响的因素，为读者解决实际问题提供帮助。书中对冶金产品的所有国家标准都进行了归纳整理，并列出了大简表，更方便读者查阅。

本书虽然重点介绍的是原子光谱分析技术在冶金产品中的应用，但其对科研机构、大专院校和其他需要对金属元素进行分析测试的领域和行业均具有重要参考价值，是一部不可多得的好书。

未来随着芯片技术、传感器技术、数学处理方法、计算机软件、人工智能等与光谱技术结合，原子光谱分析技术必将获得更大发展，原子光谱分析技术前景广阔。

北京大学研究员　王永华

2019 年 9 月

前　言

原子光谱法按检测原理主要分为原子发射光谱法（AES）、原子吸收光谱法（AAS）、原子荧光光谱法（AFS）以及X射线荧光光谱法。这些方法各有优势，已广泛应用于冶金、地质、环境、食品、石油化工、精细化工、生物等领域。近些年来，随着检测要求的不断提高，又产生了电感耦合等离子体质谱技术（ICP-MS）及相关联用技术，为元素的在线分析和元素化学形态的分析开辟了崭新的天地，因此本书也将该类技术一并介绍。

冶金工业产品的种类繁多，主要分为稀土、钢铁、贵金属、稀有金属、重金属、轻金属及其合金等几大类，并且已广泛应用于军事、通信、材料、能源、先进装备制造业等领域。近年来，随着样品前处理技术的不断改进，原子光谱仪器性能的不断提高，原子光谱法特别是电感耦合等离子体原子发射光谱法（ICP-AES）在分析冶金工业产品或相关金属材料（包括镀层材料、金属材料夹杂物及重金属溶出量）的领域取得了快速发展，分析金属材料样品中痕量元素的检出限更低、分析速度更快。

本书重点介绍原子光谱分析技术在冶金领域发挥的重要作用，其中稀土、钢铁、铁合金、贵金属、轻金属（铝、锂、镁、钾、钙）、重金属（铜、镍、锌、锑、铅）、稀有金属（钨、钼、钛、铌、钽、硒❶、铟）、硬质合金、金属盐、工业硅、石油化工废催化剂等重要冶金工业产品中基体元素、杂质元素以及痕量元素的定量检测技术都趋于成熟，其检测方法都有相应的国家标准或行业标准，在应用于分析冶金产品且现行有效的国家标准中，采用AAS的有146个，采用AFS的有30个，采用ICP-AES的有104个，采用ICP-MS的有32个，共312个。本书着重介绍这三类原子光谱分析方法和电感耦合等离子体质谱法。本书重点解读标准中会影响测定结果的一些步骤和方法，不仅讲解该如何做，还重点分析为什么要这样做，让读者能够知其然并知其所以然，从而使测定结果稳定可靠；并且紧密结合分析工作的实际情况，将其分析过程统一化，使本书具有通用性和实用性。书中针对每一种冶金产品的分析都综合归纳了一整套实验方案，提高了标准方法的综合实用性。

本书以冶金工业产品类别为索引，按照三大原子光谱法（AAS、AFS、ICP-AES）和ICP-MS将300多个国标方法全部分类归纳，详细解析。以大简表的形式，将各类冶金产品不同分析方法的适用范围、被测元素（杂

---

❶ 本书中将"硒"视为金属。

质)、测定范围、检出限、仪器条件、干扰物质及消除方法、国标号——列出，方便读者查阅。对分析方法步骤中的细节进行了深入剖析，从检测原理、样品的采集和保存、样品的消解处理、分析仪器的参数选择，到干扰物质及消除方法、标准曲线的绘制、样品的测定和注意事项、结果的计算、质量保证与质量控制等方面都有明确的说明和解释，并以表格形式归纳列出了样品的消解方法和标准系列溶液的配制。本书在编著过程中，对一些复杂问题进行了讨论，并提出了自己的观点，请广大读者参考。

本书以从事冶金、地矿产品相关分析的企业检测工作者，特别是各个企业一线化验员和分析检测人员为基本对象，也兼顾从事原子光谱学习和工作的人员，高等院校化学化工、环境工程、冶金工程等专业的师生，高职高专分析化学和工业分析专业的师生的需求。对于没有分析化学基础的读者来说，这也是一本不可多得的原子光谱技术的快速入门工具书。通过查阅此书中相应的分析方法，读者可以直接进行相关检测，而无需查阅标准原文。本书内容编排合理、层次分明、叙述简练、可读性强、方便查阅，对相关工作具有指导意义。

本书基于降升平高级实验师和杨志岩研究员的构思，由赵娟等编著而成，具体编著分工如下：第一章由降升平、赵娟完成；第二章至第十二章由赵娟完成；同时，天津科技大学现代分析技术研究中心的部分老师参与了本书资料收集和整理工作；全书最后由降升平、杨志岩审读，由赵娟统稿并定稿。另外，郑国经研究员（北京首钢冶金研究院，现北冶功能材料有限公司）、王永华研究员（北京大学城市与环境学院）为此书提出了修改意见。本书在编著过程中，引用了部分国内外公开发表的资料和相关国家标准或行业标准，在此对文献的原作者表示感谢。本书能顺利出版，要感谢化学工业出版社的大力支持和各位编辑为本书的出版所付出的辛勤劳动。在本书撰稿和出版过程中，得到了北京理化分析测试技术学会、北京海光仪器有限公司的大力支持。借助本书出版之际，在此向所有参与和支持该书策划组织、编著和引用文献原作者等表示衷心的感谢。

限于编著者水平和编著时间，书中不足和疏漏之处在所难免，敬请读者提出批评和修改建议。

编著者

2019 年 10 月于天津

目 录

第四章
贵金属及其合金的分析 ……………………………………… 271

第十一章
钛、铌、钽、硒、铟、硬质合金及其相关产品的分析 …………545

第十二章
金属盐、工业硅和其他产品的分析 ……………………………590

第一章

原子光谱分析法

第一节 光谱学分析导论

光学光谱分析是研究物质的光辐射，或辐射与物质的相互作用，并以此为基础而建立的一类分析方法。光谱分析按产生光谱基本微粒的种类分为原子光谱和分子光谱，根据辐射传递的情况分为发射光谱和吸收光谱。

原子光谱分析是分析化学的重要分支学科，通常是指根据气态自由原子所产生的吸收或发射信号进行元素分析的一类仪器分析方法，被广泛应用于物质无机元素分析，是冶金、地质、燃料、环境、食品安全、医药、商检等领域最重要的常规检测手段。近年来，原子光谱分析的研究与应用主要有原子发射光谱法（AES）、原子吸收光谱法（AAS）、原子荧光光谱法（AFS）。其中，以电感耦合等离子体（ICP）为光源的 ICP-AES 应用最为广泛。此外，传统的辉光放电原子发射光谱法（GD-AES）、石墨炉原子吸收光谱法（GF-AAS）和火焰原子吸收光谱法（FAAS）通过与新型进样系统联用而取得了一些可喜的进展，激光诱导击穿光谱法（LIBS）和各类新型原子蒸气发生的报道也逐渐增多。

原子光谱分析技术作为一类经典的化学分析手段，为冶金工业的发展做出了卓越的贡献。随着冶金工业的发展，光谱分析仪器不断改进，在黑色冶金工业（即钢铁工业、锰工业）和有色冶金工业都有着非常成熟的应用，这类技术主要用来分析样品中的基体元素、杂质元素及其氧化物的含量，并且浓度测试范围广，测定速度快，成为冶金产品分析的一种非常重要的技术手段。

一、光谱分析基本原理

1. 辐射和物质间的相互作用

光谱学是研究电磁辐射和物质间相互作用的一门科学[1]，辐射可以使化学组分在特定能级间产生跃迁，通过测量电磁辐射的发射或吸收来进行观测。一方面，电磁辐射应当被看成是由不连续的能量束，即光量子所构成的；另一方面，电磁辐射还具有波的性质。式(1-1)是光子的能量同其波长和频率之间的关系：

$$E = h\nu = \frac{hc}{\lambda} \tag{1-1}$$

式中，E 为能量，kJ；ν 为频率，Hz；h 为普朗克常量，$h = 6.62606896(33) \times 10^{-34}$ J·s 或 $h = 4.13566743(35) \times 10^{-15}$ eV·s；c 为光速，$c = 3.153 \times 10^8$ m/s；λ 为波长，μm。

还有一些类型的辐射与物质相互作用，例如辐射的反射、折射、衍射等，并不涉及能量间跃迁，而只是引起辐射的光学性质（如方向和偏振）发生改变。分析所涉及的电磁辐射，一般来说，包括从声频（小于20kHz）到伽马射线（大于 10^{19} Hz）很广的波长范围，本书重点讨论的原子光谱仅仅覆盖了从近紫外、紫外、可见到红外辐射范围的一部分。在这一波长范围内，可以使用比较简单的仪器设备，用普通光学材料（玻璃、石英或者是卤化碱金属晶体）来对辐射进行色散、聚焦和定向，达到检测自由原子（通常在蒸气状态）光谱化学性质的目的。

由于波长与能量成反比，所以在有些情况下，尤其是在红外区域又经常用到波数。波数 σ 是单位长度（通常为厘米）内的周期数，也就是波长的倒数，即 $\sigma = 1/\lambda$，波数一般用 cm^{-1} 来表示，它直接与能量成正比。

$$\sigma = \frac{1}{\lambda} = \frac{\nu}{c} = \frac{E}{hc} \tag{1-2}$$

式中字母代表含义参考式(1-1)。

光子的能量和波长决定了所发生的跃迁或者相互作用的类型，电磁波谱见表1-1。

⊡ 表 1-1　电磁波谱

定义	波长(λ)范围	频率（ν）范围/Hz	波数或能量范围	跃迁
γ 射线	<0.05Å	>6×10¹⁹	>2.5×10⁵eV	原子核
X 射线	0.05~100Å	3.0×10¹⁶~6.0×10¹⁹	124~2.5×10⁵eV	K 层和 L 层电子
远紫外（真空）	10~180nm	1.7×10¹⁵~3.0×10¹⁶	7~124eV	中层电子
近紫外、紫外	180~350nm	8.6×10¹⁴~1.7×10¹⁵	3.6~7eV	价电子
可见	350~770nm	3.9×10¹⁴~8.6×10¹⁴	1.6~3.6eV	价电子
近红外	770~2500nm	1.2×10¹⁴~3.9×10¹⁴	129000~4000cm⁻¹	分子振动
中(或基频)红外	2.5~50μm	6.0×10¹²~1.2×10¹²	4000~200cm⁻¹	分子振动
远红外	50~100μm	3.0×10¹¹~1.2×10¹²	200~10cm⁻¹	分子振动
微波	1~300mm	1.0×10⁵~3.0×10¹¹	200~10cm⁻¹	分子振动
无线电波	>300mm	<1×10⁹	—	电子和核自旋

注：1Å=10⁻¹⁰m。

2. 光谱的产生

光谱起源于17世纪物理学家牛顿做的光色散实验。他用棱镜在暗室中将太阳光中红、橙、黄、绿、蓝、靛、紫七种颜色的光分散在不同位置上，此为光谱。1826 年泰尔博特指出发射光谱是化学分析的基础，元素的光谱是其特性。1860～1907 年，随着光谱仪器的诞生，科学家开始研究各种金属元素的谱线，并发现了很多元素。

玻耳的理论涵盖了从光谱线绝对强度的测量到光谱线相对强度的测量，为光谱分析方法从定性分析发展到定量分析奠定了基础，从而使光谱分析方法在工业分析中得到应用。自从 1928 年光谱法在工业分析中得到初步应用，光谱仪器得到了迅猛发展，主要体现在改善激发光源的稳定性和提高光谱仪器自身性能两个方面。

最早的光源是火焰激发光源，后来又发展成以简单的电弧、电火花为激发光源，20 世纪 30～40 年代改进为以可控的电弧、电火花为激发光源，提高了光谱分析的稳定性。工业生产的发展与光谱方法学的进步，促使光学仪器得到进一步改进，并且两者相互促进，协同发展。

从光谱的起源可以看出，最开始发现的光谱现象应该属于原子光谱范畴，后来人们又发现某些分子通过外在能量的作用也可以产生发射和吸收光谱，因此又发展出了一类分子光谱分析技术。这类技术和原子光谱技术同为光谱分析技术，但本书只介绍原子光谱分析技术。

3. 光谱分析的常用术语

光谱分析的常用术语主要包括[2]：

① 电磁辐射　属于电磁波领域内的能量传播。

② 光　光是一种电磁辐射，能被常人视力所感受到的电磁辐射为可见光。

③ 波长　在周期波传播方向上，相邻两波同相位点间的距离。

④ 波数　每厘米长度所含波的数目，即等于波长的倒数。

⑤ 频率　单位时间内电磁辐射振动周数。

⑥ 辐射　能以辐射的形式发射、传播或接收的能量。

二、光谱分析法的分类和有关定律、定义

（一）光谱分析法的分类

光谱为复色光经过色散系统（如棱镜、光栅）分光后，按波长大小依次排列的图案。按照波长从长到短（辐射频率从小到大），光谱依次分为红外光谱、可见光谱和紫外光谱；按产生光谱的基本微粒，光谱还可分为原子光谱、分子光谱；按其产生的方式，又可分为发射光谱、吸收光谱和散射光谱；按其表现形式，也可分为线状光谱、带状光谱和连续光谱。下面介绍几种重要的光谱。

（1）线状光谱　由狭窄谱线组成的光谱。单原子气体或金属蒸气所发出的光波均有线状光谱，故线状光谱又称原子光谱。

（2）带状光谱　由一系列光谱带组成，它们由分子辐射产生，故又称分子光谱。带状光谱是分子在其振动和转动能级间跃迁时辐射出来的，通常位于红外或远红外区。通过对分子光谱的研究可了解分子的结构。

（3）连续光谱　包含一切波长的光谱，炽热固体所辐射的光谱均为连续光谱。

（4）吸收光谱　当连续光谱的辐射通过物质样品时，样品中处于基态的原子或分子将吸收特定波长的光而跃迁到激发态，于是在连续谱的背景上出现相应的暗线或暗带，称为吸收光谱。每种原子或分子都有反映其能级结构的标识吸收光谱。因为吸收光谱首先由 J. V. 夫琅和费在太阳光谱中发现，所以称为夫琅和费线。

（二）光谱分析法的有关定律和定义

1. 吸光度（A）

指光线通过溶液或某一物质前的入射光强度与该光线通过溶液或物质后的透射光强度比值的以 10 为底的对数，即

$$A = \lg \frac{I_0}{I_i} \tag{1-3}$$

式中，I_0 为入射光强；I_i 为透射光强，影响因素有溶剂、浓度、温度等。

2. 朗伯-比尔定律（Lambert-Beer law）

一束单色光照射于一吸收介质表面，在通过一定厚度的介质后，由于介质吸收了一部分光能，透射光的强度就要减弱。介质的浓度越大，其厚度越大，光强度的减弱就越显著，其关系为：

$$A = \lg \frac{1}{T} = Kbc \tag{1-4}$$

式中，A 为吸光度；T 为透射比，即透射光与入射光的强度之比；K 为摩尔吸收系数，与吸收物质的性质及入射光波长 λ 有关；c 为吸光物质的浓度；b 为吸收层厚度。

朗伯-比尔定律的物理意义是当一束平行单色光垂直通过某一均匀非散射的吸光物质时，其吸光度 A 与吸光物质的浓度 c、吸收层厚度 b 成正比。当分析高浓度的样品时，误差很大，通常通过调节溶液浓度 c 或改变光程 b 来控制 A 的读数在 $0.15 \sim 1.00$ 范围内。当介质中含有多种吸光组分时，只要各组分间不存在相互作用，则在某一波长下介质的总吸光度是各组分在该波长下吸光度的加和，这一规律称为吸光度的加和性。

偏离朗伯-比尔定律的因素分为样品性质和仪器因素两类。

（1）样品性质　被测物高浓度—吸收质点间隔变小—质点间相互作用—ε 变化；样品溶液中各组分的相互作用，如缔合、离解、光化反应、异构化改变等，会引起吸收曲线的变化；胶体、乳状液或悬浮液对光的散射损失。

（2）仪器因素

① 光源稳定性。

② 入射光的非单色性：不同光对所产生的吸收不同，可导致测定偏差。

由式（1-3）和式（1-4）可得：

$$A = \lg \frac{I_{01} + I_{02}}{I_i + I_i} = \lg \frac{I_{01} + I_{02}}{I_{01} \times 10^{-K_1 bc} + I_{02} \times 10^{-K_2 bc}} \tag{1-5}$$

若入射光为单色光，则有 $K_1 = K_2 = K$，式（1-5）可写成：

$$A = \lg \frac{I_{01} + I_{02}}{(I_{01} + I_{02}) \times 10^{-K_2 bc}} = \lg 10^{K_2 bc} = Kbc \tag{1-6}$$

③ 杂散光：单色器及光路（硬件指标）。

3. 摩尔吸光系数 ε

当溶液的浓度以物质的量浓度 c（mol/L）表示，液层厚度单位为厘米（cm）时，相应的比例常数 K 称为摩尔吸光系数，以 ε 表示，其单位为 L/(mol·cm)。这样，朗伯-比尔定律可以改写成：

$$A = \varepsilon bc \tag{1-7}$$

摩尔吸光系数的物理意义是：浓度为 1mol/L 的溶液，在厚度为 1cm 的吸收池中，在一定波长下测得的吸光度。

摩尔吸光系数是吸光物质的重要参数之一，它表示物质对某一特定波长光的吸收能力。测定时，为了提高分析的灵敏度，通常选择具有最大 ε 值的波长作入射光。摩尔吸光系数由实验测得。在实际测量中，不能直接取 1mol/L 这样高浓度的溶液去测量摩尔吸光系数，只能在稀溶液中测量后，再换算成摩尔吸光系数。

三、光谱分析仪器概述

光谱分析法基于六种测量方式，即吸收、反射、发射、荧光、磷光和化学发光。其测量仪器的主要组成部分基本相同，主要有稳定的辐射源、样品池、分光系统、检测系统、记录系统等。

（一）光谱分析法的常用仪器

光谱分析法主要分为原子光谱法和分子光谱法，应用原子光谱法的仪器主要有原子发射光谱仪、原子吸收光谱仪、原子荧光光谱仪。其中，原子发射光谱类的仪器目前最常用的是电感耦合等离子体发射光谱仪。应用分子光谱法的仪器主要有傅里叶变换红外光谱仪、紫外可见分光光谱仪、荧光光谱仪等。本书重点讨论原子光谱类的仪器及相关应用技术。

（二）光谱分析仪器的组成和性能

1. 仪器的组成

光源是提供强度大、稳定、发光面积小的连续光谱或线光谱的装置。样品池是用来固定被测样品的器皿或装置。单色器是将连续光按波长顺序色散，并从中分离出一定宽度波带的装置。单色器一般由光栅（或棱镜）、狭缝、准直镜三部分组成。检测器是将光信号转换成电信号的装置。信号处理及显示装置是信号放大、数学运算与转换、显示与打印等的装置。

表 1-2 列出并比较了不同光谱分析仪器的组成。

▫ 表 1-2　光谱分析仪器的组成比较

仪器名称	光源	样品池	单色器	检测器
原子发射光谱仪	电火花或电感耦合等离子体	电极凹孔内、进样装置	光栅或棱镜	光电倍增管
原子吸收光谱仪	空心阴极灯	火焰原子化器、石墨炉原子化器	光栅或棱镜	光电倍增管
原子荧光光谱仪	空心阴极灯	氢化物发生装置、电热石英炉	光栅或棱镜	光电倍增管

仪器名称	光源	样品池	单色器	检测器
紫外可见分光光谱仪	氘灯(紫外区)、钨灯和卤钨灯(可见区)	石英比色皿、玻璃或塑料比色皿(可见光检测)	光栅、棱镜、反射镜、狭缝	硅光电池、PMT、InGaAs、PbS
分子荧光光谱仪	高压氙灯	熔融石英比色皿(四壁透明)	光栅、狭缝	光电管、光电倍增管(常用)
傅里叶红外光谱仪	Ever-Glo 光源	KBr、NaCl、CaF₂、金刚石窗片	光栅或棱镜	热释型检测器,如 DTGS(氘化 TGS);量子型或光电型检测器,如 Si-CaF₂、InGaAs 和 MCT 检测器(液氮冷却)

2. 仪器的性能

光谱仪器的主要性能有光谱覆盖范围、色散率、分辨率、灵敏度、动态范围、信噪比、光谱获取速度等。

(1) 光谱覆盖范围　光谱覆盖范围 (DL) 指能被光谱仪检测到光信号的波长范围。它主要取决于光谱仪器所使用光学元件的透射或反射光谱及检测器的光谱响应范围。对光栅光谱仪来说,理论上改变光栅表面反射膜层的光谱反射范围,就能覆盖整个光学光谱。实际光栅光谱仪的光谱覆盖范围与光谱仪的有效焦距、衍射光栅的刻线数 (g, groove/mm)、检测器的宽度 (W_d) 密切相关,其计算公式如下:

$$DL = W_d \times 10^6 \times \frac{\cos B}{mgF} \tag{1-8}$$

式中,m 为衍射光栅的衍射级数;B 为衍射光栅的衍射角;F 为聚焦焦距。

从式(1-8)可以看出,光谱仪的光谱覆盖范围与光谱仪的有效焦距和光栅刻线数成反比,与光谱仪检测器的宽度成正比。另外,光谱覆盖范围中心波长的选择对光谱覆盖范围也有一定的影响。

(2) 色散率　色散率分为角色散率和线色散率。对于光栅光谱仪,角色散率表示从光谱仪器色散系统中射出不同波长的光(以下称为"谱线")在空间彼此分开的程度。角色散率为两波长光分开的角距离,其表达式如式(1-9)所示。

$$\frac{d_\theta}{d_\lambda} = \frac{m}{d} \cos\theta \tag{1-9}$$

式中,d_θ 为两不同波长谱线经色散系统后的偏向角之差;d_λ 为两不同波长的差;m 为衍射光栅的衍射级数;d 为光栅常数;θ 为光栅衍射角,rad/nm。

由此看出,角色散率的大小由色散系统的几何尺寸和安放位置决定。

如果入射光的衍射角很小,则 $\cos\theta$ 值近似为 1,那么角色散率近似为常数,即 d_θ 与 d_λ 成近似的线性关系。通常把这种色散率近似等于常数的光谱称为"正常光谱"或"匀排光谱",这是光栅光谱仪的一个重要特点。在应用中直接近似为线性关系,按线性比例关系能够大概算出谱线的空间位置。

线色散率表示不同波长的两条谱线在成像系统的焦平面上彼此分开的距离,单位为 mm/nm。在光栅光谱仪中,角色散率与线色散率的关系如下:

$$\frac{d_l}{d_\lambda} = f \frac{d_\theta}{d_\lambda} \tag{1-10}$$

式中，f 为聚焦成像系统的焦距；d_l 为两不同波长的谱线之间的距离；d_λ 为两不同波长谱线的差。

（3）分辨率　分辨率指能被光谱仪分辨开的最小波长差值，是光谱仪器极为重要的性能参数。瑞利认为，当两条强度分布轮廓相同的谱线的最大值和最小值相重叠时，它们能够被分辨。此时，瑞利准则有两个前提条件：一是假设两条谱线通过光谱仪器以后，其强度分布轮廓是完全相同的；二是假设接收系统的灵敏度大于或等于 20%。在实际应用中，通常定义半峰全宽值（FWHM）作为光谱分辨率，即一窄带谱线在光谱仪中所测得的谱线轮廓下降到最大值的 1/2 时所对应的轮廓宽度。

在采用固态传感器的微小型光纤光谱仪中，其光谱分辨率与光谱仪的光谱覆盖范围、狭缝宽度、检测器的像元宽度及像元数密切相关，其计算公式如下：

$$R = \frac{DL}{n} \times \frac{W_s}{W_d} \times RF \tag{1-11}$$

式中，DL 为光谱覆盖范围；n 为检测器像元数；DL/n 为每个像素点所接收的波长范围，因此常称为像素分辨率；W_s 为狭缝宽度；W_d 为检测器宽度；RF 为分辨率因子，由 W_s 与 W_d 的比值决定。

（4）灵敏度　灵敏度指能被光谱仪检测到的最小光能量。光谱仪的灵敏度取决于光谱仪的光通量与检测器的光感应灵敏度。光谱仪聚焦成像系统的焦距 f 越大，其光通量越小；光通量与光谱仪的狭缝成正比，狭缝越大，光通量越大。而检测器的光感应灵敏度与其材料特性和电子结构相关。

（5）动态范围　动态范围指可被光谱仪测量到的最大与最小光能量的比值。检测器阵列的动态范围常常用来作为衡量光谱仪性能规格的参考。一般来说，检测器的动态范围越大，其所检测的光强度范围越大，光谱仪的信噪比与稳定性相对越好。

（6）信噪比　信噪比指光谱仪的光信号能量水平与噪声水平的比值。它与光谱仪的检测器性能、电路噪声和光路杂散光相关。一般来说，测量的检测限定义为信噪比为 3 时可成功测量到的信号水平。

（7）光谱获取速度　光谱获取速度指在一定的入射光能量水平下，光谱仪产生可测量到的光信号并获得光谱图所需的时间。光谱获取速度与光谱仪的灵敏度、光谱仪的读出速度及 PC 接口速度成正比。

3. 光谱仪性能评价指标

从上述分析可知，微小型光纤光谱仪的三大核心部分决定光谱仪的主要性能。入射狭缝：直接影响光谱仪的分辨率和光通量，狭缝越小，分辨率越高；狭缝越大，光通量越大。衍射光栅：将从狭缝入射的光在空间上进行色散，使其光强度成为波长的函数；通过选择不同的衍射光栅来对光谱仪的光谱覆盖范围、光谱分辨率和杂散光水平进行控制。检测器：直接决定了光谱仪的光谱覆盖范围、灵敏度、分辨率及信噪比等指标。一般来说，检测器的材料决定了其光谱覆盖范围，硅基检测器波长覆盖范围一般为 190～1100nm，而 InGaAs 和 PbS 检测器覆盖范围一般为 900～2900nm。检测器的工作原理、制造方法决定了其灵敏度和信噪比等指标。

四、原子光谱与其他仪器的联用技术

目前原子光谱联用技术主要应用于环境科学和生命科学等研究领域中元素化学形态的分析[3,4]。形态分析（speciation analysis）是指对元素在体系或样品中存在的特定化学形式（如同位素组成、电子态或氧化态、配位化合物或分子结构）进行定性或定量分析的过程，并进行分布规律的统计。传统的仅以元素总量为依据的研究方法已不能满足现代科学发展的需要，痕（微）量元素的化学形态信息在环境科学、生物医学、中医药学、食品科学、营养学、微量元素医学以及商品中有毒元素限量的新标准等研究领域中起着非常重要的作用。

目前常用的联用技术主要分为以下两类。

1. 光谱与色谱的联用

元素的化学形态与其毒性、生物可利用性（bioavailability）、迁移性（mobility）密切相关。例如，不同形态的砷，其毒性大小的顺序为砷化氢＞亚砷酸盐［As(Ⅲ)］＞三氧化二砷＞砷酸盐［As(Ⅴ)］＞砷酸＞砷，甜菜碱砷（AsB）与胆碱砷（AsC）的毒性小于一甲基砷酸（MMA）和二甲基砷酸（DMA）。污染物在环境中的迁移转化规律取决于元素化学形态的性质。例如，以甲基化或烷基化形式存在的金属，使金属的挥发性增加，提高了金属扩散（迁移）到空气中的可能性。污染物在环境中存在的形态取决于它们的不同来源及其进入环境后与介质中其他物质发生的各种相互作用。例如，水体底物中的汞可在微生物的作用下转化为甲基汞。

目前，分析不同化学形态的微量元素有以下几种方法。

（1）分离-原子光谱联用技术　利用分离仪器将不同化学形态的微量元素先进行分离，然后再用测量仪器分别测定这些不同化学形态微量元素的含量。最常使用的是液相色谱、气相色谱、毛细管电泳与原子光谱的联用技术。

（2）非色谱分离形态分析技术　利用化学法分离（如沉淀分离、萃取分离等）不同化学形态的微量元素后，再以各自的物理化学性质（如颜色反应）分别测定。例如流动注射-分光光度法，主要分析 Fe^{2+} 和 Fe^{3+}、Cr(Ⅲ) 和 Cr(Ⅵ) 的含量。

（3）电化学形态分析技术和有机质谱技术在本书不作详细介绍。

目前为了解决上述问题而产生的色谱光谱联用仪有：液相色谱-原子荧光光谱联用仪、气相色谱-红外光谱联用仪等。Clough 等[5,6]总结了 2016～2017 年原子光谱分析法在元素形态分析中的应用现状，内容涉及金属氧化物、有机金属化合物、金属配位化合物、含金属和杂环原子的生物大分子（金属蛋白、多肽类、氨基酸）和金属标记物等方面。

2. 色谱与电感耦合等离子体质谱的联用

电感耦合等离子体质谱（ICP-MS）技术是目前成熟且应用最为广泛的技术[3]，该技术于 20 世纪 80 年代发展起来，其本身不属于原子光谱范畴，但它的应用范围和原子光谱一样甚至更广，因此本书一并介绍。这种技术将 ICP 的高温（7000K）电离特性与四极杆质谱计的灵敏和快速扫描的优点相结合而形成一种新型的元素和同位素分析技术，可分析自然界中广泛存在的大部分元素。ICP-MS 技术的分析能力不仅可以取代传统的无机分析技术，如电感耦合等离子体光谱技术、石墨炉原子吸收技术进行定性、半定量、定量分析及同

位素比值的准确测量等，还可以与其他技术如高效液相色谱 HPLC、高效毛细管电泳 HPCE、气相色谱 GC 联用进行元素形态、分布特性等的分析。随着这项技术的迅速发展，现已被广泛地应用于冶金、半导体、核材料、环境、医学、生物、能源分析等领域[4]。

我国现行有效的标准中对于 ICP-MS 技术用于分析冶金产品已有 32 种方法，主要用于分析各种冶金产品中的杂质元素含量。ICP-MS 技术在环境分析中的应用也有成熟的相关标准，例如美国国家环保局所规定的饮用水、地表水、地下水各种元素的 EPA method 200.8[7] 和用于废水、固体废弃物、沉积物、土壤等样品中各种元素分析的 EPA method 6020。

色谱与 ICP-MS 联用技术在元素化学形态分析方面也有突出贡献。IC-ICP-MS（离子色谱与 ICP-MS）联用技术分别测定 Cr(Ⅲ) 和 Cr(Ⅵ) 已经是十分成熟的方法，其检测限可以达 10^{-9} 级，每个样品的操纵时间不超过 7min。HG-ICP-MS（氢化物发生器与 ICP-MS）联用技术应用于海水中超痕量污染物如 As、Se、Sb 等易受干扰、难测元素的分析具有优越性。

目前这类技术的联用仪器主要有液相色谱-原子荧光光谱联用仪（LC-AFS）、液相色谱-电感耦合等离子体质谱联用仪（LC-ICP-MS)[7]，本章重点介绍这两种联用仪器及技术的应用。

第二节　原子吸收光谱分析技术

一、原子吸收光谱基本原理

当有一束特征波长的光照射到某元素的基态原子时，如果该波长光的能量正好等于基态原子的外层电子跃迁到较高能态时所需的能量，该基态原子就会跃迁到其他激发态，由于原子吸收了能量，使得出射光的强度减弱，并且减弱的程度和受照射的原子数量有关，这就是原子吸收光谱分析的基本原理。由于原子能级是量子化的，因此，原子对光的吸收都是有选择性的。所以要研究原子吸收光谱的原理，需要先了解原子能级的分布。

（一）不同能级原子的分布

在通常的情况下，原子处于能量最低的基态。基态原子受到加热、吸收辐射、与其他粒子（电子、原子、离子、分子）进行非弹性碰撞而吸收能量，跃迁到较高的能量状态，这个过程称为激发。原子最外层电子称为价电子，容易受到外界影响而激发，原子的光谱性质和化学性质都取决于价电子。对于原子吸收光谱分析，在通常的原子化条件下只考虑电子在基态与第一激发态之间的跃迁。

在热平衡条件下，基态原子和激发态原子的分布遵从玻尔兹曼（Boltzmann）分布，如式(1-12) 所示：

$$N_j = N_0 \frac{g_j}{g_0} e^{-\frac{\Delta E}{RT}} \tag{1-12}$$

式中，N_0 为基态原子数；N_j 为激发态原子数；g_0、g_j 分别为基态、激发态的统计权重，分别为在同一能级中的量子态数目，决定了多重线中各谱线的强度比；ΔE 为激发能；R 为玻尔兹曼常数；T 为热平衡热力学温度。

激发态原子数随体系温度的升高而增加，表 1-3[8] 列出了某些元素激发态与基态原子数比值随温度的变化。

☐ 表 1-3　某些元素激发态与基态原子数比值随温度的变化

元素	共振线/nm	g_0/g_j	激发态/eV	N_j/N_0	
				2000K	3000K
Na	589.0	2	2.104	0.99×10^{-5}	5.83×10^{-4}
Sr	467.0	3	2.690	4.99×10^{-7}	9.07×10^{-5}
Cs	422.7	3	2.932	1.22×10^{-7}	3.55×10^{-5}
Fe	372.0	—	3.382	2.29×10^{-9}	1.31×10^{-6}
Ag	328.1	2	3.778	6.03×10^{-10}	8.99×10^{-7}
Cu	324.8	2	3.817	4.82×10^{-10}	6.65×10^{-7}
Mg	285.2	3	4.346	3.35×10^{-11}	1.50×10^{-7}
Pb	283.3	3	4.375	2.83×10^{-11}	1.34×10^{-7}
Zn	213.9	3	5.795	7.45×10^{-15}	5.50×10^{-10}

由表 1-3 看出，一般地，在火焰和石墨炉原子化器的原子化温度高约 3000K 的条件下，处于激发态的原子数 N_j 仍然是很少的，与基态原子数 N_0 相比，可以忽略不计。表 1-3 中数据只考虑热激发，在原子化器内粒子之间的非弹性碰撞、紫外光的辐照等也会引起激发，实际的激发态原子数比表 1-3 中的数要多，即使增加 10 倍甚至 100 倍，激发态原子数与基态原子数相比，仍然少得多。

（二）原子吸收线

当光源辐射通过原子蒸气，原子就会选择性地从辐射中吸收能量。当辐射频率与原子中的电子由基态跃迁到第一激发态所需要的能量相匹配时，原子发生共振吸收，产生该种原子特征的原子吸收光谱。原子吸收光谱通常位于光谱的紫外区和可见区。原子光谱波长是光谱定性分析的依据。一般地，原子吸收光谱与原子发射光谱波长是相同的，但最强的原子发射线未必就是最强的原子吸收线。

原子吸收光谱线不是一条几何线，而是占据着有限的频率范围，即有一定的宽度，如图 1-1 所示。表示吸收线轮廓特征的参数是吸收线的中心频率或中心波长与吸收线的半宽度。中心频率或波长是指最大吸收系数所对应的频率和波长，吸收线的半宽度是指最大吸收系数 1/2 处的谱线轮廓上两点间的频率差，如图 1-2 所示。

谱线轮廓是指各单色光强度随频率（或波长）的变化曲线。吸收线的半峰宽 $\Delta\nu$ 很窄，由于受多种变宽因素的影响，使吸收线展宽。展宽因素包括热展宽、碰撞展宽、场效应展宽，在不同程度上影响吸收线中心频率的频移与谱线轮廓。

引起谱线变宽的主要因素如下。

（1）自然宽度　在无外界影响下，谱线仍有一定宽度，这种宽度称为自然宽度，以 $\Delta\nu_N$ 表示。$\Delta\nu_N$ 约相当于 10^{-5} nm 数量级。根据量子力学的 Heisenberg 测不准原理，能级的能量有不确定性，ΔE 由式(1-13)估算：

$$\Delta E = \frac{h}{2\pi\tau} \tag{1-13}$$

式中，τ 为激发态原子的寿命，τ 越小，宽度越宽。

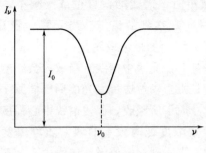

图 1-1 I_ν 与 ν 的关系

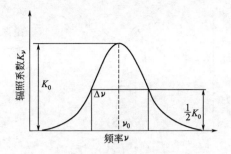

图 1-2 原子吸收线的轮廓

K_0—峰值吸收系数或中心吸收系数（最大吸收系数）；

ν_0—中心频率，最大吸收系数 K_0 所对应的波长；

$\Delta\nu$—吸收线的半宽度，$K_0/2$ 处吸收线上两点间的距离；

$\int K_\nu d\lambda$—积分吸收，吸收线下的总面积

（2）多普勒宽度（$\Delta\nu_D$） 由原子在空间做无规则热运动导致的，故又称为热变宽。对于原子吸收光谱仪而言，在原子蒸气中原子处于无规则的热运动，对观测者（检测器），有的基态原子向着检测器运动，有的基态原子背离检测器运动，相对于中心吸收频率，既有升高，又有降低。因此，原子的无规则运动就使该吸收谱线变宽。当处于热力学平衡时，多普勒宽度可用式（1-14）表示：

$$\Delta\nu_D = 7.162 \times 10^{-7} \nu_0 \sqrt{\frac{T}{M}} \tag{1-14}$$

式中，T 为热力学温度；M 为吸光原子的原子量；ν_0 为谱线的中心频率。

由式（1-14）可知，$\Delta\nu_D$ 正比于 $T^{1/2}$，故当原子化温度稍有变化时，对谱线宽度影响不大。但在原子吸收光谱仪中检测时，原子化温度一般为 2000～3000K，$\Delta\nu_D$ 一般为 10^{-3}～10^{-2} nm，多普勒效应使得谱线明显变宽。

（3）压力变宽 由于吸光原子与蒸气中原子或分子相互碰撞而引起的能级稍微变化，使发射或吸收光量子频率改变而导致谱线变宽。根据与之碰撞的粒子不同，可分为两类：共振变宽或赫鲁兹马克变宽，即与同种原子碰撞而产生的变宽；劳伦兹变宽 $\Delta\nu_L$，即与其他粒子（如被测元素的原子与火焰气体粒子）碰撞而产生的变宽。赫鲁兹马克变宽只有在被测元素浓度较高时才有影响。在通常的条件下，压力变宽主要是劳伦兹变宽，谱线的劳伦兹变宽 $\Delta\nu_L$ 可由式（1-15）表示：

$$\Delta\nu_L = 2N_A \sigma^2 p \left| \frac{2}{\pi RT \left(\dfrac{1}{A} + \dfrac{1}{M} \right)} \right|^{\frac{1}{2}} \tag{1-15}$$

式中，N_A 为阿伏伽德罗常数；σ^2 为碰撞的有效截面积；p 为外界压强；M 为被测原子的原子量；A 为其他粒子的相对质量。

原子吸收光谱仪检测时，$\Delta\nu_L$ 和 $\Delta\nu_D$ 具有相同数量级，是谱线变宽的主要因素。

（4）自吸变宽 光源空心阴极灯发射的共振线被灯内同种基态原子所吸收产生自吸现象。灯电流越大，自吸现象越严重。为了便于读者理解，下面介绍自吸现象。

在光谱分析的时候，常常能够检测到该元素少数几条灵敏线和最后线。所谓"灵敏线"是指各个元素谱线中最容易激发或激发电位较低的谱线。"最后线"是指当被测物中

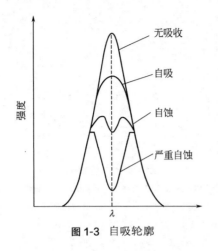

图 1-3　自吸轮廓

（图中标注：无吸收、自吸、自蚀、严重自蚀；纵轴：强度；横轴：λ）

元素的含量减小时，谱线的数目也依次减小，当含量减小至零时所观察到的谱线。当元素含量高时，最后线也就是光谱中的最灵敏线。

但在含量高时，光谱中谱线自吸效应会影响灵敏度。所谓自吸是指当辐射通过发光层周围的原子蒸气时，将为其自身原子所吸收，而使谱线中心强度减弱的现象。当元素浓度低时没有自吸，随着浓度的增加，自吸严重，当达到一定值时，谱线中心甚至完全消失，称为自蚀，自吸轮廓如图 1-3 所示[9]。

（5）场致变宽　外界电场、带电粒子及离子形成的电场或磁场使谱线变宽，但是影响较小。

火焰原子化法中，劳伦兹变宽 $\Delta\nu_L$ 是主要的；非火焰原子化法中，多普勒宽度 $\Delta\nu_D$ 是主要的。谱线变宽会导致测定的灵敏度下降。在温度较低和气体密度较高的场合，压力变宽效应占据主要地位，谱线线型近似为劳伦茨型。而在高温和低气压的场合，多普勒变宽效应起着主要作用，谱线线型近似为高斯型。多普勒变宽效应主要控制谱线线型的中心部分，劳伦茨效应主要控制谱线线型的两翼。这时谱线线型为综合展宽线型——弗高特线型。

（三）吸光度与被测元素浓度关系

1. 积分吸收

钨丝灯光源和氘灯经分光后，光谱通带 0.2nm。而原子吸收线的半宽度为 10^{-3} nm。当一般光源照射时，吸收光的强度变化仅为 0.5%（$0.001/0.2=0.5\%$），吸收部分所占的比例很小，灵敏度极差。

尽管如此，若能将原子蒸气吸收的全部能量测出，即将谱线下所围积分面积测量出，那么 AAS 是一种绝对测量方法。根据经典的爱因斯坦理论，积分吸收与基态原子数目的关系，由式（1-16）给出：

$$\int_{-\infty}^{+\infty} K_\nu \,\mathrm{d}\nu = \frac{\pi e^2}{mc} N_0 f \tag{1-16}$$

式中，K_ν 为吸收系数；$\int_{-\infty}^{+\infty} K_\nu \mathrm{d}\nu$ 为积分吸收；e 为电子电荷；m 为电子质量；c 为光速；N_0 为单位体积原子蒸气中吸收辐射的基态原子数，即原子密度；f 为振子强度，代表每个原子中能够吸收或发射特定频率光的平均电子数，对于给定的元素，在一定条件下 f 可视为定值。

由式（1-16）得出，积分吸收与单位体积原子蒸气中能够吸收辐射的基态原子数成正比，而与 ν 等因素无关。这是原子吸收光谱分析的理论依据。

如果能准确测出积分吸收值，即可计算出被测原子的 N_0，那么，AAS 就会成为一种绝对测量方法（不需要标准与之比较）。但原子吸收线的半宽度仅为 10^{-3} nm，要在这样一个小的范围内，测定 K_ν 对频率 ν 的积分值，需要分辨率高达 50 万的单色器（$R=\lambda/\Delta\lambda$），这实际上是很难达到的，现在的分光装置无法实现。这就是原子吸收现象早在 19 世纪初就被发现，但在很长的时间内没有作为一种分析方法的原因。

2. 峰值吸收

直到 1955 年澳大利亚物理学家 A. Walsh 提出以锐线光源为激发光源，用测量峰值吸收的方法代替积分吸收，才使原子吸收成为一种分析方法。

（1）锐线光源　发射线的半宽度比吸收线的半宽度窄得多的光源。锐线光源需要满足的条件：光源的发射线与吸收线的 ν_0 一致；发射线的 $\Delta\nu_{1/2}$ 小于吸收线的 $\Delta\nu_{1/2}$。理想的锐线光源一般是空心阴极灯，用一个与被测元素相同的纯金属制成；灯内低电压，压力变宽基本消除；灯电流仅几毫安，温度很低，热变宽也很小。

（2）峰值吸收测量　采用锐线光源进行测量时，在辐射线宽度范围内，积分吸收系数 K_ν 可认为不变，并近似等于峰值时的吸收系数 K_0，则：

$$A = \lg \frac{1}{e^{-K_\nu L}} = \lg e^{K_0 L} = 0.434 K_0 L \tag{1-17}$$

在原子吸收法分析中，谱线变宽主要受多普勒效应影响，则：

$$K_0 = \frac{2\sqrt{\pi \ln 2}}{\Delta\nu_D} \frac{e^2}{mc} N_0 f \tag{1-18}$$

代入上式，得：

$$A = 0.434 \frac{2\sqrt{\pi \ln 2}}{\Delta\nu_D} \frac{e^2}{mc} N_0 f L = k L N_0 \tag{1-19}$$

式(1-19)表明，当使用锐线光源时，吸光度 A 与单位体积原子蒸气中被测元素的基态原子数 N_0 成正比。此式的前提条件：$\Delta\nu_e < \Delta\nu_a$；辐射线与吸收线的中心频率一致。这就是要使用一个与被测元素相同元素制成空心阴极灯的原因。

在原子吸收中，原子化温度一般在 2000～3000K。当 $T < 3000K$ 时，基态原子数 N_0 比 N_j 大得多，则 $N_0 = N$。若控制条件使进入火焰的样品保持一个恒定的比例，则 A 与溶液中被测元素的浓度成正比，因此，在一定浓度范围内：

$$A = Kc \tag{1-20}$$

式(1-20)表明，在一定实验条件下，吸光度 A 与浓度 c 成正比。所以通过测定 A，就可求得样品中被测元素的浓度 c，此为原子吸收分光光度法定量基础。

（四）原子化过程

原子化过程即产生自由基态原子以便进行吸收测量的过程。原子吸收最适于分析溶解或吸收后呈水溶液状态的样品，或者用其他溶剂如有机溶剂稀释处理的样品。原子化器主要有火焰、石墨炉和氢化物发生器三类，具体原理及结构在下文中详细介绍。

（五）原子吸收光谱法中的干扰及消除方法

总的来说，原子吸收法（AAS）中干扰效应比原子发射光谱法要小得多，原因是：AAS 法中使用锐线光源测定共振吸收线，吸收线的数目比发射线少得多，光谱重叠的概率小，光谱干扰少；在 AAS 法中，涉及的是基态原子，故受火焰温度的影响小。但在实际工作中，干扰仍不能忽视，要了解其产生的原因及消除办法[10,11]。

在原子吸收光谱法中，主要有物理干扰、化学干扰、光谱干扰和背景干扰。

1. 物理干扰与消除

物理干扰指样品在转移、蒸发过程中任何物理因素变化（如黏度、表面张力或溶液的密度等的变化）而引起的干扰效应。对火焰原子化法而言，样品喷入火焰的速度（黏度）、雾化效率、雾滴的大小及其分布（表面张力）、溶剂和固体微粒的蒸发（溶剂的蒸气压）等，最终都影响进入火焰的被测原子数目，进而影响 A 的测量。显然，物理干扰与样品的基体组成有关。

消除方法：一般采用基体匹配标准曲线法或标准加入法进行定量。若样品溶液的浓度高，可采用稀释法，或加入表面活性剂、有机溶剂。

2. 化学干扰与消除

化学干扰指由于被测元素原子与共存组分发生化学反应而引起的干扰。它主要影响被测元素的原子化效率，是原子吸收法中主要的干扰来源。主要包括：被测元素与干扰组分形成更稳定的化合物，这是产生化学干扰的主要来源，例如钴、硅、硼、钛、铍在火焰中易生成难熔化合物；被测元素在火焰中形成稳定的氧化物、氮化物、氢氧化物、碳化物等，例如用空气-乙炔火焰测定 Al、Si 等时，由于形成稳定的氧化物，原子化效率低，测定的灵敏度很低，又如在石墨炉原子化器中，W、B、La、Zr、Mo 等易形成稳定的碳化物，使测定的灵敏度降低；被测元素在高温原子化过程中因电离作用而引起基态原子数减少的干扰（主要存在于火焰原子化器中），一般被测元素电离电位<6eV，易发生电离，而且火焰温度越高，越易发生电离（如碱及碱土元素）。

消除方法：化学干扰的消除方法因产生干扰的原因而定，主要有以下四种。

（1）消电离剂　加入过量的消电离剂（如 NaCl、KCl、CsCl 等），消电离剂是比被测元素电离电位低的元素，相同条件下消电离剂首先电离，产生大量的电子，抑制被测元素的电离。也可控制原子化温度，例如加入足量的铯盐，抑制 K、Na 的电离。

（2）释放剂　释放剂与干扰物质能生成比被测元素更稳定的化合物，使被测元素释放出来。例如，磷酸根干扰钙的测定，可在样品溶液中加入镧、锶盐，镧、锶与磷酸根首先生成比钙更稳定的磷酸盐，就相当于把钙释放出来。

（3）保护剂　保护剂的作用是它可与被测元素生成不易分解的或更稳定的配合物，防止被测元素与干扰组分生成难离解的化合物。保护剂一般是有机配合剂，例如 EDTA、8-羟基喹啉。如磷酸根干扰钙的测定，可在样品溶液中加入 EDTA，此时 Ca 转化为 Ca-EDTA配合物，它在火焰中容易原子化，就消除了磷酸根的干扰。

（4）缓冲剂　缓冲剂是指在样品和标准溶液中均加入过量的该干扰元素，使干扰作用达到饱和，从而趋于稳定。例如用乙炔-N_2O 火焰测定 Ti 时，Al 抑制 Ti 的吸收，具有干扰作用。当在样品和标准溶液中均加入 $200\mu g/g$ 的 Al 盐（干扰元素）时，可使 Al 对 Ti 的干扰达到饱和并趋于稳定，从而消除 Al 的干扰。

除了加上述试剂消除干扰外，还可以采用标准加入法和基体匹配标准曲线法来消除干扰。当上述方法均无效时则必须分离。

3. 光谱干扰与消除

（1）与光源有关的光谱干扰与消除

1）被测元素分析线的邻近线干扰与消除

① 与被测元素分析线邻近的是被测元素谱线（单色器不能分开）。如镍 HCL 发射的谱线，若选 232.0nm 的共振线作分析线，其周围有很多邻近线（非共振线），如果单色器

不能将其邻近谱线分开，就会产生干扰，使测定的灵敏度下降，工作曲线弯曲。消除方法：减小狭缝宽度。

② 与被测元素分析线邻近的是非被测元素谱线（单色器不能分开）。如果此线为非吸收线，同样会使测定的灵敏度下降，工作曲线弯曲；如果为吸收线，则产生假吸收，引起正误差。这种现象常见于多元素灯。消除方法：采用单元素灯。

2）空心阴极灯的干扰与消除　空心阴极灯有连续背景发射，使测定的灵敏度下降，工作曲线弯曲，当共存元素的吸收线处于背景发射区时有可能产生假吸收。因此不能使用有严重背景发射的空心阴极灯。消除方法：立即更换空心阴极灯。

（2）光谱重叠干扰与消除　原子吸收法中，光谱重叠的概率小。但个别元素仍可能存在谱线重叠引起的干扰。消除方法：另选分析线；制备样品溶液时，分离此干扰元素；以基体匹配法于标准系列溶液中加入该干扰元素。

4. 背景干扰与消除

（1）原子化器的发射干扰与消除　原子化器的发射是指来自火焰本身或原子蒸气中被测元素的发射。消除方法：对光源进行调整。但有时仍会增加信号噪声，此时可适当增大灯电流，提高信噪比。

（2）背景吸收干扰与消除　背景吸收是指原子化过程中生成的气体分子、氧化物及盐类等分子或固体微粒对光源辐射吸收或散射引起的干扰。消除方法：通常适当缩小狭缝。

按照干扰的成因，背景吸收可分为以下 3 种，其相应的消除方法也不同。

① 火焰成分对光的吸收：指火焰中 N_2、OH、CN、CH、CO_2 等分子或基团对光源辐射吸收，对大多数元素测定结果影响不大，一般可通过调零来消除，但影响信号的稳定性。特别是对分析线在紫外区末端元素的测定影响较严重，此时可改用空气-H_2 焰或 Ar-H_2 焰。所以选择火焰时，还应考虑火焰本身对光的吸收。根据被测元素的共振线，选择不同的火焰，可避开干扰。例如 As 的共振线（193.7nm）采用空气-乙炔火焰时，火焰产生吸收，而选氢-空气火焰则较好。

② 金属的卤化物、氧化物、氢氧化物以及部分硫酸盐和磷酸盐分子对光的吸收：低温火焰影响较明显，例如，在乙炔-空气焰中，Ca 形成 $Ca(OH)_2$ 在 530～560nm 有吸收，干扰 Ba 553.5nm 和 Na 589nm 的测定；高温火焰中，由于分子分解，变得不明显。

③ 固体微粒对光的散射：原子化过程中形成的固体微粒，在光通过原子化器时，对光产生散射，被散射的光偏离光路，不能被检测器检测（透射光强减小），导致测得的 A 偏高（假吸收）。

二、原子吸收光谱仪

（一）原子吸收光谱仪概述

从第一台火焰原子吸收光谱商品仪器问世到现在，原子吸收光谱仪器已进入了高水平发展的时期。

第一阶段是原子吸收光谱仪器的设计和制造进入成熟时期，出现了多种多样的原子化器；背景校正装置不断进步和完善；气路一体化技术广泛使用，基本消除塑料管气路的接头，从而提高了气路系统工作的可靠性和安全性，火焰与石墨炉两种原子化器集成在同一台仪器内，结合形式多样，各有特色。

第二阶段是仪器的分析性能不断提高。光电技术、电子技术、自动化技术、计算机技术、化学计量学的引入和新型光电器件、高集成度 IC 元件的采用，大大促进了原子吸收光谱仪器分析性能的提高。仪器的分光系统出现了二维色散分光与半导体图像传感器（如 CCD 等）组成的电子扫描单色仪和二次色散一维分光的单色器。检测显示系统中采用了微秒级采样电路、高性能 IC 元件，选用大规模可编程逻辑阵列、芯片间总线（inter IC bus）等先进技术和现代计算机系统，大幅度增强了电路的可靠性和实用性，增强了仪器工作的稳定性。

第三阶段是仪器的自动化水平不断提高并开始实现智能化。高档仪器可按照分析者设定的工作参数进行无人操作，仪器参数的自动优化和故障的自动诊断，原子化过程参数自动优化，样品自动稀释，分析结果和资料自动存储与打印以及远程传输和共享等。

原子吸收光谱仪不论其结构如何变化，都离不开四个组成部分，分别是光源、原子化系统、光学系统、检测与显示系统，下面分别论述各个组成部分。

（二）原子吸收光谱仪的基本部件

1. 光源

光源的基本功能是发射被测元素的特征辐射，光源应具备的基本特点是强度大、谱线窄、背景小、稳定性高、光谱纯度高、起辉电压适当、寿命长和价廉等。最常用的光源有空心阴极灯和无极放电灯，这里重点介绍空心阴极灯。国内关于封闭式空心阴极灯的研制开始于 20 世纪 60 年代初期，发展了一整套制灯设备和制灯工艺，促进了国内原子吸收技术的发展。

空心阴极灯是依靠空心阴极放电激发的一种特殊的低压辉光放电灯。空心阴极灯是锐线光源，最大特点是辐射锐线光谱。对空心阴极灯性能的要求是：a. 能发射被测元素的特征谱线，没有阴极材料杂质元素或其他元素、阳极材料、充入的惰性气体等发射谱线的重叠干扰；b. 在较低工作电流条件下，能辐射强度较大的特征谱线，谱线宽度窄，自吸效应小；c. 在特征辐射谱线两侧的辐射背景低，在一定的光谱通带内，要求大多数空心阴极灯特征辐射谱线两侧的辐射背景不大于特征辐射谱线强度的 1%，特别是某些过渡元素或稀土元素灯的背景辐射足够弱，越弱越好；d. 特征辐射谱线强度稳定性好；e. 灯的起辉电压低，才能保证适用于各种不同原子吸收光谱仪，一般原子吸收仪灯的供电频率是 200Hz、400Hz 或更高；f. 灯要每秒连续接通断开数百次，使用寿命长，可长期存放；g. 灯的辐射立体角要小，在使用效果上能达到灯近似于一个点光源，可以使灯辐射的特征谱线能量几乎全部从原子化器内通过，并进入单色器分光系统。上述 7 条中，以 b.～d. 和 f. 最为重要。

2. 原子化系统

原子化系统的主要作用是将样品中的被测元素转变成气态的基态原子（原子蒸气）。原子化是原子吸收分光光度法的关键。实现原子化的方法可分为火焰原子化法、电热高温石墨炉原子化法、化学原子化法、辉光放电原子化法、等离子体原子化法、激光原子化法等。目前广泛使用的是前三种方法。

（1）火焰原子化法　火焰原子化装置包括雾化器和燃烧器两部分。燃烧器有全消耗型（样品溶液直接喷入火焰）和预混合型（在雾化室将样品溶液雾化，然后导入火焰）两类，目前广泛应用的是后者（图1-4）。

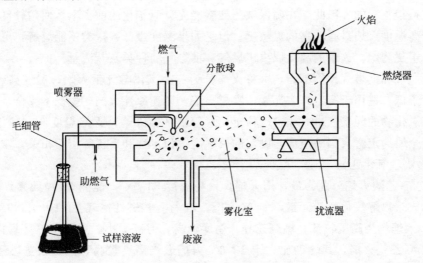

图1-4　预混合型燃烧器

1）雾化器　其作用是将样品溶液分散为极微细的雾滴，形成直径约$10\mu m$雾滴的气溶胶（使样品溶液雾化）。对雾化器的要求：喷雾要稳定；雾滴要细而均匀；雾化效率要高；有好的适应性。其性能对测定精密度、灵敏度和化学干扰等都有较大影响。因此，雾化器是火焰原子化器的关键部件之一。常用的雾化器有：气动雾化器、离心雾化器、超声雾化器和静电雾化器等几种。

目前广泛采用的是气动雾化器，其原理如图1-4所示：高速助燃气流通过毛细管口时，把毛细管口附近的气体分子带走，在毛细管口形成一个负压区，若毛细管另一端插入样品溶液中，毛细管口的负压就会将液体吸出，并与气流冲击而形成雾滴喷出。形成雾滴的速率与溶液的黏度和表面张力等物理性质有关；与助燃器的压力有关，增加压力，助燃气流速度加快，可使雾滴变小，但压力过大，单位时间进入雾化室的样品溶液量增加，反而使雾化效率下降；与雾化器的结构有关，如气体导管和毛细管孔径的相对大小。

2）燃烧器　样品溶液雾化后进入预混合室（雾化室），与燃气在室内充分混合。对雾化室的要求是能使雾滴与燃气、助燃气混合均匀，"记忆"效应小。雾化室设有分散球（玻璃球），较大的雾滴碰到分散球后进一步细微化。另有扰流器，较大的雾滴凝结在壁上，然后经废液管排出。最后只有10%的直径很小且均匀的雾滴才能进入火焰中，即雾化率（雾化且进入火焰的样品量占总进样量的比值）为10%。

燃烧器可分为单缝燃烧器（喷口是一条长狭缝）、三缝燃烧器（喷口是三条平行的狭缝）和多孔燃烧器（喷口排在一条线上）。目前多采用单缝燃烧器，当缝长10cm，缝宽$0.5\sim0.6$cm，适应空气-乙炔火焰；当缝长5cm，缝宽0.46cm，适应N_2O-乙炔火焰。将这种燃烧器做成狭缝式，既可获得原子蒸气较长的吸收光程，又可防止回火。但其产生的火焰很窄，使部分光束在火焰周围通过，不能被吸收，从而使测量的灵敏度下降。采用三缝燃烧器，由于缝宽较大，并由于燃烧充分而避免了来自大气的污染，稳定性好，并且燃烧器的位置可调，但气体耗量大，装置复杂。

3）火焰　原子吸收光谱仪所使用的火焰，只要其温度能使被测元素离解成自由的基态原子就可以。如超过所需温度，则电离度增大，激发态原子增加，基态原子减少，这对原子吸收是很不利的。因此，在确保被测元素能充分原子化的前提下，使用较低温度火焰比使用较高温度火焰具有较高的灵敏度。但是如果温度过低，盐类不能离解，可能产生分子吸收，干扰测定。火焰的温度取决于燃气和助燃气的种类及其流量。

按照燃气和助燃气比例不同，可将火焰分为三类：化学计量火焰，温度高、干扰少、稳定、背景低，适用于测定许多元素；富燃火焰，即还原性火焰，燃烧不完全，测定较易形成难熔氧化物的元素（Mo、Cr）、稀土元素等；贫燃火焰，火焰温度低，氧化性气氛，适用于碱金属测定。火焰的组成与测定的灵敏度、稳定性和干扰等密切相关。常用的火焰有空气-乙炔、氧化亚氮-乙炔、氧屏蔽空气-乙炔等多种。

① 空气-乙炔火焰。此为最常用火焰，最高温度 2300℃，能测 35 种元素。但不适宜测定易形成难离解氧化物的元素，如 Al、Ta、Zr 等。贫燃性空气-乙炔火焰，其燃助比小于 1∶6，火焰燃烧高度较低，燃烧充分，温度较高，但范围小，适用于不易氧化的元素。富燃性空气-乙炔火焰，其燃助比大于 1∶3，火焰燃烧高度较高，温度较贫燃性火焰低，噪声较大，由于燃烧不完全，火焰生成强还原性气氛（如 CN、CH、C 等），有利于金属氧化物的离解：$MO+C \longrightarrow M+CO$；$MO+CN \longrightarrow M+N+CO$；$MO+CH \longrightarrow M+C+OH$。故富燃性空气-乙炔火焰适用于测定较易形成难熔氧化物的元素。

日常分析工作中，较多采用化学计量的空气-乙炔火焰（中性火焰），其燃助比为 1∶4。这种火焰稳定、温度较高、背景低、噪声小，适用于测定许多元素。

② 氧化亚氮-乙炔火焰。其燃烧反应为：

$$5N_2O \longrightarrow 5N_2 + \frac{5}{2}O_2 + Q；\quad C_2H_2 + \frac{5}{2}O_2 \longrightarrow 2CO_2 + H_2O$$

火焰温度达 3000℃。火焰中除含 C、CO、OH 等半分解产物外，还含有 CN、NH 等成分，因而具有强还原性，可使许多易形成难离解氧化物的元素原子化（如 Al、B、Be、Ti、N、W、Ta、Zr、Hf 等），产生的基态原子又被 CN、NH 等气氛包围，故原子化效率高。另由于火焰温度高，化学干扰少，故可适用于难原子化元素的测定，用它可测定 70 多种元素。

③ 氧屏蔽空气-乙炔火焰。用氧气流将空气-乙炔火焰与大气隔开，特点是温度高、还原性强，适合测定 Al 等一些易形成难离解氧化物的元素。

（2）电热高温石墨炉原子化法　其原子化装置是利用电热的方法使样品中被测元素形成基态自由原子。石墨炉原子化器本质就是一个电加热器，通电加热盛放样品的石墨管，使之升温，以实现样品的干燥、灰化、原子化和激发。

1）结构　石墨炉原子化器由石墨炉电源、炉体和石墨管三部分组成。将石墨管固定在两个电极之间（接石墨炉电源），石墨管具有冷却水外套（炉体）。石墨管中心有一进样口，样品由此注入。

石墨炉电源是能提供低电压（10V）、大电流（500A）的供电设备。当其与石墨管接通时，能使石墨管迅速加热到 2000～3000℃的高温，以使样品蒸发、灰化、原子化和激发。炉体具有冷却水外套（水冷装置），用于保护炉体。当电源切断时，炉子很快冷却至室温。炉体内通有惰性气体（Ar、N₂），其作用是防止石墨管在高温下被氧化；保护原子化了的原子不再被氧化；排除在分析过程中形成的烟气。另外，炉体两端是两个石英窗。

2）石墨炉原子化过程　一般需要经如下四步程序升温完成。

① 干燥。于低温（溶剂沸点）蒸发掉样品中溶剂。通常干燥的温度稍低于溶剂的沸点。对水溶液，干燥温度一般在 100℃ 左右。干燥时间与样品的体积有关，例如对水溶液，一般为 $1.5s/\mu L$。

② 灰化。在较高温度下除去比被测元素容易挥发的低沸点无机物及有机物，减少基体干扰。

③ 高温原子化。使以各种形式存在的分析物挥发并离解为中性原子。原子化的温度一般在 2400～3000℃（以被测元素而定），时间一般为 5～10s。可绘制 A-T 和 A-t 曲线来确定。

④ 净化（高温除残）。升至更高的温度，除去石墨管中的残留分析物，以减少和避免记忆效应。

3）石墨炉原子化法的优点　利于原子化，由于样品原子化是在惰性气体保护和强还原性的石墨介质中进行，有利于易形成难熔氧化物元素的原子化；取样量少，通常固体样品 0.1～10mg，液体样品 1～50μL；灵敏度高，样品全部蒸发，原子在测定区的平均滞留时间长，几乎全部样品参与光吸收，绝对灵敏度高；测定范围为 10^{-13}～10^{-9}，一般比火焰原子化法提高几个数量级；测定结果受样品组成的影响小；化学干扰少。

4）石墨炉原子化法的缺点　精密度较火焰原子化法差，存在记忆效应，由于进样量少，相对偏差较大，为 4%～12%；有背景吸收，是共存化合物分子产生吸收造成的，往往需要扣背景。

（3）化学原子化法

1）氢化物原子化法　氢化物原子化法属低温原子化法，其原子化温度为 700～900℃，主要应用于 As、Sb、Bi、Sn、Ge、Se、Pb、Ti 等元素的测定。其检测原理为：在酸性介质中，被测元素与强还原剂硼氢化钠（钾）反应生成气态氢化物。例如：$AsCl_3 + 4NaBH_4 + HCl + 8H_2O \Longrightarrow AsH_3 + 4NaCl + 4HBO_2 + 13H_2$。将被测样品置于专门的氢化物发生器中产生氢化物，然后引入加热的石英吸收管内，或火焰原子化器中，使氢化物分解成气态原子，然后测定其吸光度。

这种原子化法的特点是原子化温度低，灵敏度高（对砷、硒可达 10^{-9}），基体干扰和化学干扰小。

2）冷原子化法　冷原子化法主要应用于各种样品中汞元素的测量。汞在室温下有一定的蒸气压，沸点为 357℃。只要对样品进行化学预处理就可还原出汞原子，由载气（Ar 或 N₂）将汞蒸气送入吸收池内进行测定。其检测原理为：将样品中的汞离子用 $SnCl_2$ 或盐酸羟胺完全还原为金属汞后，用气流将汞蒸气带入具有石英窗的气体测量管中进行吸光度测量。

这种原子化法的特点是常温测量，灵敏度、准确度都较高。

3. 光学系统

原子吸收光谱法应用的波长范围一般在紫外、可见区，即从铯 852.1nm 到砷 193.7nm。光学系统可分为外光路系统和分光系统（单色器）两部分。外光路系统作用是空心阴极灯

（HCL）发出的共振线能正确地通过原子蒸气，并投射在单色器入射狭缝上。分光系统（单色器）是将光源发射且未由被测元素吸收的特征谱线与邻近谱线分开。因谱线比较简单，一般不需要分辨率很高的单色器。为了便于测定，又要有一定的出射光强度，因此若光源强度一定，就需要选用适当的光栅色散率与狭缝宽度配合，构成适于测定的通带。

4. 检测与显示系统

主要由检测器、放大器、对数变换器、显示记录装置组成。

检测器的作用是将单色器分出的光信号进行光电转换。应用光电池、光电管或光敏晶体管都可以实现光电转换。在原子吸收光谱仪中常用光电倍增管（PMT）作为检测器。光电倍增管的工作原理如图1-5所示。当光照射在PMT的阴极上时，光敏物质发射的电子首先被电场加速，落在第一个倍增极上，并击出二次电子，这些二次电子又被电场加速，落在第三个倍增极上，击出更多的三次电子，以此类推。可见，光电倍增管不仅起着光电转换作用，而且还起着电流放大作用。在光电倍增管中，每个倍增极可产生 $2 \sim 5$ 倍的电子，在第 n 个倍增极上就产生 $2n \sim 5n$ 倍于阴极的电子。由于光电倍增管具有灵敏度高（电子放大系数可达 $10^8 \sim 10^9$）、线性影响范围宽（光电流在 $10^{-9} \sim 10^{-4}$ A 范围内与光通量成正比）、响应时间短（约 10^{-9} s）等优点，因此广泛应用于光谱分析仪器中。

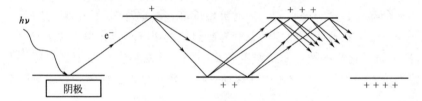

图1-5 光电倍增管的工作原理

放大器的作用是将光电倍增管输出的电压信号放大。多采用同步检波放大器，以改善信噪比。对数变换器的作用是将吸收后的光强度信号进行对数变换。显示记录装置为基于计算机系统的工作站和数据处理软件。

（三）原子吸收光谱分析中背景校正技术

原子吸收光谱分析中的背景校正技术主要有氘灯法、自吸收法（SR法）和塞曼法。氘灯法及塞曼法主要测定背景吸收（BG），自吸收法测定原子吸收与背景吸收之和（AA＋BG）。

1. 氘灯自动背景校正原理

氘灯发射的连续光谱通过单色器的出光狭缝，出射带宽约为 0.2nm（带宽取决于狭缝宽度和色散率），而空心阴极灯发射线的宽度一般约为 0.002nm。在测定时，如果被测元素原子产生了正常吸收，则 $A_测 = A_{背景吸收} + A_{原子吸收}$；故 $A_{原子吸收} = A_测 - A_{背景吸收}$。从连续光源氘灯发出辐射的强度 I_D 在共振线波长处也被吸收，但由于所观察的谱带宽度至少有 0.2nm，因此，在相应吸收线处宽度约为 0.002nm 的辐射强度即使被 100% 吸收，最多也只占辐射强度的 1% 左右，故可忽略不计。因此，$A_氘 = A_{背景吸收}$，所以，$A_{原子吸收} = A_测 - A_{背景吸收} = A_测 - A_氘$。

氘灯法已广泛应用于商品原子吸收光谱仪器中，氘灯校正的波长和原子吸收波长相同，校正效果显然比非共振线法好。氘灯校正背景是商品仪器使用最普遍的，为提高背景扣除能力，从电路和光路设计上都有改进，自动化程度提高。

2. 自吸收校正背景的原理

在较小的灯电流下，空心阴极灯内溅射出的基态原子得以充分激发，发射的谱线自吸收现象较轻，用于原子吸收测量，即在小电流下测定原子吸收和背景吸收之和（AA＋BG）。当加大灯电流时，灯内溅射作用加剧，出现大量未激发的基态原子，这些基态原子对灯发射的谱线产生原子吸收，导致谱线自吸收变宽，中心波长能量下降（也称自蚀），测定灵敏度降低。利用这种自吸收变宽现象，在灵敏度低的谱线下测量背景吸收。

一般情况下，灯内的自吸收现象不能达到完全不产生原子吸收的程度。即大电流测定背景吸收（BG）和微量的原子吸收（AA）。于是，利用自吸收校正背景时测定灵敏度有所降低，这是由于校正过了。提高灯电流的高电流部分的电流值是提高以自吸收校正背景法测定灵敏度的有效手段。

3. 塞曼效应校正法

（1）塞曼（Zeeman）效应　当原子谱线被置于磁场中时，谱线会发生分裂，这种现象就是塞曼效应。正常塞曼效应（或称为简单塞曼效应）发生时，谱线被分裂成两个 σ 分量和一个 π 分量，π 分量留在原谱线位置，σ 分量则对称地出现在原谱线两侧数皮克纳米处。该分量偏离的程度取决于磁场强度的大小。π 分量与磁场方向平行，σ 分量与磁场方向垂直。磁场关闭时测得总吸收信号，磁场打开时，π 分量被偏振器滤除，σ 分量则因偏离共振谱线而不能检出，分子吸收信号不受磁场影响，因此，此时所得测量值为背景信号。塞曼扣背景原理如图 1-6 所示。

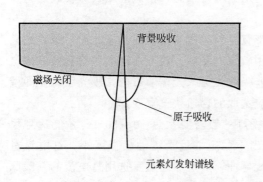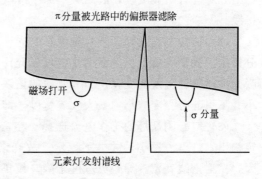

图 1-6　塞曼扣背景原理图

（2）塞曼扣背景的几种类型　塞曼扣背景因仪器的设计不同，有数种类型。磁场可加在灯源上，也可加在原子化器上。在实践中，因磁场加在灯源上会使元素灯不稳定，所以加在原子化器上比较合适。磁场本身可能是直流永磁磁场或交流调制磁场。另外，从磁场的方向来说，又可分为纵向和横向磁场两类。

1）直流永磁塞曼扣背景　需加一旋转的偏振器来区分平行及垂直偏振谱线。该系统中，原子谱线分裂始终存在，因而灵敏度损失十分严重。

2）交流调制塞曼扣背景　电交流电磁场快速开关，交替测量总吸收和比较吸收。早在 1971 年，Agilent 公司就对所有塞曼扣背景可能出现的形态进行了专利注册，并选择了其中灵敏度较好的一种交流调制扣背景方式，配置在其生产的仪器上。实践证明，其选择是十分正确的。

3）纵向磁场扣背景　纵向磁场的方向与光路平行，因而所分裂出的 π 分量因与光路方向垂直而不进入单色器。那么，在光路中就无需用偏振器了。因此提高了光通量，可得到较好的检出限。当然仪器其他方面的设计对仪器整体性能的影响也不可忽视。

4）横向磁场扣背景　如上所述，在光路中加一偏振器将 π 分量滤除。

（3）塞曼扣背景优点　其背景的扣除准确地在被测元素共振谱线处进行，且只需一个光源；覆盖整个波长范围；可准确扣除结构背景；可扣除某些谱线干扰；背景校正速度快，提高了扣背景的准确性；可扣除高背景吸收。

三、原子吸收光谱的定量分析

1. 样品的制备与前处理

首先是样品的制备，先取样，取样要有代表性，取样量多少取决于样品中被测元素性质、含量、分析方法及测定要求；再根据标准方法制备样品。对于不同的样品，前处理的方式不同。比较常用的前处理方式有电热板消解法、微波消解法、有机溶剂萃取法、熔融法等。

2. 仪器条件的选择

（1）分析线选择　通常选用共振吸收线为分析线，测定高含量元素时，可以选用灵敏度较低的非共振吸收线为分析线。As、Se 等共振吸收线位于 200nm 以下的远紫外区，火焰组分对其有明显吸收，故用火焰原子吸收法测定这些元素时，不宜选用共振吸收线为分析线。

（2）狭缝宽度选择　狭缝宽度影响光谱通带宽度与检测器接受的能量。原子吸收光谱分析中，光谱重叠干扰的概率小，可以允许使用较宽的狭缝。调节不同的狭缝宽度，测定吸光度随狭缝宽度而变化，当有其他的谱线或非吸收光进入光谱通带内，吸光度将立即减小。不引起吸光度减小的最大狭缝宽度，即为应选取的合适狭缝宽度。

（3）空心阴极灯的工作电流选择　空心阴极灯一般需要预热 10～30min 才能达到稳定输出。灯电流过小，放电不稳定，故光谱输出不稳定，且光谱输出强度小；灯电流过大，发射谱线变宽，导致灵敏度下降，校正曲线弯曲，灯寿命缩短。选用灯电流的一般原则是：在保证有足够强且稳定的光强输出条件下，尽量使用较低的工作电流。通常以空心阴极灯上标明的最大电流的 1/2～2/3 作为工作电流。在具体的分析场合中，最适宜的工作电流由实验确定。

（4）原子化条件的选择

1）火焰类型和特性　在火焰原子化法中，火焰类型和特性是影响原子化效率的主要因素。对低、中温元素，使用空气-乙炔火焰；对高温元素，宜采用氧化亚氮-乙炔高温火焰；对分析线位于远紫外区（200nm 以下）的元素，使用空气-氢火焰是合适的。对于确定类型的火焰，稍富燃的火焰（燃气量大于化学计量）是有利的。对氧化物不十分稳定的元素如 Cu、Mg、Fe、Co、Ni 等，用化学计量火焰（燃气与助燃气的比例约等于化学计量）或贫燃火焰（燃气量小于化学计量）也可以。为获得所需特性的火焰，需调节燃气与助燃气的比例。

2）燃烧器的高度选择　在火焰区内，自由原子的空间分布不均匀，且随火焰条件而改变，因此，应调节燃烧器的高度，以使来自空心阴极灯的光束从自由原子浓度最大的火焰区通过，以期获得高的灵敏度。

3）程序升温的条件选择　在石墨炉原子化法中，合理选择干燥、灰化、原子化及除残温度与时间是十分重要的。干燥应在稍低于溶剂沸点的温度下进行，以防止样品溶液飞溅。灰化的目的是除去基体和局外组分，在保证被测元素没有损失的前提下应尽可能使用较高的灰化温度。一般来说，选用达到最大吸收信号的最低温度作为原子化温度。原子化时间的选择，应以保证完全原子化为准。原子化阶段停止通保护气，以延长自由原子在石墨炉内的平均停留时间。除残的目的是消除残留物产生的记忆效应，除残温度应高于原子化温度。

4）进样量选择　进样量过小，吸收信号弱，不便于测量；进样量过大，在火焰原子化法中对火焰产生冷却效应，而在石墨炉原子化法中会增加除残的困难程度。在实际工作中，应测定吸光度随进样量的变化，获得最合适吸光度的进样量，作为应选择的进样量。

3. 原子吸收光谱的定量分析方法

（1）标准曲线法　通常配制与样品溶液基体一致，质量分数相近且含有不同浓度被测元素标准系列溶液，分别测定 A 值，作 A-c 曲线，测定样品溶液的 A_x，从标准曲线上查得 c_x。根据朗伯-比尔定律，从测量误差的角度考虑，A 值在 $0.15\sim1.00$ 之间，测量误差最小。为了保证测定结果的准确度，标准系列溶液浓度应尽可能与实际样品浓度接近。

重要的是，在实际工作中应用标准曲线时，标准曲线必须是线性的，而标准曲线是否线性通常受许多因素影响，导致其弯曲的因素主要有以下几种。

1）压力变宽　当被测元素浓度较高时，其原子蒸气的分压增大，产生压力变宽（属Holtzmark 变宽），使吸收强度下降，故使标准曲线向浓度轴弯曲。通常 $\Delta\lambda_e/\Delta\lambda_a<1/5$ 时，标准曲线是线性的；$1/5<\Delta\lambda_e/\Delta\lambda_a<1$ 时，标准曲线在高浓度区稍向浓度轴弯曲；$\Delta\lambda_e/\Delta\lambda_a>1$ 时，二者不成线性。

2）非吸收光的影响　当共振线与非吸收线同时进入检测器时，由于非吸收线不遵守朗伯-比尔定律，引起工作曲线弯曲。

3）电离效应　当元素的电离电位低于 6eV 时，在火焰中易电离，使基态原子数目减少。浓度低时，电离度大，A 下降多，标准曲线向浓度轴弯曲；浓度高时，电离度小，A 下降少，标准曲线向吸光度轴弯曲。

考虑到上述因素，采用本方法时应注意以下几点：a. 所配标准系列溶液的浓度，应在 A 与 c 成线性关系的范围内；b. 标准溶液与样品溶液应用相同的试剂处理，并扣除空白值；c. 整个分析过程中，操作条件应保持一致；d. 由于喷雾效率和火焰状态经常变动，标准曲线的斜率也随之变动，因此，每次测定前应用标准溶液对吸光度进行检查和校正，适用于分析组成简单、干扰较少的样品。

（2）标准加入法　在 AAS 法中，一般来说，当样品溶液中的基体成分复杂，难以配制纯净的基体空白溶液，而且样品中的基体对测定结果有较大影响，存在明显的干扰时选用标准加入法进行测定。

在应用本方法时应注意以下几点：a. 被测元素的浓度与其对应吸光度 A 成线性关系；b. 至少应采用四个点来作外推曲线，加入标准溶液的增量要合适，使第一个加入量产生的吸光度约为样品原吸光度的 1/2；c. 本方法能消除基体效应，但不能消除背景吸收的影响；d. 对于斜率太小的曲线，容易引起较大误差；e. 当样品基体影响较大，且又没有纯净的基体空白，或测定纯物质中极微量的元素时采用。

四、原子吸收光谱仪的特点

目前知名原子吸收光谱仪的厂家主要有岛津公司、安捷伦公司、热电公司、珀金埃尔默公司、耶拿公司等，这些厂家生产的仪器性能稳定，方便操作，在硬件和软件方面做了很多创新，目的就是提高仪器的检出限。在众多的改进中，连续光源和石墨炉加热方式是最能反映仪器性能指标的两个方面，在此简单介绍二者的特点[9]。

1. 连续光源

大部分的仪器厂家所生产的原子吸收光谱仪的光源都是锐线光源，而耶拿公司采用的是连续光源，这种连续光源是高聚焦短弧氙灯，该光源从紫外到近红外（180～900nm）都有强的辐射，能满足所有元素的测量需求，且不需要更换元素灯，开机后就可以立即进行测量。该仪器采用了高分辨率的中阶梯光栅单色器，经色散后所得谱线宽度可达 pm级，检测器采用了线阵 CCD 检测器，从而可获得吸收谱线轮廓及周边各种光谱的分析信息，可以顺序扫描进行多元素测定。现在，将这种系统称为连续光源高分辨原子吸收光谱仪，而将传统使用锐线光源的原子吸收光谱仪称为线光源原子吸收光谱仪。

2. 石墨炉加热方式

石墨炉加热方式是原子吸收光谱仪的关键技术，直接关系到原子化效率的优劣，影响分析的灵敏度。石墨炉加热方式目前主要分为纵向加热和横向加热两种，与加热电流的方向及光线通过石墨炉的方向有关。

（1）纵向加热　加热方向（电流方向）沿光轴方向进行，即电流方向与光轴方向平行。目前，绝大多数石墨炉原子化器都是采用纵向加热。纵向加热石墨炉的原子化温度可达到近 3000℃，结构比横向加热石墨炉简单。但是纵向加热石墨管内的温度不均匀，如果说石墨管的中心温度达到 3000℃，则长度为 28mm 的纵向石墨管两端的温度只有2500℃，其中心与两端的温度差达到 500℃，且基本上呈正态分布。因此，纵向加热石墨炉的原子化效率不均匀，基本上呈正态分布，从而导致原子蒸气的浓度不均匀，石墨管中心的原子蒸气浓度高，两端的原子蒸气浓度低，影响分析的灵敏度。由于石墨管的温度梯度大，原子化效率不均匀，纵向加热石墨炉不适用于对难熔、难测的高温元素和复杂体系样品的分析，如钼、钡等高温元素。由于纵向加热石墨炉历史悠久，制造技术难度比横向加热小，成本低，所以大多数原子吸收仪仍然采用纵向加热方式。

（2）横向加热　横向加热的加热方向（电流方向）与光轴垂直。横向加热石墨炉的两端不与冷却水接触，因此石墨管中心和两端的温度差比较小，石墨管里的原子化温度均匀，这是横向加热石墨炉最突出的优点，这种加热方式可以避免用水冷却电极的时候带走石墨管两端的热量，保证石墨管里光线通过的方向上只存在很小的温度梯度。但是，横向加热石墨炉的原子化温度要比纵向加热石墨炉低 300℃左右。横向加热石墨炉的原子化时间短于纵向加热石墨炉，且横向加热石墨炉测得的灵敏度普遍比纵向加热石墨炉高。由此可以看出，横向加热石墨炉在原子化过程中提供了良好的时间和空间恒温环境，提高了分析的可靠性，同时延长了石墨管的使用寿命。

值得一提的是，将前处理装置与石墨炉原子吸收光谱仪（GFAAS）联用，可有效提高检测灵敏度。de la Calle I 等[12]以液相微萃取与 GFAAS 的联用为主题，评述了与各类微型化溶剂萃取装置联用对石墨炉原子吸收光谱灵敏度的增强效果及其在金属、准金属、有机金属化合物检测方面的应用。

3. 原子吸收光谱法在冶金工业分析中的应用

原子吸收光谱法已经广泛地应用于冶金工业分析中。在现行有效的国家标准中，采用火焰原子吸收光谱法 FAAS、氢化物发生-火焰原子吸收光谱法联用 HG-FAAS、石墨炉原子吸收光谱法 GFAAS 和冷原子吸收光谱法 CAAS，分析各种各样冶金产品中的基体元素、微量元素和痕量元素的标准方法数量较多，见表 1-4。原子吸收光谱法作为一种标准的分析方法，是冶金工业最常用的一种元素分析方法。

⊡ **表 1-4　原子吸收光谱法分析冶金产品的现行标准数量**

产品种类	现行标准数	产品种类	现行标准数
稀土	10	铜	21
钢和铁、铁合金	13	镍、锌、锑、铅	20
贵金属	9	锂、镁、钾、钙	24
铝	17	钛、铌、钽、硒、铟、硬质合金	7
钨	11	金属盐、工业硅、其他	4
钼	10	合计	146

第三节　原子荧光光谱分析技术

1964 年，Winefordner 等首先提出用原子荧光光谱（AFS）作为分析方法的概念。1969 年，Holak 研究出氢化物气体分离技术并用于原子吸收光谱法测定砷。1974 年，Tsujiu 等将原子荧光光谱和氢化物气体分离技术相结合，提出了气体分离-非色散原子荧光光谱测定砷的方法，这种联合技术也是现代常用氢化物发生-原子荧光光谱（HG-AFS）分析的基础架构。

一、原子荧光光谱基本原理

原子荧光是原子蒸气受具有特征波长的光源照射后，其中一些自由原子的外层电子被激发跃迁到较高能态，处于高能态的电子很不稳定，在极短的时间（约 10^{-8} s）内即会自发返回到较低能态（通常是基态）或临近基态的另一能态，同时将吸收的能量以辐射的形式释放出去，发射出具有特征波长的原子荧光谱线。各种元素都有特定的原子荧光光谱，据此可以辨别元素的存在。在一定条件下，原子荧光谱线强度与被测元素含量成线性关系，这就是原子荧光光谱分析的原理。

原子荧光光谱分析是在原子发射光谱分析法、荧光光谱分析法和原子吸收分光光度法的基础上发展起来的。但是，原子荧光分析法又区别于荧光分析法，荧光分析法是测量基态分子受激发而产生的分子荧光，可以用来测定样品中分子的含量；而原子荧光是基态原子受激发而产生的，故原子荧光法用来测定样品中的能够被检测到荧光能量的杂质元素含量。

原子荧光分析法又不同于火焰或等离子体原子发射光谱分析法。原子发射光谱法一般用电弧、火花、火焰、激光以及等离子光源来激发，是由粒子互相发生碰撞交换能量而使原子激发发光的，其激发机理属于热激发。原子荧光分析则是被测样品以原子化器实现原子化后，再经激发光束照射后而被激发，属于冷激发，被称为光致发光或二次发光。激发光源停止时，再发射过程立即停止，这样的激发方式又和原子吸收光谱分析法很类似。

所以可认为，原子荧光分析法是荧光分析法、原子发射光谱（AES）法和原子吸收光谱（AAS）法的综合和发展。从理论上来说，它具有上述 AAS 和 AES 原子光谱法的优点，同时也克服了两者的不足。

1. 原子荧光的类型

自原子荧光现象被发现以来，由于新技术的不断发展，可调谐激光器的应用，原子荧光产生的形式更加多样化了，但应用在分析上的原子荧光主要有共振荧光、非共振荧光与敏化荧光等类型[8]。图 1-7 为原子荧光产生的过程。

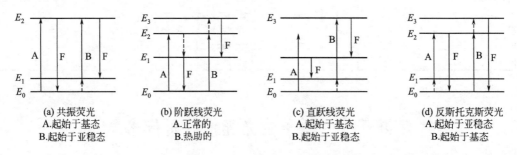

图 1-7 原子荧光产生的过程

A、B—吸收；F—荧光；- - - -非辐射跃迁

（1）共振荧光 气态原子吸收共振线被激发后，再发射与原吸收线波长相同的荧光即是共振荧光。它的特点是激发线与荧光线的高低能级相同，其产生过程见图 1-7(a) 中的 A～F。如锌原子吸收 213.86nm 的光，它发射荧光的波长为 213.861nm。若原子受热激发处于亚稳态，再吸收辐射进一步激发，然后再发射相同波长的共振荧光，此种原子荧光称为热助共振荧光。其产生过程见图 1-7(a) 中的 B～F，原子受热从 E_0 能级跃迁到 E_1 能级，处于亚稳态，再吸收辐射 B 跃迁到 E_2 能级，然后发射荧光 F 至 E_1 能级，吸收辐射和发射辐射的波长相同。

（2）非共振荧光 当荧光与激发光的波长不相同时，产生非共振荧光。非共振荧光又分为阶跃线荧光、直跃线荧光、反斯托克斯荧光。

1）阶跃线荧光 有两种情况，其中一种情况是正常阶跃荧光为被光照激发的原子，以非辐射形式去激发返回到较低能级，再以发射形式返回基态而发射的荧光。很显然，荧光波长大于激发线波长。例如钠原子吸收 330.30nm 光，发射出 588.99nm 的荧光。非辐射形式为在原子化器中原子与其他粒子碰撞的去激发过程。另一种情况是热助阶跃荧光，即被光照射激发的原子跃迁至中间能级，又发生热激发至高能级，然后返回至低能级发射的荧光。例如铬原子被 359.35nm 的光激发后会产生很强的 357.87nm 荧光。阶跃线荧光产生的过程见图 1-7(b)。

2) 直跃线荧光　激发态原子跃迁回至高于基态的亚稳态时所发射的荧光称为直跃线荧光，见图 1-7(c)。由于荧光的能级间隔小于激发线的能级间隔，所以荧光的波长大于激发线的波长。例如铅原子吸收 283.31nm 的光，而发射 405.78nm 的荧光。它的激发线和荧光线具有相同的高能级，而低能级不同。如果荧光线激发能大于荧光能，即荧光线的波长大于激发线的波长称为 Stokes（斯托克斯）荧光；反之，称为 anti-Stokes（反斯托克斯）荧光。其中，直跃线荧光为 Stokes 荧光。

3) 反斯托克斯荧光　当自由原子跃迁至某一能级，其获得的能量一部分是由光源激发能供给，另一部分是热能供给，然后返回低能级所发射的荧光为反斯托克斯荧光。其荧光能大于激发能，荧光波长小于激发线波长。例如铟吸收热能后处于一较低的亚稳能级，再吸收 451.13nm 的光后，发射 410.18nm 的荧光，见图 1-7(d)。

（3）敏化荧光　受光激发的原子（给体）通过碰撞把能量传递给另一个原子（受体）使其激发，受体以辐射形式去激发而发射的荧光即为敏化荧光。敏化荧光产生的条件是给体的浓度要很高，而在火焰原子化器中原子浓度通常是很低的，同时给体原子主要通过碰撞去激发，所以在火焰原子化器中难以观察到原子敏化荧光，此现象只有理论意义。

在以上各种类型的原子荧光中，共振荧光强度最大，最为常用。

2. 原子荧光定量分析基本关系式

从实际工作的条件出发，可以近似地推导出荧光强度与被测元素浓度之间的简单方程式。原子荧光的发射强度与样品中被测元素的浓度、激发光源的发光强度以及其他参数之间存在着一定的函数关系，可以用式(1-21)表示：

$$I_f = \varphi I_0 (1 - e^{-K_\lambda L N}) \tag{1-21}$$

式中，I_f 为原子荧光强度；φ 为原子荧光量子效率；I_0 为光源辐射强度；K_λ 为在一定波长时的峰值吸收系数；L 为吸收光程；N 为单位长度内基态原子数。

对于给定的元素来说，当光源的波长和强度固定，吸收光程固定，原子化条件一定，在元素浓度较低时，荧光强度与荧光物质的质量浓度ρ 有如下简单的关系（α 为常数）：

$$I_f = \alpha \rho \tag{1-22}$$

式(1-22) 即为原子荧光定量分析的基本关系式。式中，α 为常数，即原子荧光辐射强度与样品中被测元素含量在较低的浓度范围内存在线性关系。原子荧光光谱法是一种痕量元素分析方法。

3. 原子荧光量子效率和猝灭

（1）荧光量子效率　荧光量子效率即单位时间内发射的荧光光子数和吸收激发光的光子数之比，如式(1-23)所示：

$$\varphi = \frac{\varphi_F}{\varphi_A} \tag{1-23}$$

式中，φ_F 为单位时间内发射的荧光光子能量；φ_A 为单位时间内吸收激发光源的光子能量；φ 为荧光量子效率，其值一般总是小于 1。

（2）荧光猝灭　受激发原子和原子化器中其他粒子（分子、原子、电子或固体颗粒）发生非弹性碰撞而丧失其能量，把一部分能量变成热运动与其他形式的能量，因而发生无辐射的去激发过程。例如：$M^* + X \Longrightarrow M + X + \Delta H$。式中，$M^*$ 为激发态原子；X 为中性原子或火焰燃烧产物分子；ΔH 为热能量。

荧光猝灭将严重影响原子荧光光谱分析，猝灭的程度取决于原子化器的气氛。所以提高原子化效率，使原子蒸气中的分子或其他粒子减少，是减少荧光猝灭现象的关键。可用氩气来稀释火焰，减少猝灭现象。

二、原子荧光光谱仪及使用方法

早期的原子荧光光谱仪分析首先采用的是火焰原子化法，与 AAS 中使用的火焰原子化器基本上相同，曾用空气-乙炔火焰、氢-氧火焰、氩-氢火焰等。由于火焰原子化法易产生严重的荧光猝灭现象，难以得到较好的检出限，此类仪器现已停产。后来，原子荧光光谱仪采用电热原子化器，其中包括石墨炉原子化器，而 AFS 使用的石墨炉原子化器与用于 AAS 分析的石墨炉原子化器在结构上有些差别。虽然电热原子化器与火焰原子化器相比，能使部分元素得到较低的检出限。但是由于技术不成熟，目前没有商业产品。

蒸气发生-原子荧光光谱法（vapour generation-atomic fluorescence spectrometry，VG-AFS）是目前唯一形成商品化仪器的方法。1982 年该仪器由我国首先研制成功，并迅速实现商业化。在本书中重点介绍 VG-AFS 的仪器设备结构、操作方法和应用。

（一）原子荧光光谱仪的基本组成部分

原子荧光光谱仪由激发光源、蒸气发生系统、原子化器、光学系统、检测器与数据处理系统等部分组成。原子荧光光谱仪分为非色散型和色散型，这两类仪器的结构基本相似，差别在于单色器部分，也就是对生成的荧光是否进行分光。两类仪器均包括以下几部分。

1. 激发光源

可用连续光源或锐线光源。常用的连续光源是氙弧灯，常用的锐线光源是高强度（双阴极）空心阴极灯、空心阴极灯（单阴极，具体介绍参见本章第二节对原子吸收光谱仪光源的介绍）、无极放电灯、激光（尚未应用于商业仪器）等。连续光源稳定，操作简便，寿命长，能用于多元素同时分析，但检出限较差。锐线光源辐射强度高、稳定，可得到更好的检出限。

2. 蒸气发生系统（氢化物发生器）

（1）间断法　优点是装置简单、灵敏度（峰高方式）较高。这种进样方法主要在氢化物发生技术初期使用，现在有些冷原子吸收测汞仪还使用，缺点是液相干扰较严重。

（2）连续流动法　采用此方法所获得的是连续信号。该方法装置较简单，液相干扰少，易于实现自动化。由于溶液是连续流动进行反应，样品与还原剂之间严格按照一定的比例混合，故对反应酸度要求很高的那些元素也能得到很好的测定精密度和较高的发生效率。连续流动法的缺点是样品及试剂的消耗量较大，清洗时间较长。这种氢化物发生器结构比较复杂，整个发生系统包括两个注射泵，一个多通道阀，一套蠕动泵及气液分离系统，整个氢化物发生系统价格昂贵。

（3）**断续流动法**　针对连续流动法的不足，在保留其优点的基础上，1992年，断续流动氢化物发生器的概念首先由西北有色地质研究院郭小伟教授提出，它是一种集结了连续流动与流动注射氢化物发生技术各自优点而发展起来的一种新型氢化物发生装置。此后，由海光公司将这种氢化物发生装置配备在一系列商品化的原子荧光仪器上，从而开创了半自动化及全自动化氢化物发生-原子荧光光谱仪器的新时代。它的结构与连续流动法近似，关键技术有以下两个特点：一是利用进样毛细管的长度来实现"定量采样"方式，与流动注射法相比，既能定量采样，又能省去容易漏液的旋转式采样阀；二是样品溶液与载流使用同一个流路交叉进行，载流将采样环中的样品溶液推入混合反应块中反应，同时又清洗了进样管道，避免了样品之间的交叉污染。

（4）**流动注射氢化物发生法**　结合连续流动法和断续流动法的特点，在连续流动法的基础上增加了存样环。样品溶液与还原剂分别从两个流路同时进入气液分离器进行反应，挥发出的化合物和氢气由载气导入石英炉进行原子化。

3. 原子化器

原子荧光光谱仪对原子化器的要求与原子吸收光谱仪基本相同，主要是原子化效率要高。氢化物发生-原子荧光光度计的原子化器是专门设计的，是一个电炉丝加热的石英管，氩气作为屏蔽气及载气。

4. 光学系统

作用是充分利用激发光源的能量和接收有用的荧光信号，减少和除去杂散光。光学系统由狭缝、色散元件（光栅或棱镜）和若干个反射镜或透镜所组成。对色散元件分辨能力要求不高，但要求有较大的集光本领，常用的色散元件是光栅。非色散型仪器的滤光器用来分离分析线和邻近谱线，降低背景。非色散型仪器的优点是照明立体角大，光谱通带宽，集光本领大，荧光信号强度大，仪器结构简单，操作方便。其缺点是受杂散光的影响大。

5. 检测器

目前常用的是日本滨松公司生产的日盲型光电倍增管（R166或R7154），光阴极为Cs-Te材料，在160～320nm波长内有很高的灵敏度。在多元素原子荧光光谱仪中，也用光导摄像管、析像管作检测器。检测器与激发光束成直角配置，以避免激发光源对检测原子荧光信号的影响。AAS与AFS仪器工作原理对比如图1-8所示[10]。

6. 数据处理系统

常用的未知样品检测的软件可设置仪器条件、测量条件、样品参数、数据处理等，同时可观察测定样品的实时荧光信号峰形，进行曲线拟合和计算测量结果。还有监测仪器性能指标的工作软件，如仪器稳定性、检出限、精密度和工作曲线的线性测试等。

（二）原子荧光光谱分析的一般步骤

1. 样品的前处理

在原子荧光分析前，应采用合适的方法将样品处理成均匀的水溶液，如灰化法、消解

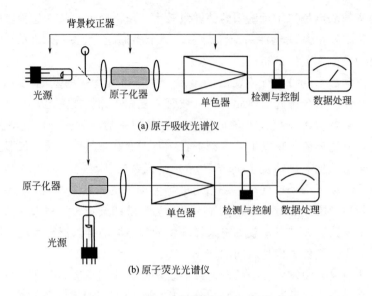

图 1-8　AAS 与 AFS 仪器工作原理对比示意

法等。同时，应结合分析方法、样品性质、被测元素等诸多方面综合考虑样品前处理中各种因素的影响，包括：前处理过程应保证样品完全分解；选用的前处理方法应保证被测元素无损失或不产生不溶性化合物，例如测汞时，样品不能采用灰化或高温敞开式消解以免汞挥发损失；所有试剂应检查空白，并考虑试剂对定量产生的干扰，无机酸建议采用优级纯，同时应做空白试验；样品前处理后的介质应符合被测元素氢化物发生的条件。

大多数的冶金产品可采用湿法酸消解，常用的酸有盐酸、硝酸、高氯酸、氢氟酸、硫酸等无机酸以及它们的混合酸等。少量难溶样品采用微波消解法或熔融消解法。

2. 仪器正常使用程序

（1）安装元素灯并调整光路　安装好被测元素的空心阴极灯，开启仪器电源后进入仪器软件操作界面，选择被测元素灯的灯电流，点亮后的空心阴极灯应发光稳定，无闪烁现象。预热 20～30min 后进行测定。光路调节：将调光器放置在石英炉原子化器的炉口上端，有刻度的一面正对光源照射的方向，调节空气阴极灯灯架上的旋钮，使元素空心阴极灯发出的光斑落在调光器上，使光斑调节到原子化器石英炉芯的中心线与透镜的水平中心线的交汇点上。光路调节正常后取下调光器。一般地，新装或更换空心阴极灯时都应进行光路调节。

（2）打开气源　打开氩气钢瓶的总开关，调节压力表上的压力调节旋钮，使分压表的指示压力在 0.25～0.3MPa 之间。

（3）设置并优化仪器参数　根据样品中被测元素的种类及质量分数，确定标准曲线的测量范围，设定仪器各项参数，包括灯电流、负高压、载气流量、屏蔽气流量、延迟时间、积分时间等。

（4）氢化物发生器的操作　氢化物发生器的工作原理如图 1-9 所示。

1）间断法　在玻璃或塑料制发生器中加入被测样品溶液，通过电磁阀或其他方法控制 NaBH4 溶液的加入量，并可自动将清洗水喷洒在发生器的内壁进行清洗，载气由支管导入发生器底部，利用载气搅拌溶液以加速氢化反应，然后将生成的氢化物导入原子化器

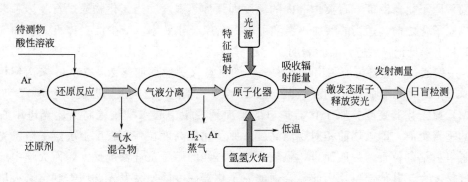

图 1-9　氢化物发生器的工作原理

中。测定结束后将废液放出，洗净发生器，加入第二个样品如前述进行测定，由于整个操作是间断进行的，故称为间断法。

2）连续流动法　连续流动法是将样品溶液和 $NaBH_4$ 溶液由蠕动泵以一定速度在聚四氟乙烯的管道中流动并在混合器中混合（严格按照一定的比例混合），然后通过气液分离器将生成的气态氢化物导入原子化器，同时排出废液。

3）断续流动法　仪器由计算机控制，按下述步骤工作：a. 蠕动泵转动一定的时间，样品被吸入并存储在存样环中，但未进入混合器中，与此同时还原剂（如 $NaBH_4$ 溶液）也被吸入同一管道中；b. 泵停止运转以便操作者将吸样管放入载流中；c. 泵高速转动，载流迅速将样品注入混合器，使其与还原剂反应，所生成的氢化物经气液分离后进入原子化器。

4）流动注射氢化物技术　通过程序控制蠕动泵，将还原剂和载液（如 HCl 溶液）注入反应器，样品溶液吸入后储存在取样环中，待清洗完成后再将样品溶液注入反应器发生反应，然后通过载气将生成的氢化物送入石英原子化器进行测定。

（5）按说明书测定标准系列溶液和样品溶液，保存和打印相关数据。

（6）仪器使用后应清洗蒸气发生反应系统管路，用去离子水清洗 2～3 次。

（7）将泵管从蠕动泵上拆下，然后顺序关闭氩气开关、主机、氢气发生器、操作软件，最后关稳压电源、通风设备、实验室电源。

3. 仪器工作参数的选择

仪器工作条件的设置和优化，对提高分析灵敏度、精密度和准确度至关重要。主要的仪器参数有灯电流、光电倍增管（PMT）负高压、原子化器温度、原子化器高度、载气和屏蔽气流量、进样量及采样控制。

（1）灯电流　目前采用短脉冲供电方式的激发电源，主要有单阴极空心阴极灯和高性能（双阴极）空心阴极灯，在一定范围内荧光强度和检测灵敏度随着灯电流的增加而增大。但灯电流过大，会发生自吸现象，噪声也会增大，会缩短灯的寿命。不同元素灯的灯电流与荧光强度的关系曲线不同。

（2）光电倍增管（PMT）负高压　指施加于光电倍增管两极的电压。光电倍增管的放大倍数与 PMT 负高压有密切关系，在满足分析要求的前提下，光电倍增管的负高压尽量不要设置太高。研究表明，当光电倍增管的负高压在 200～500V 之间时其信噪比是恒定的。

（3）原子化器温度　石英炉芯内的温度即预加热温度。当氢化物通过石英炉芯进入氩氢火焰原子化之前，适当的预加热温度可以提高原子化效率，减少荧光猝灭效应和气相干扰，有利于降低记忆效应。实验表明，对于屏蔽式石英炉原子化器，200℃是较佳的预加热温度，一般通过点燃石英炉芯出口外围缠绕的电点火炉丝预加热 20～30min 未达到相应温度。原子化器温度与原子化温度（即氩氢火焰温度）不同，氩氢火焰温度约为780℃。

（4）原子化器高度　原子化器炉口的平面到透镜中心水平线（同上述光斑中心线位置）的垂直距离，即火焰的相对观测高度。原子化器高度在一定程度上决定了激发光源照射在氩氢火焰的位置。一般而言，氩氢火焰中心线的原子蒸气密度最大，而火焰中部的原子蒸气密度大于其他部位，因此，合适的原子化器高度能使激发光源照射到氩氢火焰中原子蒸气密度最大处，从而获得最强的原子荧光信号，以提高检测灵敏度和重复性。

（5）载气和屏蔽气流量　目前绝大多数原子荧光光谱仪采用氩气作为工作气体，氩气在工作中同时起载气和屏蔽气的作用，流量大小多通过专用软件设定后由仪器自动控制。反应条件一定时，载气流量主要影响氩氢火焰的状态。载气流量太小，会导致氩氢火焰较小且左右摆动，测量重复性差；载气流量偏大时，原子蒸气会被稀释，检测灵敏度下降；过大的载气流量则使氢气密度过小，还可能导致氩氢火焰被冲断而无法形成，得不到测量信号。屏蔽气流量偏小时，氩氢火焰肥大，信号不稳定；屏蔽气流量偏大时，氩氢火焰细长，信号也不稳定，并且灵敏度下降。

对于单层非屏蔽石英炉原子化器而言，载气流量一般为 600～800mL/min；对于双层石英管原子化器，载气流量一般为 300～600mL/min，屏蔽气流量一般为 600～1100mL/min，可获得较好的检测灵敏度和重现性。

（6）进样量及采样控制　仪器的最佳进样量，一般按仪器说明书的规定操作，可通过改变采样时间和泵速调整进样量。采样控制主要是选择适宜的延迟时间和积分时间。

① 延迟时间是指当样品与还原剂开始反应后，产生的氢化物（或蒸气）到达原子化器所需要的时间。延迟时间设置较短，会导致形成的峰形滞后；延迟时间设置较长，会导致形成的峰形前移，因而会损失测量信号，使检测灵敏度和重复性降低。过短的延迟时间还会缩短灯的使用寿命，增加空白噪声。

② 积分时间是指进行分析采样的时间，即空心阴极灯以事先设定的灯电流发光照射原子蒸气激发产生荧光的整个过程。它与蠕动（注射）泵的泵速、还原剂浓度、进样体积、气流量和气液分离器的结果等因素有关。确定合适的积分时间非常重要，以峰面积积分计算时能将整个荧光峰全部纳入为最佳。一般地，砷、锑、铋等元素氢化反应速率较快，积分时间为 10～12s；汞的反应时间长，积分时间为 12～14s。由于该方法检测到的信号峰形图中，峰高的位置不是很明显，因此信号的采集方式选择峰面积。

4. 分析注意事项

① 安装和更换空心阴极灯时，一定要在主机电源关闭条件下操作，切忌带电插拔灯。手指不可直接触摸通光窗口；待灯管冷却后才能取下；不常用的元素灯最好每隔 3～4 个月点燃 2～3h。使用时不得超过说明书的最大额定电流，否则会导致阴极材料大量溅射、热蒸发或阴极熔化，寿命缩短甚至损坏。

② 仪器运行之前一定要先打开气源（氩气）。测量时蠕动泵启动前，应将吸液管放入相应的溶液或去离子水中。

③ 分析所用酸尽可能选择正规厂家的优级纯酸，其他试剂纯度应符合国标要求。实验用玻璃器皿都应先用 $10\%\sim20\%$ HNO_3 浸泡 24h，再用蒸馏水清洗干净。被测元素标准溶液（特别是汞标准溶液）和还原剂应现配现用，标准储备液应定期更换。

④ 测定未知浓度或高含量样品时，应进行充分稀释后再测定，避免高含量被测元素（特别是汞）对反应系统的污染。一般而言，原子荧光光谱仪允许进样的砷最高浓度为 200ng/mL，汞最高浓度为 20ng/mL。

⑤ 尽量选择与标准系列溶液基体相一致的等浓度酸溶液作为载流，用于推进样品至反应系统并清洗整个进样系统。一般可选择 $2\%\sim20\%$ 盐酸或者硝酸。

⑥ 测量结束后，一定要用蒸馏水多次清洗进样系统，并排空积液。

（三）原子荧光光谱法的特点

原子荧光光谱法（AFS）具有原子发射光谱法（AES）和原子吸收光谱法（AAS）的优点，同时也克服了两者的不足。蒸气发生-原子荧光光谱法测定砷、汞、硒、碲、铅、镉、锡等元素具有很高的分析灵敏度和很低的检出限，是原子光谱法中测定痕量和超痕量元素的有效方法之一，它的特点大致可归纳如下。

（1）灵敏度高　原子荧光的发射强度与激发光源的强度成正比，且由于从偏离入射光的方向进行检测，则几乎在无背景干扰下检测荧光强度。另外，非色散荧光光度计采用单透镜、短焦距光学系统，光能量损失少，且可同时测量待测元素多条荧光谱线，因此可获得很高的分析灵敏度和很低的检出限。

（2）选择性好　原子荧光光谱同原子吸收光谱一样，也是元素的固有特征，这是其选择性好的根本原因。

（3）精密度好　在 VG-AFS 分析法中，"低温原子化"分析技术及峰面积测量方式的运用可使测量精密度达到 1% 以下。

（4）干扰少　原子荧光谱线比较简单，一般无光谱重叠干扰。此外，蒸气发生技术的特点使待测元素与绝大多数基体分离，可消除大量基体引起的干扰。

（5）仪器结构简单　非色散原子荧光光度计不需分光，无单色器分光机构，仪器结构比较简单，体积小，成本低，便于推广应用。

（6）分析曲线的线性范围宽　采用空心阴极灯或高性能空心阴极灯作为激发光源，不但分析曲线线性好，而且线性范围可达 3 个数量级。

（7）可实现多元素的同时测定　由于原子荧光辐射的强度在各个方向完全相同，可从火焰的任何角度检测原子荧光信号，有利于制作多道原子荧光光谱仪。

（8）样品溶液用量小　蒸气发生-原子荧光光谱法的进样量一般为 1mL 左右。

（9）分析速度快　一般情况下，每 $10\sim15s$ 即可完成一个样品的测定。

其不足是：与原子吸收和原子发射光谱法相比，其所能测量的元素数量较少。

（四）原子荧光光谱法的应用

原子荧光光谱法是 20 世纪 60 年代提出并在近些年快速发展起来的一种成熟可靠的光谱分析方法。原子荧光光谱仪能够检测砷、锑、铋、硒、碲、锗、锡、铅、镉、汞、锌、金共 12 种元素，是一种性能优良的分析痕量和超痕量元素的仪器。蒸气发生-原子荧光光谱法（VG-AFS）首先在地质系统得到普及，继而推广到冶金、材料科学、环境监测、食品卫生、药品检验、城市给排水、检验检疫、化工和农业等多个领域，且已建立了百余项国家标准、行业标准和地方标准，相关机构制定了冶金产品、食品卫生、饮用水、矿泉水中重金属检测的多项国家标准和行业标准，该方法也被国家相关部门正式确定为环境监测的推荐标准方法。应该说 VG-AFS 作为为数不多的具有中国自主知识产权的分析技术，在国内已基本得到普及，成为众多实验室的常规分析技术之一。

原子荧光光谱法，特别是 VG-AFS 已经广泛地应用于冶金工业分析中。由于冶金产品千差万别，基体复杂，采用原子荧光光谱法（AFS）分析各种冶金产品中痕量元素的现行国家标准共有 32 个，见表 1-5。

⊡ **表 1-5 原子荧光光谱法分析冶金产品的现行标准数量**

产品种类	现行标准数	产品种类	现行标准数
稀土	0	铜	5
钢和铁、铁合金	4	镍、锌、锑、铅	11
贵金属	1	锂、镁、钾、钙	0
铝	2	钛、铌、钽、硒、铟、硬质合金	4
钨	0	金属盐、工业硅、其他	1
钼	4	合计	32

三、液相色谱与原子荧光光谱联用技术

（一）液相色谱与原子荧光光谱联用概述

1. 仪器联用的目的

利用此技术可从元素化学形态水平研究微量（痕量）元素与人类健康和疾病的关系，研究相关生理代谢过程中起重要作用的痕量元素化学形态变化，以及元素在生物体内的迁移和转化机理等；帮助人们理解人体吸收和生物可利用性与元素化学形态之间的关系，有利于健康食品和保健品的研发；弄清元素的化学形态与毒性的关系，对于制定商品中有毒元素限量的新标准具有重要意义；研究含金属药物与生物分子的相互作用，对于阐明药物作用机理和指导新药设计具有重要意义。液相色谱原子荧光联用技术（LC-AFS）在地质、食品、环境、饮用水等领域已有相关的国家标准和行业标准。

2. 仪器联用装置

液相色谱-原子荧光联用是一种将痕量元素的不同形态或价态进行分离后再分别检测的分析技术。该仪器的工作原理（图 1-10）用液相色谱的液相泵以一定的速度把液体样品注入色谱柱，由于高效液相色谱柱对元素的各个不同形态、价态组分的配合物的吸附能力不同，在洗脱时保留时间存在差异，使各个形态产生物理分离；先后进入原子荧光形态分析系统，与氧化剂混合后，再与空气混合，经紫外消解后有机态被氧化成无机态；与酸及还原剂溶液混合反应，产生气态组分和氢气，气态组分进入原子化器原子化，经激发光源照射后产生荧光，由原子荧光检测器检测出不同形态、价态的荧光强度值。

液相色谱-原子荧光联用技术将具有高分离能力的液相色谱和原子荧光光谱联用，获得了优异的元素形态分析性能，不仅成本低，而且分析方法简单，分析时间短，因此得到

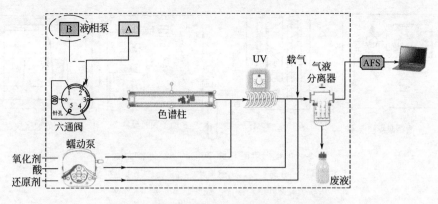

图1-10 液相色谱-原子荧光联用仪工作原理

了广泛的应用。其主要的应用领域有地矿样品检测、食品卫生检验、环境样品检测、水样品检测、农业检测、临床检验、教育及科研等。

3. 仪器应用实例

(1) 检测水产品中汞的形态 江西省药品检验检测研究院的章红等使用高效液相色谱-原子荧光光谱法对水产品中无机汞、甲基汞和乙基汞进行了测定。样品经 5mol/L HCl 溶液超声提取 60min 后经碱中和,与 L-半胱氨酸络合后,采用 HPLC-AFS 联用仪(LC-AFS-9560 型,北京海光仪器有限公司),流动相为 5%甲醇+0.462%乙酸铵+0.12% L-半胱氨酸的混合溶液,经 C_{18} 柱分离,分析提取液中的 3 种汞形态。实验结果表明,无机汞、甲基汞和乙基汞在 $0\sim50.0$ng/mL 范围内线性关系良好;河蟹、黄鳝、草鱼及鳜鱼 4 种较为典型的基质加标回收样品在 0.25mg/kg、0.50mg/kg、1.00mg/kg 3 个加标水平下的回收率分别为无机汞 73%~97%、甲基汞 83%~90%、乙基汞 73%~95%,检出限为 $0.04\sim0.06$mg/kg。该方法操作简单,准确可靠,适用于水产品中无机汞、甲基汞和乙基汞的检测。

(2) 检测水样中的砷形态 已有学者基于液相色谱-原子荧光光谱联用仪(LC-AFS-9560 型,北京海光仪器有限公司)建立了水中 4 种砷形态〔亚砷酸盐〔As(Ⅲ)〕、砷酸盐〔As(Ⅴ)〕、一甲基砷酸(MMA)、二甲基砷酸(DMA)〕的分析方法。在测试的四个样品中,只有一个样品检测出 As(Ⅴ),其浓度为 9.77ng/mL。同时,考察了该方法的有效性。结果表明,砷的四个形态组分在 $5\sim100$ng/mL 范围内线性关系良好,相关系数均在 0.999 以上。各组分的检出限分别为 0.0907ng/mL、0.1944ng/mL、0.2117ng/mL、0.4074ng/mL,色谱保留时间和色谱峰面积测定值的相对标准偏差均在 5%以内。As(Ⅲ)的回收率为 90.5%~113.3%,As(Ⅴ)的回收率为 100.1%~103.3%。该方法可以用于水中砷元素的形态分析。

(二)仪器连接方式

研究表明,在高效液相色谱分离各种砷、汞化学形态的基础上,与原子荧光光谱联用的接口技术是需要解决的关键问题[10],高效液相色谱与原子荧光光谱仪通过聚四氟乙烯管相连,中间连入微波消解装置(或紫外灯),可以极大地提高汞、砷化学形态从有机态向无机态的转化,提高检测灵敏度,优化聚四氟乙烯管的内径和长度可以得到很好的分离效果,连接方式见图 1-11。

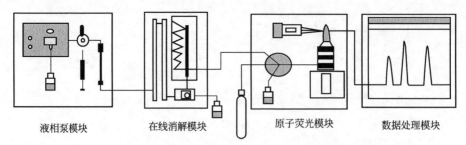

图 1-11　液相色谱与原子荧光光谱连接方式

液相泵模块—分离；在线消解模块—有机物转化成无机物；

原子荧光模块—检测器；数据处理模块—工作站

（三）仪器条件的选择

1. 流动相的选择

（1）汞的形态分析　色谱的流动相一般包括有机改性剂和离子对试剂，常用的有机改性剂主要是甲醇或乙腈，常用的离子对试剂主要是 L-半胱氨酸或溴化钾等[10]。

（2）砷的形态分析　流动相为 0.05％ Na_2HPO_4 ＋0.605％ KH_2PO_4，选用 PRP-X100 阴离子交换柱（250mm×4.1mm，10μm）。

2. 载流浓度的选择

汞要在一定的酸度条件下才能与硼氢化钾反应生成气态汞，一般以盐酸作为载流。过低的盐酸浓度可能会降低反应速率，而过高的盐酸浓度则反应过于剧烈，使干扰汞测定的氢气等杂质产生过多。

3. KBH_4 浓度

汞与其他金属元素不同，在硼氢化钾的作用下不用生成氢化物，仅需要被还原成气态汞，通过载气以汞蒸气的形式被带到原子化器中，即可测定。因此，不需要高浓度的 KBH_4 溶液。

4. 灯电流的选择

原子荧光空心阴极灯可以通过调节灯电流来获得更好的荧光信号，但灯电流不宜过高。

砷、汞形态分析仪器条件参考表 1-6。

▫ **表 1-6　砷、汞形态分析仪器条件**

仪器条件	汞形态分析	砷形态分析
载流	10％盐酸	5％盐酸
KBH_4 的规格	含 5g/L KOH 的 20g/L 的 KBH_4 溶液	含 5g/L KOH 的 20g/L 的 KBH_4 溶液
光电倍增管高压/V	300	310
灯电流的选择/mA	30	60

（四）样品的前处理方法

1. 不同汞形态的提取方法

由于汞的浓度低以及环境样品基质的复杂性，测定天然水样品中的汞时需采用不同富集方法。蒸馏、乙基化、净化捕获和冷原子荧光光谱法通常用于水中甲基汞的分析检测[13]。近几年来，采用的预浓缩方法包括固相微萃取、液相微萃取、固相萃取法等，目前主要用固相萃取法。

2. 不同砷形态的提取方法

目前广泛应用的前处理技术是软提取方法，即通过溶剂来提取，溶剂系统一般为甲醇/水（或乙腈/水），通过搅拌或超声的步骤来完成，对复杂的样品可采用连续提取。此外，还有一种前处理技术为加速溶剂萃取法，在高温高压的环境下萃取效率较高[14]。

（五）仪器特点及应用范围

1. LC-AFS-9560 液相色谱-原子荧光联用仪

LC-AFS-9560 液相色谱-原子荧光联用仪由北京海光仪器有限公司自主研发设计，拥有独特的多灯位和双注射泵，具有分析元素总量和同时测定多元素形态的双重功能，适用于样品中砷、汞、硒、铅、锗、锡、锑、铋、镉、碲、锌、金 12 种元素的痕量分析，而且适用于砷、汞、硒、锑等元素的形态和价态分析。该仪器的特点如下。

（1）性能特点　形态单元一体化设计，集分离单元、柱温控制、紫外消解、蒸气发生于一体；单/双液相泵的不同选配，可进行等度和梯度测量；采用双灯位或四灯位，多支元素灯可同时预热，明显提高工作效率；采用微型进口高压液相泵，带有柱温控制和显示，明显改善样品分离效果；高效紫外消解单元的管路经过优化，减少柱后展宽，消解效率提高 30%；具有紫外和无紫外两种模式，通过特制流路切换阀控制，方便切换；总量分析和形态分析采用双蒸气发生系统（专利）；总量分析和形态分析自动切换（专利），测量速度快，单次测量时间小于 10min；具有专用形态分析软件，一体化控制，保证出峰时间一致，提高测量的稳定性；有液相色谱自动进样器接口扩展。

（2）技术指标　可检测的砷形态：砷酸盐 As（Ⅴ）、亚砷酸盐 As（Ⅲ）、一甲基砷酸 MMA（Ⅴ）、二甲基砷酸 DMA（Ⅴ）、砷甜菜碱 AsB、砷胆碱 AsC 对氨基苯胂酸和洛克沙胂等有机砷。可定性半定量检测的砷形态：一甲基砷酸 MMA（Ⅲ）、二甲基砷酸 DMA（Ⅲ）。可定性检测的砷形态：砷糖 AsS。可定性定量检测的硒形态：亚硒酸盐 Se（Ⅳ）、硒酸盐 Se（Ⅵ）、硒代胱氨酸 SeCys、硒甲基硒代半胱氨酸 SeMeCys 和硒代蛋氨酸 SeMet。可检测的汞形态：无机汞 Hg（Ⅱ）、甲基汞 MeHg、乙基汞 EtHg、苯基汞 PhHg。可检测的锑形态为锑酸盐 Sb（Ⅴ）、三价锑 Sb（Ⅲ）。LC-AFS-9560 液相色谱-原子荧光联用仪性能指标见表 1-7。

2. BSA-100C 液相色谱-原子荧光光谱仪

BSA-100C 液相色谱-原子荧光光谱仪是宝德仪器公司最新研发的产品，适用于地矿、环境、疾控等行业，用于样品中 As、Sb、Bi、Hg、Se、Te、Sn、Ge、Pb、Zn、Cd、Au 元素的痕量分析。该仪器的性能特点如下：a. 多通道设计，可多元素（As、Sb、Bi、Hg）同时测定，或任选单一元素检测，并具有通道增强功能；b. 免调光源光路设计，光源自动对焦，无须手动调节光斑，不需专用的调灯结构，普通元素灯即插即用；c. 具有光源漂移扣除功能，光源实时连续监测，自动校正汞灯漂移，确保仪器长期稳定性；d. 汞灯自动激发，无需使用辅助工具激发起辉；e. 对单点（同一样品中的单元素）自动配制标准溶液并绘制标准曲线 $r>0.9995$，在线自动稀释高浓度样品（当样品浓度过高时自动清洗，浓度自动稀释）；f. 独特的进样针液面探测技术，自动探测样品的液面高度，随量跟踪，控制进样针下探高度；g. 进样针采用耐腐蚀、疏水不沾液的特殊金属材质，强度高，克服了传统玻璃进样针易断及易挂液的缺点。

▢ 表 1-7　LC-AFS-9560 液相色谱-原子荧光联用仪性能指标

元素形态		最小检出量/ng	分析时间/min	精密度	线性范围	相关系数
As	As(Ⅲ)	0.04	<10			
	DMA	0.08				
	MMA	0.08				
	As(Ⅴ)	0.2				
Se	SeCys	0.3	<10	<5%	10^3	>0.999
	SeMeCys	1				
	Se(Ⅳ)	0.1				
	SeMet	2				
Hg	Hg(Ⅱ)	0.05	<12			
	MeHg	0.05				
	EtHg	0.05				
	PhHg	0.1				
Sb	Sb(Ⅴ)	0.1	<10			
	Sb(Ⅲ)	0.5				

第四节　电感耦合等离子体发射光谱分析技术

一、电感耦合等离子体发射光谱概述

（一）电感耦合等离子体发射光谱的由来

原子发射光谱分析（atomic emission spectrosmetry，AES）是光学分析法中产生与发展最早的一种方法。在元素周期表中，有不少元素是利用发射光谱发现或通过光谱法鉴定而被确认的。例如，碱金属中的铷、铯，稀散元素中的镓、铟、铊，惰性气体中的氦、氖、氩、氪、氙，以及一部分稀土元素等。

原子发射光谱分析是根据处于激发态的被测元素原子回到基态时发射的特征谱线对被测元素进行分析的方法。发射光谱通常用化学火焰、电火花、电弧、辉光放电、激光诱导击穿和各种等离子体激发而获得[15]。目前，应用最广泛的原子发射光谱光源是等离子体，其中包括电感耦合等离子体（inducfively coupled plasma，ICP）、直流等离子体（direct current plasma，DCP）及微波等离子体（microwave plasma，MWP），本书重点介绍 ICP 作为激发光源的原子发射光谱分析。从广义上讲，电火花、电弧和辉光放电也属于等离子体，有些资料把电弧光源称为电弧等离子体（arc plasma），由于这类光源已不在原子发射光谱分析中占主要地位，本书将不予以介绍。

（二）电感耦合等离子体发射光谱的发展

原子发射光谱分析已有 100 余年历史，按其发展过程大致分为以下 3 个阶段[10]。

1. 定性分析阶段

早在 17 世纪中叶，人们发现了光谱与物质组成之间的关系，建立了光谱定性分析的基础。先后发现 Tl（铊）、铟（In）、镓（Ga），稀土元素钬（Ho）、钐（Sm）、铥（Tm）、镨（Pr）、钕（Nd）、镥（Lu）和一些稀有气体。

2. 定量分析阶段

进入 20 世纪后，科学家提出了定量分析的内标原理、定量分析的经验公式，确定了谱线发射强度与浓度之间的关系。罗马金-赛伯公式的物理意义的提出更加完善了光谱定量技术。光栅刻蚀技术的改进使光栅光谱仪器逐渐推广应用。直流电弧、交流电弧和电火花是这一时期广泛采用的激发光源。

3. 等离子体光谱技术时代

20 世纪 70 年代中期，电感耦合等离子体作为原子发射光谱仪的光源发展成熟，商业 ICP-AES 光谱仪发展至今天已经成熟，被应用到各行各业，用来检测各类样品中的金属离子。

二、电感耦合等离子体发射光谱基本原理

（一）电感耦合等离子体的产生

等离子体（plasma）是在一定程度上被电离（电离度大于 0.1%）的气体[16]，而其中带正电荷的阳离子和带负电荷的电子数相等，宏观上呈电中性。

电感耦合等离子装置是由三部分组成的，即高频发生器、等离子体炬管和进样系统。高频发生器可产生固定频率高频电。等离子体炬管是由三层同心石英管组成的，如图 1-12 所示。外管由切线方向通入氩冷却气，中管通入氩辅助气，内管通入气溶胶载气氩气。进样系统的作用是通过载气引入被雾化的气溶胶进入等离子体矩管。

电感耦合等离子体产生同电磁感应高频加热原理相似。气体在常温下不会电离，需要用电火花引燃，触发少量气体电离，产生的带电粒子（电子和阳离子）就会在高频磁场的作用下高速运动，碰撞气体，使更多的气体电离。被电离的气体在垂直于磁场的截面上就会产生闭合环形的涡流，即涡流效应，这股高频感应电流瞬间使气体产生高温，形成一个火焰状的稳定的等离子体焰炬。

等离子体的环状结构是由载气流速的涡流效应和趋肤效应形成的。趋肤效应是高频电流密度集中在导体表层，此时等离子体外层电流密度最大、温度高，中心轴线密度小、温度低，如图 1-13 所示。等离子体的这种环状结构有利于样品从中心通道通过并保持等离子体的稳定性，有利于样品充分蒸发、原子化和激发，发射出特征谱线。

（二）原子、离子的状态和光能量的关系

原子发射光谱分析是根据原子所发射的光谱来测定物质的化学组成的。总的来说，原子发射光谱要经历如下过程：分析样品的组分被蒸发为气态分子，气态分子获得能量而被

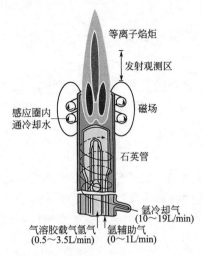

图 1-12　等离子体炬管组成示意图

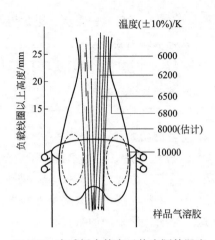

图 1-13　电感耦合等离子体光源的温度

解离为原子，部分原子电离为离子，原子的外层电子从基态跃迁到激发态，再返回到较低能级时，会发出特征谱线，通过测定特征谱线来研究物质的化学组成。对特定元素的原子可产生一系列不同波长的特征光谱，其基本关系如式(1-24)所示：

$$\Delta E = E_2 - E_1 = h\nu = \frac{hc}{\lambda} \tag{1-24}$$

式中，ΔE 为辐射能量差；E_2 为高能级的能量；E_1 为低能级的能量；h 为普朗克常量，6.6256×10^{-34} J·s；c 为真空中光的速度，2.997×10^{10} cm/s；ν 为辐射频率；λ 为辐射波长。

三、电感耦合等离子体发射光谱仪

(一) 光源

目前最主要的光源是电感耦合等离子体（ICP）。ICP由高频发生器、等离子体炬管和工作气体组成。

1. 高频发生器

以晶体控制高频发生器作为振源，经电压和功率放大，产生具有一定频率和功率的高频信号，用来产生和维持等离子体放电。高频发生器的输出功率应不小于1.6kW。一般点燃ICP火焰需功率为600W。点燃炬焰后，需等待不小于5s的时间使其稳定后才能进行分析。高频发生器功率一般要求输出功率≤0.1%。

目前使用的高频发生器有：自激式高频发生器和它激式高频发生器两种类型。自激式高频发生器是由一只电子管同时完成振荡、倍频、激励、功放、匹配输出的功能。它激式高频发生器是由一个标准化频率为6.78MHz的石英晶体振荡器经两次或三次倍频，得到27.12MHz或40.68MHz频率后，使之激励，再经过功率放大到2.5kW以上输出，并经过定向耦合器、匹配箱与负载线圈相连。例如岛津ICPE-9800光谱仪，该光源输出功率为0.8~1.6kW，五挡可调，工作频率27.12MHz，火炬温度高，基体影响小，有效功率高，可使用工业氩气，有机溶剂直接进样等离子体也不会熄火。图 1-14 和图 1-15 分别为等离子体火炬进样与频率关系和等离子炬观测方向的原理。

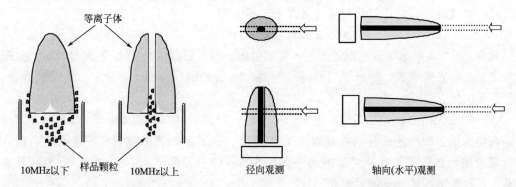

图 1-14　等离子体火炬进样与频率关系　　图 1-15　等离子炬观测方向的原理

从等离子体发出的光谱经反射镜折返后，导入分光器。相比于从等离子体的径向进行观测，轴向（水平）观测不通过等离子体的高温部分就可捕捉光谱，背景氩的发射光谱强度降低，灵敏度较横向观测高 10 倍左右。需要注意从等离子体的上方吹入氩气，去掉等离子体的前端部分。

2. 等离子体炬管

等离子体炬管结构如图 1-12 所示，由三层同心石英管组成。外管采用切向进氩冷却气；中管通入氩辅助气，有时可不通；载气携带样品气溶胶由内管注入等离子体内。样品气溶胶由气动雾化器或超声雾化器产生。

当高频发生器接通电源后，高频电流通过感应线圈产生交变磁场。氩气用高压电火花触发电离后，形成"雪崩"式放电，产生等离子体气流。在垂直于磁场方向将产生涡流。其电流很大（至数百安）而产生高温，又将气体加热、电离，在管口形成稳定的等离子体焰炬。

3. ICP 光源特点

① 温度高，惰性气氛，原子化条件好，有利于难熔化合物的分解和元素激发，有很高的灵敏度和稳定性。

② 具有"趋肤效应"，即涡流在外表面处密度大，使表面温度高，轴心温度低，中心通道进样对等离子体的稳定性影响小，也可有效消除自吸现象，线性范围宽（达 4～5 个数量级）。

③ ICP 中电子密度大，碱金属电离造成的影响小，氩气产生背景干扰小，无电极放电，无电极污染。

④ ICP 焰炬外形像火焰，但不是化学燃烧火焰，而是气体放电。

⑤ 不足之处是对非金属测定的灵敏度低，仪器昂贵，操作费用高。

（二）光学系统

ICP-AES 中常见的光学装置有平面光栅装置、凹面光栅装置、中阶梯光栅双色散装置等。

（1）平面光栅装置是主要的色散元件。平面衍射光栅是在基板上加工出密集的沟槽，

图 1-16 表示的是平面反射光栅的衍射情况，图中 1 和 2 是互相平行的入射光束，1′和 2′是相应的衍射光束，衍射光束互相干涉，光程差与入射波长成整数倍的光束互相加强，形成谱线，谱线的波长与衍射角有关，其光栅方程式为：

$$d(\sin\theta + \sin\varphi) = m\lambda \tag{1-25}$$

式中，θ 为入射角，永远取正值；φ 为衍射角，与入射角在法线 N 同侧时为正，异侧时为负；d 为光栅常数，即相邻刻线间的距离；m 为光谱线，即干涉级；λ 为谱线波长，即衍射光的波长。

（2）凹面光栅装置　是一种反射式衍射光栅，呈曲面状（球面或非球面），上面刻有等距离的沟槽。凹面光栅分光装置如图 1-17 所示。通常凹面光栅安置在罗兰圆上，而入射狭缝及出射狭缝安置在罗兰圆的另一侧，罗兰圆的直径多在 0.5～1.0m。凹面光栅在主截面的光栅方程式与平面光栅相同。

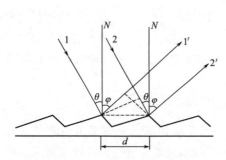

图 1-16　平面反射光栅的衍射
d—光栅常数；N—光栅法线；1,2—入射光束；
1′,2′—衍射光束；θ—入射角；φ—衍射角

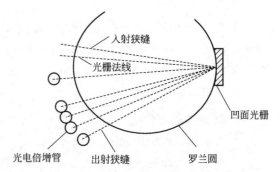

图 1-17　凹面光栅分光装置

凹面光栅既是色散元件，同时又起准直系统和成像系统的作用，而且使探测波长小于195nm 的远紫外光区成为可能。因为在远紫外光区，特别是波长小于 195nm 以下时反射膜的反射率很低，而凹面光栅本身可起聚光作用，减少了光能损失。Spectro 分析仪器公司生产的 ICP-AES，采用凹面光栅分光系统和 CCD 检测器，可在 130～190nm 波段内工作，可测定氯（Cl，134.72nm）、溴（Br，163.34nm）、碘（I，161.76nm）、硫（S，180.70nm）。美国热电的 IRIS Intrepid ICP-AES 将波长范围延伸到近红外光区（1000nm），可以测定卤素及氧等元素。由于凹面光栅分光系统既具有色散作用也具有聚焦作用，在圆的聚焦点上设置一系列出口狭缝，则可以获得各种波长的单色光。这样既可以在出口狭缝后进行扫描，也可以放置多个检测器使发射光谱实现多道多元素的同时检测。

（3）中阶梯光栅装置　是采用较低色散的棱镜或其他色散元件作为辅助色散元件，安装在中阶梯光栅的前或后来形成交叉色散，使所有谱线在一个平面上按波长和谱级排列，获得二维光谱。它主要依靠高级次、大衍射角、更大的光栅宽度来获得高分辨率，这是目前较高水平光谱仪所用的分光系统，配合 CCD、SCD、CID 检测器可以实现"全谱""多元素""同时"分析，使过去庞大的 ICP 多道原子发射光谱仪变得紧凑灵活，兼有多道和单扫描型的特点，并弥补了它们的不足。相对于平面光栅，中阶梯光栅有很高的分辨率和色散率，由于减少了机械转动不稳定性的影响，其重复性、稳定性有很大的提高。而相对

于凹面光栅，该装置在具备多元素分析能力的同时，可以灵活地选择分析元素和分析波长。

（三）进样系统

ICP-AES的进样系统有溶液雾化进样、气体进样、固体超微粒体进样3种方式，其中以溶液雾化进样为主。固体超微粒体进样的分析性能尚不够理想，还没有得到普遍应用。溶液气溶胶进样系统由雾化器和雾室组成。

（1）雾化器　最常用的雾化器有气动雾化器和超声雾化器。气动雾化器是利用小孔的高速气流形成的负压提升和雾化液体，缺点是有高盐和悬浮液溶液雾化时，容易堵塞毛细管孔。超声雾化器是利用超声空化作用把样品溶液雾化成气溶胶，相对于气动雾化器有较低的检出限，更高的雾化效率，雾化高盐和悬浮液样品时不容易堵塞；气溶胶产生速率与载气流量无关，可分别控制选择；气溶胶颗粒大小可更细、更均匀，去溶剂化和原子化将更易进行。其缺点就是记忆效应大，精密度低，仪器使用成本高。

（2）雾室　ICP-AES进样系统的雾室有双筒雾室和带撞击球的锥形雾室及旋流雾室。最常见的是旋流雾室，雾化气从圆锥体中部的切线方向喷入雾化室，气溶胶沿切向方向在雾室中盘旋，将大雾滴抛向器壁，形成液滴汇聚于底部的废液管排出，小雾滴则形成紧密的旋流气溶胶，由原来切线方向形成同轴旋流从锥形雾化室的顶部小管进入炬管，其具有高效、快速和记忆效应小的特点。通常雾室多采用硅质玻璃制成，不耐氢氟酸腐蚀。耐氢氟酸雾室则采用耐热、耐腐蚀的聚氟塑料制成，机械强度大，不易破碎。

（四）检测系统

光谱仪中采用的检测器主要有光电倍增管（PMT）和固体检测器，固体检测器包括电感耦合器件（CCD）和电荷注入器件（CID）。

（1）光电倍增管（PMT）　原理与结构参见本章中第二节-二-（二）-4.检测与显示系统。

（2）电感耦合器件（charge coupled device，CCD）是一种新型固体多道光学检测器件。其优点是具有同时多谱线检测和借助计算机系统快速处理光谱信息的能力，可极大地提高发射光谱分析的速度。采用该检测器设计的全谱直读等离子体发射光谱仪，可在1min内完成样品中多达70种元素的测定。此外，它的动态响应范围和灵敏度均有可能达到甚至超过光电倍增管，加之其性能稳定、体积小，比光电倍增管更结实耐用。例如，岛津出品的ICPE-9800光谱仪以它为检测器，检测器面积为$1in^2$（$1in=0.0254m$）；分辨率高，为百万像素（1024×1024像素），像素尺寸为$20\mu m\times20\mu m$；低背景噪声；$-15℃$冷却，开机10min工作；无饱和（光晕）效应；高含量元素与微量元素可同时分析。

（3）电荷注入器件（CID）　CID检测器和CCD检测器结构基本类似，在CID阵列中，检测单元以n-型硅半导体材料作为基体，该材料中多数载流子是电子，少数载流子是孔穴，检测器收集检测的是光照产生的孔穴。

（五）数据处理系统

工作站的开发程度决定了仪器的自动化水平，目前各个厂家开发的数据处理系统各显身手，数据采集和处理的功能强大，有些还具有数理统计的功能。

（六）电感耦合等离子体发射光谱仪的主要生产厂家及功能特点

1. 美国安捷伦公司

目前最新型号的一款仪器是 Agilent 5110 ICP-AES。这款仪器具有如下特点：

① 智能光谱组合（DSC）技术可实现同步水平和垂直信号测量，气体消耗少，运行速度快，其光路原理见图 1-18。

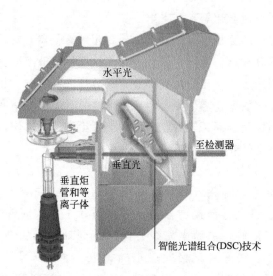

图 1-18 Agilent 5110 ICP-AES 的光路原理

② 采用冷锥口技术，消除了水平火炬的低温等离子体尾焰，可以较好地降低自吸收及电离干扰，可以获得较宽的动态线性范围和更低的背景。

③ 垂直炬管设计可测量包括高基质和挥发性有机溶剂在内的复杂样品。

④ 采用固态电源射频电压 RF 发生器系统设计，可提供稳定的等离子体，确保长期稳定的分析性能。

⑤ 仪器采用 VistaChip Ⅱ CCD 固态检测器，全波段覆盖，具有较高的信号处理速度，极宽的动态范围，采用智能防溢出设计，具有全密封式结构，不需氩气吹扫，可快速启动进行分析工作。

⑥ 具有完全集成式切换阀与即插即用式炬管，确保实现快速启动。

⑦ 提供 3 种灵活配置：a. 同步垂直双向观测，可实现最快速的分析测量，且气体消耗少；b. 垂直双向观测，具有更高的样品测量通量；c. 垂直观测，适用于高产率、复杂基质样品的实验室观测。

⑧ 在软件计算功能方面采用拟合背景校正（FBC）技术，简化了方法开发，确保实现快速、准确的背景校正，并且具有强大的谱图解析功能，以及经典的"干扰元素校正"（IEC）技术，可轻松校正光谱干扰，确保复杂基质样品分析中获得更高的分析准确度，可实现样品分析过程中同时进行额外的全波长扫描，这有助于实现所有分析物的快速鉴定与半定量分析，更快速地筛选样品。

2. 日本岛津公司

目前最新型号的电感耦合等离子体发射光谱仪是 ICPE-9800，该仪器具有如下特点：

① 在光路系统方面采用中阶梯分光器，中阶梯光栅的规格为刻线密度 79 条/mm，闪耀角 63.4°，通过入射狭缝（矩形孔径）的光经抛物面准直镜反射成平行光，照射到中阶梯光栅上使光在 X 向上色散，再经棱镜进行 Y 向二次色散，通过修正像差的施密特反射镜反射后，用凹面镜在 CCD 检测器上成像，其光学系统如图 1-19 所示。

图 1-19 光学系统图

② 该仪器同样可进行轴向和纵向观测切换。在轴向观测中可通过软件进行两个高度的调节。观测高度分别为距离高频感应线圈上方 9mm 和 15mm 两种。测定有机溶剂样品或样品中含高浓度氢氟酸时，需拆下冷却模块并且仅能进行轴向观测。

③ 真空光室系统不需开机吹扫等待。CCD 冷却温度为 −15℃，从冷开机到稳定工作所需冷却时间极大缩短。

④ 垂直放置的炬管可有效减少样品在炬管壁的吸附沉积，从而减小记忆效应，缩短冲洗时间。

⑤ 内置 11 万条元素谱线的光谱干扰数据库分析助手功能，自动选择最优谱线，使条件优化更简单，样品分析更高效。

3. 美国珀金埃尔默（Perkin Elmer）公司

2016 年该公司推出 Avio 200，该仪器具有以下特点。

① 具有双向观测功能，可实现在同一次进样中测量低浓度和高浓度的元素，且不受波长范围限制。与传统的同步垂直双向观测系统相比，在轴向、径向同步观测时，可测量波长范围宽，不会造成光通量和灵敏度的损失。即使是吸收波长高于 500nm 或低于 200nm 的元素，检出限也可达 10^{-9} 级别。

② 用于消除轴向观测干扰（等离子体的冷尾焰）的 Plasma Shear 系统，以空气代替氩气，从而消除氩气产生的干扰。

③ 采用平板等离子体技术，光源中等离子体炬管的中心管设计为可拆卸、独立于炬管的结构，以方便维护和减少破损。此中心管更换时可自对准，以提供一致的采样深度。并可兼容各种雾化器和雾室，提高基体耐受性。

④ 垂直炬管的设计可以保证仪器在测定高盐和高有机物样品时不会结盐和单质碳，使得炬管底座在拆卸后易于准确校准，实现简单维护。

⑤ 高灵敏度的 DBI-CCD 检测器在全波长范围都有良好的信噪比，每条谱线可以根据需要单独设置分析参数，保证仪器的灵敏度。DBI-CCD 采用封装保护，不需要大流量氩气吹扫，在保证分析精度时也可节省氩气。

4. 美国热电（Thermo）公司

热电公司的全谱直读型电感耦合等离子体发射光谱仪具有以下特点。

① 等离子体射频电压（RF）发生器：固态发生器，水冷，直接耦合，自动调谐、变频，无匹配箱设计，输出功率≥1300W，并且连续可调。

② 等离子体观察方式：采用炬管水平放置，双向观测。

③ 带高效半导体制冷的固体检测器：在光谱仪波长范围内具有连续像素，能任意选择波长，且具有天然的防溢出功能设计。

④ 冷却系统：高效半导体制冷，温度≤−45℃，启动时间<3min。

⑤ 分析软件：具有同时记录所有元素谱线的"摄谱"功能，可快速定性和半定量分析，并能永久保存和自动检索。

5. 中国东西分析公司

ICP-1000Ⅱ型全自动台式等离子体光谱仪是东西分析公司的一款电感耦合等离子体光谱仪，具有如下特点：a. 计算机全程控制各操作功能，系统可进行监控和自动保护；b. 防石英炬管中心通道进样口烧熔保护；c. 冷却水停止循环保护；d. 氩气压力不足保护，工作电流异常保护；e. 进样系统采用进口质量流量计进行精确流量自动控制，确保进样系统的稳定；f. 在射频发生器中采用新型功率控制电路，控制精度小于 0.2%，ICP-AES 的功率输出稳定性得到很大改善；g. 检出限低，为 10^{-9} 级；h. 精密度 RSD≤2.0%；i. 分析速度快，1min 分析 10 个元素以上，动态线性范围宽。

四、电感耦合等离子体发射光谱的定性定量分析

根据样品特征谱线的存在与否，鉴别样品中是否含有某种元素为定性分析；根据特征谱线强度确定样品中相应元素的含量为定量分析。分析谱线一般是选择干扰少、灵敏度高的谱线。同时应考虑分析对象：对于微量元素的分析，采用灵敏线；对于高含量元素的分析，可采用弱线。

1. 定性分析

根据元素特征谱线（或几条灵敏线）的存在与否可以确定样品中是否含有相应的元素。现代全谱型仪器的出现，光谱定性分析已经可以很方便地进行。

2. 定量分析

光谱定量的分析方法有标准加入法和标准曲线法，其中内标校正的标准曲线法是电感耦合等离子体发射光谱法（ICP-AES）经常采用的定量方法，可以校正仪器的灵敏度漂移并消除基体效应的影响。

标准加入法与标准曲线法的原理，参见本书第二章第二节-一、-(五)-2. 标准曲线的

建立。内标校正的标准曲线法的原理，参见本书中第二章第四节-一、-(五)-2.-(1) 内标校正的标准曲线法（内标法）的原理及使用范围。

ICP-AES 仪器的定量检测步骤，参见本书第二章第三节-一、-(五) 标准曲线的建立和样品的测定的相关内容。

五、电感耦合等离子体发射光谱法的应用范围和特点

（一）电感耦合等离子体发射光谱的应用范围

ICP-AES 作为一些元素的标准分析方法，在冶金、地质、环境、化工、食品等不同领域的应用广泛，尤其适用于金属元素的定性和定量测定。

1. 冶金工业

在冶金工业产品的分析方法中，传统的火焰原子吸收光谱法技术更为成熟。其中，样品的消解与干扰的消除程度是方法检出限高低的决定因素，而且检测成本低。但是消解过程复杂，耗时耗力，容易造成偶然误差，方法重现性受到限制。近年来 ICP-AES 应用于分析冶金产品的参考文献不断涌出，相关的标准方法也相继问世，它具有更低的灵敏度，简易的消解方法（如样品溶解后，除去主要的基体，即可测定），标准化的干扰消除方法（如以内标校正标准曲线法或基体匹配标准曲线法校正基体干扰），更高的检测效率，更好的准确度和重现性等优点。

ICP-AES 主要用于分析冶金产品中的基体元素、微量元素和痕量元素。正是由于冶金产品的多样化和样品基体的复杂性，即使 ICP-AES 可同时分析多种元素，其分析方法中的具体步骤也不尽相同，因此现行有效的国家标准数量较多，参见表 1-8。

⊡ **表 1-8 ICP-AES 应用于冶金工业的标准数量**

产品种类	现行标准数	产品种类	现行标准数
稀土	44	铜	2
钢和铁、铁合金	19	镍、锌、锑、铅	1
贵金属	14	锂、镁、钾、钙	3
铝	1	钛、铌、钽、硒、钢、硬质合金	2
钨	9	金属盐、工业硅、其他	3
钼	6	合计	104

由此可见，ICP-AES 已经成为冶金工业中常用的一种标准分析方法，而且随着它的广泛应用，现有标准方法中的步骤将进一步标准化。

2. 地矿、环境、食品和其他行业

在地质及地球化学学科中，被测样品包括多金属矿物、岩石、土壤、水体沉积物等，被测元素为常见元素、有色金属元素、稀有及稀散元素、贵金属元素等 70 多种，其含量范围从 ng/g 级到常量。在环境行业，对污染物的检测要求同样很高。在食品行业，食品或食品接触材料及其制品中的重金属含量为主要分析对象。ICP-AES 在简化传统杂质元素分析方法的同时，也满足了检测的苛刻要求，对基质复杂、状态不同的各类样品中的重金属可以准确定量。

ICP-AES 分析地矿、环境、食品行业的标准数量，参见表 1-9。

☐ 表 1-9　ICP-AES 应用于地矿、环境、食品行业的标准数量

应用领域	样品种类	现行标准数
地矿行业	铁矿石	1
	铜矿石、铅矿石、锌矿石	1
	稀土矿石	1
	锰矿石	1
环境行业	水	1
	土	1
	大气	1
	固体废弃物	1
食品行业	食品	1
	食品接触材料及其制品	1

在化工产品、烟草、饲料、化妆品等行业，ICP-AES 也得到了很好的应用，并且近两年相关部门也发布并实施了一批国家标准。

（二）电感耦合等离子体发射光谱的特点

ICP-AES（inductively coupled plasma-atomic emission spectrometry）——电感耦合等离子体原子发射光谱法，具有可检测元素种类多、检出限低、分析精度高、基体效应低、可多元素同时测定、动态线性范围宽、自吸收效应低等优点。与其他仪器相比较，ICP-AES 具有以下几个特点。

1. 测定范围广

据不完全统计，截至 20 世纪 80 年代初，用 ICP-AES 法就已测定过达 70 多种元素，几乎涵盖所有紫外和可见光区的谱线。而且在不改变分析条件的情况下，同时进行多元素的测定，或有顺序地进行主量、微量及痕量元素的定量分析，金属元素分析与非金属元素分析也可同时进行。ICP-AES 还可以采用有机溶剂直接进样。这些都是利用原子吸收光谱仪、原子荧光光度计所不能实现的。原子吸收光谱仪每次只能完成单一元素的测定，原子荧光光度计只能检测砷、锑、铋、硒、碲、锗、锡、铅、镉、汞、锌、金等可氢化的元素。

2. 检出限低

ICP-AES 对大部分元素的检出限为 $10^{-9} \sim 10^{-8}$。一些元素在洁净的样品中也可得到亚 10^{-9} 级的检出限，如果通过富集处理，相对灵敏度可以达到 10^{-9}，绝对灵敏度可达 10^{-11}。原子吸收光谱仪的检出限一般在 $10^{-9} \sim 10^{-6}$，原子荧光光度计的检出限为 10^{-9}，而 ICP-MS 对大部分元素的检出限为 10^{-12}。但由于 ICP-MS 的耐盐量较差，其中，一些轻元素（如 S、Ca、Fe、K、Se）在 ICP-MS 中有严重的干扰，其实际检出限会降低至原来的 2%。

3. 动态线性范围宽

ICP-AES 标准曲线的线性范围可达 4～6 个数量级，可满足同时测定含量相差较大元素的要求，且可分析浓度为 10%～30% 的溶液，对临床检验的生物样本非常适用。原子吸收光谱仪的动态线性范围一般为 2～3 个数量级；原子荧光光度计的动态线性范围一般为 3～5 个数量级；ICP-MS 的动态线性范围可达 9 个数量级，更适合重金属等元素的痕

量分析，且由于 ICP-MS 相对不耐盐，分析溶液浓度以 0.2％～0.5％为宜，生物样本中的常量元素检测有时会由于样品溶液的高度稀释而造成检测误差。

4. 检测速度快

ICP-AES 的检测速度为 2～6min/个样品，直读型的 ICP-AES 可达到 2min/个样品，对每个样品可检测其中的几种至几十种元素，分析速度快；ICP-MS 的检测速度与 ICP-AES 相当，为 2～5min/个样品；而原子吸收光谱仪属单元素检测技术，每次只能检测一种元素（需 3～4min），原子荧光光度计检测 1 种元素也需 3min 左右。

5. 仪器操作与维护简便

ICP-MS 属于超痕量分析，不仅仪器价格昂贵，且操作复杂，对人员及环境的要求很高。原子吸收光谱仪价格不贵，为常用仪器，其应用很广泛，但进行多元素测定比较费时，且火焰原子吸收原子光谱仪需要乙炔气作为载气，存在一定的实验室安全隐患。原子荧光光度计价格便宜，但使用局限于个别元素。ICP-AES 的技术比较成熟，操作简便、容易，对实验室环境条件及人员的要求不高，采用惰性气体-氩气作为载气，非常安全，且检测结果稳定，一般情况下其相对标准偏差为 10％，当分析物浓度超过 100 倍检出限时，相对标准偏差为 1％，是临床实验室进行元素测定的理想选择。

目前商用的电感耦合等离子体发射光谱仪，不仅具有上述全部性能优势，而且生产厂家仍在不断地改进仪器结构，追求更好的灵敏度、精确度、方法重现性。

第五节　电感耦合等离子体质谱分析技术

一、光谱检测器与质谱检测器的区别

（一）光谱检测器的特点

光谱检测器是采用光电元件将光谱信号转换为电信号的装置。在 ICP-AES 中常用的检测器有光电倍增管和固态检测器[16]。

1. 光电倍增管

（1）优点　光电倍增管在紫外、可见和近红外区具有极高的灵敏度和极低的噪声，具有响应快速、成本低、阴极面积大等优点。

（2）缺点

① 只有一个感光点，只能检测一个信号，要完成整个光谱区域的测量时间较长，不能适应瞬态全过程分析的要求；

② 需要精密的光谱扫描机械装置与分光系统配合使用，整个仪器的体积庞大、结构复杂；

③ 热发射电子产生的暗电流，限制了光电倍增管的灵敏度。

2. 固态检测器

（1）优点

① 有多个感光点（像素），可以同时检测多个信号，分析的波长更多；

② 可以实现多种元素同时测定，分析速度快；

③ 中阶梯光栅的光学元件小，使仪器更小型化；

④ 固态检测器灵敏度高，噪声低。

（2）**缺点** 在某些情况下出现破坏读出的现象，光生电荷的产生与入射光的波长及强度有关。

（二）质谱检测器的特点

质谱检测器是把通过质量分析器的离子信号转换成电信号的装置。有连续或不连续打拿极电子倍增器和法拉第杯检测器。现在 ICP-MS 系统采用的是不连续打拿极电子倍增器。

（1）**连续打拿极电子倍增器** 也叫通道电子倍增器，其工作原理与 ICP-AES 中的光电倍增管相似。内表面涂有一种金属氧化物半导体类物质，当离子撞击表面时，形成一个或多个二次电子，随着这些电子不断撞击新的涂层，发射出更多的二次电子，当检测正离子时，在锥口部分施加一个负高压，而在靠近接收器的背部保持接地电位，二次电子在管子内部电压梯度的作用下运动到收集器，其结果是一个电子撞击到检测器口内壁时，在接收器上将产生一个多达 10^8 个电子的不连续脉冲。

（2）**不连续打拿极电子倍增器** 其工作方式与连续打拿极电子倍增器相似，但是由多个不连续的分立式打拿极组成。当来自质量分析器的第一个离子撞击打拿极之前，先通过一个弯曲的路径，撞击第一个打拿极后，它释放二次电子，打拿极电子路径的设计将二次电子加速到下一个打拿极，这个过程在每个打拿极上重复，产生电子脉冲，最终到达倍增器的接收器。

新型的不连续打拿极电子倍增器也叫活化膜电子倍增器，其优点是：a. 二次电子的发射率高，所以增益高，灵敏度高；b. 在空气中可以稳定储存数年；c. 动态范围宽；d. 使用时间长。

（三）ICP-AES 和 ICP-MS 的比较

1. 所属范畴不同

ICP-AES 属于原子光谱范畴，而 ICP-MS 属于质谱范畴。ICP-MS 是一个以质谱仪作为检测器，以等离子体为光源的仪器，ICP-AES 和 ICP-MS 的进样部分及等离子体是极其相似的。ICP-AES 测量的是光学光谱（120～800nm），ICP-MS 测量的是离子质谱，提供在 3～250amu 范围内每一个原子质量单位（amu）的信息，还可实现同位素的测定。特别地，ICP-MS 检出限非常低，对溶液的检出限大部分为 10^{-12}，而 ICP-AES 对大部分元素的检出限为 10^{-9}。

ICP-MS 对溶液的检出限大部分可达到 10^{-12}，但实际的检出限不可能优于实验室的清洁条件。ICP-MS 的 10^{-12} 级检出限是针对溶液中溶解物质很少的单纯溶液而言的，当涉及固体样品的检测时，ICP-MS 的检出限会降低至原来的 2%，一些普通的轻元素（如 S、Ca、Fe、K、Se）在 ICP-MS 中有严重的干扰，也将恶化其检出限，这是由于 ICP-MS 的耐盐量较差。

2. 仪器构造不同

电感耦合等离子体在 ICP-AES 中是光源，而在 ICP-MS 中作为离子源，因此虽然二者都有电感耦合等离子体，但其作用不同。ICP-AES 的光源后面连接的是分光系统，检测的是光强度；而 ICP-MS 的离子源后面连接的是质谱系统，检测的是离子质荷比，属于质量分离系统，这是二者之间最大的区别。

分光系统和质量分离系统虽然检测的对象不同，但是都起到了分离的作用，分光系统分离的是一束混合光，质量分离系统分离的是一些具有不同质量数的带电离子，因此这两种系统在本质上有异曲同工之效。

3. 线性动态范围及抗基体干扰能力不同

ICP-AES 具有 10^5 以上的线性动态范围，且抗盐分能力强，可进行痕量及主量元素的测定，ICP-AES 可测定的浓度高达百分含量。

ICP-MS 具有超过 10^5 的线性动态范围，各种方法可使其扩展至 10^8，但不管如何，对 ICP-MS 来说，高的基体浓度会导致许多问题，而这些问题的最好解决方案是稀释样品。所以说，ICP-MS 应用的主要领域是痕量或超痕量分析。

4. 操作易用性

在日常工作中，从自动化方面来讲，ICP-AES 是最成熟的，可由技术不熟练的人员来应用 ICP-AES 专家制定的方法进行工作。ICP-MS 的操作直到现在仍较为复杂，在常规分析前仍需由技术人员进行精密调整，ICP-MS 的方法研究也是很复杂及耗时的工作。

5. 样品分析能力

ICP-MS 善于分析数量庞大的样品，典型的分析时间为每个样品小于 5min，在某些分析情况下只需 2min。ICP-AES 的分析速度取决于是采用全谱直读型还是单道扫描型，每个样品所需的时间为 2～6min。

6. 精密度

ICP-MS 的短期 RSD 一般是 1％～3％，这是应用多内标法在常规工作中得到的，长期（几个小时）RSD 小于 5％。使用同位素稀释法可以得到更好的准确度和精密度，但这个方法的费用相对常规分析来讲太高了。

ICP-AES 的短期 RSD 一般是 0.3％～2％，长期（几个小时）的 RSD＜3％。

7. 自动化控制

对于 ICP-AES 和 ICP-MS，由于现代化的自动化设计以及使用惰性气体的安全性，可以整夜无人看管进行工作。

二、电感耦合等离子体质谱仪的组成

电感耦合等离子体质谱仪主要由离子源、仪器连接口、离子聚焦系统、碰撞反应池、质量分析器、检测器等组成。

1. 离子源

ICP 特别适合作质谱的离子源[17]，原因是其具有以下特点：a. 样品在常压下引入，使得样品的更换很方便；b. 引入样品中的大多数元素都能非常有效地转化为单电荷离子，少数几个具有高的电离电位的元素除外，如氟和氦。

ICP-MS 中使用的 ICP 系统和 ICP-AES 使用的差不多，仅做了很小的改动，通常仅仅是为了方便而将炬管水平放置，并对耦合负载线圈的接地点做了一些改变，以控制等离子体相对于接地质谱系统的电位。电感耦合等离子体装置、等离子体炬管的介绍参见本章第四节-二、和三、部分中的相关内容。

2. 仪器连接口

仪器连接口的功能是将等离子体中的离子有效传输到质谱仪。在等离子体和质谱仪之间存在着温度、压力和浓度的巨大差异，前者是在常压和高温条件下工作，后者要求在高真空和常温条件下工作（质谱技术要求离子在运动中不产生碰撞）。因此后者要求将常压、高温下的等离子体中的离子有效地传输到高真空、常温下的质谱仪，并且保持样品离子的完整性，即其电学性质基本不变；氧化物和二次离子产率尽可能低；等离子体的二次放电尽可能小。

ICP-MS 的接口是由一个冷却的采样锥（孔径大约 1mm）和截取锥（孔径为 0.4～0.8mm）组成的。采样锥的作用是把来自等离子体中心通道的载气流，即离子流大部分吸入锥孔，进入第一级真空室。采样锥通常由 Ni、Al、Cu 和 Pt 等金属制成，但 Ni 锥用得最多。截取锥的作用是选择来自采样锥孔的膨胀射流的中心部分，并让其通过截取锥进入下一级真空。截取锥的材料与采样锥相同，锥孔小于采样锥，安装于采样锥后，并与其在同轴线上。截取锥相距采样锥 6～7mm，通常也用镍材料制成。截取锥通常比采样锥的角度更尖一些，以便在尖口边缘形成的冲击波最小。

3. 离子聚焦系统

离子离开截取锥后，需要由离子聚焦系统传输至质量分析器。此处的离子聚焦系统与原子发射或吸收光谱中的光学透镜同样起聚焦作用，但聚焦的是离子，而不是光子。它有两个作用：一是聚集并引导待分析离子从接口区域到达质谱分离系统；二是阻止中性粒子和光子通过。所谓的"透镜"实际上是由一组金属片或一个金属圆筒，其上施加一定的电压，其原理是利用离子的带电性质，用电场聚集或偏转牵引离子。光子是以直线传播，所以离子以离轴方式偏转或采用光子挡板，就可以将其与非带电粒子（光子和中性粒子）分离。

4. 碰撞反应池

碰撞反应池技术是解决 ICP-MS 多原子离子干扰的一个重要突破。其原理和应用源于有机质谱分析中混合物的结构分析以及离子-分子反应的基础研究，主要有离子-分子反应、双分子反应以及连续化学反应。

碰撞反应池池体一般位于离子透镜与四极杆质量分析器之间。碰撞反应池是在四极杆质量分析器前安装的一个腔体，内置多极杆（包括四极、六极和八极杆）。腔体内充入各种碰撞反应气体，对通过多极杆聚焦的离子进行碰撞与反应。单原子离子可多数通过，而多原子离子干扰等可被大量消除，从而达到消除基体干扰的目的。

目前，商品化的碰撞反应池系统（CRC）有三种类型，即四极杆型、六极杆型和八极杆型，不同类型具有自身的特点。其中六极杆和八极杆碰撞反应池不可以动态扫描，仅仅作为离子的通道，不同质荷比的离子不加选择性地通过，具有很好的离子聚焦功能，被测离子损失较少，干扰的离子通过碰撞反应气体消除。而四极杆型碰撞反应池具备选择特定质荷比范围的离子通过的功能，即选择性"离子带通"功能，可以选择进入反应池的离子范围，且对反应池产生的副产物进行选择性消除，具有更好的灵活性。

碰撞池内的气体，例如氦气可以使进入碰撞反应池的离子束发生碰撞阻尼、碰撞聚焦作用，这样离子从碰撞池出去时离子动能扩散较窄（2eV），可增强主四极杆分析器的分辨能力。碰撞反应池可以减少氩基的多原子离子干扰问题，可测定常规四极杆等离子体质谱仪器难以测定的 ^{56}Fe、^{75}As、^{80}Se 等同位素。

5. 质量分析器

目前 ICP-MS 中用的四极杆，一般由 4 根相同长度和直径的圆柱形或双曲面的金属极棒组成。这些金属棒一般由不锈钢或钼制成，有时镀有一层抗腐蚀的陶瓷膜。其长度一般为 15～20cm，直径大约 1cm，工作频率为 2～3MHz。

四极杆是由相对两极连接在一起。两个对电极形成的正、负极棒，相当于两个高质量和低质量过滤器，在每根极棒上都分别施加幅度相同、相位相差 180°的直流电压（DC）和射频电压（RF），离子束在静电场的作用下做螺旋运动。改变直流电压 U 和射频 V 的比值，只有给定的质荷比的离子才能获得稳定的路径而通过四级杆极棒，到达另一端的离子检测器，而其他离子在静电场中被过分偏转，与极棒碰撞，并在极棒上被中和而丢失。

6. 检测器

四极杆系统将离子按质荷比分离后最终引入检测器，检测器将离子转换成电子脉冲，然后由积分线路计数。电子脉冲的大小与样品中分析离子的浓度有关。通过与已知浓度的标准比较，实现未知样品中痕量元素的定量分析。

离子检测器有连续或不连续打拿极电子倍增器、法拉第杯检测器、Daley 检测器等。早期的四极杆 ICP-MS 系统采用的是一种连续打拿极电子倍增器。现在的 ICP-MS 系统采用的是一种不连续打拿极电子倍增器。具体内容参见本节关于质谱检测的特点的内容。

三、电感耦合等离子体质谱仪的定性定量分析

（一）定性分析

ICP-MS 是一个非常有用、快速而且比较可靠的定性手段。采用扫描方式能在很短时间内获得全质量范围或所选择质量范围内的质谱信息。依据谱图上出现的峰可以判断存在的元素和可能的干扰。当分析前对样品基体缺乏了解时，可以在定量分析前先进行快速定性检查。商品仪器提供的定性分析软件比较方便。一些软件可同时显示几个谱图，并可进行谱图间的差减以消除背景。纵坐标（强度）通常可被扩展，也可选择性地显示不同的质量段，以便详细地观察每个谱图。

许多 ICP-MS 仪器都有半定量分析软件。依据元素的电离度和同位素丰度，建立一条较为平滑的质量-灵敏度曲线。该响应曲线通常用适当分布在整个质量范围内的 6～8 个元素来确定。对于每个元素的响应要进行同位素丰度、浓度和电离度的校正。从校正数据上可得到拟合的二次曲线。未知样品中所有元素的半定量结果都可以根据此响应曲线求出，其准确度为−59％～112％，精密度（RSD）为 5％～50％。和定量分析一样，每次分析

前必须重新确定校准曲线。因为响应曲线的形状与仪器的最优化方式关系很大，除了曲线的形状外，曲线位置的偏移（灵敏度）也可能随仪器每次的设置而不同。偏移的大小可通过测量质量居中的一个元素，如^{115}In或^{203}Rh的灵敏度加以确定。这一步骤在8h内可能要进行多次。一旦响应曲线建立，未知样品中所有元素的浓度都可根据响应曲线求出。用此方法获得的数据准确度变动较大，主要取决于被测的元素和样品基体[17]。

（二）定量分析

定量分析常用的校准方法有外标法、内标法、标准加入法和同位素稀释法。其中，外标法应用最为广泛。

1. 外标法

测定未知样品元素浓度大多采用外标法。外标法不是把标准物质加入被测样品中，对于溶液样品的校准来讲，而是单独配制一组能覆盖被测物质浓度范围的标准溶液，在与被测样品相同的测试条件下进行测定。这组溶液称为（校准）标准系列溶液，一般采用和样品溶液同样酸度的标准水溶液即可。通常采用的无内标校正的标准曲线法为外标法的一种，把内标校正的标准曲线法称为内标法。

对于固体样品的直接分析，比如激光烧蚀法，标准的基体必须与未知样品匹配。在溶液分析或固体分析中，也可以标准参考物质为标准进行校准。与人工合成多元素标准溶液相比，采用同类型天然标准参考物质制备标准溶液虽然具有制备简单、流程相同、可扣除同一本底、有效减少系统偏差等优点，但其不足之处是元素的推荐值与真值之间的偏差将被未知样品继承。实际上，有些标准物质的不确定度变化较大，有些结果在使用过程中又依赖后来积累的数据来修改参考值。所以，一般来讲不推荐用标准参考物质进行原始校准。

标准数据通常采用最小二乘法拟合校准曲线。可通过校准曲线的相关系数判断曲线对于测得的数据的拟合性。校准曲线最好采用多点标准拟合。校准曲线可以储存，但在每次分析前必须重新确定校准曲线，这是因为响应曲线的形状以及灵敏度与仪器检测参数之间密切相关。

2. 内标法

内标法是在样品和校准标准系列中加入一种或几种内标元素，不仅可以监测和校正信号的短期漂移和长期漂移，而且可以校正一般的基体效应。虽然采用内标法可以补偿基体抑制效应，但是并没有解决根本问题，基体空间电荷抑制的影响依然存在，只是对得到的信号采取了数学方法校正而已。对于初学者来讲，需要将内标法与定量化校准的外标法加以区别。

内标校正的标准曲线法的原理介绍，参见本书第二章第四节-一、-(五)-2.-(1) 内标校正的标准曲线法（内标法）的原理及使用范围。

3. 标准加入法

标准加入法与上述标准曲线法的原理介绍，参见本书第二章第二节-一、(五)-2. 标准曲线的建立。

标准加入法中加入的被测元素浓度一定要合适，其增量最好接近或稍大于样品中被测元素的预计浓度。由于所有测定样品都具有几乎相同的基体，所以结果的准确度比较好。

但采用这种方法前必须知道被测元素的大致含量，而且采用这种方法的前提是被测元素在加入浓度范围内的校准曲线必须具有线性，因此当样品中被测元素的浓度未知或被测元素含量较高时，这种方法的使用会受到一些限制。由于样品溶液制备步骤烦琐，而且方法的适用范围有限，因此一般使用较少。

4. 同位素稀释法

同位素稀释法（isotope dilution，ID）是准确度非常高的一种校准方法。同位素稀释法和 ICP-MS 技术相结合非常适合于痕量和超痕量元素分析。与外标法校准的 ICP-MS 方法相比，ID-ICP-MS 具有许多优点，例如分析结果很少受到有关信号漂移或基体效应的影响，样品制备期间元素的部分损失也不会影响结果的可靠性。ID-ICP-MS 在各种标准物质定量分析中应用最广泛。

（1）原理　其基本原理是在样品中加入已知量的某一被测元素的稀释剂后，测定混合后同位素比值的变化，就可计算出样品中该元素的浓度。该方法可用于至少具有 2 个稳定同位素的任何元素。同位素稀释法的计算方法如式（1-26）所示：

$$c = \frac{M_{sp}K(B_s R - A_s)}{W(A_x - B_x R)} \tag{1-26}$$

式中，c 为样品中测定元素的浓度；M_{sp} 为同位素稀释剂的质量；K 为天然原子量和稀释剂原子量之比；W 为样品的称样量；A_x 为样品中 A 同位素的丰度；B_x 为样品中 B 同位素的丰度；A_s 为稀释剂中 A 同位素的丰度；B_s 为稀释剂中 B 同位素的丰度；R 为样品和稀释剂混合后 A 与 B 同位素比值。

应该指出的是，在用此公式计算之前，所有稀释同位素和参比同位素的计数应根据具体情况进行质量偏倚和同质异位素干扰校正。

（2）同质异位素干扰校正　在同位素稀释法中，如果存在同质异位素干扰，必须进行校正。例如，在 $^{140}Ce/^{142}Ce$ 分析对中，参考同位素 ^{140}Ce 丰度最大，但掺入同位素 ^{142}Ce 存在着 ^{142}Nd（相对自然丰度 11.1%）的严重同质异位素干扰。因此，必须校正 ^{142}Nd 对 $142m/z$（质核比为 142 的元素含量）的干扰。通过测量 ^{143}Nd（相对自然丰度 12.7%）的计数来计算 ^{142}Nd 对 ^{142}Ce 分析同位素的干扰量。同质异位素干扰校正公式如式（1-27）所示：

$$^{142}Ce = 142_{计数} - R(^{142}Nd/^{143}Nd) \times ^{143}Nd = 142_{计数} - (2.227 \times ^{143}Nd) \tag{1-27}$$

（3）质量偏倚校正　ICP-MS 中质量歧视效应将影响同位素比值测定的准确度，所以在同位素稀释法中也必须对质量偏倚进行校正。从式（1-27）看出，唯一需要测量的参数就是同位素比值 R，因此同位素比值测量的精密度和准确度非常重要。影响同位素比值 R 的因素很多，例如仪器的灵敏度、ICP-MS 的质量偏倚、检测器的死时间等。不过，可以通过实验测量质量歧视因数来校正质谱仪的总质量偏倚。通常采用分析中插入一个已知同位素组成的纯参考物质稀释的样品来校正仪器的质量偏倚。例如，采用一个自然丰度的标准溶液校正仪器的总质量偏倚。

（4）同位素稀释法步骤

① 制备一个未加同位素稀释剂的样品。制备此溶液有两个目的：第一，用它来粗略估计被测成分浓度，从而计算出合适的 M_{sp} 值，即需掺入的同位素稀释剂的质量；第二，它可用于测量所选用同位素对的比值。从这些数据可以看出，所选的两个同位素中是否存

在同量异位素干扰。若测得值和天然同位素丰度比值存在较大差异，则说明 2 个同位素中至少有 1 个受到同量异位素的干扰[17]。

② 向样品中加适量的同位素稀释剂（在多元素分析时是多种稀释剂）后，制备一个样品溶液。稀释剂的加入方法通常是将同位素物质先制备成已知浓度的溶液，再根据所需的稀释剂质量分取溶液加入样品溶液中。通常提供的同位素物质都是固体形式，多为金属或其氧化物。同位素稀释剂应尽量在样品制备的最早阶段加入，因为一旦稀释剂与样品中被测物达到化学平衡，在以后处理步骤中（例如在化学分离过程中）被测元素的部分损失将不会影响结果的准确度。这里应强调的是：除极个别例子外，加入的稀释剂与被测元素的化学平衡是同位素稀释分析的基本要求。因此，固体样品如冶金产品、矿物等，通常都必须经过严格的溶解过程，以保证同位素交换平衡。

③ 测量"改变了的"比值，详细过程将取决于所用仪器的类型。当然，比值的测定应尽量保证能获得最好的精度。一般的方法是在每个同位素上采用较短的停留时间（不要长于几毫秒）进行重复扫描。同时，必须对已知同位素比值的溶液进行同位素比值测定，以确定仪器的质量歧视效应的大小。若质量歧视效应很大，则必须在计算结果前对测得样品中同位素比值进行校正。

④ 根据式(1-27)计算结果。A_s 值和 B_s 值通常由同位素物质生产商提供的同位素丰度数据中得到。这些数据也必须同时用于测定同位素物质的原子量，以计算 K 值。

（5）分析性能评价

1）优点　只要稀释剂与被测物已达到同位素交换平衡之后，它能补偿在样品制备过程中被测物的部分损失；不受各种物理和化学因素干扰，因为这些干扰对所测定的同一元素的两个同位素会有相同的干扰影响，因此在同位素比值测定中这种影响被抵消；此方法具有理想内标的特性，每个被测元素自身的一个同位素即为其内标。

2）缺点　此方法不能用于单同位素元素的测定。世界上稳定同位素的来源非常有限，所以价格方面有一定的局限性。同位素稀释 ICP-MS 最重要的实际限制因素是耗时、成本高，因此，该技术主要用于标准参考物质的定值分析和一些重要分析的质量监控。需要强调的是，在实际的分析工作中，内标校正的标准曲线法（内标法）与同位素稀释法常常结合使用，详见本书中第二章到第十二章的 ICP-MS 应用部分。

5. ICP-MS 仪器的定量检测步骤

具体测定方法参见本书第二章第四节-一、-（五）标准曲线的建立、-（六）样品的测定的相关内容。

四、电感耦合等离子体质谱仪的特点

（一）仪器的特点

电感耦合等离子体质谱仪具有以下特点。

（1）多元素快速分析能力　可在数十秒内定量分析几乎所有金属元素及一些非金属元素。

（2）灵敏度高，背景低，检出限低　1ng/mL 溶液的计数率一般可达每秒数万至上百万。ICP-MS 被公认为目前检出限最低的多元素分析技术，一般可达 10^{-14}，使用更有效的进样系统和优化条件，可以得到低于 10^{-15} 的方法检出限。

（3）极宽的线性动态范围　线性动态范围可达 $10^8 \sim 10^9$。即可在一份溶液中实现 $10^{-9} \sim 10^{-6}$ 含量元素的同时测定。在稀释倍数为 1000 时，对应原固体样品中 ng/g 至 mg/g 的含量。

（4）干扰较少　等离子体质谱的谱图比较简单，每个元素只产生一个或几个同位素的单电荷离子峰，总数为 210 条单电荷离子谱线，还有少量双电荷离子和简单的多原子组合离子峰。

（5）样品引入、更换方便　样品的引入和更换方便，且便于与其他进样或在线分离技术联用，如流动注射（FI）、超声雾化（USN）、激光烧蚀（LA）、电热蒸发（ETV）、气相色谱（GC）、液相色谱（LC）等。

（6）分析精密度高　四极杆 ICP-MS 的短期精密度（RSD）为 1% $\sim$ 2%，长期精密度（RSD）优于 5%，同位素测定精密度（RSD）可达 0.1%。

（7）可提供同位素信息　既可进行同位素比值测定，又可进行同位素稀释分析。

（8）灵活的测定方式　提供扫描、跳峰、扫描跳峰结合和单离子等测定方式。

（二）应用范围

ICP-MS 是研究样品中痕量元素和超痕量元素的有效方法，已经广泛应用于冶金工业、地矿、环境、食品和其他行业等领域产品的分析。

1. 冶金工业

由于冶金产品的种类繁多，而且基体物质以金属元素为主，并化学组成比例各异，因此对被测元素的干扰形式也不尽相同。ICP-MS 在冶金工业产品分析的成功应用，有效地提高了此分析技术的水平。在现行有效的国家标准中，ICP-MS 用于冶金工业产品分析的标准数量已有 33 种，如表 1-10 所列。

□ 表 1-10　ICP-MS 分析冶金工业产品的现行标准数量

产品种类	现行标准数	产品种类	现行标准数
稀土	22	铜	1
钢和铁、铁合金	4	镍、锌、锑、铅	0
贵金属	1	锂、镁、钾、钙	0
铝	0	钛、硒、锔、钽、铌、硬质合金	4
钨	0	金属盐、工业硅、其他	0
钼	1	合计	33

从表 1-10 可以看出，ICP-MS 在冶金工业中应用广泛。其中，在稀土行业中有 22 个相关标准；在钢和铁、铁合金行业中有 4 个相关标准。由此可见，ICP-MS 在冶金工业产品分析中是非常重要的手段之一。

2. 地矿、环境、食品和其他行业

相对于冶金工业，ICP-MS 在地矿、环境、食品和其他行业的应用较少，根据样品种类划分，现行有效标准数量的统计结果如表 1-11 所列。

应用领域	样品种类	现行标准数
地矿行业	铁矿石	1
	铜矿石、铅矿石、锌矿石	1
	硅酸盐	2
	砚石	1
	地球化学样品	1
环境行业	水	1
	土	1
	大气	1
	固体废弃物	1
食品行业	食品	1
	食品接触材料及其制品	1

在化工产品、烟草、饲料、化妆品等行业，ICP-MS 也得到了很好的应用，并且近些年国家相关部门也发布并实施了一批标准。

五、液相色谱与电感耦合等离子体质谱联用技术

1. 仪器联用的目的

随着 ICP-MS 的应用越来越广泛，该技术的一些弱点逐步显现出来。例如，在超痕量杂质测定中灵敏度不够高；基体效应较严重，存在质谱干扰，使一些关键性的杂质元素不能准确测定；仪器运转成本较高等。由于材料科学、环境科学和生命科学领域研究的深化，ICP-MS 技术将更多地面临一些复杂样品的分析，元素化学形态分析，有机物分析，在线分析，单矿物夹杂分析，矿物包容体分析等。采用联用技术是解决这些分析问题的有效途径之一。联用技术融合了两种或两种以上分析技术的优点，可针对性地解决某些分析难题。

ICP-MS 联用技术的发展已有十多年的历史，目前最主要的是用电热蒸发（ETV）、超声雾化（USN）、中子活化（NAA）等技术与 ICP-MS 联用，大幅度提高检测灵敏度，将超痕量分析由高纯材料、半导体材料、超纯试剂扩大到自然环境中的水体、生物圈等领域；用高效液相色谱（HPLC）、离子色谱（IC）、氢化物发生（HG）、流动注射（FI）等技术与 ICP-MS 联用实现在线分析、形态分析；用激光烧蚀（LA）、辉光放电（GD）等技术与 ICP-MS 联用使分析范围从整体分析扩大到微区、表层分析[18]。

由于研究的相关性，ICP-AES 分析中所研究的一些进样技术、联用技术的成果会被移植到 ICP-MS 的研究工作中，这无疑会加快 ICP-MS 技术的进步。HPLC-ICP-MS 技术的发展也有类似的情形，在 ICP-MS 技术发展的早期，一些学者就已研究了高效液相色谱与电感耦合等离子体质谱联用的可能性。这些研究工作表明，高效液相色谱由于其柱效高，分离速度快且效果好，使得它与元素选择性好、灵敏度高的电感耦合等离子体质谱联用，有着许多潜在的优势。从这十多年发表的相关参考文献来看，其应用范围主要集中在两个方面：一是快速分离基体后实现在线分析；二是进行形态分析。

由于 HPLC 能有效分离性质相近成分，所以 HPLC-ICP-MS 联用技术主要应用于形态分析，它的检测限低于 HPLC-ICP-AES 等一些其他联用技术，应用前景可观。该技术

主要研究方向有：采用多级联用技术，降低检出限；提高柱分离效果，克服基体效应和质谱干扰，扩大可测定的元素范围。

2. 仪器的连接方式

HPLC 系统与 ICP-MS 系统间的连接部分为接口，接口的作用在于使色谱流出物与 ICP-MS 后续测定的要求相匹配。由于 HPLC 流出物流量的可控范围与 ICP-MS 进样系统要求的流量一致，所以可通过一根内径 0.3mm 的 Teflon 管或 PEEK 树脂管将 HPLC 系统与 ICP-MS 系统连接。这种连接方式简便易行，但由于死体积较大，存在柱外效应，所以测定灵敏度低。ICP-MS 进样系统除对溶液流量有要求外，还对基体浓度，酸的种类和浓度，有机成分的浓度等有严格的要求。这会给 HPLC 与 ICP-MS 联用带来几个明显的困难：HPLC 系统的洗脱速度和 ICP-MS 的实时操作速度可能不匹配，降低了测定灵敏度；由于受有机溶剂的影响，分析物会在雾化器和雾室中产生记忆效应，HPLC 系统所用的洗脱溶剂会影响等离子体的稳定性或造成等离子体的局部冷却，甚至熄炬；HPLC 系统的有机溶剂会造成碳的沉积，使锥孔堵塞。

目前用 HPLC-ICP-MS 做形态分析时，大多采用直接注射雾化器。这些接口的主要优点是样品传输效率高，死体积小，柱外效应小，提高了测定灵敏度。但出现的问题各有千秋，如超声雾化器和热喷雾雾化器记忆效应较强；高效雾化器和直接注射雾化器信号稳定性差，由于喷雾气体流速过大，使得过量溶剂的引入降低了等离子体的稳定性。HPLC 流出物中的有机成分，会在 ICP-MS 采样锥和截取锥上产生碳沉积，阻塞两锥孔，通入 5％以下氧气虽然能减轻碳沉积，但由于等离子体温度的下降，也会影响灵敏度。此外，某些色谱流出物还会迅速腐蚀采样锥，选择铝制采样锥会减轻这一腐蚀过程。

接口的研究并不是孤立的，合适的 HPLC 分离体系，其色谱流出物可以较完全地满足 ICP-MS 后续测定的要求，这无疑会降低对接口的要求。所以不能说某种接口最好，只要是能够满足具体任务要求的接口，即是合用的接口。有时用直接连接法，并用蠕动泵降低流量，也能起到很好的效果。采用氢化物发生、流动注射与 HPLC-ICP-MS 多级联用的办法，也可以进一步提高测定灵敏度。

3. 联用技术特点

HPLC 通常是在室温下进行，对高沸点和热不稳定化合物的分离不需经过衍生化，因而使得 HPLC 更适合于环境分析以及生物活性物质分析。同时，HPLC 拥有较多的可改变的因素（包括固定相和流动相等），使得 HPLC 的适用性更为广泛。现在，HPLC-ICP-MS 联用技术主要应用于 As、Hg、Se、Cr 等元素在食品、土壤、中药等样品中的形态分析。

参考文献

[1] James D, Ingle Jr, Stanley R Crouch. 光谱化学分析［M］. 张寒琦，王芬蒂，等，译. 长春：吉林大学出版社，1996:1.

[2] 柯以侃，董慧茹. 分析化学手册（第三分册）：光谱分析［M］. 2版：北京：化学工业出版社，1998:1.

[3] 张更宇，吴超，邓学杰. 电感耦合等离子体质谱（ICP-MS）联用技术的应用及展望［J］. 中国无机分析化学，2016,6(03):19-26.

[4]　姜娜.电感耦合等离子体质谱技术在环境监测中的应用进展［J］.中国环境监测,2014,30(02):118-124.

[5]　Clough R,Harrington C F,Hill S J,et al. Atomic spectrometry update:review of advances in elemental speciation［J］. J Anal. Atom Spectrom,2017,32(7)：1239.

[6]　Clough R,Harrington C F,Hill S J,et al. Atomic spectrometry update:review of advances in elemental speciation［J］. J Anal. Atom Spectrom,2016,31(7)：1330.

[7]　陈邵鹏,顾海东,秦宏兵.高效液相色谱-电感耦合等离子体质谱联用技术用于环境中元素形态分析的最新进展［J］.化学分析计量,2011,20(02):96-100.

[8]　朱明华,胡坪.仪器分析［M］.北京：高等教育出版社,2008.

[9]　邓勃,李玉珍,刘明钟.实用原子光谱分析［M］.北京：化学工业出版社,2013.

[10]　邓勃.应用原子吸收与原子荧光光谱分析［M］.北京：化学工业出版社,2007.

[11]　郭明才,陈金东,等.原子吸收光谱分析应用指南［M］.青岛：中国海洋大学出版社,2013.

[12]　de la Calle I,Pena-Pereira F,Lavilla I,et al. Liquid-phase microextraction combined with graphite furnace atomic absorption spectrometry:A review［J］. Anal. Chim Acta,2016,9（36）:12-39.

[13]　祁晓婷.高效液相色谱原子荧光法测定水和沉积物中汞形态方法研究［D］.武汉：湖北大学,2013.

[14]　崔健.高效液相色谱-原子荧光光谱仪若干关键技术的研究及其在砷形态分析中的应用［D］.天津：天津大学,2013.

[15]　郑国经,罗立强,符斌,等.分析化学手册(第三分册)：原子光谱分析［M］.3 版.北京：化学工业出版社，2016.

[16]　辛仁轩.等离子体发射光谱分析［M］.第二版.北京：化学工业出版社，2010.

[17]　李冰,杨红霞.电感耦合等离子体质谱原理和应用［M］.北京：地质出版社,2005.

[18]　刘湘生,何小青,陈翁翔.高效液相色谱电感耦合等离子体质谱联用技术 HPLC-ICP-MS 进展［J］.现代科学仪器,2003：38-42.

第二章

稀土及其相关产品的分析

第一节 应用概况

稀有稀土金属，简称稀土金属。稀土元素是化学元素周期表中的镧系元素，包括轻稀土元素镧（La）、铈（Ce）、镨（Pr）、钕（Nd）、钷（Pm），中稀土元素钐（Sm）、铕（Eu）、钆（Gd）、铽（Tb）、镝（Dy），重稀土元素钬（Ho）、铒（Er）、铥（Tm）、镱（Yb）、镥（Lu），与镧系元素密切相关的钇（Y），以及稀散元素钪（Sc），共17种。用于制造复合材料，镁、铝、钛等合金材料。

由于稀土元素具有永磁、发光、储氢、催化等性质，以此为原材料制备的功能材料目前已应用于先进装备制造业、新能源、新兴产业等高新技术产业，还广泛应用于电子、石油化工、冶金、机械、新能源、轻工、环境保护、农业等领域。

镧应用于压电材料、电热材料、热电材料、磁阻材料、发光材料（蓝粉）、储氢材料、光学玻璃、激光材料、各种合金材料等。铈的合金耐高热，应用于喷气推进器零件、汽车玻璃；几乎所有的稀土应用领域中都含有铈。

镨、钕、钐主要用于制造永磁体。钷为卫星提供辅助能量。钆用作钐钴磁体的添加剂。铽镝铁磁致伸缩合金（Terfenol）广泛应用于声呐、燃料喷射系统、液体阀门控制、微定位、机械制动器、机械制动机构和飞机机翼调节器等领域。镝金属可用作磁光存储材料。

钬用作钇铁或钇铝石榴石的添加剂。铒可制成稀土玻璃激光材料。铥离子也可作稀土上转换激光材料的激活离子。镱用作热屏蔽涂层材料、磁致伸缩合金。镥用于制造某些特殊合金，例如镥铝合金用于中子活化分析。

钇是钢铁及有色合金的添加剂，能够增强不锈钢的抗氧化性和延展性，提高合金电导率和机械强度。在冶金工业中，钪常作为合金的添加剂，以改善合金的强度、硬度和耐热性能。

☐ 表 2-1 火焰原子吸收光谱法分析稀土金属及其氧化物、氯化稀土、碳酸轻稀土的基本条件

适用范围	测项	检测方法	测定范围（质量分数）/%	检出限 I/(μg/mL)	仪器条件			国标号	参考文献
					波长/nm	原子化器	原子化器条件		
稀土金属及其氧化物	钠	火焰原子吸收光谱法（FAAS）	0.0005~0.0250	0.0062	589.0	火焰	空气-乙炔火焰	GB/T 12690.8—2003	[1]
	镁		0.0005~0.300	0.0055	285.2			GB/T 12690.11—2003	[2]
	氧化钙		0.010~0.30	0.11	422.7			GB/T 12690.15—2018	[3]
氯化稀土、碳酸轻稀土	氧化钙	火焰原子吸收光谱法（FAAS）	0.10~5.00	0.11	422.7	火焰	空气-乙炔火焰	GB/T 16484.6—2009	[4]
	氧化镁		0.030~1.50	0.0055	285.2			GB/T 16484.7—2009	[5]
	氧化钠		0.05~2.00	0.0062	589.0			GB/T 16484.8—2009	[6]
	氧化镍		0.0020~0.010	0.080	232.0			GB/T 16484.9—2009	[7]
	氧化锰		0.0020~0.50	0.0062	279.5			GB/T 16484.10—2009	[8]
	氧化铅		0.0050~0.020	0.0095	217.0			GB/T 16484.11—2009	[9]
	氧化锌		0.010~1.00	0.005	213.9			GB/T 16484.22—2009	[10]

☐ 表 2-2 电感耦合等离子体原子发射光谱法分析稀土及其相关产品的基本条件

适用范围	测项	检测方法	测定范围（质量分数）/%	仪器条件	国标号	参考文献
				分析线/nm		
稀土金属及其氧化物中稀土杂质	氧化铈（铈）	电感耦合等离子体原子发射光谱法	0.0005~0.100	413.380	GB/T 18115.1—2006	[11]
	氧化镨（镨）		0.0005~0.100	417.972,422.533		
	氧化钕（钕）		0.0005~0.100	430.357,401.225		
	氧化钐（钐）		0.0005~0.100	359.260,446.734		
	氧化铕（铕）		0.0005~0.100	381.966,390.711		
	氧化钆（钆）		0.0005~0.100	354.937		
氧化镧（镧）	氧化铽（铽）		0.0005~0.100	350.917		
	氧化镝（镝）		0.0005~0.050	353.171		
	氧化钬（钬）		0.0005~0.050	345.600		
	氧化铒（铒）		0.0005~0.050	337.275		
	氧化铥（铥）		0.0001~0.050	313.126,342.908		
	氧化镱（镱）		0.0001~0.050	328.937		
	氧化镥（镥）		0.0001~0.050	261.542		
	氧化钇（钇）		0.0001~0.050	324.228,371.029		

适用范围	测项	检测方法	测定范围(质量分数)/%	分析线/nm	国标号	参考文献
氧化铈	氧化镧(镧)	电感耦合等离子体原子发射光谱法	0.0050~0.100	333.749,399.575	GB/T 18115.2—2006	[12]
	氧化镨(镨)		0.0050~0.100	410.072,422.533		
	氧化钕(钕)		0.0050~0.100	430.357,406.109		
	氧化钐(钐)		0.0025~0.050	359.620		
	氧化铕(铕)		0.0025~0.050	281.395,381.966,412.974		
	氧化钆(钆)		0.0050~0.100	310.051		
	氧化铽(铽)		0.0050~0.100	367.635,332.440		
	氧化镝(镝)		0.0050~0.100	340.780		
	氧化钬(钬)		0.0025~0.050	345.600		
	氧化铒(铒)		0.0025~0.050	337.275,326.478		
	氧化铥(铥)		0.0025~0.050	313.126,346.220		
	氧化镱(镱)		0.0010~0.020	328.937,369.420		
	氧化镥(镥)		0.0010~0.020	261.542,219.554		
	氧化钇(钇)		0.0025~0.050	377.433,371.028,437.494		
氧化镨	氧化镧(镧)	电感耦合等离子体原子发射光谱法	0.0050~1.00	333.749	GB/T 18115.3—2006	[13]
	氧化铈(铈)		0.0100~1.00	446.021,418.660		
	氧化钕(钕)		0.0100~1.00	445.157,417.732,444.639		
	氧化钐(钐)		0.0050~1.00	446.734,360.948		
	氧化铕(铕)		0.0050~0.200	381.966,281.395,227.778		
	氧化钆(钆)		0.0050~0.200	310.051,301.014		
	氧化铽(铽)		0.0050~0.200	356.851,350.917		
	氧化镝(镝)		0.0020~0.100	353.173,340.780		
	氧化钬(钬)		0.0020~0.100	339.898,341.646		
	氧化铒(铒)		0.0020~0.100	337.275,326.478		
	氧化铥(铥)		0.0020~0.100	342.508,313.146,344.151		
	氧化镱(镱)		0.0020~0.100	328.937,369.420,289.138		
	氧化镥(镥)		0.0020~0.100	261.542		
	氧化钇(钇)		0.0020~1.00	324.028		

稀土金属及其氧化物中稀土杂质

适用范围	测项	检测方法	测定范围(质量分数)/%	分析线/nm	国标号	参考文献
	氧化镧(镧)		0.0020~0.100	492.178,412.323,261.033		
	氧化铈(铈)		0.0030~0.100	429.668,413.768,413.380		
	氧化镨(镨)		0.0080~0.200	440.884,417.939		
	氧化钐(钐)		0.0030~0.100	442.434		
	氧化铕(铕)		0.0050~0.100	272.778		
	氧化钆(钆)		0.0010~0.100	342.247,310.050		
氧化钕(钕)	氧化铽(铽)	电感耦合等离子体原子发射光谱法	0.0010~0.100	350.917	GB/T 18115.4—2006	[14]
	氧化镝(镝)		0.0010~0.100	347.426,340.780,238.197		
	氧化钬(钬)		0.0030~0.100	341.646,337.271		
	氧化铒(铒)		0.0005~0.100	346.220		
	氧化铥(铥)		0.0010~0.100	313.126,286.922,328.937		
	氧化镱(镱)		0.0005~0.100	289.138		
	氧化镥(镥)		0.0005~0.100	261.542		
	氧化钇(钇)		0.0010~0.100	371.029,324.228,224.306		
	氧化镧(镧)		0.0020~0.100	408.672		
	氧化铈(铈)		0.010~0.100	413.765,446.021		
	氧化镨(镨)		0.010~0.200	390.843,440.884		
	氧化钕(钕)		0.010~0.200	401.225,430.357		
	氧化铕(铕)		0.0050~0.200	381.967		
	氧化钆(钆)		0.010~0.200	342.247,376.841		
氧化钐(钐)	氧化铽(铽)	电感耦合等离子体原子发射光谱法	0.010~0.100	367.635,332.440	GB/T 18115.5—2006	[15]
	氧化镝(镝)		0.0020~0.100	353.170		
	氧化钬(钬)		0.0050~0.100	339.898		
	氧化铒(铒)		0.0020~0.100	349.910,337.275		
	氧化铥(铥)		0.0020~0.100	313.126,346.220		
	氧化镱(镱)		0.0020~0.100	328.937		
	氧化镥(镥)		0.0020~0.100	261.542		
	氧化钇(钇)		0.0050~0.200	371.030		

稀土金属及其氧化物中稀土杂质

适用范围	测项	检测方法	测定范围 (质量分数)/%	分析线/nm	国标号	参考文献
氧化铕(铕)	氧化镧(镧)	电感耦合等离子体原子发射光谱法	0.0005~0.050	408.671	GB/T 18115.6—2006	[16]
	氧化铈(铈)		0.0005~0.050	414.660,404.076		
	氧化镨(镨)		0.0005~0.050	422.533		
	氧化钕(钕)		0.0005~0.050	401.225,406.109		
	氧化钐(钐)		0.0005~0.050	359.262		
	氧化钆(钆)		0.0005~0.050	310.650,376.839		
	氧化铽(铽)		0.0010~0.050	350.917,356.852		
	氧化镝(镝)		0.0005~0.050	340.780,338.502		
	氧化钬(钬)		0.0005~0.050	339.898,345.600		
	氧化铒(铒)		0.0005~0.050	337.276,349.910		
	氧化铥(铥)		0.0003~0.050	313.126		
	氧化镱(镱)		0.0003~0.050	328.937		
	氧化镥(镥)		0.0003~0.050	261.542		
	氧化钇(钇)		0.0003~0.050	360.073,324.228		
氧化钆(钆)	氧化镧(镧)	电感耦合等离子体原子发射光谱法	0.0010~0.050	333.749	GB/T 18115.7—2006	[17]
	氧化铈(铈)		0.0020~0.050	418.660		
	氧化镨(镨)		0.0010~0.050	390.843,414.311		
	氧化钕(钕)		0.0030~0.050	430.358,401.225		
	氧化钐(钐)		0.0020~0.050	442.434		
	氧化铕(铕)		0.0010~0.050	381.967		
	氧化铽(铽)		0.0030~0.050	384.873,367.635		
	氧化镝(镝)		0.0020~0.050	353.170,353.602		
	氧化钬(钬)		0.0030~0.050	389.102,345.600		
	氧化铒(铒)		0.0010~0.050	337.371		
	氧化铥(铥)		0.0010~0.050	313.126		
	氧化镱(镱)		0.0010~0.050	328.937,289.138		
	氧化镥(镥)		0.0010~0.050	261.542		
	氧化钇(钇)		0.0010~0.050	371.030		

稀土金属及其氧化物中稀土杂质

适用范围	测项	检测方法	测定范围 (质量分数)/%	分析线/nm	国标号	参考文献
氧化铽（铽）	氧化镧（镧）	电感耦合等离子体 原子发射光谱法	0.0050~0.100	407.735	GB/T 18115.8—2006	[18]
	氧化铈（铈）		0.0050~0.100	413.765		
	氧化镨（镨）		0.0050~0.100	422.535		
	氧化钕（钕）		0.010~0.100	430.358,417.734		
	氧化钐（钐）		0.0050~0.100	359.260		
	氧化铕（铕）		0.0050~0.500	412.970		
	氧化钆（钆）		0.010~0.500	310.050,303.285		
	氧化镝（镝）		0.0050~0.500	400.045		
	氧化钬（钬）		0.0050~0.500	381.072		
	氧化铒（铒）		0.0050~0.100	349.910		
	氧化铥（铥）		0.0050~0.100	384.802		
	氧化镱（镱）		0.0050~0.100	328.937		
	氧化镥（镥）		0.0050~0.100	261.542		
	氧化钇（钇）		0.0050~0.500	377.433		
氧化镝（镝）	氧化镧（镧）	电感耦合等离子体 原子发射光谱法	0.0010~0.100	408.672	GB/T 18115.9—2006	[19]
	氧化铈（铈）		0.0050~0.100	428.994,429.667		
	氧化镨（镨）		0.0050~0.100	417.939,525.973		
	氧化钕（钕）		0.0010~0.100	509.280,417.732		
	氧化钐（钐）		0.0010~0.100	442.434		
	氧化铕（铕）		0.0010~0.100	381.967		
	氧化钆（钆）		0.0020~0.100	335.047,385.098		
	氧化铽（铽）		0.0050~0.100	332.440,384.875		
	氧化钬（钬）		0.0010~0.100	404.544,381.073		
	氧化铒（铒）		0.0010~0.100	369.265,390.631		
	氧化铥（铥）		0.0010~0.100	379.575,313.126		
	氧化镱（镱）		0.0010~0.100	369.469,328.937		
	氧化镥（镥）		0.0010~0.100	261.542		
	氧化钇（钇）		0.0010~0.100	508.742,371.029		

稀土金属及其氧化物中稀土杂质

稀土金属及其氧化物中稀土杂质

适用范围	测项	检测方法	测定范围(质量分数)/%	分析线/nm	国标号	参考文献
氧化钬(钬)	氧化镧(镧)	电感耦合等离子体原子发射光谱法	0.0020~0.100	408.672	GB/T 18115.10—2006	[20]
	氧化铈(铈)		0.0050~0.100	413.380		
	氧化镨(镨)		0.0050~0.100	390.844		
	氧化钕(钕)		0.0050~0.100	430.358		
	氧化钐(钐)		0.0050~0.100	360.949,443.432		
	氧化铕(铕)		0.0020~0.100	381.967		
	氧化钆(钆)		0.0050~0.200	336.224,354.936		
	氧化铽(铽)		0.0050~0.200	370.285,370.392		
	氧化镝(镝)		0.0050~0.200	394.468		
	氧化铒(铒)		0.0050~0.200	337.271,369.265		
	氧化铥(铥)		0.0020~0.200	376.133,313.126		
	氧化镱(镱)		0.0020~0.200	328.937,369.419		
	氧化镥(镥)		0.0020~0.100	261.542		
	氧化钇(钇)		0.0050~0.200	371.030		
氧化铒(铒)	氧化镧(镧)	电感耦合等离子体原子发射光谱法	0.0020~0.100	408.672	GB/T 18115.11—2006	[21]
	氧化铈(铈)		0.0050~0.100	413.380		
	氧化镨(镨)		0.0050~0.100	422.293,422.535		
	氧化钕(钕)		0.0050~0.100	406.109		
	氧化钐(钐)		0.0050~0.100	359.260		
	氧化铕(铕)		0.0020~0.100	420.505		
	氧化钆(钆)		0.0050~0.200	336.224,342.247		
	氧化铽(铽)		0.0050~0.200	350.917,384.873		
	氧化镝(镝)		0.0050~0.200	353.170		
	氧化钬(钬)		0.0050~0.200	345.600		
	氧化铥(铥)		0.0020~0.200	379.575,336.261		
	氧化镱(镱)		0.0020~0.200	328.937		
	氧化镥(镥)		0.0020~0.100	261.542		
	氧化钇(钇)		0.0020~0.200	371.030		

适用范围	测项	检测方法	测定范围(质量分数)/%	分析线/nm	国标号	参考文献
氧化钇(钇)	氧化镧(镧)	电感耦合等离子体原子发射光谱法	0.0002~0.050	408.671	GB/T 18115.12—2006	[22]
	氧化铈(铈)		0.0003~0.050	418.660		
	氧化镨(镨)		0.0003~0.050	422.533		
	氧化钕(钕)		0.0003~0.050	401.225		
	氧化钐(钐)		0.0003~0.050	428.078		
	氧化铕(铕)		0.0002~0.050	381.965		
	氧化钆(钆)		0.0002~0.050	342.246		
	氧化铽(铽)		0.0003~0.050	350.917		
	氧化镝(镝)		0.0002~0.050	353.170		
	氧化钬(钬)		0.0003~0.050	345.600,339.898		
	氧化铒(铒)		0.0002~0.050	337.271		
	氧化铥(铥)		0.0002~0.050	313.126		
	氧化镱(镱)		0.0002~0.050	328.937		
	氧化镥(镥)		0.0002~0.050	261.542		
氧化铽(铽)	氧化镧(镧)	电感耦合等离子体原子发射光谱法	0.0003~0.10	408.672,412.323	GB/T 18115.13—2010	[23]
	氧化铈(铈)		0.0005~0.10	413.380,413.765		
	氧化镨(镨)		0.0003~0.10	411.848		
	氧化钕(钕)		0.0003~0.10	401.225		
	氧化钐(钐)		0.0003~0.10	359.262		
	氧化铕(铕)		0.0003~0.10	381.965,412.974		
	氧化钆(钆)		0.0003~0.10	342.246,355.048		
	氧化镝(镝)		0.0005~0.15	350.917		
	氧化钬(钬)		0.0005~0.15	353.171,407.797		
	氧化铒(铒)		0.0005~0.15	389.102,339.898		
	氧化铥(铥)		0.0003~0.15	337.271,349.910		
	氧化镱(镱)		0.0003~0.15	328.937,289.138		
	氧化镥(镥)		0.0003~0.15	261.542,219.554		
	氧化钇(钇)		0.0003~0.15	371.029,324.228		

稀土金属及其氧化物中稀土杂质

适用范围	测项	检测方法	测定范围(质量分数)/%	分析线/nm	国标号	参考文献
稀土金属及其氧化物中稀土杂质　氧化镥（镥）	氧化镧（镧）	电感耦合等离子体原子发射光谱法	0.0003~0.15	408.671,379.477	GB/T 18115.14—2010	[24]
	氧化铈（铈）		0.0003~0.15	413.765,418.660		
	氧化镨（镨）		0.0003~0.15	417.942		
	氧化钕（钕）		0.0003~0.15	401.225		
	氧化钐（钐）		0.0005~0.15	360.948,359.260		
	氧化铕（铕）		0.0003~0.15	412.973		
	氧化钆（钆）		0.0005~0.15	336.224		
	氧化铽（铽）		0.0003~0.15	350.917,367.635		
	氧化镝（镝）		0.0003~0.15	353.171		
	氧化钬（钬）		0.0003~0.15	345.600		
	氧化铒（铒）		0.0003~0.15	349.910		
	氧化铥（铥）		0.0005~0.15	313.126,384.802		
	氧化镱（镱）		0.0005~0.15	219.554,261.542		
	氧化钇（钇）		0.0003~0.15	324.229		
单一稀土金属：镧、铈、镨、钕、镝、铥、钇	钼	电感耦合等离子体原子发射光谱法	0.010~0.50	281.615	GB/T 12690.13—2003	[25]
	钨		0.010~0.50	207.911		
金属铕	钼	电感耦合等离子体原子发射光谱法	0.010~0.50	284.823	GB/T 12690.14—2006	[26]
	钨		0.010~0.50	207.911		
单一稀土金属及混合稀土金属	钛	电感耦合等离子体原子发射光谱法	0.0050~0.50	337.2,338.3（线性 0~2μg/mL）		
稀土金属及其氧化物中非稀土杂质　镧（氧化镧）	钙（氧化钙）	电感耦合等离子体原子发射光谱法	0.0002~0.30	393.366,396.847	GB/T 12690.15—2018	[27]
铈（氧化铈）			0.0003~0.30	396.847		
镨（氧化镨）			0.0005~0.30	393.366		
钕（氧化钕）			0.0005~0.30	393.366		
钐（氧化钐）			0.0005~0.30	396.847		
铕（氧化铕）			0.0003~0.30	393.366,396.847		
钇（氧化钇）			0.0003~0.30	393.366,396.847		

续表

适用范围		测项	检测方法	测定范围(质量分数)/%	分析线/nm	国标号	参考文献
	铈(氧化铈)	钙(氧化钙)	电感耦合等离子体原子发射光谱法	0.0002~0.30	393.366,396.847	GB/T 12690.15—2018	[27]
	镨(氧化镨)			0.0005~0.30	393.366		
	钕(氧化钕)			0.0005~0.30	393.366,396.847		
	钼(氧化钼)			0.0005~0.30	393.366,396.847		
	铥(氧化铥)			0.0003~0.30	393.366,396.847		
	镱(氧化镱)			0.0003~0.30	393.366,396.847		
	镥(氧化镥)			0.0002~0.30	393.366		
	钇(氧化钇)			0.0002~0.30	393.366,396.847		
稀土金属及其氧化物中非稀土杂质	金属镧	铌	电感耦合等离子体原子发射光谱法	0.010~0.50	309.418	GB/T 12690.17—2010	[28]
		钽		0.020~0.50	268.517		
	金属铈	铌	电感耦合等离子体原子发射光谱法	0.010~0.50	309.418	GB/T 12690.17—2010	[28]
		钽		0.020~0.50	263.558		
	金属镨	铌	电感耦合等离子体原子发射光谱法	0.010~0.50	316.340	GB/T 12690.17—2010	[28]
		钽		0.020~0.50	263.558		
	金属钕	铌	电感耦合等离子体原子发射光谱法	0.010~0.50	309.418	GB/T 12690.17—2010	[28]
		钽		0.020~0.50	263.558		
	金属钐	铌	电感耦合等离子体原子发射光谱法	0.010~0.50	309.418	GB/T 12690.17—2010	[28]
		钽		0.020~0.50	263.558		
	金属铕	铌	电感耦合等离子体原子发射光谱法	0.010~0.50	309.418	GB/T 12690.17—2010	[28]
		钽		0.020~0.50	268.517		
	金属钆	铌	电感耦合等离子体原子发射光谱法	0.010~0.50	309.418	GB/T 12690.17—2010	[28]
		钽		0.020~0.50	263.558		
	金属铽	铌	电感耦合等离子体原子发射光谱法	0.010~0.50	316.340,309.418	GB/T 12690.17—2010	[28]
		钽		0.020~0.50	263.558,268.517		
	金属镝	铌	电感耦合等离子体原子发射光谱法	0.010~0.50	309.418	GB/T 12690.17—2010	[28]
		钽		0.020~0.50	263.558		
	金属钬	铌	电感耦合等离子体原子发射光谱法	0.010~0.50	309.418	GB/T 12690.17—2010	[28]
		钽		0.020~0.50	263.558		
	金属铒	铌	电感耦合等离子体原子发射光谱法	0.010~0.50	316.340,309.418	GB/T 12690.17—2010	[28]
		钽		0.020~0.50	263.558		

适用范围	测项	检测方法	测定范围(质量分数)/%	分析线/nm	国标号	参考文献
金属铽	铌	电感耦合等离子体原子发射光谱法	0.010~0.50	309.418	GB/T 12690.17—2010	[28]
	钽		0.020~0.50	263.558		
金属镝	铌	电感耦合等离子体原子发射光谱法	0.010~0.50	309.418	GB/T 12690.17—2010	[28]
	钽		0.020~0.50	263.558		
金属镨	铌	电感耦合等离子体原子发射光谱法	0.010~0.50	309.418,316.340	GB/T 12690.17—2010	[28]
	钽		0.020~0.50	263.558		
金属钇	铌	电感耦合等离子体原子发射光谱法	0.010~0.50	309.418	GB/T 12690.17—2010	[28]
	钽		0.020~0.50	263.558		
氧化镧(镧)	氧化钴(钴)	电感耦合等离子体原子发射光谱法	0.0010~0.1000	237.862	GB/T 12690.5—2017	[29]
	氧化锰(锰)		0.0010~0.1000	259.373		
	氧化铅(铅)		0.0010~0.1000	280.200		
	氧化镍(镍)		0.0010~0.1000	222.547		
	氧化铜(铜)		0.0010~0.1000	324.754		
	氧化锌(锌)		0.0010~0.1000	213.856		
	氧化铝(铝)		0.0010~0.1000	167.020,309.271,396.152		
	氧化铬(铬)		0.0010~0.1000	205.552		
	氧化镁(镁)		0.0002~0.1000	279.553,280.270		
	氧化镉(镉)		0.0010~0.1000	226.502,214.438		
	氧化钒(钒)		0.0010~0.1000	311.071,292.402		
	氧化铁(铁)		0.0010~0.5000	259.940		
氧化铈(铈)	氧化钴(钴)	电感耦合等离子体原子发射光谱法	0.0010~0.1000	228.616,238.892	GB/T 12690.5—2017	[29]
	氧化锰(锰)		0.0010~0.1000	259.373,257.610		
	氧化铅(铅)		0.0010~0.1000	280.200		
	氧化镍(镍)		0.0002~0.1000	222.547,232.504		
	氧化铜(铜)		0.0010~0.1000	213.598,224.700		
	氧化锌(锌)		0.0010~0.1000	213.856		
	氧化铝(铝)		0.0010~0.1000	167.020,237.312,257.510		
	氧化铬(铬)		0.0010~0.1000	206.149,257.715,275.258		
	氧化镁(镁)		0.0002~0.1000	280.270		

稀土金属及其氧化物中非稀土杂质

稀土金属及其氧化物中非稀土杂质

适用范围	测项	检测方法	测定范围（质量分数）/%	分析线/nm	国标号	参考文献
氧化钐（钐）	氧化镉（镉）	电感耦合等离子体原子发射光谱法	0.0010~0.1000	214.438	GB/T 12690.5—2017	[29]
	氧化钒（钒）		0.0010~0.1000	292.402		
	氧化铁（铁）		0.0010~0.5000	240.488		
氧化镨（镨）	氧化钴（钴）	电感耦合等离子体原子发射光谱法	0.0010~0.1000	238.892,228.616	GB/T 12690.5—2017	[29]
	氧化锰（锰）		0.0010~0.1000	257.610,259.373		
	氧化铅（铅）		0.0010~0.1000	280.200,283.305		
	氧化镍（镍）		0.0010~0.1000	232.504,222.547		
	氧化铜（铜）		0.0010~0.1000	224.700,213.598		
	氧化锌（锌）		0.0010~0.1000	205.200,213.856		
	氧化铝（铝）		0.0010~0.1000	167.020,226.909		
	氧化铬（铬）		0.0010~0.1000	267.716,206.149		
	氧化镁（镁）		0.0002~0.1000	279.553,280.270		
	氧化镉（镉）		0.0010~0.1000	214.438,226.502		
	氧化钒（钒）		0.0010~0.1000	292.402		
	氧化铁（铁）		0.0010~0.5000	259.940,240.488		
氧化钕（钕）	氧化钴（钴）	电感耦合等离子体原子发射光谱法	0.0010~0.1000	237.862,228.616	GB/T 12690.5—2017	[29]
	氧化锰（锰）		0.0010~0.1000	293.930,257.610		
	氧化铅（铅）		0.0010~0.1000	280.200,283.305		
	氧化镍（镍）		0.0010~0.1000	232.504		
	氧化铜（铜）		0.0010~0.1000	224.700,204.379		
	氧化锌（锌）		0.0010~0.1000	213.856		
	氧化铝（铝）		0.0010~0.1000	167.020,308.215,226.909		
	氧化铬（铬）		0.0010~0.1000	205.552,257.715		
	氧化镁（镁）		0.0002~0.1000	279.553,280.270		
	氧化镉（镉）		0.0010~0.1000	214.438,228.802		
	氧化钒（钒）		0.0010~0.1000	292.402,311.071		
	氧化铁（铁）		0.0010~0.5000	259.940,238.204		

续表

适用范围	测项	检测方法	测定范围(质量分数)/%	分析线/nm	国标号	参考文献
氧化钐(钐)	氧化钴(钴)	电感耦合等离子体原子发射光谱法	0.0010~0.1000	238.892	GB/T 12690.5—2017	[29]
	氧化锰(锰)		0.0010~0.1000	257.610,250.569		
	氧化铅(铅)		0.0010~0.1000	261.418		
	氧化镍(镍)		0.0010~0.1000	232.504,222.547		
	氧化铜(铜)		0.0010~0.1000	324.754,204.379		
	氧化锌(锌)		0.0010~0.1000	213.856		
	氧化铝(铝)		0.0010~0.1000	167.020,237.312,308.215		
	氧化铬(铬)		0.0010~0.1000	206.149,205.552		
	氧化镁(镁)		0.0002~0.1000	279.553,280.270		
	氧化镉(镉)		0.0010~0.1000	214.438,226.502		
	氧化钒(钒)		0.0010~0.1000	292.402		
	氧化铁(铁)		0.0010~0.5000	259.940,238.204		
氧化铕(铕)	氧化钴(钴)	电感耦合等离子体原子发射光谱法	0.0010~0.1000	228.616,238.892	GB/T 12690.5—2017	[29]
	氧化锰(锰)		0.0010~0.1000	259.373,250.569		
	氧化铅(铅)		0.0010~0.1000	220.353,280.200		
	氧化镍(镍)		0.0010~0.1000	232.504,222.547		
	氧化铜(铜)		0.0010~0.1000	204.379,199.969,327.327.385		
	氧化锌(锌)		0.0010~0.1000	206.200,213.856		
	氧化铝(铝)		0.0010~0.1000	157.020,237.312,396.152		
	氧化铬(铬)		0.0010~0.1000	205.552		
	氧化镁(镁)		0.0002~0.1000	279.553,280.270		
	氧化镉(镉)		0.0010~0.1000	226.502,214.438		
	氧化钒(钒)		0.0010~0.1000	311.071		
	氧化铁(铁)		0.0010~0.5000	259.940		

稀土金属及其氧化物中非稀土杂质

适用范围	测项	检测方法	测定范围(质量分数)/%	分析线/nm	国标号	参考文献
氧化钆(钆)	氧化钴(钴)	电感耦合等离子体原子发射光谱法	0.0010~0.1000	228.616,238.892	GB/T 12690.5—2017	[29]
	氧化锰(锰)		0.0010~0.1000	259.373,257.610		
	氧化铝(铝)		0.0010~0.1000	220.353		
	氧化镍(镍)		0.0010~0.1000	222.547,232.504		
	氧化铜(铜)		0.0010~0.1000	324.754,224.700		
	氧化锌(锌)		0.0010~0.1000	206.200,213.856		
	氧化铅(铅)		0.0010~0.1000	167.020,237.312,396.152		
	氧化铬(铬)		0.0010~0.1000	206.149,257.715		
	氧化镁(镁)		0.0002~0.1000	279.553,280.270		
	氧化镉(镉)		0.0010~0.1000	226.502,228.802		
	氧化钒(钒)		0.0010~0.1000	311.071,292.402		
	氧化铁(铁)		0.0010~0.5000	240.488,259.940		
氧化铽(铽)	氧化钴(钴)	电感耦合等离子体原子发射光谱法	0.0010~0.1000	237.862	GB/T 12690.5—2017	[29]
	氧化锰(锰)		0.0010~0.1000	259.373		
	氧化铝(铝)		0.0010~0.1000	280.200		
	氧化镍(镍)		0.0010~0.1000	232.504		
	氧化铜(铜)		0.0010~0.1000	324.754		
	氧化锌(锌)		0.0010~0.1000	213.856		
	氧化铅(铅)		0.0010~0.1000	167.020,237.312		
	氧化铬(铬)		0.0010~0.1000	205.552,257.715		
	氧化镁(镁)		0.0002~0.1000	279.553		
	氧化镉(镉)		0.0010~0.1000	226.502		
	氧化钒(钒)		0.0010~0.1000	292.402		
	氧化铁(铁)		0.0010~0.5000	238.204,259.940		

稀土金属及其氧化物中非稀土杂质

适用范围	测项	检测方法	测定范围(质量分数)/%	分析线/nm	国标号	参考文献
氧化镝	氧化钴(钴)	电感耦合等离子体原子发射光谱法	0.0010~0.1000	238.892,237.862	GB/T 12690.5—2017	[29]
	氧化锰(锰)		0.0010~0.1000	257.810,250.569		
	氧化铅(铅)		0.0010~0.1000	280.200		
	氧化镍(镍)		0.0010~0.1000	232.504		
	氧化铜(铜)		0.0010~0.1000	224.700,324.754		
	氧化锌(锌)		0.0010~0.1000	213.856		
	氧化铝(铝)		0.0010~0.1000	167.020,237.312,257.510		
	氧化铬(铬)		0.0010~0.1000	267.716,206.149		
	氧化镁(镁)		0.0002~0.1000	279.553,280.270		
	氧化镉(镉)		0.0010~0.1000	214.438,228.802		
	氧化钒(钒)		0.0010~0.1000	292.402		
	氧化铁(铁)		0.0010~0.5000	259.940		
氧化铁(钬)	氧化钴(钴)	电感耦合等离子体原子发射光谱法	0.0010~0.1000	237.862,228.616	GB/T 12690.5—2017	[29]
	氧化锰(锰)		0.0010~0.1000	257.610,250.569		
	氧化铅(铅)		0.0010~0.1000	283.305,405.783,280.200		
	氧化镍(镍)		0.0010~0.1000	216.556		
	氧化铜(铜)		0.0010~0.1000	224.700,213.589		
	氧化锌(锌)		0.0010~0.1000	213.856		
	氧化铝(铝)		0.0010~0.1000	167.020,396.152,237.312		
	氧化铬(铬)		0.0010~0.1000	206.149,205.552		
	氧化镁(镁)		0.0002~0.1000	279.553,280.270		
	氧化镉(镉)		0.0010~0.1000	226.502,228.802		
	氧化钒(钒)		0.0010~0.1000	311.071,292.402		
	氧化铁(铁)		0.0010~0.5000	259.940,238.204		

稀土金属及其氧化物中非稀土杂质

稀土金属及其氧化物中非稀土杂质

适用范围	测项	检测方法	测定范围(质量分数)/%	分析线/nm	国标号	参考文献
氧化铒(铒)	氧化钴(钴)	电感耦合等离子体原子发射光谱法	0.0010~0.1000	237.862,238.892	GB/T 12690.5—2017	[29]
	氧化锰(锰)		0.0010~0.1000	257.610,250.569		
	氧化铅(铅)		0.0010~0.1000	280.200		
	氧化镍(镍)		0.0010~0.1000	232.504,216.556		
	氧化铜(铜)		0.0010~0.1000	224.700		
	氧化锌(锌)		0.0010~0.1000	206.200		
	氧化铝(铝)		0.0010~0.1000	167.020,237.312,396.152		
	氧化铬(铬)		0.0010~0.1000	267.716,205.552		
	氧化镁(镁)		0.0002~0.1000	280.270		
	氧化镉(镉)		0.0010~0.1000	226.502,228.802		
	氧化钒(钒)		0.0010~0.1000	292.402		
	氧化铁(铁)		0.0010~0.5000	238.204,259.940		
氧化镱(镱)	氧化钴(钴)	电感耦合等离子体原子发射光谱法	0.0010~0.1000	238.892,237.862	GB/T 12690.5—2017	[29]
	氧化锰(锰)		0.0010~0.1000	259.373,257.610		
	氧化铅(铅)		0.0010~0.1000	220.353		
	氧化镍(镍)		0.0010~0.1000	222.547,232.504		
	氧化铜(铜)		0.0010~0.1000	213.598,204.379		
	氧化锌(锌)		0.0010~0.1000	206.200,213.856		
	氧化铝(铝)		0.0010~0.1000	167.020,396.152,226.909		
	氧化铬(铬)		0.0010~0.1000	206.149,205.552		
	氧化镁(镁)		0.0002~0.1000	279.553,280.270		
	氧化镉(镉)		0.0010~0.1000	214.438,226.502		
	氧化钒(钒)		0.0010~0.1000	311.071		
	氧化铁(铁)		0.0010~0.5000	238.204,240.488		

适用范围	测项	检测方法	测定范围（质量分数）/%	分析线/nm	国标号	参考文献
氧化镱（镱）	氧化钴（钴）	电感耦合等离子体原子发射光谱法	0.0010~0.1000	238.892,237.862	GB/T 12690.5—2017	[29]
	氧化锰（锰）		0.0010~0.1000	259.373,260.569		
	氧化铝（铝）		0.0010~0.1000	220.353		
	氧化镍（镍）		0.0010~0.1000	232.504,222.547		
	氧化铜（铜）		0.0010~0.1000	324.754,213.598		
	氧化锌（锌）		0.0010~0.1000	206.200,213.856		
	氧化铝（铝）		0.0010~0.1000	167.020,226.909,396.152		
	氧化铬（铬）		0.0010~0.1000	267.716,205.552		
	氧化镁（镁）		0.0002~0.1000	279.553,280.270		
	氧化镉（镉）		0.0010~0.1000	214.438,226.502		
	氧化钒（钒）		0.0010~0.1000	311.071		
	氧化铁（铁）		0.0010~0.5000	259.940,238.204		
氧化镥（镥）	氧化钴（钴）	电感耦合等离子体原子发射光谱法	0.0010~0.1000	237.862,228.616	GB/T 12690.5—2017	[29]
	氧化锰（锰）		0.0010~0.1000	259.373,257.610		
	氧化铝（铝）		0.0010~0.1000	405.783,283.305		
	氧化镍（镍）		0.0010~0.1000	232.504,216.556		
	氧化铜（铜）		0.0010~0.1000	324.754,213.598		
	氧化锌（锌）		0.0010~0.1000	206.200,213.856		
	氧化铝（铝）		0.0010~0.1000	167.020,237.312,226.909		
	氧化铬（铬）		0.0010~0.1000	206.149,205.552		
	氧化镁（镁）		0.0002~0.1000	279.553,280.270		
	氧化镉（镉）		0.0010~0.1000	228.802,214.438		
	氧化钒（钒）		0.0010~0.1000	292.402,311.071		
	氧化铁（铁）		0.0010~0.5000	259.940,238.204		

稀土金属及其氧化物中非稀土杂质

适用范围	测项	检测方法	测定范围(质量分数)/%	分析线/nm	国标号	参考文献
氧化钇（钇） 稀土金属及其氧化物中非稀土杂质	氧化钴（钴）	电感耦合等离子体原子发射光谱法	0.0010~0.1000	238.892,237.862	GB/T 12690.5—2017	[29]
	氧化锰（锰）		0.0010~0.1000	259.373,257.610		
	氧化铝（铝）		0.0010~0.1000	280.200,283.306		
	氧化镍（镍）		0.0010~0.1000	232.504,222.547		
	氧化铜（铜）		0.0010~0.1000	213.598,224.700		
	氧化锌（锌）		0.0010~0.1000	206.200,213.856		
	氧化铝（铝）		0.0010~0.1000	167.020,396.152,237.336		
	氧化铬（铬）		0.0010~0.1000	205.552,267.716		
	氧化镁（镁）		0.0002~0.1000	279.553,280.270		
	氧化镉（镉）		0.0010~0.1000	228.802,214.438		
	氧化钒（钒）		0.0010~0.1000	292.402,311.071		
	氧化铁（铁）		0.0010~0.5000	259.940,238.204		
氧化稀土、碳酸轻稀土	氧化镧	电感耦合等离子体原子发射光谱法	10.00~40.00	398.852,408.671	GB/T 16484.3—2009	[30]
	氧化铈		30.00~60.00	413.765		
	氧化镨		4.00~16.00	418.948		
	氧化钕		4.00~20.00	401.225,406.109		
	氧化钐		1.00~8.00	443.432,428.079		
	氧化铕		0.10~0.40	412.970		
	氧化钆		0.10~0.40	310.050,335.048		
	氧化铽		0.10~0.40	332.440		
	氧化镝		0.10~0.40	353.170		
	氧化钬		0.10~0.40	341.646,339.898		
	氧化铒		0.10~0.40	337.276,326.478		
	氧化铥		0.10~0.40	313.126,346.220		
	氧化镱		0.10~0.40	328.937		
	氧化镥		0.10~0.40	261.542		
	氧化钇		0.10~0.40	371.029		

适用范围	测项	检测方法	测定范围(质量分数)/%	分析线/nm	国标号	参考文献
氯化稀土、碳酸轻稀土	氧化钡	电感耦合等离子体原子发射光谱法	0.10~2.00	233.5,455.4（辅助分析线）	GB/T 16484.5—2009	[31]
氧化钇铕	氧化镧	电感耦合等离子体原子发射光谱法	0.0002~0.010	408.672	GB/T 18116.1—2012	[32]
	氧化铈		0.0003~0.010	413.765,418.660		
	氧化镨		0.0003~0.010	422.535		
	氧化钕		0.0003~0.010	401.225		
	氧化钐		0.0003~0.010	428.078		
	氧化铕		0.0002~0.010	310.050		
	氧化钆		0.0003~0.010	350.917		
	氧化铽		0.0002~0.010	353.171,400.045		
	氧化镝		0.0001~0.010	339.898,345.600		
	氧化钬		0.0001~0.010	337.271		
	氧化铒		0.0001~0.010	313.126		
	氧化铥		0.0001~0.010	328.937,289.138		
	氧化镱		0.0001~0.010	261.542		
	氧化铕	电感耦合等离子体原子发射光谱法	2.00~8.00	272.778,391.966	GB/T 18116.2—2008	[33]
钐铕钆富集物	氧化钐	电感耦合等离子体原子发射光谱法	20.00~80.00	442.434	GB/T 23594.2—2009	[34]
	氧化铕		5.00~20.00	272.778		
	氧化钆		10.00~25.00	342.246		
	氧化镧		0.10~5.00	398.852		
	氧化铈		0.10~5.00	446.021		
	氧化镨		0.10~5.00	410.070		
	氧化钕		0.10~5.00	401.225		
	氧化镝		0.10~5.00	353.170		
	氧化钇		0.10~5.00	339.898		

适用范围	测项	检测方法	测定范围 (质量分数)/%	分析线/nm	国标号	参考文献
钐铕钆钇富集物	氧化钆	电感耦合等离子体 原子发射光谱法	0.10~5.00	337.371	GB/T 23594.2—2009	[34]
	氧化铽		0.10~5.00	313.126		
	氧化镝		0.10~5.00	328.937		
	氧化镥		0.10~5.00	261.542		
	氧化铕		0.10~2.00	324.228		
	氧化钇		1.00~10.00	371.030		
镨钕合金 及其化合物	钕	电感耦合等离子体 原子发射光谱法	60.0~90.0	401.225	GB/T 26417—2010	[35]
	镨		10.0~30.0	440.884		
	镧		0.03~0.40	333.749		
	铈		0.03~0.40	413.765		
	钐		0.03~0.40	442.434		
	铕		0.03~0.40	272.778		
	钆		0.03~0.40	310.050		
	铽		0.03~0.40	332.440		
	镝		0.03~0.40	340.780		
	钬		0.03~0.40	341.646		
	铒		0.03~0.40	326.478		
	铥		0.03~0.40	313.126		
	镱		0.03~0.40	289.138		
	镥		0.03~0.40	261.542		
	钇		0.03~0.40	324.228		

□ 表2-3 电感耦合等离子体质谱法分析稀土及其相关产品的基本条件

适用范围	测项	检测方法	测定范围（质量分数）/%	测定同位素的质量数	校正方程及说明	国标号	参考文献
氧化镧（镧）	氧化铈（铈）	电感耦合等离子体质谱法	0.0001~0.010	142,140	以内标法进行校正，内标同位素质量数:115	GB/T 18115.1—2006	[36]
	氧化镨（镨）		0.00005~0.010	141			
	氧化钕（钕）		0.00005~0.010	146,144			
	氧化钐（钐）		0.00005~0.010	147,152			
	氧化铕（铕）		0.00005~0.010	151,153			
	氧化钆（钆）		0.00005~0.010	160			
	氧化铽（铽）		0.00005~0.010	159			
	氧化镝（镝）		0.00005~0.010	163,164			
	氧化钬（钬）		0.00005~0.010	165			
	氧化铒（铒）		0.00005~0.010	166,167			
	氧化铥（铥）		0.00005~0.010	169			
	氧化镱（镱）		0.00005~0.010	174,176			
	氧化镥（镥）		0.00005~0.010	175			
	氧化钇（钇）		0.0001~0.010	89			
氧化铈（铈）	氧化镧（镧）	电感耦合等离子体质谱法	0.0001~0.030	139	①校正方程：$I_{141Pr测} = I_{141测} - 7.97I_{143Nd} + 5.66I_{146Nd}$，或采用碰撞反应池工作模式检测，消除对放测稀土杂质镨元素的干扰。②铈:140,钕:159,钇:160 的同位素质量适用于放测稀土基体分离的样品溶液中铈、钕、钇的测定。样品溶液分离方法参见第二章第四节一、（二）样品的消解。③以内标法进行校正，内标同位素质量数:133	GB/T 18115.2—2006	[37]
	氧化镨（镨）		0.0001~0.030	141			
	氧化钕（钕）		0.0001~0.030	146,143			
	氧化钐（钐）		0.0001~0.010	147			
	氧化铕（铕）		0.0001~0.010	151			
	氧化钆（钆）		0.0001~0.010	160			
	氧化铽（铽）		0.0001~0.010	159			
	氧化镝（镝）		0.0001~0.010	163			
	氧化钬（钬）		0.0001~0.010	165			
	氧化铒（铒）		0.0001~0.010	166			
	氧化铥（铥）		0.0001~0.010	169			
	氧化镱（镱）		0.0001~0.010	171			
	氧化镥（镥）		0.0001~0.010	175			
	氧化钇（钇）		0.0001~0.010	89			

稀土金属及其氧化物中稀土杂质

适用范围	测项	检测方法	测定范围(质量分数)/%	测定同位素的质量数	校正方程及说明	国标号	参考文献
氧化铈(镨)	氧化镧(镧)	电感耦合等离子体质谱法	0.0001~0.020	139	①镨:141,铽:159 的同位素质量溶液的样品数适用于经基体分离的样品溶液中镨,铽的测定。样品溶液分离方法参见第二章第四节一、(二)样品的消解。②以内标法进行校正,内标同位素质量数:133	GB/T 18115.3—2006	[38]
	氧化铈(铈)		0.0001~0.020	140			
	氧化钕(钕)		0.0001~0.020	146			
	氧化钐(钐)		0.0001~0.020	147			
	氧化铕(铕)		0.0001~0.020	153			
	氧化钆(钆)		0.0001~0.020	156			
	氧化铽(铽)		0.0001~0.020	159			
	氧化镝(镝)		0.0001~0.020	163			
	氧化钬(钬)		0.0001~0.020	165			
	氧化铒(铒)		0.0001~0.020	166			
	氧化铥(铥)		0.0001~0.020	169			
	氧化镱(镱)		0.0001~0.020	172			
	氧化镥(镥)		0.0001~0.020	175			
	氧化钇(钇)		0.0001~0.020	89			
氧化钕(钕)	氧化镧(镧)	电感耦合等离子体质谱法	0.0001~0.050	139	①钕:146,铕:159,镝:163,钬:165 的同位素质量适用于经基体分离处理的样品溶液中钕,铕,镝,钬的测定。样品溶液分离方法参见第二章第四节一、(二)样品的消解。②以内标法进行校正,内标同位素质量数:133	GB/T 18115.4—2006	[39]
	氧化铈(铈)		0.0001~0.050	140			
	氧化镨(镨)		0.0001~0.050	141			
	氧化钐(钐)		0.0001~0.050	152			
	氧化铕(铕)		0.0001~0.050	153			
	氧化钆(钆)		0.0001~0.050	155			
	氧化铽(铽)		0.0001~0.050	159			
	氧化镝(镝)		0.0001~0.050	163			
	氧化钬(钬)		0.0001~0.050	165			
	氧化铒(铒)		0.0001~0.050	170			
	氧化铥(铥)		0.0001~0.050	169			
	氧化镱(镱)		0.0001~0.050	174			
	氧化镥(镥)		0.0001~0.050	175			
	氧化钇(钇)		0.0001~0.050	89			

稀土金属及其氧化物中稀土杂质

适用范围	测项	检测方法	测定范围（质量分数）/%	测定同位素的质量数	校正方程及说明	国标号	参考文献
氧化钐（钐） 稀土金属及其氧化物中稀土杂质	氧化镧（镧）	电感耦合等离子体质谱法	0.0001～0.010	139	①校正方程： $I_{151Eu}=1.44I_{151测}-0.400I_{153测}$ 或采用碰撞反应池工作模式检测，消除对被测稀土杂质元素的干扰。 ②钐：147，钕：162，镝：167，铒：169 的同位素质量数适用于经主体分离处理的样品溶液中钐、钕、镝、铒的测定。样品溶液分离方法参见第二章第四节一、（二）样品的消解。 ③以内标法进行校正，内标同位素质量数：133	GB/T 18115.5—2006	[40]
	氧化铈（铈）		0.0001～0.010	140			
	氧化镨（镨）		0.0001～0.050	141			
	氧化钕（钕）		0.0001～0.050	142			
	氧化铕（铕）		0.0003～0.050	151,153①			
	氧化钆（钆）		0.0001～0.050	157			
	氧化铽（铽）		0.0001～0.010	159			
	氧化镝（镝）		0.0001～0.010	162			
	氧化钬（钬）		0.0001～0.010	165			
	氧化铒（铒）		0.0001～0.010	167			
	氧化铥（铥）		0.0001～0.010	169			
	氧化镱（镱）		0.0001～0.010	174			
	氧化镥（镥）		0.0001～0.010	175			
	氧化钇（钇）		0.0001～0.050	89			
氧化铕（铕）	氧化镧（镧）	电感耦合等离子体质谱法	0.00005～0.050	139	①镝：153，铒：169 的同位素质量数适用于经基体分离处理的样品溶液中镝、铒的测定。样品溶液分离方法参见第二章第四节一、（二）样品的消解。 ②以内标法进行校正，内标同位素质量数：133	GB/T 18115.6—2006	[41]
	氧化铈（铈）		0.00005～0.050	140			
	氧化镨（镨）		0.00005～0.050	141			
	氧化钕（钕）		0.00005～0.050	146			
	氧化钐（钐）		0.00005～0.050	147			
	氧化钆（钆）		0.00005～0.050	157			
	氧化铽（铽）		0.00005～0.0050	159			
	氧化镝（镝）		0.00005～0.0050	163			
	氧化钬（钬）		0.00005～0.0050	165			
	氧化铒（铒）		0.00005～0.0050	166			
	氧化铥（铥）		0.00005～0.0050	169			
	氧化镱（镱）		0.00005～0.0050	174			
	氧化镥（镥）		0.00005～0.0050	175			
	氧化钇（钇）		0.00005～0.050	89			

适用范围	测项	检测方法	测定范围(质量分数)/%	测定同位素的质量数	校正方程及说明	国标号	参考文献
稀土金属及其氧化物中稀土杂质 氧化钆(钆)	氧化镧(镧)	电感耦合等离子体质谱法	0.0001~0.010	139	①校正方程： $I_{159\,Tb} = I_{159\,测} - 1.14 I_{161\,Dy} - 0.861 I_{163\,Dy}$ $I_{169\,Tm} = I_{169\,测} - 0.0091 I_{177\,Hf} + 0.0062 I_{178\,Hf}$ $I_{175\,Lu} = I_{175\,测} - 1.14 I_{177\,Hf} + 0.773 I_{178\,Hf}$ 或采用碰撞反应池工作模式检测，消除对被测稀土杂质元素镝、铪元素的干扰。 ②钆：160，镱：172，镥：175 的同位素质量数适用于经基体分离处理的样品溶液中钆、镱、镥的测定。样品溶液基体分离方法参见第二章第四节。 ③以内标法进行校正，内标同位素质量数：铪:133,177,178	GB/T 18115.7—2006	[42]
	氧化铈(铈)		0.0001~0.010	140			
	氧化镨(镨)		0.0001~0.010	141			
	氧化钕(钕)		0.0001~0.010	146			
	氧化钐(钐)		0.0001~0.010	149			
	氧化铕(铕)		0.0001~0.010	151			
	氧化铽(铽)		0.0001~0.010	159			
	氧化镝(镝)		0.0001~0.010	161,163			
	氧化钬(钬)		0.0001~0.010	165			
	氧化铒(铒)		0.0001~0.010	166			
	氧化铥(铥)		0.0001~0.010	169			
	氧化镱(镱)		0.0001~0.010	172			
	氧化镥(镥)		0.0001~0.010	175			
	氧化钇(钇)		0.0001~0.010	89			
氧化铽(铽)	氧化镧(镧)	电感耦合等离子体质谱法	0.0001~0.050	139	①铽:159，镥:175 的同位素质量数适用于经基体分离处理的样品溶液中铽、镥的测定。样品溶液基体分离方法参见第二章第四节一、(二)样品的消解。 ②以内标法进行校正，内标同位素质量数:133。	GB/T 18115.8—2006	[43]
	氧化铈(铈)		0.0001~0.050	140			
	氧化镨(镨)		0.0001~0.050	141			
	氧化钕(钕)		0.0001~0.050	146			
	氧化钐(钐)		0.0001~0.050	147			
	氧化铕(铕)		0.0001~0.10	153			
	氧化钆(钆)		0.0001~0.10	155			
	氧化镝(镝)		0.0001~0.10	163			
	氧化钬(钬)		0.0001~0.050	165			
	氧化铒(铒)		0.0001~0.050	166			
	氧化铥(铥)		0.0001~0.050	169			
	氧化镱(镱)		0.0001~0.050	174			
	氧化镥(镥)		0.0001~0.050	175			
	氧化钇(钇)		0.0001~0.10	89			

适用范围	测项	检测方法	测定范围(质量分数)/%	测定同位素的质量数	校正方程及说明	国标号	参考文献
氧化镝(镝)	氧化镧(镧)	电感耦合等离子体质谱法	0.0001~0.050	139	以内标法进行校正,内标同位素质量数:铟133	GB/T 18115.9—2006	[44]
	氧化铈(铈)		0.0001~0.050	140			
	氧化镨(镨)		0.0001~0.050	141			
	氧化钕(钕)		0.0001~0.050	146			
	氧化钐(钐)		0.0001~0.050	147			
	氧化铕(铕)		0.0001~0.050	151,153			
	氧化钆(钆)		0.0001~0.050	155,157			
	氧化铽(铽)		0.0001~0.050	159			
	氧化镝(镝)		0.0001~0.050	165			
	氧化铒(铒)		0.0001~0.050	167,168			
	氧化铥(铥)		0.0001~0.050	169			
	氧化镱(镱)		0.0001~0.050	171			
	氧化镥(镥)		0.0001~0.050	175			
	氧化钇(钇)		0.0001~0.050	89			
氧化铽(铽)	氧化镧(镧)	电感耦合等离子体质谱法	0.0001~0.050	139	以内标法进行校正,内标同位素质量数:铟133	GB/T 18115.10—2006	[45]
	氧化铈(铈)		0.0001~0.050	140			
	氧化镨(镨)		0.0001~0.050	141			
	氧化钕(钕)		0.0001~0.050	146			
	氧化钐(钐)		0.0001~0.050	147			
	氧化铕(铕)		0.0001~0.050	153			
	氧化钆(钆)		0.0001~0.050	157			
	氧化铽(铽)		0.0001~0.10	159			
	氧化镝(镝)		0.0001~0.10	161			
	氧化铒(铒)		0.0001~0.10	168			
	氧化铥(铥)		0.0001~0.10	169			
	氧化镱(镱)		0.0001~0.10	174			
	氧化镥(镥)		0.0001~0.050	175			
	氧化钇(钇)		0.0001~0.10	89			

稀土金属及其氧化物中稀土杂质

稀土金属及其氧化物中稀土杂质

适用范围	测项	检测方法	测定范围(质量分数)/%	测定同位素的质量数	校正方程及说明	国标号	参考文献
氧化铒(铒)	氧化镧(镧)	电感耦合等离子体质谱法	0.0001~0.0050	139	①校正方程：$I_{165_{Ho}} = I_{165} - 0.105I^{171}{}_{Yb} + 0.0715I^{172}{}_{Yb}$；$I_{169_{Tm}} = I_{169} - 1.82I^{171}{}_{Yb} + 1.24I^{172}{}_{Yb}$。或采用碰撞反应池工作模式检测，消除对被测稀土杂质质量铒，铥元素的干扰。②以内标法进行校正，内标同位素质量数：铯133	GB/T 18115.11—2006	[46]
	氧化铈(铈)		0.0001~0.0050	140			
	氧化镨(镨)		0.0001~0.010	141			
	氧化钕(钕)		0.0001~0.0050	146			
	氧化钐(钐)		0.0001~0.0050	147			
	氧化铕(铕)		0.0001~0.0050	153			
	氧化钆(钆)		0.0001~0.010	157			
	氧化铽(铽)		0.0001~0.010	159			
	氧化镝(镝)		0.0001~0.010	161			
	氧化钬(钬)		0.0001~0.010	165			
	氧化铥(铥)		0.0001~0.010	169			
	氧化镱(镱)		0.0001~0.010	172,171①			
	氧化镥(镥)		0.0001~0.0050	175			
	氧化钇(钇)		0.0001~0.010	89			
氧化钇(钇)	氧化镧(镧)	电感耦合等离子体质谱法	0.0001~0.010	139	以内标法进行校正，内标同位素质量数：铯133	GB/T 18115.12—2006	[47]
	氧化铈(铈)		0.00005~0.010	140,142			
	氧化镨(镨)		0.0001~0.010	141			
	氧化钕(钕)		0.0001~0.010	146,142			
	氧化钐(钐)		0.00005~0.010	147,152			
	氧化铕(铕)		0.00005~0.010	151,153			
	氧化钆(钆)		0.0001~0.010	157,158			
	氧化铽(铽)		0.00005~0.010	159			
	氧化镝(镝)		0.00005~0.010	163,164			
	氧化钬(钬)		0.00005~0.010	165			
	氧化铒(铒)		0.00005~0.010	166,167			
	氧化铥(铥)		0.00005~0.010	169			
	氧化镱(镱)		0.00005~0.010	172,174			
	氧化镥(镥)		0.00005~0.010	175			

适用范围	测项	检测方法	测定范围（质量分数）/%	测定同位素的质量数	校正方程及说明	国标号	参考文献
稀土金属及其氧化物中稀土杂质　氧化钐（钐）	氧化镧（镧）	电感耦合等离子体质谱法	0.0001~0.010	139	以内标法进行校正，内标同位素质量数：133	GB/T 18115.13—2010	[48]
	氧化铈（铈）		0.0001~0.010	140			
	氧化镨（镨）		0.0001~0.010	141			
	氧化钕（钕）		0.0001~0.010	146			
	氧化钐（钐）		0.0001~0.010	147			
	氧化铕（铕）		0.0001~0.010	153			
	氧化钆（钆）		0.0001~0.010	157			
	氧化铽（铽）		0.0001~0.010	159			
	氧化镝（镝）		0.0001~0.010	163			
	氧化钬（钬）		0.0001~0.010	165			
	氧化铒（铒）		0.0001~0.010	166			
	氧化铥（铥）		0.0001~0.010	172			
	氧化镥（镥）		0.0001~0.010	175			
	氧化钇（钇）		0.0001~0.010	89			
氧化铕（铕）	氧化镧（镧）	电感耦合等离子体质谱法	0.0001~0.010	139	①校正方程：$I_{175_{Lu}} = I_{175} - 2.503937 I_{177_{Hf}} + 1.706717 I_{178_{Hf}}$ 或采用碰撞反应池工作模式检测，消除对被测稀土杂质铕元素的干扰。②以内标法进行校正，内标同位素质量数：133	GB/T 18115.14—2010	[49]
	氧化铈（铈）		0.0001~0.010	140			
	氧化镨（镨）		0.0001~0.010	141			
	氧化钕（钕）		0.0001~0.010	146,142			
	氧化钐（钐）		0.0001~0.010	147,152			
	氧化铕（铕）		0.0001~0.010	153,151			
	氧化钆（钆）		0.0001~0.010	157,158			
	氧化铽（铽）		0.0001~0.010	159			
	氧化镝（镝）		0.0001~0.010	163,164			
	氧化钬（钬）		0.0001~0.010	165			
	氧化铒（铒）		0.0001~0.010	166,167			
	氧化铥（铥）		0.0001~0.010	169			
	氧化镥（镥）		0.0001~0.010	175			
	氧化钇（钇）		0.0001~0.010	89			

续表

适用范围	测项	检测方法	测定范围(质量分数)/%	测定同位素的质量数	校正方程及说明	国标号	参考文献
稀土金属及其氧化物	氧化钴钴(钴)	电感耦合等离子体质谱法	0.0001~0.050	59	以内标法进行校正,内标同位素质量数:133 或铟:115	GB/T 12690.5—2017	[50]
	氧化锰锰(锰)		0.0001~0.050	55			
	氧化铅铅(铅)		0.0001~0.050	208			
	氧化镍镍(镍)		0.0001~0.050	60			
	氧化铜铜(铜)		0.0003~0.050	63			
	氧化锌锌(锌)		0.0003~0.050	64			
	氧化铝铝(铝)		0.0003~0.050	27			
	氧化铬铬(铬)		0.0001~0.050	52			
	氧化镁镁(镁)		0.0001~0.050	24			
	氧化镉镉(镉)		0.0001~0.050	114			
	氧化钒钒(钒)		0.0001~0.050	51			
稀土金属及其氧化物中非稀土杂质	钍	电感耦合等离子体质谱法	0.0001~0.010	232	①^{232}钍线性范围为0~0.10μg/mL。②以内标法进行校正,内标同位素质量数:133 或铼:205	GB/T 12690.12—2003	[51]
	钼	电感耦合等离子体质谱法	0.0010~0.10	98	①^{98}钼,^{184}钨的线性范围各为0~0.10μg/mL。②以内标法进行校正,内标为钨	GB/T 12690.13—2003	[52]
	钨(内标)		0.0010~0.50	184			
	铼		—	133			
稀土金属及其氧化物	氧化钙钙(钙)	电感耦合等离子体质谱法	0.0002~0.050	41,44	采用碰撞反应池工作模式检测	GB/T 12690.15—2018	[53]
单一稀土金属	铌	电感耦合等离子体质谱法	0.0010~0.050	93	①采用系数校正法校正残留钕对钽的干扰,ρ(Ta)=ρ(Ta)$_{样品}$−ρ(Ta)$_{空白}$−$k\rho$(Ho)$_{样品}$,k 为钕对钽的干扰系数。②以内标法进行校正,内标同位素质量数:133	GB/T 12690.17—2010	[54]
单一稀土金属(除钕外)	钽		0.0010~0.050	181			
钛	钽		0.0020~0.050	181			
	钛			165			

适用范围	测项	检测方法	测定范围(质量分数)/%	测定同位素的质量数	校正方程及说明	国标号	参考文献
氯化稀土、碳酸轻稀土	氧化铈		0.010~0.50	151,153	以内标法校正,内标同位素质量数铟:133	GB/T 16484.2—2009	[55]
	氧化镍	电感耦合等离子体质谱法	0.0010~0.010	60			
	氧化锰		0.0010~0.10	55			
	氧化铅		0.0010~0.010	208	以内标法进行校正,内标同位素质量数铟:133 或铟:115	GB/T 16484.20—2009	[56]
	氧化铝		0.0020~0.10	27			
	氧化锌		0.010~0.20	66			
	氧化钍		0.0005~0.30	232			
氧化钇铕	氧化镧	电感耦合等离子体质谱法	0.00005~0.005	139	①校正方程: $I_{169\,Tm} = I_{169} - 1.09205 I_{167\,Er} + 0.745909 I_{166\,Er}$ 或采用碰撞反应池工作模式检测,消除对被测稀土杂质元素的干扰。②以内标法进行校正,内标同位素质量数铟:133	GB/T 18116.1—2012	[57]
	氧化铈		0.00005~0.005	140			
	氧化镨		0.00005~0.005	141			
	氧化钕		0.00005~0.005	146			
	氧化钐		0.00005~0.005	147			
	氧化钆		0.00005~0.005	157			
	氧化铽		0.00005~0.005	159			
	氧化镝		0.00005~0.005	163			
	氧化钬		0.00005~0.005	165			
	氧化铒		0.0002~0.005	166,167①			
	氧化铥		0.00005~0.005	169			
	氧化镱		0.00005~0.005	174			
	氧化镥		0.00005~0.005	175			

① 测定同位素的质量数用于干扰校正。

稀土及其相关产品主要有：稀土金属及其氧化物，氯化稀土、碳酸轻稀土，镨钕合金及其化合物，钐铕钆富集物，氧化钇铕。其中，稀土金属及其氧化物产品包括：15 种稀土金属产品（镧、铈、镨、钕、钐、铕、钆、铽、镝、钬、铒、铥、镱、镥、钇），混合稀土金属和 14 种稀土氧化物产品（氧化镧、氧化铈、氧化镨、氧化钕、氧化钐、氧化铕、氧化钆、氧化铽、氧化镝、氧化钬、氧化铒、氧化铥、氧化镱、氧化钇）。

稀土元素的光谱特性是谱线复杂、谱线数目多，用光谱法测定光谱干扰严重。随着 ICP-AES 和 ICP-MS 的发展，对这些稀土产品中杂质元素的分析，检出限更低，方法准确度更高，操作步骤更简便，大大提高了工作效率。尤其是稀土金属及其氧化物中稀土杂质和非稀土杂质的分析，采用电感耦合等离子体原子发射光谱法和电感耦合等离子体质谱法都可以检测，其方法各有特点。电感耦合等离子体原子发射光谱法的测定，方法检出限比电感耦合等离子体质谱法高，样品消解过程简单，用系数校正法校正被测稀土杂质元素间的光谱干扰，以基体匹配标准曲线法消除基体对测定的影响。电感耦合等离子体质谱法的测定，方法检出限更高，样品前处理过程较复杂，如果被测元素的测定受基体的影响，样品消解时，以微型色谱柱将基体与被测元素分离，以内标法来校正仪器的灵敏度漂移并消除基体效应的影响。

下面将 FAAS、ICP-AES 和 ICP-MS 的测定范围、检出限、仪器条件等基本条件以表格的形式列出，为选择合适的分析方法提供参考。表 2-1 是火焰原子吸收光谱法分析稀土金属及其氧化物、氯化稀土、碳酸轻稀土的基本条件。表 2-2 是电感耦合等离子体原子发射光谱法分析稀土及其相关产品的基本条件。表 2-3 是电感耦合等离子体质谱法分析稀土及其相关产品的基本条件。

第二节　原子吸收光谱法

在现行有效的标准中，采用原子吸收光谱法分析稀土及其相关产品的标准有 10 个，为了方便读者学习和查阅，更快地开展工作，笔者将这些标准的每部分内容进行归类整理，重点讲解分析过程中的难点和重点。

一、稀土金属及其氧化物中非稀土杂质的分析

现行国家标准[1-3]中，火焰原子吸收光谱法可以分析稀土金属及其氧化物中非稀土杂质元素钠、镁和非稀土杂质氧化钙的含量，其测定范围见表 2-1。实际工作中火焰原子吸收光谱法分析稀土金属及其氧化物中的非稀土杂质钠、镁和氧化钙含量包括以下几步。

（一）样品的制备和保存

样品的制备和保存参考相应国家标准的相关内容，需要注意如下 2 点：

① 金属样品需去掉表面氧化层，制成屑状，取样后立即称量；

② 氧化物样品预先 900℃灼烧 1h（分析氧化钙含量时氧化物样品于 105℃烘 1h），并

置于干燥器中冷却至室温，立即称量。

（二）样品的消解

样品的消解方法分为湿法消解和干法消解，其中湿法消解依据使用的设备不同又可分为电热板消解法和微波消解法，干法消解又称为熔融法消解。分析稀土金属及其氧化物中的非稀土杂质钠、镁和氧化钙含量的消解方法主要是湿法消解中的电热板消解法。

分析稀土金属及其氧化物中非稀土杂质元素钠、镁和氧化钙的含量时，样品以盐酸或硝酸溶解，在稀酸介质中测定。其中，分析二氧化铈样品中的钠含量时，应先以草酸沉淀基体铈，取滤液测定。计算钠、镁和氧化钙的含量时，采用标准加入法。下面具体介绍其消解方法。

样品分为稀土金属和稀土元素氧化物两类，本书规定了分析稀土元素氧化物中的非稀土杂质含量的方法，同时适用于分析稀土金属中的非稀土杂质的含量。其中，稀土金属和稀土元素氧化物样品的称样量不同，稀土金属样品的称样量为稀土元素氧化物样品的称样量乘以相应的换算系数，换算系数参见表 2-4。

▫ **表 2-4 稀土金属与稀土元素氧化物的换算系数**

元素	换算系数	元素	换算系数	元素	换算系数
镧	0.8526	铕	0.8636	铒	0.8745
铈	0.8140	钆	0.8676	铥	0.8756
镨	0.8277	铽	0.8502	镱	0.8782
钕	0.8573	镝	0.8713	镥	0.8794
钐	0.8624	钬	0.8730	钇	0.7874

样品中被测元素（氧化物）的质量分数越大，称取样品量越小，溶样酸和过氧化氢的添加量也相应变化，样品溶液的总体积及分取样品溶液的体积也随之变化，列于表 2-5。根据产品类型和样品中被测元素（氧化物）的质量分数，按表 2-5 称取样品，精确至0.0001g。独立地进行 2 份样品测定，取其平均值。随同样品做空白试验。

▫ **表 2-5 分析稀土金属及其氧化物中的杂质钠、镁和氧化钙含量的样品溶液**

产品类型	被测物质	被测元素（氧化物）质量分数/%	样品量/g	溶样酸量	过氧化氢[①]体积/mL	样品溶液总体积/mL	分取样品溶液体积/mL
非二氧化铈	钠	0.0005～0.0020	2.00	10mL 硝酸[②]	—	25	5.00
		＞0.0020～0.0080	0.50	5mL 硝酸[②]	—	25	5.00
		＞0.0080～0.025	0.20	5mL 硝酸[②]	—	25	5.00
二氧化铈	钠	0.0005～0.0020	2.00	15mL 硝酸[②]	5.00	200	20.00
		＞0.0020～0.0080	0.50	10mL 硝酸[②]	5.00	200	20.00
		＞0.0080～0.025	0.20	5mL 硝酸[②]	2.50	200	20.00
非二氧化铈	镁	0.0005～0.0030	1.00	5mL 盐酸[③]	—	50	10.00
		＞0.0030～0.0070	1.00	5mL 盐酸[③]	—	50	5.00
		＞0.0070～0.015	1.00	5mL 盐酸[③]	—	100	5.00
		＞0.015～0.040	0.20	2mL 盐酸[③]	—	100	10.00
		＞0.040～0.080	0.20	2mL 盐酸[③]	—	100	5.00
		＞0.080～0.160	0.10	2mL 盐酸[③]	—	100	5.00
		＞0.160～0.300	0.10	2mL 盐酸[③]	—	200	5.00

产品类型	被测物质	被测元素（氧化物）质量分数/%	样品量/g	溶样酸量	过氧化氢[①]体积/mL	样品溶液总体积/mL	分取样品溶液体积/mL
二氧化铈	镁	0.0005～0.0030	1.00	5mL 硝酸[④]	5.00	50	10.00
		＞0.0030～0.0070	1.00		5.00	50	5.00
		＞0.0070～0.015	1.00		5.00	100	5.00
		＞0.015～0.040	0.20		5.00	100	10.00
		＞0.040～0.080	0.20		5.00	100	5.00
		＞0.080～0.160	0.10		5.00	100	5.00
		＞0.160～0.300	0.10		5.00	200	5.00
非二氧化铈	氧化钙	0.01～0.03	2.00	12mL 盐酸[③]	—	50	12.50
		＞0.03～0.10	0.50	6mL 盐酸[③]	—	50	12.50
		＞0.10～0.30	0.10	5mL 盐酸[③]	—	50	12.50
二氧化铈	氧化钙	0.01～0.03	2.00	10mL 硝酸[④]	5.00	50	12.50
		＞0.03～0.10	0.50	5mL 硝酸[④]	2.50	50	12.50
		＞0.10～0.30	0.10	5mL 硝酸[④]	1.50	50	12.50

① 过氧化氢：30%（质量分数）。

② 硝酸：1+1，优级纯。

③ 盐酸：1+1，优级纯。

④ 硝酸：$\rho = 1.42g/mL$，优级纯。

1. 分析非二氧化铈样品中钠、镁和氧化钙的含量

将准确称量的非二氧化铈样品置于 100mL 烧杯中，按表 2-5 加入相应量的溶样酸，于电热板上低温加热，至溶解完全，冷却至室温。将样品溶液移至表 2-5 规定的相应定容体积的容量瓶中，用水稀释至刻度，混匀。

2. 分析二氧化铈样品中钠、镁和氧化钙的含量

将准确称量的二氧化铈样品，置于 100mL 烧杯中（测钠含量时，置于 100mL 聚四氟乙烯烧杯中）。按表 2-5 加入相应量的溶样酸和过氧化氢，于电热板上低温加热至溶解完全，煮沸赶尽过氧化氢，继续加热蒸发至近干（测钠含量时，将上述样品溶液移至200mL 烧杯中，加入 50mL 水，加热煮沸，加入 50mL 近沸的 50g/L 优级纯草酸溶液，待沉淀完全），取下，冷却至室温。将样品溶液（测钠含量时，将过滤所得滤液和用水洗涤烧杯及沉淀 5～6 次的洗液合并）转移至表 2-5 规定的相应定容体积的容量瓶中，用水稀释至刻度，混匀。

（三）仪器条件的选择

测定不同元素有不同的仪器操作条件，分析稀土金属及其氧化物中非稀土杂质元素钠、镁和非稀土杂质氧化钙的含量时，推荐的仪器工作条件，参见表 2-1 和表 2-6。以钠元素的测定为例介绍火焰原子吸收光谱仪的操作条件选择。

（1）选择钠元素的空心阴极灯作为光源　如测定镁和氧化钙时，选择相应的元素空心阴极灯。

（2）选择原子化器　一般来说，如果样品经消解后所得待测样品溶液中被测元素的含量较高，例如高于 0.1mg/L，选用火焰原子化器。分析稀土金属及其氧化物中的非稀土杂质钠、镁和氧化钙的含量时，选用火焰原子化器，原子化器条件参见表 2-1。

火焰类型按照燃气和助燃气的种类分为空气-乙炔、氧化亚氮（N_2O）-乙炔、空气-氢气等多种。按照燃气和助燃气比例不同分为化学计量火焰、富燃火焰（还原性火焰）、贫燃火焰（氧化性火焰）。不同的燃气和助燃气以及其不同的流量比例具有不同的性质，应用范围各有特点。

（3）在仪器最佳工作条件下，凡能达到下列指标者均可使用。

1）灵敏度　在与测量样品溶液基体相一致的溶液中，钠的特征浓度应≤0.0062μg/mL（如测镁和氧化钙时，其相应的检出限参见表 2-1）。在原子吸收光谱法中，特征浓度就是检出限，特征浓度指吸光度为 0.0044 时，溶液中被测物质的浓度。

2）精密度　用最高浓度的标准溶液测量 10 次吸光度，其标准偏差应不超过平均吸光度的 1.0%；用最低浓度的标准溶液（不是零浓度溶液）测量 10 次吸光度，其标准偏差应不超过最高浓度标准溶液平均吸光度的 0.5%。

3）标准曲线线性　将标准曲线按浓度等分成五段，最高段的吸光度差值与最低段的吸光度差值之比≥0.7。

（4）仪器工作条件（推荐）参见表 2-6。

表 2-6　分析稀土金属及其氧化物中的杂质元素钠、镁含量的仪器工作条件

被测元素	仪器型号	灯电流 /mA	狭缝宽度 /nm	燃烧器高度 /nm	空气流量 /（L/min）	乙炔流量 /（L/min）
钠	WFX-1B	3.0	0.2	10	6～7	1.0
	P-E3030	10	0.2	10	—	—
	AA-670	3.0	0.3	5	8	1.0
镁	WFX-1D	3.0	0.1	8	7	1.1
	WFX-1B	3.0	0.1	8	7	1.1
	AA-670	3.0	0.4	5	8	1.6

（四）干扰的消除

（1）分析稀土金属及其氧化物中的非稀土杂质钠、镁和氧化钙的含量时，采用标准加入法配制系列浓度标准溶液-样品溶液进行测定，避免干扰。系列浓度标准溶液-样品溶液的具体配制方法参见第二章第二节-一、-(五)-2.标准曲线的建立。

（2）分析稀土元素氧化物二氧化铈中的非稀土元素钠的含量时，以草酸沉淀基体铈，消除基体铈的干扰。制备样品溶液时，选用聚四氟乙烯烧杯作消解容器，再转入玻璃烧杯，用草酸沉淀基体铈，以消除容器材质对测定的影响。

（五）标准曲线的建立

根据样品基体和被测元素的种类，以及样品基体对被测元素的干扰程度，选择相应的标准系列溶液配制方法和样品测定溶液配制方法。上述溶液的具体配制方法在 2. 标准曲线的建立中详细介绍。然后在已经调节至最佳工作状态［参见本方法中的（三）仪器条件的选择］的仪器上，按照本方法中（六）样品的测定进行上机测试。

1. 标准溶液的配制

分析稀土金属及其氧化物中的杂质钠、镁和氧化钙的含量时，被测元素钠、镁、钙的标准储备溶液和标准溶液的制备方法参见表 2-7。也可选择与被测样品基体一致、质量分数相近的有证标准样品；标准储备溶液的稀释溶液，需与标准储备溶液保持一致的酸度

（用时现稀释）。

□ 表2-7　分析稀土金属及其氧化物中的杂质钠、镁和氧化钙含量的被测元素标准储备溶液和标准溶液

元素	标准储备溶液配制方法	标准溶液配制方法
钠	称取 2.5421g 氯化钠(优级纯,预先在 400～450℃ 灼烧至无爆裂声,并在干燥器中冷却至室温),置于聚四氟乙烯烧杯中,加 200mL 水溶解。用超纯水定容至 1L 容量瓶,混匀。保存于塑料瓶中。钠的浓度为 1mg/mL	移取 10.00mL 钠标准储备溶液,用超纯水定容至 1000mL,混匀。保存于塑料瓶中。钠的浓度为 $10\mu g/mL$
镁	称取 0.4146g 氧化镁[$w(MgO)\geqslant99.99\%$,预先在 800℃ 灼烧至恒重,并在干燥器中冷却至室温],置于烧杯中,以水润湿,缓慢加入 10mL 盐酸(1+1,优级纯),低温加热至完全溶解,冷却至室温,用超纯水定容至 500mL,混匀。镁的浓度为 $500\mu g/mL$	移取 25.00mL 镁标准储备溶液,用超纯水定容至 500mL,混匀。镁的浓度为 $25\mu g/mL$
钙	称取 2.4972g 基准碳酸钙(预先在 110℃ 烘干 2h,并在干燥器中冷却至室温),置于烧杯中,缓慢加入 40mL 盐酸(1+1,优级纯)溶解,加热煮沸驱除二氧化碳,冷却至室温,用超纯水定容至 1L,混匀。钙的浓度为 1mg/mL	移取 10.00mL 钙标准储备溶液,用超纯水定容至 250mL。钙的浓度为 $40\mu g/mL$

2. 标准曲线的建立

关于标准曲线的建立，分为标准加入法和标准曲线法（包含基体匹配标准曲线法，内标校正的标准曲线法），下面进行介绍。

（1）标准加入法

1）标准加入法的原理　当样品溶液中的基体成分复杂，难以配制纯净的基体空白溶液，而且样品中的基体对测定结果有较大影响，存在明显的干扰时，选用标准加入法进行测定。分别量取等体积经消解的样品溶液 4 份，分别置于一组相同定容体积的容量瓶中，加入一系列体积的被测元素标准溶液，包括零浓度溶液（即不加入被测元素标准溶液），加入相应的酸试剂，定容。制得用于绘制标准加入曲线的系列浓度标准溶液-样品溶液，此系列溶液中被测元素浓度通常分别为：c_x，$c_x+0.5c_s$，c_x+c_s，$c_x+1.5c_s$。其中，样品溶液浓度为 c_x，标准溶液浓度为 c_s，并且 $c_s\approx c_x$。当此标准曲线呈线性并通过原点时，根据吸光度的加和性，得到：

$$A_x=Kc_x \tag{2-1}$$

$$A=K(c_x+mc_s) \tag{2-2}$$

式中，A_x 为样品溶液的吸光度；A 为系列浓度标准溶液-样品溶液的吸光度；c_s 为标准溶液浓度；m 为在系列浓度标准溶液-样品溶液中标准溶液加入量的系数。

将式(2-1)与式(2-2)两式相比，即得：

$$c_x=mc_s\frac{A_x}{A-A_x} \tag{2-3}$$

令式(2-3)中 $mc_s=x$，且 $A=y$，得到：

$$c_x=x\frac{A_x}{y-A_x} \tag{2-4}$$

以 x 为横坐标，y 为纵坐标，绘制标准加入曲线，当 $y=0$ 时，$c_x=-x=|x|$。

因此，用水调零，在相同条件下，按浓度由低到高的顺序依次测量 4 份溶液的吸光度 3 次，并取平均值。以加入标准溶液的被测元素质量浓度为横坐标，以吸光度平均值为纵坐标，绘制标准加入曲线，将所作的直线（趋势线）反向延伸至横坐标轴相交，该交点与坐标原点之间的距离，为样品溶液中的被测元素浓度。从标准加入曲线得到被测元素浓度

的方法，称为外推法。标准加入法实际上是一种外推法，使用此方法时需注意。

样品溶液中加入标准溶液的被测元素浓度与对应吸光度的关系见图 2-1。

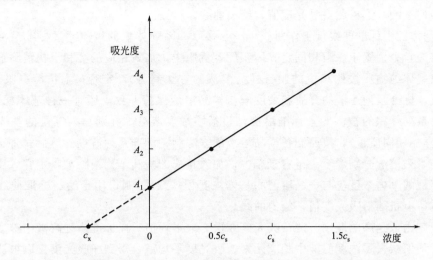

图 2-1 系列浓度标准溶液-样品溶液中被测元素浓度与对应吸光度的关系

按照相同方法，由空白溶液独立绘制标准加入曲线。以外推法从空白溶液的标准加入曲线上，查得空白溶液中的被测元素浓度。样品溶液中的被测元素浓度，减去空白溶液中的被测元素浓度，为样品溶液中的实际被测元素浓度。

2）标准加入法的适用范围　本方法只适用于被测样品浓度与吸光度呈线性的区域；加入标准溶液所引起的体积误差不应超过 0.5%；本方法只能消除基体效应造成的影响。

3）标准加入法的适用性判断　测定样品溶液的吸光度为 A，从标准加入曲线上查得浓度为 x。向样品溶液中加入标准溶液，加入标准溶液的被测元素质量浓度为 s，测定此标准溶液-样品溶液的吸光度为 B，从标准加入曲线上查得浓度为 y。按式(2-5)计算样品溶液中的被测元素质量浓度 c：

$$c = \frac{s}{y-x}x \tag{2-5}$$

当存在基体效应时，$\dfrac{s}{y-x}$ 在 0.5～1.5 之间，可用标准加入法；当 $\dfrac{s}{y-x}$ 超出上述范围时，标准加入法不适用。

当 $\dfrac{s}{y-x}$ 在 0.5～1.5 之间时，意味着加入的被测元素标准溶液的浓度和实际样品中被测元素的浓度接近或者相同，曲线的斜率在 1 左右浮动，这时误差较小，因此可以使用该方法。如果在这个范围之外，意味着对样品中被测元素的浓度估计不准确，导致加入的被测元素标准溶液的浓度也不准确，即曲线的斜率过小或过大，导致误差较大。

（2）标准曲线法

1）标准曲线（工作曲线）法　移取一系列体积的被测元素标准溶液，包括零浓度溶液（即不加入被测元素标准溶液），分别置于一组相同定容体积的容量瓶中，加入相应的酸和干扰消除剂，定容，上机测得吸光度值，绘出曲线。标准系列溶液的介质和酸度应与样品溶液保持一致。还有一种配制方法，即移取一系列体积的被测元素标准溶液，包括零浓度溶液，按照样品溶液的制备方法制备标准系列溶液。然后，将这组经消解的标准系列溶液分别置于一组容量瓶中，加入相应的酸和干扰消除剂，定容。制得用于绘制标准曲线的标准系列溶液，上机测得吸光度值，绘出曲线。

2）基体匹配标准曲线（工作曲线）法 移取一系列体积的被测元素标准溶液，包括零浓度溶液，分别置于一组相同定容体积的容量瓶中，加入相应的酸和干扰消除剂和基体溶液（取基体纯物质按照相应的制备样品溶液的方法制备），定容，上机测得吸光度值，绘出曲线。标准系列溶液的介质和酸度应与样品溶液保持一致。还有一种基体配制方法，即移取一系列体积的被测元素标准溶液，包括零浓度溶液，分别加入等量的基体纯物质（与被测样品相同质量），按照制备样品溶液的方法制备标准系列溶液。然后，将这组经消解的标准系列溶液分别置于一组容量瓶中，加入相应的酸和干扰消除剂，定容（注意：标准系列溶液的基体浓度应与样品溶液的基体浓度相一致）。制得用于绘制标准曲线的标准系列溶液，上机测得吸光度值，绘出曲线。

按浓度由低到高的顺序，测量吸光度 3 次，取平均值。以标准系列溶液中被测元素的吸光度平均值减去零浓度溶液中相应元素的吸光度平均值，得到净吸光度。以被测元素的质量浓度（$\mu g/mL$）为横坐标、净吸光度（A）为纵坐标，绘制标准曲线。计算回归方程，$R^2 \geqslant 0.99$。

按照与绘制标准曲线相同条件测定样品溶液中被测元素的吸光度 3 次，取平均值。同时测定随同样品的空白溶液的吸光度 3 次，取平均值。样品溶液中被测元素的吸光度平均值，减去空白溶液中相应元素的吸光度平均值，得到净吸光度（A）。从标准曲线上查出相应的被测元素质量浓度（$\mu g/mL$）。

3）内标校正的标准曲线法 在标准系列溶液、样品溶液和空白溶液中均添加相同浓度的内标（ISTD）元素。以标准系列溶液中被测元素分析线的响应值与内标元素参比线响应值的比值为纵坐标，被测元素浓度为横坐标，绘制内标校正的标准曲线，计算回归方程。通过样品溶液和空白溶液中的被测元素分析线的响应值和内标元素参比线响应值的比值，从内标校正的标准曲线或回归方程中查得相应的被测元素浓度，以样品溶液中被测元素的质量浓度减去空白溶液中被测元素的质量浓度，得到样品溶液中实际的被测元素质量浓度。

标准系列溶液的配制原则：根据测量精度要求，一般选择 4~6 个浓度，并且浓度选择应均匀合理，特别注意，配制时应和样品溶液一样加入等量的酸、干扰消除剂和基体溶液（基体匹配标准曲线法），标准系列溶液配制好后一般可用一个月。样品溶液中被测元素的含量应该在标准溶液的高低限范围内，最好处于标准曲线的中部范围。如果由于浓度过高使得标准曲线不呈线性，使用次灵敏度分析线，或者适当稀释样品溶液和标准系列溶液。

分析稀土金属及其氧化物中的非稀土杂质钠、镁和氧化钙的含量时，采用标准加入法计算钠、镁和氧化钙的含量。分取等体积经消解的样品溶液，分别置于一组相同定容体积的容量瓶中，加入一系列体积的被测元素标准溶液，包括零浓度溶液，加入相应的酸试剂，定容。制得用于绘制标准加入曲线的系列浓度标准溶液-样品溶液，具体步骤如下：

根据产品类型和样品中的被测元素（氧化物）质量分数，按表 2-5 移取 4 份上述样品溶液（经消解并定容），置于一组 25mL 容量瓶中。

分析钠含量时，分别加入 0mL、0.50mL、1.00mL、1.50mL 钠标准溶液（10μg/

mL)，加入 1mL 硝酸（1+1，优级纯），用水稀释至刻度，混匀。

分析镁含量时，分别加入 0mL、1.00mL、2.00mL、3.00mL 镁标准溶液（25μg/mL），用水稀释至刻度，混匀。

分析氧化钙含量时，分别加入 0mL、1.25mL、2.50mL、3.75mL 钙标准溶液（40μg/mL），用水稀释至刻度，混匀。

（六）样品的测定

将原子吸收分光光度计调节至最佳工作状态，取系列浓度标准溶液-样品溶液在原子吸收分光光度计上于被测元素分析线（参见表 2-1）处，在原子化器火焰中测定。以水调零，按照与样品溶液相同条件，按浓度递增顺序测量系列浓度标准溶液-样品溶液中被测元素的吸光度，测 3 次吸光度，取 3 次测量平均值。以被测元素的质量浓度（μg/mL）为横坐标、吸光度（A）为纵坐标作图，绘制标准加入曲线，将所作的直线向下延长至与横坐标轴相交，该交点与坐标原点之间的距离，即为样品溶液中被测元素的浓度（μg/mL）。

按照样品溶液绘制标准加入曲线的方法，由空白溶液独立绘制标准加入曲线，即独立配制系列浓度标准溶液-空白样品溶液。采用外推法从空白溶液的标准加入曲线上，查得空白溶液中的被测元素浓度（μg/mL）。样品溶液中的被测元素浓度，减去空白溶液中的被测元素浓度，得到样品溶液中的实际被测元素浓度（μg/mL）。

当设备具有计算机系统控制功能时，标准加入曲线的绘制、校正（漂移校正、标准化、重新校准）和被测元素含量的测定，按照计算机软件说明书的要求进行。

（七）结果的表示

$$w(被测氧化物) = w(被测元素) \times 换算系数。$$

其中，由钙含量换算成氧化钙含量的系数为 1.399。

当被测元素的质量分数小于 0.01% 时，分析结果表示至小数点后第 4 位；当被测元素的质量分数大于 0.01% 时，分析结果表示至小数点后第 3 位。

（八）质量保证和质量控制

分析时，应用国家级或行业级标准样品或控制样品进行校核，每周或每两周至少用标准样品或控制样品对分析方法校核一次。当过程失控时，应找出原因，纠正错误后重新进行校核，并采取相应的预防措施。

（九）注意事项

（1）使用本方法检测的人员应有相关工作的实践经验。操作者有责任采取适当的安全和健康措施，并保证符合国家有关法规规定的条件。

（2）应按照原子吸收光谱仪器使用规程点燃和熄灭空气-乙炔燃烧器，以避免可能的爆炸危险。

（3）除非另有说明，在分析中仅使用确认的分析纯试剂；所用水均为二级蒸馏水或相当纯度的实验室用水，符合国家标准[58] GB/T 6682—2008 的规定。

（4）所用仪器均应在检定周期内，其性能应达到检定要求的技术参数指标。玻璃容器使用国家标准[59-61] GB/T 12806—2011、GB/T 12808—2015、GB/T 12809—2015 中规定的 A 级。这里的 A 级是指准确度等级，国标中规定了容量瓶和吸量管（移液管）的容量允差等指标，其中 A 级 100mL 容量瓶的容量允差为 ±0.10mL，A 级 1mL、2mL、5mL、

10mL、25mL、50mL 吸量管（移液管）的容量允差分别为±0.007mL、±0.010mL、±0.015mL、±0.020mL、±0.030mL、±0.050mL。具体的使用方法参照国家标准[62] GB/T 12810—1991 的要求。

（5）分析稀土元素氧化物二氧化铈中的非稀土元素钠的含量，制备样品溶液时，选用聚四氟乙烯烧杯作消解容器，样品溶解完全并蒸发至小体积后，再转入玻璃烧杯，进行下一步处理。

二、氯化稀土、碳酸轻稀土中杂质氧化物的分析

现行国家标准[4-10]中，利用火焰原子吸收光谱法可以分析氯化稀土、碳酸轻稀土中的杂质氧化钙、氧化镁、氧化钠、氧化镍、氧化锰、氧化铅、氧化锌的含量，其测定范围见表 2-1。实际工作中，利用火焰原子吸收光谱法分析上述杂质含量的步骤包括以下几个部分。

（一）样品的制备和保存

样品的制备和保存参考相应国家标准的相关内容，需要注意如下两点。

① 氯化稀土样品的制备：将试样破碎，迅速置于称量瓶中，立即称量。

② 碳酸轻稀土样品的制备：样品开封后立即称量。

（二）样品的消解

分析氯化稀土、碳酸轻稀土中的杂质氧化钙、氧化镁、氧化钠、氧化镍、氧化锰、氧化铅、氧化锌的含量时，消解方法主要为湿法消解中的电热板消解法。关于消解方法分类的介绍，参见第二章第二节--一、-（二）样品的消解。

本部分中的消解方法概要为样品以盐酸或硝酸溶解，在稀酸介质中测定。其中，采用标准加入法计算氧化钙、氧化镁［当 $w(MgO)$ 为 0.030％～0.20％时］、氧化钠、氧化镍、氧化锰、氧化锌的含量。下面具体介绍其消解方法：

样品中被测氧化物的质量分数越大，称取样品量越少，溶样酸和过氧化氢的添加量也相应变化，样品溶液的总体积及分取样品溶液的体积也随之变化，列于表 2-8。根据产品类型和样品中被测氧化物的质量分数，按表 2-8 称取样品，精确至 0.0001g。独立地进行两份样品测定，取其平均值。随同样品做空白试验。

将准确称量的样品置于 100mL 烧杯中，按表 2-8 加入相应量的溶样酸和过氧化氢，于电热板上低温加热，至溶解完全，用少量水吹洗表面皿及杯壁，继续加热煮沸，分解多余的过氧化氢，冷却至室温。将样品溶液移至表 2-8 规定的相应定容体积的容量瓶中，用水稀释至刻度，混匀。

（三）仪器条件的选择

分析氯化稀土、碳酸轻稀土中的杂质氧化钙、氧化镁、氧化钠、氧化镍、氧化锰、氧化铅、氧化锌的含量时，推荐的火焰原子吸收光谱仪的工作条件参见表 2-1。测定不同元素有不同的仪器操作条件，下面以氧化钙的测定为例介绍仪器操作条件的选择。

（1）选择钙元素的空心阴极灯作为光源（如测定氧化镁、氧化钠、氧化镍、氧化锰、氧化铅、氧化锌的含量时，选择相应元素的空心阴极灯）。

⊡ 表 2-8　分析氯化稀土、碳酸轻稀土中的杂质钙、镁、钠、镍、锰、铅、锌氧化物含量的样品溶液

被测氧化物	被测氧化物质量分数/%	样品量/g	溶样酸量	过氧化氢[①]体积/mL	样品溶液总体积/mL	分取样品溶液体积/mL
氧化钙	0.10～0.50	1.00	5mL 盐酸[②]（或 5mL 硝酸[③]）	1	500	5.00
	＞0.50～2.00	0.50		1	500	5.00
	＞2.00～5.00	0.50		1	1000	5.00
氧化镁	0.03～0.05	2.50	少量水＋2mL 硝酸[③]	少量	50	2.00
	＞0.05～0.10	1.00		少量	50	1.00
	＞0.10～0.20	0.50		少量	50	1.00
	＞0.20～0.50	1.00		少量	50	2.00
	＞0.50～1.00	1.00		少量	50	1.00
	＞1.00～1.50	0.50		少量	50	1.00
氧化钠	0.05～0.20	1.00	5mL 硝酸[④]	1	500	5.00
	＞0.20～0.80	1.00		1	1000	5.00
	＞0.80～2.00	0.50		1	1000	5.00
氧化镍	0.0020～0.010	2.50	5mL 硝酸[④]	1～2	50	5.00～10.00
氧化锰	0.0020～0.0050	2.00	5mL 硝酸[④]	1.50	50	10.00
	＞0.0050～0.010	1.00		1.50	50	10.00
	＞0.010～0.10	1.00		1.50	50	5.00
	＞0.10～0.50	1.00		1.50	100	5.00
氧化铅	0.0050～0.010	1.00	10mL 硝酸[④]	少量	100	—
	＞0.010～0.020	0.50		少量	100	—
氧化锌	0.010～0.040	2.00	5mL 盐酸[②]（或 5mL 硝酸[③]）	1	100	10.00
	＞0.040～0.080	1.00		1	100	10.00
	＞0.080～0.20	3.00		1	1000	10.00
	＞0.20～0.80	1.00		1	1000	10.00
	＞0.80～1.00	1.00		1	1000	5.00

① 过氧化氢：30％（质量分数）。

② 盐酸：1＋1，优级纯。

③ 硝酸：$\rho=1.42g/mL$，优级纯。

④ 硝酸：1＋1，优级纯。

（2）选择原子化器　一般来说，如果样品经消解后所得待测样品溶液中被测元素的含量较高，例如高于 0.1mg/L，选用火焰原子化器。相应原子化器的条件参考相应国家标准。同样地，分析氯化稀土、碳酸轻稀土中的上述杂质氧化物含量时，也选用火焰原子化器，其原子化器条件参见表 2-1。

火焰类型的介绍参见第二章第二节--一、-（三）-（2）选择原子化器。

（3）在仪器最佳工作条件下，凡能达到下列指标者均可使用。

1）灵敏度　在与测量样品溶液基体相一致的溶液中，钙的特征浓度应≤0.11μg/mL（如测定氧化镁、氧化钠、氧化镍、氧化锰、氧化铅、氧化锌的含量时，其相应的检出限参见表 2-1）。检出限定义，参见第二章第二节--一、-（三）-（3）-1）灵敏度。

2）精密度　用最高浓度的标准溶液测量 10 次吸光度，其标准偏差应不超过平均吸光度的 1.50％；用最低浓度的标准溶液（不是零浓度溶液）测量 10 次吸光度，其标准偏差应不超过最高浓度标准溶液平均吸光度的 0.5％。

3）标准曲线线性　将标准曲线按浓度等分成五段，最高段的吸光度差值与最低段的

吸光度差值之比≥0.7。

(四) 干扰的消除

(1) 分析氯化稀土、碳酸轻稀土中的杂质氧化钙、氧化镁、氧化钠、氧化镍、氧化锰、氧化铅、氧化锌的含量，当氧化镁质量分数为 0.030%～0.20% 时，采用标准加入法配制系列浓度标准溶液-样品溶液进行测定，避免干扰。系列浓度标准溶液-样品溶液的具体配制方法参见第二章第二节-一、-(五)-2. 标准曲线的建立。

(2) 分析氯化稀土、碳酸轻稀土中的杂质氧化镁、氧化铅的含量，当氧化镁质量分数为大于 0.20% 而小于等于 1.50% 时，采用标准曲线法配制样品溶液和标准系列溶液进行测定，避免干扰。

(五) 标准曲线的建立

1. 标准溶液的配制

分析氯化稀土、碳酸轻稀土中的杂质氧化钙、氧化镁、氧化钠、氧化镍、氧化锰、氧化铅、氧化锌的含量时，各个被测元素氧化物或被测元素的标准储备溶液及其标准溶液的制备方法参见表 2-9。也可选择与被测样品基体一致、质量分数相近的有证标准样品；标准储备溶液的稀释溶液，需与标准储备溶液保持一致的酸度（用时现稀释）。

▫ **表 2-9　分析氯化稀土、碳酸轻稀土中的杂质含量的各被测物质标准储备溶液和标准溶液**

被测氧化物 （或被测元素）	标准储备溶液制备方法	标准溶液制备方法
氧化钙	称 1.7848g 碳酸钙(经 110℃ 烘干，并于干燥器中冷至室温)置于 200mL 烧杯中，加入 20mL 盐酸(1+1)溶解，加热煮沸除尽二氧化碳，冷却至室温，用实验室用水定容至 1000mL 容量瓶，混匀。氧化钙的浓度为 1mg/mL	移取 10.00mL 氧化钙标准储备溶液，用实验室用水定容至 200mL，混匀。氧化钙的浓度为 50μg/mL
氧化镁	称 0.2000g 氧化镁[$w(MgO)$≥99.95%，经 800℃ 灼烧至恒重，于干燥器中冷却至室温]置于 100mL 烧杯中，加入 20mL 水、5mL 硝酸($\rho=1.42g/mL$)。加热溶解，煮沸除尽二氧化碳，冷却至室温。用实验室用水定容至 1000mL 容量瓶，混匀。氧化镁的浓度为 200μg/mL	Ⅰ：移取 20.00mL 氧化镁标准储备溶液，用实验室用水定容至 200mL，混匀。氧化镁的浓度为 20μg/mL
		Ⅱ：移取 10.00mL 氧化镁标准储备溶液，用实验室用水定容至 200mL，混匀。氧化镁的浓度为 10μg/mL
氧化钠	称 1.8858g 氯化钠(优级纯，经 400～450℃ 灼烧到无爆裂声，于干燥器中冷却至室温)置于 500mL 烧杯中，加 200mL 水溶解，用实验室用水定容至 1000mL 容量瓶，混匀。氧化钠的浓度为 1mg/mL	Ⅰ：移取 20.00mL 氧化钠标准储备溶液，用实验室用水定容至 100mL，混匀。氧化钠的浓度为 200μg/mL
		Ⅱ：移取 5.00mL 氧化钠标准储备溶液，用实验室用水定容至 100mL，混匀。氧化钠的浓度为 50μg/mL
		Ⅲ：移取 10.00mL 氧化镁标准溶液 Ⅱ，用实验室用水定容至 100mL，混匀。氧化钠的浓度为 5μg/mL
镍	称 0.2500g 镍[$w(Ni)$≥99.99%]置于 250mL 烧杯中，加 10mL 硝酸(1+1)，加热至完全溶解。冷却至室温，用实验室用水定容至 250mL 容量瓶，混匀。镍的浓度为 1mg/mL	移取 10.00mL 镍标准储备溶液，加入 50mL 硝酸($\rho=1.42g/mL$)，用实验室用水定容至 1000mL，混匀。镍的浓度为 10μg/mL

被测氧化物 （或被测元素）	标准储备溶液制备方法	标准溶液制备方法
锰	称 0.5000g 锰 [$w(Mn) \geqslant 99.99\%$] 置于 200mL 烧杯中，加 20mL 盐酸（1+1）溶解，冷却至室温。用实验室用水定容至 500mL 容量瓶，混匀。锰的浓度为 1mg/mL	Ⅰ：移取 25.00mL 锰标准储备溶液，置于 100mL 容量瓶中，加入 10mL 盐酸（1+1），用水定容，混匀。锰的浓度为 250μg/mL Ⅱ：移取 5.00mL 锰标准储备溶液，置于 200mL 容量瓶中，加入 20mL 盐酸（1+1），用水定容，混匀。锰的浓度为 25μg/mL
铅	称 0.5000g 金属铅 [$w(Pb) \geqslant 99.99\%$] 置于 200mL 烧杯中，加 20mL 硝酸（1+1），加热至完全溶解，煮沸数分钟以驱除氮的氧化物，冷却至室温。用实验室用水定容至 500mL 容量瓶，混匀。铅的浓度为 1mg/mL	移取 10.00mL 铅标准储备溶液，置于 200mL 容量瓶中，加入 20mL 硝酸（1+1），用实验室用水定容，混匀。铅的浓度为 50μg/mL
锌	称 0.5000g 金属锌 [$w(Zn) \geqslant 99.99\%$] 置于 200mL 烧杯中，加 10mL 盐酸（1+1，优级纯），滴加数滴过氧化氢 [30%（质量分数），优级纯]，待其溶解完全后，加热煮沸几分钟，分解过量的过氧化氢，冷却至室温。用实验室用水定容至 500mL 容量瓶，混匀。锌的浓度为 1mg/mL	Ⅰ：移取 10.00mL 锌标准储备溶液，置于 100mL 容量瓶中，加入 10mL 盐酸（1+1，优级纯），用实验室用水定容，混匀。锌的浓度为 100μg/mL Ⅱ：移取 10.00mL 锌标准溶液Ⅰ，置于 100mL 容量瓶中，加入 10mL 盐酸（1+1，优级纯），用实验室用水定容，混匀。锌的浓度为 10μg/mL

2. 标准曲线的建立

标准系列溶液的配制原则，参见第二章第二节一一、-(五)-1. 标准溶液的配制。标准加入法与标准曲线法的原理介绍参见第二章第二节一一、-(五)-2. 标准曲线的建立。其中，标准加入法绘制的是标准加入曲线，配制的是系列浓度标准溶液-样品溶液。然而，标准曲线法绘制的是标准（工作）曲线，配制的是系列浓度标准溶液。

（1）分析氧化钙、氧化镁 [当 $w(MgO)$ 为 0.030%～0.20% 时]、氧化钠、氧化镍、氧化锰、氧化锌的含量（标准加入法） 根据样品中被测元素氧化物的质量分数，按表 2-8 移取 4 份上述样品溶液，置于一组表 2-10 规定的相应定容体积的容量瓶中。按表 2-10 分别加入相应的一系列体积的被测氧化物标准溶液（溶液中被测氧化物浓度参见表 2-10，其标准溶液的制备方法参见表 2-9），按表 2-10 加入相应量的酸试剂，用水稀释至刻度，混匀。

▷ 表 2-10 分析氯化稀土、碳酸轻稀土中的各杂质含量的系列浓度标准溶液-样品溶液

被测 氧化物	被测氧化物 质量分数/%	被测氧化物标准 溶液浓度/(μg/mL)	分取被测氧化物标准 溶液体积/mL	酸试剂量	定容体积 /mL
氧化钙	0.10～5.00	50	0、0.50、1.00、2.00	1mL 盐酸①	25
氧化镁	0.030～0.20	10	0、1.00、2.00、4.00	—	50
氧化钠	0.05～0.20	5	0、0.50、1.00、2.00	1mL 硝酸②	25
	＞0.20～0.80	50	0、0.50、1.00、2.00	1mL 硝酸②	25
	＞0.80～2.00	200	0、0.50、1.00、2.00	1mL 硝酸②	25
氧化镍	0.0020～0.010	10	0、1.00、2.00、4.00	—	50
氧化锰	0.0020～0.10	25	0、0.50、1.00、2.00	—	25
	＞0.10～0.50	250	0、0.50、1.00、1.50	—	25
氧化锌	0.010～1.00	10	0、2.00、4.00、6.00、8.00	1mL 盐酸①	100

① 盐酸：1+1，优级纯。

② 硝酸：1+1，优级纯。

（2）分析氧化镁［当 w（MgO）＞0.20％～1.50％时］、氧化铅的含量（标准曲线法）

氧化镁标准系列溶液的配制如下。

分别移取 0mL、1.00mL、3.00mL、5.00mL、10.00mL、15.00mL 氧化镁标准溶液 I （20μg/mL），置于一组 100mL 容量瓶中，各加入 2mL 硝酸（ρ＝1.42g/mL），以水定容，混匀。

氧化铅标准系列溶液的配制：

分别移取 0mL、1.00mL、2.00mL、3.00mL、4.00mL、5.00mL 铅标准溶液 （50μg/mL），置于一组 100mL 容量瓶中，各加入 5mL 硝酸（1＋1），以水定容，混匀。

（3）标准系列溶液的测量（标准曲线法）　将原子吸收分光光度计预热，调节至最佳工作状态，取标准系列溶液在原子吸收分光光度计上于被测元素分析线（参见表 2-1）处，在原子化器火焰中测定。用氘空心阴极灯校正背景或用其他方法校正背景。以水调零，按照与样品溶液相同条件，按浓度递增顺序测量标准系列溶液中被测元素的吸光度，测 3 次吸光度，取 3 次测量平均值。以标准系列溶液中被测元素的吸光度平均值，减去零浓度溶液中相应元素的吸光度平均值，得到净吸光度。以被测元素的质量浓度（μg/mL）为横坐标、净吸光度（A）为纵坐标，绘制标准曲线。

（六）样品的测定

分析氯化稀土、碳酸轻稀土中的杂质氧化钙、氧化镁、氧化钠、氧化镍、氧化锰、氧化铅、氧化锌的含量，采用了标准加入法和标准曲线法。2 种方法中样品溶液的测定不同，下面分别介绍。

（1）分析氧化钙、氧化镁［当 w（MgO）为 0.030％～0.20％时］、氧化钠、氧化镍、氧化锰、氧化锌的含量（标准加入法）　采用标准加入法计算的样品溶液的测量方法，参见第二章第二节--一、-（六）样品的测定。

（2）分析氧化镁［当 w（MgO）＞0.20％～1.50％时］、氧化铅的含量（标准曲线法）

将原子吸收分光光度计调节至最佳工作状态，取样品溶液在原子吸收分光光度计上于被测元素分析线（参见表 2-1）处，在原子化器火焰中测定。以水调零，按照与绘制标准曲线相同条件，测定样品溶液中被测元素的吸光度 3 次，取 3 次测量平均值。同时测定随同样品的空白溶液中被测元素的吸光度 3 次，取 3 次测量平均值。样品溶液中被测元素的吸光度平均值，减去空白溶液中相应元素的吸光度平均值，为净吸光度（A）。从标准曲线上查出相应的被测元素质量浓度（μg/mL）。

当设备具有计算机系统控制功能时，标准曲线的建立、校正（漂移校正、标准化、重新校准）和被测元素含量的测定应按照计算机软件说明书的要求进行。

（七）结果的表示

w（被测氧化物）＝w（被测元素）×换算系数。

当被测元素的质量分数小于 0.01％时，分析结果表示至小数点后第 4 位；当被测元素的质量分数大于 0.01％时，分析结果表示至小数点后第 3 位。

（八）质量保证和质量控制

分析时，应用国家级或行业级标准样品或控制样品进行校核，或每年至少用标准样品或控制样品对分析方法校核一次。当过程失控时应找出原因，纠正错误后重新进行校核，并采取相应的预防措施。

（九）注意事项

（1）参见第二章第二节-一、-(九)-(1)、(2)。

（2）除非另有说明，所用试剂均为符合国家标准或行业标准的优级纯试剂，所用水均为去离子水。

（3）分析氯化稀土、碳酸轻稀土中的杂质氧化钙、氧化钠的含量，绘制标准加入曲线时，配制系列浓度标准溶液-样品溶液，如果测量精度较低，应于相应定容体积的比色管中定容；如果测量精度较高，应于相应定容体积的容量瓶中定容，并将溶液立即转移至聚四氟乙烯瓶中保存。

（4）分析氯化稀土、碳酸轻稀土中的杂质氧化钠的含量，制备氧化钠标准溶液时，氧化钠使用之前，需经 $400\sim450℃$ 灼烧到无爆裂声，并于干燥器中冷却至室温。

（5）分析氯化稀土、碳酸轻稀土中的杂质含量，在消解样品时，如果样品难溶，分别补加相应的试剂。分析氧化钙、氧化锌的含量，将溶样酸改为等量的硝酸（$\rho=1.42g/mL$）；分析氧化镁、氧化镍、氧化铅的含量，滴加少量过氧化氢（30%，质量分数）。

第三节　电感耦合等离子体原子发射光谱法

在现行有效的标准中，采用电感耦合等离子体原子发射光谱法分析稀土及其相关产品的标准有 44 个，而原子吸收光谱法的应用只有 10 个标准，由此可见，ICP-AES 在冶金行业是一种非常重要的分析手段。

一、稀土金属及其氧化物中稀土杂质的分析

现行国家标准[11-24]中，电感耦合等离子体原子发射光谱法可以分析 14 种稀土金属（镧、铈、镨、钕、钐、铕、钆、铽、镝、钬、铒、钇、铥、镱），其氧化物中的杂质稀土元素（镧、铈、镨、钕、钐、铕、钆、铽、镝、钬、铒、铥、镱、镥、钇）及其氧化物的含量。此方法适用于上述稀土金属的氧化物中除基体外的其他 14 种稀土杂质氧化物含量的同时测定，也适用于单个稀土杂质氧化物含量的独立测定，其氧化物测定范围见表 2-2。此方法同样适用于上述稀土金属中除基体外的其他 14 种稀土杂质元素含量的同时测定，也适用于单个稀土杂质元素含量的独立测定。

我们以此为应用实例讲解具体的分析步骤和方法，以及一些注意事项。

（一）样品的制备和保存

样品的制备和保存参考相应国家标准的相关内容，需要注意如下两点：

① 氧化物样品于 900℃灼烧 1h，置于干燥器中，冷却至室温，立即称量；

② 金属样品应去掉表面氧化层，取样后立即称量。

（二）样品的消解

电感耦合等离子体原子发射光谱法分析上述 14 种稀土金属及其氧化物中的稀土杂质

含量的消解方法主要为湿法消解中的电热板消解法。关于消解方法分类的介绍，参见第二章第二节-一、-（二）样品的消解。

分析稀土金属镧、镨、钕、钐、铕、钆、镝、钬、铒、钇、铥、镥及其氧化物中的稀土杂质含量时，样品以盐酸溶解，在稀盐酸介质中测定。分析稀土金属铈、铽及其氧化物中的稀土杂质含量时，样品以硝酸溶解，在稀硝酸介质中测定。下面进行具体介绍：

产品分为稀土元素氧化物和稀土金属两类，其称样量不同；样品中被测氧化物的质量分数越大，称样量越小，如表 2-11 所列。根据产品的种类和类型，以及被测氧化物的质量分数，按表 2-11 称取相应质量的样品，精确至 0.0001g。独立地进行两次测定，取其平均值。随同样品做空白试验。

▫ 表 2-11　分析稀土金属镧、镨、钕等及其氧化物中的稀土杂质含量的样品溶液

序号	产品种类	被测氧化物质量分数/%	样品量/g		溶样酸量	定容体积/mL
			氧化物样品	金属样品		
1	氧化镧（镧）	0.0001～0.100	0.500	0.426	10mL 盐酸①	50
2	氧化铈（铈）	0.0010～0.100	0.500	0.407	10mL 硝酸②	100
3	氧化镨（镨）	0.0020～0.200 ＞0.200～1.00	0.500 0.050	0.426 0.043	10mL 盐酸①	50
4	氧化钕（钕）	0.0005～0.200	0.200	0.174	10mL 盐酸①	100
5	氧化钐（钐）	0.0020～0.200	0.500	0.431	10mL 盐酸①	100
6	氧化铕（铕）	0.0003～0.050	0.500	0.432	10mL 盐酸①	50
7	氧化钆（钆）	0.0010～0.050	0.500	0.434	10mL 盐酸①	100
8	氧化铽（铽）	0.0050～0.500	0.500	0.425	10mL 硝酸②	100
9	氧化镝（镝）	0.0010～0.100	0.200	0.174	10mL 盐酸①	100
10	氧化钬（钬）	0.0020～0.200	0.500	0.436	10mL 盐酸①	100
11	氧化铒（铒）	0.0020～0.200	0.500	0.437	10mL 盐酸①	100
12	氧化钇（钇）	0.0002～0.050	0.500	0.394	10mL 盐酸①	50
13	氧化铥（铥）	0.0003～0.150	0.500	0.438	5mL 盐酸①	50
14	氧化镥（镥）	0.0003～0.150	0.500	0.439	5mL 盐酸①	50

① 盐酸：1+1，优级纯。

② 硝酸：1+1，优级纯。

将准确称量的样品置于 100mL 烧杯中，加入 10mL 水润湿，按表 2-11 加入相应量的溶样酸，于电热板上低温加热，至样品溶解完全，继续加热溶液蒸发至 5mL 左右，冷却至室温。按表 2-11 移至相应定容体积的容量瓶中，以水稀释至刻度，混匀，待测。

分析稀土金属铥、镥及其氧化物中的稀土杂质含量，当被测氧化物质量分数＞0.05％时，移取 10.00mL 上述样品溶液，置于 100mL 容量瓶中，用盐酸（1+19，优级纯）稀释至刻度，混匀，待测。

（三）仪器条件的选择

电感耦合等离子体原子发射光谱仪既可是同时型的，也可是顺序型的。分析稀土金属镧、铈、镨、钕、钐、铕、钆、铽、镝、钬、铒、钇、铥、镥及其氧化物中的稀土杂质含量时，推荐的等离子体光谱仪测试条件，参见表 2-2 和本部分（4）分析铈及氧化铈中的稀土杂质含量时的工作条件。

（1）选择分析谱线时，可以根据仪器的实际情况（如灵敏度和谱线干扰）做相应的调

整。推荐的分析线参见表2-2，这些谱线不受基体元素明显干扰。在使用时，应仔细检查谱线的干扰情况（采用基体匹配法消除干扰，或用系数校正法校正被测稀土杂质元素间的光谱干扰）。

（2）仪器的实际分辨率　计算每条应当使用的分析线（包括内标线）的半高宽（即带宽），分析线的半高宽≤0.030nm。其中，分析线200nm处的分辨率<0.006nm。

（3）在仪器最佳工作条件下，凡能达到下列指标者均可使用。

1）灵敏度　以测稀土金属镧及氧化镧中的杂质铈或氧化铈含量为例，通过计算溶液中仅含有铈的分析线（413.380nm），得出检出限（DL）。检出限定义为浓度水平略高于零浓度标准系列溶液的溶液中，被测元素的10次发射谱线强度值的标准偏差的2倍。或定义为当元素产生最小浓度信号时，认为超出了任何带有一定规定等级的伪背景信号。另外，元素浓度产生信号是背景水平值标准偏差的3倍。

2）短期稳定性　较短时间内，连续测量每个被测元素的最高浓度标准溶液的发射谱线绝对或相对光强10次，计算10个值的平均值及其标准偏差。通常对浓度为5μg/mL的溶液，其标准偏差不超过绝对或相对光强平均值的0.8%。

3）长期稳定性　在3h中，每隔30min测量被测元素的最高浓度标准溶液的发射谱线强度3次，得到7个测量平均值。计算7个测量平均值的标准偏差。通常浓度为5μg/mL的溶液，其相对标准偏差小于2.0%。

4）标准曲线的线性　标准曲线的R^2≥0.999。

（4）分析铈及氧化铈中的稀土杂质含量时，使用美国Thermo-Element Ⅱ型高分辨等离子体发射光谱/质谱联用仪的推荐工作条件如下。

等离子体功率：1250W。冷却气流速：16L/min。辅助气流速：0.9L/min。载气：1.0L/min。质谱分辨率：10000。需要注意的是，利用仪器的高分辨能力直接进行测定，无须进行基体预分离。

（四）干扰的消除

① 分析14种稀土金属镧、铈、镨、钕、钐、铕、钆、铽、镝、钬、铒、钇、铥、镥及其氧化物中的稀土杂质含量，绘制标准曲线时，采用基体匹配法配制标准系列溶液，即配制与被测样品基体一致、质量分数相近的标准系列溶液，以消除基体对测定的影响。

② 分析稀土金属镧、镨及其氧化物中的稀土杂质含量时，用系数校正法校正被测稀土杂质元素间的光谱干扰。

（五）标准曲线的建立

1. 标准溶液的配制

分析稀土金属镧、铈、镨、钕、钐、铕、钆、铽、镝、钬、铒、钇、铥、镥及其氧化物中的稀土杂质含量时，上述15种被测稀土元素氧化物的标准储备溶液及其标准溶液的制备方法，参见表2-12。也可选择与被测样品基体一致、质量分数相近的有证标准样品；标准储备溶液的稀释溶液，需与标准储备溶液保持一致的酸度（用时现稀释）。

2. 标准曲线的建立

标准系列溶液的配制原则，参见第二章第二节-一、-(五)-1. 标准溶液的配制。分析14种稀土金属镧、铈、镨、钕、钐、铕、钆、铽、镝、钬、铒、钇、铥、镥及其氧化物中的稀土杂质含量时，标准系列溶液的配制采用基体匹配法，即配制与被测样品基体一致、质量分数相近的标准系列溶液。基体匹配标准曲线法的原理介绍参见第二章第二节-一、-(五)-2. 标准曲线的建立。

⊡ 表 2-12　分析稀土金属镧等及其氧化物中稀土杂质含量的各稀土元素氧化物的标准溶液

序号	被测稀土元素氧化物	标准储备溶液制备方法	标准溶液制备方法
1	氧化镧	称 0.1000g 氧化镧 [w(La$_2$O$_3$/REO)＞99.99%，w(REO)＞99.5%，经 900℃灼烧 1h]，置于 100mL 烧杯中，加 10mL 盐酸(1+1)，低温加热至溶解完全，冷却至室温。移入 100mL 容量瓶中，用水稀释至刻度，混匀。氧化镧的浓度为 1mg/mL	Ⅰ:移取 10mL 氧化镧标准储备溶液，用盐酸(1+19)定容至 100mL 容量瓶中，混匀。氧化镧的浓度为 100μg/mL
			Ⅱ:移取 10mL 氧化镧标准溶液Ⅰ，用盐酸(1+19)定容至 100mL 容量瓶中，混匀。氧化镧的浓度为 10μg/mL
2	氧化铈	称 0.1000g 氧化铈 [w(CeO$_2$/REO)＞99.99%，w(REO)＞99.5%，经 900℃灼烧 1h]，置于 100mL 烧杯中，加 10mL 硝酸(1+1)，低温加热，并滴加过氧化氢(ρ=1.44g/mL，优级纯)至溶解完全，冷却至室温。移入 100mL 容量瓶中，用水稀释至刻度，混匀。氧化铈的浓度为 1mg/mL	Ⅰ:移取 10mL 氧化铈标准储备溶液，用盐酸(1+19)定容至 100mL 容量瓶中，混匀。氧化铈的浓度为 100μg/mL
			Ⅱ:移取 10mL 氧化铈标准溶液Ⅰ，用盐酸(1+19)定容至 100mL 容量瓶中，混匀。氧化铈的浓度为 10μg/mL
3	氧化镨	称 0.1000g 氧化镨 [w(Pr$_6$O$_{11}$/REO)＞99.99%，w(REO)＞99.5%，经 900℃灼烧 1h]，置于 100mL 烧杯中，加 10mL 盐酸(1+1)，低温加热至溶解完全，冷却至室温，移入 100mL 容量瓶中，用水稀释至刻度，混匀。氧化镨的浓度为 1mg/mL	Ⅰ:移取 10mL 氧化镨标准储备溶液，用盐酸(1+19)定容至 100mL 容量瓶中，混匀。氧化镨的浓度为 100μg/mL
			Ⅱ:移取 10mL 氧化镨标准溶液Ⅰ，用盐酸(1+19)定容至 100mL 容量瓶中，混匀。氧化镨的浓度为 10μg/mL
4	氧化钕	称 0.1000g 氧化钕 [w(Nd$_2$O$_3$/REO)＞99.99%，w(REO)＞99.5%，经 900℃灼烧 1h]，置于 100mL 烧杯中，加 10mL 盐酸(1+1)，低温加热至溶解完全，冷却至室温，移入 100mL 容量瓶中，用水稀释至刻度，混匀。氧化钕的浓度为 1mg/mL	Ⅰ:移取 10mL 氧化钕标准储备溶液，用盐酸(1+19)定容至 100mL 容量瓶中，混匀。氧化钕的浓度为 100μg/mL
			Ⅱ:移取 10mL 氧化钕标准溶液Ⅰ，用盐酸(1+19)定容至 100mL 容量瓶中，混匀。氧化钕的浓度为 10μg/mL
5	氧化钐	称 0.1000g 氧化钐 [w(Sm$_2$O$_3$/REO)＞99.99%，w(REO)＞99.5%，经 900℃灼烧 1h]，置于 100mL 烧杯中，加 10mL 盐酸(1+1)，低温加热至溶解完全，冷却至室温，移入 100mL 容量瓶中，用水稀释至刻度，混匀。氧化钐的浓度为 1mg/mL	Ⅰ:移取 10mL 氧化钐标准储备溶液，用盐酸(1+19)定容至 100mL 容量瓶中，混匀。氧化钐的浓度为 100μg/mL
			Ⅱ:移取 10mL 氧化钐标准溶液Ⅰ，用盐酸(1+19)定容至 100mL 容量瓶中，混匀。氧化钐的浓度为 10μg/mL
6	氧化铕	称 0.1000g 氧化铕 [w(Eu$_2$O$_3$/REO)＞99.99%，w(REO)＞99.5%，经 900℃灼烧 1h]，置于 100mL 烧杯中，加 10mL 盐酸(1+1)，低温加热至溶解完全，冷却至室温，移入 100mL 容量瓶中，用水稀释至刻度，混匀。氧化铕的浓度为 1mg/mL	Ⅰ:移取 10mL 氧化铕标准储备溶液，用盐酸(1+19)定容至 100mL 容量瓶中，混匀。氧化铕的浓度为 100μg/mL
			Ⅱ:移取 10mL 氧化铕标准溶液Ⅰ，用盐酸(1+19)定容至 100mL 容量瓶中，混匀。氧化铕的浓度为 10μg/mL

序号	被测稀土元素氧化物	标准储备溶液制备方法	标准溶液制备方法
7	氧化钆	称 0.1000g 氧化钆 [w(Gd$_2$O$_3$/REO)>99.99%，w(REO)>99.5%，经 900℃ 灼烧 1h]，置于 100mL 烧杯中，加 10mL 盐酸(1+1)，低温加热至溶解完全，冷却至室温，移入 100mL 容量瓶中，用水稀释至刻度，混匀。氧化钆的浓度为 1mg/mL	Ⅰ:移取 10mL 氧化钆标准储备溶液，用盐酸(1+19)定容至 100mL 容量瓶中，混匀。氧化钆的浓度为 100μg/mL Ⅱ:移取 10mL 氧化钆标准溶液Ⅰ，用盐酸(1+19)定容至 100mL 容量瓶中，混匀。氧化钆的浓度为 10μg/mL
8	氧化铽	称 0.1000g 氧化铽 [w(Tb$_4$O$_7$/REO)>99.99%，w(REO)>99.5%，经 900℃ 灼烧 1h]，置于 100mL 烧杯中，加 10mL 硝酸(1+1)，低温加热溶解后，冷却至室温，移入 100mL 容量瓶中，用水稀释至刻度，混匀。氧化铽的浓度为 1mg/mL	Ⅰ:移取 10mL 氧化铽标准储备溶液，用盐酸(1+19)定容至 100mL 容量瓶中，混匀。氧化铽的浓度为 100μg/mL Ⅱ:移取 10mL 氧化铽标准溶液Ⅰ，用盐酸(1+19)定容至 100mL 容量瓶中，混匀。氧化铽的浓度为 10μg/mL
9	氧化镝	称 0.1000g 氧化镝 [w(Dy$_2$O$_3$/REO)>99.99%，w(REO)>99.5%，经 900℃ 灼烧 1h]，置于 100mL 烧杯中，加 10mL 盐酸(1+1)，低温加热溶解后，冷却至室温，移入 100mL 容量瓶中，用水稀释至刻度，混匀。氧化镝的浓度为 1mg/mL	Ⅰ:移取 10mL 氧化镝标准储备溶液，用盐酸(1+19)定容至 100mL 容量瓶中，混匀。氧化镝的浓度为 100μg/mL Ⅱ:移取 10mL 氧化镝标准溶液Ⅰ，用盐酸(1+19)定容至 100mL 容量瓶中，混匀。氧化镝的浓度为 10μg/mL
10	氧化钬	称 0.1000g 氧化钬 [w(Ho$_2$O$_3$/REO)>99.99%，w(REO)>99.5%，经 900℃ 灼烧 1h]，置于 100mL 烧杯中，加 10mL 盐酸(1+1)，低温加热溶解后，冷却至室温，移入 100mL 容量瓶中，用水稀释至刻度，混匀。氧化钬的浓度为 1mg/mL	Ⅰ:移取 10mL 氧化钬标准储备溶液，用盐酸(1+19)定容至 100mL 容量瓶中，混匀。氧化钬的浓度为 100μg/mL Ⅱ:移取 10mL 氧化钬标准溶液Ⅰ，用盐酸(1+19)定容至 100mL 容量瓶中，混匀。氧化钬的浓度为 10μg/mL
11	氧化铒	称 0.1000g 氧化铒 [w(Er$_2$O$_3$/REO)>99.99%，w(REO)>99.5%，经 900℃ 灼烧 1h]，置于 100mL 烧杯中，加 10mL 盐酸(1+1)，低温加热溶解后，冷却至室温，移入 100mL 容量瓶中，用水稀释至刻度，混匀。氧化铒的浓度为 1mg/mL	Ⅰ:移取 10mL 氧化铒标准储备溶液，用盐酸(1+19)定容至 100mL 容量瓶中，混匀。氧化铒的浓度为 100μg/mL Ⅱ:移取 10mL 氧化铒标准溶液Ⅰ，用盐酸(1+19)定容至 100mL 容量瓶中，混匀。氧化铒的浓度为 10μg/mL
12	氧化铥	称 0.1000g 氧化铥 [w(Tm$_2$O$_3$/REO)>99.99%，w(REO)>99.5%，经 900℃ 灼烧 1h]，置于 100mL 烧杯中，加 10mL 盐酸(1+1)，低温加热溶解后，冷却至室温，移入 100mL 容量瓶中，用水稀释至刻度，混匀。氧化铥的浓度为 1mg/mL	Ⅰ:移取 10mL 氧化铥标准储备溶液，用盐酸(1+19)定容至 100mL 容量瓶中，混匀。氧化铥的浓度为 100μg/mL Ⅱ:移取 10mL 氧化铥标准溶液Ⅰ，用盐酸(1+19)定容至 100mL 容量瓶中，混匀。氧化铥的浓度为 10μg/mL
13	氧化镱	称 0.1000g 氧化镱 [w(Yb$_2$O$_3$/REO)>99.99%，w(REO)>99.5%，经 900℃ 灼烧 1h]，置于 100mL 烧杯中，加 10mL 盐酸(1+1)，低温加热溶解后，冷却至室温，移入 100mL 容量瓶中，用水稀释至刻度，混匀。氧化镱的浓度为 1mg/mL	Ⅰ:移取 10mL 氧化镱标准储备溶液，用盐酸(1+19)定容至 100mL 容量瓶中，混匀。氧化镱的浓度为 100μg/mL

序号	被测稀土元素氧化物	标准储备溶液制备方法	标准溶液制备方法
13	氧化镱	称 0.1000g 氧化镱 [w(Yb$_2$O$_3$/REO)>99.99%, w(REO)>99.5%,经900℃灼烧1h],置于100mL烧杯中,加10mL盐酸(1+1),低温加热溶解后,冷却至室温,移入100mL容量瓶中,用水稀释至刻度,混匀。氧化镱的浓度为1mg/mL	Ⅱ:移取10mL氧化镱标准溶液Ⅰ,用盐酸(1+19)定容至100mL容量瓶中,混匀。氧化镱的浓度为10μg/mL
14	氧化镥	称 0.1000g 氧化镥 [w(Lu$_2$O$_3$/REO)>99.99%, w(REO)>99.5%,经900℃灼烧1h],置于100mL烧杯中,加10mL盐酸(1+1),低温加热溶解后,冷却至室温,移入100mL容量瓶中,用水稀释至刻度,混匀。氧化镥的浓度为1mg/mL	Ⅰ:移取10mL氧化镥标准储备溶液,用盐酸(1+19)定容至100mL容量瓶中,混匀。氧化镥的浓度为100μg/mL Ⅱ:移取10mL氧化镥标准溶液Ⅰ,用盐酸(1+19)定容至100mL容量瓶中,混匀。氧化镥的浓度为10μg/mL
15	氧化钇	称 0.1000g 氧化钇 [w(Y$_2$O$_3$/REO)>99.99%, w(REO)>99.5%,经900℃灼烧1h],置于100mL烧杯中,加10mL盐酸(1+1),低温加热溶解后,冷却至室温,移入100mL容量瓶中,用水稀释至刻度,混匀。氧化钇的浓度为1mg/mL	Ⅰ:移取10mL氧化钇标准储备溶液,用盐酸(1+19)定容至100mL容量瓶中,混匀。氧化钇的浓度为100μg/mL Ⅱ:移取10mL氧化钇标准溶液Ⅰ,用盐酸(1+19)定容至100mL容量瓶中,混匀。氧化钇的浓度为10μg/mL

本部分中标准系列溶液的配制,以分析稀土元素氧化物的杂质稀土元素氧化物为例进行介绍,称取纯基体物质 [稀土元素氧化物(REO),w(REO)>99.5%,且不含被测元素],按照样品溶液的制备方法,制备稀土元素氧化物基体溶液,再根据样品的称取量,在标准系列溶液中加入等量的稀土元素氧化物基体溶液。

根据样品中的基体成分,需制备相应的稀土元素氧化物基体溶液。详情如下所述。

(1)稀土元素氧化物基体溶液的制备 参见表2-13。

⊡ 表 2-13 分析稀土金属镧等及其氧化物中的稀土杂质含量的各稀土元素氧化物的基体溶液

序号	稀土元素氧化物基体	稀土元素氧化物基体溶液制备方法
1	氧化镧	称 25.0000g 氧化镧 [w(La$_2$O$_3$/REO)>99.999%,w(REO)>99.5%,经900℃灼烧1h],置于250mL烧杯中,加75mL盐酸(1+1),低温加热至溶解完全,冷却至室温。移入500mL容量瓶中,用水稀释至刻度,混匀。氧化镧的浓度为50mg/mL
2	氧化铈	称 5.0000g 氧化铈 [w(CeO$_2$/REO)>99.999%,w(REO)>99.5%,经900℃灼烧1h],置于250mL烧杯中,加50mL硝酸(1+1),低温加热至溶解完全,冷却至室温。移入200mL容量瓶中,用水稀释至刻度,混匀。氧化铈的浓度为25mg/mL
3	氧化镨	称 25.0000g 氧化镨 [w(Pr$_6$O$_{11}$/REO)>99.999%,w(REO)>99.5%,经900℃灼烧1h],置于250mL烧杯中,加75mL盐酸(1+1),低温加热至溶解完全,冷却至室温。移入500mL容量瓶中,用水稀释至刻度,混匀。氧化镨的浓度为50mg/mL
4	氧化钕	称 25.0000g 氧化钕 [w(Nd$_2$O$_3$/REO)>99.999%,w(REO)>99.5%,经900℃灼烧1h],置于500mL烧杯中,加75mL盐酸(1+1),低温加热至溶解完全,冷却至室温。移入500mL容量瓶中,用水稀释至刻度,混匀。氧化钕的浓度为50mg/mL
5	氧化钐	称 25.0000g 氧化钐 [w(Sm$_2$O$_3$/REO)>99.999%,w(REO)>99.5%,经900℃灼烧1h],置于250mL烧杯中,加75mL盐酸(1+1),低温加热至溶解完全,冷却至室温。移入500mL容量瓶中,用水稀释至刻度,混匀。氧化钐的浓度为50mg/mL

序号	稀土元素氧化物基体	稀土元素氧化物基体溶液制备方法
6	氧化铕	称 25.0000g 氧化铕[$w(Eu_2O_3/REO)>99.999\%$,$w(REO)>99.5\%$,经 900℃ 灼烧 1h],置于 250mL 烧杯中,加 75mL 盐酸(1+1),低温加热至溶解完全,冷却至室温。移入 250mL 容量瓶中,用水稀释至刻度,混匀。氧化铕的浓度为 100mg/mL
7	氧化钆	称 25.0000g 氧化钆[$w(Gd_2O_3/REO)>99.999\%$,$w(REO)>99.5\%$,经 900℃ 灼烧 1h],置于 250mL 烧杯中,加 75mL 盐酸(1+1),低温加热至溶解完全,冷却至室温。移入 500mL 容量瓶中,用水稀释至刻度,混匀。氧化钆的浓度为 50mg/mL
8	氧化铽	称 25.0000g 氧化铽[$w(Tb_4O_7/REO)>99.999\%$,$w(REO)>99.5\%$,经 900℃ 灼烧 1h],置于 250mL 烧杯中,加 75mL 硝酸(1+1),低温加热至溶解完全,冷却至室温。移入 500mL 容量瓶中,用水稀释至刻度,混匀。氧化铽的浓度为 50mg/mL
9	氧化镝	称 25.0000g 氧化镝[$w(Dy_2O_3/REO)>99.999\%$,$w(REO)>99.5\%$,经 900℃ 灼烧 1h],置于 250mL 烧杯中,加 75mL 盐酸(1+1),低温加热至溶解完全,冷却至室温。移入 500mL 容量瓶中,用水稀释至刻度,混匀。氧化镝的浓度为 50mg/mL
10	氧化钬	称 25.0000g 氧化钬[$w(Ho_2O_3/REO)>99.999\%$,$w(REO)>99.5\%$,经 900℃ 灼烧 1h],置于 250mL 烧杯中,加 75mL 盐酸(1+1),低温加热至溶解完全,冷却至室温。移入 500mL 容量瓶中,用水稀释至刻度,混匀。氧化钬的浓度为 50mg/mL
11	氧化铒	称 25.0000g 氧化铒[$w(Er_2O_3/REO)>99.999\%$,$w(REO)>99.5\%$,经 900℃ 灼烧 1h],置于 250mL 烧杯中,加 75mL 盐酸(1+1),低温加热至溶解完全,冷却至室温。移入 500mL 容量瓶中,用水稀释至刻度,混匀。氧化铒的浓度为 50mg/mL
12	氧化钇	称 25.0000g 氧化钇[$w(Y_2O_3/REO)>99.999\%$,$w(REO)>99.5\%$,经 900℃ 灼烧 1h],置于 250mL 烧杯中,加 70mL 盐酸(1+1),低温加热至溶解完全,冷却至室温。移入 250mL 容量瓶中,用水稀释至刻度,混匀。氧化钇的浓度为 100mg/mL
13	氧化铥	称 25.0000g 氧化铥[$w(Tm_2O_3/REO)>99.999\%$,$w(REO)>99.5\%$,经 900℃ 灼烧 1h],置于 250mL 烧杯中,加 75mL 盐酸(1+1),低温加热至溶解完全,冷却至室温。移入 500mL 容量瓶中,用水稀释至刻度,混匀。氧化铥的浓度为 50mg/mL
14	氧化镱	称 25.0000g 氧化镱[$w(Yb_2O_3/REO)>99.999\%$,$w(REO)>99.5\%$,经 900℃ 灼烧 1h],置于 250mL 烧杯中,加 75mL 盐酸(1+1),低温加热至溶解完全,冷却至室温。移入 500mL 容量瓶中,用水稀释至刻度,混匀。氧化镱的浓度为 50mg/mL

(2)标准系列溶液的制备　根据样品的基体成分,被测稀土元素氧化物(或稀土元素)的种类和质量分数,需要分别绘制标准曲线,配制不同的标准系列溶液,其配制方法见表 2-14。其中,被测稀土元素氧化物标准溶液Ⅰ(100μg/mL)和标准溶液Ⅱ(10μg/mL)的配制方法参见表 2-12。

▣ 表 2-14　分析稀土金属镧等及其氧化物中的稀土杂质含量的各稀土元素氧化物的标准系列溶液

序号	样品基体	被测稀土元素氧化物	被测稀土元素氧化物质量分数/%	分取被测氧化物基体溶液体积/mL	分取被测氧化物标准溶液Ⅱ体积/mL	分取被测氧化物标准溶液Ⅰ体积/mL	补加酸试剂量
1	氧化镧/镧	氧化铈	0.0005~0.100	20.00	0、0.10、0.50、1.00、2.00、10.00	10.00	6.5mL 盐酸[①]
		氧化镨	0.0005~0.100	20.00	0、0.10、0.50、1.00、2.00、10.00	10.00	6.5mL 盐酸[①]
		氧化钕	0.0005~0.100	20.00	0、0.10、0.50、1.00、2.00、10.00	10.00	6.5mL 盐酸[①]
		氧化钐	0.0005~0.100	20.00	0、0.10、0.50、1.00、2.00、10.00	10.00	6.5mL 盐酸[①]

序号	样品基体	被测稀土氧化物	被测稀土元素氧化物质量分数/%	分取被测氧化物基体溶液体积/mL	分取被测氧化物标准溶液Ⅱ体积/mL	分取被测氧化物标准溶液Ⅰ体积/mL	补加酸试剂量
1	氧化镧/镧	氧化镨	0.0005～0.100	20.00	0、0.10、0.50、1.00、2.00、10.00	10.00	6.5mL 盐酸①
		氧化钐	0.0005～0.100	20.00	0、0.10、0.50、1.00、2.00、10.00	10.00	6.5mL 盐酸①
		氧化铕	0.0005～0.100	20.00	0、0.10、0.50、1.00、2.00、10.00	10.00	6.5mL 盐酸①
		氧化镝	0.0005～0.050	20.00	0、0.10、0.50、1.00、2.00、10.00	10.00	6.5mL 盐酸①
		氧化钬	0.0005～0.050	20.00	0、0.10、0.50、1.00、2.00、10.00	10.00	6.5mL 盐酸①
		氧化铒	0.0005～0.050	20.00	0、0.10、0.50、1.00、2.00、10.00	10.00	6.5mL 盐酸①
		氧化铥	0.0001～0.050	20.00	0、0.10、0.50、1.00、2.00、10.00	10.00	6.5mL 盐酸①
		氧化镱	0.0001～0.050	20.00	0、0.10、0.50、1.00、2.00、10.00	10.00	6.5mL 盐酸①
		氧化镥	0.0001～0.050	20.00	0、0.10、0.50、1.00、2.00、10.00	10.00	6.5mL 盐酸①
		氧化钇	0.0001～0.050	20.00	0、0.10、0.50、1.00、2.00、10.00	10.00	6.5mL 盐酸①
2	氧化铈/铈	氧化镧	0.0050～0.100	20.00	0、2.50、5.00	2.00、5.00	8.0mL 硝酸②
		氧化镨	0.0050～0.100	20.00	0、2.50、5.00	2.00、5.00	8.0mL 硝酸②
		氧化钕	0.0050～0.100	20.00	0、2.50、5.00	2.00、5.00	8.0mL 硝酸②
		氧化钐	0.0025～0.050	20.00	0、1.25、2.50、10.00	2.50	8.0mL 硝酸②
		氧化铕	0.0025～0.050	20.00	0、1.25、2.50、10.00	2.50	8.0mL 硝酸②
		氧化钆	0.0050～0.100	20.00	0、2.50、5.00	2.00、5.00	8.0mL 硝酸②
		氧化铽	0.0050～0.100	20.00	0、2.50、5.00	2.00、5.00	8.0mL 硝酸②
		氧化镝	0.0050～0.100	20.00	0、2.50、5.00	2.00、5.00	8.0mL 硝酸②
		氧化钬	0.0025～0.050	20.00	0、1.25、2.50、10.00	2.50	8.0mL 硝酸②
		氧化铒	0.0025～0.050	20.00	0、1.25、2.50、10.00	2.50	8.0mL 硝酸②
		氧化铥	0.0025～0.050	20.00	0、1.25、2.50、10.00	2.50	8.0mL 硝酸②
		氧化镱	0.0010～0.020	20.00	0、0.50、1.00、4.00、10.00	—	8.0mL 硝酸②
		氧化镥	0.0010～0.020	20.00	0、0.50、1.00、4.00、10.00	—	8.0mL 硝酸②
		氧化钇	0.0025～0.050	20.00	0、1.25、2.50、10.00	2.50	8.0mL 硝酸②
3	氧化镨/镨	氧化镧	0.0050～0.10	20.00	0、2.00、5.00、20.00	5.00、10.00	8.0mL 盐酸①
			>0.10～1.00	2.00、1.999、1.995、1.98、1.90	0、1.00、5.00	2.00、10.00	8.0mL 盐酸①
		氧化铈	0.0100～1.00	20.00	0、2.00、5.00、20.00	5.00、10.00	8.0mL 盐酸①
			>0.10～1.00	2.00、1.999、1.995、1.98、1.90	0、1.00、5.00	2.00、10.00	8.0mL 盐酸①
		氧化钕	0.0100～1.00	20.00	0、2.00、5.00、20.00	5.00、10.00	8.0mL 盐酸①
			>0.10～1.00	2.00、1.999、1.995、1.98、1.90	0、1.00、5.00	2.00、10.00	8.0mL 盐酸①

序号	样品基体	被测稀土氧化物	被测稀土元素氧化物质量分数/%	分取被测氧化物基体溶液体积/mL	分取被测氧化物标准溶液Ⅱ体积/mL	分取被测氧化物标准溶液Ⅰ体积/mL	补加酸试剂量
3	氧化镨/镨	氧化钐	0.0050~1.00	20.00	0、2.00、5.00、20.00	5.00、10.00	8.0mL 盐酸[①]
		氧化钐	>0.10~1.00	2.00、1.999、1.995、1.98、1.90	0、1.00、5.00	2.00、10.00	8.0mL 盐酸[①]
		氧化铕	0.0050~0.200	20.00	0、2.00、5.00、20.00	5.00、10.00	8.0mL 盐酸[①]
		氧化钆	0.0050~0.200	20.00	0、2.00、5.00、20.00	5.00、10.00	8.0mL 盐酸[①]
		氧化铽	0.0020~0.100	20.00	0、2.00、5.00、20.00	5.00、10.00	8.0mL 盐酸[①]
		氧化镝	0.0050~0.100	20.00	0、2.00、5.00、20.00	5.00、10.00	8.0mL 盐酸[①]
		氧化钬	0.0025~0.050	20.00	0、2.00、5.00、20.00	5.00、10.00	8.0mL 盐酸[①]
		氧化铒	0.0020~0.100	20.00	0、2.00、5.00、20.00	5.00、10.00	8.0mL 盐酸[①]
		氧化铥	0.0020~0.100	20.00	0、2.00、5.00、20.00	5.00、10.00	8.0mL 盐酸[①]
		氧化镱	0.0020~0.100	20.00	0、2.00、5.00、20.00	5.00、10.00	8.0mL 盐酸[①]
		氧化镥	0.0020~0.100	20.00	0、2.00、5.00、20.00	5.00、10.00	8.0mL 盐酸[①]
		氧化钇	0.0020~1.00	20.00	0、2.00、5.00、20.00	5.00、10.00	8.0mL 盐酸[①]
		氧化钇	>0.10~1.00	2.00、1.999、1.995、1.98、1.90	0、1.00、5.00	2.00、10.00	8.0mL 盐酸[①]
4	氧化钕/钕	氧化镧	0.0020~0.100	10.00	0、1.00、3.00、5.00	5.00	8.0mL 盐酸[①]
		氧化铈	0.0030~0.100	10.00	0、1.50、3.00、5.00	5.00	8.0mL 盐酸[①]
		氧化镨	0.0080~0.200	10.00	0、4.00、6.00、10.00	10.00	8.0mL 盐酸[①]
		氧化钐	0.0030~0.100	10.00	0、1.50、3.00、5.00	5.00	8.0mL 盐酸[①]
		氧化铕	0.0050~0.100	10.00	0、0.25、2.50、5.00	10.00	8.0mL 盐酸[①]
		氧化钆	0.0010~0.100	10.00	0、0.50、2.50、10.00	5.00	8.0mL 盐酸[①]
		氧化铽	0.0010~0.100	10.00	0、0.50、2.50、5.00	5.00	8.0mL 盐酸[①]
		氧化镝	0.0010~0.100	10.00	0、0.50、2.50、5.00	5.00	8.0mL 盐酸[①]
		氧化钬	0.0030~0.100	10.00	0、1.50、3.00、5.00	5.00	8.0mL 盐酸[①]
		氧化铒	0.0005~0.100	10.00	0、0.25、2.50、5.00	5.00	8.0mL 盐酸[①]
		氧化铥	0.0010~0.100	10.00	0、0.50、2.50、5.00	5.00	8.0mL 盐酸[①]
		氧化镱	0.0005~0.100	10.00	0、0.25、2.50、5.00	5.00	8.0mL 盐酸[①]
		氧化镥	0.0005~0.100	10.00	0、0.25、2.50、5.00	5.00	8.0mL 盐酸[①]
		氧化钇	0.0010~0.100	10.00	0、0.50、2.50、5.00	5.00	8.0mL 盐酸[①]
5	氧化钐/钐	氧化镧	0.0020~0.100	10.00	0、2.00、5.00、10.00	10.00	8.0mL 盐酸[①]
		氧化铈	0.010~0.100	10.00	0、2.00、5.00、10.00	10.00	8.0mL 盐酸[①]
		氧化镨	0.010~0.200	10.00	0、2.00、5.00、10.00	10.00	8.0mL 盐酸[①]
		氧化钕	0.010~0.200	10.00	0、2.00、5.00、10.00	10.00	8.0mL 盐酸[①]
		氧化铕	0.0050~0.200	10.00	0、2.00、5.00、10.00	10.00	8.0mL 盐酸[①]

序号	样品基体	被测稀土氧化物	被测稀土元素氧化物质量分数/%	分取被测氧化物基体溶液体积/mL	分取被测氧化物标准溶液 Ⅱ 体积/mL	分取被测氧化物标准溶液 Ⅰ 体积/mL	补加酸试剂量
5	氧化铈/钐	氧化钆	0.010~0.200	10.00	0、2.00、5.00、10.00	10.00	8.0mL 盐酸①
		氧化铽	0.010~0.100	10.00	0、2.00、5.00、10.00	10.00	8.0mL 盐酸①
		氧化镝	0.0020~0.100	10.00	0、2.00、5.00、10.00	10.00	8.0mL 盐酸①
		氧化钬	0.0050~0.100	10.00	0、2.00、5.00、10.00	10.00	8.0mL 盐酸①
		氧化铒	0.0020~0.100	10.00	0、2.00、5.00、10.00	10.00	8.0mL 盐酸①
		氧化铥	0.0020~0.100	10.00	0、2.00、5.00、10.00	10.00	8.0mL 盐酸①
		氧化镱	0.0020~0.100	10.00	0、2.00、5.00、10.00	10.00	8.0mL 盐酸①
		氧化镥	0.0020~0.100	10.00	0、2.00、5.00、10.00	10.00	8.0mL 盐酸①
		氧化钇	0.0050~0.200	10.00	0、2.00、5.00、10.00	10.00	8.0mL 盐酸①
6	氧化铕/铕	氧化镧	0.0005~0.050	10.00	0、10.00、20.00	5.00、10.00	10.0mL 盐酸①
		氧化铈	0.0005~0.050	10.00	0、10.00、20.00	5.00、10.00	10.0mL 盐酸①
		氧化镨	0.0005~0.050	10.00	0、10.00、20.00	5.00、10.00	10.0mL 盐酸①
		氧化钕	0.0005~0.050	10.00	0、10.00、20.00	5.00、10.00	10.0mL 盐酸①
		氧化钐	0.0005~0.050	10.00	0、10.00、20.00	5.00、10.00	10.0mL 盐酸①
		氧化钆	0.0005~0.050	10.00	0、10.00、20.00	5.00、10.00	10.0mL 盐酸①
		氧化铽	0.0010~0.050	10.00	0、10.00、20.00	5.00、10.00	10.0mL 盐酸①
		氧化镝	0.0005~0.050	10.00	0、10.00、20.00	5.00、10.00	10.0mL 盐酸①
		氧化钬	0.0005~0.050	10.00	0、10.00、20.00	5.00、10.00	10.0mL 盐酸①
		氧化铒	0.0005~0.050	10.00	0、10.00、20.00	5.00、10.00	10.0mL 盐酸①
		氧化铥	0.0003~0.050	10.00	0、10.00、20.00	5.00、10.00	10.0mL 盐酸①
		氧化镱	0.0003~0.050	10.00	0、10.00、20.00	5.00、10.00	10.0mL 盐酸①
		氧化镥	0.0003~0.050	10.00	0、10.00、20.00	5.00、10.00	10.0mL 盐酸①
		氧化钇	0.0003~0.050	10.00	0、10.00、20.00	5.00、10.00	10.0mL 盐酸①
7	氧化钆/钆	氧化镧	0.0010~0.050	20.00	0、0.20、1.00、5.00	1.50	8.0mL 盐酸①
		氧化铈	0.0020~0.050	20.00	0、0.20、1.00、5.00	1.50	8.0mL 盐酸①
		氧化镨	0.0010~0.050	20.00	0、0.20、1.00、5.00	1.50	8.0mL 盐酸①
		氧化钕	0.0030~0.050	20.00	0、0.20、1.00、5.00	1.50	8.0mL 盐酸①
		氧化钐	0.0020~0.050	20.00	0、0.20、1.00、5.00	1.50	8.0mL 盐酸①
		氧化铕	0.0010~0.050	20.00	0、0.20、1.00、5.00	1.50	8.0mL 盐酸①
		氧化铽	0.0030~0.050	20.00	0、0.20、1.00、5.00	1.50	8.0mL 盐酸①
		氧化镝	0.0020~0.050	20.00	0、0.20、1.00、5.00	1.50	8.0mL 盐酸①
		氧化钬	0.0030~0.050	20.00	0、0.20、1.00、5.00	1.50	8.0mL 盐酸①
		氧化铒	0.0010~0.050	20.00	0、0.20、1.00、5.00	1.50	8.0mL 盐酸①
		氧化铥	0.0010~0.050	20.00	0、0.20、1.00、5.00	1.50	8.0mL 盐酸①
		氧化镱	0.0010~0.050	20.00	0、0.20、1.00、5.00	1.50	8.0mL 盐酸①

序号	样品基体	被测稀土氧化物	被测稀土元素氧化物质量分数/%	分取被测氧化物基体溶液体积/mL	分取被测氧化物标准溶液Ⅱ体积/mL	分取被测氧化物标准溶液Ⅰ体积/mL	补加酸试剂量
7	氧化钆/钆	氧化镨	0.0010～0.050	20.00	0、0.20、1.00、5.00	1.50	8.0mL 盐酸①
		氧化钇	0.0010～0.050	20.00	0、0.20、1.00、5.00	1.50	8.0mL 盐酸①
8	氧化铽/铽	氧化镧	0.0050～0.100	10.00	0、5.00、10.00	5.00、10.00	8.0mL 盐酸①
		氧化铈	0.0050～0.100	10.00	0、5.00、10.00	5.00、10.00	8.0mL 盐酸①
		氧化镨	0.0050～0.100	10.00	0、5.00、10.00	5.00、10.00	8.0mL 盐酸①
		氧化钕	0.010～0.100	10.00	0、5.00、10.00	5.00、10.00	8.0mL 盐酸①
		氧化钐	0.0050～0.100	10.00	0、5.00、10.00	5.00、10.00	8.0mL 盐酸①
		氧化铕	0.0050～0.500	10.00	0、5.00、10.00	5.00、10.00	8.0mL 盐酸①
		氧化钆	0.010～0.500	10.00	0、5.00、10.00	5.00、10.00	8.0mL 盐酸①
		氧化镝	0.0050～0.500	10.00	0、5.00、10.00	5.00、10.00	8.0mL 盐酸①
		氧化钬	0.0050～0.500	10.00	0、5.00、10.00	5.00、10.00	8.0mL 盐酸①
		氧化铒	0.0050～0.100	10.00	0、5.00、10.00	5.00、10.00	8.0mL 盐酸①
		氧化铥	0.0050～0.100	10.00	0、5.00、10.00	5.00、10.00	8.0mL 盐酸①
		氧化镱	0.0050～0.100	10.00	0、5.00、10.00	5.00、10.00	8.0mL 盐酸①
		氧化镥	0.0050～0.100	10.00	0、5.00、10.00	5.00、10.00	8.0mL 盐酸①
		氧化钇	0.0050～0.500	10.00	0、5.00、10.00	5.00、10.00	8.0mL 盐酸①
9	氧化镝/镝	氧化镧	0.0010～0.100	4.00	0、0.40、5.00	2.00	8.0mL 盐酸①
		氧化铈	0.0050～0.100	4.00	0、2.00、10.00	2.00	8.0mL 盐酸①
		氧化镨	0.0050～0.100	4.00	0、2.00、10.00	2.00	8.0mL 盐酸①
		氧化钕	0.0010～0.100	4.00	0、2.00、10.00	2.00	8.0mL 盐酸①
		氧化钐	0.0010～0.100	4.00	0、2.00、10.00	2.00	8.0mL 盐酸①
		氧化铕	0.0010～0.100	4.00	0、0.40、5.00	2.00	8.0mL 盐酸①
		氧化钆	0.0020～0.100	4.00	0、2.00、10.00	2.00	8.0mL 盐酸①
		氧化铽	0.0050～0.100	4.00	0、2.00、10.00	2.00	8.0mL 盐酸①
		氧化钬	0.0010～0.100	4.00	0、2.00、10.00	2.00	8.0mL 盐酸①
		氧化铒	0.0010～0.100	4.00	0、2.00、10.00	2.00	8.0mL 盐酸①
		氧化铥	0.0010～0.100	4.00	0、2.00、10.00	2.00	8.0mL 盐酸①
		氧化镱	0.0010～0.100	4.00	0、0.40、5.00	2.00	8.0mL 盐酸①
		氧化镥	0.0010～0.100	4.00	0、0.40、5.00	2.00	8.0mL 盐酸①
		氧化钇	0.0010～0.100	4.00	0、0.40、5.00	2.00	8.0mL 盐酸①
10	氧化钬/钬	氧化镧	0.0020～0.100	10.00	0、2.00、5.00、10.00	10.00	8.0mL 盐酸①
		氧化铈	0.0050～0.100	10.00	0、2.00、5.00、10.00	10.00	8.0mL 盐酸①
		氧化镨	0.0050～0.100	10.00	0、2.00、5.00、10.00	10.00	8.0mL 盐酸①
		氧化钕	0.0050～0.100	10.00	0、2.00、5.00、10.00	10.00	8.0mL 盐酸①
		氧化钐	0.0050～0.100	10.00	0、2.00、5.00、10.00	10.00	8.0mL 盐酸①

序号	样品基体	被测稀土氧化物	被测稀土元素氧化物质量分数/%	分取被测氧化物基体溶液体积/mL	分取被测氧化物标准溶液Ⅱ体积/mL	分取被测氧化物标准溶液Ⅰ体积/mL	补加酸试剂量
10	氧化钬/钬	氧化铕	0.0020~0.100	10.00	0、2.00、5.00、10.00	10.00	8.0mL 盐酸①
		氧化钆	0.0050~0.200	10.00	0、2.00、5.00	2.00、10.00	8.0mL 盐酸①
		氧化铽	0.0050~0.200	10.00	0、2.00、5.00	2.00、10.00	8.0mL 盐酸①
		氧化镝	0.0050~0.200	10.00	0、2.00、5.00	2.00、10.00	8.0mL 盐酸①
		氧化铒	0.0050~0.200	10.00	0、2.00、5.00	2.00、10.00	8.0mL 盐酸①
		氧化铥	0.0020~0.200	10.00	0、2.00、5.00	2.00、10.00	8.0mL 盐酸①
		氧化镱	0.0020~0.200	10.00	0、2.00、5.00	2.00、10.00	8.0mL 盐酸①
		氧化镥	0.0020~0.100	10.00	0、2.00、5.00	2.00、10.00	8.0mL 盐酸①
		氧化钇	0.0050~0.200	10.00	0、2.00、5.00	2.00、10.00	8.0mL 盐酸①
11	氧化铒/铒	氧化镧	0.0020~0.100	10.00	0、2.00、5.00、10.00	10.00	8.0mL 盐酸①
		氧化铈	0.0050~0.100	10.00	0、2.00、5.00、10.00	10.00	8.0mL 盐酸①
		氧化镨	0.0050~0.100	10.00	0、2.00、5.00、10.00	10.00	8.0mL 盐酸①
		氧化钕	0.0050~0.100	10.00	0、2.00、5.00、10.00	10.00	8.0mL 盐酸①
		氧化钐	0.0050~0.100	10.00	0、2.00、5.00、10.00	10.00	8.0mL 盐酸①
		氧化铕	0.0020~0.100	10.00	0、2.00、5.00、10.00	10.00	8.0mL 盐酸①
		氧化钆	0.0050~0.200	10.00	0、2.00、5.00、10.00	10.00	8.0mL 盐酸①
		氧化铽	0.0050~0.200	10.00	0、2.00、5.00、10.00	10.00	8.0mL 盐酸①
		氧化镝	0.0050~0.200	10.00	0、2.00、5.00、10.00	10.00	8.0mL 盐酸①
		氧化钬	0.0050~0.200	10.00	0、2.00、5.00、10.00	10.00	8.0mL 盐酸①
		氧化铥	0.0020~0.200	10.00	0、2.00、5.00、10.00	10.00	8.0mL 盐酸①
		氧化镱	0.0020~0.200	10.00	0、2.00、5.00、10.00	10.00	8.0mL 盐酸①
		氧化镥	0.0020~0.100	10.00	0、2.00、5.00、10.00	10.00	8.0mL 盐酸①
		氧化钇	0.0020~0.200	10.00	0、2.00、5.00、10.00	10.00	8.0mL 盐酸①
12	氧化钇/钇	氧化镧	0.0002~0.050	10.00	0、10.00、20.00	5.00、10.00	10.0mL 盐酸①
		氧化铈	0.0003~0.050	10.00	0、10.00、20.00	5.00、10.00	10.0mL 盐酸①
		氧化镨	0.0003~0.050	10.00	0、10.00、20.00	5.00、10.00	10.0mL 盐酸①
		氧化钕	0.0003~0.050	10.00	0、10.00、20.00	5.00、10.00	10.0mL 盐酸①
		氧化钐	0.0003~0.050	10.00	0、10.00、20.00	5.00、10.00	10.0mL 盐酸①
		氧化铕	0.0002~0.050	10.00	0、10.00、20.00	5.00、10.00	10.0mL 盐酸①
		氧化钆	0.0002~0.050	10.00	0、10.00、20.00	5.00、10.00	10.0mL 盐酸①
		氧化铽	0.0003~0.050	10.00	0、10.00、20.00	5.00、10.00	10.0mL 盐酸①
		氧化镝	0.0002~0.050	10.00	0、10.00、20.00	5.00、10.00	10.0mL 盐酸①
		氧化钬	0.0003~0.050	10.00	0、10.00、20.00	5.00、10.00	10.0mL 盐酸①
		氧化铒	0.0002~0.050	10.00	0、10.00、20.00	5.00、10.00	10.0mL 盐酸①
		氧化铥	0.0002~0.050	10.00	0、10.00、20.00	5.00、10.00	10.0mL 盐酸①

序号	样品基体	被测稀土氧化物	被测稀土元素氧化物质量分数/%	分取被测氧化物基体溶液体积/mL	分取被测氧化物标准溶液Ⅱ体积/mL	分取被测氧化物标准溶液Ⅰ体积/mL	补加酸试剂量
12	氧化钇/钇	氧化镱	0.0002～0.050	10.00	0、10.00、20.00	5.00、10.00	10.0mL 盐酸①
		氧化镥	0.0002～0.050	10.00	0、10.00、20.00	5.00、10.00	10.0mL 盐酸①
13	氧化铥/铥	氧化镧	0.0003～0.05	20.00	0、0.50、1.00、5.00	2.00、5.00	10.0mL 盐酸①
			＞0.05～0.10	2.00	0、1.00、5.00	1.50	10.0mL 盐酸①
		氧化铈	0.0005～0.05	20.00	0、0.50、1.00、5.00	2.00、5.00	10.0mL 盐酸①
			＞0.05～0.10	2.00	0、1.00、5.00	1.50	10.0mL 盐酸①
		氧化镨	0.0003～0.05	20.00	0、0.50、1.00、5.00	2.00、5.00	10.0mL 盐酸①
			＞0.05～0.10	2.00	0、1.00、5.00	1.50	10.0mL 盐酸①
		氧化钕	0.0003～0.05	20.00	0、0.50、1.00、5.00	2.00、5.00	10.0mL 盐酸①
			＞0.05～0.10	2.00	0、1.00、5.00	1.50	10.0mL 盐酸①
		氧化钐	0.0003～0.05	20.00	0、0.50、1.00、5.00	2.00、5.00	10.0mL 盐酸①
			＞0.05～0.10	2.00	0、1.00、5.00	1.50	10.0mL 盐酸①
		氧化铕	0.0003～0.05	20.00	0、0.50、1.00、5.00	2.00、5.00	10.0mL 盐酸①
			＞0.05～0.10	2.00	0、1.00、5.00	1.50	10.0mL 盐酸①
		氧化钆	0.0003～0.05	20.00	0、0.50、1.00、5.00	2.00、5.00	10.0mL 盐酸①
			＞0.05～0.10	2.00	0、1.00、5.00	1.50	10.0mL 盐酸①
		氧化铽	0.0005～0.05	20.00	0、0.50、1.00、5.00	2.00、5.00	10.0mL 盐酸①
			＞0.05～0.10	2.00	0、1.00、5.00	1.50	10.0mL 盐酸①
		氧化镝	0.0005～0.05	20.00	0、0.50、1.00、5.00	2.00、5.00	10.0mL 盐酸①
			＞0.05～0.15	2.00	0、1.00、5.00	1.50、2.00	10.0mL 盐酸①
		氧化钬	0.0005～0.05	20.00	0、0.50、1.00、5.00	2.00、5.00	10.0mL 盐酸①
			＞0.05～0.15	2.00	0、1.00、5.00	1.50、2.00	10.0mL 盐酸①
		氧化铒	0.0003～0.05	20.00	0、0.50、1.00、5.00	2.00、5.00	10.0mL 盐酸①
			＞0.05～0.15	2.00	0、1.00、5.00	1.50、2.00	10.0mL 盐酸①
		氧化镱	0.0003～0.05	20.00	0、0.50、1.00、5.00	2.00、5.00	10.0mL 盐酸①
			＞0.05～0.15	2.00	0、1.00、5.00	1.50、2.00	10.0mL 盐酸①
		氧化镥	0.0003～0.05	20.00	0、0.50、1.00、5.00	2.00、5.00	10.0mL 盐酸①
			＞0.05～0.15	2.00	0、1.00、5.00	1.50、2.00	10.0mL 盐酸①
		氧化钇	0.0003～0.05	20.00	0、0.50、1.00、5.00	2.00、5.00	10.0mL 盐酸①
			＞0.05～0.15	2.00	0、1.00、5.00	1.50、2.00	10.0mL 盐酸①
14	氧化镱/镱	氧化镧	0.0003～0.05	20.00	0、0.50、2.00、10.00	10.00、20.00	10.0mL 盐酸①
			＞0.05～0.15	2.00	0、1.00、5.00	1.50、2.00	10.0mL 盐酸①
		氧化铈	0.0003～0.05	20.00	0、0.50、2.00、10.00	10.00、20.00	10.0mL 盐酸①
			＞0.05～0.15	2.00	0、1.00、5.00	1.50、2.00	10.0mL 盐酸①

序号	样品基体	被测稀土氧化物	被测稀土元素氧化物质量分数/%	分取被测氧化物基体溶液体积/mL	分取被测氧化物标准溶液Ⅱ体积/mL	分取被测氧化物标准溶液Ⅰ体积/mL	补加酸试剂量
14	氧化镱/镥	氧化镨	0.0003~0.05	20.00	0、0.50、2.00、10.00	10.00、20.00	10.0mL 盐酸①
			>0.05~0.15	2.00	0、1.00、5.00	1.50、2.00	10.0mL 盐酸①
		氧化钕	0.0003~0.05	20.00	0、0.50、2.00、10.00	10.00、20.00	10.0mL 盐酸①
			>0.05~0.15	2.00	0、1.00、5.00	1.50、2.00	10.0mL 盐酸①
		氧化钐	0.0005~0.05	20.00	0、0.50、2.00、10.00	10.00、20.00	10.0mL 盐酸①
			>0.05~0.15	2.00	0、1.00、5.00	1.50、2.00	10.0mL 盐酸①
		氧化铕	0.0003~0.05	20.00	0、0.50、2.00、10.00	10.00、20.00	10.0mL 盐酸①
			>0.05~0.15	2.00	0、1.00、5.00	1.50、2.00	10.0mL 盐酸①
		氧化钆	0.0003~0.05	20.00	0、0.50、2.00、10.00	10.00、20.00	10.0mL 盐酸①
			>0.05~0.15	2.00	0、1.00、5.00	1.50、2.00	10.0mL 盐酸①
		氧化铽	0.0003~0.05	20.00	0、0.50、2.00、10.00	10.00、20.00	10.0mL 盐酸①
			>0.05~0.15	2.00	0、1.00、5.00	1.50、2.00	10.0mL 盐酸①
		氧化镝	0.0003~0.05	20.00	0、0.50、2.00、10.00	10.00、20.00	10.0mL 盐酸①
			>0.05~0.15	2.00	0、1.00、5.00	1.50、2.00	10.0mL 盐酸①
		氧化钬	0.0003~0.05	20.00	0、0.50、2.00、10.00	10.00、20.00	10.0mL 盐酸①
			>0.05~0.15	2.00	0、1.00、5.00	1.50、2.00	10.0mL 盐酸①
		氧化铒	0.0003~0.05	20.00	0、0.50、2.00、10.00	10.00、20.00	10.0mL 盐酸①
			>0.05~0.15	2.00	0、1.00、5.00	1.50、2.00	10.0mL 盐酸①
		氧化铥	0.0005~0.05	20.00	0、0.50、2.00、10.00	10.00、20.00	10.0mL 盐酸①
			>0.05~0.15	2.00	0、1.00、5.00	1.50、2.00	10.0mL 盐酸①
		氧化镥	0.0005~0.05	20.00	0、0.50、2.00、10.00	10.00、20.00	10.0mL 盐酸①
			>0.05~0.15	2.00	0、1.00、5.00	1.50、2.00	10.0mL 盐酸①
		氧化钇	0.0003~0.05	20.00	0、0.50、2.00、10.00	10.00、20.00	10.0mL 盐酸①
			>0.05~0.15	2.00	0、1.00、5.00	1.50、2.00	10.0mL 盐酸①

① 盐酸: 1+1,优级纯。

② 硝酸: 1+1,优级纯。

根据样品中的基体成分、被测稀土元素氧化物的种类和质量分数（或被测稀土元素转化为相应的稀土元素氧化物的种类和质量分数），按表 2-14 将与样品所含稀土成分相同的稀土元素氧化物基体溶液分别移取相应的体积，置于一组 100mL 容量瓶中，再按表 2-14 分别移取相应的一系列体积的被测稀土元素氧化物标准溶液Ⅰ（$100\mu g/mL$）和标准溶液Ⅱ（$10\mu g/mL$），置于上述 100mL 容量瓶中，按表 2-14 补加相应量的酸试剂，以水定容，混匀。制得被测稀土元素氧化物的标准系列溶液。

（3）标准系列溶液的测量　将标准系列溶液引入电感耦合等离子体原子发射光谱仪中，输入根据实验所选择的仪器最佳测定条件。在各元素选定的分析线处（参见表 2-2），按被测元素浓度递增顺序测量标准系列溶液中各元素的分析线绝对强度 3 次，取 3 次测量平均值。以标准系列溶液中各分析线绝对强度平均值，减去零浓度溶液中相应元素的相应分析线绝对强度平均值，得到分析线净强度。

分别以各被测元素氧化物的浓度（$\mu g/mL$）为横坐标，以分析线净强度为纵坐标，由计算机自动绘制标准曲线。当标准曲线的 $R^2 \geqslant 0.999$ 时，即可进行样品溶液的测定。

（六）样品的测定

1. 优化仪器的方法

（1）启动电感耦合等离子体原子发射光谱仪，并在测量前至少预热 1h。测量最浓标准溶液，按照仪器说明书的方法调节仪器参数：氩气（外部、中间或中心）压力和流速、等离子炬位置、入射狭缝、出射狭缝、检测器的增益、分析线（参见表 2-2）、预冲洗时间、积分时间。使仪器符合实际分辨率、灵敏度、短期稳定性、长期稳定性的指标。

（2）配备专门测量元素的分析线强度，并可计算测量强度的平均值、相对标准偏差（用于计算仪器检测时的短期稳定性和长期稳定性）的软件。

（3）开启等离子炬点火键，点火后确认仪器运行参数在正常范围内，雾化系统及等离子火焰工作正常，稳定 15min 以上。

2. 样品中被测元素的分析线发射强度的测量

待仪器稳定后，按被测元素浓度由低到高的顺序测量，在标准曲线测定的相同条件下测定样品溶液中被测元素的分析线（参见表 2-2）绝对强度，重复测量 3 次，计算其平均值。同时应该测定空白样品中被测元素的分析线绝对强度 3 次，取 3 次测量平均值。样品溶液中被测元素的分析线绝对强度平均值，减去空白样品中的分析线绝对强度平均值为分析线净强度，检查各测定元素分析线的背景并在适当的位置进行背景校正，从标准曲线上确定被测元素氧化物的质量浓度（$\mu g/mL$）。如测量绝对强度，应确保所有测量溶液温度差均在 1℃ 之内。用中速滤纸过滤所有溶液，弃去最初 2～3mL 溶液。

（1）测量溶液的顺序　首先测最低浓度标准溶液（即零浓度溶液或样品空白溶液）的绝对强度或强度比，接着测 2～3 个未知样品溶液，然后测仅次于最低浓度的标准溶液，再测 2～3 个未知样品溶液，如此循环。每次吸入溶液之间吸入去离子水。

（2）分析线强度记录　对各溶液中被测元素积分 5 次，检查仪器的短期稳定性，确保符合要求，然后计算平均强度或平均强度比。

3. 分析线中干扰线的校正

分析线中干扰线的校正：先检查各共存元素对被测元素分析线的光谱干扰。在光谱干扰的情况下，求出光谱干扰校正系数，即当共存元素质量分数为 1‰ 时相当的被测元素的质量分数。

（七）结果的表示

w（被测元素）＝w（被测氧化物）×换算系数

换算系数参见表 2-4。

当被测元素的质量分数小于 0.01‰ 时，分析结果表示至小数点后第 4 位；当被测元素的质量分数大于 0.01‰ 时，分析结果表示至小数点后第 3 位。

（八）质量保证和质量控制

应用国家级或行业级标准样品（当两者没有时也可用自制的控制样品代替），每周或每两周验证一次本标准的有效性。当过程失控时应找出原因，纠正错误后重新进行校核，并采取相应的预防措施。

（九）注意事项

（1）随同样品做空白试验。独立地进行 2 次测定，取其平均值。

（2）测量标准曲线溶液（即标准系列溶液）中被测元素的分析线发射光强度，以及样品溶液、空白溶液中被测元素的分析线发射光强度时，测定条件需一致，而且按照溶液浓度由低到高的顺序进行测定。

（3）除非另有说明，在分析中仅使用确认为优级纯的试剂，以及符合国家标准[58] GB/T 6682—2008《分析实验室用水规格和试验方法》规定的二级以上蒸馏水（即超纯水，电阻率≥18MΩ/cm，由水纯化系统制取）或相当纯度的去离子水。

（4）参见第二章第二节-一、-（九）-（1）。

（5）分析稀土金属中的稀土杂质元素含量，当制备样品溶液时，需选用干燥的聚四氟乙烯烧杯作消解容器，将溶液定容至聚四氟乙烯容量瓶中，或将溶液定容至玻璃容量瓶中，立即转入塑料瓶中保存。

（6）分析稀土金属中的稀土杂质元素含量，配制标准系列溶液中的基体溶液时，以相应的稀土元素氧化物配制基体溶液。值得注意的是，标准系列溶液中加入一定体积的此基体溶液，使得标准系列溶液中稀土元素的质量与稀土金属样品中的同种稀土元素的质量相等。

（7）分析稀土金属中的稀土杂质元素含量时，用相应稀土元素氧化物的标准曲线进行计算，得到的稀土元素氧化物浓度乘以换算系数，求得相应稀土元素浓度。

二、稀土金属及其氧化物中非稀土杂质的分析

现行国家标准[25-29]中，电感耦合等离子体原子发射光谱法可以分析单一稀土金属和混合稀土金属及其氧化物中的非稀土杂质元素钨、钼、钛、铌、钽、钙、钴、锰、铅、镍、铜、锌、铝、铬、镁、镉、钒、铁及其部分相应氧化物的含量。具体测项及测定范围参见表 2-2。

我们以此为应用实例讲解具体的分析步骤和方法，以及一些注意事项。

（一）样品的制备和保存

样品的制备和保存参考相应国家标准的相关内容，需要注意如下两点：

① 氧化物样品于 900℃灼烧 1h（分析钙、钴、锰、铅、镍、铜、锌、铝、铬、镁、镉、钒、铁的氧化物含量时，氧化物样品于 105℃烘 1h），置于干燥器中，冷却至室温，立即称量。

② 金属样品应去掉表面氧化层，制成屑状，取样后立即称量。

（二）样品的消解

电感耦合等离子体原子发射光谱法分析 15 种稀土金属（镧、铈、镨、钕、钐、铕、钆、铽、镝、钬、铒、铥、镱、镥、钇）及其氧化物中的非稀土杂质钼、钨、钛、钽、铌和钙、钴、锰、铅、镍、铜、锌、铝、铬、镁、镉、钒、铁及其氧化物含量的消解方法主要为湿法消解中的电热板消解法。关于消解方法分类的介绍，参见第二章第二节-一、-

（二）样品的消解。

分析单一稀土金属及混合稀土金属中的非稀土杂质元素钼、钨、钛、钽、铌的含量时，样品以硝酸溶解，用氢氟酸沉淀分离稀土基体（氢氟酸同时络合钛，使钛得到富集），过滤，滤液中加入硼酸，进一步沉淀残留的稀土基体，待测。分析稀土金属及其氧化物中非稀土杂质钙及氧化钙的含量时，样品以硝酸或盐酸溶解。分析钴、锰、铅、镍、铜、锌、铝、铬、镁、镉、钒、铁及其氧化物的含量时，样品以硝酸溶解，在稀酸介质中测定。下面具体进行介绍：

样品中被测元素（氧化物）的质量分数越大，称样量越少（加入氢氟酸的量越多），分取样品溶液的体积越小，如表 2-15 所列。根据被测元素（氧化物）的种类和质量分数，按表 2-15 称取相应质量的样品，精确至 0.0001g。分析稀土氧化物中氧化钙等的含量时，按表 2-15 称取相应量的氧化物样品；分析稀土金属中钙等的含量时，需结合表 2-4 中换算系数折算相应称样量，精确至 0.0001g。

⊡ 表 2-15　分析单一稀土金属、混合稀土金属、稀土氧化物中非稀土杂质钼、钨、钛等含量的样品溶液

被测元素（氧化物）	被测元素（氧化物）质量分数/%	样品量/g	溶样酸量	氢氟酸[①]量/mL	分取滤液体积/mL	样品溶液测定体积/mL	硼酸量/mL
钼、钨	0.010～0.050	1.00	10mL 硝酸[②]	2.0	10.00	25	2.5mL 硼酸[④]
	>0.050～0.50	1.00	10mL 硝酸[②]	5.0	2.00	25	2.5mL 硼酸[④]
钛	0.0050～0.10	1.00	5.0mL 硝酸[②]	2.0	10.00	50	5.0mL 硼酸[④]
	>0.10～0.50	1.00	5.0mL 硝酸[②]	2.0	2.00	50	5.0mL 硼酸[④]
钽、铌	0.010～0.10	1.00	10mL 硝酸[③]	5.0	10.00	25	10.0mL 硼酸[④]
	>0.10～0.50	1.00	10mL 硝酸[③]	5.0	5.00	25	10.0mL 硼酸[④]
（非氧化铈样品）氧化钙	0.0002～0.0050	1.250	15.0mL 硝酸[③]或盐酸[⑤]	—	—	25	—
	>0.0050～0.050	0.500				25	
	>0.050～0.30	0.500				25	
（氧化铈样品）氧化钙	0.0002～0.0050	1.250	20.0mL 硝酸[③]适量过氧化氢[⑥]	—	—	25	—
	>0.0050～0.050	0.500	15.0mL 硝酸[③]适量过氧化氢[⑥]	—	—	25	—
	>0.050～0.30	0.500	15.0mL 硝酸[③]适量过氧化氢[⑥]	—	—	50	—
（非氧化铈样品）氧化钴	0.0010～0.10	0.50	加水润湿，5mL 硝酸[⑦]	—	—	50	—
氧化锰	0.0010～0.10						
氧化铅	0.0010～0.10						
氧化镍	0.0010～0.10						
氧化铜	0.0010～0.10						
氧化锌	0.0010～0.10						
氧化铝	0.0010～0.10						
氧化铬	0.0010～0.10						
氧化镁	0.0002～0.10						
氧化镉	0.0010～0.10						
氧化钒	0.0010～0.10						
氧化铁	0.0010～0.50						

被测元素（氧化物）	被测元素（氧化物）质量分数/%	样品量/g	溶样酸量	氢氟酸①量/mL	分取滤液体积/mL	样品溶液测定体积/mL	硼酸量/mL
（氧化铈样品）							
氧化钴	0.0010～0.10						
氧化锰	0.0010～0.10						
氧化铅	0.0010～0.10						
氧化镍	0.0010～0.10						
氧化铜	0.0010～0.10	0.50	10mL 硝酸⑦ 适量过氧化氢⑥	—	—	50	—
氧化锌	0.0010～0.10						
氧化铝	0.0010～0.10						
氧化铬	0.0010～0.10						
氧化镁	0.0002～0.10						
氧化镉	0.0010～0.10						
氧化钒	0.0010～0.10						
氧化铁	0.0010～0.50						

① 氢氟酸：$\rho = 1.14\text{g/mL}$。

② 硝酸：$\rho = 1.42\text{g/mL}$。

③ 硝酸：1+1，优级纯。

④ 硼酸：50g/L。

⑤ 盐酸：1+1，优级纯。

⑥ 过氧化氢：质量分数30%，优级纯。

⑦ 硝酸：1+1，UL级。

独立地进行两次测定，取其平均值。随同样品做空白试验。选用与样品所含稀土成分相同，且质量相等的稀土金属（氧化物）$[w(\text{被测杂质}) < 0.0001\%]$ 进行空白试验。

1. 硝酸＋氢氟酸消解法

此方法适用于分析单一稀土金属及混合稀土金属中的非稀土杂质元素钼、钨、钛、钽、铌的含量。

将准确称量的样品置于200mL聚四氟乙烯烧杯中，加入少许水。根据被测元素（氧化物）的种类和质量分数，按表2-15缓慢加入相应量的溶样酸，于电热板上低温加热，至溶解完全。加入约50mL水，加热至近沸，取下。按表2-15滴加相应量的氢氟酸，边加热边搅动，至微沸2min，并于60～80℃保温30min，取下，冷却至室温。移至100mL聚四氟乙烯容量瓶中，用水稀释至刻度，混匀。待沉淀下沉后，用两张慢速滤纸过滤。

按表2-15分取相应体积的上述滤液，置于表2-15"样品溶液测定体积"规定的相应定容体积的容量瓶中，按表2-15补加相应量的硼酸溶液，用水定容，混匀。

2. 硝酸或盐酸消解法

此方法适用于分析稀土金属及其氧化物中非稀土杂质钙、钴、锰、铅、镍、铜、锌、铝、铬、镁、镉、钒、铁及其氧化物的含量。

样品分为稀土元素氧化物和稀土金属两类，本方法规定了分析稀土元素氧化物中的非稀土元素氧化物含量的方法，同时适用于分析稀土金属中的非稀土杂质元素的含量。其中，稀土元素氧化物和稀土金属样品的称样量不同，稀土金属样品的称样量为稀土元素氧化物样品的称样量乘以相应的换算系数，换算系数参见表 2-4。

将准确称量的样品置于 100mL 烧杯中，按表 2-15 加入相应量的溶样酸，于电热板上低温加热，至溶解完全（分析氧化铈样品中的非稀土杂质钙、钴、锰、铅、镍、铜、锌、铝、铬、镁、镉、钒、铁的氧化物含量时，再滴加适量过氧化氢助溶，于电热板上低温加热至溶解完全，并蒸发至溶液呈黄色，不再有小气泡出现）。取下，冷却至室温（分析氧化钙含量时，将上述样品溶液移至 50.00mL 容量瓶中，以水定容，混匀，得到总样品溶液 T，再分取 10.00mL 此溶液），移至表 2-15 "样品溶液测定体积" 规定的相应定容体积的容量瓶中，用水定容，混匀，待测（分析稀土氧化物样品中的非稀土杂质钴、锰、铅、镍、铜、锌、铝、铬、镁、镉、钒、铁的氧化物含量时，当被测元素质量分数＞0.0050％时，分取 10.00mL 定容 50mL 的样品溶液，移至 100mL 容量瓶中，用水定容，混匀，待测）。

（三）仪器条件的选择

电感耦合等离子体原子发射光谱仪，采用氩等离子体光源，使用功率不大于 1.75kW。光谱仪既可是同时型的，也可是顺序型的。其中，顺序扫描单色仪的焦距为 1m，分辨率大于 0.005nm。分析 15 种稀土金属（镧、铈、镨、钕、钐、铕、钆、铽、镝、钬、铒、铥、镱、镥、钇）及其氧化物中的非稀土杂质钼、钨、钛、钽、铌、钙、钴、锰、铅、镍、铜、锌、铝、铬、镁、镉、钒、铁及其氧化物的含量时，推荐的等离子体光谱仪测试条件，参见表 2-2 和本部分中的（1）分析稀土金属（镧、铈、镨、钕、钐、铕、钆、铽、镝、钇）中的非稀土杂质元素钼、钨的含量时的工作条件。

（1）选择分析谱线时，可以根据仪器的实际情况（如灵敏度和谱线干扰）做相应的调整。推荐的分析线参见表 2-2。分析谱线的选择，参见第二章第三节--一、-(三) 仪器条件的选择。

（2）仪器的实际分辨率：计算每条应当使用的分析线（包括内标线）的半高宽（即带宽），分析线的半高宽≤0.030nm。其中，200nm 处，分辨率≤0.005nm；400nm 处，分辨率≤0.009nm。

（3）在仪器最佳工作条件下，凡能达到下列指标者均可使用。

1）灵敏度　以测稀土金属铕中的杂质元素钼的含量为例，通过计算溶液中仅含有钼的分析线（284.823nm），得出检出限（DL）。检出限定义参见第二章第三节--一、-(三)-(3)-1) 灵敏度。

2）短期稳定性　每个最高浓度标准溶液发射谱线的标准偏差应不超过绝对或相对光强平均值的 0.8％。此指标的测量和计算方法参见第二章第三节--一、-(三)-(3)-2) 短期稳定性。

3）长期稳定性　7 个测量平均值的相对标准偏差小于 2.0％。此指标的测量和计算方法参见第二章第三节--一、-(三)-(3)-3) 长期稳定性。

4）标准曲线的线性：标准曲线的 $R^2 \geqslant 0.999$。

（4）分析稀土金属（镧、铈、镨、钕、钐、铕、钆、铽、镝、钇）中的非稀土杂质元素钼、钨的含量时，全谱直读电感耦合等离子体发射光谱仪的推荐工作条件：等离子体功率≤1750W；载气流速 0.6L/min；辅助气流速 0.5L/min；曝光时间为长波 15s，短波 25s；观测高度为线圈上方 14～16cm。

（四）干扰的消除

（1）分析单一稀土金属及混合稀土金属中的非稀土杂质元素钼、钨、钛、钽、铌的含量，制备样品溶液时，用氢氟酸沉淀分离稀土基体，同时以氢氟酸络合并富集钛，过滤取滤液，以硼酸沉淀残留的稀土基体，以消除稀土基体对测定的影响。

（2）分析稀土金属及其氧化物中非稀土杂质钴、锰、铅、镍、铜、锌、铝、铬、镁、镉、钒、铁及其氧化物的含量，绘制标准曲线时，采用基体匹配法配制标准系列溶液，即配制与被测样品基体一致、质量分数相近的标准系列溶液，以消除基体对测定的影响。

（3）分析稀土金属及其氧化物中非稀土杂质钙及氧化钙的含量，绘制标准曲线时，根据基体对钙量测定的干扰情况，分别采用基体匹配法和标准加入法进行测定。

（五）标准曲线的建立

1. 标准溶液的配制

配制标准系列溶液首先要制备各被测元素的标准储备溶液，或选择与被测样品基体一致、质量分数相近的有证标准样品。值得注意的是，在配制多元素标准溶液时，互有化学干扰、产生沉淀及互有光谱干扰的元素应分组配制。标准储备溶液的稀释溶液，需与标准储备溶液保持一致的酸度（用时现稀释）。

分析单一稀土金属、混合稀土金属、稀土氧化物中的非稀土杂质元素钨、钼、钛、铌、钽、钙、钴、锰、铅、镍、铜、锌、铝、铬、镁、镉、钒、铁及其部分相应氧化物的含量时，15种被测非稀土元素或其氧化物的标准储备溶液及其标准溶液的制备方法，参见表2-16。

⊡ 表2-16　分析单一稀土金属、混合稀土金属、稀土氧化物中的非稀土杂质含量的各被测物质的标准储备溶液和标准溶液

序号	被测稀土元素（氧化物）	标准储备溶液制备方法	标准溶液制备方法
1	钼	称0.1500g三氧化钼[$w(MoO_3)$>99.9%，经110℃烘干1h]，置于100mL烧杯中，加5mL氨水溶解，冷却至室温。移入100mL容量瓶中，用水稀释至刻度，混匀。保存于塑料瓶中。钼的浓度为1mg/mL	钼、钨混合标准溶液：移取5.00mL钼标准储备溶液，5.00mL钨标准储备溶液，置于100mL容量瓶中，加入2mL氢氟酸（$\rho=1.14$g/mL），用水稀释至刻度，混匀。保存于塑料瓶中。钼的浓度为50μg/mL，钨的浓度为50μg/mL
2	钨	称0.1261g三氧化钨[$w(WO_3)$>99.9%，经110℃烘干1h]，置于100mL烧杯中，加1g氢氧化钠及少许水溶解，冷却至室温。移入100mL容量瓶中，用水稀释至刻度，混匀，保存于塑料瓶中。钨的浓度为1mg/mL	
3	钛	称0.1669g氧化钛[$w(TiO_2)$>99.99%，经105℃烘干1h]，置于铂坩埚中，加4g焦硫酸钾，于650～700℃熔融10min（中间摇一次），取下冷却，用硫酸溶液（5%）浸取，冷却至室温，移入200mL容量瓶中，用硫酸溶液（5%）稀释至刻度，混匀。钛的浓度为500μg/mL	移取10mL钛标准储备溶液，置于250mL容量瓶中，加入25mL盐酸（$\rho=1.19$g/mL），用水稀释至刻度，混匀。钛的浓度为20μg/mL
4	铌	称1.0000g金属铌[$w(Nb)$≥99.99%]，置于聚四氟乙烯烧杯中，加5mL氢氟酸（$\rho=1.14$g/mL），低温加热溶解至清亮，冷却至室温，移入1000mL容量瓶中，补加35mL氢氟酸（$\rho=1.14$g/mL），用水稀释至刻度，混匀，保存于塑料瓶中。铌的浓度为1mg/mL	铌、钽混合标准溶液：移取5.00mL铌标准储备溶液，5.00mL钽标准储备溶液，置于100mL容量瓶中，加入2mL氢氟酸（$\rho=1.14$g/mL），用水稀释至刻度，混匀。保存于塑料瓶中。铌的浓度为50μg/mL，钽的浓度为50μg/mL
5	钽	称1.0000g金属钽[$w(Ta)$≥99.99%]，置于聚四氟乙烯烧杯中，加5mL氢氟酸（$\rho=1.14$g/mL），低温加热溶解至清亮，冷却至室温，移入1000mL容量瓶中，补加35mL氢氟酸（$\rho=1.14$g/mL），用水稀释至刻度，混匀，保存于塑料瓶中。钽的浓度为1mg/mL	

序号	被测稀土元素（氧化物）	标准储备溶液制备方法	标准溶液制备方法
6	氧化钙	称 1.7857g 无水碳酸钙（光谱纯，经 110℃烘干 3h），置于 200mL 烧杯中，加 40mL 盐酸（1＋1，优级纯）溶解，煮沸以除尽二氧化碳，冷却至室温，溶液移入 1000mL 容量瓶中，用水稀释至刻度，混匀。氧化钙的浓度为 1mg/mL	Ⅰ：移取 5.00mL 氧化钙标准储备溶液，用盐酸（1＋19，优级纯）定容至 200mL 容量瓶中，混匀。氧化钙的浓度为 25μg/mL Ⅱ：移取 20.00mL 氧化钙标准溶液Ⅰ，用盐酸（1＋19，优级纯）定容至 100mL 容量瓶中，混匀。氧化钙的浓度为 5μg/mL
7	钴	称 0.2000g 金属钴[$w(Co)\geqslant99.9\%$]，置于 200mL 烧杯中，加 10mL 水，加 20mL 硝酸（1＋1，UL 级），低温溶解，冷却至室温，移入 200mL 容量瓶中，用水稀释至刻度，混匀。钴的浓度为 1.0mg/mL	混合标准溶液Ⅰ：分别移取钴标准储备溶液、锰标准储备溶液、镍标准储备溶液、铜标准储备溶液、铝标准储备溶液、锌标准储备溶液、铬标准储备溶液、铅标准储备溶液、镁标准储备溶液、镉标准储备溶液、钒标准储备溶液各 10.00mL，移入 200mL 容量瓶中，加 20mL 硝酸（1＋1，UL 级），用水稀释至刻度，混匀。钴、锰、镍、铜、铝、锌、铬、铅、镁、镉、钒 的浓度为 50μg/mL。 混合标准溶液Ⅱ：分取混合标准溶液Ⅰ 20.00mL，置于 100mL 容量瓶中，加 10mL 硝酸（1＋1，UL 级），用水稀释至刻度，混匀。钴、锰、镍、铜、铝、锌、铬、铅、镁、镉、钒 的浓度为 10μg/mL
8	锰	称 0.2000g 金属锰[$w(Mn)\geqslant99.9\%$]，置于 200mL 烧杯中，加 10mL 水，加 20mL 硝酸（1＋1，UL 级），低温溶解，冷却至室温，移入 200mL 容量瓶中，用水稀释至刻度，混匀。锰的浓度为 1.0mg/mL	
9	镍	称 0.2000g 金属镍粉[$w(Ni)\geqslant99.9\%$]，置于 200mL 烧杯中，加 10mL 水，加 20mL 硝酸（1＋1，UL 级），低温溶解，冷却至室温，移入 200mL 容量瓶中，用水稀释至刻度，混匀。镍的浓度为 1.0mg/mL	
10	铜	称 0.2000g 金属铜[$w(Cu)\geqslant99.9\%$]，置于 200mL 烧杯中，加 10mL 水，加 20mL 硝酸（1＋1，UL 级），低温溶解，冷却至室温，移入 200mL 容量瓶中，用水稀释至刻度，混匀。铜的浓度为 1.0mg/mL	
11	铝	称 0.2000g 金属铝箔[$w(Al)\geqslant99.9\%$，预先用稀盐酸浸泡，经无水乙醇清洗，用红外灯烘干]，置于 200mL 烧杯中，加 10mL 水，加 20mL 盐酸（1＋1，优级纯），滴加 2mL 硝酸（1＋1，UL 级），低温溶解，冷却至室温，移入 200mL 容量瓶中，用水稀释至刻度，混匀。铝的浓度为 1.0mg/mL	
12	锌	称 0.2000g 金属锌粒[$w(Zn)\geqslant99.9\%$]，置于 300mL 烧杯中，加 20mL 盐酸（1＋1，优级纯），低温溶解，冷却至室温，移入 200mL 容量瓶中，用水稀释至刻度，混匀。锌的浓度为 1.0mg/mL	
13	铬	称 0.2000g 金属铬[$w(Cr)\geqslant99.9\%$]，置于 200mL 烧杯中，加 10mL 水，加 20mL 盐酸（1＋1，优级纯），低温溶解，冷却至室温，移入 200mL 容量瓶中，用水稀释至刻度，混匀。铬的浓度为 1.0mg/mL	
14	铅	称 0.2000g 金属铅[$w(Pb)\geqslant99.9\%$]，置于 200mL 烧杯中，加 10mL 水，加 20mL 硝酸（1＋1，UL 级），低温溶解，冷却至室温，移入 200mL 容量瓶中，用水稀释至刻度，混匀。铅的浓度为 1.0mg/mL	
15	镁	称 0.3317g 氧化镁[$w(MgO)\geqslant99.9\%$，经 800℃灼烧，于干燥器冷却至室温]，置于 200mL 烧杯中，加 10mL 盐酸（1＋1，优级纯），低温溶解，冷却至室温，移入 200mL 容量瓶中，用水稀释至刻度，混匀。镁的浓度为 1.0mg/mL	

序号	被测稀土元素（氧化物）	标准储备溶液制备方法	标准溶液制备方法
16	镉	称 0.2000g 金属镉[w(Cd)≥99.9%]，置于 200mL 烧杯中，加 10mL 水，加 20mL 硝酸(1+1,UL 级)，低温溶解，冷却至室温，移入 200mL 容量瓶中，用水稀释至刻度，混匀。镉的浓度为 1.0mg/mL	混合标准溶液Ⅰ：分别移取钴标准储备溶液、锰标准储备溶液、镍标准储备溶液、铜标准储备溶液、铝标准储备溶液、锌标准储备溶液、铬标准储备溶液、铅标准储备溶液、镁标准储备溶液、镉标准储备溶液、钒标准储备溶液各 10.00mL，移入 200mL 容量瓶中，加 20mL 硝酸(1+1,UL 级)，用水稀释至刻度，混匀。钴、锰、镍、铜、铝、锌、铬、铅、镁、镉、钒 的浓度为 50μg/mL。
17	钒	称 0.4592g 偏钒酸铵[w(NH₄VO₃)≥99.9%]，置于 200mL 烧杯中，溶于适量水中，用硝酸(1+1,UL 级)中和至酸性，冷却至室温，移入 200mL 容量瓶中，用水稀释至刻度，混匀。钒的浓度为 1.0mg/mL	混合标准溶液Ⅱ：分取混合标准溶液Ⅰ 20.00mL，置于 100mL 容量瓶中，加 10mL 硝酸(1+1,UL 级)，用水稀释至刻度，混匀。钴、锰、镍、铜、铝、锌、铬、铅、镁、镉、钒 的浓度为 10μg/mL
18	铁	称 0.2000g 金属铁粉[w(Fe)≥99.9%]，置于 200mL 烧杯中，加 10mL 水，加 20mL 盐酸(1+1,优级纯)，低温溶解，冷却至室温，移入 200mL 容量瓶中，用水稀释至刻度，混匀。铁的浓度为 1.0mg/mL	Ⅰ：移取 20.00mL 铁标准储备溶液，置于 200mL 容量瓶中，加 20mL 硝酸(1+1,UL 级)，用水稀释至刻度，混匀。铁的浓度为 100μg/mL Ⅱ：移取 10.00mL 铁标准溶液Ⅰ，置于 100mL 容量瓶中，加 10mL 硝酸(1+1,UL 级)，用水稀释至刻度，混匀。铁的浓度为 10μg/mL

2. 标准曲线的建立

标准系列溶液的配制原则，参见第二章第二节-一、-(五)-1. 标准溶液的配制。分析单一稀土金属和混合稀土金属及其氧化物中的非稀土杂质元素钨、钼、钛、铌、钽、钙、钴、锰、铅、镍、铜、锌、铝、铬、镁、镉、钒、铁及其部分相应氧化物的含量时，根据样品中被测元素（氧化物）的种类，其标准系列溶液的配制方法分别采用标准曲线法和标准曲线基体匹配法、标准加入法，这三种方法的原理介绍参见第二章第二节-一、-(五)-2. 标准曲线的建立。其中，标准加入法绘制的是标准加入曲线，配制的是系列浓度标准溶液-样品溶液。标准曲线法绘制的是标准（工作）曲线，配制的是系列浓度标准溶液。

下面分别介绍其标准系列溶液的配制方法。

（1）标准曲线法　此方法适用于分析单一稀土金属及混合稀土金属中的非稀土杂质元素钼、钨、钛、钽、铌的含量。

根据被测元素的种类，按表 2-17 分别移取相应的一系列体积的被测元素标准溶液，置于表 2-17 规定的相应定容体积的容量瓶中，按表 2-17 补加相应量的酸试剂，以水定容，混匀。制得被测非稀土元素的标准系列溶液。

其中，被测元素标准溶液、混合标准溶液的配制方法参见表 2-16。

被测元素	被测元素标准溶液浓度/(μg/mL)	被测元素标准溶液体积/mL	补加酸试剂量	定容体积/mL
钼	50	0、0.50、2.00、5.00	0.2mL 氢氟酸① 5.0mL 硼酸溶液②	50
钨	50	0、0.50、2.00、5.00		50
钛	20	0、1.00、5.00	1.0mL 盐酸③ 5.0mL 硼酸溶液②	50
钽	50	0、0.50、2.00、5.00、10.00	10.0mL 硼酸溶液② 0.5mL 氢氟酸①	25
铌	50	0、0.50、2.00、5.00、10.00		25

① 氢氟酸：$\rho=1.14\mathrm{g/mL}$。

② 硼酸溶液：50g/L。

③ 盐酸：$\rho=1.19\mathrm{g/mL}$。

（2）标准曲线基体匹配法　此方法适用于分析稀土金属及其氧化物中非稀土杂质钙、钴、锰、铅、镍、铜、锌、铝、铬、镁、镉、钒、铁及其氧化物的含量。

本方法中，配制标准系列溶液采用基体匹配法、即配制与被测样品基体一致、质量分数相近的标准系列溶液。以分析稀土元素氧化物中的非稀土元素氧化物为例进行介绍，称取纯基体物质［稀土元素氧化物（REO），$w(\mathrm{REO})>99.999\%$，且被测氧化物含量<0.0001%］，按照样品溶液的制备方法，制备稀土元素氧化物基体溶液，再根据样品的称取量，在标准系列溶液中加入等量的稀土元素氧化物基体溶液。

根据样品中的基体成分，需制备相应的稀土元素氧化物基体溶液。详情如下。

① 稀土元素氧化物基体溶液的制备方法　参见表 2-18。其中，当测氧化钙含量时，稀土元素氧化物基体（序号 2~16）溶液制备方法特殊，使用时需注意。

▣ 表 2-18　分析稀土金属及其氧化物中非稀土杂质钙等元素及其氧化物含量的稀土元素氧化物的基体溶液

序号	稀土元素氧化物基体	稀土元素氧化物基体溶液制备方法
1	单一稀土氧化物(REO)	称 10.0000g 单一稀土氧化物［$w(\mathrm{REO}/\Sigma\mathrm{REO})\geqslant99.99\%$，$w(\Sigma\mathrm{REO})\geqslant99.5\%$，$w(\mathrm{Co}、\mathrm{Mn}、\mathrm{Pb}、\mathrm{Ni}、\mathrm{Cu}、\mathrm{Zn}、\mathrm{Al}、\mathrm{Cr}、\mathrm{Mg}、\mathrm{Cd}、\mathrm{V}、\mathrm{Fe})<0.0001\%$，经 950℃ 灼烧 1h］，置于 500mL 烧杯中，缓慢加入 50mL 硝酸(1+1, UL 级)，低温加热至溶解完全，取下，冷却至室温。移入 100mL 容量瓶中，用水稀释至刻度，混匀。单一稀土氧化物的浓度为 100mg/mL
2	氧化镧（测氧化钙）	称 25.0000g 氧化镧［$w(\mathrm{La}_2\mathrm{O}_3/\Sigma\mathrm{REO})\geqslant99.999\%$，$w(\Sigma\mathrm{REO})\geqslant99.5\%$，$w(\mathrm{CaO})<0.0002\%$，经 900℃ 灼烧 1h］，置于 500mL 烧杯中，加 100mL 水，在低温加热并不断搅拌下，缓慢加入 100mL 盐酸(1+1，优级纯)或硝酸(1+1，优级纯)，继续加热至溶解完全，取下，冷却至室温。移入 500mL 容量瓶中，用水稀释至刻度，混匀。氧化镧的浓度为 50mg/mL
3	氧化铈（测氧化钙）	称 25.0000g 氧化铈［$w(\mathrm{CeO}_2/\Sigma\mathrm{REO})\geqslant99.999\%$，$w(\Sigma\mathrm{REO})\geqslant99.5\%$，$w(\mathrm{CaO})<0.0003\%$，经 900℃ 灼烧 1h］，置于 500mL 烧杯中，加 100mL 水，在低温加热并不断搅拌下，缓慢加入 100mL 硝酸(1+1，优级纯)，滴加过氧化氢(质量分数 30%，优级纯)助溶，继续加热至溶解完全，并赶尽气泡，取下，冷却至室温。移入 500mL 容量瓶中，用水稀释至刻度，混匀。氧化铈的浓度为 50mg/mL
4	氧化镨（测氧化钙）	称 25.0000g 氧化镨［$w(\mathrm{Pr}_6\mathrm{O}_{11}/\Sigma\mathrm{REO})\geqslant99.999\%$，$w(\Sigma\mathrm{REO})\geqslant99.5\%$，$w(\mathrm{CaO})<0.0005\%$，经 900℃ 灼烧 1h］，置于 500mL 烧杯中，加 100mL 水，在低温加热并不断搅拌下，缓慢加入 100mL 盐酸(1+1，优级纯)或硝酸(1+1，优级纯)，继续加热至溶解完全，取下，冷却至室温。移入 500mL 容量瓶中，用水稀释至刻度，混匀。氧化镨的浓度为 50mg/mL

序号	稀土元素氧化物基体	稀土元素氧化物基体溶液制备方法
5	氧化钕 (测氧化钙)	称 25.0000g 氧化钕 [$w(Nd_2O_3/\sum REO) \geqslant 99.999\%$, $w(\sum REO) \geqslant 99.5\%$, $w(CaO) <$ 0.0005%,经 900℃灼烧 1h],置于 500mL 烧杯中,加 100mL 水,在低温加热并不断搅拌下,缓慢加入 100mL 盐酸(1+1,优级纯)或硝酸(1+1,优级纯),继续加热至溶解完全,取下,冷却至室温。移入 500mL 容量瓶中,用水稀释至刻度,混匀。氧化钕的浓度为 50mg/mL
6	氧化钐 (测氧化钙)	称 25.0000g 氧化钐 [$w(Sm_2O_3/\sum REO) \geqslant 99.999\%$, $w(\sum REO) \geqslant 99.5\%$, $w(CaO) <$ 0.0005%,经 900℃灼烧 1h],置于 500mL 烧杯中,加 100mL 水,在低温加热并不断搅拌下,缓慢加入 100mL 盐酸(1+1,优级纯)或硝酸(1+1,优级纯),继续加热至溶解完全,取下,冷却至室温。移入 500mL 容量瓶中,用水稀释至刻度,混匀。氧化钐的浓度为 50mg/mL
7	氧化铕 (测氧化钙)	称 25.0000g 氧化铕 [$w(Eu_2O_3/\sum REO) \geqslant 99.999\%$, $w(\sum REO) \geqslant 99.5\%$, $w(CaO) <$ 0.0003%,经 900℃灼烧 1h],置于 500mL 烧杯中,加 100mL 水,在低温加热并不断搅拌下,缓慢加入 100mL 盐酸(1+1,优级纯)或硝酸(1+1,优级纯),继续加热至溶解完全,取下,冷却至室温。移入 500mL 容量瓶中,用水稀释至刻度,混匀。氧化铕的浓度为 50mg/mL
8	氧化钆 (测氧化钙)	称 25.0000g 氧化钆 [$w(Gd_2O_3/\sum REO) \geqslant 99.999\%$, $w(\sum REO) \geqslant 99.5\%$, $w(CaO) <$ 0.0003%,经 900℃灼烧 1h],置于 500mL 烧杯中,加 100mL 水,在低温加热并不断搅拌下,缓慢加入 100mL 盐酸(1+1,优级纯)或硝酸(1+1,优级纯),继续加热至溶解完全,取下,冷却至室温。移入 500mL 容量瓶中,用水稀释至刻度,混匀。氧化钆的浓度为 50mg/mL
9	氧化铽 (测氧化钙)	称 25.0000g 氧化铽 [$w(Tb_4O_7/\sum REO) \geqslant 99.999\%$, $w(\sum REO) \geqslant 99.5\%$, $w(CaO) <$ 0.0002%,经 900℃灼烧 1h],置于 500mL 烧杯中,加 100mL 水,在低温加热并不断搅拌下,缓慢加入 100mL 盐酸(1+1,优级纯)或硝酸(1+1,优级纯),继续加热至溶解完全,并赶尽气泡,取下,冷却至室温。移入 500mL 容量瓶中,用水稀释至刻度,混匀。氧化铽的浓度为 50mg/mL
10	氧化镝 (测氧化钙)	称 25.0000g 氧化镝 [$w(Dy_2O_3/\sum REO) \geqslant 99.999\%$, $w(\sum REO) \geqslant 99.5\%$, $w(CaO) <$ 0.0005%,经 900℃灼烧 1h],置于 500mL 烧杯中,加 100mL 水,在低温加热并不断搅拌下,缓慢加入 100mL 盐酸(1+1,优级纯)或硝酸(1+1,优级纯),继续加热至溶解完全,取下,冷却至室温。移入 500mL 容量瓶中,用水稀释至刻度,混匀。氧化镝的浓度为 50mg/mL
11	氧化钬 (测氧化钙)	称 25.0000g 氧化钬 [$w(Ho_2O_3/\sum REO) \geqslant 99.999\%$, $w(\sum REO) \geqslant 99.5\%$, $w(CaO) <$ 0.0005%,经 900℃灼烧 1h],置于 500mL 烧杯中,加 100mL 水,在低温加热并不断搅拌下,缓慢加入 100mL 盐酸(1+1,优级纯)或硝酸(1+1,优级纯),继续加热至溶解完全,取下,冷却至室温。移入 500mL 容量瓶中,用水稀释至刻度,混匀。氧化钬的浓度为 50mg/mL
12	氧化铒 (测氧化钙)	称 25.0000g 氧化铒 [$w(Er_2O_3/\sum REO) \geqslant 99.999\%$, $w(\sum REO) \geqslant 99.5\%$, $w(CaO) <$ 0.0005%,经 900℃灼烧 1h],置于 500mL 烧杯中,加 100mL 水,在低温加热并不断搅拌下,缓慢加入 100mL 盐酸(1+1,优级纯)或硝酸(1+1,优级纯),继续加热至溶解完全,取下,冷却至室温。移入 500mL 容量瓶中,用水稀释至刻度,混匀。氧化铒的浓度为 50mg/mL
13	氧化铥 (测氧化钙)	称 25.0000g 氧化铥 [$w(Tm_2O_3/\sum REO) \geqslant 99.999\%$, $w(\sum REO) \geqslant 99.5\%$, $w(CaO) <$ 0.0003%,经 900℃灼烧 1h],置于 500mL 烧杯中,加 100mL 水,在低温加热并不断搅拌下,缓慢加入 100mL 盐酸(1+1,优级纯)或硝酸(1+1,优级纯),继续加热至溶解完全,取下,冷却至室温。移入 500mL 容量瓶中,用水稀释至刻度,混匀。氧化铥的浓度为 50mg/mL
14	氧化镱 (测氧化钙)	称 25.0000g 氧化镱 [$w(Yb_2O_3/\sum REO) \geqslant 99.999\%$, $w(\sum REO) \geqslant 99.5\%$, $w(CaO) <$ 0.0003%,经 900℃灼烧 1h],置于 500mL 烧杯中,加 100mL 水,在低温加热并不断搅拌下,缓慢加入 100mL 盐酸(1+1,优级纯)或硝酸(1+1,优级纯),继续加热至溶解完全,取下,冷却至室温。移入 500mL 容量瓶中,用水稀释至刻度,混匀。氧化镱的浓度为 50mg/mL
15	氧化镥 (测氧化钙)	称 25.0000g 氧化镥 [$w(Lu_2O_3/\sum REO) \geqslant 99.999\%$, $w(\sum REO) \geqslant 99.5\%$, $w(CaO) <$ 0.0002%,经 900℃灼烧 1h],置于 500mL 烧杯中,加 100mL 水,在低温加热并不断搅拌下,缓慢加入 100mL 盐酸(1+1,优级纯)或硝酸(1+1,优级纯),滴加过氧化氢(质量分数 30%,优级纯)助溶,继续加热至溶解完全,并赶尽气泡,取下,冷却至室温。移入 500mL 容量瓶中,用水稀释至刻度,混匀。氧化镥的浓度为 50mg/mL
16	氧化钇 (测氧化钙)	称 25.0000g 氧化钇 [$w(Y_2O_3/\sum REO) \geqslant 99.999\%$, $w(\sum REO) \geqslant 99.5\%$, $w(CaO) <$ 0.0002%,经 900℃灼烧 1h],置于 500mL 烧杯中,加 100mL 水,在低温加热并不断搅拌下,缓慢加入 100mL 盐酸(1+1,优级纯)或硝酸(1+1,优级纯),继续加热至溶解完全,取下,冷却至室温。移入 500mL 容量瓶中,用水稀释至刻度,混匀。氧化钇的浓度为 50mg/mL

② 标准系列溶液的制备方法　根据样品的基体成分，被测非稀土元素氧化物（元素）的种类，需分别绘制标准曲线，配制不同的标准系列溶液，其配制方法参见表 2-19。其中，被测元素混合标准溶液Ⅰ（50μg/mL）、混合标准溶液Ⅱ（10μg/mL），铁标准溶液Ⅰ（100μg/mL）、铁标准溶液Ⅱ（10μg/mL），氧化钙标准溶液Ⅰ（25μg/mL）、氧化钙标准溶液Ⅱ（5μg/mL）的配制方法参见表 2-16。

▣ 表 2-19　分析稀土金属及其氧化物中非稀土杂质钙、铝、铬等元素及其氧化物含量的标准系列溶液

样品基体	被测非稀土元素（氧化物）	被测非稀土元素氧化物质量分数/%	分取稀土元素氧化物基体溶液体积/mL	分取被测元素（氧化物）标准溶液Ⅱ体积/mL	分取被测元素（氧化物）标准溶液Ⅰ体积/mL	样品溶液定容体积/mL
15 种稀土元素氧化物（稀土金属）	氧化钙	0.0002~0.0050	5.00	0、0.10、0.20、1.00、2.00、3.00	—	25
		>0.0050~0.050	2.00	0、1.00、2.00、4.00、8.00、12.00	—	25
		>0.050~0.30	2.00	0、1.00	2.00、4.00、8.00、12.00	50
	钴	0.0007~0.0050	10.00	0、1.00、2.00	1.00、2.00、3.00	100
		>0.0050~0.07	1.00	0、0.500、1.00	0.400、1.00、2.00	
	锰	0.0006~0.0050	10.00	0、1.00、2.00	1.00、2.00、3.00	100
		>0.0050~0.06	1.00	0、0.500、1.00	0.400、1.00、2.00	
	铅	0.0009~0.0050	10.00	0、1.00、2.00	1.00、2.00、3.00	100
		>0.0050~0.09	1.00	0、0.500、1.00	0.400、1.00、2.00	
	镍	0.0008~0.0050	10.00	0、1.00、2.00	1.00、2.00、3.00	100
		>0.0050~0.08	1.00	0、0.500、1.00	0.400、1.00、2.00	
	铜	0.0008 ~ 0.0050	10.00	0、1.00、2.00	1.00、2.00、3.00	100
		>0.0050 ~ 0.08	1.00	0、0.500、1.00	0.400、1.00、2.00	
	锌	0.0008 ~ 0.0050	10.00	0、1.00、2.00	1.00、2.00、3.00	100
		>0.0050 ~ 0.08	1.00	0、0.500、1.00	0.400、1.00、2.00	
	铝	0.0005 ~ 0.0050	10.00	0、1.00、2.00	1.00、2.00、3.00	100
		>0.0050 ~ 0.05	1.00	0、0.500、1.00	0.400、1.00、2.00	
	铬	0.0007 ~ 0.0050	10.00	0、1.00、2.00	1.00、2.00、3.00	100
		>0.0050 ~ 0.07	1.00	0、0.500、1.00	0.400、1.00、2.00	
	镁	0.0001 ~ 0.0050	10.00	0、1.00、2.00	1.00、2.00、3.00	100
		>0.0050 ~ 0.06	1.00	0、0.500、1.00	0.400、1.00、2.00	
	镉	0.0009 ~ 0.0050	10.00	0、1.00、2.00	1.00、2.00、3.00	100
		>0.0050 ~ 0.09	1.00	0、0.500、1.00	0.400、1.00、2.00	
	钒	0.0006 ~ 0.0050	10.00	0、1.00、2.00	1.00、2.00、3.00	100
		>0.0050 ~ 0.06	1.00	0、0.500、1.00	0.400、1.00、2.00	
	铁	0.0007 ~ 0.0050	10.00	0、1.00、2.00	1.00、2.00、3.00	100
		>0.0050 ~ 0.35	1.00	0、0.500、1.00	0.400、1.00、2.00	

根据样品中的稀土基体成分和被测非稀土元素（氧化物）的种类，按表 2-19 分别移取相应体积的与样品所含稀土成分相同的稀土元素氧化物基体溶液（参见表 2-18），置于一组表 2-19 要求定容体积的容量瓶中，再按表 2-19 分别移取相应的一系列体积的被测元素（氧化物）标准溶液 I、标准溶液 II，置于上述容量瓶中，加入 10mL 硝酸（1＋1，UL 级）［分析氧化钙含量时，加入 2mL 盐酸（1＋1，优级纯）或硝酸（1＋1，优级纯）］，以水定容，混匀。制得被测非稀土元素（氧化物）的标准系列溶液。此系列标准溶液需用时现配。

（3）标准加入法　此方法适用于分析稀土金属及其氧化物中非稀土杂质钙其氧化物的含量。

根据样品中氧化钙的质量分数，分别配制系列浓度标准溶液-样品溶液。

① 当氧化钙的质量分数为 0.0002％～0.0050％时，分取 10.00mL 总样品溶液 T 置于一组 25mL 容量瓶中，再分别移取氧化钙标准溶液 II（5μg/mL，配制方法参见表 2-16）0mL、0.10mL、0.25mL、0.50mL、1.00mL、2.50mL 加入上述容量瓶中，以水定容，混匀。

② 当氧化钙的质量分数＞0.0050％～0.050％时，分取 10.00mL 总样品溶液 T 置于一组 25mL 容量瓶中，再分别移取氧化钙标准溶液 I（25μg/mL，配制方法参见表 2-16）0mL、0.10mL、0.20mL、0.50mL、1.00mL、2.00mL 加入上述容量瓶中，以水定容，混匀。

③ 当氧化钙的质量分数＞0.050％～0.30％时，分取 10.00mL 总样品溶液 T 置于一组 50mL 容量瓶中，再分别移取氧化钙标准溶液 I（25μg/mL，配制方法参见表 2-16）0mL、0.50mL、1.00mL、2.00mL、4.00mL、6.00mL 加入上述容量瓶中，以水定容，混匀。

此为标准加入法系列浓度标准溶液-样品溶液，需用时现配。

（4）标准系列溶液的测量（标准曲线法）　标准系列溶液的测量方法，参见第二章第三节-一、-(五)-2.-(3)标准系列溶液的测量。分别以各被测元素氧化物的浓度（μg/mL）为横坐标，以分析线净强度为纵坐标，由计算机自动绘制标准曲线。当标准曲线的 $R^2 \geqslant$ 0.999 时，即可进行样品溶液的测定。

（六）样品的测定

（1）优化仪器的方法　具体方法参见第二章第三节-一、-(六)样品的测定。

（2）样品中被测元素的分析线发射强度的测量　分析单一稀土金属和混合稀土金属及其氧化物中的非稀土杂质元素钨、钼、钛、铌、钽、钙、钴、锰、铅、镍、铜、锌、铝、铬、镁、镉、钒、铁及其部分相应氧化物的含量时，采用了标准曲线法、基体匹配标准曲线法和标准加入法。其中，标准加入法与前两者的测定方法不同，下面分别介绍。

① 采用标准加入法分析稀土金属及其氧化物中的氧化钙（钙）的含量　采用标准加入法计算的样品溶液的测量方法，参见第二章第二节-一、-(六)样品的测定。当设备具有计算机系统控制功能时，标准加入曲线的绘制、校正（漂移校正、标准化、重新校准）和被测元素含量的测定，按照计算机软件说明书的要求进行。

② 采用标准曲线法、基体匹配标准曲线法分析单一稀土金属和混合稀土金属及其氧化物中的非稀土杂质元素钨、钼、钛、铌、钽、钙、钴、锰、铅、镍、铜、锌、铝、铬、

镁、镉、钒、铁及其部分相应氧化物的含量，具体方法参见第二章第三节-一、-(六)样品的测定。从标准曲线上确定被测元素氧化物的质量浓度（μg/mL）。

（3）分析线中干扰线的校正 具体方法参见第二章第三节-一、-(六)样品的测定。

（七）结果的表示

w(钙)＝w(氧化钙)×0.7147(换算系数)。

w(被测氧化物)＝w(被测元素)×换算系数。换算系数参见表 2-20。

⊡ 表 2-20 钴等非稀土元素含量与其氧化物含量的换算系数

元素	换算系数	元素	换算系数	元素	换算系数
Co(Co_2O_3)	1.4072	Cu(CuO)	1.2518	Mg(MgO)	1.6583
Mn(MnO_2)	1.5825	Zn(ZnO)	1.2447	Cd(CdO)	1.1423
Pb(PbO)	1.0772	Al(Al_2O_3)	1.8895	V(V_2O_5)	1.7852
Ni(NiO)	1.2726	Cr(Cr_2O_3)	1.4616	Fe(Fe_2O_3)	1.4296

当被测元素的质量分数小于 0.01％时，分析结果表示至小数点后第 4 位；当被测元素的质量分数大于 0.01％时，分析结果表示至小数点后第 3 位。

（八）质量保证和质量控制

具体操作方法参见第二章第三节-一、-(八)质量保证和质量控制。

（九）注意事项

（1）参见第二章第二节-一、-（九）注意事项-(1)。

（2）参见第二章第三节-一、-（九）注意事项-(1)～(3)。

（3）分析稀土金属中的非稀土杂质元素含量，当制备样品溶液，被测非稀土金属（钽、铌）的标准溶液及其标准系列溶液时，需选用干燥的聚四氟乙烯烧杯作消解容器；制备钛标准溶液时，选用铂坩埚作消解容器。将上述溶液定容至聚四氟乙烯容量瓶中，或将溶液定容至玻璃容量瓶中，立即转入塑料瓶中保存。

（4）分析稀土金属中的非稀土杂质元素钙、钴、锰、铅、镍、铜、锌、铝、铬、镁、镉、钒、铁含量，配制标准系列溶液中的基体溶液时，以相应的稀土元素氧化物配制基体溶液。值得注意的是，标准系列溶液中加入一定体积的此基体溶液，使得标准系列溶液中稀土元素的质量与稀土金属样品中的同种稀土元素的质量相等。

（5）分析稀土金属中的非稀土杂质元素的含量时，如果用相应非稀土元素氧化物的标准曲线进行计算，得到此氧化物的浓度，再乘以换算系数，求得相应元素浓度。分析稀土金属氧化物中杂质非稀土元素氧化物的含量时，如果用相应被测元素的标准曲线进行计算，得到此元素的浓度，再乘以换算系数，求得相应元素氧化物浓度。

三、氯化稀土、碳酸轻稀土中稀土氧化物和非稀土杂质的分析

现行国家标准[30,31]中，利用电感耦合等离子体原子发射光谱法可以分析氯化稀土、碳酸轻稀土中的 15 种稀土元素氧化物（氧化镧、氧化铈、氧化镨、氧化钕、氧化钐、氧化铕、氧化钆、氧化铽、氧化镝、氧化钬、氧化铒、氧化铥、氧化镱、氧化镥和氧化钇）

和非稀土杂质氧化钡的含量，其氧化物测定范围见表2-2。

我们以此为应用实例讲解具体的分析步骤和方法，以及一些注意事项。

（一）样品的制备和保存

样品的制备和保存参考相应国家标准的相关内容，需要注意如下两点：

① 氯化稀土样品的制备：将试样破碎，迅速置于称量瓶中，立即称量；

② 碳酸轻稀土样品的制备：样品开封后立即称量。

（二）样品的消解

电感耦合等离子体原子发射光谱法分析氯化稀土、碳酸轻稀土中的15种稀土元素氧化物含量的消解方法为湿法消解中的电热板消解法，分析非稀土杂质氧化钡含量的消解方法为干法消解（熔融法消解）。关于消解方法分类的介绍，参见第二章第二节-一、-（二）样品的消解。

分析氯化稀土、碳酸轻稀土中的15种稀土元素氧化物含量时，样品以盐酸溶解，在稀盐酸介质中测定。分析氯化稀土、碳酸轻稀土中的非稀土杂质氧化钡含量时，样品用无水碳酸钠熔融，以水浸取后过滤，弃去滤液；沉淀用硝酸、高氯酸溶解，加热至冒高氯酸浓烟后，在稀硝酸介质中测定。下面分别进行介绍。

1. 湿法消解

此方法适用于分析氯化稀土、碳酸轻稀土中的15种稀土元素氧化物含量。

称取2.00g样品，精确至0.0001g。称取2份样品进行平行测定，取其平均值。随同样品做空白试验。

将准确称量的样品置于200mL烧杯中，加10mL盐酸（1+1），加热至溶解完全，必要时滴加过氧化氢（30%，质量分数）助溶，蒸发至近干，冷却后移入500mL容量瓶中，用水稀释至刻度，混匀。

配制测定用样品溶液（氧化稀土总量≈0.2g/L）：根据样品中的氧化稀土总量，分取一定体积的上述样品溶液，置于50mL容量瓶中，以盐酸（1+19）稀释至刻度，混匀，待测。

2. 干法消解

此方法适用于分析氯化稀土、碳酸轻稀土中的非稀土杂质氧化钡含量。

称取0.50g样品，精确到0.0001g。独立测定2次，取其平均值。随同样品做空白试验。

将准确称量的样品置于预先盛有4g无水碳酸钠（优级纯）的30mL镍坩埚中，覆盖4g无水碳酸钠。置于1000℃马弗炉中熔融至流体状，摇匀。继续熔融15min取出，冷却。将坩埚置于250mL烧杯中，加100mL水。低温加热溶解，微沸数分钟，待熔块完全溶解后，用水洗出坩埚，再次煮沸后取下，冷却至室温。用定量滤纸过滤，用碳酸钠溶液（20g/L）洗涤沉淀和滤纸4～5次，水洗至沉淀和滤纸中无硫酸根为止。

检验方法：取10mL洗涤液置于25mL比色管中，加1滴对硝基酚指示剂（1g/L），用盐酸（1+1）调至黄色刚消失，并过量1滴，加2mL无水乙醇，混匀，加3mL氯化钡溶液（250g/L），混匀。静置10min后，溶液仍透明无浑浊，说明沉淀和滤纸中无硫酸根。

弃去滤液和洗涤液，将沉淀连同滤纸置于 100mL 烧杯中，加 30mL 硝酸（$\rho =$ 1.42g/mL），5mL 高氯酸（$\rho =$ 1.67g/mL），盖上表面皿。加热至冒高氯酸浓烟，直至近干，稍冷，加 10mL 硝酸（1+1），加少量水，加热至溶解完全，冷却至室温。移入 250mL 容量瓶中，用水稀释至刻度，混匀。

（三）仪器条件的选择

分析氯化稀土、碳酸轻稀土中的 15 种稀土元素氧化物和非稀土杂质氧化钡的含量时，推荐的电感耦合等离子体原子发射光谱仪的测试条件，参见表 2-2。

（1）选择分析谱线时，可以根据仪器的实际情况（如灵敏度和谱线干扰）做相应的调整。推荐的分析线见表 2-2。分析谱线的选择，参见第二章第三节-一、-（三）仪器条件的选择。

（2）仪器的实际分辨率参见第二章第三节-一、-（三）仪器条件的选择。

（3）在仪器最佳工作条件下，凡能达到下列指标者均可使用。

1）灵敏度　以测氧化铈含量为例，通过计算溶液中仅含有铈的分析线（413.765nm），得出检出限（DL）。检出限定义参见第二章第三节-一、-（三）-（3）-1）灵敏度。

2）短期稳定性　每个最高浓度标准溶液发射谱线的标准偏差应不超过绝对或相对光强平均值的 0.8%。此指标的测量和计算方法参见第二章第三节-一、-（三）-（3）-2）短期稳定性。

3）长期稳定性　7 个测量平均值的相对标准偏差小于 2.0%。此指标的测量和计算方法参见第二章第三节-一、-（三）-（3）-3）长期稳定性。

4）标准曲线的线性　标准曲线的 $R^2 \geqslant 0.999$。

（四）干扰的消除

（1）分析氯化稀土、碳酸轻稀土中的 15 种稀土元素氧化物（氧化镧、氧化铈、氧化镨、氧化钕、氧化钐、氧化铕、氧化钆、氧化铽、氧化镝、氧化钬、氧化铒、氧化铥、氧化镱、氧化镥和氧化钇）的含量，绘制标准曲线时，采用基体匹配法配制标准系列溶液，即配制与被测样品基体一致、质量分数相近的标准系列溶液，以消除基体对测定的影响。

（2）分析氯化稀土、碳酸轻稀土中的 15 种稀土元素氧化物的含量时，用系数校正法校正被测稀土杂质元素间的光谱干扰。

（3）分析氯化稀土、碳酸轻稀土中的非稀土杂质氧化钡的含量，制备样品溶液时，以熔融法消解样品，用水浸取、过滤后，应用碳酸钠溶液和水洗涤沉淀和滤纸至无硫酸根为止，再制备测定用样品溶液，防止残存的硫酸根离子沉淀钡离子，以消除硫酸根对测定的影响；洗涤后的沉淀及滤纸以硝酸、高氯酸溶解，加热至冒高氯酸浓烟，高氯酸挥发除硅等干扰元素。

（五）标准曲线的建立

1. 标准溶液的配制

配制各个被测元素标准储备溶液和标准溶液的原则，参见第二章第三节-二、-（五）-1. 标准溶液的配制。混合稀土元素氧化物标准溶液（各单一稀土元素氧化物各为 $50.0\mu g/$ mL）：分别移取 10 种杂质稀土元素氧化物（氧化铕、氧化钆、氧化铽、氧化镝、氧化钬、氧化铒、氧化铥、氧化镱、氧化镥、氧化钇）的标准储备溶液（1mg/mL）各 5.00mL，置于 100mL 容量瓶中，加入 10mL 盐酸（1+1），用水稀释至刻度，混匀。

钡标准溶液（1000μg/mL）：称 1.4371g 碳酸钡（基准试剂，预先于 110℃ 烘干 1h，并于干燥器中冷却至室温），置于 100mL 烧杯中，加 20mL 水，滴加盐酸（1+1）至完全溶解，低温加热煮沸驱除二氧化碳，冷却至室温。移入 1000mL 容量瓶中，用水稀释至刻度，混匀。

2. 标准曲线的建立

标准系列溶液的配制原则，参见第二章第二节-一、-(五)-1. 标准溶液的配制。分析氯化稀土、碳酸轻稀土中的 15 种稀土元素氧化物的含量时，采用基体匹配标准曲线法；分析氯化稀土、碳酸轻稀土中的非稀土杂质氧化钡的含量时，采用标准曲线法。这 2 种方法的原理介绍参见第二章第二节-一、-(五)-2. 标准曲线的建立。下面分别介绍其标准系列溶液的配制方法。

(1) 基体匹配标准曲线法　此方法适用于分析样品中的 15 种稀土元素氧化物含量。

采用基体匹配法配制标准系列溶液，即配制与被测样品基体一致、质量分数相近的标准系列溶液。称取纯基体物质（氧化镧、氧化铈、氧化镨、氧化钕、氧化钐）与被测样品基体组分相同的量，随同样品制备标准系列溶液，或者直接加入制备好的基体溶液。配制标准系列溶液中的各溶液氧化稀土总量约为 0.2g/L。

纯基体物质：氧化镧 [$w(\text{La}_2\text{O}_3/\text{REO}) > 99.999\%$，$w(\text{REO}) > 99.5\%$，经 950℃ 灼烧 1h]、氧化铈 [$w(\text{CeO}_2/\text{REO}) > 99.999\%$，$w(\text{REO}) > 99.5\%$，经 950℃ 灼烧 1h]、氧化镨 [$w(\text{Pr}_6\text{O}_{11}/\text{REO}) > 99.999\%$，$w(\text{REO}) > 99.5\%$，经 950℃ 灼烧 1h]、氧化钕 [$w(\text{Nd}_2\text{O}_3/\text{REO}) > 99.999\%$，$w(\text{REO}) > 99.5\%$，经 950℃ 灼烧 1h]、氧化钐 [$w(\text{Sm}_2\text{O}_3/\text{REO}) > 99.999\%$，$w(\text{REO}) > 99.5\%$，经 950℃ 灼烧 1h]。

按表 2-21 准确称取上述 5 种纯基体物质，精确至 0.0001g。置于 4 个 200mL 烧杯中，并按照顺序分别移取 4.00mL、8.00mL、12.00mL、16.00mL 混合稀土元素氧化物标准溶液（各单一稀土元素氧化物各为 50.0μg/mL）置于各烧杯中，加 20mL 硝酸（1+1），低温加热，滴加过氧化氢（30%，质量分数）助溶，待样品完全溶解，于电热板上加热蒸发至近干，冷却。移入 1000mL 容量瓶中，以盐酸（1+19）稀释至刻度，混匀，待测。此标准系列溶液中的各溶液氧化稀土总量为 0.2g/L。

⊡ 表 2-21　分析样品中的 15 种稀土元素氧化物含量的标准系列溶液的纯基体物质

稀土元素 氧化物基体	称取量/mg			
	标准溶液 1	标准溶液 2	标准溶液 3	标准溶液 4
氧化镧	20.0	40.0	60.0	80.0
氧化铈	60.0	80.0	100.0	120.0
氧化镨	8.0	16.0	24.0	32.0
氧化钕	10.0	20.0	30.0	40.0
氧化钐	4.0	8.0	12.0	16.0

(2) 标准曲线法　此方法适用于分析样品中的非稀土杂质氧化钡的含量。

分别移取 0mL、0.10mL、0.50mL、1.00mL、2.00mL、4.00mL 钡标准溶液（1000μg/mL），置于一组 100mL 容量瓶中，加 4mL 硝酸（1+1），用水稀释至刻度，混匀。

标准系列溶液的测量方法，参见第二章第三节--一、-(五)-2.-(3) 标准系列溶液的测量。分别以各被测元素氧化物（或钡）的浓度（$\mu g/mL$）为横坐标，以分析线净强度为纵坐标，由计算机自动绘制标准曲线。当标准曲线的 $R^2 \geqslant 0.999$ 时，即可进行样品溶液的测定。

（六）样品的测定

（1）优化仪器的方法　具体方法参见第二章第三节--一、-(六) 样品的测定。

（2）样品中被测元素的分析线发射强度的测量　具体方法参见第二章第三节--一、-(六) 样品的测定。

从标准曲线上确定各被测元素氧化物（或钡）的质量浓度（$\mu g/mL$）。

（3）分析线中干扰线的校正　具体方法参见第二章第三节--一、-(六) 样品的测定。

（七）结果的表示

各个稀土元素氧化物配分量(%)＝(各个稀土元素氧化物质量浓度÷$\sum$各稀土元素氧化物质量浓度)×100%

$$w(BaO) = w(Ba) \times 1.1165 (换算系数)$$

当被测元素的质量分数小于 0.01% 时，分析结果表示至小数点后第 4 位；当被测元素的质量分数大于 0.01% 时，分析结果表示至小数点后第 3 位。

（八）质量保证和质量控制

具体操作方法参见第二章第三节--一、-(八) 质量保证和质量控制。

（九）注意事项

（1）参见第二章第二节--一、-(九) 注意事项-(1)。

（2）参见第二章第三节--一、-(九) 注意事项-(1)～(3)。

（3）所用仪器均应在检定周期内，其性能应达到检定要求的技术参数指标。本方法中所使用的玻璃器皿均应符合国家标准[59-61]GB/T 12806—2011、GB/T 12808—2015、GB/T 12809—2015 中规定的 A 级。这里的 A 级是指准确度等级，国标中规定了容量瓶和吸量管（移液管）的容量允差等指标，其中 A 级 100mL 容量瓶的容量允差为 ±0.10mL，A 级 1mL、2mL、5mL、10mL、25mL、50mL 吸量管（移液管）的容量允差分别为 ±0.007mL、±0.010mL、±0.015mL、±0.020mL、±0.030mL、±0.050mL。具体的使用方法参照国家标准[62]GB/T 12810—1991 的要求。

（4）分析氯化稀土、碳酸轻稀土中的 15 种稀土元素氧化物的含量时，样品溶液和标准系列溶液中氯化稀土总量应保持一致，约为 0.2g/L。

（5）分析氯化稀土、碳酸轻稀土中的非稀土杂质氧化钡的含量时，制备样品溶液的消解容器应选用镍坩埚。另外，洗涤沉淀和滤纸时应洗涤至无硫酸根为止，再进行下一步操作。

四、氧化钇铕中稀土杂质氧化物和稀土基体氧化铕的分析

现行国家标准[32,33]中，电感耦合等离子体原子发射光谱法可以分析氧化钇铕（氧化

铈量 2.00%～10.00%）中的稀土杂质氧化镧、氧化铈、氧化镨、氧化钕、氧化钐、氧化铕、氧化钆、氧化镝、氧化钬、氧化铒、氧化铥、氧化镱、氧化镥以及稀土基体氧化铽的含量，其稀土元素氧化物测定范围参见表 2-2。

我们以此为应用实例讲解具体的分析步骤和方法，以及一些注意事项。

（一）样品的制备和保存

样品的制备和保存参考相应国家标准的相关内容，需要注意：将样品于 950℃灼烧 1h，置于干燥器中，冷却至室温，立即称量。

（二）样品的消解

电感耦合等离子体原子发射光谱法分析氧化钇铽中的上述 13 种稀土杂质氧化物（除基体外其余的稀土元素氧化物）和稀土基体氧化铽的含量的消解方法主要为湿法消解中的电热板消解法。关于消解方法分类的介绍，参见第二章第二节-一、-（二）样品的消解。

本部分中样品的消解方法概要为：样品用盐酸溶解，制得稀盐酸介质的样品待测溶液。下面具体介绍其消解方法。

称取 0.10g 样品，精确到 0.0001g。独立地进行 2 次测定，取其平均值。随同样品做空白试验。

将准确称量的样品置于 100mL 烧杯中，用水润湿，加入 10mL 盐酸（1+1，优级纯），于电热板上低温加热，至完全溶解，冷却至室温。移入 100mL 容量瓶中，用水稀释至刻度，混匀。当测氧化铽含量时，移取 10.00mL 上述溶液置于 100mL 容量瓶中，加入 9mL 盐酸（1+1，优级纯），用水稀释至刻度，混匀。

（三）仪器条件的选择

分析氧化钇铽中的上述 13 种稀土杂质氧化物（除基体外其余的稀土元素氧化物）和稀土基体氧化铽的含量时，推荐的电感耦合等离子体原子发射光谱仪的测试条件，参见表 2-2。

（1）选择分析谱线时，可以根据仪器的实际情况（如灵敏度和谱线干扰）做相应的调整。推荐的分析线见表 2-2，这些谱线不受基体元素明显干扰。分析谱线的选择，参见第二章第三节-一、-（三）仪器条件的选择。

（2）仪器的实际分辨率：参见第二章第三节-一、-（三）仪器条件的选择。

（3）在仪器最佳工作条件下，凡能达到下列指标者均可使用。

1）灵敏度　以测氧化镧含量为例，通过计算溶液中仅含有镧的分析线（408.672nm），得出检出限（DL）。检出限的定义参见第二章第三节-一、-（三）-（3）-1）灵敏度。

2）短期稳定性　每个最高浓度标准溶液发射谱线的标准偏差应不超过绝对或相对光强平均值的 0.8%。此指标的测量和计算方法参见第二章第三节-一、-（三）-（3）-2）短期稳定性。

3）长期稳定性　7 个测量平均值的相对标准偏差小于 2.0%。此指标的测量和计算方法参见第二章第三节-一、-（三）-（3）-3）长期稳定性。

4）标准曲线的线性　标准曲线的 $R^2 \geqslant 0.999$。

（四）干扰的消除

（1）分析氧化钇铕中的 13 种稀土杂质氧化镧、氧化铈、氧化镨、氧化钕、氧化钐、氧化钆、氧化铽、氧化镝、氧化钬、氧化铒、氧化铥、氧化镱、氧化镥和稀土基体氧化铕的含量，绘制标准曲线时，采用基体匹配法配制标准系列溶液，即配制与被测样品基体一致、质量分数相近的标准系列溶液，以消除基体对测定的影响。

（2）分析氧化钇铕中的上述 13 种稀土杂质氧化物（除基体外其余的稀土元素氧化物）和稀土基体氧化铕的含量，采用基体匹配法配制标准系列溶液时，根据样品中基体氧化铕的质量分数（在 2%～10% 范围内，设定 6 个梯度，分别为 2.5%、5.1%、6%、6.8%、7.6%、8.6%），分别配制标准系列溶液，以消除氧化铕基体含量的变化对测定的影响。

（五）标准曲线的建立

1. 标准溶液的配制

配制各个被测元素标准储备溶液和标准溶液的原则，参见第二章第三节-二、-(五)-1. 标准溶液的配制。混合稀土元素氧化物标准溶液 Ⅰ（各单一稀土元素氧化物各为 20.00μg/mL）：分别移取 13 种杂质稀土元素氧化物（氧化镧、氧化铈、氧化镨、氧化钕、氧化钐、氧化钆、氧化铽、氧化镝、氧化钬、氧化铒、氧化铥、氧化镱、氧化镥）的标准储备溶液（1mg/mL）各 2.00mL，置于 100mL 容量瓶中，加入 10mL 盐酸（1+1），用水稀释至刻度，混匀。

混合稀土元素氧化物标准溶液 Ⅱ（各单一稀土元素氧化物各为 1.00μg/mL）：分取 5.00mL 混合稀土元素氧化物标准溶液 Ⅰ，置于 100mL 容量瓶中，加入 10mL 盐酸（1+1），用水稀释至刻度，混匀。

氧化铕标准溶液（100μg/mL）：分取 10.00mL 氧化铕标准储备溶液（1mg/mL），置于 100mL 容量瓶中，加入 10mL 盐酸（1+1），用水定容，混匀。

2. 标准曲线的建立

标准系列溶液的配制原则，参见第二章第二节-一、-(五)-1. 标准溶液的配制。分析氧化钇铕中的 13 种稀土杂质氧化镧、氧化铈、氧化镨、氧化钕、氧化钐、氧化钆、氧化铽、氧化镝、氧化钬、氧化铒、氧化铥、氧化镱、氧化镥和稀土基体氧化铕的含量时，采用基体匹配法配制标准系列溶液，即配制与被测样品基体一致、质量分数相近的标准系列溶液。采用基体匹配标准曲线法进行计算的原理介绍参见第二章第二节-一、-(五)-2. 标准曲线的建立。下面介绍其标准系列溶液的配制方法。

（1）基体溶液的制备方法　称取纯基体物质氧化钇 $[w(Y_2O_3/REO)>99.999\%$，$w(REO)>99.5\%$，经 950℃灼烧 1h]、氧化铕 $[w(Eu_2O_3/REO)>99.999\%$，$w(REO)>99.5\%$，经 950℃灼烧 1h]，按照样品溶液制备方法制备此稀土元素氧化物的标准储备溶液（基体溶液），再根据样品的称取量和基体组成，在标准系列溶液中加入等量的相应稀土元素氧化物基体溶液。样品中的被测氧化物不同，应分别制备氧化钇、氧化铕基体溶液。

1）分析上述 13 种稀土杂质氧化物（除基体外其余稀土元素氧化物）含量　氧化钇（基体）溶液一（100mg/mL）：称 25.0000g 氧化钇 $[w(Y_2O_3/REO)>99.999\%$，$w(REO)>99.5\%$，经 950℃灼烧 1h，并于干燥器中冷却至室温]，置于 250mL 烧杯中，加入 150mL 盐酸（1＋1），于电热板上低温加热，至完全溶解，冷却至室温。移至 250mL 容量瓶中，用水定容，混匀。

氧化铕（基体）溶液（10mg/mL）：称 2.5000g 氧化铕 [w（Eu$_2$O$_3$/REO）＞99.999％，w（REO）＞99.5％，经 950℃灼烧 1h，并于干燥器中冷却至室温]，置于 250mL 烧杯中，加入 30mL 盐酸（1＋1），于电热板上低温加热，至完全溶解，冷却至室温。移至 250mL 容量瓶中，用水定容，混匀。

2）分析稀土基体氧化铕含量的基体溶液　氧化钇（基体）溶液二（1mg/mL）：称 0.1000g 氧化钇 [w（Y$_2$O$_3$/REO）＞99.999％，w（REO）＞99.5％，经 950℃灼烧 1h，并于干燥器中冷却至室温]，置于 100mL 烧杯中，加入 10mL 盐酸（1＋1），于电热板上低温加热，至完全溶解，冷却至室温。移至 100mL 容量瓶中，用水定容，混匀。

（2）标准系列溶液的制备方法　其中，分析氧化钇铕中的上述 13 种稀土杂质氧化物（除基体外其余的稀土元素氧化物）含量时，根据样品中基体氧化铕的质量分数 [在2％～10％范围（本方法适用范围）内，设定 6 个梯度，分别为 2.5％、5.1％、6％、6.8％、7.6％、8.6％]，分别配制标准系列溶液（1～6 组），每组标准系列溶液中配制 6 个系列浓度的标准系列溶液，共 36 个溶液。

分析稀土基体氧化铕含量时，氧化钇基体溶液的加入量随被测氧化铕基体的加入量而变化，配制一组标准系列溶液，共 6 个溶液。

其具体的配制方法参见表 2-22。

⊡ 表 2-22　分析氧化钇铕中的上述 13 种稀土杂质氧化物（基体外其余稀土氧化物）含量的标准系列溶液

被测稀土元素氧化物	标准系列溶液序号	分取基体溶液量		分取被测稀土元素氧化物标准溶液Ⅱ体积/mL	分取被测稀土元素氧化物标准溶液Ⅰ体积/mL
		氧化钇	氧化铕		
氧化镧、氧化铈、氧化镨、氧化钕、氧化钐、氧化钆、氧化铽、氧化镝、氧化钬、氧化铒、氧化铥、氧化镱、氧化镥	1	97.5mL 氧化钇①	0.25mL 氧化铕②	0、2.00、10.00	2.50、5.00、10.00
	2	94.9mL 氧化钇①	0.51mL 氧化铕②	0、2.00、10.00	2.50、5.00、10.00
	3	94.0mL 氧化钇①	0.60mL 氧化铕②	0、2.00、10.00	2.50、5.00、10.00
	4	93.2mL 氧化钇①	0.68mL 氧化铕②	0、2.00、10.00	2.50、5.00、10.00
	5	92.4mL 氧化钇①	0.76mL 氧化铕②	0、2.00、10.00	2.50、5.00、10.00
	6	91.4mL 氧化钇①	0.86mL 氧化铕②	0、2.00、10.00	2.50、5.00、10.00
氧化铕	1	10.0mL 氧化钇③	—	0	—
	2	9.80mL 氧化钇③	—	2.00	—
	3	9.60mL 氧化钇③	—	4.00	—
	4	9.40mL 氧化钇③	—	6.00	—
	5	9.20mL 氧化钇③	—	8.00	—
	6	9.00mL 氧化钇③	—	10.00	—

① 氧化钇：溶液配制方法参见本方法中（五）-2.-（1）基体溶液的制备方法中的氧化钇（基体）溶液一。

② 氧化铕：溶液配制方法参见本方法中（五）-2.-（1）基体溶液的制备方法中的氧化铕（基体）溶液。

③ 氧化钇：溶液配制方法参见本方法中（五）-2.-（1）基体溶液的制备方法中的氧化钇（基体）溶液二。

根据样品中被测稀土元素氧化物的种类和基体氧化铈的质量分数，按表 2-22 分别移取相应量的氧化钇、氧化铈基体溶液，置于一组 100mL 容量瓶中，按表 2-22 再分取一系列体积的被测稀土元素氧化物标准溶液［或混合稀土元素氧化物标准溶液Ⅱ（单一稀土元素氧化物各为 1.00μg/mL）和Ⅰ（单一稀土元素氧化物各为 20.00μg/mL），此溶液制备方法参见本方法（五）-1. 标准溶液的配制］，加入 10mL 盐酸（1＋1），以水定容，混匀。

标准系列溶液的测量方法，参见第二章第三节-一、-(五)-2.-(3) 标准系列溶液的测量。分别以各被测稀土元素氧化物的浓度（μg/mL）为横坐标，以分析线净强度为纵坐标，由计算机自动绘制标准曲线。当标准曲线的 $R^2 \geqslant 0.999$ 时，即可进行样品溶液的测定。

（六）样品的测定

（1）优化仪器的方法　具体方法参见第二章第三节-一、-(六) 样品的测定。

（2）样品中被测元素的分析线发射强度的测量　具体方法参见第二章第三节-一、-(六) 样品的测定。

从标准曲线上确定各被测稀土元素氧化物的质量浓度（μg/mL）。

（3）分析线中干扰线的校正　具体方法参见第二章第三节-一、-(六) 样品的测定。

（七）结果的表示

当被测元素的质量分数≤0.01％时，分析结果表示至小数点后第 4 位。

当被测元素的质量分数＞0.01％～0.10％时，分析结果表示至小数点后第 3 位。

当被测元素的质量分数＞0.10％时，分析结果表示至小数点后第 2 位。

（八）质量保证和质量控制

具体操作方法参见第二章第三节-一、-(八) 质量保证和质量控制。

（九）注意事项

（1）参见第二章第二节-一、-(九) 注意事项（1）。

（2）参见第二章第三节-一、-(九) 注意事项（1）～(3)。

（3）测试中所用仪器的标准，参见第二章第三节-三、-(九) 注意事项（3）。

（4）分析氧化钇铈中的上述 13 种稀土杂质氧化物（除基体外其余的稀土元素氧化物）含量，采用基体匹配法配制标准系列溶液时，根据样品中基体氧化铈的质量分数［在 2％～10％范围（本方法适用范围）内，设定 6 个梯度，分别为 2.5％、5.1％、6％、6.8％、7.6％、8.6％］，应分别配制标准系列溶液（1～6 组）。

五、钐铕钆富集物中杂质稀土氧化物的分析

现行国家标准[34]中，电感耦合等离子体原子发射光谱法可以分析钐铕钆富集物中的 15 个稀土元素氧化物（氧化镧、氧化铈、氧化镨、氧化钕、氧化钐、氧化铕、氧化钆、氧化铽、氧化镝、氧化钬、氧化铒、氧化铥、氧化镱、氧化镥、氧化钇）的含量（或配分量），其稀土元素氧化物测定范围见表 2-2。

我们以此为应用实例讲解具体的分析步骤和方法，以及一些注意事项。

（一）样品的制备和保存

样品的制备和保存参考相应国家标准的相关内容，需要注意如下3点。

（1）固体钐铕钆氧化物富集物的样品：于950℃灼烧1h，置于干燥器中，冷却至室温，立即称量。

（2）固体钐铕钆碳酸盐富集物的样品：开封后立即称量。

（3）液体、固体钐铕钆富集物的样品：摇匀后分取。

（二）样品的消解

电感耦合等离子体原子发射光谱法分析钐铕钆富集物中的15个稀土元素氧化物含量的消解方法主要为湿法消解中的电热板消解法。关于消解方法分类的介绍，参见第二章第二节-一、-（二）样品的消解。

本部分中样品的消解方法概要为：样品用盐酸溶解，制得稀盐酸介质的样品溶液。产品分为固体钐铕钆氧化物富集物、固体钐铕钆碳酸盐富集物、液体钐铕钆富集物三种类型。根据产品的类型，样品的称取量（称样量）、溶解样品时加入水和盐酸的量、样品溶液总体积均不相同，见表2-23。

▣ 表2-23　分析钐铕钆富集物中的15个稀土元素氧化物含量的样品溶液

产品类型	称样量/g	加入水和盐酸的量/mL	样品溶液总体积/mL
固体钐铕钆氧化物富集物	0.20	10mL 水,10mL 盐酸(1+1)	200
固体钐铕钆碳酸盐富集物	10.00	30mL 盐酸(1+19)	200
液体钐铕钆富集物	1.00	10mL 盐酸(1+1)	1000

根据产品的类型，按表2-23称取相应量的样品，精确至0.0001g。称取两份样品，独立地进行两次测定，取其平均值。随同样品做空白试验。

将准确称量的固体样品置于300mL烧杯中。根据产品的类型，按表2-23加入相应量的水和盐酸溶液，于电热板上低温加热，至溶解完全，冷却至室温。按表2-23移入200mL容量瓶中，以水稀释至刻度，混匀。对于固体钐铕钆碳酸盐富集物的样品溶液，需进一步稀释，分取5.0mL此溶液于250mL容量瓶中，加入10mL盐酸（1+1），以水稀释至刻度，混匀。

将准确称量的液体样品置于1000mL容量瓶中，按表2-23加入相应量的盐酸溶液，以水稀释至刻度，混匀。此样品溶液稀土元素氧化物总浓度约为1mg/mL。

将上述样品溶液各分取5.00mL，移入50mL容量瓶中，加入5mL盐酸（1+1），以水稀释至刻度，混匀，待测。

（三）仪器条件的选择

分析钐铕钆富集物中的15个稀土元素氧化物的含量时，推荐的电感耦合等离子体原子发射光谱仪测试条件，参见表2-2。

（1）选择分析谱线时，可以根据仪器的实际情况（如灵敏度和谱线干扰）做相应的调整。推荐的分析线见表2-2。分析谱线的选择，参见第二章第三节-一、-（三）仪器条件的选择。

（2）仪器的实际分辨率参见第二章第三节-一、-（三）仪器条件的选择。

（3）在仪器最佳工作条件下，凡能达到下列指标者均可使用。

1）灵敏度　以测氧化钐含量为例，通过计算溶液中仅含有钐的分析线（442.434nm），得出检出限（DL）。检出限定义参见第二章第三节-一、-(三)-(3)-1）灵敏度。

2）短期稳定性　每个最高浓度标准溶液发射谱线的标准偏差应不超过绝对或相对光强平均值的0.8％。此指标的测量和计算方法参见第二章第三节-一、-(三)-(3)-2）短期稳定性"。

3）长期稳定性　7个测量平均值的相对标准偏差小于2.0％。此指标的测量和计算方法参见第二章第三节-一、-(三)-(3)-3）长期稳定性。

4）标准曲线的线性　标准曲线的 $R^2 \geqslant 0.999$。

（四）干扰的消除

分析钐铕钆富集物中的15个稀土元素氧化物的含量，制备样品溶液时，根据产品的类型，分别制备样品溶液，由于不同的样品，其基体组成不同，故以不同的溶液制备方法消除样品基体中不同干扰元素对测定的影响。

（五）标准曲线的建立

1. 标准溶液的配制

配制各个被测元素标准储备溶液和标准溶液的原则，参见第二章第三节-二、-(五)-1. 标准溶液的配制。若选择与被测样品基体一致、质量分数相近的有证标准样品作标准储备溶液，再通过稀释储备溶液10倍、100倍的方法获得单元素标准使用液。需要注意的是，稀释时用盐酸（1＋19）定容，现用现配，单一稀土元素氧化物标准溶液Ⅰ的浓度为 $100\mu g/mL$，标准溶液Ⅱ的浓度为 $10\mu g/mL$。

2. 标准曲线的建立

标准系列溶液的配制原则，参见第二章第二节-一、-(五)-1. 标准溶液的配制。分析钐铕钆富集物中的15个稀土元素氧化物的含量时，采用标准曲线法，其方法原理介绍参见第二章第二节-一、-(五)-2. 标准曲线的建立。本部分中标准系列溶液的制备方法如表2-24所列。按表2-24分别移取相应体积的各单一稀土元素氧化物标准溶液Ⅱ（ $10\mu g/mL$ ）和标准储备溶液（ $1000\mu g/mL$ ），置于3个100mL容量瓶中，并加入8mL盐酸（1＋1），以水稀释至刻度，混匀，待测。

▫ 表2-24　分析钐铕钆富集物中的15个稀土元素氧化物含量的标准系列溶液

序号	被测氧化物	标准溶液1	标准溶液2		标准溶液3
		分取被测氧化物标准溶液Ⅱ体积/mL	分取被测氧化物标准溶液Ⅱ体积/mL	分取被测氧化物标准储备溶液体积/mL	分取被测氧化物标准储备溶液体积/mL
1	氧化钐	0	—	8.00	2.00
2	氧化铕	0	—	0.50	2.00
3	氧化钆	0	—	1.00	2.50
4	氧化镧	0	5.00	—	0.50
5	氧化铈	0	5.00	—	0.50
6	氧化镨	0	5.00	—	0.50
7	氧化钕	0	5.00	—	0.50

序号	被测氧化物	标准溶液 1	标准溶液 2		标准溶液 3
		分取被测氧化物标准溶液 II 体积/mL	分取被测氧化物标准溶液 II 体积/mL	分取被测氧化物标准储备溶液体积/mL	分取被测氧化物标准储备溶液体积/mL
8	氧化镝	0	5.00	—	0.20
9	氧化钬	0	2.00	—	0.20
10	氧化铒	0	5.00	—	0.20
11	氧化铥	0	5.00	—	0.20
12	氧化镱	0	5.00	—	0.20
13	氧化镥	0	5.00	—	0.20
14	氧化钪	0	5.00	—	0.2
15	氧化钇	0	10.00	—	1.00

标准系列溶液的测量方法，参见第二章第三节-一、-(五)-2.-(3) 标准系列溶液的测量。分别以各被测元素氧化物的浓度（μg/mL）为横坐标，以分析线净强度为纵坐标，由计算机自动绘制标准曲线。当标准曲线的 $R^2 \geqslant 0.999$ 时，即可进行样品溶液的测定。

（六）样品的测定

（1）优化仪器的方法　具体方法参见第二章第三节-一、-(六) 样品的测定。

（2）样品中被测元素的分析线发射强度的测量　具体方法参见第二章第三节-一、-(六) 样品的测定。

从标准曲线上确定被测元素氧化物的质量浓度（μg/mL）。

（3）分析线中干扰线的校正　具体方法参见第二章第三节-一、-(六) 样品的测定。

（七）结果的表示

各个稀土元素氧化物配分量(%)=(各个稀土元素氧化物质量浓度÷∑各稀土元素氧化物质量浓度)×100%

当被测元素的质量分数小于 0.01% 时，分析结果表示至小数点后第 4 位；当被测元素的质量分数大于 0.01% 时，分析结果表示至小数点后第 3 位。

（八）质量保证和质量控制

具体操作方法参见第二章第三节-一、-(八) 质量保证和质量控制。

（九）注意事项

（1）参见第二章第二节-一、-(九) 注意事项（1）。

（2）参见第二章第三节-一、-(九) 注意事项（1）～（3）。

（3）测试中所用仪器的标准，参见第二章第三节-三、-(九) 注意事项（3）。

（4）分析钐铕钆富集物中的 15 个稀土元素氧化物的含量，制备标准系列溶液时，每个标准溶液中的稀土元素氧化物总量接近 100μg/mL。

六、镨钕合金及其化合物中基体元素和其他痕量稀土元素及其氧化物的分析

现行国家标准[34]中，利用电感耦合等离子体原子发射光谱法可以分析镨钕合金及其

化合物中的稀土元素镨、钕和其他 13 种痕量稀土元素（镧、铈、钐、铕、钆、铽、镝、钬、铒、铥、镱、镥、钇）及其氧化物的含量，并可计算上述 15 种稀土元素及其氧化物的配分量。其稀土元素测定范围见表 2-2。

我们以此为应用实例讲解具体的分析步骤和方法，以及一些注意事项。

（一）样品的制备和保存

样品的制备和保存参考相应国家标准的相关内容，需要注意如下两点。

（1）镨钕氧化物　将样品研磨后，在干燥箱内于 105℃烘 1h，并置于干燥器内冷却至室温备用。

（2）镨钕合金　细屑状密封包装。

（二）样品的消解

电感耦合等离子体原子发射光谱法分析镨钕合金及其化合物中的 15 种稀土元素含量的消解方法主要为湿法消解中的电热板消解法。关于消解方法分类的介绍，参见第二章第二节-一、-(二) 样品的消解。本部分中的消解方法概要为：样品用盐酸溶解，制得稀盐酸介质的样品溶液。

本部分的分析产品分为镨钕合金、镨钕氧化物两种产品类型。对于不同的产品类型，称取样品量不同。镨钕合金：称取 0.2125g 样品，精确到 0.0001g。镨钕氧化物：称取 0.2500g 样品，精确到 0.0001g。

称取两份样品，独立地进行两次测定，取其平均值。随同样品做空白试验。

将准确称量的样品置于 100mL 烧杯中，加入 10mL 盐酸（1+1），0.5mL 过氧化氢（30％，质量分数），于电热板上低温加热溶解，至溶解完全，冷却至室温。移入 100mL 容量瓶中，用水稀释至刻度，混匀。移取 10mL 上述样品溶液于 100mL 容量瓶中，用盐酸（1+19）稀释至刻度，混匀，待测。

（三）仪器条件的选择

电感耦合等离子体原子发射光谱仪，氩等离子体光源，倒数线色散率不大于 0.26nm/mm（一级光谱）。光谱仪既可是同时型的，也可是顺序型的。分析镨钕合金及其化合物中的 15 种稀土元素含量时，推荐的等离子体光谱仪测试条件，参见表 2-2。

（1）选择分析谱线时，可以根据仪器的实际情况（如灵敏度和谱线干扰）做相应的调整。推荐的分析线见表 2-2。分析谱线的选择，参见第二章第三节-一、-(三) 仪器条件的选择。

（2）仪器的实际分辨率：参见第二章第三节-一、-(三) 仪器条件的选择。

（3）在仪器最佳工作条件下，凡能达到下列指标者均可使用。

1）灵敏度　以测镧含量为例，通过计算溶液中仅含有镧的分析线（333.749nm），得出检出限（DL）。检出限定义参见第二章第三节-一、-(三)-(3)-1) 灵敏度。

2）短期稳定性　每个最高浓度标准溶液发射谱线的标准偏差应不超过绝对或相对光强平均值的 0.8％。此指标的测量和计算方法参见第二章第三节-一-(三)-(3)-2) 短期稳定性。

3）长期稳定性　7 个测量平均值的相对标准偏差小于 2.0％。此指标的测量和计算方法参见第二章第三节-一、-(三)-(3)-3) 长期稳定性。

4）标准曲线的线性　标准曲线的 $R^2 \geqslant 0.999$。

（四）干扰的消除

分析镨钕合金及其化合物中的 15 种稀土元素含量，配制标准系列溶液时，基体镨、钕氧化物的标准储备溶液配制成浓度比为 $1:9$、$1:0.58$、$2.25:1$ 的 3 个溶液，以消除基体成分变化对测定的影响。

（五）标准曲线的建立

1. 标准溶液的配制

选择与被测样品基体一致、质量分数相近的有证标准样品作标准储备溶液。标准储备溶液的稀释溶液，需与标准储备溶液保持一致的酸度（用时现稀释）。除镨、钕氧化物外，其他 13 种单一稀土金属氧化物的标准使用液浓度为 $50\mu g/mL$。

被测稀土元素氧化物标准溶液中，镨、钕氧化物混合标准溶液需要独立制备。

镨、钕氧化物混合标准储备溶液 I（Nd_2O_3 22.5mg/mL，Pr_6O_{11} 2.5mg/mL）：称取 2.2500g 氧化钕 $[w(Nd_2O_3/REO)>99.99\%，w(REO)>99.5\%，经 950℃灼烧 1h]$ 和 0.2500g 氧化镨 $[w(Pr_6O_{11}/REO)>99.99\%，w(REO)>99.5\%，经 950℃灼烧 1h]$，置于 200mL 烧杯中，加入 20mL 盐酸（1+1），低温加热至溶解完全，冷却至室温。移入 100mL 容量瓶中，用水定容，混匀。

镨、钕氧化物混合标准储备溶液 II（Nd_2O_3 15.0mg/mL，Pr_6O_{11} 8.7mg/mL）：称取 1.5000g 氧化钕 $[w(Nd_2O_3/REO)>99.99\%，w(REO)>99.5\%，经 950℃灼烧 1h]$ 和 0.8700g 氧化镨 $[w(Pr_6O_{11}/REO)>99.99\%，w(REO)>99.5\%，经 950℃灼烧 1h]$，置于 200mL 烧杯中，加入 20mL 盐酸（1+1），低温加热至溶解完全，冷却至室温。移入 100mL 容量瓶中，用水定容，混匀。

镨、钕氧化物混合标准储备溶液 III（Nd_2O_3 7.5mg/mL，Pr_6O_{11} 16.85mg/mL）：称取 0.7500g 氧化钕 $[w(Nd_2O_3/REO)>99.99\%，w(REO)>99.5\%，经 950℃灼烧 1h]$ 和 1.6850g 氧化镨 $[w(Pr_6O_{11}/REO)>99.99\%，w(REO)>99.5\%，经 950℃灼烧 1h]$，置于 200mL 烧杯中，加入 20mL 盐酸（1+1），低温加热至溶解完全，冷却至室温。移入 100mL 容量瓶中，用水定容，混匀。

2. 标准曲线的建立

标准系列溶液的配制原则，参见第二章第二节-一、-(五)-1. 标准溶液的配制。分析镨钕合金及其化合物中的 15 种稀土元素含量时，采用标准曲线法进行计算，其原理介绍参见第二章第二节-一、-(五)-2. 标准曲线的建立。本部分中标准系列溶液的制备方法如表 2-25 所列。

将各单一稀土元素氧化物（除镨、钕氧化物外，还有 13 种稀土元素氧化物）的标准溶液（$50\mu g/mL$）和镨、钕氧化物混合标准储备溶液 I（Nd_2O_3 22.5mg/mL，Pr_6O_{11} 2.5mg/mL）、II（Nd_2O_3 15.0mg/mL，Pr_6O_{11} 8.7mg/mL）、III（Nd_2O_3 7.5mg/mL，Pr_6O_{11} 16.85mg/mL），按表 2-25 分别移取相应的体积，置于 3 个 500mL 容量瓶中，并用盐酸（1+19）定容，混匀。

标准系列溶液的测量方法，参见第二章第三节-一、-(五)-2.-(3) 标准系列溶液的测量。

⊡ 表 2-25　分析镨钕合金及其化合物中的 15 种稀土元素含量的标准系列溶液

序号	被测氧化物	标准溶液 1	标准溶液 2	标准溶液 3
		分取被测氧化物标准溶液体积/mL	分取被测氧化物标准溶液体积/mL	分取被测氧化物标准溶液体积/mL
1	氧化钕	5.00	5.00	5.00
2	氧化镨	镨、钕混合标准储备溶液Ⅰ	镨、钕混合标准储备溶液Ⅱ	镨、钕混合标准储备溶液Ⅲ
3	氧化镧	0	10.00	5.00
4	氧化铈	0	10.00	5.00
5	氧化钐	0	10.00	5.00
6	氧化铕	0	10.00	5.00
7	氧化钆	0	10.00	5.00
8	氧化铽	0	10.00	5.00
9	氧化镝	0	10.00	5.00
10	氧化钬	0	10.00	5.00
11	氧化铒	0	10.00	5.00
12	氧化铥	0	10.00	5.00
13	氧化镱	0	10.00	5.00
14	氧化镥	0	10.00	5.00
15	氧化钇	0	10.00	5.00

分别以各被测元素氧化物的浓度（μg/mL）为横坐标，以分析线净强度为纵坐标，由计算机自动绘制标准曲线。当标准曲线的 $R^2 \geqslant 0.999$ 时，即可进行样品溶液的测定。

（六）样品的测定

（1）优化仪器的方法　具体方法参见第二章第三节-一、-（六）样品的测定。

（2）样品中被测元素的分析线发射强度的测量　具体方法参见第二章第三节-一、-（六）样品的测定。

从标准曲线上确定被测元素氧化物的质量浓度（μg/mL）。

（3）分析线中干扰线的校正　具体方法参见第二章第三节-一、-（六）样品的测定。

（七）结果的表示

各个稀土元素氧化物配分量(%)＝(各个稀土元素氧化物质量浓度÷∑各稀土元素氧化物质量浓度)×100%

各个稀土元素配分量(%)＝[(各个稀土元素氧化物质量浓度×k_i)÷∑(各稀土元素氧化物质量浓度×k_i)]×100%

式中，k_i 为换算系数。换算系数参见表 2-26。

⊡ 表 2-26　镨钕合金及其化合物中的稀土元素含量与稀土氧化物含量的换算系数

元素	换算系数	元素	换算系数	元素	换算系数
镧	0.8527	铕	0.8636	铒	0.8745
铈	0.8141	钆	0.8676	铥	0.8756
镨	0.8277	铽	0.8502	镱	0.8782
钕	0.8574	镝	0.8713	镥	0.8794
钐	0.8624	钬	0.8730	钇	0.7874

当被测元素的质量分数小于 0.01% 时，分析结果表示至小数点后第 4 位；当被测元

素的质量分数大于 0.01% 时，分析结果表示至小数点后第 3 位。

（八）质量保证和质量控制

具体操作方法参见第二章第三节-一、-（八）质量保证和质量控制。

（九）注意事项

（1）参见第二章第二节-一、-（九）注意事项（1）。

（2）参见第二章第三节-一、-（九）注意事项（1）～（3）。

（3）测试中所用仪器的标准，参见第二章第三节-三、-（九）注意事项（3）。

（4）分析镨钕合金氧化物中的 15 种稀土元素氧化物的配分量，在计算分析结果时，采用标准曲线法得到各单一稀土元素氧化物的质量浓度，对测定结果进行归一化处理，求得各稀土元素氧化物的配分量。

（5）分析镨钕合金中的 15 种稀土元素的配分量，用相应单一稀土元素氧化物的标准曲线进行计算，得到单一稀土元素氧化物浓度 $c_i k_i$（换算系数），求得相应单一稀土元素浓度。对此计算结果进行归一化处理，求得各稀土元素的配分量。

第四节　电感耦合等离子体质谱法

在现行有效的标准中，采用电感耦合等离子体质谱法分析稀土及其相关产品的标准有 22 个。对这些方法归纳解析的同时，结合工作实际对方法中干扰的消除、注意事项进行说明。

一、稀土金属及其氧化物中稀土杂质的分析

现行国家标准[36-49]中，电感耦合等离子体质谱法可以分析 14 种稀土金属（镧、铈、镨、钕、钐、铕、钆、铽、镝、钬、铒、钇、铥、镱）及其氧化物中的杂质稀土元素（镧、铈、镨、钕、钐、铕、钆、铽、镝、钬、铒、铥、镱、镥、钇）及其氧化物的含量。此方法适用于上述稀土金属的氧化物中除基体外的其他 14 种稀土杂质氧化物含量的同时测定，也适用于单个稀土杂质氧化物含量的独立测定，其氧化物测定范围见表 2-3。此方法同样适用于上述稀土金属中除基体外的其他 14 种稀土杂质元素含量的同时测定，也适用于单个稀土杂质元素含量的独立测定。

我们以此为应用实例讲解具体的分析步骤和方法，以及一些注意事项。

（一）样品的制备和保存

样品的制备和保存参考相应国家标准的相关内容，需要注意如下两点：

① 氧化物样品于 900℃灼烧 1h，置于干燥器中，冷却至室温，立即称量；

② 金属样品应去掉表面氧化层，取样后立即称量。

（二）样品的消解

电感耦合等离子体质谱法分析 14 种稀土金属及其氧化物中的稀土杂质含量的消解方

法主要为湿法消解中的电热板消解法。关于消解方法分类的介绍，参见第二章第二节-一、-(二) 样品的消解。

本部分的分析样品分为稀土元素氧化物和稀土金属两类，本方法规定了分析稀土元素氧化物中的稀土杂质含量的方法，同时适用于分析稀土金属中的稀土杂质的含量。其中，稀土元素氧化物和稀土金属样品的称样量不同，稀土金属样品的称样量为稀土元素氧化物样品的称样量乘以相应的换算系数，换算系数参见表 2-4。

分析稀土金属镧、镝、钬、铒、钇、铥、镱及其氧化物中的稀土杂质含量时，样品以硝酸溶解，以 ICP-MS 在稀硝酸介质中直接测定，测定时以内标法进行校正。分析稀土金属铈、镨、钕、钐、铕、钆、铽及其氧化物中的稀土杂质含量时，样品以硝酸或盐酸溶解，以 ICP-MS 在稀硝酸介质中直接测定。其中，分析氧化铈（铈）中的氧化钇（钇）、氧化铽（铽），氧化镨（镨）中的氧化铽（铽），氧化钕（钕）中的氧化铽（铽）、氧化镝（镝）和氧化钬（钬），氧化钐（钐）中的氧化镝（镝）、氧化钬（钬）、氧化铒（铒）和氧化铥（铥），氧化铕（铕）中的氧化铥（铥），氧化钆（钆）中的氧化镱（镱）、氧化镥（镥），氧化铽（铽）中的氧化镥（镥）的含量时，需经 C272 微型柱分离基体后，再进行质谱测定。测定时均以内标法进行校正。下面分别进行具体介绍。

(1) 硝酸消解法适用于分析氧化镧、氧化镝、氧化钬、氧化铒、氧化钇、氧化铥、氧化镱中的稀土杂质氧化物的含量。

稀土元素氧化物样品中被测稀土杂质氧化物的质量分数越大，称样量越小，如表 2-27 所列。根据产品的种类和被测稀土杂质氧化物的质量分数，按表 2-27 称取相应质量的样品，精确至 0.0001g。独立地进行 2 次测定，取其平均值。随同样品做空白试验。

根据产品的种类和被测稀土杂质氧化物的质量分数，将准确称量的样品置于 50mL 烧杯中，加入 5mL 水润湿，按表 2-27 加入相应量的溶样酸［分析氧化铒中的稀土杂质含量时，再加入 1mL 过氧化氢（30％，质量分数，优级纯）助溶］，于电热板上低温加热，至样品溶解完全，继续加热溶液蒸发至近干，取下，冷却至室温。按表 2-27 用定容试剂将上述样品溶液转移至相应定容体积的容量瓶中，并稀释至刻度，混匀。

根据产品的种类，按表 2-27 分取相应体积的定容后样品溶液，置于表 2-27 中"样品测定体积"规定的相应定容体积的容量瓶中，按表 2-27 加入相应量的内标溶液，用水稀释至刻度［分析氧化铒中的稀土杂质含量时，用硝酸（1＋49）稀释至刻度；分析氧化铥中的稀土杂质含量时，用硝酸（1＋99）稀释至刻度］，混匀，待测。

(2) 盐酸或硝酸消解＋以 C272 微型柱分离基体法适用于分析氧化铈、氧化镨、氧化钕、氧化钐、氧化铕、氧化钆、氧化铽中的稀土杂质氧化物的含量。

稀土元素氧化物样品中被测稀土杂质氧化物的质量分数越大，称样量越小，如表 2-28 所列。根据产品的种类和被测稀土杂质氧化物的质量分数，按表 2-28 称取相应质量的样品，精确至 0.0001g。独立地进行两次测定，取其平均值。随同样品做空白试验。

根据产品的种类和被测稀土杂质氧化物的质量分数，将准确称量的样品置于 50mL 烧杯中，加入 5mL 水润湿，按表 2-28 加入相应量的溶样酸［分析氧化铈、氧化钕中的稀土杂质含量时，再加入 1mL 过氧化氢（30％，质量分数，优级纯）助溶］，于电热板上低温加热，至样品溶解完全，继续加热溶液蒸发至近干，取下，冷却至室温。按表 2-28 用定容试剂将样品溶液转移至相应定容体积的容量瓶中，并稀释至刻度，混匀。

☐ 表2-27 分析稀土元素镧、镝、钬、铒、钇、铥、镱氧化物中的杂质氧化物含量的样品溶液

产品种类	被测氧化物质量分数/%	样品量/g	溶样酸量	定容试剂	样品溶液定容体积/mL	分取样品溶液体积/mL	样品测定体积/mL	内标溶液量
氧化镧	0.00005～0.0050	0.250	5.00mL 硝酸①	硝酸②	50	3.00	50	0.50mL 铟内标液⑤
	＞0.0050～0.010	0.100						
氧化镝	0.0001～0.0050	0.250	5.00mL 硝酸③	水	50	1.00	10	0.50mL 铯内标液⑥
	＞0.0050～0.050	0.100						
氧化钬	0.0001～0.010	0.250	5.00mL 硝酸①	水	50	1.00	10	0.50mL 铯内标液⑦
	＞0.010～0.10	0.100			100			
氧化铒	0.0001～0.0020	0.500	5.00mL 硝酸③	硝酸②	50	1.00	10	0.50mL 铯内标液⑧
	＞0.0020～0.010	0.250						
氧化钇	0.00005～0.0050	0.300	5.00mL 硝酸①	硝酸②	100	5.00	50	0.50mL 铯内标液⑦
	＞0.0050～0.010	0.200						
氧化铥	0.0001～0.0050	0.500	5.00mL 硝酸①	水	50	5.00	50	0.50mL 铯内标液⑨
	＞0.0050～0.010	0.250						
氧化镱	0.0001～0.0050	0.250	5.00mL 硝酸①	硝酸④	50	3.00	50	0.50mL 铯内标液⑩
	＞0.0050～0.010	0.100						

① 硝酸：1+1，优级纯。

② 硝酸：1+19，优级纯。

③ 硝酸：1+3，优级纯。

④ 硝酸：1+99，优级纯。

⑤ 铟内标液（1μg/mL）：称0.1210g氯化铟（优级纯）置于烧杯中，加10mL水，溶解完全，再加10mL硝酸（1+1），移入100mL容量瓶中，用水稀释至刻度，混匀。分取10.00mL此溶液置于100mL容量瓶中，以硝酸（1+19）定容，混匀。再移取1.00mL上述稀释后的溶液，置于100mL容量瓶中，以硝酸（1+19）定容，混匀。

⑥ 铯内标液（1μg/mL）：称0.1270g氯化铯（优级纯）置于烧杯中，加10mL水，溶解完全，再加10mL硝酸（1+3），移入100mL容量瓶中，用水稀释至刻度，混匀。分取10.00mL此溶液置于100mL容量瓶中，以硝酸（1+19）定容，混匀。再移取1.00mL上述稀释后的溶液，置于100mL容量瓶中，以硝酸（1+19）定容，混匀。

⑦ 铯内标液（1μg/mL）：称0.1270g氯化铯（优级纯）置于烧杯中，加10mL水，溶解完全，再加10mL硝酸（1+1），移入100mL容量瓶中，用水稀释至刻度，混匀。分取10.00mL此溶液置于100mL容量瓶中，以硝酸（1+19）定容，混匀。再移取1.00mL上述稀释后的溶液，置于100mL容量瓶中，以硝酸（1+19）定容，混匀。

⑧ 铯内标液（1μg/mL）：称0.1270g氯化铯（优级纯）置于烧杯中，加10mL水，溶解完全，再加10mL硝酸（1+3），移入100mL容量瓶中，用水稀释至刻度，混匀。分取10.00mL此溶液置于100mL容量瓶中，以硝酸（1+49）定容，混匀。再移取1.00mL上述稀释后的溶液，置于100mL容量瓶中，以硝酸（1+49）定容，混匀。

⑨ 铯内标液（1μg/mL）：称0.1270g氯化铯（优级纯）置于烧杯中，加10mL水，溶解完全，再加10mL硝酸（1+1），移入100mL容量瓶中，用水稀释至刻度，混匀。分取10.00mL此溶液置于100mL容量瓶中，以硝酸（1+99）定容，混匀。再移取1.00mL上述稀释后的溶液，置于100mL容量瓶中，以硝酸（1+99）定容，混匀。

⑩ 铯内标液（0.4μg/mL）：称0.1270g氯化铯（优级纯）置于烧杯中，加10mL水，溶解完全，再加10mL硝酸（1+1），移入100mL容量瓶中，用水稀释至刻度，混匀。分取10.00mL此溶液置于100mL容量瓶中，以硝酸（1+99）定容，混匀。再移取2.00mL上述稀释后的溶液，置于500mL容量瓶中，以硝酸（1+99）定容，混匀。

⊡ 表 2-28　分析稀土元素铈、镨、钕、钐、铕、钆、铽氧化物中的杂质氧化物含量的样品溶液

产品种类	被测氧化物质量分数/%	样品量/g	溶样酸量	定容试剂	样品溶液定容体积/mL	分取样品溶液体积/mL	样品测定体积/mL	内标溶液量
氧化铈	0.0001~0.0050	0.250	5.00mL硝酸①	盐酸③	50	1.00	10	0.50mL铯内标液⑨
	>0.0050~0.050	0.100						
氧化镨	0.0001~0.0050	0.250	5.00mL硝酸①	盐酸④	50	3.00	50	0.50mL铯内标液⑩
	>0.0050~0.020	0.100						
氧化钕	0.0001~0.0050	0.250	5.00mL硝酸②	盐酸④	50	1.00	50	0.20mL铯内标液⑪
	>0.0050~0.050	0.100						
氧化钐	0.0001~0.0050	0.250	5.00mL硝酸①	盐酸⑤	50	1.00	10	0.50mL铯内标液⑨
	>0.0050~0.050	0.100						
氧化铕	0.00005~0.0010	0.500	5.00mL硝酸①	盐酸⑥	50	1.00	10	0.50mL铯内标液⑨
	>0.0010~0.0050	0.250						
	>0.0050~0.050	0.100						
氧化钆	0.0001~0.0050	0.250	5.00mL硝酸①	盐酸⑦	50	1.00	10	0.50mL铯内标液⑨
	>0.0050~0.010	0.100						
氧化铽	0.0001~0.010	0.250	5.00mL硝酸①	盐酸⑧	50	1.00	10	0.50mL铯内标液⑨
	>0.010~0.10	0.100			100			

① 硝酸：1+1，优级纯。

② 硝酸：1+3，优级纯。

③ 盐酸（0.015mol/L）：分取 7.50mL 经标定的盐酸标准溶液 [$c(HCl)≈2mol/L$] 置于 1000mL 容量瓶中，以水定容，混匀。

④ 盐酸（0.020mol/L）：分取 10.00mL 经标定的盐酸标准溶液 [$c(HCl)≈2mol/L$] 置于 1000mL 容量瓶中，以水定容，混匀。

⑤ 盐酸（0.030mol/L）：分取 15.00mL 经标定的盐酸标准溶液 [$c(HCl)≈2mol/L$] 置于 1000mL 容量瓶中，以水定容，混匀。

⑥ 盐酸（0.060mol/L）：分取 30.00mL 经标定的盐酸标准溶液 [$c(HCl)≈2mol/L$] 置于 1000mL 容量瓶中，以水定容，混匀。

⑦ 盐酸（0.070mol/L）：分取 35.00mL 经标定的盐酸标准溶液 [$c(HCl)≈2mol/L$] 置于 1000mL 容量瓶中，以水定容，混匀。

⑧ 盐酸（0.080mol/L）：分取 40.00mL 经标定的盐酸标准溶液 [$c(HCl)≈2mol/L$] 置于 1000mL 容量瓶中，以水定容，混匀。

⑨ 铯内标液（1μg/mL）：称 0.1270g 氯化铯（优级纯）置于烧杯中，加 10mL 水，溶解完全，再加 10mL 硝酸（1+1），移入 100mL 容量瓶中，用水稀释至刻度，混匀。分取 10.00mL 此溶液置于 100mL 容量瓶中，以硝酸（1+19）定容，混匀。再移取 1.00mL 上述稀释后的溶液，置于 100mL 容量瓶中，以硝酸（1+19）定容，混匀。

⑩ 铯内标液（0.4μg/mL）：称 0.1270g 氯化铯（优级纯）置于烧杯中，加 10mL 水，溶解完全，再加 10mL 硝酸（1+1），移入 100mL 容量瓶中，用水稀释至刻度，混匀。分取 10.00mL 此溶液置于 100mL 容量瓶中，以硝酸（1+19）定容，混匀。再移取 2.00mL 上述稀释后的溶液，置于 500mL 容量瓶中，以硝酸（1+19）定容，混匀。

⑪ 铯内标液（0.5μg/mL）：称 0.1270g 氯化铯（优级纯）置于烧杯中，加 10mL 水，溶解完全，再加 10mL 硝酸（1+3），移入 100mL 容量瓶中，用水稀释至刻度，混匀。分取 10.00mL 此溶液置于 100mL 容量瓶中，以硝酸（1+19）定容，混匀。再移取 0.50mL 上述稀释后的溶液，置于 100mL 容量瓶中，以硝酸（1+19）定容，混匀。

注：盐酸标准溶液 [$c(HCl)≈2mol/L$]：移取 350mL 盐酸（$ρ=1.19g/mL$，优级纯）置于 2000mL 容量瓶中，以水定容，混匀。注意使用前需标定。标定方法为称取 3 份 2.3000g 无水碳酸钠（基准物质，预先于 300℃ 灼烧 2h，并于干燥器中冷却至室温），分别置于 3 个 250mL 锥形瓶中，各加入 50~60mL 水，0.1~0.2mL 甲基红-溴甲酚绿指示剂 [1 体积甲基红乙醇溶液（2g/L）+3 体积溴甲酚绿乙醇溶液（1g/L）]，用盐酸标准溶液 [$c(HCl)≈2mol/L$] 滴定至溶液由绿色变为酒红色，加热煮沸驱除二氧化碳，冷却，继续滴定至酒红色即为终点，取三次滴定体积平均值。平行标定所消耗盐酸标准溶液 [$c(HCl)≈2mol/L$] 体积的极差不超过 0.10mL。随同标定做空白试验。

盐酸标准溶液的浓度（mol/L）＝碳酸钠的质量（g）÷0.05299（与 1.00mmol 盐酸相当的碳酸钠的质量，g/mmol）÷[滴定碳酸钠消耗盐酸标准溶液的体积（mL）－滴定空白溶液消耗盐酸标准溶液的体积（mL）]。

通过上述方法得到样品的消解液，然后制备用于测定的样品溶液。

（1）样品溶液制备方法 A　此方法适用于采用 ICP-MS 直接测定氧化铈、氧化镨、氧化钕、氧化钐、氧化铕、氧化钇、氧化镱中的稀土杂质氧化物的含量。测定时均以内标法进行校正。

根据产品的种类，按表 2-28 分取相应体积的上述样品溶液，置于表 2-28 中"样品测定体积"规定的相应定容体积的容量瓶中，按表 2-28 加入相应量的铯内标溶液，用水稀释至刻度，混匀，待测。

（2）样品溶液制备方法 B　此方法适用于分析以 C272 微型柱分离基体后再用 ICP-MS 测定的稀土杂质氧化物的含量。

如果分析氧化铈（铈）中的氧化钇（钇）、氧化镱（镱），氧化镨（镨）中的氧化镱（镱），氧化钕（钕）中的氧化镱（镱）、氧化镝（镝）和氧化钬（钬），氧化钐（钐）中的氧化镝（镝）、氧化钬（钬）、氧化铒（铒）和氧化铥（铥），氧化铕（铕）中的氧化铥（铥），氧化钇（钇）中的氧化镥（镥）、氧化镱（镱），氧化镱（镱）中的氧化镥（镥）的含量时，需经 C272 微型柱分离基体后，再进行质谱测定。测定时均以内标法进行校正。

① 分离柱的准备及分离装置的连接。样品经消解后，产品中的基体稀土元素氧化物和杂质被测稀土元素氧化物都转化为相应的稀土元素。产品基体不同，淋洗液浓度及流速也不同，被测稀土元素的洗脱时间和分离柱的平衡时间也相应变化。

将微型分离柱［C272 微型分离柱：柱床（23mm×9mm，ID）；填料为含 20% Cyanex272 的负载硅球（50～70μm）］充水去气，预先以盐酸洗脱液［0.50mol/L，分取 25.00mL 约 2mol/L 盐酸标准溶液（经准确标定，制备方法参见表 2-29 注释）置于 100mL 容量瓶中，以水定容，混匀］洗涤 30min，再以盐酸淋洗液（按表 2-29 浓度配制）平衡后，备用。将微型分离柱用内径为 0.8mm 的聚四氟乙烯管按图 2-2 连接在分离装置流路上，选择合适的泵管，调节样品溶液管路流速为 1.00mL/min，洗脱液管路流速为 （1.0±0.1）mL/min，淋洗液管路流速参见表 2-29。值得注意的是，分离柱使用若干次后，柱内有明显的气泡，应去气后再使用。

▫ 表 2-29　分析稀土元素铈、镨、钕、钐、铕、钇、镱氧化物中的杂质氧化物含量时的柱分离基体法

产品基体	被测稀土元素	淋洗液浓度/(mol/L)	淋洗液流速/(mL/min)	淋洗时间/min	洗脱时间/min	平衡时间/min	内标溶液量
铈	钇、镱	0.015	1.0±0.1	20	7	3	0.50mL 铯内标液①
镨	镱	0.020	1.5±0.1	20	5	5	0.10mL 铯内标液②
钕	镱、镝、钬	0.020	1.5±0.1	20	5	4	0.20mL 铯内标液③
钐	镝、钬、铒、铥	0.030	1.5±0.1	18	6	3	0.50mL 铯内标液①
铕	铥	0.060	1.0±0.1	10	6	3	0.50mL 铯内标液①
钇	镱、镥	0.070	1.0±0.1	20	7	5	0.50mL 铯内标液①
镱	镥	0.080	1.5±0.1	20	6	3	0.50mL 铯内标液①

① 铯内标液（1μg/mL）：此溶液配制方法参见表 2-28 下注释"⑨铯内标液"。

② 铯内标液（0.4μg/mL）：此溶液配制方法参见表 2-28 下注释"⑩铯内标液"。

③ 铯内标液（0.5μg/mL）：此溶液配制方法参见表 2-28 下注释"⑪铯内标液"。

微型分离装置流路见图 2-2。将 C272 微型分离柱用内径 0.8mm 聚四氟乙烯管连接在流路中，用 3 只旋转阀切换阀位，顺序完成平衡—进样—淋洗（分离基体）—洗脱—收集待测杂质元素—平衡（再生）过程。

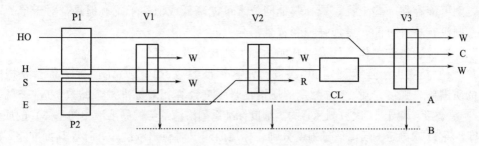

图 2-2 微型分离装置流路

P1,P2—蠕动泵（两通道，可调速）；V1，V2，V3—旋转阀；CL—C272微型分离柱；

R—返回；H—淋洗液管路；S—取样管；E—洗脱液管路；C—收集液；W—废液；

A,B—阀位；平衡—V1A—V2A—V3A；进样—V1B—V2A—V3A；

淋洗（分离基体）—V1A—V2A—V3A；洗脱—V1A—V2B—V3A；

收集待测杂质元素—V1A—V2B—V3B；平衡（再生）—V1A—V2B—V3A

② 基体的分离。将淋洗液管路和洗脱液管路分别插入盐酸淋洗液（按表 2-29 浓度配制）和盐酸洗脱液 [0.50mol/L，分取 25.00mL 约 2mol/L 盐酸标准溶液（经准确标定，制备方法参见表 2-29 注释）置于 100mL 容量瓶中，以水定容，混匀] 中，用盐酸淋洗液平衡分离柱 6min，将样品溶液管路插入上述样品溶液（经消解）中，待此样品溶液充满管路后，切换旋转阀 V1，准确采集 1.00mL 样品溶液（经消解）。将旋转阀 V1 切换至原位，用盐酸淋洗液按表 2-29 淋洗分离柱相应时间，将产品基体洗出，排至废液中。切换旋转阀 V2，用盐酸洗脱液洗脱 1min 后，切换旋转阀 V3，继续用盐酸洗脱液按表 2-29 洗脱相应时间，将富集在分离柱上的被测稀土元素洗脱出来，分离液收集于 10mL 容量瓶中，旋转阀 V3 切换至原位。按表 2-29 平衡相应时间，将旋转阀 V2 切换至原位。

③ 样品测定溶液的配制。于收集分离液的 10mL 容量瓶中，按表 2-29 加入相应量的铯内标溶液，用水稀释至刻度，混匀，待测。

④ 背景校正溶液的配制。准确移取 2.00mL 与样品中基体相同的稀土元素氧化物标准储备溶液（1000μg/mL），置于 100mL 容量瓶中，用硝酸（1+19）定容，混匀。再移取 5.00mL 上述溶液置于 100mL 容量瓶中，用硝酸（1+19）定容，混匀。此溶液中基体稀土元素氧化物的浓度为 1.00μg/mL。然后移取 2.00mL 此溶液置于 10mL 容量瓶（或比色管）中，并按表 2-29 加入相应量的铯内标溶液，用水稀释至刻度，混匀，待测。

（三）仪器条件的选择

电感耦合等离子体质谱仪可以是四级杆质谱仪、磁扇质谱仪（高分辨质谱仪）和分行时间质谱仪三类仪器的任何一类。所有这三类仪器都需要使用氩气作为工作气体。仪器质量分辨率优于（0.8±0.1）amu，配备自动进样或手动进样系统。分析稀土金属镧、铈、镨、钕、钐、铕、钆、铽、镝、钬、铒、钇、铥、镱及其氧化物中的稀土杂质含量时，推荐的等离子体光谱仪测试条件，参见表 2-3 和本部分（3）分析铈及氧化铈中的稀土杂质含量时中的工作条件。

（1）选择同位素的质量数时，可以根据仪器的实际情况做相应的调整。推荐的同位素的质量数见表 2-3，这些质量数不受基体元素的明显干扰。

如果空白样品溶液的质谱信号强度较标准系列溶液和样品溶液的质谱信号强度相同或

更高，则可能存在一些干扰，选择其他同位素可能降低或消除干扰。但是，对于单一同位素元素则没有这种可能，需加强控制背景信号。

（2）在仪器最佳工作条件下，凡能达到下列指标者均可使用。

1）短时精密度　连续测定 10 次被测元素标准溶液（10ng/mL，与样品溶液相同基体）的质谱信号强度，对 10 次测定的质谱信号强度计算相对标准差，此数值应≤5%。

2）灵敏度　测定 11 次被测元素的零浓度标准系列溶液（与样品溶液相同基体）的质谱信号强度，将 11 次测定的质谱信号强度分别在标准曲线上对应出浓度，并计算其标准差，此标准差的 3 倍值为灵敏度。如测定 10ng/mL 标准溶液，^{115}In≥400000cps，^{238}U≥300000cps。

3）测定下限　测定 11 次被测元素的零浓度标准系列溶液（与样品溶液相同基体）的质谱信号强度，将 11 次测定的质谱信号强度分别在标准曲线上对应出浓度，并计算其标准差，此标准差的 10 倍值为测定下限。

4）标准曲线的线性　标准曲线的 R^2≥0.9999。

5）氧化物　CeO$^+$(156)/Ce$^+$(140)≤3%，10ng/mL 标准溶液的测定参考值。仪器经优化后，其氧化物应满足测定需要，供仪器优化时参考。

（3）分析铈及氧化铈中的稀土杂质含量时，使用美国 Thermo-Element Ⅱ 型高分辨等离子体发射光谱/质谱联用仪的推荐工作条件如下。

等离子体功率：1250W。冷却气流速：16L/min。辅助气流速：0.9L/min。载气流速：1.0L/min。质谱分辨率：10000。需要注意的是，利用仪器的高分辨能力直接进行测定，无须进行基体预分离。

（四）干扰的消除

（1）分析氧化铈（铈）中的氧化钆（钆）和氧化铽（铽），氧化镨（镨）中的氧化铽（铽），氧化钕（钕）中的氧化铽（铽）、氧化镝（镝）、氧化钬（钬），氧化钐（钐）中的氧化镝（镝）、氧化钬（钬）、氧化铒（铒）、氧化铥（铥），氧化铕（铕）中的氧化铥（铥），氧化钆（钆）中的氧化镱（镱）、氧化镥（镥），氧化铽（铽）中的氧化镥（镥）的含量时，样品用盐酸或硝酸消解，再以 C272 微型柱分离基体后，配制测定用样品溶液。并且分离基体与被测氧化物时，所用淋洗液和洗脱液均以经碳酸钠标定的盐酸溶液稀释而得，消除基体对测定的影响。

（2）分析 14 种稀土金属镧、铈、镨、钕、钐、铕、钆、铽、镝、钬、铒、钇、铥、镱及其氧化物中的稀土杂质含量，绘制标准曲线时，采用内标法来校正仪器的灵敏度漂移并消除基体效应的影响。由于在湿法消解的稀土样品中存在大量的基体导致仪器漂移，建议在分析多个样品时使用内标。

（3）分析氧化铈（铈）中的氧化镨（镨），氧化钐（钐）中的氧化铕（铕），氧化钆（钆）中的氧化铽（铽）、氧化铥（铥）、氧化镥（镥），氧化铒（铒）中的氧化钬（钬）、氧化铥（铥），氧化镱（镱）中的氧化镥（镥）的含量时，可采取数学方法对被测元素间存在的谱线干扰进行校正，被校正元素的强度与干扰元素的强度关系式参见表 2-3。或采用碰撞反应池工作模式检测，消除干扰离子对上述被测稀土杂质的干扰。

（五）标准曲线的建立

1. 标准溶液的配制

配制各个被测元素标准储备溶液和标准溶液的原则，参见第二章第三节-二、-（五）-1.

标准溶液的配制。可选择与被测样品基体一致、质量分数相近的有证标准样品作标准储备溶液。混合稀土标准溶液的配制，各单一稀土元素氧化物分别为 $1.00\mu g/mL$。样品的基体成分不同，该溶液的配制方法也不尽相同，如表 2-30 所列。

分取 15 种稀土元素氧化物标准储备溶液（各单一稀土元素氧化物分别为 $1000\mu g/mL$）各 2.00mL，置于 100mL 容量瓶中。根据样品的基体成分，按表 2-30 加入相应量的硝酸溶液，以水定容，混匀。再移取 5.00mL 上述溶液置于 100mL 容量瓶中，以表 2-30 中"稀释时定容用酸"规定的酸溶液定容，混匀。

⊡ 表 2-30　分析镧等 14 种稀土金属及其氧化物中的杂质含量的各稀土元素氧化物的标准溶液

序号	样品基体	加入硝酸溶液量	稀释时定容用酸	序号	样品基体	加入硝酸溶液量	稀释时定容用酸
1	氧化镧（镧）	10mL 硝酸(1+1)	硝酸(1+19)	8	氧化铽（铽）	7mL 硝酸(1+1)	硝酸(1+19)
2	氧化铈（铈）	10mL 硝酸(1+1)	硝酸(1+19)	9	氧化镝（镝）	10mL 硝酸(1+3)	硝酸(1+19)
3	氧化镨（镨）	7mL 硝酸(1+1)	硝酸(1+19)	10	氧化钬（钬）	7mL 硝酸(1+1)	硝酸(1+19)
4	氧化钕（钕）	10mL 硝酸(1+3)	硝酸(1+19)	11	氧化铒（铒）	5mL 硝酸(1+3)	硝酸(1+49)
5	氧化钐（钐）	7mL 硝酸(1+1)	硝酸(1+19)	12	氧化钇（钇）	10mL 硝酸(1+1)	硝酸(1+19)
6	氧化铕（铕）	7mL 硝酸(1+1)	硝酸(1+19)	13	氧化铥（铥）	7mL 硝酸(1+1)	硝酸(1+99)
7	氧化钆（钆）	10mL 硝酸(1+1)	硝酸(1+19)	14	氧化镱（镱）	7mL 硝酸(1+1)	硝酸(1+99)

2. 标准曲线的建立

（1）内标校正的标准曲线法（内标法）的原理及使用范围　内标校正的标准曲线法（内标法）是电感耦合等离子体光谱法（ICP-AES）经常采用的定量方法，可以校正仪器的灵敏度漂移并消除基体效应的影响。

内标法（ISTD）是一种测量谱线相对强度，即测量分析线与参比线相对强度的方法，可以有效提高定量分析的准确度。通常在被测元素中选一根谱线为分析线，在基体元素或定量加入的其他元素（作为内标元素）谱线中选一根谱线为参比线（内标线），再分别测量分析线与参比线的强度，并计算它们的比值。由于内标元素的质量浓度是相对固定的，所以该比值只随样品中被测元素质量浓度的变化而变化，并且不受实验条件变化的影响。

在 ICP-MS 法中，内标法则为测量同位素信号相对强度的方法，其定量关系与 ICP-AES 法的内标法相同。下面以 ICP-AES 法的内标法为例，介绍内标法中的定量关系。

被测元素的谱线强度与被测元素质量浓度的关系可用式(2-6)表示：

$$I = ac^b \tag{2-6}$$

式中，I 为谱线强度；c 为被测元素的质量浓度；a 为与样品蒸发、激发过程及样品组成有关的一个参数；b 为自吸系数（当被测元素浓度很低时，谱线强度不大，谱线没有自吸现象，$b=1$；当浓度高时，谱线出现自吸，$b<1$）。

其中，在一定被测元素质量浓度范围内，a 和 b 是一个常数。

对式(2-6)取对数，得到：

$$\lg I = b\lg c + \lg a \tag{2-7}$$

以 $\lg I$ 为纵坐标，$\lg c$ 为横坐标，绘制标准曲线，所得曲线在一定被测元素质量浓度的范围内为直线。

再由式(2-6)得到，分析线和内标线的强度分别为：

$$I = ac^b \tag{2-8}$$

$$I_0 = a_0 c_0^{b_0} \tag{2-9}$$

则分析线与内标线的强度比（记为 R）可表示为式(2-10)：

$$R = \frac{I}{I_0} = \frac{ac^b}{a_0 c_0^{b_0}} = Ac^b \tag{2-10}$$

对式(2-10)取对数，得到：

$$\lg R = b \lg c + \lg A \tag{2-11}$$

式中，$R = \dfrac{I}{I_0}$，为谱线的相对强度；$A = \dfrac{a}{a_0 c_0^{b_0}}$，为常数。

式(2-11)为内标法定量关系式，用加内标的标准系列溶液测定谱线的相对强度，可绘制 $\lg R$-$\lg c$ 内标校正的标准曲线。在分析时，测定样品中谱线的相对强度，即可由内标校正的标准曲线查得被测元素的质量浓度。

当采用内标校正的标准曲线法进行定量分析时，在标准系列溶液、样品溶液和空白溶液中均添加相同浓度的内标（ISTD）元素。以标准系列溶液中被测元素分析线的响应值与内标元素参比线响应值的比值为纵坐标，被测元素浓度为横坐标，绘制内标校正的标准曲线，计算回归方程。通过样品溶液和空白溶液中的被测元素分析线的响应值和内标元素参比线响应值的比值，从内标校正的标准曲线或回归方程中查得相应的被测元素浓度，以样品溶液中被测元素的质量浓度减去空白溶液中被测元素的质量浓度，得到样品溶液中实际的被测元素质量浓度。

1) 内标法中内标元素的选择原则　外加内标元素在样品中应不存在或含量极微，而且不受样品基体或被测元素的干扰；如样品中某基体元素的含量相对稳定时，可以选择该基体元素作内标；内标元素与被测元素应有相近的特性；同族元素，应具有相近的电离能；不会对被测元素产生干扰；不能污染检测环境；ICP-MS 中，内标最好与被测元素的质量接近，比如对轻中重不同质量段采取接近的内标元素。

在 ICP-MS 中，常用的内标元素有锂（Li）、铍（Be）、钪（Sc）、钴（Co）、锗（Ge）、钇（Y）、铑（Rh）、镧（La）、铟（In）、铥（Tm）、镥（Lu）、铼（Re）、钍（Th）、铅（Pb）、铋（Bi）、铀（U）。这些元素中有许多都是经常要分析的，所以实际应用中，最常用的内标元素一般是铑（Rh）、铟（In）、钪（Sc）、钇（Y）、镧（La）、铯（Cs）和铼（Re）。内标元素的选择可根据具体被测元素和要求来确定。

2) 内标元素加入量的原则　内标元素浓度与被测元素浓度接近，通常其浓度差异不超过 2 个数量级。如多元素测定，遇到内标元素浓度与被测元素浓度差异超过 2 个数量级时，可将浓度接近的分组，并采用合适的内标进行校正。如果样品中被测元素浓度未知，需进行预分析，以确定被测元素浓度水平。

内标法中参比线的选择原则：接近的分析线对，激发电位相近；分析线与参比线的波长及强度接近；无自吸现象且不受其他元素谱线干扰。

（2）标准系列溶液的配制　内标校正的标准系列溶液的配制原则，参见第二章第二节--一、-(五)-1.标准溶液的配制。其中，内标标准储备溶液可以直接加入校准系列中，也可在样品雾化之前通过蠕动泵在线加入。所选内标的浓度应远高于样品自身所含内标元素的浓度，常用的内标浓度范围为 $50.0 \sim 1000\mu g/L$。

分析 14 种稀土金属（镧、铈、镨、钕、钐、铕、钆、铽、镝、钬、铒、钇、铥、镱）

及其氧化物中的稀土杂质元素（镧、铈、镨、钕、钐、铕、钆、铽、镝、钬、铒、铥、镱、镥、钇）的含量，以及稀土杂质元素氧化物的含量时，配制标准系列溶液采用上述内标校正的标准曲线法。由于在湿法消解的稀土样品中存在大量的基体导致仪器漂移，建议在分析多个样品时使用内标。标准系列溶液的制备方法如下所述。

根据样品的基体成分，需要分别绘制标准曲线，配制不同的标准系列溶液，其配制方法参见表 2-31。

▫ 表 2-31　分析镧、铈、镨等 14 种稀土金属及其氧化物中的稀土杂质含量的标准系列溶液

序号	样品基体	分取被测氧化物标准溶液体积/mL	内标溶液量	补加酸试剂量
1	氧化镧（镧）	0、0.20、1.00、3.00	1.0mL 铟内标液①	2.0mL 硝酸⑤
2	氧化铈（铈）	0、0.20、1.00、5.00、10.00	5.0mL 铯内标液②	—
3	氧化镨（镨）	0、0.20、1.00、5.00、10.00	1.0mL 铯内标液③	2.0mL 硝酸⑤
4	氧化钕（钕）	0、0.20、1.00、5.00、10.00	2.0mL 铯内标液④	—
5	氧化钐（钐）	0、0.20、1.00、5.00、10.00	5.0mL 铯内标液②	—
6	氧化铕（铕）	0、0.20、1.00、5.00、10.00	5.0mL 铯内标液②	—
7	氧化钆（钆）	0、0.20、1.00、5.00、10.00	5.0mL 铯内标液②	—
8	氧化铽（铽）	0、0.20、1.00、5.00、10.00	5.0mL 铯内标液②	—
9	氧化镝（镝）	0、0.20、1.00、5.00、10.00	2.0mL 铯内标液⑥	—
10	氧化钬（钬）	0、0.20、1.00、5.00、10.00	5.0mL 铯内标液③	—
11	氧化铒（铒）	0、0.20、1.00、5.00、10.00	5.0mL 铯内标液⑦	4.0mL 硝酸①
12	氧化钇（钇）	0、0.20、1.00、3.00	1.0mL 铯内标液③	2.0mL 硝酸①
13	氧化铥（铥）	0、0.20、1.00、5.00、10.00	1.0mL 铯内标液⑧	2.0mL 硝酸①
14	氧化镱（镱）	0、0.20、1.00、5.00、10.00	1.0mL 铯内标液⑨	2.0mL 硝酸①

① 铟内标液（1μg/mL）：此溶液配制方法参见表 2-27 下注释"⑤铟内标液"。

② 铯内标液（1μg/mL）：此溶液配制方法参见表 2-27 下注释"⑨铯内标液"。

③ 铯内标液（0.4μg/mL）：此溶液配制方法参见表 2-27 下注释"⑩铯内标液"。

④ 铯内标液（0.5μg/mL）：此溶液配制方法参见表 2-28 下注释"⑪铯内标液"。

⑤ 硝酸：1+1，优级纯。

⑥ 铯内标液（1μg/mL）：此溶液配制方法参见表 2-27 下注释"⑥铯内标液"。

⑦ 铯内标液（1μg/mL）：此溶液配制方法参见表 2-27 下注释"⑧铯内标液"。

⑧ 铯内标液（1μg/mL）：此溶液配制方法参见表 2-27 下注释"⑨铯内标液"。

⑨ 铯内标液（0.4μg/mL）：此溶液配制方法参见表 2-27 下注释"⑩铯内标液"。

根据样品中的基体成分，按表 2-31 分别移取相应的一系列体积的混合稀土元素氧化物标准溶液［各单一稀土元素氧化物分别为 1.00μg/mL，配制方法参见本方法中（五）-1. 标准溶液的配制］，置于一组 100mL 容量瓶中，按表 2-31 加入相应量的内标溶液，并补加相应量的酸试剂，以水定容，混匀，制得被测稀土元素氧化物的标准系列溶液。

（3）标准系列溶液的测量　将标准系列溶液引入电感耦合等离子体质谱仪中，输入根据实验所选择的仪器最佳测定条件，按照与测量样品溶液相同的条件，浓度由低到高的顺序，测量标准系列溶液中被测元素和内标元素的同位素（其质量数参见表 2-3）的信号强度（通常为每秒计数率，cps），以内标元素为内标校正仪器测量灵敏度漂移和基体效应。测量标准系列溶液中被测元素的内标校正信号（被测元素与内标元素的信号强度比）3 次，取 3 次测量平均值。以标准系列溶液中各被测元素的内标校正信号平均值，减去零浓度标准溶液（未加被测元素标准溶液的溶液）中相应元素的内标校正信号平均值，为标准系列溶液的净信号强度比。

分别以各被测元素氧化物质量浓度（ng/mL）为横坐标，净信号强度比为纵坐标，由计算机自动绘制标准曲线。对于每个测量系列，应单独绘制标准曲线。当标准曲线的 $R^2 \geqslant 0.999$ 时，即可进行样品溶液的测定。

（六）样品的测定

1. 仪器的基本操作方法

（1）电感耦合等离子体质谱仪优化后，按照仪器说明书建立分析程序，设置仪器参数诸如输出功率、冷却气流量、等离子体气流量、辅助气流量、载气流量、雾化气流量、样品提升速度、样品提升时间、冲洗时间、数据采集模式、数据采集参数（积分时间/峰、点数/峰）和重复次数等。将仪器说明书推荐的标准溶液倒入等离子体，调节仪器的离子传输系统和检测器参数，使仪器符合短时精密度、灵敏度、测定下限等指标。

（2）在分析前，点燃氩等离子体并预热 30～60min（具体时间依据质谱类型而定），使仪器稳定。同时泵入超纯水（电阻率 $\geqslant$ 18MΩ/cm，由水纯化系统制取）或质谱清洗溶液清洗雾化器和炬管 5min，以冲洗进样系统管路和玻璃器件。再对仪器进行质量校准、检测器校准和响应校准，校准溶液需含有能覆盖所测量的质量数范围，通常含有锂（Li）、钪（Sc）、钴（Co）、铑（Rh）、镧（La）、铅（Pb）、铋（Bi）、铀（U）等元素（也可以是其他元素，如被测元素和内标元素本身）。待仪器稳定后测量。

注意：清洗溶液配制方法为于 500mL 塑料瓶（如聚乙烯塑料瓶）中加入约 400mL 超纯水（电阻率 $\geqslant$ 18MΩ/cm，由水纯化系统制取），然后加入 15mL 盐酸（ρ = 1.19g/mL）、5mL 硝酸（ρ = 1.42g/mL）和 2.5mL 氢氟酸（ρ = 1.15g/mL），用超纯水（电阻率 $\geqslant$ 18MΩ/cm，由水纯化系统制取）稀释至 500mL。在使用前用电感耦合等离子体质谱仪以质谱扫描方式检查酸的质量。推荐在约 3mL 超纯水（ρ = 1.15g/mL）中加入 300μL 盐酸（ρ = 1.19g/mL）、100μL 硝酸（ρ = 1.42g/mL）和 50μL 氢氟酸，用超纯水（电阻率 $\geqslant$ 18MΩ/cm，由水纯化系统制取）稀释至 10mL，配制成溶液用以检查。如果相关元素峰出现，应更换新的酸，并应重新检查相同元素。

2. 样品中被测元素的同位素信号强度的测量

按浓度由低到高的顺序，将样品溶液由蠕动泵导入、雾化器雾化后进入等离子体中，运行分析程序，同时测量样品溶液和空白溶液中被测元素的同位素（其质量数参见表 2-3）信号强度，以及测量样品溶液和空白溶液中内标元素的同位素的信号强度（通常为每秒计数率，cps），以内标元素为内标校正仪器测量灵敏度漂移和基体效应。测量样品溶液和空白溶液中被测元素的内标校正信号（被测元素与内标元素的信号强度比）3 次，取 3 次测量平均值。

分析氧化铈（铈）中的氧化钇（钇）和氧化铽（铽），氧化镨（镨）中的氧化铽（铽），氧化钕（钕）中的氧化铽（铽）、氧化镝（镝）、氧化钬（钬），氧化钐（钐）中的氧化镝（镝）、氧化钬（钬）、氧化铒（铒）、氧化铥（铥），氧化铕（铕）中的氧化铥（铥），氧化钆（钆）中的氧化镱（镱）、氧化镥（镥），氧化铽（铽）中的氧化镥（镥）的含量时，与空白溶液同时测量背景校正溶液［此溶液配制方法参见本方法中（二）-(2)-d. 背景校正溶液的配制］中被测元素与基体元素的同位素的信号强度，并测量此溶液中内标元素铯的同位素的信号强度（通常为每秒计数率，cps）。测量背景校正溶液中被测元素、基体元素的内标校正信号（被测元素、基体元素分别与内标元素的信号强度比）3次，取3次测量平均值。空白溶液中被测元素的内标校正信号平均值＝（背景校正溶液中被测元素的内标校正信号平均值÷背景校正溶液中基体元素的内标校正信号平均值）×样品溶液（由样品溶液制备方法B制得）中基体元素的内标校正信号平均值。

以样品溶液中各被测元素的内标校正信号平均值，减去空白溶液中相应被测元素的内标校正信号平均值，为该样品溶液的净信号强度比。以此净信号强度比从标准曲线上查得样品溶液中相应被测元素氧化物质量浓度（ng/mL）。如果使用纯金属和试剂，空白样品溶液不应有显著的质谱信号。

测量溶液的顺序：首先测最低浓度的标准溶液（即零浓度溶液）的内标校正信号强度，然后按照浓度由低到高的顺序测量标准系列溶液。接着测样品空白溶液，通过检查样品空白溶液的强度，分析是否存在来自高浓度标准系列溶液的记忆效应（如存在记忆效应，应增加样品之间的清洗时间）。然后，每隔10个未知样品溶液，分析1个校准标准溶液（控制样）。即使样品溶液数量小于10个，最后测量的应为校准标准溶液（控制样）。每次吸入溶液之间吸入去离子水。

注意：校准标准溶液（控制样）作为一个样品进行测量，如浓度为$100\mu g/L$校准溶液给出的强度应与测量标准曲线时获得的强度相同。有证标准物质可以作为控制样。

（七）结果的表示

w（被测元素）＝w（被测氧化物）×换算系数。换算系数参见表2-4。

当被测元素的质量分数小于0.01％时，分析结果表示至小数点后第4位；当被测元素的质量分数大于0.01％时，分析结果表示至小数点后第3位。

（八）质量保证和质量控制

具体操作方法参见第二章第三节-一、-（八）质量保证和质量控制。

（九）注意事项

（1）参见第二章第二节-一、-（九）注意事项（1）。

（2）参见第二章第三节-一、-（九）注意事项（1）～（3）。

（3）本方法中所使用的玻璃器皿均应符合国家标准[59,60] GB/T 12806—2011、GB/T 12808—2015中规定的A级。这里的A级是指准确度等级，国标中规定了容量瓶和吸量管（移液管）的容量允差等指标，其中A级100mL容量瓶的容量允差为±0.10mL，A级1mL、2mL、5mL、10mL吸量管（移液管）的容量允差分别为±0.007mL、±0.010mL、±0.015mL、±0.020mL。

（4）分析氧化铈（铈）、氧化镨（镨）、氧化钕（钕）、氧化钐（钐）、氧化铕（铕）、氧化钆（钆）、氧化铽（铽）中的部分特定稀土杂质含量，配制测定用样品溶液时，样品用盐酸或硝酸消解，再以C272微型柱分离基体，然后进行配制。其中，分离基体与被测氧化物时，所用的淋洗液和洗脱液均需以浓度准确的盐酸溶液（经碳酸钠准确标定）稀释而得。当分离柱在使用若干次后，柱内有明显的气泡时，需充水去气后再使用。

（5）分析氧化铈（铈）、氧化镨（镨）、氧化钕（钕）、氧化钐（钐）、氧化铕（铕）、氧化钆（钆）、氧化铽（铽）中的部分特定稀土杂质含量时，空白溶液中被测元素浓度（或内标校正信号）需通过背景校正溶液中的被测元素与基体元素浓度（或内标校正信号）

进行校正。

（6）分析稀土金属中的稀土杂质元素含量，当制备样品溶液时，需选用干燥的聚四氟乙烯烧杯作消解容器，将溶液定容至聚四氟乙烯容量瓶中，或将溶液定容至玻璃容量瓶中，立即转入塑料瓶中保存。

（7）分析稀土金属中的稀土杂质元素含量，配制标准系列溶液中的基体溶液时，以相应的稀土元素氧化物配制基体溶液。值得注意的是，标准系列溶液中加入一定体积的此基体溶液，使得标准系列溶液中稀土元素的质量与稀土金属样品中的同种稀土元素的质量相等。

（8）分析稀土金属中的稀土杂质元素含量时，用相应稀土元素氧化物的标准曲线进行计算，得到的稀土元素氧化物浓度乘以换算系数，求得相应稀土元素浓度。

二、稀土金属及其氧化物中非稀土杂质的分析

现行国家标准[50-54]中，电感耦合等离子体质谱法可以分析稀土金属及其氧化物中非稀土杂质钴、锰、铅、镍、铜、锌、铝、铬、镁、镉、钒、钙及其氧化物的含量，稀土金属及其氧化物中钍的含量，稀土金属产品中钼、钨及单一稀土金属中铌、钽的含量，其元素及氧化物的测定范围见表 2-3。

我们以此为应用实例讲解具体的分析步骤和方法，以及一些注意事项。

（一）样品的制备和保存

样品的制备和保存参考相应国家标准的相关内容，需要注意如下两点：

① 氧化物样品于 900℃灼烧 1h（分析钴、锰、铅、镍、铜、锌、铝、铬、镁、镉、钒、钙的氧化物含量时，氧化物样品于 105℃烘 1h），置于干燥器中，冷却至室温，立即称量；

② 金属样品应去掉表面氧化层，制成屑状，取样后立即称量。

（二）样品的消解

电感耦合等离子体质谱法分析稀土金属及其氧化物中非稀土杂质钴、锰、铅、镍、铜、锌、铝、铬、镁、镉、钒、钙及其氧化物和钍、钼、钨、铌、钽含量的消解方法主要为湿法消解中的电热板消解法。关于消解方法分类的介绍，参见第二章第二节一、-（二）样品的消解。

分析稀土金属及其氧化物中的非稀土杂质钴、锰、铅、镍、铜、锌、铝、铬、镁、镉、钒、钙及其氧化物和钍的含量时，样品以硝酸溶解，制得稀硝酸介质的样品溶液。分析稀土金属中非稀土杂质元素钼、钨、铌、钽的含量时，样品以硝酸、氢氟酸溶解，同时分离稀土基体，制得稀氢氟酸介质的样品溶液。下面分别进行具体介绍。

（1）硝酸消解法适用于分析稀土金属及其氧化物中非稀土杂质钴、锰、铅、镍、铜、锌、铝、铬、镁、镉、钒、钙及其氧化物和钍的含量。

样品分为稀土元素氧化物和稀土金属两类，本方法规定了分析稀土元素氧化物中的非稀土杂质含量的方法，同时适用于分析稀土金属中的非稀土杂质的含量。其中，稀土元素氧化物和稀土金属样品的称样量不同，稀土金属样品的称样量为稀土元素氧化物样品的称

样量乘以相应的换算系数，换算系数参见表 2-4。

样品中的被测元素（氧化物）不同，称取的样品量也不同，溶解样品时加入硝酸溶液的量、助溶剂过氧化氢的量也随之变化；分取样品溶液的体积、样品溶液测定体积、内标液（铯、铟等）的种类与加入量、定容用酸溶液也相应变化，如表 2-32 所列。

根据被测元素（氧化物）的种类，按表 2-32 称取相应质量的样品，精确至 0.0001g。称两份样品，独立进行两次测定，取其平均值。随同样品做空白试验。

⊡ 表 2-32　分析稀土金属及其氧化物中非稀土杂质钴、锰等元素及其氧化物和钍元素含量的样品溶液

产品类型	被测元素（氧化物）	被测元素质量分数 /%	称样量 /g	硝酸量	过氧化氢①量 /mL	分取样品溶液体积 /mL	样品溶液测定体积 /mL	内标液量
非二氧化铈	钴、锰、铅、镍、铜、锌、铝、铬、镁、镉、钒	0.0001～0.010	0.25	5mL 硝酸②	—	10.00	50	0.50mL 铯内标液⑤（或铟内标液⑥）
		>0.010～0.050				5.00		
二氧化铈		0.0001～0.010	0.25	5mL 硝酸②	1.5	10.00	50	0.50mL 铯内标液⑤（或铟内标液⑥）
		>0.010～0.050				5.00		
非二氧化铈	氧化钙（钙）	0.0002～0.010	0.50	1mL 硝酸③	—	5.00	50	—
		>0.010～0.050					250	2.50mL 钪内标液⑦
二氧化铈	氧化钙（钙）	0.0002～0.010	0.50	1mL 硝酸③	0.5	5.00	50	—
		>0.010～0.050					250	2.50mL 钪内标液⑦
稀土元素氧化物	钍（氧化钍）	0.0001～0.010	0.50	10mL 硝酸④	0.8	20.00	100	1.00mL 铯内标液⑧（或铊内标液⑨）

① 过氧化氢：质量分数 30%，MOS 级纯（电子级纯）。

② 硝酸：1+1，MOS 级纯。

③ 硝酸：MOS 级纯。

④ 硝酸：1+3，优级纯。

⑤ 铯内标液（20μg/mL）：准确称取 1.26675g 氯化铯（优级纯，经 110℃ 烘干），置于烧杯中，加 10mL 水，溶解完全，移入 1000mL 容量瓶中，以水稀释至刻度，混匀。分取 5.00mL 此铯内标储备溶液置于 250mL 容量瓶中，加入 25mL 硝酸（1+1，MOS 级纯），以水定容，混匀。

⑥ 铟内标液（20μg/mL）：准确称取 1.0000g 金属铟 [w(In)>99.9%]，置于烧杯中，加入 10～30mL 盐酸（1+1），置于水浴上加热，使其溶解完全，冷却。移至 1000mL 容量瓶中，以水稀释至刻度，混匀。分取 5.00mL 此铟内标储备溶液置于 250mL 容量瓶中，加入 25mL 硝酸（1+1，MOS 级纯），以水定容，混匀。

⑦ 钪内标液（1μg/mL）：准确称取 1.5338g 氧化钪 [w(Sc₂O₃/∑REO)>99.999%，w(∑REO)>99.5%，w(Ca)<0.0001%，经 950℃ 灼烧]，置于 200mL 烧杯中，加 50mL 硝酸（1+1，MOS 级纯），于电热板上低温加热至溶解完全，取下冷却至室温，移入 1000mL 容量瓶中，以水稀释至刻度，混匀。分取 5.00mL 此钪内标储备溶液 I 置于 100mL 容量瓶中，以硝酸（2+98）定容，混匀。再分取 5.00mL 上述钪内标储备溶液 II 置于 250mL 容量瓶中，以硝酸（2+98）定容，混匀。

⑧ 铯内标液（0.5μg/mL）：准确称取 0.1267g 氯化铯（优级纯，经 110℃ 烘干），置于烧杯中，加 10mL 水，溶解完全，再加 10mL 硝酸（1+3），移入 1000mL 容量瓶中，用硝酸（1+99）稀释至刻度，混匀。分取 5.00mL 此溶液置于 1000mL 容量瓶中，以硝酸（1+99）定容，混匀。

⑨ 铊内标液（0.5μg/mL）：准确称取 0.1174g 氯化铊（优级纯，经 110℃ 烘干），置于烧杯中，加 10mL 水，溶解完全，再加 10mL 硝酸（1+3），移入 1000mL 容量瓶中，用硝酸（1+99）稀释至刻度，混匀。分取 5.00mL 此溶液置于 1000mL 容量瓶中，以硝酸（1+99）定容，混匀。

空白试验：于 100mL 聚四氟乙烯烧杯中，按表 2-32 加入相应量的硝酸溶液和过氧化氢，于电热板上低温加热，使样品溶解完全，并蒸发溶液至小体积，取下，冷却至室温。移至 100mL 容量瓶中（分析钙含量时，移至 50mL 容量瓶中），按表 2-32 加入相应量的内标液，用水稀释至刻度，混匀，得到空白样品溶液。

将准确称量的样品置于 100mL 聚四氟乙烯烧杯中，按表 2-32 加入相应量的硝酸溶液和过氧化氢，于电热板上低温加热，使样品溶解完全，并蒸发溶液至小体积，赶尽气泡，取下，冷却至室温。移至 100mL 容量瓶中（分析钙含量时，移至 50mL 容量瓶中），用水稀释至刻度，混匀，得到总样品溶液。

根据被测元素的质量分数，按表 2-32 将分取相应体积的上述样品溶液，移至表 2-32 中样品溶液测定体积规定的相应定容体积的容量瓶中，按表 2-32 加入相应量的内标液，补加 2.00mL 硝酸溶液（1+1，MOS 级纯）（分析钙的含量时，不再补加硝酸），以水稀释至刻度，混匀 [分析钍的含量时，按表 2-32 加入相应量的内标液，直接以硝酸（1+99）稀释至刻度，混匀]。

（2）硝酸+氢氟酸消解法适用于分析单一稀土金属及混合稀土金属中的非稀土杂质元素钼、钨、铌、钽的含量。

称取 1.0000g 样品，精确至 0.0001g。称取 2 份样品，独立地进行 2 次测定，取其平均值。随同样品做空白试验。

☐ 表 2-33　分析单一稀土金属及混合稀土金属中的非稀土杂质元素钼、钨等含量的样品溶液

被测元素	被测元素质量分数/%	加入硝酸量	分取滤液量/mL	样品溶液测定体积/mL	内标液量	硼酸溶液[3]体积/mL
钼、钨	0.0010~0.010	10mL 硝酸[1]	10.00	100	2.00mL 铯内标液[4]	2.50
	>0.010~0.10	10mL 硝酸[1]	2.00	100	2.00mL 铯内标液[4]	2.50
铌、钽	0.0010~0.010	10mL 硝酸[2]	5.00	100	1.00mL 铯内标液[5]	0
	>0.010~0.050	10mL 硝酸[2]	5.00	250	2.50mL 铯内标液[5]	0

① 硝酸：$\rho = 1.42g/mL$，优级纯。

② 硝酸：1+1，优级纯。

③ 硼酸溶液：50g/L。

④ 铯内标液（0.25μg/mL）：准确称取 0.1270g 氯化铯（优级纯，经 110℃ 烘干），置于烧杯中，加 10mL 水，加 2mL 硝酸（$\rho = 1.42g/mL$），待溶解完全，冷却。移入 100mL 容量瓶中，用水稀释至刻度，混匀。分取 2.50mL 此溶液置于 100mL 容量瓶中，以硝酸（1+99）定容，混匀。再移取 1.00mL 上述稀释后的溶液，置于 100mL 容量瓶中，以硝酸（1+99）定容，混匀。

⑤ 铯内标液（1μg/mL）：准确称取 0.1270g 氯化铯（优级纯，经 110℃ 烘干），置于烧杯中，加 10mL 水，加 2mL 硝酸（1+1），待溶解完全，冷却。移入 100mL 容量瓶中，用水稀释至刻度，混匀。分取 10.00mL 此溶液置于 100mL 容量瓶中，以硝酸（1+99）定容，混匀。再移取 1.00mL 上述稀释后的溶液，置于 100mL 容量瓶中，以硝酸（1+99）定容，混匀。

将准确称量的样品置于 250mL 聚四氟乙烯烧杯中，加入少许水。根据被测元素的种类，按表 2-33 缓慢加入相应量的硝酸（分析钼、钨含量时，再加入 1mL 质量分数为 30% 的过氧化氢），于电热板上低温加热，至溶解完全。加入 50~80mL 水，加热至近沸，取下。滴加 5mL 氢氟酸（$\rho = 1.14g/mL$，优级纯），边加热边搅动，至微沸 2min，并于 60~80℃ 环境下保温 30min，取下，冷却至室温。移至 100mL 聚四氟乙烯容量瓶中，用

水稀释至刻度，混匀。待沉淀下沉后，用两张慢速滤纸干过滤。

根据被测元素的种类和质量分数，按表 2-33 分取相应量的上述滤液，置于表 2-33 样品溶液测定体积规定的相应定容体积的聚四氟乙烯容量瓶中，按表 2-33 补加相应量的内标液和硼酸溶液，用水定容，混匀。

（三）仪器条件的选择

电感耦合等离子体质谱仪的配置要求，参见第二章第四节--一、-（三）仪器条件的选择。分析稀土金属及其氧化物中的非稀土杂质钴、锰、铅、镍、铜、锌、铝、铬、镁、镉、钒、钙及其氧化物和钛、钼、钨、铌、钽的含量时，推荐的等离子体光谱仪测试条件，参见表 2-3 和本部分中（3）分析稀土金属及其氧化物中的非稀土杂质元素钛、钼、钨的含量时的工作条件。

（1）选择同位素的质量数时，可以根据仪器的实际情况做相应的调整。推荐的同位素的质量数见表 2-3。同位素的质量数的选择方法，参见第二章第四节--一、-（三）仪器条件的选择。

（2）在仪器最佳工作条件下，凡能达到下列指标者均可使用。

1）短时精密度　连续测定的 10 个质谱信号强度的相对标准偏差≤5%。此指标的测量和计算方法，参见第二章第四节--一、-（三）-（2）-1）短时精密度。

2）灵敏度　参见第二章第四节--一、-（三）-（2）-2）灵敏度。

3）测定下限　参见第二章第四节--一、-（三）-（2）-3）测定下限。

4）标准曲线的线性　标准曲线的 $R^2 \geqslant 0.9999$。

5）氧化物　参见第二章第四节--一、-（三）-（2）-5）氧化物。

（3）分析稀土金属及其氧化物中的非稀土杂质元素钛、钼、钨的含量时，使用电感耦合等离子体质谱仪的推荐工作条件如下。

等离子体功率：1kW。氩气流速冷却气流速：15L/min；辅助气流速 0.80L/min；雾化气流速 0.80L/min。质谱仪参数：分析室真空（动态）$(1.3\sim1.7)\times10^{-5}$ Torr。测量参数：测量方式为峰跳式；重复次数 2；每峰采样点 2；样品溶液提升率 1.0mL/min。

（四）干扰的消除

（1）分析稀土金属及其氧化物中的非稀土杂质钴、锰、铅、镍、铜、锌、铝、铬、镁、镉、钒、钙及其氧化物和钛、钼、钨、铌、钽的含量时，绘制标准曲线时，采用内标法来校正仪器的灵敏度漂移并消除基体效应的影响。由于在湿法消解的稀土样品中存在大量的基体导致仪器漂移，建议在分析多个样品时使用内标。

（2）分析稀土金属及其氧化物中非稀土杂质氧化钙（钙）的含量，制备样品溶液、标准系列溶液时，在分取后都不再补加硝酸，这是为了降低钙的空白，避免引入污染。

（3）分析稀土金属中非稀土杂质元素钼、钨、铌、钽的含量，制备样品溶液时，样品以硝酸溶解，用氢氟酸沉淀分离稀土基体，消除基体对测定的影响。分析杂质元素钼、钨的含量，制备样品溶液和标准系列溶液时，在分离基体后的滤液中，以硼酸沉淀残留的稀土基体，进一步消除稀土基体对测定的影响。

（4）分析稀土金属及其氧化物中非稀土杂质氧化钙（钙）的含量时，采用碰撞反应池工作模式进行测定，消除基体对钙的干扰。

（5）分析金属钬中的非稀土杂质钽的含量时，采用系数校正法校正残留钬对钽的干扰，或采用碰撞反应池工作模式检测，消除钬对钽的干扰。

（6）分析稀土金属及其氧化物中的非稀土杂质钴、锰、铅、镍、铜、锌、铝、铬、镁、镉、钒及其氧化物和钼、钨、铌、钽的含量时，制备样品溶液，标准系列溶液和钼、钨、铌、钽的标准溶液，应使用聚四氟乙烯烧杯、聚四氟乙烯容量瓶作容器，消除玻璃容器材质对测定的影响。

（五）标准曲线的建立

1. 标准溶液的配制

配制各个被测元素标准储备溶液和标准溶液的原则，参见第二章第三节-二、-（五）-1. 标准溶液的配制。

2. 标准曲线的建立

内标法校正的标准系列溶液的配制原则，参见第二章第四节-一、-（五）-2.-（2）标准系列溶液的配制。如果标准曲线不呈线性，可采用次灵敏度同位素的质量数测量，或者适当稀释样品溶液和标准系列溶液。

分析稀土金属及其氧化物中非稀土杂质钴、锰、铅、镍、铜、锌、铝、铬、镁、镉、钒、钙及其氧化物和钛、钼、钨、铌、钽的含量时，配制标准系列溶液采用内标校正的标准曲线法。该方法的原理介绍，参见第二章第四节-一、-（五）-2.-（1）内标校正的标准曲线法（内标法）的原理及使用范围。分析稀土金属及其氧化物中非稀土杂质氧化钙（钙）的含量，当氧化钙质量分数为 0.0002%～0.010% 时，采用标准加入法系列浓度标准溶液-样品溶液。此方法的原理介绍，参见第二章第二节-一、-（五）-2. 标准曲线的建立。其中，标准加入法绘制的是标准加入曲线，配制的是系列浓度标准溶液-样品溶液。然而，标准曲线法绘制的是标准（工作）曲线，配制的是系列浓度标准溶液。下面分别介绍：

（1）内标校正的标准曲线法适用于分析稀土金属及其氧化物中非稀土杂质钴、锰、铅、镍、铜、锌、铝、铬、镁、镉、钒、钙及其氧化物和钛、钼、钨、铌、钽的含量。其中，钙的质量分数为 0.010%～0.050% 时，根据被测元素（氧化物）的种类，需要分别绘制标准曲线，配制不同的标准系列溶液，其配制方法参见表 2-34。

▫ 表 2-34 分析稀土金属及其氧化物中非稀土杂质钴等元素及其氧化物和钛等元素含量的标准系列溶液

被测元素（氧化物）	分取被测元素标准溶液体积/mL	内标溶液量	补加酸试剂量	定容体积/mL
钴	0、0.20、0.50、1.00、2.00、5.00、15.00	1.00mL 铯内标液① （或铟内标液②）	4mL 硝酸③	100
锰	0、0.20、0.50、1.00、2.00、5.00、15.00	1.00mL 铯内标液① （或铟内标液②）	4mL 硝酸③	100
铅	0、0.20、0.50、1.00、2.00、5.00、15.00	1.00mL 铯内标液① （或铟内标液②）	4mL 硝酸③	100
镍	0、0.20、0.50、1.00、2.00、5.00、15.00	1.00mL 铯内标液① （或铟内标液②）	4mL 硝酸③	100
铜	0、0.20、0.50、1.00、2.00、5.00、15.00	1.00mL 铯内标液① （或铟内标液②）	4mL 硝酸③	100

被测元素（氧化物）	分取被测元素标准溶液体积/mL	内标溶液量	补加酸试剂量	定容体积/mL
锌	0、0.20、0.50、1.00、2.00、5.00、15.00	1.00mL 铯内标液[①]（或铟内标液[②]）	4mL 硝酸[③]	100
铝	0、0.20、0.50、1.00、2.00、5.00、15.00	1.00mL 铯内标液[①]（或铟内标液[②]）	4mL 硝酸[③]	100
铬	0、0.20、0.50、1.00、2.00、5.00、15.00	1.00mL 铯内标液[①]（或铟内标液[②]）	4mL 硝酸[③]	100
镁	0、0.20、0.50、1.00、2.00、5.00、15.00	1.00mL 铯内标液[①]（或铟内标液[④]）	4mL 硝酸[③]	100
镉	0、0.20、0.50、1.00、2.00、5.00、15.00	1.00mL 铯内标液[①]（或铟内标液[②]）	4mL 硝酸[③]	100
钒	0、0.20、0.50、1.00、2.00、5.00、15.00	1.00mL 铯内标液[①]（或铟内标液[②]）	4mL 硝酸[③]	100
钙	0、0.25、0.50、1.00、2.00、3.00、5.00	0.50mL 钪内标液[④]	—	50
氧化钍	0、1.00、10.00、50.00	1.00mL 铯内标液[⑤]（或铊内标液[⑥]）	—	100
钨、钼	0、1.00、10.00、20.00	2.0mL 铯内标液[⑦]	1.0mL 氢氟酸[⑧] 2.50mL 硼酸[⑨]	100
铌、钽	0、0.50、2.00、5.00、10.00	1.00mL 铯内标液[⑩]	0.2mL 氢氟酸[⑧]	100

① 铯内标液（1μg/mL）：准确称取 1.26675g 氯化铯（优级纯，经 110℃烘干），置于烧杯中，加 10mL 水，溶解完全，移入 1000mL 容量瓶中，以水稀释至刻度，混匀。分取 5.00mL 此铯内标储备溶液 I 置于 250mL 容量瓶中，加入 25mL 硝酸（1＋1，MOS级纯），以水定容，混匀。再分取 5.00mL 上述铯内标储备溶液 II 置于 100mL 容量瓶中，加入 5mL 硝酸（1＋1，MOS级纯），以水定容，混匀。

② 铟内标液（1μg/mL）：准确称取 1.0000g 金属铟 $[w(In)>99.9\%]$，置于烧杯中，加入 10～30mL 盐酸（1＋1），置于水浴上加热，使其溶解完全，冷却。移至 1000mL 容量瓶中，以水稀释至刻度，混匀。分取 5.00mL 此铟内标储备溶液 I 置于 250mL 容量瓶中，加入 25mL 硝酸（1＋1，MOS级纯），以水定容，混匀。再分取 5.00mL 上述铟内标储备溶液 II 置于 100mL 容量瓶中，加入 5mL 硝酸（1＋1，MOS级纯），以水定容，混匀。

③ 硝酸：1＋1，MOS级纯。

④ 钪内标液（1.0μg/mL）：此溶液配制方法参见表 2-32 下注释"⑦钪内标液"。

⑤ 铯内标液（0.5μg/mL）：此溶液配制方法参见表 2-32 下注释"⑧铯内标液"。

⑥ 铊内标液（0.5μg/mL）：此溶液配制方法参见表 2-32 下注释"⑨铊内标液"。

⑦ 铯内标液（0.25μg/mL）：此溶液配制方法参见表 2-33 下注释"④铯内标液"。

⑧ 氢氟酸：$\rho=1.14$g/mL，优级纯。

⑨ 硼酸溶液：50g/L。

⑩ 铯内标液（1μg/mL）：此溶液配制方法参见表 2-33 下注释"⑤铯内标"。

根据被测元素（氧化物）的种类，按表 2-34 分别移取相应的一系列体积的被测元素混合标准溶液 $[\rho$（Co、Mn、Pb、Ni、Cu、Zn、Al、Cr、Mg、Cd、V）各为 1.0μg/mL]、钙标准溶液（1.0μg/mL）、氧化钍标准溶液（0.1μg/mL）、钼钨混合标准溶液 $[\rho$（Mo、W）各为 0.5μg/mL] 和铌钽混合标准溶液 $[\rho$（Nb、Ta）各为 1.0μg/mL]，按表 2-34 置于一组相应定容体积的聚四氟乙烯容量瓶中，按表 2-34 加入相应量的内标溶液，并补加相应量的酸试剂，以水定容[分析稀土金属及其氧化物中非稀土杂质氧化钍

（钍）含量时，以硝酸（1+99）定容]，混匀。制得被测元素（氧化物）的标准系列溶液，需用时现配。

分析金属钬中的杂质元素钽含量时，需要配制钬基体的标准系列溶液，用于校正残留钬对钽的干扰。配制方法如下：分别移取 0mL、1.00mL、2.00mL、5.00mL 钬标准溶液（10μg/mL），于 5 个 100mL 聚四氟乙烯容量瓶中，加入 1.0mL 氢氟酸（ρ=1.14g/mL）、1.00mL 铯内标溶液（1μg/mL，此溶液配制方法参见表 2-33 下注释"⑤铯内标液"），用水稀释至刻度，混匀。

钬标准溶液（10μg/mL）配制方法：称 0.1145g 氧化钬 [w（Ho$_2$O$_3$/REO）＞99.99%，w（REO）＞99.5%，经 900℃灼烧 1h，置于 100mL 烧杯中，加 10mL 硝酸（1+1），低温加热至溶解完全，取下冷却。移至 100mL 容量瓶中，以水定容，混匀。分取 1.00mL 此溶液置于 100mL 容量瓶中，以硝酸（1+99）定容，混匀。

分别绘制被测元素（氧化物）、钬基体的标准曲线。

（2）标准加入法适用于分析稀土金属及其氧化物中非稀土杂质钙及其氧化物的含量，其中，钙的质量分数为 0.0002%～0.010%时，分取 4 份 5.00mL 总样品溶液（分取前的样品溶液），置于一组 50mL 容量瓶中，根据样品中钙的质量分数，选取 4 个系列浓度标准溶液-样品溶液中钙的浓度点，分别加入适量钙标准溶液（1.0μg/mL）0mL、0.25mL、0.50mL、1.00mL、2.00mL、3.00mL、5.00mL 中的 4 个体积，以水定容，混匀，得到用作标准加入法的系列浓度标准溶液-样品溶液。

系列浓度标准溶液-样品溶液的空白溶液：分取 4 份 5.00mL 空白样品溶液，置于一组 50mL 容量瓶中，分别加入钙标准溶液（1.0μg/mL）0mL、0.25mL、0.50mL、1.00mL，以水定容，混匀，得到该系列浓度标准溶液-样品溶液的空白样品溶液。

此系列浓度标准溶液-样品溶液需用时现配。

（3）标准系列溶液的测量（内标校正的标准曲线法）　内标校正的标准系列溶液的测量方法，参见第二章第四节--一、-(五)-2.-（3）标准系列溶液的测量。分别以各被测元素质量浓度（μg/mL）为横坐标，其净信号强度比为纵坐标，由计算机自动绘制标准曲线。对于每个测量系列，应单独绘制标准曲线。当标准曲线的 R^2≥0.999 时，即可进行样品溶液的测定。

（六）样品的测定

1. 仪器的基本操作方法

具体方法参见第二章第四节--一、-（六）样品的测定。

2. 样品中被测元素的同位素信号强度的测量

分析稀土金属及其氧化物中非稀土杂质钴、锰、铅、镍、铜、锌、铝、铬、镁、镉、钒、钙及其氧化物和钍、钼、钨、铌、钽的含量时，采用内标校正的标准曲线法进行测定。分析氧化钙（钙）的含量，当氧化钙质量分数为 0.0002%～0.010%时，采用标准加入法进行测定。这两种测定方法不同，下面分别介绍。

（1）采用标准加入法分析稀土金属及其氧化物中的氧化钙（钙）的含量　采用标准加入法计算样品溶液的测量方法，参见第二章第二节--一、-(六)样品的测定。当设备具有计算机系统控制功能时，标准加入曲线的绘制、校正（漂移校正、标准化、重新校准）和被测元素含量的测定，按照计算机软件说明书的要求进行。

（2）采用内标校正的标准曲线法分析稀土金属及其氧化物中非稀土杂质钴、锰、铅、镍、铜、锌、铝、铬、镁、镉、钒、钙及其氧化物和钍、钼、钨、铌、钽的含量　按浓度由低到高的顺序，将样品溶液由蠕动泵导入、雾化器雾化后进入等离子体中，运行分析程序，同时测量样品溶液和空白溶液中被测元素的同位素（其质量数参见表 2-3）信号强度，以及测量样品溶液和空白溶液中内标元素的同位素的信号强度（通常为每秒计数率，cps），以内标元素为内标校正仪器测量灵敏度漂移和基体效应。测量样品溶液和空白溶液中被测元素的内标校正信号（被测元素与内标元素的信号强度比）3 次，取 3 次测量平均值。以样品溶液中各被测元素的内标校正信号平均值，减去空白溶液中相应被测元素的内标校正信号平均值，为该样品溶液的净信号强度比。以此净信号强度比从标准曲线上查得样品溶液中相应被测元素质量浓度（$\mu g/mL$）。如果使用纯金属和试剂，空白样品溶液不应有显著的质谱信号。

分析金属钬中的非稀土杂质元素钽的含量时，需要测量样品中钬基体的含量，此时没有钬基体空白溶液的测量。按上述方法测得样品溶液中基体元素钬的平均内标校正信号，以此内标校正信号从基体钬的标准曲线上查得基体钬的质量浓度（$\mu g/mL$）。

测量溶液的顺序，具体方法参见第二章第四节-一、-（六）样品的测定。

控制样的检测，具体方法参见第二章第四节-一、-（六）样品的测定。

（七）结果的表示

w（被测氧化物）$=w$（被测元素）$\times$换算系数。换算系数参见表 2-20。

分析稀土金属及其氧化物中非稀土杂质元素钍的含量时，$w(Th)=w(ThO_2)\times0.8788$。

分析金属钬中的非稀土杂质元素钽的含量时，采用系数校正法校正残留钬对钽的干扰：

$\rho(Ta)=\rho(Ta)_{样品}-\rho(Ta)_{空白}-k\rho(Ho)_{样品}$。式中，$k$ 为钬对钽的干扰系数。

当被测元素的质量分数小于 0.01％时，分析结果表示至小数点后第 4 位；当被测元素的质量分数大于 0.01％时，分析结果表示至小数点后第 3 位。

（八）质量保证和质量控制

具体操作方法参见第二章第三节-一、-（八）质量保证和质量控制。

（九）注意事项

（1）参见第二章第二节-一、-（九）注意事项（1）。

（2）参见第二章第三节-一、-（九）注意事项（1）～（3）。

（3）测试中所用仪器的标准，参见第二章第四节-一、-（九）注意事项（3）。

（4）分析稀土金属及其氧化物中的非稀土杂质钴、锰、铅、镍、铜、锌、铝、铬、镁、镉、钒及其氧化物和钼、钨、铌、钽的含量时，制备样品溶液、标准系列溶液和钼、钨、铌、钽的标准溶液，需选用干燥的聚四氟乙烯烧杯作消解容器，将溶液定容至聚四氟乙烯容量瓶中，或定容至玻璃容量瓶中，立即转入塑料瓶中保存。

（5）分析稀土金属及其氧化物中非稀土杂质氧化钙（钙）的含量，制备样品溶液、标准系列溶液时，在分取后都不再补加硝酸。

（6）分析金属钬中的非稀土杂质元素钽的含量时，样品溶液中的杂质钽元素浓度需采用系数校正法校正残留钬对钽的干扰，即减去钬对钽的干扰系数与样品溶液中基体钬浓度的乘积。

（7）分析稀土金属中的非稀土杂质元素钴、锰、铅、镍、铜、锌、铝、铬、镁、镉、钒的含量时，用相应非稀土元素的标准曲线进行计算，求得相应非稀土元素的浓度。

（8）分析稀土金属及其氧化物中的非稀土杂质钴、锰、铅、镍、铜、锌、铝、铬、镁、镉、钒、钙及其氧化物和钼、钨、铌、钽的含量时，为降低容量器具引入的沾污，样品溶液与标准系列溶液配制完成后不宜存放，应随后及时测定。

三、氯化稀土、碳酸轻稀土中稀土杂质氧化铈和非稀土杂质的分析

现行国家标准[55,56]中，电感耦合等离子体质谱法可以分析氯化稀土、碳酸轻稀土中的稀土杂质氧化铈和非稀土杂质氧化镍、氧化锰、氧化铅、氧化铝、氧化锌、氧化钍的含量，其氧化物测定范围参见表 2-3。

我们以此为应用实例讲解具体的分析步骤和方法，以及一些注意事项。

（一）样品的制备和保存

样品的制备和保存参考相应国家标准的相关内容，需要注意如下两点。

（1）氯化稀土样品的制备　将试样破碎，迅速置于称量瓶中，立即称量。

（2）碳酸轻稀土样品的制备　样品开封后立即称量。

（二）样品的消解

电感耦合等离子体质谱法分析氯化稀土、碳酸轻稀土中的杂质氧化铈、氧化镍、氧化锰、氧化铅、氧化铝、氧化锌、氧化钍的含量的消解方法主要为湿法消解中的电热板消解法。关于消解方法分类的介绍，参见第二章第二节--一、-（二）样品的消解。本部分中样品的消解方法概要为：样品以硝酸溶解，制得稀硝酸介质的样品溶液。下面具体介绍其消解方法。

① 分析产品分为氯化稀土、碳酸轻稀土两类，根据产品类型不同，称取样品量不同。其中，样品中的被测氧化物质量分数越大，称取样品量越小；溶样酸量、分取样品溶液的体积、补加硝酸量、内标液量也不同。如表 2-35 所列。

② 根据产品类型、被测氧化物的种类和质量分数，按表 2-35 称取相应质量的样品，精确至 0.0001g。独立地进行两次测定，取其平均值。随同样品做空白试验。

③ 根据产品类型、被测氧化物的种类和质量分数，将准确称量的样品置于 100mL 烧杯中，按表 2-35 加入相应量的溶样酸（硝酸溶液），于电热板上低温加热，待完全溶解，必要时滴加过氧化氢（30％，质量分数）助溶，取下，冷却至室温。移至 100mL 容量瓶，以水定容，混匀。

④ 按表 2-35 分取相应体积的上述样品溶液，置于 100mL 容量瓶中［测氧化铈含量时，加入 5mL 硝酸（1＋19），以水稀释至刻度，混匀。再移取 2.0mL 此样品溶液，置于 100mL 容量瓶中］，按表 2-35 补加相应量的硝酸溶液和内标溶液，以水稀释至刻度，混匀，待测。

产品类型	被测氧化物	被测氧化物质量分数/%	样品量/g	溶样酸量	分取样品溶液体积/mL	补加硝酸量	内标液量
氯化稀土	氧化铈	0.010~0.50	5.00	20mL 硝酸①	2.0	10mL 硝酸②	1.0mL 铯内标液④
碳酸轻稀土	氧化铈	0.010~0.50	1.00	20mL 硝酸①	10.0	10mL 硝酸②	1.0mL 铯内标液④
氯化稀土、碳酸轻稀土	氧化铝 氧化镍 氧化铅 氧化锰 氧化锌 氧化钍	0.0001~0.10	2.00	10mL 硝酸③	1.00	1.0mL 硝酸③	1.0mL 混合内标液⑤
氯化稀土、碳酸轻稀土	氧化铝 氧化镍 氧化铅 氧化锰 氧化锌 氧化钍	>0.10~0.30	1.00	10mL 硝酸③	1.00	1.0mL 硝酸③	1.0mL 混合内标液⑤

① 硝酸：1+4，优级纯。

② 硝酸：1+19，优级纯。

③ 硝酸：1+1，优级纯。

④ 铯内标液（1μg/mL）：称 0.1270g 氯化铯，加 10mL 水，溶解完全，加 10mL 硝酸（1+1），移入 100mL 容量瓶中，用水定容，混匀。分取 10.00mL 此溶液置于 100mL 容量瓶中，以硝酸（1+19）定容，混匀。再移取 1.00mL 上述稀释后的溶液，置于 100mL 容量瓶中，以硝酸（1+19）定容，混匀。

⑤ 混合内标液（铟、铯各 1μg/mL）：分别移取 1.00mL 铟标准储备溶液〔称取 1.0000g 金属铟 $[w(\mathrm{In}) \geqslant 99.9\%]$，置于 250mL 烧杯中，加入 20mL 盐酸（1+1），置于水浴上加热溶解，冷却，用水定容至 1000mL 容量瓶，混匀〕和 1.00mL 铯标准储备溶液〔称取 1.2668g 氯化铯 $[w(\mathrm{CsCl}) \geqslant 99.99\%]$，经 110℃ 烘干并在干燥器中冷却至室温〕，置于 250mL 烧杯中，加少量水溶解，移入 1000mL 容量瓶中，用水定容，混匀〕置于 1000mL 容量瓶中，加入 100mL 硝酸（1+1），用水稀释至刻度，混匀。

（三）仪器条件的选择

电感耦合等离子体质谱仪的配置要求，参见第二章第四节-一、-（三）仪器条件的选择。分析氯化稀土、碳酸轻稀土中的稀土杂质氧化铈和非稀土杂质氧化镍、氧化锰、氧化铅、氧化铝、氧化锌、氧化钍的含量时，推荐的等离子体光谱仪测试条件，参见表 2-3。

（1）选择同位素的质量数时，可以根据仪器的实际情况做相应的调整。推荐的同位素的质量数见表 2-3。同位素的质量数的选择方法，参见第二章第四节-一、-（三）仪器条件的选择。

（2）在仪器最佳工作条件下，凡能达到下列指标者均可使用。

1）短时精密度　连续测定的 10 个质谱信号强度的相对标准偏差≤5%。此指标的测量和计算方法，参见第二章第四节-一、-（三）-（2）-1）短时精密度。

2）灵敏度　参见第二章第四节-一、-（三）-（2）-2）灵敏度。

3）测定下限　参见第二章第四节-一、-（三）-（2）-3）测定下限。

4）标准曲线的线性　标准曲线的 $R^2 \geqslant 0.9999$。

（四）干扰的消除

分析氯化稀土、碳酸轻稀土中的稀土杂质氧化铈和非稀土杂质氧化镍、氧化锰、氧化铅、氧化铝、氧化锌、氧化钍的含量时，测样品溶液和绘制标准曲线时，采用内标法来校正仪器的灵敏度漂移并消除基体效应的影响。由于在湿法消解的稀土样品中存在大量的基体导致仪器漂移，建议分析多个样品时使用内标。其中，分析氧化铈量时，以铯为内标；

分析上述非稀土杂质含量时，以铟、铯为内标。

（五）标准曲线的建立

1. 标准溶液的配制

配制各个被测元素标准储备溶液和标准溶液的原则，参见第二章第三节-二、-(五)-1. 标准溶液的配制。可选择与被测样品基体一致、质量分数相近的有证标准样品作标准储备溶液，被测氧化物标准溶液的配制方法如下。

（1）氧化铕标准溶液 $[\rho(Eu_2O_3)=1\mu g/mL$，酸度：5%硝酸] 移取 5mL 氧化铕标准储备溶液（1mg/mL），置于 100mL 容量瓶中，用硝酸（1+19）稀释至刻度，混匀。再分取此溶液 2mL，置于 100mL 容量瓶中，用硝酸（1+19）稀释至刻度，混匀。

（2）混合标准溶液 $[\rho(Al,Mn)=1\mu g/mL$，$\rho(Ni,Pb)=0.1\mu g/mL$，$\rho(Zn)=1.6\mu g/mL$，$\rho(ThO_2)=3\mu g/mL]$ 分别移取 1.00mL 铝标准储备溶液（1mg/mL）、1.00mL 锰标准储备溶液（1mg/mL）、0.50mL 镍标准储备溶液（200μg/mL）、1.60mL 锌标准储备溶液（1mg/mL）、0.40mL 铅标准储备溶液（250μg/mL）、3.00mL 氧化钍标准储备溶液（1mg/mL），置于 1000mL 容量瓶中，加入 20mL 硝酸（1+1），以水定容，混匀。

2. 标准曲线的建立

内标法校正的标准系列溶液的配制原则，参见第二章第四节-一、-(五)-2.-(2) 标准系列溶液的配制。如果标准曲线不呈线性，可采用次灵敏度同位素的质量数测量，或者适当稀释样品溶液和标准系列溶液。

分析氯化稀土、碳酸轻稀土中的杂质氧化铕和非稀土杂质氧化镍、氧化锰、氧化铅、氧化铝、氧化锌、氧化钍的含量时，采用内标校正的标准曲线法进行计算。该方法的原理介绍，参见第二章第四节-一、-(五)-2.-(1) 内标校正的标准曲线法（内标法）的原理及使用范围。本部分中，标准系列溶液的配制方法如表 2-36 所列。

⊡ 表 2-36　分析氯化稀土、碳酸轻稀土中的杂质氧化铕、氧化镍、氧化锰等含量的标准系列溶液

被测 氧化物	分取被测元素（氧化物） 标准溶液体积/mL	补加硝酸量	内标液量
氧化铕	0、0.20、1.00、5.00、10.00	10mL 硝酸①	1.00mL 铯内标液③
氧化铝、氧化镍、氧化铅、 氧化锰、氧化锌、氧化钍	0、2.50、5.00、10.00	1.00mL 硝酸②	1.00mL 混合内标液④

① 硝酸：1+19，优级纯。

② 硝酸：1+1，优级纯。

③ 铯内标液（1μg/mL）：此溶液配制方法参见表 2-35 下注释"④铯内标液"。

④ 混合内标液（铟、铯各 1μg/mL）：此溶液配制方法参见表 2-35 下注释"⑤混合内标液"。

根据被测氧化物的种类，按表 2-36 分别移取相应的一系列体积的被测元素（氧化物）标准溶液［此溶液配制方法参见本方法中（五）-1. 标准溶液的配制］，置于一组 100mL 容量瓶中，按表 2-36 分别补加相应量的硝酸溶液和内标液，以水稀释至刻度，混匀。

标准系列溶液（内标法）的测量方法，参见第二章第四节-一、-(五)-2.-(3) 标准系列溶液的测量。分别以各被测元素（氧化物）质量浓度（μg/mL）为横坐标，其净信号强度比为纵坐标，由计算机自动绘制标准曲线。对于每个测量系列，应单独绘制标准曲线。当标准曲线的 $R^2 \geqslant 0.999$ 时，即可进行样品溶液的测定。

（六）样品的测定

（1）仪器的基本操作方法　具体方法参见第二章第四节-一、-（六）样品的测定。

（2）样品中被测元素的同位素信号强度的测量　具体方法参见第二章第四节-二、-（六）-2.样品中被测元素的同位素信号强度的测量。从标准曲线上查得相应被测元素（氧化物）质量浓度（μg/mL）。

测量溶液的顺序，具体方法参见第二章第四节-一、-（六）样品的测定。

控制样的检测，具体方法参见第二章第四节-一、-（六）样品的测定。

（七）结果的表示

w（被测氧化物）＝w（被测元素）×换算系数。换算系数参见表 2-37。

☐ 表 2-37　分析氯化稀土、碳酸轻稀土中的非稀土元素与非稀土氧化物含量的换算系数

元素	换算系数	元素	换算系数	元素	换算系数
$Al_2O_3/2Al$	1.8895	NiO/Ni	1.2728	PbO/Pb	1.0772
MnO_2/Mn	1.2912	ZnO/Zn	1.2447	ThO_2/Th	1.1379

当被测元素的质量分数＜0.01％时，分析结果表示至小数点后第 4 位；当被测元素的质量分数＞0.01％时，分析结果表示至小数点后第 3 位。

（八）质量保证和质量控制

具体操作方法参见第二章第三节-一、-（八）质量保证和质量控制。

（九）注意事项

（1）参见第二章第二节-一、-（九）注意事项（1）。

（2）参见第二章第三节-一、-（九）注意事项（1）、（3）。

（3）测试中所用仪器的标准，参见第二章第三节-三、-（九）注意事项（3）。

四、氧化钇铕中稀土杂质氧化物的分析

现行国家标准[57]中，电感耦合等离子体质谱法可以分析氧化钇铕（氧化铕量为 2.00％～10.00％）中的氧化镧、氧化铈、氧化镨、氧化钕、氧化钐、氧化钆、氧化铽、氧化镝、氧化钬、氧化铒、氧化铥、氧化镱和氧化镥的含量，其氧化物测定范围参见表 2-3。下面讲解具体的分析步骤和方法，以及一些注意事项。

（一）样品的制备和保存

样品的制备和保存参考相应国家标准的相关内容，需要注意：将样品于 950℃灼烧 1h，置于干燥器中，冷却至室温，立即称量。

（二）样品的消解

电感耦合等离子体质谱法分析氧化钇铕中的 13 种稀土杂质氧化镧、氧化铈、氧化镨、氧化钕、氧化钐、氧化钆、氧化铽、氧化镝、氧化钬、氧化铒、氧化铥、氧化镱、氧化镥的含量的消解方法主要为湿法消解中的电热板消解法。关于消解方法分类的介绍，参见第二章第二节-一、-（二）样品的消解。

本部分中样品的消解方法概要为：样品用硝酸溶解，制得稀硝酸介质的样品溶液。下面具体介绍其消解方法。

称取 0.10g 样品，精确至 0.0001g。称取 2 份样品，独立地进行 2 次测定，取其平均值。随同样品做空白试验。

将准确称量的样品置于 200mL 聚四氟乙烯烧杯中，加入少量水，5mL 硝酸（1+1），于电热板上低温加热，待溶解完全，取下，冷却至室温。移入 100mL 容量瓶中，加入 1.00mL 铯内标溶液［铯 1μg/mL，称取 0.1270g 氯化铯，加入 10mL 水、2mL 硝酸（1+1），低温加热至溶解完全，取下冷却。移入 100mL 容量瓶中，用水稀释至刻度，混匀。分取 10.00mL 此溶液置于 100mL 容量瓶中，以硝酸（1+99）定容，混匀。再移取 1.00mL 上述稀释后的溶液，置于 100mL 容量瓶中，以硝酸（1+99）定容，混匀］，用水稀释至刻度，混匀。

（三）仪器条件的选择

电感耦合等离子体质谱仪的配置要求，参见第二章第四节-一、-(三) 仪器条件的选择。分析氧化钇铕中的 13 种稀土杂质氧化镧、氧化铈、氧化镨、氧化钕、氧化钐、氧化钆、氧化铽、氧化镝、氧化钬、氧化铒、氧化铥、氧化镱、氧化镥的含量时，推荐的等离子体光谱仪测试条件，参见表 2-3。

（1）选择同位素的质量数时，可以根据仪器的实际情况做相应的调整。推荐的同位素的质量数见表 2-3。同位素的质量数的选择方法，参见第二章第四节-一、-(三) 仪器条件的选择。

（2）在仪器最佳工作条件下，凡能达到下列指标者均可使用。

1）短时精密度　连续测定的 10 个质谱信号强度的相对标准偏差≤5%。此指标的测量和计算方法，参见第二章第四节--一、-(三)-(2)-1) 短时精密度。

2）灵敏度　参见第二章第四节--一、-(三)-(2)-2) 灵敏度。

3）测定下限　参见第二章第四节--一、-(三)-(2)-3) 测定下限。

4）标准曲线的线性　标准曲线的 $R^2 \geqslant 0.9999$。

（四）干扰的消除

（1）分析氧化钇铕中的 13 种稀土杂质氧化镧、氧化铈、氧化镨、氧化钕、氧化钐、氧化钆、氧化铽、氧化镝、氧化钬、氧化铒、氧化铥、氧化镱、氧化镥的含量，测定样品溶液和绘制标准曲线时，采用内标法来校正仪器的灵敏度漂移并消除基体效应的影响。由于在湿法消解的稀土样品中存在大量的基体导致仪器漂移，建议在分析多个样品时使用内标。本方法中以铯为内标。

（2）分析氧化钇铕中的稀土杂质氧化铥的含量时，采用干扰方程校正铕等多原子离子对铥的干扰，校正方程：$I^{169}\text{Tm} = I_{169} - 1.09205 I^{167}\text{Er} + 0.745909 I^{166}\text{Er}$。

或采用碰撞反应池工作模式检测，消除铕等多原子离子对被测杂质铥的干扰。

（3）分析氧化钇铕中的上述 13 种稀土杂质氧化物（除基体外其余的稀土元素氧化物）含量时，制备样品溶液、标准系列溶液应使用聚四氟乙烯烧杯、聚四氟乙烯容量瓶作容器，消除玻璃容器材质对测定的影响。

（五）标准曲线的建立

1. 标准溶液的配制

配制各个被测元素标准储备溶液和标准溶液的原则，参见第二章第三节-二、-(五)-1.

标准溶液的配制。可选择与被测样品基体一致、质量分数相近的有证标准样品作标准储备溶液，被测元素氧化物标准溶液的配制方法如下。

混合稀土标准溶液（各单一稀土元素氧化物各为 $1.00\mu g/mL$）：分别移取 2.00mL 氧化镧标准储备溶液（1mg/mL）、氧化铈标准储备溶液（1mg/mL）、氧化镨标准储备溶液（1mg/mL）、氧化钕标准储备溶液（1mg/mL）、氧化钐标准储备溶液（1mg/mL）、氧化钆标准储备溶液（1mg/mL）、氧化铽标准储备溶液（1mg/mL）、氧化镝标准储备溶液（1mg/mL）、氧化钬标准储备溶液（1mg/mL）、氧化铒标准储备溶液（1mg/mL）、氧化铥标准储备溶液（1mg/mL）、氧化镱标准储备溶液（1mg/mL）、氧化镥标准储备溶液（1mg/mL），置于 100mL 容量瓶中，加 10mL 硝酸（1+1），用水稀释至刻度，混匀。再分取 5.00mL 此溶液，置于 100mL 容量瓶中，以硝酸（1+99）定容，混匀。

2. 标准曲线的建立

内标法校正的标准系列溶液的配制原则，参见第二章第四节-一、-(五)-2.-(2) 标准系列溶液的配制。如果标准曲线不呈线性，可采用次灵敏度同位素的质量数测量，或者适当稀释样品溶液和标准系列溶液。

电感耦合等离子体质谱法分析氧化钇铕中的 13 种稀土杂质氧化镧、氧化铈、氧化镨、氧化钕、氧化钐、氧化钆、氧化铽、氧化镝、氧化钬、氧化铒、氧化铥、氧化镱、氧化镥的含量时，采用内标校正的标准曲线法。该方法的原理介绍，参见第二章第四节-一、-(五)-2.-(1) 内标校正的标准曲线法（内标法）的原理及使用范围。本部分中，标准系列溶液的配制方法如下。

分别移取 0mL、0.20mL、0.50mL、1.00mL、2.00mL、5.00mL 混合稀土标准溶液（单一稀土元素氧化物各为 $1.00\mu g/mL$），分别移入 6 个 100mL 容量瓶中，加入 1.00mL 铯内标溶液〔铯 $1\mu g/mL$，称取 0.1270g 氯化铯，加入 10mL 水、2mL 硝酸（1+1），低温加热至溶解完全，取下冷却。移入 100mL 容量瓶中，用水稀释至刻度，混匀。分取 10.00mL 此溶液置于 100mL 容量瓶中，以硝酸（1+99）定容，混匀。再移取 1.00mL 上述稀释后的溶液，置于 100mL 容量瓶中，以硝酸（1+99）定容，混匀〕，加入 4mL 硝酸溶液（1+1），以水稀释至刻度，混匀。

内标校正的标准系列溶液的测量方法，参见第二章第四节-一、-(五)-2.-(3) 标准系列溶液的测量。分别以各被测氧化物质量浓度（$\mu g/mL$）为横坐标，其净信号强度比为纵坐标，由计算机自动绘制标准曲线。对于每个测量系列，应单独绘制标准曲线。当标准曲线的 $R^2 \geqslant 0.999$ 时，即可进行样品溶液的测定。

（六）样品的测定

（1）仪器的基本操作方法　具体方法参见第二章第四节-一、-(六) 样品的测定。

（2）样品中被测元素的同位素信号强度的测量　具体方法参见第二章第四节-二、-(六)-2. 样品中被测元素的同位素信号强度的测量。从标准曲线上查得相应被测氧化物质量浓度（$\mu g/mL$）。

测量溶液的顺序，具体方法参见第二章第四节-一、-(六) 样品的测定。

控制样的检测，具体方法参见第二章第四节-一、-(六) 样品的测定。

（七）结果的表示

当被测元素的质量分数小于 0.01％时，分析结果表示至小数点后第 4 位；当被测元素的质量分数大于 0.01%时，分析结果表示至小数点后第 3 位。

（八）质量保证和质量控制

具体操作方法参见第二章第三节-一、-（八）质量保证和质量控制。

（九）注意事项

（1）参见第二章第二节-一、-（九）注意事项（1）。

（2）参见第二章第三节-一、-（九）注意事项（1）、（3）。

（3）测试中所用仪器的标准，参见第二章第三节-三、-（九）注意事项（3）。

（4）分析氧化钇铕中的 13 种稀土杂质氧化镧、氧化铈、氧化镨、氧化钕、氧化钐、氧化钆、氧化铽、氧化镝、氧化钬、氧化铒、氧化铥、氧化镱、氧化镥的含量，当制备样品溶液、标准系列溶液时，需选用干燥的聚四氟乙烯烧杯作消解容器，将溶液定容至聚四氟乙烯容量瓶中，或将溶液定容至玻璃容量瓶中，立即转入塑料瓶中保存。

（5）分析氧化钇铕中的稀土杂质氧化铥的含量时，用系数校正法校正铕等多原子离子对铥的光谱干扰，校正方程：$I^{169}\text{Tm} = I_{169} - 1.09205I^{167}\text{Er} + 0.745909I^{166}\text{Er}$。或采用碰撞反应池工作模式检测，消除铕等多原子离子对被测杂质铥的光谱干扰。

参考文献

[1]　国家质量监督检验检疫总局. GB/T 12690. 8—2003 稀土金属及其氧化物中非稀土杂质化学分析方法钠量的测定 火焰原子吸收光谱法［S］. 北京：中国标准出版社，2003.

[2]　国家质量监督检验检疫总局. GB/T 12690. 11—2003 稀土金属及其氧化物中非稀土杂质化学分析方法镁量的测定 火焰原子吸收光谱法［S］. 北京：中国标准出版社，2003.

[3]　国家市场监督管理总局. GB/T 12690. 15—2018 稀土金属及其氧化物中非稀土杂质 化学分析方法　第 15 部分：钙量的测定——方法 2 火焰原子吸收光谱法［S］. 北京：中国标准出版社，2018.

[4]　国家质量监督检验检疫总局. GB/T 16484. 6—2009 氯化稀土、碳酸轻稀土化学分析方法　第 6 部分：氧化钙量的测定 火焰原子吸收光谱法［S］. 北京：中国标准出版社，2009.

[5]　国家质量监督检验检疫总局. GB/T 16484. 7—2009 氯化稀土、碳酸轻稀土化学分析方法　第 7 部分：氧化镁量的测定 火焰原子吸收光谱法［S］. 北京：中国标准出版社，2009.

[6]　国家质量监督检验检疫总局. GB/T 16484. 8—2009 氯化稀土、碳酸轻稀土化学分析方法　第 8 部分：氧化钠量的测定 火焰原子吸收光谱法［S］. 北京：中国标准出版社，2009.

[7]　国家质量监督检验检疫总局. GB/T 16484. 9—2009 氯化稀土、碳酸轻稀土化学分析方法　第 9 部分：氧化镍量的测定 火焰原子吸收光谱法［S］. 北京：中国标准出版社，2009.

[8]　国家质量监督检验检疫总局. GB/T 16484. 10—2009 氯化稀土、碳酸轻稀土化学分析方法　第 10 部分：氧化锰量的测定 火焰原子吸收光谱法［S］. 北京：中国标准出版社，2009.

[9]　国家质量监督检验检疫总局. GB/T 16484. 11—2009 氯化稀土、碳酸轻稀土化学分析方法　第 11 部分：氧化铅量的测定 火焰原子吸收光谱法［S］. 北京：中国标准出版社，2009.

[10]　国家质量监督检验检疫总局. GB/T 16484. 22—2009 氯化稀土、碳酸轻稀土化学分析方法　第 22 部分：氧化锌量的测定 火焰原子吸收光谱法［S］. 北京：中国标准出版社，2009.

[11]　国家质量监督检验检疫总局. GB/T 18115. 1—2006 稀土金属及其氧化物中稀土杂质化学分析方法 镧中铈、镨、钕、钐、铕、钆、铽、镝、钬、铒、铥、镱、镥和钇量的测定——方法 1 电感耦合等离子体光谱法［S］. 北京：中国标准出版社，2006.

[12]　国家质量监督检验检疫总局. GB/T 18115. 2—2006 稀土金属及其氧化物中稀土杂质化学分析方法 铈中镧、镨、钕、钐、铕、钆、铽、镝、钬、铒、铥、镱、镥和钇量的测定——方法 1 电感耦合等离子体光谱法［S］.

北京：中国标准出版社，2006.

[13] 国家发展和改革委员会. GB/T 18115. 3—2006 稀土金属及其氧化物中稀土杂质化学分析方法 镨中镧、铈、钕、钐、铕、钆、铽、镝、钬、铒、铥、镱、镥和钇量的测定——方法 1 电感耦合等离子体光谱法［S］. 北京：中国标准出版社，2006.

[14] 国家质量监督检验检疫总局. GB/T 18115. 4—2006 稀土金属及其氧化物中稀土杂质化学分析方法 钕中镧、铈、镨、钐、铕、钆、铽、镝、钬、铒、铥、镱、镥和钇量的测定——方法 1 电感耦合等离子体光谱法［S］. 北京：中国标准出版社，2006.

[15] 国家质量监督检验检疫总局. GB/T 18115. 5—2006 稀土金属及其氧化物中稀土杂质化学分析方法 钐中镧、铈、镨、钕、铕、钆、铽、镝、钬、铒、铥、镱、镥和钇量的测定——方法 1 电感耦合等离子体光谱法［S］. 北京：中国标准出版社，2006.

[16] 国家质量监督检验检疫总局. GB/T 18115. 6—2006 稀土金属及其氧化物中稀土杂质化学分析方法 铕中镧、铈、镨、钕、钐、钆、铽、镝、钬、铒、铥、镱、镥和钇量的测定——方法 1 电感耦合等离子体光谱法［S］. 北京：中国标准出版社，2006.

[17] 国家质量监督检验检疫总局. GB/T 18115. 7—2006 稀土金属及其氧化物中稀土杂质化学分析方法 钆中镧、铈、镨、钕、钐、铕、铽、镝、钬、铒、铥、镱、镥和钇量的测定——方法 1 电感耦合等离子体光谱法［S］. 北京：中国标准出版社，2006.

[18] 国家质量监督检验检疫总局. GB/T 18115. 8—2006 稀土金属及其氧化物中稀土杂质化学分析方法 铽中镧、铈、镨、钕、钐、铕、钆、镝、钬、铒、铥、镱、镥和钇量的测定——方法 1 电感耦合等离子体光谱法［S］. 北京：中国标准出版社，2006.

[19] 国家质量监督检验检疫总局. GB/T 18115. 9—2006 稀土金属及其氧化物中稀土杂质化学分析方法 镝中镧、铈、镨、钕、钐、铕、钆、铽、钬、铒、铥、镱、镥和钇量的测定——方法 1 电感耦合等离子体光谱法［S］. 北京：中国标准出版社，2006.

[20] 国家质量监督检验检疫总局. GB/T 18115. 10—2006 稀土金属及其氧化物中稀土杂质化学分析方法 钬中镧、铈、镨、钕、钐、铕、钆、铽、镝、铒、铥、镱、镥和钇量的测定——方法 1 电感耦合等离子体光谱法［S］. 北京：中国标准出版社，2006.

[21] 国家质量监督检验检疫总局. GB/T 18115. 11—2006 稀土金属及其氧化物中稀土杂质化学分析方法 铒中镧、铈、镨、钕、钐、铕、钆、铽、镝、钬、铥、镱、镥和钇量的测定——方法 1 电感耦合等离子体光谱法［S］. 北京：中国标准出版社，2006.

[22] 国家质量监督检验检疫总局. GB/T 18115. 12—2006 稀土金属及其氧化物中稀土杂质化学分析方法 镱中镧、铈、镨、钕、钐、铕、钆、铽、镝、钬、铒、铥、镱和镥量的测定——方法 1 电感耦合等离子体光谱法［S］. 北京：中国标准出版社，2006.

[23] 国家质量监督检验检疫总局. GB/T 18115. 13—2010 稀土金属及其氧化物中稀土杂质化学分析方法 第 13 部分：铥中镧、铈、镨、钕、钐、铕、钆、铽、镝、钬、铒、镱、镥和钇量的测定——方法 1 电感耦合等离子体光谱法［S］. 北京：中国标准出版社，2010.

[24] 国家质量监督检验检疫总局. GB/T 18115. 14—2010 稀土金属及其氧化物中稀土杂质化学分析方法 第 14 部分：镱中镧、铈、镨、钕、钐、铕、钆、铽、镝、钬、铒、铥、镥和钇量的测定——方法 1 电感耦合等离子体光谱法［S］. 北京：中国标准出版社，2010.

[25] 国家质量监督检验检疫总局. GB/T 12690. 13—2003 稀土金属及其氧化物中非稀土杂质化学分析方法钼、钨量的测定电感耦合等离子体发射光谱法和电感耦合等离子体质谱法［S］. 北京：中国标准出版社，2003.

[26] 国家发展和改革委员会. GB/T 12690. 14—2006 稀土金属及其氧化物中非稀土杂质化学分析方法 钛量的测定——方法 1 电感耦合等离子体光谱法［S］. 北京：中国标准出版社，2006.

[27] 国家市场监督管理总局. GB/T 12690. 15—2018 稀土金属及其氧化物中非稀土杂质 化学分析方法第 15 部分：钙量的测定——方法 1 电感耦合等离子体原子发射光谱法［S］. 北京：中国标准出版社，2018.

[28] 国家质量监督检验检疫总局. GB/T 12690. 17—2010 稀土金属及其氧化物中非稀土杂质化学分析方法 第 17 部分：稀土金属中铌、钽量的测定——方法 1 电感耦合等离子体光谱法［S］. 北京：中国标准出版社，2010.

[29] 国家质量监督检验检疫总局. GB/T 12690. 5—2017 稀土金属及其氧化物中非稀土杂质化学分析方法 第 5

部分：钴、锰、铅、镍、铜、锌、铝、铬、镁、镉、钒、铁量的测定——方法 1 电感耦合等离子体光谱法 [S]．北京：中国标准出版社，2017．

[30] 国家质量监督检验检疫总局．GB/T 16484.3—2009 氯化稀土、碳酸轻稀土化学分析方法 第 3 部分：15 个稀土元素氧化物配分量的测定 电感耦合等离子体发射光谱法 [S]．北京：中国标准出版社，2009．

[31] 国家质量监督检验检疫总局．GB/T 16484.5—2009 氯化稀土、碳酸轻稀土化学分析方法 第 5 部分：氧化钡量的测定 电感耦合等离子体发射光谱法 [S]．北京：中国标准出版社，2009．

[32] 国家质量监督检验检疫总局．GB/T 18116.1—2012 氧化钇铕化学分析方法 第 1 部分：氧化镧、氧化铈、氧化镨、氧化钕、氧化钐、氧化钆、氧化铽、氧化镝、氧化钬、氧化铒、氧化铥、氧化镱和氧化镥量的测定——方法 1 电感耦合等离子体发射光谱法 [S]．北京：中国标准出版社，2012．

[33] 国家质量监督检验检疫总局．GB/T 18116.2—2008 氧化钇铕化学分析方法 氧化铕量的测定——方法 1 电感耦合等离子体光谱法 [S]．北京：中国标准出版社，2008．

[34] 国家质量监督检验检疫总局．GB/T 23594.2—2009 钐铕钆富集物化学分析方法 第 2 部分：十五个稀土元素氧化物配分量的测定 电感耦合等离子发射光谱法 [S]．北京：中国标准出版社，2009．

[35] 国家质量监督检验检疫总局．GB/T 26417—2010 镨钕合金及其化合物化学分析方法 稀土配分量的测定——方法 2 电感耦合等离子体发射光谱法 [S]．北京：中国标准出版社，2010．

[36] 国家质量监督检验检疫总局．GB/T 18115.1—2006 稀土金属及其氧化物中稀土杂质化学分析方法 第 1 部分：镧中铈、镨、钕、钐、铕、钆、铽、镝、钬、铒、铥、镱、镥和钇量的测定——方法 2 电感耦合等离子体质谱法 [S]．北京：中国标准出版社，2006．

[37] 国家质量监督检验检疫总局．GB/T 18115.2—2006 稀土金属及其氧化物中稀土杂质化学分析方法 铈中镧、镨、钕、钐、铕、钆、铽、镝、钬、铒、铥、镱、镥和钇量的测定——方法 2 电感耦合等离子体质谱法 [S]．北京：中国标准出版社，2006．

[38] 国家发展和改革委员会．GB/T 18115.3—2006 稀土金属及其氧化物中稀土杂质化学分析方法 镨中镧、铈、钕、钐、铕、钆、铽、镝、钬、铒、铥、镱、镥和钇量的测定——方法 2 电感耦合等离子体质谱法 [S]．北京：中国标准出版社，2006．

[39] 国家质量监督检验检疫总局．GB/T 18115.4—2006 稀土金属及其氧化物中稀土杂质化学分析方法 钕中镧、铈、镨、钐、铕、钆、铽、镝、钬、铒、铥、镱、镥和钇量的测定——方法 2 电感耦合等离子体质谱法 [S]．北京：中国标准出版社，2006．

[40] 国家质量监督检验检疫总局．GB/T 18115.5—2006 稀土金属及其氧化物中稀土杂质化学分析方法 钐中镧、铈、镨、钕、铕、钆、铽、镝、钬、铒、铥、镱、镥和钇量的测定——方法 2 电感耦合等离子体质谱法 [S]．北京：中国标准出版社，2006．

[41] 国家质量监督检验检疫总局．GB/T 18115.6—2006 稀土金属及其氧化物中稀土杂质化学分析方法 铕中镧、铈、镨、钕、钐、钆、铽、镝、钬、铒、铥、镱、镥和钇量的测定——方法 2 电感耦合等离子体质谱法 [S]．北京：中国标准出版社，2006．

[42] 国家质量监督检验检疫总局．GB/T 18115.7—2006 稀土金属及其氧化物中稀土杂质化学分析方法 钆中镧、铈、镨、钕、钐、铕、铽、镝、钬、铒、铥、镱、镥和钇量的测定——方法 2 电感耦合等离子体质谱法 [S]．北京：中国标准出版社，2006．

[43] 国家质量监督检验检疫总局．GB/T 18115.8—2006 稀土金属及其氧化物中稀土杂质化学分析方法 铽中镧、铈、镨、钕、钐、铕、钆、镝、钬、铒、铥、镱、镥和钇量的测定——方法 2 电感耦合等离子体质谱法 [S]．北京：中国标准出版社，2006．

[44] 国家质量监督检验检疫总局．GB/T 18115.9—2006 稀土金属及其氧化物中稀土杂质化学分析方法 镝中镧、铈、镨、钕、钐、铕、钆、铽、钬、铒、铥、镱、镥和钇量的测定——方法 2 电感耦合等离子体质谱法 [S]．北京：中国标准出版社，2006．

[45] 国家质量监督检验检疫总局．GB/T 18115.10—2006 稀土金属及其氧化物中稀土杂质化学分析方法 钬中镧、铈、镨、钕、钐、铕、钆、铽、镝、铒、铥、镱、镥和钇量的测定——方法 2 电感耦合等离子体质谱法 [S]．北京：中国标准出版社，2006．

[46] 国家质量监督检验检疫总局．GB/T 18115.11—2006 稀土金属及其氧化物中稀土杂质化学分析方法 铒中镧、

铈、镨、钕、钐、铕、钆、铽、镝、钬、铒、铥、镱、镥和钇量的测定——方法2电感耦合等离子体质谱法［S］. 北京：中国标准出版社，2006.

［47］ 国家质量监督检验检疫总局. GB/T 18115. 12—2006 稀土金属及其氧化物中稀土杂质化学分析方法 钇中镧、铈、镨、钕、钐、铕、钆、铽、镝、钬、铒、铥、镱和镥量的测定——方法2电感耦合等离子体质谱法［S］. 北京：中国标准出版社，2006.

［48］ 国家质量监督检验检疫总局. GB/T 18115. 13—2010 稀土金属及其氧化物中稀土杂质化学分析方法　第13部分：铽中镧、铈、镨、钕、钐、铕、钆、铽、镝、钬、铒、镱、镥和钇量的测定——方法2电感耦合等离子体质谱法［S］. 北京：中国标准出版社，2010.

［49］ 国家质量监督检验检疫总局. GB/T 18115. 14—2010 稀土金属及其氧化物中稀土杂质化学分析方法　第14部分：镱中镧、铈、镨、钕、钐、铕、钆、铽、镝、钬、铒、铥、镥和钇量的测定——方法2电感耦合等离子体质谱法［S］. 北京：中国标准出版社，2010.

［50］ 国家质量监督检验检疫总局. GB/T 12690. 5—2017 稀土金属及其氧化物中非稀土杂质化学分析方法 第5部分：钴、锰、铅、镍、铜、锌、铝、铬、镁、镉、钒、铁量的测定——方法2电感耦合等离子体质谱法［S］. 北京：中国标准出版社，2017.

［51］ 国家质量监督检验检疫总局. GB/T 12690. 12—2003 稀土金属及其氧化物中非稀土杂质化学分析方法钍量的测定——方法2电感耦合等离子体质谱法［S］. 北京：中国标准出版社，2003.

［52］ 国家质量监督检验检疫总局. GB/T 12690. 13—2003 稀土金属及其氧化物中非稀土杂质化学分析方法钼、钨量的测定电感耦合等离子体发射光谱法和电感耦合等离子体质谱法［S］. 北京：中国标准出版社，2003.

［53］ 国家质量监督检验检疫总局 GB/T 12690. 15—2018 稀土金属及其氧化物中非稀土杂质 化学分析方法 第15部分：钙量的测定——方法3电感耦合等离子体质谱法［S］. 北京：中国标准出版社，2018.

［54］ 国家质量监督检验检疫总局. GB/T 12690. 17—2010 稀土金属及其氧化物中非稀土杂质化学分析方法　第17部分：稀土金属中铌、钽量的测定——方法2电感耦合等离子体质谱法［S］. 北京：中国标准出版社，2010.

［55］ 国家质量监督检验检疫总局. GB/T 16484. 2—2009 氯化稀土、碳酸轻稀土化学分析方法　第2部分：氧化铕量的测定 电感耦合等离子体质谱法［S］. 北京：中国标准出版社，2009.

［56］ 国家质量监督检验检疫总局. GB/T 16484. 20—2009 氯化稀土、碳酸轻稀土化学分析方法　第20部分：氧化镍、氧化锰、氧化铅、氧化铝、氧化锌、氧化钍量的测定 电感耦合等离子体质谱法［S］. 北京：中国标准出版社，2009.

［57］ 国家质量监督检验检疫总局. GB/T 18116. 1—2012 氧化钇铕化学分析方法　第1部分：氧化镧、氧化铈、氧化镨、氧化钕、氧化钐、氧化钆、氧化铽、氧化镝、氧化钬、氧化铒、氧化铥、氧化镱和氧化镥量的测定——方法2电感耦合等离子体质谱法［S］. 北京：中国标准出版社，2012.

［58］ 国家质量监督检验检疫总局. GB/T 6682—2008 分析实验室用水规格和试验方法（ISO3696,MOD）［S］. 北京：中国标准出版社，2008.

［59］ 国家质量监督检验检疫总局. GB/T 12806—2011 实验室玻璃仪器 单标线容量瓶（ISO1042,EQV）［S］. 北京：中国标准出版社，2011.

［60］ 国家质量监督检验检疫总局. GB/T 12808—2015 实验室玻璃仪器 单标线吸量管（ISO648,EQV）［S］. 北京：中国标准出版社，2015.

［61］ 国家质量监督检验检疫总局. GB/T 12809—2015 实验室玻璃仪器 玻璃量器的设计和结构原则（ISO384,EQV）［S］. 北京：中国标准出版社，2015.

［62］ 中国轻工业联合会. GB/T 12810—1991 实验室玻璃仪器 玻璃量器的容量校准和使用方法（ISO4787,IDT）［S］. 北京：中国标准出版社，1991.

第三章

钢和铁、铁合金的分析

第一节　应用概况

通常人们根据金属的颜色和性质把金属分成黑色金属和有色金属两大类：黑色金属主要指铁、锰、铬及其合金，如钢、生铁、铁合金、铸铁等；黑色金属以外的金属称为有色金属。

本章主要介绍原子光谱法在钢和铁、铁合金两大类冶金产品中的应用。钢和铁产品主要包括钢铁及合金、低合金钢、铸铁和低合金钢、钢板及钢带（锌基和铝基镀层）。铁合金中主要包括金属铬、铬铁、钒铁、硅铁、钛铁、钨铁、镍铁、含镍生铁、镝铁合金、钒氮合金、稀土硅铁合金及镁硅铁合金。其中，稀土硅铁合金是由硅铁、稀土、钙、生铁或废钢等按一定比例配料经高温熔融而成的合金。硅铁、稀土矿、金属镁是生产稀土镁硅铁合金的主要原料，用于铸钢铸铁，有较强脱氧、脱硫的效果；生产球化剂、蠕化剂、孕育剂的基础材料；在生产钢、铁中作添加剂、合金剂。

原子光谱法在分析钢和铁、铁合金两大类产品中的杂质元素含量过程中，样品的消解处理为最重要的步骤之一，样品的消解方法对分析结果的准确性起到了决定性作用，可有效消除样品基体的干扰。钢铁样品常以盐酸、硝酸、硫酸、磷酸、氢氟酸、过氧化氢及其混合物消解。含硅高的样品用氢氟酸除硅，特殊情况下使用熔融法消解。采用微波消解法可以加速消解过程。

消解方法分为湿法消解（电热板消解法、微波消解法）和干法消解（又称为熔融法消解）。其中，干法消解先将样品置于坩埚中，在马弗炉内高温熔融消解，再用热水浸提，进一步消解。每种消解方法参见后续相关内容。特别的是，有的样品先采用干法消解过滤除沉淀后，再采用湿法进一步消解。有的样品先湿法消解，过滤得的残渣用干法消解。可见，上述 3 种消解方法可根据分析需求有机结合。

□ 表 3-1　火焰原子吸收光谱法分析钢铁及合金、铁合金的基本条件

适用范围	测定项	检测方法	测定范围(质量分数)/%	检出限/(μg/mL)	波长/nm	仪器条件		干扰物质消除方法	国标号	参考文献
						原子化器	原子化器条件			
钢铁及合金	锌	火焰原子吸收法(FAAS)	0.0005~0.05	0.01	213.9	火焰	空气-乙炔贫燃火焰	铁、镍 基体匹配标准曲线法	GB/T 20127.12—2006	[1]
	锰		0.002~2.0	0.02	279.5		空气-乙炔贫燃火焰	高氯酸挥发除硅等干扰元素 基体匹配标准曲线法	GB/T 223.64—2008	[2]
金属铬	铁	火焰原子吸收光谱法(FAAS)	0.10~1.00	0.25	248.3	火焰	空气-乙炔火焰	铬 基体匹配标准曲线法	GB/T 4702.4—2008	[3]
	铝		0.10~1.00	0.5	309.2 396.2		一氧化二氮-乙炔火焰	铬 基体匹配标准曲线法	GB/T 4702.5—2008	[4]
铬铁	锰		0.050~1.80	0.05	279.5	火焰	空气-乙炔贫燃火焰	酸溶消解,盐酸挥发除锰.以二氯化锡作释放剂.碱熔消解,二氧化锰沉基体	GB/T 5687.10—2006	[5]
钒铁	锰		0.10~1.00	0.05	279.5	火焰	空气-乙炔贫燃火焰	钒、铁基体匹配标准曲线法	GB/T 8704.9—2009	[6]
硅铁	铝		0.05~5.00	0.05	309.3	火焰	一氧化二氮-乙炔火焰	硅高氯酸脱水沉淀硅 铁基体匹配标准曲线法	GB/T 4333.4—2007	[7]
钛铁	铜	火焰原子吸收光谱法(FAAS)	0.10~1.00	0.10	327.4 324.8	火焰	空气-乙炔火焰	铁、铝 基体匹配标准曲线法	GB/T 4701.3—2009	[8]
钨铁	锰		0.05~0.70	0.10	279.5	火焰	空气-乙炔贫燃火焰	钨、铁基体匹配标准曲线法 以二氯化锡作释放剂	GB/T 7731.2—2007	[9]
	铜		0.05~0.25	0.10	324.7	火焰	空气-乙炔贫燃火焰	钨、铁 基体匹配标准曲线法	GB/T 7731.3—2008	[10]
镍铁	钴	火焰原子吸收光谱法(FAAS)	0.025~2.5	0.10	240.7	火焰	空气-乙炔贫燃火焰	硅高氯酸脱水释放剂除电离干扰硅 镍,铁基体匹配标准曲线法	GB/T 21933.3—2008	[11]

注: 铁合金

□ 表 3-2 石墨炉原子吸收光谱法分析钢铁及合金的基本条件

适用范围	测项	检测方法	测定范围(质量分数)/%	检出限/(ng/mL)	仪器条件			国标号	参考文献
					波长/nm	原子化器	原子化器条件		
钢铁及合金	银	电热(石墨炉)原子吸收光谱法(GF-AAS)	0.0001~0.001	0.50	328.1	石墨炉	进样量:10~50µL 干燥温度:250℃,时间10s,线性;通气 灰化温度:600℃,时间10s,线性;通气 灰化温度:600℃,时间15s,垂直;通气 灰化温度:600℃,时间3s,垂直;不通气 原子化温度:2000℃,时间2s,垂直;不通气	GB/T 20127.1—2006	[12]
	铜		0.0001~0.0060	0.50	324.8	石墨炉	进样量:10~50µL 干燥温度:250℃,时间10s,线性;通气 灰化温度:800℃,时间10s,线性;通气 灰化温度:800℃,时间15s,垂直;通气 灰化温度:800℃,时间3s,垂直;不通气 原子化温度:2300℃,时间2s,垂直;不通气	GB/T 20127.4—2006	[13]

□ 表 3-3 原子荧光光谱法分析钢铁及合金的基本条件

适用范围	测项	检测方法	测定范围(质量分数)/%	检出限/(ng/mL)	仪器条件		干扰物质	消除方法	国标号	参考文献
					原子化器	原子化器条件				
钢铁及合金	砷	氢化物发生-原子荧光光谱法(HG-AFS)	0.00005~0.010	0.3	石英炉	电热石英炉,以硼氢化钾为还原剂,盐酸为载流,氩气为屏蔽气和载气	易水解元素钨、铌、钽、钼等;干扰元素镍、钴、铜等	硫酸磷酸混合酸冒烟,并络合易水解元素;硫脲-抗坏血酸混合溶液还原砷V为砷III,抑制干扰元素	GB/T 20127.2—2006	[14]
	锑		0.00005~0.010	0.5	石英炉	电热石英炉,加液器或流动注射进样装置	基体元素	柠檬酸抑制基体的干扰;硫脲-抗坏血酸混合溶液将溶液锑V为锑III,抑制干扰元素	GB/T 20127.8—2006	[15]
	硒		0.00005~0.010	0.5	石英炉	电热石英炉,加液器或流动注射进样装置	易水解元素钨、铌、钽、钼等;干扰元素铁、镍、铬、钴等	氟化铵络合易水解元素;柠檬酸解元素;酸溶液抑制干扰元素	GB/T 20127.10—2006	[16]

适用范围	测项	检测方法	测定范围(质量分数)/%	检出限/(ng/mL)	仪器条件 原子化器	仪器条件 原子化器条件	干扰物质	消除方法	国标号	参考文献
钢铁及合金	砷	氢化物发生-原子荧光光谱法(HG-AFS)	0.00005~0.010	100	石英炉	电热石英炉,加液器或流动注射进样装置	基体元素铁、镍、钼,易水解元素钨、钼、铌、钼等	硫代氨基脲抑制基体元素;硫酸磷酸混合冒烟,并络合易水解元素;硫脲-抗坏血酸混合溶液还原砷Ⅴ为砷Ⅲ,抑制干扰元素	GB/T 223.80—2007	[17]
	铋		0.00005~0.010							

□ 表 3-4　电感耦合等离子体发射光谱法分析钢铁及合金、低合金钢、铸铁和含镍生铁的基本条件

适用范围	测项	检测方法	测定范围(质量分数)/%	检出限/(μg/mL)	分析线/nm	干扰元素	国标号	参考文献
钢铁及合金	钙	电感耦合等离子体发射光谱法	0.001~0.01	0.003	393.366 / 396.874	铬	GB/T 20127.3—2006	[18]
	镁		0.001~0.01	0.021	279.533 / 280.270	—		
	钡		0.001~0.01	0.0068	455.403 / 493.409	钒		
	锶(内标)		—	—	407.771	钴		
	钪	电感耦合等离子体发射光谱法	0.0002~0.01	0.002 / 0.003 / 0.003	361.384 / 363.075 / 357.253	钨、钼 / 钙 / 钨、钼、铌、钴	GB/T 20127.9—2006	[19]
低合金钢	硅	电感耦合等离子体原子发射光谱法	0.01~0.60	0.04 / 0.06	251.611 / 288.158	钼、钒、铁 / 钴、铬、钼、铝	GB/T 20125—2006	[20]
	锰		0.01~2.00	0.02 / 0.05 / 0.04 / 0.04	257.610 / 260.569 / 293.930 / 279.482	— / 钴、铁、铬 / 铬、铁 / —		
	磷		0.005~0.10	0.04 / 0.08	178.280 / 213.618	钼、铬、锰		
	镍		0.01~4.00	0.04	231.604	钴		

续表

适用范围	测项	检测方法	测定范围(质量分数)/%	检出限/(μg/mL)	分析线/nm	干扰元素	国标号	参考文献
低合金钢	铬	电感耦合等离子体原子发射光谱法	0.01~3.00	0.05 — 0.02	267.716 206.149 283.563	锰 — —	GB/T 20125—2006	[20]
	钼		0.01~1.20	0.05 —	202.030 281.615	铁 铝、钒		
	铜		0.01~0.50	0.02 0.09	324.754 327.396	锰、钼 钼		
	钒		0.002~0.50	0.02 0.02 0.07 0.02	310.230 309.311 311.071 290.882	— 铁 钛、钼		
	钴		0.003~0.20	0.03	228.616	铬、钛、镍		
	钛		0.001~0.30	0.03 0.01 0.02 0.02	307.864 334.941 336.121 337.280	— 铬 铬 —		
	铝		0.004~0.10	0.03 0.02 0.02	394.409 308.215 396.152	— — 钼		
	钇(内标)		—	—	371.030	—		
铸铁和低合金钢	镧	电感耦合等离子体原子发射光谱法	0.002~0.10	0.01 0.01	408.671 398.852	铁 钛	GB/T 24520—2009	[21]
	铈		0.005~0.15	0.04	418.660	铁		
	镁		0.003~0.15	0.01 0.01	279.553 280.270	铬、钒、钛		

适用范围	测项	检测方法	测定范围(质量分数)/%	检出限/(μg/mL)	分析线/nm	干扰谱线/nm	国标号	参考文献
硅铁	铝	电感耦合等离子体原子发射光谱法	0.01~3.00	0.05	394.401,396.152	—	GB/T 24194—2009	[22]
	钙		0.01~2.50	0.05	393.366,317.933	—		
	锰		0.01~1.00	0.05	257.610,279.827	—		
	铬		0.005~0.50	0.025	357.869,287.563	—		
	钛		0.005~0.10	0.025	334.941,336.121	铬334.932 镍336.156		
	铜		0.005~0.10	0.025	324.754,223.008	钛223.022		
	磷		0.005~0.10	0.025	178.287,213.618	铜213.598		
	镍		0.005~0.10	0.025	231.604,221.647	—		
	钇(内标)		—	—	224.306,324.228,371.030	—		
钨铁	砷	电感耦合等离子体原子发射光谱法	0.010~0.20	0.02	193.759	—	GB/T 7731.6—2008	[23]
	锡		0.01~0.12	0.02	189.959	—	GB/T 7731.7—2008	[24]
	锑		0.010~0.15	0.03	206.833	—	GB/T 7731.8—2008	[25]
	铋		0.010~0.15	0.03	223.061	—	GB/T 7731.9—2008	[26]
	铅		0.010~0.12	0.03	220.353	—	GB/T 7731.14—2008	[27]
镍铁	磷	电感耦合等离子体原子发射光谱法	0.005~0.050	0.051 0.06	178.287 213.618	—	GB/T 24585—2009	[28]
	锰		0.05~1.0	0.006	257.610	—		
	铬		0.05~1.0	0.012	267.716	—		
	铜		0.010~0.30	0.023	324.754	铜213.598		
	钴		0.050~2.0	0.025	228.616	—		
	硅		0.10~0.55	0.037	288.158	—		
含镍生铁	镍	电感耦合等离子体原子发射光谱法	3.00~16.00	0.03	341.476	—	GB/T 32794—2016	[29]
	钴		0.05~2.00	0.01	228.616	—		
	铬		0.20~8.00	0.02	206.542	—		
	铜		0.010~0.300	0.01	327.396 324.754	铜213.598		
	磷		0.010~0.150	0.01	213.618 178.287	铜213.598		

适用范围	测项	检测方法	测定范围(质量分数)/%	检出限/(μg/mL)	分析线/nm	干扰谱线/nm	国标号	参考文献
铌铁合金	镧	电感耦合等离子体原子发射光谱法	0.0050~0.50	—	408.671,412.322,379.477	—	GB/T 26416.2—2010	[30]
	铈		0.0050~0.50	—	446.021,428.993	—		
	镨		0.0050~0.50	—	511.076,525.973,417.939	—		
	钕		0.0050~0.50	—	401.224,411.732,410.907	—		
	钐		0.0050~0.50	—	443.432,442.434,445.851	—		
	铕		0.0050~0.50	—	381.967,664.506,272.778	—		
	钆		0.010~0.50	—	342.246,376.840,385.098	—		
	铽		0.010~0.50	—	321.998,332.440,384.873,350.914	—		
	镝		0.010~0.50	—	379.675,341.644,345.600	—		
	钬		0.010~0.50	—	389.623,369.265,390.631	—		
	铒		0.0050~0.50	—	313.125,379.576,346.220	—		
	铥		0.0050~0.50	—	281.938,328.937,369.419	—		
	镱		0.0050~0.50	—	261.541,307.760	—		
	钇		0.010~0.50	—	361.104,360.192,224.303,371.029	—		
	钙	电感耦合等离子体原子发射光谱法	0.0050~0.050	—	393.366	—	GB/T 26416.3—2010	[31]
	镁		0.0050~0.050	—	280.270	—		
	铝		0.020~0.10	—	308.215	—		
	硅		0.020~0.10	—	212.412	—		
	镍		0.0050~0.050	—	216.555	—		
	钼		0.020~0.10	—	203.846,202.032	—		
	钨		0.030~0.20	—	207.912,209.475	—		
钒氮合金	硅	电感耦合等离子体原子发射光谱法	0.010~1.00	0.05	198.899,251.612	—	GB/T 24583.8—2009	[32]
	锰		0.010~0.500	0.05	259.373,293.930	—		
	磷		0.010~0.500	0.05	178.2874,213.618	—		
	铝		0.010~1.00	0.05	394.401,396.152	—		

适用范围	测项		检测方法	测定范围(质量分数)/%	检出限/(μg/mL)	分析线/nm	干扰谱线/nm	国标号	参考文献
稀土硅铁合金及镁硅铁合金	稀土总量	镧	电感耦合等离子体原子发射光谱法	0.50~6.00	—	408.671,398.852	—	GB/T 16477.1—2010	[33]
		铈			—	380.153,446.021	—		
		镨			—	417.939,422.532	—		
		钕			—	378.425,397.326	—		
		钐			—	360.949,359.259	—		
		铕			—	412.972	—		
		钆			—	418.426	—		
		铽			—	350.914	—		
		镝			—	349.468	—		
		钬			—	345.600	—		
		铒			—	369.262	—		
		铥			—	313.125	—		
		镱			—	369.419	—		
		镥			—	291.139	—		
		钇			—	377.433	—		
稀土硅铁合金及镁硅铁合金	钙		电感耦合等离子体原子发射光谱法	0.50~6.00	—	317.933,396.847	—	GB/T 16477.2—2010	[34]
	铁			0.20~11.00	—	279.553,280.213	—		
	锰			0.50~4.00	—	257.610,293.931	—	GB/T 16477.5—2010	[35]
	钛			0.30~5.00	—	334.941,336.121	—		
	氧化镁			0.30~3.00	—	280.270,285.213	—	GB/T 16477.3—2010	[36]

☐ 表 3-6 电感耦合等离子体质谱法分析钢铁及合金、钢板及钢带的基本条件

适用范围	测项	检测方法	测定范围(质量分数)/%	检出限/(ng/mL)	测定同位素的质量数	干扰物质	国标号	参考文献
钢铁及合金	钢	电感耦合等离子体质谱法	0.000010~0.010	0.5	115	—	GB/T 20127.11—2006	[37]
	铊		0.000010~0.010	0.5	205	$^{18}C^{15}N^+$、$^{13}C^{14}N^+$、$^{1}H^{12}C^{14}N^+$、$^{14}N_2^+$ 扩展峰		
	铑(内标)		—	—	103	—		
	总铝	微波消解-电感耦合等离子体质谱法	0.0005~0.10	0.7	27	—	GB/T 223.81—2007	[38]
	总硼		0.0002~0.10		11	—		

适用范围	测项	检测方法	测定范围(质量分数)/%	检出限/(ng/mL)	测定同位素的质量数	干扰物质	国标号	参考文献
钢铁	锡	电感耦合等离子体质谱法	0.000005~0.00020	—	116 117 118 119 120 122 124	$^{116}Cd^+$，$^{100}MoO^+$，$^{232}Th^{2+}$ $^{100}MoOH^+$，$^{234}U^{2+}$，$^{40}Ar^{77}Se^+$ $^{102}RuO^+$，$^{102}PdO^+$，$^{40}Ar^{78}Se^+$ $^{103}RhO^+$ $^{104}PdO^+$，$^{104}RuO^+$（$^{120}Te^+$） $^{122}Te^+$，$^{106}PdO^+$ $^{124}Te^+$，$^{108}PdO^+$，$^{124}Xe^+$	GB/T 32548—2016	[39]
	锑		0.000001~0.00020	—	121 123	$^{105}PdO^+$ $^{123}Te^+$，$^{107}AgO^+$		
	铈		0.000010~0.0010	—	140，142	—		
	铅		0.0000005~0.00010	—	204 206 207 208	$^{204}Hg^+$ $^{191}IrO^+$ —		
	铋		0.0000003~0.000030	—	209	$^{193}IrO^+$		
钢板及钢带 锌基和铝基镀层	铅	电感耦合等离子体质谱法	0.000020~0.0020	0.05	208		GB/T 31927—2015	[40]
	镉		0.000005~0.0020		111	—		

【例1】采用火焰原子吸收光谱法分析铬铁中杂质元素锰的含量[5]的消解方法主要为湿法消解中的电热板酸溶消解法和干法消解中的碱熔消解法。电热板酸溶消解法：样品以盐酸、过氧化氢、高氯酸分解，在高氯酸冒烟状态下，用盐酸挥铬后制备为盐酸溶液测定。碱熔消解法：样品用无水碳酸钠-过氧化钠熔融分解，过滤，以二氧化锰沉淀分离大量钠盐后制备为盐酸溶液。

【例2】采用电感耦合等离子体原子发射光谱法分析钒氮合金中杂质元素硅、锰、磷、铝的含量[32]的消解方法为：样品采用电热板消解法溶解，溶解残渣采用干法消解（熔融法消解）。样品用硝酸加热溶解大部分样品，过滤，残渣和少量混合熔剂一起在马弗炉内熔融，再以盐酸浸取，与滤液合并后定容成样品溶液。

原子光谱法在分析钢和铁、铁合金产品的杂质元素含量中的应用已有几十年的历史。其中，原子吸收光谱法和原子荧光光谱法分析这两大类产品时，从取制样，样品消解，绘制标准曲线，到仪器工作条件以及干扰校正都有详细的规定。随着电感耦合等离子体发射光谱法和电感耦合等离子体质谱法的分析技术日趋成熟，这2种方法应用于钢和铁、铁合金产品中杂质元素的分析也逐步发展。从样品的取制样，空白试验的操作，样品消解过程中溶样酸及其他试剂的使用量，标准系列溶液的浓度跨度范围，基体溶液的制备，到仪器工作条件，对于分析线中的干扰元素影响的处理方法及修正，这些步骤都有设计和操作的原则，但是由于样品中化学成分的复杂性和多样性，这些步骤没有详细的规定。

下面将 FAAS、GF-AAS、HG-AFS、ICP-AES、ICP-MS 的测定范围、检出限、仪器条件、干扰物质及消除方法等基本条件以表格的形式列出，为选择合适的分析方法提供参考。表 3-1 是火焰原子吸收光谱法分析钢铁及合金、铁合金的基本条件。表 3-2 是石墨炉原子吸收光谱法分析钢铁及合金的基本条件。表 3-3 是原子荧光光谱法分析钢铁及合金的基本条件。表 3-4 是电感耦合等离子体发射光谱法分析钢铁及合金、低合金钢、铸铁和低合金钢、含镍生铁的基本条件。表 3-5 是电感耦合等离子体原子发射光谱法分析铁合金的基本条件。表 3-6 是电感耦合等离子体质谱法分析钢铁及合金、钢铁、钢板及钢带的基本条件。

第二节　原子吸收光谱法

在现行有效的标准中，采用原子吸收光谱法分析钢和铁、铁合金产品的标准有 13 个，本节将这些标准的每部分内容归类整理，重点讲解分析过程中的难点和注意事项。

一、钢铁及合金中杂质元素的分析

现行国家标准[1,2]中，火焰原子吸收光谱法可以分析高温合金中杂质元素锌的含量和钢铁中杂质元素锰的含量，其各元素测定范围见表 3-1。实际工作中火焰原子吸收光谱法分析钢铁及合金中杂质元素锌、锰含量的步骤包括以下几部分。

（一）样品的制备和保存

根据国家标准[41]GB/T 20066—2006 或其他适当的国家标准取样、制样。

1. 取样

样品包括抽样产品本身和从熔体中取得的样品。

（1）从成品中取样　在可能的情况下，原始样品或分析样品可以从按照产品标准中规定的取样位置取样，也可以从抽样产品中取得的用作力学性能试验的材料上取样。

（2）从熔体中取样　为了监控生产过程，需要在整个生产过程的不同阶段从熔体中取样。根据铸态产品标准的要求，可以在熔体浇注的过程中进行取样来测定化学成分。对用于生产铸态产品的液体金属的取样，分析样品也可以按照产品标准要求从出自同一熔体、用作力学性能试验的棒状或块状样品上制取。

样品应去除表面涂层、除湿、除尘以及除去其他形式的污染。在对熔体进行取样时，如果预测到样品不均匀或可能污染，应采取措施。

2. 制样

样品的前处理：

如果样品中的某一部分发生了化学变化，应采取适当的方法去除，再对样品采取保护措施防止发生化学变化。必要时，采用合适的方法去除样品表面涂层，要被切削的金属表面完全外露，金属表面要使用适当的溶剂（如分析纯丙酮）除油，但应保证除油的方法对分析结果的正确性不产生影响。

屑状样品是通过钻、切、车、冲等方法制得的。粉末或碎粒状样品（不适用于含有石墨的铁的制样）用破碎机或振动磨粉碎，全部通过 $1 \sim 2mm$ 孔径的筛。块状分析样品，样品的粒度在 $125 \sim 250 \mu m$ 较合适，表面应该没有颗粒异物和缺陷，并充分干燥。

3. 样品的保存

应该有适当的储备设备用于单独保存分析样品。在分析样品的制备过程中和制备后，应该防止其污染和发生化学变化。原始样品允许以块状形式保存，需要时再制取分析样品。分析样品或块状的原始样品要保存足够长的时间，以保证分析实验室管理的完整性。

（二）样品的消解

分析钢铁及合金中杂质元素锌、锰含量的消解方法主要为湿法消解中的电热板消解法。关于消解方法分类的介绍，参见第二章第二节-一、-（二）样品的消解。

分析锌含量时，样品用盐酸和硝酸混合酸溶解，制得用于测定的样品溶液。分析锰含量时，样品用盐酸和硝酸溶解，加高氯酸蒸发至冒白烟，制得用于测定的样品溶液。下面分别详细介绍。

样品中被测元素的质量分数越大，取样量越小（即样品溶液分取体积越小）。根据被测元素种类及其质量分数，按表 3-7 称取样品，精确至 0.0001g。独立地进行 2 次测定，取其平均值。随同样品做空白试验。

将样品置于烧杯中，按表 3-7 要求加入盐酸（$\rho = 1.19 g/mL$），盖上表面皿，在电热板上低温加热至分解完全，按表 3-7 加入硝酸（$\rho \approx 1.42 g/mL$）氧化，加热煮沸驱除氮的氧化物〔测锰含量时〔若样品不易溶解，加入 2mL 氢氟酸（$\rho \approx 1.15 g/mL$）〕，加入 15mL 高氯酸（$\rho \approx 1.54 g/mL$），不盖表面皿高温加热，直至冒烟。然后盖上表面皿继续加热，加热温度应使高氯酸烟在烧杯壁上保持稳定的回流，继续加热，直到烧杯中看不到高氯酸烟，冷却。加入 25mL 水，微热溶解盐类〕，冷却至室温，按表 3-7 中样品总体积转移入相应容量瓶中，以水定容（测锰含量时，用中速滤纸干过滤，滤掉残渣或沉淀，将滤液收集在清洁干燥的烧杯中）。

⊡ 表 3-7　分析钢铁及合金中杂质元素锌、锰含量的样品溶液

被测元素	被测元素质量分数/%	样品/g	盐酸①/mL	硝酸②/mL	样品总体积/mL	分取体积/mL	测定体积/mL
锌	0.0005～0.005	0.50	5	1～2	50	全量	全量
	＞0.005～0.05	0.50	5	1～2	50	5.00	50
锰	0.002～0.10	1.00	20	5	250	全量	全量
	＞0.10～0.40	1.00	20	5	250	50.00	200
	＞0.40～2.0	1.00	20	5	250	10.00	200

① 盐酸：$\rho = 1.19 \mathrm{g/mL}$。

② 硝酸：$\rho \approx 1.42 \mathrm{g/mL}$。

当锌的质量分数＞0.005％时，按表 3-7 移取上述经消解的样品溶液，按表 3-7 置于相应容量瓶中，补加 4.5mL 盐酸（$\rho = 1.19 \mathrm{g/mL}$），以水定容。

当锰的质量分数＞0.10％时，按表 3-7 移取上述经消解的样品溶液，按表 3-7 置于相应容量瓶中，以水定容。

（三）仪器条件的选择

测定不同元素有不同的仪器操作条件，分析钢铁及合金中杂质元素锌、锰的含量时，其推荐的仪器工作条件参见表 3-1。以锌元素的测定为例，介绍原子吸收光谱仪器操作条件的选择。

（1）选择锌元素空心阴极灯作为光源（如测定锰元素时，选择锰空心阴极灯）。

（2）选择火焰原子化器的原则和火焰类型的介绍参见第二章第二节-一、-(三)-(2) 选择原子化器。分析钢铁及合金中杂质元素锌、锰的含量时，选用火焰原子化器，原子化器条件参见表 3-1。空气、乙炔要足够纯净（不含水、油和锌），以提供稳定清澈的贫燃火焰。

（3）在仪器最佳工作条件下，凡能达到下列指标者均可使用。

1）灵敏度　在与测量样品溶液的基体一致的溶液中，锌的检出限应≤0.01μg/mL（如测锰含量时，参见表 3-1）。检出限定义，参见第二章第二节-一、-(三)-(3)-1) 灵敏度。

2）精密度　其测量计算的方法和标准规定参见第二章第二节-一、-(三)-(3)-2) 精密度。

3）标准曲线线性　将标准曲线按浓度等分成五段，最高段的吸光度差值与最低段的吸光度差值之比≥0.7。

（四）干扰的消除

（1）分析钢铁及合金中杂质元素锌的含量时，采用基体匹配标准曲线法进行测定，避免基体铁的干扰。

（2）分析钢铁及合金中杂质元素锰的含量时，消解样品时加高氯酸，挥发去除锑等干扰元素。采用基体匹配标准曲线法进行测定，避免基体铁的干扰。

（五）标准曲线的建立

1. 标准溶液的配制

分析钢铁及合金中杂质元素锌、锰的含量时，根据样品中被测元素质量分数的不同，

需绘制不同的标准曲线，先配制相应的被测元素标准溶液，再配制相应的标准系列溶液。被测元素标准储备溶液选择与被测样品基体一致、质量分数相近的有证标准样品，或按以下方法制备。

锌标准储备溶液（锌 1.00mg/mL）：将 1.0000g 金属锌（质量分数≥99.99%，不含锰）置于 400mL 烧杯中，加入 20mL 王水，盖上表面皿，置于电热板上低温加热至完全溶解，微沸以除去氮的氧化物，取下，用水吹洗表面皿及杯壁，冷至室温，用超纯水定容至 1L。

锌标准溶液Ⅰ（锌 100μg/mL）：移取 10.00mL 锌标准储备溶液，用超纯水定容至 100mL。

锌标准溶液Ⅱ（锌 10μg/mL）：移取 10.00mL 锌标准溶液Ⅰ，用超纯水定容至 100mL。

锰标准储备溶液配制（锰 1.00mg/mL）：将 1.0000g 金属锰（质量分数≥99.99%）置于 250mL 烧杯中，加入 40mL 盐酸（$\rho=1.19$g/mL），盖上表面皿，置于电热板上低温加热至完全溶解，取下，用水吹洗表面皿及杯壁，冷至室温，用超纯水定容至 1L。

锰标准溶液（锰 20μg/mL）：移取 20.00mL 锰标准储备溶液，移入 1000mL 容量瓶中，用超纯水定容至刻度，摇匀。

2. 标准曲线的建立

标准系列溶液的配制原则，参见第二章第二节-一、-(五)-2. 标准曲线的建立中的标准系列溶液的配制原则。分析钢铁及合金中杂质元素锌、锰的含量时，采用基体匹配标准曲线法。基体匹配标准曲线法的介绍，参见本书第二章第二节-一、-(五)-2.-(2) 标准曲线法。根据被测元素的质量分数，需要绘制不同的标准曲线，其标准溶液配制方法见表 3-8。

▢ 表 3-8　分析钢铁及合金中杂质元素锌、锰含量的标准系列溶液

被测元素	被测元素质量分数 /%	分取被测元素标准溶液体积/mL	定容体积 /mL	铁基体溶液
锌	0.0005~0.05	（标准溶液Ⅱ） 0、0.25、0.50、1.00、1.50、2.00、2.50	50	铁基体溶液①
锰	0.002~0.10	0、0.4、2.0、4.0、8.0、12.0、16.0、20.0	100	40.00mL 铁基体溶液②
	>0.10~0.40	0、4.0、8.0、12.0、16.0、20.0	100	10.00mL 铁基体溶液②
	>0.40~2.0	0、4.0、8.0、12.0、16.0、20.0	100	2.00mL 铁基体溶液②

① 铁基体溶液：称取 7 份与样品等质量的纯铁（质量分数≥99.99%，不含锌），随同样品处理。

② 铁基体溶液（铁 10mg/mL）：将 10.0g 纯铁 $[w(Fe)≥99.99\%，w(Mn)<0.005\%]$ 置于 1000mL 烧杯中，加入 200mL 盐酸（$\rho=1.19$g/mL），盖上表面皿，低温加热至全部溶解，然后加入 50mL 硝酸（$\rho=1.42$g/mL）氧化，加入 150mL 高氯酸（$\rho≈1.54$g/mL），不盖表面皿高温加热，直至冒高氯酸白烟。然后盖上表面皿继续加热 15min，加热温度应使高氯酸烟在烧杯壁上保持稳定的回流，继续加热，直到烧杯中看不到高氯酸烟，冷却。加入 300mL 水，低温加热溶解盐类。取下，冷至室温。以超纯水定容至 1L。

根据被测元素的种类及其质量分数，按照表 3-8 的规定制备相应的铁基体溶液，并移取相应体积的铁基体溶液，分别置于表 3-8 规定的相应容积的容量瓶中。按表 3-8 用移液管分取一系列体积的被测元素标准溶液（溶液中相应被测元素浓度及其标准溶液的制备方

法参见上述标准溶液的配制），置于上述的一组容量瓶中，以水定容，混匀。

标准系列溶液的测量方法，参见第二章第二节-二、-（五）-2.-（3）标准系列溶液的测量（标准曲线法）。以被测元素的质量浓度（μg/mL）为横坐标、净吸光度（A）为纵坐标，绘制标准曲线。

（六）样品的测定

样品溶液的测量方法，参见第二章第二节-二、-（六）-（2）分析氧化镁［当 w（MgO）＞0.20%～1.50%时 ］、氧化铅的含量（标准曲线法）中的测量方法。从标准曲线上查出相应的被测元素质量浓度（μg/mL）。

（七）结果的表示

当被测元素的质量分数小于 0.01%时，分析结果表示至小数点后第 4 位；当被测元素的质量分数大于 0.01%时，分析结果表示至小数点后第 3 位。

（八）质量保证和质量控制

分析时，应用国家级或行业级标准样品或控制样品进行校核，或每年至少用标准样品或控制样品对分析方法校核一次。当过程失控时，应找出原因，纠正错误后重新进行校核，并采取相应的预防措施。

（九）注意事项

（1）参见第二章第二节-一、-（九）注意事项（1）、（2）。

（2）操作仪器必须按照制造厂家的建议，尤其应注意以下安全要点：戴有色眼镜能保护操作者眼睛不受紫外辐射的伤害；应保持燃烧头清洁，不结盐，燃烧头堵塞可能会导致回火；应保持液体阱中充满水；在 2 次喷入样品溶液、空白溶液、标准系列溶液之间，应喷入一次水。

（3）参见第二章第三节-一、-（九）注意事项（1）、（3）。

（4）通常在有氨、亚硝酸烟雾或有机物存在时，冒高氯酸烟可能会引起爆炸。所有蒸发必须在适合使用高氯酸的通风柜里进行。应确保在使用高氯酸后，将喷淋系统和排水系统冲洗干净。

（5）配制被测元素标准溶液时，由被测元素标准储备溶液稀释，用时现配。

（6）原子吸收光谱仪火焰使用的空气-乙炔气体要足够纯净，不含水、油以及锰，以提供稳定清澈的贫燃火焰。

二、金属铬中杂质元素的分析

现行国家标准[3,4]中，火焰原子吸收光谱法可以分析金属铬中杂质元素铁、铝的含量，其元素测定范围参见表 3-1。实际工作中火焰原子吸收光谱法分析金属铬中杂质元素铁、铝含量的步骤包括以下几个部分。

（一）样品的制备和保存

按照国家标准[42] GB/T 4010—2015 的要求，将样品加工成碎屑，样品应通过1.68mm 筛孔。

（二）样品的消解

分析金属铬中杂质元素铁、铝含量的消解方法主要为湿法消解中的电热板消解法。关于消解方法分类的介绍，参见第二章第二节-一、-（二）样品的消解。

本部分中，样品以盐酸、高氯酸分解，加热蒸发至冒白烟，用水稀释到一定体积，制得用于测定的样品溶液。

称取 1.0000g 样品，精确至 0.0001g。独立地进行 2 次测定，取其平均值。随同样品做空白试验。

将样品置于烧杯中，盖上表面皿，加入 20mL 盐酸（$\rho = 1.19g/mL$）、15mL 高氯酸（$\rho = 1.67g/mL$），加热使样品完全溶解，继续加热至发生白烟约 10min，取下，冷却至室温。加入 50mL 温水以溶解盐类，用定量滤纸过滤于 100mL 容量瓶中，用温水洗净烧杯及滤纸，冷却至室温，用水稀释至刻度，混匀。

此溶液可以直接用于在原子吸收分光光度计上测定铝元素的吸光度。当测定铁元素含量时，需要将此溶液用水稀释 10 倍，即移取此溶液 10.00mL 于 100mL 容量瓶中，用水稀释至刻度，混匀，待测。

（三）仪器条件的选择

测定不同元素有不同的仪器操作条件。分析金属铬中杂质元素铁、铝的含量时，其推荐的仪器工作条件参见表 3-1。以铁元素的测定为例介绍火焰原子吸收光谱仪器操作条件的选择。

（1）选择铁元素空心阴极灯作为光源（如测定铝元素时，选择相应空心阴极灯）。

（2）选择火焰原子化器的原则和火焰类型的介绍参见第二章第二节-一、-（三）-（2）选择原子化器。分析金属铬中杂质元素铁、铝的含量时，选用火焰原子化器，原子化器条件参见表 3-1。空气、乙炔要足够纯净（不含水、油和锌），以提供稳定清澈的贫燃火焰。

（3）在仪器最佳工作条件下，凡能达到下列指标者均可使用。

1）精密度 其测量计算的方法和标准规定参见第二章第二节-一、-（三）-（3）-2）精密度。

2）标准曲线线性 将标准曲线按浓度等分成五段，最高段的吸光度差值与最低段的吸光度差值之比≥0.7。

（四）干扰的消除

分析金属铬中杂质元素铁、铝的含量，绘制标准曲线时，配制标准系列溶液采用基体匹配法，避免干扰元素的干扰。

（五）标准曲线的建立

1. 标准溶液的配制

配制各个被测元素标准储备溶液和标准溶液的原则，参见第二章第三节-二、-（五）-1. 标准溶液的配制。分析金属铬中杂质元素铁、铝的含量时，各被测元素标准溶液配制方法如下。

铁标准溶液（铁 0.5mg/mL）：将 0.5000g 铁（铁的质量分数≥99.90%）置于烧杯中，加入 50mL 盐酸（1+1），盖上表面皿，加热至完全溶解，冷却至室温，用超纯水定容至 1L。

铝标准溶液（铝 0.5mg/mL）：将 0.5000g 铝（铝的质量分数≥99.90%）置于烧杯中，加入 50mL 盐酸（1+1），盖上表面皿，加热至完全溶解，冷却至室温，用超纯水定容至 1L。

2. 标准曲线的建立

标准系列溶液的配制原则，参见第二章第二节-一、-(五)-2. 标准曲线的建立中的标准系列溶液的配制原则。分析金属铬中杂质元素铁、铝的含量时，以铁元素标准曲线的标准系列溶液为例，介绍标准系列溶液的制备方法。

移取 0mL、0.50mL、1.00mL、1.50mL、2.00mL 铁标准溶液（0.5mg/mL），分别置于一组 500mL 的烧杯中，分别加入 1.000g 电解金属铬，加入 15mL 高氯酸（$\rho = 1.67g/mL$）并加热使其溶解，继续加热至产生白烟约 10min，冷却至室温。加入 50mL 温水以溶解盐类，用定量滤纸过滤于 100mL 容量瓶中，用温水洗净烧杯及滤纸，冷却至室温，用水稀释至刻度，混匀。

配制铝元素的标准曲线标准系列溶液时，铝标准溶液（0.5mg/mL）的移取量为 0mL、1.00mL、2.00mL、3.00mL、4.00mL、5.00mL、6.00mL，以下按照配制铁元素的标准曲线的标准系列溶液的操作步骤进行。

标准系列溶液的测量方法，参见第二章第二节-二、-(五)-2.-(3) 标准系列溶液的测量（标准曲线法）。以被测元素的质量浓度（μg/mL）为横坐标、净吸光度（A）为纵坐标，绘制标准曲线。

（六）样品的测定

样品溶液的测量方法，参见第二章第二节-二、-(六)-(2) 分析氧化镁 [当 $w(MgO) > 0.20\% \sim 1.50\%$ 时]、氧化铅的含量（标准曲线法）中的测量方法。从标准曲线上查出相应的被测元素质量浓度（μg/mL）。

（七）结果的表示

当被测元素的质量分数小于 0.01% 时，分析结果表示至小数点后第 4 位；当被测元素的质量分数大于 0.01% 时，分析结果表示至小数点后第 3 位。

（八）质量保证和质量控制

具体操作方法参见第二章第三节-一、-(八) 质量保证和质量控制。

（九）注意事项

（1）参见第二章第二节-一、-(九) 注意事项（1）、（2）。

（2）一氧化二氮俗称笑气，吸入笑气与空气的混合物，当其中氧浓度很低时可引起窒息；吸入 80% 笑气和氧气的混合物引起深麻醉，苏醒后一般无后遗作用。笑气遇乙醚、乙炔等易燃气体能起助燃作用，可加剧火焰的燃烧。

（3）参见第二章第三节-一、-(九) 注意事项（1）、（3）。

（4）测试中所用仪器的标准，参见第二章第三节-三、-(九) 注意事项（3）。

三、铬铁中杂质元素的分析

现行国家标准[5]中，火焰原子吸收光谱法可以分析铬铁中杂质元素锰的含量，其元素测定范围见表 3-1。实际工作中火焰原子吸收光谱法分析铬铁中杂质元素锰含量的步骤包括以下几个部分。

（一）样品的制备和保存

按照国家标准[42] GB/T 4010—2015 的规定，进行取样、制样，高碳铬铁样品应通过 0.088mm 筛孔，中、低、微碳铬铁样品应通过 1.60mm 筛孔。

（二）样品的消解

分析铬铁中杂质元素锰含量的消解方法主要为湿法消解中的电热板酸溶消解法和干法消解中的碱熔消解法。电热板酸溶消解法：样品以盐酸、过氧化氢、高氯酸分解，在高氯酸冒烟状态下，用盐酸挥铬后制备为盐酸溶液测定。碱熔消解法：样品用无水碳酸钠-过氧化钠熔融分解，过滤，以二氧化锰沉淀分离大量钠盐后制备为盐酸溶液待测。下面进行详细介绍。

样品中被测元素的质量分数越大，称样量越小。锰的质量分数为 0.050%～0.50% 时，样品量为 0.20g；锰的质量分数为 >0.50%～1.00% 时，样品量为 0.10g；锰的质量分数为 >1.00%～1.80% 时，样品量为 0.05g。按照锰的质量分数，准确称取样品，精确至 0.0001g。

独立地进行两次测定，取其平均值。随同样品进行空白试验。

1. 电热板酸溶消解法

将样品置于 150mL 的锥形瓶中，加入 5mL 过氧化氢（30%，质量分数）、10mL 盐酸（$\rho = 1.19g/mL$），微热溶解至样品无明显反应。加入 5mL 高氯酸（$\rho = 1.67g/mL$），加热至冒高氯酸烟，当铬被氧化时，分 2～3 次共滴加 4～5mL 盐酸（$\rho = 1.19g/mL$）挥去大量铬。继续冒尽高氯酸烟，取下。加入 20mL 盐酸（1+1），滴加 2mL 过氧化氢（30%，质量分数），加热溶解。取下，冷却至室温，移入 200mL 容量瓶中，加入 5mL 二氯化锶溶液 [60g/L，称取 60g 六水合二氯化锶（$SrCl_2 \cdot 6H_2O$）用水溶解后，用水稀释至 1000mL，混匀]，用水稀释至刻度，混匀。干过滤，取滤液。用原子吸收光谱仪测定。

2. 碱熔消解法

将样品置于已盛有 4g 过氧化钠（固体）和 1g 无水碳酸钠（固体）的 40mL 刚玉坩埚中，搅匀。覆盖 1g 过氧化钠（固体），置于 700～750℃ 马弗炉内熔融 8～10min 后取出。稍冷，用热水浸提于 500mL 烧杯中。滴加 2mL 过氧化氢（30%，质量分数），加水至 300mL 左右，加热煮沸 1min，取下。过滤，用水洗烧杯 2～3 次，洗滤纸上沉淀 3～4 次，用 30mL 热盐酸（1+2）分次溶解滤纸上沉淀于原烧杯中，用热盐酸（2+98）洗涤滤纸 8～10 次，将溶液移入 200mL 容量瓶中，加入 5mL 二氯化锶溶液 [60g/L，称取 60g 六水合二氯化锶（$SrCl_2 \cdot 6H_2O$）用水溶解后，用水稀释至 1000mL，混匀]，用水稀释至刻度，混匀。用原子吸收光谱仪测定。

（三）仪器条件的选择

测定不同元素有不同的仪器操作条件，分析铬铁中杂质元素锰的含量时，推荐的仪器工作条件，参见表 3-1。以锰元素的测定为例介绍火焰原子吸收光谱仪器操作条件的选择。

（1）选择锰元素的空心阴极灯作为光源。

（2）选择火焰原子化器的原则和火焰类型的介绍参见第二章第二节-一、-(三)-(2)选择原子化器。分析铬铁中杂质元素锰的含量时，选用火焰原子化器，原子化器条件参见表3-1。空气、乙炔要足够纯净（不含水、油和锌），以提供稳定清澈的贫燃火焰。

（3）在仪器最佳工作条件下，凡能达到下列指标者均可使用。

1）灵敏度　在与测量样品溶液基体相一致的溶液中，锰的检出限应≤0.05μg/mL。检出限定义，参见第二章第二节-一、-(三)-(3)-1）灵敏度。

2）精密度　其测量计算的方法和标准规定参见第二章第二节-一、-(三)-(3)-2）精密度。

3）标准曲线线性　将标准曲线按浓度等分成五段，最高段的吸光度差值与最低段的吸光度差值之比≥0.8。

（四）干扰的消除

（1）分析铬铁中杂质元素锰的含量，电热板酸溶消解时，在高氯酸冒烟状态下，以盐酸挥发除铬，消除基体铬的干扰。以二氯化锶作释放剂，消除其他元素的干扰。碱熔消解时，以二氧化锰沉淀基体，消除基体元素的干扰。

（2）绘制标准曲线时，以基体匹配法配制标准系列溶液，避免基体铁的干扰。

（五）标准曲线的建立

1. 标准溶液的配制

锰的标准储备溶液选择与被测样品基体一致、质量分数相近的有证标准样品，或按以下方法制备。

锰标准储备溶液（锰 1mg/mL）：将 1.0000g 金属锰［锰的质量分数≥99.9％，预先在硫酸（5+95）中清洗除去表面氧化物，取出，立即用水洗涤干净，并用无水乙醇冲洗2~3次，自然干燥后使用］置于烧杯中，加入 20mL 盐酸（1+1），加热溶解，蒸发至干，用盐酸（2+98）溶解后，冷至室温。移入 1000mL 容量瓶中，以盐酸（2+98）定容。

锰标准溶液（锰 100μg/mL）：移取 50.00mL 锰标准储备溶液，以盐酸（2+98）定容至 500mL。

2. 标准曲线的建立

标准系列溶液的配制原则，参见第二章第二节-一、-(五)-2. 标准曲线的建立中的标准系列溶液的配制原则。分析铬铁中杂质元素锰的含量时，配制标准曲线中的标准系列溶液，采用基体匹配法，即配制与被测样品基体一致、质量分数相近的标准系列溶液。称取纯基体物质，按照被测样品的制备方法制备基体溶液。制备标准系列溶液时，根据样品中被测元素的质量分数，添加相应量的基体溶液，再进一步处理。基体匹配标准曲线法的介绍，参见本书第二章第二节-一、-(五)-2.-(2)标准曲线法。

下面介绍分析铬铁中锰的含量时，标准系列溶液的制备方法：

移取 10.0mL 铁基体溶液［称 3g 高纯铁（质量分数≥99.98％，含锰质量分数≤0.005％），置于 500mL 锥形瓶中，加入 20mL 盐酸（1+1）、150mL 水，加热溶解完全后，以水定容至 500mL。铁 5mg/mL］7 份，分别置于 100mL 锥形瓶中，依次加入

0mL、1.00mL、2.00mL、4.00mL、6.00mL、8.00mL、10.00mL 锰标准溶液（100μg/mL），分别加入20mL盐酸（1+1），滴加2mL过氧化氢（30%，质量分数），加热溶解。取下，冷却至室温，分别移入200mL容量瓶中，加入5mL二氯化锶溶液［60g/L，称取60g六水合二氯化锶（SrCl$_2$·6H$_2$O）用水溶解后，用水稀释至1000mL，混匀］，用水稀释至刻度，混匀。

标准系列溶液的测量方法，参见第二章第二节-二、-(五)-2.-(3) 标准系列溶液的测量（标准曲线法）。以被测元素的质量浓度（μg/mL）为横坐标、净吸光度（A）为纵坐标，绘制标准曲线。

（六）样品的测定

样品溶液的测量方法，参见第二章第二节-二、-(六)-(2) 分析氧化镁［当 w(MgO)＞0.20%～1.50%时］、氧化铅的含量（标准曲线法）的测量方法。从标准曲线上查出相应的被测元素质量浓度（μg/mL）。

（七）结果的表示

当被测元素的质量分数小于0.01%时，分析结果表示至小数点后第4位；当被测元素的质量分数大于0.01%时，分析结果表示至小数点后第3位。

（八）质量保证和质量控制

具体操作方法参见第二章第三节-一、-(八) 质量保证和质量控制。

（九）注意事项

（1）参见第二章第二节-一、-(九) 注意事项（1）、（2）。

（2）参见第二章第三节-一、-(九) 注意事项（1）。

（3）过氧化氢试剂标签上的30%，是指过氧化氢的质量分数为30%。

（4）分析铬铁中杂质元素锰的含量，酸溶消解时，样品置于锥形瓶中；碱熔消解时，样品置于刚玉坩埚中熔融。

（5）除非另有说明，在分析中仅使用确认为分析纯的试剂和蒸馏水或相当纯度的实验室用水。

四、钒铁中杂质元素的分析

现行国家标准[6]中，火焰原子吸收光谱法可以分析钒铁中杂质元素锰的含量，其元素测定范围参见表3-1。实际工作中火焰原子吸收光谱法分析钒铁中杂质元素锰含量的步骤包括以下几个部分。

（一）样品的制备和保存

按照国家标准[42]GB/T 4010—2015的规定，进行取样、制样，样品应通过0.177mm筛孔。

（二）样品的消解

分析钒铁中杂质元素锰含量的消解方法主要为湿法消解中的电热板酸溶消解法。关于消解方法分类的介绍，参见第二章第二节-一、-(二) 样品的消解。

本部分中，样品以硝酸、氢氟酸分解后，在盐酸介质中，二氯化锶作释放剂，制得用于测定的样品溶液。下面进行详细介绍。

准确称取样品0.100g，精确至0.0001g。独立地进行两次测定，取其平均值。随同样品进行空白试验。

将样品置于300mL的聚四氟乙烯烧杯中，加入10mL硝酸（1+1），2mL氢氟酸（$\rho = 1.15g/mL$）和2mL高氯酸（$\rho = 1.67g/mL$）于电热板上缓慢加热，冒烟至近干。取下（注意：电热板温度不得超过350℃），加入10mL盐酸（1+1），继续加热至盐类溶解，取下，冷却至室温，移入100mL容量瓶中，加入6mL二氯化锶溶液［50g/L，称取25g六水合二氯化锶（$SrCl_2 \cdot 6H_2O$）置于400mL烧杯中，加入500mL水溶解完全，混匀］，用水稀释至刻度，混匀，待测。

当样品中的锰质量分数＞0.20％时，分取20.00mL上述样品溶液于100mL容量瓶中，加入6mL二氯化锶溶液［50g/L，称取25g六水合二氯化锶（$SrCl_2 \cdot 6H_2O$）置于400mL烧杯中，加入500mL水溶解完全，混匀］、8mL盐酸（1+1），用水稀释至刻度，混匀。

（三）仪器条件的选择

测定不同元素有不同的仪器操作条件，分析钒铁中杂质元素锰的含量时，推荐的仪器工作条件，参见表3-1。以锰元素的测定为例介绍火焰原子吸收光谱仪器操作条件的选择。

（1）选择锰元素的空心阴极灯作为光源。

（2）选择火焰原子化器的原则和火焰类型的介绍参见第二章第二节-一、-(三)-(2)选择原子化器。分析钒铁中杂质元素锰的含量时，选用火焰原子化器，原子化器条件参见表3-1。空气、乙炔要足够纯净（不含水、油和锌），以提供稳定清澈的贫燃火焰。

（3）在仪器最佳工作条件下，凡能达到下列指标者均可使用。

1）灵敏度　在与测量样品溶液基体相一致的溶液中，锰的检出限应≤0.05μg/mL。检出限定义，参见第二章第二节-一、-(三)-(3)-1)灵敏度。

2）精密度　其测量计算的方法和标准规定参见第二章第二节-一、-(三)-(3)-2)精密度。

3）标准曲线线性　将标准曲线按浓度等分成五段，最高段的吸光度差值与最低段的吸光度差值之比≥0.7。

（四）干扰的消除

（1）分析钒铁中杂质元素锰的含量时，以二氯化锶作释放剂，消除其他元素的干扰。

（2）绘制标准曲线时，配制标准系列溶液采用基体匹配法，加入与样品溶液基体组成相近的钒溶液和铁溶液，避免基体钒、铁元素的干扰。

（五）标准曲线的建立

1. 标准溶液的配制

分析钒铁中杂质元素锰的含量时，被测元素锰标准储备溶液的配制方法。

锰标准储备溶液（锰100μg/mL）：将0.1000g金属锰［锰的质量分数≥99.9%，预先在硫酸（5+95）中清洗除去表面氧化物，取出，立即用水洗涤干净，并用无水乙醇冲洗 2～3 次，自然干燥后使用〕置于烧杯中，加入 20mL 盐酸 （1＋1），加热溶解，冷至室温。移入 1000mL 容量瓶中，以水定容。

锰标准溶液（锰 10μg/mL）：移取 10.00mL 锰标准储备溶液，以水定容至 100mL。

2. 标准曲线的建立

标准系列溶液的配制原则，参见第二章第二节-一、-(五)-2. 标准曲线的建立中的标准系列溶液的配制原则。分析钒铁中杂质元素锰的含量时，配制标准曲线中的标准系列溶液，采用基体匹配法，即配制与被测样品基体一致、质量分数相近的标准系列溶液。称取纯基体物质，按照被测样品的制备方法制备基体溶液。制备标准系列溶液时，根据样品中其中一种基体元素的质量分数，添加相应量的两种基体溶液，再进一步处理。基体匹配标准曲线法的介绍，参见本书第二章第二节-一、-(五)-2.-(2) 标准曲线法。

下面介绍分析钒铁中杂质元素锰的含量时，标准系列溶液的制备方法。

依次分取 0mL、1.00mL、2.00mL、5.00mL、10.00mL、15.00mL、20.00mL 锰标准溶液（10μg/mL），于 7 个 300mL 聚四氟乙烯烧杯中，再根据钒质量分数的范围，加入相应量的钒基体溶液〔称 3.5704g 高纯五氧化二钒（质量分数≥99.98％，锰质量分数≤0.005％），置于 400mL 烧杯中，用少许水润湿后，加入 50mL 盐酸（$\rho=1.19g/mL$），盖上表面皿，于电热板上加热溶解完全后，取下，冷至室温，以水定容至 200mL。钒10mg/mL〕和铁基体溶液〔称 2g 高纯铁（质量分数≥99.98％，锰质量分数≤0.005％），置于 300mL 锥形瓶中，加入 25mL 盐酸（1＋1），于电热板上缓慢加热溶解完全后，取下，冷至室温，以水定容至 200mL。铁 10mg/mL〕。

钒质量分数为≥40％～50％时，钒基体溶液加入 45mg，铁基体溶液加入 55mg；钒质量分数为＞50％～75％时，钒基体溶液加入 60mg，铁基体溶液加入 40mg；钒质量分数为＞75％时，钒基体溶液加入 80mg，铁基体溶液加入 20mg。

在上述系列溶液中，加入 2mL 氢氟酸（$\rho=1.15g/mL$）和 2mL 高氯酸（$\rho=1.67g/mL$），再于电热板上缓慢加热，冒烟至近干，取下（注意：电热板温度不得超过 350℃）。加入 10mL 盐酸（1＋1），继续加热至盐类溶解，取下，冷却至室温，移入 100mL 容量瓶中，加入 6mL 二氯化锶溶液〔50g/L，称取 25g 六水合二氯化锶（$SrCl_2 \cdot 6H_2O$）置于 400mL 烧杯中，加入 500mL 水溶解完全，混匀〕，用水稀释至刻度，混匀，待测。

标准系列溶液的测量方法，参见第二章第二节-二、-(五)-2.-(3) 标准系列溶液的测量（标准曲线法）。以被测元素的质量浓度（μg/mL）为横坐标、净吸光度（A）为纵坐标，绘制标准曲线。

（六）样品的测定

样品溶液的测量方法，参见第二章第二节-二、-(六)-(2) 分析氧化镁〔当 $w(MgO)>$ 0.20％～1.50％时〕、氧化铅的含量（标准曲线法）中的测量方法。从标准曲线上查出相应的被测元素质量浓度（μg/mL）。

（七）结果的表示

当被测元素的质量分数＜0.01％时，分析结果表示至小数点后第 4 位；当被测元素的质量分数＞0.01％时，分析结果表示至小数点后第 3 位。

（八）质量保证和质量控制

具体操作方法参见第二章第三节-一、-（八）质量保证和质量控制。

（九）注意事项

（1）参见第二章第二节-一、-（九）注意事项（1）、（2）。

（2）参见第二章第三节-一、-（九）注意事项（1）。

（3）分析钒铁中锰的含量，酸溶消解时，样品置于聚四氟乙烯烧杯中；制备铁溶液时，高纯铁置于锥形瓶中加热溶解。

（4）电热板温度不得超过350℃。

（5）参见第三章第二节-三、-（九）注意事项（5）。

五、硅铁中杂质元素的分析

现行国家标准[7]中，火焰原子吸收光谱法可以分析硅铁中杂质元素铝的含量，其元素测定范围参见表3-1。实际工作中火焰原子吸收光谱法分析硅铁中杂质元素铝含量的步骤包括以下几个部分。

（一）样品的制备和保存

按照国家标准[42]GB/T 4010—2015的规定，进行取样、制样，样品应通过0.125mm筛孔。

（二）样品的消解

分析硅铁中杂质元素铝含量的消解方法为：样品采用电热板消解法溶解，溶解残渣采用干法消解（熔融法消解）。关于消解方法分类的介绍，参见第二章第二节-一、-（二）样品的消解。

本部分中，样品以硝酸、氢氟酸、高氯酸分解后，蒸发溶液至冒高氯酸白烟，用碳酸钠-硼酸混合熔融残渣，熔融残渣溶解于主液中。下面进行详细介绍。

准确称取样品1.000g，精确至0.0001g。独立地进行2次测定，取其平均值。随同样品进行空白试验。在所有情况下，除加入30mL铁基体溶液外，皆按相同分析步骤进行，并使用相同量的所有试剂。

将样品置于100mL铂皿中，加入10mL硝酸（$\rho = 1.42g/mL$），逐渐缓慢滴加（边加边摇动铂皿）10mL氢氟酸（$\rho = 1.15g/mL$），在室温下反应进行至停止冒气泡为止。加入5mL高氯酸（$\rho = 1.67g/mL$），于电热板上缓慢加热，冒烟至近干，取下冷却。加入30mL盐酸（1+9）｛若样品中硅质量分数≥65%，则向得到的溶液中加入30mL铁基体溶液A［此溶液的制备方法参见本方法中的（五）-2.-（1）基体溶液的制备方法］｝，继续加热溶解可溶性盐类，用慢速定量滤纸过滤残渣，用烧杯收集滤液。用约100mL温水洗涤残渣和滤纸。

将滤纸和残渣移入铂坩埚中，先低温灰化后，于1000℃高温炉中灼烧15min，取出冷却。加入1.5g混合熔剂（2份碳酸钠＋1份硼酸研细均匀），于250℃电热板上加热15min后，置于1000℃高温炉中灼烧15min，取出冷却至室温。将坩埚放入盛有滤液的烧杯中，加入 15mL 盐酸（$\rho = 1.19\text{g/mL}$），慢慢加热至熔块完全溶解。洗净并取出坩埚，加热调整溶液体积约为 60mL，冷却，以水定容至 100mL。

根据样品中铝的质量分数，配制相应的样品溶液。

（1）当样品中的铝质量分数为 $\geqslant 0.50\%\sim 1.25\%$ 时，分取 20.00mL 上述样品溶液于 50mL 容量瓶中，用移液管加入 24.00mL 铁基体溶液 B［此溶液的制备方法参见本方法中（五）-2.-（1）基体溶液的制备方法］，用水稀释至刻度，混匀。

（2）当样品中的铝质量分数为 $\geqslant 1.25\%\sim 5.00\%$ 时，分取 5.00mL 上述样品溶液于 50mL 容量瓶中，用移液管加入 36.00mL 铁基体溶液 B［此溶液的制备方法参见本方法中（五）-2.-（1）基体溶液的制备方法］，用水稀释至刻度，混匀。

注意：根据所用仪器的灵敏度可以在较大的容量瓶中稀释。

（三）仪器条件的选择

测定不同元素有不同的仪器操作条件，分析硅铁中杂质元素铝的含量时，推荐的仪器工作条件，参见表 3-1。以铝元素的测定为例介绍火焰原子吸收光谱仪器操作条件的选择。

（1）选择铝元素的空心阴极灯作为光源。

（2）选择火焰原子化器的原则和火焰类型的介绍参见第二章第二节-一、-（三）-（2）选择原子化器。分析硅铁中杂质元素铝的含量时，选用火焰原子化器，原子化器条件参见表 3-1。空气、乙炔要足够纯净（不含水、油和锌），以提供稳定清澈的贫燃火焰。

（3）在仪器最佳工作条件下，凡能达到下列指标者均可使用。

1）灵敏度 在与测量样品溶液基体相一致的溶液中，铝的检出限应 $\leqslant 0.05\mu\text{g/mL}$。检出限定义，参见第二章第二节-一、-（三）-（3）-1）灵敏度。

2）精密度 其测量计算的方法和标准规定参见第二章第二节-一、-（三）-（3）-2）精密度。

3）标准曲线线性 将标准曲线按浓度等分成五段，最高段的吸光度差值与最低段的吸光度差值之比 $\geqslant 0.8$。

（四）干扰的消除

（1）分析硅铁中杂质元素铝的含量时，消解样品时，以高氯酸脱水沉淀硅，消除基体硅元素的干扰。

（2）绘制标准曲线时，配制标准系列溶液采用基体匹配法，加入与样品溶液基体组成相近的铁溶液，避免基体铁元素的干扰。

（五）标准曲线的建立

1. 标准溶液的配制

分析硅铁中杂质元素铝的含量时，被测元素铝标准溶液的配制方法如下。

铝标准溶液（铝 1mg/mL）：准确称取 1.0000g 除去表面氧化物的高纯金属铝（铝的质量分数 $\geqslant 99.9\%$），置于 600mL 烧杯中，加入 30mL 盐酸（$\rho = 1.19\text{g/mL}$），加热至溶解完全，冷至室温。移入 1000mL 容量瓶中，以水定容。

2. 标准曲线的建立

标准系列溶液的配制原则，参见第二章第二节-一、-（五）-2. 标准曲线的建立中的标准系列溶液的配制原则。分析硅铁中杂质元素铝的含量时，配制标准曲线中的标准系列溶液，采用基体匹配法，即配制与被测样品基体一致、质量分数相近的标准系列溶液。称取纯基体物质，按照被测样品的制备方法制备基体溶液。制备标准系列溶液时，加入相应量的基体溶液。基体匹配标准曲线法的介绍，参见本书第二章第二节-一、-（五）-2.-（2）标准曲线法部分。

（1）基体溶液的制备方法　铁基体溶液 A：称 10.0000g 高纯铁（铁质量分数≥99.98%，铝质量分数≤0.01%），置于 600mL 烧杯中，加入 50mL 盐酸（$\rho=1.19$g/mL），于电热板上缓慢加热至完全溶解后，取下，冷至室温，以水定容至 1000mL。

铁基体溶液 B：称 5.0000g 高纯铁（铁质量分数≥99.98%，铝质量分数≤0.01%），置于 600mL 烧杯中，加入 25mL 盐酸（$\rho=1.19$g/mL），于电热板上缓慢加热至完全溶解后，加入 25mL 高氯酸（$\rho=1.67$g/mL），加热至冒高氯酸烟，取下，冷至室温，加入 50mL 盐酸（$\rho=1.19$g/mL），待溶液澄清，再加入 50mL 水。将盛有 7.5g 混合熔剂（2 份碳酸钠＋1 份硼酸研细均匀）的铂坩埚置于 1000℃ 高温炉中熔融，取出冷却至室温。浸入铁基体溶液 A 中，缓慢加热至熔块完全溶解，用水洗净坩埚并取出，冷却，以水定容至 500mL。

（2）标准系列溶液的制备方法　依次分取 0mL、0.50mL、1.00mL、2.00mL、2.50mL、3.00mL、4.00mL、5.00mL 铝标准溶液（1.0mg/mL），于 8 个 100mL 容量瓶中，分别加入 50.0mL 铁基体溶液 B［该溶液的制备方法详情，见本方法中（二）样品的消解］和 20.00mL 碳酸钠-硼酸溶液［将盛有 7.5g 混合熔剂（2 份碳酸钠＋1 份硼酸研细均匀）的铂坩埚置于 1000℃ 高温炉中熔融，取出冷却至室温。浸入 30mL 盐酸（$\rho=1.19$g/mL）、15mL 高氯酸（$\rho=1.67$g/mL）和 50mL 水的 250mL 烧杯中，缓慢加热至熔块完全溶解，用水洗净坩埚并取出，冷却，以水定容至 200mL］，以水定容。

标准系列溶液的测量方法，参见第二章第二节-二、-（五）-2.-（3）标准系列溶液的测量（标准曲线法）。以被测元素的质量浓度（μg/mL）为横坐标、净吸光度（A）为纵坐标，绘制标准曲线。

（六）样品的测定

样品溶液的测量方法，参见第二章第二节-二、-（六）-（2）分析氧化镁［当 $w(MgO)>$0.20%～1.50% 时］、氧化铅的含量（标准曲线法）中的测量方法。从标准曲线上查出相应的被测元素质量浓度（μg/mL）。

（七）结果的表示

当被测元素的质量分数小于 0.01% 时，分析结果表示至小数点后第 4 位；当被测元素的质量分数大于 0.01% 时，分析结果表示至小数点后第 3 位。

（八）质量保证和质量控制

具体操作方法参见第二章第三节-一、-（八）质量保证和质量控制。

（九）注意事项

（1）参见第二章第二节-一、-（九）注意事项（1）、（2）。

（2）参见第二章第三节-一、-（九）注意事项（1）。

（3）分析硅铁中杂质元素铝的含量时，酸溶消解时，样品置于铂皿中进行；样品过滤残渣于高温炉中熔融时，置于铂坩埚中进行。

（4）稀释样品溶液时，根据所用仪器的灵敏度可以定容至较大体积的容量瓶中。

（5）参见第三章第二节-三、-（九）注意事项（5）。

六、钛铁中杂质元素的分析

现行国家标准[8]中，火焰原子吸收光谱法可以分析钛铁中杂质元素铜的含量，其元素测定范围参见表 3-1。实际工作中火焰原子吸收光谱法分析钛铁中杂质元素铜含量的步骤包括以下几个部分。

（一）样品的制备和保存

按照国家标准[42]GB/T 4010—2015 的规定，进行取样、制样，样品应通过 0.125mm 筛孔。

（二）样品的消解

分析钛铁中杂质元素铜含量的消解方法主要为湿法消解中的电热板酸溶消解法。关于消解方法分类的介绍，参见第二章第二节-一、-（二）样品的消解。本部分中，样品以硝酸、氢氟酸、硫酸分解后，硫酸冒烟近干，制得硝酸介质的样品待测溶液。下面进行详细介绍：

样品中被测元素不同，称取样品量不同，被测元素质量分数越大，称样量越小。铜质量分数为 0.10%～0.50% 时，样品量为 0.20g；铜质量分数为 ＞0.50%～1.00% 时，样品量为 0.10g。

根据铜的质量分数，准确称取相应质量的样品，精确至 0.0001g。独立地进行两次测定，取其平均值。随同样品进行空白试验。

将样品置于铂皿中，加入 10mL 硝酸（1+1），分次缓缓滴加 1～2mL 氢氟酸（$\rho=1.15g/mL$），低温加热使样品溶解后，取下，加入 10mL 硫酸（1+4），于电热板上加热，至硫酸冒烟近干。取下冷却，加入 10mL 硝酸（1+1），加热溶解盐类，取下，冷却至室温。以水定容至 100mL。干过滤，弃去滤纸。

（三）仪器条件的选择

测定不同元素有不同的仪器操作条件，分析钛铁中杂质元素铜的含量时，推荐的仪器工作条件，参见表 3-1。以铜元素的测定为例介绍火焰原子吸收光谱仪器操作条件的选择。

（1）选择铜元素的空心阴极灯作为光源。

（2）选择火焰原子化器的原则和火焰类型的介绍参见第二章第二节-一、-（三）-（2）选择原子化器。分析钛铁中杂质元素铜的含量时，选用火焰原子化器，原子化器条件参见表 3-1。空气、乙炔要足够纯净（不含水、油和锌），以提供稳定清澈的贫燃火焰。

（3）在仪器最佳工作条件下，凡能达到下列指标者均可使用。

1）灵敏度　在与测量样品溶液基体相一致的溶液中，铜的检出限应≤0.10μg/mL。检出限定义，参见第二章第二节-一、-（三）-（3）-1）灵敏度。

2）精密度　其测量计算的方法和标准规定参见第二章第二节-一、-（三）-（3）-2）精密度。

3）标准曲线线性　将标准曲线按浓度等分成五段，最高段的吸光度差值与最低段的吸光度差值之比≥0.8。

（四）干扰的消除

分析钛铁中杂质元素铜的含量时，采用基体匹配标准曲线法，即绘制标准曲线时，配制标准系列溶液采用基体匹配法，加入与样品溶液基体组成相近的钛、铁、铝溶液，避免基体钛、铁、铝元素的干扰。

（五）标准曲线的建立

1. 标准溶液的配制

分析钛铁中杂质元素铜的含量时，被测元素铜标准储备溶液的配制方法。

（1）铜标准储备溶液（铜 1mg/mL）　准确称取 1.0000g 铜（铜的质量分数≥99.9%），置于 200mL 烧杯中，加入 25mL 硝酸（1+1），加热溶解并煮沸除去氮的氧化物，冷至室温。移入 1000mL 容量瓶中，以水定容。

（2）铜标准溶液（铜 100μg/mL）　移取 10.00mL 铜标准储备溶液于 100mL 容量瓶中，以水定容。

2. 标准曲线的建立

标准系列溶液的配制原则，参见第二章第二节-一、-(五)-2. 标准曲线的建立中的标准系列溶液的配制原则。

分析钛铁中杂质元素铜的含量时，配制标准曲线中的标准系列溶液，采用基体匹配法，即配制与被测样品基体一致、质量分数相近的标准系列溶液。称取纯基体物质，按照样品溶液的制备方法制备基体溶液。制备标准系列溶液时，加入相应量的基体溶液。基体匹配标准曲线法的介绍，参见本书第二章第二节-一、-(五)-2.-(2) 标准曲线法。

（1）基体溶液的制备方法

1）钛溶液的制备（20mg/mL）　取三氯化钛（质量分数为 16%～20%）溶液 100mL 于 250mL 容量瓶中，加入 10mL 硝酸（1+1），以水稀释至刻度，混匀。用时现配。

2）铝溶液的制备（1mg/mL）　取 1.000g 高纯金属铝（质量分数≥99.9%），置于 800mL 锥形瓶中，加入 10mL 盐酸（1+1），低温加热溶解后，取下，冷却至室温，以水稀释至 1000mL，混匀。用时现配。

3）铁溶液的制备（10mg/mL）　称取 15g 硝酸铁（铜的质量分数≤0.005%），放入 400mL 烧杯中，加入少许水，用 10mL 硝酸（1+1）低温加热至完全溶解，冷却至室温，移入 200mL 容量瓶中，以水定容。

（2）标准系列溶液的制备方法　分别移取 6 份 4.00mL 钛溶液，10.00mL 铝溶液，5.00mL 铁溶液，于 6 个 100mL 容量瓶中。再依次加入 0mL、2.00mL、4.00mL、6.00mL、8.00mL、10.00mL 铜标准溶液（100μg/mL），加入 10.0mL 硝酸（1+1），以水定容。

标准系列溶液的测量方法，参见第二章第二节-二、-(五)-2.-(3) 标准系列溶液的测量（标准曲线法）。以被测元素的质量浓度（μg/mL）为横坐标、净吸光度（A）为纵坐标，绘制标准曲线。

（六）样品的测定

样品溶液的测量方法，参见第二章第二节-二、-(六)-(2) 分析氧化镁 ［当 $w(MgO)>$ 0.20％～1.50％时 ］、氧化铅的含量（标准曲线法）中的测量方法。从标准曲线上查出相应的被测元素质量浓度（$\mu g/mL$）。

（七）结果的表示

当被测元素的质量分数小于 0.01％时，分析结果表示至小数点后第 4 位；当被测元素的质量分数大于 0.01％时，分析结果表示至小数点后第 3 位。

（八）质量保证和质量控制

具体操作方法参见第二章第三节-一、-(八)质量保证和质量控制。

（九）注意事项

（1）参见第二章第二节-一、-(九)注意事项（1）、（2）。

（2）参见第二章第三节-一、-(九)注意事项（1）。

（3）分析钛铁中杂质元素铜的含量时，酸溶样品时，样品置于铂皿中进行；制备铝基体溶液时，金属铝置于锥形瓶中消解。

（4）参见第三章第二节-三、-(九)注意事项（5）。

七、钨铁中杂质元素的分析

现行国家标准[9,10]中，火焰原子吸收光谱法可以分析钨铁中杂质元素锰、铜的含量，其元素测定范围见表 3-1。实际工作中火焰原子吸收光谱法分析钨铁中杂质元素锰、铜含量的步骤包括以下几个部分。

（一）样品的制备和保存

按照国家标准[42]GB/T 4010—2015 的规定，进行取样、制样，样品应通过 0.088mm 筛孔。

（二）样品的消解

分析钨铁中杂质元素锰、铜含量的消解方法主要为湿法消解中的电热板酸溶消解法。关于消解方法分类介绍，参见第二章第二节-一、-(二)样品的消解。

本部分中，分析锰含量时，样品用草酸、过氧化氢溶解，在一定酸度下，以二氯化锶作释放剂，制得样品待测溶液。分析铜含量时，样品以草酸、过氧化氢溶解，制得一定酸度的样品待测溶液。下面进行详细介绍。

样品中被测元素质量分数不同，称取样品量不同，被测元素质量分数越大，称样量越小。根据被测元素的种类及其质量分数，按表 3-9 准确称取相应质量的样品，精确至 0.0001g。

独立地进行两次测定，取其平均值。

称取近似于样品中钨量的金属钨粉（固体，锰、铜的质量分数≤0.005％），并移取近似于样品中铁量的铁溶液（此溶液的制备方法如下），随同样品进行空白试验。

铁溶液 A（测锰）（10mg/mL）：称取 5g 高纯铁 ［$w(Fe)\geqslant99.98\%$，$w(Mn)\leqslant$

0.005%] 置于 500mL 锥形瓶中，加入 20mL 盐酸 ($\rho = 1.19g/mL$)、150mL 水，加热溶解完全后，转入 500mL 容量瓶中，以水定容。

☐ 表 3-9　分析钨铁中杂质元素锰、铜含量的称样量

被测元素	被测元素质量分数/%	样品量/g
锰	0.05～0.30	0.20
	>0.30～0.70	0.10
铜	0.020～0.050	0.50
	>0.050～0.10	0.20
	>0.10～0.25	0.10

铁溶液 B（测铜）（20mg/mL）：称取 10.00g 高纯铁 [$w(Fe) \geqslant 99.98\%$，$w(Cu) \leqslant 0.005\%$] 置于 500mL 烧杯中，加入 40mL 盐酸 (1+1)、200mL 水，加热溶解完全后，冷却，转入 500mL 容量瓶中，以水定容。

1. 分析钨铁中锰的含量

将样品置于 250mL 锥形瓶中，加入 3～5mL 水、2g 草酸（固体）、8mL 过氧化氢 ($\rho = 1.10g/mL$)，低温加热使样品溶解完全，取下。加入 5mL 盐酸 (1+1)，50mL 水，加热溶解盐类，加入 5mL 二氯化锶溶液 [50g/L，称取 50g 六水合二氯化锶 ($SrCl_2 \cdot 6H_2O$) 置于烧杯中，加入水溶解完全，以水定容至 1000mL，混匀]，冷却至室温，以水定容至 200mL。干过滤，取滤液，待测。

2. 分析钨铁中铜的含量

将样品置于 250mL 烧杯中，加入 4.0g 草酸（固体）、20mL 过氧化氢 ($\rho = 1.13g/mL$)，盖上表面皿，低温加热使样品溶解完全，蒸发至近干。取下稍冷，用水冲洗表面皿及烧杯内壁，加入 5mL 盐酸 (1+1)，加热溶解盐类，冷却至室温，以水定容至 100mL。干过滤，取滤液，待测。

（三）仪器条件的选择

测定不同元素有不同的仪器操作条件，分析钨铁中杂质元素锰、铜的含量时，推荐的仪器工作条件，参见表 3-1。以锰元素的测定为例介绍火焰原子吸收光谱仪器操作条件的选择。

（1）选择锰元素的空心阴极灯作为光源（如测铜含量时，选择铜空心阴极灯）。

（2）选择火焰原子化器的原则和火焰类型的介绍参见第二章第二节-一、-(三)-(2) 选择原子化器。分析钨铁中杂质元素锰、铜的含量时，选用火焰原子化器，原子化器条件参见表 3-1。空气、乙炔要足够纯净（不含水、油和锌），以提供稳定清澈的贫燃火焰。

（3）在仪器最佳工作条件下，凡能达到下列指标者均可使用。

1）灵敏度　在与测量样品溶液基体相一致的溶液中，锰的检出限应 $\leqslant 0.05 \mu g/mL$（如测铜量时，参见表 3-1）。检出限定义，参见第二章第二节-一、-(三)-(3)-1) 灵敏度。

2）精密度　其测量计算的方法和标准规定参见第二章第二节-一、-(三)-(3)-2) 精密度。

3）标准曲线线性　将标准曲线按浓度等分成五段，最高段的吸光度差值与最低段的吸光度差值之比 $\geqslant 0.8$。

（四）干扰的消除

（1）分析钨铁中杂质元素锰、铜的含量时，采用基体匹配标准曲线法，即绘制标准曲线时，配制标准系列溶液采用基体匹配法（配制与被测样品基体一致、质量分数相近的标准系列溶液，消除基体钨、铁元素的干扰）。

（2）分析钨铁中杂质元素锰的含量时，以二氯化锶作释放剂，消除基体元素干扰。

（五）标准曲线的建立

1. 标准溶液的配制

配制各个被测元素标准储备溶液和标准溶液的原则，参见第二章第三节-二、-（五）-1. 标准溶液的配制。分析钨铁中杂质元素锰、铜的含量时，被测元素锰标准储备溶液的配制方法如下。

（1）锰标准储备溶液（锰 1.00mg/mL）　准确称取 1.0000g 金属锰 $[w(\text{Mn})\geqslant$ 99.9%，预先在硫酸（5+95）中清洗除去表面氧化物，取出，立即用水洗涤干净，并用无水乙醇冲洗 2~3 次，自然干燥后使用]，置于 500mL 烧杯中，加入 20mL 盐酸（$\rho=$ 1.19g/mL），加热溶解，蒸发至干，用盐酸（2+98）溶解后，冷至室温。移入 1000mL 容量瓶中，以盐酸（2+98）定容。

锰标准溶液（锰 50μg/mL）：移取 25.00mL 锰标准储备溶液于 500mL 容量瓶中，用盐酸（2+98）定容。

（2）铜标准储备溶液（铜 0.50mg/mL）　准确称取 0.5000g 铜（铜质量分数≥ 99.99%），置于 400mL 烧杯中，加入 30mL 硝酸（1+1），盖上表面皿，加热溶解并煮沸除去氮的氧化物，冷至室温。加入约 50mL 水溶解盐类，冷却，移入 1000mL 容量瓶中，以水定容。

铜标准溶液（铜 50μg/mL）：移取 10.00mL 铜标准储备溶液于 100mL 容量瓶中，以水定容。

2. 标准曲线的建立

标准系列溶液的配制原则，参见第二章第二节-一、-（五）-2. 标准曲线的建立中的"标准系列溶液的配制原则"。分析钨铁中杂质元素锰、铜的含量时，配制标准曲线中的标准系列溶液，采用基体匹配法，即配制与被测样品基体一致、质量分数相近的标准系列溶液。基体匹配标准曲线法的介绍，参见本书第二章第二节-一、-（五）-2.-（2）标准曲线法。

基体溶液的制备：称取 6 份近似于样品中钨量的金属钨粉（固体，锰、铜的质量分数≤0.005%），并移取近似于样品中铁量的铁溶液（此溶液的制备方法见本方法中的样品消解部分），加入一系列体积的锰（铜）标准溶液，按照测锰（铜）含量的样品溶液制备方法操作。

下面介绍分析钨铁中杂质元素锰、铜的含量时，标准系列溶液的制备方法。

（1）分析钨铁中锰的含量　分别称取 6 份近似于样品中钨量的金属钨粉（固体，锰的质量分数≤0.005%），并移取 6 份近似于样品中铁量的铁溶液 A［此溶液的制备方法见本方法中（二）样品的消解］，分别置于 250mL 锥形瓶中，再依次加入 0mL、3.00mL、6.00mL、9.00mL、12.00mL、15.00mL 锰标准溶液（50μg/mL）。

加入 3~5mL 水、2g 草酸（固体）、8mL 过氧化氢（$\rho=1.10$g/mL），低温加热使样

品溶解完全，取下。加入 5mL 盐酸（1+1）、50mL 水，加热溶解盐类，加入 5mL 二氯化锶溶液 [50g/L，称取 50g 六水合二氯化锶（$SrCl_2 \cdot 6H_2O$）置于烧杯中，加入水溶解完全，以水定容至 1000mL，混匀]，冷却至室温，以水定容至 200mL。干过滤，取滤液，待测。

（2）分析钨铁中铜的含量　分别称取数份近似于样品中钨量的金属钨粉（固体，铜的质量分数≤0.005%），分别加入近似于样品中铁量的铁溶液 B [此溶液的制备方法见本方法中（二）样品的消解。样品量为 0.50g 时，加入 5mL；样品量为 0.20g 时，加入 2mL；样品量为 0.10g 时，加入 1mL]，分别置于一组 250mL 烧杯中，再依次加入 0mL、1.00mL、2.00mL、3.00mL、4.00mL、5.00mL 铜标准溶液（50μg/mL）。

加入 4.0g 草酸（固体）、20mL 过氧化氢（$\rho = 1.13g/mL$），盖上表面皿，低温加热使样品溶解完全，蒸发至近干。取下稍冷，用水冲洗表面皿及烧杯内壁，加入 5mL 盐酸（1+1），加热溶解盐类，冷却至室温，以水定容至 100mL。干过滤，取滤液，待测。

标准系列溶液的测量方法，参见第二章第二节-二、-(五)-2.-(3) 标准系列溶液的测量（标准曲线法）。以被测元素的质量浓度（μg/mL）为横坐标、净吸光度（A）为纵坐标，绘制标准曲线。

（六）样品的测定

样品溶液的测量方法，参见第二章第二节-二、-(六)-(2) 分析氧化镁 [当 $w(MgO) >$ 0.20%~1.50% 时]、氧化铅的含量（标准曲线法）中的测量方法。从标准曲线上查出相应的被测元素质量浓度（μg/mL）。

（七）结果的表示

当被测元素的质量分数<0.01% 时，分析结果表示至小数点后第 4 位；当被测元素的质量分数>0.01% 时，分析结果表示至小数点后第 3 位。

（八）质量保证和质量控制

具体操作方法参见第二章第三节-一、-(八) 质量保证和质量控制。

（九）注意事项

（1）参见第二章第二节-一、-(九) 注意事项（1）、（2）。

（2）参见第二章第三节-一、-(九) 注意事项（1）。

（3）空气-乙炔气体要足够纯净，以提供稳定清澈的贫燃火焰。

（4）分析钨铁中杂质元素锰的含量，酸溶样品时，样品置于锥形瓶中进行。相应地，制备铁基体溶液时，高纯铁置于锥形瓶中消解。

（5）参见第三章第二节-三、-(九) 注意事项（5）。

八、镍铁中杂质元素的分析

现行国家标准[11]中，火焰原子吸收光谱法可以分析镍铁中杂质元素钴的含量，其元素测定范围参见表 3-1。实际工作中火焰原子吸收光谱法分析镍铁中杂质元素钴含量的步骤包括以下几个部分。

（一）样品的制备和保存

（1）样品的采取和制备应按照协议程序进行，或按照相应的国家标准执行。

（2）样品一般为粉末状、颗粒状、铣屑或钻屑，不需要进行进一步制备。

（3）如果在钻、铣样品过程中样品被油污沾污，应用分析纯丙酮清洗，并在空气中干燥。

（4）如果样品的颗粒度差别很大，应通过缩分来获取样品量。

（二）样品的消解

分析镍铁中杂质元素钴含量的消解方法主要为湿法消解中的电热板酸溶消解法。关于消解方法分类的介绍，参见第二章第二节-一、-（二）样品的消解。本部分中，样品以硝酸-盐酸混合酸分解后，高氯酸脱水沉淀硅，过滤硅沉淀。滤液加入镧消除电离干扰，以水稀释，制得用于测定的样品溶液。下面详细介绍。

准确称取样品4.000g，精确至0.0001g。独立地进行两次测定，取其平均值。随同样品进行空白试验。

镍铁中硅元素质量分数≥1%时，需要加氢氟酸助溶。根据硅元素质量分数，选择合适的样品消解方法。

（1）镍铁中硅质量分数<1%时，钴的质量分数为0.025%～0.25%时

将样品置于600mL烧杯中，加入50mL硝酸（1+1）、25mL水溶解样品，盖上表面皿，缓慢加热至样品尽可能完全溶解。加入40mL高氯酸（$\rho=1.67g/mL$），加热至冒起浓厚高氯酸烟，在此温度下回流20min。从电热板上取下烧杯，冷却，加入20mL盐酸（$\rho=1.19g/mL$）及200mL温水。用中速滤纸过滤硅，收集滤液于1000mL容量瓶中，清洗烧杯并用盐酸（1+9）冲洗滤纸和硅沉淀3次，然后用温水冲洗4次，弃去硅沉淀，加入50mL镧溶液［镧200g/L。称取250g六水合氯化镧（$LaCl_3 \cdot 6H_2O$）于600mL烧杯中，加入25mL盐酸（$\rho=1.19g/mL$）及300mL水，搅拌至完全溶解。如有不溶物，过滤于500mL容量瓶中，以水定容］于滤液中，用水稀释至刻度，混匀（此为样品溶液A）。

（2）镍铁中硅质量分数为≥1%时，钴的质量分数为0.025%～0.25%时

1）样品溶液A 将样品置于600mL聚四氟乙烯烧杯中，依次加入25mL水、40mL硝酸（1+1）和10mL盐酸（$\rho=1.19g/mL$）溶解样品。为使样品溶解完全，在起泡结束时加入10mL氢氟酸（1+1）及40mL高氯酸（$\rho=1.67g/mL$），加热至冒高氯酸烟，取下冷却。将溶液转移至玻璃烧杯中，加热至冒起浓厚高氯酸烟，在此温度下回流20min。从电热板上取下烧杯，冷却，加入20mL盐酸（$\rho=1.19g/mL$）及200mL温水。用中速滤纸过滤硅，收集滤液于1000mL容量瓶中，清洗烧杯并用盐酸（1+9）冲洗滤纸和硅沉淀3次，然后用温水冲洗4次，弃去硅沉淀，加入50mL镧溶液［镧200g/L。称取250g六水合氯化镧（$LaCl_3 \cdot 6H_2O$）于600mL烧杯中，加入25mL盐酸（$\rho=1.19g/mL$）及300mL水，搅拌至完全溶解。如有不溶物，过滤于500mL容量瓶中，以水定容］于滤液中，用水稀释至刻度，混匀。

2）样品溶液B 当钴的质量分数为>0.25%～2.5%时，移取25.0mL上述经消解所得的样品溶液A至250mL容量瓶中，加入12mL镧溶液［镧200g/L。称取250g六水合

氯化镧（$LaCl_3 \cdot 6H_2O$）于 600mL 烧杯中，加入 25mL 盐酸（$\rho = 1.19g/mL$）及 300mL 水，搅拌至完全溶解。如有不溶物，过滤于 500mL 容量瓶中，以水定容]、10mL 高氯酸（$\rho = 1.67g/mL$）、5mL 盐酸（$\rho = 1.19g/mL$），以水定容。

（三）仪器条件的选择

测定不同元素有不同的仪器操作条件，分析镍铁中杂质元素钴的含量时，推荐的仪器工作条件，参见表 3-1。以钴元素的测定为例介绍火焰原子吸收光谱仪器操作条件的选择。

（1）选择钴元素的空心阴极灯作为光源。

（2）选择火焰原子化器的原则和火焰类型的介绍参见第二章第二节-一、-(三)-(2) 选择原子化器。分析镍铁中杂质元素钴的含量时，选用火焰原子化器，原子化器条件参见表3-1。空气、乙炔要足够纯净（不含水、油和锌），以提供稳定清澈的贫燃火焰。

（3）在仪器最佳工作条件下，凡能达到下列指标者均可使用。

1）灵敏度 在与测量样品溶液基体相一致的溶液中，钴的检出限应$\leqslant 0.10\mu g/mL$。检出限定义，参见第二章第二节-一、-(三)-(3)-1) 灵敏度。

2）精密度 其测量计算的方法和标准规定参见第二章第二节-一、-(三)-(3)-2) 精密度。

3）标准曲线线性 将标准曲线按浓度等分成五段，最高段的吸光度差值与最低段的吸光度差值之比$\geqslant 0.8$。

（四）干扰的消除

（1）分析镍铁中杂质元素钴的含量，消解样品时，以高氯酸脱水沉淀硅，消除基体硅元素的干扰；以镧溶液作释放剂消除电离干扰。

（2）绘制标准曲线时，配制标准系列溶液采用基体匹配法，加入与样品溶液基体组成相近的铁溶液，避免基体铁元素的干扰。

（五）标准曲线的建立

1. 标准溶液的配制

分析镍铁中杂质元素钴的含量时，被测元素钴标准溶液的配制方法：

钴标准溶液（钴 0.5mg/mL）：准确称取 0.5000g 高纯钴粉 [$w(Co) \geqslant 99.9\%$]，置于 600mL 烧杯中，加入 40mL 硝酸（1+1），加热至溶解完全，微沸驱除氮的氧化物，冷至室温。移入含有 160mL 硝酸（1+1）的 1000mL 容量瓶中，以水定容。

2. 标准曲线的建立

标准系列溶液的配制原则，参见第二章第二节-一、-(五)-2. 标准曲线的建立中的标准系列溶液的配制原则。分析镍铁中杂质元素钴的含量时，配制标准曲线中的标准系列溶液，采用基体匹配法，即配制与被测样品基体一致、质量分数相近的标准系列溶液。称取纯基体物质，按照被测样品的制备方法制备基体溶液。制备标准系列溶液时，加入相应量的基体溶液。基体匹配标准曲线法的介绍，参见本书中第二章第二节-一、-(五)-2.-(2) 标准曲线法部分。

（1）镍铁中基体溶液的制备方法

① 镍溶液 称 12.0g 高纯镍粉 [$w(Co) < 0.001\%$] 于 800mL 烧杯中，加入 50mL

水和 50mL 硝酸（$\rho = 1.42g/mL$）。待剧烈反应停止，搅拌并加热至完全溶解，以水定容至 250mL，混匀。

② 铁溶液　称 28.0g 高纯铁粉 $[w(Co) < 0.001\%]$ 于 800mL 烧杯中，加入 100mL 盐酸（1+1），小心地加入 50mL 硝酸（$\rho = 1.42g/mL$），加热至铁完全溶解并氧化，以水定容至 250mL，混匀。

③ 镍铁基体溶液（镍 12mg/mL，铁 28mg/mL）　小心地将镍溶液与铁溶液混合，过滤，滤液置于 1000mL 容量瓶中，以水定容，混匀。

根据镍铁中被测元素钴的质量分数，绘制不同的标准曲线，分别配制标准系列溶液。

（2）标准系列溶液的制备方法

1）标准曲线 A（分析钴的质量分数为 0.025%～0.25% 的样品）　移取 6 份 50.0mL 镍铁基体溶液于 6 个 150mL 烧杯中，依次分取 0mL、1.00mL、2.00mL、3.00mL、5.00mL、10.00mL 钴标准溶液（0.5mg/mL），加入 20mL 高氯酸（$\rho = 1.67g/mL$），加热至刚刚冒白烟。冷却，加入 50mL 水，移入含有 10mL 盐酸（$\rho = 1.19g/mL$）的 500mL 容量瓶中，加入 25mL 镧溶液 [镧 200g/L。称取 250g 六水合氯化镧（$LaCl_3 \cdot 6H_2O$）于 600mL 烧杯中，加入 25mL 盐酸（$\rho = 1.19g/mL$）及 300mL 水，搅拌至完全溶解。如有不溶物，过滤于 500mL 容量瓶中，以水定容]，以水定容，混匀。

2）标准曲线 B（分析钴的质量分数为 >0.25%～2.5% 的样品）　移取 6 份 5.00mL 镍铁基体溶液于 6 个 150mL 烧杯中，依次分取 0mL、1.00mL、2.00mL、3.00mL、5.00mL、10.00mL 钴标准溶液（0.5mg/mL），加入 20mL 高氯酸（$\rho = 1.67g/mL$），加热至刚刚冒白烟。冷却，加入 50mL 水，移入含有 10mL 盐酸（$\rho = 1.19g/mL$）的 500mL 容量瓶中，加入 25mL 镧溶液 [镧 200g/L。称取 250g 六水合氯化镧（$LaCl_3 \cdot 6H_2O$）于 600mL 烧杯中，加入 25mL 盐酸（$\rho = 1.19g/mL$）及 300mL 水，搅拌至完全溶解。如有不溶物，过滤于 500mL 容量瓶中，以水定容]，以水定容，混匀。

标准系列溶液的测量方法，参见第二章第二节-二、-（五）-2.-（3）标准系列溶液的测量（标准曲线法）。以被测元素的质量浓度（$\mu g/mL$）为横坐标、净吸光度（A）为纵坐标，绘制标准曲线。

（六）样品的测定

样品溶液的测量方法，参见第二章第二节-二、-（六）-（2）分析氧化镁 [当 $w(MgO) > 0.20\%$～1.50% 时]、氧化铅的含量（标准曲线法）中的测量方法。从标准曲线上查出相应的被测元素质量浓度（$\mu g/mL$）。

（七）结果的表示

当被测元素的质量分数 <0.01% 时，分析结果表示至小数点后第 4 位；当被测元素的质量分数 >0.01% 时，分析结果表示至小数点后第 3 位。

（八）质量保证和质量控制

具体操作方法参见第二章第三节-一、-（八）质量保证和质量控制。

（九）注意事项

（1）参见第二章第二节-一、-（九）注意事项（1）、（2）。

（2）参见第二章第三节-一、-（九）注意事项（1）。

（3）高氯酸有很强的氧化性，在与有机试剂接触时易引起爆炸，所以冒烟过程应在适合使用高氯酸的通风柜中进行。

（4）氢氟酸刺激性极强，并对皮肤和黏膜有腐蚀性，在加热时会对皮肤产生严重的烧伤且难以痊愈。如果不小心接触到皮肤，应立即用水充分清洗并就医。

（5）分析镍铁中杂质元素钴的含量，对于硅含量≥1%的样品，酸溶消解时，使用聚四氟乙烯（PTFE）烧杯，在加热以高氯酸脱水沉淀硅前，将溶液转入玻璃烧杯中。

（6）参见第三章第二节-三、-（九）注意事项（5）。

九、钢铁及合金中痕量元素的分析

现行国家标准[12,13]中，石墨炉原子吸收光谱法可以分析高温合金中痕量元素银的含量，钢铁及合金中痕量元素铜的含量，其元素测定范围参见表3-2。

石墨炉原子吸收光谱法又称为塞曼效应电热原子吸收光谱法。经过消解的样品溶液注入电热原子化器中，用塞曼效应原子吸收光谱仪在被测元素特定的波长下测量被测元素的吸光度，按标准曲线法计算被测元素的质量分数。检测仪器为石墨炉原子吸收光谱仪，需配备电热原子化器、微量取样器或自动进样器，被测元素相应的空心阴极灯及塞曼效应背景校正装置。

实际工作中石墨炉原子吸收光谱法分析钢铁及合金中痕量元素银、铜含量的步骤包括以下几个部分。

（一）样品的制备和保存

根据国家标准[41]GB/T 20066—2006或适当的国家标准取样、制样。

具体操作方法参见第三章第二节-一、-（一）样品的制备和保存。

（二）样品的消解

分析钢铁及合金中痕量元素银、铜的含量时，消解的方法主要为湿法消解中的电热板消解法。关于消解方法分类的介绍，参见第二章第二节-一、-（二）样品的消解。

本部分中，分析银含量时，样品用适宜比例的盐酸-硝酸混合酸分解，蒸干，用硝酸溶解盐类，制得样品待测溶液。分析铜含量时，样品用适宜比例的盐酸-硝酸混合酸分解，制得用于测定的样品溶液。

样品中被测元素的质量分数越大，称取样品量越小。根据样品中被测元素的种类及其质量分数，按表3-10称取样品，精确至0.0001g。

▫ 表3-10　分析钢铁及合金中银、铜含量的样品溶液

被测元素	被测元素质量分数/%	样品量/g	盐酸-硝酸混合酸[①]/mL	样品定容体积/mL
银	0.0001～0.0005	0.20	5	50
	>0.0005～0.001	0.10	5	50
铜	0.0001～0.0010	0.40	10	100
	>0.0010～0.0060	0.10	10	100

① 盐酸-硝酸混合酸：适宜比例的盐酸（$\rho \approx 1.19g/mL$）和硝酸（$\rho \approx 1.42g/mL$）的混合酸。

独立地进行两次测定，取其平均值。随同样品做空白试验（分析铜含量时，空白样品溶液中铜的浓度≤5ng/mL）。

将样品置于烧杯中，按表 3-10 加入相应量的适宜比例的盐酸（$\rho=1.19g/mL$）和硝酸（$\rho=1.42g/mL$）的混合酸，盖上表面皿，低温加热至样品完全溶解，煮沸驱除氮的氧化物［测银含量时，继续加热蒸干，稍冷，加 5mL 硝酸（$\rho=1.42g/mL$），加热溶解盐类］，冷却至室温，按表 3-10 移入相应定容体积的容量瓶中，以水稀释至刻度，混匀。

注意：依据仪器灵敏度，为适应标准曲线线性，样品溶液定容体积可扩大 1 倍。

（三）仪器条件的选择

石墨炉原子吸收光谱仪配备电热原子化器、微量取样器或自动进样器，同时配备相应的元素空心阴极灯或无极放电灯及塞曼效应背景校正装置。石墨管选用热解涂层石墨管或平台石墨管。灯电流按照灯或仪器制造商的推荐电流选取。

分析钢铁及合金中痕量元素银、铜的含量时，推荐的仪器工作条件，参见表 3-2。测定不同元素有不同的仪器操作条件。以银元素的测定为例介绍石墨炉原子吸收光谱仪器操作条件的选择。

（1）选择银元素的无极放电或空心阴极灯作为光源（如测定铜元素时，选择相应的无极放电或空心阴极灯）。

（2）一般来说，如果样品中被测元素的含量较低，比如低于 0.0015％，选用电热原子化器，即石墨炉原子化器。分析钢铁及合金中痕量元素银、铜的含量时，选择石墨炉原子化器，原子化器条件参见表 3-2。

（3）在仪器最佳工作条件下，凡能达到下列指标者均可使用。

1）灵敏度　在与测量样品溶液基体相一致的溶液中，银的检出限应≤0.5ng/mL（如测定铜含量时，其检出限见表 3-2）。检出限定义，参见第二章第二节-一、-（三）-（3）-1）灵敏度。

2）精密度　用最高浓度的标准溶液测量 10 次吸光度，其标准偏差应不超过平均吸光度的 10％；用最低浓度的标准溶液（不是零浓度溶液）测量 10 次吸光度，其标准偏差应不超过最高浓度标准溶液平均吸光度的 4％。

3）标准曲线线性　将标准曲线按浓度等分成五段，最高段的吸光度差值与最低段的吸光度差值之比≥0.7。

（四）干扰的消除

分析钢铁及合金中痕量元素银、铜的含量，绘制标准曲线时，配制标准系列溶液采用基体匹配法，依据合金中的基体元素，选择相应的基体元素纯物质，按照样品溶液制备方法，制备基体溶液，加入标准系列溶液中进行测定，避免干扰元素的干扰。

（五）标准曲线的建立

1. 标准溶液的配制

配制各个被测元素标准储备溶液和标准溶液的原则，参见第二章第三节-二、-（五）-1.标准溶液的配制。分析钢铁及合金中痕量元素银、铜的含量时，各种被测元素的标准储备溶液和标准溶液的制备方法参见表 3-11。

被测元素	标准储备溶液制备方法	标准溶液制备方法
银	称 1.0000g 金属银（银的质量分数≥99.9%），置于烧杯中，加入 20mL 水，20mL 硝酸（$\rho=1.42$g/mL），盖上表面皿，于电热板上低温加热至完全溶解，煮沸除去氮的氧化物，用水洗涤表面皿及杯壁，冷却。移入 1000mL 容量瓶中，以水定容。储备于黑色或深褐色瓶中。银的浓度为 1mg/mL	Ⅰ：分别移取 10.00mL 银标准储备溶液，置于盛有 5mL 硝酸（$\rho=1.42$g/mL）的 100mL 容量瓶中，用超纯水定容。银的浓度为 100μg/mL
		Ⅱ：分别移取 10.00mL 银标准溶液Ⅰ，置于盛有 5mL 硝酸（$\rho=1.42$g/mL）的 100mL 容量瓶中，用超纯水定容。银的浓度为 10μg/mL
		Ⅲ：分别移取 10.00mL 银标准溶液Ⅱ，置于盛有 5mL 硝酸（$\rho=1.42$g/mL）的 100mL 容量瓶中，用超纯水定容。银的浓度为 1μg/mL
铜	称 1.0000g 高纯铜（铜的质量分数≥99.9%），置于烧杯中，加入 10mL 硝酸（$\rho=1.42$g/mL）、10mL 水，盖上表面皿，于电热板上低温加热至完全溶解，煮沸除去氮的氧化物，用水洗涤表面皿及杯壁，冷却。移入 1000mL 容量瓶中，以水定容。铜的浓度为 1mg/mL	Ⅰ：分别移取 10.00mL 铜标准储备溶液，置于盛有 9mL 硝酸（$\rho=1.42$g/mL）的 100mL 容量瓶中，用超纯水定容。铜的浓度为 100μg/mL
		Ⅱ：分别移取 10.00mL 铜标准溶液Ⅰ，置于盛有 10mL 硝酸（$\rho=1.42$g/mL）的 100mL 容量瓶中，用超纯水定容。铜的浓度为 10μg/mL
		Ⅲ：分别移取 10.00mL 铜标准溶液Ⅱ，置于盛有 10mL 硝酸（$\rho=1.42$g/mL）的 100mL 容量瓶中，用超纯水定容。铜的浓度为 1μg/mL

2. 标准曲线的建立

标准系列溶液的配制原则，参见第二章第二节-一、-(五)-2. 标准曲线的建立中的标准系列溶液的配制原则。分析钢铁及合金中痕量元素银、铜的含量时，配制标准曲线中的标准系列溶液，采用基体匹配法，即配制与被测样品基体一致、质量分数相近的标准系列溶液。称取纯基体物质与被测样品相同的量，随同样品制备标准系列溶液，或者直接加入制备好的与样品基体等量的基体溶液。基体匹配标准曲线法的介绍，参见本书第二章第二节-一、-(五)-2.-(2) 标准曲线法部分。

分析钢铁及合金中痕量元素银的含量，依据样品中合金的基体，选择相应的基体纯物质，称取数份与样品中基体等质量的纯基体物质，分别加入一系列体积的银标准溶液，按照样品制备方法处理，得到银的标准系列溶液。

分析钢铁及合金中痕量元素铜的含量，依据样品中合金的基体，选择相应的基体纯物质，按照样品制备方法制备基体元素溶液。按照样品溶液中基体的质量，加入一系列体积的铜标准溶液中，定容，得到铜的标准系列溶液。

若样品为镍基合金，采用纯镍作标准系列溶液的基体；若样品为铁基合金，采用纯铁作标准系列溶液的基体；若样品为钴基合金，采用纯钴作标准系列溶液的基体。

(1) 基体纯物质，基体溶液的配制方法

1) 纯镍　$w(Ni)\geq99.99\%$，$w(Ag)\leq0.0001\%$。

2) 纯铁　$w(Fe)\geq99.99\%$，$w(Ag)\leq0.0001\%$。

3) 纯钴　$w(Co)\geq99.99\%$，$w(Ag)\leq0.0001\%$。

4) 镍溶液（50mg/mL）　称 5.00g 高纯金属镍 $[w(Ni)\geq99.99\%$，$w(Cu)\leq0.0005\%]$，置于 100mL 烧杯中，加入 30mL 硝酸（$\rho=1.42$g/mL），低温加热至完全溶

解，煮沸除去氮的氧化物，冷却至室温。用水定容至 100mL，混匀。

5）铁溶液（50mg/mL）　称 5.00g 高纯金属铁［w（Fe）≥99.99％，w（Cu）≤0.0005％］，置于 100mL 烧杯中，加入 30mL 盐酸（$\rho=1.19$g/mL）、20mL 水，低温加热至完全溶解，冷却至室温。用水定容至 100mL，混匀。

6）钴溶液（50mg/mL）：称 5.00g 高纯金属钴［w（Co）≥99.99％，w（Cu）≤0.0005％］，置于 100mL 烧杯中，加入 30mL 硝酸（$\rho=1.42$g/mL），低温加热至完全溶解，煮沸除去氮的氧化物，冷却至室温。用水定容至 100mL，混匀。

（2）标准系列溶液的制备

1）银含量在 0.0001％～0.0005％时的样品　分别称取 6 份 0.2000g 纯镍置于 6 个 100mL 烧杯中，依次移取 0mL、0.10mL、0.25mL、0.50mL、0.75mL、1.00mL 银标准溶液Ⅲ（溶液中银的浓度及此银标准溶液的制备方法参见表 3-11），加入 5mL 的适宜比例的盐酸（$\rho=1.19$g/mL）和硝酸（$\rho=1.42$g/mL）的混合酸，盖上表面皿，低温加热至样品完全溶解，煮沸驱除氮的氧化物，继续加热蒸干，稍冷，加 5mL 硝酸（$\rho=1.42$g/mL），加热溶解盐类，冷却至室温，移入 50mL 容量瓶［参见本方法中（二）样品的消解中注意部分］中，以水稀释至刻度，混匀。

2）银含量在＞0.0005％～0.001％时的样品　分别称取 6 份 0.1000g 纯镍置于 6 个 100mL 烧杯中，依次移取 0mL、0.10mL、0.25mL、0.50mL、0.75mL、1.00mL 银标准溶液Ⅲ（溶液中银的浓度及此银标准溶液的制备方法参见表 3-11），加入 5mL 的适宜比例的盐酸（$\rho=1.19$g/mL）和硝酸（$\rho=1.42$g/mL）的混合酸，盖上表面皿，低温加热至样品完全溶解，煮沸驱除氮的氧化物，继续加热蒸干，稍冷，加 5mL 硝酸（$\rho=1.42$g/mL），加热溶解盐类，冷却至室温，移入 50mL 容量瓶［参见本方法中（二）样品的消解中注意部分］中，以水稀释至刻度，混匀。

3）铜含量在 0.0001％～0.0010％时的样品　分别移取 6 份 4.0mL 镍溶液置于 6 个 50mL 容量瓶［参见本方法中（二）样品的消解中注意部分］中，依次移取 0mL、0.50mL、1.00mL、1.50mL、2.00mL、2.50mL 铜标准溶液Ⅲ（溶液中铜的浓度及此铜标准溶液的制备方法参见表 3-11），以水定容。

4）铜含量在＞0.0010％～0.0060％时的样品　分别移取 6 份 1.0mL 镍溶液置于 6 个 50mL 容量瓶［参见本方法中（二）样品的消解中注意部分］中，依次移取 0mL、0.50mL、1.00mL、1.50mL、2.00mL、2.50mL、3.00mL 铜标准溶液Ⅲ（溶液中铜的浓度及此铜标准溶液的制备方法参见表 3-11），以水定容。

（3）标准系列溶液的测量　将原子吸收分光光度计调节至最佳工作状态，取标准系列溶液在原子吸收分光光度计上于被测元素分析线（参见表 3-2）处，在石墨炉原子化器中测定。以水调零，按照与样品溶液相同条件，按浓度递增顺序测量标准系列溶液中被测元素的吸光度，测 3 次吸光度，取 3 次测量平均值。以标准系列溶液中被测元素的吸光度平均值，减去零浓度溶液中相应元素的吸光度平均值，为净吸光度。以被测元素的质量浓度（μg/mL）为横坐标、净吸光度（A）为纵坐标，绘制标准曲线。

（六）样品的测定

根据仪器说明书推荐的条件及实验室的实践经验，对所用的原子化器和取样量（10～50μL）选择各元素电热原子化的最佳参数。将仪器调至最佳状态，并按所选的条件调整电热原子化器。

原子吸收光谱仪进行清零并设置基线。空烧原子化器，运行升温程序以检查零点稳定性，重复操作，确保基线稳定。通过注入样品溶液确定光谱干扰和非光谱干扰，确定背景校正方式，并进一步优化原子化器的升温程序，升温程序参见表3-2。用预定的加热程序空烧石墨管2次，开始测量。使用新石墨管测定之前，先按测定所用的升温程序空烧10次以上。

按预定进样量将样品溶液注入原子化器中，进行原子化，并测量样品溶液的吸光度，以峰高或峰面积记录吸光度。每份样品溶液测量3次，取其平均值。同时测定随同样品的空白溶液中被测元素的吸光度3次，取3次测量平均值。在测量完高含量样品后运行空烧程序，检查仪器是否有记忆效应。必要时，重新设置零点基线。以样品溶液和空白溶液的平均吸光度的差值，为净吸光度（A），从标准曲线上查出相应的被测元素的质量浓度（$\mu g/mL$）。

当设备具有计算机系统控制功能时，标准曲线的建立、校标（漂移校正、标准化、重新校准）和被测元素含量的测定应按照计算机软件说明书的要求进行。

（七）结果的表示

当被测元素的质量分数<0.01％时，分析结果表示至小数点后第4位；当被测元素的质量分数>0.01％时，分析结果表示至小数点后第3位。

（八）质量保证和质量控制

具体操作方法参见第二章第三节-一、-（八）质量保证和质量控制。

（九）注意事项

（1）参见第二章第二节-一、-（九）注意事项（1）。

（2）参见第二章第三节-一、-（九）注意事项（1）、（3）。

（3）考虑到不同仪器的灵敏度差异，为适应标准曲线线性，本方法中样品溶液和标准系列溶液的定容体积可扩大1倍。

（4）未加被测元素标准溶液的标准系列溶液为零浓度溶液。

（5）银标准储备溶液，需储备于黑色或深褐色瓶中。

第三节　原子荧光光谱法

在现行有效的标准中，采用原子荧光光谱法分析钢和铁、铁合金产品的标准有4个。本书笔者将这些标准方法的各部分内容进行了比较分析，并总结归纳出一套适宜的分析方法，重点为样品的消解、标准曲线的建立。

现行国家标准[14-17]中，原子荧光光谱法可以分析高温合金中痕量元素砷、锑、硒的含量，钢铁及镍基合金中痕量元素铋、砷的含量，其元素测定范围见表3-3。实际工作中原子荧光光谱法分析钢铁及合金中痕量元素砷、锑、硒、铋含量的步骤包括以下几个部分。

(一) 样品的制备和保存

根据国家标准[41]GB/T 20066—2006 或适当的国家标准取样、制样。

具体操作方法参见第三章第二节-一-(一) 样品的制备和保存。

(二) 样品的消解

分析钢铁及合金中痕量元素砷、锑、硒、铋含量的消解方法主要为湿法消解中的电热板消解法。关于消解方法分类的介绍，参见第二章第二节-一、-(二) 样品的消解。

本部分中，分析砷含量时，样品用盐酸、硝酸分解，加入硫酸磷酸混合酸冒烟，并络合钨、钼、铌、钽等易水解元素，加入硫脲-抗坏血酸混合溶液将砷预还原，并抑制镍、钴、铜等元素的干扰，制得待测的样品溶液。

分析锑含量时，样品用盐酸、硝酸分解，加入柠檬酸抑制基体元素的干扰，加入硫脲-抗坏血酸混合溶液将锑预还原，并抑制其他元素的干扰，制得样品待测溶液。

分析硒含量时，样品用盐酸、硝酸分解，加入氟化氨溶液络合钨、钼、铌、钽等易水解元素，加入柠檬酸溶液抑制铁、镍、铬、钴等元素的干扰，制得用于测定的样品溶液。

分析铋、砷含量时，样品用盐酸、硝酸分解，加入硫酸磷酸混合酸冒烟，并络合钨、钼、铌、钽等易水解元素，加入硫代氨基脲抑制基体元素的干扰，用抗坏血酸溶液预还原，定容，制得样品待测溶液。

样品中被测元素的质量分数越大，称样量越小。根据样品中被测元素的种类及其质量分数，按表 3-12 称取相应量的样品，精确至 0.0001g。独立地进行 2 次测定，取其平均值。随同样品做空白试验。

▫ 表 3-12　分析钢铁及合金中痕量元素砷、锑、硒、铋含量的样品溶液

被测元素	被测元素质量分数/%	样品量/g	酸试剂 I	酸试剂 II	试剂 III	定容体积 I/mL
砷①	0.00005～0.00050 ＞0.00050～0.0050 ＞0.0050～0.010	0.50 0.50 0.25	10mL 盐酸③ 2mL 硝酸④	5mL 硫酸磷酸混合酸⑤	10mL 水	100
锑	0.00005～0.00050 ＞0.00050～0.0050 ＞0.0050～0.010	0.50 0.50 0.20	10mL 盐酸③ 1～3mL 硝酸④	10mL 柠檬酸溶液⑥	—	50
硒	0.00005～0.00050 ＞0.00050～0.0050 ＞0.0050～0.010	0.50 0.50 0.25	10mL 盐酸③ 2mL 硝酸④	6.25mL 柠檬酸溶液⑥	5mL 氟化铵溶液⑦	50
铋、砷②	0.00005～0.001 ＞0.001～0.003 ＞0.003～0.010	0.20 0.10 0.10	10mL 适当比例混合的盐酸③和硝酸④	5mL 硫酸磷酸混合酸⑤	少量	全量 全量 50

① 砷：高温合金中的痕量砷元素。

② 砷：钢铁及镍基合金中的痕量砷元素。

③ 盐酸：$\rho=1.19g/mL$。

④ 硝酸：$\rho=1.42g/mL$。

⑤ 硫酸磷酸混合酸（1 体积硫酸＋1 体积磷酸＋2 体积水）：于 300mL 烧杯中加 20mL 水，边搅拌边加入 120mL 硫酸（$\rho=1.84g/mL$），120mL 磷酸（$\rho=1.69g/mL$），冷却至室温。边搅拌边加入 20mL 氢溴酸（$\rho=1.49g/mL$），加热蒸发至冒硫酸白烟，取下，冷却至室温，重复上述操作 2～3 次，于 1000mL 烧杯中加 200mL 水，边搅拌边加入 200mL 上述提纯的硫酸磷酸混合酸，冷却至室温，移入塑料瓶中备用。

⑥ 柠檬酸溶液：400g/L。

⑦ 氟化铵溶液：200g/L。

1. 样品的消解处理

将样品置于 100mL 烧杯中，按表 3-12 加入相应量的酸试剂 I，盖上表面皿，在电热板上低温加热至分解完全，取下冷却。按表 3-12 加入相应量的酸试剂 II，加热蒸发至冒硫酸白烟（测锑、硒含量时，高温加热煮沸 5～10min，赶尽氮氧化物），取下冷至室温。按表 3-12 加入相应量的试剂 III，低温加热溶解盐类，取下冷至室温。按表 3-12 转移至相应定容体积的容量瓶中（测铋、砷含量，其质量分数＞0.003％时，加入 5mL1.19g/mL 盐酸，冷至室温，以水稀释至刻度，混匀）。

2. 样品测定用溶液的配制方法

按表 3-13 移取相应量上述消解所得的样品溶液，按表 3-13 置于相应定容体积的容量瓶中，按表 3-13 加入相应量的盐酸（ρ＝1.19g/mL）和抑制剂，混匀［测硒含量时，补加 5mL 氟化铵溶液，混匀，用水稀释至刻度，混匀，待测。测铋、砷含量时，若加硫代氨基脲-抗坏血酸混合溶液（该溶液配制方法见表 3-13 注释⑦）后有沉淀产生，要振荡 1～2min，放置待溶液澄清后，取上层清液］。室温放置 30min（室温小于 15℃时，置于 30℃水浴中保温 20min），用水稀释至刻度，混匀。

⊡ 表 3-13　分析钢铁及合金中痕量元素砷、锑、硒、铋含量的测定用溶液

被测元素	被测元素质量分数/%	分取样品溶液体积/mL	定容体积 II/mL	盐酸③/mL	抑制剂
砷①	0.00005～0.010	10.00	50	5	25mL 硫脲-抗坏血酸混合液④
锑	0.00005～0.010	10.00	50	20	10mL 硫脲-抗坏血酸混合液⑤
硒	0.00005～0.010	10.00	50	25	5mL 柠檬酸溶液⑥
铋、砷②	0.00005～0.001	全量	50	5	25mL 硫代氨基脲-抗坏血酸混合液⑦
	＞0.001～0.003	全量	50	5	25mL 硫代氨基脲-抗坏血酸混合液⑦
	＞0.003～0.010	10.00	50	4	4mL 硫酸磷酸混合酸⑧ 25mL 硫代氨基脲-抗坏血酸混合液⑥

① 砷：高温合金中的痕量砷元素。

② 砷：钢铁及镍基合金中的痕量砷元素。

③ 盐酸：ρ＝1.19g/mL。

④ 硫脲-抗坏血酸混合液：分析纯，分别称取 25g 硫脲及 25g 抗坏血酸，用 100mL 盐酸［1 体积盐酸（ρ＝1.19g/mL）＋4 体积水］溶解并稀释至 500mL，用时现配。

⑤ 硫脲-抗坏血酸混合液：分析纯，分别称取 10g 硫脲及 10g 抗坏血酸，溶于 100mL 水中，混匀，用时现配。

⑥ 柠檬酸溶液：500g/L，分析纯。

⑦ 硫代氨基脲-抗坏血酸混合液：分别称取 25g 硫代氨基脲及 25g 抗坏血酸，溶于 500mL 盐酸（1＋4）中，用时现配。

⑧ 硫酸磷酸混合酸（1 体积硫酸＋1 体积磷酸＋2 体积水）：于 300mL 烧杯中加 20mL 水，边搅拌边加入 120mL 硫酸（ρ＝1.84g/mL）、120mL 磷酸（ρ＝1.69g/mL），冷却至室温。边搅拌边加入 20mL 氢溴酸（ρ＝1.49g/mL），加热蒸发至冒硫酸白烟，取下，冷却至室温，重复上述操作 2～3 次，于 1000mL 烧杯中加 200mL 水，边搅拌边加入 200mL 上述提纯的硫酸磷酸混合酸，冷却至室温，移入塑料瓶中备用。

（三）仪器条件的选择

分析钢铁及合金中痕量元素砷、锑、硒、铋的含量时，推荐的原子荧光光谱仪的工作条件参见表 3-3。测定不同元素有不同的仪器操作条件。以砷元素的测定为例，介绍仪器

操作条件的选择。

(1) 非色散原子荧光光谱仪，仪器应配有由厂家推荐的砷特制空心阴极灯（测定锑、硒、铋元素时，选择相应的元素特制空心阴极灯）、氢化物发生器（配石英炉原子化器）、加液器或流动注射进样装置。

(2) 在仪器最佳工作条件下，凡能达到下列指标者均可使用。

1) 灵敏度　在与测量样品溶液基体相一致的溶液中，砷的检出限应≤0.5ng/mL（如测定锑、硒、铋含量时，其检出限见表 3-3）。检出限定义，参见第二章第二节-一、-(三)-(3)-1) 灵敏度。

2) 精密度　用 0.1μg/mL 的砷标准溶液（如测定锑、硒、铋含量时，选择相应的被测元素标准溶液）测量 10 次荧光强度，其标准偏差应不超过平均荧光强度的 5.0%。其测量计算的方法和标准规定参见第二章第二节-一、-(三)-(3)-3) 精密度。

3) 稳定性　30min 内的零漂≤5%，瞬时噪声≤3%。

4) 标准曲线线性

① 砷标准曲线Ⅰ在 0~0.06μg/mL 范围内，R^2≥0.995。

② 锑标准曲线在 0~0.2μg/mL 范围内，R^2≥0.995。

③ 硒标准曲线在 0~0.1μg/mL 范围内，R^2≥0.995。

④ 铋、砷标准曲线Ⅱ在 0~0.1μg/mL 范围内，R^2 应≥0.997。

注意：砷标准曲线Ⅰ适用于高温合金中的砷元素的测定；砷标准曲线Ⅱ适用于钢铁及镍基合金中砷元素的测定。

（四）干扰的消除

(1) 分析高温合金中的痕量元素砷含量，消解样品时，加入硫酸磷酸混合酸冒烟，并络合钨、钼、铌、钽等易水解元素；加入硫脲-抗坏血酸混合溶液还原砷Ⅴ为砷Ⅲ，抑制镍、钴、铜等元素的干扰。

(2) 分析高温合金中的痕量元素锑含量，消解样品时，加入柠檬酸抑制基体元素的干扰；加入硫脲-抗坏血酸混合溶液还原锑Ⅴ为锑Ⅲ，抑制干扰元素。

(3) 分析高温合金中的痕量元素硒含量，消解样品时，加入氟化铵溶液络合钨、钼、铌、钽等易水解元素；加入柠檬酸溶液抑制铁、镍、铬、钴等元素的干扰。

(4) 分析钢铁及镍基合金中的痕量元素铋、砷含量，消解样品时，加入硫代氨基脲抑制基体元素铁、镍的干扰；加入硫酸磷酸混合酸冒烟，并络合钨、钼、铌、钽等易水解元素；加入硫脲-抗坏血酸混合溶液还原砷Ⅴ为砷Ⅲ，抑制干扰元素。

（五）标准曲线的建立

1. 标准溶液的配制

配制各个被测元素标准储备溶液和标准溶液的原则，参见第二章第三节-二、-(五)-1. 标准溶液的配制。

2. 标准曲线的建立

标准系列溶液的配制原则，参见第二章第二节-一、-(五)-2. 标准曲线的建立中的标准系列溶液的配制原则。分析钢铁及合金中痕量元素砷、锑、硒、铋的含量时，采用基体匹配标准曲线法定量，基体匹配标准曲线法的介绍，参见本书第二章第二节-一、-(五)-

2.-（2）标准曲线法。配制标准曲线中的标准系列溶液，采用基体匹配法，即配制与被测样品基体一致、质量分数相近的标准系列溶液，称取纯基体物质与被测样品相同的量，随同样品制备标准系列溶液，或者直接加入制备好的基体溶液。

分析钢铁及合金中痕量元素砷、锑、硒、铋的含量，依据样品中合金的基体，选择相应的基体纯物质或样品，按照样品制备方法制备基体溶液。按照样品溶液中基体的质量，加入一系列体积的被测元素标准溶液中，定容，得到相应被测元素的标准系列溶液。高温合金中的基体化学成分复杂，故选择样品本身制备基体溶液，按照制备样品溶液的方法制备基体溶液。

（1）基体溶液的配制方法

1）基体溶液 I （适用于测砷含量）　按表 3-12 规定称取样品量，置于 100mL 烧杯中，按表 3-12 加入相应量的酸试剂 I ，盖上表面皿，在电热板上低温加热至分解完全，取下冷却。按表 3-12 加入相应量的酸试剂 II ，加热蒸发至冒硫酸白烟，取下冷至室温。用少量水吹洗表面皿及杯壁，加入 2mL 氢溴酸（$\rho = 1.49 \mathrm{g/mL}$）混匀，用少量水吹洗表面皿及杯壁，重复吹水和冒烟一次，取下冷至室温。按表 3-12 加入相应量的试剂 III ，低温加热溶解盐类，取下冷至室温。按表 3-12 转移至相应定容体积的容量瓶中，以水稀释至刻度，混匀。

2）基体溶液 II （适用于测锑含量）　按表 3-12 规定称取 2 倍的样品量，置于 100mL 烧杯中，按表 3-12 加入 2 倍相应量的酸试剂 I ，盖上表面皿，在电热板上低温加热至分解完全，取下冷却。按表 3-12 加入 2 倍相应量的酸试剂 II ，高温加热煮沸 5～10min，赶尽氮氧化物，取下冷至室温。按表 3-12 转移至 2 倍相应定容体积的容量瓶中，以水稀释至刻度，混匀。

3）基体溶液 III （适用于测硒含量）　按表 3-12 规定称取 2 倍的样品量，将样品置于 100mL 烧杯中，按表 3-12 加入 2 倍相应量的酸试剂 I ，盖上表面皿，在电热板上低温加热至分解完全，取下冷却。按表 3-12 加入 2 倍相应量的试剂 III ，加热蒸发至近干，取下冷至室温。用少量水吹洗表面皿及杯壁，加入 10mL 盐酸（$\rho = 1.19 \mathrm{g/mL}$）、10mL 氢溴酸（$\rho = 1.49 \mathrm{g/mL}$）混匀，加热蒸发至近干。用少量水吹洗表面皿及杯壁，加入 10mL 盐酸（$\rho = 1.19 \mathrm{g/mL}$）、10mL 氢溴酸（$\rho = 1.49 \mathrm{g/mL}$）混匀，加热蒸发至近干。用少量水吹洗表面皿及杯壁，加入 10mL 盐酸（$\rho = 1.19 \mathrm{g/mL}$）混匀，继续加热蒸发至近干。取下冷至室温。加 20mL 盐酸（$\rho = 1.19 \mathrm{g/mL}$）、4mL 硝酸（$\rho = 1.42 \mathrm{g/mL}$）、10mL 柠檬酸（500g/L，分析纯），混匀，高温加热煮沸 5～10min，赶尽氮氧化物，取下冷至室温。按表 3-12 转移至 2 倍相应定容体积的容量瓶中，以水稀释至刻度，混匀。

4）镍溶液（20.0mg/mL）　称 2.00g 高纯金属镍 [$w(\mathrm{Ni}) \geqslant 99.99\%$，$w(\mathrm{As、Bi}) \leqslant 0.0005\%$]，置于 100mL 烧杯中，加入 20mL 硝酸（3+1），低温加热至完全溶解，煮沸除去氮的氧化物，冷却至室温。用水定容至 100mL，混匀。

5）铁溶液（20.0mg/mL）　称 2.00g 高纯金属铁 [$w(\mathrm{Fe}) \geqslant 99.99\%$，$w(\mathrm{As、Bi}) \leqslant 0.0005\%$]，置于 100mL 烧杯中，加入 20mL 盐酸（3+1），低温加热至完全溶解，冷却至室温。用水定容至 100mL，混匀。

（2）标准系列溶液的配制　被测元素质量分数不同，加入的相应元素标准溶液的浓度不同，配制时需注意，本部分在表 3-14 中说明。

⊡ 表 3-14　分析钢铁及合金中痕量元素砷、锑、硒、铋含量的标准系列溶液

被测元素	移取被测元素标准溶液体积/mL	移取基体溶液体积	盐酸③体积/mL	抑制剂	定容体积/mL
砷①	0、0.50、1.00、2.00、3.00、4.00、5.00	10.00/mL	5.00	25mL 硫脲-抗坏血酸混合液④	50
锑	0、0.50、1.00、2.00、3.00、4.00、5.00	10.00/mL	20.00	10mL 硫脲-抗坏血酸混合液⑤	50
硒	0、0.50、1.00、2.00、3.00、4.00、5.00	10.00/mL	25.00	5mL 柠檬酸溶液⑥	50
铋、砷②	0、0.10、0.50、1.00、2.00、3.00	1.00mL 铁溶液 1.00mL 镍溶液	5.00	5mL 硫酸磷酸混合酸⑦ 25mL 硫代氨基脲-抗坏血酸混合液⑧	50

① 砷：高温合金中的痕量砷元素。

② 砷：钢铁及镍基合金中的痕量砷元素。

③ 盐酸：$\rho = 1.19$g/mL。

④ 硫脲-抗坏血酸混合液：分析纯，分别称取 25g 硫脲及 25g 抗坏血酸，用 100mL 盐酸 [1 体积盐酸（$\rho = 1.19$g/mL）＋4 体积水] 溶解并稀释至 500mL，用时现配。

⑤ 硫脲-抗坏血酸混合液：分析纯，分别称取 10g 硫脲及 10g 抗坏血酸，溶于 100mL 水中，混匀，用时现配。

⑥ 柠檬酸溶液：500g/L，分析纯。

⑦ 硫酸磷酸混合酸（1 体积硫酸＋1 体积磷酸＋2 体积水）：于 300mL 烧杯中加 20mL 水，边搅拌边加入 120mL 硫酸（$\rho = 1.84$g/mL）、120mL 磷酸（$\rho = 1.69$g/mL），冷却至室温。边搅拌边加入 20mL 氢溴酸（$\rho = 1.49$g/mL），加热蒸发至冒硫酸白烟，取下，冷却至室温，重复上述操作 2～3 次，于 1000mL 烧杯中加 200mL 水，边搅拌边加入 200mL 上述提纯的硫酸磷酸混合酸，冷却至室温，移入塑料瓶中备用。

⑧ 硫代氨基脲-抗坏血酸混合液：分别称取 25g 硫代氨基脲及 25g 抗坏血酸，溶于 500mL 盐酸（1＋4）中，用时现配。

① 分析高温合金中砷、锑、硒的含量　按表 3-14 规定分别移取相应量的被测元素标准溶液（浓度参见表 3-15），按表 3-14 置于相应定容体积的容量瓶中，按表 3-14 分别加入相应量的基体溶液、盐酸（$\rho = 1.19$g/mL）、抑制剂，混匀（测硒含量时，用水稀释至刻度，混匀，待测）。室温放置 30min（室温小于 15℃时，置于 30℃ 水浴中保温 20min），用水稀释至刻度，混匀。

需要注意的是根据被测元素质量分数，选取相应浓度的被测元素标准溶液，详见表 3-15。

⊡ 表 3-15　分析高温合金中的砷、锑、硒含量的标准系列溶液中选用被测元素标准溶液的浓度

被测元素	被测元素质量分数/%	被测元素标准溶液浓度/(μg/mL)
砷	0.00005～0.00050	0.050
	＞0.00050～0.010	0.500
锑	0.00005～0.00050	0.100
	＞0.00050～0.010	1.00
硒	0.00005～0.00050	0.100
	＞0.00050～0.010	1.00

② 分析钢铁及镍基合金中砷、铋的含量　按表 3-14 规定分别移取相应量的砷、铋元素标准溶液（砷 1.00μg/mL，铋 1.00μg/mL），置于 6 个 100mL 烧杯中，按表 3-14 分别加入相应量的基体溶液，按表 3-14 加入相应量的硫酸磷酸混合酸，加热蒸发至冒硫酸白烟，取下冷至室温。吹少量水，低温加热溶解盐类。按表 3-14 加入相应量的盐酸（$\rho = 1.19$g/mL），按表 3-14 置于相应定容体积的容量瓶中，按表 3-14 加入相应量的抑制剂硫

代氨基脲-抗坏血酸混合液，混匀［若加硫代氨基脲-抗坏血酸混合液（该溶液配制方法见表 3-14 注释⑧）后有沉淀产生，要振荡 1～2min，放置待溶液澄清后，取上层清液］。室温放置 30min（室温小于 15℃时，置于 30℃水浴中保温 20min），用水稀释至刻度，混匀。

（3）标准系列溶液的测量　将原子荧光分光光度计调节至最佳工作状态，取标准系列溶液在原子荧光分光光度计上测定。按仪器的操作条件，以载流剂调零，在与样品测定相同条件下，按浓度由低到高的顺序测量标准系列溶液中被测元素的荧光强度，测三次荧光强度，取三次测量平均值。以标准系列溶液中被测元素的荧光强度平均值，减去零浓度溶液中相应元素的荧光强度平均值，为净荧光强度。以被测元素的质量浓度（ng/mL）为横坐标，净荧光强度为纵坐标，绘制标准曲线。当标准曲线的 $R^2 \geqslant 0.995$ 时，方可进行样品溶液的测量。

（六）样品的测定

开启原子荧光光谱仪，至少预热 20min，设定灯电流及负高压并使仪器最优化，设定仪器参数，使仪器性能符合灵敏度、精密度、稳定性、标准曲线的线性的要求，方可测量。

在原子荧光光谱仪上，以硼氢化钾为还原剂，盐酸或硫酸为载流剂，氩气为屏蔽气和载气，以被测元素特制空心阴极灯为激发光源，测量溶液中被测元素的荧光强度。以载流剂调零，按照与绘制标准曲线相同条件，测定样品溶液中被测元素的荧光强度三次，取三次测量平均值。同时测定随同样品的空白溶液中被测元素的荧光强度三次，取三次测量平均值。样品溶液中被测元素的荧光强度平均值，减去空白溶液中相应元素的荧光强度平均值，为净荧光强度。从标准曲线上查出相应的被测元素质量浓度（μg/mL）。

当设备具有计算机系统控制功能时，标准曲线的建立、校标（漂移校正、标准化、重新校准）和被测元素含量的测定应按照计算机软件说明书的要求进行。

分析钢铁及合金中痕量元素砷、锑、硒、铋的含量时，以盐酸（5%，体积分数）为载流剂调零，氩气（Ar≥99.99%，体积分数）为屏蔽气和载气，将样品溶液和还原剂，导入氢化物发生器的反应池中，载流剂和样品溶液交替导入，依次测量空白溶液及样品溶液中被测元素的原子荧光强度，取 3 次测量平均值。样品溶液中被测元素的荧光强度平均值，减去随同样品的等体积空白溶液中相应元素的荧光强度平均值，为净荧光强度。从标准曲线上查出相应的被测元素质量浓度（ng/mL）。

注意：样品中的被测元素不同，采用的导入氢化物发生器反应池的方式不同，其还原剂溶液浓度也不相同，详见表 3-16。

（七）结果的表示

当被测元素的质量分数＜0.01%时，分析结果表示至小数点后第 4 位；当被测元素的质量分数＞0.01%时，分析结果表示至小数点后第 3 位。

（八）质量保证和质量控制

分析时，应用国家级或行业级标准样品或控制样品进行校核，或每年至少用标准样品或控制样品对分析方法校核一次。当过程失控时应找出原因，纠正错误后重新进行校核，并采取相应的预防措施。

被测元素	样品导入反应池方式	还原剂硼氢化钾溶液
砷[①]	间断法	硼氢化钾溶液 A[③]
	断续流动法	硼氢化钾溶液 B[④]
锑	间断法	硼氢化钾溶液 A[③]
	断续流动法	硼氢化钾溶液 B[④]
硒	间断法	硼氢化钾溶液 C[⑤]
	断续流动法	硼氢化钾溶液 B[④]
砷[②]、铋	—	硼氢化钾溶液 D[⑥]

① 砷：高温合金中的痕量砷元素。

② 砷：钢铁及镍基合金中的痕量砷元素。

③ 硼氢化钾溶液 A：7g/L，称 3.5g 硼氢化钾，置于塑料烧杯中，溶于 500mL 的氢氧化钾（0.5g/L）溶液中，用时现配。

④ 硼氢化钾溶液 B：20g/L，称 10g 硼氢化钾，置于塑料烧杯中，溶于 500mL 的氢氧化钾溶液（0.5g/L）中，用时现配。

⑤ 硼氢化钾溶液 C：5g/L，称 2.5g 硼氢化钾，置于塑料烧杯中，溶于 500mL 的氢氧化钾（0.5g/L）溶液中，用时现配。

⑥ 硼氢化钾溶液 D：15g/L，称 7.5g 硼氢化钾，置于塑料烧杯中，溶于 500mL 的氢氧化钾（5g/L）溶液中，用时现配。

（九）注意事项

（1）参见第二章第二节-一、-(九) 注意事项（1）。

（2）应按照原子荧光光谱仪器使用规程点燃和熄灭原子化器，以避免可能的危险。

（3）参见第二章第三节-一、-(九) 注意事项（1）、（3）。

（4）分析钢铁及镍基合金中的痕量元素砷的含量时，方法中使用的烧杯中砷含量应很低或不含有砷，以免造成低砷测量污染，或者使用全氟塑料烧杯。

（5）分析钢铁及镍基合金中的痕量元素砷的含量时，样品溶液和砷的标准系列溶液，在测量前需放置约 30min。

第四节   电感耦合等离子体原子发射光谱法

在现行有效的标准中，采用电感耦合等离子体原子发射光谱法分析钢和铁、铁合金产品的标准有 19 个。为了使读者易于掌握这些分析方法，作者将这些方法进行归纳总结，在详细解析的基础上，结合工作实际，提出了干扰消除的方法以及注意事项。

一、钢铁及合金中痕量元素的分析

现行国家标准[18,19]中，电感耦合等离子体原子发射光谱法可以分析高温合金中痕量元素钙、镁、钡、铳的含量，既适用于上述元素的多元素同时测定，也适用于其中一个元素的独立测定，其元素测定范围参见表 3-4。

我们以此为应用实例讲解具体的分析步骤和方法，以及一些注意事项。

（一）样品的制备和保存

根据国家标准[41]GB/T 20066—2006 或适当的国家标准取样、制样。

具体操作方法参见第三章第二节-一、-（一）样品的制备和保存。

（二）样品的消解

电感耦合等离子体原子发射光谱法分析钢铁及合金中痕量元素钙、镁、钡、钪含量的消解方法主要为湿法消解中的电热板消解法。关于消解方法分类的介绍，参见第二章第二节-一、-（二）样品的消解。

本部分中，分析钙、镁、钡含量时，样品用盐酸和硝酸的混合酸分解，并稀释至一定体积，加锶作内标，制得待测的样品溶液。分析钪含量时，样品用适宜比例的盐酸和硝酸的混合酸分解，并稀释至一定体积，制得用于测定的样品溶液。下面具体介绍其消解方法：

称取 0.25g 样品（测钪含量时，称取 0.5g 样品），精确至 0.0001g。独立测定 2 次，取其平均值，随同样品做空白试验（测钪含量时，由于配制标准曲线溶液和样品溶液时，所加试剂量完全相同，本方法无须做空白试验，减空白将引起结果误差）。

1. 分析高温合金中痕量元素钙、镁、钡的含量

将样品置于 100mL 石英烧杯中，加入 5mL 盐酸-硝酸混合酸（3 体积盐酸＋1 体积硝酸），于低温电热板上缓慢加热溶解。待样品溶解完全后，取下，冷却至室温，移入 50mL 容量瓶中，加入 5.0mL 锶内标溶液（0.500μg/mL），以水定容，混匀。静置澄清后，吸取上层清液测量（此方法中样品溶液及标准曲线之标准系列溶液当天制备，当天测量）。

锶内标溶液（锶 0.500μg/mL）：称取 2.4153g 硝酸锶 $\{w[Sr(NO_3)_2] \geqslant 99.99\%$，预先置于干燥器中储备 24h 以上$\}$，置于 500mL 烧杯中，加水溶解，煮沸，冷却至室温，以水定容至 1000mL，混匀（此溶液为锶储备溶液，锶 1000.0μg/mL）。移取 10.00mL 锶储备溶液于 200mL 容量瓶中，以水定容，混匀，用时现配（锶 50.0μg/mL）。再移取 1.00mL 上述溶液于 100mL 容量瓶中，以水定容，混匀，用时现配。

2. 分析高温合金中痕量元素钪的含量

将样品置于 100mL 烧杯中，加入 10mL 适当比例的盐酸-硝酸混合酸（5 体积盐酸＋1 体积硝酸），于低温电热板上缓慢加热溶解。待样品溶解完全后，取下，冷却至室温，移入 50mL 容量瓶中，以水定容，混匀。

（三）仪器条件的选择

采用电感耦合等离子体原子发射光谱仪，光源为等离子体光源，使用功率 750～1750W。光谱仪为顺序测量型或同时测量型，要求顺序测量型光谱仪具有同时测定内标线的功能。分析钢铁及合金中痕量元素钙、镁、钡、钪的含量时，仪器条件的选择如下。

（1）选择分析谱线时，可以根据仪器的实际情况（如灵敏度和谱线干扰）做相应的调整。推荐的分析线参见表 2-2。分析谱线的选择，参见第二章第三节-一、-（三）仪器条件的选择。

（2）仪器的实际分辨率，参见第二章第三节-一、-（三）仪器条件的选择。

（3）在仪器最佳工作条件下，凡能达到下列指标者均可使用。

1）灵敏度　通过计算仅含有钙溶液的分析线（393.366nm），得出的检出限（DL）应≤0.003μg/mL（如测定镁、钡、铪的含量时，其分析线处对应的检出限参见表3-4）。检出限定义，参见第二章第三节--一、-(三)-(3)-1) 灵敏度。

2）短期稳定性　每个最高浓度标准溶液发射谱线的标准偏差应不超过绝对或相对光强平均值的 0.5%。此指标的测量和计算方法参见第二章第三节-一、-(三)-(3)-2) 短期稳定性。

3）长期稳定性　在4h中，每隔15min测量被测元素的最高浓度标准溶液的发射分析线强度3次，得到16个测量平均值。计算16个平均值的标准偏差。其相对标准偏差不应超过绝对或相对光强平均值的2%。

4）标准曲线线性　标准曲线的 R^2≥0.999。

（四）干扰的消除

（1）分析高温合金中痕量元素钙、镁、钡的含量时，样品溶液中加入锶内标溶液测量，消除干扰；制备好的样品溶液和标准系列溶液需及时测量，不宜放置过夜，避免干扰。

（2）在表3-4推荐的分析线中，同一元素的不同分析线处存在一定的干扰元素，选用分析线时需注意，或按照规定的分析线中干扰线校正的方法进行校正。

（3）分析高温合金中痕量元素铪的含量时，采用基体匹配标准曲线法，消除基体中铪以外的其他元素的干扰。

（4）在标准系列溶液中，如存在被测元素以外的共存元素（铪、钒、锆、钨、钼、钙等干扰元素）影响被测元素发光强度，在标准系列溶液中应使此共存元素的量相同，样品溶液中也应加入与标准系列溶液中等量的此共存元素。

（五）标准曲线的建立

1. 标准溶液的配制

配制各个被测元素标准储备溶液和标准溶液的原则，参见第二章第三节-二、-(五)-1. 标准溶液的配制。

2. 标准曲线的建立

内标校正的标准曲线法是电感耦合等离子体光谱法（ICP-AES）经常采用的定量方法，可以校正仪器的灵敏度漂移并消除基体效应的影响。该方法的原理介绍，参见第二章第四节-一、-(五)-2.-(1) 内标校正的标准曲线法（内标法）的原理及使用范围。内标法校正的标准系列溶液的配制原则，参见第二章第四节-一、-(五)-2.-(2)-标准系列溶液的配制。

分析高温合金中的痕量元素钙、镁、钡含量时，采用标准曲线法进行计算。分析高温合金中的痕量元素铪含量时，采用基体匹配标准曲线法进行计算，即称取数份与样品基体组分相近且不含铪的平行样品，随同样品制备基体溶液，再加入一系列体积的铪元素标准溶液，稀释至一定体积，得到标准系列溶液。标准曲线（工作曲线）法、基体匹配标准曲线（工作曲线）法的介绍，参见本书第二章第二节-一、-(五)-2.-(2) 标准曲线法。

下面介绍具体的标准系列溶液配制方法。

（1）标准曲线法 利用下面方法分析高温合金中杂质元素钙、镁、钡的含量。

分别移取 0mL、0.50mL、1.00mL、5.00mL、10.00mL 钙、镁、钡混合标准溶液（钙、镁、钡浓度分别为 2.50μg/mL）于 50mL 容量瓶中，分别加入 5.0mL 锶内标溶液 [0.500μg/mL，此溶液配制方法见于本部分（二）样品的消解方法中]，用水稀释至刻度，混匀。

（2）基体匹配标准曲线法 利用下面方法分析高温合金中杂质元素钪的含量。

称取 0.5000g 与样品基体组分相近且不含钪的平行样品 5 份，置于 100mL 烧杯中，加入 10mL 适当比例的盐酸-硝酸混合酸（5 体积盐酸＋1 体积硝酸），于低温电热板上缓慢加热溶解。待样品溶解完全后，取下，冷却至室温，移入 50mL 容量瓶中。分别移取 0mL、2.50mL、5.00mL 钪标准溶液（1.00μg/mL）和 2.50mL、5.00mL 钪标准溶液（10.00μg/mL）于上述 50mL 容量瓶中，用水稀释至刻度，混匀。

（3）标准系列溶液的测量 将标准系列溶液引入电感耦合等离子体原子发射光谱仪中，输入根据实验所选择的仪器最佳测定条件。在各元素选定的分析线处（参见表 3-4），按被测元素浓度递增顺序测量标准系列溶液中各元素的分析线强度比（被测元素分析线与内标元素参比线的强度比）3 次，取 3 次测量平均值。以标准系列溶液中各分析线强度比平均值，减去零浓度溶液中相应元素的对应分析线强度比平均值，为分析线净强度比。

分别以各被测元素的浓度（μg/mL）为横坐标，以分析线净强度比为纵坐标，由计算机自动绘制标准曲线。当标准曲线的 $R^2 \geqslant 0.999$ 时，即可进行样品溶液的测定。

其中，分析高温合金中的钪含量时，采用（无内标校正的）标准系列溶液的测量方法，其测量方法参见第二章第三节-一、-(五)-2.-(3) 标准系列溶液的测量。

（六）样品的测定

1. 优化仪器的方法

具体方法参见第二章第三节-一、-(六) 样品的测定。

如果使用内标，准备用钇（371.03nm）作内标并计算每个被测元素与钇的强度比的软件。内标强度应与被测元素强度同时测量。

2. 样品中被测元素的分析线发射强度的测量

（1）内标校正的样品测量 待仪器稳定后，按被测元素浓度由低到高的顺序测量，在与标准曲线测定相同的条件下测定样品溶液中被测元素的分析线（参见表 2-2）强度比（被测元素分析线与内标元素参比线的强度比），重复测量 3 次，计算其平均值。同时应该测定空白样品中被测元素的分析线强度比 3 次，取 3 次测量平均值。样品溶液中被测元素的分析线强度比平均值，减去空白样品中的分析线强度比平均值为分析线净强度比。检查各测定元素分析线的背景并在适当的位置进行背景校正，从标准曲线上确定被测元素的质量浓度（μg/mL）。用中速滤纸过滤所有溶液，弃去最初的 2～3mL 溶液。

（2）无内标校正的样品测量 具体方法参见第二章第三节-一、-(六) 样品的测定。

测量溶液的顺序与分析线强度记录，参见第二章第三节-一、-(六) 样品的测定。

3. 分析线中干扰线的校正

具体方法参见第二章第三节-一、-(六) 样品的测定。

（七）结果的表示

分析结果保留 2 位有效数字。

（八）质量保证和质量控制

具体操作方法参见第二章第三节--一、-（八）质量保证和质量控制。

（九）注意事项

（1）参见第二章第二节--一、-（九）注意事项（1）。

（2）参见第二章第三节--一、-（九）注意事项（1）～（3）。

（3）分析高温合金中的痕量元素钙、镁、钡含量时，制备样品溶液和标准系列溶液时，使用的容器为带石英表面皿的石英烧杯（100mL）、石英容量瓶（50mL、100mL、200mL）。也可以用聚四氟乙烯烧杯（50mL）、聚四氟乙烯容量瓶（50mL），洁净的玻璃烧杯（50mL）、洁净的玻璃容量瓶（50mL、100mL、200mL、500mL、1000mL）。

（4）互有化学干扰、产生沉淀及互有光谱干扰的元素应分组配制标准系列溶液，并且此标准溶液需与标准储备溶液保持一致的酸度（用时现稀释）。

（5）分析高温合金中痕量元素钙、镁、钡的含量时，制备好的样品溶液和标准系列溶液需及时测量，不得过夜。

（6）分析高温合金中痕量元素钪的含量时，无需做空白试验，减空白将引起结果误差。

二、低合金钢中杂质元素的分析

现行国家标准[20]中，电感耦合等离子体原子发射光谱法可以分析铁质量分数＞92％的碳钢、低合金钢中 11 个杂质元素硅、锰、磷、镍、铬、钼、铜、钒、钴、钛、铝的含量，其元素测定范围见表 3-4。本方法测定的硅、钛和铝为酸溶硅、酸溶钛、酸溶铝。当钢中各元素中即使只有一个元素超出表 3-4 中测定范围上限时，本方法不适用。当钢中碳、硫质量分数＞1.0％，或钨、铌质量分数＞0.10％时，本方法也不适用。本部分介绍两种可供选择的方法来测定样品中元素的含量，一种使用内标，一种不使用内标。

我们以此为应用实例讲解具体的分析步骤和方法，以及一些注意事项。

（一）样品的制备和保存

根据国家标准[41]GB/T 20066—2006 或适当的国家标准取样、制样。

具体操作方法参见第三章第二节--一、-（一）样品的制备和保存。

（二）样品的消解

分析低合金钢中 11 种杂质元素硅、锰、磷、镍、铬、钼、铜、钒、钴、钛、铝含量的消解方法主要为湿法消解中的电热板消解法。关于消解方法分类的介绍，参见第二章第二节--一、-（二）样品的消解。

本部分中，样品用盐酸和硝酸的混合酸溶解，并稀释至一定体积，待测。如需要采用内标校正的标准曲线法进行计算，加钇作内标，制得用于测定的样品溶液。下面具体介绍其消解方法。

称取 0.50g 样品，精确至 0.0001g。独立测定两次，取其平均值。称取 0.5000g 高纯铁 $[w(Fe)\geqslant99.98\%$，且被测元素质量分数已知]，随同样品做空白试验。

将样品置于 200mL 烧杯中，加入 10mL 水、5mL 硝酸 $(\rho=1.42g/mL)$，盖上表面皿，缓慢加热至停止冒泡。加 5mL 盐酸 $(\rho=1.19g/mL)$，继续加热至完全溶解 [如有不溶碳化物，可加 5mL 高氯酸 $(\rho=1.67g/mL)$，加热至冒高氯酸烟 3～5min，取下冷却。加 10mL 水、5mL 硝酸 $(\rho=1.42g/mL)$，摇匀，再加 5mL 盐酸 $(\rho=1.19g/mL)$，低温加热溶解盐类。此溶液不能用来测定硅含量]。冷却至室温，将溶液定量转移至 100mL 容量瓶中，如果采用内标法，用移液管加 10mL 钇内标液 $(25.00\mu g/mL)$，用水稀释至刻度，混匀。

钇内标液 $(25.00\mu g/mL)$：称取 1.2699g 三氧化二钇 $[w(Y_2O_3)\geqslant99.9\%$，预先经 1000℃灼烧 1h 后，置于干燥器中，冷却至室温]，置于 500mL 烧杯中，加入 50mL 盐酸 $(1+1)$，加热溶解，冷却至室温，移入 1000mL 容量瓶中，用水稀释至刻度，混匀（此溶液为钇储备溶液，钇 1000.0μg/mL）。移取 25.00mL 钇储备溶液至 1000mL 容量瓶中，用水稀释至刻度，混匀。

（三）仪器条件的选择

电感耦合等离子体原子发射光谱仪，必须具有同时测定内标线的功能，否则不能使用内标法。分析低合金钢中杂质元素硅、锰、磷、镍、铬、钼、铜、钒、钴、钛、铝的含量时，推荐的等离子体光谱仪测试条件如下。

（1）选择分析谱线时，可以根据仪器的实际情况（如灵敏度和谱线干扰）做相应的调整。推荐的分析线见表 3-4。分析谱线的选择，参见第二章第三节-一、-(三) 仪器条件的选择。

（2）仪器的实际分辨率，参见第二章第三节-一、-(三) 仪器条件的选择。

（3）在仪器最佳工作条件下，凡能达到下列指标者均可使用。

1）灵敏度　以分析低合金钢中杂质元素钴含量为例，通过计算溶液中仅含有钴的分析线（228.616nm），得出的检出限（DL）应≤0.03μg/mL。检出限定义，参见第二章第三节-一、-(三)-(3)-1) 灵敏度。

2）短期稳定性　每个最高浓度标准溶液发射谱线的标准偏差应不超过绝对或相对光强平均值的 0.9%。此指标的测量和计算方法参见第二章第三节-一、-(三)-(3)-2) 短期稳定性。

3）长期稳定性　绝对强度法的相对标准偏差≤1.8%，内标法的相对标准偏差≤1.2%。此指标的测量和计算方法参见第二章第三节-一、-(三)-(3)-3) 长期稳定性。

4）标准曲线的线性　标准曲线的 $R^2\geqslant0.999$。

（四）干扰的消除

（1）分析低合金钢中杂质元素硅、锰、磷、镍、铬、钼、铜、钒、钴、钛、铝的含量时，样品溶液中加入钇内标溶液测量，消除干扰。

（2）在表 3-4 推荐的分析线中，同一元素的不同分析线处存在一定的干扰元素，选用分析线时需注意，或按照规定的分析线中干扰线校正方法进行校正。

（3）采用基体匹配标准曲线法，消除基体铁元素的干扰。在标准系列溶液中，如存在被测元素以外的共存元素（钼、钒、铁、钴、铬、铝、锰、钛、镍等干扰元素）影响被测元素发光强度，应采用基体匹配法消除干扰。

（五）标准曲线的建立

1. 标准溶液的配制

配制各个被测元素标准储备溶液和标准溶液的原则，参见第二章第三节-二、-（五）-1. 标准溶液的配制。

2. 标准曲线的建立

内标校正的标准曲线法（内标法）是电感耦合等离子体光谱法（ICP-AES）经常采用的定量方法，可以校正仪器的灵敏度漂移并消除基体效应的影响。该方法的原理介绍，参见第二章第四节-一、-（五）-2.-（1）内标校正的标准曲线法（内标法）的原理及使用范围。内标法校正的标准系列溶液的配制原则，参见第二章第四节-一、-（五）-2.-（2）-标准系列溶液的配制。如果标准曲线不呈线性，可采用次灵敏度同位素的质量数测量，或者适当稀释样品溶液和标准系列溶液。

分析低合金钢中杂质元素硅、锰、磷、镍、铬、钼、铜、钒、钴、钛、铝的含量时，配制标准曲线中的标准系列溶液，采用基体匹配法，即配制与被测样品基体一致、质量分数相近的标准系列溶液，称取纯基体物质与被测样品相同的量，随同样品制备标准系列溶液，或者直接加入制备好的基体溶液。基体匹配标准曲线法的介绍，参见本书第二章第二节-一、-（五）-2.-（2）标准曲线法部分。在标准系列溶液中，如存在被测元素以外的共存元素（钼等干扰元素）影响被测元素发光强度，在标准系列溶液中应使此共存元素的量相同，样品溶液中也应加入与标准系列溶液中等量的此共存元素。

标准系列溶液的制备：称取 0.500g 金属铁 [$w(Fe) \geqslant 99.98\%$，且被测元素含量已知] 7 份，分别置于 200mL 烧杯中，加入 10mL 水、5mL 硝酸（$\rho = 1.42$g/mL），盖上表面皿，缓慢加热至停止冒泡。加 5mL 盐酸（$\rho = 1.19$g/mL），继续加热至完全溶解 [如有不溶碳化物，可加 5mL 高氯酸（$\rho = 1.67$g/mL），加热至冒高氯酸烟 3～5min，取下冷却。加 10mL 水、5mL 硝酸（$\rho = 1.42$g/mL），摇匀，再加 5mL 盐酸（$\rho = 1.19$g/mL），低温加热溶解盐类。此溶液不能用来测定硅含量]。冷却至室温，将溶液定量转移至 100mL 容量瓶中，如果用内标法，用移液管加 10mL 钇内标液（25.00μg/mL），用水稀释至刻度，混匀。按表 3-17 加入被测元素的标准溶液。

根据样品中被测元素质量分数，需绘制不同的标准曲线，即制备不同的标准系列溶液。详见表 3-17。如果标准曲线不呈线性，可增加标准曲线。

▫ 表 3-17 分析低合金钢中杂质元素硅、锰、磷等含量的标准系列溶液

被测元素	样品中被测元素质量分数/%	被测元素标准溶液浓度/(μg/mL)	移取被测元素标准溶液体积/mL
硅	0.01～0.60	500.0	0、1.00、2.00、3.00、4.00、5.00、6.00
	0.01～0.10	50.0	0、1.00、2.00、3.00、5.00、10.00
锰	0.01～2.00	1000.0	0、1.00、2.00、3.00、5.00、10.00
	0.01～0.20	100.0	0、0.50、1.00、2.50、5.00、10.00
磷	0.005～0.10	100.0	0、1.00、2.00、3.00、4.00、5.00
	0.005～0.02	10.00	0、2.00、3.00、5.00、10.00

被测元素	样品中被测元素质量分数/%	被测元素标准溶液浓度/(μg/mL)	移取被测元素标准溶液体积/mL
镍	0.01～4.00	1000.0	0、1.00、3.00、5.00、10.00、15.00、20.00
	0.01～0.20	100.0	0、0.50、1.00、2.50、5.00、10.00
铬	0.01～3.00	1000.0	0、1.00、2.00、3.00、5.00、10.00、15.00
	0.01～0.20	100.0	0、0.50、1.00、2.50、5.00、10.00
钼	0.01～1.20	1000.0	0、1.00、2.00、3.00、5.00、6.00
	0.01～0.20	100.0	0、0.50、1.00、2.50、5.00、10.00
铜	0.01～0.50	500.0	0、1.00、2.00、3.00、4.00、5.00
	0.01～0.10	50.0	0、1.00、2.00、3.00、5.00
钒	0.002～0.50	250.0	0、1.00、2.00、3.00、5.00、10.00
	0.002～0.05	25.0	0、0.50、1.00、2.00、4.00、6.00、10.00
钴	0.003～0.20	100.0	0、1.00、2.00、3.00、5.00、10.00
	0.003～0.02	10.0	0、1.00、2.00、3.00、5.00、10.00
钛	0.001～0.30	250.0	0、0.50、1.00、2.00、4.00、6.00
	0.001～0.025	10.0	0、1.00、2.00、3.00、5.00、10.00
铝	0.004～0.10	100.0	0、1.00、2.00、3.00、4.00、5.00
	0.004～0.01	10.00	0、2.00、3.00、4.00、5.00

内标校正的标准系列溶液的测量方法，参见第三章第四节-一、-(五)-2.-(3)标准系列溶液的测量。

分别以各被测元素的浓度（μg/mL）为横坐标，以分析线净强度比为纵坐标，由计算机自动绘制标准曲线。当标准曲线的 $R^2 \geqslant 0.999$ 时即可进行样品溶液的测定。

（六）样品的测定

（1）优化仪器的方法　具体方法参见第二章第三节-一、-(六)样品的测定。

使用内标时，准备用钇（371.03nm）作内标并计算每个被测元素与钇的强度比的软件。内标强度应与被测元素强度同时测量。

（2）样品中被测元素的分析线发射强度的测量　将雾化溶液引入电感耦合等离子体发射光谱仪，测定各元素分析线的发射光强度，同时在 371.03nm 处测定钇的发射光强度，计算各元素的发射光强度比。具体方法参见第三章第四节-一、-(六)-2.-(1)内标校正的样品测量。从标准曲线上确定被测元素的质量浓度（μg/mL）。

（3）分析线中干扰线的校正　具体方法参见第二章第三节-一、-(六)样品的测定。

（七）结果的表示

分析结果在1%以上保留4位有效数字，在1%以下保留3位有效数字。

（八）质量保证和质量控制

具体操作方法参见第二章第三节-一、-(八)质量保证和质量控制。

（九）注意事项

（1）参见第二章第二节-一、-(九)注意事项（1）。

（2）参见第二章第三节-一、-(九)注意事项（1）、(2)。

（3）除非另有说明，在分析中仅使用确认为分析纯的试剂、蒸馏水（或去离子水、相当纯度的水）。

三、铸铁和低合金钢中杂质元素的分析

现行国家标准[21]中，电感耦合等离子体原子发射光谱法可以分析铸铁和低合金钢中杂质元素镧、铈、镁的含量，其元素测定范围见表 3-4。

我们以此为应用实例讲解具体的分析步骤和方法，以及一些注意事项。

（一）样品的制备和保存

根据国家标准[41]GB/T 20066—2006 或适当的国家标准取样、制样。

具体操作方法参见第三章第二节--一、-（一）样品的制备和保存。

（二）样品的消解

电感耦合等离子体原子发射光谱法分析铸铁和低合金钢中杂质元素镧、铈、镁含量的消解方法主要为湿法消解中的电热板消解法。关于消解方法分类的介绍，参见第二章第二节--一、-（二）样品的消解。

本部分中，样品用盐酸硝酸混合酸溶解，加高氯酸冒烟，以混合酸溶解盐类，并稀释至一定体积，干过滤，制得样品待测溶液。下面具体介绍其消解方法。

称取 0.50g 样品，精确至 0.0001g。独立测定两次，取其平均值。称取 0.4700g 高纯铁 $[w(Fe) \geqslant 99.98\%$，$w(La、Ce、Mg) < 0.0002\%]$，随同样品做空白试验。

将样品置于 100mL 烧杯中，加入 15mL 盐酸硝酸混合酸 [1 体积盐酸（$\rho = 1.19g/mL$）+ 1 体积硝酸（$\rho = 1.42g/mL$）+ 2 体积水]，盖上表面皿，缓慢加热至样品完全溶解。加 5mL 高氯酸（$\rho = 1.67g/mL$），加热冒高氯酸烟至样品体积为 1～2mL，取下冷却。加 10mL 盐酸硝酸混合酸 [1 体积盐酸（$\rho = 1.19g/mL$）+ 1 体积硝酸（$\rho = 1.42g/mL$）+ 2 体积水]，摇匀，再加 20mL 水，低温加热溶解盐类，冷却至室温。将溶液转移至 100mL 容量瓶中，以水定容，混匀。测量前样品用中速滤纸干过滤，弃去最初的 10mL 滤液。

（三）仪器条件的选择

分析铸铁和低合金钢中的杂质元素镧、铈、镁的含量时，推荐的等离子体光谱仪测试条件，参见表 3-4。

（1）选择分析谱线时，可以根据仪器的实际情况（如灵敏度和分析线干扰）做相应的调整。推荐的分析线见表 3-4。分析谱线的选择，参见第二章第三节--一、-（三）仪器条件的选择。

（2）仪器的实际分辨率，参见第二章第三节--一、-（三）仪器条件的选择。

（3）在仪器最佳工作条件下，凡能达到下列指标者均可使用。

1）灵敏度　以分析铈含量为例，通过计算溶液中仅含有铈的分析线（418.660nm），得出的检出限（DL）$\leqslant 0.04\mu g/mL$。检出限定义，参见第二章第三节--一、-（三）-（3）-1）灵敏度。

2）短期稳定性　每个最高浓度标准溶液发射谱线的标准偏差应不超过绝对或相对光强平均值的 1.0%。此指标的测量和计算方法参见第二章第三节--一、-（三）-（3）-2）短期

稳定性。

3）长期稳定性　7个测量平均值的相对标准偏差小于2.0％。此指标的测量和计算方法参见第二章第三节-一、-（三）-（3）-3）长期稳定性。

4）标准曲线的线性　标准曲线的$R^2 \geqslant 0.999$。

（四）干扰的消除

（1）在表3-4推荐的分析线中，同一元素的不同分析线处存在一定的干扰元素，选用分析线时需注意，或按照规定的分析线中干扰线校正的方法进行校正。

（2）分析铸铁和低合金钢中的杂质元素镧、铈、镁的含量时，采用基体匹配标准曲线法，消除基体铁元素的干扰。在标准系列溶液中，如存在被测元素以外的共存元素（铁、钴、铬、钒、钛等干扰元素）影响被测元素发光强度，应采用基体匹配法消除干扰。

（3）分析铸铁和低合金钢中的杂质元素镧、铈、镁的含量时，采用基体匹配标准曲线法，测定被测元素含量。即称取与样品中基体相等质量的高纯铁［$w(\mathrm{Fe}) \geqslant 99.98\%$，$w(\mathrm{La}、\mathrm{Ce}、\mathrm{Mg}) < 0.0002\%$］，按照制备样品溶液的方法，制备基体溶液，加入一系列体积被测元素的标准溶液，定容，得到标准曲线溶液。

（五）标准曲线的建立

1. 标准溶液的配制

配制各个被测元素标准储备溶液和标准溶液的原则，参见第二章第三节-二、-（五）-1. 标准溶液的配制。

2. 标准曲线的建立

标准系列溶液的配制原则，参见第二章第二节-一、-（五）-2. 标准曲线的建立中的标准系列溶液的配制原则。

采用电感耦合等离子体原子发射光谱法分析铸铁和低合金钢中杂质元素镧、铈、镁的含量时，配制标准曲线中的标准系列溶液，采用基体匹配法，即配制与被测样品基体一致、质量分数相近的标准系列溶液，称取纯基体物质与被测样品相同的量，随同样品制备标准系列溶液，或者直接加入制备好的基体溶液。基体匹配标准曲线法的介绍，参见本书第二章第二节-一、-（五）-2.-（2）标准曲线法。

在标准系列溶液中，如存在被测元素以外的共存元素（铁等干扰元素）影响被测元素发光强度，在标准系列溶液中应使此共存元素的量相同，样品溶液中也应加入与标准系列溶液中等量的此共存元素。

标准系列溶液的制备：称取0.470g高纯铁［$w(\mathrm{Fe}) \geqslant 99.98\%$，$w(\mathrm{La}、\mathrm{Ce}、\mathrm{Mg}) < 0.0002\%$］，将样品置于100mL烧杯中，加入15mL盐酸硝酸混合酸［1体积盐酸（$\rho = 1.19\mathrm{g/mL}$）＋1体积硝酸（$\rho = 1.42\mathrm{g/mL}$）＋2体积水］，盖上表面皿，缓慢加热至样品完全溶解。加5mL高氯酸（$\rho = 1.67\mathrm{g/mL}$），加热冒高氯酸烟至样品体积为1～2mL，取下冷却。加10mL盐酸硝酸混合酸［1体积盐酸（$\rho = 1.19\mathrm{g/mL}$）＋1体积硝酸（$\rho = 1.42\mathrm{g/mL}$）＋2体积水］，摇匀，再加20mL水，低温加热溶解盐类，冷却至室温。将溶液转移至100mL容量瓶中。按表3-18加入被测元素的标准溶液或混合标准溶液，以水定容，混匀。

测量前样品用中速滤纸干过滤，弃去最初的10mL滤液。

被测元素	被测元素质量 分数/%	被测元素标准 溶液浓度/(μg/mL)	移取被测元素标准 溶液体积/mL
镧	0.002~0.10	50.0	0、0.20、0.50、1.00、2.00、5.00、10.00
铈	0.005~0.15	50.0	0、0.50、1.00、2.00、5.00、10.00、15.00
镁	0.003~0.15	50.0	0、0.20、0.50、1.00、2.00、5.00、10.00、15.00

标准系列溶液的测量方法，参见第二章第三节-一、-(五)-2.-(3) 标准系列溶液的测量。

分别以各被测元素的浓度（μg/mL）为横坐标，以分析线净强度为纵坐标，由计算机自动绘制标准曲线。当标准曲线的 $R^2 \geqslant 0.999$ 时，即可进行样品溶液的测定。

（六）样品的测定

（1）优化仪器的方法　具体方法参见第二章第三节-一、-(六)样品的测定。

（2）样品中被测元素的分析线发射强度的测量　具体方法参见第二章第三节-一、-(六)样品的测定。从标准曲线上确定各被测元素的质量浓度（μg/mL）。

（3）分析线中干扰线的校正　具体方法参见第二章第三节-一、-(六)样品的测定。

（七）结果的表示

分析结果在 1% 以上保留 4 位有效数字，在 1% 以下保留 3 位有效数字。

（八）质量保证和质量控制

具体操作方法参见第二章第三节-一、-(八)质量保证和质量控制。

（九）注意事项

（1）参见第二章第二节-一、-(九)注意事项（1）。

（2）参见第二章第三节-一、-(九)注意事项（1）、（2）。

（3）除非另有说明，在分析中仅使用确认为分析纯的试剂、蒸馏水（或去离子水、相当纯度的水）。

四、硅铁中杂质元素的分析

现行国家标准[22]中，电感耦合等离子体原子发射光谱法可以分析硅铁中杂质元素铝、钙、锰、铬、钛、铜、磷、镍的含量，其元素测定范围见表 3-5。

我们以此为应用实例讲解具体的分析步骤和方法，以及一些注意事项。

（一）样品的制备和保存

按照国家标准[42] GB/T 4010—2015 的规定，进行取样、制样，样品粒度应小于 0.125mm。

（二）样品的消解

电感耦合等离子体原子发射光谱法分析硅铁中杂质元素铝、钙、锰、铬、钛、铜、磷、镍含量的消解方法主要为湿法消解中的电热板消解法。关于消解方法分类的介绍，参见第二章第二节-一、-(二)样品的消解。

本部分中，样品用硝酸、氢氟酸和盐酸的混合酸溶解，高氯酸冒烟赶尽硅和氟，盐酸溶解盐类，并稀释至一定体积，制得待测的样品溶液。下面具体介绍其消解方法。

称取 0.50g 样品，精确至 0.0001g。独立测定 2 次，取其平均值。

随同样品做空白试验。空白试验应使用适量纯铁 [$w(Fe) \geqslant 99.98\%$，且被测元素质量分数已知] 代替样品，样品中铁量在 ±5% 范围内变化，对被测元素的光谱强度无明显影响。称取 0.12g 纯铁，相当于样品中含 24% 的铁（硅量为 70%～75%）。根据样品的含铁量（或含硅量），可调整纯铁的称取量。例如，当含硅量为 65% 时，可称取 0.15g 纯铁（含硅量为 65%～70%）。

将样品置于 200mL 聚四氟乙烯烧杯中，用少量水润湿，加入 10mL 硝酸（$\rho = 1.42g/mL$），用塑料管小心滴加约 5mL 氢氟酸（$\rho = 1.15g/mL$），待激烈反应停止，加入 5mL 盐酸（$\rho = 1.19g/mL$），缓慢加热至样品溶解完全。加约 8mL 高氯酸（$\rho = 1.67g/mL$）于电热板上低温加热至冒高氯酸烟，用水冲洗杯壁，继续低温加热（参考的电热板表面温度为 200℃ 左右，不能冒浓白烟，否则会损失铬），冒烟至剩 2～3mL 溶液，稍冷。加 20mL 盐酸（1+3），加热溶解盐类，冷却至室温。将样品溶液移至 100mL 容量瓶中，用水稀释至刻度，摇匀。如用内标法测量，在稀释之前，加入 5.00mL 钇标准溶液。

（三）仪器条件的选择

电感耦合等离子体原子发射光谱仪，必须具有同时测定内标线的功能，否则，不能使用内标法。分析硅铁中的杂质元素铝、钙、锰、铬、钛、铜、磷、镍的含量时，推荐的等离子体光谱仪测试条件，参见表 3-5。

（1）选择分析谱线时，可以根据仪器的实际情况（如灵敏度和分析线干扰）做相应的调整。推荐的分析线参见表 3-5。分析谱线的选择，参见第二章第三节-一、-(三) 仪器条件的选择。

（2）仪器的实际分辨率，参见第二章第三节-一、-(三) 仪器条件的选择。

（3）在仪器最佳工作条件下，凡能达到下列指标者均可使用。

1）灵敏度　以测铝含量为例，通过计算溶液中仅含有铝的分析线（394.401nm、396.152nm），得出的检出限（DL）≤0.05μg/mL。检出限定义，参见第二章第三节-一、-(三)-(3)-1) 灵敏度。

2）短期稳定性　每个最高浓度标准溶液发射谱线的标准偏差应不超过绝对或相对光强平均值的 1.0%。此指标的测量和计算方法参见第二章第三节-一、-(三)-(3)-2) 短期稳定性。

3）长期稳定性　7 个测量平均值的相对标准偏差小于 2.0%。此指标的测量和计算方法参见第二章第三节-一、-(三)-(3)-3) 长期稳定性。

4）标准曲线的线性　标准曲线的 $R^2 \geqslant 0.999$。

（四）干扰的消除

（1）分析硅铁中杂质元素铝、钙、锰、铬、钛、铜、磷、镍的含量，消解样品时，高氯酸冒烟脱水沉淀硅，挥发氟，除去干扰元素。需要注意的是，高氯酸冒烟时应保持较低的温度（参考的温度为控制电热板表面温度 200℃ 左右，不能冒浓白烟，否则会造成铬的损失）。

（2）样品溶液中加入钇内标溶液测量，消除干扰。

（3）采用基体匹配标准曲线法，即配制与被测样品基体一致、质量分数相近的标准系列溶液，消除基体元素铁的干扰。

（4）如果标准系列溶液中引入了其他元素或物质（如钾、硫酸等），对被测元素和内标元素的测量有影响，应采用基体匹配法，消除干扰。

（5）在标准系列溶液中，如存在被测元素以外的共存元素（铬、镍、钛、铜等干扰元素）影响被测元素发光强度，应采用基体匹配法，消除干扰。

（6）在表 3-5 推荐的分析线中，同一元素的不同分析线处存在一定的干扰元素，选用分析线时需注意，或按照规定的分析线中干扰线校正的方法进行校正。

（五）标准曲线的建立

1. 标准溶液的配制

配制各个被测元素标准储备溶液和标准溶液的原则，参见第二章第三节-二、-(五)-1.标准溶液的配制。

2. 标准曲线的建立

内标校正的标准曲线法是电感耦合等离子体光谱法（ICP-AES）经常采用的定量方法，可以校正仪器的灵敏度漂移并消除基体效应的影响。该方法的原理介绍，参见第二章第四节-一、-(五)-2.-(1) 内标校正的标准曲线法（内标法）的原理及使用范围。内标法校正的标准系列溶液的配制原则，参见第二章第四节-一、-(五)-2.-(2) 标准系列溶液的配制。

分析硅铁中的杂质元素铝、钙、锰、铬、钛、铜、磷、镍的含量时，配制标准曲线中的标准系列溶液，采用基体匹配法，即配制与被测样品基体一致、质量分数相近的标准系列溶液，称取纯基体物质与被测样品相同的量，随同样品制备标准系列溶液，或者直接加入制备好的基体溶液。基体匹配标准曲线法的介绍，参见本书第二章第二节-一、-(五)-2.-(2) 标准曲线法。

以基体匹配法抵消干扰元素的影响：在标准系列溶液中，如存在被测元素以外的共存元素（铬等干扰元素）影响被测元素发光强度，在标准系列溶液中应使此共存元素的量相同，样品溶液中也应加入与标准系列溶液中等量的此共存元素。如果标准系列溶液中引入了其他元素或物质（如钾、硫酸等），对被测元素和内标元素的测量有影响，应在样品溶液和标准系列溶液中加入这些元素或物质，加入量与在标准系列溶液中的最大量保持一致。

（1）**基体溶液的制备** 用相当于样品中铁量的纯铁 $[w(\mathrm{Fe})\geqslant99.98\%$，或被测元素含量已知] 代替样品（含铁量 20%～30% 硅铁的分析，可称取 0.12g 纯铁代替样品。相当于样品中含铁量 24%，含硅量约 75%）。将样品置于 200mL 聚四氟乙烯烧杯中，用少量水润湿，加入 10mL 硝酸（$\rho=1.42\mathrm{g/mL}$），用塑料管小心滴加约 5mL 氢氟酸（$\rho=1.15\mathrm{g/mL}$），待激烈反应停止，加入 5mL 盐酸（$\rho=1.19\mathrm{g/mL}$），缓慢加热至样品溶解完全。加约 8mL 高氯酸（$\rho=1.67\mathrm{g/mL}$）于电热板上低温加热至冒高氯酸烟，用水冲洗杯壁，继续低温加热（参考的电热板表面温度为 200℃ 左右，不能冒浓白烟，否则会损失铬），冒烟至剩 2～3mL 溶液，稍冷，加 20mL 盐酸（1＋3），加热溶解盐类，冷却至室温。

（2）标准系列溶液的制备　将上述基体溶液全量转移至 100mL 容量瓶中，加入一系列体积的被测元素标准溶液（如果只需要测量铝、钙、锰、铬、钛、铜、磷、镍 8 个元素中的一个或几个元素，可只配制需要测量的被测元素的混合标准系列溶液），用水稀释至刻度，摇匀。如用内标法测量，在稀释之前，加入 5.00mL 钇标准溶液（200μg/mL）。当被测元素含量跨度较大时，建议高含量范围和低含量范围分别绘制标准曲线，有利于低含量被测元素的测量。

内标校正的标准系列溶液的测量方法，参见第三章第四节-一、-(五)-2.-(3) 标准系列溶液的测量。

分别以各被测元素的浓度（μg/mL）为横坐标，以分析线净强度比为纵坐标，由计算机自动绘制标准曲线。当标准曲线的 $R^2 \geqslant 0.999$ 时，即可进行样品溶液的测定。

（六）样品的测定

（1）优化仪器的方法　具体方法参见第二章第三节-一、-(六) 样品的测定。

如果使用内标，准备用钇（371.03nm）作内标并计算每个被测元素与钇的强度比的软件。内标强度应与被测元素强度同时测量。

（2）样品中被测元素的分析线发射强度的测量　内标校正的样品测量，方法参见第三章第四节-一、-(六)-2.-(1) 内标校正的样品测量。从标准曲线上确定各被测元素的质量浓度（μg/mL）。

（3）分析线中干扰线的校正　具体方法参见第二章第三节-一、-(六) 样品的测定。

（七）结果的表示

分析结果在 1％以上保留 4 位有效数字，在 1％以下保留 3 位有效数字。

（八）质量保证和质量控制

具体操作方法参见第二章第三节-一、-(八) 质量保证和质量控制。

（九）注意事项

（1）参见第二章第二节-一、-(九) 注意事项（1）。

（2）参见第二章第三节-一、-(九) 注意事项（1）～（3）。

（3）分析硅铁中杂质元素铝、钙、锰、铬、钛、铜、磷、镍的含量，制备基体溶液时，样品中含铁量在±5％范围内变化，对被测元素的光谱强度无明显影响。称取 0.12g 纯铁，相当于样品中含 24％的铁（含硅量为 70％～75％）。根据样品的含铁量（或含硅量），可调整纯铁的称取量。例如，当含硅量为 65％时，可称取 0.15g 纯铁（含硅量为 65％～70％）。

（4）如果标准系列溶液中引入了其他元素或物质（如钾、硫酸等），对被测元素和内标元素的测量有影响，应在样品溶液和标准系列溶液中加入这些元素或物质，加入量与在标准系列溶液中的最大量保持一致。

（5）光谱干扰的过度修正是不可取的。允许最大的修正值大约为被测元素分析值标准偏差的 10 倍。如果修正值大于此值，则该修正方法不适用于电感耦合等离子体原子发射光谱分析。

五、钨铁中杂质元素的分析

现行国家标准[23-27]中，电感耦合等离子体原子发射光谱法可以分析钨铁中杂质元素砷、锡、锑、铋、铅的含量，其元素测定范围见表3-5。

我们以此为应用实例讲解具体的分析步骤和方法，以及一些注意事项。

（一）样品的制备和保存

按照国家标准[42]GB/T 4010—2015的规定，进行取样、制样，样品应通过0.088mm筛孔。

（二）样品的消解

分析钨铁中杂质元素砷、锡、锑、铋、铅含量的消解方法主要为湿法消解中的电热板消解法。关于消解方法分类的介绍，参见第二章第二节-一、-（二）样品的消解。

本部分中，分析砷含量时，样品用草酸-过氧化氢分解后，直接测定。分析锡、铅含量时，样品用草酸-过氧化氢分解，在pH≥9的氨性条件下，锡、铅生成沉淀，与钨分离。用盐酸溶解沉淀，制得盐酸介质的待测样品溶液。分析锑、铋含量时，样品用草酸-过氧化氢分解，加入混酸生成钨酸沉淀，过滤分离钨后，制得待测样品溶液。下面分别介绍上述三种消解方法。

1. 分析钨铁中砷含量的消解方法

称取1.00g样品，精确至0.0001g。独立测定2次，取其平均值。随同样品做空白试验。

将样品置于500mL烧杯中，加入8g草酸（优级纯，固体）、30mL过氧化氢（优级纯,$\rho=1.10\text{g/mL}$），低温加热，使样品完全溶解［如溶液中出现沉淀，可加入30mL水及5mL过氧化氢（优级纯,$\rho=1.10\text{g/mL}$），加热煮沸并至液面平静，可使溶液澄清］，取下冷却，移入100mL容量瓶中，以水稀释至刻度，混匀。

2. 分析钨铁中锡、铅含量的消解方法

称取1.00g样品，精确至0.0001g。独立测定2次，取其平均值。随同样品做空白试验。

将样品置于600mL烧杯中，加入8g草酸（优级纯，固体）、30mL过氧化氢（优级纯,$\rho=1.10\text{g/mL}$），低温加热，使样品完全溶解，取下冷却。

加温热（30~50℃）水100mL，加5mL过氧化氢（优级纯,$\rho=1.10\text{g/mL}$），用氨水（$\rho=0.90\text{g/mL}$）中和至有沉淀产生并过量加入30mL，以微沸水稀释至约450mL，煮沸2~3min，取下静置，待沉淀下沉，以快速定性滤纸趁热过滤。将沉淀全部转移到漏斗上，用热氨水（2+98）洗烧杯2~3次。用热盐酸（2+98）洗液将滤纸上的沉淀洗入原烧杯中，将滤纸洗至无三氯化铁的黄色，再用热水洗2~3次，弃去滤纸。

加入10mL盐酸（1+1）、5mL过氧化氢（优级纯,$\rho=1.10\text{g/mL}$），低温微热使沉淀溶解，用氨水（$\rho=0.90\text{g/mL}$）中和至有沉淀产生并过量加入30mL，以微沸水稀释至约450mL，煮沸2~3min，取下静置，待沉淀下沉，以快速定性滤纸趁热过滤。将沉淀全部转移到漏斗上，用热氨水（2+98）洗烧杯2~3次，洗沉淀2~3次。用热盐酸洗液（2+98）将滤纸上的沉淀洗入原烧杯中，将滤纸洗至无三氯化铁的黄色，再用热水洗2~3次，弃去滤纸。

用30mL盐酸（1+1）溶解沉淀于原烧杯中，置于电热板上浓缩体积至近干，取下，加20mL硝酸（$\rho=1.42g/mL$）于电热板上浓缩体积至近干（残余体积1～2mL，不能干涸），再加20mL硝酸（$\rho=1.42g/mL$），浓缩体积至近干（残余体积1～2mL，不能干涸），取下。加20mL盐酸（1+1）、30mL水，加热溶解盐类。稍冷，移入100mL容量瓶中，冷却至室温，以水稀释至刻度，混匀。

干过滤，弃去最初滤液，待测。

3. 分析钨铁中锑、铋含量的消解方法

称取0.50g样品，精确至0.0001g。独立测定两次，取其平均值。随同样品做空白试验。

将样品置于500mL烧杯中，加入8g草酸（优级纯，固体）、30mL过氧化氢（优级纯，$\rho=1.10g/mL$），低温加热，使样品完全溶解［如溶液中出现沉淀，可加入30mL水及5mL过氧化氢（优级纯，$\rho=1.10g/mL$），加热煮沸并至液面平静，可使溶液澄清］，取下，加入30mL混酸［1体积硫酸（$\rho=1.84g/mL$）＋4体积盐酸（$\rho=1.19g/mL$）＋2体积水］，水浴加热，使溶液体积蒸至20mL左右，取下冷却，用中速滤纸过滤于500mL烧杯中，用硫酸（5+95）洗净烧杯，并洗涤沉淀及滤纸至滤液体积为150mL左右。将滤液加热，蒸至体积为70～80mL，取下冷却，移入100mL容量瓶中，以水定容，混匀。

需要注意的是：

（1）测锑含量时，此溶液不可出现沉淀，若溶解样品时温度过高或样品完全溶解后再长时间加热，溶液中易析出沉淀，锑测定结果将偏低。

（2）测铋含量时，在样品溶解过程中溶液析出沉淀，对铋的测定结果无影响。

（三）仪器条件的选择

分析钨铁中杂质元素砷、锡、锑、铋、铅的含量时，推荐的电感耦合等离子体原子发射光谱仪工作参数为：高频发生器（RF）功率1150W；雾化气压力27psi（1psi=6.895kPa）；辅助气流量0.5L/min；蠕动泵泵速120r/min；短波曝光时间20s；冲洗时间30s。

（1）选择分析谱线时，可以根据仪器的实际情况（如灵敏度和分析线干扰）做相应的调整。推荐的分析线见表3-5。分析谱线的选择，参见第二章第三节-一、-（三）仪器条件的选择。

（2）仪器的实际分辨率，参见第二章第三节-一、-（三）仪器条件的选择。

（3）在仪器最佳工作条件下，凡能达到下列指标者均可使用。

1）灵敏度　以测砷含量为例，通过计算溶液中仅含有砷的分析线（193.759nm），得出的检出限（DL）≤0.02μg/mL（如测定锡、锑、铋、铅的含量时，其分析线处对应的检出限参见表3-5）。检出限定义，参见第二章第三节-一、-（三）-（3）-1）灵敏度。

2）短期稳定性　每个最高浓度标准溶液发射谱线的标准偏差应不超过绝对或相对光强平均值的0.5%。此指标的测量和计算方法参见第二章第三节-一、-（三）-（3）-2）短期稳定性。

3) 长期稳定性 16个测量平均值的相对标准偏差不应超过绝对或相对光强平均值的1.0%。此指标的测量和计算方法参见第三章第四节-一、-(三)-(3)-3)长期稳定性。

4) 标准曲线的线性 标准曲线的 $R^2 \geqslant 0.999$。

（四）干扰的消除

（1）分析钨铁中杂质元素砷、锡、锑、铋、铅的含量时，采用标准曲线基体匹配法测定，即配制与被测样品基体一致、质量分数相近的标准系列溶液，绘制标准曲线，消除基体的干扰。

（2）分析钨铁中杂质元素锡、铅的含量，消解样品时，样品溶液在 pH$\geqslant$9 的氨性条件下，锡、铅生成沉淀与钨分离。用盐酸溶解沉淀，在盐酸介质中待测，消除基体钨的干扰。

（3）分析钨铁中杂质元素锑、铋的含量，消解样品时，样品溶液中加入混酸生成钨酸沉淀，过滤分离钨后待测，消除基体钨的干扰。

（五）标准曲线的建立

1. 标准溶液的配制

配制各个被测元素标准储备溶液和标准溶液的原则，参见第二章第三节-二、-(五)-1.标准溶液的配制。

2. 标准曲线的建立

标准系列溶液的配制原则，参见第二章第二节-一、-(五)-2.标准曲线的建立中的标准系列溶液的配制原则。

分析钨铁中杂质元素砷、锡、锑、铋、铅的含量时，配制标准曲线中的标准系列溶液，采用基体匹配法，即配制与被测样品基体一致、质量分数相近的标准系列溶液，称取纯基体物质与被测样品相同的量，随同样品制备标准系列溶液，或者直接加入制备好的基体溶液。基体匹配标准曲线法的介绍，参见本书第二章第二节-一、-(五)-2.-(2)标准曲线法。

制备标准系列溶液时，如果标准系列溶液中引入了其他元素或物质（如钾、硫酸等），对被测元素和内标元素的测量有影响，应在样品溶液和标准系列溶液中加入这些元素或物质，加入量与在标准系列溶液中的最大量保持一致。

（1）基体及基体溶液的制备

1）金属钨粉 固体，$w(W) \geqslant 99.99\%$，$w(As、Sb、Bi) < 0.005\%$。

2）铁溶液 A（用于测砷、锑、铋含量） 50g/L。称取 25.00g 金属纯铁粉 [$w(Fe) \geqslant 99.99\%$]，置于 500mL 烧杯中，加入 50mL 盐酸（$\rho = 1.19\text{g/mL}$）、100mL 水，缓慢加热 20min，再加入 50mL 盐酸（$\rho = 1.19\text{g/mL}$），加热至完全溶解，冷至室温，以水定容至 500mL，混匀。

3）铁溶液 B（用于测锡、铅量） 三氯化铁溶液，Fe^{3+} 浓度为 50mg/mL，由优级纯三氯化铁配制。

（2）标准系列溶液配制

1）标准曲线Ⅰ（适用于分析砷的含量） 称取近似于样品中含钨量的金属钨粉，并移取近似于样品中含铁量的铁溶液 A 6 份，分别置于 500mL 烧杯中，依次加入 0mL、

1.00mL、2.00mL、5.00mL、10.00mL、20.00mL 砷标准溶液（100μg/mL）。加入 8g 草酸（优级纯，固体）、30mL 过氧化氢（优级纯，$\rho=1.10$g/mL），低温加热，使样品完全溶解 [如溶液中出现沉淀，可加入 30mL 水及 5mL 过氧化氢（优级纯，$\rho=1.10$g/mL），加热煮沸并至液面平静，可使溶液澄清]，取下冷却，移入 100mL 容量瓶中，以水稀释至刻度，混匀。

2）标准曲线Ⅱ（适用于分析锡、铅的含量）　称 200mg 铁溶液 B 6 份，分别置于 100mL 容量瓶中，依次加入 0mL、1.00mL、3.00mL、6.00mL、9.00mL、12.00mL、15.00mL 锡（铅）标准溶液（锡、铅含量分别为 100μg/mL），加 20mL 盐酸（1+1），以水定容并混匀。

3）标准曲线Ⅲ（适用于分析锑、铋的含量）　称取近似于样品中含钨量的金属钨粉，并移取近似于样品中含铁量的铁溶液 A 6 份，分别置于 500mL 烧杯中，依次加入 0mL、1.00mL、2.00mL、4.00mL、6.00mL、8.00mL 锑（铋）标准溶液（锑、铋含量分别为 100μg/mL）。加入 8g 草酸（优级纯，固体）、30mL 过氧化氢（优级纯，$\rho=1.10$g/mL），低温加热，使样品完全溶解 [如溶液中出现沉淀，可加入 30mL 水及 5mL 过氧化氢（优级纯，$\rho=1.10$g/mL），加热煮沸并至液面平静，可使溶液澄清]，取下，加入 30mL 混酸 [1 体积硫酸（$\rho=1.84$g/mL）＋4 体积盐酸（$\rho=1.19$g/mL）＋2 体积水]，水浴加热，使溶液体积蒸至 20mL 左右，取下冷却，用中速滤纸过滤于 500mL 烧杯中，用硫酸（5+95）洗净烧杯，并洗涤沉淀及滤纸至滤液体积为 150mL 左右。将滤液加热，蒸至体积为 70~80mL，取下冷却，移入 100mL 容量瓶中，以水稀释至刻度，混匀。

标准系列溶液的测量方法，参见第二章第三节-一、-(五)-2.-(3) 标准系列溶液的测量。

分别以各被测元素的浓度（μg/mL）为横坐标，以分析线净强度为纵坐标，由计算机自动绘制标准曲线。当标准曲线的 $R^2 \geqslant 0.999$ 时，即可进行样品溶液的测定。

（六）样品的测定

（1）优化仪器的方法　具体方法参见第二章第三节-一、-(六) 样品的测定。

（2）样品中被测元素的分析线发射强度的测量　具体方法参见第二章第三节-一、-(六) 样品的测定。从标准曲线上确定各被测元素的质量浓度（μg/mL）。

（3）分析线中干扰线的校正　具体方法参见第二章第三节-一、-(六) 样品的测定。

（七）结果的表示

分析结果在 1％以上保留 4 位有效数字，在 1％以下保留 3 位有效数字。

（八）质量保证和质量控制

具体操作方法参见第二章第三节-一、-(八) 质量保证和质量控制。

（九）注意事项

（1）参见第二章第二节-一、-(九) 注意事项（1）。

（2）参见第二章第三节-一、-(九) 注意事项（1）、（2）。

（3）除非另有说明，在分析中仅使用确认为分析纯的试剂、蒸馏水（或去离子水、相当纯度的水）。

六、镍铁中杂质元素的分析

现行国家标准[28]中，电感耦合等离子体原子发射光谱法可以分析镍铁中杂质元素磷、锰、铬、铜、钴、硅的含量，其元素测定范围见表 3-5。本方法分析的硅为酸溶硅。

我们以此为应用实例讲解具体的分析步骤和方法，以及一些注意事项。

（一）样品的制备和保存

按照国家标准[41,43] GB/T 4010—2015 和 GB/T 20066—2006 的规定进行取样、制样。

（1）样品的采取和制备应按照协议程序进行，或按照相应的国家标准执行。

（2）样品一般为粉末状、颗粒状、铣屑或钻屑，不需要进行进一步制备。

（3）如果在钻、铣样品过程中样品被油污沾污，应用分析纯丙酮清洗，并在空气中干燥。

（4）样品粒度应小于 0.125mm。如果样品的粒度差别很大，应通过缩分来获取样品量。

（二）样品的消解

分析镍铁中杂质元素磷、锰、铬、铜、钴、硅含量的消解方法主要为湿法消解中的电热板消解法。关于消解方法分类的介绍，参见第二章第二节一、-（二）样品的消解。

本部分中，样品用硝酸-盐酸的混合酸溶解，对于碳含量高或硅含量高的样品加氢氟酸助溶，高氯酸冒烟赶尽硅和氟，用硝酸-盐酸溶解盐类，并稀释至一定体积，制得待测样品溶液。下面具体介绍其消解方法。

称取 0.50g 样品，精确至 0.0001g。独立测定两次，取其平均值。

随同样品做空白试验。空白试验应使用相当于样品中含镍、铁量的纯镍 $[w(Ni) \geqslant 99.9\%$，且被测元素质量分数 $<0.001\%]$ 和纯铁 $[w(Fe) \geqslant 99.9\%$，且被测元素质量分数 $<0.001\%]$ 代替样品。

将样品置于 150mL 锥形瓶中，加入 25mL 水、10mL 硝酸 $(\rho = 1.42g/mL)$ 和 4mL 盐酸 $(\rho = 1.19g/mL)$，并保持溶解体积 40～50mL，低温加热至样品溶解完全，冷却至室温。将样品溶液移至 100mL 容量瓶中，用水定容，摇匀。

对于含碳量或含硅量高的难溶解的样品，则将样品置于聚四氟乙烯烧杯中，加入 10mL 硝酸 $(\rho = 1.42g/mL)$、4mL 盐酸 $(\rho = 1.19g/mL)$ 和 5mL 氢氟酸 $(\rho \approx 1.14g/mL)$，低温加热至剧烈反应停止，加入 5mL 高氯酸 $(\rho \approx 1.61g/mL)$，继续加热（参考的电热板表面温度为 200℃左右，不能冒浓白烟，否则会损失铬），冒烟至流动的湿盐状，稍冷，加 10mL 硝酸 $(\rho = 1.42g/mL)$、4mL 盐酸 $(\rho = 1.19g/mL)$，溶解盐类，冷却至室温。将样品溶液移至 100mL 容量瓶中，用水稀释至刻度，摇匀。此溶液用于除硅以外的其他元素的测定。

用中速滤纸过滤所有溶液，弃去最初 2～3mL 溶液。

（三）仪器条件的选择

分析镍铁中杂质元素磷、锰、铬、铜、钴、硅的含量时，推荐的电感耦合等离子体原子发射光谱仪测试条件，参见表 3-5。

（1）选择分析谱线时，可以根据仪器的实际情况（如灵敏度和分析线干扰）做相应的调整。推荐的分析线见表 3-5。分析谱线的选择，参见第二章第三节--一、-(三) 仪器条件的选择。

（2）仪器的实际分辨率：参见第二章第三节--一、-(三) 仪器条件的选择。

（3）在仪器最佳工作条件下，凡能达到下列指标者均可使用。

1）灵敏度　以测锰含量为例，通过计算溶液中仅含有锰的分析线（257.610nm），得出的检出限（DL）≤0.006μg/mL。检出限定义，参见第二章第三节--一、-(三)-(3)-1) 灵敏度。

2）短期稳定性　每个最高浓度标准溶液发射谱线的标准偏差应不超过绝对或相对光强平均值的 1.0%。此指标的测量和计算方法参见第二章第三节--一、-(三)-(3)-2) 短期稳定性。

3）长期稳定性　7 个测量平均值的相对标准偏差小于 2.0%。此指标的测量和计算方法参见"第二章第三节--一、-(三)-(3)-3) 长期稳定性。

4）标准曲线的线性　标准曲线的 $R^2 \geqslant 0.999$。

（四）干扰的消除

（1）分析镍铁中杂质元素磷、锰、铬、铜、钴、硅的含量，对于含碳量和含硅量高难溶解的样品，消解样品时，以高氯酸冒烟脱水沉淀硅，挥发氟，除去干扰元素。需要注意的是，高氯酸冒烟时，应保持较低的温度（参考的温度为控制电热板表面温度 200℃ 左右，不能冒浓白烟，否则会造成铬的损失）。

（2）分析镍铁中杂质元素磷、锰、铬、铜、钴、硅的含量时，采用基体匹配标准曲线法，即配制与被测样品基体一致、质量分数相近的标准系列溶液，消除基体铁和镍的干扰。如果标准系列溶液中引入了其他元素或物质（如钾、硫酸等），对被测元素的测量有影响，应采用基体匹配法，消除干扰元素的干扰。

（3）在标准系列溶液中，如存在被测元素以外的共存元素（铜等干扰元素）影响被测元素发光强度，应采用基体匹配法，消除干扰。

（4）在表 3-5 推荐的分析线中，被测元素的分析线处存在一定的干扰元素，选用分析线时需注意，或按照规定的"分析线中干扰线校正"的方法进行校正。

（五）标准曲线的建立

1. 标准溶液的配制

配制各个被测元素标准储备溶液和标准溶液的原则，参见第二章第三节--二、-(五)-1. 标准溶液的配制。

2. 标准曲线的建立

标准系列溶液的配制原则，参见第二章第二节--一、-(五)-2. 标准曲线的建立中的标准系列溶液的配制原则。

分析镍铁中杂质元素磷、锰、铬、铜、钴、硅的含量时，配制标准曲线中的标准系列溶液，采用基体匹配法，即配制与被测样品基体一致、质量分数相近的标准系列溶液，称取纯基体物质与被测样品相同的量，随同样品制备标准系列溶液，或者直接加入制备好的基体溶液。基体匹配标准曲线法的介绍，参见本书第二章第二节--一、-(五)-2.-(2) 标准曲线法。

在标准系列溶液中，如存在被测元素以外的共存元素（铜等干扰元素）影响被测元素发光强度，以基体匹配法抵消干扰元素的影响，方法参见第三章第四节-四、-(五)-2. 标准曲线的建立。

分析镍铁中杂质元素磷、锰、铬、铜、钴、硅的含量时，标准系列溶液的配制方法如下。

用相当于样品中含镍和铁量的纯镍 $[w(Ni)\geqslant99.9\%$，且被测元素质量分数<0.001%] 和纯铁 $[w(Fe)\geqslant99.9\%$，且被测元素质量分数<0.001%] 代替样品，称取 8 份，精确至 0.0001g。将样品置于 150mL 锥形瓶中，加入 25mL 水、10mL 硝酸（$\rho=1.42g/mL$）和 4mL 盐酸（$\rho=1.19g/mL$），并保持溶解体积为 40~50mL，低温加热至样品溶解完全，冷却至室温。将样品溶液移至 100mL 容量瓶中，按表 3-19 分别加入被测元素标准溶液，用水稀释至刻度，摇匀。

▫ 表 3-19　分析镍铁中杂质元素磷、锰、铬、铜、钴、硅含量的标准系列溶液

被测元素	被测元素标准溶液浓度/(μg/mL)	分取被测元素标准溶液体积/mL
磷[①]	50	0.00、0.50、1.00、2.00、3.00、4.00、5.00、6.00
锰	1000	0.00、0.25、0.50、1.00、2.00、3.00、4.00、5.00
铬	1000	0.00、0.25、0.50、1.00、2.00、3.00、4.00、5.00
铜[①]	250	0.00、0.50、1.00、2.00、3.00、4.00、5.00、6.00
钴	1000	0.00、0.25、1.00、2.50、4.00、5.00、7.50、10.00
硅[①]	500	0.00、0.50、1.00、2.00、3.00、4.00、5.00、6.00

① 磷、铜、硅：磷、铜、硅三种元素的标准溶液可以配制成混合标准溶液，其中磷、铜、硅的浓度如表中所列。

注：如果只需要测量磷、锰、铬、铜、钴、硅 6 个元素中的一个或几个元素，可只配制需要测量的被测元素的混合标准系列溶液。

标准系列溶液的测量方法，参见第二章第三节-一、-(五)-2.-(3) 标准系列溶液的测量。

分别以各被测元素的浓度（μg/mL）为横坐标，以分析线净强度为纵坐标，由计算机自动绘制标准曲线。当标准曲线的 $R^2\geqslant0.999$ 时，即可进行样品溶液的测定。

（六）样品的测定

（1）优化仪器的方法　具体方法参见第二章第三节-一、-(六) 样品的测定。

（2）样品中被测元素的分析线发射强度的测量　具体方法参见第二章第三节-一、-(六) 样品的测定。从标准曲线上确定各被测元素的质量浓度（μg/mL）。

（3）分析线中干扰线的校正　具体方法参见第二章第三节-一、-(六) 样品的测定。

（七）结果的表示

分析结果在 1% 以上保留 4 位有效数字，在 1% 以下保留 3 位有效数字。

（八）质量保证和质量控制

具体操作方法参见第二章第三节-一、-(八) 质量保证和质量控制。

（九）注意事项

（1）参见第二章第二节-一、-(九) 注意事项 (1)。

（2）参见第二章第三节-一、-(九) 注意事项 (1)~(3)。

（3）如果发现被测元素分析线存在光谱干扰，求出光谱干扰校正系数，进行修正。光谱干扰的修正方法，应符合国家标准[28]GB/T 24585—2009 中 8.2 的规定。光谱干扰的过度修正，是不可取的。允许最大的修正值大约为被测元素分析值标准偏差的 10 倍。如果修正值大于此值，该修正方法不适用于电感耦合等离子体原子发射光谱分析。

（4）如果使用标准曲线漂移校正程序后立即进行样品的分析。

七、含镍生铁中杂质元素的分析

现行国家标准[29]中，电感耦合等离子体原子发射光谱法可以分析含镍生铁中杂质元素镍、钴、铬、铜、磷的含量，其元素测定范围见表 3-5。

我们以此为应用实例讲解具体的分析步骤和方法，以及一些注意事项。

（一）样品的制备和保存

按照国家标准[42]GB/T 4010—2015 的规定进行取样、制样，易破碎的样品应全部通过 0.125mm 筛孔，不易破碎的样品（钻取）应全部通过 1.60mm 筛孔，并取 0.154mm 筛上样品。

（二）样品的消解

分析含镍生铁中杂质元素镍、钴、铬、铜、磷含量的消解方法为：样品采用电热板消解法溶解，溶解残渣采用干法消解（熔融法消解）。关于消解方法分类的介绍，参见第二章第二节-一、-（二）样品的消解。

本部分中，样品用氟化铵、硝酸、盐酸溶解，高氯酸冒烟赶尽硅和氟，盐酸溶解盐类，难溶样品进行残渣回收。下面具体介绍其消解方法。

称取 0.20g 样品，精确至 0.0001g。独立测定 2 次，取其平均值。

移取相当于样品中含铁量的铁溶液［铁基体溶液制备方法于本部分的（五）-2.-（1）基体溶液及试剂空白溶液的制备中介绍］，随同样品做空白试验。

将样品置于 250mL 聚四氟乙烯烧杯中，加入 10mL 氟化铵溶液（50g/L），放置 2～3min，加入 20mL 硝酸（$\rho = 1.42$g/mL）和 10mL 盐酸（$\rho = 1.19$g/mL），缓慢加热溶解，再加入 8mL 高氯酸（$\rho = 1.67$g/mL），继续加热至烧杯内刚充满白烟，立即取下稍冷，加入 20mL 水、10mL 盐酸（1+1），加热煮沸，冷却至室温［如果样品溶解不完全，残渣需回收。用中速定量滤纸过滤于 200mL 容量瓶中，用水洗涤烧杯 2～3 次，滤纸 4～5 次，保留滤液。将滤纸连同残渣一同移入铂坩埚中，于 700～750℃低温炉中灰化。取出坩埚，冷却，加入 1g 混合熔剂（无水碳酸钠：硼酸=2：1），放入 700～750℃低温炉中熔融 20min，再移入 900～1000℃高温炉中熔融 5～8min。取出坩埚，冷却，浸渍于盛有少量水的 250mL 玻璃烧杯中，加入 5mL 盐酸（$\rho = 1.19$g/mL），洗净坩埚，加热煮沸，冷却至室温，与原滤液合并］。将样品溶液移至 200mL 容量瓶中，用水稀释至刻度，摇匀。

用中速滤纸过滤所有溶液，弃去最初 2～3mL 溶液。

（三）仪器条件的选择

分析含镍生铁中杂质元素镍、钴、铬、铜、磷的含量时，推荐的电感耦合等离子体原子发射光谱仪测试条件，参见表 3-5。

（1）选择分析谱线时，可以根据仪器的实际情况（如灵敏度和分析线干扰）做相应的调整。推荐的分析线见表 3-5。分析谱线的选择，参见第二章第三节-一、-(三) 仪器条件的选择。

（2）仪器的实际分辨率，参见第二章第三节-一、-(三) 仪器条件的选择。

（3）在仪器最佳工作条件下，凡能达到下列指标者均可使用。

1）灵敏度　以测镍含量为例，通过计算溶液中仅含有镍的分析线（341.476nm），得出的检出限（DL）应≤0.03μg/mL。检出限定义，参见第二章第三节-一、-(三)-(3)-1) 灵敏度。

2）短期稳定性　每个最高浓度标准溶液发射谱线的标准偏差应不超过绝对或相对光强平均值的 1.0%。此指标的测量和计算方法参见"第二章第三节-一、-(三)-(3)-2) 短期稳定性。

3）长期稳定性　在 100min 中，每隔 10min 测量被测元素的最高浓度标准溶液的发射分析线强度 3 次，得到 11 个测量平均值。计算 11 个平均值的标准偏差。其相对标准偏差≤2.0%。

4）标准曲线的线性　标准曲线的 R^2≥0.999。

（四）干扰的消除

（1）分析含镍生铁中杂质元素镍、钴、铬、铜、磷的含量，消解样品时，以高氯酸冒烟脱水沉淀硅，挥发氟，除去干扰元素。需要注意的是，高氯酸冒烟时，应保持较低的温度（参考的温度为控制电热板表面温度 200℃左右，不能冒浓白烟，否则会造成铬的损失）。

（2）采用基体匹配标准曲线法，即配制与被测样品基体一致、质量分数相近的标准系列溶液，消除基体元素铁的干扰。本方法中在标准系列溶液中需加入试剂空白溶液（氟化铵以高氯酸、盐酸分解），以消除氟化铵的干扰。

（3）在标准系列溶液中，如存在被测元素以外的共存元素（铜等干扰元素）影响被测元素发光强度，应采用基体匹配法消除干扰。

（4）在表 3-5 推荐的分析线中，被测元素的分析线处存在一定的干扰元素，选用分析线时需注意，或按照规定的"分析线中干扰线校正"的方法进行校正。

（五）标准曲线的建立

1. 标准溶液的配制

配制各个被测元素标准储备溶液和标准溶液的原则，参见第二章第三节-二、-(五)-1. 标准溶液的配制。

2. 标准曲线的建立

标准系列溶液的配制原则，参见第二章第二节-一、-(五)-2. 标准曲线的建立中的标准系列溶液的配制原则。

分析含镍生铁中杂质元素镍、钴、铬、铜、磷的含量时，配制标准曲线中的标准系列溶液，采用基体匹配法，即配制与被测样品基体一致、质量分数相近的标准系列溶液，称取纯基体物质与被测样品相同的量，随同样品制备标准系列溶液，或者直接加入制备好的基体溶液。基体匹配标准曲线法的原理介绍参见第二章第二节-一、-（五）-2. 标准曲线的建立。

在标准系列溶液中，如存在被测元素以外的共存元素（镍等干扰元素）影响被测元素发光强度，以基体匹配法抵消干扰元素的影响，此方法参见第三章第四节-四、-（五）-2. 标准曲线的建立。

（1）基体溶液及试剂空白溶液的制备

铁基体溶液（20mg/mL）：称取 20g 金属纯铁粉 [w(Fe)≥99.99%，且被测元素质量分数＜0.001%] 于 250mL 烧杯中，加入 50mL 盐酸（1+1），缓慢加热溶解，再加入 5mL 过氧化氢，继续加热至完全溶解后，移入 1L 容量瓶中，用水稀释至刻度，混匀。

试剂空白溶液：称取 2.5g 氟化铵，置于 500mL 烧杯中，加入 20mL 水、40mL 高氯酸（ρ=1.67g/mL），加热至冒白烟，取下冷却。加入 50mL 盐酸（1+1），加热煮沸，取下冷却至室温。移至 500mL 容量瓶中，用水稀释至刻度，摇匀，可作为储备溶液。

（2）标准系列溶液的配制　分别移取 50mL 试剂空白溶液和相当于样品中含铁量的铁基体溶液于 7 个 100mL 容量瓶中，按表 3-20 分别加入被测元素标准溶液，用水稀释至刻度，摇匀 [当残渣回收时，按照上述步骤操作，用水定容前，加入 0.5g 混合熔剂（无水碳酸钠：硼酸=2:1）]。

为使混合标准系列溶液的离子浓度一致，某一混合标准系列溶液中各被测元素浓度不应都是最高或最低的。按表 3-20 加入各元素标准溶液。

▢ 表 3-20　分析含镍生铁中杂质元素镍、钴、铬、铜、磷含量的标准系列溶液

被测元素	被测元素标准溶液浓度/(μg/mL)	分取被测元素标准溶液体积/mL						
		标准溶液 1	标准溶液 2	标准溶液 3	标准溶液 4	标准溶液 5	标准溶液 6	标准溶液 7
镍	4000	0	0	0.5	1.0	2.0	3.0	4.0
钴	200	0	10	5.0	2.0	1.0	0.5	0
铬	1000	0	8.0	4.0	2.0	1.0	0.5	0
铜	100	0	0	0.2	0.5	1.0	2.0	3.0
磷	20	0	0	0.5	1.0	2.0	4.0	8.0

标准系列溶液的测量方法，参见第二章第三节-一、-（五）-2.-（3）标准系列溶液的测量。

分别以各被测元素的浓度（μg/mL）为横坐标，以分析线净强度为纵坐标，由计算机自动绘制标准曲线。当标准曲线的 R^2≥0.999 时，即可进行样品溶液的测定。

（六）样品的测定

（1）优化仪器的方法　具体方法参见第二章第三节-一、-（六）样品的测定。

（2）样品中被测元素的分析线发射强度的测量　具体方法参见第二章第三节-一、-（六）样品的测定。从标准曲线上确定各被测元素的质量浓度（μg/mL）。

（3）分析线中干扰线的校正　具体方法参见第二章第三节-一、-（六）样品的测定。

（七）结果的表示

分析结果在 1% 以上保留 4 位有效数字，在 1% 以下保留 3 位有效数字。

（八）质量保证和质量控制

具体操作方法参见第二章第三节-一、-（八）质量保证和质量控制。

（九）注意事项

（1）参见第二章第二节-一、-（九）注意事项（1）。

（2）参见第二章第三节-一、-（九）注意事项（1）、（2）。

（3）分析含镍生铁中杂质元素镍、钴、铬、铜、磷的含量，消解难溶样品进行残渣回收时，将滤纸连同残渣一同移入铂坩埚中，灰化，熔融。

（4）除非另有说明，在分析中仅使用确认为分析纯的试剂、蒸馏水（或去离子水、相当纯度的水）。

（5）如果发现被测元素分析线存在光谱干扰，求出光谱干扰校正系数，进行修正。光谱干扰的过度修正，是不可取的。允许最大的修正值大约为被测元素分析值标准偏差的10倍。如果修正值大于此值，该修正方法不适用于电感耦合等离子体原子发射光谱分析。

（6）如果使用标准曲线漂移校正程序后立即进行样品的分析。

八、镝铁合金中稀土杂质元素和非稀土杂质元素的分析

现行国家标准[30,31]中，电感耦合等离子体原子发射光谱法可以分析镝铁合金中14种稀土杂质元素镧、铈、镨、钕、钐、铕、钆、铽、钬、铒、铥、镱、镥、钇的含量，以及7种非稀土杂质元素钙、镁、铝、硅、镍、钼、钨的含量，其元素测定范围见表3-5。

我们以此为应用实例讲解具体的分析步骤和方法，以及一些注意事项。

（一）样品的制备和保存

按照国家标准[42]GB/T 4010—2015的规定，进行取样、制样。金属样品应去掉表面氧化层，取样后立即称量。

（二）样品的消解

分析镝铁合金中14种稀土杂质元素镧、铈、镨、钕、钐、铕、钆、铽、钬、铒、铥、镱、镥、钇含量，以及7种非稀土杂质元素钙、镁、铝、硅、镍、钼、钨含量的消解方法主要为湿法消解中的电热板消解法。关于消解方法分类的介绍，参见第二章第二节-一、-（二）样品的消解。

分析镝铁合金中的稀土杂质元素时，样品用盐酸溶解，制得稀盐酸介质的待测溶液。分析镝铁合金中的非稀土杂质元素时，样品用硝酸溶解，制得待测样品溶液。其中，分析钼、钨含量时，以氟化分离法制备样品待测溶液。下面分别具体介绍其消解方法。

1. 分析镝铁合金中的稀土杂质元素含量

称取2.70g样品，精确至0.0001g。独立测定2次，取其平均值。随同样品做空白试验。

将样品置于100mL烧杯中，加入20mL盐酸（1+1），逐滴滴入过氧化氢（30%，质量分数），缓慢加热至样品溶解完全，冷却至室温。将溶液移至50mL容量瓶中，用水稀释至刻度，摇匀。分取上述样品溶液10.00mL，置于100mL容量瓶中，加5mL盐酸（1+1），用水稀释至刻度，摇匀。

2. 分析镝铁合金中的非稀土杂质元素含量

称取 1.00g 样品，精确至 0.0001g。独立测定 2 次，取其平均值。随同样品做空白试验。

（1）分析非稀土杂质元素铝、硅、镍、钙、镁的含量　将样品置于 100mL 烧杯中，加入 20mL 水、3.0mL 硝酸（$\rho = 1.42$g/mL，优级纯），待样品溶解完全，冷却至室温，移至 200mL 容量瓶中，用水稀释至刻度，摇匀。分取上述样品溶液 10.00mL，置于 25mL 容量瓶中，用水稀释至刻度，摇匀。

（2）分析非稀土杂质元素钼、钨的含量　将样品置于 200mL 聚四氟乙烯烧杯中，加入 5.0mL 硝酸（$\rho = 1.42$g/mL，优级纯），待样品溶解完全，加入约 50mL 水，加热至近沸，加入约 2mL 氢氟酸（$\rho = 1.14$g/mL，优级纯），加热至近沸，保温 10min，冷却至室温，移至 100mL 聚四氟乙烯容量瓶中，用水稀释至刻度，摇匀。静置至沉淀下沉，用两张慢速滤纸干过滤。分取上述滤液 10.00mL，置于 25mL 聚四氟乙烯容量瓶中，用水稀释至刻度，摇匀。

（三）仪器条件的选择

分析镝铁合金中 14 种稀土杂质元素镧、铈、镨、钕、钐、铕、钆、铽、钬、铒、铥、镱、镥、钇的含量，7 种非稀土杂质元素钙、镁、铝、硅、镍、钼、钨的含量时，推荐的电感耦合等离子体原子发射光谱仪测试条件，参见表 3-5。

（1）选择分析谱线时，可以根据仪器的实际情况（如灵敏度和分析线干扰）做相应的调整。推荐的分析线见表 3-5。分析谱线的选择，参见第二章第三节-一、-(三)仪器条件的选择。

（2）仪器的实际分辨率，参见第二章第三节-一、-(三)仪器条件的选择。

（3）在仪器最佳工作条件下，凡能达到下列指标者均可使用。

1）灵敏度　以测钙含量为例，通过计算溶液中仅含有钙的分析线（393.366nm），得出的检出限（DL）≤0.05μg/L。检出限定义参见第二章第三节-一、-(三)-(3)-1）灵敏度。

2）短期稳定性　每个最高浓度标准溶液发射谱线的标准偏差应不超过绝对或相对光强平均值的 1.0%。此指标的测量和计算方法参见第二章第三节-一、-(三)-(3)-2）短期稳定性。

3）长期稳定性　7 个测量平均值的相对标准偏差＜2.0%。此指标的测量和计算方法参见第二章第三节-一、-(三)-(3)-3）长期稳定性。

4）标准曲线的线性　标准曲线的 $R^2 \geqslant 0.999$。

（四）干扰的消除

（1）分析镝铁合金中非稀土杂质元素钼、钨的含量，消解样品时，采用氢氟酸沉淀基体物质，避免铁、镝元素的干扰。

（2）分析镝铁合金中稀土杂质元素及非稀土杂质元素铝、硅、镍的含量时，采用基体匹配标准曲线法，即配制与被测样品基体一致、质量分数相近的标准系列溶液，消除基体元素镝、铁的干扰。

（3）如果标准系列溶液中引入了其他元素或物质（如钾、硫酸等），对被测元素和内标元素的测量有影响，应采用基体匹配法，消除干扰。

（4）在标准系列溶液中，如存在被测元素以外的共存元素，影响被测元素发光强度，应采用基体匹配法，消除干扰。

（五）标准曲线的建立

1. 标准溶液的配制

配制各个被测元素标准储备溶液和标准溶液的原则，参见第二章第三节-二、-（五）-1. 标准溶液的配制。

2. 标准曲线的建立

标准系列溶液的配制原则，参见第二章第二节-一、-（五）-2. 标准曲线的建立中的标准系列溶液的配制原则。

分析镝铁合金中 14 种稀土杂质元素镧、铈、镨、钕、钐、铕、钆、铽、镝、铒、铥、镱、镥、钇的含量，以及非稀土杂质元素铝、硅、镍的含量时，配制标准曲线中的标准系列溶液，采用基体匹配法，即配制与被测样品基体一致、质量分数相近的标准系列溶液，称取纯基体物质与被测样品相同的量，随同样品制备标准系列溶液，或者直接加入制备好的基体溶液。基体匹配标准曲线法的介绍，参见本书第二章第二节-一、-（五）-2.-（2）标准曲线法。

分析镝铁合金中 14 种稀土杂质元素和非稀土杂质元素铝、硅、镍的含量时，采用基体匹配标准曲线法测定；分析镝铁合金中非稀土杂质元素钙、镁、钼、钨的含量时，采用标准曲线法测定。根据被测元素的不同，分别配制标准系列溶液，并绘制标准曲线（Ⅰ～Ⅳ），下面进行介绍。

按表 3-21 分别移取相应系列体积的被测元素标准溶液，按表 3-21 置于相应体积的容量瓶中（测定铝、硅、镍、钼、钨的含量时，置于塑料容量瓶中），按表 3-21 分别加入相应体积的基体溶液，按表 3-21 补加相应量的酸溶液，以水定容，混匀。

如果只需要测量钙、镁、铝、硅、镍、钼、钨 7 个元素中的一个或几个元素，可只配制需要测量的被测元素的混合标准系列溶液。

标准系列溶液的测量方法，参见第二章第三节-一、-（五）-2.-（3）标准系列溶液的测量。

分别以各被测元素的浓度（μg/mL）为横坐标，以分析线净强度为纵坐标，由计算机自动绘制标准曲线。当标准曲线的 $R^2 \geqslant 0.999$ 时，即可进行样品溶液的测定。

（六）样品的测定

（1）优化仪器的方法　具体方法参见第二章第三节-一、-（六）样品的测定。

（2）样品中被测元素的分析线发射强度的测量　具体方法参见第二章第三节-一、-（六）样品的测定。从标准曲线上确定各被测元素的质量浓度（μg/mL）。

（3）分析线中干扰线的校正　具体方法参见第二章第三节-一、-（六）样品的测定。

（七）结果的表示

分析结果在 1% 以上保留 4 位有效数字，在 1% 以下保留 3 位有效数字。

（八）质量保证和质量控制

具体操作方法参见第二章第三节-一、-（八）质量保证和质量控制。

标准曲线	被测元素	被测元素标准溶液浓度/(μg/mL)	分取被测元素标准溶液体积/mL	分取基体溶液体积	酸溶液	定容体积/mL
Ⅰ	稀土元素	1000①	0、0.025、0.125、0.250、1.250	4mL 镝基体溶液②	10mL 盐酸⑤	50
Ⅱ	铝 硅 镍	200 200 100	0.00、0.50、2.50 0.00、0.50、2.50 0.00、0.50、2.50	5mL 铁基体溶液③ 5mL 镝基体溶液④	—	50
Ⅲ	钙 镁	5 5	0、1.00、5.00 0、1.00、5.00	—	0.25mL 硝酸⑥	25
Ⅳ	钼 钨	200 200	0、1.00、2.00 0、1.00、3.00	—	2 滴氢氟酸⑦	50

① 1000：稀土元素的标准溶液为单一元素的标准溶液，且每种元素的浓度均为 $1000\mu g/mL$。

② 镝基体溶液（50mg/mL）：称取 5.7386g 氧化镝 [w(REO)≥99.5%，w(Dy$_2$O$_3$)≥99.99%，经 900℃灼烧 1h 并在干燥器中冷却]，置于 250mL 烧杯中，加 25mL 盐酸（1+1），低温加热至溶解完全，冷却至室温，移入 100mL 容量瓶中，以水定容，混匀。

③ 铁基体溶液（10mg/mL）：称 1.0000g 金属铁 [w(Fe)≥99.99%，w(Ni)<0.002%，w(Al)<0.0005%，w(Mo)<0.0005%，w(Si)<0.001%] 于聚四氟乙烯烧杯中，加少量水润湿，加 5mL 硝酸（$\rho=1.42g/mL$，优级纯），低温加热至溶解完全，冷却至室温，以水定容至 100mL，摇匀，转移至塑料瓶中保存。

④ 镝基体溶液（40mg/mL）：称取 4.5908g 氧化镝 [w(REO)≥99.5%，w(Dy$_2$O$_3$)≥99.99%，w(Ni)<0.0002%，w(Al)<0.0005%，w(Mo)<0.0005%，w(Si)<0.001%]，置于聚四氟乙烯烧杯中，加 10mL 硝酸（$\rho=1.42g/mL$，优级纯），低温加热至溶解完全，冷却至室温，移入 100mL 容量瓶中，以水定容，混匀，转移至塑料瓶中保存。

⑤ 盐酸：1+1。

⑥ 硝酸：$\rho=1.42g/mL$，优级纯。

⑦ 氢氟酸：$\rho=1.14g/mL$，优级纯。

（九）注意事项

（1）参见第二章第二节-一、-(九) 注意事项（1）。

（2）参见第二章第三节-一、-(九) 注意事项（1）～(3)。

（3）铁和镝基体溶液制备后，立即转入塑料瓶中保存。配制镍、铝、硅的混合标准溶液时，由于加入铁和镝基体溶液，需定容至塑料容量瓶。

（4）分析镝铁合金中非稀土杂质元素钼、钨的含量时，制备样品溶液和混合标准系列溶液时，使用的容器均为聚四氟乙烯烧杯和聚四氟乙烯容量瓶。

九、钒氮合金中杂质元素的分析

现行国家标准[32]中，电感耦合等离子体原子发射光谱法可以分析钒氮合金中杂质元素硅、锰、磷、铝的含量，其元素测定范围见表 3-5。

我们以此为应用实例讲解具体的分析步骤和方法，以及一些注意事项。

（一）样品的制备和保存

按照国家标准[42] GB/T 4010—2015 的规定，进行取样、制样，样品粒度应小于 0.125mm。

（二）样品的消解

电感耦合等离子体原子发射光谱法分析钒氮合金中杂质元素硅、锰、磷、铝含量的消解方法为：样品采用电热板消解法溶解，溶解残渣采用干法消解（熔融法消解）。关于消解方法分类的介绍，参见第二章第二节--一、-(二) 样品的消解。

分析钒氮合金中杂质元素硅、锰、磷、铝的含量时，样品用硝酸加热溶解大部分样品，过滤，残渣和少量混合熔剂一起在马弗炉内熔融，再以盐酸浸取，与滤液合并后定容成样品溶液。下面分别具体介绍其消解方法。

称取 0.50g 样品，精确至 0.0001g。独立测定 2 次，取其平均值。随同样品做空白试验。

将样品置于 250mL 锥形瓶中，加入 10mL 硝酸（$\rho \approx 1.42g/mL$），加热反应并蒸发至近干，取下，以少量水冲洗瓶壁后冷却至室温。慢速滤纸过滤，用少量水洗涤残渣 3～5 次，滤液收集于 100mL 容量瓶中。滤纸及残渣置于铂坩埚（30mL）内灰化处理后加入 1g 混合熔剂（无水碳酸钾：硼酸=1:1，研细、混匀），在马弗炉内温度 950℃±50℃ 下熔融 20min，取出冷却后加入 10mL 盐酸（$\rho \approx 1.19g/mL$）浸取，然后与上述收集的滤液合并于 100mL 容量瓶中，用水稀释至刻度，摇匀。

（三）仪器条件的选择

分析钒氮合金中杂质元素硅、锰、磷、铝的含量时，推荐的等离子体光谱仪测试条件，参见表 3-5。

(1) 选择分析谱线时，可以根据仪器的实际情况（如灵敏度和分析线干扰）做相应的调整。推荐的分析线见表 3-5。分析谱线的选择，参见第二章第三节--一、-(三) 仪器条件的选择。

(2) 仪器的实际分辨率，参见第二章第三节--一、-(三) 仪器条件的选择。

(3) 在仪器最佳工作条件下，凡能达到下列指标者均可使用。

1) 灵敏度　以测硅含量为例，通过计算溶液中仅含有硅的分析线（198.899nm、251.612nm）得出的检出限（DL）应≤0.05μg/mL。检出限定义，参见第二章第三节--一、-(三)-(3)-1) 灵敏度。

2) 短期稳定性　每个最高浓度标准溶液发射谱线的标准偏差应不超过绝对或相对光强平均值的 1.0%。此指标的测量和计算方法参见第二章第三节--一、-(三)-(3)-2) 短期稳定性。

3) 长期稳定性　7 个测量平均值的相对标准偏差＜2.0%。此指标的测量和计算方法参见第二章第三节--一、-(三)-(3)-3) 长期稳定性。

4) 标准曲线的线性　标准曲线的 $R^2 \geq 0.999$。

（四）干扰的消除

(1) 分析钒氮合金中杂质元素硅、锰、磷、铝的含量时，采用基体匹配标准曲线法，即配制与被测样品基体一致、质量分数相近的标准系列溶液，消除基体元素钒的干扰。

(2) 如果标准系列溶液中引入了其他元素或物质（如钾、硫酸等），对被测元素和内标元素的测量有影响，应采用基体匹配法，消除干扰。

(3) 在标准系列溶液中，如存在被测元素以外的共存元素，影响被测元素发光强度，应采用基体匹配法，消除干扰。

（五）标准曲线的建立

1. 标准溶液的配制

配制各个被测元素标准储备溶液和标准溶液的原则，参见第二章第三节-二、-(五)-1. 标准溶液的配制。

2. 标准曲线的建立

标准系列溶液的配制原则，参见第二章第二节-一、-(五)-2. 标准曲线的建立中的"标准系列溶液的配制原则"。

分析钒氮合金中杂质元素硅、锰、磷、铝的含量时，配制标准曲线中的标准系列溶液，采用基体匹配法，即配制与被测样品基体一致、质量分数相近的标准系列溶液，称取纯基体物质与被测样品相同的量，随同样品制备标准系列溶液，或者直接加入制备好的基体溶液。基体匹配标准曲线法的介绍，参见本书第二章第二节-一、-(五)-2.-(2)标准曲线法。

分析钒氮合金中杂质元素硅、锰、磷、铝的含量时，采用基体匹配标准曲线法测定。下面进行介绍。

（1）基体溶液的制备　称取 0.7140g 五氧化二钒 $[w(V_2O_5) \geqslant 99.95\%]$ 6 份，置于 250mL 锥形瓶中，加入 10mL 硝酸（$\rho \approx 1.42g/mL$），加热反应并蒸发至近干，取下，以少量水冲洗瓶壁后冷却至室温。慢速滤纸过滤，用少量水洗涤残渣 3~5 次，滤液收集于 100mL 容量瓶中。滤纸及残渣置于铂坩埚（30mL）中灰化处理后加入 1g 混合熔剂（无水碳酸钾：硼酸＝1：1，研细、混匀），在马弗炉内温度950℃±50℃下熔融 20min，取出冷却后加入 10mL 盐酸（$\rho \approx 1.19g/mL$）浸取，分别对应地转移到上述收集滤液的 100mL 容量瓶中。

（2）标准系列溶液的制备　分别移取 0.00mL、0.50mL、2.50mL、5.00mL、25.00mL、50.00mL 硅、锰、磷、铝混合标准溶液（各元素浓度为 100μg/mL），加入上述 100mL 容量瓶中，以水定容，混匀（硅、锰、磷、铝的浓度为 0.0μg/mL、0.5μg/mL、2.5μg/mL、5.0μg/mLL、25.0μg/mL、50.0μg/mL）。

标准系列溶液的测量方法，参见第二章第三节-一、-(五)-2.-(3)标准系列溶液的测量。

分别以各被测元素的浓度（μg/mL）为横坐标，以分析线净强度为纵坐标，由计算机自动绘制标准曲线。当标准曲线的 $R^2 \geqslant 0.999$ 时，即可进行样品溶液的测定。

（六）样品的测定

（1）优化仪器的方法　具体方法参见第二章第三节-一、-(六)样品的测定。

（2）样品中被测元素的分析线发射强度的测量　具体方法参见第二章第三节-一、-(六)样品的测定。从标准曲线上确定各被测元素的质量浓度（μg/mL）。

（3）分析线中干扰线的校正　具体方法参见第二章第三节-一、-(六)样品的测定。

（七）结果的表示

分析结果在 1% 以上保留 4 位有效数字，在 1% 以下保留 3 位有效数字。

（八）质量保证和质量控制

具体操作方法参见第二章第三节-一、-（八）质量保证和质量控制。

（九）注意事项

（1）参见第二章第二节-一、-（九）注意事项（1）。

（2）参见第二章第三节-一、-（九）注意事项（1）～（3）。

（3）分析钒氮合金中杂质元素硅、锰、磷、铝的含量，湿法消解样品时，使用锥形瓶；干法消解残渣时，使用铂坩埚，容积为30mL。

（4）最初标准曲线建立后，再次分析时，可使用两点再校正标准曲线程序进行常规分析，校正用标准系列溶液与样品溶液同时制备。

十、稀土硅铁合金及镁硅铁合金中稀土总量和非稀土杂质的分析

现行国家标准[33-36]中，电感耦合等离子体原子发射光谱法可以分析稀土硅铁合金及镁硅铁合金中杂质元素稀土总量和钙、镁、锰、钛的含量，其元素测定范围参见表3-5；稀土硅铁合金及镁硅铁合金中氧化镁的含量，其氧化物测定范围参见表3-5。

2014年霍红英等[43]研究了分光光度法测定稀土硅铁合金中的钛量。2014年李玉梅等[44]建立了采用电感耦合等离子体原子发射光谱法（ICP-AES）测定稀土硅铁及镁硅铁合金中钛量的方法。2013年金斯琴高娃等[45]建立了以ICP-AES法测定稀土硅铁及镁硅铁合金中钙、镁、锰量的方法。

我们以此为应用实例讲解具体的分析步骤和方法，以及一些注意事项。

（一）样品的制备和保存

合金样品制成粉末样，过0.125mm筛。

（二）样品的消解

电感耦合等离子体原子发射光谱法分析稀土硅铁合金及镁硅铁合金中杂质元素稀土总量和钙、镁、锰、钛、氧化镁含量的消解方法主要为湿法消解中的电热板消解法。关于消解方法分类的介绍，参见第二章第二节-一、-（二）样品的消解。

分析稀土总量和钙、镁、锰、钛含量时，样品经硝酸和氢氟酸分解，高氯酸冒烟挥发氟，制得稀盐酸介质的样品待测溶液。分析氧化镁含量时，样品用重铬酸钾溶液浸取分离，富集氧化镁，制得稀盐酸介质的待测样品溶液。下面对这两种消解方法详细介绍。

1. 分析稀土硅铁合金及镁硅铁合金中杂质稀土总量和钙、镁、锰、钛含量

样品中的被测元素不同，称取的样品量也不同。根据被测元素的种类，称取表3-22中规定质量的样品，精确到0.0001g。独立测定2次，取其平均值。随同样品做空白试验。

将准确称量的样品置于100mL干燥的聚四氟乙烯烧杯中，按表3-22缓慢滴加溶样酸Ⅰ（测钛含量时，边加边摇，至样品溶解，勿加热），于电热板上加热，至完全溶解。按表3-22加入溶样酸Ⅱ，加热至高氯酸烟冒尽并溶液近干，稍冷。按表3-22加入溶样酸Ⅲ，加热溶解盐类，冷却至室温。按表3-22将溶液移至相应定容体积的容量瓶中，以水

定容，混匀，待测。

☐ 表 3-22　分析稀土硅铁合金及镁硅铁合金中杂质元素稀土总量和钙、镁、锰、钛含量的样品溶液

被测元素	被测元素质量分数/%	称样量/g	溶样酸 I 量	溶样酸 II 量	溶样酸 III 量	样品总量/mL	分取样品溶液量/mL	样品测定量/mL
稀土元素	0.50～1.50 ＞0.50～1.50 ＞0.50～1.50	0.20	5.0mL 硝酸①，3.0～5.0mL 氢氟酸②	5.0mL 高氯酸③	10.0mL 盐酸④，2 滴过氧化氢⑥	50	10.00 5.00 2.00	25
钙、镁、锰	0.20～0.60 ＞0.60～3.00 ＞3.00～11.00	0.10	5.0mL 硝酸①，2.0mL 氢氟酸②	5.0mL 高氯酸③	5.0mL 盐酸⑤	200	全量 10.00 2.00	全量 50 50
钛	0.30～2.00 ＞2.00～5.00	0.10	5.0mL 硝酸①，2.0mL 氢氟酸②	3.0mL 高氯酸③	10.0mL 盐酸④	200	全量 10.00	全量 100

① 硝酸：$\rho=1.42$g/mL，优级纯。

② 氢氟酸：$\rho=1.15$g/mL，优级纯。

③ 高氯酸：$\rho=1.67$g/mL，优级纯。

④ 盐酸：1+1。

⑤ 盐酸：$\rho=1.19$g/mL，优级纯。

⑥ 过氧化氢：30%（质量分数）。

分析稀土硅铁合金及镁硅铁合金中的杂质元素稀土总量和钙、镁、锰、钛含量的方法，不是同一个国标中规定的，但是国标中所采用的测定方法均为标准曲线法，样品溶液和标准系列溶液分别独立配制，记为样品测定溶液 A 组。

特别的是，当分析稀土硅铁合金及镁硅铁合金中的杂质元素稀土总量时，需通过计算每一稀土元素的基体效应系数，得到样品溶液中相应各稀土元素的质量浓度，以消除基体干扰。计算基体效应系数，需要配制样品溶液的某浓度标准加入溶液，记为样品测定溶液 B 组，加入标准溶液后的被测元素浓度同标准系列溶液中第二个标准溶液的被测元素浓度。

样品测定溶液 A 组，此样品测定溶液的配制方法适用于分析稀土总量和钙、镁、锰、钛的含量。

根据被测元素的质量分数，按表 3-22 分取上述样品溶液，置于相应定容体积的容量瓶中［测钙、镁、锰含量时，定容前加入 2.5mL 盐酸（1+1）；测钛含量时，定容前加入 4mL 盐酸（1+1）］，以水定容，混匀，待测。

样品测定溶液 B 组（样品溶液的标准加入溶液），此样品测定溶液的配制方法适用于分析稀土总量。

根据被测元素的质量分数，按表 3-22 分取上述样品溶液，置于相应定容体积的容量瓶中，加入 2.5mL 稀土元素混合标准溶液（各稀土元素质量浓度见表 3-23），用水稀释至刻度，混匀，待测。

2. 分析稀土硅铁合金及镁硅铁合金中的杂质氧化镁等含量

称取 0.20g 样品，精确到 0.0001g。独立测定 2 次，取其平均值。随同样品做空白试验。

元素	质量浓度/(μg/mL)	元素	质量浓度/(μg/mL)	元素	质量浓度/(μg/mL)
镧	25.0	铕	0.50	铒	1.00
铈	50.0	钆	1.00	铥	0.50
镨	5.00	铽	2.00	镱	0.50
钕	15.0	镝	1.00	镥	0.50
钐	1.00	钬	1.00	钇	1.00

将准确称量的样品置于 150mL 锥形瓶中，加入 25mL 重铬酸钾溶液（40g/L，称取 40g 重铬酸钾，置于 250mL 烧杯中，用水溶解，移入 1000mL 容量瓶中，以水定容，混匀），用胶皮塞塞紧瓶口，置于振荡器上振荡 35min，取下用中速滤纸过滤于 250mL 容量瓶中。用水冲洗锥形瓶 3～4 次，洗涤滤纸至无重铬酸钾溶液的黄色，弃去滤纸，用水稀释至刻度，混匀。

根据样品中氧化镁的质量分数，将上述溶液分别稀释成不同浓度的样品溶液，用于测定。当氧化镁的质量分数为 0.30%～1.00% 时，分取上述样品溶液 5.00mL；当氧化镁的质量分数为 1.00%～3.00% 时，分取上述样品溶液 2.00mL。将分取的样品溶液置于 25mL 容量瓶中，加入 5mL 盐酸（1+1），用水稀释至刻度，混匀。

（三）仪器条件的选择

分析稀土硅铁合金及镁硅铁合金中杂质元素稀土的总量和钙、镁、锰、钛、氧化镁的含量时，推荐的电感耦合等离子体原子发射光谱仪测试条件，参见表 3-5。光源为氩等离子体光源，使用功率≥1.0kW。

(1) 选择分析谱线时，可以根据仪器的实际情况（如灵敏度和分析线干扰）做相应的调整。推荐的分析线见表 3-5。分析谱线的选择，参见第二章第三节-一、-(三) 仪器条件的选择。

(2) 仪器的实际分辨率，参见第二章第三节-一、-(三) 仪器条件的选择。

(3) 在仪器最佳工作条件下，凡能达到下列指标者均可使用。

1) 灵敏度　以测钙含量为例，通过计算溶液中仅含有钙的分析线（317.933nm、396.847nm）得出检出限（DL）。检出限定义，参见第二章第三节-一、-(三)-(3)-1) 灵敏度。

2) 短期稳定性　每个最高浓度标准溶液发射谱线的标准偏差应不超过绝对或相对光强平均值的 1.0%。此指标的测量和计算方法参见第二章第三节-一、-(三)-(3)-2) 短期稳定性。

3) 长期稳定性　7 个测量平均值的相对标准偏差＜2.0%。此指标的测量和计算方法参见第二章第三节-一、-(三)-(3)-3) 长期稳定性。

4) 标准曲线的线性　标准曲线的 R^2≥0.999。

（四）干扰的消除

(1) 分析稀土硅铁合金及镁硅铁合金中杂质元素稀土总量和钙、镁、锰、钛含量时，制备样品溶液，以高氯酸冒烟沉淀硅，挥发氟，消除基体硅和溶样酸中引入的氟的干扰。消解样品选用干燥的聚四氟乙烯烧杯作容器，避免容器材质在消解过程中引入干扰物质。

(2) 分析稀土硅铁合金及镁硅铁合金中杂质元素稀土总量时，增加配制样品溶液的标准加入溶液，用于计算基体效应系数［（样品测定溶液 B 组中被测元素的浓度－样品测定溶液 A 组中被测元素的浓度）÷标准系列溶液中第二个浓度标准溶液的相应被测元素的浓度］，消除基体元素对测定结果的干扰。

（3）分析稀土硅铁合金及镁硅铁合金中的杂质氧化镁含量时，以重铬酸钾溶液浸取镁并使其富集，与基体分离，消除基体干扰。

（五）标准曲线的建立

1. 标准溶液的配制

配制各个被测元素标准储备溶液和标准溶液的原则，参见第二章第三节-二、-（五)-1. 标准溶液的配制。分析稀土硅铁合金及镁硅铁合金中杂质元素稀土的总量和钙、镁、锰、钛、氧化镁的含量时，各种被测物质标准储备溶液和标准溶液制备的方法参见表 3-24。

▣ 表 3-24　分析稀土硅铁合金及镁硅铁合金中的杂质稀土总量和钙等含量的被测物质标准溶液

被测元素	标准储备溶液配制方法	标准溶液配制方法	
镧	称 0.1173g 氧化镧［$w(REO)>99.5\%$，$La_2O_3/REO>99.99\%$，预先经 900℃灼烧 1h，于干燥器中冷却至室温］，置于 150mL 烧杯中，加少量水湿润，加入 10mL 盐酸(1+1)溶解，冷却至室温，移入 100mL 容量瓶中，用水稀释至刻度，混匀。镧的浓度为 1mg/mL	直接用标准储备溶液。镧的浓度为 1mg/mL	混合标准溶液：分取 5.00mL 镧标准储备溶液、10.00mL 铈标准储备溶液、1.00mL 镨标准储备溶液、3.00mL 钕标准储备溶液、4.00mL 钐标准储备溶液、2.00mL 铕标准储备溶液、4.00mL 钆标准溶液、8.00mL 铽标准溶液、4.00mL 镝标准溶液、4.00mL 钬标准溶液、4.00mL 铒标准溶液、2.00mL 铥标准溶液、2.00mL 镱标准溶液、2.00mL 镥标准溶液和 4.00mL 钇标准溶液，置于 200mL 容量瓶中，加 5mL 盐酸(1+1)，以水定容，混匀。 各被测元素的浓度为：镧 25.0μg/mL，铈 50.0μg/mL，镨 5.00μg/mL，钕 15.0μg/mL，钐 1.00μg/mL，铕 0.50μg/mL，钆 1.00μg/mL，铽 2.00μg/mL，镝 1.00μg/mL，钬 1.00μg/mL，铒 1.00μg/mL，铥 0.50μg/mL，镱 0.50μg/mL，镥 0.50μg/mL，钇 1.00μg/mL
铈	称 0.1228g 氧化铈［$w(REO)>99.5\%$，$CeO_2/REO>99.99\%$，预先经 900℃灼烧 1h，于干燥器中冷却至室温］，置于 150mL 烧杯中，加少量水湿润，加入 10mL 硝酸(1+1)溶解，滴加过氧化氢(30%)，加热至溶解，冷却至室温，移入 100mL 容量瓶中，用水稀释至刻度，混匀。铈的浓度为 1mg/mL	直接用标准储备溶液。铈的浓度为 1mg/mL	
镨	称 0.1208g 氧化镨［$w(REO)>99.5\%$，$Pr_6O_{11}/REO>99.99\%$，预先经 900℃灼烧 1h，于干燥器中冷却至室温］，置于 150mL 烧杯中，加少量水湿润，加入 10mL 盐酸(1+1)溶解，冷却至室温，移入 100mL 容量瓶中，用水稀释至刻度，混匀。镨的浓度为 1mg/mL	直接用标准储备溶液。镨的浓度为 1mg/mL	
钕	称 0.1166g 氧化钕［$w(REO)>99.5\%$，$Nd_2O_3/REO>99.99\%$，预先经 900℃灼烧 1h，于干燥器中冷却至室温］，置于 150mL 烧杯中，加少量水湿润，加入 10mL 盐酸(1+1)溶解，冷却至室温，移入 100mL 容量瓶中，用水稀释至刻度，混匀。钕的浓度为 1mg/mL	直接用标准储备溶液。钕的浓度为 1mg/mL	
钐	称 0.1160g 氧化钐［$w(REO)>99.5\%$，$Sm_2O_3/REO>99.99\%$，预先经 900℃灼烧 1h，于干燥器中冷却至室温］，置于 150mL 烧杯中，加少量水湿润，加 10mL 盐酸(1+1)溶解，冷却至室温，移入 100mL 容量瓶中，用水稀释至刻度，混匀。钐的浓度为 1mg/mL	分取 5.00mL 钐标准储备溶液于 100mL 容量瓶中，加入 10mL 盐酸(1+1)溶解，用超纯水定容，混匀。钐的浓度为 50μg/mL	
铕	称 0.1158g 氧化铕［$w(REO)>99.5\%$，$Eu_2O_3/REO>99.99\%$，预先经 900℃灼烧 1h，于干燥器中冷却至室温］，置于 150mL 烧杯中，加少量水湿润，加 10mL 盐酸(1+1)溶解，冷却至室温，移入 100mL 容量瓶中，用水稀释至刻度，混匀。铕的浓度为 1mg/mL	分取 5.00mL 铕标准储备溶液于 100mL 容量瓶中，加入 10mL 盐酸(1+1)溶解，用超纯水定容，混匀。铕的浓度为 50μg/mL	
钆	称 0.1152g 氧化钆［$w(REO)>99.5\%$，$Gd_2O_3/REO>99.99\%$，预先经 900℃灼烧 1h，于干燥器中冷却至室温］，置于 150mL 烧杯中，加少量水湿润，加 10mL 盐酸(1+1)溶解，冷却至室温，移入 100mL 容量瓶中，用水稀释至刻度，混匀。钆的浓度为 1mg/mL	分取 5.00mL 钆标准储备溶液于 100mL 容量瓶中，加入 10mL 盐酸(1+1)溶解，用超纯水定容，混匀。钆的浓度为 50μg/mL	

被测元素	标准储备溶液配制方法	标准溶液配制方法	
铽	称 0.1176g 氧化铽[w(REO)＞99.5％,Tb_4O_7/REO＞99.99％,预先经 900℃灼烧 1h,于干燥器中冷却至室温],置于 150mL 烧杯中,加少量水湿润,加 10mL 盐酸(1+1)溶解,冷却至室温,移入 100mL 容量瓶中,用水稀释至刻度,混匀。铽的浓度为 1mg/mL	分取 5.00mL 铽标准储备溶液于 100mL 容量瓶中,加入 10mL 盐酸(1+1)溶解,用超纯水定容,混匀。铽的浓度为 50μg/mL	混合标准溶液:分取 5.00mL 镧标准储备溶液、10.00mL 铈标准储备溶液、1.00mL 镨标准储备溶液、3.00mL 钕标准储备溶液、4.00mL 钐标准溶液、2.00mL 铕标准溶液、4.00mL 钆标准溶液、8.00mL 铽标准溶液、4.00mL 镝标准溶液、4.00mL 钬标准溶液、4.00mL 铒标准溶液、2.00mL 铥标准溶液、2.00mL 镱标准溶液、2.00mL 镥标准溶液和 4.00mL 钇标准溶液,置于 200mL 容量瓶中,加 5mL 盐酸(1+1),以水定容,混匀。各被测元素的浓度为:镧 25.0μg/mL,铈 50.0μg/mL,镨 5.00μg/mL,钕 15.0μg/mL,钐 1.00μg/mL,铕 0.50μg/mL,钆 1.00μg/mL,铽 2.00μg/mL,镝 1.00μg/mL,钬 1.00μg/mL,铒 1.00μg/mL,铥 0.50μg/mL,镱 0.50μg/mL,镥 0.50μg/mL,钇 1.00μg/mL
镝	称 0.1148g 氧化镝[w(REO)＞99.5％,Dy_2O_3/REO＞99.99％,预先经 900℃灼烧 1h,于干燥器中冷却至室温],置于 150mL 烧杯中,加少量水湿润,加 10mL 盐酸(1+1)溶解,冷却至室温,移入 100mL 容量瓶中,用水稀释至刻度,混匀。镝的浓度为 1mg/mL	分取 5.00mL 镝标准储备溶液于 100mL 容量瓶中,加入 10mL 盐酸(1+1)溶解,用超纯水定容,混匀。镝的浓度为 50μg/mL	
钬	称 0.1145g 氧化钬[w(REO)＞99.5％,Ho_2O_3/REO＞99.99％,预先经 900℃灼烧 1h,于干燥器中冷却至室温],置于 150mL 烧杯中,加少量水湿润,加 10mL 盐酸(1+1)溶解,冷却至室温,移入 100mL 容量瓶中,用水稀释至刻度,混匀。钬的浓度为 1mg/mL	分取 5.00mL 钬标准储备溶液于 100mL 容量瓶中,加入 10mL 盐酸(1+1)溶解,用超纯水定容,混匀。钬的浓度为 50μg/mL	
铒	称 0.1144g 氧化铒[w(REO)＞99.5％,Er_2O_3/REO＞99.99％,预先经 900℃灼烧 1h,于干燥器中冷却至室温],置于 150mL 烧杯中,加少量水湿润,加 10mL 盐酸(1+1)溶解,冷却至室温,移入 100mL 容量瓶中,用水稀释至刻度,混匀。铒的浓度为 1mg/mL	分取 5.00mL 铒标准储备溶液于 100mL 容量瓶中,加入 10mL 盐酸(1+1)溶解,用超纯水定容,混匀。铒的浓度为 50μg/mL	
铥	称 0.1142g 氧化铥[w(REO)＞99.5％,Tm_2O_3/REO＞99.99％,预先经 900℃灼烧 1h,于干燥器中冷却至室温],置于 150mL 烧杯中,加少量水湿润,加 10mL 盐酸(1+1)溶解,冷却至室温,移入 100mL 容量瓶中,用水稀释至刻度,混匀。铥的浓度为 1mg/mL	分取 5.00mL 铥标准储备溶液于 100mL 容量瓶中,加入 10mL 盐酸(1+1)溶解,用超纯水定容,混匀。铥的浓度为 50μg/mL	
镱	称 0.1139g 氧化镱[w(REO)＞99.5％,Yb_2O_3/REO＞99.99％,预先经 900℃灼烧 1h,于干燥器中冷却至室温],置于 150mL 烧杯中,加少量水湿润,加 10mL 盐酸(1+1)溶解,冷却至室温,移入 100mL 容量瓶中,用水稀释至刻度,混匀。镱的浓度为 1mg/mL	分取 5.00mL 镱标准储备溶液于 100mL 容量瓶中,加入 10mL 盐酸(1+1)溶解,用超纯水定容,混匀。镱的浓度为 50μg/mL	
镥	称 0.1137g 氧化镥[w(REO)＞99.5％,Lu_2O_3/REO＞99.99％,预先经 900℃灼烧 1h,于干燥器中冷却至室温],置于 150mL 烧杯中,加少量水湿润,加 10mL 盐酸(1+1)溶解,冷却至室温,移入 100mL 容量瓶中,用水稀释至刻度,混匀。镥的浓度为 1mg/mL	分取 5.00mL 镥标准储备溶液于 100mL 容量瓶中,加入 10mL 盐酸(1+1)溶解,用超纯水定容,混匀。镥的浓度为 50μg/mL	
钇	称 0.1270g 氧化钇[w(REO)＞99.5％,Y_2O_3/REO＞99.99％,预先经 900℃灼烧 1h,于干燥器中冷却至室温],置于 150mL 烧杯中,加少量水湿润,加 10mL 盐酸(1+1)溶解,冷却至室温,移入 100mL 容量瓶中,用水稀释至刻度,混匀。钇的浓度为 1mg/mL	分取 5.00mL 钇标准储备溶液于 100mL 容量瓶中,加入 10mL 盐酸(1+1)溶解,用超纯水定容,混匀。钇的浓度为 50μg/mL	

被测元素	标准储备溶液配制方法	标准溶液配制方法
钙	称 0.1399g 氧化钙（质量分数>99.99%，预先经 850℃灼烧 0.5h，于干燥器中冷却至室温），置于 150mL 烧杯中，加少量水湿润，加 10mL 盐酸（1+1）溶解，冷却至室温，移入 100mL 容量瓶中，用水稀释至刻度，混匀。钙的浓度为 1mg/mL	移取 5.00mL 钙标准储备溶液、5.00mL 镁标准储备溶液、5.00mL 锰标准储备溶液于100mL 容量瓶中，加入 5mL 盐酸（1+1），用水稀释至刻度，混匀。钙、镁、锰的浓度各为 50μg/mL
镁	称 0.1658g 氧化镁（质量分数>99.99%，预先经 850℃灼烧 0.5h，于干燥器中冷却至室温），置于 150mL 烧杯中，加少量水湿润，加 10mL 盐酸（1+1）溶解，冷却至室温，移入 100mL 容量瓶中，用水稀释至刻度，混匀。镁的浓度为 1mg/mL	
锰	称 0.1582g 二氧化锰（质量分数>99.99%，预先经 105℃烘 1h，于干燥器中冷却至室温），置于 150mL 烧杯中，加少量水湿润，加 10mL 盐酸（1+1）、5mL 硝酸（1+1），加热使之溶解完全，冷却至室温，移入 100mL 容量瓶中，用水稀释至刻度，混匀。锰的浓度为 1mg/mL	
钛	称 0.1669g 二氧化钛（质量分数>99.99%，预先经 850℃灼烧 1h，于干燥器中冷却至室温），置于铂金坩埚中，加入 3~4g 焦硫酸钾于 650~700℃熔融至红色透明，取出稍冷，将其放入 400mL 烧杯中，加 100mL 硫酸（5+95），低温加热浸取，用硫酸（5+95）洗出坩埚，溶液冷却至室温，移入 1000mL 容量瓶中，用水稀释至刻度，混匀。钛的浓度为 100μg/mL	—
氧化镁	称 0.2500g 氧化镁 [$w(MgO)$>99.99%，预先在 850℃灼烧至恒重，于干燥器中冷却至室温]，置于 150mL 烧杯中，加 10mL 盐酸（1+1）加热溶解，冷却至室温，移入 250mL 容量瓶中，用水稀释至刻度，混匀。氧化镁的浓度为 1mg/mL	分取 5.00mL 氧化镁标准储备溶液于 100mL 容量瓶中，加入 2mL 盐酸（1+1）溶解，用超纯水定容，混匀。氧化镁的浓度为 50μg/mL

2. 标准曲线的建立

标准系列溶液的配制原则，参见第二章第二节-一、-(五)-2. 标准曲线的建立中的标准系列溶液的配制原则。

分析稀土硅铁合金及镁硅铁合金中杂质元素稀土的总量和钙、镁、锰、钛、氧化镁的含量时，采用标准曲线法。标准曲线法的详细介绍，参见本书第二章第二节-一、-(五)-2.-(2) 标准曲线法。标准曲线（工作曲线）法，即移取一系列体积的被测元素标准溶液，包括零浓度溶液（即不加入被测元素标准溶液），分别置于一组相同定容体积的容量瓶中，加入相应的酸和干扰消除剂，定容。具体步骤如下（参见表 3-25）。

▫ 表 3-25 **分析稀土硅铁合金及镁硅铁合金中的杂质稀土总量和钙等含量的标准系列溶液**

被测物	混合标准溶液质量浓度/(μg/mL)	分取混合标准溶液体积/mL	盐酸（1+1）体积/mL	定容体积/mL
稀土元素	参见表 3-24	0、5.00、25.00	5.00	50
钙、镁、锰	（各）50	0、1.00、2.00、6.00	5.00	100
钛	100	0、0.50、2.50、5.00	2.00	50
氧化镁	50	0.50、1.00、2.00	5.00	50

按表 3-25 移取一系列体积的被测元素标准溶液，按表 3-25 置于一组相应定容体积的

容量瓶中，加入表 3-25 中规定体积的盐酸（1+1），以水定容，混匀。

标准系列溶液的测量方法，参见第二章第三节-一、-(五)-2.-(3) 标准系列溶液的测量。

分别以各被测元素的浓度（μg/mL）为横坐标，以分析线净强度为纵坐标，由计算机自动绘制标准曲线。当标准曲线的 $R^2 \geqslant 0.999$ 时，即可进行样品溶液的测定。

（六）样品的测定

1. 优化仪器的方法

具体方法参见第二章第三节-一、-(六)样品的测定。

如果使用内标，准备用钇（371.03nm）作内标并计算每个被测元素与钇的强度比的软件。内标强度应与被测元素强度同时测量。

2. 样品中被测元素的分析线发射强度的测量

待仪器稳定后，按被测元素浓度由低到高的顺序测量，在标准曲线测定的相同条件下测定样品测定溶液 A 组中被测元素的分析线（参见表 3-5）绝对强度，重复测量 3 次，计算其平均值。同时应该测定空白样品中被测元素的分析线绝对强度 3 次，取 3 次测量平均值。样品溶液中被测元素的分析线绝对强度平均值，减去空白样品中的分析线绝对强度平均值为分析线净强度，检查各测定元素分析线的背景并在适当的位置进行背景校正，从标准曲线上确定被测元素的质量浓度（μg/mL）。如测量绝对强度，应确保所有测量溶液温度差均在 1℃ 之内。用中速滤纸过滤所有溶液，弃去最初 2～3mL 溶液。

特别说明，如果分析稀土硅铁合金及镁硅铁合金中杂质元素稀土的总量，按照测定样品测定溶液 A 组中被测元素质量浓度的方法，测定样品测定溶液 B 组中被测元素质量浓度，用于计算基体效应系数。

（1）测量溶液的顺序　具体方法参见第二章第三节-一、-(六)样品的测定。

（2）分析线强度记录　具体方法参见第二章第三节-一、-(六)样品的测定。

3. 分析线中干扰线的校正

具体方法参见第二章第三节-一、-(六)样品的测定。

（七）结果的表示

特别说明，分析稀土硅铁合金及镁硅铁合金中杂质元素稀土的总量时，需计算基体效应系数 k_i［(样品测定溶液 B 组中被测元素的浓度—样品测定溶液 A 组中被测元素的浓度)÷标准系列溶液中第二个浓度标准溶液的相应被测元素的浓度］。

对于每一种稀土元素，分别计算基体效应系数 k_i：

$$w(\mathrm{RE}) = \sum \frac{\rho_i V V_2 \times 10^{-6}}{k_i m V_1} \times 100 \tag{3-1}$$

式中，ρ_i 为样品溶液中各稀土元素的质量浓度，μg/mL；V 为样品测定溶液总体积，mL；V_2 为样品溶液测定体积，mL；m 为样品的称取质量，g；V_1 为样品溶液分取体积，mL。

分析结果表示至小数点后第 2 位。

（八）质量保证和质量控制

具体操作方法参见第二章第三节-一、-(八)质量保证和质量控制。

（九）注意事项

（1）参见第二章第二节--一、-(九) 注意事项（1）。

（2）参见第二章第三节--一、-(九) 注意事项（1）～（3）。

（3）测试中所用仪器的标准，参见第二章第三节-三、-(九) 注意事项（3）。

（4）分析稀土硅铁合金及镁硅铁合金中杂质元素稀土总量时，需要通过计算基体效应系数，来校正样品溶液中被测元素的质量分数。其中，样品测定溶液 B 组，即样品溶液的标准加入溶液，加入被测元素的浓度同标准系列溶液中第二个浓度标准溶液相应元素的浓度。

（5）分析稀土硅铁合金及镁硅铁合金中杂质元素稀土的总量和钙、镁、锰、钛的含量，制备样品溶液时，选用干燥的聚四氟乙烯烧杯作容器；制备钛的标准溶液时，选用铂金坩埚作消解容器。

（6）分析稀土硅铁合金及镁硅铁合金中氧化镁的含量，制备样品溶液时，选用锥形瓶作消解容器。

第五节　电感耦合等离子体质谱法

在现行有效的标准中，采用电感耦合等离子体质谱法分析钢和铁、铁合金产品的标准有 4 个。作者将这些标准方法中的各部分内容进行了归纳整理，并着重解析了样品的消解方法和标准曲线的建立方法。

一、钢铁及合金中杂质元素的分析

现行国家标准[37,38]中，电感耦合等离子体质谱法可以分析高温合金中痕量元素钢、铊的含量，以及钢铁及合金中杂质元素总铝、总硼的含量，其元素测定范围见表 3-6。

我们以此为应用实例讲解具体的分析步骤和方法，以及一些注意事项。

（一）样品的制备和保存

根据国家标准[41]GB/T 20066—2006 或适当的国家标准取样、制样。

具体操作方法参见第三章第二节--一、-(一) 样品的制备和保存。

（二）样品的消解

消解方法分为湿法消解和干法消解，其中湿法消解依据使用的仪器不同又分为电热板消解法和微波消解法，干法消解又称为熔融法消解。其中，微波消解法是借助微波消解系统进行样品消解的方法。微波消解系统包括微波炉（需有合格的安全保护装置和卸压装置）、氟塑料［如聚四氟乙烯（PTFE）、聚全氟烷氧基树脂（PFA）、可溶性聚四氟乙烯（TFM）等］高压消解罐（容积≥50mL）和夹持装置。微波消解系统有编程温度/压力-时间的功能，可以监测样品消解过程中的压力或温度。微波炉消解程序以厂商提供说明书推荐，并经试验验证优化为宜，也可参照以下消解程序：低温低压反应（压力<0.1MPa，温度<50℃，保持时间 10～30min），中温中压反应（压力为 0.3MPa，温度约 120℃，保

持时间约 15min），高温高压反应（压力为 1.3～2.0MPa，温度为 180～220℃，保持时间
≥30min）。

分析钢铁及合金中杂质元素铟、铊含量的消解方法主要为湿法消解中的电热板消解
法，样品用适宜比例的盐酸、硝酸溶解，并添加铑作为内标元素。分析钢铁及合金中杂质
元素总铝、总硼含量的消解方法主要为湿法消解中的微波消解法，通过微波消解炉进行消
解，样品用盐酸、硝酸和氢氟酸的混合酸溶解。下面具体介绍这 2 种消解方法。

1. 分析钢铁及合金中杂质元素铟、铊的含量

称取 0.10g 样品，精确至 0.0001g。独立测定 2 次，取其平均值。随同样品做空白
试验。

将样品置于 50mL 烧杯中，加入 5mL 适宜比例的盐酸（$\rho=1.19$g/mL）与硝酸（$\rho=1.42$g/mL）的混合酸，于电热板上低温加热，至完全溶解，冷却至室温，转移至 100mL
容量瓶中，加入 1.00mL 铑内标溶液，用水定容，摇匀。

2. 分析钢铁及合金中杂质元素总铝、总硼的含量

称取 0.10g 样品，精确至 0.0001g。独立测定 2 次，取其平均值。随同样品做空白
试验。

将样品置于氟塑料高压消解罐（图 3-1，参见国家标准 GB/T 6609.7—2004[46]，容
积约 120mL，经厂家推荐的酸清洗）中，加入 3mL 盐酸 [$\rho=1.19$g/mL，c（Al、B）<
20ng/mL]、1mL 硝酸 [$\rho=1.42$g/mL，c（Al、B）<20ng/mL]，盖上盖子在常压下放置，
待样品剧烈反应后，再加入 1mL 氢氟酸 [1+1，c（Al、B）<20ng/mL，否则，可采用等
温扩散等方法提纯]，加盖，置于夹持装置中，放入微波炉中，运行预先设定的消解程序。

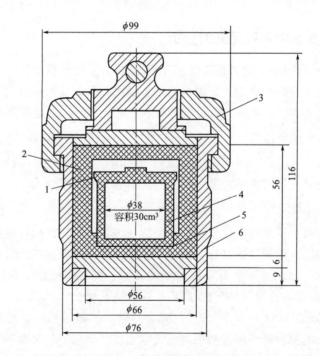

图 3-1　氟塑料高压消解罐（单位：mm）

1—反应杯盖；2—溶样器盖；3—钢套盖；4—反应杯；5—溶样器；6—钢套

消解程序结束后，冷却至室温后打开氟塑料高压消解罐，将溶液转移入 100mL 塑料容量瓶中，用水洗涤氟塑料高压消解罐和盖子内壁 3～4 次，合并至上述塑料容量瓶中，加入 5.00mL 铍钪混合标准溶液（铍 2.00μg/mL，钪 2.00μg/mL），用水稀释至刻度，摇匀。

铍钪混合标准溶液（铍 2.00μg/mL，钪 2.00μg/mL）：分别移取 10.00mL 铍标准溶液（100.0μg/mL）和 10.00mL 钪标准溶液（100.0μg/mL）至 100mL 容量瓶中，加入 10mL 硝酸 [$\rho = 1.42$g/mL，c(Al、B)＜20ng/mL]，用水稀释至刻度，摇匀（此标准保存于聚乙烯瓶中）。移取上述铍钪混合标准溶液至 100mL 容量瓶中，加入 5mL 硝酸 [$\rho = 1.42$g/mL，c(Al、B)＜20ng/mL]，用水定容，摇匀，保存于聚乙烯瓶中。

（三）仪器条件的选择

分析钢铁及合金中杂质元素钢、铊、总铝、总硼的含量时，推荐的电感耦合等离子体质谱仪的测试条件，参见表 3-6。质谱仪的配置要求，参见第二章第四节-一、-(三) 仪器条件的选择。仪器配备耐氢氟酸溶液雾化进样系统。

（1）选择同位素的质量数时，可以根据仪器的实际情况做相应的调整。推荐的同位素的质量数见表 3-6。同位素的质量数选择方法，参见第二章第四节-一、-(三) 仪器条件的选择。

（2）在仪器最佳工作条件下，凡能达到下列指标者均可使用。

1）短时精密度　连续测定的 10 个质谱信号强度的相对标准偏差≤2％；分析总硼和总铝含量时，其相对标准偏差≤5％。此指标的测量和计算方法，参见第二章第四节-一、-(三)-(2)-1) 短时精密度。

2）灵敏度　各元素的检出限参见表 3-6。分析钢、铊含量时，测定 10.0ng/mL 的钢标准溶液的灵敏度优于 5×10^4 cps（质谱信号强度）。此指标的测量和计算方法，参见第二章第四节-一、-(三)-(2)-2) 灵敏度。

3）测定下限　分析总硼和总铝含量时，测定下限≤2ng/mL。此指标的测量和计算方法，参见第二章第四节-一、-(三)-(2)-3) 测定下限。

4）标准曲线的线性　标准曲线的 R^2≥0.999。

（四）干扰的消除

（1）分析钢铁及合金中杂质元素钢和铊的含量时，以铑为内标元素，基体匹配标准曲线法，来校正仪器的灵敏度漂移并消除基体效应的影响，消除基体铁及其他干扰。

（2）分析钢铁及合金中杂质元素总铝和总硼的含量时，以铍和钪为内标元素，基体匹配标准曲线法，即标准系列溶液以被测样品基（主）体元素和样品溶样酸进行基体匹配，来校正仪器的灵敏度漂移并消除基体效应的影响，消除基体铁及其他干扰。

（3）如果标准系列溶液中引入了其他元素或物质（如钾、硫酸等），对被测元素和内标元素的测量有影响，应采用基体匹配法，消除干扰。

（4）表 3-6 推荐的同位素的质量数中，钢、铊、硼无质谱重叠干扰；铝受多原子复合离子和氮双原子离子峰展宽的微弱干扰（对于低分辨质谱），无质谱干扰（对于高分辨质谱）。通过优化仪器进样系统和功率或采用屏蔽炬技术，降低多原子复合离子对铝的干扰；通过调高分辨率，降低氮双原子离子峰展宽对铝的干扰。

（5）分析钢铁及合金中杂质元素总铝和总硼的含量，制备样品溶液和标准系列溶液时，使用塑料容量瓶、表面皿，石英烧杯（或聚四氟乙烯烧杯），聚乙烯瓶、移液管等。所有玻璃器皿和塑料容器需用盐酸（1＋4）清洗，然后再用水洗净。通过测量溶出的铝硼浓度［以盐酸－氢氟酸混合酸（3体积盐酸＋1体积氢氟酸＋20体积水）溶出铝硼］，检查酸洗后的玻璃器皿和塑料容器。当此铝硼浓度≤4ng/mL时，可使用，否则需更换。

（五）标准曲线的建立

1. 标准溶液的配制

配制各个被测元素标准储备溶液和标准溶液的原则，参见第二章第三节-二、-（五）-1. 标准溶液的配制。

2. 标准曲线的建立

内标校正的标准曲线法（内标法）的具体介绍，参见第二章-第四节-一、-（五）-2.-（1）内标校正的标准曲线法（内标法）的原理及使用范围。

内标法校正的标准系列溶液的配制原则，参见第二章第四节-一、-（五）-2.-（2）标准系列溶液的配制。如果标准曲线不呈线性，可采用次灵敏度同位素的质量数测量，或者适当稀释样品溶液和标准系列溶液。

分析钢铁及合金中杂质元素铟、铊、总铝、总硼的含量时，制备标准曲线中的标准系列溶液，采用基体匹配法，即制备与被测样品基体一致、质量分数相近的标准系列溶液，称取纯基体物质与被测样品中基体相同的量，随同样品制备标准系列溶液，或者直接加入制备好的基体溶液。基体匹配标准曲线法的介绍，参见本书中第二章第二节-一、-（五）-2.-（2）标准曲线法部分。

（1）**基体溶液的制备** 铁基体溶液（50.0mg/mL）：称5.00g金属铁［$w(\mathrm{Fe})\geq$99.95%，$w(\mathrm{Al}、\mathrm{B})<0.0005\%$］，加入30mL水，分多次少量加入共25mL盐酸［$\rho=1.19\mathrm{g/mL}$，$c(\mathrm{Al}、\mathrm{B})<20\mathrm{ng/mL}$］，低温加热至溶解完全，冷却至室温，转移至100mL容量瓶中，以水定容，混匀。此溶液保存于聚乙烯瓶中。

（2）**标准系列溶液的制备**

① 分析钢铁及合金中铟、铊的含量 称0.1000g样品（与样品基体组分相近且被测元素含量相对较低）6份，分别置于50mL烧杯中，加入5mL适宜比例的盐酸（$\rho=1.19\mathrm{g/mL}$）与硝酸（$\rho=1.42\mathrm{g/mL}$）的混合酸，加热至溶解，冷却至室温，移入100mL容量瓶中。加入1.00mL铑内标溶液（1.00μg/mL），分别加入0mL、0.50mL、1.00mL、2.50mL、5.00mL、10.00mL铟铊混合标准溶液（铟、铊各1.00μg/mL），以水定容，混匀。

② 分析钢铁及合金中总铝、总硼的含量 分别加入0mL、0.100mL、0.200mL、0.500mL、1.00mL、10.00mL铝硼混合标准溶液（铝、硼各1.00μg/mL）、5.00mL铝硼混合标准溶液（铝、硼各10.00μg/mL）和10.00mL铝硼混合标准溶液（铝、硼各10.00μg/mL）于8个100mL塑料容量瓶中，各加入2.00mL铁基体溶液（50.0mg/mL），各加入5.00mL铍钪混合标准溶液［铍、钪各2.00μg/mL，溶液配制方法见本方法（二）样品的消解］作为内标液，加入3mL盐酸［$\rho=1.19\mathrm{g/mL}$，$c(\mathrm{Al}、\mathrm{B})<20\mathrm{ng/}$

mL]、1mL 硝酸 [$\rho = 1.42g/mL$，c（Al、B）<20ng/mL]、1mL 氢氟酸 [$1+1$，c（Al、B)<20ng/mL]，以水定容，混匀。

内标校正的标准系列溶液的测量方法，参见第二章第四节-一、-（五）-2.-（3）标准系列溶液的测量。

分别以各被测元素质量浓度（ng/mL）为横坐标，其净信号强度比为纵坐标，由计算机自动绘制标准曲线。对于每个测量系列，应单独绘制标准曲线。当标准曲线的 $R^2 \geqslant$ 0.999 时，即可进行样品溶液的测定。

（六）样品的测定

（1）仪器的基本操作方法　具体方法参见第二章第四节-一、-（六）样品的测定。

（2）样品中被测元素的同位素信号强度的测量　具体方法参见第二章第四节-二、-（六）-2.样品中被测元素的同位素信号强度的测量。从标准曲线上查得样品溶液中相应被测元素质量浓度（ng/mL）。

测量溶液的顺序，具体方法参见第二章第四节-一、-（六）样品的测定。

控制样的检测，具体方法参见第二章第四节-一、-（六）样品的测定。

（七）结果的表示

分析结果在 1% 以上保留 4 位有效数字，在 1% 以下保留 3 位有效数字。

（八）质量保证和质量控制

具体操作方法参见第二章第三节-一、-（八）质量保证和质量控制。

（九）注意事项

（1）由于存在氟塑料高压罐安全膜破损并喷出热酸的危险，消解程序结束后，不要立即打开微波炉门。

（2）参见第二章第二节-一、-（九）注意事项（1）。

（3）参见第二章第三节-一、-（九）注意事项（1）、（3）。

（4）测试中所用仪器的标准，参见第二章第三节-三、-（九）注意事项（3）。

（5）分析钢铁及合金中杂质元素总铝、总硼含量时，采用微波消解法处理样品，此为高压作业，为安全起见，请严格遵守厂家提供仪器说明书使用规定，消解过程中的最高温度和压力不得超过说明书规定范围。在消解样品前，请先用厂商推荐的酸清洗氟塑料 [如聚四氟乙烯（PTFE）、聚全氟烷氧基树脂（PFA）、可溶性聚四氟乙烯（TFM）等] 高压罐。

（6）分析钢铁及合金中杂质元素总铝、总硼含量时，制备样品溶液和标准系列溶液所使用的玻璃器皿和塑料容器及清洗方法，参见上述方法（四）-（5）分析钢铁及合金中杂质元素总铝和总硼的含量。

二、钢铁中痕量元素的分析

现行国家标准[39]中，电感耦合等离子体质谱法可以分析钢铁中痕量元素锡、锑、铈、铅、铋的含量，其元素测定范围见表 3-6。

我们以此为应用实例讲解具体的分析步骤和方法，以及一些注意事项。

（一）样品的制备和保存

根据国家标准[41]GB/T 20066—2006或适当的国家标准取样、制样。

具体操作方法参见第三章第二节-一、-（一）样品的制备和保存。

（二）样品的消解

分析钢铁中痕量元素锡、锑、铈、铅、铋含量的消解方法主要为湿法消解中的微波消解法和电热板消解法。关于消解方法分类和微波消解法的介绍，参见第三章第五节-一、-（二）样品的消解。

本部分中，样品用适宜比例的盐酸、硝酸、氢氟酸的混合酸溶解，并添加镥（测铈量）、钇和铑（测锡、锑、铅、铋量）作为内标元素。下面具体介绍这2种消解方法。

称取0.100g样品，精确至0.0001g。独立测定2次，取其平均值。随同样品做空白试验。空白样品溶液应含有与消解样品所用的等量的试剂，以及与样品等量的高纯铁。

分析钢铁中锡、锑、铅、铋、铈的含量的消解方法如下。

1. 微波消解法

将样品定量转移至氟塑料高压消解罐（图3-1，参见国家标准GB/T 6609.7—2004[46]，容积约120mL，经厂家推荐的酸清洗）中，加入3mL盐酸（$\rho=1.19g/mL$）、1mL硝酸（$\rho=1.42g/mL$）、0.5mL氢氟酸（$\rho=1.15g/mL$）（测铈含量时，只不加氢氟酸）。旋紧高压罐盖子，在常压下放置过夜（这样通常可改善湿法消解过程）。湿法消解在微波消解系统中进行。氟塑料高压罐固定在转盘或特定的夹持装置上，放入微波炉中，然后进行微波消解。通常采用三步程序进行湿法消解，即开始采用低温（约50℃），保持10min，然后升温至100℃，保持10min，最后升温至150～200℃，保持10min。

通过调节微波炉功率，可简便地实现三步程序消解。采用如上消解方法，消解30min，然后冷却30min，再从微波炉中取出高压罐。冷却，待高压罐温度低于50℃，戴上塑料手套，打开氟塑料高压消解罐。

冷却后，将氟塑料高压消解罐中的溶液移入100mL聚乙烯容量瓶中，用超纯水（电阻率≥18MΩ/cm，由水纯化系统制取）仔细冲洗氟塑料高压消解罐和盖子内壁3～4次，合并至上述聚乙烯容量瓶中，加入铑、钇内标溶液（测铈含量时，改为镥内标溶液），用超纯水（电阻率≥18MΩ/cm）稀释至刻度，摇匀。

2. 电热板消解法（也适用于分析含有钨、铌钢铁样品中的铈含量）

将样品置于50mL聚四氟乙烯烧杯（分析不含钨、铌样品中的铈含量时，用玻璃烧杯）或石英烧杯中［如样品中含碳量＞1%，应先加入2mL稀硝酸（1+1），盖上表面皿，于电热板上低温加热，至反应停止］，加入3mL盐酸（$\rho=1.19g/mL$），盖上表面皿，于电热板上低温加热，至反应停止。加入1mL硝酸（$\rho=1.42g/mL$），加热，赶尽氮氧化物。加入0.5mL氢氟酸（$\rho=1.15g/mL$），加热5min（分析不含钨、铌样品中的铈含量时，只不加氢氟酸）。必要时，冷却后加入5mL高氯酸（$\rho=1.67g/mL$），打开表面皿，高温加热至起烟。盖上表面皿，继续加热至在烧杯壁上形成稳定的白色高氯酸烟回流。继续加热，直至烧杯内看不到高氯酸烟。冷却，加入3mL稀王水（2+10），低温加热至盐类溶解，冷却至室温。用超纯水（电阻率≥18MΩ/cm，由水纯化系统制取）冲洗定量转移至 100mL 容量瓶中，加入铑、钇内标溶液（分析不含钨、铌样品中的铈含量时，改为锗内标溶液），用超纯水（电阻率≥18MΩ/cm）定容，摇匀。

由于在湿法消解的钢铁样品中存在大量的基体导致仪器漂移，建议在分析多个样品时使用内标。内标元素浓度适宜与被测元素浓度接近，通常其浓度差异不超过 2 个数量级。对于多元素测定，内标元素浓度与被测元素浓度差异超过 2 个数量级的，可将浓度接近的分组，并采用合适内标校正仪器漂移。由于分析前元素浓度未知，需进行预分析，以确定被测元素浓度水平。在诸多钢铁材料中被测元素浓度会很低，则选择内标溶液为 1μg/mL 合适。

（三）仪器条件的选择

分析钢铁中痕量元素锡、锑、铈、铅、铋的含量时，推荐的电感耦合等离子体质谱仪的测试条件，见表 3-6。仪器的配置要求，参见第二章第四节-一、-（三）仪器条件的选择。仪器还需配备耐氢氟酸溶液雾化进样系统。

（1）选择同位素的质量数时，可以根据仪器的实际情况做相应的调整。推荐的同位素的质量数见表 3-6。同位素质量数的选择方法，参见第二章第四节-一、-（三）仪器条件的选择。

（2）在仪器最佳工作条件下，凡能达到下列指标者均可使用。

1）短时精密度　连续测定的 10 个质谱信号强度的相对标准偏差≤5％。此指标的测量和计算方法，参见第二章第四节-一、-（三）-（2）-1）短时精密度。

2）灵敏度　此指标的测量和计算方法，参见第二章第四节-一、-（三）-（2）-2）灵敏度。

3）测定下限　此指标的测量和计算方法，参见第二章第四节-一、-（三）-（2）-3）测定下限。

4）标准曲线的线性　标准曲线的 R^2≥0.999。

（四）干扰的消除

（1）分析钢铁中痕量元素锡、锑、铅、铋的含量时，以铑、钇为内标元素，分析钢铁中铈含量时，以锗为内标元素，采用基体匹配标准曲线法，即标准系列溶液以被测样品基（主）体元素和样品溶样酸进行基体匹配，来校正仪器的灵敏度漂移并消除基体效应的影响，消除基体铁及其他元素的干扰。

（2）分析钢铁中痕量元素锡、锑、铅、铋、铈的含量时，消解样品过程中，用高氯酸冒烟，除去硅、钨、铌等元素，消除干扰。

（3）由于在湿法消解的钢铁样品中存在大量的基体导致仪器漂移，建议在分析多个样品时使用内标。加入内标溶液浓度的确定，具体参见本部分（二）样品的消解。

（4）如果标准系列溶液中引入了其他元素或物质（如钾、硫酸等），对被测元素和内标元素的测量有影响，应采用基体匹配法，消除干扰。

（5）表 3-6 推荐的同位素质量数中，存在一定的干扰物质，选用同位素质量数时需注意查表。如果空白样品溶液的质谱信号强度，较标准系列溶液和样品溶液的质谱信号强度相同或更高，则可能存在一些干扰，选择其他同位素可能降低或消除干扰。但是，对于单一同位素元素则没有这种可能，需加强控制背景信号。

（6）本方法中制备样品溶液和标准系列溶液时，使用容量瓶、单标线吸量管、玻璃表面皿、烧杯、聚乙烯瓶、聚乙烯移液管、聚苯乙烯试管。所有玻璃器皿应符合国家标准 GB/T 12806—2011 和 GB/T 12808—2015 规定的 A 级，消除干扰。

（五）标准曲线的建立

1. 标准溶液的配制

配制各个被测元素标准储备溶液和标准溶液的原则，参见第二章第三节-二、-（五）-1. 标准溶液的配制。

2. 标准曲线的建立

内标校正的标准曲线法（内标法）的具体介绍，参见第二章-第四节-一、-（五）-2.-（1）内标校正的标准曲线法（内标法）的原理及使用范围。内标法校正的标准系列溶液的配制原则，参见第二章第四节-一、-（五）-2.-（2）标准系列溶液的配制。如果标准曲线不呈线性，可采用次灵敏度同位素的质量数测量，或者适当稀释样品溶液和标准系列溶液。

分析钢铁中痕量元素锡、锑、铈、铅、铋的含量时，制备标准曲线中的标准系列溶液，采用基体匹配法，即制备与被测样品基体一致、质量分数相近的标准系列溶液，称取纯基体物质与被测样品中基体相同的量，随同样品制备标准系列溶液，或者直接加入制备好的基体溶液。基体匹配标准曲线法的介绍，参见本书第二章第二节-一、-（五）-2.-（2）标准曲线法。

分析钢铁中痕量元素锡、锑、铈、铅、铋元素的含量，标准系列溶液的制备。

（1）在玻璃容量瓶中配制　分别将约 50mL 超纯水（电阻率≥18MΩ/cm）加入 11 个或 12 个 100mL 聚乙烯容量瓶中，按表 3-26 加入铁基体溶液（10.0g/L）、无机酸和被测元素单标准溶液或混合标准溶液，加入相应量的铑和钇内标溶液（测铈含量时，加入的内标溶液改为镥内标溶液）。以超纯水（电阻率≥18MΩ/cm）定容，混匀。

▱ 表 3-26　分析钢铁中杂质元素锡、锑、铈、铅、铋含量的标准系列溶液（玻璃容量瓶）

被测元素	标准系列溶液标号	铁基体溶液[①]体积/mL	盐酸[②]体积/mL	硝酸[③]体积/mL	氢氟酸[④]体积/mL	分取被测元素标准溶液浓度/（μg/mL）	分取被测元素标准溶液体积/μL
锡、锑、铅、铋	（1）～（3）	10	3	1	0.5	1000	0、50、20
	（4）～（9）	10	3	1	0.5	10	1000、500、200、100、50、20
	（10）～（12）	10	3	1	0.5	0.1	1000、500、200
铈	（1）	10	3	1	—	1000	0
	（2）～（5）	10	3	1	—	1000	200、100、50、20
	（6）～（11）	10	3	1	—	10	1000、500、200、100、50、20

① 铁基体溶液（10.0g/L）：称 0.50g 金属铁 [w(Fe)≥99.95%，w(Sn、Sb、Ce、Pb、Bi)<0.0001%]，精确至 0.01g，置于 250mL 烧杯中。依次加入 20mL 超纯水（电阻率≥18MΩ/cm）、0.1mL 盐酸（ρ=1.19g/mL）、5mL 硝酸（ρ=1.42g/mL），低温加热至铁屑溶解完全，冷却至室温，转移至 50mL 容量瓶中，以超纯水（电阻率≥18MΩ/cm）定容，混匀。此溶液保存于聚乙烯瓶中。

② 盐酸：ρ=1.19g/mL。

③ 硝酸：ρ=1.42g/mL。

④ 氢氟酸：ρ=1.15g/mL。

（2）在聚苯乙烯试管中配制　分别将约 3mL 超纯水（电阻率≥18MΩ/cm）加入 11 个 10mL 聚苯乙烯试管中，按表 3-27 加入铁基体溶液（10.0g/L）、无机酸和被测元素单标准溶液或混合标准溶液，加入相应量的铑和钇内标溶液（测铈含量时，加入的内标溶液改为镥内标溶液）。采用称重法，以超纯水（电阻率≥18MΩ/cm）稀释至 10mL，用封口膜密封试管，混匀。

▫ 表 3-27　分析钢铁中杂质元素锡、锑、铈、铅、铋含量的标准系列溶液（聚苯乙烯试管）

被测元素	标准系列溶液标号	铁基体溶液① 体积/mL	盐酸② 体积/μL	硝酸③ 体积/μL	氢氟酸④ 体积/μL	分取被测元素标准溶液浓度/(μg/mL)	分取被测元素标准溶液体积/μL
锡、锑、铅、铋	（1）	1.0	300	100	50	10	0
	（2）～（5）	1.0	300	100	50	10	500、200、100、50
	（6）～（11）	1.0	300	100	50	0.1	2000、1000、500、200、100、50
铈	（1）	1.0	300	100	—	10	0
	（2）～（7）	1.0	300	100	—	10	2000、1000、500、200、100、50
	（8）～（11）	1.0	300	100	—	0.1	2000、1000、500、200

　　① 铁基体溶液（10.0g/L）：称 0.50g 金属铁 $[w(Fe)≥99.95\%，w(Sn、Sb、Ce、Pb、Bi)<0.0001\%]$，精确至 0.01g，置于 250mL 烧杯中。依次加入 20mL 超纯水（电阻率≥18MΩ/cm）、0.1mL 盐酸（$\rho=1.19g/mL$）、5mL 硝酸（$\rho=1.42g/mL$），低温加热至铁屑溶解完全，冷却至室温，转移至 50mL 容量瓶中，以超纯水（电阻率≥18MΩ/cm）定容，混匀。此溶液保存于聚乙烯瓶中。

　　② 盐酸：$\rho=1.19g/mL$。

　　③ 硝酸：$\rho=1.42g/mL$。

　　④ 氢氟酸：$\rho=1.15g/mL$。

　　内标校正的标准系列溶液的测量方法，参见第二章第四节-一、-(五)-2.-(3) 标准系列溶液的测量。

　　分别以各被测元素质量浓度（μg/mL）为横坐标，其净信号强度比为纵坐标，由计算机自动绘制标准曲线。对于每个测量系列，应单独绘制标准曲线。当标准曲线的 $R^2≥0.999$ 时即可进行样品溶液的测定。

　　（六）样品的测定

　　（1）仪器的基本操作方法　具体方法参见第二章第四节-一、-(六) 样品的测定。

　　（2）样品中被测元素的同位素信号强度的测量　具体方法参见第二章第四节-二、-(六)-2. 样品中被测元素的同位素信号强度的测量。从标准曲线上查得样品溶液中相应被测元素质量浓度（μg/mL）。

　　测量溶液的顺序，具体方法参见第二章第四节-一、-(六) 样品的测定。

　　控制样的检测，具体方法参见第二章第四节-一、-(六) 样品的测定。

　　（七）结果的表示

　　分析结果在 1% 以上保留 4 位有效数字，在 1% 以下保留 3 位有效数字。

　　（八）质量保证和质量控制

　　具体操作方法参见第二章第三节-一、-(八) 质量保证和质量控制。

（九）注意事项

（1）由于存在氟塑料高压罐安全膜破损并喷出热酸的危险，消解程序结束后，不要立即打开微波炉门。

（2）参见第二章第二节--一、-（九）注意事项（1）。

（3）参见第二章第三节--一、-（九）注意事项（1）。

（4）测试中所用仪器的标准，参见第二章第三节-三、-（九）注意事项（3）。

（5）除非另有说明，在分析中仅使用各被测元素质量分数均低于 0.0001％的高纯试剂或相当纯度的试剂和超纯水（电阻率≥18MΩ/cm，由水纯化系统制取）。

（6）制备各元素标准溶液和标准系列溶液时，既可在容量瓶中制备，也可在聚苯乙烯试管中制备。其中，在聚苯乙烯试管中制备溶液时，加入试剂量减少至 10％或 1％；定容时采用称重法，称量试管内净重；用聚合物膜密封试管后再混匀。

（7）分析钢铁中痕量元素锡、锑、铈、铅、铋的含量时，采用微波消解法处理样品，此为高压作业，为安全起见，请严格遵守厂家提供仪器说明书使用规定，消解过程中的最高温度和压力不得超过说明书规定范围。在消解样品前，请先用厂商推荐的酸清洗氟塑料［如聚四氟乙烯（PTFE）、聚全氟烷氧基树脂（PFA）、可溶性聚四氟乙烯（TFM）等］高压罐。

（8）采用电热板法处理样品，测定钢铁中的锡、锑、铅、铋含量时，使用聚四氟乙烯烧杯或石英烧杯，测定铈含量时，使用玻璃烧杯或石英烧杯；配制锡、锑、铅、铋的标准系列溶液时，使用聚乙烯容量瓶或聚苯乙烯试管定容。

三、钢板及钢带中锌基和铝基镀层痕量元素的分析

现行国家标准[40]中，电感耦合等离子体质谱法可以分析钢板及钢带纯锌、锌铁、锌铝和铝锌合金镀层的痕量元素铅、镉的含量，其元素测定范围见表 3-6。

我们以此为应用实例讲解具体的分析步骤和方法，以及一些注意事项。

（一）样品的制备和保存

除特殊规定外，按照国家标准[41] GB/T 20066—2006 和相关的产品标准规定取样和制样。

（1）取样　具体操作方法参见第三章第二节--一、-（一）样品的制备和保存。

（2）制样

样品的前处理：采用合适的方法去除样品已发生化学变化的部分。

将带有镀层的钢板或钢带用冲床冲成圆片或利用其他工具剪切成规则形状的样品片（如 30mm×30mm 正方形样品），用无水乙醇（优级纯）去除表面的沾污并经水清洗，吹干样品表面，立即用天平称量样品片。

（3）样品的保存　具体操作方法参见第三章第二节--一、-（一）样品的制备和保存。

（二）样品的消解

分析钢板及钢带中锌基和铝基镀层的痕量元素铅、镉含量的消解方法主要为湿法消解中的电热板消解法。关于消解方法分类的介绍，参见第二章第二节--一、-（二）样品的

消解。

本部分中，将样品的镀层采用化学方法剥离后，消解处理成样品溶液。其中，锌基镀层以酸性剥离液剥离，铝基镀层以碱性剥离液剥离。下面具体介绍其消解方法。

将带有镀层的钢板或钢带用冲床冲成圆片或利用其他工具剪切成规则形状的样品片（如 30mm×30mm 正方形样品），用无水乙醇（优级纯）去除表面的沾污并经水清洗，吹干样品表面，立即用分析天平称量样品片质量，记为 m_1，精确至 0.0001g。

独立测定两次，取其平均值。随同样品做空白试验。

分析钢板及钢带中锌基和铝基镀层的痕量元素铅、镉的含量的消解方法：

1. 分析锌基镀层（主要指纯锌、锌铁、锌铝合金镀层）**中铅、镉的含量**

将上述样品片置于烧杯中，加入 50mL 剥离液［将 3.5g 六亚甲基四胺（分析纯）溶解于 250mL 盐酸（$\rho=1.19$g/mL）中，以水定容至 1000mL，混匀］，在室温条件下，样品完全浸没于溶液中，不时摇动烧杯并翻动样品，直到镀层表面没有氢气析出。然后冲洗样品，必要时可用尼龙刷刷去可能吸附在样品表面的疏松附着物，合并洗液。将样品基板迅速干燥后，用分析天平称量样品基板质量，记为 m_2，精确至 0.0001g。将上述样品溶液移入容量瓶中，以水定容，混匀。待测。

2. 分析铝基镀层（主要指铝锌合金镀层）**中铅、镉的含量**

将上述样品片置于 250mL 聚四氟乙烯烧杯中，加入 50mL 氢氧化钠溶液（100g/L）、3mL 过氧化氢溶液（30%，质量分数），于电热板上低温加热，样品完全浸没于溶液中，不时翻动样品，直到样品表面全部呈光亮状时，取出样品。以少量水洗净样品，洗下溶液并入烧杯中，继续加热 5min，取下冷却。然后将样品基板迅速干燥后，用分析天平称量样品基板质量，记为 m_2，精确至 0.0001g。在上述样品溶液中加入 20mL 盐酸（$\rho=1.19$g/mL），冷却至室温，移入容量瓶中，以水定容，混匀，待测。

（三）仪器条件的选择

分析钢板及钢带中锌基和铝基镀层的痕量元素铅、镉的含量时，推荐的电感耦合等离子体质谱仪测试条件，参见表 3-6。仪器的配置要求，参见第二章第四节-一、-（三）仪器条件的选择。

（1）选择同位素的质量数时，可以根据仪器的实际情况做相应的调整。推荐的同位素的质量数见表 3-6。同位素的质量数选择方法，参见第二章第四节-一、-（三）仪器条件的选择。

（2）在仪器最佳工作条件下，凡能达到下列指标者均可使用。

1）短时精密度　连续测定 10 次被测元素标准溶液（10ng/mL，与样品溶液相同基体）的质谱信号强度，其相对标准偏差≤5%。

2）灵敏度　此指标的测量和计算方法，参见第二章第四节-一、-（三）-(2)-2) 灵敏度。

3）测定下限　分析钢板及钢带中锌基和铝基镀层中铅、镉元素的含量时，测定下限≤0.2ng/mL。此指标的测量和计算方法，参见第二章第四节-一、-（三）-(2)-3) 测定下限。

4）标准曲线的线性　标准曲线的 $R^2 \geq 0.999$。

（四）干扰的消除

（1）分析钢板及钢带中锌基和铝基镀层的痕量元素铅、镉的含量时，采用基体匹配标准曲线法，即标准系列溶液以被测样品基（主）体元素和样品处理时的试剂进行基体匹配，消除基体锌、铝及其他元素的干扰。

（2）分析钢板及钢带中铝基镀层的痕量元素铅、镉的含量，样品消解时，需使用聚四氟乙烯烧杯，消除干扰。

（3）本方法中制备样品溶液和标准系列溶液时，使用容量瓶、单标线吸量管、烧杯、聚四氟乙烯烧杯、聚乙烯瓶、聚乙烯移液管。所有玻璃器皿应符合国家标准 GB/T 12806—2011 和 GB/T 12808—2015 规定的 A 级，并经过校准。消除干扰。

（4）使用感量为 0.1mg 的分析天平，并经过校准。初步预测样品溶液中被测元素的浓度范围，以选择合适的绘制标准曲线的方法。

（五）标准曲线的建立

1. 标准溶液的配制

配制各个被测元素标准储备溶液和标准溶液的原则，参见第二章第三节-二、-（五）-1. 标准溶液的配制。

2. 标准曲线的建立

标准系列溶液的配制原则，参见第二章第二节-一、-（五）-2. 标准曲线的建立中的标准系列溶液的配制原则。分析钢板及钢带中锌基和铝基镀层的痕量元素铅、镉的含量时，制备标准曲线中的标准系列溶液，采用基体匹配法，即制备与被测样品基体一致、质量分数相近的标准系列溶液，称取纯基体物质与被测样品中基体相同的量，随同样品制备标准系列溶液，或者直接加入制备好的基体溶液。基体匹配标准曲线法的介绍，参见本书中第二章第二节-一、-（五）-2.-（2）标准曲线法。

（1）基体溶液的制备

锌标准溶液（10mg/mL）：称 10.00g 高纯锌 [w（Zn）$\geqslant$99.95%，w（Pb、Cd）$\leqslant$0.00005%]，溶于 200mL 盐酸（ρ＝1.19g/mL），冷却后将溶液转入 1000mL 容量瓶中，以水定容，混匀。

铝标准溶液（10mg/mL）：称 10.00g 高纯铝 [w（Al）$\geqslant$99.95%，w（Pb、Cd）$\leqslant$0.00005%]，溶于 200mL 盐酸（ρ＝1.19g/mL），冷却后将溶液转入 1000mL 容量瓶中，以水定容，混匀。

（2）标准系列溶液的配制　取 7 个 100mL 容量瓶，分别加入与样品处理时相同用量的试剂和适量用于基体匹配的锌标准溶液（10mg/mL）和铝标准溶液（10mg/mL），使锌和铝的含量与样品溶液中的含量相当。按表 3-28 加入被测元素的标准溶液，于 7 个 100mL 容量瓶中，以超纯水（电阻率$\geqslant$18MΩ/cm）定容，混匀。

根据样品溶液中被测元素的浓度范围（对应其样品中被测元素的质量分数范围），需要绘制不同的标准曲线，即需配制不同的标准系列溶液，见表 3-28，选择时需注意。

（3）标准系列溶液的测量　将标准系列溶液引入电感耦合等离子体质谱仪中，输入根据实验所选择的仪器最佳测定条件，按照与测量样品溶液相同的条件，浓度由低到高的顺序，测量标准系列溶液中被测元素的同位素（其质量数参见表 3-6）的信号强度（通常为每秒计数率，cps）3 次，取 3 次测量平均值。以标准系列溶液中各被测元素的信号强度平均值，减去零浓度标准溶液（未加被测元素标准溶液的溶液）中相应元素的信号强度平均值，为标准系列溶液的净信号强度。

▫ 表 3-28 分析钢板及钢带中锌基和铝基镀层的痕量元素铅、镉含量的标准系列溶液

被测元素	样品溶液被测元素浓度/(μg/mL)	分取被测元素标准溶液浓度/(μg/mL)	分取被测元素标准溶液体积/mL
铅	0.50～2.00	100	0、0.50、0.75、1.00、1.50、1.75、2.00
	0.020～0.50	10	0、0.20、0.50、1.00、2.00、4.00、5.00
镉	0.50～2.00	100	0、0.50、0.75、1.00、1.50、1.75、2.00
	0.010～0.50	10	0、0.10、0.50、1.00、2.00、4.00、5.00

分别以各被测元素质量浓度（μg/mL）为横坐标，其净信号强度（通常为每秒计数率，cps）为纵坐标，由计算机自动绘制标准曲线。对于每个测量系列，应单独绘制标准曲线。当标准曲线的 $R^2 \geqslant 0.999$ 时，即可进行样品溶液的测定。

（六）样品的测定

（1）仪器的基本操作方法　具体方法参见第二章第四节-一、-(六)样品的测定。

（2）样品中被测元素的同位素信号强度的测量　按浓度由低到高的顺序，将样品溶液由蠕动泵导入、雾化器雾化后进入等离子体中，运行分析程序，同时测量样品溶液和空白溶液中被测元素的同位素（其质量数参见表 3-6）信号强度（通常为每秒计数率，cps）。测量样品溶液和空白溶液中被测元素的同位素信号强度 3 次，取 3 次测量平均值。以样品溶液中各被测元素的信号强度平均值，减去空白溶液中相应被测元素的信号强度平均值，为该样品溶液的净信号强度。以此净信号强度从标准曲线上查得的浓度，就是样品溶液中被测元素的浓度（μg/mL）。如果使用纯金属和试剂，空白样品溶液不应有显著的质谱信号。

值得注意的是，如果样品溶液的浓度超过标准曲线的范围，则用盐酸（1+10）进行适当稀释后测量。

测量溶液的顺序，具体方法参见第二章第四节-一、-(六)样品的测定。

控制样的检测，具体方法参见第二章第四节-一、-(六)样品的测定。

（七）结果的表示

分析结果在 1% 以上保留 4 位有效数字，在 1% 以下保留 3 位有效数字。

（八）质量保证和质量控制

具体操作方法参见第二章第三节-一、-(八)质量保证和质量控制。

（九）注意事项

（1）参见第二章第二节-一、-(九)注意事项（1）。

（2）参见第二章第三节-一、-(九)注意事项（1）、（3）。

（3）测试中所用仪器的标准，参见第二章第三节-三、-(九)注意事项（3）。

（4）锌基镀层是指纯锌、锌铁、锌铝合金镀层，铝基镀层是指铝锌合金镀层。其中，锌铝合金是指以锌为主要元素加入铝元素组成的合金，铝锌合金是指以铝为主要元素加入锌元素组成的合金。

（5）分析钢板及钢带中铝基镀层中痕量元素铅、镉的含量时，制备样品溶液和标准系

列溶液，需使用聚四氟乙烯烧杯等塑料容器和移液管。

参考文献

［1］ 国家质量监督检验检疫总局. GB/T 20127. 12—2006 钢铁及合金 痕量素的测定 第 12 部分：火焰原子吸收光谱法测定锌含量［S］. 北京：中国标准出版社，2006.

［2］ 国家质量监督检验检疫总局. GB/T 223. 64—2008/ISO 10700：1994 钢铁及合金 锰含量的测定 火焰原子吸收光谱法［S］. 北京：中国标准出版社，2008.

［3］ 国家质量监督检验检疫总局. GB/T 4702. 4—2008 金属铬 铁含量的测定 乙二胺四乙酸二钠滴定法和火焰原子吸收光谱法［S］. 北京：中国标准出版社，2008.

［4］ 国家质量监督检验检疫总局. GB/T 4702. 5—2008 金属铬 铝含量的测定 乙二胺四乙酸二钠滴定法和火焰原子吸收光谱法［S］. 北京：中国标准出版社，2008.

［5］ 国家质量监督检验检疫总局. GB/T 5687. 10—2006 铬铁 锰含量的测定 火焰原子吸收光谱法［S］. 北京：中国标准出版社，2006.

［6］ 国家质量监督检验检疫总局. GB/T 8704. 9—2009 钒铁 锰含量的测定 高碘酸钾光度法和火焰原子吸收光谱法［S］. 北京：中国标准出版社，2009.

［7］ 国家质量监督检验检疫总局. GB/T 4333. 4—2007 硅铁 铝含量的测定 铬天青 S 分光光度法、EDTA 滴定法和火焰原子吸收光谱法［S］. 北京：中国标准出版社，2007.

［8］ 国家质量监督检验检疫总局. GB/T 4701. 3—2009 钛铁 铜含量的测定 铜试剂光度法和火焰原子吸收光谱法［S］. 北京：中国标准出版社，2009.

［9］ 国家质量监督检验检疫总局. GB/T 7731. 2—2007 钨铁 锰含量的测定 高碘酸盐分光光度法和火焰原子吸收光谱法［S］. 北京：中国标准出版社，2007.

［10］ 国家质量监督检验检疫总局. GB/T 7731. 3—2008 钨铁 铜含量的测定 双环己酮草酰二腙光度法和火焰原子吸收光谱法［S］. 北京：中国标准出版社，2008.

［11］ 国家质量监督检验检疫总局. GB/T 21933. 3—2008/ISO 7520 1985 镍铁 钴含量的测定 火焰原子吸收光谱法［S］. 北京：中国标准出版社，2008.

［12］ 国家质量监督检验检疫总局. GB/T 20127. 1—2006 钢铁及合金 痕量素的测定 第 1 部分：石墨炉原子吸收光谱法测定银含量［S］. 北京：中国标准出版社，2006.

［13］ 国家质量监督检验检疫总局. GB/T 20127. 4—2006 钢铁及合金 痕量素的测定 第 4 部分：石墨炉原子吸收光谱法测定铜含量［S］. 北京：中国标准出版社，2006.

［14］ 国家质量监督检验检疫总局. GB/T 20127. 2—2006 钢铁及合金 痕量素的测定 第 2 部分：氢化物发生-原子荧光光谱法测定砷含量［S］. 北京：中国标准出版社，2006.

［15］ 国家质量监督检验检疫总局. GB/T 20127. 8—2006 钢铁及合金 痕量素的测定 第 8 部分：氢化物发生-原子荧光光谱法测定锑含量［S］. 北京：中国标准出版社，2006.

［16］ 国家质量监督检验检疫总局. GB/T 20127. 10—2006 钢铁及合金 痕量素的测定 第 10 部分：氢化物发生-原子荧光光谱法测定硒含量［S］. 北京：中国标准出版社，2006.

［17］ 国家质量监督检验检疫总局. GB/T 223. 80—2007 钢铁及合金 铋和砷含量的测定 氢化物发生-原子荧光光谱法［S］. 北京：中国标准出版社，2007.

［18］ 中国钢铁工业协会. GB/T 20127. 3—2006 钢铁及合金 痕量素的测定 第 3 部分：电感耦合等离子体发射光谱法测定钙、镁和钡含量［S］. 北京：中国标准出版社，2006.

［19］ 国家质量监督检验检疫总局. GB/T 20127. 9—2006 钢铁及合金 痕量素的测定 第 9 部分：电感耦合等离子体发射光谱法测定钪含量［S］. 北京：中国标准出版社，2006.

［20］ 国家质量监督检验检疫总局. GB/T 20125—2006 低合金钢 多素的测定 电感耦合等离子体发射光谱法［S］. 北京：中国标准出版社，2006.

［21］ 国家质量监督检验检疫总局. GB/T 24520—2009 铸铁和低合金钢 镧、铈和镁含量的测定 电感耦合等离子

体原子发射光谱法 [S]．北京：中国标准出版社，2009.

[22]　国家质量监督检验检疫总局. GB/T 24194—2009 硅铁　铝、钙、锰、铬、钛、铜、磷和镍含量的测定　电感
耦合等离子体原子发射光谱法 [S]．北京：中国标准出版社，2009.

[23]　中国钢铁工业协会. GB/T 7731. 6—2008 钨铁　砷含量的测定　钼蓝光度法和电感耦合等离子体原子发射光
谱法 [S]．北京：中国标准出版社，2008.

[24]　国家质量监督检验检疫总局. GB/T 7731. 7—2008 钨铁　锡含量的测定 苯基荧光酮光度法和电感耦合等离子
体原子发射光谱法 [S]．北京：中国标准出版社，2008.

[25]　国家质量监督检验检疫总局. GB/T 7731. 8—2008 钨铁　锑含量的测定 罗丹明 B 光度法和电感耦合等离子体
原子发射光谱法 [S]．北京：中国标准出版社，2008.

[26]　国家质量监督检验检疫总局. GB/T 7731. 9—2008 钨铁　铋含量的测定 碘化铋光度法和电感耦合等离子体原
子发射光谱法 [S]．北京：中国标准出版社，2008.

[27]　国家质量监督检验检疫总局. GB/T 7731. 14—2008 钨铁　铅含量的测定 极谱法和电感耦合等离子体原子发
射光谱法 [S]．北京：中国标准出版社，2008.

[28]　国家质量监督检验检疫总局. GB/T 24585—2009 镍铁　磷、锰、铬、铜、钴和硅含量的测定　电感耦合等离
子体原子发射光谱法 [S]．北京：中国标准出版社，2009.

[29]　国家质量监督检验检疫总局. GB/T 32794—2016 含镍生铁　镍、钴、铬、铜、磷含量的测定　电感耦合等离
子体原子发射光谱法 [S]．北京：中国标准出版社，2016.

[30]　国家质量监督检验检疫总局. GB/T 26416. 2—2010 镝铁合金化学分析方法　第 2 部分：稀土杂质含量的测定
电感耦合等离子发射光谱法 [S]．北京：中国标准出版社，2010.

[31]　国家质量监督检验检疫总局. GB/T 26416. 3—2010 镝铁合金化学分析方法　第 3 部分：钙、镁、铝、硅、
镍、钼、钨量的测定　等离子发射光谱法 [S]．北京：中国标准出版社，2010.

[32]　国家质量监督检验检疫总局. GB/T 24583. 8—2009 钒氮合金　硅、锰、磷、铝含量的测定　电感耦合等离子
体原子发射光谱法 [S]．北京：中国标准出版社，2009.

[33]　国家质量监督检验检疫总局. GB/T 16477. 1—2010 稀土硅铁合金及镁硅铁合金化学分析方法　第 1 部分：稀
土总量的测定——（方法 1）电感耦合等离子体原子发射光谱法 [S]．北京：中国标准出版社，2010.

[34]　国家质量监督检验检疫总局. GB/T 16477. 2—2010 稀土硅铁合金及镁硅铁合金化学分析方法　第 2 部分：
钙、镁、锰量的测定　电感耦合等离子体发射光谱法 [S]．北京：中国标准出版社，2010.

[35]　国家质量监督检验检疫总局. GB/T 16477. 5—2010 稀土硅铁合金及镁硅铁合金化学分析方法　第 5 部分：钛
量的测定　电感耦合等离子体发射光谱法 [S]．北京：中国标准出版社，2010.

[36]　国家质量监督检验检疫总局. GB/T 16477. 3—2010 稀土硅铁合金及镁硅铁合金化学分析方法　第 3 部分：氧
化镁含量的测定　电感耦合等离子体发射光谱法 [S]．北京：中国标准出版社，2010.

[37]　国家质量监督检验检疫总局. GB/T 20127. 11—2006 钢铁及合金　痕量素的测定　第 11 部分：电感耦合等
离子体质谱法测定铟和铊含量 [S]．北京：中国标准出版社，2006.

[38]　国家质量监督检验检疫总局. GB/T 223. 81—2007 钢铁及合金 总铝和总硼含量的测定　微波消解-电感耦合
等离子体质谱法 [S]．北京：中国标准出版社，2007.

[39]　国家质量监督检验检疫总局. GB/T 32548—2016 钢铁　锡、锑、铈、铅和铋的测定　电感耦合等离子体质谱
法 [S]．北京：中国标准出版社，2016.

[40]　国家质量监督检验检疫总局. GB/T 31927—2015 钢板及钢带　锌基和铝基镀层中铅和镉含量的测定　电感耦
合等离子体质谱法 [S]．北京：中国标准出版社，2015.

[41]　国家质量监督检验检疫总局. GB/T 20066—2006 钢和铁　化学成分测定用试样的取样和制样方法 [S]．北
京：中国标准出版社，2006.

[42]　国家质量监督检验检疫总局. GB/T 4010—2015 铁合金化学分析用试样的采取和制备 [S]．北京：中国标准
出版社，2015.

[43]　霍红英，张勇. 稀土硅铁合金中钛含量测定 [J]．化工进展，2014,33（1）：183-186.

[44]　李玉梅，杜梅，郝茜，等. ICP-AES 法测定稀土硅铁及镁硅铁合金中钛的含量 [J]．稀土，2014,35（1）：
92-95.

［45］　金斯琴高娃，郝茜，李玉梅，等. 稀土硅铁及镁硅铁合金中钙、镁、锰量的分析方法——ICP-AES 法［J］. 稀
　　　　土，2013,34（4）：70-73.

［46］　国家质量监督检验检疫总局. GB/T 6609. 7—2004 氧化铝化学分析方法和物理性能测定方法　二安替吡啉甲
　　　　烷光度法测定二氧化钛含量［S］. 北京：中国标准出版社，2004.

第四章

贵金属及其合金的分析

第一节 应用概况

贵金属主要指金、银和铂族金属（钌、铑、钯、锇、铱、铂）等金属元素。在工业和现代高新技术产业中，如电子、通信、宇航、化工、医疗等领域，贵金属作为超导体与有机金属等产品被广泛应用。分析贵金属产品中的杂质元素，利用差减法来确定贵金属产品的纯度，是目前贵金属交易和贵金属精炼过程中质量控制的一种重要手段。分析杂质元素的方法主要有原子光谱法、分光光度法、化学光谱法等，其中原子光谱法灵敏度最高。

2009 年陈永红等[1]采用乙酸乙酯萃取法分离基体金，并通过等离子体原子发射光谱法测定金中的 31 种杂质元素。2018 年刘雪松等[2]比较了沉淀方式对采用电感耦合等离子体发射光谱法（ICP-AES）分析纯银样品中的铅和镉的影响。采用原子光谱法分析贵金属中的杂质元素仍是热门的研究领域，并且应用前景十分广阔。本章主要介绍国家标准中的原子光谱法在贵金属产品及其合金中的应用。贵金属产品主要包括金、高纯金、银、锇粉、钌粉。贵金属合金主要包括合质金、金合金、银合金、金银钯合金。

下面将 AAS、HG-AFS、ICP-AES、ICP-MS、AES、GD-MS 的测定范围、检出限、仪器条件、干扰物质及消除方法等基本条件以表格的形式列出，为选择合适的分析方法提供参考。表 4-1 是原子吸收光谱法分析金、银、合质金的基本条件。表 4-2 是原子荧光光谱法分析金的基本条件。表 4-3 是电感耦合等离子体原子发射光谱法分析金、高纯金、银、锇粉的基本条件。表 4-4 是电感耦合等离子体原子发射光谱法分析贵金属合金的基本条件。表 4-5 是电感耦合等离子体质谱法分析高纯金的基本条件。表 4-6 是原子发射光谱法分析金的基本条件。表 4-7 是辉光放电质谱法分析钌粉的基本条件。

其中，原子发射光谱法（如交流电弧直读光谱法、火花原子发射光谱法）和辉光放电质谱法的应用不十分广泛，在本章中的方法介绍部分不做详细介绍。

□ 表 4-1　原子吸收光谱法分析金、银、合质金的基本条件

适用范围	测项	检测方法	测定范围(质量分数)/%	检出限/(μg/mL)	波长/nm	灯电流/mA	狭缝宽度/nm	原子化器	原子化器条件	干扰物质消除方法	国标号	参考文献
金	银	火焰原子吸收光谱法	0.0005~0.0400	0.033	328.1	3	0.7	火焰	空气-乙炔火焰 推荐 P-E1100 型原子吸收光谱仪，观测高度 8.0nm，空气流量 8.0L/min，乙炔流量 0.9L/min（测铜、铝的含量时，空气流量 5.0L/min）		GB/T 11066.2—2008	[3]
	铁	火焰原子吸收光谱法	0.0005~0.0080	0.079	248.3	10	0.2	火焰		用乙酸乙酯萃取分离基体金	GB/T 11066.3—2008	[4]
	铜铅铋	火焰原子吸收光谱法	0.0005~0.0250 0.0005~0.0060 0.0005~0.0030	0.048 0.158 0.246	324.7 217.0 223.1	4 4 5	0.7 0.7 0.2	火焰			GB/T 11066.4—2008	[5]
	镁镍锰钯	火焰原子吸收光谱法	0.0001~0.0200 0.0001~0.0200 0.0001~0.0200 0.0002~0.0500	0.01 0.06 0.05 0.13	285.2 232.0 279.5 244.8			火焰		用乙酸乙酯萃取分离金；以硝酸镧作释放剂	GB/T 11066.6—2009	[6]
银	银	氯化银沉淀-火焰原子吸收光谱法	99.850~99.980	0.22	328.1	—	—	火焰	空气-乙炔火焰	硝酸介质，定量加氯化钠标准溶液，以氯化银沉淀除银	GB/T 11067.1—2006	[7]
	铜	火焰原子吸收光谱法	0.0005~0.060	0.023	324.8	—	—	火焰	空气-乙炔火焰	硝酸介质，加盐酸以氯化银沉淀分离银	GB/T 11067.2—2006	[8]
	铅铋	火焰原子吸收光谱法	0.0005~0.050 0.0005~0.0080	0.217 0.191	223.1 283.3	—	—	火焰	空气-乙炔火焰	氨性介质，以氢氧化镧富集铅和铋的氢氧化物与银分离	GB/T 11067.5—2006	[9]
	铁	火焰原子吸收光谱法	0.0005~0.010	0.165	271.9	—	—	火焰	空气-乙炔火焰	氨性介质，以氢氧化镧富集铁的氢氧化物与银分离	GB/T 11067.6—2006	[10]
合质金	汞	冷原子吸收光谱法	0.0050~0.050	0.05×10^{-9}	253.7	—	—	冷原子	冷原子吸收测汞仪，附 GP$_3$ 型汞灯	金、银以稀硝酸、盐酸分解，以氯化银沉淀除银，以硫氰酸钾掩蔽金	GB/T 15249.5—2009	[11]

● 表 4-2 原子荧光光谱法分析金的基本条件

适用范围	测项	检测方法	测定范围(质量分数)/%	检出限/(μg/mL)	灯电流/mA	原子化器	原子化器条件	干扰物质消除方法	国标号	参考文献
金	砷	氢化物发生-原子荧光光谱法(HG-AFS)	0.0002~0.0050	2.0	40		推荐 AFS2201 型双道原子荧光光度计 炉温:800℃ 读数时间:15s 延迟时间:1s 观测高度:8.0mm 载气流量:500L/min 屏蔽气流量:900L/min	①样品用硝酸、盐酸溶解,冒三氧化硫浓烟,析出金,以倾析法过滤金。②以抗血酸预还原,消除以硫脲作掩蔽剂,消除干扰	GB/T 11066.9—2009	[12]
	锡		0.0002~0.0050		40	石英炉				

● 表 4-3 电感耦合等离子体原子发射光谱法分析金、高纯金、银、铑粉的基本条件

适用范围	测项	检测方法	测定范围(质量分数)/%	分析线/nm	仪器条件	国标号	参考文献
金	银	乙酸乙酯萃取-电感耦合等离子体原子发射光谱法	0.0003~0.0500	328.06	①光源:氩等离子体光源,发生器最大输出功率不小于 1.35kW。②分辨率:200nm 时光学分辨率大于 0.010nm;400nm 时光学分辨率不大于 0.020nm。③仪器稳定性:仪器 1h 内漂移不大于 2.0%。④推荐使用电感耦合等离子体发射光谱仪(美国 Thermo 公司的 IRISIntrepid Ⅱ XSP),仪器工作参数: RF 发生器功率:1300W 雾化气压力:28.0psi(193kPa) 辅助气流量:0.5L/min CID 积分时间(紫外):20s CID 积分时间(可见区):10s	GB/T 11066.8—2009	[13]
	铜		0.0002~0.0400	324.75			
	铁		0.0005~0.0100	259.94			
	铅		0.0004~0.0300	216.99			
	锑		0.0002~0.0100	217.58			
	铋		0.0003~0.0100	223.06			
	钯		0.0005~0.0200	231.60			
	镁		0.0003~0.0100	285.21			
	镍		0.0001~0.0050	324.27			
	锰		0.0001~0.0050	257.61			
	铬		0.0001~0.0050	267.71			

续表

适用范围	检测方法	测项	分析线/nm	测定范围(质量分数)/%	仪器条件	国标号	参考文献
高纯金	乙酸乙酯苯萃取分离(ICP-AES)法	银	328.068	0.00002~0.00100	①光源:氩等离子体光源,发生器最大输出功率不小于1.35kW。 ②分辨率:200nm时光学半分辨率不大于0.010nm;400nm时光学半分辨率不大于0.020nm。 ③仪器稳定性:仪器1h内漂移不大于2.0%。 ④推荐使用电感耦合等离子体发射光谱仪(美国Thermo公司的IRISIntrepid Ⅱ XSP)。仪器工作参数: RF发生器功率:1300W 雾化气压力:28.0psi(193kPa) 辅助气流量:0.5L/min CID积分时间(紫外):20s CID积分时间(可见区):10s	GB/T 25934.1—2010	[14]
		铝	308.215	0.00002~0.00100			
		砷	189.042	0.00002~0.00098			
		铋	223.061	0.00002~0.00100			
		镉	228.802	0.00002~0.00100			
		铬	283.563	0.00002~0.00099			
		铜	324.754	0.00002~0.00100			
		铁	259.940	0.00010~0.00100			
		铱	224.268	0.00002~0.00100			
		镁	279.553	0.00010~0.00100			
		锰	257.610	0.00002~0.00100			
		镍	221.647	0.00002~0.00099			
		铅	220.353	0.00002~0.00100			
		钯	324.270	0.00002~0.00100			
		铂	214.423	0.00002~0.00099			
		铑	343.489	0.00002~0.00100			
		锑	206.833	0.00002~0.00100			
		硒	196.090	0.00002~0.00100			
		碲	214.281	0.00002~0.00100			
		钛	334.941	0.00002~0.00099			
		锌	213.856	0.00010~0.00100			

适用范围	检测方法	测项	测定范围 (质量分数)/%	分析线/nm	仪器条件	国标号	参考文献
高纯金	乙醚萃取分离-(ICP-AES)法	银	0.00002~0.00047	328.068	① 光源：氩等离子体光源，发生器最大输出功率不小于1.35kW。 ② 分辨率：200nm 时光学分辨率不大于 0.010nm；400nm 时光学分辨率不大于 0.020nm。 ③ 仪器稳定性：仪器 1h 内漂移不大于 2.0%。 ④ 推荐使用美国 PerkinElmer 公司的 4300DV 型电感耦合等离子体原子发射光谱仪（轴向观测）	GB/T 25934.3—2010	[15]
		铜	0.00002~0.00047	213.597			
		铁	0.00002~0.00048	234.349			
		铅	0.00005~0.00048	283.306			
		锑	0.00004~0.00043	206.836			
		铋	0.00002~0.00043	223.061			
		钯	0.00002~0.00049	340.458			
		镁	0.00002~0.00046	285.213			
		锡	0.00003~0.00032	235.485			
		铬	0.00002~0.00048	267.716			
		镍	0.00002~0.00047	231.604			
		锰	0.00002~0.00047	257.61			
		铝	0.00005~0.00045	396.153			
		铂	0.00002~0.00048	265.945			
		铑	0.00002~0.00050	343.489			
		铱	0.00006~0.00052	224.268			
		锌	0.00002~0.00044	206.2			
		钛	0.00002~0.00049	334.94			
		镉	0.00002~0.00048	228.802			
		硅	0.00003~0.00027	251.611			
		砷	0.00005~0.00046	193.696			

适用范围	测项	检测方法	测定范围(质量分数)/%	分析线/nm	仪器条件	国标号	参考文献
银	硒	电感耦合等离子体原子发射光谱法	0.0002~0.010	196.090	光源:等离子体光源,使用功率不小于0.75kW	GB/T 11067.3—2006	[16]
	碲		0.0002~0.010	214.281			
	锑	电感耦合等离子体原子发射光谱法	0.0004~0.020	217.581	光源:等离子体光源,使用功率不小于0.75kW	GB/T 11067.4—2006	[17]
铁粉	镁	电感耦合等离子体原子发射光谱法	0.0005~0.0100	279.553	①光源:氩等离子体光源,发生器最大输出功率不小于1.35kW。②分辨率:200nm时光学分辨率不大于0.010nm;400nm时光学分辨率不大于0.020nm。③仪器稳定性:仪器1h内漂移不大于2.0%。④推荐使用电感耦合等离子体发射光谱仪(IRISIntrepid Ⅱ XSP)、仪器工作参数:RF发生器功率:1300W 雾化气压力:28.0psi(193kPa) 辅助气流量:0.5L/min CID积分时间(紫外):20s CID积分时间(可见区):10s	GB/T 23613—2009	[18]
	铁		0.005~0.060	259.940			
	镍		0.0005~0.0100	221.647			
	铝		0.002~0.040	309.271			
	铜		0.0005~0.0200	324.754			
	银		0.0004~0.0020	328.068			
	金		0.0005~0.0020	267.595			
	铂		0.0005~0.0020	214.423			
	铱		0.0005~0.0050	212.681			
	钯		0.0005~0.0050	324.270			
	铑		0.0005~0.0050	343.489			
	硅		0.005~0.060	251.612			

□ 表 4-4 电感耦合等离子体原子发射光谱法分析贵金属合金的基本条件

适用范围	测项	检测方法	测定范围(质量分数)/%	检出限/(μg/mL)	分析线/nm	仪器条件	国标号	参考文献
金合金	铬	电感耦合等离子体原子发射光谱法	0.5~7	0.01	284.325	①光源:氩等离子体光源,发生器最大输出功率不小于 1.3kW。②分辨率:200nm 时光学分辨率不大于 0.010nm;400nm 时光学分辨率不大于 0.020nm。③仪器稳定性:仪器 1h 内漂移不大于 2.0%。④高频发生器功率 1.2kW。⑤氩气流量 15L/min;保护气 0.8L/min;载气 0.3L/min。⑥垂直观测高度:15mm。⑦积分时间:5s。⑧进样泵流速:1.5mL/min	GB/T 15072.7—2008	[19]
	铁		0.5~7	0.01	259.939			
	钇(内标)		—	0.01	371.029			
	钆		0.1~2	0.04	336.223		GB/T 15072.11—2008	[20]
	钕		0.1~2	0.02	265.045			
	铜		0.5~6	0.02	327.393		GB/T 15072.16—2008	[21]
	锰		0.5~6	0.01	259.372			
	钇(内标)		—	0.01	371.029			
	铪		0.1~2	0.01	357.247		GB/T 15072.18—2008	[22]
	镓		0.1~2	0.01	417.206			
	锡	电感耦合等离子体原子发射光谱法	0.2~2	0.05	283.998	①光源:氩等离子体光源,发生器最大输出功率不小于 1.3kW。②分辨率:200nm 时光学分辨率不大于 0.010nm;400nm 时光学分辨率不大于 0.020nm。③仪器稳定性:仪器 1h 内漂移不大于 2.0%。④高频发生器功率 1.2kW。⑤氩气流量 15L/min;保护气 0.8L/min;载气 0.3L/min(测铝、镍、钒、镁含量时,载气流量 0.2L/min)。⑥垂直观测高度:15mm。⑦积分时间:5s。⑧进样泵流速:1.5mL/min	GB/T 15072.13—2008	[23]
	钍		0.2~2	0.05	418.660			
	镧		0.2~2	0.05	379.478			
银合金	铝	电感耦合等离子体原子发射光谱法	0.1~2.5	0.05	396.153		GB/T 15072.14—2008	[24]
	镍		0.1~2.5	0.05	231.604			
	钒		0.05~1	0.05	290.880		GB/T 15072.19—2008	[25]
	镁		0.05~1	0.05	279.077			
金银铝合金	铼	电感耦合等离子体原子发射光谱法	0.5~6	0.01	346.165	①高频发生器功率 1.2kW。②氩气流量 15L/min;保护气 0.8L/min;载气 0.3L/min。③垂直观测高度:15mm。④积分时间:5s。⑤进样泵流速:1.5mL/min	GB/T 15072.15—2008	[26]
	锌		0.5~6	0.01	206.200			
	锰		0.01~0.5	0.01	250.373			
	钇(内标)		—	—	371.029			

□ 表 4-5　电感耦合等离子体质谱法分析高纯金的基本条件

适用范围	测项	检测方法	测定范围 (质量分数)/%	测定同位素 的质量数	仪器条件及干扰校正	国标号	参考文献
高纯金	银	(ICP-MS)- 标准加入 校正-内标法	0.00002~0.00100	107	①推荐使用美国 PerkinElmer 公司的 Elan9000 型电感耦合等离子体质谱仪。 ②仪器优化参数(10ng/mL 标准液的测定参考值): 灵敏度:^{24}Mg≥100000cps;^{115}In≥400000cps;^{238}U≥300000cps 双电荷离子:Ba^{2+}(69)/Ba^{+}(69)≤3% 氧化物:CeO^{+}(156)/Ce^{+}(140)≤3% 背景 220:RSD≤5%。 ③干扰校正(被校正元素的强度与干扰元素的强度关系式): ^{75}As:−3.12881^{97}Se+2.73458^{82}Se−2.75600^{183}Kr。 ^{82}Se:−1.00783^{83}Kr。 ④内标校正: ^{45}Sc 内标:钠、镁、铝、钛、铬、锰、铁、镍、铜、锌、砷 ^{133}Cs 内标:砷、铝、钯、银、镉、锡、锑、碲 ^{187}Re 内标:铱、铂、铅、铑、铋	GB/T 25934.2—2010	[27]
	铝		0.00006~0.00100	27			
	砷		0.00005~0.00100	75			
	铋		0.00002~0.00100	209			
	镉		0.00002~0.00100	111			
	铬		0.00011~0.00100	52			
	铜		0.00002~0.00100	63			
	铁		0.00002~0.00100	57			
	铱		0.00015~0.00100	193			
	镁		0.00002~0.00100	24			
	锰		0.00005~0.00100	55			
	钠		0.00002~0.00100	23			
	镍		0.00006~0.00100	60			
	铅		0.00002~0.00100	208			
	钯		0.00002~0.00100	105			
	铂		0.00002~0.00100	195			
	铑		0.00002~0.00100	103			
	锑		0.00002~0.00100	121			
	硒		0.00006~0.00100	82			
	锡		0.00012~0.00100	118			
	碲		0.00002~0.00100	130			
	钛		0.00002~0.00099	47			
	锌		0.00005~0.00100	66			

表4-6 原子发射光谱法分析金的基本条件

适用范围	测项	检测方法	测定范围（质量分数）/%	分析线/nm	内标（Au）线/nm	仪器条件		国标号	参考文献
						原子化器	原子化器条件		
金	银	原子发射光谱法	0.0005~0.0200	328.068	330.831	交流电弧发生器	①中型光栅（或棱镜）摄谱仪，线色散倒数不小于0.8nm/mm。②光源：交流电弧发生器，电流3A，电极距离2.5mm。③曝光条件：光谱级次Ⅰ级，中心波长300.00nm，中间光栅5mm，狭缝宽度10μm，预燃30s，曝光40s，滤光器透射率4.5%，100%。或分段曝光方式：预燃20s，曝光10s，测定银；板移一次继续曝光40s，测定铁、铅、锑、铋。④暗室处理：显影液（1体积A＋1体积B），显影温度20℃，显影4min，定影，冲洗，干燥。	GB/T 11066.5—2008	[28]
	铜		0.0005~0.0200	324.754	330.831				
	铁		0.0010~0.0100	259.940	269.437				
	铅		0.0005~0.0100	368.347	330.831				
	锑		0.0010~0.0100	306.771	330.831				
	铋		0.0005~0.0100	259.806	269.437				
	银	火花原子发射光谱法	0.0003~0.0410	338.289	310.500	火花	①推荐 SPECTROLABS 型火花原子发射光谱仪。②外界环境条件等因素会造成仪器在测定中产生漂移，因此每次测样前需使用低含量和高含量标准样品对光谱仪进行标准化，以使仪器符合测量精度需求。	GB/T 11066.7—2009	[29]
	铜		0.0002~0.0400	324.754	310.500				
	铁		0.0004~0.0150	371.994	310.500				
	铅		0.0004~0.0350	405.782	310.500				
	锑		0.0002~0.0150	306.772	310.500				
	铋		0.0003~0.0170	206.838	200.860				
	钯		0.0004~0.0210	340.458	310.500				
	镁		0.0003~0.0120	285.213	310.500				
	锡		0.0002~0.0100	317.502	310.500				
	镍		0.0002~0.0100	361.939	310.500				
	锰		0.0002~0.0100	403.449	310.500				
	铬		0.0002~0.0100	425.435	310.500				

□ 表 4-7　辉光放电质谱法分析钌粉的基本条件

适用范围	测项	检测方法	测定范围(质量分数)/%	测定同位素的质量数	仪器条件	国标号	参考文献
钌粉	铅	辉光放电质谱法(ICP-MS)	0.001~0.020	208	①仪器分析器的高真空<5×10⁻⁷mbar,前级真空<1×10⁻³mbar。②样品与样品支架传热良好,冷却温度15℃。③仪器在测试前进行质量校正和法拉第检测器校正。④调节放电参数,气体压力及透射电压等,得到良好的峰形,分辨率和¹⁰²Ru基体信号≥5×10⁷cps。⑤推荐辉光放电质谱仪 ELEMENTGD型;光源为电弧。⑥放电电流 23.1mA;放电电压≤1200V;辉光气体流量359mL/min。⑦源室真空 9.65×10⁻¹mbar;前级真空 2.31×10⁻¹mbar;高真空 3.26×10⁻⁷mbar。⑧低分辨控制压力 2.93bar;高分辨控制压力 5.66bar。⑨提取电压－2000V;聚焦电压－941V;X方向聚焦电压－10.22V;Y方向聚焦电压 6.18V。⑩整形电压140V;滤质透镜电压4.00V。	GB/T 23275—2009	[30]
	铁		0.001~0.020	56			
	镍		0.001~0.020	60			
	铝		0.001~0.020	27			
	铜		0.0001~0.0020	63			
	银		0.0001~0.0020	107			
	金		0.001~0.010	197			
	铂		0.001~0.020	195			
	铱		0.002~0.020	193			
	钯		0.001~0.020	106			
	铑		0.001~0.020	103			
	硅		0.002~0.040	28			

注: 1bar＝10⁵Pa。

第二节　原子吸收光谱法

在现行有效的标准中，采用原子吸收光谱法分析贵金属及其相关产品的标准有 9 个，下面将这些标准的每部分内容归类，重点讲解分析过程中的难点和重点。

一、金中杂质元素的分析

现行国家标准[3-6]中，火焰原子吸收光谱法可以分析金中杂质元素银、铁、铜、铅、铋、镁、镍、锰、钯的含量，此方法适用于上述各种被测元素含量的同时测定，也适用于其中一个元素的独立测定，各元素测定范围见表 4-1。实际工作中，火焰原子吸收光谱法分析金中的杂质元素银、铁、铜、铅、铋、镁、镍、锰、钯含量的步骤包括以下几部分。

（一）样品的制备和保存

贵金属金的取样应按照已颁布的标准方法进行。推荐的国家标准[31-33] GB/T 17418.1—2010、GB/T 4134—2015、GB/T 19446—2004 有相关的规定。

（1）样品（钻屑或薄片）加工成粒度小于 0.074mm 的碎屑。

（2）样品用热盐酸（1+1）浸泡 15min，用水洗净。以乙醇或丙酮冲洗 2 次，于 105～110℃预干燥 2h，硫含量较高的样品应在 60℃的鼓风干燥箱内干燥 2～4h。然后置于干燥器内，冷却至室温。

（3）由于碳、硫元素对贵金属湿法分析的结果影响很大，需将样品置于马氟炉内，由低温升至 700℃并保持 2h 以上，混匀。

（二）样品的消解

分析金中的杂质元素银、铁、铜、铅、铋、镁、镍、锰、钯含量的消解方法主要为湿法消解中的电热板消解法。关于消解方法分类的介绍，参见第二章第二节--一、--（二）样品的消解。本部分中，样品以王水溶解，在盐酸介质中，用乙酸乙酯萃取分离基体金，浓缩水相，再制成盐酸介质的样品溶液，待测。下面按照操作步骤介绍其消解过程。

1. 样品的称量

样品中被测元素的质量分数越大，称取样品量越小，样品溶液定容体积也相应变化。随着被测元素的不同，溶样酸（稀王水）量也不同，用于转移样品消解液和洗涤有机相（经萃取）的洗涤液及其体积也不同，定容用的盐酸浓度也相应变化。测镁、镍、锰、钯含量时，定容前需加入硝酸镧溶液，加入量随被测元素质量分数增大而增大。详情参见表 4-8。

根据样品中被测元素的质量分数，按表 4-8 称取样品，精确至 0.0001g。独立地进行 2 份样品测定，取其平均值。随同样品做空白试验。

被测元素	被测元素质量分数/%	样品量/g	稀王水①量/mL	洗涤液量/mL	定容用盐酸	样品溶液定容体积/mL	硝酸镧溶液⑨体积/mL
银	0.0005~0.0025 ＞0.0025~0.0125 ＞0.0125~0.0400	1.0 1.0 0.5	6	适量盐酸②, 2mL 盐酸②	盐酸③	10 50 100	—
铁	0.0005~0.0025 ＞0.0025~0.0080	1.0 1.0	6	适量盐酸④, 2mL 盐酸④	盐酸⑤	10 50	
铜	0.0005~0.0025 ＞0.0025~0.0100 ＞0.00100~0.0250	10.0 2.0 2.0	35、20、10 12 12	适量盐酸⑥, 2mL 洗涤液⑧	盐酸③	100 100 200	
铅	0.0005~0.0025 ＞0.0025~0.0060	10.0 2.0	35、20、10 12	适量盐酸⑥, 2mL 洗涤液⑧	盐酸③	50 25	—
铋	0.0005~0.0025 ＞0.0025~0.0030	10.0 2.0	35、20、10 12	适量盐酸⑥, 2mL 洗涤液⑧	盐酸③	25 25	—
镁	0.0001~0.0010 ＞0.0010~0.0050 ＞0.0050~0.0100 ＞0.0100~0.0200	1.0	6	适量盐酸⑦, 2mL 盐酸⑦	盐酸③	25 50 100 200	1 2 4 8
镍	0.0001~0.0050 ＞0.0050~0.0200	1.0	6	适量盐酸⑦, 2mL 盐酸⑦	盐酸③	25 50	1 2
锰	0.0001~0.0050 ＞0.0050~0.0200	1.0	6	适量盐酸⑦, 2mL 盐酸⑦	盐酸③	25 50	1 2
钯	0.0002~0.0100 ＞0.0100~0.0300 ＞0.0300~0.0500	1.0	6	适量盐酸⑦, 2mL 盐酸⑦	盐酸③	25 50 100	1 2 4

① 稀王水：1 体积硝酸（$\rho = 1.42\text{g/mL}$，优级纯）+3 体积盐酸（$\rho = 1.19\text{g/mL}$，优级纯）+3 体积水。

② 盐酸：$c(\text{HCl}) = 3\text{mol/L}$，优级纯。

③ 盐酸：1+9，优级纯。

④ 盐酸：1+1，优级纯。

⑤ 盐酸：1+19，优级纯。

⑥ 盐酸：$c(\text{HCl}) = 2\text{mol/L}$，优级纯。

⑦ 盐酸：1+11，优级纯。

⑧ 洗涤液：9mL 酒石酸溶液（500g/L，优级纯）+300mL 盐酸[$c(\text{HCl}) = 2\text{mol/L}$，优级纯]。

⑨ 硝酸镧溶液：100g/L。

2. 样品的溶解

将准确称量的样品，置于 100mL 烧杯中［测铜、铅、铋含量，当 $w(\text{Cu})$、$w(\text{Pb})$、$w(\text{Bi})$ 各≤0.0025% 时，选用 250mL 烧杯消解样品］，按表 4-8 加入相应体积的稀王水［测铜、铅、铋含量，当 $w(\text{Cu})$、$w(\text{Pb})$、$w(\text{Bi})$≤0.0025% 时，分三次加入表 4-8 规定体积的稀王水］，盖上表面皿，于电热板上低温加热，至样品溶解完全。继续低温加热，蒸发至样品溶液颜色呈棕褐色（体积约 2mL），取下，打开表面皿，挥发氮的氧化物（测铁、镁、镍、锰、钯含量时，再加入 4mL 水并加热至微沸），冷却至室温［测铜、铅、铋含量时，需边摇动边加入 10mL 水、0.9mL 酒石酸溶液（500g/L，优级纯），加热至微沸，取下冷却至室温］。

酒石酸溶液（500g/L，预先净化）：称取 100g 酒石酸置于 500mL 烧杯中，用水溶解完全，移至 500mL 分液漏斗中，加入 5mL 盐酸（1+3）和 20mL 乙酸乙酯（有机溶剂），轻轻振荡 20s，静置分层。弃去有机相，将水相放入原烧杯中，以水定容至 200mL，混匀。

3. 萃取水相的制备

根据被测元素的种类，按表 4-8 用相应的洗涤液洗涤表面皿，并将样品溶液移入 125mL 分液漏斗中，并以此洗涤液稀释至约 30mL［测铜、铅、铋含量，当 $w(Cu)$、$w(Pb)$、$w(Bi) \leqslant 0.0025\%$ 时，稀释至约 40mL］。

注意：测铜、铅、铋含量时，预萃取一次。加入 20mL 乙酸乙酯［当 $w(Cu)$、$w(Pb)$、$w(Bi) \leqslant 0.0025\%$ 时，加入 25mL 乙酸乙酯］，振荡 20s，静置分层。其中，有机相中金的质量大于 2g 时在下层。

4. 萃取第一次

加入 20mL 乙酸乙酯（有机溶剂），振荡 20s，静置分层，水相放入另一分液漏斗中。在有机相中，按表 4-8 加入相应量的洗涤液，轻轻振荡 3～5 次，洗涤有机相及漏斗，静置分层，水相合并（储备有机相以回收金）。

5. 萃取第二次

合并后的水相中，再加入 20mL 乙酸乙酯，振荡 20s，静置分层，水相放入另一分液漏斗中。在有机相中，按表 4-8 加入相应量的洗涤液，轻轻振荡 3～5 次，洗涤有机相及漏斗，静置分层，水相合并放入原烧杯（消解用容器）中（储备有机相以回收金）。

6. 定容制得待测样品溶液

将合并入原烧杯的水相，低温蒸至 2～3mL（注意切勿蒸干），冷却至室温。按表 4-8 移入相应定容体积的容量瓶中（测镁、镍、锰、钯含量时，在定容前，需按表 4-8 加入相应量的硝酸镧溶液作释放剂），以表 4-8 规定的定容用盐酸稀释至刻度，混匀。

（三）仪器条件的选择

测定不同元素有不同的仪器操作条件。分析金中的杂质元素银、铁、铜、铅、铋、镁、镍、锰、钯的含量时，推荐的仪器工作条件，参见表 4-1。以银元素的测定为例，介绍火焰原子吸收光谱仪器操作条件的选择。

（1）选择银元素的空心阴极灯作为光源（如测定铁、铜、铅、铋、镁、镍、锰、钯含量时，选择相应元素的空心阴极灯）。

（2）选择原子化器。分析金中的杂质元素银、铁、铜、铅、铋、镁、镍、锰、钯的含量时，选用火焰原子化器，原子化器条件参见表 4-1。选择火焰原子化器的原则和火焰类型的介绍参见第二章第二节-一、-(三)-(2) 选择原子化器。

（3）在仪器最佳工作条件下，凡能达到下列指标者均可使用。

1）灵敏度 在与测量样品溶液基体相一致的溶液中，银的特征浓度应 $\leqslant 0.033\mu g/mL$（如测定铁、铜、铅、铋、镁、镍、锰、钯含量时，其检出限参见表 4-1）。检出限定义，参见第二章第二节-一、-(三)-(3)-1) 灵敏度。

2）精密度 其测量计算的方法和标准规定参见第二章第二节-一、-(三)-(3)-2) 精密度。

3）标准曲线线性 将标准曲线按浓度等分成五段，最高段的吸光度差值与最低段的吸光度差值之比≥0.85。

（四）干扰的消除

（1）分析金中的杂质元素银、铁、铜、铅、铋、镁、镍、锰、钯的含量时，制备样品溶液，用乙酸乙酯萃取，使被测元素与基体金分离，消除基体金的干扰。用盐酸定容，使样品溶液的化学性质稳定。

（2）分析金中的杂质元素铜、铅、铋的含量，制备样品溶液时，萃取前加入酒石酸，洗涤有机相和漏斗时，采用的洗涤液中加入酒石酸，以酒石酸溶液作为掩蔽剂，络合被测元素，减少基体金对被测元素的吸附。酒石酸溶液使用前，需经乙酸乙酯萃取，进行净化，消除干扰。

（3）分析金中的杂质元素镁、镍、锰、钯的含量，制备样品溶液时，以硝酸镧溶液作为释放剂，避免干扰。

（五）标准曲线的建立

1. 标准溶液的配制

配制各个被测元素标准储备溶液和标准溶液的原则，参见第二章第三节-二、-（五）-1.标准溶液的配制。分析金中的杂质元素银、铁、铜、铅、铋、镁、镍、锰、钯的含量时，各被测元素标准储备溶液及其标准溶液的制备方法参见表4-9。

2. 标准曲线的建立

标准系列溶液的配制原则，参见第二章第二节-一、-（五）-2.标准曲线的建立中的标准系列溶液的配制原则。分析金中的杂质元素银、铁、铜、铅、铋、镁、镍、锰、钯的含量时，采用标准曲线法，其原理介绍参见第二章第二节-一、-（五）-2.标准曲线的建立。此化学分析方法中的标准系列溶液制备详情如表4-10所列。

⊡ **表 4-9 分析金中的杂质元素银等含量的被测元素标准储备溶液和标准溶液**

被测元素	标准储备溶液制备方法	标准溶液制备方法
银	称 0.1000g 金属银[$w(Ag)$≥99.95%]置于烧杯中,加入 10mL 硝酸(1+1),低温加热溶解,加入 30～40mL 盐酸($\rho=1.19g/mL$,优级纯),加热煮沸,待完全溶解,冷却至室温。以盐酸(1+1)定容至1L,混匀。银的浓度为 100μg/mL	移取 25.00mL 银标准储备溶液,用盐酸(1+9)定容至 200mL,混匀。银的浓度为 12.5μg/mL
铁	称 0.7149g 三氧化二铁(优级纯)置于烧杯中,加入 100mL 盐酸($\rho=1.19g/mL$,优级纯),低温加热至溶解完全,冷却至室温。以超纯水定容至 1L。铁的浓度为 500μg/mL	移取 25.00mL 铁标准储备溶液,用盐酸(1+19)定容至 1L,混匀。铁的浓度为 12.5μg/mL
铜	称 0.5000g 金属铜[$w(Cu)$≥99.95%]置于烧杯中,加入 20mL 硝酸(1+1),低温加热至溶解完全,加入 20mL 水,煮沸除氮的氧化物,冷却至室温。用超纯水定容至 1L,混匀。铜的浓度为 500μg/mL	铜、铅、铋混合标准溶液:分别移取 25.00mL 铜标准储备溶液、25.00mL 铅标准储备溶液、50.00mL 铋标准储备溶液,置于 1000mL 容量瓶中,用盐酸(1+9,优级纯)定容,混匀。铜的浓度为 12.5μg/mL,铅的浓度为 25.0μg/mL,铋的浓度为 50.0μg/mL
铅	称 1.0000g 金属铅[$w(Pb)$≥99.95%]置于烧杯中,加入 20mL 硝酸(1+1),低温加热至溶解完全,加入 20mL 水,煮沸除氮的氧化物,冷却至室温。用超纯水定容至 1L,混匀。铅的浓度为 1000μg/mL	
铋	称 1.0000g 金属铋[$w(Bi)$≥99.95%]置于烧杯中,加入 100mL 硝酸(1+1),低温加热至溶解完全,加入 20mL 水,煮沸除氮的氧化物,冷却至室温。用超纯水定容至 1L,混匀。铋的浓度为 1000μg/mL	

被测元素	标准储备溶液制备方法	标准溶液制备方法
镁	称 0.1658g 氧化镁 [$w(MgO)\geqslant99.99\%$，预先经 780℃ 灼烧 1h] 置于烧杯中，加入 20mL 盐酸(1+1)，低温加热至溶解完全，冷却至室温。用超纯水定容至 1L，混匀。镁的浓度为 100μg/mL	镁、镍、锰、钯混合标准溶液：分别移取 10mL 镁标准储备溶液、5mL 镍标准储备溶液、5mL 锰标准储备溶液、10mL 钯标准储备溶液，置于 100mL 容量瓶中，用盐酸(1+9，优级纯)定容，混匀。镁的浓度为 10μg/mL，镍的浓度为 50μg/mL，锰的浓度为 50μg/mL，钯的浓度为 100μg/mL
镍	称 1.0000g 金属镍 [$w(Ni)\geqslant99.95\%$] 置于烧杯中，加入 20mL 硝酸(1+1)，低温加热溶解，蒸至近干，冷却。加入 20mL 盐酸(1+1)，加热溶解盐类，冷却。用超纯水定容至 1L，混匀。镍的浓度为 1000μg/mL	
锰	称 1.0000g 金属锰 [$w(Mn)\geqslant99.95\%$] 置于烧杯中，加入 20mL 硝酸(1+1)，低温加热溶解，蒸至近干，冷却。加入 20mL 盐酸(1+1)，加热溶解盐类，冷却。用超纯水定容至 1L，混匀。锰的浓度为 1000μg/mL	
钯	称 1.0000g 金属钯 [$w(Pd)\geqslant99.99\%$] 置于烧杯中，加入 20mL 硝酸(1+1)，低温加热溶解，蒸至近干，冷却。加入 20mL 盐酸(1+1)，加热溶解盐类，冷却。用超纯水定容至 1L，混匀。钯的浓度为 1000μg/mL	

□ 表 4-10　分析金中的杂质元素银、铁、铜、铅、铋、镁、镍、锰、钯含量的标准系列溶液

被测元素	被测元素标准溶液浓度 /(μg/mL)	分取被测元素标准溶液体积/mL	定容用盐酸	定容体积 /mL
银	12.5	0、2.00、4.00、6.00、8.00、10.00	盐酸(1+9)	50
铁	12.5	0、2.00、4.00、6.00、8.00、10.00	盐酸(1+19)	50
铜	12.5	0、2.00、4.00、6.00、8.00、10.00	盐酸(1+9)	50
铅	25.0	0、2.00、4.00、6.00、8.00、10.00	盐酸(1+9)	50
铋	50.0	0、2.00、4.00、6.00、8.00、10.00	盐酸(1+9)	50
镁	10	0、2.00、4.00、6.00、8.00、10.00	盐酸(1+9)	100
镍	50	0、2.00、4.00、6.00、8.00、10.00	盐酸(1+9)	100
锰	50	0、2.00、4.00、6.00、8.00、10.00	盐酸(1+9)	100
钯	100	0、2.00、4.00、6.00、8.00、10.00	盐酸(1+9)	100

　　根据被测元素的种类，按表 4-10 移取一系列体积的被测元素标准溶液，分别置于一组表 4-10 规定相应定容体积的容量瓶中 [测镁、镍、锰、钯含量时，定容前加入 4mL 硝酸镧溶液（100g/L）]，按表 4-10 以"定容用盐酸"稀释至刻度，混匀。

　　标准系列溶液的测量方法，参见第二章第二节-二、-(五)-2.-(3) 标准系列溶液的测量（标准曲线法）。以被测元素的质量浓度（μg/mL）为横坐标、净吸光度（A）为纵坐标，绘制标准曲线。

　　（六）样品的测定

　　样品溶液的测量方法，参见第二章第二节-二、-(六)-(2) 分析氧化镁 [当 $w(MgO)>$ 0.20%～1.50% 时]，氧化铅的含量（标准曲线法）中的测量方法。从标准曲线上查出相应的被测元素质量浓度（μg/mL）。

　　（七）结果的表示

　　分析结果表示至小数点后第 4 位。

（八）质量保证和质量控制

具体操作方法参见第二章第三节-一、-（八）质量保证和质量控制。

（九）注意事项

（1）参见第二章第二节-一、-（九）注意事项（1）、（2）。

（2）参见第二章第三节-一、-（九）注意事项（1）、（3）。

（3）检测方法中所用仪器的标准，参见第二章第三节-三、-（九）注意事项（3）。

（4）分析金中的杂质元素银、铁、铜、铅、铋、镁、镍、锰、钯的含量时，制备样品溶液，用乙酸乙酯萃取金，当有机相中的金质量达到 2g 以上时，有机相在下层。

二、银中基体元素和杂质元素的分析

现行国家标准[7-10]中，火焰原子吸收光谱法可以分析银中的基体元素银和杂质元素铜、铅、铋、铁的含量，适用于银中上述各元素的独立测定，其各元素测定范围见表 4-1。实际工作中，火焰原子吸收光谱法分析银中的基体元素银和杂质元素铜、铅、铋、铁含量的步骤包括以下几个部分。

（一）样品的制备和保存

贵金属银的取样应按照已颁布的标准方法进行。推荐的国家标准[31,33,34] GB/T 17418.1—2010、GB/T 19446—2004、GB/T 4135—2016 有相关的规定。

（1）样品（钻屑或薄片）加工成粒度小于 0.074mm 的碎屑。

（2）样品用丙酮除去油污，用水洗净，于 105℃预干燥 2h，硫含量较高的样品应在 60℃的鼓风干燥箱内干燥 2～4h，然后置于干燥器内，冷却至室温。

（3）由于碳、硫元素对贵金属湿法分析的结果影响很大，需将样品置于马弗炉内，由低温升至 700℃并保持 2h 以上，混匀。

（二）样品的消解

分析银中的基体元素银和银中的杂质元素铜、铅、铋、铁含量的消解方法主要为湿法消解中的电热板消解法。关于消解方法分类的介绍，参见第二章第二节-一、-（二）样品的消解。

分析银中的基体元素银含量时，样品以硝酸溶解，在硝酸介质中，定量加入氯化钠标准溶液，以氯化银沉淀的形式分离大部分银基体；经振荡澄清后，剩余的银离子，用原子吸收光谱法测量。分析银中的杂质元素铜含量时，样品以硝酸溶解，加入盐酸，以氯化银沉淀的形式分离大部分银基体，过滤分离，加盐酸蒸至近干，制得盐酸介质的样品溶液。分析银中的杂质元素铅、铋、铁含量时，样品以硝酸或硫酸溶解，在氨性介质中，以氢氧化镧富集铅、铋、铁的氢氧化物与基体银分离，制得硝酸介质的样品溶液。下面具体介绍各种消解方法。

1. 分析银中的基体元素银含量的消解方法

称取 1.00000g 样品 3 份，精确到 0.00001g。独立地进行 2 份样品测定，取其平均值。称取 1.00000g 银标准样品 [w(Ag)≥99.990%] 4 份，精确到 0.00001g。

将样品与银标准样品 [$w(Ag) \geqslant 99.990\%$] 分别置于 150mL 锥形瓶中，加入 10mL 硝酸（1+1，优级纯），于电热板上低温加热，至完全溶解，取下，冷却至室温。用 100.0mL 移液管移取 100.00mL 氯化钠标准溶液 A（称取 5.420g 氯化钠，置于烧杯中，加水溶解，用水定容至 1000rnL，混匀，静置 4h），盖上瓶塞，放到振荡机上，以 275 次/min 振荡 20min，取下，轻轻摇动锥形瓶至瓶壁上的氯化银沉淀降落于锥形瓶底部，静置 10min，待测。

氯化钠标准溶液使用前需进行校正，校正方法如下。

称取 1.000g 纯银 [$w(Ag) \geqslant 99.990\%$]，置于锥形瓶中，加入 10mL 硝酸（1+1，优级纯），低温加热溶解，取下冷却至室温。用 100.0mL 移液管移取 100.00mL 氯化钠标准溶液 A（称取 5.420g 氯化钠，置于烧杯中，加水溶解，用水定容至 1000mL，混匀，静置 4h），盖上瓶塞，放到振荡机上，以 275 次/min 振荡 10min，静置澄清。

取下瓶塞，加入 0.50mL 氯化钠标准溶液 B（移取 100.0mL 氯化钠标准溶液 A，置于 1000mL 容量瓶中，以水定容，混匀），直至样品溶液不再浑浊为止。若加入氯化钠标准溶液 B 总体积在 1.50~2.00mL 之间，可不调整氯化钠标准溶液 A 的浓度。若加入氯化钠标准溶液 B 总体积 >2.00mL，需补加氯化钠。若加入氯化钠标准溶液 B 总体积 < 1.50mL，需补加水。补加的水量按如下方法操作得出：样品溶液经振荡并静置澄清后，首次加入 0.50mL 氯化钠标准溶液 B，不出现浑浊时，改为加入 0.50mL 银标准溶液〔称 1.0000g 纯银 [$w(Ag) \geqslant 99.990\%$]，置于 100mL 烧杯中，加入 10mL 硝酸（1+1，优级纯），盖上表面皿，低温加热溶解，煮沸驱除氮的氧化物，取下冷却至室温，移至 1000mL 棕色容量瓶中，以水定容，混匀〕，振荡并静置澄清，再加入 0.50mL 银标准溶液，如出现浑浊，继续振荡并静置澄清，再用银标准溶液滴定，直至样品溶液不再出现氯化银浑浊为终点。记录滴定体积时，要减去最初加入的 0.50mL 氯化钠标准溶液 B 所消耗的 0.50mL 银标准溶液。

2. 分析银中的杂质元素铜含量的消解方法

样品中被测元素的质量分数越大，称取样品量越小，用于消解样品的溶样酸的添加量也相应变化，定容前补加的酸量也不同，样品溶液的定容体积也相应变化。详情参见表 4-11。

▫ **表 4-11　分析银中杂质元素铜含量的样品溶液**

被测元素	被测元素质量分数/%	称样量/g	硝酸（1+1）体积/mL	盐酸（1+1）体积/mL	补加盐酸（1+1）体积/mL	样品溶液定容体积/mL
铜	0.0005~0.0020	5.00	20	10	2.5	50
	>0.0020~0.0080	3.00	20	5	5	100
	>0.0080~0.020	1.00	10	3	5	100
	>0.020~0.060	1.00	10	3	12.5	250

根据样品中被测元素的质量分数，按表 4-11 称取样品，精确到 0.0001g。独立地进行 2 份样品测定，取其平均值。随同样品做空白试验。

将准确称量的样品置于 250mL 烧杯中，按表 4-11 加入相应体积的硝酸（1+1），盖上表面皿，于电热板上加热溶解，取下冷却，用水洗表面皿及杯壁，加热煮沸。加水至溶液体积约 70mL，于电热板上继续加热，边搅拌边按表 4-11 加入相应体积的盐酸（1+1），煮沸至溶液清亮，静置 30min。

用慢速定量滤纸过滤，以热盐酸（2+98）洗涤杯壁及沉淀 6～7 次，合并滤液与洗液。加入 5mL 盐酸（1+1），加热蒸发至近干，再加入 5mL 盐酸（1+1），加热至微沸，取下冷却。将上述样品溶液移至表 4-11 规定的相应定容体积的容量瓶中，按表 4-11 补加相应体积的盐酸（1+1），以水定容，混匀。

3. 分析银中的杂质元素铅、铋、铁含量的消解方法

样品中被测元素的质量分数越大，称取样品量越小，用于消解样品的溶样酸的添加量也相应变化，样品溶液的定容体积也不同。详情参见表 4-12。

⊡ 表 4-12　分析银中杂质元素铅、铋、铁含量的样品溶液

被测元素	被测元素质量分数/%	称样量/g	硝酸（1+1）体积/mL	硫酸[①]体积/mL	样品溶液定容体积/mL
铅、铋	0.0005～0.0015	20.000	40	—	25
	＞0.0015～0.0035	10.000	20	—	25
	＞0.0035～0.0080	4.000	10	—	25
	＞0.0080～0.020	2.000	10	—	25
	＞0.020～0.050	2.000	10	—	100
铁	＞0.0015～0.0035	10.000	—	10	25
	＞0.0035～0.0080	4.000	—	5	25
	＞0.0080～0.010	2.000	—	5	25

① 硫酸：$\rho = 1.84g/mL$。

根据样品中被测元素的质量分数，按表 4-12 称取样品，精确到 0.0001g。独立地进行 2 份样品测定，取其平均值。随同样品做空白试验。

将准确称量的样品置于 250mL 烧杯中，按表 4-12 加入硝酸（1+1）［测铁含量时，按表 4-12 加入硫酸（$\rho = 1.84g/mL$）］，盖上表面皿，于电热板上低温加热使其溶解，并蒸发至样品溶液表面出现结晶时（或溶液体积约 1mL 时）取下。

洗涤表面皿及杯壁，加水至样品溶液体积约 50mL。缓慢地加入氨水（$\rho = 0.90g/mL$）中和至样品溶液出现白色沉淀时，再过量 5mL。加入 5mL 硝酸镧溶液（25g/L），混匀，静置 5min。用 $\phi9cm$ 的中速定量滤纸过滤，用氨水（2+98）将沉淀移入漏斗中，并分别洗涤烧杯及滤纸各 3 次。用热硝酸（1+4）将沉淀溶解于原烧杯中，用热水洗涤 3～4 次。

将上述样品溶液移至表 4-12 规定的相应定容体积的容量瓶中，保持溶液的酸度为 4%，以水稀释至刻度，混匀，制得样品溶液。

（三）仪器条件的选择

测定不同元素有不同的仪器操作条件。分析银中的基体元素银和银中的杂质元素铜、铅、铋、铁的含量时，推荐的仪器工作条件，参见表 4-1。以银元素的测定为例，介绍火焰原子吸收光谱仪器操作条件的选择。

（1）选择银元素的空心阴极灯作为光源（如测定铜、铅、铋、铁含量时，选择相应元素的空心阴极灯）。

（2）选择原子化器　分析银中的基体元素银和银中的杂质元素铜、铅、铋、铁含量时，选择火焰原子化器，其原子化器条件参见表 4-1。选择火焰原子化器的原则和火焰类

型的介绍参见第二章第二节-一、-(三)-(2) 选择原子化器。

(3) 在仪器最佳工作条件下，凡能达到下列指标者均可使用。

1) 灵敏度 在与测量样品溶液基体相一致的溶液中，银的特征浓度应≤0.22μg/mL（如测定铜、铅、铋、铁含量时，其检出限参见表4-1）。检出限定义，参见第二章第二节-一、-(三)-(3)-1) 灵敏度。

2) 精密度 其测量计算的方法和标准规定参见第二章第二节-一、-(三)-(3)-2) 精密度。

3) 标准曲线线性 将标准曲线按浓度等分成五段，最高段的吸光度差值与最低段的吸光度差值之比≥0.8。

（四）干扰的消除

(1) 分析银中的基体元素银和杂质元素铜的含量时，制备样品溶液，样品以硝酸溶解，加入氯化钠或盐酸，以氯化银沉淀的形式分离大部分银基体，消除基体银对原子吸收光谱法测定痕量元素的干扰。

(2) 分析银中的杂质元素铅、铋、铁含量时，样品以硝酸或硫酸溶解，在氨性介质中，以氢氧化镧富集铅、铋、铁的氢氧化物与基体银分离，消除基体银对测定的干扰。以硝酸镧溶液为掩蔽剂，避免干扰元素的干扰。

（五）标准曲线的建立

1. 标准溶液的配制

配制各个被测元素标准储备溶液和标准溶液的原则，参见第二章第三节-二、-(五)-1. 标准溶液的配制。分析银中的基体元素银和杂质元素铜、铅、铋、铁的含量时，各个被测元素的标准储备溶液及其标准溶液的制备方法参表4-13。

⊡ 表4-13 分析银中基体元素银和杂质元素铜、铅、铋、铁含量的被测元素标准储备溶液和标准溶液

被测元素	标准储备溶液制备方法	标准溶液制备方法
银	称 1.0000g 纯银[$w(Ag)$≥99.99%]，置于烧杯中，加入 10mL 硝酸(1+1)，盖上表面皿，低温加热溶解，煮沸驱除氮的氧化物，冷却，移至 1000mL 棕色容量瓶中，以超纯水定容，混匀。银的浓度为 1000μg/mL	直接使用标准储备溶液。银的浓度为 1000μg/mL
铜	称 1.0000g 金属铜[$w(Cu)$≥99.99%]，加入 20mL 硝酸(1+1)，盖上表面皿，加热至完全溶解，煮沸驱除氮的氧化物，取下，用水洗表面皿和杯壁，冷却至室温。以超纯水定容至 1L，混匀。铜的浓度为 1000μg/mL	移取 25.00mL 铜标准储备溶液，置于 1000mL 容量瓶中，加入 20mL 硝酸(1+1)，用超纯水定容，混匀。铜的浓度为 25μg/mL
铅、铋	分别称取 0.2000g 金属铅[$w(Pb)$≥99.99%]和 0.2000g 金属铋[$w(Bi)$≥99.99%]，置于烧杯中，加入 20mL 硝酸(1+1)，盖上表面皿，加热溶解，取下冷却，用超纯水定容至 500mL。铅、铋的浓度各为 400μg/mL	直接使用标准储备溶液。铅、铋的浓度各为 400μg/mL
铁	称 0.1500g 金属铁[$w(Fe)$≥99.99%]，置于烧杯中，加入 20mL 硝酸(1+1)，盖上表面皿，加热溶解，取下冷却，用超纯水定容至 500mL。铁的浓度为 300μg/mL	直接使用标准储备溶液。铁的浓度为 300μg/mL

2. 标准曲线的建立

标准系列溶液的配制原则，参见第二章第二节-一、-(五)-2. 标准曲线的建立中的标

准系列溶液的配制原则。分析银中的基体元素银和杂质元素铜、铅、铋、铁的含量时，标准系列溶液制备详情如表 4-14 所列。

⊡ 表 4-14　分析银中的基体元素银和杂质元素铜、铅、铋、铁含量的标准系列溶液

被测元素	被测元素标准溶液浓度/(μg/mL)	分取被测元素标准溶液体积/mL	补加酸试剂及其体积
银	1000	0、0.50、1.00、1.50、2.00、2.50	10mL 硝酸(1+1)
铜	25	0、1.00、2.00、4.00、6.00、8.00、10.00	5mL 盐酸(1+1)
铅	400	0、1.00、2.00、3.00、4.00、5.00	8mL 硝酸(1+1)
铋	400	0、1.00、2.00、3.00、4.00、5.00	8mL 硝酸(1+1)
铁	300	0、1.00、2.00、3.00、4.00、5.00	8mL 硝酸(1+1)

根据被测元素的种类，按表 4-14 移取一系列体积的被测元素标准溶液，分别置于一组 100mL 容量瓶中，按表 4-14 各补加相应量的酸试剂，以水稀释至刻度，混匀。

标准系列溶液的测量方法，参见第二章第二节-二、-(五)-2.-(3) 标准系列溶液的测量（标准曲线法）。以被测元素的质量浓度（μg/mL）为横坐标、净吸光度（A）为纵坐标，绘制标准曲线。

（六）样品的测定

样品溶液的测量方法，参见第二章第二节-二、-(六)-(2) 分析氧化镁 [当 w(MgO)＞ 0.20％～1.50％时]、氧化铅的含量（标准曲线法）中的测量方法。从标准曲线上查出相应的被测元素质量浓度（μg/mL）。

注意：所测样品溶液吸光度低于标准曲线中第一点的吸光度时，需调整剩余银离子浓度，重新测定。

（七）结果的表示

分析结果表示至小数点后第 5 位。

（八）质量保证和质量控制

具体操作方法参见第二章第三节-一、-(八) 质量保证和质量控制。

（九）注意事项

（1）参见第二章第二节-一、-(九) 注意事项 (1)、(2)。

（2）参见第二章第三节-一、-(九) 注意事项 (1)、(3)。

（3）测试中所用仪器的标准，参见第二章第三节-三、-(九) 注意事项 (3)。

（4）分析银中的基体元素银含量，当所测样品溶液中银的净吸光度值低于标准曲线中第一点的净吸光度值时，需调整样品溶液中剩余银离子浓度，并重新测定。

三、合质金中杂质元素的分析

经过稀硝酸、盐酸消解的样品溶液，分离基体金和银后，在强碱性条件下，用二氯化锡（即氯化亚锡）将汞还原成金属汞。在室温下用空气作载气，将生成的汞原子导入汞蒸气测量仪进行测定。检测仪器为智能型测汞仪，需配备 GP3 型汞灯。

现行国家标准[11]中，冷原子吸收光谱法可以分析合质金（包括矿金、冶炼粗金产品

和回收金等）中杂质元素汞的含量，其元素测定范围参见表 4-1。实际工作中，冷原子吸收光谱法分析合质金中的杂质元素汞含量的步骤，包括以下几个部分。

（一）样品的制备和保存

将样品加工成粉末状或屑状。

（二）样品的消解

分析合质金中的杂质元素汞含量的消解方法主要为湿法消解中的电热板消解法。关于消解方法分类的介绍，参见第二章第二节--一、-(二) 样品的消解。本部分中，样品以稀硝酸和盐酸溶解，过滤除去氯化银沉淀以分离基体银，以硫氰酸钾掩蔽基体金，在强碱性介质中，以二氯化锡（即氯化亚锡）还原化合态汞为原子汞，进行测定。下面详细介绍。

1. 样品的称量

称取 0.200g 样品，精确至 0.0001g。独立地进行两次测定，取其平均值。随同样品做空白试验，并取 3 份空白试验的平均值。

2. 样品的溶解

将准确称量的样品置于 100mL 烧杯中，加入 10mL 水、3mL 硝酸（$\rho = 1.42g/mL$，优级纯），于电热板上加热，至微沸并保持 5min，使样品溶解。

3. 基体银的分离

加入 10mL 盐酸（$\rho = 1.19g/mL$，优级纯），低温加热蒸发至溶液近干。再加入 5mL 盐酸（$\rho = 1.19g/mL$，优级纯），低温加热蒸发至溶液近干（溶样温度控制在 200℃以下，蒸发至体积 3～5mL，不能蒸干）。

加水约 50mL，煮沸 1～2min，驱除氮的氧化物，取下冷却至室温。用中速滤纸过滤于 100mL 容量瓶中，用水洗涤滤纸及沉淀 3～5 次，洗液并入滤液，收集于上述 100mL 容量瓶中，以水稀释至刻度，混匀。

4. 上述样品溶液的稀释

样品中被测元素汞的质量分数越大，取样量越小，即分取样品溶液的体积越小。当 $w(Hg)$ 为 0.0050%～0.010%时，分取样品溶液 20.00mL；当 $w(Hg)$ 为＞0.010%～0.020%时，分取样品溶液 10.00mL；当 $w(Hg)$＞0.020%～0.050%时，分取样品溶液 5.00mL。

根据样品中被测元素汞的质量分数，分取上述样品溶液于 50mL 容量瓶中，加入 1mL 盐酸（$\rho = 1.19g/mL$，优级纯），用水稀释至刻度，混匀。

（三）仪器条件的选择

分析合质金中的杂质元素汞的含量时，推荐的冷原子吸收光谱仪工作条件参见表 4-1。下面具体介绍仪器操作条件的选择。

（1）选择 GP_3 型汞灯作为光源。

（2）选择原子化器为冷原子原子化器。在强碱性条件下，用二氯化锡将化合态汞还原成原子汞。在室温下用空气作载气，将生成的汞原子导入汞蒸气测量仪进行测定。

（3）在智能型测汞仪最佳工作条件下，凡能达到下列指标者均可使用。

1）灵敏度　在与测量样品溶液基体相一致的溶液中，汞的特征浓度应≤0.05ng/

mL。检出限定义，参见第二章第二节-一、-(三)-(3)-1) 灵敏度。

2）精密度 其测量计算的方法和标准规定参见第二章第二节-一、-(三)-(3)-2) 精密度。

3）标准曲线线性 将标准曲线按浓度等分成五段，最高段的吸光度差值与最低段的吸光度差值之比应≥0.80。

（四）干扰的消除

分析合质金中杂质元素汞的含量时，制备样品溶液，样品以稀硝酸、盐酸溶解，以氯化银沉淀的形式分离基体银，以硫氰酸钾掩蔽基体金，消除基体中银、金的干扰。

（五）标准曲线的建立

1. 标准溶液的配制

分析合质金中杂质元素汞的含量时，被测元素汞的标准储备溶液和标准溶液的制备方法如下（选择与被测样品基体一致、质量分数相近的有证标准样品）：

汞标准储备溶液（100μg/mL）：称取 0.1354g 预先用五氧化二磷干燥 24h 的二氯化汞，溶于少量水中，加入 50mL 硝酸（$\rho = 1.42g/mL$，优级纯）、10mL 重铬酸钾溶液（10g/L），用水定容至 1000mL，混匀。此溶液有效期为 5 个月。

汞标准溶液Ⅰ（10μg/mL）：移取 10.00mL 汞标准储备溶液，置于 100mL 容量瓶中，加入 5mL 硝酸（$\rho = 1.42g/mL$，优级纯）、1mL 重铬酸钾溶液（10g/L），用超纯水定容，混匀。此溶液有效期为 2 个月。

汞标准溶液Ⅱ（0.1μg/mL）：移取 1.00mL 汞标准溶液Ⅰ，置于 100mL 容量瓶中，加入 1mL 重铬酸钾溶液（10g/L），用超纯水定容，混匀。此溶液用时现配。

2. 标准曲线的建立

标准系列溶液的配制原则，参见第二章第二节-一、-(五)-2. 标准曲线的建立中的标准系列溶液的配制原则。分析合质金中杂质元素汞的含量时，汞元素标准系列溶液的制备：

分别移取 0mL、0.20mL、0.40mL、0.60mL、0.80mL、1.00mL 汞标准溶液Ⅱ（0.1μg/mL）于一组 15mL 还原瓶中，加水至 2.00mL。加入 1mL 硫氰酸钾溶液（100g/L），摇匀；加入 0.4mL 乙酸锌溶液（50g/L），摇匀；加入 1.0mL 二氯化锡（即氯化亚锡）溶液［100g/L，称取 10.0g 二氯化锡于 10mL 盐酸（$\rho = 1.19g/mL$，优级纯）中，加热溶解，移入 100mL 容量瓶中，以水定容，混匀］，摇匀。沿瓶壁缓缓加入 2.2mL 氢氧化钠溶液（100g/L，注意切勿摇动），迅速盖上还原瓶磨口塞，接通测汞仪气路，即刻测量标准系列溶液的吸光度。

标准系列溶液的测量方法，参见第二章第二节-二、-(五)-2.-(3) 标准系列溶液的测量（标准曲线法）。以被测元素汞的质量浓度（ng/mL）为横坐标、净吸光度（A）为纵坐标，绘制汞的标准曲线。

（六）样品的测定

按照仪器说明书推荐的条件，选择汞元素冷原子化的最佳参数和进样量。将仪器调至最佳状态，并按所选的条件调整原子化器。将样品溶液移入还原瓶中，在强碱性条件下，用氯化亚锡将化合态汞还原成原子汞，迅速接通测汞仪气路，测量样品溶液的吸光度，鼓泡并记录最大显示值（每次测定前仪器均应调零）。

分析合质金中杂质元素汞的含量时，将智能型测汞仪调节至最佳工作状态，取标准系列溶液在仪器上于被测元素汞分析线处（参见表 4-1），准备进行汞的冷原子吸收光谱测定。移取 1.00mL 样品溶液于 15mL 还原瓶中，加水至 2.00mL。加入 1mL 硫氰酸钾溶液（100g/L），摇匀；加入 0.4mL 乙酸锌溶液（50g/L），摇匀；加入 1.0mL 二氯化锡（即氯化亚锡）溶液 [100g/L，称取 10.0g 二氯化锡，于 10mL 盐酸（$\rho = 1.19g/mL$，优级纯）中，加热溶解，移入 100mL 容量瓶中，以水定容，混匀]，摇匀。沿瓶壁缓缓加入 2.2mL 氢氧化钠溶液（100g/L，注意切勿摇动），迅速盖上还原瓶磨口塞，接通测汞仪气路，即刻测量样品溶液的吸光度。

样品溶液的测量方法，参见第二章第二节-二、-(六)-(2) 分析氧化镁 [当 $w(MgO) > 0.20\% \sim 1.50\%$ 时]、氧化铅的含量（标准曲线法）中的测量方法。从标准曲线上查出被测元素的质量浓度（ng/mL）。

然后，旋转三通活塞接通余汞吸收装置，将余汞吸收于余汞吸收液（10g/L KMnO₄-1.8mol/L H₂SO₄）中。

（七）结果的表示

当被测元素的质量分数小于 0.01% 时，分析结果表示至小数点后第 4 位；当被测元素的质量分数大于 0.01% 时，分析结果表示至小数点后第 3 位。

（八）质量保证和质量控制

具体操作方法参见第二章第三节-一、-(八) 质量保证和质量控制。

（九）注意事项

(1) 参见第二章第二节-一、-(九) 注意事项 (1)。

(2) 参见第三章第二节-三、-(九) 注意事项 (5)。

(3) 参见第二章第三节-一、-(九) 注意事项 (1)。

(4) 测试中所用仪器的标准，参见第二章第三节-三、-(九) 注意事项 (3)。

(5) 所用器皿均用稀硝酸（1+4）浸泡 12h 后，用水彻底清洗。

(6) 测定样品溶液中的汞，余汞需用余汞吸收液吸收。

第三节　原子荧光光谱法

在现行有效的标准中，采用原子荧光光谱法分析贵金属及其相关产品的标准有 1 个，对方法中样品制备与消解、干扰的消除、标准曲线的建立进行了说明。

现行国家标准[12]中，原子荧光光谱法可以分析金中砷、锡的含量，此方法适用于两种元素的独立测定，其元素测定范围参见表 4-2。实际工作中，原子荧光光谱法分析金中杂质元素砷、锡含量的步骤包括以下几个部分。

（一）样品的制备和保存

贵金属金的取样应按照已颁布的标准方法进行。推荐的国家标准[31-33] GB/T

17418.1—2010、GB/T 4134—2015、GB/T 19446—2004 中有相关的规定。

（1）样品（钻屑或薄片）加工成粒度小于 0.074mm 的碎屑。

（2）样品用热盐酸（1＋1）浸泡 15min，用水洗净。以乙醇或丙酮冲洗两次，于 105～110℃预干燥 2h，硫含量较高的样品应在 60℃的鼓风干燥箱内干燥 2～4h，然后置于干燥器内，冷却至室温。

（3）由于碳硫对贵金属湿法分析的结果影响很大，需将样品置于马氟炉内，由低温升至 700℃并保持 2h 以上，混匀。

（二）样品的消解

分析金中杂质元素砷、锡含量的消解方法主要为湿法消解中的电热板消解法。关于消解方法分类的介绍，参见第二章第二节--一、-（二）样品的消解。

本部分中，样品以稀王水溶解，在冒三氧化硫浓烟的温度下析出金，以倾析法过滤金。盐酸溶解盐类，以硫脲-抗坏血酸作掩蔽剂，并将砷、锡预还原，制得用于测定的样品溶液。下面详细介绍其消解方法。

1. 样品的称量

样品中被测元素的质量分数越大，称取样品量越小。当砷（或锡）的质量分数为 0.0002％～0.0005％时，称取样品 0.50g；当砷（或锡）的质量分数为＞0.0005％～0.0010％时，称取样品 0.20g；当砷（或锡）的质量分数为＞0.0010％～0.0050％时，称取样品 0.10g。

根据样品中被测元素的质量分数称取样品，精确到 0.0001g。独立地进行两次测定，取其平均值。随同样品做空白试验。

2. 样品的溶解

将准确称量的样品置于 100mL 烧杯中，加入 20mL 稀王水 [1 体积硝酸（$\rho=1.42g/mL$，优级纯）＋3 体积盐酸（$\rho=1.19g/mL$，优级纯）＋3 体积水]，盖上表面皿，于电热板上低温加热，使样品溶解完全。

3. 基体金的分离

加入 4mL 硫酸（1＋1，优级纯），加热至冒三氧化硫烟，保持 1min，此时有大量海绵金析出，冷却至室温。用水洗涤杯壁及表面皿，滴加亚硫酸（1＋1），使溶液颜色由黄色变成无色，加热至煮沸，使金完全析出，以倾析法分离金。

加热滤液至冒三氧化硫浓烟，保持 30s（当测锡含量时，加热滤液至冒尽三氧化硫烟），冷却。加入 10mL 盐酸（1＋1，优级纯），用少量水吹洗杯壁，水浴加热溶解，冷却至室温。

4. 定容制得待测样品溶液

将上述样品溶液移至 50mL 容量瓶中，加入 5mL 硫脲-抗坏血酸混合溶液（50g/L，称取 5g 硫脲、5g 抗坏血酸，用水溶解，以水定容至 100mL，混匀），以水定容，混匀，放置约 30min（测锡含量时，无须放置即可直接测量）。

（三）仪器条件的选择

分析金中杂质元素砷、锡的含量时，推荐的原子荧光光谱仪的工作条件参见表 4-2。

测定不同元素有不同的仪器操作条件。以砷元素的测定为例，介绍原子荧光光谱仪器操作条件的选择。

（1）断续流动双道非色散型氢化物原子荧光光谱仪应配有由厂家推荐的砷高强度空心阴极灯（如测定锡含量时，选择相应元素的高强度空心阴极灯）、氢化物发生器（配石英炉原子化器）、断续流动注射进样装置。

（2）在仪器最佳工作条件下，凡达到下列指标者均可使用。

1）灵敏度　在与测量样品溶液基体相一致的溶液中，砷的检出限≤2ng/mL（如测定锡含量时，其检出限参见表 4-2）。检出限定义，参见第二章第二节-一、-（三)-（3)-1）灵敏度。

2）精密度　用 0.02μg/mL 的砷标准溶液（如测定锡含量时，选择同浓度的锡标准溶液）测量 10 次荧光强度，其标准偏差应不超过平均荧光强度的 5.0％。其测量计算的方法和标准规定参见第二章第二节-一、-（三)-（3)-2）精密度。

3）稳定性　30min 内的零点漂移≤5％，短期稳定性 RSD≤3％。

4）标准曲线的线性　将标准曲线按浓度等分成五段，最高段的吸光度差值与最低段的吸光度差值之比≥0.80。

（四）干扰的消除

（1）分析金中杂质元素砷、锡的含量时，制备样品溶液，样品用硝酸、盐酸溶解，加入硫酸，冒三氧化硫浓烟时析出金，以倾析法过滤金，消除基体金的干扰。

（2）样品溶液以抗坏血酸预还原，以硫脲作掩蔽剂，消除干扰元素的影响。

（五）标准曲线的建立

1. 标准溶液的配制

配制各个被测元素标准储备溶液和标准溶液的原则，参见第二章第三节-二、-（五)-1. 标准溶液的配制。分析金中杂质元素砷、锡的含量时，被测元素标准储备溶液及其标准溶液的制备方法如下。

砷标准储备溶液（100μg/mL）：称取 0.1320g 三氧化二砷（基准试剂，经 100～105℃ 烘 1h，并于干燥器中冷却至室温）置于烧杯中，加入 5mL 氢氧化钠溶液（200g/L），于电热板上低温加热，至溶解完全。加入 50mL 水、1 滴酚酞乙醇溶液（1g/L），用硫酸（1+4）中和至红色刚消失，再过量 2mL，冷却至室温。移至 1000mL 容量瓶中，以水定容，混匀。

砷标准溶液（1μg/mL）：移取 10.00mL 砷标准储备溶液，置于 100mL 容量瓶中，加入 4mL 盐酸（1+1，优级纯），以水定容，混匀。

锡标准储备溶液（100μg/mL）：称取 0.1000g 金属锡 [w(Sn)＞99.99％，称前经稀盐酸洗去表面氧化物，再用乙醇充分洗涤，晾干]，加入 100mL 盐酸，于电热板上低温加热溶解，冷却至室温。移至 1000mL 容量瓶中，以水定容，混匀。

锡标准溶液（1μg/mL）：移取 10.00mL 锡标准储备溶液，置于 100mL 容量瓶中，加入 4mL 盐酸（1+1，优级纯），以水定容，混匀。

2. 标准曲线的建立

标准系列溶液的配制原则，参见第二章第二节-一、-（五)-2. 标准曲线的建立中的标准系列溶液的配制原则。分析金中杂质元素砷、锡的含量时，采用标准曲线法进行定量，标准曲线法的详细介绍参见本书第二章第二节-一、-(五)-2.-(2) 标准曲线法。此方法中标准系列溶液的配制方法如下。

分别移取 0mL、0.50mL、1.50mL、2.50mL、5.00mL、7.50mL 被测元素标准溶液（1μg/mL），置于 6 个 50mL 容量瓶中，加入 10mL 盐酸（1＋1，优级纯）、5mL 硫脲-抗坏血酸混合溶液（50g/L，称取 5g 硫脲、5g 抗坏血酸，用水溶解，以水定容至 100mL，混匀），以水定容，混匀，放置约 30min（测锡含量时，无需放置即可直接测量）。

标准系列溶液的测量方法，参见第三章第三节-(五)-2.-(3) 标准系列溶液的测量。其中，本部分的载流剂为盐酸（1＋9）。以被测元素的质量浓度（ng/mL）为横坐标，净荧光强度为纵坐标，绘制标准曲线。

当标准曲线的 $R^2 \geq 0.995$ 时，方可进行样品溶液的测量。

（六）样品的测定

原子荧光光谱仪的开机准备操作和检测原理，参见本书第三章第三节-(六)样品的测定。

分析金中杂质元素砷、锡的含量时，将原子荧光光谱仪调节至最佳工作状态，取样品溶液在原子荧光光谱仪上测定。以盐酸（1＋9）为载流调零，氩气（Ar≥99.99%，体积分数）为屏蔽气和载气，将样品溶液和硼氢化钾溶液［25g/L，称 7.5g 硼氢化钾，溶于 300mL 氢氧化钾（5.0g/L）中，混匀。过滤备用，用时现配］导入氢化物发生器的反应池中，载流溶液和样品溶液交替导入，依次测量空白溶液及样品溶液中被测元素的原子荧光强度 3 次，取 3 次测量平均值。样品溶液中被测元素的荧光强度平均值，减去随同样品的等体积空白溶液中相应元素的荧光强度平均值，为净荧光强度。从标准曲线上查出相应的被测元素质量浓度（ng/mL）。

（七）结果的表示

分析结果表示至小数点后第 4 位。

（八）质量保证和质量控制

具体操作方法参见第二章第三节-一、-(八)质量保证和质量控制。

（九）注意事项

（1）参见第二章第二节-一、-(九)注意事项（1）。

（2）参见第三章第二节-三、-(九)注意事项（5）。

（3）参见第三章第三节-(九)注意事项（2）。

（4）参见第二章第三节-一、-(九)注意事项（1）。

（5）测试中所用仪器的标准，参见第二章第三节-三、-(九)注意事项（3）。

（6）分析金中杂质元素砷的含量时，样品溶液和砷的标准系列溶液，在测量前需放置约 30min；分析金中的锡含量时，样品溶液和砷的标准系列溶液，制备好后直接测量，无需放置。

（7）分析金中杂质元素砷含量时，使用的烧杯应含砷量很低或不含有砷，以免造成低砷测量污染，或者使用全氟塑料烧杯。

第四节　电感耦合等离子体原子发射光谱法

在现行有效的标准中，采用电感耦合等离子体原子发射光谱法分析贵金属及其相关产品的标准有 14 个，对其归纳后，重点讲解分析过程中的难点和重点。

一、金中杂质元素的分析

现行国家标准[13]中，电感耦合等离子体原子发射光谱法可以分析金（99.95%～99.99%）中 11 种杂质元素银、铜、铁、铅、锑、铋、钯、镁、镍、锰、铬的含量，此方法适用于上述元素的独立测定，也适用于上述元素的同时测定，其元素测定范围见表 4-3。

我们以此为应用实例讲解具体的分析步骤和方法，以及一些注意事项。

（一）样品的制备和保存

贵金属金的取样应按照已颁布的标准方法进行。推荐的国家标准 GB/T 17418.1—2010、GB/T 4134—2015、GB/T 19446—2004[31-33] 中有相关的规定。

（1）样品（钻屑或薄片）加工成粒度小于 0.074mm 的碎屑。

（2）样品用热盐酸（1+1）浸泡 15min，用水洗净。以乙醇或丙酮冲洗 2 次，于 105～110℃预干燥 2h，硫含量较高的样品应在 60℃的鼓风干燥箱内干燥 2～4h，然后置于干燥器内，冷却至室温。

（3）由于碳硫对贵金属湿法分析的结果影响很大，需将样品置于马氟炉内，由低温升至 700℃并保持 2h 以上，混匀。

（二）样品的消解

电感耦合等离子体原子发射光谱法分析金中的 11 种杂质元素银、铜、铁、铅、锑、铋、钯、镁、镍、锰和铬含量的消解方法主要为湿法消解中的电热板消解法。关于消解方法分类的介绍，参见第二章第二节--一、-（二）样品的消解。本部分中，样品以稀王水溶解，在 3mol/L 盐酸介质中，用乙酸乙酯萃取分离基体金，浓缩水相，再制成盐酸介质的样品溶液，待测。下面按操作步骤介绍其消解过程。

1. 样品的称量

样品中被测元素的质量分数越大，称取样品量越小，溶样酸稀王水的加入量也越小，样品溶液定容体积也相应变化。当被测元素的质量分数≤0.0005% 时，称取样品量为 2.000g，加入稀王水的体积为 15mL，样品溶液定容体积为 10mL；当被测元素的质量分数>0.0005% 时，称取样品量为 1.000g，加入稀王水的体积为 7mL，样品溶液定容体积为 25mL。

根据样品中被测元素的质量分数，称取相应质量的样品，精确至 0.0001g。独立地进行 2 份样品测定，取其平均值。随同样品做空白试验。

2. 样品的溶解

将准确称量的样品置于 100mL 烧杯中，根据样品中被测元素的质量分数，加入相应体积的稀王水 [1 体积硝酸（$\rho=1.42g/mL$，优级纯）+3 体积盐酸（$\rho=1.19g/mL$，优级纯）+3 体积水，混匀]，盖上表面皿，于电热板上低温加热，至样品溶解完全。继续低温加热，蒸发至样品溶液颜色呈棕褐色（体积约 2mL，冷却后不能析出单体金）取下，打开表面皿，挥发氮的氧化物，冷却至室温。

边摇动边加入 10mL 水、1mL 酒石酸溶液（500g/L，预先净化）[称取 100g 酒石酸置于 500mL 烧杯中，用水溶解完全，移至 500mL 分液漏斗中，加入 5mL 盐酸（1+3）和 20mL 乙酸乙酯（有机溶剂），轻轻振荡 20s，静置分层。弃去有机相，将水相放入原烧杯中，以水定容至 200mL，混匀]，加热至微沸，取下冷却至室温。

3. 萃取水相的制备

用盐酸（1+3）洗涤表面皿并将样品溶液移入 125mL 分液漏斗中，并以盐酸（1+3）稀释体积至约 30mL。

4. 萃取第一次

加入 20mL 乙酸乙酯（有机溶剂），振荡 20s，静置分层，水相放入另一分液漏斗中。在有机相中加入 2mL 盐酸（1+3），轻轻振荡 3～5 次，洗涤有机相及漏斗，静置分层，水相合并（储备有机相以回收金）。

5. 萃取第二次

合并后的水相中，再加入 20mL 乙酸乙酯，振荡 20s，静置分层，水相放入另一分液漏斗中。在有机相中加入 2mL 盐酸（1+3），轻轻振荡 3～5 次，洗涤有机相及分液漏斗，静置分层，水相合并，放入原烧杯（消解用容器）中（储备有机相以回收金）。

6. 定容制得待测样品溶液

将合并入原烧杯的水相低温蒸至 3mL（注意切勿蒸干），冷却至室温。根据样品中被测元素的质量分数，移至相应定容体积的容量瓶中，用盐酸（1+9）稀释至刻度，混匀。

（三）仪器条件的选择

分析金中的 11 种杂质元素银、铜、铁、铅、锑、铋、钯、镁、镍、锰、铬的含量时，推荐的电感耦合等离子体原子发射光谱仪的测试条件，参见表 4-3。

（1）选择分析谱线时，可以根据仪器的实际情况（如灵敏度和谱线干扰）做相应的调整，推荐的分析线见表 4-3。分析谱线的选择，参见第二章第三节--一、-(三)仪器条件的选择。

（2）仪器的实际分辨率，参见第二章第三节--一、-(三)仪器条件的选择。

（3）在仪器最佳工作条件下，凡能达到下列指标者均可使用。

1）灵敏度 以测银含量为例，通过计算溶液中仅含有银的分析线（328.06nm），得出检出限（DL）。检出限定义，参见第二章第三节--一、-(三)-(3)-1）灵敏度。

2）短期稳定性 每个最高浓度标准溶液发射谱线的标准偏差应不超过绝对或相对光强平均值的 0.8%。此指标的测量和计算方法参见第二章第三节--一、-(三)-(3)-2）短期稳定性。

3）长期稳定性 7 个测量平均值的相对标准偏差小于 2.0%。此指标的测量和计算方法参见第二章第三节--一、-(三)-(3)-3）长期稳定性。

4）标准曲线的线性 标准曲线的 $R^2 \geqslant 0.999$。

（四）干扰的消除

（1）分析金中的 11 种杂质元素银、铜、铁、铅、锑、铋、钯、镁、镍、锰、铬的含量，制备样品溶液时用乙酸乙酯萃取，使被测元素与基体金分离，消除基体金的干扰。用盐酸定容，使样品溶液的化学性质稳定。

（2）制备样品溶液时，萃取前加入酒石酸，以酒石酸溶液作为掩蔽剂，络合基体金，避免基体金的干扰。酒石酸溶液使用前，需经乙酸乙酯萃取，进行净化，消除干扰。

（五）标准曲线的建立

1. 标准溶液的配制

配制各个被测元素标准储备溶液和标准溶液的原则，参见第二章第三节-二、-（五）-1. 标准溶液的配制。分析金中的 11 种杂质元素银、铜、铁、铅、锑、铋、钯、镁、镍、锰、铬的含量时，11 种被测元素的标准储备溶液及其标准溶液的制备方法参见表 4-15。

⊡ 表 4-15　分析金中 11 种杂质元素银、铜、铁等含量的被测元素标准储备溶液和标准溶液

被测元素	标准储备溶液的制备方法	标准溶液的制备方法
银	称 0.1000g 金属银[w(Ag)≥99.95%]置于 100mL 烧杯中，加入 5mL 硝酸(1+1)，加热溶解，冷却。移至 100mL 容量瓶中，加入 60mL 盐酸(ρ=1.19g/mL，优级纯)，以水定容，混匀。银的浓度为 1000μg/mL	准确移取 10.00mL 银标准储备溶液，置于 100mL 容量瓶中，用盐酸(1+1)定容，混匀。银的浓度为 100μg/mL
锑	称 0.1000g 金属锑[w(Sb)≥99.95%]置于 100mL 烧杯中，加 20mL 稀王水[1 体积硝酸(ρ=1.42g/mL，优级纯)＋3 体积盐酸(ρ=1.19g/mL，优级纯)＋3 体积水，混匀]，低温加热溶解，冷却。移至 100mL 容量瓶中，以盐酸(1+1)定容，混匀。锑的浓度为 1000μg/mL	准确移取 10.00mL 锑标准储备溶液，置于 100mL 容量瓶中，用盐酸(1+9)定容，混匀。锑的浓度为 100μg/mL
铜	称 1.0000g 金属铜[w(Cu)≥99.95%]置于烧杯中，加入 10mL 硝酸(1+1)，低温加热溶解，冷却。移至 500mL 容量瓶中，以水定容，混匀。铜的浓度为 2000μg/mL	
铁	称 1.0000g 金属铁[w(Fe)≥99.95%]置于烧杯中，加入水润湿，加 20mL 盐酸(1+1)，低温加热溶解，冷却。移至 500mL 容量瓶中，以水定容，混匀。铁的浓度为 2000μg/mL	
铅	称 1.0000g 金属铅[w(Pb)≥99.95%]置于烧杯中，加入 20mL 硝酸(1+1)，低温加热溶解，冷却。移至 500mL 容量瓶中，以水定容，混匀。铅的浓度为 2000μg/mL	分别移取铜、铁、铅、铋、钯、镁、镍、铬、锰的标准储备溶液 5.00mL，置于 100mL 容量瓶中，用盐酸(1+9)定容，混匀。铜、铁、铅、铋、钯、镁、镍、铬、锰的浓度各为 100μg/mL
铋	称 1.0000g 金属铋[w(Bi)≥99.95%]置于烧杯中，加入 20mL 硝酸(1+1)，低温加热溶解，冷却。移至 500mL 容量瓶中，以水定容，混匀。铋的浓度为 2000μg/mL	
钯	称 1.0000g 海绵钯[w(Pd)≥99.95%]置于烧杯中，加入 12mL 稀王水[1 体积硝酸(ρ=1.42g/mL，优级纯)＋3 体积盐酸(ρ=1.19g/mL，优级纯)＋3 体积水，混匀]，低温加热溶解，加入盐酸(ρ=1.19g/mL，优级纯)驱赶硝酸三次，每次加入 2mL，冷却。移至 500mL 容量瓶中，加 18mL 盐酸(ρ=1.19g/mL，优级纯)，以水定容，混匀。钯的浓度为 2000μg/mL	
镁	称 1.6581g 氧化镁[w(MgO)≥99.95%]置于烧杯中，加 10mL 盐酸(1+1)，低温加热溶解，冷却。移至 500mL 容量瓶中，以水定容，混匀。镁的浓度为 2000μg/mL	
镍	称 1.0000g 金属镍[w(Ni)≥99.95%]置于烧杯中，加入 50mL 盐酸(1+1)，低温加热溶解，冷却。移至 500mL 容量瓶中，以水定容，混匀。镍的浓度为 2000μg/mL	

被测元素	标准储备溶液的制备方法	标准溶液的制备方法
铬	称 2.8290g 重铬酸钾($K_2Cr_2O_7$，基准试剂，预先于 150℃烘干 1h，于干燥器中冷却至室温）置于烧杯中，加入 20mL 盐酸（1+1），待溶解完全，冷却。移至 500mL 容量瓶中，以水定容，混匀。铬的浓度为 2000μg/mL	分别移取铜、铁、铅、铋、钯、镁、镍、铬、锰的标准储备溶液 5.00mL，置于 100mL 容量瓶中，用盐酸（1+9）定容，混匀。铜、铁、铅、铋、钯、镁、镍、铬、锰的浓度各为 100μg/mL
锰	称 1.0000g 金属锰［$w(Mn)\geqslant99.95\%$］置于烧杯中，加入 20mL 盐酸（1+1），低温加热溶解，冷却。移至 500mL 容量瓶中，以水定容，混匀。锰的浓度为 2000μg/mL	

2. 标准曲线的建立

标准系列溶液的配制原则，参见第二章第二节-一、-（五）-2. 标准曲线的建立中的标准系列溶液的配制原则。分析金中的 11 种杂质元素银、铜、铁、铅、锑、铋、钯、镁、镍、锰、铬的含量时，采用标准曲线法进行定量分析，此方法的原理介绍参见本书中的第二章第二节-一、-（五）-2.-（2）标准曲线法。本部分中标准系列溶液的配制方法如下。

分别移取 0mL、1.00mL、5.00mL、10.00mL 被测元素标准溶液（100μg/mL），置于一组 100mL 容量瓶中，以盐酸（1+9）定容，混匀。

标准系列溶液的测量方法，参见第二章第三节-一、-（五）-2.-（3）标准系列溶液的测量。分别以各被测元素的浓度（μg/mL）为横坐标，以分析线净强度为纵坐标，由计算机自动绘制标准曲线。当标准曲线的 $R^2\geqslant0.999$ 时，即可进行样品溶液的测定。

（六）样品的测定

（1）优化仪器的方法　具体方法参见第二章第三节-一、-（六）样品的测定。

（2）样品中被测元素的分析线发射强度的测量　具体方法参见第二章第三节-一、-（六）样品的测定。从标准曲线上确定被测元素的质量浓度（μg/mL）。

（3）分析线中干扰线的校正　具体方法参见第二章第三节-一、-（六）样品的测定。

（七）结果的表示

分析结果表示至小数点后第 4 位。

（八）质量保证和质量控制

具体操作方法参见第二章第三节-一、-（八）质量保证和质量控制。

（九）注意事项

（1）参见第二章第二节-一、-（九）注意事项（1）。

（2）参见第二章第三节-一、-（九）注意事项（1）～（3）。

（3）测试中所用仪器的标准，参见第二章第三节-三、-（九）注意事项（3）。

二、高纯金［w(Au)≥99.999%］中杂质元素的分析

现行国家标准[14,15]中，电感耦合等离子体原子发射光谱法可以分析高纯金［$w(Au)\geqslant99.999\%$］中 23 种杂质元素银、铝、砷、铋、镉、铬、铜、铁、铱、镁、锰、镍、铅、钯、铂、铑、锑、硒、碲、钛、锌、锡、硅的含量，此方法适用于上述元素含量的同时测

定，也适用于其中一个元素的独立测定，其元素测定范围见表 4-3。

当样品中被测元素的质量分数跨度大（0.00002%～0.00100%）时，采用乙酸乙酯萃取法分离基体金；当样品中被测元素的质量分数小，并且其范围跨度小（0.00002%～0.00052%）时，采用乙醚萃取法分离基体金。其中，分析高纯金中的硒、碲含量，用乙酸乙酯萃取分离金；分析高纯金中的锡、硅的含量，用乙醚萃取分离金。

我们以此为应用实例讲解具体的分析步骤和方法，以及一些注意事项。

（一）样品的制备和保存

对于采用不同萃取方法分离基体金的样品，采集和保存的方法也各异，操作时需分别对样品进行前处理，具体方法如下。

将样品碾成 1mm 厚的薄片，用不锈钢剪刀剪成小碎片，放入烧杯中（对于采用乙醚萃取法分离金的样品，放入聚四氟乙烯烧杯中）。

加入 20mL 乙醇溶液（1+1），于电热板上加热煮沸 5min 取下，将乙醇溶液倾去，用水反复洗涤金片 3 次（对于采用乙醚萃取法分离金的样品，无须用乙醇清洗）。继续加入 20mL 盐酸溶液（1+1），加热煮沸 5min，倾去盐酸溶液，用水反复洗涤金片 3 次。将金片用无尘纸包裹起来放入烘箱，在 105℃烘干，取出，于干燥器中冷却至室温并保持，备用。

（二）样品的消解

电感耦合等离子体原子发射光谱法分析高纯金 [$w(Au) \geqslant 99.999\%$] 中的 23 种杂质元素银、铝、砷、铋、镉、铬、铜、铁、铱、镁、锰、镍、铅、钯、铂、铑、锑、硒、碲、钛、锌、锡、硅含量的消解方法主要为湿法消解中的电热板消解法。关于消解方法分类的介绍，参见第二章第二节-一、-（二）样品的消解。本部分中，样品用稀王水溶解，在 1mol/L 的盐酸介质中，用乙酸乙酯或乙醚萃取分离基体金，浓缩水相，制得盐酸介质的样品溶液，待测。下面按照操作步骤介绍其消解过程。

1. 样品的称量

称取 5.0000g 高纯金样品（经前处理），精确到 0.0001g。独立测定 2 次，取其平均值。随同样品做空白试验。

2. 样品的溶解

将准确称量的样品置于 250mL 烧杯中（采用乙醚萃取分离金的样品，置于 100mL 石英烧杯中），加入 30mL 稀王水 [1 体积硝酸（$\rho = 1.42g/mL$，优级纯）+3 体积盐酸（$\rho = 1.19g/mL$，优级纯）+3 体积水，混匀]，盖上表面皿，于电热板上低温加热，至样品溶解完全。继续低温加热，蒸发至样品溶液颜色呈棕褐色（体积约 2mL，冷却后不能析出单体金），取下，打开表面皿，挥发氮的氧化物 [采用乙醚萃取分离金的样品时，再加入 5mL 盐酸（1+1），加热至样品溶液颜色呈棕褐色]，冷却至室温。

3. 萃取水相的制备

用盐酸（1+11）洗涤表面皿并将样品溶液移入 125mL 分液漏斗中，以盐酸（1+11）稀释体积至约 40mL [采用乙醚萃取分离金的样品时，以盐酸（1+11）稀释体积至约 20mL]。

4. 萃取第一次

加入 25mL 乙酸乙酯，[采用乙醚萃取分离金的样品时，加入 50mL 乙醚]，振荡 20s，静置分层，水相放入另一分液漏斗中。

在有机相中加入 2mL 盐酸（1+11）[采用乙醚萃取分离金的样品时，加入 5mL 盐酸（1+11）]，轻轻振荡 3～5 次，洗涤有机相及漏斗，静置分层，水相合并（储备有机相以回收金）。

本方法中所用的萃取溶剂为乙酸乙酯和乙醚，使用前需进行净化处理，操作为：用盐酸（1+11）洗涤 2～3 次，备用。

5. 萃取第二次

向合并后的水相中加入 20mL 乙酸乙酯[采用乙醚萃取分离金的样品时，加入 20mL 乙醚]，振荡 20s，静置分层，水相放入另一分液漏斗中[采用乙醚萃取分离金的样品时，水相放入原烧杯（消解用容器）中]。

向有机相中加入 2mL 盐酸（1+11）[采用乙醚萃取分离金的样品时，加入 5mL 盐酸（1+11）]，轻轻振荡 3～5 次，洗涤有机相及漏斗，静置分层，水相合并[采用乙醚萃取分离金的样品时，水相合并，放入原烧杯（消解用容器）中，储备有机相以回收金]。

6. 萃取第三次

向再次合并后的水相中加入 20mL 乙酸乙酯，振荡 20s，静置分层，水相放入另一分液漏斗中。向有机相中加入 2mL 盐酸（1+11），轻轻振荡 3～5 次，洗涤有机相及漏斗，静置分层，水相合并，放入原烧杯（消解用容器）中（储备有机相以回收金）[采用乙醚萃取分离金的样品时，水相不进行第三次萃取。以 5mL 盐酸（1+29）顺序洗涤两个有机相，水相并入原烧杯（消解用容器）中，储备有机相以回收金]。

7. 定容制得待测样品溶液

对于采用乙酸乙酯萃取分离金的样品，其中被测元素的质量分数越大，样品溶液的定容体积也越大。当 w(Ag、Al、As、Bi、Cd、Cr、Cu、Ir、Mn、Ni、Pb、Pd、Pt、Rh、Sb、Se、Te、Ti) 为 0.00002%～0.00010%，w(Fe、Mn、Zn) 为 0.00010%～0.00020% 时，样品溶液的定容体积为 10mL；当 w(Ag、Al、As、Bi、Cd、Cr、Cu、Ir、Mn、Ni、Pb、Pd、Pt、Rh、Sb、Se、Te、Ti)>0.00010%～0.00100%，w(Fe、Mn、Zn)>0.00020%～0.00100% 时，样品溶液的定容体积为 25mL。

将合并入原烧杯的水相低温蒸至 2～3mL（注意切勿蒸干），取下冷却至室温。根据样品中被测元素的质量分数，移至相应定容体积的容量瓶中，用盐酸（1+9）稀释至刻度，混匀。

采用乙醚萃取分离金的样品，在合并入原烧杯的水相中，加入 2mL 稀王水 [1 体积硝酸（ρ=1.42g/mL，优级纯）+3 体积盐酸（ρ=1.19g/mL，优级纯）+3 体积水，混匀]，低温蒸至 5mL（注意切勿蒸干），取下冷却至室温。移至 25mL 容量瓶中，用盐酸（1+11）稀释至刻度，混匀。

（三）仪器条件的选择

分析高纯金 [w(Au)≥99.999%] 中的 23 种杂质元素银、铝、砷、铋、镉、铬、铜、铁、铱、镁、锰、镍、铅、钯、铂、铑、锑、硒、碲、钛、锌、锡、硅的含量时，推荐的电感耦合等离子体原子发射光谱仪的测试条件，参见表4-3。

（1）选择分析谱线时，可以根据仪器的实际情况（如灵敏度和谱线干扰）做相应的调整。推荐的分析线见表4-3。分析谱线的选择，参见第二章第三节--一、-(三)仪器条件的选择。

（2）仪器的实际分辨率，参见第二章第三节--一、-(三)仪器条件的选择。

（3）在仪器最佳工作条件下，凡能达到下列指标者均可使用。

1）灵敏度　以测银含量为例，通过计算溶液中仅含有银的分析线（328.068nm），得出检出限（DL）。检出限定义，参见第二章第三节--一、-(三)-(3)-1)灵敏度。

2）短期稳定性　每个最高浓度标准溶液发射谱线的标准偏差应不超过绝对或相对光强平均值的0.8％。此指标的测量和计算方法参见第二章第三节--一、-(三)-(3)-2)短期稳定性。

3）长期稳定性　7个测量平均值的相对标准偏差小于2.0％。此指标的测量和计算方法参见第二章第三节--一、-(三)-(3)-3)长期稳定性。

4）标准曲线的线性　标准曲线的$R^2 \geq 0.999$。

（四）干扰的消除

（1）分析高纯金 $[w(Au) \geq 99.999\%]$ 中的23种杂质元素银、铝、砷、铋、镉、铬、铜、铁、铱、镁、锰、镍、铅、钯、铂、铑、锑、硒、碲、钛、锌、锡、硅的含量，制备样品溶液时，用乙酸乙酯或乙醚萃取，使被测元素与基体金分离，消除基体金的干扰。用盐酸定容，使样品溶液的化学性质稳定。

（2）制备样品溶液时，所用的萃取溶剂乙酸乙酯和乙醚，使用前需进行净化处理，即用盐酸（1+11）洗涤2～3次，消除萃取溶剂中引入的干扰。

（3）分析高纯金 $[w(Au) \geq 99.999\%]$ 中的21种杂质元素银、铝、砷、铋、镉、铬、铜、铁、铱、镁、锰、镍、铅、钯、铂、铑、锑、钛、锌、锡、硅的含量，采用乙醚萃取法分离基体金时，制备样品溶液选用石英烧杯作消解容器，消除玻璃容器引入的干扰；将两次萃取得到的有机相，分别用不同浓度的盐酸进行2次洗涤，进一步回收有机相中残留的被测元素，消除萃取法对结果的影响。

（五）标准曲线的建立

1. 标准溶液的配制

配制各个被测元素标准储备溶液和标准溶液的原则，参见第二章第三节-二、-(五)-1.标准溶液的配制。分析高纯金 $[w(Au) \geq 99.999\%]$ 中的23种杂质元素银、铝、砷、铋、镉、铬、铜、铁、铱、镁、锰、镍、铅、钯、铂、铑、锑、硒、碲、钛、锌、锡、硅的含量时，23种被测元素的标准储备溶液及其标准溶液的制备方法参见表4-16。

2. 标准曲线的建立

标准系列溶液的配制原则，参见第二章第二节--一、-(五)-2.标准曲线的建立中标准系列溶液的配制原则。分析高纯金 $[w(Au) \geq 99.999\%]$ 中的23种杂质元素银、铝、砷、铋、镉、铬、铜、铁、铱、镁、锰、镍、铅、钯、铂、铑、锑、硒、碲、钛、锌、锡、硅的含量时，采用标准曲线法进行定量，标准曲线法的详细介绍参见本书第二章第二节--一、-(五)-2.-(2)标准曲线法。采用不同有机溶剂（乙酸乙酯或乙醚）萃取分离金以制备样品溶液的方法，分别配制不同的标准曲线。详情如表4-17所列。

⊡ 表 4-16　分析高纯金［w(Au)≥99.999%］中 23 种杂质元素银等含量的被测元素标准储备溶液和标准溶液

被测元素	标准储备溶液的制备方法	标准溶液的制备方法	
银	称 0.1000g 金属银［w(Ag)≥99.99%］置于烧杯中,加入 10mL 硝酸(1+1),低温加热溶解,挥发氮的氧化物,冷却。移至 100mL 容量瓶中,加入 25mL 盐酸(ρ=1.19g/mL,优级纯),用水定容,混匀。银的浓度为 1mg/mL	标准溶液 A:分别移取 1.000mL 被测元素标准储备溶液(银、铝、砷、铋、镉、铬、铜、铁、铅、镁、锰、镍、锌各含 1mg/mL)置于 100mL 容量瓶中,加入 20mL 稀王水［1 体积硝酸(ρ=1.42g/mL,优级纯)+3 体积盐酸(ρ=1.19g/mL,优级纯)+3 体积水,混匀］,用水稀释至刻度,混匀。银、铝、砷、铋、镉、铬、铜、铁、铅、镁、锰、镍、锌 的 浓 度 各 为 10μg/mL	21 种被测元素混合标准溶液:分别移取 1mL 银、铝、砷、铋、镉、铬、铜、铁、铅、镁、锰、镍、锌、钯、铂、铑、锑、铱、钛、硒、碲的标准储备溶液,置于 100mL 容量瓶中,加入 20mL 稀王水［1 体积硝酸(ρ=1.42g/mL,优级纯)+3 体积盐酸(ρ=1.19g/mL,优级纯)+3 体积水,混匀］,用水稀释至刻度,混匀。银、铝、砷、铋、镉、铬、铜、铁、铅、镁、锰、镍、锌、钯、铂、铑、锑、铱、钛、硒、碲的浓度各为 10μg/mL
铝	称 0.1000g 金属铝［w(Al)≥99.99%］置于烧杯中,加入 20mL 盐酸(1+1),低温加热溶解,冷却,用盐酸(1+9)定容至 100mL,混匀。铝的浓度为 1mg/mL		
砷	称 0.1320g 三氧化二砷(基准试剂,预先于 100～105℃烘干 1h)置于烧杯中,加入 5mL 氢氧化钠(200g/L),低温加热至溶解完全,加入 50mL 水、1 滴酚酞乙醇溶液(1g/L),用硫酸(1+4)中和至红色刚消失,再过量 2mL,冷却至室温。用实验用水定容至 100mL,混匀。砷的浓度为 1mg/mL		
铋	称 0.1000g 金属铋［w(Bi)≥99.99%］置于烧杯中,加入 20mL 硝酸(1+1),低温加热溶解,挥发氮的氧化物,冷却。用实验用水定容至 100mL,混匀。铋的浓度为 1mg/mL		
镉	称 0.1000g 金属镉［w(Cd)≥99.99%］置于烧杯中,加入 20mL 硝酸(1+1),低温加热溶解,挥发氮的氧化物,冷却至室温。用实验用水定容至 100mL,混匀。镉的浓度为 1mg/mL		
铬	称 0.2829g 重铬酸钾(基准试剂,预先于 100～105℃烘干 1h,于干燥器中冷却至室温)置于烧杯中,加入 20mL 盐酸(1+1),低温加热溶解,冷却至室温。用实验用水定容至 100mL,混匀。铬的浓度为 1mg/mL		
铜	称 0.1000g 金属铜［w(Cu)≥99.99%］置于烧杯中,加入 20mL 硝酸(1+1),低温加热溶解,挥发氮的氧化物,冷却。用实验用水定容至 100mL,混匀。铜的浓度为 1mg/mL		
铁	称 0.1000g 金属铁［w(Fe)≥99.99%］置于烧杯中,加入 20mL 硝酸(1+1){当采用乙醚萃取法分离金时,加入 20mL 稀王水［1 体积硝酸(ρ=1.42g/mL,优级纯)+3 体积盐酸(ρ=1.19g/mL,优级纯)+3 体积水,混匀］},低温加热溶解,挥发氮的氧化物,冷却至室温。移至 100mL 容量瓶中,以水定容,混匀。铁的浓度为 1mg/mL		
铅	称 0.10000g 金属铅［w(Pb)≥99.99%］置于烧杯中,加入 20mL 硝酸(1+1)［当采用乙醚萃取法分离金时,加入 20mL 硝酸(1+2)］,低温加热溶解,挥发氮的氧化物,冷却至室温。移至 100mL 容量瓶中,以水定容,混匀。铅的浓度为 1mg/mL		
镁	称 0.1658g 氧化镁［w(MgO)≥99.99%,预先经 780℃灼烧 1h］,置于烧杯中,加 20mL 盐酸(1+1),低温加热溶解,冷却至室温。移至 100mL 容量瓶中,以水定容,混匀。镁的浓度为 1mg/mL		
锰	称 0.1000g 金属锰［w(Mn)≥99.99%］置于烧杯中,加入 20mL 硝酸(1+1),低温加热溶解,挥发氮的氧化物,冷却至室温。用实验用水定容至 100mL,混匀。锰的浓度为 1mg/mL		
镍	称 0.1000g 金属镍［w(Ni)≥99.99%］置于烧杯中,加入 20mL 硝酸(1+1),低温加热溶解,挥发氮的氧化物,冷却至室温。移至 100mL 容量瓶中,以水定容,混匀。镍的浓度为 1mg/mL		
锌	称 0.1000g 金属锌［w(Zn)≥99.99%］置于烧杯中,加入 20mL 硝酸(1+1),低温加热溶解,挥发氮的氧化物［当采用乙醚萃取法分离金时,加入 10mL 水,再缓慢加入 20mL 盐酸(1+1),低温加热溶解］,冷却至室温,移至 100mL 容量瓶中,以水定容,混匀。锌的浓度为 1mg/mL		

被测元素	标准储备溶液的制备方法	标准溶液的制备方法	
钯	称 0.1000g 金属钯[w(Pd)≥99.99%]置于烧杯中,加入 20mL 稀王水[1 体积硝酸(ρ=1.42g/mL,优级纯)+3 体积盐酸(ρ=1.19g/mL,优级纯)+3 体积水,混匀],低温加热溶解,挥发氮的氧化物,冷却后用实验用水定容至 100mL,混匀。钯的浓度为 1mg/mL	标准溶液 B:分别移取 1.000mL 被测元素标准储备溶液(钯、铂、铑、锑、铱、锡各含 1mg/mL)于 100mL 容量瓶中,加入 20mL 稀王水[1 体积硝酸(ρ=1.42g/mL,优级纯)+3 体积盐酸(ρ=1.19g/mL,优级纯)+3 体积水,混匀],用水稀释至刻度,混匀。钯、铂、铑、锑、铱、锡的浓度各为 10μg/mL	21 种被测元素混合标准溶液:分别移取 1mL 银、铝、砷、铋、镉、铬、铜、铁、铅、镁、锰、镍、锌、钯、铂、铑、锑、铱、钛、硒、碲的标准储备溶液,置于 100mL 容量瓶中,加入 20mL 稀王水[1 体积硝酸(ρ=1.42g/mL,优级纯)+3 体积盐酸(ρ=1.19g/mL,优级纯)+3 体积水,混匀],用水稀释至刻度,混匀。银、铝、砷、铋、镉、铬、铜、铁、铅、镁、锰、镍、锌、钯、铂、铑、锑、铱、钛、硒、碲的浓度各为 10μg/mL
铂	称 0.1000g 金属铂[w(Pt)≥99.99%]置于烧杯中,加入 20mL 稀王[1 体积硝酸(ρ=1.42g/mL,优级纯)+3 体积盐酸(ρ=1.19g/mL,优级纯)+3 体积水,混匀],低温加热溶解,挥发氮的氧化物,冷却后用实验用水定容至 100mL,混匀。铂的浓度为 1mg/mL		
铑	称 0.3593g 氯铑酸铵[(NH$_4$)$_3$RhCl$_6$,光谱纯]置于烧杯中,加入 20mL 盐酸(1+9),低温加热溶解,冷却至室温。移至 100mL 容量瓶中,以盐酸(1+9)定容,混匀。铑的浓度为 1mg/mL		
锑	称 0.1000g 金属锑[w(Ag)≥99.99%]置于烧杯中,加入 20mL 稀王水[1 体积硝酸(ρ=1.42g/mL,优级纯)+3 体积盐酸(ρ=1.19g/mL,优级纯)+3 体积水,混匀],低温加热溶解,挥发氮的氧化物,冷却至室温。移至 100mL 容量瓶中,以水定容[当采用乙醚苯取法分离金时,以盐酸溶液(1+1)定容],混匀。锑的浓度为 1mg/mL		
铱	称 0.2294g 氯铱酸铵[(NH$_4$)$_3$IrCl$_6$,光谱纯]置于烧杯中,加入 20mL 盐酸(1+9),低温加热溶解,冷却后用盐酸溶液(1+9)定容至 100mL,混匀。铱的浓度为 1mg/mL		
锡	称 0.1000g 金属锡[w(Sn)≥99.99%]置于烧杯中,加入 20mL 盐酸(1+1),低温加热溶解,冷却至室温。用盐酸(1+1)定容至 100mL,混匀。锡的浓度为 1mg/mL		
钛	称 0.1000g 金属钛[w(Ti)≥99.99%]置于铂皿中,加入 1mL 氢氟酸(ρ=1.15g/mL,优级纯)、5mL 硫酸(ρ=1.84g/mL,优级纯),加热溶解并蒸发至冒三氧化硫白烟,驱赶尽氟,冷却至室温。加入 20mL 水和 2mL 硫酸(ρ=1.84g/mL,优级纯),加热溶解盐类,冷却至室温。移至 100mL 容量瓶中,以水定容,混匀。钛的浓度为 1mg/mL	标准溶液 C:移取 1.000mL 钛标准储备溶液置于 100mL 容量瓶中,加入 10mL 稀王水[1 体积硝酸(ρ=1.42g/mL,优级纯)+3 体积盐酸(ρ=1.19g/mL,优级纯)+3 体积水,混匀],以水定容,混匀。钛的浓度为 10μg/mL	
硅	称 0.2139g 二氧化硅[w(SiO$_2$)≥99.99%,]置于铂坩埚(预先加入 3g 无水碳酸钠)中,覆盖 1~2g 无水碳酸钠,先低温加热,再于 950℃熔融至透明,并继续熔融 3min,取出冷却。在聚四氟乙烯烧杯中用水浸出。移至 100mL 聚丙烯容量瓶中,用实验用水定容,混匀。硅的浓度为 1mg/mL	标准溶液 D:移取 1.000mL 硅标准储备溶液置于 100mL 聚丙烯容量瓶中,加入 10mL 稀王水[1 体积硝酸(ρ=1.42g/mL,优级纯)+3 体积盐酸(ρ=1.19g/mL,优级纯)+3 体积水,混匀],以水定容,混匀。硅的浓度为 10μg/mL	
硒	称 0.1000g 金属硒[w(Se)≥99.99%]置于烧杯中,加入 20mL 盐酸(1+1),低温加热溶解,冷却至室温。用实验用水定容至 100mL,混匀。硒的浓度为 1mg/mL	参考表中 21 种被测元素混合标准溶液的制备方法	
碲	称 0.1000g 金属碲[w(Te)≥99.99%]置于烧杯中,加入 20mL 硝酸(1+1),低温加热溶解,挥发氮的氧化物,冷却后用实验用水定容至 100mL,混匀。碲的浓度为 1mg/mL	参考表中 21 种被测元素混合标准溶液的制备方法	

☐ 表 4-17 分析高纯金［w(Au)≥99.999%］中 23 种杂质元素银等含量的标准系列溶液

制备样品溶液方法	被测元素	分取被测元素标准溶液体积/mL	定容用盐酸
乙酸乙酯萃取分离基体金	银、铝、砷、铋、镉、铬、铜、铁、铱、镁、锰、镍、铅、钯、铂、铑、锑、硒、碲、钛、锌	0、1.00、5.00、10.00	盐酸(1+9)
乙醚萃取分离基体金	银、铝、砷、铋、镉、铬、铜、铁、铅、镁、锰、镍、锌	0、0.50、1.00、5.00	盐酸(1+11)
	钯、铂、铑、锑、铱、锡	0、0.50、1.00、5.00	盐酸(1+11)
	钛	0、0.50、1.00、5.00	盐酸(1+11)
	硅	0、0.50、1.00、5.00	盐酸(1+11)

根据制备样品溶液的方法和被测元素的种类，按表 4-17 分别移取一系列体积的被测元素混合标准溶液（被测元素各含 $10\mu g/mL$），置于一组 50mL 容量瓶中，按表 4-17 以相应的定容用盐酸稀释至刻度，混匀。

标准系列溶液的测量方法，参见第二章第三节--一、-(五)-2.-(3) 标准系列溶液的测量。分别以各被测元素的质量浓度（$\mu g/mL$）为横坐标，以分析线净强度为纵坐标，由计算机自动绘制标准曲线。当标准曲线的 $R^2 \geq 0.999$ 时，即可进行样品溶液的测定。

（六）样品的测定

（1）优化仪器的方法　具体方法参见第二章第三节--一、-(六)样品的测定。

（2）样品中被测元素的分析线发射强度的测量　具体方法参见第二章第三节--一、-(六)样品的测定。从标准曲线上确定被测元素的质量浓度（$\mu g/mL$）。

（3）分析线中干扰线的校正　具体方法参见第二章第三节--一、-(六)样品的测定。

（七）结果的表示

分析结果表示至小数点后第 5 位。

（八）质量保证和质量控制

具体操作方法参见第二章第三节--一、-(八)质量保证和质量控制。

（九）注意事项

（1）参见第二章第二节--一、-(九)注意事项（1）。

（2）参见第二章第三节--一、-(九)注意事项（1）～(3)。

（3）测试中所用仪器的标准，参见第二章第三节--三、-(九)注意事项（3）。

（4）采用乙醚萃取分离金-电感耦合等离子体原子发射光谱法分析高纯金［$w(Au) \geq 99.999\%$］中的 21 种杂质元素银、铝、砷、铋、镉、铬、铜、铁、铱、镁、锰、镍、铅、钯、铂、铑、锑、钛、锌、锡、硅的含量，样品前处理时，选用聚四氟乙烯烧杯作容器；制备样品溶液时，选用石英烧杯作消解容器。

（5）分析高纯金［$w(Au) \geq 99.999\%$］中的 23 种杂质元素银、铝、砷、铋、镉、铬、铜、铁、铱、镁、锰、镍、铅、钯、铂、铑、锑、硒、碲、钛、锌、锡、硅的含量，制备钛标准溶液时，消解容器选用铂皿；制备硅标准溶液时，消解容器选用铂坩埚（熔融法消解）、聚四氟乙烯烧杯，定容容器选择聚乙烯容量瓶。

（6）所用仪器均应在检定周期内，其性能应达到检定要求的技术参数指标；使用符合国家标准[35-37] GB/T 12806—2011（ISO 1042，EQV）、GB/T 12808—2005（ISO 648，EQV）、GB/T 12809—2005（ISO 384，EQV）中规定的 A 级玻璃容器。

三、银中杂质元素的分析

现行国家标准[16,17]中，电感耦合等离子体原子发射光谱法可以分析银中硒、碲、锑的含量，此方法适用于上述杂质元素中多元素的同时测定，也适用于其中一个元素的独立测定，其元素测定范围见表4-3。

我们以此为应用实例讲解具体的分析步骤和方法，以及一些注意事项。

（一）样品的制备和保存

贵金属银的取样应按照已颁布的标准方法进行。推荐的国家标准[31,33,34] GB/T 17418.1—2010、GB/T 19446—2004、GB/T 4135—2016 中有相关的规定。

（1）样品（钻屑或薄片）加工成粒度小于 0.074mm 的碎屑。

（2）样品用丙酮除去油污，用水洗净，于 105℃预干燥 2h，硫含量较高的样品应在 60℃的鼓风干燥箱内干燥 2～4h，然后置于干燥器内，冷却至室温。

（3）由于碳硫对贵金属湿法分析的结果影响很大，需将样品置于马弗炉内，由低温升至 700℃并保持 2h 以上，混匀。

（二）样品的消解

电感耦合等离子体原子发射光谱法分析银中的杂质元素硒、碲、锑含量的消解方法主要为湿法消解中的电热板消解法。关于消解方法分类的介绍，参见第二章第二节-一、-（二）样品的消解。

分析硒、碲含量时，样品用硝酸溶解，加入盐酸，以氯化银沉淀形式分离基体银，制得盐酸介质的样品溶液，待测。分析锑含量时，样品用硫酸溶解，加入盐酸，以氯化银沉淀形式分离基体银，制得硝酸介质的样品溶液，待测。下面具体介绍其消解过程。

1. 样品的称量

样品中被测元素的质量分数越大，称取样品量越小，用于消解样品的溶样酸的添加量也相应变化，样品的定容体积也随之变化。详情参见表 4-18。

▫ 表 4-18　分析银中杂质元素硒、碲、锑含量的样品溶液

被测元素	质量分数/%	样品量/g	溶样酸	盐酸[3]/mL	定容体积/mL
硒	0.0002～0.0010	10.000	20mL 硝酸[1]	20	25
碲	＞0.0010～0.010	10.000	20mL 硝酸[1]	20	50
锑	0.0004～0.0020	10.000	10mL 硫酸[2]	20	25
	＞0.0020～0.0050	5.000	5mL 硫酸[2]	10	25
	＞0.0050～0.0120	2.000	3mL 硫酸[2]	5	25
	＞0.0120～0.020	2.000	3mL 硫酸[2]	5	50

① 硝酸：1+1。

② 硫酸：$\rho = 1.84\text{g/mL}$。

③ 盐酸：1+1。

根据样品中被测元素的质量分数，按表 4-18 称取样品，精确到 0.0001g。独立地进行 2 次测定，取其平均值。随同样品做空白试验。

2. 样品的溶解

将准确称量的样品置于烧杯中，按表 4-18 加入相应量的溶样酸，盖上表面皿，于电热板上低温加热至溶解完全，取下，冷却至室温。

3. 基体银的分离

用水吹洗表面皿及杯壁，使体积约为 70mL（测锑含量时，使体积约为 20mL），边搅拌边滴加表 4-18 规定的相应体积盐酸（1+1），加热至沸使沉淀凝集，并持续搅拌至溶液清亮，于低温电热板上放置 30min。

用慢速定量滤纸过滤，滤液收集于另一烧杯中，用热的稀盐酸（2+98）洗杯壁及沉淀 6～7 次，滤液及洗液合并于上述烧杯中 [测锑含量时，向合并后的滤液中加入 2mL 硝酸（$\rho = 1.42g/mL$）]。将上述溶液置于低温电热板上蒸发至近干，取下冷却至室温。

4. 盐类的溶解和干扰消除剂的加入

测硒和碲含量时，用适量水吹洗杯壁及表面皿，根据样品中被测元素的质量分数，加入相应量的盐酸（1+1）[当 $w(Se、Te) = 0.0002\% \sim 0.0010\%$ 时，盐酸（1+1）的加入量为 2.5mL；当 $w(Se、Te) > 0.0010\% \sim 0.010\%$ 时，盐酸（1+1）的加入量为 5.0mL]，于电热板上低温加热，溶解盐类，取下，冷却至室温。

测锑含量时，加入 5mL 硝酸（1+4）、0.2mL 酒石酸溶液（50g/L），放置 30min，于电热板上蒸至体积约 0.5mL，取下，冷却至室温。

5. 定容制得待测样品溶液

将上述样品溶液移至表 4-18 规定的相应容积的容量瓶中，用水稀释至刻度 [测锑含量时，用硝酸（1+19）稀释至刻度]，混匀。

（三）仪器条件的选择

分析银中的杂质元素硒、碲、锑的含量时，推荐的电感耦合等离子体原子发射光谱仪的测试条件，参见表 4-3。仪器采用等离子体光源，使用功率≥0.75kW，可以是同时型和顺序型的。

（1）选择分析谱线时，可以根据仪器的实际情况（如灵敏度和谱线干扰）做相应的调整。推荐的分析线见表 4-3。分析谱线的选择，参见第二章第三节-一、-（三）仪器条件的选择。

（2）仪器的实际分辨率，参见第二章第三节-一-（三）仪器条件的选择。

（3）在仪器最佳工作条件下，凡能达到下列指标者均可使用。

1）灵敏度　以测硒含量为例，通过计算溶液中仅含有硒的分析线（196.090nm），得出检出限（DL）（如测定碲和碲含量时，需计算相应元素分析线处对应的检出限）。检出限定义，参见第二章第三节-一、-（三）-（3）-1）灵敏度。

2）短期稳定性　每个最高浓度标准溶液发射谱线的标准偏差应不超过绝对或相对光强平均值的 0.8%。此指标的测量和计算方法参见第二章第三节-一、-（三）-（3）-2）短期稳定性。

3）长期稳定性　7 个测量平均值的相对标准偏差小于 2.0%。此指标的测量和计算方法参见第二章第三节-一、-（三）-（3）-3）长期稳定性。

4）标准曲线的线性　标准曲线的 $R^2 \geq 0.999$。

（四）干扰的消除

（1）分析银中的杂质元素硒、碲、锑的含量，制备样品溶液时，样品以硝酸或硫酸溶解，加入盐酸，以氯化银沉淀的形式分离基体银，消除基体银的干扰。

（2）分析银中的杂质元素锑的含量，制备样品溶液时，分离基体银得到的样品溶液中，加入酒石酸溶液，以酒石酸作掩蔽剂，络合被测元素锑并富集，减少溶样过程中氯化银对被测元素的吸附损失。

（五）标准曲线的建立

1. 标准溶液的配制

配制各个被测元素标准储备溶液和标准溶液的原则，参见第二章第三节-二、-（五）-1. 标准溶液的配制。分析银中杂质元素硒、碲、锑的含量时，被测元素的标准储备溶液的制备方法如下。

硒标准储备溶液（100μg/mL）：称 0.1000g 硒 [w(Se)≥99.99%] 置于烧杯中，加入 10mL 盐酸（ρ=1.19g/mL）及 3～4 滴硝酸（ρ=1.42g/mL），于水浴中加热，至溶解完全。取出，用水洗涤表面皿及杯壁，冷却。用超纯水定容至 1000mL，混匀。

碲标准储备溶液（100μg/mL）：称 0.1000g 碲 [w(Te)≥99.99%] 置于烧杯中，加入 10mL 硝酸（ρ=1.42g/mL），于电热板上低温加热溶解，并蒸发至约 2mL，冷却。加入 100mL 盐酸（1+1），加热使盐类溶解，冷却。用超纯水定容至 1000mL，混匀。

锑标准储备溶液（100μg/mL）：称 0.1000g 金属锑 [w(Sb)≥99.99%] 置于烧杯中，加 1g 酒石酸（固体）、20mL 硝酸（1+1），加热溶解，取下冷却。用硝酸（1+19）定容至 1000mL，混匀。

2. 标准曲线的建立

标准系列溶液的配制原则，参见第二章第二节-一、-（五）-2. 标准曲线的建立中标准系列溶液的配制原则。分析银中杂质元素硒、碲、锑的含量时，采用标准曲线法进行定量，标准曲线法的详细介绍参见本书第二章第二节-一、-（五）-2.-（2）标准曲线法。此方法中标准系列溶液的配制方法如下。

硒、碲的标准系列溶液：分别移取 0mL、1.00mL、2.00mL、5.00mL、10.00mL、30.00mL 硒标准储备溶液（100μg/mL）和碲标准储备溶液（100μg/mL），置于同一组 100mL 容量瓶中，加入 10mL 盐酸（1+1），用超纯水稀释至刻度，混匀。

锑的标准系列溶液：分别移取 0mL、1.00mL、3.00mL、5.00mL、7.00mL、10.00mL 锑标准储备溶液（100μg/mL），置于一组 100mL 容量瓶中，用硝酸（1+19）稀释至刻度，混匀。

标准系列溶液的测量方法，参见第二章第三节-一、-（五）-2.-（3）标准系列溶液的测量。分别以各被测元素的质量浓度（μg/mL）为横坐标，以分析线净强度为纵坐标，由计算机自动绘制标准曲线。当标准曲线的 R^2≥0.999 时，即可进行样品溶液的测定。

（六）样品的测定

（1）优化仪器的方法　具体方法参见第二章第三节-一、-（六）样品的测定。

（2）样品中被测元素的分析线发射强度的测量　具体方法参见第二章第三节-一、-（六）样品的测定。从标准曲线上确定被测元素的质量浓度（μg/mL）。

（3）分析线中干扰线的校正　具体方法参见第二章第三节-一、-(六) 样品的测定。

（七）结果的表示

分析结果表示至小数点后第 4 位。

（八）质量保证和质量控制

具体操作方法参见第二章第三节-一、-(八) 质量保证和质量控制。

（九）注意事项

（1）参见第二章第二节-一、-(九) 注意事项（1）。

（2）参见第二章第三节-一、-(九) 注意事项（1）、（3）。

（3）测试中所用仪器的标准，参见第二章第三节-三、-(九) 注意事项（3）。

四、锇粉中杂质元素的分析

现行国家标准[18]中，电感耦合等离子体原子发射光谱法可以分析锇粉中 12 种杂质元素镁、铁、镍、铝、铜、银、金、铂、铱、钯、铑、硅的含量，此方法适用于上述杂质元素中多元素的同时测定，也适用于其中一个元素的独立测定。其元素测定范围见表 4-3。

我们以此为应用实例讲解具体的分析步骤和方法，以及一些注意事项。

（一）样品的制备和保存

贵金属锇的取样应按照已颁布的标准方法进行。推荐的国家标准[31,33]和行业标准[38] GB/T 17418.1—2010、GB/T 19446—2004、YS/T681—2008 中有相关的规定。

（1）将样品加工成粒度小于 0.074mm 的粉末状金属，蓝灰色均匀，无可见夹杂物。

（2）样品用丙酮除去油污，用水洗净，于 105℃预干燥 2h，硫含量较高的样品应在 60℃的鼓风干燥箱内干燥 2~4h，然后置于干燥器内冷却至室温。

（3）由于碳硫对贵金属湿法分析的结果影响很大，需将样品置于马氟炉内，由低温升至 700℃并保持 2h 以上，混匀。

（二）样品的消解

电感耦合等离子体原子发射光谱法分析锇粉中的 12 种杂质元素镁、铁、镍、铝、铜、银、金、铂、铱、钯、铑、硅含量的消解方法主要为湿法消解。关于消解方法分类的介绍，参见第二章第二节-一、-(二) 样品的消解。

本部分中，样品置于带支管的蒸馏瓶中，用发烟硝酸加热溶解，蒸馏过程中，基体锇升华成蒸气从支管中分离，被氢氧化钠溶液吸收，以蒸馏瓶中的余液定容，制得用于测定的样品溶液。下面详细介绍此消解方法。

称取 0.5000g 样品，精确到 0.0001g。独立地进行 2 次测定，取其平均值。随同样品做空白试验。

将样品置于 1000mL 带支管的蒸馏瓶中，加入 20mL 发烟硝酸（$\rho=1.40g/mL$），在低温下慢慢加热溶解，至溶液清亮，锇蒸气从支管导入盛有氢氧化钠溶液（200g/L）的瓶中被吸收。余液冷却至室温，转移到 50mL 容量瓶中，用超纯水稀释至刻度，混匀。

（三）仪器条件的选择

分析锇粉中的 12 种杂质元素镁、铁、镍、铝、铜、银、金、铂、铱、钯、铑、硅的含量时，推荐的电感耦合等离子体原子发射光谱仪的测试条件，参见表 4-3。仪器采用氩等离子体光源，发生器最大输出功率≥1.35kW，可以是同时型和顺序型的。

（1）选择分析谱线时，可以根据仪器的实际情况（如灵敏度和谱线干扰）做相应的调整，推荐的分析线见表 4-3。分析谱线的选择，参见第二章第三节-一、-（三）仪器条件的选择。

（2）仪器的实际分辨率：计算每条应当使用的分析线（包括内标线）的半高宽（即带宽），分析线的半高宽≤0.030nm。其中，200nm 时的光学分辨率≤0.010nm；400nm 时的光学分辨率≤0.020nm。

（3）在仪器最佳工作条件下，凡能达到下列指标者均可使用。

1）灵敏度　以测钴含量为例，通过计算溶液中仅含有钴的分析线（394.401nm），得出的检出限（DL）≤0.098μg/mL（如测铜、铬、铁、铌含量时，元素分析线处对应的检出限参见表 4-3）。检出限定义，参见第二章第三节-一、-（三）-（3）-1）灵敏度。

2）短期稳定性　每个最高浓度标准溶液发射谱线的标准偏差应不超过绝对或相对光强平均值的 0.8%。此指标的测量和计算方法参见第二章第三节-一、-（三）-（3）-2）短期稳定性。

3）长期稳定性　7 个测量平均值的相对标准偏差小于 2.0%。此指标的测量和计算方法参见第二章第三节-一、-（三）-（3）-3）长期稳定性。

4）标准曲线的线性　标准曲线的 R^2≥0.999。

（四）干扰的消除

分析锇粉中的 12 种杂质元素镁、铁、镍、铝、铜、银、金、铂、铱、钯、铑、硅的含量时，样品以发烟硝酸缓慢加热溶解，在此温度下，基体锇升华为锇蒸气与被测元素分离，被氢氧化钠吸收液吸收，消除基体锇的干扰。

（五）标准曲线的建立

1. 标准溶液的配制

配制各个被测元素标准储备溶液和标准溶液的原则，参见第二章第三节-二、-（五）-1. 标准溶液的配制。分析锇粉中的 12 种杂质元素镁、铁、镍、铝、铜、银、金、铂、铱、钯、铑、硅的含量时，12 种被测元素的标准储备溶液及其标准溶液的制备方法参表 4-19。

2. 标准曲线的建立

标准系列溶液的配制原则，参见第二章第二节-一、-（五）-2. 标准曲线的建立中标准系列溶液的配制原则。分析锇粉中的 12 种杂质元素镁、铁、镍、铝、铜、银、金、铂、铱、钯、铑、硅的含量时，采用标准曲线法进行定量，标准曲线法的详细介绍参见本书第二章第二节-一、-（五）-2.-（2）标准曲线法。此方法中根据被测元素的种类，配制不同的标准系列溶液。详情如下。

（1）镍、镁、铜、铁、银、铝的标准系列溶液　分别移取 0.00mL、2.00mL、5.00mL、10.00mL 混合标准溶液 A（镍、镁、铜、铁、银、铝各含 20.00μg/mL），置于 200mL 容量瓶中，加入 5mL 硝酸（ρ＝1.42g/mL，优级纯），以超纯水稀释至刻度，混匀。

⊡ 表 4-19　分析铽粉中 12 种杂质元素镁等含量的被测元素标准储备溶液和标准溶液

被测元素	标准储备溶液制备方法	标准溶液制备方法
镍	称 0.5000g 金属镍[w(Ni)≥99.99%]置于烧杯中，缓慢加入 40mL 硝酸（$\rho=1.42$g/mL，优级纯），盖上表面皿，低温加热溶解，挥发氮的氧化物，冷却。用水洗涤表面皿及杯壁，用实验用水定容至 1000mL，混匀。镍的浓度为 500μg/mL	混合标准溶液 A：分别移取 20.00mL 镍标准储备溶液（500μg/mL）、镁标准储备溶液（500μg/mL）、铜标准储备溶液（500μg/mL）、铁标准储备溶液（500μg/mL）、银标准储备溶液（500μg/mL）、铝标准储备溶液（500μg/mL）置于 500mL 容量瓶中，加入 10mL 硝酸（$\rho=1.42$g/mL，优级纯），以超纯水稀释至刻度，混匀。镍、镁、铜、铁、银、铝的浓度各为 20.00μg/mL
镁	称 0.8291g 氧化镁[w(MgO)≥99.99%，经烘干]置于烧杯中，缓慢加入 40mL 硝酸（$\rho=1.42$g/mL，优级纯），盖上表面皿，低温加热溶解，挥发氮的氧化物，冷却。用水洗涤表面皿及杯壁，用实验用水定容至 1000mL，混匀。镁的浓度为 500μg/mL	
铜	称 0.5000g 金属铜[w(Cu)≥99.99%]置于烧杯中，缓慢加入 40mL 硝酸（$\rho=1.42$g/mL，优级纯），盖上表面皿，低温加热溶解，挥发氮的氧化物，冷却。用水洗涤表面皿及杯壁，用实验用水定容至 1000mL，混匀。铜的浓度为 500μg/mL	
铁	称 0.5000g 金属铁[w(Fe)≥99.99%]置于烧杯中，缓慢加入 40mL 硝酸（$\rho=1.42$g/mL，优级纯），盖上表面皿，低温加热溶解，挥发氮的氧化物，冷却。用水洗涤表面皿及杯壁，用实验用水定容至 1000mL，混匀。铁的浓度为 500μg/mL	
银	称 0.5000g 金属银[w(Ag)≥99.99%]置于烧杯中，缓慢加入 40mL 硝酸（$\rho=1.42$g/mL，优级纯），盖上表面皿，低温加热溶解，挥发氮的氧化物，冷却。用水洗涤表面皿及杯壁，用实验用水定容至 1000mL，混匀。银的浓度为 500μg/mL	
铝	称 0.5000g 金属铝[w(Al)≥99.99%]，置于 150mL 聚四氟乙烯烧杯中，加入 10mL 氢氧化钠溶液（200g/L），盖上表面皿，低温溶解，冷却。加入硝酸（$\rho=1.42$g/mL，优级纯）中和至沉淀溶解，并过量 10mL，用超纯水定容至 1000mL，混匀。铝的浓度为 500μg/mL	
金	称 0.1000g 纯金[w(Au)≥99.99%]置于烧杯中，加入 20mL 王水[1 体积硝酸（$\rho=1.42$g/mL，优级纯）＋3 体积盐酸（$\rho=1.19$g/mL，优级纯）]，盖上表面皿，低温加热溶解，挥发的氧化物，冷却。用水洗涤表面皿及杯壁，用实验用水定容至 200mL，混匀。金的浓度为 500μg/mL	混合标准溶液 B：分别移取 10.00mL 金标准储备溶液（500μg/mL）、铂标准储备溶液（500μg/mL）、钯标准储备溶液（500μg/mL）、铑标准储备溶液（500μg/mL）、铱标准储备溶液（500μg/mL），置于 500mL 容量瓶中，加入 10mL 硝酸（$\rho=1.42$g/mL，优级纯），以超纯水稀释至刻度，混匀。金、铂、钯、铑、铱的浓度各为 10.00μg/mL
铂	称 0.1000g 纯铂[w(Pt)≥99.99%]置于烧杯中，加入 20mL 王水[1 体积硝酸（$\rho=1.42$g/mL，优级纯）＋3 体积盐酸（$\rho=1.19$g/mL，优级纯）]，盖上表面皿，低温加热溶解，挥发氮的氧化物，冷却。用水洗涤表面皿及杯壁，用实验用水定容至 200mL，混匀。铂的浓度为 500μg/mL	
钯	称 0.1000g 纯钯[w(Pd)≥99.99%]置于烧杯中，加入 20mL 王水[1 体积硝酸（$\rho=1.42$g/mL，优级纯）＋3 体积盐酸（$\rho=1.19$g/mL，优级纯）]，盖上表面皿，低温加热溶解，挥发氮的氧化物，冷却。用水洗涤表面皿及杯壁，用实验用水定容至 200mL，混匀。钯的浓度为 500μg/mL	
铑	称 0.1925g 氯铑酸铵（光谱纯），置于烧杯中，加入 20mL 盐酸（$\rho=1.19$g/mL，优级纯），盖上表面皿，低温加热溶解，冷却。用水洗涤表面皿及杯壁，用实验用水定容至 100mL，混匀。铑的浓度为 500μg/mL	
铱	称 0.1147g 纯氯铱酸铵（光谱纯），置于烧杯中，加入 20mL 盐酸（$\rho=1.19$g/mL，优级纯），盖上表面皿，低温加热溶解，冷却。用水洗涤表面皿及杯壁，用实验用水定容至 100mL，混匀。铱的浓度为 500μg/mL	
硅	称 1.0697g 二氧化硅[w(SiO₂)≥99.99%]，置于铂坩埚中，加入 5g 无水碳酸钠（优级纯），混匀，加盖。移入 400℃ 马弗炉中，升温至 900℃，熔融 1h，取出冷却。用水洗涤铂坩埚外壁，置于 400mL 聚四氟乙烯塑料烧杯中，加入 100mL 热水，低温溶解，取出铂坩埚，冷却。转移至 1000mL 容量瓶中，以水定容，混匀，并立即移入干燥塑料瓶中保存。硅的浓度为 500μg/mL	直接使用硅标准储备溶液。硅的浓度为 500μg/mL

（2）金、铂、钯、铑、铱的标准系列溶液　分别移取 0.00mL、2.00mL、5.00mL、10.00mL 混合标准溶液 B（金、铂、钯、铑、铱各含 10.00μg/mL），置于 200mL 容量瓶中，加入 5mL 硝酸（$\rho = 1.42g/mL$，优级纯），以超纯水稀释至刻度，混匀。

（3）硅的标准系列溶液　分别移取 0.00mL、0.50mL、1.00mL、2.00mL 硅标准储备溶液（500μg/mL），置于 500mL 容量瓶中，加入 5mL 硝酸（$\rho = 1.42g/mL$，优级纯），以超纯水稀释至刻度，混匀，并立即移入干燥塑料瓶中保存。

标准系列溶液的测量方法，参见第二章第三节-一、-（五)-2.-（3）标准系列溶液的测量。分别以各被测元素的质量浓度（μg/mL）为横坐标，以分析线净强度为纵坐标，由计算机自动绘制标准曲线。当标准曲线的 $R^2 \geqslant 0.999$ 时即可进行样品溶液的测定。

（六）样品的测定

（1）优化仪器的方法　具体方法参见第二章第三节-一、-（六）样品的测定。

（2）样品中被测元素的分析线发射强度的测量　具体方法参见第二章第三节-一、-（六）样品的测定。从标准曲线上确定被测元素的质量浓度（μg/mL）。

（3）分析线中干扰线的校正　具体方法参见第二章第三节-一、-（六）样品的测定。

（七）结果的表示

分析结果保留 3 位有效数字。

（八）质量保证和质量控制

分析时，用控制样品进行校核，或每月用控制样品对分析方法校核一次。当过程失控时，应找出原因，纠正错误后重新进行校核，并采取相应的预防措施。

（九）注意事项

（1）参见第二章第二节-一、-（九）注意事项（1）。

（2）参见第二章第三节-一、-（九）注意事项（1）、（3）。

（3）测试中所用仪器的标准，参见第二章第三节-三、-（九）注意事项（3）。

（4）分析锇粉中的 12 种杂质元素镁、铁、镍、铝、铜、银、金、铂、铱、钯、铑、硅的含量，制备铝标准储备溶液时，消解容器选用聚四氟乙烯烧杯；制备硅标准储备溶液时，消解容器选用铂坩埚和聚四氟乙烯烧杯，制备好的溶液立即转入干燥塑料瓶中保存。

五、金合金中杂质元素的分析

现行国家标准[19-22]中，电感耦合等离子体原子发射光谱法可以分析金合金 AuNiCr、AuFeCr、AuNiFeZr 中铬和铁的含量，金合金 AuAgCuMnGd、AuAgCuGd、AuNiGd 和 AuBe 中钆和铍的含量，金合金 AuAgCuGd、AuAgCuMnGd、AuNiCu、AuGeNiCu 中铜和锰的含量，金合金 AuNiFeZr、AuGa 中锆和镓的含量。其元素测定范围见表 4-4。

下面讲解具体的分析步骤和方法，以及一些注意事项。

（一）样品的制备和保存

样品（钻屑或薄片）加工成碎屑，用丙酮去除油污，用水洗净，干燥后混匀。

（二）样品的消解

电感耦合等离子体原子发射光谱法分析贵金属金合金中的8种杂质元素铬、铁、钆、铍、铜、锰、锆、镓含量的消解方法主要为湿法消解中的电热板消解法。关于消解方法分类的介绍，参见第二章第二节-一、-（二）样品的消解。

本部分中，样品用硝酸-盐酸混合酸溶解，以盐酸沉淀分离基体银，以亚硫酸还原分离基体金，测铬、铁、铜、锰含量时，加入钇作内标，制得用于测定的样品溶液。下面具体介绍其消解过程。

1. 样品的称量

称取上述样品0.1g，精确到0.0001g。独立测定2次，取其平均值。随同样品做空白试验。

2. 样品的溶解

将样品置于200mL烧杯中，加入10～20mL混合酸［硝酸（$\rho=1.42g/mL$）与盐酸（$\rho=1.19g/mL$）的混合溶液。当测铬、铁含量时，体积比为1∶3；当测钆、铍含量时，体积比为1∶6；当测铜、锰含量时，体积比为1∶8；当测锆、镓含量时，体积比为1∶4］，盖上表面皿，于电热板上低温加热，至样品完全溶解（可反复加入酸），继续加热蒸发至近干。

3. 基体银的分离

加入2mL盐酸（$\rho=1.19g/mL$），再蒸发至近干，重复3次。用盐酸（1+9）溶解残渣并冲洗表面皿及烧杯壁至体积约40mL，加热煮沸沉淀银，稍冷。

4. 基体金的分离

在温热条件下加入10mL亚硫酸（以SO_2计，含量≥6%），盖上表面皿，煮沸约30min至溶液清亮，冷却至室温。

5. 定容制得待测样品溶液

用慢速定量滤纸过滤，滤液收集于100mL容量瓶中，用热的稀盐酸（1+9）洗涤表面皿、烧杯壁及沉淀各5次，滤液及洗液合并于上述100mL容量瓶中［测铬、铁、铜、锰含量时，定容前加入1.00mL钇内标液（1mg/mL）］。用盐酸（1+9）稀释至刻度，混匀。

钇内标液（1mg/mL）：称0.1270g三氧化二钇［$w(Y_2O_3)≥99.99\%$］，置于烧杯中，加入5mL水、5mL盐酸（$\rho=1.19g/mL$），盖上表面皿，低温加热至溶解完全，冷却至室温。用盐酸（1+9）定容至100mL，混匀。

（三）仪器条件的选择

电感耦合等离子体原子发射光谱仪采用氩等离子体光源，发生器最大输出功率≥1.3kW。光谱仪既可是同时型的，也可是顺序型的，但必须具有同时测定内标线的功能，否则不能使用内标法。分析贵金属金合金中的8种杂质元素铬、铁、钆、铍、铜、锰、锆、镓的含量时，推荐的等离子体光谱仪测试条件，参见表4-4。

（1）选择分析谱线时，可以根据仪器的实际情况（如灵敏度和谱线干扰）做相应的调整。推荐的分析线见表 4-4。分析谱线的选择，参见第二章第三节-一、-(三) 仪器条件的选择。

(2) 仪器的实际分辨率，参见第四章第四节-四、-(三) 仪器条件的选择。

(3) 在仪器最佳工作条件下，凡能达到下列指标者均可使用。

1) 灵敏度　以测铬含量为例，通过计算溶液中仅含有铬的分析线（284.325nm），得出的检出限（DL）$\leqslant$0.01μg/mL。检出限定义，参见第二章第三节-一、-(三)-(3)-1) 灵敏度。

2) 短期稳定性　每个最高浓度标准溶液发射谱线的标准偏差应不超过绝对或相对光强平均值的 0.8%。此指标的测量和计算方法参见第二章第三节-一、-(三)-(3)-2) 短期稳定性。

3) 长期稳定性　7 个测量平均值的相对标准偏差小于 2.0%。此指标的测量和计算方法参见第二章第三节-一、-(三)-(3)-3) 长期稳定性。

4) 标准曲线的线性　标准曲线的 $R^2\geqslant$0.9999。

（四）干扰的消除

(1) 分析贵金属金合金中的 8 种杂质元素铬、铁、钆、铍、铜、锰、锆、镓的含量，制备样品溶液时，样品以硝酸和盐酸的混合酸溶解，再加入盐酸，以氯化银沉淀的形式分离基体银，消除基体银的干扰；加入亚硫酸，以亚硫酸还原分离基体金，消除基体金的干扰；加入钇作内标，以校正仪器的灵敏度漂移并消除基体效应的影响。

(2) 制备标准系列溶液时，使用与制备样品溶液时相同的盐酸（1+9）定容，以消除酸度对测定的干扰，同时保持溶液的化学性质稳定。

(3) 制备样品溶液和标准系列溶液时，加入钇内标溶液，以校正仪器的灵敏度漂移并消除基体效应的影响。

（五）标准曲线的建立

1. 标准溶液的配制

配制各个被测元素标准储备溶液和标准溶液的原则，参见第二章第三节-二、-(五)-1. 标准溶液的配制。分析贵金属金合金中的 8 种杂质元素铬、铁、钆、铍、铜、锰、锆、镓的含量时，8 被测元素的标准储备溶液及其标准溶液的制备方法参见表 4-20。

⊡ 表 4-20　分析贵金属金合金中 8 种杂质元素铬等含量的被测元素标准储备溶液和标准溶液

被测元素	标准储备溶液制备方法	标准溶液制备方法
铬	称 0.1000g 金属铬 [w(Cr)$\geqslant$99.99%] 置于烧杯中，加入 5mL 盐酸（ρ=1.19g/mL）、2mL 硝酸（ρ=1.42g/mL），盖上表面皿，低温加热至溶解完全，冷却。用盐酸（1+9）定容至 100mL，混匀。铬的浓度为 1mg/mL	移取 20.00mL 铬标准储备溶液置于 100mL 容量瓶中，用盐酸（1+9）定容，混匀。铬的浓度为 200μg/mL
铁	称 0.1000g 金属铁粉 [w(Fe)$\geqslant$99.99%] 置于烧杯中，加入 10mL 混合酸 [1 体积硝酸（ρ=1.42g/mL）+3 体积盐酸（ρ=1.19g/mL）]，盖上表面皿，低温加热至溶解完全，继续加热蒸发至约 5mL，冷却。用盐酸（1+9）定容至 100mL，混匀。铁的浓度为 1mg/mL	移取 20.00mL 铁标准储备溶液置于 100mL 容量瓶中，用盐酸（1+9）定容，混匀。铁的浓度为 200μg/mL
钆	称 0.1000g 金属钆 [w(Gd)$\geqslant$99.99%] 置于烧杯中，加入 10mL 盐酸（1+9），盖上表面皿，低温加热至溶解完全，冷却。用盐酸（1+9）定容至 100mL，混匀。钆的浓度为 1mg/mL	移取 20.00mL 钆标准储备溶液置于 100mL 容量瓶中，用盐酸（1+9）定容，混匀。钆的浓度为 200μg/mL

被测元素	标准储备溶液制备方法	标准溶液制备方法
铍	称 0.2776g 氧化铍[w(BeO)≥99.95%]置于烧杯中,加入 10mL 水,滴加盐酸(1+9),盖上表面皿,低温加热至溶解完全,冷却至室温。用盐酸(1+9)定容至 100mL,混匀。铍的浓度为 1mg/mL	移取 20.00mL 铍标准储备溶液置于 100mL 容量瓶中,用盐酸(1+9)定容,混匀。铍的浓度为 200μg/mL
铜	称 0.1000g 金属铜[w(Cu)≥99.99%]置于烧杯中,加入 3mL 水、3mL 硝酸($\rho=1.42$g/mL),盖上表面皿,低温加热至溶解完全,煮沸驱尽氮的氧化物,冷却至室温。用盐酸(1+9)定容至 100mL,混匀。铜的浓度为 1mg/mL	移取 20.00mL 铜标准储备溶液置于 100mL 容量瓶中,用盐酸(1+9)定容,混匀。铜的浓度为 200μg/mL
锰	称 0.1000g 金属锰[w(Mn)≥99.99%]置于烧杯中,加入 5mL 水、5mL 硝酸($\rho=1.42$g/mL),盖上表面皿,低温加热至溶解完全,煮沸驱尽氮的氧化物,冷却至室温。用盐酸(1+9)定容至 100mL,混匀。锰的浓度为 1mg/mL	移取 20.00mL 锰标准储备溶液置于 100mL 容量瓶中,用盐酸(1+9)定容,混匀。锰的浓度为 200μg/mL
镓	称 0.1000g 金属镓[w(Ga)≥99.95%]置于烧杯中,加入 10mL 盐酸(1+9),盖上表面皿,低温加热至溶解完全,冷却至室温。用盐酸(1+9)定容至 100mL,混匀。镓的浓度为 1mg/mL	移取 20.00mL 镓标准储备溶液置于 100mL 容量瓶中,用盐酸(1+9)定容,混匀。镓的浓度为 200μg/mL
锆[①]	称 3.532g 氯化锆酰(ZrOCl$_2$·8H$_2$O)置于烧杯中,加入 10mL 盐酸(1+9),盖上表面皿,低温加热至溶解完全,冷却至室温。用超纯水定容至 200mL,混匀。锆的浓度为 1mg/mL	移取 20.00mL 锆标准储备溶液置于 100mL 容量瓶中,用盐酸(1+9)定容,混匀。锆的浓度为 200μg/mL

① 锆标准储备溶液使用前需进行标定,标定方法如下:移取 10.00mL 锆标准储备溶液于 400mL 烧杯中,加入 40mL 盐酸($\rho=1.19$g/mL)、100mL 水,加热至近沸。在搅拌下,加入 50mL 苦杏仁酸(150g/L),充分搅拌至沉淀析出,于 80~90℃保温 0.5h,静置 4h 以上。用慢速滤纸过滤,用热洗涤液[20g/L 苦杏仁酸,20mL/L 盐酸($\rho=1.19$g/mL)]洗涤沉淀及滤纸 7~8 次。沉淀连同滤纸放入瓷坩埚中,灰化后移入高温炉中,于 1000℃灼烧 1h。取出坩埚,稍冷,放入干燥器中,冷至室温。称量,平行标定 3 份,3 次称重的极差值应≤1.0mg,取其平均值。锆的质量浓度=沉淀质量的平均值×0.7403÷标定时所取锆标准储备溶液的体积。

2. 标准曲线的建立

内标法校正的标准系列溶液的配制原则,参见第二章第四节-一、-(五)-2.-(2) 标准系列溶液的配制。分析贵金属金合金中的 8 种杂质元素铬、铁、钆、铍、铜、锰、锆、镓的含量时,以内标校正的标准曲线法进行定量。内标校正标准曲线法(内标法)的详细介绍,参见本书第二章第三节-一、-(五)-2.-(1) 内标校正的标准曲线法(内标法)的原理及使用范围。

此方法中标准系列溶液的制备详情如表 4-21 所列。

□ 表 4-21　分析贵金属金合金中 8 种杂质元素铬等含量的标准系列溶液

被测元素	分取被测元素标准溶液体积/mL	钇内标液体积/mL	定容用盐酸
铬	0、0.25、1.00、5.00、12.50、25.00、40.00	1.00	盐酸(1+9)[①]
铁	0、0.25、1.00、5.00、12.50、25.00、40.00	1.00	盐酸(1+9)[①]
钆	0、0.25、2.50、5.00、12.50	—	盐酸(1+9)[①]
铍	0、0.25、2.50、5.00、12.50	—	盐酸(1+9)[①]
铜	0、0.25、1.00、5.00、12.50、25.00、35.00	1.00	盐酸(1+9)[①]
锰	0、0.25、1.00、5.00、12.50、25.00、35.00	1.00	盐酸(1+9)[①]
锆	0、0.25、2.50、5.00、12.50	—	盐酸(1+9)[①]
镓	0、0.25、2.50、5.00、12.50	—	盐酸(1+9)[①]

① 盐酸(1+9):1 体积盐酸($\rho=1.19$g/mL,优级纯)+9 体积超纯水(电阻率≥18MΩ/cm),用时现配。

根据被测元素的种类,按表 4-21 分别移取相应的一系列体积被测元素标准溶液

（200μg/mL），置于一组 100mL 容量瓶中，按表 4-21 每个容量瓶各加入相应体积的钇内标液［1mg/mL，此溶液制备方法见本部分中的（二）样品的消解］，用盐酸（1＋9）稀释至刻度，混匀。

内标校正的标准系列溶液的测量方法，参见第三章第四节--一、-（五)-2.-（3）标准系列溶液的测量。分别以各被测元素的质量浓度（μg/mL）为横坐标，以分析线净强度比为纵坐标，由计算机自动绘制标准曲线。当标准曲线的 $R^2 \geqslant 0.999$ 时，即可进行样品溶液的测定。

（六）样品的测定

（1）优化仪器的方法　具体方法参见第二章第三节--一、-（六）样品的测定。

如果使用内标，准备用钇（371.03nm）作内标并计算每个被测元素与钇的强度比的软件。内标强度应与被测元素强度同时测量。

（2）样品中被测元素的分析线发射强度的测量　内标校正的样品测量，方法参见第三章第四节--一、-（六)-2.-（1）内标校正的样品测量。从标准曲线上确定被测元素的质量浓度（μg/mL）。

（3）分析线中干扰线的校正　具体方法参见第二章第三节--一、-（六）样品的测定。

（七）结果的表示

分析结果在 1% 以上的保留 3 位有效数字，在 1% 以下的保留 2 位有效数字。

（八）质量保证和质量控制

具体操作方法参见第二章第三节--一、-（八）质量保证和质量控制。

（九）注意事项

（1）参见第二章第二节--一、-（九）注意事项（1）。

（2）参见第二章第三节--一、-（九）注意事项（1）、（3）。

（3）测试中所用仪器的标准，参见第二章第三节-三、-（九）注意事项（3）。

（4）分析贵金属金合金中的 8 种杂质元素铬、铁、钇、铍、铜、锰、锆、镓的含量，制备锆标准储备溶液时，使用前需进行标定，标定过程中的沉淀需置入瓷坩埚中灰化灼烧。

六、银合金中杂质元素的分析

现行国家标准[23-25]中，电感耦合等离子体原子发射光谱法可以分析银合金 AgCe、AgSnCeLa、AgCuSnCe、AgCuNiCe 中锡、铈和镧的含量，银合金 AgCuNiAl、AgCuNiCe、AgCuNi 和 AgMgNi 中铝和镍的含量，银合金 AgCuV、AgMgNi 中钒和镁的含量。其元素测定范围见表 4-4。下面讲解具体的分析步骤和方法，以及一些注意事项。

（一）样品的制备和保存

样品（钻屑或薄片）加工成碎屑，用丙酮去除油污，用水洗净，干燥后混匀。

（二）样品的消解

电感耦合等离子体原子发射光谱法分析贵金属银合金中的 7 种杂质元素锡、铈、镧、铝、镍、钒、镁含量的消解方法主要为湿法消解中的电热板消解法。关于消解方法分类的介绍，参见第二章第二节-一、-(二) 样品的消解。

本部分中，样品用硝酸溶解（对于含锡的样品，加入硫酸防止水解），加入盐酸，以氯化银沉淀形式分离基体银，制得用于测定的样品溶液。下面具体介绍其消解方法。

1. 样品的称量

称取上述样品 0.1g，精确到 0.0001g。独立地进行 2 次测定，取其平均值。随同样品做空白试验。

2. 样品的溶解

将样品置于 150mL 烧杯中［对于含锡的合金样品，先加入 1mL 硫酸（$\rho=1.84\mathrm{g/mL}$）］，加入 2～3mL 硝酸（$\rho=1.42\mathrm{g/mL}$），盖上表面皿，于电热板上低温加热，使样品完全溶解，取下，冷却至室温。

3. 基体银的分离

用少量水冲洗表面皿及杯壁，加入 20mL 盐酸（1＋9），搅拌混匀，加热至微沸，保持 20min，使氯化银完全沉淀凝结。用中速滤纸过滤氯化银沉淀，用盐酸（1＋9）冲洗表面皿、杯壁、沉淀和滤纸四次。

4. 定容制得待测样品溶液

滤液和洗液合并至同一 100mL 容量瓶中，以盐酸（1＋9）定容，混匀。

（三）仪器条件的选择

分析贵金属银合金中的 7 种杂质元素锡、铈、镧、铝、镍、钒、镁的含量时，推荐的电感耦合等离子体原子发射光谱仪的测试条件，参见表 4-4。仪器采用氩等离子体光源，发生器最大输出功率≥1.3kW。

（1）选择分析谱线时，可以根据仪器的实际情况（如灵敏度和谱线干扰）做相应的调整，推荐的分析线见表 4-4。分析谱线的选择，参见第二章第三节-一、-(三) 仪器条件的选择。

（2）仪器的实际分辨率，参见第四章第四节-四、-(三) 仪器条件的选择。

（3）在仪器最佳工作条件下，凡能达到下列指标者均可使用。

1）灵敏度　以测锡含量为例，通过计算溶液中仅含有锡的分析线（283.998nm），得出的检出限（DL）应≤0.05μg/mL（如测定铈、镧、铝、镍、钒、镁的含量，元素分析线处对应的检出限参见表 4-4）。检出限定义，参见第二章第三节-一、-(三)-(3)-1) 灵敏度。

2）短期稳定性　每个最高浓度标准溶液发射谱线的标准偏差应不超过绝对或相对光强平均值的 0.8%。此指标的测量和计算方法参见第二章第三节-一、-(三)-(3)-2) 短期稳定性。

3）长期稳定性　7 个测量平均值的相对标准偏差小于 2.0%。此指标的测量和计算方法参见第二章第三节-一、-(三)-(3)-3) 长期稳定性。

4）标准曲线的线性　标准曲线的 R^2≥0.9999。

（四）干扰的消除

（1）分析贵金属银合金中的 7 种杂质元素锡、铈、镧、铝、镍、钒、镁的含量，制备样品溶液时，以盐酸沉淀基体银，过滤分离后测定，消除基体银的干扰。

（2）制备标准系列溶液时，使用与制备样品溶液时相同的盐酸（1+9）定容，以消除酸度对测定的干扰，同时保持溶液的化学性质稳定。

（五）标准曲线的建立

1. 标准溶液的配制

配制各个被测元素标准储备溶液和标准溶液的原则，参见第二章第三节-二、-(五)-1. 标准溶液的配制。分析贵金属银合金中的 7 种杂质元素锡、铈、镧、铝、镍、钒、镁的含量时，各种被测元素的标准储备溶液及其标准溶液的制备方法参见表 4-22。

⊡ 表 4-22　分析贵金属银合金中 7 种杂质元素锡等含量的被测元素标准储备溶液及其标准溶液

被测元素	标准储备溶液制备方法	标准溶液制备方法
铈	称 0.1228g 二氧化铈[$w(CeO_2) \geqslant 99.95\%$]置于烧杯中，加入 10mL 硝酸（1+1，经低温加热驱除 NO_2）、3mL 过氧化氢（30%，质量分数），低温加热使其充分溶解。盖上表面皿，多次滴加过氧化氢（30%，质量分数），直至二氧化铈溶解完全。冷却至室温，用盐酸（1+9）定容至 100mL，混匀。铈的浓度为 1mg/mL	移取 20.00mL 铈标准储备溶液置于 100mL 容量瓶中，用盐酸（1+9）定容，混匀。铈的浓度为 200μg/mL
镧	称 0.1173g 三氧化二镧[$w(La_2O_3) \geqslant 99.95\%$]置于烧杯中，加入 10mL 盐酸（1+9），盖上表面皿，低温加热至溶解完全。冷却至室温，用盐酸（1+9）定容至 100mL，混匀。镧的浓度为 1mg/mL	移取 20.00mL 镧标准储备溶液置于 100mL 容量瓶中，用盐酸（1+9）定容，混匀。镧的浓度为 200μg/mL
锡	称 0.1000g 金属锡[$w(Sn) \geqslant 99.99\%$]置于烧杯中，加入 10mL 盐酸（1+9），盖上表面皿，低温加热至溶解完全。冷却至室温，用盐酸（1+9）定容至 100mL，混匀。锡的浓度为 1mg/mL	移取 20.00mL 锡标准储备溶液置于 100mL 容量瓶中，用盐酸（1+9）定容，混匀。锡的浓度为 200μg/mL
铝	称 0.1000g 金属铝[$w(Al) \geqslant 99.99\%$]置于烧杯中，加入 5mL 水和 5mL 盐酸（$\rho = 1.19g/mL$），盖上表面皿，低温加热至溶解完全。冷却至室温，用盐酸（1+4）定容至 100mL，混匀。铝的浓度为 1mg/mL	移取 20.00mL 铝标准储备溶液置于 100mL 容量瓶中，用盐酸（1+9）定容，混匀。铝的浓度为 200μg/mL
镍	称 0.1000g 金属镍[$w(Ni) \geqslant 99.99\%$]置于烧杯中，加入 5mL 盐酸（$\rho = 1.19g/mL$），盖上表面皿，低温加热至溶解完全。冷却至室温，用盐酸（1+9）定容至 100mL，混匀。镍的浓度为 1mg/mL	移取 20.00mL 镍标准储备溶液置于 100mL 容量瓶中，用盐酸（1+9）定容，混匀。镍的浓度为 200μg/mL
钒	称 0.1000g 金属钒[$w(V) \geqslant 99.99\%$]置于烧杯中，加入 5mL 盐酸（$\rho = 1.19g/mL$），盖上表面皿，低温加热至溶解完全。冷却至室温，用盐酸（1+9）定容至 100mL，混匀。钒的浓度为 1mg/mL	移取 20.00mL 钒标准储备溶液置于 100mL 容量瓶中，用盐酸（1+9）定容，混匀。钒的浓度为 200μg/mL
镁	称 0.3469g 碳酸镁[$w(MgCO_3) \geqslant 99.95\%$，预先经 1000℃灼烧 1h；干燥器中冷却至室温]置于烧杯中，加入 5mL 水，缓慢加入 3mL 盐酸（$\rho = 1.19g/mL$），盖上表面皿，待反应剧烈反应停止，低温加热至溶解完全。冷却至室温，用盐酸（1+9）定容至 100mL，混匀。镁的浓度为 1mg/mL	移取 20.00mL 镁标准储备溶液置于 100mL 容量瓶中，用盐酸（1+9）定容，混匀。镁的浓度为 200μg/mL

2. 标准曲线的建立

标准系列溶液的配制原则，参见第二章第二节-一、-(五)-2.-标准曲线的建立中标准系列溶液的配制原则。分析贵金属银合金中的 7 种杂质元素锡、铈、镧、铝、镍、钒、镁的含量时，采用标准曲线法进行定量，标准曲线法的详细介绍参见本书第二章第二节-

一、-（五）-2.-（2）标准曲线法。此方法中标准系列溶液的制备详情如下。

分别移取 0mL、0.25mL、1.00mL、2.50mL、5.00mL、10.00mL、15.00mL 被测元素标准溶液（200µg/mL），置于一组 100mL 容量瓶中，用盐酸［1＋9，1 体积盐酸（$\rho=1.19$g/mL，优级纯）＋9 体积超纯水（电阻率≥18MΩ/cm）］稀释至刻度，混匀。

标准系列溶液的测量方法，参见第二章第三节-一、-（五）-2.-（3）标准系列溶液的测量。分别以各被测元素的质量浓度（µg/mL）为横坐标，以分析线净强度为纵坐标，由计算机自动绘制标准曲线。当标准曲线的 R^2≥0.999 时，即可进行样品溶液的测定。

（六）样品的测定

（1）优化仪器的方法　具体方法参见第二章第三节-一、-（六）样品的测定。

（2）样品中被测元素的分析线发射强度的测量　具体方法参见第二章第三节-一、-（六）样品的测定。从标准曲线上确定被测元素的质量浓度（µg/mL）。

（3）分析线中干扰线的校正　具体方法参见第二章第三节-一、-（六）样品的测定。

（七）结果的表示

分析结果在 1% 以上的保留 3 位有效数字，在 1% 以下的保留 2 位有效数字。

（八）质量保证和质量控制

具体操作方法参见第二章第三节-一、-（八）质量保证和质量控制。

（九）注意事项

（1）参见第二章第二节-一、-（九）注意事项（1）。

（2）参见第二章第三节-一、-（九）注意事项（1）、（3）。

（3）测试中所用仪器的标准，参见第二章第三节-三、-（九）注意事项（3）。

七、金、银、钯合金中杂质元素的分析

现行国家标准[26]中，电感耦合等离子体原子发射光谱法可以分析金、银、钯合金 AuCuNiZn、AuCuNiZnMn、AuNiCr、PdAgCuAuPtZn、AuGeNi、AuGeNiCu 和 AuNi-FeZr 中镍、锌和锰的含量，其元素测定范围见表 4-4。

我们以此为应用实例讲解具体的分析步骤和方法，以及一些注意事项。

（一）样品的制备和保存

样品（钻屑或薄片）加工成碎屑，用丙酮去除油污，用水洗净，干燥后混匀。

（二）样品的消解

电感耦合等离子体原子发射光谱法分析贵金属金、银、钯合金中的杂质元素镍、锌和锰含量的消解方法主要为湿法消解中的电热板消解法。关于消解方法分类的介绍，参见第二章第二节-一、-（二）样品的消解。

本部分中，样品用王水溶解，加入盐酸，以氯化银沉淀形式分离基体银；以水合肼还原基体中的金、铂、钯和部分铜，使之与被测元素分离；加入钇作内标，制得用于测定的样品溶液。下面具体介绍其消解方法。

1. 样品的称量

此方法中，样品的称量取决于样品中锰的含量，即样品中锰的质量分数越大，称取样品量越小。当 $w(Mn)=0.01\%\sim0.1\%$ 时，称取样品量 0.2g；当 $w(Mn)>0.1\%$ 时，称取样品量 0.1g。

根据样品中锰的质量分数，称取相应量的样品，精确到 0.0001g。独立地进行两次测定，取其平均值。随同样品做空白试验。

2. 样品的溶解

将准确称量的样品置于 200mL 烧杯中，加入 20mL 王水 [3 体积盐酸（$\rho=1.19g/mL$）+1 体积硝酸（$\rho=1.42g/mL$），用时现配]，盖上表面皿，于电热板上低温加热，使样品完全溶解（可反复加入酸），继续加热蒸至近干。

3. 基体银的沉淀

加入 2mL 盐酸（$\rho=1.19g/mL$），蒸至近干，重复 3 次。用盐酸（1+9）冲洗表面皿及烧杯壁至体积约 40mL，搅拌使可溶性盐类溶解，加热煮沸沉淀银。

4. 基体金的分离及过滤

样品溶液边搅拌边滴加 1.5mL 水合肼 [$w(N_2H_4 \cdot H_2O) \geqslant 80\%$]，盖上表面皿，于 150℃加热，煮沸约 30min 至溶液清亮，冷却至室温。

用盐酸（1+9）冲洗表面皿及烧杯壁，采用耐酸玻砂漏斗（G3，40mL）过滤。用盐酸（1+9）洗涤漏斗壁及沉淀各 5 次。

5. 定容制得待测样品溶液

滤液及洗液均收集于同一 100mL 容量瓶中，加入 1mL 钇内标液（1mg/mL），用盐酸（1+9）稀释至刻度，混匀。

钇内标液（1mg/mL）：称 0.1270g 三氧化二钇 [$w(Y_2O_3) \geqslant 99.99\%$]，置于烧杯中。加入 10mL 盐酸（1+9），盖上表面皿，低温加热至溶解完全，冷却至室温。用盐酸（1+9）定容至 100mL，混匀。

（三）仪器条件的选择

电感耦合等离子体原子发射光谱仪采用氩等离子体光源，发生器最大输出功率≥1.3kW。光谱仪既可是同时型的，也可是顺序型的，但必须具有同时测定内标线的功能，否则不能使用内标法。分析贵金属金、银、钯合金中的杂质元素镍、锌和锰的含量时，推荐的等离子体光谱仪测试条件，参见表 4-4。

（1）选择分析谱线时，可以根据仪器的实际情况（如灵敏度和谱线干扰）做相应的调整。推荐的分析线见表 4-4。分析谱线的选择，参见第二章第三节—一、-（三）仪器条件的选择。

（2）仪器的实际分辨率，参见第四章第四节-四、-（三）仪器条件的选择。

（3）在仪器最佳工作条件下，凡能达到下列指标者均可使用。

1）灵敏度 以测镍含量为例，通过计算溶液中仅含有镍的分析线（346.165nm），得出的检出限（DL）应≤0.01μg/mL（如测锌、锰的含量，其元素分析线处对应的检出限参见表 4-4）。检出限定义，参见第二章第三节—一、-（三）-（3）-1）灵敏度。

2）短期稳定性　每个最高浓度标准溶液发射谱线的标准偏差应不超过绝对或相对光强平均值的 0.8%。此指标的测量和计算方法参见第二章第三节-一、-（三）-（3）-2）短期稳定性。

3）长期稳定性　7 个测量平均值的相对标准偏差小于 2.0%。此指标的测量和计算方法参见第二章第三节-一、-（三）-（3）-3）长期稳定性。

④ 标准曲线的线性　标准曲线的 $R^2 \geq 0.9999$。

（四）干扰的消除

（1）分析贵金属金、银、钯合金中的杂质元素镍、锌和锰的含量，制备样品溶液时，样品以王水溶解，以盐酸沉淀基体银，以水合肼还原基体中的金、铂、钯和部分铜，过滤分离后测定，消除基体银、金、铂、钯和部分铜的干扰；加入钇作内标，以校正仪器的灵敏度漂移并消除基体效应的影响。

（2）制备标准系列溶液时，使用与制备样品溶液时相同的盐酸（1+9）定容，以消除酸度对测定的干扰，同时保持溶液的化学性质稳定。

（3）制备样品溶液和标准系列溶液时，加入钇内标，以校正仪器的灵敏度漂移并消除基体效应的影响。

（五）标准曲线的建立

1. 标准溶液的配制

配制各个被测元素标准储备溶液和标准溶液的原则，参见第二章第三节-二、-（五）-1. 标准溶液的配制。分析贵金属金、银、钯合金中的杂质元素镍、锌和锰的含量时，各种被测元素镍、锌、锰的标准储备溶液及其标准溶液的制备方法参见表 4-23。

▫ 表 4-23　分析贵金属银合金中杂质元素镍等含量的被测元素标准储备溶液及其标准溶液

被测元素	标准储备溶液制备方法	标准溶液制备方法
镍	称 0.1000g 金属镍[w(Ni)$\geq$99.99%]置于烧杯中，加入 10mL 王水[3 体积盐酸（$\rho=1.19$g/mL）+1 体积硝酸（$\rho=1.42$g/mL），用时现配]，盖上表面皿，低温加热至溶解完全，冷却至室温。用盐酸（1+9）定容至 100mL，混匀。镍的浓度为 1mg/mL	移取 20.00mL 镍标准储备溶液置于 100mL 容量瓶中，用盐酸（1+9）定容，混匀。镍的浓度为 200μg/mL
锌	称 0.1000g 金属锌[w(Zn)$\geq$99.99%]置于烧杯中，加入 10mL 盐酸（1+9），盖上表面皿，低温加热至溶解完全，冷却至室温。用盐酸（1+9）定容至 100mL，混匀。锌的浓度为 1mg/mL	移取 20.00mL 锌标准储备溶液置于 100mL 容量瓶中，用盐酸（1+9）定容，混匀。锌的浓度为 200μg/mL
锰	称 0.1000g 金属锰[w(Mn)$\geq$99.99%]置于烧杯中，加入 5mL 水、5mL 硝酸（$\rho=1.42$g/mL），盖上表面皿，低温加热至溶解完全，煮沸驱除氮的氧化物，冷却至室温。用盐酸（1+9）定容至 100mL，混匀。锰的浓度为 1mg/mL	移取 20.00mL 锰标准储备溶液置于 100mL 容量瓶中，用盐酸（1+9）定容，混匀。锰的浓度为 200μg/mL

2. 标准曲线的建立

内标法校正的标准系列溶液的配制原则，参见第二章第四节-一、-（五）-2.-（2）标准系列溶液的配制。分析贵金属金、银、钯合金中的杂质元素镍、锌和锰的含量时，以内标校正的标准曲线法进行定量分析。内标校正标准曲线法（内标法）的详细介绍，参见本书第二章第三节-一、-（五）-2.-（1）内标校正的标准曲线法（内标法）的原理及使用范围。

此方法中标准系列溶液的制备详情如下。

分别移取 0mL、0.25mL、1.00mL、5.00mL、12.50mL、25.00mL、35.00mL 镍标准溶液（200μg/mL）和锌标准溶液（200μg/mL），0mL、0.05mL、0.50mL、5.00mL、12.50mL、25.00mL、35.00mL 锰标准溶液（200μg/mL），置于 7 个 100mL 容量瓶中。每个容量瓶各加入 1.00mL 钇内标液 [1mg/mL，此溶液制备方法见本部分（二）样品的消解]，用盐酸 [1+9，1 体积盐酸（$\rho=1.19g/mL$，优级纯）＋9 体积超纯水（电阻率≥18MΩ/cm）] 稀释至刻度，混匀。

内标校正的标准系列溶液的测量方法，参见第三章第四节-一、-(五)-2.-(3) 标准系列溶液的测量。分别以各被测元素的质量浓度（μg/mL）为横坐标，以分析线净强度比为纵坐标，由计算机自动绘制标准曲线。当标准曲线的 R^2≥0.9999 时，即可进行样品溶液的测定。

（六）样品的测定

（1）优化仪器的方法　具体方法参见第二章第三节-一、-(六) 样品的测定。

如果使用内标，准备用钇（371.029nm）作内标并计算每个被测元素与钇的强度比的软件。内标强度应与被测元素强度同时测量。

（2）样品中被测元素的分析线发射强度的测量　内标校正的样品测量，方法参见第三章第四节-一、-(六)-2.-(1) 内标校正的样品测量。从标准曲线上确定被测元素的质量浓度（μg/mL）。

（3）分析线中干扰线的校正　具体方法参见第二章第三节-一、-(六) 样品的测定。

（七）结果的表示

分析结果在 1% 以上的保留 3 位有效数字，在 1% 以下的保留 2 位有效数字。

（八）质量保证和质量控制

具体操作方法参见第二章第三节-一、-(八) 质量保证和质量控制。

（九）注意事项

（1）参见第二章第二节-一、-(九) 注意事项（1）。

（2）参见第二章第三节-一、-(九) 注意事项（1）、（3）。

（3）测试中所用仪器的标准，参见第二章第三节-三、-(九) 注意事项（3）。

第五节　电感耦合等离子体质谱法

在现行有效的标准中，采用电感耦合等离子体质谱法分析贵金属及其相关产品的标准有 1 个，下面将本方法整理列出，并对其原理和操作细节进行解释说明。

现行国家标准[27]中，电感耦合等离子体质谱法可以分析高纯金 [w（Au）≥99.999%] 中 23 种杂质元素银、铝、砷、铋、镉、铬、铜、铁、铱、镁、锰、钠、镍、铅、钯、铂、铑、锑、硒、锡、碲、钛、锌的含量，该方法适用于上述杂质元素的多元素同时测定，也适用于其中一个元素的独立测定。其元素测定范围见表 4-5。

我们以此为应用实例讲解具体的分析步骤和方法，以及一些注意事项。

（一）样品的制备和保存

将样品碾成1mm厚的薄片，用不锈钢剪刀剪成小碎片，置于烧杯中。加入20mL乙醇溶液（1+1），于电热板上加热，煮沸5min，取下冷却。将乙醇溶液倾去，用超纯水反复洗涤金片3次。继续加入20mL盐酸溶液（1+1），加热煮沸5min，倾去盐酸溶液，用水反复洗涤金片3次。将金片用无尘纸包裹起来放入烘箱于105℃烘干，取出备用。

（二）样品的消解

电感耦合等离子体质谱法分析高纯金［$w(Au) \geqslant 99.999\%$］中的23种杂质元素银、铝、砷、铋、镉、铬、铜、铁、铱、镁、锰、钠、镍、铅、钯、铂、铑、锑、硒、锡、碲、钛、锌含量的消解方法主要为湿法消解中的电热板消解法。关于消解方法分类的介绍，参见第二章第二节--一、-（二）样品的消解。本部分中，样品以王水溶解，加入钪、铯、铼的混合内标溶液后进行测定。下面具体介绍其消解方法。

称取0.10g高纯金样品，精确至0.0001g。独立地进行2次测定，取其平均值。随同样品做空白试验。

将准确称量的样品置于50mL聚四氟乙烯烧杯中，加入2.50mL稀王水［1体积硝酸（$\rho = 1.42g/mL$，MOS级）+3体积盐酸（$\rho = 1.19g/mL$，MOS级）+4体积超纯水（电阻率$\geqslant 18.2M\Omega/cm$）］，在可控温电热板上低温加热，使样品完全溶解，冷却至室温。用水转至50mL塑料容量瓶中，加入2.50mL混合内标溶液（钪、铯、铼各含0.1μg/mL），用水定容，混匀。

配制混合内标溶液（钪、铯、铼各含0.1μg/mL），需先制备各元素标准储备溶液，如表4-24所列，混合后再稀释，注意补加一定量的酸，使酸度与被测元素标准溶液保持一致。

表4-24是内标元素钪、铯、铼的标准储备溶液及其混合内标溶液的制备方法。

▫ 表4-24　分析高纯金［w(Au)≥99.999%］中23种杂质元素含量的内标元素钪、铯、铼的标准储备溶液及其混合内标溶液

内标元素	标准储备溶液制备方法	混合内标溶液制备方法
钪	称0.1534g三氧化二钪（光谱纯）于烧杯中，加入10mL盐酸（1+1），低温加热溶解，取下，冷却至室温。用定容至100mL，混匀。钪的浓度为1mg/mL	Ⅰ：分别移取1mL钪、铯、铼的标准储备溶液（各含1mg/mL），置于100mL容量瓶中。加入20mL稀王水［1体积硝酸（$\rho = 1.42g/mL$，MOS级）+3体积盐酸（$\rho = 1.19g/mL$，MOS级）+4体积超纯水（电阻率$\geqslant 18.2M\Omega/cm$）］，用水稀释至刻度，混匀。钪、铯、铼的浓度各为10μg/mL。
铯	称0.1361g硫酸铯（优级纯，预先于100～105℃烘1h）置于烧杯中，加入20mL水，低温加热溶解，冷却至室温。用水定容至100mL，混匀。铯的浓度为1mg/mL	
铼	称0.1000g金属铼（质量分数≥99.99%）置于烧杯中，加入20mL硝酸（1+1），低温加热溶解，挥发氮的氧化物，冷却至室温。用水定容至100mL，混匀。铼的浓度为1mg/mL	Ⅱ：移取1mL混合内标溶液Ⅰ，置于100mL容量瓶中。加入20mL稀王水［1体积硝酸（$\rho = 1.42g/mL$，MOS级）+3体积盐酸（$\rho = 1.19g/mL$，MOS级）+4体积超纯水］，用水定容，混匀。钪、铯、铼的浓度各为0.1μg/mL

（三）仪器条件的选择

分析高纯金［$w(Au) \geqslant 99.999\%$］中的23种杂质元素银、铝、砷、铋、镉、铬、铜、铁、铱、镁、锰、钠、镍、铅、钯、铂、铑、锑、硒、锡、碲、钛、锌的含量时，推

荐的仪器工作条件参见表 4-5。电感耦合等离子体质谱仪的配置要求，参见第二章第四节-一、-（三）仪器条件的选择，仪器还需配备耐氢氟酸溶液雾化进样系统。按照如下方法选择仪器条件。

（1）选择同位素的质量数时，可以根据仪器的实际情况做相应的调整。推荐的同位素的质量数见表 4-5。同位素的质量数选择方法，参见第二章第四节-一、-（三）仪器条件的选择。

（2）在仪器最佳工作条件下，凡能达到下列指标者均可使用。

1）短时精密度　连续测定 10 次被测元素标准溶液（10ng/mL，与样品溶液相同基体）的质谱信号强度，其相对标准偏差≤5%。

2）灵敏度　此指标的测量和计算方法，参见第二章第四节-一、-（三）-（2）-2）灵敏度。其中，测定 10ng/mL 标准溶液，^{24}Mg≥100000cps。

3）测定下限　此指标的测量和计算方法，参见第二章第四节-一、-（三）-（2）-3）测定下限。

4）标准曲线的线性　标准曲线的 R^2≥0.9999。

（3）仪器经优化后，其双电荷离子、氧化物应满足测定需要。以下为 10ng/mL 标准溶液的测定参考值，供仪器优化时参考。

① 双电荷离子　Ba^{2+}（69）/Ba^+（138）≤3%。

② 氧化物　CeO^+（156）/Ce^+（140）≤3%。

（四）干扰的消除

（1）分析高纯金 $[w(Au)≥99.999\%]$ 中的 11 种杂质元素钠、镁、铝、钛、铬、锰、铁、镍、铜、锌、硒的含量时，以钪为内标元素；分析高纯金中的 8 种杂质元素砷、铑、钯、银、镉、锡、锑、碲的含量时，以铯为内标元素；分析高纯金中的 4 种杂质元素铋、铱、铅、铂的含量时，以铼为内标元素，以校正仪器的灵敏度漂移并消除基体效应的影响。由于在湿法消解的高纯金样品中存在大量的基体导致仪器漂移，建议在分析多个样品时使用内标。

（2）制备标准系列溶液时，采用基体匹配标准曲线法，即配制与被测样品基体一致、质量分数相近的标准系列溶液，消除基体金的干扰。由于样品和纯基体物质都属于高纯金 $[w(Au)>99.999\%]$，基体含量差别不明显，因此分别绘制样品溶液和空白溶液（试剂空白溶液）的标准曲线，以消除试剂中元素的干扰。

（3）根据表 4-5 推荐的同位素的质量数测量信号强度，如果空白样品溶液的质谱信号强度，较标准系列溶液和样品溶液的质谱信号强度相同或更高，则可能存在一些干扰，选择其他同位素可能降低或消除干扰。但是，对于单一同位素元素则没有这种可能，需加强控制背景信号。

（4）由于被测元素多，某些元素间存在着一定的谱线干扰，可采取数学方法对其进行校正。需校正的元素有 ^{75}As 和 ^{82}Se，被校正元素的强度与干扰元素的强度关系式如下：

^{75}As：-3.128819^{77}Se$+2.734582^{82}$Se-2.756001^{83}Kr

^{82}Se：-1.007833^{83}Kr

（5）制备样品溶液和被测元素钠、钛标准系列溶液时，容器选用聚四氟乙烯烧杯、铂皿和塑料容量瓶,以消除普通玻璃材质容器在消解过程中引入的干扰。

（五）标准曲线的建立

1. 标准溶液的配制

配制各个被测元素标准储备溶液和标准溶液的原则,参见第二章第三节-二、-（五）-1. 标准溶液的配制。分析高纯金 $[w(Au)\geqslant99.999\%]$ 中 23 种杂质元素银、铝、砷、铋、镉、铬、铜、铁、铱、镁、锰、钠、镍、铅、钯、铂、铑、锑、硒、锡、碲、钛、锌的含量时,各种被测元素标准储备溶液及其标准溶液的制备方法参见表 4-25。

⊡ 表 4-25　分析高纯金 $[w(Au)\geqslant99.999\%]$ 中 23 种杂质元素含量的被测元素标准储备溶液及其标准溶液

被测元素	标准储备溶液制备方法	混合标准溶液制备方法
银	称 0.1000g 金属银$[w(Ag)\geqslant99.99\%]$置于烧杯中,加入 10mL 硝酸(1+1),低温加热溶解,挥发氮的氧化物,冷却。转至 100mL 容量瓶中,加入 25mL 盐酸($\rho=1.19g/mL$,MOS 级),用水定容,混匀。银的浓度为 1mg/mL	
铝	称 0.1000g 金属铝$[w(Al)\geqslant99.99\%]$置于烧杯中,加入 20mL 盐酸(1+1),低温加热溶解,冷却。用盐酸(1+9)定容至 100mL,混匀。铝的浓度为 1mg/mL	
砷	称 0.1320g 三氧化二砷(基准试剂,预先于 100~105℃烘干 1h,并于干燥器中冷却至室温)置于烧杯中,加入 20mL 盐酸(1+1),低温加热至溶解完全,冷却。用水定容 100mL,混匀。砷的浓度为 1mg/mL	
铋	称 0.1000g 金属铋$[w(Bi)\geqslant99.99\%]$置于烧杯中,加入 20mL 硝酸(1+1),低温加热溶解,挥发氮的氧化物,冷却至室温。以水定容至 100mL,混匀。铋的浓度为 1mg/mL	Ⅰ:分别移取 23 种被测元素 银、铝、砷、铋、镉、铬、铜、铁、铱、镁、锰、钠、镍、铅、钯、铂、铑、锑、硒、锡、碲、钛、锌的标准储备溶液(质量浓度各为 1mg/mL)1mL 置于 100mL 容量瓶中,加入 20mL 稀王水[1 体积硝酸($\rho=1.42g/mL$,MOS 级)+ 3 体积盐酸($\rho=1.19g/mL$,MOS 级)+ 4 体积超纯水(电阻率 $\geqslant$ 18.2MΩ/cm)],以水定容,混匀。 银、铝、砷、铋、镉、铬、铜、铁、铱、镁、锰、钠、镍、铅、钯、铂、铑、锑、硒、锡、碲、钛、锌的浓度各为 10μg/mL
镉	称 0.1000g 金属镉$[w(Cd)\geqslant99.99\%]$置于烧杯中,加入 20mL 硝酸(1+1),低温加热溶解,挥发氮的氧化物,冷却至室温。以水定容至 100mL,混匀。镉的浓度为 1mg/mL	
铬	称 0.2829g 重铬酸钾(基准试剂,预先于 100~105℃烘干 1h,并于干燥器中冷却至室温)置于烧杯中,加入 20mL 盐酸(1+1),低温加热至完全溶解,冷却至室温。以水定容至 100mL,混匀。铬的浓度为 1mg/mL	
铜	称 0.1000g 金属铜$[w(Cu)\geqslant99.99\%]$置于烧杯中,加入 20mL 硝酸(1+1),低温加热溶解,挥发氮的氧化物,冷却至室温。以水定容至 100mL,混匀。铜的浓度为 1mg/mL	
铁	称 0.1000g 金属铁$[w(Fe)\geqslant99.99\%]$置于烧杯中,加入 20mL 硝酸(1+1),低温加热溶解,挥发氮的氧化物,冷却至室温。以水定容至 100mL,混匀。铁的浓度为 1mg/mL	
铱	称 0.2294g 氯铱酸铵(光谱纯)置于烧杯中,加 20mL 盐酸(1+9),低温加热溶解,冷却至室温。用盐酸(1+9)定容至 100mL,混匀。铱的浓度为 1mg/mL	
镁	称 0.1658g 氧化镁$[w(MgO)\geqslant99.99\%$,预先于 780℃灼烧 1h]置于烧杯中,加入 20mL 盐酸(1+1),低温加热溶解,冷却至室温。以水定容至 100mL,混匀。镁的浓度为 1mg/mL	
锰	称 0.1000g 金属锰$[w(Mn)\geqslant99.99\%]$置于烧杯中,加入 20mL 硝酸(1+1),低温加热溶解,挥发氮的氧化物,冷却至室温。以水定容至 100mL,混匀。锰的浓度为 1mg/mL	
钠	称 0.1886g 氯化钠(光谱纯,预先于 100~105℃烘干 1h)置于烧杯中,加入 50mL 水,低温加热溶解,冷却至室温。转至 100mL 聚乙烯容量瓶中,以水定容,混匀。钠的浓度为 1mg/mL	

被测元素	标准储备溶液制备方法	混合标准溶液制备方法
镍	称 0.1000g 金属镍[w(Ni)≥99.99%]置于烧杯中,加入 20mL 硝酸(1+1),低温加热溶解,挥发氮的氧化物,冷却至室温。以水定容至 100mL,混匀。镍的浓度为 1mg/mL	
铅	称 0.1000g 金属铅[w(Pb)≥99.99%]置于烧杯中,加入 20mL 硝酸(1+1),低温加热溶解,挥发氮的氧化物,冷却至室温。以水定容至 100mL,混匀。铅的浓度为 1mg/mL	
钯	称 0.1000g 金属钯[w(Pd)≥99.99%]置于烧杯中,加入 20mL 稀王水[1 体积硝酸(ρ=1.42g/mL,MOS 级)+3 体积盐酸(ρ=1.19g/mL,MOS 级)+4 体积超纯水(电阻率≥18.2MΩ/cm)],低温加热溶解,挥发氮的氧化物,冷却至室温。以水定容至 100mL,混匀。钯的浓度为 1mg/mL	
铂	称 0.1000g 金属铂[w(Pt)≥99.99%]置于烧杯中,加入 20mL 稀王水[1 体积硝酸(ρ=1.42g/mL,MOS 级)+3 体积盐酸(ρ=1.19g/mL,MOS 级)+4 体积超纯水(电阻率≥18.2MΩ/cm)],低温加热溶解,挥发氮的氧化物,冷却至室温。以水定容至 100mL,混匀。铂的浓度为 1mg/mL	Ⅱ:移取 1mL 混合标准溶液Ⅰ,置于 100mL 容量瓶中,加入 20mL 稀王水[1 体积硝酸(ρ=1.42g/mL,MOS 级)+3 体积盐酸(ρ=1.19g/mL,MOS 级)+4 体积超纯水(电阻率≥18.2MΩ/cm)],以水定容,混匀。
铑	称 0.3593g 氯铑酸铵[光谱纯,分子式:$(NH_4)_3RhCl_6$]置于烧杯中,加入 20mL 盐酸(1+9),低温加热溶解,冷却至室温。用盐酸(1+9)定容至 100mL,混匀。铑的浓度为 1mg/mL	银、铝、砷、铋、镉、铬、铜、铁、铱、镁、锰、钠、镍、铅、钯、铂、铑、锑、硒、锡、碲、钛、锌的浓度各为 0.1μg/mL
锑	称 0.1000g 金属锑[w(Sb)≥99.99%]置于烧杯中,加入 20mL 稀王水[1 体积硝酸(ρ=1.42g/mL,MOS 级)+3 体积盐酸(ρ=1.19g/mL,MOS 级)+4 体积超纯水(电阻率≥18.2MΩ/cm)],低温加热溶解,挥发氮的氧化物,冷却至室温。以水定容至 100mL,混匀。锑的浓度为 1mg/mL	
硒	称 0.1000g 金属硒[w(Se)≥99.99%]置于烧杯中,加入 20mL 盐酸(1+1),低温加热溶解,冷却至室温。以水定容至 100mL,混匀。硒的浓度为 1mg/mL	
锡	称 0.1000g 金属锡[w(Sn)≥99.99%]置于烧杯中,加入 20mL 盐酸(1+1),低温加热溶解,冷却至室温。以水定容至 100mL,混匀。锡的浓度为 1mg/mL	
碲	称 0.1000g 金属碲[w(Te)≥99.99%]置于烧杯中,加入 20mL 硝酸(1+1),低温加热溶解,挥发氮的氧化物,冷却至室温。以水定容至 100mL,混匀。碲的浓度为 1mg/mL	
钛	称 0.1000g 金属钛[w(Ti)≥99.99%]置于铂皿中,加入 1mL 氢氟酸(ρ=1.15g/mL,MOS 级)、5mL 硫酸(ρ=1.84g/mL,MOS 级),加热溶解,并蒸发至冒三氧化硫白烟驱赶尽氟,冷却。加入 20mL 水、2mL 硫酸(ρ=1.84g/mL,MOS 级),加热溶解盐类,冷却至室温。以水定容至 100mL,混匀。钛的浓度为 1mg/mL	
锌	称 0.1000g 金属锌[w(Zn)≥99.99%]置于烧杯中,加入 20mL 硝酸(1+1),低温加热溶解,挥发氮的氧化物,冷却至室温。以水定容至 100mL,混匀。锌的浓度为 1mg/mL	

2. 标准曲线的建立

内标法校正的标准系列溶液的配制原则,参见第二章第四节-一、-(五)-2.-(2)标准系列溶液的配制。如果标准曲线不呈线性,可采用次灵敏度同位素的质量数测量,或者适当稀释样品溶液和标准系列溶液。

采用电感耦合等离子体质谱法分析高纯金[w(Au)≥99.999%]中的 23 种杂质元素银、铝、砷、铋、镉、铬、铜、铁、铱、镁、锰、钠、镍、铅、钯、铂、铑、锑、硒、锡、碲、钛、锌的含量时,以基体匹配和内标校正的标准曲线法进行定量分析。基体匹配标准曲线法的详细介绍,参见本书第二章第二节-一、-(五)-2.-(2)标准曲线法。内标校正标准曲线法(内标法)的原理介绍,参见本书第二章第三节-一、-(五)-2.-(1)内标校正的标准曲线法（内标法）的原理及使用范围。

此方法中制备标准曲线的标准系列溶液，采用基体匹配法，即配制与被测样品基体一致、质量分数相近的标准系列溶液。以被测元素含量较低的纯基体物质作为基体，按照样品溶液制备方法制备基体溶液。制备标准系列溶液时，加入相应量的基体溶液。

（1）基体溶液的制备　金基体溶液（20mg/mL）：称10.00g高纯金［w（Au）＞99.999％］，精确至0.01g，放入250mL聚四氟乙烯烧杯中。加入50mL稀王水［1体积硝酸（$\rho=1.42g/mL$，MOS级）＋3体积盐酸（$\rho=1.19g/mL$，MOS级）＋4体积超纯水（电阻率≥18.2MΩ/cm）］，于电热板上低温（约100℃）加热溶解。用水转至500mL容量瓶中，补加100mL浓王水［1体积硝酸（$\rho=1.42g/mL$，MOS级）＋3体积盐酸（$\rho=1.19g/mL$，MOS级）］，用水定容，摇匀，立即转入干净的塑料瓶中备用。

（2）标准系列溶液的制备　由于样品和纯基体物质都属于高纯金［w（Au）＞99.999％］，基体含量差别不明显，因此需分别绘制样品溶液和空白溶液（试剂空白溶液）的标准曲线，以消除试剂和基体的干扰，即分别配制标准系列溶液。

样品溶液的标准系列溶液：分别移取5.00mL金基体溶液（20mg/mL）置于5个50mL容量瓶中，分别加入2.50mL钪、铯、铼混合内标溶液Ⅱ（0.1μg/mL），再分别加入0.00mL、0.50mL、2.50mL、5.00mL、10.00mL被测元素混合标准溶液Ⅱ（0.1μg/mL），用水稀释刻度，摇匀。

空白溶液的标准系列溶液：分别移取2.50mL稀王水［1体积硝酸（$\rho=1.42g/mL$，MOS级）＋3体积盐酸（$\rho=1.19g/mL$，MOS级）＋4体积超纯水（电阻率≥18.2MΩ/cm）］置于5个50mL容量瓶中，分别加入2.50mL钪、铯、铼混合内标溶液Ⅱ（0.1μg/mL），再分别加入0.00mL、0.50mL、2.50mL、5.00mL、10.00mL被测元素混合标准溶液Ⅱ（0.1μg/mL），用水稀释刻度，摇匀。

内标校正的标准系列溶液的测量方法，参见第二章第四节-一、-（五）-2.-（3）标准系列溶液的测量。分别以各被测元素的质量浓度（μg/mL）为横坐标，以净信号强度比为纵坐标，由计算机自动绘制标准曲线。对于每个测量系列，应单独绘制标准曲线。当标准曲线的R^2≥0.9999时，即可进行样品溶液的测定。分别绘制样品溶液的标准曲线和空白溶液的标准曲线。

（六）样品的测定

（1）仪器的基本操作方法　具体方法参见第二章第四节-一、-（六）样品的测定。

电感耦合等离子体质谱仪经优化，使仪器符合短时精密度、灵敏度、测定下限、双电荷离子、氧化物等指标。

（2）样品中被测元素的同位素信号强度的测量　测量钠、镁、铝、钛、铬、锰、铁、镍、铜、锌、硒同位素的信号强度时，以钪（^{45}Sc）为内标，在正常工作模式下进行；测量砷、铑、钯、银、镉、锡、锑、碲同位素的信号强度时，以铯（^{133}Cs）为内标，在碰撞反应池工作模式下进行；测量铋、铱、铅、铂同位素的信号强度时，以铼（^{187}Re）为内标，在正常工作模式下采用耐高盐接口进行。

按浓度由低到高的顺序，将样品溶液由蠕动泵导入、雾化器雾化后进入等离子体中，运行分析程序，同时测量样品溶液和空白溶液中被测元素的同位素（其质量数参见表4-5）信号强度，以及测量内标液中内标元素的同位素的信号强度（通常为每秒计数率，cps），以内标元素为内标校正仪器测量灵敏度漂移和基体效应。测量样品溶液和空白溶液中被测元素的内标校正信号（被测元素与内标元素的信号强度比）3次，取3次测量平均值。

以样品溶液中各被测元素的内标校正信号平均值，从样品溶液的标准曲线上查得各被测元素质量浓度（μg/mL）。同时以空白溶液中相应被测元素的内标校正信号平均值，从空白溶液的标准曲线上查得空白溶液中相应被测元素的质量浓度（μg/mL）。样品溶液中被测元素的质量浓度，减去空白溶液中相应被测元素的质量浓度，就是该样品溶液中被测元素的实际质量浓度。如果使用纯金属和试剂，空白样品溶液不应有显著的质谱信号。

测量溶液的顺序，具体方法参见第二章第四节--一、-（六）样品的测定。

控制样的检测，具体方法参见第二章第四节--一、-（六）样品的测定。

（七）结果的表示

分析结果表示至小数点后第5位。

（八）质量保证和质量控制

具体操作方法参见第二章第三节--一、-（八）质量保证和质量控制。

（九）注意事项

（1）参见第二章第二节--一、-（九）注意事项（1）。

（2）参见第二章第三节--一、-（九）注意事项（1）、（3）。

（3）测试中所用仪器的标准，参见第二章第四节--一、-（九）注意事项（3）。

（4）分析高纯金 $[w(Au)\geqslant99.999\%]$ 中的23种杂质元素银、铝、砷、铋、镉、铬、铜、铁、铱、镁、锰、钠、镍、铅、钯、铂、铑、锑、硒、锡、碲、钛、锌的含量，制备样品溶液、钠标准储备溶液和高纯金标准储备溶液时，消解容器选用聚四氟乙烯烧杯，定容容器选用聚乙烯容量瓶，或用玻璃容量瓶定容后，立即转入干净的塑料瓶中保存。制备钛标准储备溶液时，消解容器选用铂皿。

（5）由于样品中的基体为高纯金 $[w(Au)\geqslant99.999\%]$，采用基体匹配标准曲线法配制标准系列溶液时，选用纯基体物质高纯金 $[w(Au)>99.999\%]$，两者的基体含量差异不明显，为了消除基体和试剂空白的干扰，需分别配制样品溶液标准曲线和空白溶液标准曲线。此为标准加入校正法。

参考文献

[1] 陈永红，陈菲菲，黄蕊，等. 乙酸乙酯萃取 ICP-AES 测定高纯金中的痕量杂质 [J]. 黄金，2009，30（7）：54-57.

[2] 刘雪松，孔祥冰，李桂华，等. 沉淀方式对 ICP-AES 法测定纯银中铅和镉的影响 [J]. 贵金属，2018，39（1）：64-67.

[3] 国家质量监督检验检疫总局. GB/T 11066.2—2008 金化学分析方法 银量的测定 火焰原子吸收光谱法 [S]. 北京：中国标准出版社，2008.

[4] 国家质量监督检验检疫总局. GB/T 11066.3—2008 金化学分析方法 铁量的测定 火焰原子吸收光谱法 [S]. 北京：中国标准出版社，2008.

[5] 国家质量监督检验检疫总局. GB/T 11066.4—2008 金化学分析方法 铜、铅和铋量的测定 火焰原子吸收光谱法

[S]. 北京：中国标准出版社，2008.

[6] 国家质量监督检验检疫总局. GB/T 11066.6—2009 金化学分析方法 镁、镍、锰和钯量的测定 火焰原子吸收光谱法 [S]. 北京：中国标准出版社，2009.

[7] 国家质量监督检验检疫总局. GB/T 11067.1—2006 银化学分析方法 银量的测定 氯化银沉淀-火焰原子吸收光谱法 [S]. 北京：中国标准出版社，2006.

[8] 国家质量监督检验检疫总局. GB/T 11067.2—2006 银化学分析方法 铜量的测定 火焰原子吸收光谱法 [S]. 北京：中国标准出版社，2006.

[9] 国家质量监督检验检疫总局. GB/T 11067.5—2006 银化学分析方法 铅和铋量的测定 火焰原子吸收光谱法 [S]. 北京：中国标准出版社，2006.

[10] 国家质量监督检验检疫总局. GB/T 11067.6—2006 银化学分析方法 铁量的测定 火焰原子吸收光谱法 [S]. 北京：中国标准出版社，2006.

[11] 国家质量监督检验检疫总局. GB/T 15249.5—2009 合质金化学分析方法 第5部分：汞量的测定 冷原子吸收光谱法 [S]. 北京：中国标准出版社，2009.

[12] 国家质量监督检验检疫总局. GB/T 11066.9—2009 金化学分析方法 砷和锡量的测定 氢化物发生-原子荧光光谱法 [S]. 北京：中国标准出版社，2009.

[13] 国家质量监督检验检疫总局. GB/T 11066.8—2009 金化学分析方法 银、铜、铁、铅、锑、铋、钯、镁、镍、锰和铬量的测定 乙酸乙酯萃取-电感耦合等离子体原子发射光谱法 [S]. 北京：中国标准出版社，2009.

[14] 国家质量监督检验检疫总局. GB/T 25934.1—2010 高纯金化学分析方法 第1部分：乙酸乙酯萃取分离 ICP-AES 法 测定杂质元素的含量 [S]. 北京：中国标准出版社，2010.

[15] 国家质量监督检验检疫总局. GB/T 25934.3—2010 高纯金化学分析方法 第3部分：乙醚萃取分离 ICP-AES 法 测定杂质元素的含量 [S]. 北京：中国标准出版社，2010.

[16] 国家质量监督检验检疫总局. GB/T 11067.3—2006 银化学分析方法 硒和碲量的测定 电感耦合等离子体原子发射光谱法 [S]. 北京：中国标准出版社，2006.

[17] 国家质量监督检验检疫总局. GB/T 11067.4—2006 银化学分析方法 锑量的测定 电感耦合等离子体原子发射光谱法 [S]. 北京：中国标准出版社，2006.

[18] 国家质量监督检验检疫总局. GB/T 23613—2009 铑粉化学分析方法 镁、铁、镍、铝、铜、银、金、铂、铱、钯、铑、硅量的测定 电感耦合等离子体原子发射光谱法 [S]. 北京：中国标准出版社，2009.

[19] 国家质量监督检验检疫总局. GB/T 15072.7—2008 贵金属合金化学分析方法 金合金中铬和铁量的测定 电感耦合等离子体原子发射光谱法 [S]. 北京：中国标准出版社，2008.

[20] 国家质量监督检验检疫总局. GB/T 15072.11—2008 贵金属合金化学分析方法 金合金中钆和铍量的测定 电感耦合等离子体原子发射光谱法 [S]. 北京：中国标准出版社，2008.

[21] 国家质量监督检验检疫总局. GB/T 15072.16—2008 贵金属合金化学分析方法 金合金中铜和锰量的测定 电感耦合等离子体原子发射光谱法 [S]. 北京：中国标准出版社，2008.

[22] 国家质量监督检验检疫总局. GB/T 15072.18—2008 贵金属合金化学分析方法 金合金中锆和镓量的测定 电感耦合等离子体原子发射光谱法 [S]. 北京：中国标准出版社，2008.

[23] 国家质量监督检验检疫总局. GB/T 15072.13—2008 贵金属合金化学分析方法 银合金中锡、铈和镧量的测定 电感耦合等离子体原子发射光谱法 [S]. 北京：中国标准出版社，2008.

[24] 国家质量监督检验检疫总局. GB/T 15072.14—2008 贵金属合金化学分析方法 银合金中铝和镍量的测定 电感耦合等离子体原子发射光谱法 [S]. 北京：中国标准出版社，2008.

[25] 国家质量监督检验检疫总局. GB/T 15072.19—2008 贵金属合金化学分析方法 银合金中钒和镁量的测定 电感耦合等离子体原子发射光谱法 [S]. 北京：中国标准出版社，2008.

[26] 国家质量监督检验检疫总局. GB/T 15072.15—2008 贵金属合金化学分析方法 金、银、钯合金中镍、锌和锰量的测定 电感耦合等离子体原子发射光谱法 [S]. 北京：中国标准出版社，2008.

[27] 国家质量监督检验检疫总局. GB/T 25934.2—2010 高纯金化学分析方法 第2部分：ICP-MS-标准加入校正-内标法 测定杂质元素的含量 [S]. 北京：中国标准出版社，2010.

[28] 国家质量监督检验检疫总局. GB/T 11066.5—2008 金化学分析方法 银、铜、铁、铅、锑和铋量的测定 原子发

射光谱法［S］.北京：中国标准出版社，2008.

［29］ 国家质量监督检验检疫总局. GB/T 11066.7—2009 金化学分析方法 银、铜、铁、铅、锑、铋、钯、镁、锡、镍、锰和铬量的测定 火花原子发射光谱法［S］. 北京：中国标准出版社，2009.

［30］ 国家质量监督检验检疫总局. GB/T 23275—2009 钌粉化学分析方法 铅、铁、镍、铝、铜、银、金、铂、铱、钯、铑、硅量的测定 辉光放电质谱法［S］. 北京：中国标准出版社，2009.

［31］ 国家质量监督检验检疫总局. GB/T 17418.1—2010 地球化学样品中贵金属分析方法 第1部分：总则及一般规定［S］. 北京：中国标准出版社，2010.

［32］ 国家质量监督检验检疫总局. GB/T 4134—2015 金锭［S］. 北京：中国标准出版社，2015.

［33］ 国家质量监督检验检疫总局. GB/T 19446—2004 异型接点带通用规范［S］. 北京：中国标准出版社，2004.

［34］ 国家质量监督检验检疫总局. GB/T 4135—2016 银锭［S］. 北京：中国标准出版社，2016.

［35］ 国家质量监督检验检疫总局. GB/T 12806—2011 实验室玻璃仪器 单标线容量瓶（ISO 1042,EQV）［S］. 北京：中国标准出版社，2011.

［36］ 国家质量监督检验检疫总局. GB/T 12808—2015 实验室玻璃仪器 单标线吸量管（ISO 648,EQV）［S］. 北京：中国标准出版社，2015.

［37］ 国家质量监督检验检疫总局. GB/T 12809—2015 实验室玻璃仪器 玻璃量器的设计和结构原则（ISO 384,EQV）［S］. 北京：中国标准出版社，2015.

［38］ 国家发展和改革委员会. 有色金属行业标准 YS/T 681—2008 铑粉［S］. 北京：中国标准出版社，2008.

第五章

铝及其相关产品的分析

第一节　应用概况

铝为有色轻金属，密度小于 $50000\mathrm{kg/m^3}$，是重要的工程金属，其产量居有色金属之首。铝以纯铝或铝合金广泛用于各种工业及人们生活中，并以其密度较小而在对材料、重量有严格限制的如航天、航空和汽车等工业中具有强大的竞争力。

本章介绍了原子光谱法在铝及其相关冶金产品中的应用。铝及其相关产品主要包括铝及铝合金、氧化铝两类。对于同一种样品中的同一元素含量分析，通常，两种原子光谱法可以提供选择，不同方法的灵敏度和检测范围不同，应根据实际检测需求，选择适当的分析方法。如分析铝及铝合金中铜的含量，火焰原子吸收光谱法和电感耦合等离子体发射光谱法都可以使用。两种方法的特点：火焰原子吸收光谱法的技术成熟，消解方法中对样品的溶解程度和对干扰元素消除的程度（需要加入适量的干扰消除剂）是此方法检测准确度的决定因素，而且检测成本低；但是消解过程复杂，耗时耗力，容易造成偶然误差，方法重现性受到限制。电感耦合等离子体发射光谱法的灵敏度（即方法检出限）更低，样品消解过程步骤少，样品溶解后，除去主要的基体即可测定，其他元素的干扰可通过内标法或基体匹配法除去，方法的检测效率高，准确度和重现性好；但是此方法正在逐步发展中，方法步骤有待进一步改善。

下面将 AAS、ICP-AES、AES 的测定范围、检出限、仪器条件、干扰物质及消除方法等基本条件以表格的形式列出，为选择合适的分析方法提供参考。表 5-1 是原子吸收光谱法分析铝及铝合金、氧化铝产品的基本条件。表 5-2 是原子荧光光谱法分析铝及铝合金产品的基本条件。表 5-3 是电感耦合等离子体原子发射光谱法分析铝及铝合金产品的基本条件。表 5-4 是原子发射光谱法分析氧化铝产品的基本条件。其中，原子发射光谱法（如火焰光度法）的应用不十分广泛，在本章中的方法介绍部分不做详细介绍。

□ **表 5-1　原子吸收光谱法分析铝及铝合金、氧化铝产品的基本条件**

适用范围	测项	检测方法	测定范围（质量分数）/%	检出限/(μg/mL)	波长/nm	原子化器	原子化器条件	国标号	参考文献
铝及铝合金	铜	火焰原子吸收光谱法	0.0050~8.00	0.033	324.7	火焰	空气-乙炔贫燃火焰；一氧化二氮-乙炔贫燃火焰	GB/T 20975.3—2008	[1]
	镉		0.01~1.00	0.028	228.8		空气-乙炔贫燃火焰	GB/T 20975.6—2008	[2]
	锌		0.001~6.00	0.02	213.9			GB/T 20975.8—2008	[3]
	锂		0.002~3.00	0.018	670.8			GB/T 20975.9—2008	[4]
	铅		>0.005~12.0	0.4	217.0 283.3		空气-乙炔贫燃火焰	GB/T 20975.11—2018	[5]
	镍		0.0050~3.00	0.1	232.0		空气-乙炔贫燃火焰	GB/T 20975.14—2008	[6]
	镁		0.0020~5.00	0.008	285.2 279.6		一氧化二氮-乙炔贫燃火焰；氧化锶存在下，空气-乙炔贫燃火焰	GB/T 20975.16—2008	[7]
	锶		0.02~12.00	0.25	460.7		空气-乙炔富燃火焰	GB/T 20975.17—2008	[8]
	铬		0.010~0.60	0.1	357.9		一氧化二氮-乙炔富燃火焰；空气-乙炔富燃火焰	GB/T 20975.18—2008	[9]
	钙		0.01~0.30	0.15	422.7		一氧化二氮-乙炔富燃火焰	GB/T 20975.21—2008	[10]
氧化铝	氧化钠	火焰原子吸收光谱法	0.01~1.20	0.015	589.0		空气-乙炔火焰	GB/T 6609.5—2004	[11]
	氧化钾		0.002~0.20	0.015	766.5		空气-乙炔火焰	GB/T 6609.6—2018	[12]
	一氧化锰		0.00025~0.008	0.030	279.5		空气-乙炔火焰	GB/T 6609.11—2004	[13]
	氧化锌		0.0010~0.040	0.025	213.3		空气-乙炔火焰	GB/T 6609.12—2018	[14]
	氧化钙		0.005~0.150	0.1	422.7		一氧化二氮-乙炔火焰	GB/T 6609.13—2004	[15]
	氧化锂		0.005~0.040	2.0	670.8		乙炔-空气贫燃火焰	GB/T 6609.19—2004	[16]
	氧化镁		0.001~0.025	1.0	285.2		空气-乙炔火焰	GB/T 6609.20—2004	[17]
铝及铝合金	汞	冷原子吸收光谱法	>0.0001~0.010	0.001	253.7	冷原子	冷原子吸收测汞仪	GB/T 20975.1—2018	[18]

□ 表 5-2　原子荧光光谱法分析铝及铝合金产品的基本条件

适用范围	测项	检测方法	测定范围(质量分数)/%	检出限 I/(ng/mL)	仪器条件 灯电流/mA	仪器条件 原子化器	仪器条件 原子化器条件	干扰物质消除方法	国标号	参考文献
铝及铝合金	汞	氢化物发生-原子荧光光谱法(HG-AFS)	0.000001~0.0001	0.5	40	石英炉	载气流量:500L/min 屏蔽气流量:900L/min	在酸性介质中,以盐酸作载流	GB/T 20975.1—2018	[19]
	铅	(HG-AFS)	0.0001~0.0005	1.0	40	石英炉	载气流量:500L/min 屏蔽气流量:900L/min	以铁氰化钾作氧化剂,使样品中低价态铅氧化为 Pb^{4+},消除干扰	GB/T 20975.11—2018	[20]

□ 表 5-3　电感耦合等离子体原子发射光谱法分析铝及铝合金产品的基本条件

适用范围	测项	检测方法	测定范围(质量分数)/%	分析线/nm	国标号	参考文献
铝及铝合金	铁	电感耦合等离子体原子发射光谱法	0.0020~2.00	259.940,239.562	GB/T 20975.25—2008	[21]
	铜		0.0005~5.00	324.754		
	镁		0.0010~10.00	285.213,279.553		
	锰		0.0010~3.00	259.373,257.610		
	镓		0.0050~0.050	294.364		
	钛		0.0010~5.00	334.941,337.280		
	钒		0.0010~0.30	292.402		
	铟		0.010~0.10	325.609		
	铋		0.020~0.50	189.989		
	铍		0.010~0.50	223.061		
	铬		0.0020~0.50	267.716,283.563		
	锌		0.0010~5.00	213.856,206.200		
	镍		0.0020~1.00	231.604		
	锆		0.0020~0.25	228.802		
	镉		0.0020~1.00	339.198,349.621		
	钕		0.0005~0.40	234.861,313.042		
	铅		0.10~1.00	220.353		
	硼		0.0050~5.00	249.678,249.773		
	硅		0.50~10.00	228.158,251.611		
	锶		0.0005~0.10	407.771,346.446		
	钙		0.020~1.00	317.933,393.366		
	锡		0.010~0.25	317.581		
	铝(内标)		—	325.609		

□ 表 5-4　原子发射光谱法分析氧化铝产品的基本条件

适用范围	测项	检测方法	测定范围(质量分数)/%	检出限/(μg/mL)	仪器条件 原子化器	仪器条件 波长/nm	仪器条件 原子化器条件	国标号	参考文献
氧化铝	氧化钠	火焰光度法	0.01~1.20	1.0	火焰	589~590	乙炔-空气火焰	GB/T 6609.5—2004	[22]
	氧化钾	火焰光度法	0.002~0.12	0.25	火焰	766~770	乙炔-空气火焰	GB/T 6609.6—2018	[23]

第二节　原子吸收光谱法

在现行有效的标准中，采用原子吸收光谱法分析铝及其相关产品的标准有 18 个，下面归纳这些标准的各步骤，重点讲解分析过程中的难点和重点。

一、铝及铝合金中杂质元素的分析

现行国家标准[1-10]中，火焰原子吸收光谱法可以分析铝及铝合金中的 10 种杂质元素铜、镉、锌、锂、铅、镍、镁、锶、铬、钙的含量，其元素测定范围见表 5-1。实际工作中火焰原子吸收光谱法分析铝及铝合金中的上述 10 种杂质元素含量的步骤包括以下几个部分。

（一）样品的制备和保存

将样品加工成厚度≤1mm 的碎屑。

（二）样品的消解

分析铝及铝合金中的 10 种杂质元素铜、镉、锌、锂、铅、镍、镁、锶、铬、钙的含量的消解方法主要为湿法消解中的电热板消解法。关于消解方法分类的介绍，参见第二章第二节一、-（二）样品的消解。

本部分中，由于基体铝是两性物质，既可以溶于酸溶液，也可以溶于碱溶液。在检测铝及铝合金中的不同杂质元素时，根据被测元素的化学性质，选用不同的消解体系。其中，分析钙含量时，采用的消解体系为碱溶液；分析铜、镉、锌、锂、铅、镍、镁、锶、铬的含量时，采用的消解体系为酸溶液。样品中的被测元素不同，相应的干扰元素也不同，消除干扰的方法也相应变化。下面分别介绍上述酸消解法和碱消解法。

1. 分析铝及铝合金中铜、镉、锌、锂、铅、镍、镁、锶、铬的含量

样品以盐酸和过氧化氢溶解，过滤，如有沉淀，需进行回收，经灰化灼烧，再加入硫酸、氢氟酸、硝酸，700℃灼烧后，以稀盐酸或硝酸溶解残渣，制得用于测定的样品溶液。

根据样品中被测元素的种类，按表 5-5 称取相应质量的样品，精确至 0.0001g。独立地进行 2 次测定，取其平均值。称取与样品相同量的高纯铝 $[w(Al)\geqslant99.99\%$，w（Cu、Cd、Zn、Li、Pb、Ni、Mg、Sr、Cr)＜0.0005％]代替样品，随同样品做空白试验。

▫ 表 5-5　分析铝及铝合金中杂质元素铜等含量的样品溶液

被测元素	样品量/g	溶样酸量	被测元素质量分数/%	样品溶液定容体积/mL	分取样品溶液体积/mL	样品溶液稀释体积/mL	补加试剂量
铜	1.00	30mL 盐酸①	0.005～0.05	100	全量	全量	—
			＞0.05～0.50	1000	全量	全量	—
			＞0.50～5.00	500	20.00	100	—
			＞5.00～8.00	1000	10.00	250	—
镉	0.50	15mL 盐酸①	0.01～0.05	100	全量	全量	—
			＞0.05～0.20	200	全量	全量	15mL 盐酸①
			＞0.20～1.00	250	25.00	100	13.5mL 盐酸①

被测元素	样品量/g	溶样酸量	被测元素质量分数/%	样品溶液定容体积/mL	分取样品溶液体积/mL	样品溶液稀释体积/mL	补加试剂量
锌	1.00	30mL 盐酸①	0.001～0.030	100	全量	全量	—
			＞0.030～0.20	1000	全量	全量	—
			＞0.20～3.00	500	50.00	1000	27.0mL 盐酸①
			＞3.00～6.00	1000	50.00	1000	13.5mL 盐酸①
锂	0.50	15mL 盐酸①	0.002～0.020	100	全量	全量	—
			＞0.020～0.10	500	全量	全量	—
			＞0.10～0.50	250	10.00	100	—
			＞0.50～3.00	500	15.00	500	—
铅	1.00	20mL 王水②	＞0.005～0.10	100	全量	全量	5mL 硝酸③
			＞0.10～1.50	500	全量	全量	25mL 硝酸③
			＞1.50～12.0	500	10.00	100	25mL 硝酸③ 5mL 硝酸③
镍	1.00	30mL 盐酸①	0.005～0.25	100	全量	全量	—
			＞0.25～3.00	1000	全量	全量	—
镁	0.50	20mL 盐酸①	0.002～0.05	250	全量	全量	20mL 氯化锶④
			＞0.05～0.25	500	100.00	250	5mL 氯化锶④
			＞0.25～1.00	500	25.00	250	5mL 氯化锶④
			＞1.00～5.00	500	5.00	250	5mL 氯化锶④
锶	0.50	15mL 盐酸①	0.02～0.10	100	全量	全量	12mL 氯化镧⑤
			＞0.10～0.50	100	20	100	6mL 氯化镧⑤
			＞0.50～2.50	500	20	100	4mL 氯化镧⑤
			＞2.50～12.00	500	10	250	3mL 氯化镧⑤
铬	1.00	30mL 盐酸①	0.010～0.20	100	全量	全量	5mL 氯化镧⑥
			＞0.20～0.60	100	10.00	100	5mL 氯化镧⑥

① 盐酸：1+1，1体积盐酸（$\rho=1.19\text{g/mL}$，优级纯）+1体积超纯水（电阻率≥18MΩ/cm），用时现配。

② 王水：移取375mL盐酸（$\rho=1.19\text{g/mL}$，分析纯）和125mL硝酸（$\rho=1.42\text{g/mL}$，分析纯）于烧杯中，用水（三级水）稀释至1000mL，混匀。

③ 硝酸：$\rho=1.42\text{g/mL}$，分析纯。

④ 氯化锶（50mg/mL）：称76g氯化锶于500mL烧杯中，加入400mL水溶解，移入500mL容量瓶中，以水定容，混匀，保存于塑料瓶中（若用一氧化二氮-乙炔火焰时，可不用此溶液）。

⑤ 氯化镧（200g/L）：称100g LaCl₃·6H₂O，以水定容于500mL容量瓶中，混匀。

⑥ 氯化镧：称100g氯化镧，置于500mL烧杯中，加入200mL盐酸（$\rho=1.19\text{g/mL}$，优级纯）溶解，移入1000mL容量瓶中，以水定容，混匀。

将准确称量的样品置于烧杯中，盖上表面皿（测铜、锌、镍、镁、铬含量时，加入30～40mL水；测锶含量时，加入15～20mL水），按表5-5分次加入相应量的溶样酸〔测铅含量，当铅的质量分数＞1.50%～12.0%时，再加入5mL硝酸（$\rho=1.42\text{g/mL}$，分析纯）；测镍含量时，加1滴汞助溶〕，待剧烈反应停止后，于电热板上缓慢加热使样品充分溶解（测铅含量时，蒸发至溶液体积10mL，冷却。加入25mL水，加热煮沸使盐类完全溶解，冷却。注意，勿加过氧化氢。如有不溶物，直接过滤）。

滴加适量（约10滴）过氧化氢（$\rho=1.10\text{g/mL}$），缓慢加热至样品完全溶解，继续加热煮沸10min，以除去过量的过氧化氢〔测锂含量时，蒸至盐类出现，稍冷，加入15mL硝酸（1+9），加热至盐类完全溶解；测锶含量时，蒸至盐类出现，稍冷，加入30mL水、3.0mL盐酸（1+1），加热至盐类完全溶解〕，冷却至室温。如有不溶物，需过滤，洗涤沉淀，保留此溶液为主滤液。

将残渣连同滤纸置于铂坩埚中，先灰化（勿使滤纸燃着），再于550℃灼烧，冷却。加入2mL硫酸（1+1）（测铅、锶含量时，不加硫酸）、5mL氢氟酸（$\rho=1.14g/mL$），并逐滴加入约1mL硝酸（$\rho=1.42g/mL$）至溶液清亮，加热蒸发至干。在约700℃灼烧10min，冷却。加入尽量少的（约1mL）盐酸（1+1）［测锂、铅含量时，加入尽量少的硝酸（$\rho=1.42g/mL$）］溶解残渣（如有沉淀，需过滤），将此溶液合并于主滤液中。

根据样品中被测元素的质量分数，将上述样品溶液（合并后的滤液）置于表5-5规定的相应定容体积的容量瓶中，以超纯水定容，混匀。按表5-5分取相应体积的定容后样品溶液［测镉、锌、铅含量时，定容前补加表5-5规定的相应量的试剂，当铅的质量分数＞1.50%～12.0%时，样品溶液或处理不溶物后合并的溶液移入500mL容量瓶中，按表5-5加入25mL硝酸，以水定容，混匀，分取10.00mL定容后溶液置于100mL容量瓶中，按表5-5加入5mL硝酸③，以水定容，混匀；测镁、铬含量时，仅当用空气-乙炔火焰时，定容前补加表5-5规定的相应量的氯化锶溶液或氯化镧溶液，当铬的质量分数为＞0.20%～0.60%时，加入氯化镧溶液之前，加入45.00mL铝基体溶液（20g/L）］，按表5-5以超纯水稀释至相应体积，混匀，待测。

铝基体溶液（20g/L）：称20.00g经酸洗的高纯铝［$w(Al)\geqslant99.99\%$，不含铬］，置于1000mL烧杯中，盖上表面皿。分次加入总量为600mL的盐酸（1+1），加1滴汞助溶，待剧烈反应停止后，缓慢加热至完全溶解。加入数滴过氧化氢（$\rho=1.10g/mL$），煮沸数分钟，以分解过量的过氧化氢，冷却。将溶液以超纯水定容至1000mL，混匀。

2. 分析铝及铝合金中钙的含量

样品用氢氧化钠溶液溶解，在盐酸介质中，以镧盐作释放剂，8-羟基喹啉作保护剂，制得用于测定的样品溶液。

样品中被测元素的质量分数越大，称取样品量越小，分取样品溶液的体积也越小。当钙的质量分数为0.01%～0.10%时，称取样品0.2000g，分取样品溶液体积25.00mL；当钙的质量分数为＞0.10%～0.20%时，称取样品0.1000g，分取样品溶液体积25.00mL；当钙的质量分数为＞0.20%～0.30%时，称取样品0.1000g，分取样品溶液体积10.00mL。

根据样品中被测元素的质量分数，称取相应质量的样品，精确至0.0001g。独立地进行2次测定，取其平均值。称取与样品相同质量的高纯铝［$w(Al)\geqslant99.99\%$，不含钙］代替样品，随同样品做空白试验。

将样品置于250mL银烧杯中，盖上银表面皿，加入5.0mL氢氧化钠溶液（200g/L，优级纯），于电热板上低温加热，至样品充分溶解，稍冷。沿杯壁吹入少量水，微热使熔块溶解，冷却至室温。

将此溶液移至摇动的250mL锥形瓶中［预先装有15mL浓盐酸（蒸馏提纯）］，沿原银烧杯壁加入5mL浓盐酸（蒸馏提纯），以溶解残存的盐类，合并于锥形瓶中。将上述样品溶液，全部转移至100mL容量瓶中，以水稀释至刻度，摇匀。

根据样品中被测元素的质量分数，移取相应体积的定容后样品溶液，置于100mL容量瓶中，加入2mL镧盐溶液［称25g氧化镧，置于200mL烧杯中，加入30mL浓盐酸（蒸馏提纯），微热溶解，冷却。移至500mL容量瓶中，以超纯水定容，混匀］、1mL 8-

羟基喹啉溶液［称 25g 的 8-羟基喹啉，置于 200mL 烧杯中，加入 30mL 浓盐酸（蒸馏提纯），微热溶解，冷却。移至 500mL 容量瓶中，以超纯水定容，混匀］，以超纯水定容，混匀。

（三）仪器条件的选择

分析铝及铝合金中的 10 种杂质元素铜、镉、锌、锂、铅、镍、镁、锶、铬、钙的含量时，推荐的仪器工作条件，参见表 5-1。测定不同元素有不同的仪器操作条件，以铜元素的测定为例介绍火焰原子吸收光谱仪器操作条件的选择。

（1）选择钙元素的空心阴极灯作为光源（如测定镉、锌、锂、铅、镍、镁、锶、铬、钙元素时，选择相应元素的空心阴极灯）。

（2）分析铝及铝合金中的 10 种杂质元素铜、镉、锌、锂、铅、镍、镁、锶、铬、钙的含量时，选用火焰原子化器，其原子化器条件参见表 5-1。选择火焰原子化器的原则和火焰类型的介绍参见第二章第二节--一、-(三)-(2) 选择原子化器。

（3）在仪器最佳工作条件下，凡能达到下列指标者均可使用。

1）灵敏度　在与测量样品溶液基体一致的溶液中，铜的特征浓度应≤0.033μg/mL（如测定镉、锌、锂、铅、镍、镁、锶、铬、钙元素时，其检出限见表 5-1）。检出限定义，参见第二章第二节--一、-(三)-(3)-1) 灵敏度。

2）精密度　其测量计算的方法和标准规定参见第二章第二节--一、-(三)-(3)-2) 精密度。

3）标准曲线线性　将标准曲线按浓度等分成五段，最高段的吸光度差值与最低段的吸光度差值之比≥0.7。

（四）干扰的消除

（1）分析铝及铝合金中的杂质元素镁含量时，若用空气-乙炔火焰测定，以氯化锶作释放剂，消除干扰。在样品溶液和标准系列溶液中，加入等量的氯化锶溶液，避免氯化锶引入的干扰。若用一氧化二氮-乙炔火焰时，可不用此溶液。

（2）分析铝及铝合金中的杂质元素锶含量时，以氯化镧作释放剂，消除干扰。在样品溶液和标准系列溶液中，加入等量的氯化镧溶液，避免氯化镧引入的干扰。

（3）分析铝及铝合金中的杂质元素铬含量时，若用空气-乙炔火焰测定，并认为必需时，以氯化镧作释放剂，消除干扰。在样品溶液和标准系列溶液中，加入等量的氯化镧溶液，避免氯化镧引入的干扰。若用一氧化二氮-乙炔火焰时，可不用此溶液。当铬的质量分数为＞0.20%～0.60%时，在样品溶液定容前，加入 45.00mL 铝基体溶液（20g/L），以消除干扰。

（4）分析铝及铝合金中的杂质元素钙含量时，以镧盐作释放剂，8-羟基喹啉作保护剂，即在样品溶液和标准系列溶液中，加入等量的氯化镧溶液和 8-羟基喹啉溶液，以消除干扰元素对钙测定的影响。

（5）分析铝及铝合金中的 10 种杂质元素铜、镉、锌、锂、铅、镍、镁、锶、铬、钙的含量，绘制标准曲线时，配制标准系列溶液采用基体匹配法，即配制与被测样品基体一致、质量分数相近的标准系列溶液，避免基体铝的干扰。

（6）分析铝及铝合金中杂质元素铜、镉、锌、锂、铅、镍、镁、锶、铬的含量，制备样品溶液时，对沉淀进行回收处理，选用铂坩埚为容器，释放剂氯化锶溶液，保存于塑料瓶中；分析铝及铝合金中的钙含量时，制备样品溶液选用银烧杯作消解容器，并配合使用银表面皿，以消除容器材质对测定的影响。

（五）标准曲线的建立

1. 标准溶液的配制

分析铝及铝合金中的 10 种杂质元素铜、镉、锌、锂、铅、镍、镁、锶、铬、钙的含量时，10 种杂质元素的标准储备溶液和标准溶液的制备方法参见表 5-6。

▫ **表 5-6　分析铝及铝合金中的 10 种杂质元素铜等含量的被测元素标准储备溶液和标准溶液**

被测元素	标准储备溶液制备方法	标准溶液制备方法
铜	称 1.0000g 电解铜 [w(Cu)＞99.95％]，置于 250mL 烧杯中，盖上表面皿，加入 5mL 硝酸 (ρ = 1.42g/mL)，低温加热至完全溶解，冷却，用超纯水定容至 1000mL。铜的浓度为 1.0mg/mL	Ⅰ：移取 100.00mL 铜标准储备溶液，用超纯水定容至 1000mL。铜的浓度为 100μg/mL
		Ⅱ：移取 50.00mL 铜标准储备溶液，用超纯水定容至 1000mL。铜的浓度为 50μg/mL
镉	称 1.0000g 镉 [w(Cd)≥99.99％]，置于烧杯中，盖上表面皿，加入 10mL 盐酸 (1＋1)，缓慢加热至完全溶解，煮沸数分钟，冷却，用超纯水定容至 1000mL。镉的浓度为 1.0mg/mL	Ⅰ：移取 50.00mL 镉标准储备溶液，用超纯水定容至 500mL。镉的浓度为 100μg/mL
锌	称 1.0000g 锌 [w(Zn)≥99.99％]，置于 400mL 烧杯中，盖上表面皿，分次加入总量为 50mL 的盐酸 (1＋1)，缓慢加热至完全溶解，冷却，用超纯水定容至 1000mL。锌的浓度为 1.0mg/mL	Ⅰ：移取 50.00mL 锌标准储备溶液，用超纯水定容至 1000mL。锌的浓度为 50μg/mL
		Ⅱ：移取 10.00mL 锌标准储备溶液，用超纯水定容至 1000mL。锌的浓度为 10μg/mL
锂	称 5.3228g 碳酸锂 (光谱纯)，置于 500mL 烧杯中，盖上表面皿，缓慢加入 125mL 硝酸 (1＋9)，加热至完全溶解，煮沸数分钟，赶尽二氧化碳，冷却，用超纯水定容至 1000mL。锂的浓度为 1.0mg/mL	Ⅰ：移取 10.00mL 锂标准储备溶液，用超纯水定容至 1000mL。锂的浓度为 10μg/mL
铅	Ⅰ：称 1.0000g 铅 [w(Pb)≥99.99％]，置于 250mL 烧杯中，盖上表面皿，加入 10mL 硝酸 (ρ=1.42g/mL，分析纯)，缓慢加热至完全溶解，煮沸数分钟，驱除氮氧化物，冷却。用超纯水定容至 1000mL。铅的浓度为 1.0mg/mL	Ⅰ：直接以铅标准储备溶液作为标准溶液 Ⅰ。铅的浓度为 1000μg/mL
		Ⅱ：移取 100.00mL 铅标准溶液 Ⅰ，用超纯水定容至 1000mL。铅的浓度为 100μg/mL
镍	称 1.0000g 镍 [w(Ni)≥99.99％]，置于 400mL 烧杯中，盖上表面皿，加入 50mL 盐酸 (1＋1)，滴加适量的过氧化氢 (ρ=1.10g/mL)，缓慢加热至完全溶解，煮沸数分钟，分解过量的过氧化氢，冷却，用超纯水定容至 1000mL。镍的浓度为 1.0mg/mL	Ⅰ：移取 25.00mL 镍标准储备溶液，用超纯水定容至 200mL。镍的浓度为 125μg/mL
		Ⅱ：移取 20.00mL 镍标准溶液 Ⅰ，用超纯水定容至 100mL。镍的浓度为 25μg/mL
镁	称 1.0000g 镁 [w(Mg)≥99.95％]，置于 1000mL 锥形瓶中，加入 200mL 水、30mL 盐酸 (1＋1)，待完全溶解后，用超纯水定容至 1000mL。镁的浓度为 1.0mg/mL	Ⅰ：移取 50.00mL 镁标准储备溶液，用超纯水定容至 1000mL。镁的浓度为 50μg/mL
		Ⅱ：移取 10.00mL 镁标准溶液 Ⅰ，用超纯水定容至 100mL。镁的浓度为 5μg/mL
锶[①]	称 3.0429g 氯化锶 ($SrCl_2 \cdot 6H_2O$)，置于 250mL 烧杯中，加水溶解后，冷却，用超纯水定容至 1000mL。锶的浓度为 1.0mg/mL	Ⅰ：移取 50.00mL 锶标准储备溶液，用超纯水定容至 200mL。锶的浓度为 250μg/mL
		Ⅱ：移取 50.00mL 锶标准储备溶液，用超纯水定容至 500mL。锶的浓度为 100μg/mL

被测元素	标准储备溶液制备方法	标准溶液制备方法
铬	Ⅰ：称 1.414g 重铬酸钾（基准试剂，预先于 140℃烘干，并于干燥器中冷却），置于 400mL 烧杯中，盖上表面皿。加入 20mL 水和 10mL 盐酸（1+1）溶解。滴加 10mL 过氧化氢（ρ=1.10g/mL），放置 12～24h 至溶液黄色完全消失，温热（不要煮沸）分解过量的过氧化氢，冷却。用超纯水定容至 1000mL。铬的浓度为 500μg/mL	Ⅰ：直接以铬标准储备溶液作为标准溶液Ⅰ。铬的浓度为 500μg/mL
		Ⅱ：移取 25.00mL 铬标准溶液Ⅰ，用超纯水定容至 500mL。铬的浓度为 25μg/mL
钙	Ⅰ：称 0.2497g 碳酸钙（预先于 105℃烘干），置于 300mL 烧杯中，盖上表面皿，加入 10mL 水，逐滴加入浓盐酸（蒸馏提纯）至完全溶解并过量 20mL，煮沸驱除二氧化碳，冷却，用超纯水定容至 1000mL。钙的浓度为 100μg/mL	Ⅰ：直接以钙标准储备溶液作为标准溶液。钙的浓度为 100μg/mL

① 锶标准储备溶液使用前需进行标定，标定方法如下：

移取 25.00mL 锶标准储备溶液于 300mL 烧杯中，加 40mL 水、10mL 三乙醇胺溶液（1+1）、10mL 缓冲溶液（pH=10，量取 22mL 饱和氯化铵溶液，加 22mL 氨水，以水定容至 300mL），加 10～15mL 指示剂 [移取 5.00mL 镁标准溶液（1.0mg/mL），置于 500mL 锥形瓶中，加 30mL 水、10mL 缓冲溶液（pH=10，量取 22mL 饱和氯化铵溶液，加 22mL 氨水，以水定容至 300mL），加少许铬黑 T 指示剂（称 1.00g 铬黑 T 和预先于 105℃烘干的 99.00g 氯化钠研磨而成），用 EDTA 标准溶液（0.01mol/L，乙二胺四乙酸二钠标准溶液）滴定至终点（亮蓝色）]，用 EDTA 标准溶液滴定至亮蓝色为终点。

锶的实际质量浓度=锶的摩尔质量×EDTA 标准溶液的摩尔浓度×标定时消耗 EDTA 标准溶液的体积÷标定时所取锶标准储备溶液的体积。

2. 标准曲线的建立

标准系列溶液的配制原则，参见第二章第二节-一、-(五)-2.-标准曲线的建立标准系列溶液的配制原则。分析铝及铝合金中的 10 种杂质元素铜、镉、锌、锂、铅、镍、镁、锶、铬、钙的含量时，配制标准系列溶液采用基体匹配法，即配制与被测样品基体一致、质量分数相近的标准系列溶液，其原理介绍参见第二章第二节-一、-(五)-2. 标准曲线的建立。称取纯基体物质 [高纯铝，w(Al)≥99.99%，且不含被测元素]，按照样品溶液的制备方法，制备铝基体溶液，再根据样品的称取量，在标准系列溶液中加入等量的铝基体溶液。

样品中的被测元素不同，铝基体溶液的制备方法有差异。根据被测元素的种类，选择相应的制备方法，以制备铝基体溶液。详情如下。

（1）铝基体溶液的制备方法

① 适用于分析铜、锌、锂、镍、镁、锶、铬含量的铝基体溶液　铝（基体）溶液（20mg/mL）：称 20.00g 经酸洗的高纯铝 [w(Al)≥99.99%，不含铜、锌、锂、镍、镁、锶、铬]，置于 1000mL 烧杯中，盖上表面皿。分次加入总量为 600mL 的盐酸（1+1）[测镁含量时，分次加入总量为 800mL 的盐酸（1+1）；测锶含量时，分次加入总量为 500mL 的盐酸（1+1）；测镍、镁、铬含量时，加 1 滴汞助溶]，待剧烈反应停止后，缓慢加热至完全溶解。然后加入数滴过氧化氢（ρ=1.10g/mL），煮沸数分钟，以分解过量的过氧化氢 [测锂含量时，继续加热蒸至盐类出现，稍冷，加入 600mL 硝酸（1+9），加热至盐类水解]，冷却至室温。将溶液移至 1000mL 容量瓶中，以超纯水定容，混匀。

铝（基体）溶液（2.0mg/mL，测锌、锶含量用）：移取 50.00mL 铝基体溶液

（20mg/mL），置于 500mL 容量瓶中［测锌含量时，定容前补加 270mL 盐酸（1＋1）］，以超纯水定容，混匀。

铝（基体）溶液（1.0mg/mL，测锂、镁含量用）：移取 50.00mL 铝基体溶液（20mg/mL），置于 1000mL 容量瓶中，以超纯水定容，混匀。

② 适用于分析镉含量的铝基体溶液　铝（基体）溶液（20mg/mL）：称 20.00g 经酸洗的高纯铝［w(Al)≥99.99%，不含镉］，置于烧杯中，盖上表面皿。分次加入总量为 200mL 盐酸（1＋1），待剧烈反应停止后，缓慢加热至完全溶解，将溶液蒸发至约 100mL，冷却，用超纯水定容至 1000mL，混匀。

③ 适用于分析铅含量的铝基体溶液　铝（基体）溶液（20mg/mL）：称 10.00g 经酸洗的高纯铝［w(Al)≥99.99%，不含铅］，置于 1000mL 烧杯中，盖上表面皿，分次加入总量为 200mL 的王水［移取 375mL 盐酸（ρ＝1.19g/mL，分析纯）和 125mL 硝酸（ρ＝1.42g/mL，分析纯）于烧杯中，用水（三级水）稀释至 1000mL，混匀］，待剧烈反应停止后，缓慢加热至完全溶解，煮沸驱除氮氧化物，并将溶液蒸发至约 100mL，冷却，用超纯水定容至 500mL，混匀。

④ 适用于分析钙含量的铝基体溶液　铝（基体）溶液（5mg/mL）：称 2.5g 高纯铝［w(Al)≥99.99%，不含钙］，置于银烧杯中，盖上银表面皿，加入 25mL 氢氧化钠溶液（200g/L，优级纯），待剧烈反应停止后，再于电热板上加热，使其充分溶解，冷却。将此溶液移至摇动的 250mL 锥形瓶中［预先装有 150mL 浓盐酸（蒸馏提纯）］，沿原银烧杯壁加入 50mL 浓盐酸（蒸馏提纯），以溶解残存的盐类，合并于锥形瓶中。将上述溶液移入 500mL 容量瓶中，用超纯水定容，混匀。

（2）标准系列溶液的制备方法　分析铝及铝合金中的 10 种杂质元素铜、镉、锌、锂、铅、镍、镁、锶、铬、钙的含量时，根据被测元素的质量分数，分别配制标准系列溶液，其具体的配制方法参见表 5-7。

⊡ 表 5-7　分析铝及铝合金中的 10 种杂质元素铜等含量的标准系列溶液

被测元素	被测元素质量分数/%	分取被测元素标准溶液 Ⅱ 体积/mL	分取被测元素标准溶液 Ⅰ 体积/mL	铝溶液量	补加试剂体积	定容体积/mL
铜	0.005～0.05	0、1.00、2.00、4.00、6.00、8.00、10.00	—	50.00mL 铝溶液①	—	100
	＞0.05～0.5	0、1.00、2.00、4.00、6.00、8.00、10.00	—	5.00mL 铝溶液①	—	100
	＞0.5～5.00	—	0、2.00、4.00、8.00、12.00、16.00、20.00	2.00mL 铝溶液①	—	100
	＞5.00～8.00	—	0、4.00、5.00、6.00、7.00、8.00	0.50mL 铝溶液①	—	250
镉	0.010～0.05	—	0、0.50、1.00、1.50、2.00、2.50	25.00mL 铝溶液④	15.00mL 盐酸⑦	100
	＞0.05～0.2	—	0、1.00、2.00、3.00、4.00、5.00	12.50mL 铝溶液④	15.00mL 盐酸⑦	100
	＞0.2～1.0	—	0、1.00、2.00、3.00、4.00、5.00	2.50mL 铝溶液④	15.00mL 盐酸⑦	100

被测元素	被测元素质量分数/%	分取被测元素标准溶液Ⅱ体积/mL	分取被测元素标准溶液Ⅰ体积/mL	铝溶液量	补加试剂体积	定容体积/mL
锌	0.001~0.030	0、1.00、3.00、5.00、10.00	3.00、4.00、5.00、6.00	50.00mL铝溶液①	—	100
	>0.030~0.30	0、1.00、3.00、5.00、10.00	3.00、4.00、5.00、6.00	5.00mL铝溶液①	—	100
	>0.30~3.00	0、1.00、3.00、5.00、10.00	3.00、4.00、5.00、6.00	5.00mL铝溶液②	—	100
	>3.00~6.00	—	0、2.00、3.00、4.00、5.00、6.00	2.50mL铝溶液②	—	100
锂	0.002~0.02	—	0、1.00、2.00、4.00、6.00、8.00、10.00	25.00mL铝溶液①	—	100
	>0.02~0.10	—	0、2.00、4.00、6.00、8.00、10.00	5.00mL铝溶液①	—	100
	>0.10~0.50	—	0、2.00、4.00、6.00、8.00、10.00	1.00mL铝溶液①	—	100
	>0.50~3.00	—	0、1.00、2.00、4.00、6.00、8.00、10.00	3.00mL铝溶液③	—	100
铅	>0.005~0.10	0、1.00、3.00、5.00、7.00、10.00	—	50.00mL铝溶液⑤	5.00mL硝酸⑧	100
	>0.10~1.50	0、2.00、6.00、10.00	1.50、2.00、2.50、3.00	10.00mL铝溶液⑤	5.00mL硝酸⑧	100
	>1.50~12.0	0、3.00、6.00、10.00	1.50、2.00、2.50	1.00mL铝溶液⑤	5.00mL硝酸⑧	100
镍	0.0050~0.30	0、2.00、4.00、12.00、20.00	8.00、12.00、16.00、20.00、24.00	50.00mL铝溶液①	—	100
	>0.25~3.00	—	0、2.00、4.00、8.00、12.00、16.00、20.00、24.00	5.00mL铝溶液①	—	100
镁	0.002~0.005	0、1.00、2.00、3.00、4.00、5.00	—	25.00mL铝溶液①	20.00mL氯化锶⑨	250
	>0.005~0.05	—	0、0.50、1.00、2.00、3.00、4.00、5.00	25.00mL铝溶液①	20.00mL氯化锶⑨	250
	>0.05~0.25	—	0、1.00、2.00、3.00、4.00、5.00	100.00mL铝溶液③	5.00mL氯化锶⑨	250
	>0.25~1.00	—	0、1.00、2.00、3.00、4.00、5.00	25.00mL铝溶液③	5.00mL氯化锶⑨	250
	>1.00~5.00	—	0、1.00、2.00、3.00、4.00、5.00	5.00mL铝溶液③	5.00mL氯化锶⑨	250
锶	0.02~0.10	0、1.00、2.00、3.00、4.00、5.00	—	25.00mL铝溶液①	12.00mL氯化镧⑩	100
	>0.10~0.50	0、1.00、2.00、3.00、4.00、5.00	—	5.00mL铝溶液①	6.00mL氯化镧⑩	100
	>0.50~2.50	0、1.00、2.00、3.00、4.00、5.00	—	10.00mL铝溶液②	4.00mL氯化镧⑩	100
	>2.50~12.00	—	0、1.00、2.00、3.00、4.00、5.00	5.00mL铝溶液②	3.00mL氯化镧⑩	250
铬	0.010~0.60	0、1.00、2.00、4.00、8.00、20.00	2.00、3.00、4.00	50.00mL铝溶液①	5.00mL氯化镧⑩	100

被测元素	被测元素质量分数/%	分取被测元素标准溶液Ⅱ体积/mL	分取被测元素标准溶液Ⅰ体积/mL	铝溶液量	补加试剂体积	定容体积/mL
钙	0.01～0.10	—	0、0.10、0.20、0.40、0.60、0.80、1.00	10.00mL铝溶液⑥	2.00mL镧盐溶液⑫，1.00mL 8-羟基喹啉溶液⑬	100
	>0.10～0.20	—	0、0.10、0.20、0.40、0.60、0.80、1.00	5.00mL铝溶液⑥		100
	>0.20～0.30	—	0、0.10、0.20、0.40、0.60、0.80、1.00	2.00mL铝溶液⑥		100

①～⑥铝溶液：此溶液配制方法参见第五章第二节一、-(五)-2.-(1)铝基体溶液的制备方法。

⑦盐酸：1+1。

⑧硝酸：$\rho=1.42g/mL$，分析纯。

⑨氯化锶（50mg/mL）：称76g氯化锶，置于500mL烧杯中，加入400mL水溶解。移至500mL容量瓶中，以超纯水定容，混匀，储备于塑料瓶中。

⑩氯化镧（200g/L）：称100g氯化镧（$LaCl_3 \cdot 6H_2O$），以超纯水定容至500mL容量瓶中，混匀。

⑪氯化镧：称取100g氧化镧，置于500mL烧杯中，加入200mL盐酸（$\rho=1.19g/mL$），使其溶解。移至1000mL容量瓶中，以超纯水定容，混匀。

⑫镧盐溶液：称25g氧化镧，置于200mL烧杯中，加入30mL浓盐酸（蒸馏提纯），低温加热溶解，冷却。用超纯水定容至500mL容量瓶中，混匀。

⑬8-羟基喹啉溶液：称25g的8-羟基喹啉，置于200mL烧杯中，加入30mL浓盐酸（蒸馏提纯），低温加热溶解，冷却。用超纯水定容至500mL容量瓶中，混匀。

根据样品中被测元素的质量分数，按表5-7移取相应的一系列体积的被测元素标准溶液或标准储备溶液（溶液中相应被测元素浓度，以及标准溶液的制备方法参见表5-6），分别置于一组表5-7规定的相应定容体积的容量瓶中，按表5-7各加入相应量的铝（基体）溶液，再按表5-7加入相应量的补加试剂（酸溶液及释放剂溶液。注意：测定镁、铬含量时，若用空气-乙炔火焰测定，并认为必需时，按表5-7加入相应量的补加试剂），以水稀释至刻度，混匀。

标准系列溶液的测量方法，参见第二章第二节-二、-(五)-2.-(3)标准系列溶液的测量（标准曲线法）。以被测元素的质量浓度（$\mu g/mL$）为横坐标、净吸光度（A）为纵坐标，绘制标准曲线。

（六）样品的测定

样品溶液的测量方法，参见第二章第二节-二、-(六)-(2)分析氧化镁［当$w(MgO)>0.20\%～1.50\%$时］、氧化铅的含量（标准曲线法）中的测量方法。从标准曲线上查出相应的被测元素质量浓度（$\mu g/mL$）。

（七）结果的表示

当被测元素的质量分数<0.01％时，分析结果表示至小数点后第4位；当被测元素的质量分数>0.01％时，分析结果表示至小数点后第3位。

（八）质量保证和质量控制

分析时，应用国家级或行业级标准样品或控制样品进行校核，或每年至少用标准样品或控制样品对分析方法校核一次。当过程失控时，应找出原因，纠正错误后重新进行校核，并采取相应的预防措施。

（九）注意事项

（1）参见第二章第二节-一、-（九）注意事项（1）、（2）。

（2）参见第二章第三节-一、-（九）注意事项（1）、（3）。

（3）测试中所用仪器的标准，参见第二章第三节-三、-（九）注意事项（3）。

（4）分析铝及铝合金中的 9 种杂质元素铜、镉、锌、锂、铅、镍、镁、锶、铬的含量，制备样品溶液时，对沉淀进行回收处理，残渣灰化过程中，勿使滤纸燃着。样品溶液测定前，如有不溶物，需进行过滤。

（5）测定镁、铬含量时，若用一氧化二氮-乙炔火焰，可不在样品溶液和标准系列溶液中加入相应的释放剂氯化锶溶液或氯化镧溶液。

（6）制备锂标准溶液时，以碳酸锂制备。制备锶标准溶液时，使用前，需对其进行标定，具体标定方法参见表 5-6 下方的注释。

（7）分析铝及铝合金中的 9 种杂质元素铜、镉、锌、锂、铅、镍、镁、锶、铬的含量，制备样品溶液时，对沉淀进行回收处理，选用铂坩埚为容器，释放剂为氯化锶溶液，保存于塑料瓶中；分析铝及铝合金中的钙含量时，制备样品溶液选用银烧杯（配备银表面皿）作消解容器。

二、氧化铝中杂质氧化物的分析

现行国家标准[11-17]中，火焰原子吸收光谱法可以分析氧化铝中的杂质氧化钠、氧化钾、一氧化锰、氧化锌、氧化钙、氧化锂、氧化镁的含量，此方法适用于上述各种被测氧化物含量的测定，其各种氧化物的测定范围见表 5-1。实际工作中，火焰原子吸收光谱法分析氧化铝中的杂质氧化钠、氧化钾、一氧化锰、氧化锌、氧化钙、氧化锂、氧化镁含量的步骤包括以下几部分。

（一）样品的制备和保存

样品应通过 0.125mm 孔径筛网。样品预先在 300℃±10℃烘干 2h，置于干燥器（用新活性氧化铝作干燥剂）中，冷却至室温。

（二）样品的消解

分析氧化铝中的杂质氧化钠、氧化钾、一氧化锰、氧化锌、氧化钙、氧化锂、氧化镁含量的消解方法主要为湿法消解中的电热板消解法和微波消解法。关于消解方法分类的介绍，参见第二章第二节-一、-（二）样品的消解。分析氧化钠、氧化钾含量时，采用电热板消解法；分析一氧化锰、氧化锌、氧化钙、氧化锂、氧化镁的含量时，采用微波消解法，即将样品置于氟塑料高压消解罐（聚四氟乙烯密封溶样器）中，在烘箱中于 240℃±3℃用盐酸恒温溶解，再高温高压消解。

上述消解方法的原理：分析氧化铝中杂质氧化钠、氧化钾的含量时，样品以硫酸-磷酸混合酸在石英烧杯中加热溶解，用水稀释后测定。分析氧化铝中杂质一氧化锰的含量时，样品在聚四氟乙烯密封溶样器中用盐酸恒温溶解；以酒石酸钾钠作掩蔽剂，在不断搅拌下，以氢氧化钠使铝基体沉淀完全；以 2-甲基-8-羟基喹啉作保护剂络合锰并富集，调节溶液的 pH 值至 11.8，用三氯甲烷萃取锰配合物，使锰与干扰元素分离；低温加热使有机物干涸，残留物用稀盐酸溶解，制得待测样品溶液。分析氧化铝中杂质氧化锌、氧化钙、氧化锂、氧化镁的含量时，样品在氟塑料高压消解罐中用盐酸恒温溶解（测氧化钙含量时，加入消电离剂钠离子和释放剂氯化锶；测氧化镁含量时，加入释放剂氯化锶），制得待测样品溶液。

下面具体介绍这 3 种消解方法。

1. 分析氧化铝中杂质氧化钠、氧化钾含量的消解方法

称取 0.2500g 样品，精确至 0.0001g。独立地进行 2 次测定，取其平均值。称取 0.1323g 纯铝 [w(Al)≥99.99%，预先用少量硝酸浸洗，再用水洗除硝酸后，以无水乙醇或丙酮冲洗 2 次，晾干] 代替样品，随同样品做空白试验。

将上述准确称量的样品置于 50mL 石英烧杯中，加入 5.0mL 磷酸（ρ=1.69g/mL）、1.0mL 硫酸（ρ=1.84g/mL），盖上表面皿，在电炉（加垫耐火板）上边摇边加热溶解。待样品完全溶解后，立即取下，冷却至 40～70℃，用热水冲洗表面皿，洗涤液并入原烧杯中。再用热水将样品溶液洗入 250mL 容量瓶中，用水稀释至溶液体积约为 200mL，混匀，冷却至室温，以水定容，混匀。

2. 分析氧化铝中杂质一氧化锰含量的消解方法

称取 1.5000g 样品，精确至 0.0001g。独立地进行 2 次测定，取其平均值。称取 0.1323g 纯铝 [w(Al)≥99.99%] 代替样品，随同样品做空白试验。

将样品置于氟塑料高压消解罐（图 3-1）的反应杯中，加入 20mL 盐酸（ρ=1.19g/mL，优级纯），盖严盖，装入氟塑料高压消解罐中，盖好，将溶样器装入钢套中，拧紧钢套盖。置于烘箱中，升温至 240℃±3℃，保温 6h，取出，自然冷却至室温。

取出聚四氟乙烯密封反应杯，将溶液移入 250mL 烧杯中，用水洗净反应杯，洗涤液并入烧杯中，盖上表面皿，于低温电热板上加热，蒸发至盐类刚刚析出为止。取下烧杯，加入 50mL 水，溶解盐类，加入 25mL 酒石酸钾钠溶液（200g/L），在不断搅拌下，缓慢加入 10mL 氢氧化钠溶液（500g/L），直到析出的氢氧化铝沉淀完全溶解为止，应避免氢氧化钠过量。加入 5mL 2-甲基-8-羟基喹啉溶液 [20g/L，称取 2.0g 2-甲基-8-羟基喹啉（$C_{10}H_9NO$）溶解于 5mL 冰醋酸中，用水稀释至 100mL，混匀]，搅拌使其溶解，冷却至室温。用氢氧化钠溶液（500g/L）和盐酸（ρ=1.19g/mL，优级纯）调节溶液的 pH 值至 11.8。

将溶液移至 250mL 分液漏斗中，用 20mL 三氯甲烷（有机溶剂）萃取，振荡 1min，分离有机相。水相再继续用 10mL 三氯甲烷萃取，至有机相不呈绿色为止（通常要萃取 4～5 次）。将分离出的有机相收集于盛有 1mL 盐酸（ρ=1.19g/mL，优级纯）的烧杯中，盖上表面皿，在低温电热板上蒸发至干。

取下烧杯，用少量盐酸（1+120）溶解残留物，并用盐酸（1+120）转移至 25mL 容量瓶中，冷却至室温，用盐酸（1+120）稀释至刻度，混匀。

3. 分析氧化铝中的杂质氧化锌、氧化钙、氧化锂、氧化镁含量的消解方法

（1）样品的称量 称取 0.5000g 样品，精确至 0.0001g。独立地进行 2 次测定，取其平均值。

（2）空白试验 称取与样品等质量的高纯氧化铝 [w(ZnO、CaO、Li_2O、MgO)＜

0.0005％]，精确至 0.0001g，随同样品做空白试验。其中，测氧化锌含量时的空白试验，可移取 5mL 铝基体溶液（氧化铝 0.1g/mL），置于 50mL 容量瓶中（当氧化锌质量分数为＞0.010％～0.040％时，置于 100mL 容量瓶中），加入 4.2mL 盐酸（2+1），以水定容，混匀，随同样品溶液测定。

铝基体溶液（氧化铝 0.1g/mL）：称取 25.463g 纯铝屑 [w(Al)≥99.999％，预先用少量浓硝酸浸洗，再用水洗除硝酸，以无水乙醇或丙酮冲洗 2 次，晾干]，置于 1000mL 烧杯中，加入 360mL 盐酸（ρ = 1.19g/mL，优级纯），加入一滴高纯汞助溶，待剧烈反应停止，将烧杯置于电热板上缓慢加热，至全部溶解为止，取下冷却。将溶液移入 500mL 容量瓶中，以水定容，混匀。

（3）样品的消解　根据样品中被测杂质氧化物的种类和质量分数，采用微波消解法，按表 5-8 的操作步骤制备样品溶液。

▫ 表 5-8　分析氧化铝中的杂质氧化锌、氧化钙、氧化锂、氧化镁含量的样品溶液

被测氧化物	被测氧化物质量分数/%	盐酸浓度与体积	烘箱中保温时间/h	样品溶液体积/mL	分取样品溶液体积/mL	样品溶液测定体积/mL	干扰消除剂
氧化锌	0.0010～0.010 ＞0.010～0.040	15.0mL 盐酸①	4	50 100	全量	全量	—
氧化钙	0.005～0.06 ＞0.06～0.150	8.0mL 盐酸②	5	50	全量 20.00	全量 50	5mL 氯化锶④， 4mL 钠溶液⑤
氧化锂	0.005～0.040	8.0mL 盐酸②	6	100	全量	全量	—
氧化镁	0.001～0.01 ＞0.01～0.025	8.0mL 盐酸③	6	50	全量 20.00	全量 50	10mL 氯化锶⑥ 5mL 氯化锶⑥

① 盐酸：2+1，优级纯。

② 盐酸：1+1，优级纯。

③ 盐酸：ρ = 1.19g/mL，优级纯。

④ 氯化锶：称 100g 氯化锶（$SrCl_2 \cdot 6H_2O$），以超纯水溶解，再用超纯水定容至 1000mL，混匀，保存于聚乙烯瓶中。

⑤ 钠溶液：称 18.859g 氯化钠 [预先于 300℃烘干 2h，于干燥器（用新活性氧化铝作干燥剂）中冷却至室温]，用适量水溶解，再以水定容至 1000mL，混匀，保存于聚乙烯瓶中。

⑥ 氯化锶（100g/L）：称 84g 氯化锶（$SrCl_2 \cdot 6H_2O$），以超纯水溶解，再用超纯水定容至 500mL，混匀，保存于聚乙烯瓶中。

注：氯化锶（$SrCl_2 \cdot 6H_2O$）使用前需提纯。提纯方法为，称取约 500g 分析纯（或化学纯）氯化锶（$SrCl_2 \cdot 6H_2O$），放入 1000mL 烧杯中，加入 500mL 水，加热溶解。继续加热浓缩至总体积 200mL，取下，在冷水浴上冷却至约 50℃。加无水乙醇 600～700mL，搅拌 10min，静置 10min。抽滤分离至近干。将沉淀物放回原烧杯，以无水乙醇洗涤沉淀物数次。将沉淀物置于干净滤纸上，于 25℃下晾干。

将样品置于氟塑料高压消解罐（图 3-1）的反应杯中，根据被测氧化物的种类，按表 5-8 加入相应量的盐酸，盖严反应杯盖。再将反应杯装入氟塑料高压消解罐（图 3-1）中，加盖。将氟塑料高压消解罐（图 3-1）装入钢套中，上紧钢套盖，置于烘箱（额定温度不小于 350℃，控温精度±3℃）中升温至 240℃±3℃，按表 5-8 规定保温相应的时间，取出，自然冷却至室温。

取出反应杯，根据样品中被测氧化物的质量分数，将上述样品溶液移至表 5-8 规定的相应的容量瓶中，用水洗净反应杯，洗液并入容量瓶中，以水定容，混匀。按表 5-8 再分取相应体积的定容后样品溶液，置于表 5-8 规定的相应定容体积的容量瓶中，定容前，按

表 5-8 加相应量的干扰消除剂，以水定容，混匀。

（三）仪器条件的选择

分析氧化铝中的杂质氧化钠、氧化钾、一氧化锰、氧化锌、氧化钙、氧化锂、氧化镁的含量时，推荐的火焰原子吸收光谱仪的工作条件，参见表 5-1。测定不同元素有不同的仪器操作条件，以氧化钠的测定为例介绍仪器操作条件的选择。

（1）选择钠元素的空心阴极灯作为光源（如测定氧化钾、一氧化锰、氧化锌、氧化钙、氧化锂、氧化镁的含量时，选择相应金属元素的空心阴极灯）。

（2）选择原子化器。分析氧化铝中的杂质氧化钠、氧化钾、一氧化锰、氧化锌、氧化钙、氧化锂、氧化镁的含量时，选择火焰原子化器，其原子化器条件见表 5-1。选择火焰原子化器的原则和火焰类型的介绍参见第二章第二节-一、-（三）-（2）选择原子化器。

（3）在仪器最佳工作条件下，凡能达到下列指标者均可使用。

1）灵敏度　在与测量样品溶液基体相一致的溶液中，氧化钠的特征浓度应≤0.015μg/mL（如测定氧化钾、一氧化锰、氧化锌、氧化钙、氧化锂、氧化镁的含量时，其相应的检出限见表 5-1）。检出限定义，参见第二章第二节-一、-（三）-（3）-1）灵敏度。

2）精密度　其测量计算的方法和标准规定参见第二章第二节-一、-（三）-（3）-2）精密度。

3）标准曲线线性　将标准曲线按浓度等分成五段，最高段的吸光度差值与最低段的吸光度差值之比≥0.7（测氧化钙含量时≥0.8）。

（四）干扰的消除

（1）分析氧化铝中的杂质氧化钠、氧化钾、氧化锌、氧化钙、氧化锂、氧化镁的含量，在绘制标准曲线时，采用基体匹配法配制标准系列溶液，即配制与被测样品基体一致、质量分数相近的标准系列溶液。以铝基体补偿的方式，消除铝基体对测定的影响。

（2）分析氧化铝中杂质一氧化锰的含量，制备样品溶液时，以酒石酸钾钠作掩蔽剂，在不断搅拌下，以氢氧化钠使铝基体沉淀完全，消除基体铝的干扰；以 2-甲基-8-羟基喹啉作保护剂络合锰并富集，调节溶液的 pH 值至 11.8，用三氯甲烷萃取锰配合物，使锰与干扰元素分离，消除干扰元素的干扰。

（3）分析氧化铝中杂质氧化钙的含量，制备样品溶液和标准系列溶液时，加入消电离剂钠离子（氯化钠溶液）和释放剂氯化锶溶液，以消除干扰。

（4）分析氧化铝中杂质氧化锂的含量，在配制标准系列溶液时，加入与被测样品等质量的氧化铝和氧化钠，以抵消氧化铝基体和高钠对测定的影响。

（5）分析氧化铝中杂质氧化镁的含量，制备样品溶液和标准系列溶液时，以氯化锶作释放剂，避免干扰。

（五）标准曲线的建立

1. 标准溶液的配制

配制各个被测元素标准储备溶液和标准溶液的原则，参见第二章第三节-二、-（五）-1.标准溶液的配制。分析氧化铝中的杂质氧化钠、氧化钾、一氧化锰、氧化锌、氧化钙、氧化锂、氧化镁的含量时，各个被测氧化物的标准储备溶液和标准溶液的制备方法参见表 5-9。

被测氧化物	标准储备溶液制备方法	标准溶液制备方法
氧化钠	称 0.3772g 氯化钠[基准试剂,预先置于铂坩埚中,于 500℃灼烧 2h,并于干燥器(用新活性氧化铝作干燥剂)中冷却至室温],置于 100mL 烧杯中,用水溶解,用超纯水定容至 2000mL,混匀,保存于聚乙烯瓶中。氧化钠的浓度为 100μg/mL	直接以氧化钠标准储备溶液作氧化钠标准溶液。氧化钠的浓度为 100μg/mL
氧化钾	称 0.1583g 氯化钾[基准试剂,预先置于铂坩埚中,于 500℃灼烧 2h,并于干燥器(用新活性氧化铝作干燥剂)中冷却至室温],置于 300mL 烧杯中,用水溶解,用超纯水定容至 1000mL,混匀,保存于聚乙烯瓶中。氧化钾的浓度为 100μg/mL	移取 10.00mL 氧化钾标准储备溶液,用超纯水定容至 100mL,混匀。保存于聚乙烯瓶中,用时现配。氧化钾的浓度为 10μg/mL
一氧化锰	称 0.6196g 金属锰(优级纯),置于 150mL 烧杯中,加 12mL 盐酸(1+1),盖上表面皿,温热至锰全部溶解,冷却至室温。用超纯水定容至 1000mL,混匀。一氧化锰的浓度为 800μg/mL	移取 10.00mL 一氧化锰标准储备溶液,用超纯水定容至 1000mL,混匀。一氧化锰的浓度为 8μg/mL
氧化锌	称 0.1000g 高纯氧化锌[w(ZnO)≥99.99%,预先经 1000℃灼烧 1h,并于干燥器中冷却至室温],置于 100mL 烧杯中,加入 5.5mL 盐酸(ρ=1.19g/mL,优级纯),使其溶解,用超纯水定容至 1000mL,混匀。氧化锌的浓度为 100μg/mL	移取 50.00mL 氧化锌标准储备溶液,用超纯水定容至 500mL,混匀,用时现配。氧化锌的浓度为 10μg/mL
氧化钙	称 1.7847g 碳酸钙[基准试剂,预先经 250℃烘干 2h,并于干燥器(用新活性氧化铝作干燥剂)中冷却至室温],置于 500mL 烧杯中,加入 10mL 水、20mL 盐酸(1+1),待溶解完全,移入 1000mL 容量瓶中,用超纯水稀释至刻度,混匀,保存于聚乙烯瓶中。氧化钙的浓度为 1000μg/mL	Ⅰ:移取 100.00mL 氧化钙标准储备溶液,用超纯水定容至 1000mL,混匀,保存于聚乙烯瓶中。氧化钙的浓度为 100μg/mL Ⅱ:移取 100.00mL 氧化钙标准溶液Ⅰ,用超纯水定容至 500mL,混匀,用时现配。氧化钙的浓度为 20μg/mL
氧化锂	称 2.4734g 碳酸锂[光谱纯,预先经 280℃±100℃烘干 2h,并于干燥器(用新活性氧化铝作干燥剂)中冷却至室温],置于 200mL 烧杯中,加入 20mL 盐酸(1+1,优级纯)溶解,加热驱除 CO₂;冷却。用超纯水定容至 1000mL,混匀。氧化锂的浓度为 1000μg/mL	移取 50.00mL 氧化锂标准储备溶液,加入 5mL 盐酸(1+1,优级纯),用超纯水定容至 1000mL,混匀。氧化锂的浓度为 50μg/mL
氧化镁	称 1.0000g 氧化镁(基准试剂,预先经 800℃灼烧至恒重),置于 200mL 烧杯中,加少量水、15mL 盐酸(1+1),使其溶解。用超纯水定容至 1000mL,混匀。氧化镁的浓度为 1000μg/mL	移取 10.00mL 氧化镁标准储备溶液于 1000mL 容量瓶中,加 5mL 盐酸(ρ=1.19g/mL,优级纯),用超纯水定容,混匀,用时现配。氧化镁的浓度为 10μg/mL

2. 标准曲线的建立

标准系列溶液的配制原则,参见第二章第二节-一、-(五)-2.-标准曲线的建立的标准系列溶液的配制原则。分析氧化铝中的杂质氧化钠、氧化钾、氧化锌、氧化钙、氧化锂、氧化镁的含量时,配制标准曲线中的标准系列溶液,采用基体匹配法,即配制与被测样品基体一致、质量分数相近的标准系列溶液,其原理介绍参见第二章第二节-一、-(五)-2.标准曲线的建立。称取纯基体物质 [高纯铝,w(Al)≥99.99%,且不含被测元素],按照样品溶液制备方法制备铝基体溶液。在标准系列溶液中,加入与被测样品溶液等量的铝基体。

样品中的被测氧化物不同,铝基体溶液的制备方法有差异。根据被测元素的种类,选择相应的制备方法,以制备铝基体溶液。详情如下。

(1) 铝基体溶液的制备方法

① 分析氧化钠、氧化钾含量的铝基体溶液　铝（基体）溶液（氧化铝12.5mg/mL）：称取3.306g纯铝［$w(Al) \geqslant 99.99\%$，不含钠、钾，预先用少量浓硝酸浸洗，再用水洗除硝酸，以无水乙醇或丙酮冲洗2次，晾干］于500mL石英烧杯中，加入125mL磷酸（$\rho = 1.69g/mL$）、25mL硫酸（$\rho = 1.84g/mL$），盖上表面皿，于电炉（加垫耐火板）上边摇边加热溶解样品。待样品完全溶解，立即取下冷却至40～70℃，用热水冲洗表面皿，洗涤液并入原烧杯中。再用热水将上述溶液转移至500mL容量瓶中，用水稀释至溶液体积约为400mL，混匀，冷却至室温，用水稀释至刻度，混匀，保存于聚乙烯瓶中。

② 分析氧化锌含量的铝基体溶液　铝（基体）溶液（氧化铝100mg/mL）：称取25.463g纯铝屑［$w(Al) \geqslant 99.99\%$，预先用少量浓硝酸浸洗，再用水洗除硝酸，以无水乙醇或丙酮冲洗2次，晾干］，置于1000mL烧杯中，分次加入总量为360mL的盐酸（$\rho = 1.19g/mL$，优级纯），待剧烈反应停止后，将烧杯置于电热板上低温加热，至溶解完全。取下冷却，将溶液移入500mL容量瓶中，以水稀释至刻度，混匀。

③ 分析氧化钙、氧化锂、氧化镁含量的铝基体溶液　铝（基体）溶液（氧化铝40mg/mL）：称取10.588g高纯铝屑［$w(Al) \geqslant 99.999\%$，预先用少量浓硝酸浸洗，再用水洗除硝酸，以无水乙醇或丙酮冲洗2次，晾干］，置于500mL烧杯中，分次加入总量为160mL的盐酸（$\rho = 1.19g/mL$，优级纯），加1滴纯汞助溶，待剧烈反应停止后，将烧杯置于电热板上低温加热，至完全溶解，冷却，用超纯水定容至500mL，混匀。

(2) 标准系列溶液的制备方法　分析氧化铝中的杂质氧化钠、氧化钾、一氧化锰、氧化锌、氧化钙、氧化锂、氧化镁的含量时，根据样品中被测氧化物的质量分数，分别绘制相应的标准曲线，按表5-10配制相应的标准系列溶液。

□ 表5-10　分析氧化铝中的杂质氧化钠等含量的标准系列溶液

氧化物	被测氧化物质量分数/%	分取被测氧化物标准溶液体积/mL	铝溶液	干扰消除剂量/mL	补盐酸量/mL	定容体积/mL
氧化钠	0.010～0.20	0、1.00、2.00、3.00、4.00、5.00、6.00	20.0mL 铝溶液①	—	—	250
	>0.20～1.20	0、5.00、10.00、15.00、20.00、25.00、30.00	20.0mL 铝溶液①	—	—	250
氧化钾	0.002～0.04	0、0.50、1.00、2.00、4.00、6.00、8.00、10.00	20.0mL 铝溶液①	—	—	250
	>0.04～0.20	0、1.00、2.00、3.00、4.00、5.00	20.0mL 铝溶液①	—	—	250
一氧化锰	0.00025～0.008	0、1.00、4.00、7.00、10.00、13.00、16.00	—	—	以盐酸④定容	25
氧化锌	0.0010～0.010	0、0.50、1.00、2.00、3.00、4.00、5.00	5.0mL 铝溶液②	—	4.2mL盐酸⑤	50
	>0.010～0.040	0、5.00、10.00、15.00、20.00	5.0mL 铝溶液②	—	4.2mL盐酸⑤	100
氧化钙	0.005～0.150	标准溶液Ⅱ 0、2.50、5.00、7.50、10.00、12.50、15.00	12.5mL 铝溶液③	5.00mL 氯化锶溶液⑧，4.00mL钠溶液⑨	—	50
氧化锂	0.005～0.040	0、0.25、0.50、0.75、1.00、1.50、2.00	6.25mL 铝溶液③	1.25mL氧化钠溶液⑦	1.5mL盐酸⑥	50

氧化物	被测氧化物 质量分数/%	分取被测氧化物标准 溶液体积/mL	铝溶液	干扰消除剂量/mL	补盐酸量 /mL	定容体积 /mL
氧化镁	0.001～0.01	0、0.50、1.00、2.00、 3.00、4.00、5.00	12.5mL 铝溶液③	10.0mL 氯化 锶溶液⑧	—	50
	>0.01～0.025	0、1.00、2.00、3.00、 4.00、5.00	5.0mL 铝溶液③	5.00mL 氯化 锶溶液⑩	—	50

①～③ 铝溶液：此溶液配制方法参见第五章第二节-二、-(五)-2.-(1) 铝基体溶液的制备方法。

④ 盐酸：1+120。

⑤ 盐酸：2+1，优级纯。

⑥ 盐酸：1+1，优级纯。

⑦ 氧化钠溶液：1mg/mL。

⑧ 氯化锶溶液：100g 氯化锶（SrCl₂·6H₂O）用水溶解并稀释至 1000mL，混匀，保存于聚乙烯瓶中。

⑨ 钠溶液：称 18.859g 氯化钠［预先于 300℃ 烘干 2h，并于干燥器（用新活性氧化铝作干燥剂）中冷却至室温］，用适量水溶解并稀释至 1000mL，混匀，保存于聚乙烯瓶中。

⑩ 氯化锶溶液（100g/L）：称 84g 氯化锶（SrCl₃·6H₂O），用水溶解，以超纯水定容至 500mL，混匀，保存于塑料瓶中。

注：氧化锶（SrCl₂·6H₂O）使用前需提纯。提纯方法为称取约 500g 分析纯（或化学纯）氯化锶（SrCl₂·6H₂O），放入 1000mL 烧杯中，加入 500mL 水，加热溶解。继续加热浓缩至总体积 200mL。取下，在冷水浴上冷却至约 50℃。加无水乙醇 600～700mL，搅拌 10min，静置 10min。抽滤分离至近干，将沉淀物放回原烧杯，以无水乙醇洗涤沉淀物数次。将沉淀物置于干净滤纸上，于 25℃ 下晾干。

根据样品中被测氧化物的质量分数，按表 5-10 移取一系列体积的被测氧化物标准溶液（溶液中相应被测元素浓度及其标准溶液的制备方法参见表 5-9），置于一组表 5-10 规定的相应定容体积的容量瓶中，按表 5-10 加入相应体积的铝（基体）溶液，按表 5-10 加入相应体积的干扰消除剂，并补加表 5-10 规定相应体积的盐酸，混匀，冷却至室温，以水定容［测一氧化锰含量时，按表 5-10 以盐酸（1+120）定容］，混匀。配制好的标准系列溶液，立即转入聚乙烯瓶中保存。

定容时需要注意的是，用水［测一氧化锰含量时，按表 5-10 用盐酸（1+120）定容］稀释溶液接近刻度线时，混匀，冷却至室温，再用水［或盐酸（1+120）］稀释至刻度。

标准系列溶液的测量方法，参见第二章第二节-二、-(五)-2.-(3) 标准系列溶液的测量（标准曲线法）。以被测元素的质量浓度（μg/mL）为横坐标、净吸光度（A）为纵坐标，绘制标准曲线。

（六）样品的测定

样品溶液的测量方法，参见第二章第二节-二、-(六)-(2) 分析氧化镁［当 $w(\text{MgO}) >$ 0.20%～1.50% 时］、氧化铅的含量（标准曲线法）中的测量方法。从标准曲线上查出相应的被测元素质量浓度（μg/mL）。

（七）结果的表示

当被测氧化物的质量分数<0.01% 时，分析结果表示至小数点后第 4 位；当被测氧化物的质量分数>0.01% 时，分析结果表示至小数点后第 3 位。

（八）质量保证和质量控制

具体操作方法参见第二章第三节--一、-(八) 质量保证和质量控制。

（九）注意事项

（1）参见第二章第二节-一、-（九）注意事项（1）。

（2）应按照原子吸收光谱仪器使用规程点燃和熄灭空气-乙炔燃烧器，以避免可能的爆炸危险。

（3）除非另有说明，在分析中仅使用确认的优级纯试剂；所用水的要求参见第二章第三节-一、-（九）注意事项（3）。

（4）检测方法中所用仪器的标准，参见第二章第三节-三、-（九）注意事项（3）。

（5）分析氧化铝中的杂质氧化钠、氧化钾的含量，制备样品溶液和铝基体溶液时，选用石英烧杯作消解容器，制备氧化钠、氧化钾标准溶液时，所用氯化钠、氯化钾需在铂坩埚中预处理，上述溶液和氧化钠标准系列溶液均选用聚乙烯瓶保存。

（6）分析氧化铝中的杂质氧化钙的含量时，制备好的氧化钙标准溶液、干扰消除剂（钠溶液和氯化锶溶液）均需选用聚乙烯瓶保存。

（7）分析氧化铝中的杂质氧化镁的含量，制备干扰消除剂氯化锶溶液时，所用氯化锶需经过提纯处理，提纯方法参见表5-9中的注释，制备好的氯化锶溶液需保存于塑料瓶中。

三、铝及铝合金中杂质元素汞的分析

分析铝及铝合金中杂质元素汞的含量时，采用冷原子吸收光谱法，经过混合酸消解的样品溶液，在酸性条件下，用氯化亚锡将二价汞还原成金属汞。在室温下用空气作载气，将生成的汞原子导入汞蒸气测量仪进行测定。检测仪器为智能型测汞仪，需配备 GP_3 型汞灯。

现行国家标准[18]中，冷原子吸收光谱法可以分析铝及铝合金中杂质元素汞的含量，其元素测定范围参见表5-1。实际工作中，冷原子吸收光谱法分析铝及铝合金中的杂质元素汞含量的步骤，包括以下几个部分。

（一）样品的制备和保存

将样品加工成厚度≤1mm的碎屑。

（二）样品的消解

分析铝及铝合金中杂质元素汞含量的消解方法主要为湿法消解中的电热板消解法。关于消解方法分类的介绍，参见第二章第二节-一、-（二）样品的消解。本部分中，样品以盐酸-硝酸混合酸溶解，用氯化亚锡将二价汞还原成金属汞，制得样品溶液。具体消解方法如下。

样品中被测元素汞的质量分数越大，称样量越小，分取样品溶液体积、样品溶液总体积也相应变化，如表5-11所列。

▫ 表5-11　分析铝及铝合金中的杂质元素汞含量的样品溶液

汞的质量分数/%	称样量/g	样品溶液总体积/mL	分取样品溶液体积/mL
0.0001～0.0005	0.50	50	10.00
＞0.0005～0.002	0.20	50	5.00

汞的质量分数/%	称样量/g	样品溶液总体积/mL	分取样品溶液体积/mL
＞0.002～0.005	0.10	50	5.00
＞0.005～0.010	0.10	50	2.00

根据样品中被测元素汞的质量分数，按表 5-11 称取样品，精确至 0.0001g。独立地进行 2 次测定，取其平均值。随同样品做空白试验。

将准确称量的样品置于 150mL 烧杯中，加入 15mL 混合酸 [1 体积硝酸（$\rho=1.42$g/mL，优级纯）＋3 体积盐酸（$\rho=1.19$g/mL，优级纯）＋4 体积一级水]，盖上表面皿，待剧烈反应停止，移至电热板上低温加热至样品完全溶解（溶样温度控制在 200℃ 以下），继续加热驱除棕色烟雾（氮的氧化物），取下冷却至室温。加入 0.5mL 重铬酸钾溶液（25g/L，称取 25g 重铬酸钾，以一级水溶解，并定容至 1000mL，混匀），摇匀，移至 50mL 容量瓶中，用水稀释至刻度，混匀。

根据样品中被测元素汞的质量分数，按表 5-11 分取定容后的样品溶液于 50mL 容量瓶中，加入 10mL 混合酸 [1 体积硝酸（$\rho=1.42$g/mL，优级纯）＋3 体积盐酸（$\rho=1.19$g/mL，优级纯）＋4 体积一级水]，再加入 0.5mL 重铬酸钾溶液（25g/L），用水稀释至刻度，混匀，制得测定用样品溶液。

（三）仪器条件的选择

分析铝及铝合金中杂质元素汞的含量时，推荐的冷原子吸收光谱仪的工作条件参见表 5-1。下面具体介绍仪器操作条件的选择。

（1）选择 GP₃ 型汞灯作为光源。

（2）选择的原子化器为冷原子原子化器。在酸性条件下，用氯化亚锡将二价汞还原成金属汞。在室温下用空气作载气，将生成的汞原子导入汞蒸气测量仪进行测定。

（3）在智能型测汞仪最佳工作条件下，凡能达到下列指标者均可使用。

1）灵敏度　在与测量样品溶液基体相一致的溶液中，汞的特征浓度应≤1ng/mL。检出限定义，参见第二章第二节-一、-(三)-(3)-1) 灵敏度。

2）精密度　其测量计算的方法和标准规定参见第二章第二节-一、-(三)-(3)-2) 精密度。

3）标准曲线线性　将标准曲线按浓度等分成五段，最高段的吸光度差值与最低段的吸光度差值之比≥0.80。

（四）干扰的消除

（1）分析铝及铝合金中杂质元素汞的含量，制备样品溶液时，溶样温度需控制在 200℃ 以下，并注意不可蒸干，防止汞在加热过程中气化而导致其含量降低。

（2）分析汞含量，制备样品溶液时，需要驱除氮的氧化物，防止残留的硝酸消耗还原剂氯化亚锡，避免因此造成的样品溶液体积增大。

（五）标准曲线的建立

1. 标准溶液的配制

配制各个被测元素标准储备溶液和标准溶液的原则，参见第二章第三节-二、-(五)-1.

标准溶液的配制。分析铝及铝合金中杂质元素汞含量时，被测元素汞的标准储备溶液和标准溶液的制备方法如下。

汞标准储备溶液（100μg/mL）：称取 0.1354g 二氯化汞 $[w(HgCl_2)≥99.95\%$，预先经硅胶干燥器充分干燥]，加入 5mL 硝酸（$\rho=1.42g/mL$，优级纯）及少量水，低温加热溶解，移至 1000mL 容量瓶中。用硝酸-重铬酸钾溶液 [称 0.5g 重铬酸钾，用水溶解，加入 50mL 硝酸（$\rho=1.42g/mL$，优级纯），以水定容至 1000mL 容量瓶中，混匀] 定容，混匀。

汞标准溶液 I（10μg/mL）：移取 10.00mL 汞标准储备溶液，置于 100mL 容量瓶中，用硝酸-重铬酸钾溶液 [称 0.5g 重铬酸钾，用水溶解，加入 50mL 硝酸（$\rho=1.42g/mL$，优级纯），以水定容至 1000mL 容量瓶中，混匀] 定容，混匀。此溶液用时现配。

汞标准溶液 II（0.1μg/mL）：移取 2.00mL 汞标准溶液 I，置于 200mL 容量瓶中，用硝酸-重铬酸钾溶液 [称 0.5g 重铬酸钾，用水溶解，加入 50mL 硝酸（$\rho=1.42g/mL$，优级纯），以水定容至 1000mL 容量瓶中，混匀] 定容，混匀。此溶液用时现配。

2. 标准曲线的建立

标准系列溶液的配制原则，参见第二章第二节-一、-(五)-2.-标准曲线的建立中的标准系列溶液的配制原则。分析铝及铝合金中杂质元素汞的含量时，汞元素标准系列溶液的制备方法如下。

移取 0mL、0.50mL、1.00mL、2.00mL、3.00mL、4.00mL、5.00mL 汞标准溶液 II（0.1μg/mL），分别置于一组 50mL 容量瓶中，分别加入 10mL 混合酸 [1 体积硝酸（$\rho=1.42g/mL$，优级纯）+3 体积盐酸（$\rho=1.19g/mL$，优级纯）+4 体积一级水]，然后加入 0.5mL 重铬酸钾溶液（25g/L，称取 25g 重铬酸钾，以一级水溶解，并定容至 1000mL，混匀），以一级水稀释至刻度，混匀。

以水调零，按照与样品溶液相同条件 [样品溶液测量条件参见（六）样品的测定]，按浓度递增顺序测量标准系列溶液中被测元素的吸光度。标准系列溶液的测量方法，参见第二章第二节-二、-(五)-2.-(3) 标准系列溶液的测量（标准曲线法）。以被测元素汞的质量浓度为横坐标（ng/mL）、净吸光度（A）为纵坐标，绘制汞的标准曲线。

（六）样品的测定

冷原子吸收光谱仪的仪器准备、测量方法以及测试后余汞吸收方法，参见第四章第二节-三、-(六) 样品的测定。

分析铝及铝合金中杂质元素汞含量时，将智能型测汞仪调节至最佳工作状态，取标准系列溶液在仪器上于被测元素汞分析线处（参见表 5-1），准备进行汞的冷原子吸收光谱测定。移取 10.00mL 上述样品溶液于汞还原瓶中，加入 1.0mL 氯化亚锡溶液 [200g/L，称取 20.0g 氯化亚锡（$SnCl_2·H_2O$），溶于 20mL 盐酸（$\rho=1.19g/mL$，优级纯）中，移入 100mL 容量瓶中，以水稀释至刻度，混匀]，迅速盖上还原瓶磨口塞，接通测汞仪气路，即刻测量样品溶液的吸光度，鼓泡并记录最大显示值（每次测定前仪器均应调零）。

样品溶液的测量方法，参见第二章第二节-二、-(六)-(2) 分析氧化镁 [当 $w(MgO)>0.20\%～1.50\%$ 时]、氧化铅的含量（标准曲线法）中的测量方法。从标准曲线上查出被测元素汞的质量浓度（ng/mL）。

（七）结果的表示

当被测元素的质量分数＜0.01％时，分析结果表示至小数点后第 4 位；当被测元素的质量分数＞0.01％时，分析结果表示至小数点后第 3 位。

（八）质量保证和质量控制

具体操作方法参见第二章第三节-一、-(八) 质量保证和质量控制。

（九）注意事项

（1）参见第二章第二节-一、-(九) 注意事项 (1)。

（2）参见第二章第三节-一、-(九) 注意事项 (1)。

（3）除非另有说明，在分析中仅使用确认为优级纯的试剂和符合 GB/T 6682—2008 规定的一级水。实验所用器皿均用硝酸（1+19）浸泡 12h 后，用水彻底清洗。

（4）测定样品溶液中的汞，余汞需用余汞吸收液吸收。

（5）测试中所用仪器的标准，参见第二章第三节-三、-(九) 注意事项 (3)。

第三节　原子荧光光谱法

在现行有效的标准中，采用原子荧光光谱法分析铝及铝合金产品的标准有两个，作者对方法中样品制备与消解、干扰的消除、标准曲线的建立进行了说明。

现行国家标准[19,20]中，原子荧光光谱法可以分析铝及铝合金中汞、铅的含量，此方法适用于两种元素的独立测定，其元素测定范围参见表 5-2。实际工作中，原子荧光光谱法分析铝及铝合金中杂质元素汞、铅含量的步骤包括以下几个部分。

（一）样品的制备和保存

将样品加工成厚度≤1mm 的碎屑。

（二）样品的消解

分析铝及铝合金中杂质元素汞、铅含量的消解方法主要为湿法消解中的电热板消解法。关于消解方法分类的介绍，参见第二章第二节-一、-(二) 样品的消解。

本部分中，样品以稀王水（3 体积盐酸＋1 体积硝酸）溶解（分析铅含量时，样品消解液以铁氰化钾作氧化剂，使样品中低价态的铅氧化为 Pb^{4+}），制得用于测定的酸性介质样品溶液。下面详细介绍其消解方法。

1. 样品的称量

分析汞含量时称取样品 1.0000g，分析铅含量时称取样品 0.1000g，精确到 0.0001g。独立地进行 2 次测定，取其平均值。随同样品做空白试验。

2. 样品溶液的制备

（1）分析汞含量时，将准确称量的样品置于 400mL 烧杯中，加入 30mL 稀王水［3 体积盐酸（1+1，优级纯）＋1 体积硝酸（1+1，优级纯）］，盖上表面皿，放置一段时间，待样品基本溶解后，放入恒温水浴锅中加热，于 90℃±5℃保持 20min，使样品溶解完全，取下冷却，移入 100mL 容量瓶中，以一级水定容，混匀。

（2）分析铅含量时，将准确称量的样品置于 250mL 烧杯中，加入 15mL 稀王水 [3 体积盐酸（1+1，优级纯）+1 体积硝酸（1+1，优级纯）]，盖上表面皿，于电热板上低温加热，使样品溶解完全，继续缓慢加热蒸至溶液近干，取下冷却至室温。用盐酸（2+98）洗涤烧杯，并入 100mL 容量瓶中，用盐酸（2+98）稀释至刻度，混匀。

当铅的质量分数为 0.0001%～0.001% 时，用上述样品溶液直接测定。

当铅的质量分数 >0.001%～0.005% 时，分取 10.00mL 上述样品溶液置于 100mL 容量瓶中，用盐酸（2+98）稀释至刻度，混匀，再进行测定。

（三）仪器条件的选择

分析铝及铝合金中杂质元素汞、铅的含量时，推荐的原子荧光光谱仪的工作条件参见表 5-2。测定不同元素有不同的仪器操作条件。以汞元素的测定为例介绍原子荧光光谱仪器操作条件的选择。

（1）断续流动双道非色散型氢化物原子荧光光谱仪，仪器应配有由厂家推荐的汞高强度空心阴极灯（如测定铅含量时，选择铅高强度空心阴极灯）、氢化物发生器（配石英炉原子化器）、断续流动注射进样装置。

（2）在仪器最佳工作条件下，凡达到下列指标者均可使用。

1）灵敏度　在与测量样品溶液基体相一致的溶液中，汞的检出限≤0.5ng/mL（如测定铅含量时，其检出限参见表 5-2）。检出限定义，参见第二章第三节-一、-(三)-(3)-1)灵敏度。

2）精密度　用 0.01μg/mL 的汞标准溶液（如测定铅含量时，选择 0.1μg/mL 铅标准溶液）测量 10 次荧光强度，其标准偏差应不超过平均荧光强度的 5.0%。其测量计算的方法和标准规定参见第二章第二节-一、-(三)-(3)-2) 精密度。

3）稳定性　30min 内的零点漂移≤5%，短期稳定性 RSD≤3%。

4）标准曲线的线性　将标准曲线按浓度等分成五段，最高段的吸光度差值与最低段的吸光度差值之比≥0.80。

（四）干扰的消除

（1）分析铝及铝合金中杂质元素汞含量，制备样品溶液时，待样品基本溶解后再水浴加热，防止汞的蒸发，降低汞的含量。

（2）分析铝及铝合金中杂质元素铅含量，测定样品溶液和标准系列溶液时，以铁氰化钾作氧化剂，使样品中低价态的铅氧化为 Pb^{4+}，增加铅的气化率，提高检测的灵敏度。

（五）标准曲线的建立

1. 标准溶液的配制

配制各个被测元素标准储备溶液和标准溶液的原则，参见第二章第三节-二、-(五)-1. 标准溶液的配制。分析铝及铝合金中杂质元素汞、铅的含量时，被测元素标准储备溶液及其标准溶液的制备方法如下。

（1）汞标准储备溶液（1000μg/mL）：称取 0.1354g 二氯化汞 [w（$HgCl_2$）≥

99.95％，预先经硅胶干燥器充分干燥]，加入 5mL 硝酸（$\rho = 1.42g/mL$，优级纯）及少量水，低温加热溶解，移至 100mL 容量瓶中。用硝酸-重铬酸钾溶液［称 0.5g 重铬酸钾，用水溶解，加入 50mL 硝酸（$\rho = 1.42g/mL$，优级纯），以水定容至 1000mL 容量瓶中，混匀］定容，混匀。

汞标准溶液 I（$10\mu g/mL$）：分取 1.00mL 汞标准储备溶液于 100mL 容量瓶中，加入 10.0mL 硝酸（1+1，优级纯），以水定容，混匀，用时现配。

汞标准溶液 II（$0.1\mu g/mL$）：分取 1.00mL 汞标准溶液 I 于 100mL 容量瓶中，加入 10.0mL 硝酸（1+1，优级纯），以水定容，混匀，用时现配。

汞标准溶液 III（$0.01\mu g/mL$）：分取 10.00mL 汞标准溶液 II 于 100mL 容量瓶中，以盐酸（5+95，优级纯）定容，混匀，用时现配。

（2）铅标准储备液（$1000\mu g/mL$）：称 1.0000g 铅［$w(Pb) \geqslant 99.99\%$］，置于 250mL 烧杯中，加入 10mL 硝酸（$\rho = 1.42g/mL$，优级纯），盖上表面皿，低温加热至完全溶解，煮沸数分钟，驱除氮氧化物，冷却。用一级水定容至 1000mL，混匀。

铅标准溶液 I（$10\mu g/mL$）：分取 1.00mL 铅标准储备溶液于 100mL 容量瓶中，以盐酸（2+98，优级纯）定容，混匀，用时现配。

铅标准溶液 II（$0.1\mu g/mL$）：分取 1.00mL 铅标准溶液 I 于 100mL 容量瓶中，以盐酸（2+98，优级纯）定容，混匀，用时现配。

2. 标准曲线的建立

标准系列溶液的配制原则，参见第二章第二节-一、-(五)-2. 标准曲线的建立中的标准系列溶液的配制原则。分析铝及铝合金中杂质元素汞、铅的含量时，采用标准曲线法进行定量，标准曲线法的详细介绍参见本书第二章第二节-一、-(五)-2.-(2) 标准曲线法。此方法中标准系列溶液的配制方法如下。

（1）分析汞的含量时，分别移取 0mL、0.50mL、1.00mL、2.00mL、4.00mL、8.00mL、10.00mL 汞标准溶液 II（$0.1\mu g/mL$），置于一组 100mL 容量瓶中，以盐酸（5+95，优级纯）定容，混匀。或采用汞标准溶液 III（$0.01\mu g/mL$）由仪器自动在线稀释获得标准系列溶液。

（2）分析铅的含量时，分别移取 0mL、1.00mL、2.00mL、4.00mL、8.00mL、10.00mL 铅标准溶液 II（$0.1\mu g/mL$），置于一组 100mL 容量瓶中，以盐酸（2+98，优级纯）定容，混匀。

标准系列溶液的测量方法，参见第三章第三节-一、-(五)-2.-(3) 标准系列溶液的测量。其中，本部分的载流剂为优级纯盐酸的水溶液（5+95，测汞；2+98，测铅）。以被测元素的质量浓度（ng/mL）为横坐标，净荧光强度为纵坐标，绘制标准曲线。

当标准曲线的 $R^2 \geqslant 0.995$ 时方可进行样品溶液的测量。

（六）样品的测定

原子荧光光谱仪的开机准备操作和检测原理，参见本书第三章第三节-一、-(六) 样品的测定。

分析铝及铝合金中杂质元素汞、铅的含量时，将原子荧光光谱仪调节至最佳工作状态，取样品溶液在原子荧光光谱仪上测定。以盐酸（5+95，测汞；2+98，测铅）为载流调零，氩气（Ar≥99.99%，体积分数）为屏蔽气和载气，将空白样品溶液、样品溶液和硼氢化钾溶液导入氢化物发生器的反应池中，载流溶液和样品溶液交替导入，依次测量空白溶液及样品溶液中被测元素的原子荧光强度 3 次，取 3 次测量平均值。样品溶液中被测元素的荧光强度平均值，减去随同样品的等体积空白溶液中相应元素的荧光强度平均值，为净荧光强度。从标准曲线上查出相应的被测元素质量浓度（ng/mL）。

硼氢化钾溶液（4g/L，测汞量用）：称 1.0g 硼氢化钾于 300mL 烧杯中，用氢氧化钠溶液（5g/L）稀释至 250mL，混匀，用时现配。

硼氢化钾溶液（10g/L，测铅量用）：称 2.0g 硼氢化钾和 2.2g 铁氰化钾于 300mL 烧杯中，用氢氧化钠溶液（12g/L）稀释至 200mL，混匀，用时现配。

（七）结果的表示

分析结果保留 2 位有效数字。

（八）质量保证和质量控制

具体操作方法参见第二章第三节-一、-（八）质量保证和质量控制。

（九）注意事项

（1）参见第二章第二节-一、-（九）注意事项（1）。

（2）参见第三章第三节-一、-（九）注意事项（2）。

（3）参见第二章第三节-一、-（九）注意事项（1）。

（4）除非另有说明，在分析中仅使用确认为优级纯的试剂和一级水。

（5）测试中所用仪器的标准，参见第二章第三节-三、-（九）注意事项（3）。

（6）分析铝及铝合金中杂质元素铅含量，制备样品溶液时，将样品消解液蒸至小体积，并用盐酸洗涤烧杯，并入样品溶液，防止附着在烧杯壁上的样品未被检测，导致铅的含量降低。

第四节　电感耦合等离子体原子发射光谱法

在现行有效的标准中，采用 ICP-AES 分析铝及铝合金及其相关产品的标准有 1 个，本节对方法中样品的消解和标准曲线的建立进行了详细阐述。

现行国家标准[21]中，电感耦合等离子体原子发射光谱法可以分析铝及铝合金中的 22 种杂质元素铁、铜、镁、锰、镓、钛、钒、铟、锡、铋、铬、锌、镍、镉、锆、铍、铅、硼、硅、锶、钙、锑的含量，其元素测定范围见表 5-2。

我们以此为应用实例讲解具体的分析步骤和方法，以及一些注意事项。

（一）样品的制备和保存

将样品加工成厚度≤1mm 的碎屑。

（二）样品的消解

采用 ICP-AES 分析铝及铝合金中的 22 种杂质元素铁、铜、镁、锰、镓、钛、钒、铟、锡、铋、铬、锌、镍、镉、锆、铍、铅、硼、硅、锶、钙、锑含量的消解方法主要为湿法消解中的电热板消解法和干法消解。关于消解方法分类的介绍，参见第二章第二节-一、-（二）样品的消解。本部分中，根据铝及铝合金的产品类型及被测元素的质量分数，采用不同的酸法和碱法消解样品。

分析铝及铝合金 [$w(\mathrm{Si})<0.50\%$] 中的杂质元素铁、铜、镁、锰、镓、钛、钒、铟、锡、铋、铬、锌、镍、镉、锆、铍、铅、硼、锶、钙、锑的含量时，采用盐酸-硝酸混合酸消解法。分析铝及铝合金中的杂质元素铁、铜、镁、锰、镓、钛、钒、铟、锡、铋、铬、锌、镍、镉、锆、铍、铅、硼、锶、钙的含量时，采用盐酸和过氧化氢消解法，即样品用盐酸和过氧化氢消解，以电热板消解法溶解，溶解残渣采用干法消解（熔融法）。分析铝及铝合金中的杂质元素硅、铁、铜、镁、锰、钛、钒、铬、锌、镍、锆、锶、锡、铅、钙的含量时，采用氢氧化钠消解法。下面对这 3 种消解方法分别介绍。

1. 盐酸-硝酸混合酸消解法

该方法适用于分析铝及铝合金 [$w(\mathrm{Si})<0.50\%$] 中杂质元素铁、铜、镁、锰、镓、钛、钒、铟、锡、铋、铬、锌、镍、镉、锆、铍、铅、硼、锶、钙、锑的含量。

样品中被测元素的质量分数越大，称取样品量越小。当样品中被测元素的质量分数为 $0.0005\%\sim0.050\%$ 时，称取样品量为 0.50g；当样品中被测元素的质量分数为 $>0.050\%\sim1.00\%$ 时，称取样品量为 0.25g；当样品中被测元素的质量分数为 $>1.00\%\sim10.00\%$ 时，称取样品量为 0.25g。

根据样品中被测元素的质量分数，称取相应质量的样品，精确至 0.0001g。独立地进行 2 次测定，取其平均值。称取与样品相同质量的高纯铝 [$w(\mathrm{Al})\geqslant99.999\%$]，随同样品做空白试验。

将准确称量的样品置于 100mL 烧杯中，加入 25mL 混合酸 [1 体积硝酸（1+1）+3 体积盐酸（1+1）]，待剧烈反应停止，于电热板上低温加热，至溶解完全，冷却至室温。

样品中被测元素的质量分数越大，样品溶液的定容体积也越大。当样品中被测元素的质量分数为 $0.0005\%\sim0.050\%$ 时，样品溶液的定容体积为 100mL；当样品中被测元素的质量分数为 $>0.050\%\sim1.00\%$ 时，样品溶液的定容体积为 250mL；当样品中被测元素的质量分数为 $>1.00\%\sim10.00\%$ 时，样品溶液的定容体积为 500mL。

根据样品中被测元素的质量分数，将上述样品溶液移至相应定容体积的容量瓶中，定容前加入铟内标溶液，用超纯水稀释至刻度，混匀。必要时根据标准曲线范围，稀释待测溶液。

2. 盐酸和过氧化氢消解法

该方法适用于分析铝及铝合金中的杂质元素铁、铜、镁、锰、镓、钛、钒、铟、锡、铋、铬、锌、镍、镉、锆、铍、铅、硼、锶、钙的含量。

样品中被测元素的质量分数越大，称取样品量越小。当样品中被测元素的质量分数为 $0.0005\%\sim0.050\%$ 时，称取样品量为 0.50g；当样品中被测元素的质量分数为 $>0.050\%\sim1.00\%$ 时，称取样品量为 0.25g；当样品中被测元素的质量分数为 $>1.00\%\sim10.00\%$ 时，称取样品量为 0.25g。

根据样品中被测元素的质量分数，称取相应质量的样品，精确至 0.0001g。独立地进行 2 次测定，取其平均值。称取与样品相同质量的高纯铝 [$w(\mathrm{Al}) \geqslant 99.999\%$]，随同样品做空白试验。

将准确称量的样品置于 250mL 烧杯中，加入 25mL 盐酸 (1+1)，待剧烈反应停止，于电热板上低温加热溶解，加入适量的过氧化氢 ($\rho = 1.10\mathrm{g/mL}$)，继续加热至样品完全溶解，煮沸分解过量的过氧化氢，冷却至室温。

样品中被测元素的质量分数越大，样品溶液的定容体积也越大。当样品中被测元素的质量分数为 0.0005%～0.050% 时，样品溶液的定容体积为 100mL；当样品中被测元素的质量分数为 >0.050%～1.00% 时，样品溶液的定容体积为 250mL；当样品中被测元素的质量分数为 >1.00%～10.00% 时，样品溶液的定容体积为 500mL。

过滤上述样品溶液，根据样品中被测元素的质量分数，将滤液转移至相应定容体积的容量瓶中。

当硅含量大于 0.50% 时，如有不溶残渣，需对残渣回收处理。操作如下：洗涤残渣，将残渣连同滤纸置于铂坩埚中，灰化（勿使滤纸燃烧），然后在 800℃ 灼烧 5min，冷却。加入 5mL 氢氟酸 ($\rho = 1.14\mathrm{g/mL}$，优级纯)，并逐滴加入硝酸 (1+1) 至溶液清亮，于电热板上加热，蒸发至干，冷却。用 5mL 盐酸 (1+1) 溶解残渣，将此溶液合并于原滤液中（即置于上述容量瓶中），定容前加入铟内标溶液，用盐酸 (1+1) 稀释至刻度，混匀。必要时根据标准曲线范围，稀释待测溶液。

3. 氢氧化钠消解法

该方法适用于分析铝及铝合金中的杂质元素硅、铁、铜、镁、锰、钛、钒、铬、锌、镍、锆、锶、锡、铅、钙的含量。

当样品中被测元素的质量分数为 0.50%～10.00% 时，称取 0.50g 样品，精确至 0.0001g。独立地进行 2 次测定，取其平均值。称取与样品相同质量的高纯铝 [$w(\mathrm{Al}) \geqslant 99.999\%$]，随同样品做空白试验。

将准确称量的样品置于 400mL 聚四氟乙烯烧杯中，加入少许水，加入 6mL 氢氧化钠溶液 (400g/L)，待剧烈反应停止，于电热板上低温加热溶解，加入适量的过氧化氢 ($\rho = 1.10\mathrm{g/mL}$)，缓慢加热至样品完全溶解，煮沸分解过量的过氧化氢，冷却至室温。如果样品中硅含量大于 0.50%，将溶液蒸至浆状，稍冷，加入约 30mL 水，缓慢加热直至完全溶解。

用水将上述样品溶液稀释至约 100mL，边搅拌边加入 25mL 硝酸 (1+1)、25mL 盐酸 (1+1)，低温加热使其完全溶解（如果出现二氧化锰棕色沉淀，则加入无水亚硫酸钠溶液，使其溶解），冷却。将溶液移入 500mL 容量瓶中，定容前加入铟内标溶液，以水稀释至刻度，混匀。必要时根据标准曲线范围，稀释待测溶液。

注意：分析易水解的元素如钛、锡、锆、锑时，样品溶液应保持 10% 的酸度；制备低含量的样品溶液，当分析易污染的元素如钙、铅、硼时，应使用高纯酸和石英亚沸蒸馏水。

（三）仪器条件的选择

分析铝及铝合金中的 22 种杂质元素铁、铜、镁、锰、镓、钛、钒、铟、锡、铋、铬、锌、镍、镉、锆、铍、铅、硼、硅、锶、钙、锑的含量时，推荐的电感耦合等离子体原子发射光谱仪的测试条件，参见表5-2。仪器需配备耐氢氟酸进样系统。光谱仪既可是同时型的，也可是顺序型的，但必须具有同时测定内标线的功能，否则，不能使用内标法。

(1) 选择分析谱线时，可以根据仪器的实际情况（如灵敏度和谱线干扰）做相应的调整。推荐的分析线见表5-2。分析谱线的选择，参见第二章第三节-一、-(三) 仪器条件的选择。

(2) 仪器的实际分辨率，参见第二章第三节-一、-(三) 仪器条件的选择。

(3) 在仪器最佳工作条件下，凡能达到下列指标者均可使用。

1) 灵敏度　以测铜含量为例，通过计算溶液中仅含有铜的分析线（324.754nm），得出检出限（DL）。如测定铁、镁、锰、镓、钛、钒、铟、锡、铋、铬、锌、镍、镉、锆、铍、铅、硼、硅、锶、钙、锑的含量时，需分别计算元素分析线处对应的检出限。检出限定义，参见第二章第三节-一、-(三)-(3)-1) 灵敏度。

2) 短期稳定性　每个最高浓度标准溶液发射谱线的标准偏差应不超过绝对或相对光强平均值的0.8%。此指标的测量和计算方法参见第二章第三节-一、-(三)-(3)-2) 短期稳定性。

3) 长期稳定性　7个测量平均值的相对标准偏差<2.0%。此指标的测量和计算方法参见第二章第三节-一、-(三)-(3)-3) 长期稳定性。

4) 标准曲线的线性　标准曲线的 $R^2 \geqslant 0.9995$。

（四）干扰的消除

(1) 分析铝及铝合金中的22种杂质元素铁、铜、镁、锰、镓、钛、钒、铟、锡、铋、铬、锌、镍、镉、锆、铍、铅、硼、硅、锶、钙、锑的含量时，铝基体对测定有影响，在绘制工作曲线时，以基体匹配法配制标准系列溶液，即配制与被测样品基体一致、质量分数相近的标准系列溶液，消除铝基体的干扰。

(2) 分析铝及铝合金中的易污染元素如钙、铅、硼的含量，如果其含量低，在制备样品溶液时，使用高纯酸和石英亚沸蒸馏水。亚沸蒸馏水是采用石英亚沸蒸馏器蒸馏制得的，其特点是在液面上方加热，但水并不沸腾，只是液面处于亚沸状态，可将水蒸气带出的杂质降至最低。

(3) 分析铝及铝合金中的易水解元素如钛、锡、锆、锑的含量时，样品溶液应保持10%的酸度，防止金属离子水解，消除干扰。

(4) 采用内标法测量，即在样品溶液定容前，加入钢内标溶液，进行测量，消除干扰。

（五）标准曲线的建立

1. 标准溶液的配制

配制各个被测元素标准储备溶液和标准溶液的原则，参见第二章第三节-二、-(五)-1. 标准溶液的配制。

2. 标准曲线的建立

内标校正的标准曲线法是电感耦合等离子体光谱法（ICP-AES）经常采用的定量方法，可以校正仪器的灵敏度漂移并消除基体效应的影响。该方法的原理介绍，参见第二章

第四节-一、-(五)-2.-(1) 内标校正的标准曲线法（内标法）的原理及使用范围。内标法校正的标准系列溶液的配制原则，参见第二章第四节-一、-(五)-2.-(2) 标准系列溶液的配制。

分析铝及铝合金中的 22 种杂质元素铁、铜、镁、锰、镓、钛、钒、铟、锡、铋、铬、锌、镍、镉、锆、铍、铅、硼、硅、锶、钙、锑的含量，采用基体匹配标准曲线法测定，即配制与被测样品基体一致、质量分数相近的标准系列溶液。标准曲线法的详细介绍参见本书第二章第二节-一、-(五)-2.-(2) 标准曲线法。此方法中，称取纯基体物质与被测样品相同的量，随同样品制备标准系列溶液，或者直接加入制备好的基体溶液。下面具体介绍。

（1）铝基体溶液的制备方法　铝（基体）溶液（铝 20mg/mL）：称取 20.00g 经酸洗过的高纯铝 [$w(Al) \geqslant 99.999\%$，不含被测元素]，置于 1000mL 烧杯中，盖上表面皿，分次加入总量为 600mL 的盐酸（1+1），待剧烈反应停止后，于电热板上低温加热，至样品完全溶解。然后加入数滴过氧化氢（$\rho = 1.10g/mL$），煮沸数分钟，分解过量的过氧化氢，冷却至室温。将上述溶液转移至 1000mL 容量瓶中，用水稀释至溶液体积约为 800mL，混匀，冷却至室温，用水稀释至刻度，混匀，保存于聚乙烯瓶中。

（2）标准系列溶液的制备方法　对于采用不同消解方法处理的样品，需分别绘制标准曲线，即配制不同的标准系列溶液。

① 标准曲线 A 适用于采用酸消解法（即盐酸-硝酸混合酸消解法，盐酸和过氧化氢消解法）处理的样品。根据样品中铝基体的含量，移取适量的铝基体溶液，置于一组 100mL 容量瓶中，使得标准系列溶液中的铝含量与样品溶液中的铝含量基本一致。加入一系列体积的被测元素标准溶液（10μg/mL），再加入适量的盐酸（1+1），使标准系列溶液酸度与被测样品溶液酸度基本一致，定容前加入铟内标溶液，用水稀释至刻度，混匀。

② 标准曲线 B 适用于采用碱消解法（即氢氧化钠消解法）处理的样品。根据样品中铝基体的含量，称取适量的高纯铝 [$w(Al) \geqslant 99.999\%$，不含被测元素]，置于一系列 400mL 聚四氟乙烯烧杯中，盖上表面皿。随同样品制备标准系列溶液。加入少许水，加入 6mL 氢氧化钠溶液（400g/L），待剧烈反应停止，于电热板上低温加热溶解，加入适量的过氧化氢（$\rho = 1.10g/mL$），缓慢加热至样品完全溶解，煮沸分解过量的过氧化氢，冷却至室温。用水将溶液稀释至约 100mL，边搅拌边加入 25mL 硝酸（1+1）、25mL 盐酸（1+1），低温加热使其完全溶解（如果出现二氧化锰棕色沉淀时，加入无水亚硫酸钠溶液，使其溶解），冷却。

将上述溶液移至 500mL 容量瓶中，加入适量的被测元素标准溶液（10μg/mL），再加入适量的盐酸（1+1），使标准系列溶液酸度与被测样品溶液酸度基本一致，定容前加入铟内标溶液，用水稀释至刻度，混匀。

内标校正的标准系列溶液的测量方法，参见第三章第四节-一、-(五)-2.-(3) 标准系列溶液的测量。

分别以各被测元素的质量浓度（μg/mL）为横坐标，以分析线净强度比为纵坐标，由计算机自动绘制标准曲线。当标准曲线的 $R^2 \geqslant 0.9995$ 时即可进行样品溶液的测定。

（六）样品的测定

（1）优化仪器的方法　具体方法参见第二章第三节-一、-（六）样品的测定。

如果使用内标，准备用铟（325.609nm）作内标并计算每个被测元素与铟的强度比的软件。内标强度应与被测元素强度同时测量。

（2）样品中被测元素的分析线发射强度的测量　具体方法参见第二章第三节-一、-（六）样品的测定。从标准曲线上确定被测元素的质量浓度（μg/mL）。

（3）分析线中干扰线的校正　具体方法参见第二章第三节-一、-（六）样品的测定。

（七）结果的表示

分析结果在1%以上时保留3位有效数字；在1%以下时保留2位有效数字。

（八）质量保证和质量控制

具体操作方法参见第二章第三节-一、-（八）质量保证和质量控制。

（九）注意事项

（1）参见第二章第二节-一、-（九）注意事项（1）。

（2）参见第二章第三节-一、-（九）注意事项（1）、（2）。

（3）除非另有说明，在分析中仅使用确认的优级纯试剂；所用水的标准参见第二章第三节-一、-（九）注意事项（3）。特别地，当分析铝及铝合金中的易污染元素如钙、铅、硼且含量低时，制备样品溶液，应使用高纯酸和石英亚沸蒸馏水。

（4）测试中所用仪器的标准，参见第二章第三节-三、-（九）注意事项（3）。

（5）采用盐酸-硝酸混合酸消解法制备样品溶液时，残渣需回收，选用铂坩埚作容器，进一步消解。采用碱消解法（即氢氧化钠消解法）处理的样品，制备样品溶液和标准系列溶液使用的容器选用聚四氟乙烯烧杯和表面皿，制得的溶液保存于聚乙烯或聚四氟乙烯瓶中。

（6）采用电感耦合等离子体原子发射光谱法分析铝及铝合金中的22种杂质元素铁、铜、镁、锰、镓、钛、钒、铟、锡、铋、铬、锌、镍、镉、锆、铍、铅、硼、硅、锶、钙、锑的含量时，样品溶液和标准系列溶液，以铟为内标进行测量。

（7）分析铝及铝合金中的易水解元素如钛、锡、锆、锑的含量时，样品溶液和标准系列溶液应保持10%的酸度。

参考文献

［1］　国家质量监督检验检疫总局. GB/T 20975.3—2008 铝及铝合金化学分析方法 第3部分：铜含量的测定——方法二：火焰原子吸收光谱法［S］. 北京：中国标准出版社，2008.

［2］　国家质量监督检验检疫总局. GB/T 20975.6—2008 铝及铝合金化学分析方法 第6部分：镉含量的测定 火焰原子吸收光谱法［S］. 北京：中国标准出版社，2008.

［3］　国家质量监督检验检疫总局. GB/T 20975.8—2008 铝及铝合金化学分析方法 第8部分：锌含量的测定——方法二：火焰原子吸收光谱法［S］. 北京：中国标准出版社，2008.

［4］　国家质量监督检验检疫总局. GB/T 20975.9—2008 铝及铝合金化学分析方法 第9部分：锂含量的测定 火焰原子吸收光谱法［S］. 北京：中国标准出版社，2008.

［5］　国家市场监督管理总局. GB/T 20975.11—2018 铝及铝合金化学分析方法 第11部分：铅含量的测定——方法一：火焰原子吸收光谱法［S］. 北京：中国标准出版社，2018.

［6］　国家质量监督检验检疫总局. GB/T 20975.14—2008 铝及铝合金化学分析方法 第 14 部分：镍含量的测定——方法二：火焰原子吸收光谱法［S］. 北京：中国标准出版社，2008.

［7］　国家质量监督检验检疫总局. GB/T 20975.16—2008 铝及铝合金化学分析方法 第 16 部分：镁含量的测定——方法二：火焰原子吸收光谱法［S］. 北京：中国标准出版社，2008.

［8］　国家质量监督检验检疫总局. GB/T 20975.17—2008 铝及铝合金化学分析方法 第 17 部分：锶含量的测定 火焰原子吸收光谱法［S］. 北京：中国标准出版社，2008.

［9］　国家质量监督检验检疫总局. GB/T 20975.18—2008 铝及铝合金化学分析方法 第 18 部分：铬含量的测定［S］. 北京：中国标准出版社，2008.

［10］　国家质量监督检验检疫总局. GB/T 20975.21—2008 铝及铝合金化学分析方法 第 21 部分：钙含量的测定 火焰原子吸收光谱法［S］. 北京：中国标准出版社，2008.

［11］　国家质量监督检验检疫总局. GB/T 6609.5—2004 氧化铝化学分析方法和物理性能测定方法 氧化钠含量的测定——方法 2 火焰原子吸收光谱法［S］. 北京：中国标准出版社，2004.

［12］　国家市场监督管理总局. GB/T 6609.6—2018 氧化铝化学分析方法和物理性能测定方法 第 6 部分：氧化钾含量的测定——方法二：火焰原子吸收光谱法［S］. 北京：中国标准出版社，2018.

［13］　国家质量监督检验检疫总局. GB/T 6609.11—2004 氧化铝化学分析方法和物理性能测定方法 火焰原子吸收光谱法测定一氧化锰含量［S］. 北京：中国标准出版社，2004.

［14］　国家质量监督检验检疫总局. GB/T 6609.12—2004 氧化铝化学分析方法和物理性能测定方法 火焰原子吸收光谱法测定氧化锌含量［S］. 北京：中国标准出版社，2004.

［15］　国家质量监督检验检疫总局. GB/T 6609.13—2004 氧化铝化学分析方法和物理性能测定方法 火焰原子吸收光谱法测定氧化钙含量［S］. 北京：中国标准出版社，2004.

［16］　国家质量监督检验检疫总局. GB/T 6609.19—2004 氧化铝化学分析方法和物理性能测定方法 火焰原子吸收光谱法测定氧化锂含量［S］. 北京：中国标准出版社，2004.

［17］　国家质量监督检验检疫总局. GB/T 6609.20—2004 氧化铝化学分析方法和物理性能测定方法 火焰原子吸收光谱法测定氧化镁含量［S］. 北京：中国标准出版社，2004.

［18］　国家市场监督管理总局. GB/T 20975.1—2018 铝及铝合金化学分析方法 第 1 部分：汞含量的测定——方法一：冷原子吸收光谱法［S］. 北京：中国标准出版社，2018.

［19］　国家市场监督管理总局. GB/T 20975.1—2018 铝及铝合金化学分析方法 第 1 部分：汞含量的测定——方法二：氢化物发生-原子荧光光谱法［S］. 北京：中国标准出版社，2018.

［20］　国家市场监督管理总局. GB/T 20975.11—2018 铝及铝合金化学分析方法 第 11 部分：铅含量的测定——方法二：氢化物发生-原子荧光光谱法［S］. 北京：中国标准出版社，2018.

［21］　国家质量监督检验检疫总局. GB/T 20975.25—2008 铝及铝合金化学分析方法 第 25 部分：电感耦合等离子体原子发射光谱法［S］. 北京：中国标准出版社，2008.

［22］　国家质量监督检验检疫总局. GB/T 6609.5—2004 氧化铝化学分析方法和物理性能测定方法 氧化钠含量的测定——方法 1：火焰光度法［S］. 北京：中国标准出版社，2004.

［23］　国家市场监督管理总局. GB/T 6609.6—2018 氧化铝化学分析方法和物理性能测定方法 第 6 部分：氧化钾含量的测定——方法一：火焰光度法［S］. 北京：中国标准出版社，2018.

第六章

钨及其相关产品的分析

第一节　应用概况

钨是一种稀有有色金属。随着冶金工艺、设备和分析检测技术的发展以及稀有金属生产规模的扩大，钨的纯度和性能提高、品种增加，从而扩大了钨在矿山、冶金、机械、建筑、交通、电子、化工、轻工、纺织、军工、航天、科技等各个工业领域的应用范围。钨及其相关产品主要有钨粉、钨条、三氧化钨、碳化钨、仲钨酸铵、偏钨酸铵、钨酸、蓝钨、紫钨等。

三氧化钨可制得钨粉、钨条，作钨冶金原材料。以碳化钨为基的硬质合金、耐磨合金和强热合金，主要用于切削工具、矿山工具和拉丝模等。仲钨酸铵、偏钨酸铵用于制造耐火布匹和防水布匹。钨的化合物用于金属钨、钨酸及钨酸盐的制备，以及染料、颜料、油墨、电镀等方面。

1999年廖小山[1]采用流动注射原子吸收光谱法分析钨产品中痕量砷。2000年唐宝英[2]等采用火焰原子吸收光谱法测定钨产品中的镉、钴、铜、铁、镁、锰等元素。20世纪末，杨秀环[3]、王春梅[4]、Zun Ung Bac[5]等采用ICP-AES测定钨产品中的杂质元素，并分析了钨基体对被测元素的光谱干扰及干扰校正的情况。本章介绍了原子光谱法分析上述钨产品中杂质元素含量的技术。

下面将AAS、ICP-AES的测定范围、方法检出限、仪器条件、干扰物质及消除方法等基本条件以表格的形式列出，为选择合适的分析方法提供参考。表6-1是原子吸收光谱法分析钨产品的基本条件。表6-2是电感耦合等离子体原子发射光谱法分析钨产品的基本条件。

□ 表 6-1　原子吸收光谱法分析钨产品的基本条件

适用范围	测项目	检测方法	测定范围(质量分数)/%	检出限/(μg/mL)	仪器条件			干扰物质消除方法	国标号	参考文献
					波长/nm	原子化器	原子化器条件			
钨粉、碳化三钨、氧化钨、紫钨、蓝钨、仲钨酸铵、偏钨酸铵	铅	火焰原子吸收光谱法	0.0003~0.0050	0.3	217.0	火焰	空气-乙炔火焰	碱性溶液中以铁(Ⅲ)富集铅	GB/T 4324.1—2012	[6]
	镍		0.045~0.20	0.1	232.0			过氧化氢助溶、柠檬酸络合钨	GB/T 4324.8—2008	[7]
	镉		0.0004~0.0030	0.01	228.80			过氧化氢助溶、柠檬酸络合钨	GB/T 4324.9—2012	[8]
	铜		0.0003~0.0030	0.04	324.7			盐酸水解钨并干过滤去除钨	GB/T 4324.10—2012	[9]
	镁		0.0003~0.010 >0.010~0.050	0.01	285.2 202.6			过氧化氢助溶、柠檬酸络合钨	GB/T 4324.15—2008	[10]
	钠		0.0003~0.080	0.01	589.0			氯化铯作消电离剂	GB/T 4324.17—2012	[11]
	钾		0.0003~0.080	0.01	766.5			氯化铯作消电离剂	GB/T 4324.18—2012	[12]
	铋		0.00003~0.020	0.0004	223.1	流动注射-氢化物发生器	原子化温度 800~850℃。载气:氮气(>99.99%)。输出压力 0.25MPa。流量 200mL/min。	硫脲消除干扰	GB/T 4324.2—2012	[13]
	锡	氢化物原子吸收光谱法	0.00005~0.020	0.00088	224.6		原子化温度 800~850℃。载气:氧气(≥99.99%)。输出压力 0.25MPa。流量 400mL/min。载气:氧气(≥99.20%)。输出压力 0.05MPa,流量 3~6mL/min。载气:压缩空气。输出压力 0.05MPa。流量 15~30mL/min	酒石酸络合钨并调节酸度、磷酸助溶	GB/T 4324.3—2012	[14]
	锑		0.00005~0.020	0.0006	217.6		原子化温度 800~900℃。载气:氮气(≥99.99%)。输出压力 0.25MPa。流量 200~300mL/min	抗坏血酸还原锑为锑(Ⅴ)、碘化钾、硫脲消除杂质	GB/T 4324.4—2012	[15]

适用范围	测项	检测方法	测定范围(质量分数)/%	检出限/(μg/mL)	波长/nm	原子化器	原子化器条件	干扰物质消除方法	国标号	参考文献
							仪器条件			
钨粉、钨条、碳化钨、钨条、三氧化钨、蓝钨、紫钨、仲钨酸铵、偏钨酸铵	砷	氢化物原子吸收光谱法	0.00005~0.020	0.0006	197.3	流动注射-氢化物发生器	原子化温度 850~900℃。载气:氩气(≥99.99%)。压力 0.25MPa。流量 300~400mL/min。输出氧气(≥99.20%)。输出压力 0.05MPa。流量 0~6mL/min。载气:压缩空气。输出压力 0.05MPa。流量 0~30mL/min	磷酸络合钨,硫脲、抗坏血酸和三氯化钛还原砷(V)为砷(Ⅲ)	GB/T 4324.5—2012	[16]

▣ 表 6-2 电感耦合等离子体原子发射光谱法分析钨产品的基本条件

适用范围	测项	检测方法	测定范围(质量分数)/%	分析线/nm	检出限/(μg/mL)	国标号	参考文献
钨粉、钨条、碳化钨、三氧化钨、蓝钨、紫钨、仲钨酸铵、偏钨酸铵	钴	电感耦合等离子体原子发射光谱法	0.0001~0.050	238.892	—	GB/T 4324.7—2012	[17]
	镍		0.0004~0.050	231.604	—	GB/T 4324.8—2008	[18]
	镉		0.0002~0.030	226.502	—	GB/T 4324.9—2012	[19]
	铝		0.0005~0.050	257.510,396.152	—	GB/T 4324.11—2012	[20]
	钙		0.0003~0.050	393.366	—	GB/T 4324.13—2008	[21]
	镁		0.0003~0.050	279.553	—	GB/T 4324.15—2008	[22]
	钒		0.0002~0.010	292.401	0.016	GB/T 4324.20—2012	[23]
	铬		0.0002~0.020	357.868	0.014	GB/T 4324.21—2012	[24]
	锰		0.0001~0.050	259.373	—	GB/T 4324.22—2012	[25]

第二节 原子吸收光谱法

在现行有效的标准中，采用原子吸收光谱法分析钨及其相关产品的标准有 11 个，下面将这些方法归纳，重点讲解样品的消解与标准曲线建立过程中的难点。

现行国家标准[6-16]中，火焰原子吸收光谱法可以分析钨产品中的 7 种杂质元素铅、镍、镉、铜、镁、钠、钾的含量，氢化物原子吸收光谱法可以分析钨产品中的 4 种杂质元素铋、锡、锑、砷的含量。原子吸收光谱法适用于钨粉、钨条、碳化钨、三氧化钨、钨酸、蓝钨、紫钨、仲钨酸铵、偏钨酸铵等钨产品中的上述各种被测元素含量的独立测定，其各元素测定范围见表 6-1。实际工作中，火焰原子吸收光谱法和氢化物原子吸收光谱法分析钨产品中的 11 种杂质元素铅、镍、镉、铜、镁、钠、钾、铋、锡、锑、砷含量的步骤包括以下几部分。

（一）样品的制备和保存

（1）钨条应粉碎并通过 0.075mm 筛网，或 0.125mm 筛网。

（2）细颗粒碳化钨平均粒度为 $1\sim3\mu m$，中颗粒碳化钨平均粒度为 $3\sim9\mu m$，粗颗粒碳化钨平均粒度大于 $9\mu m$。

（二）样品的消解

分析钨产品中的 11 种杂质元素铅、镍、镉、铜、镁、钠、钾、铋、锡、锑、砷含量的消解方法主要为湿法消解中的电热板消解法。关于消解方法分类的介绍，参见第二章第二节-一、-(二) 样品的消解。本部分中，采用的消解体系为碱溶液，用过氧化氢和氢氧化钠或氨水分解样品。需要特别注意的事项参见本方法中的（九）注意事项（2）。

一般来说，钨粉、钨条、蓝钨、细（中）颗粒碳化钨用过氧化氢和氢氧化钠或氨水分解；三氧化钨、钨酸、偏钨酸铵用氨水或氢氧化钠分解；紫钨、粗颗粒碳化钨灼烧成三氧化钨后用氨水或氢氧化钠分解。经消解的样品溶液再以过氧化氢、柠檬酸络合主体钨，在硫酸或盐酸介质中测定被测元素。

分析钨产品中的铅含量，用过氧化氢和氢氧化钠分解样品，在碱性溶液中以铁（Ⅲ）为共沉淀剂使铅富集，用柠檬酸络合残留的钨。分析钨产品中的镍、镉、镁含量，用过氧化氢和氨水分解样品，加入盐酸溶解镍，以过氧化氢助溶，以柠檬酸络合钨。分析钨产品中的铜含量，用过氧化氢和氨水分解样品，加入盐酸使钨充分水解，并干过滤除去钨基体。分析钨产品中的钠、钾含量，用过氧化氢和氨水分解样品，用氯化铯作消电离剂。分析钨产品中的铋、锑、砷、锡含量，用过氧化氢和氢氧化钠分解样品，用柠檬酸或酒石酸络合主体钨，以磷酸助溶，在硫酸或盐酸酸性介质条件下，用硫脲、抗坏血酸、碘化钾、三氧化钛消除杂质离子干扰，再进行氢化物原子吸收光谱法测定。

下面根据样品中的不同被测元素，分别介绍其样品消解过程。

1. 分析钨产品中的铅含量

称取 1.00～1.50g 样品，精确至 0.0001g。独立地进行 2 次测定，取其平均值。称取与样品相同量的钨（质量分数≥99.99％，不含铅）代替样品，随同样品做空白试验。

依据钨产品的种类不同，前处理方法略有不同，详情参见表 6-3。

钨产品	消解容器	马弗炉灼烧[①]温度/℃	过氧化氢[②]加入量/mL	氢氧化钠溶液[③]加入量/mL
钨粉、钨条、细(中)颗粒碳化钨	300mL 玻璃烧杯	—	5～15	10
三氧化钨、钨酸、仲钨酸铵、偏钨酸铵	300mL 玻璃烧杯	—	—	10
蓝钨	300mL 玻璃烧杯	—	20	10
紫钨、粗颗粒碳化钨	150mL 石英烧杯	750	—	10

① 马弗炉灼烧：750℃灼烧成三氧化钨。

② 过氧化氢：$\rho = 1.10$ g/mL，优级纯。

③ 氢氧化钠溶液（200g/L）：用优级纯试剂配制。

根据钨产品的种类，将样品置于表 6-3 规定的消解容器中（分析紫钨、粗颗粒碳化钨中的铅含量时，按表 6-3 在马弗炉中灼烧，将样品完全转化为三氧化钨），分次加入表 6-3 规定量的过氧化氢，待剧烈反应停止后，盖上表面皿，低温加热至样品完全溶解（若溶解不完全，可适当多加过氧化氢，使样品完全溶解，并随同做空白试验），取下，加入表 6-3 规定体积的氢氧化钠溶液，盖上表面皿，在电炉上加热至溶液清亮。

样品溶液的制备（沉淀铅，取滤渣，络合钨）：用水吹洗表面皿及杯壁，并稀释至 150mL，在不断搅拌下加入 3mL 硫酸高铁铵溶液（50g/L），在电炉上加热煮沸 1～2min，取下，将样品溶液在水浴上保温 1h。用快速滤纸过滤，以氢氧化钠洗涤液（1g/L）洗涤烧杯 3 次，沉淀 6 次。将沉淀以 20mL 热的硝酸（1＋1）分 4 次溶解于预先加有 1mL 柠檬酸溶液（500g/L，用优级纯试剂配制）的 50mL 烧杯中，滤纸用少量水洗涤。以 5mL 热的硝酸（1＋1）洗涤原烧杯，合并溶液于 50mL 烧杯中，将 50mL 烧杯置于低温电炉上加热浓缩体积至 3mL。将烧杯内溶液转入 10mL 比色管中，用水稀释至刻度，混匀。

2. 分析钨产品中的镍、镉、镁含量

根据样品中被测元素的种类，按表 6-4 分别称取相应质量的样品，精确至 0.0001g。独立地进行两次测定，取其平均值。称取与样品相同量的钨基体 ［质量分数≥99.99％，w(Ni、Cr、Mg)＜0.0001％］ 代替样品，随同样品做空白试验。

样品中的被测元素不同，样品的消解方法不同；钨产品的种类不同，样品的消解方法亦不同，如表 6-4 所列。

⊡ 表 6-4　分析钨产品中镍、镉、镁含量的样品消解

被测元素	样品量/g	钨产品	消解容器	马弗炉灼烧[①]温度/℃	溶样溶液	干扰消除剂
镍	0.25	钨粉、钨条、细(中)颗粒碳化钨	200mL 玻璃烧杯	—	用水润湿，分次加 5～10mL 过氧化氢[②]	1mL 柠檬酸溶液[③]
		三氧化钨、钨酸	200mL 玻璃烧杯	—	30mL 氨水[④]	1mL 过氧化氢[②]，1mL 柠檬酸溶液[③]
		仲钨酸铵、偏钨酸铵	200mL 玻璃烧杯	—	约 50mL 水，5mL 氨水[④]	1mL 过氧化氢[②]，1mL 柠檬酸溶液[③]
		蓝钨	200mL 玻璃烧杯	—	20mL 过氧化氢[②]，加热蒸至近干，30mL 氨水[④]	1mL 过氧化氢[②]，1mL 柠檬酸溶液[③]
		紫钨、粗颗粒碳化钨	200mL 石英烧杯	750	30mL 氨水[④]	1mL 过氧化氢[②]，1mL 柠檬酸溶液[③]

被测元素	样品量/g	钨产品	消解容器	马弗炉灼烧①温度/℃	溶样溶液	干扰消除剂
镉	0.5~1	钨粉、钨条、细（中）颗粒碳化钨	200mL 玻璃烧杯	—	水润湿，分次加10mL 过氧化氢②	2mL 过氧化氢②，1mL 柠檬酸溶液③
		三氧化钨、钨酸	200mL 玻璃烧杯	—	40~45mL 氨水④	2mL 过氧化氢②，1mL 柠檬酸溶液③
		仲钨酸铵、偏钨酸铵	200mL 玻璃烧杯	—	约 30mL 水，3~5mL 氨水④	2mL 过氧化氢②，1mL 柠檬酸溶液③
		蓝钨	200mL 玻璃烧杯	—	20mL 过氧化氢②，加热蒸至近干，30mL 氨水④	2.0mL 过氧化氢②，1.0mL 柠檬酸溶液③
		紫钨、粗颗粒碳化钨	200mL 石英烧杯	750	40~45mL 氨水④	2mL 过氧化氢②，1mL 柠檬酸溶液③
镁	0.5~1	钨粉、钨条、细（中）颗粒碳化钨	200mL 石英烧杯	—	水润湿，分次加10mL 过氧化氢②	2mL 柠檬酸溶液③
		三氧化钨、钨酸	200mL 石英烧杯	—	40mL 氨水④	5mL 过氧化氢②，2mL 柠檬酸溶液③
		仲钨酸铵、偏钨酸铵	200mL 石英烧杯	—	约 50mL 水，5mL 氨水④	5mL 过氧化氢②，2mL 柠檬酸溶液③
		蓝钨	100mL 石英锥形瓶	—	20mL 过氧化氢②，加热蒸至近干，40mL 氨水④	5mL 过氧化氢②，2mL 柠檬酸溶液③
		紫钨、粗颗粒碳化钨	100mL 石英锥形瓶	750	40mL 氨水④	5mL 过氧化氢②，2mL 柠檬酸溶液③

① 马弗炉灼烧：750℃灼烧成三氧化钨。

② 过氧化氢：$\rho=1.10g/mL$，优级纯。

③ 柠檬酸溶液（500g/L）：用优级纯试剂配制。

④ 氨水：1+1。

根据样品中被测元素和钨产品的种类，将样品置于表 6-4 规定的烧杯中（分析紫钨、粗颗粒碳化钨中的镍、镉、镁含量时，按表 6-4 在马弗炉中灼烧，将样品完全氧化为三氧化钨），按表 6-4 加入相应量的"溶样溶液"，待剧烈反应停止后，盖上表面皿，低温加热至样品完全溶解（若溶解不完全，可适当多加过氧化氢，使样品完全溶解，并随同做空白试验）。分析仲钨酸铵、偏钨酸铵中的镍含量时，加热上述样品溶液蒸至 15mL；分析钨粉、钨条、细（中）颗粒碳化钨中的镉含量时，溶液蒸至近干；分析三氧化钨、钨酸、蓝钨、紫钨、粗颗粒碳化钨中的镉含量时，溶液蒸至 3~5mL；分析三氧化钨、钨酸、仲钨酸铵、偏钨酸铵、蓝钨、紫钨、粗颗粒碳化钨中的镁含量时，溶液蒸至出现白色结晶。取下冷却，用水吹洗杯壁，按表 6-4 加入相应量的干扰消除剂，加热煮沸至无小气泡。

样品溶液制备：样品中的被测元素不同，制备样品溶液的操作方法中控制的条件和添加试剂的量也不同，如表 6-5 所列。

☐ **表 6-5 分析钨产品中镍、镉、镁含量的样品消解**

被测元素	消解后控制溶液体积/mL	盐酸①体积/mL	煮沸时间 I/min	氨水②体积/mL	煮沸时间 II/min	柠檬酸溶液③体积/mL	定容体积/mL
镍	—	6	5~10	25	5	1	100
镉	20~30	5	10~15	12	—	1	50

被测元素	消解后控制溶液体积/mL	盐酸① 体积/mL	煮沸时间Ⅰ /min	氨水② 体积/mL	煮沸时间Ⅱ /min	柠檬酸溶液③ 体积/mL	定容体积 /mL
镁	—	—	—	—	—	—	100

① 盐酸：1+1，分析纯。

② 氨水：1+1，分析纯。

③ 柠檬酸溶液（500g/L）：用优级纯试剂配制。

将上述的样品消解溶液取下稍冷，用水吹洗表面皿及杯壁，根据样品中被测元素的种类，并控制样品溶液至表 6-5 规定的体积。加入表 6-5 规定量的盐酸，低温加热煮沸（按表 6-5 要求的煮沸时间Ⅰ）。取下稍冷，按表 6-5 加入相应体积的氨水，低温加热煮沸（按表 6-5 要求的煮沸时间Ⅱ）。取下，加入表 6-5 规定体积的柠檬酸溶液，加热煮沸至溶液清亮，取下冷却。按表 6-5 将烧杯内溶液转入相应体积的容量瓶中，用水稀释至刻度，混匀。

3. 分析钨产品中的铜含量

称取 1.00g 样品，精确至 0.0001g。独立地进行 2 次测定，取其平均值。称取与样品相同量的钨基体 [质量分数≥99.99%，$w(Cu)<0.0001\%$] 代替样品，随同样品做空白试验。

钨产品的种类不同，样品的消解方法也不同，如表 6-6 所列。

▫ 表 6-6　分析钨产品中铜含量的样品消解

钨产品	消解容器	马弗炉灼烧①温度/℃	过氧化氢②体积/mL	氨水③体积/mL
钨粉、钨条	150mL 玻璃烧杯	—	5～10	5
细(中)颗粒碳化钨、三氧化钨、钨酸、蓝钨、仲钨酸铵、偏钨酸铵	150mL 玻璃烧杯	—	10	10
紫钨、粗颗粒碳化钨	100mL 石英锥形瓶	750	10	10

① 马弗炉灼烧：750℃灼烧成三氧化钨。

② 过氧化氢：$\rho=1.10g/mL$，优级纯。

③ 氨水：1+1。

根据钨产品的种类，将样品置于表 6-6 规定的消解容器中（分析紫钨、粗颗粒碳化钨中的铜含量时，按表 6-6 在马弗炉中灼烧，将样品完全转化为三氧化钨），用水润湿，缓慢滴加表 6-6 规定体积的过氧化氢，待剧烈反应停止后，盖上表面皿，于电热板上低温加热至样品完全溶解（若溶解不完全，可适当多加过氧化氢，使样品完全溶解，并随同做空白试验），取下。用水吹洗表面皿及杯壁，按表 6-6 加入相应体积的氨水，低温加热溶解至溶液清亮。

样品溶液制备：向上述样品溶液中缓缓加入 10mL 盐酸（$\rho=1.19g/mL$），钨酸沉淀后再加热使沉淀变为亮黄色，保温 5min，取下冷却至室温。将烧杯内溶液转入 50mL 容量瓶中，用水稀释至刻度，混匀。干过滤，取清液待测。

4. 分析钨产品中的钠、钾含量

称取 0.20～1.00g 样品，精确至 0.0001g。独立地进行 2 次测定，取其平均值。称取与样品相同量的钨基体 [质量分数≥99.99%，$w(Na、K)<0.0001\%$] 代替样品，随同样品做空白试验。

分析钨产品中的钠、钾含量时，消解样品的方法相同。然而钨产品的种类不同，样品的消解方法不同，详情参见表 6-7。

▢ 表 6-7　分析钨产品中钠、钾含量的样品消解

钨产品	水体积/mL	过氧化氢[①]体积/mL	氨水[②]体积/mL	氯化铯溶液[③]体积/mL
钨粉、钨条、碳化钨、蓝钨、紫钨	润湿	10	2	1
仲钨酸铵、偏钨酸铵	约 40	—	2	1
钨酸、三氧化钨	约 20	—	2	1

① 过氧化氢：$\rho = 1.10 \text{g/mL}$，优级纯。
② 氨水：$\rho = 0.88 \text{g/mL}$，优级纯。
③ 氯化铯溶液：20g/L，用分析纯试剂配制。

将样品置于 $150 \sim 200 \text{mL}$ 体积的带盖石英烧杯中，根据钨产品的种类，按表 6-7 加入相应量的水和过氧化氢，待剧烈反应停止后，盖上表面皿，低温加热至样品完全溶解（若溶解不完全，可适当多加过氧化氢，使样品完全溶解，并随同做空白试验）。取下，再加入表 6-7 规定体积的氨水使溶液清亮（至样品完全溶解，若溶解不完全，可适当多加氨水，使样品完全溶解，并随同做空白试验），加热至冒大气泡，取下冷却。向上述样品溶液中加入表 6-7 规定体积的氯化铯溶液，移入 100mL 容量瓶中，用水稀释至刻度，混匀，待测。

5. 分析钨产品中的铋、锑、砷、锡含量

分析钨产品中的铋、锑、砷、锡含量时，用过氧化氢和氢氧化钠分解样品。分析铋含量时，用柠檬酸络合主体钨，在硫酸介质中，用硫脲消除干扰；分析锑含量时，用柠檬酸络合主体钨，用抗坏血酸将五价锑还原成三价，在 6% 的盐酸介质条件下，用碘化钾、硫脲消除杂质离子干扰；分析砷含量时，用磷酸络合主体钨，在盐酸介质条件下，用硫脲、抗坏血酸和三氯化钛将五价砷还原成三价；分析锡含量时，以酒石酸络合钨并调节酸度，以磷酸助溶。

样品中被测元素的种类及其质量分数不同，称样量也不同，分取样品溶液体积也相应变化，参见表 6-8。样品中被测元素的含量越高，称样量越少。

▢ 表 6-8　分析钨产品中铋、锑、砷、锡含量的取样量

被测元素	质量分数/%	样品量/g	分取样品溶液体积/mL
铋	0.00003~0.00025	1.00	—
	＞0.00025~0.0010	0.20	—
	＞0.0010~0.0050	0.50	10.00
	＞0.0050~0.020	0.20	5.00
锑	0.00005~0.00025	1.00	—
	＞0.00025~0.0010	0.20	—
	＞0.0010~0.0050	0.50	10.00
	＞0.0050~0.020	0.20	5.00
砷	0.00003~0.00025	1.00	—
	＞0.00025~0.0010	0.20	—
	＞0.0010~0.0050	0.50	10.00
	＞0.0050~0.020	0.20	5.00
锡	0.00005~0.00060	1.00	—
	＞0.00060~0.0030	0.20	—
	＞0.0030~0.010	0.50	10.00
	＞0.010~0.020	0.20	10.00

根据样品中被测元素的种类及其质量分数，按表 6-8 称取样品，精确至 0.0001g。独立地进行 2 次测定，取其平均值。称取与样品等质量的钨基体［与样品组成相似，$w(W) \geqslant 99.99\%$，$w(Bi、Sb、Sn) < 0.00001\%$，$w(As) < 0.00005\%$］代替样品，随同样品做空白试验。

样品中的被测元素不同，样品的消解方法不同；钨产品的种类不同，样品的消解方法亦不同，如表 6-9 所列。

▫ 表 6-9 分析钨产品中铋、锑、砷、锡含量的样品消解

被测元素	钨产品	消解容器	马弗炉灼烧[1]温度/℃	溶样溶液	氢氧化钠溶液体积/mL	干扰消除剂
铋	钨粉、钨条	100mL 玻璃烧杯	—	以水润湿，分次加 8～10mL 过氧化氢[2]	5mL 氢氧化钠[3]	8mL 柠檬酸溶液[4]氢氧化钠[3]调 pH6mL 硫酸[5]5mL 硫脲溶液[6]5mL 抗坏血酸[7]
	三氧化钨、钨酸、仲钨酸铵、偏钨酸铵	100mL 玻璃烧杯	—	以水润湿	5mL 氢氧化钠[3]	8mL 柠檬酸溶液[4]氢氧化钠[3]调 pH6mL 硫酸[5]5mL 硫脲溶液[6]5mL 抗坏血酸[7]
	蓝钨、细（中）颗粒碳化钨	100mL 玻璃烧杯	—	以水润湿，加 10～30mL 过氧化氢[2]	5mL 氢氧化钠[3]	8mL 柠檬酸溶液[4]氢氧化钠[3]调 pH6mL 硫酸[5]5mL 硫脲溶液[6]5mL 抗坏血酸[7]
	紫钨、粗颗粒碳化钨	100mL 石英锥形瓶	750	以水润湿	5mL 氢氧化钠[3]	8mL 柠檬酸溶液[4]氢氧化钠[3]调 pH6mL 硫酸[5]5mL 硫脲溶液[6]5mL 抗坏血酸[7]
锑	钨粉、钨条	100mL 玻璃烧杯	—	以水润湿，分次加 8～10mL 过氧化氢[2]	5～10mL 氢氧化钠[8]	柠檬酸溶液[4]调 pH4mL 抗坏血酸[7]3mL 碘化钾-硫脲混合液[9]10mL 盐酸[10]
	三氧化钨、钨酸、仲钨酸铵、偏钨酸铵	100mL 玻璃烧杯	—	以水润湿	5～10mL 氢氧化钠[8]	柠檬酸溶液[4]调 pH4mL 抗坏血酸[7]3mL 碘化钾-硫脲混合液[9]10mL 盐酸[10]
	蓝钨、细（中）颗粒碳化钨	100mL 玻璃烧杯	—	以水润湿，加 10～30mL 过氧化氢[2]	5～10mL 氢氧化钠[8]	柠檬酸溶液[4]调 pH4mL 抗坏血酸[7]3mL 碘化钾-硫脲混合液[9]10mL 盐酸[10]
	紫钨、粗颗粒碳化钨	100mL 石英锥形瓶	750	以水润湿	5～10mL 氢氧化钠[8]	柠檬酸溶液[4]调 pH4mL 抗坏血酸[7]3mL 碘化钾-硫脲混合液[9]10mL 盐酸[10]
砷	钨粉、钨条	100mL 玻璃烧杯	—	以水润湿，分次加 8～10mL 过氧化氢[2]	5～10mL 氢氧化钠[8]	磷酸[11]调 pH10mL 盐酸[12]10mL 硫脲溶液[6]2mL 抗坏血酸[13]2mL 三氯化钛[14]

被测元素	钨产品	消解容器	马弗炉灼烧①温度/℃	溶样溶液	氢氧化钠溶液体积/mL	干扰消除剂
砷	三氧化钨、钨酸、仲钨酸铵、偏钨酸铵	100mL 玻璃烧杯	—	以水润湿	5～10mL 氢氧化钠⑧	磷酸⑪调 pH 10mL 盐酸⑫ 10mL 硫脲溶液⑥ 2mL 抗坏血酸⑬ 2mL 三氯化钛⑭
	蓝钨、细（中）颗粒碳化钨	100mL 玻璃烧杯	—	以水润湿，加 10～30mL 过氧化氢②	5～10mL 氢氧化钠⑧	磷酸⑪调 pH 10mL 盐酸⑫ 10mL 硫脲溶液⑥ 2mL 抗坏血酸⑬ 2mL 三氯化钛⑭
	紫钨、粗颗粒碳化钨	100mL 石英锥形瓶	750	以水润湿	5～10mL 氢氧化钠⑧	磷酸⑪调 pH 10mL 盐酸⑫ 10mL 硫脲溶液⑥ 2mL 抗坏血酸⑬ 2mL 三氯化钛⑭
锡	钨粉、钨条	100mL 玻璃烧杯	—	以水润湿，分次加 8～10mL 过氧化氢②	按表下"注"要求，加氢氧化钠⑧	酒石酸⑮调 pH 2mL 磷酸⑯
	三氧化钨、钨酸、仲钨酸铵、偏钨酸铵	100mL 玻璃烧杯	—	以水润湿	按表下"注"要求，加氢氧化钠⑧，5～6滴过氧化氢②	酒石酸⑮调 pH 2mL 磷酸⑯
	蓝钨、细（中）颗粒碳化钨	100mL 玻璃烧杯	—	以水润湿，分次加 10～30mL 过氧化氢②	按表下"注"要求，加氢氧化钠⑧	酒石酸⑮调 pH 2mL 磷酸⑯
	紫钨、粗颗粒碳化钨	100mL 石英锥形瓶	750	以水润湿	按表下"注"要求，加氢氧化钠⑧，5～6滴过氧化氢②	酒石酸⑮调 pH 2mL 磷酸⑯

① 马弗炉灼烧：750℃灼烧成三氧化钨。

② 过氧化氢：$\rho=1.10\text{g/mL}$，优级纯。

③ 氢氧化钠：200g/L，优级纯。

④ 柠檬酸溶液：500g/L，用优级纯试剂配制。

⑤ 硫酸：1+3，优级纯。

⑥ 硫脲溶液：100g/L，分析纯。

⑦ 抗坏血酸：100g/L，用时现配。

⑧ 氢氧化钠：100g/L，优级纯。

⑨ 碘化钾-硫脲混合液：称取 250g 碘化钾和 20g 硫脲，溶于 1000mL 水中，保存于棕色瓶中。

⑩ 盐酸：3+2，优级纯。

⑪ 磷酸：$\rho=1.69\text{g/mL}$，分析纯。

⑫ 盐酸：1+4，分析纯。

⑬ 抗坏血酸：100g/L，用时现配。

⑭ 三氯化钛［15%～20%（质量分数）］：以盐酸（1+9）稀释至 100mL，用时现配。

⑮ 酒石酸：150g/L，分析纯。

⑯ 磷酸：1+1，分析纯。

注：分析样品中的锡含量时，根据样品中锡的质量分数，加入相应体积的氢氧化钠。当 $w(\text{Sn})\geqslant 0.00005\%\sim 0.00060\%$ 时，加入 10.00mL 氢氧化钠溶液；当 $w(\text{Sn})>0.00060\%\sim 0.0030\%$ 时，加入 5.50mL 氢氧化钠溶液；当 $w(\text{Sn})>0.0030\%\sim 0.010\%$ 时，加入 6.00mL 氢氧化钠溶液；当 $w(\text{Sn})>0.010\%\sim 0.020\%$ 时，加入 5.50mL 氢氧化钠溶液。

根据样品中被测元素的种类和钨产品的种类，按表6-9将样品置于相应的消解容器中（分析紫钨、粗颗粒碳化钨中的铋、锑、砷、锡含量时，按表6-9在马弗炉中灼烧，将样品完全转化为三氧化钨），按表6-9加入相应量的溶样溶液。分析钨粉、钨条、蓝钨、细（中）颗粒碳化钨中的铋、锑、砷、锡含量时，待剧烈反应停止后，盖上表面皿，于电热板上低温加热至样品完全溶解。加热蒸至近干，取下冷却，用水吹洗杯壁。按表6-9加入相应量的氢氧化钠溶液，于电热板上溶解至清亮并冒大气泡，取下冷却。

（1）分析样品中铋含量的样品溶液　按表6-8，当 $w(Bi)>0.0010\%$ 时，将上述经消解的样品溶液移至100mL容量瓶中，用水稀释至刻度，摇匀。分取10mL上述样品溶液于100mL烧杯中，按表6-9的干扰消除剂加入相应量的试剂，加入柠檬酸溶液，混匀，冷却。加入1~2滴酚酞溶液（10g/L，称取1g酚酞溶于100mL无水乙醇溶液中），用氢氧化钠溶液调至红色，在不断摇动下，加入硫酸，用水稀释至约40mL，于低温电炉上加热，保持微沸5min以上（注意不要飞溅，保持体积不小于30mL），冷却至室温。加入5mL硫脲溶液，加入抗坏血酸溶液，将溶液移至100mL容量瓶中，用水洗涤烧杯两次并将液体移至容量瓶中，用水稀释至刻度，摇匀，待测。

（2）分析样品中锑含量的样品溶液　将上述经消解的样品溶液移至100mL容量瓶中。按表6-8，当 $w(Sb)>0.0010\%$ 时，用水稀释至刻度，摇匀。分取10mL上述样品溶液于100mL容量瓶中，加入1~2滴酚酞溶液（10g/L，称取1g酚酞溶于100mL无水乙醇溶液中），按表6-9的干扰消除剂加入相应量的试剂。以柠檬酸溶液中和至红色刚好消失，再过量30mL。加入抗坏血酸、碘化钾-硫脲混合液、盐酸，用水稀释至刻度，摇匀，待测。

（3）分析样品中砷含量的样品溶液　将上述经消解的样品溶液移至100mL容量瓶中。按表6-8，当 $w(As)>0.0025\%$ 时，用水稀释至刻度，摇匀。分取10mL上述样品溶液于100mL容量瓶中，用水稀释至约50mL，加入1~2滴酚酞溶液（10g/L，称取1g酚酞溶于100mL无水乙醇溶液中）。按表6-9的干扰消除剂加入相应量的试剂。在不断摇动下，用磷酸中和至无色再过量10mL。加入盐酸摇匀，加入硫脲溶液、抗坏血酸溶液、三氯化钛溶液，用水稀释至刻度，摇匀，放置30min，待测。

（4）分析样品中锡含量的样品溶液　按表6-8，当 $w(Sn)>0.0030\%$ 时，将上述经消解的样品溶液移至100mL容量瓶中，用水稀释至刻度，摇匀。分取上述样品溶液10mL于100mL烧杯中，加入1滴酚酞溶液（10g/L，称取1g酚酞溶于100mL无水乙醇溶液中），按表6-9的干扰消除剂加入相应量的试剂。用酒石酸溶液调至无色并过量12mL，加入磷酸，摇匀，于电炉上加热，保持微沸1~2min，冷却至室温。将此溶液移至100mL容量瓶中，用水洗涤烧杯两次并将液体移至容量瓶中，用水稀释至刻度，摇匀，待测。

（三）仪器条件的选择

分析钨产品中的11种杂质元素铅、镍、镉、铜、镁、钠、钾、铋、锡、锑、砷的含量时，推荐的仪器工作条件，参见表6-1。以铅元素的测定为例，介绍原子吸收光谱仪器操作条件的选择。以锡元素的测定为例，介绍原子吸收光谱仪与流动注射-氢化物发生器联用的仪器操作条件的选择。

1. 原子吸收光谱仪

(1) 选择铅元素的空心阴极灯作为光源（如测定铅、镍、镉、铜、镁、钠、钾元素时，选择相应元素的空心阴极灯）。

(2) 分析钨产品中的铅、镍、镉、铜、镁、钠、钾元素含量时，选择火焰原子化器，其原子化器条件见表 6-1。测定不同元素有不同的仪器操作条件。

(3) 在仪器最佳工作条件下，凡能达到下列指标者均可使用。

1) 灵敏度　在与测量样品溶液的基体一致的溶液中，铅的特征浓度应≤0.3$\mu g/mL$（如测定铅、镍、镉、铜、镁、钠、钾元素时，其检出限见表 6-1）。检出限定义，参见第二章第二节--一、-(三)-(3)-1) 灵敏度。

2) 精密度　其测量计算的方法和标准规定参见第二章第二节--一、-(三)-(3)-2) 精密度。

3) 标准曲线线性　将标准曲线按浓度等分成五段，最高段的吸光度差值与最低段的吸光度差值之比≥0.7。

2. 原子吸收光谱仪与流动注射-氢化物发生器联用的仪器

(1) 选择锡元素的空心阴极灯作为光源（如测定铋、锑、砷元素时，选择相应元素的空心阴极灯）。

(2) 流动注射-氢化物发生器：原子化温度为 800～850℃；载气为氮气（体积分数≥99.99%），输出压力为 0.25MPa，流量为 400mL/min ［氧气（体积分数≥99.20%），输出压力为 0.05MPa，流量为 3～6mL/min。或压缩空气，输出压力为 0.05MPa，流量为 15～30mL/min］。按图 6-1 连接载气[14]。

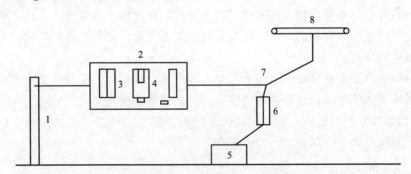

图 6-1　氢化物发生器载气连接图

1—氮气瓶；2—流动注射-氢化物发生器；3—流量计；4—气液分离器；5—氧气瓶或压缩空气瓶；
6—流量计；7—玻璃三通（一角约 60°，另两角约 150°）；8—电热石英加热管

每种原子化器的条件参考相应国家标准。测定铋、锑、砷、锡元素时的仪器条件见表 6-1。

(3) 在原子吸收光谱仪和流动注射-氢化物发生器联用之后，在最佳工作条件下，凡能达到下列指标者均可使用。

1) 灵敏度　在与测量样品溶液的基体一致的溶液中，铋的特征浓度应≤0.4ng/mL（如测定铋、锑、砷时，其检出限见表 6-1）。检出限定义，参见第二章第二节--一、-(三)-(3)-1) 灵敏度。

2) 精密度　其测量计算的方法和标准规定参见第二章第二节--一、-(三)-(3)-2) 精密度。

3) 标准曲线线性 将标准曲线按浓度等分成五段，最高段的吸光度差值与最低段的吸光度差值之比≥0.7。

（四）干扰的消除

（1）分析钨产品中的铅含量，在碱性溶液中以铁（Ⅲ）为共沉淀剂使铅富集，用柠檬酸络合残留的钨，避免基体的干扰。

（2）分析钨产品中的镍、镉含量，加入盐酸溶解镍、镉，过氧化氢、柠檬酸络合钨。绘制标准曲线时，配制标准溶液加入与样品含钨量相同的钨基体（被测元素含量极低），依据样品种类进行同样的样品前处理，避免基体的干扰，此为基体匹配标准曲线法，详见本方法中（五）标准曲线的建立。

（3）分析钨产品中的镁含量，用过氧化氢、柠檬酸络合钨。采用基体匹配法，绘制标准曲线，避免基体的干扰。

（4）分析钨产品中的铜含量，加入盐酸使钨充分水解，并干过滤除去钨基体，避免基体的干扰。

（5）分析钨产品中的钠、钾含量，用氯化铯作消电离剂。采用基体匹配法，绘制标准曲线，也可绘制无基体标准曲线，避免基体与干扰元素的干扰。

（6）分析钨产品中铋含量，用柠檬酸络合主体钨，在硫酸介质中，用硫脲消除干扰。采用基体匹配法，绘制标准曲线，避免基体的干扰。

（7）分析钨产品中锑含量，用柠檬酸络合主体钨，用抗坏血酸将五价锑还原成三价，在6%的盐酸介质条件下，用碘化钾、硫脲消除杂质离子干扰。采用基体匹配法，绘制标准曲线，避免基体的干扰。

（8）分析钨产品中砷含量，用磷酸络合主体钨，在盐酸介质条件下，用硫脲、抗坏血酸和三氯化钛将五价砷还原成三价，避免干扰元素的干扰。采用基体匹配法，绘制标准曲线，避免基体的干扰。

（9）分析钨产品中锡含量，以酒石酸络合钨并调节酸度，以磷酸助溶，避免干扰元素的干扰。采用基体匹配法，绘制标准曲线，避免基体的干扰。

（10）如果在溶样过程中，加入过氧化氢溶解不完全，可适当多加过氧化氢，使样品完全溶解，并随同做空白试验。

（五）标准曲线的建立

1. 标准溶液的配制

配制各个被测元素标准储备溶液和标准溶液的原则，参见第二章第三节-二、-（五）-1. 标准溶液的配制。分析钨产品中的11种杂质元素铅、镍、镉、铜、镁、钠、钾、铋、锡、锑、砷的含量时，各种被测元素的标准储备溶液和标准溶液的制备方法参见表6-10。

▫ 表6-10 分析钨产品中的11种杂质元素铅等含量的被测元素标准储备溶液和标准溶液制备方法

被测元素	标准储备溶液制备方法	标准溶液制备方法
铅	称1.0000g金属铅（质量分数≥99.99%），置于250mL烧杯中，盖上表面皿，加入20mL硝酸（1+1），缓慢加热至完全溶解，煮沸数分钟，驱除氮氧化物，冷却。用超纯水定容至1L，混匀。铅的浓度为100μg/mL	直接使用铅标准储备溶液作铅标准溶液。铅的浓度为100μg/mL

被测元素	标准储备溶液制备方法	标准溶液制备方法
镍	称 1.0000g 金属镍（质量分数≥99.99%），置于 250mL 烧杯中，盖上表面皿，加入 20mL 硝酸（1+1），缓慢加热至完全溶解，煮沸数分钟，冷却，用超纯水定容至 1L，混匀。镍的浓度为 100μg/mL	移取 10.00mL 镍标准储备溶液，用超纯水定容至 100mL，混匀。镍的浓度为 10μg/mL
镉	称 1.0000g 金属镉（质量分数≥99.99%），置于烧杯中，盖上表面皿，加入 20mL 硝酸（1+1），缓慢加热至完全溶解，取下冷却。用超纯水定容至 1L，混匀。镉的浓度为 1000μg/mL	Ⅰ：移取 10.00mL 镉标准储备溶液于 100mL 容量瓶中，加 2mL 硝酸（1+1），用超纯水定容，混匀。镉的浓度为 100μg/mL Ⅱ：移取 10.00mL 镉标准储备溶液于 1000mL 容量瓶中，加 2mL 硝酸（1+1），用超纯水定容，混匀。镉的浓度为 10μg/mL
镁	称 0.1658g 氧化镁（质量分数≥99.99%，预先经 780℃灼烧 1h），置于 250mL 烧杯中，加入 20mL 盐酸（1+1），低温加热溶解，冷却至室温，用超纯水定容至 1L，混匀。镁的浓度为 100μg/mL	移取 10.00mL 镁标准储备溶液，用超纯水定容至 100mL，混匀。镁的浓度为 10μg/mL
铜	称 0.1000g 金属铜（质量分数≥99.99%），置于 150mL 烧杯中，加入 10mL 硝酸（$\rho=1.42$g/mL），盖上表面皿，缓慢加热至完全溶解，煮沸数分钟，驱除氮氧化物，冷却。用超纯水定容至 1L，混匀。铜的浓度为 100μg/mL	移取 25.00mL 铜标准储备溶液于 250mL 容量瓶中，加 25mL 盐酸（1+1），用超纯水定容至 1L，混匀。用时现配。铜的浓度为 10μg/mL
钠	称 0.2542g 氯化钠（质量分数≥99.9%，预先经 550℃灼烧 1h），置于石英烧杯中，用水溶解，冷却至室温，用超纯水定容至 1L，混匀，保存于塑料瓶中。钠的浓度为 100μg/mL	移取 25.00mL 钠标准储备溶液，用超纯水定容至 500mL，保存于塑料瓶中，混匀。钠的浓度为 5μg/mL
钾	称 0.1907g 氯化钾（质量分数≥99.9%，预先经 550℃灼烧 1h），置于石英烧杯中，用水溶解，冷却至室温，用超纯水定容至 1L，混匀，储备于塑料瓶中。钾的浓度为 100μg/mL	移取 25.00mL 钾标准储备溶液，用超纯水定容至 500mL，储备于塑料瓶中，混匀。钾的浓度为 5μg/mL
铋	称 1.0000g 金属铋（质量分数≥99.99%），置于烧杯中，盖上表面皿，加入 10mL 硝酸（$\rho=1.42$g/mL，优级纯），缓慢加热至完全溶解，取下冷却。用超纯水定容至 1L，混匀。铋的浓度为 100μg/mL	Ⅰ：移取 10.00mL 铋标准储备溶液于 200mL 容量瓶中，用硝酸（1+9，优级纯）定容，混匀。铋的浓度为 5μg/mL Ⅱ：移取 20.00mL 铋标准溶液Ⅰ于 200mL 容量瓶中，用硝酸（1+9，优级纯）定容，混匀。铋的浓度为 0.5μg/mL
锑	称 0.1000g 光谱纯金属锑，置于烧杯中，盖上表面皿，加入 10~20mL 浓盐酸（$\rho=1.19$g/mL，优级纯），缓慢加热至完全溶解，取下冷却。用盐酸（1+3）定容至 1L，混匀。锑的浓度为 100μg/mL	Ⅰ：移取 5.00mL 锑标准储备溶液于 100mL 容量瓶中，用盐酸（1+9，优级纯）定容至 100mL，混匀。锑的浓度为 5μg/mL Ⅱ：移取 10.00mL 锑标准溶液Ⅰ于 100mL 容量瓶中，用盐酸（1+9，优级纯）定容，混匀。锑的浓度为 0.5μg/mL
砷	称 0.1320g 三氧化二砷基准试剂（预先经 110℃烘干），置于烧杯中，盖上表面皿，加入 1mL 氢氧化钠溶液（100g/L）溶解，用盐酸（1+9）中和，用盐酸（1+9）定容至 1L，混匀。砷的浓度为 100μg/mL	Ⅰ：移取 10.00mL 砷标准储备溶液于 200mL 容量瓶中，用盐酸（1+9，优级纯）定容，混匀。砷的浓度为 5μg/mL Ⅱ：移取 10.00mL 砷标准溶液Ⅰ于 200mL 容量瓶中，用盐酸（1+9，优级纯）定容，混匀。砷的浓度为 0.5μg/mL
锡	称 0.1000g 纯锡（99.95%以上，使用前刮去表面氧化层），置于 1000mL 容量瓶中，加 200mL 盐酸（$\rho=1.19$g/mL，优级纯），在沸水浴上溶解完全后，冷却，以超纯水定容至 1L，混匀。锡的浓度为 100μg/mL	Ⅰ：移取 20.00mL 锡标准储备溶液于 200mL 容量瓶中，用盐酸（1+9，优级纯）定容至刻度，混匀。锡的浓度为 10μg/mL Ⅱ：移取 20.00mL 锡标准溶液Ⅰ于 200mL 容量瓶中，用盐酸（1+9，优级纯）定容，混匀。锡的浓度为 1μg/mL

2. 标准曲线的建立

标准系列溶液的配制原则，参见第二章第二节-一、-(五)-2. 标准曲线的建立中的标准系列溶液的配制原则。分析钨产品中的杂质元素铅、铜、钠、钾的含量时，采用标准曲线法。分析钨产品中的杂质元素钠、钾、镍、镉、镁、铋、锑、砷、锡的含量时，采用基体匹配标准曲线法。其原理介绍参见第二章第二节-一、-(五)-2. 标准曲线的建立。2 种方法的具体操作步骤如下。

(1) 标准曲线法　标准系列溶液详见表 6-11。其中，配制钠、钾的标准系列溶液可以采用无基体匹配法，也可以采用基体匹配法（参见表 6-12）。

注意：配制钠、钾的标准系列溶液时，需选用石英烧杯。

此方法中，对样品中的不同被测元素分别配制独立的标准系列溶液，绘制标准曲线，详见表 6-11。

▫ 表 6-11　分析钨产品中的杂质元素铅、铜、钠、钾含量的标准系列溶液

被测元素	被测元素标准溶液浓度/(μg/mL)	分取被测元素标准溶液体积/mL	定容体积/mL	硝酸[①]体积/mL	盐酸[②]体积/mL	氨水[③]体积/mL	氯化铯溶液[④]体积/mL
铅	100	0、0.50、1.00、2.00、3.00、4.00、5.00	100	5	—	—	—
铜	10	0、1.00、2.00、4.00、8.00、10.00	100	—	10	—	—
钠	5	0、1.00、2.00、3.00、4.00、5.00	100	—	—	2	1
钾	5	0、1.00、2.00、3.00、4.00、5.00	100	—	—	2	1

① 硝酸：1+1，分析纯。

② 盐酸：$\rho=1.19g/mL$，优级纯。

③ 氨水：$\rho=0.88g/mL$，优级纯。

④ 氯化铯溶液：20g/L。

根据样品的被测元素种类，按表 6-11 分别移取相应系列体积的被测元素标准溶液（溶液中被测元素浓度参见表 6-11，其标准溶液制备方法参见表 6-10），置于 100mL 容量瓶中，加入表 6-11 规定的相应量的硝酸或盐酸，按表 6-11 加入相应体积的氨水、氯化铯溶液，用水稀释至刻度，混匀，待测。

(2) 基体匹配标准曲线法　分析钨产品中的杂质元素钠、钾、镍、镉、镁、铋、锑、砷、锡的含量时，配制标准系列溶液采用基体匹配法，即配制与被测样品基体一致、质量分数相近的标准系列溶液。称取纯基体物质 [高纯钨，$w(W)\geqslant99.99\%$，且 $w(Na、K、Ni、Cd、Mg、Bi、Sb、As、Sn)<0.0001\%$]，按照样品溶液的制备方法制备钨基体溶液，再根据样品的称取量，在标准系列溶液中加入等量的钨基体溶液。

基体溶液制备方法详情参见本方法的 (二) 样品的消解中的样品溶液制备方法。注意：配制钠、钾、镁的标准系列溶液时，需选用石英烧杯。样品中的被测元素及其质量分数不同，需分别绘制独立的标准曲线，即其标准系列溶液不同。这些标准系列溶液的配制方法参见表 6-12。

▫ 表 6-12　分析钨产品中的杂质元素钠、钾、镍等含量的标准系列溶液

被测元素	被测元素质量分数/%	消解试剂	分取被测元素标准溶液体积/mL	干扰消除剂	定容体积/mL
钠	0.0003～0.080	水-过氧化氢-氨水	0、1.00、2.00、3.00、4.00、5.00	1mL 氯化铯[①]	100

被测元素	被测元素质量分数/%	消解试剂	分取被测元素标准溶液体积/mL	干扰消除剂	定容体积/mL
钾	0.0005~0.080	水-过氧化氢-氨水	0、1.00、2.00、3.00、4.00、5.00	1mL 氯化铯①	100
镍	0.045~0.20	水-氨水-过氧化氢-柠檬酸 盐酸-氨水-柠檬酸	0、0.50、1.00、2.00、3.00、4.00、5.00	6mL 盐酸② 25mL 氨水⑥ 1mL 柠檬酸⑦	100
镉	0.0004~0.0030	水-氨水-过氧化氢 盐酸-氨水	0、0.25、0.50、1.00、1.50（标准溶液Ⅱ）	1mL 柠檬酸⑦	50
镁	0.0003~0.050	水-氨水-过氧化氢	0、1.00、2.00、3.00、4.00、5.00（标准溶液）	2mL 柠檬酸⑦	100
铋	0.0003~0.0010	水-过氧化氢-氢氧化钠	0、0.50、1.00、2.00、3.00、4.00、5.00（标准溶液Ⅱ）	8mL 柠檬酸⑦ 以氢氧化钠中和 6mL 硫酸⑧ 5mL 硫脲⑨ 5mL 抗坏血酸⑩	100
铋	>0.0010~0.0050		0、1.00、2.00、3.00、4.00、5.00（标准溶液Ⅰ）		
铋	>0.0050~0.020		0、2.00、4.00、6.00、8.00、10.00（标准溶液Ⅰ）		
锑	0.00005~0.0010	水-过氧化氢-氢氧化钠	0、1.00、2.00、3.00、4.00、5.00（标准溶液Ⅱ）	以柠檬酸⑦中和，再过量 30mL 4mL 抗坏血酸⑩ 3mL 碘化钾硫酸混合液⑪ 10mL 盐酸③	100
锑	>0.0010~0.0050		0、1.00、2.00、3.00、4.00、5.00（标准溶液Ⅰ）		
锑	>0.0050~0.020		0、2.00、4.00、6.00、8.00、10.00（标准溶液Ⅰ）		
砷	0.00005~0.0010	水-过氧化氢-氢氧化钠	0、1.00、2.00、3.00、4.00、5.00（标准溶液Ⅱ）	以磷酸⑤中和，再过量 10mL 10mL 盐酸④ 10mL 硫脲⑨ 1mL 抗坏血酸⑩ 2mL 三氯化钛	100
砷	>0.0010~0.0050		0、1.00、2.00、3.00、4.00、5.00（标准溶液Ⅰ）		
砷	>0.0050~0.020		0、2.00、4.00、6.00、8.00、10.00（标准溶液Ⅰ）		
锡	0.00005~0.0030	水-过氧化氢-氢氧化钠	0、1.00、2.00、4.00、6.00、8.00（标准溶液Ⅱ）	以酒石酸⑫中和，再过量 12mL 1mL 磷酸⑤	100
锡	>0.0030~0.020		0、1.00、2.00、4.00、6.00、8.00（标准溶液Ⅰ）		

① 氯化铯：20g/L，优级纯。

② 盐酸：1+1，优级纯。

③ 盐酸：3+2，优级纯。

④ 盐酸：1+4，优级纯。

⑤ 磷酸：$\rho = 1.69$g/mL。

⑥ 氨水：1+1，优级纯。

⑦ 柠檬酸：500g/L，优级纯。

⑧ 硫酸：1+3，优级纯。

⑨ 硫脲：100g/L。

⑩ 抗坏血酸：100g/L，用时现配。

⑪ 碘化钾硫酸混合液：称 250g 碘化钾和 20g 硫脲，溶于 1000mL 水中，保存于棕色瓶中。

⑫ 酒石酸：150g/L。

称取 6 份与样品含钨量相同的钨基体，置于 6 个石英烧杯（玻璃烧杯）中。根据样品中被测元素的种类及被测元素质量分数，以表 6-12 规定的钨基体消解试剂体系将钨基体消解（钨基体消解方法与相应的样品消解方法相同）。加入表 6-12 规定的相应系列体积的被测元素标准溶液（溶液中相应被测元素浓度及其标准溶液的制备方法参见表 6-10），再加入表 6-12 规定的干扰消除剂（操作方法与相应的样品溶液制备方法相同），以水定容至表 6-12 规定体积的容量瓶中，混匀，待测。

标准系列溶液的测量方法，参见第二章第二节-二、-(五)-2.-(3) 标准系列溶液的测量。以被测元素的质量浓度（$\mu g/mL$）为横坐标、净吸光度（A）为纵坐标，绘制标准曲线。

（六）样品的测定

样品溶液的测量方法，参见第二章第二节-二、-(六)-(2) 分析氧化镁［当 $w(MgO) >$ 0.20%～1.50% 时］、氧化铅的含量（标准曲线法）中的测量方法。从标准曲线上查出相应的被测元素的质量浓度（$\mu g/mL$）。

（七）结果的表示

当被测元素的质量分数 < 0.01% 时，分析结果表示至小数点后第 4 位；当被测元素的质量分数 > 0.01% 时，分析结果表示至小数点后第 3 位。

（八）质量保证和质量控制

具体操作方法参见第二章第三节-一、-(八) 质量保证和质量控制。

（九）注意事项

（1）参见第二章第二节-一、-(九) 注意事项（1）、（2）。

（2）需要特别注意的是，分析钨产品中的 11 种杂质含量，制备样品溶液时，当加热过氧化氢空白时，溶液体积应始终保持不少于 5mL（中间反复加水 2～3 次），以防过氧化氢爆炸。

（3）参见第二章第三节-一、-(九) 注意事项（1）、（3）。

（4）检测方法中所用仪器的标准，参见第二章第三节-三、-(九) 注意事项（3）。

（5）分析钨产品中的杂质元素钠、钾、镁的含量时，消解钨产品需用石英烧杯。配制钠、钾、镁的标准系列溶液时，需选用石英烧杯。

第三节　电感耦合等离子体原子发射光谱法

在现行有效的标准中，采用电感耦合等离子体原子发射光谱法分析钨及其相关产品的标准有 9 个。这里将这些方法归纳，并提出了一整套实验方案。

现行国家标准[17-25]中，电感耦合等离子体原子发射光谱法可以分析钨产品中 9 种杂质元素钴、镍、镉、铝、钙、镁、钒、铬、锰的含量。此方法适用于钨粉、钨条、三氧化钨、蓝钨、紫钨、碳化钨、钨酸、偏钨酸铵、仲钨酸铵等钨产品中的上述 9 种杂质元素含量的独立测定，其元素测定范围见表 6-2。

我们以此为应用实例讲解具体的分析步骤和方法，以及一些注意事项。

（一）样品的制备和保存

（1）钨条应粉碎并通过 0.125mm 筛网。

（2）细颗粒碳化钨平均粒度为 $1\sim3\mu m$，中颗粒碳化钨平均粒度为 $3\sim9\mu m$，粗颗粒碳化钨平均粒度大于 $9\mu m$。

（二）样品的消解

分析钨产品中 9 种杂质元素钴、镍、镉、铝、钙、镁、钒、铬、锰含量的消解方法主要为湿法消解中的电热板消解法和微波消解法。关于消解方法分类的介绍，参见第二章第二节-一、-（二）样品的消解。本部分中，分析钨产品中的镉、镍、钙、镁、钒、铬、锰、钴含量时，采用电热板消解法的碱法消解。消解原理为：用过氧化氢及氨水分解样品，其中紫钨、粗颗粒碳化钨灼烧成三氧化钨后，再用过氧化氢及氨水分解。加盐酸，过滤沉淀钨基体或加盐酸、过氧化氢、柠檬酸等络合钨，以除去钨基体。分析钨产品中的铝含量时，采用微波消解法，样品经微波消解仪分解，酸化后以盐酸沉淀主体钨，过滤后直接用光谱测定。

1. 分析钨产品中镉、镍、钙、镁的含量

称取 0.50~1.00g 样品，精确至 0.0001g。独立地进行 2 次测定，取其平均值。称取与样品相同量的钨基体（质量分数≥99.99%，被测元素含量<0.0001%）代替样品，随同样品做空白试验。

钨产品的种类不同，样品的溶解方法不同。钨粉、钨条、碳化钨用过氧化氢分解；蓝钨用过氧化氢和氨水分解；三氧化钨、钨酸、仲钨酸铵、偏钨酸铵用氨水分解；紫钨、粗颗粒碳化钨灼烧成三氧化钨后用氨水分解，如表 6-13 所列。

样品中的被测元素不同，样品的消解方法，特别是消除干扰（去除钨基体）的方法也有差别，见表 6-13。

▫ 表 6-13 分析钨产品中镉、镍、钙、镁含量的样品消解

被测元素	钨产品	消解容器	马弗炉灼烧[①]温度/℃	溶样溶液	过氧化氢+柠檬酸	干扰消除剂
镉	钨粉、钨条、细（中）颗粒碳化钨	200mL 玻璃烧杯	—	用水润湿，分次加 10mL 过氧化氢[②]	2mL 过氧化氢[②] 1mL 柠檬酸[③]	5mL 盐酸[④] 12mL 氨水[⑤] 1mL 柠檬酸[③]
	三氧化钨、钨酸	200mL 玻璃烧杯	—	40~45mL 氨水[⑤]	2mL 过氧化氢[②] 1mL 柠檬酸[③]	5mL 盐酸[④] 12mL 氨水[⑤] 1mL 柠檬酸[③]
	蓝钨	200mL 玻璃烧杯	—	20mL 过氧化氢[②]，30mL 氨水[⑤]	2mL 过氧化氢[②] 1mL 柠檬酸[③]	5mL 盐酸[④] 12mL 氨水[⑤] 1mL 柠檬酸[③]
	紫钨、粗颗粒碳化钨	200mL 石英烧杯	750	40~45mL 氨水[⑤]	2mL 过氧化氢[②] 1mL 柠檬酸[③]	5mL 盐酸[④] 12mL 氨水[⑤] 1mL 柠檬酸[③]
	仲钨酸铵、偏钨酸铵	200mL 玻璃烧杯	—	30mL 水，3~5mL 氨水[⑤]	2mL 过氧化氢[②] 1mL 柠檬酸[③]	5mL 盐酸[④] 12mL 氨水[⑤] 1mL 柠檬酸[③]

被测元素	钨产品	消解容器	马弗炉灼烧①温度/℃	溶样溶液	过氧化氢+柠檬酸	干扰消除剂
镍	钨粉、钨条、细(中)颗粒碳化钨	200mL 玻璃烧杯	—	用水润湿,分次加10mL过氧化氢②	1mL柠檬酸③	8mL盐酸④ 20mL氨水⑤ 2mL柠檬酸③
	三氧化钨、钨酸	200mL 玻璃烧杯	—	40mL氨水⑤	2mL过氧化氢② 1mL柠檬酸③	8mL盐酸④ 20mL氨水⑤ 2mL柠檬酸③
	蓝钨	200mL 玻璃烧杯	—	20mL过氧化氢②,40mL氨水⑤	2mL过氧化氢② 1mL柠檬酸③	8mL盐酸④ 20mL氨水⑤ 2mL柠檬酸③
	紫钨、粗颗粒碳化钨	200mL 石英烧杯	750	40mL氨水⑤	2mL过氧化氢② 1mL柠檬酸③	8mL盐酸④ 20mL氨水⑤ 2mL柠檬酸③
	仲钨酸铵、偏钨酸铵	200mL 玻璃烧杯	—	30mL水,5mL氨水⑤	2mL过氧化氢② 1mL柠檬酸③	8mL盐酸④ 20mL氨水⑤ 2mL柠檬酸③
钙	钨粉、钨条、细(中)颗粒碳化钨	200mL 石英烧杯	—	用水润湿,分次加10mL过氧化氢②	—	2mL柠檬酸③
	三氧化钨、钨酸	200mL 石英烧杯	—	40mL氨水⑤	5mL过氧化氢②	2mL柠檬酸③
	蓝钨	100mL 石英锥形瓶	—	20mL过氧化氢②,40mL氨水⑤	2mL过氧化氢②	2mL柠檬酸③
	紫钨、粗颗粒碳化钨	100mL 石英锥形瓶	750	40mL氨水⑤	5mL过氧化氢②	2mL柠檬酸③
	仲钨酸铵、偏钨酸铵	200mL 石英烧杯	—	30mL水,5mL氨水⑤	5mL过氧化氢②	2mL柠檬酸③
镁	钨粉、钨条、细(中)颗粒碳化钨	200mL 石英烧杯	—	用水润湿,分次加10mL过氧化氢②	—	2mL柠檬酸③
	三氧化钨、钨酸	200mL 石英烧杯	—	40mL氨水⑤	5mL过氧化氢②	2mL柠檬酸③
	蓝钨	100mL 石英锥形瓶	—	20mL过氧化氢②,40mL氨水⑤	5mL过氧化氢②	2mL柠檬酸③
	紫钨、粗颗粒碳化钨	100mL 石英锥形瓶	750	40mL氨水⑤	5mL过氧化氢②	2mL柠檬酸③
	仲钨酸铵、偏钨酸铵	200mL 石英烧杯	—	50mL水,5mL氨水⑤	5mL过氧化氢②	2mL柠檬酸③

① 马弗炉灼烧:750℃灼烧成三氧化钨。

② 过氧化氢:$\rho = 1.10\text{g/mL}$,优级纯。

③ 柠檬酸(500g/L):用优级纯试剂配制。

④ 盐酸:1+1,分析纯。

⑤ 氨水:1+1,用MOS级氨水配制。

　　根据样品中被测元素的种类和钨产品的种类,按表6-13将样品置于相应的消解容器中(分析紫钨、粗颗粒碳化钨中的镉、镍、钙、镁含量时,按表6-13在马弗炉中灼烧,将样品完全氧化为三氧化钨),按表6-13加入相应量的溶样溶液。待剧烈反应停止后,盖上表面皿，于电热板上低温加热至样品完全溶解（分析三氧化钨、钨酸、紫钨、粗颗粒碳化钨中的镍、钙、镁含量，分析仲钨酸铵、偏钨酸铵中的钙、镁含量时，加热至样品溶解或出现白色结晶）。加热蒸至 3～5mL（分析钨粉、钨条、碳化钨中的镉含量时，加热蒸至近干），取下冷却，用水吹洗杯壁。按表 6-13 加入相应量的过氧化氢＋柠檬酸（若溶解不完全，可适当多加过氧化氢，使样品完全溶解，并随同做空白试验），于电热板上加热煮沸，至溶液清亮，取下冷却。

注意：分析蓝钨中的镍、钙、镁含量时，按表 6-13 加入溶样溶液，先加入相应量的过氧化氢，加热蒸至近干，再加入相应量的氨水，按上述操作方法继续加热溶解样品。

（1）分析钨产品中镉含量的样品溶液　将上述经消解的样品溶液取下稍冷，用水吹洗表面皿及杯壁，并控制体积为 20～30mL。按表 6-13 干扰消除剂加入相应量的试剂。加入盐酸，低温加热煮沸 10～15min，取下稍冷，加入氨水，低温加热煮沸，取下，加入柠檬酸，加热煮沸至溶液清亮。取下冷却，将溶液移入 50mL 容量瓶中，用水稀释至刻度，混匀。

（2）分析钨产品中镍含量的样品溶液　将上述经消解的样品溶液取下稍冷，用水吹洗表面皿及杯壁，并控制体积约 20mL。按表 6-13 干扰消除剂加入相应量的试剂。加入盐酸，低温加热煮沸 15～20min，不时摇动。取下稍冷，加入氨水，低温加热煮沸约 5min，取下。加入柠檬酸，加热煮沸至溶液清亮。取下冷却，将烧杯内溶液转入 100mL 容量瓶中，用水稀释至刻度，混匀。

（3）分析钨产品中钙、镁含量的样品溶液　将上述经消解的样品溶液取下稍冷，用水吹洗表面皿及杯壁，并控制体积约 20mL。按表 6-13 干扰消除剂加入相应量的试剂。加入柠檬酸，加热煮沸至无小气泡，冷却。将烧杯内溶液转入 100mL 容量瓶中，用水稀释至刻度，混匀。

2. 分析钨产品中钴、钒、铬、锰的含量

分析钨产品中的上述过渡金属元素含量，用过氧化氢和氨水分解样品，用盐酸溶解使钨充分水解，钨基体以钨酸的形式析出，干过滤分离钨，待测。

样品中被测元素的种类及其质量分数不同，称样量不同，样品中被测元素的质量分数越大，称样量越小，如表 6-14 所列。根据样品中被测元素的种类及其质量分数，称取相应质量的样品，精确至 0.0001g。独立地进行两次测定，取其平均值。称取与样品相同量的钨基体（质量分数≥99.99％，被测元素含量＜0.0001％），随同样品做空白试验。

▫ **表 6-14　分析钨产品中钴、钒、铬、锰含量的称样量**

被测元素	被测元素质量分数/%	样品量/g
钴	0.0001～0.0010	1.00
	＞0.0010～0.010	0.50
	＞0.010～0.050	0.20
钒	0.0002～0.005	2.50
	＞0.005～0.01	0.50
铬	0.0002～0.002	2.50
	＞0.002～0.02	0.50

被测元素	被测元素质量分数/%	样品量/g
锰	0.0001～0.0010	1.00
	＞0.0010～0.010	0.50
	＞0.010～0.050	0.20

样品中的被测元素不同，样品的消解方法不同；钨产品的种类不同，样品的消解方法亦不同，如表 6-15 所列。

□ 表 6-15　分析钨产品中钴、钒、铬、锰含量的样品消解

被测元素	钨产品	消解容器	马弗炉灼烧①温度/℃	溶样溶液	氨水溶液	干扰消除剂
钴	钨粉、钨条	100mL 玻璃烧杯	—	用水润湿,分次加 10~20mL 过氧化氢②	10mL 氨水③	15mL 盐酸④
	三氧化钨、钨酸、仲钨酸铵、偏钨酸铵	100mL 玻璃烧杯	—	5mL 过氧化氢②,30mL 氨水③	—	15mL 盐酸④
	蓝钨、细(中)颗粒碳化钨	100mL 玻璃烧杯	—	10~30mL 过氧化氢②	30mL 氨水③	15mL 盐酸④
	紫钨、粗颗粒碳化钨	100mL 石英锥形瓶	750	5mL 过氧化氢②,30mL 氨水③	—	15mL 盐酸④
钒	钨粉、钨条	300mL 玻璃烧杯	—	以水润湿,分次加 10~30mL 过氧化氢②	10mL 氨水⑤	15mL 盐酸④ 用热盐酸⑥洗涤沉淀
	三氧化钨、钨酸、仲钨酸铵、偏钨酸铵	300mL 玻璃烧杯	—	5mL 过氧化氢②	30mL 氨水⑤	15mL 盐酸④ 用热盐酸⑥洗涤沉淀
	蓝钨、细(中)颗粒碳化钨	300mL 玻璃烧杯	—	15mL 过氧化氢②Ⅰ;10mL 过氧化氢②Ⅱ	30mL 氨水⑤	15mL 盐酸④ 用热盐酸⑥洗涤沉淀
	紫钨、粗颗粒碳化钨	100mL 石英锥形瓶	750	5mL 过氧化氢②	30mL 氨水⑤	15mL 盐酸④ 用热盐酸⑥洗涤沉淀
铬	钨粉、钨条	300mL 玻璃烧杯	—	用水润湿,分次加 10~30mL 过氧化氢②	10mL 氨水⑤	15mL 盐酸④ 用热盐酸⑥洗涤沉淀
	三氧化钨、钨酸、仲钨酸铵、偏钨酸铵	300mL 玻璃烧杯	—	5mL 过氧化氢②	30mL 氨水⑤	15mL 盐酸④ 用热盐酸⑥洗涤沉淀
	蓝钨、细(中)颗粒碳化钨	300mL 玻璃烧杯	—	15mL 过氧化氢②Ⅰ;10mL 过氧化氢②Ⅱ	30mL 氨水⑤	15mL 盐酸④ 用热盐酸⑥洗涤沉淀
	紫钨、粗颗粒碳化钨	100mL 石英锥形瓶	750	5mL 过氧化氢②	30mL 氨水⑤	15mL 盐酸④ 用热盐酸⑥洗涤沉淀
锰	钨粉、钨条	100mL 玻璃烧杯	—	用水润湿,分次加 10~20mL 过氧化氢②	10mL 氨水③	15mL 盐酸④
	三氧化钨、钨酸、仲钨酸铵、偏钨酸铵	100mL 玻璃烧杯	—	5mL 过氧化氢②,30mL 氨水③	—	15mL 盐酸④

被测元素	钨产品	消解容器	马弗炉灼烧[①]温度/℃	溶样溶液	氨水溶液	干扰消除剂
锰	蓝钨、细(中)颗粒碳化钨	100mL 玻璃烧杯	—	10~30mL 过氧化氢[②]	30mL 氨水[③]	15mL 盐酸[④]
	紫钨、粗颗粒碳化钨	100mL 石英锥形瓶	750	5mL 过氧化氢[②],30mL 氨水[③]	—	15mL 盐酸[④]

① 马弗炉灼烧：750℃灼烧成三氧化钨。

② 过氧化氢：$\rho=1.10g/mL$，优级纯。

③ 氨水：1+1，优级纯。

④ 盐酸：$\rho=1.19g/mL$，优级纯。

⑤ 氨水：$\rho=0.90g/mL$，MOS级。

⑥ 盐酸：1+19，用优级纯试剂配制。

根据样品中被测元素的种类和钨产品的种类，按表 6-15 将样品置于相应的消解容器中（分析紫钨、粗颗粒碳化钨中的钴、钒、铬、锰含量时，按表 6-15 在马弗炉中灼烧，将样品完全氧化为三氧化钨），按表 6-15 加入相应量的溶样溶液。待剧烈反应停止后，盖上表面皿，于电热板上低温加热至样品完全溶解（分析三氧化钨、钨酸、紫钨、粗颗粒碳化钨中的钴、锰含量时，加热至样品溶解并冒大气泡）。加热蒸至近干，取下冷却，用水吹洗杯壁（若溶解不完全，可适当多加过氧化氢，使样品完全溶解，并随同做空白试验）。按表 6-15 加入相应量的氨水溶液，于电热板上加热煮沸，至溶液清亮并冒大气泡，取下冷却。

注意：分析蓝钨、细(中)颗粒碳化钨中的钒、铬含量时，按表 6-15 加入溶样溶液，先加入相应量的过氧化氢Ⅰ；加热蒸至近干，再加入相应量的过氧化氢Ⅱ，按上述操作方法继续加热溶解样品。

(1) 分析钨产品中钴含量的样品溶液　将上述经消解的样品溶液取下稍冷，用水吹洗表面皿及杯壁，并控制体积为 20~30mL。按表 6-15 干扰消除剂加入相应量的试剂。加入盐酸，钨酸沉淀后再低温加热至煮沸 3~5min，取下冷却至室温。将溶液移入 100mL 容量瓶中，用水稀释至刻度，混匀。干滤，待测。

(2) 分析钨产品中钒、铬含量的样品溶液　将上述经消解的样品溶液取下稍冷，用水吹洗表面皿及杯壁，并控制体积约 20mL。按表 6-15 干扰消除剂加入相应量的试剂。在不停地搅拌下缓慢加入盐酸，钨酸沉淀后低温加热至煮沸，保温 30min，至沉淀呈亮黄色，取下冷却至室温，移入 100mL 容量瓶中，用水定容，混匀，干过滤，滤液待测（样品质量 2.5g 时，用中速定量滤纸过滤于 300mL 烧杯中，用热盐酸洗涤烧杯和沉淀各4~5 次，低温蒸至 20~30mL，取下冷却。将溶液移入 50mL 容量瓶中，用水稀释至刻度）。

(3) 分析钨产品中锰含量的样品溶液　将上述经消解的样品溶液取下稍冷，用水吹洗表面皿及杯壁，并控制体积约 20mL。按表 6-15 干扰消除剂加入相应量的试剂。在不停地搅拌下缓慢加入盐酸，钨酸沉淀后低温加热至煮沸，保温 3~5min，取下冷却至室温，移入 100mL 容量瓶中，用水定容，混匀，干滤，滤液待测。

3. 分析钨产品中铝的含量

样品中被测元素的质量分数不同，称样量不同。当铝的质量分数为 0.0005％～0.0015％时，称取样品 1.00g；当铝的质量分数为＞0.0015％～0.010％时，称取样品 0.50g；当铝的质量分数为＞0.010％～0.050％时，称取样品 0.20g。根据样品中被测元素的质量分数，称取相应质量的样品，精确至 0.0001g。独立测定 2 次，取其平均值。称取与样品相同量的钨基体（质量分数≥99.99％，钨含量＜0.0001％），随同样品做空白试验。

将准确称量的样品置于 100mL 石英烧杯中，加入 3mL 过氧化氢（$\rho = 1.10g/mL$）和 3mL 氨水（MOS 级），低温加热 3～5min 后移入微波消解罐中，于 200℃消解 10min，取出，移入原石英烧杯中，控制体积在 20～30mL，在电炉上溶解至清亮并冒大气泡。

取下上述样品溶液，在不停搅拌下缓慢加入 15mL 盐酸（$\rho = 1.19g/mL$），钨酸沉淀后再低温加热至沸腾 3～5min，取下冷却至室温，移入 100mL 塑料容量瓶中，用水稀释至刻度，混匀，干滤，待测。

注意：将上述样品溶液移入氟塑料高压消解罐（见图 3-1，参见 GB/T 6609.7—2004 中图 1）的反应杯中，盖严盖，装入聚四氟乙烯密封溶样器中，盖好，将溶样器装入钢套中，拧紧钢套盖。置于烘箱中，升温至 240℃±3℃，保温 6h，取出，自然冷却至室温。

（三）仪器条件的选择

分析钨产品中 9 种杂质元素钴、镍、镉、铝、钙、镁、钒、铬、锰的含量时，推荐的电感耦合等离子体原子发射光谱仪的测试条件，参见表 6-2。

（1）选择分析谱线时，可以根据仪器的实际情况（如灵敏度和谱线干扰）做相应的调整。推荐的分析线见表 6-2。分析谱线的选择，参见第二章第三节--一、-(三) 仪器条件的选择。

（2）仪器的实际分辨率，参见第二章第三节--一、-(三) 仪器条件的选择。

（3）在仪器最佳工作条件下，凡能达到下列指标者均可使用。

1）灵敏度　以测钒含量为例，通过计算溶液中仅含有钒的分析线（292.401nm），得出检出限（DL）应≤0.016μg/mL（如测定钴、镍、镉、铝、钙、镁、铬、锰的含量时，需分别计算元素分析线处对应的检出限）。检出限定义，参见第二章第三节--一、-(三)-(3)-1) 灵敏度。

2）短期稳定性　每个最高浓度标准溶液发射谱线的标准偏差应不超过绝对或相对光强平均值的 1％。此指标的测量和计算方法参见第二章第三节--一、-(三)-(3)-2) 短期稳定性。

3）长期稳定性　7 个测量平均值的相对标准偏差小于 2.0％。此指标的测量和计算方法参见第二章第三节--一、-(三)-(3)-3) 长期稳定性。

4）标准曲线的线性　标准曲线的线性相关系数≥0.999。

（四）干扰的消除

（1）分析钨产品中的镉含量时，以盐酸溶解镉，柠檬酸络合钨，消除钨基体干扰。

（2）分析钨产品中的镍含量时，以盐酸溶解镍，过氧化氢、柠檬酸络合钨，消除钨基体干扰。

（3）分析钨产品中镁、钙的含量时，直接用过氧化氢、柠檬酸络合钨，消除钨基体干扰。

（4）分析钨产品中钴、钒、铬、锰、铝的含量时，用盐酸溶解使钨充分水解，钨基体以钨酸的形式析出，干滤分离钨，消除钨基体的干扰。

（五）标准曲线的建立

1. 标准溶液的配制

配制各个被测元素标准储备溶液和标准溶液的原则，参见第二章第三节-二、-（五）-1. 标准溶液的配制。

2. 标准曲线的建立

标准系列溶液的配制原则，参见第二章第二节-一、-（五）-2. 标准曲线的建立中的标准系列溶液的配制原则。分析钨产品中 9 种杂质元素钴、镍、镉、铝、钙、镁、钒、铬、锰的含量时，配制标准系列溶液采用基体匹配法，即配制与被测样品基体一致、质量分数相近的标准系列溶液，其原理介绍参见第二章第二节-一、-（五）-2. 标准曲线的建立。根据样品中钨的含量，称取与样品相等质量的钨基体（质量分数≥99.99％，被测元素含量＜0.0001％），称取的钨基体与样品含钨量基本相同，根据样品中被测元素的种类和钨产品的种类，选择相应的样品消解方法进行处理。消解后的样品溶液，置于一组容量瓶中，使标准溶液中的钨含量与样品溶液中钨含量基本一致，加入一系列体积的被测元素标准溶液，加入适量的盐酸，使溶液酸度与样品溶液基本一致，用水稀释至刻度，混匀。以不加被测元素标准溶液的溶液作为空白溶液。

基体溶液制备方法详情参见本方法的（二）样品的消解中的样品溶液制备方法。注意：配制钙、镁的标准系列溶液时，需选用石英烧杯；配制铝的标准系列溶液时，选用石英烧杯和塑料容量瓶。样品中的被测元素的种类不同，需分别绘制独立的标准曲线，即其标准系列溶液不同。这些标准系列溶液的配制方法参见表 6-16。

▣ 表 6-16　分析钨产品中 9 种杂质元素钴等含量的标准系列溶液

被测元素	被测元素质量分数/%	被测元素溶液浓度/(μg/mL)	分取被测元素标准溶液体积/mL	酸试剂	定容体积/mL
钴	0.0002～0.030	50	0、0.10、0.25、0.50、1.00、3.00	—	50
镍	0.0004～0.050	10,100	0、1.00、2.00、3.00、4.00、5.00	—	100
钙	0.0003～0.050	10,100	0、1.00、2.00、3.00、4.00、5.00	—	100
镁	0.0003～0.050	10,100	0、1.00、2.00、3.00、4.00、5.00	—	100
钴	0.0001～0.050	10	0、0.50、1.00、5.00、10.00	10mL 盐酸①	100
钒	0.0002～0.010	10	0、1.00、2.00、5.00、10.00	—	100
铬	0.0002～0.02	10	0、0.50、1.00、5.00、10.00、20.00	5mL 盐酸①	100
砷	0.0001～0.050	10	0、0.50、1.00、5.00、10.00	10mL 盐酸①	100
铝	0.0005～0.050	100	0、0.50、1.00、5.00、10.00	10mL 盐酸①	100

① 盐酸：$\rho=1.19g/mL$，优级纯。

称取 5～6 份与样品含钨量相同的钨基体，置于 5～6 个石英烧杯（玻璃烧杯）中。根据样品中被测元素的种类，以相应的制备样品溶液的方法制备钨基体溶液。分别移取表

6-16 规定的相应系列体积的被测元素标准溶液（其溶液浓度如表 6-16 所列），置于表 6-16 定容体积规定的相应容量瓶中。再按表 6-16 加入相应体积的酸试剂，以水稀释至刻度，混匀，待测。

标准系列溶液的测量方法，参见第二章第三节-一、-(五)-2.-(3) 标准系列溶液的测量。分别以各被测元素的质量浓度（μg/mL）为横坐标，以分析线净强度为纵坐标，绘制标准曲线。当标准曲线 $R^2 \geqslant 0.999$ 时，即可测定样品溶液。

（六）样品的测定

（1）优化仪器的方法　具体方法参见第二章第三节-一、-(六) 样品的测定。

（2）样品中被测元素的分析线发射强度的测量　具体方法参见第二章第三节-一、-(六) 样品的测定。从标准曲线上确定被测元素的质量浓度（μg/mL）。

（3）分析线中干扰线的校正　具体方法参见第二章第三节-一、-(六) 样品的测定。

（七）结果的表示

分析结果在 1% 以上保留 3 位有效数字；在 1% 以下保留 2 位有效数字。

（八）质量保证和质量控制

具体操作方法参见第二章第三节-一、-(八) 质量保证和质量控制。

（九）注意事项

（1）参见第二章第二节-一、-(九) 注意事项（1）。

（2）随同样品做空白实验。独立地进行二次测定，取其平均值。

（3）参见第二章第三节-一、-(九) 注意事项（1）～（3）。

（4）多元素标准溶液的配制原则：互有化学干扰、产生沉淀及互有光谱干扰的元素应分组配制。标准储备溶液的稀释溶液，需与标准储备溶液保持一致的酸度（用时现稀释）。

（5）测试中所用仪器的标准，参见第二章第三节-三、-(九) 注意事项（3）。

（6）测定钨产品中的钙、镁、铝含量时，消解钨产品需用石英烧杯。配制钙、镁、铝的标准系列溶液时，需选用石英烧杯。测定铝含量时，需用塑料容量瓶。

（7）需要特别注意的是，加热过氧化氢空白时，溶液体积应始终保持不少于 5mL（中间反复加水 2～3 次），以防过氧化氢爆炸。

参考文献

［1］　廖小山. 流动注射原子吸收法测定钨产品中痕量砷［J］. 中国钨业，1999,1：33-34.

［2］　唐宝英，曾尊祥，李子先，等. 直接测定钨产品中部分杂质元素的 FAAS［J］. 分析测试学报，2000,19(3)：27-30.

［3］　杨秀环，汪丽，唐宝英，等. ICP-AES 直接测定钨产品中杂质元素［J］. 光谱学与光谱分析，1998,18(5)：576-579.

［4］　王春梅，张淑珍，吴琼. 钨丝中杂质的 ICP-AES 测定［J］. 现代仪器使用与维修，1998,2：44-45.

［5］　Zun Ung Bac,Sang Hak Lee. Line selection and interference correction for the analysis of tungsten alloy by inductively coupled plasma atomic emission spectrometry［J］. Talanta,1997,44:47-51.

［6］　国家质量监督检验检疫总局. GB/T 4324. 1—2012 钨化学分析方法 第 1 部分：铅量的测定 火焰原子吸收光谱法［S］. 北京：中国标准出版社，2012.

[7]　国家质量监督检验检疫总局. GB/T 4324.8—2008 钨化学分析方法 镍量的测定 电感耦合等离子体原子发射光谱法和火焰原子吸收光谱法和丁二酮肟重要法 [S]. 北京：中国标准出版社，2008.

[8]　国家质量监督检验检疫总局. GB/T 4324.9—2012 钨化学分析方法 第 9 部分：镉量的测定 电感耦合等离子体原子发射光谱法和火焰原子吸收光谱法 [S]. 北京：中国标准出版社，2012.

[9]　国家质量监督检验检疫总局. GB/T 4324.10—2012 钨化学分析方法 第 10 部分：铜量的测定 火焰原子吸收光谱法 [S]. 北京：中国标准出版社，2012.

[10]　国家质量监督检验检疫总局. GB/T 4324.15—2008 钨化学分析方法 镁量的测定 火焰原子吸收光谱法和电感耦合等离子体原子发射光谱法 [S]. 北京：中国标准出版社，2008.

[11]　国家质量监督检验检疫总局. GB/T 4324.17—2012 钨化学分析方法 第 17 部分：钠量的测定 火焰原子吸收光谱法 [S]. 北京：中国标准出版社，2012.

[12]　国家质量监督检验检疫总局. GB/T 4324.18—2012 钨化学分析方法 第 18 部分：钾量的测定 火焰原子吸收光谱法 [S]. 北京：中国标准出版社，2012.

[13]　国家质量监督检验检疫总局. GB/T 4324.2—2012 钨化学分析方法 第 2 部分：铋量的测定 氢化物原子吸收光谱法 [S]. 北京：中国标准出版社，2012.

[14]　国家质量监督检验检疫总局. GB/T 4324.3—2012 钨化学分析方法 第 3 部分：锡量的测定 氢化物原子吸收光谱法 [S]. 北京：中国标准出版社，2012.

[15]　国家质量监督检验检疫总局. GB/T 4324.4—2012 钨化学分析方法 第 4 部分：锑量的测定 氢化物原子吸收光谱法 [S]. 北京：中国标准出版社，2012.

[16]　国家质量监督检验检疫总局. GB/T 4324.5—2012 钨化学分析方法 第 5 部分：砷量的测定 氢化物原子吸收光谱法 [S]. 北京：中国标准出版社，2012.

[17]　国家质量监督检验检疫总局. GB/T 4324.7—2012 钨化学分析方法 第 7 部分：钴量的测定 电感耦合等离子体原子发射光谱法 [S]. 北京：中国标准出版社，2012.

[18]　国家质量监督检验检疫总局. GB/T 4324.8—2008 钨化学分析方法 镍量的测定 电感耦合等离子体原子发射光谱法、火焰原子吸收光谱法和丁二酮肟重量法 [S]. 北京：中国标准出版社，2008.

[19]　国家质量监督检验检疫总局. GB/T 4324.9—2012 钨化学分析方法 第 9 部分：镉量的测定 电感耦合等离子体原子发射光谱法和火焰原子吸收光谱法 [S]. 北京：中国标准出版社，2012.

[20]　国家质量监督检验检疫总局. GB/T 4324.11—2012 钨化学分析方法 第 11 部分：铝量的测定 电感耦合等离子体原子发射光谱法 [S]. 北京：中国标准出版社，2012.

[21]　国家质量监督检验检疫总局. GB/T 4324.13—2008 钨化学分析方法 钙量的测定 电感耦合等离子体原子发射光谱法 [S]. 北京：中国标准出版社，2008.

[22]　国家质量监督检验检疫总局. GB/T 4324.15—2008 钨化学分析方法 镁量的测定 火焰原子吸收光谱法和电感耦合等离子体原子发射光谱法 [S]. 北京：中国标准出版社，2008.

[23]　国家质量监督检验检疫总局. GB/T 4324.20—2012 钨化学分析方法 第 20 部分：钒量的测定 电感耦合等离子体原子发射光谱法 [S]. 北京：中国标准出版社，2012.

[24]　国家质量监督检验检疫总局. GB/T 4324.21—2012 钨化学分析方法 第 21 部分：铬量的测定 电感耦合等离子体原子发射光谱法 [S]. 北京：中国标准出版社，2012.

[25]　国家质量监督检验检疫总局. GB/T 4324.22—2012 钨化学分析方法 第 22 部分：锰量的测定 电感耦合等离子体原子发射光谱法 [S]. 北京：中国标准出版社，2012.

第七章

钼及其相关产品的分析

第一节　应用概况

钼是一种稀有金属，在钢铁、石油、化工、电气和电子技术、医药和农业等领域广泛应用。其中，钼在钢铁工业中的应用居首要地位，占钼总消耗量的 80％左右，用于生产合金钢、不锈钢、工具钢、高速钢、铸铁和轧辊。钼基合金因为具有良好的强度、机械稳定性、高延展性而被用于高发热元件、玻璃熔化炉电极、喷射涂层、金属加工工具、航天器的零部件等。本章介绍了原子光谱法在钼产品中的应用。钼及其相关冶金产品主要包括钼条、钼粉、三氧化钼、钼酸铵、高纯钼粉等。

下面将 AAS、AFS、ICP-AES、ICP-MS 的测定范围、检出限、仪器条件、干扰物质及消除方法等基本条件以表格的形式列出，为选择合适的分析方法提供参考。表 7-1 是原子吸收光谱法分析钼条、钼粉、三氧化钼、钼酸铵产品的基本条件。表 7-2 是原子荧光光谱法分析钼条、钼粉、三氧化钼、钼酸铵产品的基本条件。表 7-3 是电感耦合等离子体原子发射光谱法分析钼条、钼粉、三氧化钼、钼酸铵产品的基本条件。表 7-4 是电感耦合等离子体质谱法分析高纯钼粉、氧化钼、钼酸铵产品的基本条件。

■ 表 7-1 原子吸收光谱法分析钼条、钼粉、三氧化钼、钼酸铵产品的基本条件

适用范围	测项	分析方法	测定范围(质量分数)/%	检出限/(μg/mL)	波长/nm	仪器条件		干扰物质消除方法	国标号	参考文献
						原子化器	原子化器条件			
钼条、钼粉、三氧化钼、钼酸铵	镉	火焰原子吸收光谱法	0.0002~0.1000	20	228.8			基体匹配法消除钼干扰	GB/T 4325.2—2013	[1]
	钴		0.0010~0.0100	0.035	240.7			基体匹配法消除钼干扰	GB/T 4325.8—2013	[2]
	镍		0.0001~0.0100	0.016	232.0			—	GB/T 4325.9—2013	[3]
	铜		0.0002~0.0100	0.016	324.7			—	GB/T 4325.10—2013	[4]
	钙		0.0005~0.0300	0.05	422.7	火焰	空气-乙炔火焰	标准加入法消除钼基体干扰	GB/T 4325.13—2013	[5]
	镁		0.0002~0.0100	0.01	285.2			标准加入法消除钼基体干扰	GB/T 4325.14—2013	[6]
	钠		0.0003~0.0800	0.01	589.0			基体匹配法消除钼干扰;氯化铯作消电离剂	GB/T 4325.15—2013	[7]
	钾		0.0010~0.1500	0.01	766.5			基体匹配法消除钼干扰;氯化铯作消电离剂	GB/T 4325.16—2013	[8]
	锰		0.0002~0.1000	0.02	279.5			基体匹配法消除钼干扰	GB/T 4325.20—2013	[9]
	铝	石墨炉原子吸收光谱法	0.0001~0.0100	0.0016	283.3	石墨炉	氩气作保护气	基体匹配法消除钼干扰	GB/T 4325.1—2013	[10]

☐ 表 7-2　原子荧光光谱法分析钼条、钼粉、三氧化钼、钼酸铵产品的基本条件

适用范围	测项	分析方法	测定范围(质量分数)/%	检出限/(ng/mL)	原子化器	原子化器条件	干扰物质消除方法	国标号	参考文献
钼条、钼粉、三氧化钼、钼酸铵	铋	原子荧光光谱法	0.0001~0.0050	1	石英炉	以盐酸(1+9)作载流，硼氢化钠溶液作还原剂	基体匹配法消除钼干扰	GB/T 4325.3—2013	[11]
	锡		0.0003~0.0050	2			基体匹配法消除钼干扰；酒石酸作掩蔽剂	GB/T 4325.4—2013	[12]
	锑		0.0001~0.0050	1			基体匹配法消除钼干扰	GB/T 4325.5—2013	[13]
	砷		0.0002~0.0050	1			基体匹配法消除钼干扰；硫脲、抗坏血酸消除杂质离子干扰	GB/T 4325.6—2013	[14]

☐ 表 7-3　电感耦合等离子体原子发射光谱法分析钼条、钼粉、三氧化钼、钼酸铵产品的基本条件

适用范围	测项	分析方法	测定范围(质量分数)/%	分析线/nm	仪器条件	干扰物质消除方法	国标号	参考文献
钼条、钼粉、三氧化钼、钼酸铵	铁	电感耦合等离子体原子发射光谱法	0.0002~0.100	238.2	分辨率<0.006nm(200nm处)	基体匹配法消除钼干扰	GB/T 4325.7—2013	[15]
	铝		0.0050~1.00	237.312	采用硝酸和氢氟酸溶解样品时推荐使用耐氢氟酸雾化器。在仪器最佳工作条件下，用1.0μg/mL的铝标准溶液连续测量11次，其光强度的相对标准偏差不超过2.5%	基体匹配法消除钼干扰	GB/T 4325.11—2013	[16]
	硅		0.0002~0.100	252.411 288.158	分辨率<0.006nm(200nm处)	基体匹配法消除钼干扰	GB/T 4325.12—2013	[17]
	钛		0.0002~0.100	337.2	分辨率<0.006nm(200nm处)	基体匹配法消除钼干扰	GB/T 4325.17—2013	[18]
	钒		0.0005~0.0100	309.311	分辨率<0.006nm(200nm处)	—	GB/T 4325.18—2013	[19]
	钨		0.0050~1.50	209.475	采用硝酸和氢氟酸溶解样品时推荐使用耐氢氟酸雾化器。在仪器最佳工作条件下，用1.0μg/mL的铝标准溶液连续测量11次，其光强度的相对标准偏差不超过2.5%	基体匹配法消除钼干扰	GB/T 4325.24—2013	[20]

表 7-4　电感耦合等离子体质谱法分析高纯钼粉、氧化钼、钼酸铵产品的基本条件

适用范围	测项	分析方法	测定范围(质量分数)/%	测定同位素的质量数	仪器条件及说明	国标号	参考文献
高纯钼粉、氧化钼、钼酸铵	铝	电感耦合等离子体质谱法	0.0001~0.0050	27	①电感耦合等离子体质谱仪:质量分辨率优于(0.8±0.1)amu。②仪器配备耐氢氟酸溶液雾化进样系统,自动进样或手动进样。③顺序测量型或同时测量型光谱仪,要求顺序测量型光谱仪具有同时测定内标线的功能。④以内标法进行校正,内标同位素质量数:133 铯——133	GB/T 4325.26—2013	[21]
	镁		0.0001~0.0050	24			
	钙		0.0001~0.0050	40			
	钒		0.0001~0.0050	51			
	铬		0.0001~0.0050	52			
	锰		0.0001~0.0050	55			
	铁		0.0001~0.0050	56			
	钴		0.0001~0.0050	59			
	镍		0.0001~0.0050	60			
	铜		0.0001~0.0050	63			
	锌		0.0001~0.0050	66			
	砷		0.0001~0.0050	75			
	镉		0.0001~0.0050	106			
	锡		0.0001~0.0050	118			
	锑		0.0001~0.0050	121			
	钨		0.0001~0.0050	182			
	铅		0.0001~0.0050	208			
	铋		0.0001~0.0050	209			

第二节　原子吸收光谱法

在现行有效的标准中，采用原子吸收光谱法分析钼及其相关产品的标准有 10 个。下面对这些方法中样品的消解和标准曲线的建立方法提出了一整套实验方案。

一、钼条、钼粉、三氧化钼、钼酸铵中杂质元素的分析

现行国家标准[1-9]中，火焰原子吸收光谱法可以分析钼条、钼粉、三氧化钼、钼酸铵产品中的 9 种杂质元素镉、钴、镍、铜、钙、镁、钠、钾、锰的含量。此方法适用于上述各元素的独立测定，其元素测定范围见表 7-1。下面详细介绍火焰原子吸收光谱法分析钼及其相关产品中的上述 9 种杂质元素含量的步骤。

（一）样品的制备和保存

钼条应粉碎并通过 0.75mm 标准筛网。

（二）样品的消解

分析上述钼产品中的 9 种杂质元素镉、钴、镍、铜、钙、镁、钠、钾、锰含量的消解方法主要为湿法消解中的电热板消解法。关于消解方法分类的介绍，参见第二章第二节-一、-(二)样品的消解。本部分中，样品用过氧化氢溶解，制备成酸性介质溶液，待测。其中，分析钠、钾含量时，加入氯化铯作消电离剂；分析钙、镁含量时，采用标准加入法进行计算。

由于样品中的被测元素不同，其干扰元素也不同，因此在制备样品溶液时，加入的试剂也相应变化。下面进行具体介绍。

样品中被测元素的质量分数越大，称样量越小，如表 7-5 所列。根据样品中被测元素的种类及其质量分数，按表 7-5 称取相应质量的样品，精确到 0.0001g。独立地进行 2 次测定，取其平均值。称取与样品相同量的光谱纯钼酸铵或三氧化钼（$w \geqslant 99.99\%$，各被测元素含量$<0.0005\%$）代替样品，随同样品做空白试验。

▫ 表 7-5　分析钼条、钼粉、三氧化钼、钼酸铵产品中的 9 种杂质元素镉等含量的样品溶液

被测元素	被测元素质量分数/%	样品量/g	溶样溶液	补加试剂	煮沸时间/min	定容体积/mL	分取样品溶液体积/mL
镉	0.0002～0.0020 ＞0.0020～0.0100 ＞0.0100～0.1000	1.00 0.50 0.20	用水润湿，5mL 过氧化氢①（可补加过氧化氢①）	45～50mL 水 2mL 硝酸②	2	100 100 100	全量 全量 20.00
钴	0.0010～0.010	0.50	10mL 水，不断摇动下分次加入 5mL 过氧化氢①	2.5mL 柠檬酸③，2mL 盐酸④	5～10	50	全量
镍	0.0001～0.0008 ＞0.0008～0.0020 ＞0.0020～0.0100	1.00 0.50 0.20	5mL 过氧化氢①	少量水，3mL 硝酸②	1～2	100	全量

被测元素	被测元素质量分数/%	样品量/g	溶样溶液	补加试剂	煮沸时间/min	定容体积/mL	分取样品溶液体积/mL
铜	0.0002~0.0008 >0.0008~0.0020 >0.0020~0.0100	1.00 0.50 0.20	5mL 过氧化氢①	少量水，3mL硝酸②	1~2	100	全量
钙	0.0005~0.0020 >0.0020~0.0040 >0.0040~0.0080 >0.0080~0.030	2.00 1.00 0.50 0.20	10mL 水，不断摇动下分次加入 5mL过氧化氢⑤	2.5mL 柠檬酸③，2mL盐酸④	5~10	50	全量
镁	0.0002~0.0010 >0.0010~0.0050 >0.0050~0.010	1.00 0.20 0.1	10mL 水，5mL 过氧化氢⑤	10mL 柠檬酸⑥，3mL 盐酸⑦	1~2	50	5
钠	0.0003~0.0025 >0.0025~0.010 >0.010~0.080	2.00 1.00 0.20	用水润湿，分次加6~8mL 过氧化氢①	50mL 水	10	100	全量
钾	0.0010~0.010 >0.010~0.15	1.00 0.10	用水润湿，分次加6~8mL 过氧化氢①	50mL 水	10	100	全量
锰	0.0002~0.0050 >0.0050~0.010 >0.010~0.100	1.00 0.50 0.20	用水润湿，5mL 过氧化氢①（可补加过氧化氢①）	2mL 硝酸②	1	100	全量 全量 20

① 过氧化氢：$\rho = 1.10\text{g/mL}$，优级纯。

② 硝酸：$\rho = 1.42\text{g/mL}$，优级纯。

③ 柠檬酸（500g/L）：用优级纯试剂配制。

④ 盐酸：$\rho = 1.19\text{g/mL}$，优级纯。

⑤ 过氧化氢：30%（质量分数），优级纯。

⑥ 柠檬酸（200g/L）：用优级纯试剂配制。

⑦ 盐酸：$\rho = 1.18\text{g/mL}$，优级纯。

　　根据样品中被测元素的种类及其质量分数，按表 7-5 将样品置于 200mL 烧杯中（分析钼产品中钙、镁、钠、钾的含量时，消解容器需选用 200mL 石英烧杯），加入表 7-5 溶样溶液规定的相应量的试剂，待剧烈反应停止后，盖上表面皿，于电热板上低温加热至完全溶解（若溶解不完全，可适当多加过氧化氢，使样品完全溶解，并随同做空白试验），取下稍冷后，用水吹洗表面皿及杯壁，按表 7-5 加入相应量的补加试剂（分析钴含量时，控制体积为 20~30mL），于电热板上低温加热煮沸，煮沸时间为表 7-5 规定的时长，使溶液清亮，驱除过剩的过氧化氢，取下冷却至室温［分析钠、钾含量时，加入 1mL 氯化铯溶液（25g/L）］，用水冲洗杯壁，按表 7-5 定容体积移入相应的容量瓶中，用水稀释定容，摇匀（分析钼产品中的镉、锰含量时，根据被测元素的质量分数，按表 7-5 分取上述经消解的相应体积样品溶液，置于 100mL 容量瓶中，用水稀释至刻度，摇匀）。

　　（三）仪器条件的选择

　　分析上述钼产品中的 9 种杂质元素镉、钴、镍、铜、钙、镁、钠、钾、锰含量的推荐仪器工作条件，参见表 7-1。测定不同元素有不同的仪器操作条件，以镉元素的测定为例，介绍原子吸收光谱仪器操作条件的选择。

　　（1）选择镉元素的空心阴极灯作为光源（如测定钴、镍、铜、钙、镁、钠、钾、锰元素时，选择相应的元素空心阴极灯）。

（2）分析钼产品中上述 9 种杂质元素的含量时，选用火焰原子化器，其原子化器条件参见表 7-1。选择火焰原子化器的原则和火焰类型的介绍参见第二章第二节-一、-(三)-(2) 选择原子化器。

（3）在仪器最佳工作条件下，凡能达到下列指标者均可使用。

1）灵敏度　在与测量样品溶液的基体一致的溶液中，镉的特征浓度≤0.020mg/mL（如测定钴、镍、铜、钙、镁、钠、钾、锰元素时，其检出限见表 7-1）。检出限定义，参见第二章第二节-一、-(三)-(3)-1) 灵敏度。

2）精密度　用最高浓度的标准溶液测量 10 次吸光度，其标准偏差应不超过平均吸光度的 1.5%；用最低浓度的标准溶液（不是零浓度溶液）测量 10 次吸光度，其标准偏差应不超过最高浓度标准溶液平均吸光度的 0.5%（如测定钴、镍、铜、钙、镁、钠、钾、锰元素时，其仪器精密度见表 7-6）。

3）标准曲线线性　将标准曲线按浓度等分成五段，最高段的吸光度差值与最低段的吸光度差值之比≥0.7。

表 7-6　分析钼产品中 9 种杂质元素镉等含量时的仪器精密度

元素	最高浓度标准溶液吸光度偏差/%	最低浓度标准溶液吸光度偏差/%	最高最低吸光度差值
镉	1.5	0.5	≥0.7
钴	1.0	0.5	≥0.7
镍	1.0	0.66	≥0.8
铜	1.0	0.66	≥0.8
钙	1.5	0.5	≥0.7
镁	1.5	0.5	≥0.7
钠	1.0	0.5	≥0.7
钾	1.0	0.5	≥0.7
锰	1.5	0.5	≥0.7

（四）干扰的消除

（1）分析钼产品中的镉、钴、铜、钠、钾、锰含量时，采用基体匹配标准曲线法进行计算，以消除钼基体的干扰，即加入钼基体抵消钼的影响。

（2）分析钼产品中的钙、镁含量时，以钼酸铵基体溶液调节零点，用外推法测定，抵消钼的影响。即采用标准加入法计算钙、镁含量，避免钼基体的干扰。

（3）分析钼产品中的钠、钾含量时，用氯化铯作消电离剂，避免干扰元素的影响。

（4）分析钼产品中钙、镁、钠、钾的含量时，制备样品溶液和标准系列溶液，消解容器选用石英烧杯，容量瓶选用塑料容量瓶，相应的被测元素标准溶液需储存于干燥的塑料试剂瓶内，消除玻璃容器对测定产生的影响。

（五）标准曲线的建立

1. 标准溶液的配制

配制各个被测元素标准储备溶液和标准溶液的原则，参见第二章第三节-二、-(五)-1. 标准溶液的配制。分析钼产品中的 9 种杂质元素镉、钴、镍、铜、钙、镁、钠、钾、锰的含量时，各种被测元素的标准储备溶液和标准溶液的制备方法参见表 7-7。

被测元素	标准储备溶液制备方法	标准溶液制备方法
镉	称 0.1000g 金属镉（质量分数 ≥99.9%），置于 250mL 烧杯中，加入 20mL 硝酸(1+1)溶解后，用超纯水定容至 1000mL，混匀。镉的浓度为 100μg/mL	移取 10.00mL 镉标准储备溶液，于 100mL 容量瓶中，加 1mL 硝酸(ρ＝1.42g/mL，优级纯)，用超纯水定容至 100mL，混匀。镉的浓度为 10μg/mL
钴	称 0.1000g 金属钴（质量分数 ≥99.99%），置于 250mL 烧杯中，加少量水润湿，加入 20mL 硝酸(1+1)，盖上表面皿，在低温处加热溶解完全，取下冷却至室温，移入 1000mL 容量瓶中，用超纯水定容至 1000mL，混匀。钴的浓度为 100μg/mL	移取 10.00mL 钴标准储备溶液，于 100mL 容量瓶中，加 10mL 硝酸(1+1)，用水稀释至刻度，混匀。钴的浓度为 10μg/mL
镍	称 0.1000g 金属镍（质量分数 ≥99.99%），于 250mL 烧杯中，盖上表面皿，加入 30mL 硝酸(ρ＝1.42g/mL，优级纯)，加热溶解，冷却，用超纯水定容至 1000mL，混匀。镍的浓度为 100μg/mL	移取 10.00mL 镍标准储备溶液，用超纯水定容至 100mL，混匀。镍的浓度为 10μg/mL
铜	称 0.1000g 金属铜（质量分数 ≥99.99%），置于 250mL 烧杯中，盖上表面皿，加入 30mL 硝酸(ρ＝1.42g/mL，优级纯)，加热溶解，冷却。用超纯水定容至 1000mL，混匀。铜的浓度为 100μg/mL	移取 10.00mL 铜标准储备溶液，用超纯水定容至 100mL。铜的浓度为 10μg/mL
钙	称取 2.4970g 碳酸钙（质量分数 ≥99.99%，预先在 105℃烘 1h，再在干燥器中冷至室温），置于 250mL 烧杯中，加入 30mL 水、15mL 盐酸(ρ＝1.19g/mL，优级纯)，置电炉上加热至完全溶解，煮沸驱除二氧化碳，冷却后移入 1000mL 容量瓶中，用水稀释至刻度，混匀。钙的浓度为 1.0mg/mL	移取 5.0mL 钙标准储备溶液，置于 500mL 容量瓶中，用水稀释至刻度，混匀。钙的浓度为 10μg/mL
镁	称 0.1000g 金属镁（质量分数 ≥99.99%），置于 250mL 烧杯中，加入 30mL 水、10mL 盐酸(ρ＝1.18g/mL，优级纯)，加热至完全溶解，冷却。用超纯水定容至 1000mL，混匀。镁的浓度为 100μg/mL	移取 10.00mL 镁标准储备溶液，置于 500mL 容量瓶中，加入 10mL 盐酸(ρ＝1.18g/mL，优级纯)，用超纯水定容至 500mL，混匀。镁的浓度为 2.0μg/mL
钠	称 0.2543g 氯化钠（质量分数 ≥99.9%，预先经 550℃煅烧），置于石英烧杯中，用水溶解，移入 1000mL 塑料容量瓶中，用水稀释至刻度，混匀。钠的浓度为 100μg/mL，干燥塑料瓶储存	移取 10.00mL 钠标准储备溶液，用超纯水定容至 100mL，混匀。钠的浓度为 10μg/mL，干燥塑料瓶储存
钾	称 0.1907g 氯化钾（质量分数 ≥99.9%，预先经 550℃煅烧），置于石英烧杯中，用水溶解，移入 1000mL 塑料容量瓶中，用水稀释至刻度，混匀。钾的浓度为 100μg/mL，干燥塑料瓶储存	移取 10.00mL 钾标准储备溶液，用超纯水定容至 100mL，混匀。钾的浓度为 10μg/mL，干燥塑料瓶储存
锰	称 0.1000g 金属锰（质量分数 ≥99.9%），置于 250mL 烧杯中，加 100mL 硫酸(1+19，优级纯)，低温加热溶解完全。取下冷却至室温，用超纯水定容至 1000mL，混匀。锰的浓度为 100μg/mL	移取 10.00mL 锰标准储备溶液，用超纯水定容至 100mL，混匀。锰的浓度为 10μg/mL

2. 标准曲线的建立

标准系列溶液的配制原则，参见第二章第二节-一、-(五)-2. 标准曲线的建立中的标准系列溶液的配制原则。分析钼产品中的 9 种杂质元素镉、钴、镍、铜、钙、镁、钠、钾、锰的含量时，分别采用三种方法进行计算。分析钙、镁的含量时，采用标准加入法；分析镍的含量时，采用标准曲线法；分析镉、钴、铜、钠、钾、锰的含量时，采用基体匹配标准曲线法。其原理介绍参见第二章第二节-一、-(五)-2. 标准曲线的建立。下面分别介绍系列标准溶液的具体配制方法。

（1）分析钼产品中钙、镁的含量　根据样品中的被测元素种类及质量分数，按表 7-5

分别称取 4 份样品于 4 个 200mL 石英烧杯中，按表 7-5 加入相应量的溶样溶液，摇匀，于电热板上低温加热，至完全溶解。加入表 7-5 规定的相应量的补加试剂，继续加热至微沸，取下，用少量水吹洗表面皿及杯壁，冷却。

① 分析钙含量时，将上述经消解的样品溶液分别移入 4 个 50mL 容量瓶中。移取 0mL、1.0mL、2.0mL、4.0mL 钙标准溶液（10μg/mL），分别加入上述容量瓶中，用水稀释至刻度，混匀，待测。

"零点"溶液的制备：按样品中的钼质量称取相应量的钼酸铵基体（质量分数≥99.99%，各被测元素含量<0.0005%），置于 200mL 石英烧杯中，按制备样品溶液的方法溶解钼基体，冷却后，移入 50mL 容量瓶中，用水稀释至刻度，混匀，待测。

② 分析镁含量时，将上述经消解的样品溶液移入 50mL 容量瓶中，用水稀释至刻度，混匀。分别移取 5.00mL 此溶液置于 4 个 10mL 容量瓶中，分别加 0mL、0.20mL、0.40mL、0.80mL 镁标准溶液（2.0μg/mL）至上述容量瓶中，用水稀释至刻度，混匀，待测。

"零点"溶液的制备：按样品中的钼质量称取相应量的钼酸铵基体（质量分数≥99.99%，各被测元素含量<0.0005%），置于 200mL 石英烧杯中，按制备样品溶液的方法溶解钼基体，冷却后，移入 100mL 容量瓶中，用水稀释至刻度，混匀，待测。

（2）分析钼产品中镍的含量　分别移取 0mL、0.20mL、0.40mL、0.80mL、1.20mL、1.60mL、2.00mL 镍标准溶液（10μg/mL）于一系列 100mL 容量瓶中，加入 1mL 过氧化氢（$\rho=1.10g/mL$），加入 3mL 硝酸（$\rho=1.42g/mL$，优级纯），用水稀释至刻度，混匀。

（3）分析钼产品中镉、钴、铜、钠、钾、锰的含量　根据样品中的被测元素种类及质量分数，按表 7-5 中的样品质量称取数份光谱纯钼酸铵或三氧化钼基体（质量分数≥99.99%，各被测元素含量<0.0005%），置于数个 200mL 烧杯中（分析钠、钾的含量时，按表 7-8 根据被测元素质量分数，加入相应系列体积的被测元素标准溶液，再消解），按表 7-5 加入相应量的溶样溶液，摇匀，待剧烈反应停止后，盖上表面皿，于电热板上低温加热，至完全溶解。加入表 7-5 规定的相应量的补加试剂，继续加热至微沸，煮沸时间如表 7-5 规定，使溶液清亮，并驱除过量的过氧化氢，取下，用少量水吹洗表面皿及杯壁，冷却。移入表 7-5 定容体积规定的容量瓶中，按表 7-8 依次加一系列体积的被测元素标准溶液（溶液中被测元素浓度参见表 7-8，相应被测元素标准溶液的制备方法参见表 7-7）于上述容量瓶中，用水定容，混匀。

☐ 表 7-8　分析钼产品中镉等含量的标准系列溶液

被测元素	被测元素质量分数/%	被测元素标准溶液浓度/(μg/mL)	分取被测元素标准溶液体积/mL	定容体积/mL	干扰消除剂
镉	0.0002~0.1000	10	0、1.00、2.00、3.00、4.00、6.00	100	—
钴	0.0010~0.0100	10	0、0.50、1.00、2.50、5.00	50	—
铜	0.0002~0.0100	10	0、0.40、0.80、1.20、1.60、2.00	100	3mL 硝酸[①]
钠	0.0003~0.0025	10	0、0.50、1.00、2.00、3.00、5.00	100	1mL 氯化铯溶液[②]
	>0.0025~0.010	10	0、2.00、4.00、6.00、8.00、10.00	100	
	>0.010~0.080	100	0、0.20、0.40、0.80、1.20、1.60	100	

被测元素	被测元素 质量分数/%	被测元素 标准溶液 浓度/(μg/mL)	分取被测元素标准溶液体积/mL	定容体积 /mL	干扰消除剂
钾	0.0010～0.010	10	0、1.00、2.50、5.00、8.00、10.00	100	1mL 氯化铯溶液[②]
	＞0.010～0.15	10	0、1.00、4.00、8.00、12.00、15.00	100	
锰	0.0002～0.1000	10	0、2.00、4.00、6.00、8.00、10.00	100	—

① 硝酸：$\rho = 1.42g/mL$，优级纯。

② 氯化铯溶液：25g/L。

分析钼产品中镉、钴、铜、钠、钾、锰、镍的含量时，标准系列溶液的测量方法，参见第二章第二节-二、-(五)-2.-(3) 标准系列溶液的测量（标准曲线法）。以被测元素的质量浓度（μg/mL）为横坐标、净吸光度（A）为纵坐标，绘制标准曲线。

（六）样品的测定

分析钼产品中的 9 种杂质元素镉、钴、镍、铜、钙、镁、钠、钾、锰的含量时，分别采用标准加入法、标准曲线法和基体匹配标准曲线法。其中，标准加入法的样品溶液测量方法与其他两种不同，下面分别介绍。

（1）分析钼产品中钙、镁的含量（采用标准加入法） 采用标准加入法计算的样品溶液的测量方法，参见第二章第二节-一、-(六) 样品的测定。需要注意的是，进行测量时，以被测元素钙、镁的"零点"溶液调零。以被测元素的质量浓度（μg/mL）为横坐标、吸光度（A）为纵坐标作图，绘制标准加入曲线，将所作的直线向下延长至与横坐标轴相交，该交点与坐标原点之间的距离，为样品溶液中被测元素的浓度（μg/mL）。

按同样方法，独立绘制空白溶液标准加入曲线，查得空白溶液中的被测元素浓度（μg/mL）。样品溶液中的被测元素浓度，减去空白溶液中的被测元素浓度，为样品溶液中的实际被测元素浓度（μg/mL）。

（2）分析钼产品中镉、钴、铜、钠、钾、锰、镍的含量（采用标准曲线法和基体匹配标准曲线法） 样品溶液的测量方法，参见第二章第二节-二、-(六)-(2) 分析氧化镁 ［当 $w(MgO) ＞ 0.20\% \sim 1.50\%$ 时］、氧化铅的含量（标准曲线法）中的测量方法。

（七）结果的表示

当被测元素的质量分数＜0.01％时，分析结果表示至小数点后第 4 位；当被测元素的质量分数＞0.01％时，分析结果表示至小数点后第 3 位。

（八）质量保证和质量控制

分析时，应用国家级或行业级标准样品或控制样品进行校核，或每年至少用标准样品或控制样品对分析方法校核一次。当过程失控时，应找出原因，纠正错误后重新进行校核，并采取相应的预防措施。

（九）注意事项

（1）参见第二章第二节-一、-(九) 注意事项（1）、（2）。

（2）参见第二章第三节-一、-(九) 注意事项（1）、（3）。

（3）检测方法中所用仪器的标准，参见第二章第三节-三、-(九) 注意事项（3）。

（4）分析钼产品中钙、镁、钠、钾的含量时，制备样品溶液和标准系列溶液，消解容器应选用石英烧杯，选用塑料容量瓶，相应的被测元素标准溶液需储存于干燥的塑料试剂瓶内。

（5）分析钼产品中的 9 种杂质元素镉、钴、镍、铜、钙、镁、钠、钾、锰的含量时，如果在溶样过程中，加入过氧化氢溶解不完全，可适当多加过氧化氢，使样品完全溶解，并随同做空白试验。

二、钼条、钼粉、三氧化钼、钼酸铵中痕量元素铅的分析

现行国家标准[10]中，石墨炉原子吸收光谱法可以分析钼产品中痕量元素铅的含量，其元素测定范围参见表 7-2。此方法适用于钼条、钼粉、三氧化钼、钼酸铵中铅含量的测定。石墨炉原子吸收光谱法的概要，参见本书第三章第二节-九、钢铁及合金中痕量元素的分析。实际工作中石墨炉原子吸收光谱法分析钼产品中痕量元素铅含量的步骤包括以下几个部分。

（一）样品的制备和保存

钼条应粉碎并通过 0.75mm 的标准筛网。

（二）样品的消解

石墨炉原子吸收光谱法分析钼产品中痕量元素铅的含量时，消解的方法主要采用电热板消解法。关于消解方法分类的介绍，参见第二章第二节--一、-(二) 样品的消解。本部分中，样品用过氧化氢溶解，制得硝酸介质样品溶液，待测。

样品中被测元素的质量分数越大，称取样品量越小。当铅的质量分数为 0.0001%～0.0010%时，称取样品 1.0000g；当铅的质量分数为＞0.0010%～0.0020%时，称取样品 0.5000g；当铅的质量分数为＞0.0020%～0.0100%时，称取样品 0.1000g。根据样品中被测元素的质量分数，称取相应质量的样品，精确至 0.0001g。独立地进行两次测定，取其平均值。随同样品做空白试验。

将样品置于 150mL 烧杯中，用水润湿，加 5mL 过氧化氢（$\rho=1.10\text{g/mL}$，优级纯），于电热板上低温加热，至完全溶解，加入 3mL 硝酸（$\rho=1.42\text{g/mL}$，优级纯），待剧烈反应停止后，于电热板上低温加热煮沸，煮沸 1～2min，以除去过量的过氧化氢。取下，用水冲洗杯壁，冷却至室温，移入 100mL 容量瓶中，以水稀释至刻度，混匀。

（三）仪器条件的选择

分析钼产品中痕量元素铅的含量时，推荐的石墨炉原子吸收光谱仪的工作条件，参见表 7-1。石墨炉原子吸收光谱仪的配置要求，参见第三章第二节-九、-(三) 仪器条件的选择。

（1）选择铅元素的无极放电或空心阴极灯作为光源。

（2）分析钼产品中铅的含量时，选择石墨炉原子化器，原子化器条件参见表 7-1。选择石墨炉原子化器（电热原子化器）的原则，参见第三章第二节-九、-(三)-2. 选择原子化器。

（3）在仪器最佳工作条件下，凡能达到下列指标者均可使用。

1）灵敏度　在与测量样品溶液基体相一致的溶液中，铅的检出限应≤1.6ng/mL。检

出限定义，参见第二章第二节-一、-(三)-(3)-1)灵敏度。

2)精密度 用最高浓度的标准溶液测量10次吸光度，其标准偏差应不超过平均吸光度的0.8%；用最低浓度的标准溶液（不是零浓度溶液）测量10次吸光度，其标准偏差应不超过最高浓度标准溶液平均吸光度的0.4%。

3)标准曲线线性 将标准曲线按浓度等分成五段，最高段的吸光度差值与最低段的吸光度差值之比≥0.7。

（四）干扰的消除

分析钼产品中痕量元素铅的含量时，绘制标准曲线时，配制标准系列溶液采用基体匹配法，依据钼产品中的基体元素，选择相应的基体元素纯物质［钼基体，w(Pb)≤0.000005%］，称取与样品相同质量的钼基体，按照样品溶液制备方法，制备钼基体溶液，加入标准系列溶液中，进行测定，以消除钼基体的影响。

（五）标准曲线的建立

1. 标准溶液的配制

被测元素铅的标准储备溶液可选择与被测样品基体一致、质量分数相近的有证标准样品，或采用如下方法制备。

铅标准储备溶液（100μg/mL）：称取0.1000g金属铅［w(Pb)≥99.99%］于250mL烧杯中，盖上表面皿，加入30mL硝酸（1+1），加热溶解，冷却至室温，移入1000mL容量瓶中，以水稀释至刻度，混匀。

铅标准溶液（1μg/mL）：移取1.00mL铅标准储备溶液于100mL容量瓶中，以水稀释至刻度，混匀。

2. 标准曲线的建立

标准系列溶液的配制原则，参见第二章第二节-一、-(五)-2. 标准曲线的建立中的标准系列溶液的配制原则。分析钼产品中的痕量元素铅含量时，配制标准曲线中的标准系列溶液，采用基体匹配法，即配制与被测样品基体一致、质量分数相近的标准系列溶液。称取纯基体物质与被测样品相同的量，随同样品制备标准系列溶液，或者直接加入制备好的基体溶液。基体匹配标准曲线法的介绍，参见本书中第二章第二节-一、-(五)-2.-(2)标准曲线法部分。在经消解的钼基体溶液中，分别加入一系列体积的铅标准溶液，定容后，得到铅的标准系列溶液。

具体方法为：根据样品中铅的质量分数［参见本方法中（二）样品的消解］，称取与样品质量相同的钼基体［w(Pb)≤0.000005%］，置于150mL烧杯中，用水润湿，加5mL过氧化氢（ρ=1.10g/mL，优级纯），于电热板上低温加热溶解，并煮沸1~2min，取下冷却至室温，转移至100mL容量瓶中，分别加0mL、1.00mL、2.00mL、4.00mL、8.00mL、10.00mL铅标准溶液（1μg/mL），加3mL硝酸（ρ=1.42g/mL），用水稀释至刻度，混匀。

标准系列溶液的测量方法，参见第三章第二节-九、-(五)-2.-(3)标准系列溶液的测量。以被测元素的质量浓度（μg/mL）为横坐标、净吸光度（A）为纵坐标，绘制标准曲线。标准曲线R^2＞0.995时方可使用。

（六）样品的测定

铅的电热原子化参数的选择和原子吸收光谱仪的测试准备工作，以及样品溶液的测量方法，参见第三章第二节-九、-（六）样品的测定。其中检出限参见表 7-1。

以样品溶液和空白溶液的平均吸光度的差值为净吸光度（A），从标准曲线上查出相应的被测元素的质量浓度（μg/mL）。

（七）结果的表示

当被测元素的质量分数＜0.01％时，分析结果表示至小数点后第 4 位；当被测元素的质量分数＞0.01％时，分析结果表示至小数点后第 3 位。

（八）质量保证和质量控制

具体操作方法参见第二章第三节-一、-（八）质量保证和质量控制。

（九）注意事项

（1）参见第二章第二节-一、-（九）注意事项（1）。

（2）参见第二章第三节-一、-（九）注意事项（1）、（3）。

（3）考虑到不同仪器的灵敏度差异，为适应标准曲线线性，本方法中样品溶液和标准系列溶液的定容体积可扩大 1 倍。

（4）未加被测元素标准溶液的标准系列溶液为零浓度溶液。

（5）检测方法中所用仪器的标准，参见第二章第三节-三、-（九）注意事项（3）。

第三节　原子荧光光谱法

在现行有效的标准中，采用原子荧光光谱法分析钼及其相关产品的标准有 4 个，将这些标准的每部分内容进行归纳，重点讲解分析过程中的难点和重点。

现行国家标准[11-14]中，原子荧光光谱法可以分析钼产品中铋、锡、锑、砷的含量，此方法适用于钼条、钼粉、三氧化钼、钼酸铵中上述杂质元素的独立测定，其元素测定范围参见表 7-2。实际工作中原子荧光光谱法分析钼产品中铋、锡、锑、砷含量的步骤包括以下几个部分。

（一）样品的制备和保存

钼条应粉碎并通过 0.75mm 标准筛网。

（二）样品的消解

分析上述钼产品中的 4 种杂质元素铋、锡、锑、砷含量的消解方法主要为湿法消解中的电热板消解法。关于消解方法分类的介绍，参见第二章第二节-一、-（二）样品的消解。分析铋、锑含量时，样品用硝酸、盐酸溶解，在盐酸介质中，用硼氢化钠与铋作用生成氢化物，进行测定。分析锡含量时，样品用过氧化氢溶解，在 L-半胱氨酸与酒石酸介质中生成氢化物，进行测定。分析砷含量时，样品用过氧化氢溶解，在硫脲、抗坏血酸、盐酸介质中生成氢化物，进行测定。均采用基体匹配标准曲线法进行计算。

样品中被测元素的质量分数越大，称取样品量越小，如表 7-9 所列。根据样品中被测元素的种类及其质量分数，按表 7-9 称取相应质量的样品，精确到 0.0001g。独立地进行 2 次测定，取其平均值。称取与样品相同量的光谱纯钼酸铵或三氧化钼（$w \geqslant 99.99\%$，各被测元素含量 $<0.0005\%$）代替样品，随同样品做空白试验。

▢ 表 7-9　分析钼条、钼粉、三氧化钼、钼酸铵产品中的杂质元素铋、锑等含量的样品溶液

被测元素	被测元素质量分数/%	样品量/g	溶样溶液	氢氧化钠④/mL	硫酸⑤/mL	补加酸试剂
铋	0.0001~0.0010 >0.0010~0.0050	0.50 0.10	15mL 盐酸①，5mL 硝酸②	—	—	—
锑	0.0001~0.0010 >0.0010~0.0050	0.50 0.10	15mL 盐酸①，5mL 硝酸②	—	—	—
锡	0.0003~0.0010 >0.0010~0.0050	0.50 0.10	5～8mL 过氧化氢③	10	3	1mL L-半胱氨酸⑥，20mL 酒石酸⑦
砷	0.0002~0.0010 >0.0010~0.0050	0.50 0.10	5～8mL 过氧化氢③	10	3	10mL 盐酸①，10mL 硫脲-抗坏血酸⑧

① 盐酸：$\rho = 1.19$g/mL，优级纯。

② 硝酸：$\rho = 1.42$g/mL，优级纯。

③ 过氧化氢：$\rho = 1.10$g/mL，优级纯。

④ 氢氧化钠：200g/L，用优级纯试剂配制。

⑤ 硫酸：1+1，优级纯。

⑥ L-半胱氨酸（5g/L）：称取 L-半胱氨酸 0.5g 溶于水中，加 1mL 盐酸（$\rho = 1.19$g/mL），用水定容至 100mL。

⑦ 酒石酸（400g/L）：现配现用，用优级纯试剂配制。

⑧ 硫脲-抗坏血酸：分别称取 10g 硫脲、10g 抗坏血酸，溶于 200mL 水中，混匀，用时现配。

将样品置于 150mL 烧杯中，加少量水润湿，根据样品中被测元素的种类和其质量分数，按表 7-9 中溶样溶液加入相应量的试剂，盖上表面皿，于电热板上低温加热至溶解完全，煮沸驱除氮的氧化物（分析锡、砷含量时，加热蒸至溶液近干，加入表 7-9 规定的相应体积的氢氧化钠溶液，低温加热微沸 1min），取下冷却至室温（分析锡、砷含量时，用水冲洗表面皿及杯壁，按表 7-9 加入相应量的"硫酸"溶液）。将上述经消解的样品溶液移入 100mL 容量瓶中（分析锡、砷含量时，再加入表 7-9 补加酸试剂中规定的相应量的试剂；分析砷含量时，摇匀，静置 30min），用水稀释至刻度，混匀。

（三）仪器条件的选择

分析钼产品中的 4 种杂质元素铋、锡、锑、砷的含量时，原子荧光光谱仪的参考工作条件见表 7-2。测定不同元素有不同的仪器操作条件。以铋元素的测定为例介绍仪器操作条件的选择。

（1）原子荧光光谱仪应配有由厂家推荐的铋特种空心阴极灯（如测定锡、锑、砷时，选择相应的元素空心阴极灯）、氢化物发生器（配石英炉原子化器）、加液器或流动注射进样装置。

（2）在仪器最佳工作条件下，凡达到下列指标者均可使用。

1）灵敏度　在与测量样品溶液基体相一致的溶液中，铋的检出限 ≤1ng/mL（如测定锡、锑、砷时，其检出限参见表 7-2）。检出限定义，参见第二章第三节-一、-(三)-(3)-1)

灵敏度。

2) 精密度　用 0.02μg/mL 的铋标准溶液（测定锡、锑、砷时，选择相应的被测元素标准溶液）测量 10 次荧光强度，其标准偏差应不超过平均荧光强度的 5.0%。其测量计算的方法和标准规定参见第二章第二节-一、-（三）-（3）-2) 精密度。

3) 稳定性　30min 内的零点漂移≤5%，短期稳定性 RSD≤3%。

4) 标准曲线的线性　将标准曲线按浓度等分成五段，最高段的吸光度差值与最低段的吸光度差值之比≥0.80。

（四）干扰的消除

（1）钼基体对测定有影响，在绘制标准曲线时，采用基体匹配法配制标准系列溶液，消除钼基体的干扰。

（2）分析钼产品中的锡含量时，在 L-半胱氨酸存在下于酒石酸介质中测定，以酒石酸为掩蔽剂，络合钼基体等，消除干扰。

（3）分析钼产品中的砷含量时，在硫脲-抗坏血酸-盐酸介质中测定，以抗坏血酸预还原砷 V 为砷 III，以硫脲为掩蔽剂，避免干扰元素的干扰。

（五）标准曲线的建立

1. 标准溶液的配制

配制各个被测元素标准储备溶液和标准溶液的原则，参见第二章第三节-二、-（五）-1. 标准溶液的配制。

2. 标准曲线的建立

标准系列溶液的配制原则，参见第二章第二节-一、-（五）-2.-标准曲线的建立中的标准系列溶液的配制原则。分析钼产品中的 4 种杂质元素铋、锡、锑、砷的含量时，配制标准曲线中的标准系列溶液，采用基体匹配法，即配制与被测样品基体一致、质量分数相近的标准系列溶液。基体匹配标准曲线法的详细介绍参见本书第二章第二节-一、-（五）-2.-（2）标准曲线法。称取纯基体物质与被测样品相同的量，随同样品制备标准系列溶液，或者直接加入制备好的基体溶液。在经消解的钼基体溶液中，分别加入一系列体积的被测元素标准溶液，定容后，得到被测元素的标准系列溶液。此方法中标准系列溶液的配制方法如下。

（1）分析钼产品中的铋、锑含量　首先制备钼基体溶液，方法如下。

钼基体溶液（50mg/mL）：称取 7.4977g 高纯氧化钼（$w \geq 99.99\%$，各被测元素含量<0.0005%）于 100mL 的烧杯中，加入 100mL 氨水（2mol/L），于电热板上低温加热溶解，然后用氨水（1+99）稀释到 100mL，摇匀。

根据样品中钼的含量，移取适量的钼基体溶液，置于一组 100mL 容量瓶中，使标准溶液中的钼含量与样品溶液中钼含量基本一致，分别加入 0mL、0.10mL、0.50mL、1.00mL、2.00mL、5.00mL 被测元素标准溶液（1μg/mL），加入 10mL 盐酸（$\rho = 1.19g/mL$），用水稀释至刻度，混匀。

（2）分析钼产品中的锡、砷含量　称取与样品中钼质量相当的钼基体，按照样品溶液制备方法制备标准溶液，在定容前加入一系列体积的被测元素标准溶液，制得标准系列溶液。详情如下：

根据样品中被测元素的种类及其质量分数，按表 7-7 称取与样品质量相等的钼基体 $[w(Sn，As)\leqslant0.00002\%]$，置于一系列 150mL 烧杯中，加少量水润湿，加 5mL 过氧化氢（优级纯），盖上表面皿，于电热板上低温加热至溶解完全，煮沸驱除氮的氧化物，加热蒸至溶液近干，加入表 7-7 规定的相应体积的氢氧化钠溶液，低温加热微沸 1min，取下冷却至室温，用水冲洗表面皿及杯壁。按表 7-7 加入相应量的硫酸溶液，将上述经消解的钼基体溶液移入 100mL 容量瓶中，分别移取 0mL、0.10mL、0.50mL、1.00mL、2.00mL、5.00mL 被测元素标准溶液（1μg/mL），再加入表 7-7"补加酸试剂"中规定的相应量的试剂（分析砷含量时，摇匀，静置 30min），用水稀释至刻度，混匀。

标准系列溶液的测量方法，参见第三章第三节-(五)-2.-(3) 标准系列溶液的测量。以被测元素的质量浓度（ng/mL）为横坐标，净荧光强度为纵坐标，绘制标准曲线。当标准曲线的 $R^2\geqslant0.995$ 时，方可进行样品溶液的测量。

（六）样品的测定

原子荧光光谱仪的开机准备操作和检测原理，参见本书第三章第三节-(六) 样品的测定。

分析钼中的杂质元素铋、锡、锑、砷的含量时，将原子荧光光谱仪调节至最佳工作状态，取样品溶液在原子荧光光谱仪上测定。以盐酸（1+19）为载流调零，以氩气（Ar≥99.99%，体积分数）为屏蔽气和载气，将样品溶液和硼氢化钾溶液[20g/L，称 10g 硼氢化钾溶解于 500mL 氢氧化钾溶液（5g/L）中，混匀，过滤备用，用时现配]导入氢化物发生器的反应池中。

样品溶液的测量方法，参见第三章第三节-(六) 样品的测定。从标准曲线上查出相应的被测元素质量浓度（ng/mL）。

（七）结果的表示

分析结果表示至小数点后第 4 位。

（八）质量保证和质量控制

分析时，应用国家级或行业级标准样品或控制样品进行校核，每年至少用标准样品或控制样品对分析方法校核一次。当过程失控时，应找出原因，纠正错误后重新进行校核，并采取相应的预防措施。

（九）注意事项

（1）参见第二章第二节--一、-(九) 注意事项（1）。

（2）参见第三章第三节--一、-(九) 注意事项（2）。

（3）参见第二章第三节--一、-(九) 注意事项（1）、（3）。

（4）分析钼产品中的砷含量时，方法中使用的烧杯中砷含量应很低或不含有砷，以免造成低砷测量污染，或者使用全氟塑料烧杯。

（5）测试中所用仪器的标准，参见第二章第三节-三、-（九）注意事项（3）。

（6）分析钼产品中杂质元素砷的含量时，样品溶液和砷的标准系列溶液，在测量前需放置约 30min；分析钼产品中的锡含量时，样品溶液和钼的标准系列溶液，制备好后直接测量，无须放置。

第四节　电感耦合等离子体原子发射光谱法

在现行有效的标准中，采用电感耦合等离子体原子发射光谱法分析钼及其相关产品的标准有6个。将这些方法归纳，结合工作实际提出了一整套实验方案，并在干扰的消除与注意事项部分对操作中的实际问题进行了说明。

现行国家标准[15-20]中，电感耦合等离子体原子发射光谱法可以分析钼产品中6种杂质元素铁、铝、硅、钛、钒、钨的含量。此方法适用于钼粉、钼条、三氧化钼、钼酸铵等钼产品中的上述6种杂质元素含量的独立测定，其元素测定范围见表7-3。

我们以此为应用实例讲解具体的分析步骤和方法，以及一些注意事项。

（一）样品的制备和保存

钼条应粉碎并通过0.75mm标准筛网。

（二）样品的消解

分析钼产品中6种杂质元素铁、铝、硅、钛、钒、钨含量的消解方法主要为湿法消解中的电热板消解法和微波消解法。关于消解方法分类的介绍，参见第二章第二节一、-（二）样品的消解。

分析钼产品中的铁、钛、钒含量时，采用电热板消解法中的酸法，样品用硝酸和过氧化氢溶解。分析钼产品中的硅含量时，采用电热板消解法中的碱法，样品用过氧化氢和氢氧化钠溶解，经硝酸酸化制得样品溶液。分析钼产品中的铝、钨含量时，采用电热板消解法和微波消解法，样品用过氧化氢或硝酸和氢氟酸溶解，当三氧化钼样品不易溶解时，经微波消解仪分解，再进行测定。下面进行具体介绍。

样品中被测元素的种类不同，消解方法不同，相应的干扰元素不同，消除干扰的方法也相应变化，如表7-10所列。

样品中被测元素的质量分数越大，称样量越小。根据样品中被测元素的种类及其质量分数，按表7-10称取相应质量的样品，精确到0.0001g。独立地进行两次测定，取其平均值。称取与样品相同量的光谱纯钼酸铵或三氧化钼（$w \geqslant 99.99\%$，各被测元素含量＜0.0005％）代替样品，随同样品做空白试验。

▫ 表7-10　分析钼条、钼粉、三氧化钼、钼酸铵产品中的6种杂质元素铁等含量的样品溶液

被测元素	被测元素质量分数/%	样品量/g	溶样溶液	补加试剂	煮沸时间/min	定容体积/mL	分取样品溶液体积/mL
铁	0.0002～0.0020 ＞0.0020～0.0100 ＞0.0100～0.1000	1.00 0.50 0.20	用水润湿，加入5mL过氧化氢①	45～50mL水，2mL硝酸②	2	100 100 100	全量 全量 20.00
铝	0.0050～0.050 ＞0.050～1.000	1.00 0.10	用水润湿，分次加入5～10mL过氧化氢①	5mL硝酸②	5～10	100	全量
硅	0.0002～0.0050 ＞0.0050～0.0100 ＞0.0100～0.1000	1.00 0.50 0.20	用水润湿，加入0.5mL氢氧化钠③	少量水，1mL过氧化氢①，3mL硝酸②	5	100	全量

被测元素	被测元素质量分数/%	样品量/g	溶样溶液	补加试剂	煮沸时间/min	定容体积/mL	分取样品溶液体积/mL
钛	0.0002～0.0050 ＞0.0050～0.0100 ＞0.0100～0.1000	1.00 0.50 0.20	用水润湿，加入5mL 过氧化氢①（可补加过氧化氢①）	45～50mL 水，2mL 硝酸②	2	100	全量
钒	0.0005～0.0100	1.00	用水润湿，分次加入 5～8mL 过氧化氢①	45～50mL 水，2～3mL 硝酸②	1～2	100	全量
钨	0.005～0.10 ＞0.10～1.50	1.00 0.1	6mL 硝酸②，2mL 氢氟酸④	—	2	100	全量

① 过氧化氢：$\rho = 1.10$g/mL，优级纯。

② 硝酸：$\rho = 1.42$g/mL，优级纯。

③ 氢氧化钠：200g/L，用优级纯试剂配制。

④ 氢氟酸：$\rho = 1.17$g/mL，分析纯。

将样品置于 200mL 烧杯中（分析钼产品中铝、钨的含量时，消解容器为 150mL 聚四氟乙烯烧杯；分析钼产品中硅含量时，选用 50mL 铂坩埚），根据样品中被测元素的种类及其质量分数，加入表 7-10 溶样溶液规定的相应量的试剂（分析钼酸铵、纯三氧化钼产品中钨的含量时，可以补加 2～5mL 表 7-10 中过氧化氢），待剧烈反应停止后，盖上表面皿，于电热板上低温加热至完全溶解（若溶解不完全，可适当多加过氧化氢，使样品完全溶解，并随同做空白试验。分析钼产品中硅含量时，加热至微沸，保温 5min）。取下稍冷后，用水吹洗表面皿及杯壁，按表 7-10 加入相应量的补加试剂，（分析钼产品中硅含量时，不经加热，直接定容），于电热板上低温加热煮沸，煮沸时间为表 7-10 规定的时长，使溶液清亮，驱除过剩的过氧化氢，取下冷却至室温，用水冲洗杯壁，按表 7-10 定容体积移入相应的容量瓶中，用水稀释定容，摇匀［分析三氧化钼产品中痕量元素铝、钨的含量时，当样品用此法不易溶解至溶液澄清时，将样品置于聚四氟乙烯微波消解罐中，加入 5mL 表 7-10 中硝酸（分析钨含量时，加入 6mL 硝酸）和 2mL 氢氟酸，微波消解溶解样品］。

注意：① 分析钼产品中的铁含量时，根据被测元素的质量分数，按表 7-10 分取上述经消解的样品溶液相应的体积，置于 100mL 容量瓶中，用水稀释至刻度，摇匀。

② 分析钼产品中的硅含量时，样品消解容器应使用 50mL 铂坩埚。制得注意的是，钼金属制品先用适量表 7-10 中过氧化氢溶解后，再转移至铂坩埚中进行碱溶解。

③ 分析三氧化钼产品中痕量元素铝、钨的含量时，将样品置于氟塑料高压消解罐（见图 3-1，参见 GB/T 6609.7—2004 中图 1）的反应杯中，加入硝酸和氢氟酸，盖严盖，装入聚四氟乙烯密封溶样器中，盖好，将溶样器装入钢套中，拧紧钢套盖。置于烘箱中，升温至 240℃±3℃，保温 6h，取出，自然冷却至室温。

（三）仪器条件的选择

分析钼产品中 6 种杂质元素铁、铝、硅、钛、钒、钨的含量时，电感耦合等离子体原子发射光谱仪的参考工作条件（检出限、分析线及其干扰元素）见表 7-3。仪器采用等离子体光源，使用功率 750～1750W。顺序测量型或同时测量型光谱仪，要求配备耐氢氟酸溶液雾化进样系统，为自动进样或手动进样。

（1）选择分析谱线时，可以根据仪器的实际情况（如灵敏度和谱线干扰）做相应的调整。推荐的分析线见表7-3。分析谱线的选择，参见第二章第三节-一、-（三）仪器条件的选择。

（2）仪器的实际分辨率，参见第二章第三节-一、-（三）仪器条件的选择。

（3）在仪器最佳工作条件下，凡能达到下列指标者均可使用。

1）灵敏度　以分析铁含量为例，通过计算仅含有铁溶液中的分析线（238.2nm），得出的检出限（DL）应≤0.016μg/mL。检出限定义，参见第二章第三节-一、-（三）-（3）-1）灵敏度。

2）短期稳定性　每个最高浓度标准溶液发射谱线的标准偏差应不超过绝对或相对光强平均值的1.0%。此指标的测量和计算方法参见第二章第三节-一、-（三）-（3）-2）短期稳定性。

3）长时稳定性　4h内16个测量平均值的相对标准偏差不应超过绝对或相对光强平均值的1.0%。此指标的测量和计算方法参见第三章第四节-一、-（三）-（3）-3）长期稳定性。

4）标准曲线线性　标准曲线的线性相关系数≥0.999。

（四）干扰的消除

（1）分析钼产品中的杂质元素铁、铝、硅、钛、钨含量时，钼基体对测定有影响，在绘制标准曲线时，以钼基体补偿的方式消除。即采用基体匹配标准曲线法进行测定，以消除钼基体对被测元素的干扰。

（2）分析钼产品中铝、钨的含量，制备样品溶液、标准系列溶液中的钼基体溶液和被测元素标准溶液时，消解容器、容量瓶、微波消解罐应选用聚四氟乙烯材质的，以去除消解过程中玻璃成分对被测元素的干扰。

（3）分析钼产品中硅含量，制备样品溶液、标准系列溶液中的钼基体溶液和被测元素标准溶液时，消解容器应选用铂坩埚用于碱法消解，以去除消解过程中容器材质对被测元素的干扰。

（五）标准曲线的建立

1. 标准溶液的配制

配制各个被测元素标准储备溶液和标准溶液的原则，参见第二章第三节-二、-（五）-1.标准溶液的配制。

2. 标准曲线的建立

标准系列溶液的配制原则，参见第二章第二节-一、-（五）-2.标准曲线的建立中的标准系列溶液的配制原则。分析钼产品中5种杂质元素铁、铝、硅、钛、钨的含量时，配制标准曲线中的标准系列溶液，采用基体匹配法，即配制与被测样品基体一致、质量分数相近的标准系列溶液。分析钨产品中的钒含量时，采用标准曲线法，不加入钼基体。

基体匹配标准曲线法的原理介绍参见本书第二章第二节-一、-（五）-2.-（2）标准曲线法。称取纯基体物质与被测样品相同的量，随同样品制备标准系列溶液，或者直接加入制备好的基体溶液。在经消解的钼基体溶液中，分别加入一系列体积的被测元素标准溶液，定容后，得到被测元素的标准系列溶液。

此方法中标准系列溶液的配制方法如下。

（1）分析钼产品中铁、铝、硅、钛、钨的含量　根据样品中的被测元素种类及质量分数，按表 7-10 中的样品质量称取数份光谱纯钼酸铵或三氧化钼基体（$w \geqslant 99.99\%$，各被测元素含量<0.0005%），置于数个 200mL 烧杯中（分析钼产品中铝、钨的含量时，消解容器为 150mL 聚四氟乙烯烧杯；分析钼产品中硅含量时，选用 50mL 铂坩埚），加入表 7-10 溶样溶液规定的相应量的试剂，待剧烈反应停止后，盖上表面皿，于电热板上低温加热至完全溶解（分析钼产品中硅含量时，加热至微沸，保温 5min），取下稍冷后，用水吹洗表面皿及杯壁，按表 7-10 加入相应量的补加试剂（分析钼产品中硅含量时，不经加热，直接移入容量瓶中），于电热板上低温加热煮沸，煮沸时间为表 7-10 规定的时长，使溶液清亮，驱除过剩的过氧化氢，取下冷却至室温，用水冲洗杯壁，按表 7-10 定容体积移入相应的容量瓶中（分析钼产品中铝含量时，按表 7-11 补加适量硝酸，使标准溶液酸度与样品溶液基本一致），按表 7-11 依次加入一系列体积的被测元素标准溶液于上述容量瓶中，用水稀释定容，摇匀（分析三氧化钼产品中痕量元素铝、钨的含量时，当样品采用微波消解法溶解时，钨基体溶液随同样品溶液制备）。

▫ 表 7-11　分析钼产品中铁等含量的标准系列溶液

被测元素	被测元素质量分数/%	被测元素标准溶液浓度/(μg/mL)	分取被测元素标准溶液体积/mL	定容体积/mL	干扰消除剂
铁	0.0002~0.1000	10	0、0.40、2.00、4.00、6.00、8.00、10.00	100	—
钛	0.0002~0.100	10	0、2.00、4.00、6.00、8.00	100	—
铝	0.0050~1.00	100	0、0.50、1.00、2.00、5.00、10.00	100	适量硝酸①
钨	0.0050~1.500	100	0、0.25、0.50、1.00、10.00、20.00	100	—
硅	0.0002~0.1000	10	0、2.00、4.00、6.00、8.00	100	—

① 硝酸：$\rho = 1.42\text{g/mL}$，优级纯。

（2）分析钼产品中钒的含量　分别移取 0mL、0.50mL、1.00mL、2.00mL、5.00mL 钒标准溶液（$10\mu\text{g/mL}$），置于 100mL 容量瓶中，加入 2mL 硝酸（$\rho = 1.42\text{g/mL}$，优级纯），用水稀释至刻度，混匀。

标准系列溶液的测量方法，参见第二章第三节-一、-（五）-2.-（3）标准系列溶液的测量。分别以各被测元素的质量浓度（μg/mL）为横坐标，分析线净强度为纵坐标，绘制标准曲线。当标准曲线的 $R^2 \geqslant 0.999$ 时，测定样品溶液。

（六）样品的测定

（1）优化仪器的方法　具体方法参见第二章第三节-一、-（六）样品的测定。

（2）样品中被测元素的分析线发射强度的测量　具体方法参见第二章第三节-一、-（六）样品的测定。从标准曲线上查出各被测元素的质量浓度（μg/mL）。

（3）分析线中干扰线的校正　具体方法参见第二章第三节-一、-（六）样品的测定。

（七）结果的表示

分析结果在 1% 以上保留 3 位有效数字；在 1% 以下保留 2 位有效数字。

（八）质量保证和质量控制

具体操作方法参见第二章第三节-一、-（八）质量保证和质量控制。

（九）注意事项

（1）参见第二章第二节-一、-（九）注意事项（1）。

（2）参见第二章第三节-一、-（九）注意事项（1）～（3）。

（3）分析三氧化钼产品中痕量元素铝、钨的含量，制备样品溶液时，当采用电热板消解法处理后，样品溶液不易澄清（溶解不完全）时，采用微波消解法进行处理，随同样品做空白试验。制备钼基体溶液时，采用同样的方法进行制备。

（4）分析钼产品中硅含量时，钼金属制品先用适量过氧化氢溶解后再转移至铂坩埚中进行碱溶解。

（5）对于采用过氧化氢消解的样品，如果在溶样过程中溶解不彻底，可补加过氧化氢直至溶解完全。

（6）测试中所用仪器的标准，参见第二章第三节-三、-（九）注意事项（3）。

（7）分析钼产品中铝、钨的含量，制备样品溶液、标准系列溶液中的钼基体溶液和被测元素标准溶液时，消解容器应用 100mL 或 150mL 聚四氟乙烯烧杯，容量瓶应选用塑料容量瓶，或立即转入干燥的塑料瓶中保存。微波消解时，将样品置于聚四氟微波消解罐中，进行消解。

（8）分析钼产品中硅含量，制备样品溶液、标准系列溶液中的钼基体溶液和被测元素标准溶液时，消解容器应选用铂坩埚。

第五节　电感耦合等离子体质谱法

在现行有效的标准中，采用电感耦合等离子体质谱法分析钼及其相关产品的标准有 1 个，这里将其实验方法整理列出，并对其原理和操作细节进行解释说明。

现行国家标准[21]中，电感耦合等离子体质谱法可分析钼产品中 18 种杂质元素铝、镁、钙、钒、铬、锰、铁、钴、镍、铜、锌、砷、镉、锡、锑、钨、铅、铋的含量，此方法适用于钼产品中上述 18 种杂质元素的多元素同时测定，也适用于其中一个元素的独立测定。其元素测定范围见表 7-4。

我们以此为应用实例讲解具体的分析步骤和方法，以及一些注意事项。

（一）样品的制备和保存

钼条应粉碎并通过 0.75mm 标准筛网。

（二）样品的消解

电感耦合等离子体质谱法分析钼产品中 18 种杂质元素铝、镁、钙、钒、铬、锰、铁、钴、镍、铜、锌、砷、镉、锡、锑、钨、铅、铋含量的消解方法主要为湿法消解中的电热板消解法。关于消解方法分类的介绍，参见第二章第二节-一、-（二）样品的消解。本部分中，样品用逆王水和氢氟酸溶解，制得 1 体积盐酸＋3 体积硝酸混合酸和氢氟酸介质的样品溶液。样品溶液中加内标溶液，测定时以内标法进行校正。下面具体介绍其消解方法。

称取 0.10g 样品，精确至 0.0001g。独立测定 2 次，取其平均值。称取与样品相同量的高纯钼（质量分数≥99.999%），随同样品做空白试验。

将准确称量的样品置于100mL塑料烧杯中，加入5mL水润湿，加3mL硝酸（1+1，优级纯）、1mL盐酸（1+1，优级纯）、1mL氢氟酸（$\rho \approx 1.16g/mL$，MOS级），于电热板上低温加热至样品溶解完全，取下，冷却至室温，移入100mL塑料容量瓶中。准确移取1mL铯内标溶液〔1μg/mL，称取1.534g氯化铯［$w(CsCl_2) \geq 99.99\%$］，置于150mL烧杯中，加入50mL硝酸（1+1，优级纯），于电热板上加热溶解，取下冷却至室温，移入1000mL容量瓶中，用水稀释至刻度，混匀。移取10mL此溶液，用水定容至100mL。再移取10mL上述溶液，用水定容至1000mL〕，置于上述容量瓶中，用水稀释至刻度，混匀。必要时根据标准曲线范围，稀释待测溶液。

（三）仪器条件的选择

电感耦合等离子体质谱仪的配置要求，参见第二章第四节-一、-(三)仪器条件的选择。仪器需配备耐氢氟酸溶液雾化进样系统。分析钼产品中18种杂质元素铝、镁、钙、钒、铬、锰、铁、钴、镍、铜、锌、砷、镉、锡、锑、钨、铅、铋的含量时，按照如下方法选择仪器条件。

(1) 选择同位素的质量数时，可以根据仪器的实际情况做相应的调整。推荐的同位素的质量数见表7-4。同位素的质量数选择方法，参见第二章第四节-一、-(三)-(1)。

(2) 在仪器最佳工作条件下，凡能达到下列指标者均可使用。

1) 短时精密度　连续测定的10个质谱信号强度的相对标准偏差≤5%。此指标的测量和计算方法，参见第二章第四节-一、-(三)-(2)-1) 短时精密度。

2) 灵敏度　此指标的测量和计算方法，参见第二章第四节-一、-(三)-(2)-2) 灵敏度。其中，测定10ng/mL标准溶液，$^{24}Mg \geq 100000cps$。

3) 测定下限　此指标的测量和计算方法，参见第二章第四节-一、-(三)-(2)-3) 测定下限。

4) 标准曲线的线性　标准曲线的线性相关系数$R^2 \geq 0.999$。

（四）干扰的消除

分析钼产品中18种杂质元素铝、镁、钙、钒、铬、锰、铁、钴、镍、铜、锌、砷、镉、锡、锑、钨、铅、铋的含量时，以铯为内标元素。以内标法校正仪器的灵敏度漂移，并消除基体效应的影响。

（五）标准曲线的建立

1. 标准溶液的配制

配制不同浓度的标准溶液首先要制备各个元素的标准储备溶液。如果实验室不具备自己配制标准储备溶液条件，可使用有证书的系列国家或行业标准样品（溶液）。选择与被测样品基体一致、质量分数相近的有证标准样品。

值得注意的是，在配制多元素标准溶液时，互有化学干扰、产生沉淀及互有光谱干扰的元素应分组配制。标准储备溶液的稀释溶液，需与标准储备溶液保持一致的酸度（用时现稀释）。

2. 标准曲线的建立

内标法校正的标准系列溶液的配制原则，参见第二章第四节-一、-(五)-2.-(2) 标准系列溶液的配制中此系列标准溶液配制的原则。如果标准曲线不呈线性，可采用次灵敏度同位素的质量数测量，或者适当稀释样品溶液和标准系列溶液。

分析钼产品中 18 种杂质元素铝、镁、钙、钒、铬、锰、铁、钴、镍、铜、锌、砷、镉、锡、锑、钨、铅、铋的含量时，采用内标校正的标准曲线法进行定量分析。标准曲线法的详细介绍，参见本书中第二章第二节--一、-(五)-2.-(2) 标准曲线法。内标校正标准曲线法（内标法）的原理介绍，参见本书中的第二章第四节--一、-(五)-2.-(1) 内标校正的标准曲线法（内标法）的原理及使用范围。本部分中的标准系列溶液配制方法如下。

准确移取 0mL、0.50mL、1.00mL、2.00mL、3.00mL、4.00mL、5.00mL、6.00mL 混合被测元素标准溶液（铝、镁、钙、钒、铬、锰、铁、钴、镍、铜、锌、砷、镉、锡、锑、钨、铅、铋的浓度各为 1μg/mL），置于 8 个 100mL 塑料容量瓶中，分别准确移取 1mL 铯内标溶液［1μg/mL，溶液配制方法参见第七章第五节-(二) 样品的消解中样品溶液加入的铯内标溶液］置于上述 8 个 100mL 塑料容量瓶中，加入 2mL 硝酸（1+1，优级纯）、1mL 盐酸（1+1，优级纯）、1mL 氢氟酸（ρ≈1.16g/mL，MOS 级），用水稀释至刻度，混匀，待测。

根据样品的牌号也可选择相应的标准系列样品（国家一级标准样品），按分析样品溶液的制备方法配制标准系列溶液，标准系列溶液的数量由精度要求决定，一般 4~6 个。

内标校正的标准系列溶液的测量方法，参见第二章第四节--一、-(五)-2-(3) 标准系列溶液的测量。分别以各被测元素质量浓度（μg/mL）为横坐标，其净信号强度比为纵坐标，绘制标准曲线。对于每个测量系列，应单独绘制。当标准曲线 $R^2 \geqslant 0.999$ 时，测定样品溶液。

（六）样品的测定

（1）仪器的基本操作方法　具体方法参见第二章第四节--一、-(六) 样品的测定。

（2）样品中被测元素的同位素信号强度的测量　具体方法参见第二章第四节-二、-(六)-(2) 样品中被测元素的分析线发射强度的测量。从标准曲线上查出相应被测元素质量浓度（μg/mL）。

测量溶液的顺序，具体方法参见第二章第四节--一、-(六) 样品的测定。

控制样的检测，具体方法参见第二章第四节--一、-(六) 样品的测定。

（七）结果的表示

分析结果保留 2 位有效数字。

（八）质量保证和质量控制

具体操作方法参见第二章第三节--一、-(八) 质量保证和质量控制。

（九）注意事项

（1）参见第二章第二节--一、-(九) 注意事项（1）。

（2）参见第二章第三节--一、-(九) 注意事项（1）、(3)。

（3）在配制多元素标准溶液时，对于互有化学干扰、产生沉淀及互有光谱干扰的元素应分组配制，并且标准溶液需与标准储备溶液的酸度保持一致（现稀释）。

（4）测试中所用仪器的标准，参见第二章第四节--一、-(九) 注意事项（3）。

参考文献

[1] 国家质量监督检验检疫总局.GB/T 4325. 2—2013钼化学分析方法 第2部分：镉量的测定 火焰原子吸收光谱法 [S].北京：中国标准出版社，2013.

[2] 国家质量监督检验检疫总局.GB/T 4325. 8—2013钼化学分析方法 第8部分：钴量的测定 钴试剂分光光度法和火焰原子吸收光谱法 [S].北京：中国标准出版社，2013.

[3] 国家质量监督检验检疫总局.GB/T 4325. 9—2013钼化学分析方法 第9部分：镍量的测定 丁二酮肟分光光度法和火焰原子吸收光谱法 [S].北京：中国标准出版社，2013.

[4] 国家质量监督检验检疫总局.GB/T 4325. 10—2013钼化学分析方法 第10部分：铜量的测定 火焰原子吸收光谱法 [S].北京：中国标准出版社，2013.

[5] 国家质量监督检验检疫总局.GB/T 4325. 13—2013钼化学分析方法 第13部分：钙量的测定 火焰原子吸收光谱法 [S].北京：中国标准出版社，2013.

[6] 国家质量监督检验检疫总局.GB/T 4325. 14—2013钼化学分析方法 第14部分：镁量的测定 火焰原子吸收光谱法 [S].北京：中国标准出版社，2013.

[7] 国家质量监督检验检疫总局.GB/T 4325. 15—2013钼化学分析方法 第15部分：钠量的测定 火焰原子吸收光谱法 [S].北京：中国标准出版社，2013.

[8] 国家质量监督检验检疫总局.GB/T 4325. 16—2013钼化学分析方法 第16部分：钾量的测定 火焰原子吸收光谱法 [S].北京：中国标准出版社，2013.

[9] 国家质量监督检验检疫总局.GB/T 4325. 20—2013钼化学分析方法 第20部分：锰量的测定 火焰原子吸收光谱法 [S].北京：中国标准出版社，2013.

[10] 国家质量监督检验检疫总局.GB/T 4325. 1—2013钼化学分析方法 第1部分：铅量的测定 石墨炉原子吸收光谱法 [S].北京：中国标准出版社，2013.

[11] 国家质量监督检验检疫总局.GB/T 4325. 3—2013钼化学分析方法 第3部分：铋量的测定 原子荧光光谱法 [S].北京：中国标准出版社，2013.

[12] 国家质量监督检验检疫总局.GB/T 4325. 4—2013钼化学分析方法 第4部分：锡量的测定 原子荧光光谱法 [S].北京：中国标准出版社，2013.

[13] 国家质量监督检验检疫总局.GB/T 4325. 5—2013钼化学分析方法 第5部分：锑量的测定 原子荧光光谱法 [S].北京：中国标准出版社，2013.

[14] 国家质量监督检验检疫总局.GB/T 4325. 6—2013钼化学分析方法 第6部分：砷量的测定 原子荧光光谱法 [S].北京：中国标准出版社，2013.

[15] 国家质量监督检验检疫总局.GB/T 4325. 7—2013钼化学分析方法 第7部分：铁量的测定 邻二氮杂菲分光光度法和电感耦合等离子体发射光谱法 [S].北京：中国标准出版社，2013.

[16] 国家质量监督检验检疫总局.GB/T 4325. 11—2013钼化学分析方法 第11部分：铝量的测定 铬天青S分光光度法和电感耦合等离子体原子发射光谱法 [S].北京：中国标准出版社，2013.

[17] 国家质量监督检验检疫总局.GB/T 4325. 12—2013钼化学分析方法 第12部分：硅量的测定 电感耦合等离子体原子发射光谱法 [S].北京：中国标准出版社，2013.

[18] 国家质量监督检验检疫总局.GB/T 4325. 17—2013钼化学分析方法 第17部分：钛量的测定 二安替比林甲烷分光光度法和电感耦合等离子体原子发射光谱法 [S].北京：中国标准出版社，2013.

[19] 国家质量监督检验检疫总局.GB/T 4325. 18—2013钼化学分析方法 第18部分：钒量的测定 钽试剂分光光度法和电感耦合等离子体原子发射光谱法 [S].北京：中国标准出版社，2013.

[20] 国家质量监督检验检疫总局.GB/T 4325. 24—2013钼化学分析方法 第24部分：钨量的测定 电感耦合等离子体原子发射光谱法 [S].北京：中国标准出版社，2013.

[21] 国家质量监督检验检疫总局.GB/T 4325. 26—2013钼化学分析方法 第26部分：铝、镁、钙、钒、铬、锰、铁、钴、镍、铜、锌、砷、镉、锡、锑、钨、铅和铋量的测定 电感耦合等离子体质谱法 [S].北京：中国标准出版社，2013.

第八章

铜及其相关产品的分析

第一节 应用概况

2018 年邓飞等[1]采用 ICP-MS 检测铜及铜合金中镉、铁、锌、砷、镍、铬、锡、锰、锑、钴、铅、银、铋的含量，并对方法的不确定度进行了评定。在精炼铜电解阳极的粗铜过程中，阳极中的杂质砷、铅、铋等随铜一起溶解进入电解液，富集的杂质会以物理或化学沉积的方式聚积在阴极上，影响了精铜的质量[2-7]，因此分析铜阳极泥中的杂质元素很重要。本章介绍了原子光谱法在铜及铜合金、铜阳极泥两类铜产品分析中的应用；其中，铜及铜合金产品还包括铜碲合金。

采用火焰原子吸收光谱法（FAAS）、塞曼效应电热原子吸收光谱法（石墨炉原子吸收光谱法，GF-AAS）、冷原子吸收光谱法分析铜产品中基体铜元素与杂质元素的含量。这 3 种检测方法的适用范围与检出限不同。由于铜及铜合金中杂质元素的化学性质相近，故基体干扰元素多，检出限因产品而异，所以 FAAS 和 GF-AAS 可分别对多个同种杂质元素进行分析。GF-AAS 的概要，参见第三章第二节-九、钢铁及合金中痕量元素的分析。冷原子吸收光谱法：用盐酸羟胺还原以酸消解的样品溶液，用氯化亚锡将酸性二价汞还原成金属汞。室温下用空气作载气，将汞原子导入汞蒸气测量仪测定。智能型测汞仪，需配备 GP$_3$ 型汞灯。

下面将 AAS、AFS、ICP-AES、ICP-MS 的测定范围、检出限、仪器条件、干扰物质及消除方法等基本条件以表格的形式列出，为选择合适的分析方法提供参考。表 8-1 是原子吸收光谱法分析铜及铜合金的基本条件。表 8-2 是原子荧光光谱法分析铜及铜合金的基本条件。表 8-3 是电感耦合等离子体原子发射光谱法分析铜及铜合金、铜阳极泥的基本条件。表 8-4 是电感耦合等离子体质谱法分析铜及铜合金的基本条件。

□ 表 8-1 原子吸收光谱法分析铜及铜合金的基本条件

适用范围	测项	检测方法	测定范围(质量分数)/%	检出限/(μg/mL)	波长/nm	仪器条件		干扰物质消除方法	国标号	参考文献
						原子化器	原子化器条件			
铜及铜合金	铜	直接电解-火焰原子吸收光谱法	50.00~99.00	0.042	324.7	火焰	空气-乙炔火焰	过氧化氢还原氮的氧化物,以铅降低阴极铜的损失	GB/T 5121.1—2008	[8]
	铜箔合金 铜	高锰酸钾氧化-电解-火焰原子吸收光谱法	>98.0~99.9	0.022	324.7	火焰	空气-乙炔火焰	以铅降低阴极铜的损失,以高锰酸钾将碲全部氧化为六价;防止碲在阴极上析出	GB/T 5121.1—2008	[9]
	铅		>0.0015~5.00	0.47	283.3	火焰	空气-乙炔火焰	干扰物质为铜、锡、镍。当 $w(Pb)<0.040\%$ 时,用硝酸锶、氢氧化物共沉淀铅	GB/T 5121.3—2008	[10]
	镍		>0.0010~1.50	0.035	232.0	火焰	空气-乙炔火焰	当 $w(Ni)<0.010\%$ 时,用硝酸溶解、电解除铜	GB/T 5121.5—2008	[11]
	铋	火焰原子吸收光谱法	>0.0005~0.004	0.12	223.1	火焰	空气-乙炔火焰	干扰物质为铜、硅。以硝酸锶除铋、铬的干扰;以二氧化锡共沉淀富集铋,盐酸解沉淀	GB/T 5121.6—2008	[12]
	锌		0.00005~2.00	10	231.8	火焰	空气-乙炔火焰	干扰物质为铜。当 $w(Ni)<0.0020\%$ 时,用硝酸溶解,电解除铜	GB/T 5121.11—2008	[13]
	钴		0.0020~3.00	0.013	240.7	火焰	空气-乙炔火焰	干扰物质为铜、镍。加入与标准系列溶液中,加入与样品相应量的铜、镍和锰	GB/T 5121.15—2008	[14]
	铬	火焰原子吸收光谱法	0.050~1.30	0.1	357.9	火焰	空气-乙炔火焰	干扰物质为铜、钴、锰等元素。稀硫酸介质中,以硫酸钠抑制	GB/T 5121.16—2008	[15]
	镁	火焰原子吸收光谱法	0.015~1.00	0.01	285.2	火焰	空气-乙炔火焰	干扰物质为硅、铝、钛、铍,加入硝酸锶消除	GB/T 5121.18—2008	[16]
	银	巯基棉分离-火焰原子吸收光谱法	0.0002~1.50	0.03	328.1	火焰	空气-乙炔火焰	当 $w(Ag)<0.0005\%$ 时,在 0.8mol/L 的硝酸中,以巯基棉纤维吸附银与铜分离,用硫酸铵袋洗脱银	GB/T 5121.19—2008	[17]

适用范围	测项	检测方法	测定范围(质量分数)/%	检出限/(μg/mL)	波长/nm	原子化器	原子化器条件	干扰物质消除方法	国标号	参考文献
	铜	火焰原子吸收光谱法	0.50~1.50	0.034	228.8	火焰	空气-乙炔火焰	—	GB/T 5121.22—2008	[18]
	硒		0.10~1.00	0.1	214.28	火焰	空气-乙炔火焰	—	GB/T 5121.24—2008	[19]
	铅		0.00010~0.0015	0.01	283.3	石墨炉			GB/T 5121.3—2008	[20]
	镍		0.0001~0.0010	0.01	232.0	石墨炉			GB/T 5121.5—2008	[21]
	铁		0.0001~0.0020	0.01	248.3	石墨炉			GB/T 5121.9—2008	[22]
铜及铜合金	锡	塞曼效应电热原子吸收光谱法(GF-AAS)	0.00005~0.0010	0.01	224.6	石墨炉	电热原子化器 塞曼效应背景校正	—	GB/T 5121.10—2008	[23]
	锰		0.00010~0.0020	0.002	279.5	石墨炉			GB/T 5121.14—2008	[24]
	钴		0.00005~0.0010	0.01	240.7	石墨炉			GB/T 5121.15—2008	[25]
	铬		0.00005~0.0010	0.004	357.9	石墨炉			GB/T 5121.16—2008	[26]
	镉		0.00005~0.0010	0.002	228.8	石墨炉			GB/T 5121.22—2008	[27]
	汞	冷原子吸收光谱法	0.0001~0.15	0.00005	253.7	冷原子	智能测汞仪,附GP₃汞灯		GB/T 5121.26—2008	[28]

□ 表8-2 原子荧光光谱分析铜及铜合金的基本条件

适用范围	测项	检测方法	测定范围(质量分数)/%	检出限/(ng/mL)	原子化器	原子化器条件	干扰物质消除方法	国标号	参考文献
	铋		0.000001~0.00050	2.0	石英炉	电热石英炉	①氨性介质中,氢氧化铜共沉淀铋,沉淀以热盐酸溶解。②抗坏血酸进行预还原,硫脲掩蔽铜	GB/T 5121.6—2008	[29]
	砷		0.00005~0.0010	2.0	石英炉	电热石英炉	①氨性介质中,氢氧化铜共沉淀砷,沉淀以热盐酸溶解。②抗坏血酸进行预还原,硫脲掩蔽铜	GB/T 5121.7—2008	[30]
铜及铜合金	锑	氢化物发生-无色散原子荧光光谱法	0.00005~0.0020	2.0	石英炉	AFS230型(推荐)灯电流:40mA 石英炉高度:8mm 炉温:200℃	①氨性介质中,氢氧化铜共沉淀锑,沉淀以热盐酸溶解。②抗坏血酸进行预还原,硫脲掩蔽铜	GB/T 5121.12—2008	[31]
	硒		0.00005~0.0003	2.0	石英炉	电热石英炉	多种干扰元素及铜以氢氧化铜共沉淀硒	GB/T 5121.24—2008	[32]
	磷		0.00005~0.0003	2.0	石英炉	电热石英炉	多种干扰元素及铜以氢氧化铜共沉淀磷		

□ 表 8-3 电感耦合等离子体原子发射光谱法分析铜及铜合金、铜阳极泥的基本条件

适用范围	测项	检测方法	测定范围(质量分数)/%	分析线/nm	仪器条件及说明	干扰物质消除方法	国标号	参考文献
铜及铜合金	磷	电感耦合等离子体原子发射光谱法	0.0001~1.00	187.28	功率:1150W 辅助气流量:0.5L/min 雾室压力:25psi 泵速:100r/min 积分时间:5~30s 当分析磷、硫元素时,光室通氩气或氮气12h以上或抽真空 当 w(Ni,Mn)>3%时, 分析线: Ni 341.47nm Mn 279.48nm	①当 w(Se,Te)<0.001%时,以砷作载体共沉淀富集微量硒,碲与基体铜分离; ②当 w(Fe,Ni,Zn,Cd)<0.001%时,电解除铜分离富集; ③当 w(P,Bi,Sb,As,Sn,Mn)<0.001%,w(Pb)<0.002%时,用铁作载体,氢氧化铁共沉淀载锰、铋、铅与基体铜分离、富集; ④当 w(Ni)>14%时,以镧作内标; ⑤当被测元素质量分数为0.001%~0.1%时,绘制标准曲线时,采用基体铜匹配法,消除基体铜的干扰	GB/T 5121.27—2008	[33]
	银		0.001~1.50	328.06				
	铋		0.00005~3.00	190.24				
	锑		0.0001~0.10	206.83				
	砷		0.0001~0.20	189.04				
	铁		0.0001~7.00	259.94				
	镍		0.0001~35.00	231.60,341.37				
	铅		0.0001~7.00	220.35				
	锡		0.001~10.00	189.98				
	硫		0.001~0.10	182.03				
	锌		0.00005~7.00	206.20				
	锰		0.00005~14.00	257.61,279,48				
	镉		0.00005~3.00	226.50				
	硒		0.0001~0.0020	196.09				
	碲		0.0001~1.00	214.28				
	铝		0.001~14.00	396.15				
	硅		0.001~5.00	288.15				
	钴		0.01~3.00	228.61				
	钛		0.01~1.00	334.94				
	镁		0.01~1.00	285.21				
	铍		0.01~3.00	313.10				
	锆		0.01~1.00	339.19				
	铬		0.01~2.00	267.71				
	硼		0.0005~1.00	249.77				
	汞		0.0005~0.10	194.22				
	铜(内标)		—	408.67				

适用范围	测项	检测方法	测定范围(质量分数)/%	分析线/nm	仪器条件及说明	干扰物质消除方法	国标号	参考文献
铜阳极泥	砷	电感耦合等离子体原子发射光谱法	0.50~5.00	193.7	功率:1100W 辅助气流量:0.5L/min 雾室压力:26psi (179kPa) 泵速:100r/min 长波积分时间:15s 短波积分时间:25s	样品经王水和饱和氟化氢铵溶解,需控制溶液一定的酸度,加入酒石酸掩蔽剂,消除干扰	GB/T 23607—2009	[34]
	铋		0.20~4.00	306.7				
	铁		0.05~0.50	259.9				
	镍		0.10~4.00	231.6				
	铅		1.00~10.00	220.3				
	锑		0.50~8.0	206.8				
	硒		0.50~4.00	196.0				
	碲		0.20~4.00	214.2				

注:1psi=6.895kPa。

□ 表 8-4　电感耦合等离子体质谱法分析铜及铜合金的基本条件

适用范围	测项	检测方法	测定范围(质量分数)/%	测定同位素的质量数	干扰物质消除方法	国标号	参考文献
铜及铜合金	铬	电感耦合等离子体质谱法	0.00005~0.0050	52	①测定铜及铜合金中的硒、碲含量时,以氢氧化铜作共沉淀剂将硒、碲分离并富集到铜基体溶液,消除基体铜的干扰。 ②以内标法进行校正。采用铜的内标液,消除铜的干扰。 ③铁元素采用去干扰技术测定	GB/T 5121.28—2010	[35]
	铁		0.00005~0.0050	56			
	锰		0.00005~0.0050	55			
	钴		0.00005~0.0050	59			
	镍		0.00005~0.0050	60			
	锌		0.00005~0.0050	68			
	砷		0.00005~0.0050	75			
	硒		0.00005~0.0050	77,82			
	银		0.00005~0.0050	107			
	镉		0.00005~0.0050	111			
	锡		0.00005~0.0050	118			
	锑		0.00005~0.0050	121			
	碲		0.00005~0.0050	128			
	铅		0.00005~0.0050	208			
	铋		0.00005~0.0050	209			

第二节 原子吸收光谱法

在现行有效的标准中，采用 AAS 分析铜及其相关产品的标准有 21 个。将这些方法按照测定时原子化的原理分类，通过对被测元素的种类与基体干扰的情况进行对比，提出了关于样品消解、标准曲线建立方法的一整套方案。

一、铜及铜合金中基体元素和杂质元素的分析

现行国家标准[8-19]中，火焰原子吸收光谱法可以分析铜及铜合金中基体元素铜的含量，铜碲合金中基体元素铜的含量，铜及铜合金产品中的 10 种杂质元素铅、镍、铋、锌、钴、铬、镁、银、镉、碲的含量。此方法适用于上述各元素的独立测定，其元素测定范围见表 8-1。实际工作中，火焰原子吸收光谱法分析铜及其相关产品中的铜元素和上述 10 种杂质元素含量的步骤包括以下几个部分。

（一）样品的制备和保存

将样品加工成厚度≤1mm 的碎屑。

（二）样品的消解

分析铜及其相关产品中铜元素及杂质元素的消解方法主要为湿法消解中的电热板消解法。关于消解方法分类的介绍，参见第二章第二节-一、-（二）样品的消解。分析铜及铜合金中基体铜的含量时，样品经酸法溶解，电热板消解，直接进行电解（分析铜碲合金中基体铜的含量时，以高锰酸钾氧化碲，防止碲在阴极上析出，再进行电解），铂阴极析出的铜烘干称量，电解液中残留的铜用火焰原子吸收光谱法测定。

铜及铜合金的产品种类多样，主要分为铜及加工纯铜、铜合金两类。其中，含锡、硅高的样品需要经过特别处理，使样品完全溶解。当分析铜及铜合金中杂质元素的含量时，样品溶液中的干扰元素多，需要加干扰消除剂（测镍、镁、铬含量），当被测元素质量分数低于某值时，需要通过电解除铜（测镍、锌含量），或化学法沉淀富集被测元素（测铅、铋含量），或以物理吸附法富集被测元素（测银含量）再进行测定。当分析铜及铜合金中的钴含量时，采用基体匹配标准曲线法抵消干扰。

下面分别进行介绍。

1. 分析铜及铜合金、铜碲合金中铜的含量

分析铜及铜合金中基体铜的含量时，样品以硝酸和氢氟酸溶解后，用过氧化氢还原氮的氧化物，加入铅以降低阳极上铂的损失，于 $1.0A/dm^2$ 进行电解，使铜在铂阴极上析出，阴极烘干后称量。电解液中残留的铜含量用火焰原子吸收光谱法测定。分析铜碲合金中基体铜的含量时，样品用硝酸溶解，加入铅以降低阳极上铂的损失，以高锰酸钾将碲全部氧化为六价，防止碲在阴极上析出。于 $2.0A/dm^2$ 进行电解，使铜在铂阴极上析出，阴极烘干后称量。电解液中残留的铜量用火焰原子吸收光谱法测定。

称取 2.0000g 样品，精确至 0.0001g。独立地进行 2 次测定，取其平均值。随同样品做空白试验（可不进行电解）。

☐ 表 8-5　分析铜及铜合金中铜含量的样品溶液

样品类型	溶样酸	加热温度/℃	干扰消除剂	电流密度/(A/dm²)
铜及铜合金	2mL 氢氟酸①，30mL 硝酸②	<80	25mL 过氧化氢③，3mL 硝酸铅④	1.0
铜碲合金	30mL 硝酸②	80～90	3mL 硝酸铅④	2.0

① 氢氟酸：$\rho = 1.13$g/mL，分析纯。

② 硝酸：1+1，优级纯。

③ 过氧化氢：1+9。

④ 硝酸铅：10g/L。

（1）样品溶解　称取样品后，再放上铂阴极，称取样品与铂阴极的总质量。取出铂阴极，放入干燥器中。将样品置于 250mL 聚四氟乙烯烧杯中，根据样品类型，按表 8-5 加入相应量的溶样酸，盖上表面皿，待反应接近结束，在表 8-5 中规定的加热温度下加热至样品完全溶解。继续加热彻底赶尽氮的氧化物，取下稍冷，用少量水吹洗杯壁及表面皿，按表 8-5 加入相应量的干扰消除剂，以氯化铵溶液（0.02g/L）洗涤表面皿和杯壁并稀释体积至约 150mL。

（2）电解准备　在上述烧杯中加入磁力搅拌棒，置于电解仪托盘上，开动搅拌装置，将溶液搅拌均匀［分析铜碲合金中的铜含量时，在搅拌下滴加 3mL 高锰酸钾溶液（20g/L）、5mL 硝酸锰溶液（20g/L）］。将精确称量过的铂阴极（见图 8-1）和铂阳极（见图 8-2）安装在电解器上，使网部浸没在溶液中，用剖开的两块半片聚四氟乙烯或聚丙烯表面皿盖上烧杯。

（3）进行电解　在表 8-5 规定的电流密度下，进行搅拌并电解。电解至铜的颜色褪去呈无色。以水洗涤表面皿、杯壁和电极杆，在电流密度 1.0A/dm² 下继续电解 30min～1h。如新浸没的电极部分无铜析出，表示已电解完全。

（4）称重阴极　不切断电源，慢慢地提升电极或降低烧杯，立即用 2 杯水依次淋洗电极，迅速取下铂阴极，并依次浸入 2 杯无水乙醇中，立即放入 105℃ 的恒温干燥箱中干燥 3～5min，取出置于干燥器中，冷却至室温，以原天平称量电解沉积后的铂阴极。

（5）残铜溶液　将电解析出铜后的溶液［（3）］及第一杯洗涤电极的水［（4）］，分别移入 2 个 300mL 烧杯中，盖上表面皿。低温蒸发至体积约为 80mL，冷却。合并溶液并移入 200mL 容量瓶中，用水稀释至刻度，混匀。若残铜量大于 0.0005g，移取 25.00mL 上述合并溶液，置于 100mL 容量瓶中，用水稀释至刻度，混匀。

电解装置：电解器备有自动搅拌装置和精密直流电流表、电压表。铂阴极：用直径约 0.2mm 的铂丝，编制成每平方厘米约 36μm 筛孔的网，制成网状圆筒形，如图 8-1 所示。铂阳极：螺旋形，如图 8-2 所示。

2. 分析铜及铜合金中杂质元素铅的含量

样品用硝酸或混合酸溶解，当样品 $w(Pb) > 0.040\%$ 时，不经分离直接进行原子吸收测定；当样品 $w(Pb) \leqslant 0.040\%$ 时，用硝酸锶、氢氧化物沉淀铅，与基体元素铜、锡、镍等分离。在酸性介质中，定容，待测。

样品中被测元素铅的质量分数越大，称样量越小，加入试剂量和样品溶液定容体积也相应变化，如表 8-6 所列。根据样品类型和样品中被测元素铅的质量分数按表 8-6 称取样品，精确至 0.0001g。独立地进行 2 次测定，取其平均值。称取与样品相同量的纯铜 ［$w(Cu) \geqslant 99.99\%$，$w(Pb) < 0.0005\%$］代替样品，随同样品做空白试验。

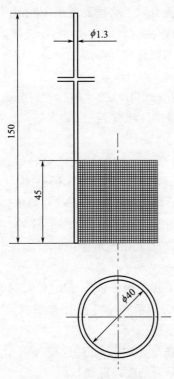

图 8-1　铂阴极

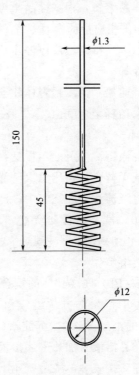

图 8-2　铂阳极

⊡ 表 8-6　分析铜及铜合金中铅含量的样品溶液

样品类型	铅的质量分数/%	称样量/g	溶样试剂	沉淀铅试剂	定容体积/mL
铜及 加工纯铜	＞0.0015～0.0050	10.00	70mL 硝酸①	加 10mL 铁溶液③；搅拌并缓慢加氨水④至溶液呈深蓝色，过量 20mL；加入 10g 碳酸铵⑤，加热至微沸 5min	25
	＞0.0050～0.010	5.00	50mL 硝酸①		25
	＞0.010～0.040	1.50	30mL 硝酸①		25
铜合金	＞0.0015～0.0050	10.00	70mL 硝酸①，10mL 氟化铵②	加 8mL 硫酸⑥，加热至微沸，用水洗涤表面皿及杯壁，在搅拌下缓慢加 8mL 硝酸锶溶液⑦至出现沉淀，继续搅拌 2min	25
	＞0.0050～0.010	5.00	50mL 硝酸①，10mL 氟化铵②		25
	＞0.010～0.040	1.50	30mL 硝酸①，10mL 氟化铵②		25
	＞0.040～0.10	2.00	30mL 混合酸⑧	—	100
	＞0.10～0.20	1.00	15mL 混合酸⑧	—	100
	＞0.20～0.40	0.50	10mL 混合酸⑧	—	100
	＞0.40～1.00	0.20	10mL 混合酸⑧	—	100
	＞1.00～2.00	0.10	10mL 混合酸⑧	—	100
	＞2.00～5.00	0.10	10mL 混合酸⑧	—	200

① 硝酸：1+1，优级纯。

② 氟化铵：200g/L。

③ 铁溶液（8g/L）：称取 57.8g 硝酸铁 [$Fe(NO_3)_3 \cdot 9H_2O$] 溶于 1000mL 硝酸 (1+100) 中，混匀。

④ 氨水：$\rho = 0.9$g/mL。

⑤ 碳酸铵：分析纯。

⑥ 硫酸：$\rho = 1.84$g/mL，分析纯。

⑦ 硝酸锶溶液：30g/L。

⑧ 混合酸：于 560mL 水中，加入 320mL 硝酸（$\rho = 1.42$g/mL）、120mL 盐酸（$\rho = 1.19$g/mL），混匀。

（1）样品溶解　根据样品类型和被测元素铅的质量分数，将样品置于 400mL 烧杯中，按表 8-6 加入相应量的溶样试剂［分析硅为主成分的样品时，需加 0.9mL 氢氟酸（$\rho = 1.13\text{g/mL}$）］，待剧烈反应停止后，于电热板上低温加热至样品溶解完全，煮沸除去氮的氧化物，冷却。

（2）沉淀铅　用水稀释体积至 200mL 左右［分析 $w(\text{Pb}) \leqslant 0.040\%$ 的铜合金中的铅量时，用水稀释至 100mL］，加入表 8-6 规定的相应量的"沉淀铅试剂"，于 70~80℃ 水浴上放置 1h。

（3）洗涤沉淀　沉淀用慢速滤纸过滤，用热的硫酸（1+100）洗涤烧杯及滤纸各 3 次，至滤纸无蓝色，再用温水洗涤 3 次，弃去滤液（富集铅，并与基体铜分离）。摊开滤纸，用水将沉淀洗入原烧杯中，滤纸上残留的沉淀用 10mL 热盐酸（1+1）溶解，以热盐酸（1+100）洗涤至滤纸无色［分析 $w(\text{Pb}) \leqslant 0.040\%$ 的铜合金中的铅量时，沉淀用 30mL 表 8-6 中硝酸①淋洗滤纸］，洗液并入原烧杯中。将上述洗液于电热板上加热煮沸，搅拌使沉淀溶解。

分析 $w(\text{Pb}) \leqslant 0.040\%$ 的铜合金中的铅量时，再接着按照分析 $w(\text{Pb}) \leqslant 0.040\%$ 的铜及加工纯铜中铅量的方法继续沉淀铅，加入 10mL 铁溶液……［操作步骤按本方法中（二）样品的消解-2.-（2）沉淀铅、（3）沉淀洗涤进行。］

（4）样品溶液　加热上述溶液蒸发至溶液近干，稍冷，加入 4mL 盐酸（1+1），加热溶解，冷却。按表 8-6 移入 25mL 容量瓶中，用水稀释至刻度，混匀。

分析 $w(\text{Pb}) > 0.040\%$ 的铜合金中的铅量时，按照本方法中（1）样品溶解操作后，根据样品中铅的质量分数，将此溶液移入表 8-6 定容体积规定的容量瓶中，用水稀释至刻度，混匀［分析硅为主成分的样品时，加入 30mL 硼酸饱和溶液（分析纯）］。

3. 分析铜及铜合金中杂质元素镍的含量

样品用硝酸、盐酸的混合酸溶解，加入硝酸锶以消除钴、锆等元素的干扰。当 $w(\text{Ni}) \leqslant 0.010\%$ 时，用硝酸溶解样品，电解除铜后进行测定。

样品中被测元素镍的质量分数越大，称样量越小，分取样品体积也相应变化，如表 8-7 所列。根据样品类型和样品中被测元素镍的质量分数，按表 8-7 称取样品，精确至

⊡ 表 8-7　分析铜及铜合金中镍含量的样品溶液

样品类型	镍的质量分数/%	称样量/g	溶样酸	分取样品溶液体积/mL	干扰消除剂
铜及铜合金	>0.0010~0.010	2.50	20mL 硝酸①	全量	5mL 盐酸②，10mL 硝酸锶④
	>0.010~0.050	0.50	5mL 硝酸①，5mL 盐酸②	全量	10mL 硝酸锶④
	>0.050~0.25	0.10		全量	
	>0.25~0.80	0.40		5.00	5mL 硝酸①，5mL 盐酸②，10mL 硝酸锶④
	>0.80~1.50	0.20		5.00	
硅青铜、硅黄铜等	>0.010~0.050	0.50	5mL 硝酸①，5mL 盐酸②，4 滴 氢氟酸③	全量	10mL 硝酸锶④
	>0.050~0.25	0.10		全量	
	>0.25~0.80	0.40		5.00	5mL 硝酸①，5mL 盐酸②，10mL 硝酸锶④
	>0.80~1.50	0.20		5.00	

① 硝酸：1+1，优级纯。
② 盐酸：1+1，优级纯。
③ 氢氟酸：$\rho = 1.13\text{g/mL}$。
④ 硝酸锶：20g/L。

0.0001g。独立进行两次测定，取其平均值。称取与样品相同量的纯铜 [w(Cu)≥99.99％，w(Ni)＜0.0001％] 代替样品，随同样品做空白试验。

（1）样品溶解　将样品置于 250mL 高型烧杯中（分析硅青铜、硅黄铜等含硅量高的样品中的镍含量时，将样品置于 250mL 高型聚四氟乙烯烧杯中），根据样品类型和样品中被测元素镍的质量分数，按表 8-7 加入相应量的"溶样酸"，盖上表面皿，于电热板上低温加热至完全溶解，煮沸除尽氮的氧化物 [分析硅青铜、硅黄铜等含硅量高的样品中的镍含量时，加入 10mL 硼酸溶液（50g/L）]，以水洗涤表面皿及杯壁 [分析 w(Ni) 为0.0010％～0.010％样品中的镍含量时，加入 30mL 过氧化氢（1＋9）、1 滴盐酸（1＋120，优级纯）]，冷却至室温。

（2）样品溶液　将上述经消解的溶液移入 100mL 容量瓶中 [当 w(Ni)＞0.25％时，以水稀释至刻度，混匀；根据样品类型和样品中被测元素镍的质量分数，按表 8-7 分取相应体积的样品溶液，置于 100mL 容量瓶中]，加入表 8-7 "干扰消除剂"中规定的相应量的试剂，以水稀释至刻度，混匀。

（3）分析 w(Ni) 为 0.0010％～0.010％样品中的镍含量时，样品需电解除铜后制得样品溶液。样品按（1）样品溶解步骤处理后，用水稀释至约 130mL。用两块半圆表面皿盖上，在搅拌下进行电解（电流密度 2.0A/dm²）。电解至铜的颜色褪去，以水洗涤表面皿，在不切断电源的情况下，边用水冲洗边提起电极。将此溶液置于电热板上加热，低温蒸发至体积在 70mL 以下，冷却，移入 100mL 容量瓶中，用表 8-7 中的 5mL 盐酸②、10mL 硝酸锶④及水先后冲洗烧杯，一并移入 100mL 容量瓶中，以水稀释至刻度，混匀。

电解装置及电解析出铜的具体方法参见本方法中（二）-1. 分析铜及铜合金、铜碲合金中铜的含量及图 8-1、图 8-2。

4. 分析铜及铜合金中杂质元素铋的含量

不含锡、硅的样品用硝酸溶解，含锡、硅的样品用混合酸溶解，用二氧化锰共沉淀富集铋，沉淀用盐酸溶解后测定。

样品中被测元素铋的质量分数越大，称样量越小。当 w(Bi)＞0.00050％～0.0010％时，称取样品 5.00g；当 w(Bi)＞0.0010％～0.0040％时，称取样品 2.50g。根据样品中铋的质量分数，称取相应质量的样品，精确到 0.0001g。独立地进行 2 次测定，取其平均值。称取与样品相同量的纯铜 [w(Cu)≥99.99％，w(Bi)＜0.00005％] 代替样品，随同样品做空白试验。

当 w(Bi)＞0.00050％～0.0010％时，加入 50mL 硝酸（1＋1）或混合酸 [将硝酸（ρ＝1.42g/mL）、水、氢氟酸（ρ＝1.13g/mL）按 49∶49∶2 的体积比混合于塑料杯中]；当 w(Bi)＞0.0010％～0.0040％时，加入 25mL 上述硝酸或混合酸。

（1）样品溶解　将样品置于 300mL 烧杯中，根据样品中铋的质量分数，加入相应量的上述硝酸或混合酸，盖上表面皿，加热使样品完全溶解，煮沸除去氮的氧化物，以水洗涤表面皿及杯壁，稀释至体积约 50mL。当样品中含有硅、锡时，样品用混合酸溶于聚四氟乙烯烧杯中。

（2）初次沉淀铋　用氨水（ρ＝1.90g/mL）中和至出现浑浊且经搅拌不消失，然后滴加硝酸（1＋1）至沉淀恰好溶解，再过量 10mL，加入 10mL 硝酸锰溶液（100g/L）。将溶液加热至 60～80℃，在不断搅拌下滴加 10mL 高锰酸钾溶液（10g/L），继续搅拌

1.5min，于电热板上低温加热至微沸，保温 3～5min，静置 3min。

（3）再次沉淀铋　用中速定量滤纸过滤，以热硝酸（2+98）洗涤烧杯及沉淀 2～3 次。保留沉淀和滤纸，将滤液移入原烧杯中。加热至 60～80℃，在不断搅拌下滴加 10mL 高锰酸钾溶液（10g/L），继续搅拌 1.5min，加热至微沸，保温 3～5min，静置 3min。

（4）样品溶液　用保留的滤纸过滤，以热硝酸（2+98）洗涤烧杯及沉淀 3～4 次。用含 3mL 过氧化氢（$\rho=1.10$g/mL）的 10mL 热盐酸（1+1）分次将沉淀全部溶解于原烧杯中，用热水洗涤滤纸 3～4 次。将溶液煮沸除尽过氧化氢并蒸发至 10mL 左右，以水洗涤表面皿及杯壁，冷却。移入 25mL 容量瓶中，以水稀释至刻度，混匀。

5. 分析铜及铜合金中杂质元素锌的含量

样品用硝酸、硝酸加氢氟酸或盐酸加过氧化氢溶解后，用火焰原子光谱法测定。当 $w(\text{Zn})\leqslant0.0020\%$ 时，样品以硝酸溶解，电解除铜后进行测定。

样品中被测元素锌的质量分数越大，称样量越小，用于溶解样品的酸的添加体积、样品溶液定容体积、分取样品溶液体积也相应变化，列入表 8-8 中。根据样品中被测元素锌的质量分数，按表 8-8 称取样品，精确至 0.0001g。独立地进行两次测定，取其平均值。称取与样品相同量的纯铜 [$w(\text{Cu})\geqslant99.99\%$，$w(\text{Zn})<0.00005\%$] 代替样品，随同样品做空白试验。

⊡ 表 8-8　分析铜及铜合金中杂质元素锌含量的样品溶液

样品类型	锌质量分数/%	称样量/g	溶样酸	补加试剂	定容体积/mL	分取样品溶液体积/mL
铜及铜合金	0.00005～0.0004	5.00	35mL 硝酸①	30mL 过氧化氢②，1 滴盐酸③	50	全量
	>0.0004～0.0020	2.50	20mL 硝酸①		100	全量
	>0.0020～0.010	1.00	10mL 硝酸①	—	100	全量
	>0.010～0.080	0.20			100	全量
	>0.080～0.40	0.25			100	10
	>0.40～2.00	0.25			500	10
$w(\text{Sn})>$0.50% 的样品	>0.0020～0.010	1.00	10mL 盐酸④，滴加过氧化氢⑤	—	100	全量
	>0.010～0.080	0.20			100	全量
	>0.080～0.40	0.25			100	10
	>0.40～2.00	0.25			500	10
$w(\text{Si})>$0.50% 或有硝酸不溶物样品	>0.0020～0.010	1.00	10mL 硝酸①，3～5 滴氢氟酸⑥	10mL 硼酸⑦	100	全量
	>0.010～0.080	0.20			100	全量
	>0.080～0.40	0.25			100	10
	>0.40～2.00	0.25			500	10

① 硝酸：1+1，优级纯。

② 过氧化氢：1+9。

③ 盐酸：1+120。

④ 盐酸：1+1，优级纯。

⑤ 过氧化氢：$\rho=1.11$g/mL。

⑥ 氢氟酸：$\rho=1.15$g/mL。

⑦ 硼酸：40g/L。

（1）样品溶解　将样品置于 250mL 高型烧杯中 [分析 $w(\text{Si})>0.50\%$ 或有硝酸不溶物样品中的锌含量时，将样品置于 150mL 聚四氟乙烯烧杯中]，根据样品类型和样品中锌的质量分数，按表 8-8 加入相应量的溶样酸，盖上表面皿，于电热板上低温加热至样品完全溶解，煮沸除尽氮的氧化物，以水洗涤表面皿及杯壁。加入表 8-8 补加试剂中规定的相应量的试剂，待反应停止后，冷却至室温。

（2）电解除铜　分析 $w(Zn) \leqslant 0.0020\%$ 样品中的锌含量时，将经消解并补加试剂的样品溶液，用水稀释至 130mL 左右，用两块半圆表面皿盖上。在搅拌下进行电解（电流密度 2.0A/dm²）除铜，电解至铜的颜色褪去。在不切断电源的情况下，边用水冲洗边提起电极。将电解溶液于低温电炉上加热，蒸发至体积在 40mL 以下，冷却至室温。

（3）样品溶液　分析 $w(Zn) > 0.0020\%$ 样品的锌含量时，经步骤（1）处理的样品溶液按如下方法操作：将上述溶液按表 8-8 定容体积移入相应的容量瓶中，用水稀释至刻度，混匀。对于 $w(Zn) > 0.080\%$ 的样品，按表 8-8 移取 10.00mL 此溶液于相应容量瓶中，加入 5mL 硝酸（1+1），用水稀释至刻度，混匀。

电解装置及电解析出铜的具体方法参见本方法中（二）-1. 分析铜及铜合金、铜碲合金中铜的含量及图 8-1、图 8-2。

6. 分析铜及铜合金中杂质元素钴、铬、镁、镉、碲的含量

分析钴含量时，样品用硝酸和氢氟酸溶解，在硝酸介质中测定。基体铜、镍、锰的干扰，在配制标准系列溶液时，加入与样品相应量的铜、镍、锰予以消除。铅、锌、铁等其他共存元素均不干扰测定。

分析镁含量时，样品用硝酸和氢氟酸溶解，在硝酸介质中测定。硅、铝、钛和铋的干扰，加入硝酸锶消除；铜、镍、铅、锌等其他共存元素均不干扰测定。分析铬含量时，样品用硝酸、硫酸、氢氟酸溶解，在稀硫酸介质中用硫酸钠抑制锆、锰等元素的干扰。

分析镉、碲的含量时，样品用硝酸溶解，由火焰原子光谱法直接测定。

样品中被测元素的质量分数越大，称样量越小，样品溶液定容体积、分取样品溶液体积也相应变化，列入表 8-9 中。根据样品中被测元素的种类及其质量分数，按表 8-9 称取相应质量的样品，精确到 0.0001g。独立地进行 2 次测定，取其平均值。称取与样品相同量的纯铜 $[w(Cu) \geqslant 99.99\%$，各被测元素 $< 0.0001\%]$ 代替样品，随同样品做空白试验。

□ 表 8-9　分析铜及铜合金中杂质元素钴等含量的样品溶液

被测元素	钴质量分数/%	称样量/g	消解容器	溶样酸	试剂 I	定容体积/mL	分取样品溶液体积/mL	试剂 II
钴	>0.0020~0.010	1.00	150mL 聚四氟乙烯烧杯	10mL 硝酸①，2 滴氢氟酸②	10mL 硼酸③	100	全量	—
	>0.010~0.050	1.00				100	20.00	5mL 硝酸①
	>0.050~0.10	1.00				100	10.00	
	>0.10~0.50	0.20				100	10.00	
	>0.50~1.00	0.10				100	10.00	
	>1.00~3.00	0.10				500	10.00	
铬	0.050~0.30	0.40	200mL 烧杯	5mL 硝酸①	6mL 硫酸④，0.5mL 氢氟酸⑤	100	25.00	4mL 硫酸钠⑥
	>0.30~1.30	0.20				100	10.00	4mL 硫酸钠⑥，0.6mL 硫酸④
镁	0.015~0.040	0.10	150mL 聚四氟乙烯烧杯	8mL 硝酸①，3~5 滴氢氟酸②	10mL 硼酸③	100	全量	10mL 硝酸锶⑦
	>0.040~0.080	0.50				100	10.00	8mL 硝酸①，10mL 硝酸锶⑦
	>0.080~0.25	0.20				100	10.00	
	>0.25~1.00	0.10				100	5.00	

被测元素	钴质量分数/%	称样量/g	消解容器	溶样酸	试剂Ⅰ	定容体积/mL	分取样品溶液体积/mL	试剂Ⅱ
镉	0.50~1.50	0.40	150mL烧杯	5mL硝酸①	—	250	25	12.5mL硝酸①
碲	0.10~0.40 >0.40~1.00	0.20 0.20	150mL烧杯	10mL硝酸①	—	100 200	全量 全量	— 10mL硝酸①

① 硝酸：1+1，优级纯。

② 氢氟酸：$\rho = 1.13\text{g/mL}$。

③ 硼酸：30g/L。

④ 硫酸：$\rho = 1.84\text{g/mL}$。

⑤ 氢氟酸：$\rho = 1.15\text{g/mL}$。

⑥ 硫酸钠：100g/L。

⑦ 硝酸锶：25g/L。

(1) 样品溶解　根据样品中被测元素的种类及其质量分数，按表8-9将样品置于相应的消解容器中，加入表8-9规定的相应量的溶样酸，盖上表面皿，于电热板上加热至样品完全溶解，煮沸除去氮的氧化物，用水洗涤表面皿及杯壁，按表8-9加入相应量的试剂Ⅰ [分析钴含量时，蒸发至冒白烟，趁热滴加3~5mL硝酸（$\rho = 1.42\text{g/mL}$），待剧烈反应完毕，取下表面皿，继续蒸发至冒白烟，冷却，加入10mL水溶解盐类]，混匀，冷却至室温。将溶液移入表8-9定容体积规定的相应容量瓶中（分析镁含量，镁的质量分数不大于0.040%时，加入相应量的表8-9规定的试剂Ⅱ），用水稀释至刻度，混匀。

(2) 样品分取　根据样品中被测元素的种类及其质量分数，按表8-9分取相应体积的样品溶液，置于表8-9定容体积规定的相应容量瓶中，加入相应量的表8-9规定的试剂Ⅱ，用水稀释至刻度，混匀。

7. 分析铜及铜合金中杂质元素银的含量

样品用硝酸溶解，当 [$w(\text{Ag}) < 0.0005\%$] 时，于0.8mol/L的硝酸介质中，以巯基棉纤维吸附银与基体铜分离，用硫氰酸铵溶液洗脱银。

样品中被测元素的质量分数越大，称样量越小，样品溶液定容体积、分取样品溶液体积也相应变化，列入表8-10中。根据样品中被测元素银的质量分数，按表8-10称取相应质量的样品，精确到0.0001g。独立地进行两次测定，取其平均值。称取与样品相同量的纯铜 [$w(\text{Cu}) \geqslant 99.99\%$，$w(\text{Ag}) < 0.0001\%$] 代替样品，随同样品做空白试验。

▫ 表8-10　分析铜及铜合金中杂质元素银含量的样品溶液

银质量分数/%	称样量/g	溶样酸	样品溶液体积/mL	分取样品溶液体积/mL
0.0002~0.0010	2.50	15~25mL硝酸①	25	全量
>0.0010~0.0025	1.00		25	全量
>0.0025~0.0050	0.50		25	全量
>0.0050~0.015	1.00	10mL硝酸①	100	全量
>0.015~0.080	0.20		100	全量
>0.080~0.40	0.20	10mL硝酸①	100	20.00
>0.40~1.50	0.20		200	10.00

① 硝酸：1+1，优级纯。

（1）样品溶解 将样品置于250mL烧杯中，根据被测元素银的质量分数，加入表8-10规定的相应量的溶样酸，盖上表面皿，在常温下溶解。待剧烈反应停止后，于电热板上低温加热至样品完全溶解，煮沸除去氮的氧化物［分析$w(Ag)$≤0.005％样品的银含量时，将上述溶液加热蒸发至约1mL，加入100mL硝酸（0.8mol/L），加热煮沸至盐类完全溶解］，冷却至室温。

（2）富集银 分析$w(Ag)$≤0.005％样品的银含量时，用水洗涤巯基棉富集装置中的巯基棉纤维3～4次，将上述样品溶液沿漏斗壁倾入，通过巯基棉柱。用硝酸［$c(HNO_3)$=0.8mol/L］洗涤烧杯及表面皿3～4次，洗涤巯基棉纤维7～8次，用洗耳球吸尽漏斗管中的残留液。取10mL硫氰酸铵溶液［$c(NH_4SCN)$=0.5mol/L］分2次沿漏斗壁缓慢加入，用水洗涤漏斗壁及巯基棉纤维4～5次，合并洗脱液和洗水。

巯基棉富集装置：普通漏斗，管径6～7mm，管长100～150mm，内装0.1g巯基棉纤维（呈柱状，将其插入漏斗管内）。加入水，调节巯基棉的疏密程度，使流速为3～5mL/min。

（3）样品溶液 分析$w(Ag)$＞0.005％样品的银含量时，经步骤（1）处理的样品溶液按如下方法操作［分析$w(Ag)$＞0.08％样品的银含量时，将样品移入100mL容量瓶中，以水稀释至刻度，混匀］：根据样品中被测元素银的质量分数，按表8-10分取相应体积的上述样品溶液，移入表8-10定容体积规定的相应容量瓶中［分析$w(Ag)$≤0.005％样品的银含量时，加入2.5mL盐酸（ρ=1.18g/mL，优级纯）］，用水稀释至刻度，混匀。

（三）仪器条件的选择

分析铜及铜合金产品中的基体铜含量和10种杂质元素铅、镍、铋、锌、钴、铬、镁、银、镉、碲含量的推荐仪器工作条件，参见表8-1。测定不同元素有不同的仪器操作条件，以铅元素的测定为例，介绍火焰原子吸收光谱仪器操作条件的选择。

（1）选择铅元素的空心阴极灯作为光源（如测定铜、镍、铋、锌、钴、铬、镁、银、镉、碲元素时，选择相应元素的空心阴极灯）。

（2）选择原子化器。分析铜及铜合金产品中的基体铜含量和10种杂质元素铅、镍、铋、锌、钴、铬、镁、银、镉、碲的含量时，选用火焰原子化器，其原子化器条件参见表8-1。选择火焰原子化器的原则和火焰类型的介绍参见第二章第二节-一、-（三）-（2）选择原子化器。

（3）在仪器最佳工作条件下，凡能达到下列指标者均可使用。

1）灵敏度 在与测量样品溶液的基体一致的溶液中，铅的特征浓度应≤0.47μg/mL（如测定铜、镍、铋、锌、钴、铬、镁、银、镉、碲元素时，其检出限见表8-1）。检出限定义，参见第二章第二节-一、-（三）-（3）-1）灵敏度。

2）精密度 其测量计算的方法和标准规定参见第二章第二节-一、-（三）-（3）-2）精密度。

3）标准曲线线性 将标准曲线按浓度等分成五段，最高段的吸光度差值与最低段的吸光度差值之比≥0.7。

4）恒电流电解仪 附网状铂阴极（图8-1）、螺旋状铂阳极（图8-2）。

（四）干扰的消除

（1）分析铜及铜合金中基体铜的含量，采用直接电解法，加入硝酸铅以降低阳极上铂的损失。电解后，称量在铂阴极上析出的铜，电解液中残铜量用火焰原子吸收光谱法测定，消除其他元素的干扰。

（2）分析铜碲合金中基体铜的含量，样品溶解后，加入铅以降低阳极上铂的损失，以高锰酸钾将碲全部氧化为六价防止碲在阴极上析出。电解后，称量在铂阴极上析出的铜，电解液中残铜量用火焰原子吸收光谱法测定，消除碲和其他元素的干扰。

（3）分析铜及铜合金中杂质元素铅的含量，铅的质量分数≤0.040%的样品，用硝酸锶、氢氧化物共同沉淀铅，与基体元素铜、锡、镍等分离，消除基体元素铜、锡、镍的干扰。

（4）分析铜及铜合金中杂质元素镍的含量，加入硝酸锶以消除钴、锆等元素的干扰。镍的质量分数在0.010%以下时，电解除铜后进行测定，消除钴、锆、铜等元素的干扰。

（5）分析铜及铜合金中杂质元素铋的含量，含锡、硅的样品用混合酸溶解，用二氧化锰共沉淀富集铋，沉淀用盐酸溶解后测定，避免锡、硅、铜等元素的干扰。

（6）分析铜及铜合金中杂质元素锌的含量，锌的质量分数≤0.0020%的样品，电解除铜后进行测定，消除基体铜元素的干扰。

（7）分析铜及铜合金中杂质元素钴的含量，为防止基体铜、镍、锰的干扰，在配制标准系列溶液时，加入与样品相应量的铜、镍、锰予以消除。

（8）分析铜及铜合金中杂质元素铬的含量，在稀硫酸介质中用硫酸钠抑制锆、锰等元素的干扰。

（9）分析铜及铜合金中杂质元素镁的含量，为防止硅、铝、钛和铋的干扰，加入硝酸锶予以消除。

（10）分析铜及铜合金中杂质元素银的含量，若银的质量分数小于0.0005%时，于0.8mol/L硝酸介质中，以巯基棉纤维吸附银与基体铜分离，用硫氰酸铵溶液洗脱银，消除基体铜元素的干扰。

（11）分析铜及铜合金中基体元素铜的含量和杂质元素锌、镁的含量，含硅量高的铜合金中杂质元素镍的含量，硅的质量分数大于0.50%或有硝酸不溶物的样品中锌的含量，制备样品溶液时，消解容器需选用聚四氟乙烯烧杯，消除玻璃容器对测定产生的影响。

（五）标准曲线的建立

1. 标准溶液的配制

配制各个被测元素标准储备溶液和标准溶液的原则，参见第二章第三节-二、-(五)-1.标准溶液的配制。分析铜及铜合金产品中的基体铜含量和10种杂质元素铅、镍、铋、锌、钴、铬、镁、银、镉、碲的含量时，各种被测元素的标准储备溶液和标准溶液的制备方法参见表8-11。

▫ 表8-11　分析铜及铜合金产品中的基体铜含量和10种杂质元素铅等含量的被测元素标准溶液

被测元素	标准储备溶液制备方法	标准溶液制备方法
铜	称1.0000g纯铜(铜的质量分数≥99.95%)，置于烧杯中，加入40mL硝酸(1+1)，盖上表面皿，加热至完全溶解，煮沸除去氮的氧化物，用水洗涤表面皿及杯壁，冷却。用超纯水定容至1L。铜的浓度为1mg/mL	移取10.00mL铜标准储备溶液，用超纯水定容至500mL。铜的浓度为20μg/mL

被测元素	标准储备溶液制备方法	标准溶液制备方法
铅	称 0.2500g 纯铅(铅的质量分数≥99.95%),置于烧杯中,加入 10mL 水、20mL 硝酸(1+1),盖上表面皿,加热至完全溶解,煮沸除去氮的氧化物,用水洗涤表面皿及杯壁,冷却。用超纯水定容至 1L。铅的浓度为 250μg/mL	直接使用铅的标准储备溶液。铅的浓度为 250μg/mL
镍	称 0.10000g 纯镍(镍的质量分数≥99.95%),置于高型烧杯中,加入 20mL 硝酸(1+1,优级纯),盖上表面皿,加热至完全溶解,煮沸除去氮的氧化物,冷却。用超纯水定容至 1L。镍的浓度为 1000μg/mL	移取 10.00mL 镍标准储备溶液,置于 200mL 容量瓶中,加入 5mL 硝酸(1+1,优级纯),用超纯水定容。镍的浓度为 50μg/mL
铋	称 0.10000g 纯铋(铋的质量分数≥99.95%),置于烧杯中,加入 40mL 硝酸($\rho=1.42$g/mL),完全溶解后,用超纯水定容至 1L。铋的浓度为 100μg/mL	直接使用铋的标准储备溶液。铋的浓度为 100μg/mL
锌	称 0.5000g 纯锌(锌的质量分数≥99.95%),置于烧杯中,加入 10mL 硝酸(1+1),盖上表面皿,加热至完全溶解,煮沸除去氮的氧化物,冷却。用超纯水定容至 1L。锌的浓度为 500μg/mL	Ⅰ:移取 20.00mL 锌标准储备溶液,置于 500mL 容量瓶中,加入 10mL 硝酸(1+1),用超纯水定容。锌的浓度为 20μg/mL Ⅱ:移取 5.00mL 锌标准储备溶液,置于 500mL 容量瓶中,加入 10mL 硝酸(1+1),用超纯水定容。锌的浓度为 5μg/mL
钴	称 0.5000g 纯钴(钴的质量分数≥99.95%),置于烧杯中,加入 10mL 硝酸(1+1),盖上表面皿,加热至完全溶解,煮沸除去氮的氧化物,冷却。用超纯水定容至 500mL。钴的浓度为 1mg/mL	移取 10.00mL 钴标准储备溶液,置于 500mL 容量瓶中,加入 10mL 硝酸(1+1),用超纯水定容。锌的浓度为 20μg/mL
铬	称 0.1414g 重铬酸钾基准试剂(预先在 140℃烘干并在干燥器中冷却),置于烧杯中,加入 10mL 水、5mL 硫酸($\rho=1.84$g/mL),冷却,滴加过氧化氢($\rho=1.10$g/mL),停止沸腾后过量 2mL,放置 4h 以上,直至黄色消失,用超纯水定容至 1L。铬的浓度为 50μg/mL	直接使用铬的标准储备溶液。铬的浓度为 50μg/mL
镁	称 0.1000g 纯镁(镁的质量分数≥99.95%),置于烧杯中,加入 10mL 硝酸(1+1),盖上表面皿,加热至完全溶解,煮沸除去氮的氧化物,冷却。用超纯水定容至 1L。镁的浓度为 100μg/mL	移取 10.00mL 镁标准储备溶液,置于 100mL 容量瓶中,用超纯水定容。镁的浓度为 10μg/mL
银	称 0.1000g 纯银(银的质量分数≥99.95%),置于烧杯中,加入 10mL 硝酸($\rho=1.42$g/mL,优级纯),盖上表面皿,加热至完全溶解,煮沸除去氮的氧化物,冷却。用超纯水定容至 1L。银的浓度为 1mg/mL	Ⅰ:移取 20.00mL 银标准储备溶液,置于 500mL 容量瓶中,加 10mL 硝酸($\rho=1.42$g/mL,优级纯),用超纯水定容。银的浓度为 40μg/mL Ⅱ:移取 5.00mL 银标准储备溶液,置于 500mL 容量瓶中,加 50mL 硝酸(1+1),用超纯水定容。银的浓度为 10μg/mL
镉	称 0.1000g 纯镉(镉的质量分数≥99.95%),置于烧杯中,加入 20mL 盐酸(1+3),盖上表面皿,加热至完全溶解,冷却。用超纯水定容至 1L。镉的浓度为 100μg/mL	直接使用镉的标准储备溶液。镉的浓度为 100μg/mL
碲	称 0.1000g 纯碲(碲的质量分数≥99.95%),置于烧杯中,加入 10mL 硝酸(1+1),盖上表面皿,加热至完全溶解,冷却,补加 50mL 硝酸($\rho=1.42$g/mL),用超纯水定容至 1L。碲的浓度为 100μg/mL	直接使用碲的标准储备溶液。碲的浓度为 100μg/mL

2. 标准曲线的建立

标准系列溶液的配制原则,参见第二章第二节-一、-(五)-2. 标准曲线的建立中的标准系列溶液的配制原则。分析铜及铜合金产品中的基体铜含量和 8 种杂质元素铅 [$w(Pb)$≤

0.040％]、镍、铋、锌［w(Zn)≤0.0020％]、铬、镁、银［w(Ag)≤0.0050％]、碲的含量时，采用标准曲线法进行计算。分析铜及铜合金产品中的杂质元素钴、镉、铅［w(Pb)>0.040％]、锌［w(Zn)>0.0020％]、银［w(Ag)>0.0050％]的含量时，采用基体匹配标准曲线法进行计算。其原理介绍参见第二章第二节-一、-(五)-2.标准曲线的建立。下面分别介绍标准系列溶液的具体配制方法。

（1）采用标准曲线法配制的标准系列溶液　根据样品中的被测元素种类及质量分数，按表 8-12 移取一系列体积的被测元素标准溶液（溶液浓度如表 8-12 所列，相应标准溶液制备方法参见表 8-11），置于一组 100mL 容量瓶中，分别加入表 8-12 规定的相应量的补加试剂，用水稀释至刻度，混匀。

⊡ 表 8-12　分析铜及铜合金产品中的基体铜含量和铅等含量的标准系列溶液

被测元素	被测元素质量分数/%	被测元素标准溶液浓度/(μg/mL)	分取被测元素标准溶液体积/mL	补加试剂
铜	50.00～99.00	20	0、2.50、5.00、7.50、10.00、12.50	25mL 硝酸①
铜（铜碲合金）	>98.00～99.9	20	0、2.50、5.00、7.50、10.00、12.50	10mL 硝酸①
铅	>0.0015～0.040	250	0、2.00、4.00、6.00、8.00、10.00	15mL 盐酸②，40mL 铁溶液③
镍	>0.0010～1.50	50	0、0.50、1.00、3.00、4.00、5.00	5mL 硝酸①，5mL 盐酸②，10mL 硝酸锶④
铋	0.0005～0.0040	100	0、1.00、2.00、3.00、4.00、5.00	40mL 盐酸②
铬	0.050～1.30	50	0、1.00、2.00、4.00、5.00、6.00	1mL 硫酸⑤，4mL 硫酸钠⑥
镁	0.015～1.00	10	0、1.00、2.00、3.00、4.00、5.00	5mL 硝酸①，10mL 硝酸锶⑦
碲	0.10～1.00	100	0、2.00、4.00、6.00、8.00、10.00	10mL 硝酸①
银	0.0002～0.0050	10	0、2.00、4.00、6.00、8.00、10.00、12.00	10mL 盐酸⑧

① 硝酸：1+1，优级纯。

② 盐酸：1+1，优级纯。

③ 铁溶液（8g/L）：称取 57.8g 硝酸铁［$Fe(NO_3)_3 \cdot 9H_2O$]溶于 1000mL 硝酸（1+100）中，混匀。

④ 硝酸锶：20g/L。

⑤ 硫酸：$\rho = 1.84g/mL$。

⑥ 硫酸钠：100g/L。

⑦ 硝酸锶：25g/L。

⑧ 盐酸：$\rho = 1.18g/mL$，优级纯。

（2）采用基体匹配标准曲线法配制的标准系列溶液　分析铜及铜合金产品中的杂质元素钴、镉、铅［w(Pb)>0.040％]、锌［w(Zn)>0.0020％]、银［w(Ag)>0.0050％]的含量时，配制标准系列溶液采用基体匹配法，即配制与被测样品基体一致、质量分数相近的标准系列溶液。称取纯基体物质［纯铜，w(Cu)≥99.99％，且各被测元素质量分数<0.001％]，按照样品溶液的制备方法，制备铜基体溶液，再根据样品的称取量，在标准系列溶液中加入等量的铜基体溶液。

样品中的被测元素及其质量分数不同，需分别绘制独立的标准曲线，即其标准系列溶液不同。这些标准系列溶液的配制方法参见表 8-13。

▫ 表 8-13　分析铜及铜合金产品中的杂质元素钴等含量的标准系列溶液

被测元素	被测元素质量分数/%	被测元素标准溶液浓度/(μg/mL)	分取被测元素标准溶液体积/mL	溶样溶液	基体溶液	补加试剂
铅	>0.040~0.100	250	0、2.00、4.00、6.00、8.00、10.00	30mL 混合酸①	—	—
	>0.100~0.200			15mL 混合酸①		
	>0.200~5.00			10mL 混合酸①		
锌	0.0020~2.00	20	0、1.00、2.00、4.00、6.00、8.00	—	与样品中铜质量相等的铜溶液②	5mL 硝酸③
钴	0.0020~0.010	20	0、1.00、2.00、3.00、4.00、5.00	—	50mL 混合溶液④	5mL 硝酸③
	>0.010~0.050				10mL 混合溶液④	
	>0.050~1.00				5mL 混合溶液④	
	>1.00~3.00				1mL 混合溶液④	
镉	0.50~1.50	100	0、0.50、1.00、1.50、2.00、2.50	—	10mL 铜溶液⑤	5mL 硝酸③
银	0.0050~1.50	40	0、2.00、4.00、6.00、8.00、10.00、12.00	—	与样品中铜质量相等的铜溶液⑥	10mL 硝酸③

① 混合酸：于 560mL 水中，加 320mL 硝酸（ρ=1.42g/mL）、120mL 盐酸（ρ=1.19g/mL），混匀。

② 铜溶液（20g/L）：称 10.0g 纯铜 [w(Cu)≥99.99%，w(Zn)≤0.0001%]，置于 500mL 烧杯中，加入 70mL 硝酸（1+1）。加热溶解完全，煮沸除去氮的氧化物，冷却，移入 500mL 容量瓶中，用水稀释至刻度，混匀。

③ 硝酸：1+1。

④ 混合溶液：根据钴的质量分数，称取相当于表 8-9 对应"称样量"中铜、镍质量 10 倍的纯铜 [w(Co)<0.0001%] 和纯镍 [w(Co)<0.0001%]｛分析 BMn3-12 铜合金时，再称 1.25g 纯锰 [w(Co)≤0.0001%]｝，置于同一个 300mL 烧杯中，加入 70mL 硝酸（1+1），加热至完全溶解，煮沸除去氮的氧化物。移入 500mL 容量瓶中，用水稀释至刻度，混匀。

⑤ 铜溶液（1.6g/L）：称 0.4000g 电解铜 [w(Cd)≤0.001%] 置于 150mL 烧杯中，加入 5mL 硝酸（1+1）。加热溶解完全，煮沸除去氮的氧化物，冷却，移入 250mL 容量瓶中，用水稀释至刻度，混匀。

⑥ 铜溶液（10g/L）：称 5.000g 纯铜 [w(Cu)≥99.99%，w(Ag)≤0.0005%] 置于 500mL 烧杯中，加入 40mL 硝酸（ρ=1.42g/mL，优级纯）。加热溶解完全，煮沸除去氮的氧化物，冷却，移入 500mL 容量瓶中，用水稀释至刻度，混匀。

① 分析铜及铜合金产品中的杂质元素铅 [w(Pb)>0.040%] 的含量时，根据样品中被测元素铅的质量分数，称取与样品相等质量的纯铜 [w(Cu)≥99.99%，且各被测元素质量分数<0.001%] 6 份，分别置于一组 150mL 烧杯中。按表 8-13 加入相应量的溶样溶液，于电热板上低温加热，至完全溶解。继续加热至微沸，冷却至室温。移入一组 100mL 容量瓶中，按表 8-13 依次加一系列体积的被测元素标准溶液（溶液浓度如表 8-13 所列）于上述容量中，用水稀释至刻度，混匀。

② 分析铜及铜合金中的杂质元素锌 [w(Zn)>0.0020%]、钴、镉、银 [w(Ag)>0.0050%] 含量时，按表 8-13 移取一系列体积的被测元素标准溶液（溶液浓度如表 8-13 所列），分别置于一组 100mL 容量瓶中，根据被测元素的种类及其质量分数，按表 8-13 加入相应量的基体溶液和补加试剂，用水稀释至刻度，混匀。

标准系列溶液的测量方法，参见第二章第二节-二、-(五)-2.-(3) 标准系列溶液的测量（标准曲线法）。以被测元素的质量浓度（μg/mL）为横坐标、净吸光度（A）为纵坐标，绘制标准曲线。

（六）样品的测定

样品溶液的测量方法，参见第二章第二节-二、-(六)-(2) 分析氧化镁［当 $w(\mathrm{MgO}) >$ $0.20\% \sim 1.50\%$ 时］、氧化铅的含量（标准曲线法）中的测量方法。从标准曲线上查出相应的被测元素质量浓度（$\mu\mathrm{g/mL}$）。

（七）结果的表示

当被测元素的质量分数小于 0.01% 时，分析结果表示至小数点后第 4 位；当被测元素的质量分数大于 0.01% 时，分析结果表示至小数点后第 3 位。

（八）质量保证和质量控制

具体操作方法参见第二章第三节-一、-(八) 质量保证和质量控制。

（九）注意事项

(1) 参见第二章第二节-一、-(九) 注意事项 (1)；(2)。

(2) 参见第二章第三节-一、-(九) 注意事项 (1)；(3)。

(3) 检测方法中所用仪器的标准，参见第二章第三节-三、-(九) 注意事项 (3)。

(4) 分析铜及铜合金中基体元素铜的含量和杂质元素锌、镁的含量，含硅量高的铜合金中杂质元素镍的含量，硅的质量分数大于 0.50% 或有硝酸不溶物的样品中锌的含量，制备样品溶液时，消解容器需选用聚四氟乙烯烧杯。

二、铜及铜合金中痕量元素的分析

现行国家标准[13-27]中，石墨炉原子吸收光谱法可以分析铜及铜合金中 8 种痕量元素铅、镍、铁、锡、锰、钴、铬、镉的含量。此方法适用于上述各元素的独立测定，其元素测定范围参见表 8-1。石墨炉原子吸收光谱法的概要，参见本书中第三章第二节-九、钢铁及合金中痕量元素的分析。实际工作中，GF-AAS 分析铜及铜合金中上述 8 种杂质元素含量的步骤包括以下几个部分。

（一）样品的制备和保存

将样品加工成厚度≤1mm 的碎屑。

（二）样品的消解

石墨炉原子吸收光谱法分析铜及铜合金中上述 8 种杂质元素的消解方法主要为湿法消解中电热板消解法中的酸法消解。关于消解方法分类的介绍，参见第二章第二节-一、-(二) 样品的消解。分析铜及铜合金中杂质元素铅、镍、铁、锡、锰、钴、铬、镉的含量时，样品以硝酸消解。下面介绍其消解方法。

样品中被测元素的质量分数越大，称样量越小，分取样品溶液体积也相应变化，如表 8-14 所列。根据样品中被测元素的种类及其质量分数，按表 8-14 称取相应质量的样品，精确至 0.0001g。独立地进行两次测定，取其平均值。称取与样品等质量的纯铜［$w(\mathrm{Cu}) \geqslant$ 99.99%，各被测元素的质量分数＜0.00005%］，随同样品做空白试验，以标准溶液系列的零浓度溶液作为样品空白溶液。

被测元素	被测元素质量分数/%	称样量/g	硝酸	定容体积/mL	分取样品溶液体积/mL
铅	0.00010～0.00050 ＞0.00050～0.00150	1.00 1.00	8mL 硝酸①	100	全量 20.00
镍	0.0001～0.0005 ＞0.0005～0.0010	1.00 0.50	8mL 硝酸②	100 200	—
铁	0.0001～0.0005 ＞0.0005～0.002	1.00 1.00	8mL 硝酸①	100	全量 20.00
锡	0.0001～0.0005 ＞0.0005～0.0020	1.00 1.00	8mL 硝酸①	100	全量 20.00
锰	0.00005～0.00010 ＞0.00010～0.00050 ＞0.00050～0.0010	1.00 2.00 2.00	8mL 硝酸①	100	全量 25.00 10.00
钴	0.00010～0.00050 ＞0.00050～0.0020	1.00 1.00	8mL 硝酸②	100	全量 20.00
铬	0.00005～0.00010 ＞0.00010～0.00050 ＞0.00050～0.0010	1.00 2.00 2.00	8mL 硝酸②	100	全量 25.00 10.00
镉	0.00005～0.00010 ＞0.00010～0.00050 ＞0.00050～0.0010	1.00 2.00 2.00	8mL 硝酸①	100	全量 25.00 10.00

① 硝酸：1+1，BⅧ级（国内半导体用试剂规格，尘埃粒径≥0.5μm，尘埃粒子数≤25 个/mL，各金属杂质含量≤10×10⁻⁹，适用于半导体 IC 0.8～1.2μm）。

② 硝酸：1+1，分析纯。

将准确称量的样品置于 150mL 烧杯中，根据样品中被测元素的种类及其质量分数，按表 8-14 加入相应量的硝酸，于电热板上低温加热至样品完全溶解，煮沸驱除氮的氧化物，冷却至室温，移入表 8-14 定容体积规定的相应容积的容量瓶中，以水稀释至刻度，混匀（分析铅、铁、锡、锰、钴、铬、镉含量时，根据被测元素的质量分数，按表 8-14 分取相应量的上述样品溶液，并移至表 8-14 定容体积规定的容量瓶中，以水稀释至刻度，混匀）。

（三）仪器条件的选择

分析铜及铜合金中 8 种痕量元素铅、镍、铁、锡、锰、钴、铬、镉的含量时，推荐的石墨炉原子吸收光谱仪的工作条件，参见表 8-1。石墨炉原子吸收光谱仪的配置要求，参见第三章第二节-九、-（三）仪器条件的选择。测定不同元素有不同的仪器操作条件。以铅元素的测定为例介绍仪器操作条件的选择。

（1）选择铅元素的空心阴极灯作为光源（如测定镍、铁、锡、锰、钴、铬、镉元素时，选择相应元素的空心阴极灯）。

（2）选择原子化器，分析铜及铜合金中铅、镍、铁、锡、锰、钴、铬、镉元素的含量时，选择石墨炉原子化器，原子化器的条件参见表 8-1。选择石墨炉原子化器（电热原子化器）的原则，参见第三章第二节-九、-（三）-（2）选择原子化器。

（3）在仪器最佳工作条件下，凡能达到下列指标者均可使用。

1）最低灵敏度　标准曲线中所用等差标准系列溶液中的浓度最大者，其吸光度应不低于 0.300。

2）标准曲线的线性相关系数≥0.995。

3）精密度最低要求　用最高浓度的标准溶液测量 10 次吸光度，其标准偏差应不超过平均吸光度的 1.5％；用最低浓度的标准溶液（不是零浓度溶液）测量 10 次吸光度，其标准偏差应不超过最高浓度标准溶液平均吸光度的 0.5％。

（四）干扰的消除

分析铜及铜合金中铅、镍、铁、锡、锰、钴、铬、镉的含量，绘制标准曲线时，配制标准系列溶液采用基体匹配法，避免干扰元素的干扰。

（五）标准曲线的建立

1. 标准溶液的配制

配制各个被测元素标准储备溶液和标准溶液的原则，参见第二章第三节-二、-(五)-1.标准溶液的配制。分析铜及铜合金中上述 8 种痕量元素的含量时，各被测元素的标准储备溶液和标准溶液的制备方法，参见表 8-15。

▫ 表 8-15　分析铜及铜合金中 8 种痕量元素铅等含量的被测元素标准储备溶液和标准溶液

被测元素	标准储备溶液制备方法	标准溶液制备方法
铅	称 0.2000g 金属铅（铅的质量分数≥99.95％），置于烧杯中，加入 20mL 硝酸（1+1，BⅧ），盖上表面皿，加热至完全溶解，煮沸除去氮的氧化物，用水洗涤表面皿及杯壁，冷却。用超纯水定容至 500mL。铅的浓度为 400µg/mL	Ⅰ：移取 5.00mL 铅标准储备溶液，置于 200mL 容量瓶中，用超纯水定容。铅的浓度为 10µg/mL Ⅱ：移取 10.00mL 铅标准溶液Ⅰ，置于 100mL 容量瓶中，用超纯水定容。铅的浓度为 1µg/mL
镍	称 0.20000g 金属镍（镍的质量分数≥99.95％），置于烧杯中，加入 20mL 硝酸（1+1，优级纯），盖上表面皿，加热至完全溶解，煮沸除去氮的氧化物，冷却。用超纯水定容至 500mL。镍的浓度为 400µg/mL	Ⅰ：移取 5.00mL 镍标准储备溶液，置于 200mL 容量瓶中，用超纯水定容。镍的浓度为 10µg/mL Ⅱ：移取 10.00mL 镍标准溶液Ⅰ，置于 100mL 容量瓶中，用超纯水定容。镍的浓度为 1µg/mL
铁	称 0.20000g 金属铁（铁的质量分数≥99.95％），置于烧杯中，加入 14mL 盐酸（1+1，BⅧ），盖上表面皿，加热至完全溶解，煮沸除去氮的氧化物，冷却。用超纯水定容至 500mL。铁的浓度为 400µg/mL	Ⅰ：移取 5.00mL 铁标准储备溶液，置于 200mL 容量瓶中，用超纯水定容。铁的浓度为 10µg/mL Ⅱ：移取 20.00mL 铁标准溶液Ⅰ，置于 200mL 容量瓶中，用超纯水定容。铁的浓度为 1µg/mL
锰	称 0.2500g 金属锰（锰的质量分数≥99.95％），置于烧杯中，加入 10mL 硝酸（1+1），盖上表面皿，加热至完全溶解，煮沸除去氮的氧化物，冷却。用超纯水定容至 500mL。锰的浓度为 500µg/mL	Ⅰ：移取 10.00mL 锰标准储备溶液，置于 500mL 容量瓶中，用超纯水定容。锰的浓度为 10µg/mL Ⅱ：移取 10.00mL 锰标准溶液Ⅰ，置于 500mL 容量瓶中，用超纯水定容。锰的浓度为 0.2µg/mL
钴	称 0.10000g 金属钴（钴的质量分数≥99.95％），置于烧杯中，加入 10mL 硝酸（1+1），盖上表面皿，加热至完全溶解，煮沸除去氮的氧化物，冷却。用超纯水定容至 500mL。钴的浓度为 200µg/mL	Ⅰ：移取 10.00mL 钴标准储备溶液，置于 100mL 容量瓶中，用超纯水定容。钴的浓度为 20µg/mL Ⅱ：移取 5.00mL 钴标准溶液Ⅰ，置于 100mL 容量瓶中，用超纯水定容。钴的浓度为 1µg/mL
铬	称 0.2829g 重铬酸钾（基准试剂），置于烧杯中，加水溶解。用超纯水定容至 500mL。铬的浓度为 200µg/mL	Ⅰ：移取 10.00mL 铬标准储备溶液，置于 500mL 容量瓶中，用超纯水定容。铬的浓度为 4µg/mL Ⅱ：移取 10.00mL 铬标准溶液Ⅰ，置于 100mL 容量瓶中，用超纯水定容。铬的浓度为 0.4µg/mL
镉	称 0.2500g 金属镉（镉的质量分数≥99.95％），置于烧杯中，加入 10mL 硝酸（1+1，BⅧ），盖上表面皿，加热至完全溶解，煮沸除去氮的氧化物，冷却。用超纯水定容至 500mL。镉的浓度为 500µg/mL	Ⅰ：移取 5.00mL 镉标准储备溶液，置于 500mL 容量瓶中，用超纯水定容。镉的浓度为 5µg/mL Ⅱ：移取 10.00mL 镉标准溶液Ⅰ，置于 250mL 容量瓶中，用超纯水定容。镉的浓度为 0.2µg/mL
锡	称 0.1000g 金属锡粒（锡的质量分数≥99.95％），置于烧杯中，加入 5mL 硫酸（ρ=1.84g/mL，优级纯），盖上表面皿，加热至完全溶解，冷却至室温。用硫酸（1+9）定容至 1000mL。锡的浓度为 100µg/mL	移取 5.00mL 锡标准储备溶液，置于 500mL 容量瓶中，用硝酸（6+94）定容至刻度。锡的浓度为 1µg/mL

2. 标准曲线的建立

标准系列溶液的配制原则，参见第二章第二节-一、-(五)-2. 标准曲线的建立中的标准系列溶液的配制原则。分析铜及铜合金中 8 种痕量元素铅、镍、铁、锡、锰、钴、铬、镉的含量时，采用基体匹配标准曲线法进行定量，即配制与被测样品基体一致、质量分数相近的标准系列溶液。此定量方法的原理介绍，参见本书第二章第二节-一、-(五)-2.-(2) 标准曲线法。

本部分中，称取纯基体物质纯铜 [$w(Cu) \geqslant 99.99\%$，各被测元素的质量分数 < 0.00005%]，按照样品溶液的制备方法制备铜基体溶液，再根据被测样品溶液中的铜含量，移取数份等量的铜基体溶液，再加入一系列体积的被测元素溶液，定容。

（1）基体溶液　铜基体溶液（100g/L）：称取 20.00g 上述纯基体物质纯铜，置于 400mL 烧杯中，分次加入 160mL 硝酸（1＋19），于室温下溶解。待剧烈反应停止后，低温加热至完全溶解，煮沸除去氮的氧化物，冷却至室温。移入 200mL 容量瓶中，用水稀释至刻度，混匀。

（2）标准系列溶液　根据样品中的被测元素及其质量分数，按表 8-16 移取一系列体积的被测元素标准溶液（对应标准溶液浓度如表 8-16 所列），分别置于一组 100mL 容量瓶中，加入表 8-16 规定的相应量的铜基体溶液（100g/L），以水定容，混匀。

▣ 表 8-16　分析铜及铜合金中 8 种痕量元素铅等含量的标准系列溶液

被测元素	被测元素质量分数/%	被测元素标准溶液浓度/(μg/mL)	分取被测元素标准溶液体积/mL	铜基体溶液[1]
铅	0.00010～0.0015	1	0、1.00、2.00、3.00、4.00、5.00	与样品相等质量
镍	0.0001～0.0005 >0.0005～0.0010	1	0、1.00、2.00、3.00、4.00、5.00	10mL 2.5mL
铁	0.00010～0.0005	1	0、1.00、2.00、3.00、4.00、5.00	与样品相等质量
锡	0.00010～0.0020	1	0、1.00、2.00、3.00、4.00、5.00	与样品相等质量
锰	0.00005～0.0010	0.2	0、1.00、2.00、3.00、4.00、5.00	与样品相等质量
钴	0.00010～0.0020	1	0、1.00、2.00、3.00、4.00、5.00	与样品相等质量
铬	0.00005～0.0010	0.4	0、1.00、2.00、3.00、4.00、5.00	与样品相等质量
镉	0.00005～0.0010	0.2	0、1.00、2.00、3.00、4.00、5.00	与样品相等质量

[1] 铜基体溶液（100g/L）：此溶液配制方法参见本部分的（五）-2.-(1) 基体溶液。

标准系列溶液的测量方法，参见第三章第二节-九、-(五)-2.-(3) 标准系列溶液的测量。以被测元素的质量浓度（μg/mL）为横坐标、净吸光度（A）为纵坐标，绘制标准曲线。标准曲线 R^2 在 0.995 以上时方可使用。

（六）样品的测定

对所用各元素电热原子化器参数的选择，原子吸收光谱仪的测试准备工作，以及样品溶液的测量方法，参见第三章第二节-九、-(六) 样品的测定。其检测分析线参见表 8-1。

以样品溶液和空白溶液的平均吸光度的差值，为净吸光度（A），从标准曲线上查出相应的被测元素的质量浓度（μg/mL）。

（七）结果的表示

当被测元素的质量分数 < 0.01% 时，分析结果表示至小数点后第 4 位；当被测元素的质量分数 > 0.01% 时，分析结果表示至小数点后第 3 位。

（八）质量保证和质量控制

具体操作方法参见第二章第三节-一、-（八）质量保证和质量控制。

（九）注意事项

（1）参见第二章第二节-一、-（九）注意事项（1）。

（2）参见第二章第三节-一、-（九）注意事项（1）。

（3）除非另有说明，在分析中仅使用确认为分析纯的试剂和蒸馏水（或去离子水、相当纯度的水）。所用器皿均用硝酸（1＋19）浸泡12h后用水彻底清洗。

（4）检测方法中所用仪器的标准，参见第二章第三节-三、-（九）注意事项（3）。

三、铜及铜合金中杂质元素汞的分析

冷原子吸收光谱法的概要，参见本书第五章第二节-三、铝及铝合金中杂质元素汞的分析。现行国家标准[28]中，冷原子吸收光谱法可以分析铜及铜合金中杂质元素汞的含量，其元素测定范围参见表8-1。实际工作中，冷原子吸收光谱法分析铜及铜合金中杂质元素汞含量的步骤包括以下几个部分。

（一）样品的制备和保存

将样品加工成厚度≤1mm的碎屑。

（二）样品的消解

分析铜及铜合金中杂质元素汞的消解方法主要为湿法消解中的电热板消解法。关于消解方法分类的介绍，参见第二章第二节-一、-（二）样品的消解。本部分中，样品以硝酸和盐酸溶解，用盐酸羟胺还原过剩的氧化剂，制得样品溶液。具体消解方法如下。

样品中被测元素汞的质量分数越大，称样量越小，分取样品溶液体积、样品溶液的定容体积也相应变化，如表8-17所列。

▢ 表8-17　分析铜及铜合金中杂质元素汞含量的样品溶液

汞的质量分数/%	称样量/g	混合酸[①]体积/mL	定容体积/mL	分取样品溶液体积/mL	补加试剂
0.0001～0.0005	1.000		50	10.00	
＞0.0005～0.0025	1.000		50	2.00	20mL水，1mL硫酸[②]，1mL高锰酸钾溶液[③]
＞0.0025～0.010	1.000	10	100	1.00	
＞0.010～0.050	0.500		250	1.00	
＞0.050～0.150	0.200		250	1.00	

① 混合酸：2体积硝酸（1＋1）＋1体积盐酸（1＋1）混合。

② 硫酸：$\rho=1.84g/mL$，优级纯。

③ 高锰酸钾溶液：50g/L。

根据汞的质量分数，按表8-17称取相应质量的样品，精确至0.0001g。独立地进行2次测定，取其平均值。随同样品做空白试验。

将准确称量的样品置于150mL烧杯中，按表8-17加入10mL混合酸，盖上表面皿，于电热板上低温加热，至样品完全溶解（溶样温度控制在200℃以下），蒸发至体积为3～5mL（不能蒸干），加水约30mL，煮沸1～2min，驱除氮的氧化物，取下冷却至室温，根据汞的质量分数，将样品溶液移入表 8-17 定容体积规定的相应容量瓶中，以水稀释至刻度，混匀。

按表 8-17 分取样品溶液于 50mL 容量瓶中，加入表 8-17 补加试剂中相应量的试剂，放置 15min 后，边摇动边逐滴加入盐酸羟胺溶液（100g/L）到紫红色刚褪去并过量 1 滴，用水稀释至刻度，混匀。

（三）仪器条件的选择

分析铜及铜合金中杂质元素汞的含量时，推荐的冷原子吸收光谱仪的工作条件参见表 8-1。下面具体介绍仪器操作条件的选择。

（1）选择 GP$_3$ 型汞灯作为光源。

（2）选择原子化器为冷原子原子化器。在酸性条件下，用氯化亚锡将二价汞还原成金属汞。在室温下用空气作载气，将生成的汞原子导入汞蒸气测量仪进行测定。

（3）在智能型测汞仪最佳工作条件下，凡能达到下列指标者均可使用。

1）灵敏度　在与测量样品溶液基体相一致的溶液中，汞的特征浓度应≤0.05ng/mL。检出限定义，参见第二章第二节-一、-(三)-(3)-1）灵敏度。

2）精密度　其测量计算的方法和标准规定参见第二章第二节-一、-(三)-(3)-2）精密度。

3）标准曲线线性　将标准曲线按浓度等分成五段，最高段的吸光度差值与最低段的吸光度差值之比应≥0.80。

（四）干扰的消除

分析铜及铜合金中的杂质元素汞的含量，制备样品溶液时，溶样温度需控制在 200℃以下，并注意不可蒸干，防止汞在加热过程中气化而导致其含量减少。

（五）标准曲线的建立

1. 标准溶液的配制

配制各个被测元素标准储备溶液和标准溶液的原则，参见第二章第三节-二、-(五)-1. 标准溶液的配制。分析铜及铜合金中杂质元素汞的含量时，汞元素标准储备溶液和标准溶液制备的方法如下。

汞标准储备溶液（100μg/mL）：称取 0.1354g 预先用五氧化二磷干燥 24h 的二氯化汞，溶于少量水中，加入 50mL 硝酸（$\rho=1.42g/mL$，优级纯）、10mL 重铬酸钾溶液（10g/L），用水定容至 1000mL，混匀。此溶液有效期为 5 个月。

汞标准溶液Ⅰ（10μg/mL）：移取 10.00mL 汞标准储备溶液，置于 100mL 容量瓶中，加入 5mL 硝酸（$\rho=1.42g/mL$，优级纯）、1mL 重铬酸钾溶液（10g/L），用超纯水定容，混匀。此溶液有效期为 1 个月。

汞标准溶液Ⅱ（0.1μg/mL）：移取 1.00mL 汞标准溶液Ⅰ，置于 100mL 容量瓶中，加入 1mL 重铬酸钾溶液（10g/L），用超纯水定容，混匀。此溶液用时现配。

2. 标准曲线的建立

标准系列溶液的配制原则，参见第二章第二节-一、-(五)-2. 标准曲线的建立中的标准系列溶液的配制原则。分析铜及铜合金中杂质元素汞的含量时，汞元素标准系列溶液的制备方法如下：

移取 0mL、2.50mL、5.00mL、7.50mL、10.00mL、12.50mL、15.0mL 汞标准溶液 II（0.1μg/mL），分别置于一组 50mL 容量瓶中，分别加入 20mL 去离子水、1mL 硫酸（$\rho = 1.84g/mL$，优级纯）、1mL 高锰酸钾溶液（50g/L），放置 15min 后，边摇动边逐滴加入盐酸羟胺溶液（100g/L）到紫红色刚褪去并过量 1 滴，以水稀释至刻度，混匀。

以水调零，按照与样品溶液相同条件［样品溶液测量条件参见（六）样品的测定］，按浓度递增顺序测量标准系列溶液中被测元素的吸光度。标准系列溶液的测量方法，参见第二章第二节-二、-（五）-2.-（3）标准系列溶液的测量（标准曲线法）。以被测元素汞的质量浓度为横坐标（ng/mL）、净吸光度（A）为纵坐标，绘制汞的标准曲线。

（六）样品的测定

冷原子吸收光谱仪的仪器准备、测量方法以及测试后余汞吸收方法，参见第四章第二节-三、-（六）样品的测定。

分析铜及铜合金中杂质元素汞的含量时，将智能型测汞仪调节至最佳工作状态，取标准系列溶液在仪器上于被测元素汞分析线处（参见表 8-1），进行汞的冷原子吸收光谱测定。移取 5.00mL 上述样品溶液于还原瓶中，加入 2.0mL 氯化亚锡溶液［100g/L，称取 10.0g 氯化亚锡，溶于 10mL 盐酸（$\rho = 1.19g/mL$，优级纯）中，移入 100mL 容量瓶中，以水稀释至刻度，混匀］，迅速盖上还原瓶磨口塞，接通测汞仪气路，即刻测量样品溶液的吸光度，鼓泡并记录最大显示值。

样品溶液的测量方法，参见第四章第二节-三、-（六）样品的测定。从标准曲线上查出汞元素的质量浓度（ng/mL）。

（七）结果的表示

当被测元素的质量分数＜0.01％时，分析结果表示至小数点后第 4 位；当被测元素的质量分数＞0.01％时，分析结果表示至小数点后第 3 位。

（八）质量保证和质量控制

具体操作方法参见第二章第三节-一、-（八）质量保证和质量控制。

（九）注意事项

（1）参见第二章第二节-一、-（九）注意事项（1）。

（2）参见第二章第三节-一、-（九）注意事项（1）。

（3）除非另有说明，在分析中仅使用确认为分析纯的试剂和蒸馏水（或去离子水、相当纯度的水）。所用器皿均用硝酸（1+19）浸泡 12h 后，用水彻底清洗。

（4）测定样品溶液中的汞，余汞需用余汞吸收液吸收。

（5）测试中所用仪器的标准，参见第二章第三节-三、-（九）注意事项（3）。

第三节　原子荧光光谱法

在现行有效的标准中，采用原子荧光光谱法分析铜及其相关产品的标准有 4 个，将这些标准的每部分内容进行归类整理，重点讲解分析过程中的难点和重点。

现行国家标准[29-32]中，原子荧光光谱法可以分析铜及铜合金中杂质元素铋、砷、锑、硒、碲的含量，此方法适用于上述多元素的同时测定，也适用于各元素的独立测定，其元素测定范围参见表 8-2。实际工作中，原子荧光光谱法分析铜及铜合金中杂质元素铋、砷、锑、硒、碲含量的步骤包括以下几个部分。

（一）样品的制备和保存

铜及铜合金的取样应按照已颁布的标准方法进行，将样品加工成厚度≤1mm 的碎屑。

（二）样品的消解

采用原子荧光光谱法分析铜及铜合金中杂质元素铋、砷、锑、硒、碲含量的消解方法主要为湿法消解中的电热板消解法。关于消解方法分类的介绍，参见第二章第二节-一、-（二）样品的消解。

本部分中，样品用硝酸溶解，在氨性介质中用氢氧化镧共沉淀被测元素铋、砷、锑、硒、碲，与干扰元素以及大量铜基体分离，并得到富集。沉淀以热盐酸溶解。分析铋、砷、锑含量时，需要再加入抗坏血酸进行预还原，以硫脲掩蔽铜。在氢化物发生器中，被测元素被硼氢化钾还原为氢化物，用氩气导入石英炉原子化器中，在原子荧光光谱仪上测定。下面进行详细介绍。

称取 20.0g 样品，精确至 0.0001g。独立地进行 2 次测定，取其平均值。随同样品做空白试验。

样品经硝酸溶解，被测元素的含量不同，分取样品溶液体积、样品溶液定容体积、加入预还原-掩蔽剂硫脲-抗坏血酸混合溶液的量也相应不同。被测元素的含量越高，取样量越少，加入预还原-掩蔽剂的量越多，详情见表 8-18。

▫ 表 8-18　分析铜及铜合金中杂质元素铋等含量的样品溶液

被测元素	被测元素质量分数/%	分取样品溶液体积/mL	硝酸镧溶液	样品溶液定容体积/mL	硫脲-抗坏血酸混合溶液[②]/mL
铋	0.00001～0.00005	50.00	5mL 硝酸镧溶液[①]	50	5
	>0.00005～0.00050	20.00		100	10
砷	0.00005～0.00020	20.00	5mL 硝酸镧溶液[①]	50	5
	>0.00020～0.0010	10.00		100	10
锑	0.00005～0.00020	20.00	5mL 硝酸镧溶液[①]	50	5
	>0.00020～0.00050	10.00		100	10
	>0.00050～0.0020	5.00		100	10
硒、碲	0.00005～0.00010	20.00	4mL 硝酸镧溶液[③]	50	—
	>0.00010～0.00020	10.00		50	—
	>0.00020～0.00030	10.00		100	—

① 硝酸镧溶液（50g/L）：称取 50g 硝酸镧溶于 1000mL 水中，摇匀。

② 硫脲-抗坏血酸混合溶液：称取 100g 硫脲，50g 抗坏血酸，用水溶解后，稀释至 1000mL，摇匀。

③ 硝酸镧溶液（20g/L）：称取 11.730g 氧化镧（La₂O₃）溶于 40mL 硝酸（1+1）中，移入 500mL 容量瓶中，以水稀释至刻度，摇匀。

（1）空白溶液（分析铋、砷、锑含量的空白溶液）　随同样品做 2 份空白试验。第一份加 15mL 硝酸（1+1，优级纯），第二份加 7.5mL 硝酸（1+1，优级纯），分别加入 5mL 表 8-18 中的硝酸镧溶液[①]，加水稀释至 150mL，在不断搅拌下，加氨水（ρ = 0.90g/mL，BⅧ级）中和并过量 10mL（约 20mL），盖上表面皿加热至微沸，在 70～80℃保温 30min。

以下步骤按照"（2）样品溶液中的③、④"进行，第一份溶液移入 50mL 容量瓶中，第二份溶液移入 100mL 容量瓶中，并按表 8-18 加入相应体积的硫脲-抗坏血酸混合溶液，用盐酸（11＋89）稀释至刻度，摇匀。

分析硒、碲含量时，根据样品中被测元素的含量，空白溶液随同相应样品溶液制备。

（2）样品溶液

① 样品溶解　将样品置于 500mL 烧杯中，加 150mL 硝酸（1＋1，优级纯），盖上表面皿，于电热板上低温加热至样品完全溶解，煮沸驱除氮的氧化物，取下冷却后移入 200mL 容量瓶中，用水稀释至刻度，混匀。

② 被测元素沉淀　根据被测元素的种类及其质量分数，按表 8-18 分取样品溶液于 300mL 烧杯中，加入表 8-18 中规定的硝酸镧溶液，加水稀释至体积约 150mL（分析硒、碲时，以水稀释至约 80mL），在不断搅拌下，滴加氨水（$\rho＝0.90g/mL$，BⅧ级）使铜完全络合（此时溶液呈深蓝色）并过量 10mL（分析硒、碲时氨水总计约 20mL），盖上表面皿，加热至微沸，在 70～80℃保温 30min。

③ 沉淀溶解＋剩余被测元素沉淀　用快速定量滤纸过滤（分析硒、碲时，用中速定量滤纸过滤），用热氨水（5＋95）洗涤烧杯及沉淀各 2 次，再用热水洗涤 1 次，弃去滤液。用温热盐酸（11＋89）将沉淀溶解于原烧杯中（分析硒、碲时，用体积分数 50％的温热盐酸溶解沉淀），加水稀释至体积约 150mL（分析硒、碲时，以水稀释至约 80mL），在不断搅拌下，滴加氨水（$\rho＝0.90g/mL$，BⅧ级）使铜完全络合（此时溶液呈淡蓝色）并过量 5mL（分析硒、碲时，氨水总计约 10mL），盖上表面皿加热至微沸，在 70～80℃保温 30min。

④ 沉淀溶解　用快速定量滤纸过滤（分析硒、碲时，用中速定量滤纸过滤），用热氨水（5＋95）洗涤烧杯及沉淀各 2 次，再用热水洗涤 2 次，弃去滤液。用温热盐酸（11＋89）将沉淀溶解于原烧杯中（分析硒、碲时，用体积分数 50％的温热盐酸溶解沉淀）。

⑤ 溶液定容　根据被测元素的种类及其质量分数，按表 8-18 将上述样品溶液移入相应容量瓶中，并按表 8-18 加入相应体积的硫脲-抗坏血酸溶液，用盐酸（11＋89）稀释至刻度，摇匀（分析硒、碲时，用水稀释至刻度，并控制酸度为 40％盐酸，混匀，放置 15min）。

（三）仪器条件的选择

分析铜及铜合金中杂质元素铋、砷、锑、硒、碲的含量时，推荐的原子荧光光谱仪的工作条件参见表 8-2 和本方法中"（三）-(3) AFS230 型原子荧光光谱仪工作（推荐）条件"。测定不同元素有不同的仪器操作条件。以锑元素的测定为例介绍仪器操作条件的选择。

（1）原子荧光光谱仪应配有由厂家推荐的锑高强度空心阴极灯（如分析铋、砷、硒、碲含量时，选择相应元素的高强度空心阴极灯）、氢化物发生器（配石英炉原子化器）、加液器或流动注射进样装置。

（2）在仪器最佳工作条件下，凡达到下列指标者均可使用。

1）灵敏度　在与测量样品溶液基体一致的溶液中，锑的检出限≤2ng/mL（如测定铋、砷、硒、碲含量时，其检出限参见表 8-2）。检出限定义，参见第二章第二节-一、-（三）-(3)-1) 灵敏度。

2）精密度　用 0.02μg/mL 的锑标准溶液（如分析铋、砷、硒、碲含量时，选择相应的被测元素标准溶液）测量 10 次荧光强度，其标准偏差应不超过平均荧光强度的 5.0％。其测量计算的方法和标准规定参见第二章第二节-一、-（三）-(3)-2) 精密度。

3）稳定性　30min 内的零点漂移≤5％，短期稳定性 RSD≤3％。

4）标准曲线的线性　将标准曲线按浓度等分成五段，最高段的吸光度差值与最低段的吸光度差值之比≥0.80。

（3）AFS230 型原子荧光光谱仪工作（推荐）条件　见表 8-19。

▫ 表 8-19　分析铜及铜合金中锑含量的仪器工作条件

项目	工作条件	项目	工作条件
灯电流/mA	40	加液体积/mL	0.5
负高压/V	280	加液时间/s	10
载气流量/(mL/min)	500	延迟时间/s	1
屏蔽气流量/(mL/min)	900	采样时间/s	15
石英炉高度/mm	8	炉温/℃	200
曲线拟合次数	1		

（四）干扰的消除

（1）分析铜及铜合金中杂质元素铋、砷、锑的含量时，在氨性介质中，用氢氧化镧作共沉淀剂将铋、砷、锑与大量铜基体分离并得到富集，沉淀以热盐酸溶解。富集两次得到的样品溶液，以抗坏血酸进行预还原，以硫脲掩蔽铜，消除基体铜的干扰。

（2）分析铜及铜合金中的硒、碲元素含量时，在氨性介质中，用氢氧化镧作共沉淀剂将硒、碲与干扰元素、铜基体分离并得到富集，沉淀以热盐酸溶解。控制待测样品溶液酸度为 40％盐酸，防止硒、碲离子水解，消除干扰元素及基体铜的干扰。

（五）标准曲线的建立

1. 标准溶液的配制

配制各个被测元素标准储备溶液和标准溶液的原则，参见第二章第三节-二、-(五)-1. 标准溶液的配制。

2. 标准曲线的建立

标准系列溶液的配制原则，参见第二章第二节-一、-(五)-2. 标准曲线的建立中的标准系列溶液的配制原则。分析铜及铜合金中杂质元素铋、砷、锑、硒、碲的含量时，采用标准曲线法进行定量，标准曲线法的原理介绍参见本书中第二章第二节-一、-(五)-2.-(2)标准曲线法。本部分中标准系列溶液的配制方法参见表 8-20。

▫ 表 8-20　分析铜及铜合金中杂质元素铋等含量的标准系列溶液

测项	被测元素标准溶液体积/mL	定容体积/mL	盐酸①量/mL	硫脲-抗坏血酸溶液②量/mL
铋	0、0.50、1.00、2.00、4.00、6.00	50	5	5
砷	0、0.50、1.00、2.00、4.00、6.00	50	5	5
锑	0、0.50、1.00、2.00、4.00、6.00	50	5	5
硒	0、1.00、2.00、4.00、6.00	100	40	—
碲	0、1.00、2.00、4.00、6.00	100	40	—

① 盐酸：$\rho = 1.19g/mL$，优级纯。

② 硫脲-抗坏血酸溶液：称取 100g 硫脲、50g 抗坏血酸，用水溶解后稀释至 1000mL，摇匀。

根据被测元素的种类，按表 8-20 移取一系列体积的被测元素标准溶液（被测元素浓度各为 1μg/mL），按表 8-20 分别置于一组相应定容体积的容量瓶中，按表 8-20 各补加相应量的盐酸和硫脲-抗坏血酸溶液，以水定容，混匀。

标准系列溶液的测量方法，参见第三章第三节-(五)-2.-(3) 标准系列溶液的测量。其中，分析铋、砷、锑含量时，载流剂为盐酸（11＋89）；分析硒、碲含量时，载流剂为盐酸（1＋1）。以被测元素的质量浓度（ng/mL）为横坐标，净荧光强度为纵坐标，绘制标准曲线。当标准曲线的 $R^2 \geqslant 0.995$ 时方可进行样品溶液的测量。

（六）样品的测定

原子荧光光谱仪的开机准备操作和检测原理，参见本书第三章第三节-(六) 样品的测定。

分析铜及铜合金中杂质元素铋、砷、锑、硒、碲的含量时，以盐酸（11＋89）（分析硒、碲含量时为体积分数 50％的盐酸）为载流调零，以氩气（Ar≥99.99％，体积分数）为屏蔽气和载气，将样品溶液和硼氢化钾溶液［15g/L，称 7.5g 硼氢化钾，溶于 500mL 氢氧化钾（5.0g/L）中，混匀。过滤备用，用时现配］导入氢化物发生器的反应池中，载流溶液和样品溶液交替导入，依次测量空白溶液及样品溶液中被测元素的原子荧光强度三次，取三次测量平均值。样品溶液中被测元素的荧光强度平均值，减去随同样品的等体积空白溶液中相应元素的荧光强度平均值，为净荧光强度。从标准曲线上查出相应的被测元素质量浓度（ng/mL）。

（七）结果的表示

当被测元素的质量分数＜0.01％时，分析结果表示至小数点后第 4 位；当被测元素的质量分数＞0.01％时，分析结果表示至小数点后第 3 位。

（八）质量保证和质量控制

分析时，应用国家级或行业级标准样品或控制样品进行校核（当前两者没有时，也可用控制标样替代），每季校核一次本分析方法标准的有效性。当过程失控时，应找出原因，纠正错误后重新进行校核，并采取相应的预防措施。

（九）注意事项

（1）参见第二章第二节-一、-(九) 注意事项 (1)。

（2）参见第三章第三节-(九) 注意事项 (2)。

（3）参见第二章第三节-一、-(九) 注意事项 (1)。

（4）除非另有说明，在分析中仅使用确认为分析纯的试剂和蒸馏水（或去离子水、相当纯度的水）。

（5）分析铜及铜合金中杂质元素硒、碲的含量时，样品溶液在配制好后，需放置 15min 稳定，再测量。分析铋、砷、锑含量时，配制好的样品溶液可直接测量，无需放置。

（6）测试中所用仪器的标准，参见第二章第三节-三、-(九) 注意事项 (3)。

第四节　电感耦合等离子体原子发射光谱法

一、电感耦合等离子体原子发射光谱法分析铜及其相关产品

在现行有效的标准中，采用电感耦合等离子体原子发射光谱法分析铜及其相关产品的

标准有两个，下面重点讲解分析过程中的难点和重点。

现行国家标准[33,34]中，电感耦合等离子体原子发射光谱法可以分析铜及铜合金中 25 种杂质元素磷、银、铋、锑、砷、铁、镍、铅、锡、硫、锌、锰、镉、硒、碲、铝、硅、钴、钛、镁、铍、锆、铬、硼、汞的含量，此方法适用于上述各元素的独立测定，也适用于多元素的同时测定，其元素测定范围见表 8-3。

我们以此为应用实例讲解具体的分析步骤和方法，以及一些注意事项。

（一）样品的制备和保存

将样品加工成厚度≤1mm 的碎屑。

（二）样品的消解

分析铜及铜合金中 25 种杂质元素磷、银、铋、锑、砷、铁、镍、铅、锡、硫、锌、锰、镉、硒、碲、铝、硅、钴、钛、镁、铍、锆、铬、硼、汞含量的消解方法主要为湿法消解中的电热板消解法。关于消解方法分类的介绍，参见第二章第二节-一、-（二）样品的消解。

本部分中，样品用硝酸-盐酸混合酸或单一硝酸分解，制得酸性介质的样品溶液。当 $w(Se、Te)\leqslant0.001\%$ 时，以砷作载体共沉淀富集微量硒、碲与基体铜分离；当 $w(Fe、Ni、Zn、Cd)\leqslant0.001\%$ 时，电解除铜分离富集；当 $w(P、Bi、Sb、As、Sn、Mn)\leqslant0.001\%$、$w(Pb)\leqslant0.002\%$ 时，用铁作载体，氢氧化铁共沉淀磷、铋、锑、砷、锡、锰、碲、铅与基体铜分离、富集；当 $w(Ni)>14\%$ 时，以镧作内标。当 $0.001\%<w(X)\leqslant$ 表 8-3 测定上限（X 分别为磷、银、铋、锑、砷、铁、锡、硫、锌、锰、镉、硒、碲、铝、硅、钴、钛、镁、铍、锆、铬、硼、汞），$w(Ni)$ 为 $0.001\%\sim14\%$，$w(Pb)$ 为 $0.002\%\sim7\%$ 时，样品用混合酸（1 体积盐酸＋3 体积硝酸＋4 体积水）溶解；含硅、锆、钛的样品用混合酸、氢氟酸溶解，再用硼酸饱和溶液助溶；含铬的样品用硝酸、高氯酸溶解；含银的样品用混合酸溶解，再补加盐酸，当 $w(Ag)>0.3\%$ 时样品用硝酸溶解。下面按操作步骤具体介绍。

样品中被测元素质量分数不同，称取样品量和样品溶液定容体积也相应变化。被测元素质量分数越大，称取样品量越小，样品溶液定容体积也相应增大。按表 8-21 称取碎屑样品，精确至 0.0001g。独立测定 2 次，取其平均值。随同样品做空白试验。

▫ 表 8-21　分析铜及铜合金中 25 种杂质元素磷等含量的取样量

质量分数/%	样品量/g	样品溶液定容体积/mL
0.00005～0.0005	5.000	25
＞0.0005～0.001	5.000	50
＞0.001～0.1	1.000	100
＞0.1～7.0	0.100	100
＞7.0～35.0	0.100	200

样品溶液的制备方法如下。

（1）分析 $0.001\%<w(X)\leqslant$ 表 8-3 测定上限的样品 [$w(Ni)$ 为 $0.001\%\sim14\%$，$w(Pb)$ 为 $0.002\%\sim7\%$] 中被测元素 X 含量（X 分别为磷、银、铋、锑、砷、铁、锡、硫、锌、锰、镉、硒、碲、铝、硅、钴、钛、镁、铍、锆、铬、硼、汞）

1) 一般样品　将样品置于 150mL 烧杯中，加入 10～15mL 混合酸［1 体积盐酸（$\rho=1.19g/mL$，优级纯）＋3 体积硝酸（$\rho=1.42g/mL$，优级纯）＋4 体积水混合］，盖上表面皿，于电热板上低温加热至样品完全溶解，用水洗涤表面皿及杯壁，冷却。按表 8-21 规定移入相应容量瓶中，用水稀释至刻度，混匀。

2) 含硅、锆、钛的样品　将样品置于 150mL 聚四氟乙烯烧杯中，加入 10～15mL (1)-①一般样品中所述混合酸、2 滴氢氟酸（$\rho=1.13g/mL$，优级纯），于电热板上低温加热（分析硅含量时，加热温度不得超过 60℃）溶解。待样品完全溶解，加入 5mL 硼酸饱和溶液，混匀，按表 8-21 规定移入相应容量瓶中，用水稀释至刻度，混匀，立即转移到原聚四氟乙烯烧杯中。

3) 含铬的样品　将样品置于 150mL 烧杯中，加入 5～10mL 硝酸（1+1）、3～5mL 高氯酸（$\rho=1.67g/mL$，优级纯），盖上表面皿，于电热板上低温加热使样品溶解并蒸发至冒高氯酸烟（1～2min）使溶液澄清，取下冷却。用水洗涤表面皿及杯壁，按表 8-21 移入容量瓶中，用水稀释至刻度，混匀。

4) 含银的样品　将样品置于 150mL 烧杯中，加入 10～15mL (1)-1) 一般样品中所述混合酸，盖上表面皿，于电热板上加热至样品完全溶解，用水洗涤表面皿及杯壁，补加 10mL 盐酸（$\rho=1.19g/mL$，优级纯），按表 8-21 移入容量瓶中，用水稀释至刻度，混匀。

当 $w(Ag)>0.3\%$ 时，加入 0～15mL 硝酸（1+1）溶解样品。

(2) 分析 $w(X)\leqslant0.001\%$ 的样品中被测元素 X 含量（X 分别为磷、铋、锑、砷、铁、镍、锡、锌、锰、镉、硒、碲）

1) 分析硒、碲的含量　将样品置于 400mL 烧杯中，加入 50mL 硝酸（1+1），盖上表面皿，低温加热至样品完全溶解，稍冷，加入 10mL 高氯酸（$\rho=1.67g/mL$，优级纯），加热至冒高氯酸烟（2～3min），用水洗涤表面皿及杯壁，取下冷却。

加入 120mL 盐酸（1+1），低温加热使盐类溶解，加入 1.5mL 砷溶液［4g/L，称取 2.6g 基准三氧化二砷（As_2O_3）于 100mL 烧杯中，加入 15mL 氢氧化钠溶液（100g/L），微热溶解，移入 500mL 容量瓶中，用水稀释至约 200mL，加入 1 滴酚酞乙醇溶液（10g/L），用盐酸（1+1）中和至红色褪去，用水稀释至刻度，混匀］、10g 次亚磷酸钠，搅拌至溶解，加热至溶液呈棕色，于水浴上加热至还原析出单体砷、硒和碲（需 1～1.5h），冷却至室温。

用脱脂棉过滤，以次亚磷酸钠-盐酸混合洗液［每升洗液中含 10g 次亚磷酸钠和 50mL 盐酸（$\rho=1.19g/mL$，优级纯）］洗涤烧杯 3 次，沉淀 3～5 次，再用水洗涤烧杯 3 次，沉淀 3～5 次。将脱脂棉及沉淀移入原烧杯中，用漏斗缓缓滴加 10mL 硝酸（$\rho=1.42g/mL$，优级纯）、3mL 高氯酸（$\rho=1.67g/mL$，优级纯），在电热板上加热消化脱脂棉并溶解氧化砷、硒和碲至冒高氯酸白烟 1～2min 使溶液澄清，取下冷却，用水洗涤表面皿及杯壁，按表 8-21 规定移入相应容量瓶中，用水稀释至刻度，混匀。

2) 分析铁、镍、锌、镉的含量　将样品置于 250mL 高型烧杯中，加入 40mL 硝酸（1+1），盖上表面皿，加热至样品完全溶解，煮沸除尽氮的氧化物，用水洗涤表面皿及杯壁。

加入 3mL 硝酸铅溶液（10g/L，优级纯）、1mL 硝酸锰（1+10，优级纯）、1 滴盐酸

（1+120），用水稀释至 130mL 左右。用两块半圆表面皿盖上，在搅拌下（搅拌棒必须密封无孔）用电解方法（4A/dm²）除铜。待溶液褪色后，在不切断电流的情况下，提起电极并用水冲洗。

将溶液于低温电炉上加热，蒸发至体积 25mL 以下，冷却，按表 8-21 移入相应容量瓶中，用水稀释至刻度，混匀（此溶液也可用于磷、锑、砷、锡、碲的测定）。

电解装置及电解析出铜的具体方法参见第八章第二节-一、-(二)-1. 分析铜及铜合金、铜碲合金中铜的含量和图 8-1、图 8-2。

3）分析磷、铋、锑、砷、锡、锰、碲的含量　将样品置于 400mL 烧杯中，加入 50mL 硝酸（1+1），盖上表面皿，低温加热至样品完全溶解，煮沸除尽氮的氧化物。

加入 10mL 铁溶液 {8g/L，称取 57.8g 硝酸铁 [$Fe(NO_3)_3 \cdot 9H_2O$] 溶于 1000mL 硝酸（1+100）中，混匀}，用水稀释至 200mL 左右，在搅拌下缓缓加入氨水（$\rho = 0.90g/mL$，优级纯）至深蓝色，过量 20mL，加入 10g 碳酸铵，将溶液加热至微沸 5min，放置 1h。

沉淀用滤纸过滤，用热洗涤液 [称取 10g 碳酸铵溶于 500mL 水中，加入 20mL 氨水（$\rho = 0.90g/mL$，优级纯）混匀] 洗涤烧杯及滤纸至滤纸无蓝色，弃去滤液。用水将沉淀洗入原烧杯中，滤纸上的残留沉淀用 10mL 热盐酸（1+1）溶解，以热水洗涤至滤纸无色，洗液并入原烧杯中，低温加热蒸发至 25mL 以下，冷却。按表 8-21 移入相应容量瓶中，用水稀释至刻度，混匀（此溶液也可用于碲的测定）。

（3）分析 $w(Pb) \leqslant 0.002\%$ 样品中铅的含量　样品溶液制备方法参见上述（2）-3）分析磷、铋、锑、砷、锡、锰的含量。

（4）分析 $w(Ni) > 14\%$ 样品中镍的含量　将样品置于 150mL 烧杯中，加入 10mL（1）-1）一般样品中所述混合酸，盖上表面皿，加热至样品完全溶解，煮沸除去氮的氧化物，用水洗涤表面皿及杯壁，冷却。按表 8-21 移入容量瓶中，加入 2.00mL 镧内标溶液 [1g/L，称取 1.173g La_2O_3 于 250mL 烧杯中，加入 20mL 硝酸（1+1），加热溶解，煮沸除去氮的氧化物，冷却。移入 1000mL 容量瓶中，用水稀释至刻度，混匀]，用水稀释至刻度，混匀。

（三）仪器条件的选择

分析铜及铜合金中 25 种杂质元素磷、银、铋、锑、砷、铁、镍、铅、锡、硫、锌、锰、镉、硒、碲、铝、硅、钴、钛、镁、铍、锆、铬、硼、汞的含量时，推荐的电感耦合等离子体原子发射光谱仪的测试条件，参见表 8-3。仪器需配备分光室，具有抽真空或驱气功能。

（1）选择分析谱线时，可以根据仪器的实际情况（如灵敏度和谱线干扰）做相应的调整。推荐的分析线见表 8-3。分析谱线的选择，参见第二章第三节-一、-(三) 仪器条件的选择。

当分析 $w(Ni、Mn) > 3\%$ 样品中镍、锰的含量时，分析线选择：Ni 341.47nm，Mn 279.48nm。

（2）仪器的实际分辨率，参见第二章第三节-一、-(三) 仪器条件的选择。其中，于分析线 200nm 处，分辨率 < 0.01nm。

（3）在仪器最佳工作条件下，凡能达到下列指标者均可使用。

1）灵敏度 以测银含量为例，通过计算溶液中仅含有银的分析线（328.06nm），得出检出限（DL）。检出限定义，参见第二章第三节-一、-(三)-(3)-1) 灵敏度。

2）短期稳定性 每个最高浓度标准溶液发射谱线的标准偏差应不超过绝对或相对光强平均值的 0.8%。此指标的测量和计算方法参见第二章第三节-一、-(三)-(3)-2) 短期稳定性。

3）长期稳定性 7 个测量平均值的相对标准偏差小于 2.0%。此指标的测量和计算方法参见第二章第三节-一、-(三)-(3) -3) 长期稳定性。

4）标准曲线的线性 标准曲线的 $R^2 \geqslant 0.999$。

（4）样品前处理的仪器 备有自动搅拌装置的恒电流电解器，附网状铂阴极、螺旋状铂阳极。

（四）干扰的消除

（1）分析硒、碲含量时，当被测元素的质量分数≤0.001%时，以砷作载体共沉淀并富集微量硒、碲，与基体铜分离，消除基体铜的干扰。

（2）分析铁、镍、锌、镉的含量时，当被测元素的质量分数≤0.001%时，电解除铜基体，分离富集被测元素，消除基体铜的干扰。

（3）分析磷、铋、锑、砷、锡、锰的含量时，当被测元素的质量分数≤0.001%、铅质量分数≤0.002%时，用铁作载体，氢氧化铁共沉淀被测元素，与基体铜分离并得到富集，消除基体铜的干扰。

（4）分析镍含量时，当 $w(\text{Ni}) > 14\%$ 时，以镧作内标，校正仪器的灵敏度漂移，并消除基体效应的影响。

（5）当被测元素质量分数为 0.001%～0.1%，绘制标准曲线时，需采用基体匹配法，以消除基体干扰。

（五）标准曲线的建立

1. 标准溶液的配制

配制各个被测元素标准储备溶液和标准溶液的原则，参见第二章第三节-二、-(五)-1. 标准溶液的配制。

2. 标准曲线的建立

内标法校正的标准系列溶液的配制原则，参见第二章第四节-一、-(五)-2.-(2) 标准系列溶液的配制。

分析铜及铜合金中 25 种杂质元素磷、银、铋、锑、砷、铁、镍、铅、锡、硫、锌、锰、镉、硒、碲、铝、硅、钴、钛、镁、铍、锆、铬、硼、汞的含量，当 $w(X)$（X 分别为锌、镍、铅、钴、锰、磷、铋、锑、砷、铁、锡、硫、镉、铝、硅、钛、铍、锆、铬 19 种被测元素）为 0.001%～0.1%时，分析被测元素 X 含量，采用基体匹配标准曲线法进行计算，即配制与被测样品基体一致、质量分数相近的标准系列溶液，该方法原理介绍参见第二章第二节-一、-(五)-2.-(2) 标准曲线法；当 $w(\text{Ni}) > 14\%$ 时分析镍的含量，采用内标校正的标准曲线法，该方法的原理介绍，参见第二章第四节-一、-(五)-2.-(1) 内标校正的标准曲线法（内标法）的原理及使用范围；其余情况见下面（1）和（3），采用常规标准曲线法定量分析。

这里，根据样品中被测元素的质量分数，需分别绘制标准曲线（Ⅰ～Ⅳ），即分别配制标准系列溶液，如下。

（1）标准曲线Ⅰ——分析 $w(X)\leqslant0.001\%$ 样品中 X 含量（X 分别为磷、银、铋、锑、砷、铁、镍、铅、锡、硫、锌、锰、镉、硒、碲、铝、硅、钴、钛、镁、铍、锆、铬、硼、汞 25 种被测元素）　移取 0mL、1.00mL、5.00mL、10.00mL 标准溶液 A（上述 25 种杂质元素的浓度各为 $10\mu g/mL$，并与标准储备溶液保持一致的酸度）置于一组 100mL 容量瓶中，分别加入 10mL（二）-(1)-1 一般样品中所述混合酸，用水稀释至刻度，混匀。

（2）标准曲线Ⅱ——分析 $w(X)$ 为 $0.001\%\sim0.1\%$ 样品中 X 含量（X 分别为锌、镍、铅、钴、锰、磷、铋、锑、砷、铁、锡、硫、镉、铝、硅、钛、铍、锆、铬 19 种被测元素）　称取 1.000g 纯铜 $[w(Cu)\geqslant99.99\%$，$w(X)\leqslant0.00005\%$（X 分别为锌、镍、铅、钴、锰、磷、铋、锑、砷、铁、锡、硫、镉、铝、硅、钛、铍、锆、铬 19 种被测元素）] 于一组 150mL 烧杯中，加入 10mL（二）-(1)-1 一般样品中所述混合酸，盖上表面皿，加热至完全溶解，煮沸除去氮的氧化物，用水洗涤表面皿及杯壁，冷却，移入一组 100mL 容量瓶中，分别加入 0mL、1.00mL、5.00mL、10.00mL 标准溶液 A，5.00mL、10.00mL 标准溶液 B（19 种被测元素锌、镍、铅、钴、锰、磷、铋、锑、砷、铁、锡、硫、镉、铝、硅、钛、铍、锆、铬的浓度各为 $100\mu g/mL$，并与标准储备溶液保持一致的酸度）[配制银标准曲线时补加 10mL 盐酸（$\rho=1.19g/mL$，优级纯）]，用水定容，混匀。

根据被测元素质量分数，从标准曲线中选择适当的 3～4 个点进行分析。

（3）标准曲线Ⅲ——分析 $0.05\%<w(X)\leqslant$ 表 8-3 测定上限，$w(Ni)$ 为 $0.05\%\sim14\%$ 的样品中被测元素含量（X 分别为 25 种被测元素，同上）　加入 0mL、5.00mL、10.00mL 标准溶液 A，0.50mL、1.00mL、3.00mL、5.00mL、7.00mL 标准溶液储备溶液（19 种被测元素锌、镍、铅、钴、锰、磷、铋、锑、砷、铁、锡、硫、镉、铝、硅、钛、铍、锆、铬的浓度各为 $1000\mu g/mL$），置于一组 100mL 容量瓶中，分别加入 10mL（二）-(1)-① 一般样品中所述混合酸 [配制银标准曲线时改为加入 10mL 盐酸（$\rho=1.19g/mL$，优级纯）]，用水稀释至刻度，混匀。

根据被测元素质量分数，从标准曲线中选择适当的 3～4 个点进行分析。

（4）标准曲线Ⅳ——分析 $w(Ni)>14\%$ 样品中镍的含量　加入 0mL、5.00mL、10.00mL、15.00mL、18.00mL 镍标准溶液（镍 $1000\mu g/mL$）于一组 100mL 容量瓶中，分别加入 1.00mL 镧内标溶液（1g/L，其溶液配制方法参见上述样品溶液制备方法中的镧内标溶液的配制）、10mL（二）-(1)-1 一般样品中所述混合酸，用水稀释至刻度，混匀。

标准系列溶液的测量方法，参见第二章第三节--一、-(五)-2.-(3) 标准系列溶液的测量。分析 $w(Ni)>14\%$ 样品中镍的含量时，采用内标校正的标准系列溶液的测量方法，参见第三章第四节--一、-(五)-2.-(3) 标准系列溶液的测量。分别以各被测元素的质量浓度（$\mu g/mL$）为横坐标，以分析线净强度（或净强度比）为纵坐标，绘制标准曲线。当标准曲线的 $R^2\geqslant0.999$ 时，测定样品溶液。

（六）样品的测定

（1）优化仪器的方法　　具体方法参见第二章第三节--一、-（六）样品的测定。

如果使用内标，准备用镧（408.67nm）作内标并计算被测元素与镧的强度比的软件。内标强度应与被测元素强度同时测量。

（2）样品中被测元素的分析线发射强度的测量　　无内标校正的样品测量，方法参见第二章第三节--一、-（六）样品的测定。

分析 $w(Ni)>14\%$ 样品中镍的含量，采用内标校正的样品测量方法，参见第三章第四节--一、-（六）-2.（1）内标校正的样品测量。

从标准曲线上确定被测元素的质量浓度（μg/mL）。

测量溶液的顺序和分析线强度记录，具体方法参见第二章第三节--一、-（六）样品的测定。

（3）分析线中干扰线的校正　　具体方法参见第二章第三节--一、-（六）样品的测定。

（七）结果的表示

分析结果在1‰以上的保留4位有效数字，在1‰以下的保留3位有效数字。

（八）质量保证和质量控制

具体操作方法参见第二章第三节--一、-（八）质量保证和质量控制。

（九）注意事项

（1）参见第二章第二节--一、-（九）注意事项（1）。

（2）参见第二章第三节--一、-（九）注意事项（1）～（3）。

（3）测试中所用仪器的标准，参见第二章第三节-三、-（九）注意事项（3）。

（4）分析铜及铜合金中的银含量，当银的质量分数大于0.3‰时，制备样品溶液，改为用10～15mL硝酸（1+1）溶解样品。

（5）分析银含量时，银的标准曲线需单独绘制，配制银的标准曲线溶液时，当银的质量分数为0.001‰～0.1‰时，补加10mL盐酸（$\rho=1.19$g/mL，优级纯）以控制溶液的酸度；当银的质量分数为0.1‰～1.50‰时，加标准溶液（1000μg/mL）后，直接加入10mL盐酸（$\rho=1.19$g/mL，优级纯），而不加入混合酸，再用水定容，混匀。

（6）分析 $w(X)\leqslant0.001\%$（X 分别为磷、铋、锑、砷、锡、锰）铜及铜合金中磷、铋、锑、砷、锡、锰含量的样品溶液，也可以用于分析碲的含量。

（7）分析含硅、锆、钛的铜及铜合金样品，需用聚四氟乙烯烧杯进行消解。分析 $w(X)\leqslant0.001\%$（X 分别为铁、镍、锌、镉）铜及铜合金中的铁、镍、锌、镉含量时，消解容器为高型烧杯。

二、铜阳极泥中杂质元素的分析

现行国家标准[34]中，电感耦合等离子体原子发射光谱法可以分析铜阳极泥中8种杂质元素砷、铋、铁、镍、铅、锑、硒、碲的含量，此方法适用于上述元素的独立测定，也适用于上述元素的同时测定，其元素测定范围见表8-3。

我们以此为应用实例讲解具体的分析步骤和方法，以及一些注意事项。

（一）样品的制备和保存

样品应过 0.1mm 筛，在 100～105℃烘箱中烘至恒重，置于干燥器中冷至室温。

（二）样品的消解

电感耦合等离子体原子发射光谱法分析铜阳极泥中 8 种杂质元素砷、铋、铁、镍、铅、锑、硒、碲含量的消解方法主要为湿法消解中的电热板消解法。关于消解方法分类的介绍，参见第二章第二节-一、-(二) 样品的消解。本部分中，样品经王水和饱和氟化氢铵分解，其溶液控制一定的酸度，制得待测样品溶液。具体操作方法如下。

称取碎屑样品 0.2～0.5g，精确至 0.0001g。独立测定两次，取其平均值。随同样品做空白试验。

将准确称量的样品置于 100mL 锥形瓶中，用水润湿，加入 0.25mL（4～5 滴）饱和氟化氢铵溶液、20mL 王水（3 体积盐酸＋1 体积硝酸）、5mL 酒石酸溶液（200g/L），盖上表面皿，于电热板上低温加热至样品完全溶解，蒸至小体积时取下稍冷，用水洗涤表面皿及杯壁，微沸溶解盐类，取下冷却，加入 25mL 王水（3 体积盐酸＋1 体积硝酸），移入 250mL 容量瓶中，用水稀释至刻度，混匀。

（三）仪器条件的选择

分析铜阳极泥中 8 种杂质元素砷、铋、铁、镍、铅、锑、硒、碲的含量时，推荐的电感耦合等离子体原子发射光谱仪的测试条件，参见表 8-3。

（1）选择分析谱线时，可以根据仪器的实际情况（如灵敏度和谱线干扰）做相应的调整。推荐的分析线见表 8-3。分析谱线的选择，参见第二章第三节-一、-(三) 仪器条件的选择。

（2）仪器的实际分辨率，参见第二章第三节-一、-(三) 仪器条件的选择。

（3）在仪器最佳工作条件下，凡能达到下列指标者均可使用。

1）灵敏度　以测砷含量为例，通过计算溶液中仅含有砷的分析线（193.7nm），得出检出限（DL）。检出限定义，参见第二章第三节-一、-(三)-(3)-1) 灵敏度。

2）短期稳定性　每个最高浓度标准溶液发射谱线的标准偏差应不超过绝对或相对光强平均值的 0.8％。此指标的测量和计算方法参见第二章第三节-一、-(三)-(3)-2) 短期稳定性。

3）长期稳定性　7 个测量平均值的相对标准偏差＜2.0％。此指标的测量和计算方法参见第二章第三节-一、-(三)-(3)-3) 长期稳定性。

4）标准曲线的线性　标准曲线的 $R^2 \geqslant 0.999$。

（四）干扰的消除

分析铜阳极泥中 8 种杂质元素砷、铋、铁、镍、铅、锑、硒、碲的含量时，制备的样品溶液，需控制一定的酸度，定容前加入酒石酸掩蔽剂，消除干扰。

（五）标准曲线的建立

1. 标准溶液的配制

配制各个被测元素标准储备溶液和标准溶液的原则，参见第二章第三节-二、-(五)-1.

标准溶液的配制。

2. 标准曲线的建立

标准系列溶液的配制原则，参见第二章第二节--一、-(五)-2.-标准曲线的建立中的标准系列溶液的配制原则。

分析铜阳极泥中8种杂质元素砷、铋、铁、镍、铅、锑、硒、碲的含量时，采用标准曲线法进行定量分析，该方法的原理介绍参见本书中第二章第二节--一、-(五)-2.-(2)标准曲线法。本部分中，标准系列溶液的配制方法如下。

分别移取0.00mL、0.50mL、1.00mL、2.00mL、5.00mL、10.00mL铋、铁、镍、铅、碲混合标准溶液（铋0.50mg/mL、铁0.050mg/mL、镍0.50mg/mL、铅1.50mg/mL、碲0.50mg/mL，并与标准储备溶液保持一致的酸度）和10.00mL、5.00mL、2.00mL、1.00mL、0.50mL、0.00mL砷、锑、硒混合标准溶液（砷0.50mg/mL、锑1.50mg/mL、硒0.50mg/mL）于一组100mL容量瓶中，分别加入10.00mL王水（3体积盐酸＋1体积硝酸）、2mL酒石酸溶液（200g/L），用水稀释至刻度，混匀。

为使混合标准系列溶液的离子浓度一致，某一混合标准系列溶液中各被测元素浓度不应都是最高或最低的。此标准系列溶液中各元素的质量浓度（μg/mL）列入表8-22，以备计算样品浓度使用。

⊡ 表8-22 分析铜阳极泥中杂质元素砷等含量的标准系列溶液中的被测元素浓度　　　　单位：μg/mL

标样号	1	2	3	4	5	6
铋	0.00	2.50	5.00	10.00	25.00	50.00
铁	0.00	0.25	0.50	1.00	2.50	5.00
镍	0.00	2.50	5.00	10.00	25.00	50.00
铅	0.00	7.50	15.00	30.00	75.00	150.00
碲	0.00	2.50	5.00	10.00	25.00	50.00
砷	50.00	25.00	10.00	5.00	2.50	0.00
锑	150.00	75.00	30.00	7.50	0.00	0.00
硒	50.00	25.00	10.00	5.00	2.50	0.00

标准系列溶液的测量方法，参见第二章第三节--一、-(五)-2.-(3)标准系列溶液的测量。分别以各被测元素的质量浓度（μg/mL）为横坐标，以分析线净强度为纵坐标，绘制标准曲线。当标准曲线的$R^2 \geqslant 0.999$时，测定样品溶液。

（六）样品的测定

（1）优化仪器的方法　具体方法参见第二章第三节--一、-(六)样品的测定。

（2）样品中被测元素的分析线发射强度的测量　具体方法参见第二章第三节--一、-(六)样品的测定。从标准曲线上确定被测元素的质量浓度（μg/mL）。

（3）分析线中干扰线的校正　具体方法参见第二章第三节--一、-(六)样品的测定。

（七）结果的表示

分析结果在1%以上的保留4位有效数字，在1%以下的保留3位有效数字。

（八）质量保证和质量控制

具体操作方法参见第二章第三节--一、-(八)质量保证和质量控制。

（九）注意事项

（1）参见第二章第二节-一、-(九) 注意事项（1）。

（2）参见第二章第三节-一、-(九) 注意事项（1）～（3）。

（3）测试中所用仪器的标准，参见第二章第三节-三、-(九) 注意事项（3）。

（4）分析铜阳极泥中8种杂质元素砷、铋、铁、镍、铅、锑、硒、碲的含量，制备样品溶液时，消解容器需选用锥形瓶，防止消解液飞溅，操作时需注意。

第五节　电感耦合等离子体质谱法

在现行有效的标准中，采用电感耦合等离子体质谱法分析铜及其相关产品的标准有1个，结合工作实际，重点讲解分析过程中的难点和重点。

现行国家标准[35]中，电感耦合等离子体质谱法可以分析铜及铜合金中15种杂质元素铬、铁、锰、钴、镍、锌、砷、硒、银、镉、锡、锑、碲、铅、铋的含量，适用于上述杂质元素的多元素同时测定，也适用于其中一个元素的独立测定。其元素测定范围见表8-4。下面讲解具体的分析步骤和方法，以及一些注意事项。

（一）样品的制备和保存

将样品加工成厚度≤1mm的碎屑。

（二）样品的消解

电感耦合等离子体质谱法分析铜及铜合金中15种杂质元素铬、铁、锰、钴、镍、锌、砷、硒、银、镉、锡、锑、碲、铅、铋含量的消解方法主要为湿法消解中的电热板消解法。关于消解方法分类的介绍，参见第二章第二节-一、-(二) 样品的消解。

分析铜及铜合金中铬、铁、锰、钴、镍、锌、砷、银、镉、锡、锑、铅、铋的含量时，样品用硝酸溶解，制得用于测定的样品溶液；分析硒、碲含量时，样品经硝酸溶解后，以氢氧化镧作共沉淀剂将硒、碲与大量铜基体分离并得到富集，制得待测样品溶液。下面分别进行介绍。

1. 分析铬、铁、锰、钴、镍、锌、砷、银、镉、锡、锑、铅、铋的含量

称取样品0.50g，精确至0.0001g。独立测定两次，取其平均值。随同样品做空白试验。

将样品置于50mL聚四氟烧杯中，加入2mL硝酸（$\rho = 1.42g/mL$，优级纯），盖上表面皿，加热至样品完全溶解，冷却。移入50mL容量瓶中，用水稀释至刻度，混匀。

移取5.00mL上述样品溶液于50mL塑料容量瓶中，加入1.0mL铟内标溶液〔铟标准储备溶液（$1.00\mu g/mL$）：称取1.0000g金属铟[$w(In) \geqslant 99.99\%$]，置于150mL烧杯中，加入50mL硝酸（1+1），加热溶解，冷却，移入1000mL容量瓶中，用水稀释至刻度，混匀。此溶液含铟1.00mg/mL，分取10.00mL此铟溶液置于100mL容量瓶中，以硝酸（1+99）定容，摇匀。再分取10.00mL上述铟溶液置于1000mL容量瓶中，以硝酸（1+99）定容，摇匀〕，用硝酸（1+99）稀释至刻度，摇匀，待测。

2. 分析硒、碲的含量

称取样品 1.00g，精确至 0.0001g。独立测定 2 次，取其平均值。随同样品做空白试验。

将样品置于 150mL 烧杯中，加少量水润湿，加入 5mL 硝酸（$\rho = 1.42g/mL$，优级纯），微热溶解，冷却；加入 0.5mL 硝酸镧溶液 {100g/L，称取 5.0154g 三氧化二镧 [$w(La_2O_3) \geqslant 99.99\%$，$w(REO) > 99.5\%$]，置于 50mL 烧杯中，加入 10mL 硝酸（1+1）加热溶解，冷却后转移至 100mL 容量瓶中，用水稀释至刻度，混匀}，边搅拌边加入过量氨水（ρ 约 0.90g/mL，优级纯）（约 25mL），静置保温（60℃左右）0.5h，用中速定量滤纸过滤沉淀，以热氨水（1+9）洗涤沉淀至无铜氨配离子颜色，以热去离子水洗涤两次，最后以每次 5mL 热硝酸（1+9）分 2 次溶解沉淀，将溶液移入 25mL 比色管中，加入 0.50mL 上述铟内标溶液（1.00μg/mL，分析铬等含量时通用），用水定容至刻度，混匀，待测。

（三）仪器条件的选择

分析铜及铜合金中 15 种杂质元素铬、铁、锰、钴、镍、锌、砷、硒、银、镉、锡、锑、碲、铅、铋的含量时，推荐的仪器工作条件参见表 8-4。电感耦合等离子体质谱仪的配置要求，参见第二章第四节-一、-（三）仪器条件的选择。其中，仪器质量分辨率优于（0.8±0.1）amu。按照以下方法选择仪器条件。

（1）选择同位素的质量数时，可以根据仪器的实际情况做相应的调整。推荐的同位素的质量数见表 8-4。同位素的质量数选择方法，参见第二章第四节-一、-（三）仪器条件的选择。

（2）在仪器最佳工作条件下，凡能达到下列指标者均可使用。

1）短时精密度　连续测定的 10 个质谱信号强度的相对标准偏差≤5%。此指标的测量和计算方法，参见第二章第四节-一、-（三）-（2）-1）短时精密度。

2）灵敏度　此指标的测量和计算方法，参见第二章第四节-一、-（三）-（2）-2）灵敏度。其中，测定 10ng/mL 标准溶液，$^{24}Mg \geqslant 100000$cps。

3）测定下限　此指标的测量和计算方法，参见第二章第四节-一、-（三）-（2）-3）测定下限。

4）标准曲线的线性　标准曲线的 $R^2 \geqslant 0.999$。

（四）干扰的消除

（1）分析铜及铜合金中的硒、碲含量时，以氢氧化镧作共沉淀剂，将硒、碲与铜基体分离并得到富集，消除基体铜的干扰。

（2）分析铜及铜合金中 15 种杂质元素铬、铁、锰、钴、镍、锌、砷、硒、银、镉、锡、锑、碲、铅、铋的含量时，以内标法进行校正仪器的灵敏度漂移并消除基体效应的影响。由于在湿法消解的铜及铜合金样品中存在大量的基体导致仪器漂移，建议在分析多个样品时使用铟内标。

（3）分析铜及铜合金中的硒、碲含量，制备样品溶液、标准系列溶液时，以聚四氟乙烯烧杯作消解容器，塑料容量瓶作定容容器，以消除普通材质玻璃中二氧化硅在消解过程中引入的干扰。

（4）分析铁的含量，在电感耦合等离子体质谱仪上测量时，采用去干扰技术测定。以基体匹配标准曲线法消除干扰，或用数学方法校正被测元素与干扰元素质谱强度的关系〔即求质谱干扰校正系数，其计算方法参见第十一章第五节-二、-(四)干扰的消除〕。

（五）标准曲线的建立

1. 标准溶液的配制

配制各个被测元素标准储备溶液和标准溶液的原则，参见第二章第三节-二、-(五)-1. 标准溶液的配制。

2. 标准曲线的建立

内标法校正的标准系列溶液的配制原则，参见第二章第四节-一、-(五)-2.-(2) 标准系列溶液的配制。如果标准曲线不呈线性，可采用次灵敏度同位素的质量数测量，或者适当稀释样品溶液和标准系列溶液。

分析铜及铜合金中 15 种杂质元素铬、铁、锰、钴、镍、锌、砷、硒、银、镉、锡、锑、碲、铅、铋的含量时，采用内标校正的标准曲线法进行定量分析。内标校正标准曲线法（内标法）的原理介绍，参见本书中第二章第三节-一、-(五)-2.-(1) 内标校正的标准曲线法（内标法）的原理及使用范围。

本部分中，标准系列溶液的配制如下。

（1）分析铬、铁、锰、钴、镍、锌、砷、硒、银、镉、碲、铅的含量　分别移取 0mL、0.20mL、1.00mL、2.00mL、5.00mL 混合标准溶液 A（铬、铁、锰、钴、镍、锌、砷、硒、银、镉、碲、铅的浓度各为 $1\mu g/mL$，并与标准储备溶液保持一致的酸度）于一组 100mL 塑料容量瓶中，加入 2.00mL 上述铟内标溶液（$1.00\mu g/mL$，同样品溶液中加入的铟内标溶液），用硝酸（1+99）定容至刻度，混匀。此标准系列溶液中上述 12 种被测元素的含量分别为 0ng/mL、2.0ng/mL、10.0ng/mL、20.0ng/mL、50.0ng/mL。

（2）分析锡、锑、铋的含量　分别移取 0mL、0.20mL、1.00mL、2.00mL、5.00mL 混合标准溶液 B（锡、锑、铋的浓度各为 $1\mu g/mL$，并与标准储备溶液保持一致的酸度）于一组 100mL 容量瓶中，加入 2.00mL 上述铟内标溶液（$1.00\mu g/mL$，同样品溶液中加入的铟内标溶液），补加盐酸（1+1）1mL，用水定容至刻度，混匀。此标准系列溶液中锡、锑、铋的含量分别为 0ng/mL、2.0ng/mL、10.0ng/mL、20.0ng/mL、50.0ng/mL。

内标校正的标准系列溶液的测量方法，参见第二章第四节-一、-(五)-2.-(3) 标准系列溶液的测量。

分别以各被测元素质量浓度（ng/mL）为横坐标，其净信号强度比为纵坐标，由计算机自动绘制标准曲线。对于每个测量系列，应单独绘制标准曲线。当标准曲线的 $R^2 \geqslant 0.999$ 时即可进行样品溶液的测定。

（六）样品的测定

（1）仪器的基本操作方法　具体方法参见第二章第四节-一、-(六)样品的测定。

（2）样品中被测元素的同位素信号强度的测量　具体方法参见第二章第四节-二、-(六)-(2)样品中被测元素的同位素信号强度的测量。从标准曲线上查得相应被测元素质量浓度（ng/mL）。

（七）结果的表示

分析结果保留四位有效数字。

（八）质量保证和质量控制

具体操作方法参见第二章第三节--一、-（八）质量保证和质量控制。

（九）注意事项

（1）参见第二章第二节--一、-（九）注意事项（1）。

（2）参见第二章第三节--一、-（九）注意事项（1）、（3）。

（3）测试中所用仪器的标准，参见第二章第四节--一、-（九）注意事项（3）。

（4）配制多元素标准溶液时，应注意互有化学干扰、产生沉淀及互有光谱干扰的元素应分组配制。此溶液酸度需与原标准储备溶液保持一致（用时现稀释）。

（5）分析铜及铜合金中铬、铁、锰、钴、镍、锌、砷、银、镉、锡、锑、铅、铋的含量时，消解样品需用聚四氟乙烯烧杯，定容需用塑料容量瓶。

（6）绘制被测元素铬、铁、锰、钴、镍、锌、砷、硒、银、镉、碲、铅的标准曲线时，配制此标准系列溶液需用塑料容量瓶。

参考文献

[1] 邓飞，丁轶聪. ICP-MS 法测定铜及铜合金中杂质元素的不确定度评定 [J]. 湖南有色金属，2018,34(2)：77-80.

[2] 鲁道荣，林建新. 铋对阴极铜沉积微观结构的影响 [J]. 合肥工业大学学报（自然科学版），1997,20(6)：72-76.

[3] 郑金旺. 铜电解精炼过程中砷、锑、铋的危害及脱除方式的进展 [J]. 铜业工程，2002(2)：17-20.

[4] 曹战科. 高砷锑粗铜电解沉积物的表面质量控制 [J]. 湖南有色金属，2005,21(4)：14-54.

[5] Zeng-Wei Zhu, Di Zhu, Ning-Song Qu. Synthesis of smooth copper deposits by simultaneous electroforming and polishing process [J]. Meterials Letters,2008(62)：1283-1286.

[6] 鲁道容，李学良，何建波，等. 杂质离子对铜沉积微观结构的影响 [J]. 哈尔滨工业大学学报，2003,35(10)：1205-1208.

[7] Kravehenko T A,Chayka M Yu,Konev D V,Polyanskiy L N,et al. The influence of the ion-exchange groups nature and the degree of chemical activation by silver on the process of copper electrodeposition into the ion exchanger [J]. Electrochimica Acta,2007(53)：330-336.

[8] 国家质量监督检验检疫总局. GB/T 5121. 1—2008铜及铜合金化学分析方法 第 1 部分：铜含量的测定——方法一 直接电解-原子吸收光谱法 [S]. 北京：中国标准出版社，2008.

[9] 国家质量监督检验检疫总局. GB/T 5121. 1—2008铜及铜合金化学分析方法 第 1 部分：铜含量的测定——方法二 高锰酸钾氧化碲-电解-火焰原子吸收光谱法 [S]. 北京：中国标准出版社，2008.

[10] 国家质量监督检验检疫总局. GB/T 5121. 3—2008铜及铜合金化学分析方法 第 3 部分：铅含量的测定——方法二 火焰原子吸收光谱法 [S]. 北京：中国标准出版社，2008.

[11] 国家质量监督检验检疫总局. GB/T 5121. 5—2008铜及铜合金化学分析方法 第 5 部分：镍含量的测定——方法二 火焰原子吸收光谱法 [S]. 北京：中国标准出版社，2008.

[12] 国家质量监督检验检疫总局. GB/T 5121. 6—2008铜及铜合金化学分析方法 第 6 部分：铋含量的测定——方法二 火焰原子吸收光谱法 [S]. 北京：中国标准出版社，2008.

[13] 国家质量监督检验检疫总局. GB/T 5121. 11—2008铜及铜合金化学分析方法 第 11 部分：锌含量的测定——方法一 火焰原子吸收光谱法 [S]. 北京：中国标准出版社，2008.

［14］　国家质量监督检验检疫总局. GB/T 5121. 15—2008铜及铜合金化学分析方法 第15部分：钴含量的测定——方法二 火焰原子吸收光谱法［S］. 北京：中国标准出版社，2008.

［15］　国家质量监督检验检疫总局. GB/T 5121. 16—2008铜及铜合金化学分析方法 第16部分：铬含量的测定——方法二 火焰原子吸收光谱法［S］. 北京：中国标准出版社，2008.

［16］　国家质量监督检验检疫总局. GB/T 5121. 18—2008铜及铜合金化学分析方法 第18部分：镁含量的测定 火焰原子吸收光谱法［S］. 北京：中国标准出版社，2008.

［17］　国家质量监督检验检疫总局. GB/T 5121. 19—2008铜及铜合金化学分析方法 第19部分：银含量的测定 火焰原子吸收光谱法［S］. 北京：中国标准出版社，2008.

［18］　国家质量监督检验检疫总局. GB/T 5121. 22—2008铜及铜合金化学分析方法 第22部分：镉含量的测定——方法二 火焰原子吸收光谱法［S］. 北京：中国标准出版社，2008.

［19］　国家质量监督检验检疫总局. GB/T 5121. 24—2008铜及铜合金化学分析方法 第24部分：硒、碲含量的测定——方法二 火焰原子吸收光谱法［S］. 北京：中国标准出版社，2008.

［20］　国家质量监督检验检疫总局. GB/T 5121. 3—2008铜及铜合金化学分析方法 第3部分：铅含量的测定——方法一 塞曼效应电热原子吸收光谱法［S］. 北京：中国标准出版社，2008.

［21］　国家质量监督检验检疫总局. GB/T 5121. 5—2008铜及铜合金化学分析方法 第5部分：镍含量的测定——方法一 塞曼效应电热原子吸收光谱法［S］. 北京：中国标准出版社，2008.

［22］　国家质量监督检验检疫总局. GB/T 5121. 9—2008铜及铜合金化学分析方法 第9部分：铁含量的测定——方法一 塞曼效应电热原子吸收光谱法［S］. 北京：中国标准出版社，2008.

［23］　国家质量监督检验检疫总局. GB/T 5121. 10—2008铜及铜合金化学分析方法 第10部分：锡含量的测定——方法一 塞曼效应电热原子吸收光谱法［S］. 北京：中国标准出版社，2008.

［24］　国家质量监督检验检疫总局. GB/T 5121. 14—2008铜及铜合金化学分析方法 第14部分：锰含量的测定——方法一 塞曼效应电热原子吸收光谱法［S］. 北京：中国标准出版社，2008.

［25］　国家质量监督检验检疫总局. GB/T 5121. 15—2008铜及铜合金化学分析方法 第15部分：钴含量的测定——方法一 塞曼效应电热原子吸收光谱法［S］. 北京：中国标准出版社，2008.

［26］　国家质量监督检验检疫总局. GB/T 5121. 16—2008铜及铜合金化学分析方法 第16部分：铬含量的测定——方法一 塞曼效应电热原子吸收光谱法［S］. 北京：中国标准出版社，2008.

［27］　国家质量监督检验检疫总局. GB/T 5121. 22—2008铜及铜合金化学分析方法 第22部分：镉含量的测定——方法一 塞曼效应电热原子吸收光谱法［S］. 北京：中国标准出版社，2008.

［28］　国家质量监督检验检疫总局. GB/T 5121. 26—2008铜及铜合金化学分析方法 第26部分：汞含量的测定——方法一 冷原子吸收光谱法［S］. 北京：中国标准出版社，2008.

［29］　国家质量监督检验检疫总局. GB/T 5121. 6—2008铜及铜合金化学分析方法 第6部分：铋含量的测定——方法一 氢化物发生-无色散原子荧光光谱法［S］. 北京：中国标准出版社，2008.

［30］　国家质量监督检验检疫总局. GB/T 5121. 7—2008铜及铜合金化学分析方法 第7部分：砷含量的测定——方法一 氢化物发生-无色散原子荧光光谱法［S］. 北京：中国标准出版社，2008.

［31］　国家质量监督检验检疫总局. GB/T 5121. 12—2008铜及铜合金化学分析方法 第12部分：锑含量的测定——方法一 氢化物发生-无色散原子荧光光谱法［S］. 北京：中国标准出版社，2008.

［32］　国家质量监督检验检疫总局. GB/T 5121. 24—2008铜及铜合金化学分析方法 第24部分：硒、碲含量的测定——方法一 氢化物发生-无色散原子荧光光谱法［S］. 北京：中国标准出版社，2008.

［33］　国家质量监督检验检疫总局. GB/T 5121. 27—2008铜及铜合金化学分析方法 第27部分：电感耦合等离子体原子发射光谱法［S］. 北京：中国标准出版社，2008.

［34］　国家质量监督检验检疫总局. GB/T 23607—2009铜阳极泥化学分析方法 砷、铋、铁、镍、铅、锑、硒、碲量的测定 电感耦合等离子体原子发射光谱法［S］. 北京：中国标准出版社，2009.

［35］　国家质量监督检验检疫总局. GB/T 5121. 28—2010铜及铜合金化学分析方法 第28部分：铬、铁、锰、钴、镍、锌、砷、硒、银、镉、锡、锑、碲、铅、铋量的测定 电感耦合等离子体质谱法法［S］. 北京：中国标准出版社，2010.

第九章

镍、锌、锑、铅及其相关产品的分析

第一节　应用概况

工业上重金属元素包括铜、铅、锌、锡、镍、钴、锑、汞、镉、铋，这 10 种重金属密度均大于 $4.5g/cm^3$。本章介绍镍、锌、锑、铅四种重金属及其相关产品中杂质元素的分析方法，主要产品包括镍、锌及锌合金、锑及三氧化二锑、铅及铅合金。这四类重金属产品在冶金工业中具有广泛的应用。

镍[1]是许多磁性合金材料的成分，应用于生产不锈钢、合金钢、耐高温合金、有色金属合金、电镀合金等。羰基镍 $[Ni(CO)_4]$ 是冶金中重要的镍化合物。锌[2]用于生产精密铸件、镀层材料、电池负极、机械制造用黄铜（锌铜合金）、精密铸件用锌铝镁铜合金。锑[3]用于制造电池中的合金材料、滑动轴承和焊接剂，锑常被用作金属或合金的硬化剂，三氧化二锑用于制造耐火材料。铅[4]主要用于制造铅酸蓄电池，铅合金分为耐蚀

⊡ 表 9-1　铅及铅合金产品中杂质元素含量的分析方法

适用范围	产品类型	测项	分析方法
铅及铅合金	电缆护套铅、铅锑合金、特硬铅锑合金、电解沉积用铅阳极板、保险铅丝	锑	火焰原子吸收光谱法
	特硬铅锑合金、电缆护套用铅合金锭	碲	火焰原子吸收光谱法
	蓄电池板栅用铅钙合金锭及其再生铅钙合金、硬铅锑合金、特硬铅锑合金	钙	火焰原子吸收光谱法
	铅锭、再生铅锭、电解沉积用铅阳极板(纯铅部分)	锡	原子荧光光谱法
	铅锭、再生铅锭、铅钙合金	锑	原子荧光光谱法
	铅、再生铅、铅铋合金	铋	原子荧光光谱法
	铅锭、蓄电池板栅用铅钙合金	砷	原子荧光光谱法
	铅锭、特硬铅锑合金	硒	原子荧光光谱法
	铅锭、铅钙合金	碲	原子荧光光谱法

□ 表 9-2　火焰原子吸收光谱法分析镍、锌及锌合金、锑及二氧化二锑的基本条件

适用范围	测项目	检测方法	测定范围(质量分数)/%	检出限/(μg/mL)	波长/nm	灯电流/mA	狭缝宽度/nm	燃烧器高度/mm	原子化器	原子化器条件	干扰物质消除方法	国标号	参考文献
镍	镁	火焰原子吸收光谱法	0.0005~0.002	0.005	285.2	4	0.7	8	火焰	空气-乙炔火焰	基体匹配标准曲线法	GB/T 8647.5—2006	[5]
	镉		0.0002~0.003	0.005	228.8	6	0.7	8		空气-乙炔火焰；标准曲线中，A_{max}（Zn，Cd）>0.40；A_{max}（Cu，Co，Mn）>0.35；A_{max}（Pb）>0.30	基体匹配标准曲线法；用同一批配酸溶解高纯镍基体和样品	GB/T 8647.6—2006	[6]
	钴		0.001~0.01	0.005	240.7	10	0.2	7					
			>0.01~1.00	0.005	214.2								
	铜		0.001~0.01	0.005	324.7	8	0.7	8					
			>0.01~0.30	0.005	327.4								
	锰		0.0008~0.002	0.005	279.5	8	0.7	8					
	铅		>0.0015~0.007	0.005	217.0	10	0.7	8					
	锌		0.0008~0.008	0.005	213.9	8	0.5	7					
锌及锌合金	镉	火焰原子吸收光谱法	0.0005~0.500	0.043	228.8	2.0	—	—	火焰	空气-乙炔贫燃火焰	基体匹配标准曲线法	GB/T 12689.3—2004	[7]
	铜		0.010~1.00	0.09	324.7	2.0	—	—	火焰	空气-乙炔贫燃火焰	基体匹配标准曲线法	GB/T 12689.4—2004	[8]
	铁		>0.100~0.300	0.1	248.3	2.0	—	—	火焰	空气-乙炔贫燃火焰	样品预先用磁铁吸除机械混入的铁屑	GB/T 12689.5—2004	[9]
	镁		0.0020~0.20	0.005	285.2	3.0	—	—	火焰	空气-乙炔贫燃火焰	以镧盐抑制铝；基体匹配标准曲线法抵消基体干扰	GB/T 12689.7—2010	[10]
	锑		0.050~1.00	0.55	217.6	3.0	—	—	火焰	空气-乙炔贫燃火焰	基体匹配标准曲线法	GB/T 12689.9—2004	[11]
锑及二氧化二锑	铅	火焰原子吸收光谱法	0.0020~0.75	0.20	283.3	3.0	—	—	火焰	空气-乙炔贫燃火焰	重复加氢溴酸挥发锑	GB/T 3253.3—2008	[12]
	铜		0.0002~0.30	0.10	324.7	3.0	—	—	火焰	空气-乙炔贫燃火焰	重复加氢溴酸挥发锑	GB/T 3253.5—2008	[13]
	镉		0.0001~0.0100	0.014	228.8	2.0	—	—	火焰	空气-乙炔贫燃火焰	重复加盐酸氢溴酸挥发锑	GB/T 3253.9—2009	[14]
	铋		0.0010~0.10	0.2	223.1	3.0	—	—	火焰	空气-乙炔贫燃火焰	在硫酸介质中，适当温度下，重复加溴酸氢溴酸挥发锑	GB/T 3253.11—2009	[15]

□ 表 9-3 火焰原子吸收光谱法分析铅及铝合金的基本条件

适用范围	测项	检测方法	测定范围(质量分数)/%	仪器条件			干扰物质消除方法	国标号	参考文献
				波长/nm	原子化器	原子化器条件			
铅及铝合金	锑	火焰原子吸收光谱法	0.0050~0.50	217.6	火焰	空气-乙炔火焰	样品用硝酸、酒石酸溶解。$w(Sb) \leqslant 0.20\%$ 时,以硫酸铅沉淀分离铅	GB/T 4103.2—2012	[16]
	铜		0.00050~0.60	324.7	火焰	空气-乙炔火焰	高锡和高锑的样品,用 Na_2EDTA、柠檬酸铵、酒石酸助溶和防止水解。$w(Cu) \leqslant 0.0020\%$ 时,以硫酸铅沉淀分离铅,滤液加热至炭化,以高氯酸、氢溴酸挥发除锡、锑	GB/T 4103.3—2012	[17]
	铁		0.0002~0.050	248.3	火焰	空气-乙炔火焰	高锡和高锑的样品,用 Na_2EDTA、柠檬酸铵、酒石酸助溶和防止水解。$w(Fe) \leqslant 0.001\%$ 时,以硫酸铅沉淀分离铅,滤液加热至炭化,以高氯酸挥发除锡、锑	GB/T 4103.4—2012	[18]
	硒		0.0050~0.12	214.3	火焰	空气-乙炔火焰	样品用硝酸、酒石酸溶解。采用基体匹配工作曲线法消除基体铅的干扰	GB/T 4103.8—2012	[19]
	钙		0.010~1.000	422.7	火焰	空气-乙炔火焰	样品用硝酸、酒石酸溶解。采用基体匹配工作曲线法消除铅的干扰。在稀硝酸介质中,以镧盐作释放剂	GB/T 4103.9—2012	[20]
	锌		0.0003~0.050	213.8	火焰	空气-乙炔火焰	高锡和高锑的样品,用 Na_2EDTA、柠檬酸、酒石酸助溶和防止水解,匹配铝基体做空白试验。$w(Zn) \leqslant 0.002\%$ 时,以硫酸铅沉淀。标准曲线法计算。用基体匹配标准曲线法分离铅	GB/T 4103.11—2012	[21]
	镉		0.0001~0.01 0.3~2.0	228.8	火焰	空气-乙炔火焰 燃烧器高度 5mm,空气流量 7.5L/min,乙炔流量 1.5L/min	$w(Cd)$ 为 0.0001%~0.01%、0.3%~2.0% 时,以硫酸铅沉淀分离铅	GB/T 4103.14—2009	[22]
	镍		0.0001~0.010	232.0	火焰	空气-乙炔火焰 燃烧器高度 5mm,空气流量 8.0L/min,乙炔流量 2.5L/min	$w(Ni)$ 为 0.0001%~0.01% 时,以硫酸铅沉淀分离铅	GB/T 4103.15—2009	[23]

▫ 表9-4 **石墨炉原子吸收光谱法分析镍的基本条件**

适用范围	测项	检测方法	测定范围(质量分数)/%	波长/nm	仪器条件		干扰物质消除方法	国标号	参考文献
					原子化器	原子化器条件			
镍	砷	电热原子吸收光谱法(GF-AAS)	0.0002~0.0030	193.7	石墨炉	根据所用的原子化器和取样量(5~30μL)选择各元素电热原子化的最佳参数	绘制标准曲线时，采用基体匹配法。实验用同批硝酸溶解高纯镍和配置样品	GB/T 8647.7—2006	[24]
	锑		0.0002~0.0030	217.6					
	铋		0.0002~0.0030	223.1					
	锡		0.0002~0.0030	286.3					
	铅		0.0002~0.0030	283.3					

▫ 表9-5 **原子荧光光谱法分析锌及锌合金、锑及三氧化二锑、铅及铅合金的基本条件**

适用范围	测项	检测方法	测定范围(质量分数)/%	检出限/(ng/mL)	灯电流/mA	原子化器	原子化器条件	干扰物质消除方法	国标号	参考文献
锌及锌合金	砷	原子荧光光谱法	0.0010~0.050	1	80	石英炉	硼氢化钾为还原剂，负高压260V，盐酸流量400mL/min，屏蔽气流量800mL/min	抗坏血酸预还原，硫脲掩蔽铜	GB/T 12689.2—2004	[25]
	锑		0.0010~0.050	1	80	石英炉	硼氢化钾为还原剂，负高压260V，盐酸流量400mL/min，屏蔽气流量800mL/min，炉温700℃	抗坏血酸预还原，硫脲掩蔽铜	GB/T 12689.9—2004	[26]
	硒		0.003~0.050	1	60	石英炉	硼氢化钾为还原剂，负高压300V，盐酸流量900mL/min，载气流量，原子化器高度8mm，氩气作载气	酒石酸络合基体锌	GB/T 3253.6—2008	[27]
锑及三氧化二锑	铋	原子荧光光谱法	0.001~0.10	1	60	石英炉	硼氢化钾为还原剂，负高压300V，盐酸流量300mL/min，屏蔽气900mL/min，氩气作载气	酒石酸络合基体锑	GB/T 3253.7—2009	[28]
	汞		0.000020~0.0003	0.1	20	石英炉	硼氢化钾为还原剂，负高压260V，盐酸流量400mL/min，屏蔽气900mL/min，氩气作载气	重铬酸钾氧化基体锑及其他杂质元素	GB/T 3253.10—2009	[29]

适用范围	测项	检测方法	检出限 J/(ng/mL)	测定范围(质量分数)/%	灯电流/mA	原子化器	原子化器条件	干扰物质消除方法	国标号	参考文献
铅及铝合金	锡		—	0.0002~0.0050	—	石英炉	氢化物发生器	以硫酸铅沉淀分离铅基体	GB/T 4103.1—2012	[30]
	锑		—	0.0001~0.0050	—	石英炉	氢化物发生器	硫脲-抗坏血酸掩蔽	GB/T 4103.2—2012	[31]
	铋		—	0.0001~0.06	—	石英炉	硼氢化钾为还原剂，盐酸载流，氩气为屏蔽气和载气	抗坏血酸预还原，硫脲掩蔽铜	GB/T 4103.5—2012	[32]
	砷	原子荧光光谱法	—	0.0001~0.0030	—	石英炉	硼氢化钾为还原剂，盐酸载流，氩气为屏蔽气和载气	抗坏血酸预还原，硫脲掩蔽铜	GB/T 4103.6—2012	[33]
	硒		—	0.0050~0.060	—	石英炉	硼氢化钾为还原剂，盐酸载流，氩气为屏蔽气和载气	以硫酸铅沉淀分离铅基体	GB/T 4103.7—2012	[34]
	碲		—	0.0005~0.0050	—	石英炉	硼氢化钾为还原剂，盐酸载流，氩气为屏蔽气和载气	以硫酸铅沉淀分离铅基体	GB/T 4103.8—2012	[35]

□ 表 9-6 电感耦合等离子体发射光谱法分析锌及锌合金的基本条件

适用范围	测项	检测方法	测定范围(质量分数)/%	分析线/nm	仪器条件及说明	国标号	参考文献
锌及锌合金	铅	电感耦合等离子体发射光谱法	0.0005~2.0	220.3	①氩气流量：冷却气流量 14L/min，辅助气流量 0～1.5L/min，载气流量 0.6～0.7L/min。②美国 Thermo-IRIS 型全谱直读等离子体光谱仪，功率 1150W，辅助气流量 0.5L/min，雾室压力 25psi，泵速 100r/min，长波 20s，短波 15s。③分析锌链，分析线推荐第一列；分析锌合金，分析线均推荐，当 ω(As)>0.01%时，Cd 分析线采用 214.4nm。	GB/T 12689.12—2004	[36]
	镉		0.0005~0.50	228.8、214.4			
	铁		0.0005~0.30	238.2			
	铜		0.0002~6.00	324.7			
	锡		0.0005~0.03	189.9			
	铝		0.0005~12.0	394.4、309.2			
	砷		0.001~0.02	189.0			
	锑		0.002~0.5	231.1			
	镁		0.005~0.5	279.0			
	镧		0.005~0.5	333.7			
	铈		0.005~0.5	418.6			

□ 表 9-7　原子发射光谱法分析镍、锌、锑、铅及铝合金的基本条件

适用范围	测项	检测方法	测定范围(质量分数)/%	分析线/nm	内标线/nm	曝光时间/s	仪器条件	国标号	参考文献
镍	砷	摄谱法	0.0007~0.01	234.98	234.11	40~50	第一阶段摄谱条件：被测元素：砷、镉、铅、锌、锑、铋、锡　放电电形式：直流电弧阳极激发　摄谱仪条件：缝宽0.010~0.012mm，三透镜照明系统，三阶梯光谱减光器中间遮光板5mm，电板距3mm　电学参数：电压230V，电流6~8A　感光板：紫外Ⅱ型(或紫外Ⅰ型)	GB/T 8647.10—2006	[37]
	镉		0.001~0.01	278.02	283.22	40~50			
	铅		0.0003~0.005	326.10	329.61	40~50			
	锌		0.0001~0.003	283.30	283.22	40~50			
			0.001~0.005	287.33	283.22	40~50			
	锑		0.0005~0.01	334.50	329.61	40~50			
			0.0005~0.01	330.29	329.61	40~50			
	铋		0.0003~0.01	287.79	283.22	40~50			
	锡		0.0001~0.003	306.77	311.67	40~50			
			0.001~0.005	289.79	283.22	40~50			
			0.0001~0.003	283.99	283.22	40~50			
			0.001~0.01	242.95	242.91	40~50			
	钴		0.001~0.01	240.73	242.91	10(预燃时间)/40(曝光时间)	第二阶段摄谱条件：被测元素：钴、铜、锰、镁、硅、铝、铁　放电电形式：直流电弧阴极激发　摄谱仪条件：缝宽0.010~0.012mm，三透镜照明系统，三阶梯光谱减光器中间遮光板5mm，电板距3mm　电学参数：电压230V，电流7A　感光板：紫外Ⅰ型		
			0.001~0.03	304.40	287.62	10/40			
			0.01~0.3	242.49	422.91	10/40			
	铜		0.0005~0.005	324.75	329.61	10/40			
			0.005~0.2	282.43	287.62	10/40			
			0.005~0.2	249.22	242.91	10/40			
	锰		0.0005~0.01	279.48	287.62	10/40			
			0.01~0.2	294.92	287.62	10/40			
	镁		0.0005~0.01	279.55	287.62	10/40			
			0.01~0.2	277.98	287.62	10/40			
	硅		0.0005~0.02	251.61	242.91	10/40			
			0.0005~0.02	288.16	287.62	10/40			
			0.001~0.2	251.92	242.91	10/40			
	铝		0.0005~0.01	309.27	312.49	10/40			
	铁		0.001~0.02	248.32	242.91	10/40			
			0.001~0.02	248.81	242.91	10/40			
			0.001~0.02	296.69	287.62	10/40			
			0.001~0.02	302.06	287.62	10/40			
			0.02~0.3	295.39	287.62	10/40			

适用范围	测定项	检测方法	测定范围(质量分数)/%	分析线/nm	内标线/nm	曝光时间/s	仪器条件	国标号	参考文献
镍	砷	直读光谱法	0.00070~0.016	234.984	254.580	1~30	激发形式:直流电弧阳极激发　极距:4mm　激发电流:8A　曝光:分段曝光	GB/T 12689.12—2004	[38]
	镉		0.00025~0.010	326.106	254.580	1~30			
	铅		0.00030~0.0050	283.306	282.125	2~40			
			0.0010~0.012	405.783	282.125	2~40			
	锌		0.00050~0.010	481.053	254.580	1~30			
	锑		0.00014~0.0090	217.581	282.125	2~40			
	铋		0.00025~0.010	306.772	282.125	2~40			
	锡		0.0010~0.010	289.798	282.125	2~40			
	钴		0.00010~0.011	283.999	254.580	1~30			
	铜		0.0012~0.27	345.350	221.647	5~65			
			0.00050~0.012	324.754	314.572	2~60			
			0.010~0.012	327.396	314.572	2~60			
			0.010~0.27	249.215	314.572	2~60			
	锰		0.0040~0.0090	279.482	221.647	5~65			
			0.0040~0.0090	259.373	221.647	5~65			
			0.0080~0.21	293.306	221.647	5~65			
			0.0080~0.21	293.930	221.647	5~65			
	铁		0.00050~0.0090	280.270	221.647	5~65			
			0.00050~0.0090	279.553	221.647	5~65			
	硅		0.00050~0.013	251.612	314.572	2~60			
			0.010~0.37	243.515	314.572	2~60			
			0.010~0.37	251.432	314.572	2~60			
	铝		0.00025~0.011	396.152	221.647	5~65			
			0.010~0.050	304.401	221.647	5~65			
	铁		0.0010~0.36	259.940	221.647	5~65			
			0.0010~0.025	302.064	221.647	5~65			
铝及铝合金	铜	光电直读发射光谱法	0.0003~0.0060	324.754,327.396	Pb322.054	—	冲洗:2.0s,0Hz　高能预激发:5.0s,400Hz　电火花:4.0s,200Hz　曲率半径:0.75m　刻线密度:1800mm,2400mm,3600mm　倒数线色散:0.74次/(nm/mm)、0.55次/(nm/mm)、0.37次/(nm/mm)	GB/T 4103.16—2009	[39]
	银		0.0001~0.0040	338.289,328.068	Pb322.054	—			
	铋		0.0007~0.010	306.772	Pb322.054	—			
	砷		0.0002~0.0060	234.984	Bg191.890	—			
	锑		0.0004~0.0065	231.147,206.833	Bg191.890	—			
	锡		0.0003~0.0060	317.502,283.999	Pb322.054	—			
	锌		0.0003~0.0050	334.502,213.856	Pb322.054	—			

合金（船舶制造）、焊料合金、轴承合金、模具合金（机械制造）、电池合金、印刷合金（生产电光源、日用五金、文化用品等）。

本章介绍原子光谱法在上述冶金产品的杂质元素分析中的应用。对于同一种样品中同一元素的分析，两种以上的原子光谱法可以供选择。选择依据为样品中被测元素的质量分数，还需结合实验室的条件。与火焰原子吸收光谱法相比，石墨炉（电热）原子吸收光谱法和原子荧光光谱法的检出限更低。

由于铅及铅合金的产品类型多样，某一种原子光谱法只适用于特定铅产品中的某些杂质元素含量的分析，即对于不同铅产品中的各种被测元素，其检测方法不同。因此，根据铅产品类型和被测元素，需选择相应的检测方法，参见表 9-1。请根据分析铅产品类型和被测元素的种类，查阅本章中相关的分析方法。

下面将 FAAS、GFAAS、AFS、ICP-AES、AES 的测定范围、检出限、仪器条件、干扰物质消除方法等基本条件以表格的形式列出，为选择合适的分析方法提供参考。表 9-2 是火焰原子吸收光谱法分析镍、锌及锌合金、锑及三氧化二锑的基本条件。表 9-3 是火焰原子吸收光谱法分析铅及铅合金的基本条件。表 9-4 是石墨炉原子吸收光谱法分析镍的基本条件。表 9-5 是原子荧光光谱法分析锌及锌合金、锑及三氧化二锑、铅及铅合金的基本条件。表 9-6 是电感耦合等离子体发射光谱法分析锌及锌合金的基本条件。表 9-7 是原子发射光谱法分析镍、铅及铅合金的基本条件。

摄谱法、直读光谱法、光电直读发射光谱法等其他原子发射光谱法的应用较少，在本章中的方法部分不做详细介绍。

第二节　原子吸收光谱法

在现行有效的标准中，采用 FAAS 分析镍产品的标准有 2 个，分析锌及锌合金产品的标准有 5 个，分析锑及三氧化二锑产品的标准有 4 个，分析铅及铅合金产品的标准有 8 个；采用 GFAAS 分析镍产品的标准有 1 个。以上共计 20 个标准方法。这里在归纳这些方法的基础上，重点解析样品前处理和标准曲线建立的方法。

一、镍中杂质元素的分析

现行国家标准[5,6]中，火焰原子吸收光谱法可以分析镍中 7 种杂质元素镁、镉、钴、铜、锰、铅、锌的含量，此方法适用于上述多种被测元素含量的同时测定，也适用于其中一种元素的独立测定，其各元素测定范围见表 9-2。下面详细介绍火焰原子吸收光谱法分析镍产品中上述 9 种杂质元素含量的步骤。

（一）样品的制备和保存

将样品加工成碎屑，样品应通过 1.68mm 筛孔。

（二）样品的消解

分析镍中 7 种杂质元素镁、镉、钴、铜、锰、铅、锌含量的消解方法主要为湿法消解中的电热板消解法。关于消解方法分类的介绍，参见第二章第二节-一、-(二)样品的消解。本部分中，样品以硝酸分解，制得稀硝酸介质的待测样品溶液。样品中被测元素的质量分数越大，称样量越少，溶解样品加入的硝酸量也相应减少。按表9-8称取样品，精确至0.0001g。独立地进行2次测定，取其平均值。

▣ 表9-8　分析镍中7种杂质元素镁等含量的样品溶液

被测元素	被测元素质量分数/%	样品量/g	溶样用硝酸①体积/mL	定容体积/mL
镁	0.0005~0.002	1.00	10	100
镉	0.0002~0.003	5.00	60	200
钴	0.001~0.01 >0.01~0.25	5.00 2.00	60 20	200
铜	0.001~0.01 >0.01~0.25	5.00 2.00	60 20	200
锰	0.0008~0.002	5.00	60	200
铅	>0.0015~0.007	5.00	60	200
锌	0.0008~0.005 >0.005~0.008	5.00 2.00	60 20	200

① 硝酸：1+1，由同批优级纯硝酸配制。

注：当 $w(Co、Cu)>0.25\%$ 时，需用硝酸（1+19）进一步稀释样品溶液至其浓度<0.25%，再测试。特别注意的是，标准系列溶液应和样品溶液稀释同样的倍数，使得标准系列溶液与样品溶液的镍浓度保持一致。

空白试验：用同批硝酸溶解高纯镍和样品，根据被测元素的质量分数，以相应标准系列溶液中的零浓度溶液［此溶液制备方法参见下面（五）标准曲线的建立部分］，分别作为与样品溶液相同基体浓度的样品空白。

将准确称量的样品置于400mL烧杯中，加足够的水覆盖样品，根据被测元素的种类，按表9-8要求分次加入硝酸，盖上表面皿，溶解样品。加热至样品完全溶解，用水清洗表面皿和杯壁，微沸驱除氮的氧化物（分析镉、钴、铜、锰、铅、锌的含量时，需要先将溶液蒸发至稠浆状，再加20mL表9-8中硝酸和100mL水，加热至盐类完全溶解）。取下，冷却至室温。按表9-8移入相应的容量瓶中，以水定容，混匀。

（三）仪器条件的选择

分析镍中7种杂质元素镁、镉、钴、铜、锰、铅、锌含量的推荐仪器工作条件，参见表9-2。测定不同元素有不同的仪器操作条件。以镁元素的测定为例介绍火焰原子吸收光谱仪器操作条件的选择。

（1）选择镁元素的空心阴极灯作为光源（如测定镉、钴、铜、锰、铅、锌元素时，选择相应元素的空心阴极灯）。

（2）选择原子化器。分析镍中7种杂质元素镁、镉、钴、铜、锰、铅、锌的含量时，选用火焰原子化器，其原子化器条件参见表9-2。选择火焰原子化器的原则和火焰类型的介绍参见第二章第二节-一、-(三)-(2)选择原子化器。

（3）在仪器最佳工作条件下，凡能达到下列指标者均可使用。

1）灵敏度　在与测量样品溶液基体相一致的溶液中，镁的特征浓度应≤0.005μg/mL（如测定镉、钴、铜、锰、铅、锌元素时，其检出限见表9-2）。检出限定义，参见第二章

第二节-一、-(三)-(3)-1) 灵敏度。

2) 精密度　用最高浓度的标准溶液测量 10 次吸光度，其标准偏差应不超过平均吸光度的 1.50%；用最低浓度的标准溶液（不是零浓度溶液）测量 10 次吸光度，其标准偏差应不超过最高浓度标准溶液平均吸光度的 0.5%。

3) 标准曲线线性　将标准曲线按浓度等分成五段，最高段的吸光度差值与最低段的吸光度差值之比≥0.85。

（四）干扰的消除

（1）分析镍中镁、镉、钴、铜、锰、铅、锌的含量，绘制标准曲线时，配制标准系列溶液采用基体匹配法，其中配制标准系列溶液和空白溶液时，应与样品溶液的镍浓度保持一致，以避免基体元素的干扰。

（2）制备样品溶液、标准系列溶液时，应用同批优级纯硝酸溶解高纯镍和样品，避免硝酸的浓度及杂质对测定产生干扰。

（五）标准曲线的建立

1. 标准溶液的配制

配制各种被测元素标准储备溶液和标准溶液的原则，参见第二章第三节-二、-(五)-1.标准溶液的配制。分析镍中 7 种杂质元素镁、镉、钴、铜、锰、铅、锌的含量时，各种被测元素的标准储备溶液和标准溶液的制备方法参见表 9-9。

▫ 表 9-9　分析镍中 7 种杂质元素镁等含量的被测元素标准储备溶液和标准溶液

被测元素	标准储备溶液制备方法	标准溶液制备方法
镁	称 0.1658g 高纯氧化镁（经 900℃灼烧 0.5h），置于烧杯中，缓慢加入 20mL 硝酸（1+1），盖上表面皿，完全溶解，煮沸除去氮的氧化物，取下，用水洗涤表面皿及杯壁，冷至室温，用超纯水定容至 1L。镁的浓度为 100μg/mL	移取 25.00mL 镁标准储备溶液，用超纯水定容至 500mL。镁的浓度为 5μg/mL
镉	称 1.0000g 金属镉[w(Cd)≥99.9%]，置于烧杯中，加入 40mL 硝酸（1+1），盖上表面皿，加热至完全溶解，煮沸除去氮的氧化物，取下，用水洗涤表面皿及杯壁，冷至室温。移入盛有 160mL 硝酸（1+1）的 1000mL 容量瓶中，以水定容。镉的浓度为 1mg/mL	混合标准溶液Ⅰ：移取 20.00mL 镉、钴、铜、锰、铅标准储备溶液和 10.00mL 锌标准储备溶液，置于盛有 160mL 硝酸（1+1）的 1000mL 容量瓶中，用超纯水定容。镉、钴、铜、锰、铅的浓度各为 20μg/mL，锌的浓度为 10μg/mL
钴	称 1.0000g 金属钴[w(Co)≥99.9%]，置于烧杯中，加入 40mL 硝酸（1+1），盖上表面皿，加热至完全溶解，煮沸除去氮的氧化物，取下，用水洗涤表面皿及杯壁，冷至室温。移入盛有 160mL 硝酸（1+1）的 1000mL 容量瓶中，以水定容。钴的浓度为 1mg/mL	
铜	称 1.0000g 金属铜[w(Cu)≥99.9%]，置于烧杯中，加入 40mL 硝酸（1+1），盖上表面皿，加热至完全溶解，煮沸除去氮的氧化物，取下，用水洗涤表面皿及杯壁，冷至室温。移入盛有 160mL 硝酸（1+1）的 1000mL 容量瓶中，以水定容。铜的浓度为 1mg/mL	
锰	称 1.0000g 金属锰[w(Mn)≥99.9%]，置于烧杯中，加入 40mL 硝酸（1+1），盖上表面皿，加热至完全溶解，煮沸除去氮的氧化物，取下，用水洗涤表面皿及杯壁，冷至室温。移入盛有 160mL 硝酸（1+1）的 1000mL 容量瓶中，以水定容。锰的浓度为 1mg/mL	混合标准溶液Ⅱ：移取 50.00mL 钴、铜标准储备溶液和 5.00mL 锌标准储备溶液，置于 500mL 容量瓶中，以水定容。钴、铜的浓度为 100μg/mL，锌的浓度为 10μg/mL
铅	称 1.0000g 金属铅[w(Pb)≥99.9%]，置于烧杯中，加入 40mL 硝酸（1+1），盖上表面皿，加热至完全溶解，煮沸除去氮的氧化物，取下，用水洗涤表面皿及杯壁，冷至室温。移入盛有 160mL 硝酸（1+1）的 1000mL 容量瓶中，以水定容。铅的浓度为 1mg/mL	
锌	称 1.0000g 金属锌[w(Zn)≥99.9%]，置于烧杯中，加入 40mL 硝酸（1+1），盖上表面皿，加热至完全溶解，煮沸除去氮的氧化物，取下，用水洗涤表面皿及杯壁，冷至室温。移入盛有 160mL 硝酸（1+1）的 1000mL 容量瓶中，以水定容。锌的浓度为 1mg/mL	

2. 标准曲线的建立

标准系列溶液的配制原则,参见第二章第二节-一、-(五)-2.标准曲线的建立中的标准系列溶液的配制原则。分析镍中 7 种杂质元素镁、镉、钴、铜、锰、铅、锌的含量时,配制标准系列溶液,采用基体匹配法,即配制与被测样品基体一致、质量分数相近的标准系列溶液。基体匹配标准曲线法的原理介绍参见第二章第二节-一、-(五)-2.标准曲线的建立。称取纯基体物质与被测样品相同的量,随同样品制备标准系列溶液。根据样品中被测元素的质量分数,需配制不同的标准系列溶液,并分别绘制标准曲线。下面详细介绍标准系列溶液的制备方法。

⊡ 表 9-10　分析镍中 7 种杂质元素镁等含量的标准系列溶液

被测元素	被测元素 质量分数/%	金属镍/g	被测元素标准溶液 浓度/(μg/mL)	分取被测元素标准溶液体积/mL	定容体积 /mL
镁	0.0005~0.002	1.0000	5	0、1.00、2.00、3.00、4.00、5.00	100
镉	0.0002~0.003	5.0000	20①	0、2.00、5.00、10.00、15.00、20.00、25.00	200
钴	0.001~0.01	5.0000	20①	0、2.00、5.00、10.00、15.00、20.00、25.00	200
	>0.01~0.250	2.00	100②	0、5.00、10.00、20.00、30.00、40.00、50.00	200
铜	0.001~0.01	5.0000	20①	0、2.00、5.00、10.00、15.00、20.00、25.00	200
	>0.01~0.250	2.00	100②	0、5.00、10.00、20.00、30.00、40.00、50.00	200
锰	0.0008~0.002	5.0000	20①	0、2.00、5.00、10.00、15.00、20.00、25.00	200
铅	>0.0015~0.007	5.0000	20①	0、2.00、5.00、10.00、15.00、20.00、25.00	200
锌	0.0008~0.005	5.0000	10①	0、2.00、5.00、10.00、15.00、20.00、25.00	200
	>0.005~0.008	2.00	10②	0、5.00、10.00、20.00、30.00、40.00、50.00	200

① 混合标准溶液Ⅰ:镉、钴、铜、锰、铅的浓度各为 20μg/mL,锌的浓度为 10μg/mL,此溶液配制方法参见表 9-9。

② 混合标准溶液Ⅱ:钴、铜的浓度各为 100μg/mL,锌的浓度为 10μg/mL,此溶液配制方法参见表 9-9。

根据被测元素的种类及其质量分数,按表 9-10 的要求分别称取数份金属镍 [w(Mg、Cd、Co、Cu、Mn、Pb、Zn)<0.0001%],置于 500mL 烧杯中,加足够的水覆盖样品,按表 9-8 要求分次加入硝酸,盖上表面皿,加热至样品溶解完全,用水清洗表面皿和杯壁,微沸驱除氮的氧化物(分析镉、钴、铜、锰、铅、锌的含量时,需要先将溶液蒸发至稠浆状,再加 20mL 表 9-8 中硝酸和 100mL 水,加热至盐类完全溶解),取下,冷却至室温。分别移入表 9-10 规定的相应的容量瓶中。按表 9-10 用移液管分取一系列体积的被测元素标准溶液(溶液中相应被测元素浓度参见表 9-10,其标准溶液的制备方法参见表 9-9),置于上述的一组容量瓶中,以水定容。

标准系列溶液的测量方法,参见第二章第二节-二、-(五)-2.-(3) 标准系列溶液的测量。其中,以硝酸(1+19)调零进行测量。以被测元素的质量浓度(μg/mL)为横坐标、净吸光度(A)为纵坐标,绘制标准曲线。

(六) 样品的测定

样品溶液的测量方法,参见第二章第二节-二、-(六)-(2) 分析氧化镁 [当 w(MgO)>0.20%~1.50%时]、氧化铅的含量(标准曲线法)中的测量方法。其中,按照与绘制标准曲线相同条件,以硝酸(1+19)调零进行测量。从标准曲线上查出相应的被测元素质量浓度(μg/mL)。

（七）结果的表示

当被测元素的质量分数小于 0.01％时，分析结果表示至小数点后第 4 位；当被测元素的质量分数大于 0.01％时，分析结果表示至小数点后第 3 位。

（八）质量保证和质量控制

具体操作方法参见第二章第三节-一、-（八）质量保证和质量控制。

（九）注意事项

（1）参见第二章第二节-一、-（九）注意事项（1）、（2）。

（2）参见第二章第三节-一、-（九）注意事项（1）、（3）。

（3）实验用同批硝酸溶解高纯镍和样品。

（4）根据样品中被测元素的质量分数，以相应标准系列溶液中的零浓度溶液为空白溶液，进行测量。

（5）钴或铜质量分数＞0.25％时，可用硝酸（1+19）进一步稀释样品溶液，并将标准系列溶液稀释相同的倍数，使得标准系列溶液的镍浓度与样品溶液的镍浓度相一致。

（6）在原子吸收光谱仪上，测量样品溶液、标准系列溶液的吸光度时，以硝酸（1+19）调零。

（7）检测方法中所用仪器的标准，参见第二章第三节-三、-（九）注意事项（3）。

二、锌及锌合金中杂质元素的分析

现行国家标准[7-11]中，火焰原子吸收光谱法可以分析锌及锌合金产品中的 5 种杂质元素镉、铜、铁、镁、锑的含量，此方法适用于上述各被测元素含量的独立测定，其各元素测定范围见表 9-2。下面详细介绍火焰原子吸收光谱法分析锌产品中上述 5 种杂质元素含量的步骤。

（一）样品的制备和保存

（1）应处理样品表面，取适量样品加入硝酸（1+9）反应后立即流水冲洗，彻底洗净后加入乙醇冲洗，取出阴干。

（2）分析锌及锌合金中的铁量时，样品预先用磁铁吸除机械混入的铁屑。

（二）样品的消解

分析锌及锌合金中 5 种杂质元素镉、铜、铁、镁、锑含量的消解方法主要为湿法消解中的电热板消解法。关于消解方法分类的介绍，参见第二章第二节-一、-（二）样品的消解。

分析镉含量时样品以硝酸分解，制得稀硝酸介质的待测样品溶液。分析铜、铁含量时样品以盐酸和过氧化氢溶解，制得稀盐酸介质的待测样品溶液。分析镁含量时样品以盐酸-硝酸混合酸溶解，在稀盐酸介质中，以镧盐抑制铝的干扰，制得用于测定的样品溶液。分析锑含量时样品以硝酸-酒石酸混合酸溶解，制得样品待测溶液。

样品中被测元素的质量分数越大，称样量越小，样品溶液定容体积、溶解样品加入的酸量也相应变化。按表 9-11 称取样品，精确至 0.0001g。独立地进行 2 次测定，取其平均值。随同样品做空白试验。其中，分析镉、铜、镁、锑含量时，采用基体匹配法进行定量，需做基体空白试验。特别地，分析锌及锌合金中的镁元素时，称取与样品相同质量的基体锌和铝，随同样品做空白试验。

▫ 表 9-11　分析锌及锌合金中 5 种杂质元素镉等含量的样品溶液

被测元素	被测元素质量分数/%	样品量/g	溶样溶液	样品溶液定容体积/mL	分取样品溶液体积/mL	补加试剂
镉	0.0005～0.0025	1.000	10～30mL 硝酸①	50	—	—
	＞0.0025～0.025	1.000		100	全量	—
	＞0.025～0.125	0.500		250	20.00	—
	＞0.125～0.500	0.500		250	20.00	—
铜	＞0.010～0.050	2.500	10～25mL 盐酸②，数滴过氧化氢③	100	全量	—
	＞0.050～1.00	0.500		200	—	—
铁	＞0.100～0.300	2.000	10mL 盐酸④，1～2mL 过氧化氢③	200	10.00	10mL 盐酸⑤
镁	0.0020～0.010	5.000	20mL 水，40mL 盐酸-硝酸混合酸⑥	250	25.00	4mL 盐酸②，5mL 镧溶液⑦
	＞0.010～0.025	5.000		250	10.00	
	＞0.025～0.050	2.500		250	10.00	
	＞0.050～0.10	1.000		250	10.00	
	＞0.10～0.20	0.500		250	10.00	
锑	0.050～0.250	1.000	15mL 硝酸-酒石酸混合酸⑧	100	全量	5mL 硝酸-酒石酸混合酸⑧
	＞0.250～1.00	0.500		200	—	

① 硝酸：1+1，由优级纯试剂配制。
② 盐酸：$\rho=1.19g/mL$，优级纯。
③ 过氧化氢：30%（质量分数）。
④ 盐酸：1+1，由优级纯试剂配制。
⑤ 盐酸：1+5，由优级纯试剂配制。
⑥ 盐酸-硝酸混合酸：将 180mL 盐酸（$\rho=1.19g/mL$，优级纯）和 4mL 硝酸（$\rho=1.42g/mL$，优级纯）混合。
⑦ 镧溶液（50g/L）：称 29.5g 氧化镧于 400mL 烧杯中，加入 25mL 盐酸（$\rho=1.19g/mL$，优级纯），加热溶解完全，冷却至室温，移入 500mL 容量瓶中，以水稀释至刻度，混匀。
⑧ 硝酸-酒石酸混合酸：称 100g 酒石酸，溶于 1000mL 硝酸（1+1）中。

根据样品中被测元素的种类及其质量分数，将样品置于 400mL 烧杯中，按表 9-11 要求加入相应量的溶样溶液，盖上表面皿，于电热板上低温加热煮沸至样品完全溶解，煮沸片刻，取下冷却至室温。按表 9-11 移入相应的容量瓶中［分析锑 $w(Sb)>0.250\%$ 时，按表 9-11 补加相应量的试剂］，以水定容，混匀。根据被测元素的质量分数，分取表 9-11 规定体积的上述样品溶液，置于 100mL 容量瓶中，按表 9-11 补加相应量的试剂，以水定容，混匀。

（三）仪器条件的选择

分析锌及锌合金中 5 种杂质元素镉、铜、铁、镁、锑的含量时，推荐的火焰原子吸收光谱仪的工作条件，参见表 9-2。测定不同元素有不同的仪器操作条件，以镉元素的测定为例介绍仪器操作条件的选择。

（1）选择镉元素的空心阴极灯作为光源（如分析铜、铁、镁、锑元素时，选择相应元素的空心阴极灯）。

（2）选择原子化器。分析锌及锌合金中的镉、铜、铁、镁、锑含量时，选用火焰原子化器，其原子化器条件参见表 9-2。选择火焰原子化器的原则和火焰类型的介绍参见第二章第二节-一、-（三）-（2）选择原子化器。

（3）在仪器最佳工作条件下，凡能达到下列指标者均可使用。

1）灵敏度 在与测量样品溶液基体一致的溶液中，镉的特征浓度应≤0.043μg/mL（如测定铜、铁、镁、锑元素时，其相应的检出限见表9-2）。检出限定义，参见第二章第二节-一、-（三）-（3）-1）灵敏度。

2）精密度 其测量计算的方法和标准规定参见第二章第二节-一、-（三）-（3）-2）精密度。

3）标准曲线线性 将标准曲线按浓度等分成五段，最高段的吸光度差值与最低段的吸光度差值之比≥0.7。

（四）干扰的消除

（1）分析锌及锌合金中的铁含量时，样品应预先用磁铁吸除机械混入的铁屑，消除干扰。

（2）分析锌及锌合金中的镉、铜、镁、锑的含量，绘制标准曲线时，采用基体匹配法配制标准系列溶液，并做锌基体空白试验，避免基体元素的干扰。

（3）分析锌及锌合金中的镁含量时，加入镧溶液作抑制剂，消除铝的干扰。配制标准系列溶液时，加入与样品等质量的锌基体溶液和铝基体溶液，使得标准系列溶液中的锌、铝的质量与样品中锌、铝的质量相一致，并做锌、铝基体空白试验，消除基体的干扰。

（五）标准曲线的建立

1. 标准溶液的配制

配制各种被测元素标准储备溶液和标准溶液的原则，参见第二章第三节-二、-（五）-1.标准溶液的配制。分析锌及锌合金中5种杂质元素镉、铜、铁、镁、锑的含量时，各种被测元素的标准储备溶液和标准溶液的制备方法参见表9-12。

⊡ 表9-12 分析锌及锌合金中5种杂质元素镉等含量的被测元素标准储备溶液和标准溶液

被测元素	标准储备溶液制备方法	标准溶液制备方法
镉	称0.2500g金属镉（镉的质量分数≥99.9%），置于烧杯中，加入20mL硝酸（1+1），盖上表面皿，加热至完全溶解，煮沸除去氮的氧化物，取下冷却。移入1000mL容量瓶中，加50mL硝酸（$\rho=1.42g/mL$，优级纯），用超纯水定容。镉的浓度为250μg/mL	Ⅰ：移取10.00mL镉标准储备溶液于100mL容量瓶中，加入10mL硝酸（1+1），用超纯水定容。镉的浓度为25μg/mL
		Ⅱ：移取10.00mL镉标准储备溶液于250mL容量瓶中，加入25mL硝酸（1+1），用超纯水定容。镉的浓度为10μg/mL
铜	称0.2500g金属铜（铜的质量分数≥99.99%），置于烧杯中，加入15mL硝酸（1+1）和5mL盐酸（$\rho=1.19g/mL$，优级纯），盖上表面皿，加热至完全溶解，煮沸除去氮的氧化物，取下，用水洗涤表面皿及杯壁，冷至室温。移入盛有50mL盐酸（$\rho=1.19g/mL$，优级纯）的1000mL容量瓶中，以水定容。铜的浓度为250μg/mL	直接以铜的标准储备溶液作为铜的标准溶液。铜的浓度为250μg/mL
铁	称0.1000g金属铁（铁的质量分数≥99.99%），置于烧杯中，加入50mL盐酸（1+1），盖上表面皿，加热至完全溶解，冷却。移入盛有30mL盐酸（$\rho=1.19g/mL$，优级纯）的1000mL容量瓶中，以水定容。铁的浓度为100μg/mL	直接以铁的标准储备溶液作为铁的标准溶液。铁的浓度为100μg/mL
镁	1.0000g金属镁（镁的质量分数≥99.99%），置于烧杯中，加入20mL水、5mL盐酸（$\rho=1.19g/mL$，优级纯），盖上表面皿，加热至完全溶解，冷却。移入1000mL容量瓶中，以水定容。镁的浓度为1mg/mL	移取10.00mL镁标准储备溶液于1000mL容量瓶中，加入5mL盐酸（$\rho=1.19g/mL$，优级纯），用超纯水定容。镁的浓度为10μg/mL

被测元素	标准储备溶液制备方法	标准溶液制备方法
锑	称 0.2500g 金属锑（锑的质量分数≥99.99%），置于烧杯中，加入 15g 酒石酸、15mL 硝酸（$\rho=1.42g/mL$，优级纯），盖上表面皿，加热至完全溶解，煮沸除去氮的氧化物，取下冷至室温。移入 1000mL 容量瓶中，以水定容。锑的浓度为 250μg/mL	直接以锑的标准储备溶液作为锑的标准溶液。锑的浓度为 250μg/mL

2. 标准曲线的建立

标准系列溶液的配制原则，参见第二章第二节-一、-(五)-2.-标准曲线的建立中的标准系列溶液的配制原则。分析锌及锌合金中 5 种杂质元素镉、铜、铁、镁、锑的含量时，采用基体匹配标准曲线法进行定量，即配制与被测样品基体一致、质量分数相近的标准系列溶液。该方法的原理介绍参见第二章第二节-一、-(五)-2. 标准曲线的建立。称取纯基体物质，按照样品制备的方法制备基体溶液，根据样品溶液中基体的质量分数加入相应量的基体溶液，使得标准系列溶液的基体浓度与样品溶液一致。根据样品中被测元素的种类及其质量分数，分别配制标准系列溶液，详见表 9-13。

▫ **表 9-13　分析锌及锌合金中 5 种杂质元素镉等含量的标准系列溶液**

被测元素	被测元素质量分数/%	被测元素标准溶液浓度/(μg/mL)	分取被测元素标准溶液体积/mL	基体溶液	补加试剂
镉	0.0005～0.0025	10	0、1.00、2.00、3.00、4.00、5.00	10.00mL 锌溶液⑦	20mL 硝酸①
	>0.0025～0.025	25	0、1.00、2.00、4.00、6.00、8.00、10.00	5.00mL 锌溶液⑦	10mL 硝酸①
	>0.025～0.500	25	0、1.00、2.00、4.00、6.00、8.00、10.00	—	10mL 硝酸①
铜	0.010～1.00	250	0、1.00、2.00、4.00、6.00、8.00、10.00	与样品中锌质量一致的锌溶液⑦	5mL 盐酸②
铁	>0.100～0.300	100	0、1.00、2.00、3.00、4.00、5.00	—	10mL 盐酸③
镁	0.0020～0.20	10	0、1.00、2.00、3.00、4.00、5.00	与样品中锌质量、铝质量一致的锌溶液⑧、铝溶液⑨	4mL 盐酸④，5mL 镧溶液⑤
锑	0.050～1.00	250	0、2.00、4.00、6.00、8.00、10.00	与样品中锌质量一致的锌溶液⑩	10mL 混合酸⑥

① 硝酸：1+1，由优级纯试剂配制。
② 盐酸：1+1，由优级纯试剂配制。
③ 盐酸：1+5，由优级纯试剂配制。
④ 盐酸：$\rho=1.19g/mL$，优级纯。
⑤ 镧溶液（50g/L）：称 29.5g 氧化镧于 400mL 烧杯中，加入 25mL 盐酸（$\rho=1.19g/mL$，优级纯），加热溶解完全，冷却至室温，移至 500mL 容量瓶中，以水稀释至刻度，摇匀。
⑥ 混合酸：称 100g 酒石酸，溶于 1000mL 硝酸（1+1）中。
⑦ 锌溶液（200g/L）：称取 50g 基体锌 [$w(Zn)≥99.99\%$，$w(Cd)<0.0002\%$，$w(Cu)<0.0002\%$]，溶于最少量的硝酸（1+1）中，移入 250mL 容量瓶中，以水定容，混匀。
⑧ 锌溶液（10g/L）：称取 10g 金属锌 [$w(Zn)≥99.99\%$，$w(Zn)<0.0002\%$]，置于烧杯中，加入 100mL 水、60mL 盐酸-硝酸混合酸 [将 180mL 盐酸（$\rho=1.19g/mL$，优级纯）和 4mL 硝酸（$\rho=1.42g/mL$，优级纯）混合]，加热溶解完全，冷却至室温，移入 1000mL 容量瓶中，以水定容，混匀。
⑨ 铝溶液（1g/L）：称取 1g 金属铝 [$w(Al)≥99.99\%$，$w(Mg)<0.0002\%$]，置于烧杯中，加入少量盐酸（$\rho=1.19g/mL$，优级纯），加热溶解完全，冷却至室温，移入 1000mL 容量瓶中，以水定容，混匀。
⑩ 锌溶液（100g/L）：称取 50g 基体锌 [$w(Zn)≥99.99\%$，$w(Sb)<0.0002\%$]，置于 300mL 烧杯中，分次加入适量的硝酸（$\rho=1.42g/mL$，优级纯）溶解，移入 500mL 容量瓶中，以水定容，混匀。

根据被测元素的种类及其质量分数，按表 9-13 移取一系列体积的被测元素标准溶液（溶液中相应被测元素浓度参见表 9-13，其标准溶液的制备方法参见表 9-12），置于一组 100mL 容量瓶中，分别加入表 9-13 规定的相应体积的基体溶液和补加试剂，用水稀释至刻度，混匀。

标准系列溶液的测量方法，参见第二章第二节-二、-（五）-2.-（3）标准系列溶液的测量。以被测元素的质量浓度（μg/mL）为横坐标、净吸光度（A）为纵坐标，绘制标准曲线。

（六）样品的测定

样品溶液的测量方法，参见第二章第二节-二、-（六）-（2）分析氧化镁 ［当 w(MgO)＞0.20％～1.50％时］、氧化铅的含量（标准曲线法）中的测量方法。从标准曲线上查出相应的被测元素质量浓度（μg/mL）。

（七）结果的表示

当被测元素的质量分数小于 0.01％时，分析结果表示至小数点后第 4 位；当被测元素的质量分数大于 0.01％时，分析结果表示至小数点后第 3 位。

（八）质量保证和质量控制

具体操作方法参见第二章第三节-一、-（八）质量保证和质量控制。

（九）注意事项

（1）参见第二章第二节-一、-（九）注意事项（1）、（2）。

（2）根据被测元素的种类及其质量分数，采用基体匹配标准曲线法进行定量分析的元素，相应地做基体空白试验。

（3）参见第二章第三节-一、-（九）注意事项（1）、（3）。

（4）检测方法中所用仪器的标准，参见第二章第三节-三、-（九）注意事项（3）。

三、锑及三氧化二锑中杂质元素的分析

现行国家标准[12-15]中，火焰原子吸收光谱法可以分析锑及三氧化二锑中 4 种杂质元素铅、铜、镉、铋的含量，此方法适用于上述各元素的独立测定，其元素测定范围见表 9-2。下面详细介绍火焰原子吸收光谱法分析锑及三氧化二锑中上述 4 种杂质元素含量的步骤。

（一）样品的制备和保存

将样品加工成厚度≤1mm 的碎屑。

（二）样品的消解

分析锑及三氧化二锑中杂质元素铅、铜、镉、铋含量的消解方法主要为湿法消解中的电热板消解法。关于消解方法分类的介绍，参见第二章第二节-一、-（二）样品的消解。

分析铅、铜含量时，样品以盐酸和硝酸或氢溴酸溶解蒸干后，重复加氢溴酸挥发除锑，制得稀盐酸介质的待测样品溶液。分析镉含量时，样品以王水溶解（三氧化二锑样品用氢溴酸溶解），用盐酸－氢溴酸挥发除锑，盐酸溶解残渣，制得稀盐酸介质的待测样品

溶液。分析铋含量时，样品以王水溶解（三氧化二锑样品用氢溴酸溶解），在硫酸介质中，控制适当温度，加入盐酸－氢溴酸挥发除锑，制得稀盐酸介质的样品溶液，待测。

样品中被测元素的质量分数越大，称样量越小，样品溶液定容体积也相应越大。按表9-14称取样品，精确至0.0001g。独立地进行2次测定，取其平均值。随同样品做空白试验。

⊡ 表9-14　分析锑及三氧化二锑中4种杂质元素铅等含量的样品溶液

产品类型	被测元素	被测元素质量分数/%	样品量/g	溶样酸Ⅰ	溶样酸Ⅱ	溶样酸Ⅲ	溶样酸Ⅳ	样品溶液定容体积/mL
锑	铅	0.0020～0.030 ＞0.030～0.15 ＞0.15～0.35 ＞0.35～0.75	1.00 0.50 0.20 0.10	5mL 盐酸①，3mL 硝酸②	1mL 盐酸①，5mL 氢溴酸③	2mL 盐酸①	2mL 盐酸①	25 50 50 50
	铜	0.0002～0.0030 ＞0.0030～0.015 ＞0.015～0.035 ＞0.035～0.15 ＞0.15～0.30	1.00 0.50 0.20 0.20 0.10	5mL 盐酸①，3mL 硝酸②	1mL 盐酸①，5mL 氢溴酸③	2mL 盐酸①	2mL 盐酸①	10 25 25 100 100
	镉	0.0001～0.0020 ＞0.0020～0.0040 ＞0.0040～0.0100	1.00 0.50 0.20	8mL 王水④	1mL 盐酸①，5mL 氢溴酸③	3mL 盐酸①，1mL 氢溴酸⑤	2mL 盐酸①	25 25 25
	铋	0.0010～0.0050 ＞0.0050～0.020 ＞0.020～0.10	1.00 0.50 0.20	10mL 王水④	2mL 硫酸⑥	5mL 盐酸-氢溴酸⑦	2mL 盐酸⑧	10 10 25
三氧化二锑	铅	0.0020～0.030 ＞0.030～0.15 ＞0.15～0.35 ＞0.35～0.75	1.00 0.50 0.20 0.10	以水润湿，5mL 氢溴酸③	3mL 氢溴酸③	2mL 盐酸①	2mL 盐酸①	25 50 50 50
	铜	0.0002～0.0030 ＞0.0030～0.015 ＞0.015～0.035 ＞0.035～0.15 ＞0.15～0.30	1.00 0.50 0.20 0.20 0.10	以水润湿，5mL 氢溴酸③	3mL 氢溴酸③	2mL 盐酸①	2mL 盐酸①	10 25 25 100 100
	镉	0.0001～0.0020 ＞0.0020～0.0040 ＞0.0040～0.0100	1.00 0.50 0.20	以水润湿，8mL 氢溴酸⑤	3mL 氢溴酸⑤	2mL 盐酸①	2mL 盐酸①	25 25 25
	铋	0.0010～0.0050 ＞0.0050～0.020 ＞0.020～0.10	1.00 0.50 0.20	8mL 盐酸-氢溴酸⑦	2mL 硫酸⑥	5mL 盐酸-氢溴酸⑦	2mL 盐酸⑧	10 10 25

① 盐酸：$\rho=1.19\text{g/mL}$。

② 硝酸：$\rho=1.42\text{g/mL}$。

③ 氢溴酸：$\rho=1.50\text{g/mL}$。

④ 王水：3体积盐酸（$\rho=1.19\text{g/mL}$）＋1体积硝酸（$\rho=1.42\text{g/mL}$）。

⑤ 氢溴酸：$\rho=1.48\text{g/mL}$。

⑥ 硫酸：1＋1。

⑦ 盐酸-氢溴酸：1体积盐酸（$\rho=1.19\text{g/mL}$）＋1体积氢溴酸（$\rho=1.48\text{g/mL}$）混合配制。

⑧ 盐酸：1＋1。

将准确称量的样品置于100mL烧杯中，根据被测元素的种类及其质量分数，按表9-14加入溶样酸Ⅰ，摇动片刻，于电热板上低温加热蒸干（分析铋含量时，低温加热溶解清亮），冷却。按表9-14加入溶样酸Ⅱ，蒸干（分析铋含量时，低温加热至冒白烟），冷却。加入表9-14规定体积的溶样酸Ⅲ，再蒸干（分析铋含量时，摇匀，低温加热至冒白烟），冷却（分析铋含量时，重复加入表9-14中5mL盐酸-氢溴酸，低温加热至冒白烟后溶液清亮，冒尽白烟，冷却）。按表9-14加入溶样酸Ⅳ（分析镉、铋含量时，再沿杯壁吹入约5mL水），微热溶解残渣，冷却至室温。根据被测元素的质量分数，按表9-14将溶液移入相应容量瓶中，用水稀释至刻度，混匀。

（三）仪器条件的选择

分析锑及三氧化二锑中杂质元素铅、铜、镉、铋的含量时，推荐的火焰原子吸收光谱仪工作条件，参见表9-2。测定不同元素有不同的仪器操作条件，以铅元素的测定为例，介绍仪器操作条件的选择。

（1）选择铅元素的空心阴极灯作为光源（如测定铜、镉、铋元素时，选择相应元素的空心阴极灯）。

（2）选择原子化器。分析锑及三氧化二锑中的杂质元素铅、铜、镉、铋含量时，选用火焰原子化器，其原子化器条件参见表9-2。选用火焰原子化器，其原子化器条件参见表9-2。选择火焰原子化器的原则和火焰类型的介绍参见第二章第二节-一、-(三)-(2)选择原子化器。

（3）在仪器最佳工作条件下，凡能达到下列指标者均可使用。

1）灵敏度 在与测量样品溶液基体相一致的溶液中，铅的特征浓度应$\leqslant 0.20\mu g/mL$（如测定铜、镉、铋元素时，其检出限见表9-2）。检出限定义，参见第二章第二节-一、-(三)-(3)-1)灵敏度。

2）精密度 其测量计算的方法和标准规定参见第二章第二节-一、-(三)-(3)-2)精密度。

3）标准曲线线性 将标准曲线按浓度等分成五段，最高段的吸光度差值与最低段的吸光度差值之比$\geqslant 0.8$。

（四）干扰的消除

（1）分析锑及三氧化二锑中铅、铜的含量时，消解样品过程中，重复加氢溴酸挥发除锑，消除基体锑的干扰。

（2）分析锑及三氧化二锑中镉的含量时，消解样品过程中，重复加盐酸-氢溴酸挥发除锑，消除基体锑的干扰。

（3）分析锑及三氧化二锑中铋的含量时，消解样品过程中，在硫酸介质中，控制适当温度（加热至冒白烟），重复加入盐酸-氢溴酸挥发除锑，消除基体锑的干扰。

（五）标准曲线的建立

1. 标准溶液的配制

配制各种被测元素标准储备溶液和标准溶液的原则，参见第二章第三节-二、-(五)-1.标准溶液的配制。分析锑及三氧化二锑中杂质元素铅、铜、镉、铋的含量时，各种被测元素标准储备溶液和标准溶液的制备方法参见表9-15。

被测元素	标准储备溶液制备方法	标准溶液制备方法
铅	称 1.0000g 铅 [w（Pb）≥99.99％]，置于烧杯中，加入 20mL 硝酸(1+1)，盖上表面皿，加热至完全溶解，煮沸除去氮的氧化物，取下冷却。移入 1000mL 容量瓶中，用超纯水定容。铅的浓度为 1mg/mL	移取 10.00mL 铅标准储备溶液于 100mL 容量瓶中，加入 5mL 盐酸(1+1)，用超纯水定容。铅的浓度为 100μg/mL
铜	称 1.0000g 铜 [w（Cu）≥99.99％]，置于烧杯中，加入 20mL 硝酸(1+1)，盖上表面皿，加热至完全溶解，煮沸除去氮的氧化物，取下，用水洗涤表面皿及杯壁，冷至室温。移入 1000mL 容量瓶中，以水定容。铜的浓度为 1mg/mL	移取 10.00mL 铜标准储备溶液于 100mL 容量瓶中，加入 5mL 盐酸(1+1)，用超纯水定容。铜的浓度为 100μg/mL
镉	称 0.1000g 镉 [w（Cd）≥99.99％]，置于烧杯中，加入 20mL 硝酸(1+1)，盖上表面皿，加热至完全溶解，煮沸除去氮的氧化物，取下冷却。移入 1000mL 容量瓶中，用超纯水定容。镉的浓度为 100μg/mL	移取 10.00mL 镉标准储备溶液于 100mL 容量瓶中，加入 5mL 盐酸（$\rho=1.19$g/mL），用超纯水定容。镉的浓度为 10μg/mL
铋	称 1.0000g 铋 [w（Bi）≥99.99％]，置于烧杯中，加入 20mL 硝酸(1+1)，盖上表面皿，加热至溶解清亮，煮沸除去氮的氧化物，用水洗涤表面皿及杯壁，取下冷却。移入 1000mL 容量瓶中，用超纯水定容。铋的浓度为 1mg/mL	移取 50.00mL 铋标准储备溶液于 500mL 容量瓶中，加入 50mL 盐酸（$\rho=1.19$g/mL），用超纯水定容。铋的浓度为 100μg/mL

2. 标准曲线的建立

标准系列溶液的配制原则，参见第二章第二节-一、-(五)-2.-标准曲线的建立中的标准系列溶液的配制原则。分析锑及三氧化二锑中杂质元素铅、铜、镉、铋的含量时，采用标准曲线法进行定量，该方法的原理介绍参见第二章第二节-一、-(五)-2. 标准曲线的建立。此方法中的标准系列溶液见表 9-16。

⊡ 表 9-16　分析锑及三氧化二锑中杂质元素铅等含量的标准系列溶液

被测元素	被测元素标准溶液浓度 /(μg/mL)	分取被测元素标准溶液体积/mL	定容体积 /mL	补加盐酸①体积 /mL
铅	100	0、0.50、2.50、5.00、7.50、10.00、12.50、15.00	100	2
铜	100	0、0.20、0.50、1.00、1.50、2.00、2.50、3.00	100	2
镉	10	0、0.40、1.00、4.00、7.00、10.00	100	5
铋	100	0、1.00、2.00、4.00、6.00、8.00、10.00、12.00	100	10

① 盐酸：$\rho=1.19$g/mL。

根据被测元素的种类，按表 9-16 移取一系列体积的被测元素标准溶液（标准溶液浓度参见表 9-16，其相应标准溶液制备方法参见表 9-15），分别置于一组 100mL 容量瓶中，分别加入表 9-16 规定体积的盐酸，用水稀释至刻度，混匀。

标准系列溶液的测量方法，参见第二章第二节-二、-(五)-2.-(3) 标准系列溶液的测量。以被测元素的质量浓度（μg/mL）为横坐标、净吸光度（A）为纵坐标，绘制标准曲线。

（六）样品的测定

样品溶液的测量方法，参见第二章第二节-二、-(六)-(2) 分析氧化镁 [当 w（MgO）> 0.20％～1.50％时]、氧化铅的含量（标准曲线法）中的测量方法。从标准曲线上查出相应的被测元素质量浓度（μg/mL）。

（七）结果的表示

当被测元素的质量分数≤0.01％时分析结果表示至小数点后第 4 位。

当被测元素的质量分数为 0.01%～0.10% 时，分析结果表示至小数点后第 3 位。

当被测元素的质量分数＞0.10% 时，分析结果表示至小数点后第 2 位。

（八）质量保证和质量控制

具体操作方法参见第二章第三节-一、-(八) 质量保证和质量控制。

（九）注意事项

（1）参见第二章第二节-一、-(九) 注意事项（1）、（2）。

（2）参见第二章第三节-一、-(九) 注意事项（1）、（3）。特别地，除非另有说明，在本方法分析中仅使用确认的分析纯试剂。

（3）检测方法中所用仪器的标准，参见第二章第三节-三、-(九) 注意事项（3）。

四、铅及铅合金中杂质元素的分析

现行国家标准[16-23]中，火焰原子吸收光谱法可以分析铅及铅合金中 8 种杂质元素锑、铜、铁、碲、钙、锌、镉、镍的含量，此方法适用于上述各元素的独立测定，其元素测定范围参见表 9-3。实际工作中火焰原子吸收光谱法分析铅锭及铅合金中的上述 8 种杂质元素含量的步骤包括以下几个部分。

（一）样品的制备和保存

铅及铅合金的取样应按照已颁布的标准方法进行，将样品加工成最大边长不超过 3mm 的样屑。

（二）样品的消解

分析铅及铅合金中杂质元素锑、铜、铁、碲、钙、锌、镉、镍含量的消解方法主要为湿法消解中的电热板消解法。关于消解方法分类的介绍，参见第二章第二节-一、-(二) 样品的消解。

分析电缆护套铅、铅锑合金、特硬铅锑合金、电解沉积用铅阳极板和保险铅丝中的锑含量时，样品用硝酸、酒石酸混合酸溶解 ［当 $w(Sb) \leqslant 0.20\%$ 时，铅以硫酸铅沉淀的形式与锑分离］，制得稀酸介质的待测样品溶液。

分析特硬铅锑合金、电缆护套用铅合金锭中的碲含量时，样品用硝酸、酒石酸混合酸溶解，制得稀硝酸介质的待测样品溶液。

分析蓄电池板栅用铅钙合金锭及其再生铅钙合金、硬铅锑合金、特硬铅锑合金中的钙含量时，样品用硝酸、酒石酸混合酸溶解，在稀硝酸介质中，以镧盐作释放剂，制得待测样品溶液。

分析铅及铅镉合金中的镉含量、铅中的镍含量时，样品以硝酸溶解，使铅以硫酸铅沉淀的形式与镉或镍分离，制得待测样品溶液。

分析铅锭及铅合金中的铜、铁、锌含量时，样品用硝酸溶解 ［当 $w(Cu) \leqslant 0.0020\%$，$w(Fe) < 0.0010\%$，$w(Zn) < 0.0020\%$ 时，使铅以硫酸铅沉淀的形式与铜、铁、锌分离］，制得稀酸介质的待测样品溶液。当样品中含有大量锡、锑时，加 Na_2EDTA、柠檬酸（或柠檬酸铵）和酒石酸助溶并防止水解。

下面分别详细介绍上述分析方法中的样品消解方法。

1. 分析上述样品中锑、碲、钙、镉、镍的含量

样品中被测元素的含量越高，取样量越少，详情见表 9-17。根据样品中被测元素的种类及其质量分数，按表 9-17 称取样品，精确至 0.0001g。独立地进行两次测定，取其平均值。称取与样品相同量的高纯铅（质量分数≥99.99%，不含被测元素）代替样品，随同样品做空白试验。

分析 $w(Cd)$≤0.0050% 样品中的镉含量时，空白溶液随样品制备，在定容前加入 2.0mL 表 9-17 中硫酸。分析 $w(Cd)$＞0.0050% 样品中的镉含量时，空白溶液定容前不加上述硫酸试剂。分析镍含量时，空白溶液随样品制备，在定容前加入 1.0mL 表 9-17 中硫酸。

▫ 表 9-17 分析铅及铅合金中杂质元素锑、碲、钙、镉、镍含量的样品溶液

产品类型	被测元素	被测元素质量分数/%	样品/g	溶样酸	定容体积/mL	补加试剂	分取体积/mL
电缆护套铅、铅锑合金、特硬铅锑合金、电解沉积用铅阳极板和保险铅丝	锑	0.0050～0.020	10.00	5mL 酒石酸①,40mL 硝酸②	100	5mL 硫酸③	—
		＞0.020～0.040	5.00	5mL 酒石酸①,30mL 硝酸②	100	2.5mL 硫酸③	—
		＞0.040～0.10	2.00	5mL 酒石酸①,20mL 硝酸②	100	1mL 硫酸③	—
		＞0.10～0.20	1.00	5mL 酒石酸①,10mL 硝酸②	100	0.5mL 硫酸③	—
		＞0.20～0.50	5.00	5mL 酒石酸①,30mL 硝酸②	100	4.5mL 酒石酸①,20mL 硝酸④	10.00
特硬铅锑合金、电缆护套用铅合金锭	碲	0.0050～0.12	1.00	4g 酒石酸⑤,10mL 硝酸②	100	—	—
铅及铅合金	钙	0.010～0.040	1.00	10mL 酒石酸-硝酸混合酸⑥	100	10mL 镧溶液⑦	—
		＞0.040～0.200	0.50		100		
		＞0.200～1.000	1.00		100	9mL 酒石酸-硝酸混合酸⑥,10mL 镧溶液⑦	10.00
铅及铅镉合金	镉	0.0001～0.001	10.00	40mL 硝酸②	100	7.0mL 硫酸③	—
		＞0.001～0.002	5.00	30mL 硝酸②	100	5.0mL 硫酸③	—
		＞0.002～0.005	2.00	30mL 硝酸②	100	3.0mL 硫酸③	—
		＞0.005～0.01	1.00	30mL 硝酸②	100	5.0mL 硫酸③	10.0
		＞0.30～0.50	1.00	20mL 硝酸②	100	3.0mL 硫酸③	2.0
		＞0.50～2.0	1.00	20mL 硝酸②	500	3.0mL 硫酸③	2.0
铅	镍	0.0001～0.001	10.00	40mL 硝酸②	50	6.0mL 硫酸③	—
		＞0.001～0.002	5.00	30mL 硝酸②	50	3.5mL 硫酸③	—
		＞0.002～0.005	2.00	25mL 硝酸②	50	2.0mL 硫酸③	—
		＞0.005～0.010	1.00	20mL 硝酸②	50	1.5mL 硫酸③	—

① 酒石酸：200g/L。
② 硝酸：1+3，由优级纯试剂配制。
③ 硫酸：1+1，由优级纯试剂配制。
④ 硝酸：1+1。
⑤ 酒石酸：分析纯。
⑥ 酒石酸-硝酸混合酸：称取 30g 酒石酸（分析纯），溶于 500mL 硝酸（1+2）中，混匀。
⑦ 镧溶液（50g/L）：称取 5.87g 三氧化二镧 [$w(La_2O_3)$≥99%]，置于 250mL 烧杯中，加入 10mL 硝酸（ρ=1.42g/mL，优级纯），加热溶解完全，冷却，稀释至 100mL，混匀。

将准确称量的样品置于 300mL 烧杯中，根据被测元素的种类及其质量分数，按表 9-17 加入相应量的"溶样酸"，盖上表面皿，于电热板上低温加热溶解并蒸至有盐类析出（分析碲、钙含量时，加热至样品溶解完全，煮沸驱除氮的氧化物），稍冷，用水吹洗表面皿及杯壁，低温加热溶解盐类，冷却至室温。将上述样品溶液按表 9-17 移入相应定容体积的容量瓶中 [分析 $w(Sb)>0.20\%$ 样品中的锑含量，$w(Ca)>0.200\%$ 样品中的钙含量时，移入上述体积的容量瓶后，用水稀释至刻度，混匀，分取表 9-17 规定的相应量的此样品溶液，置于另一个表 9-17 "定容体积"中规定的容量瓶中]，补加表 9-17 规定的相应量的试剂，以水定容并混匀 [分析锑、镍含量时，静置 30min，干过滤；分析镉含量时，静置 30min，按表 9-17 分取上述溶液的上清液，移入 100mL 容量瓶中，加入 20mL 表 9-17 中硝酸（1+1），定容，混匀]，待测。

2. 分析上述样品中铜、铁、锌的含量

样品中被测元素的含量越高，取样量越少，详情见表 9-18。根据样品中被测元素的

⊡ **表 9-18　分析铅及铅合金中杂质元素铜、铁、锌含量的样品溶液**

产品类型	被测元素	被测元素质量分数/%	样品量/g	溶样酸	Na₂EDTA、柠檬酸铵、酒石酸、柠檬酸（锡、锑含量高时）	定容体积/mL	补加试剂	分取体积/mL
铅及铅合金	铜	0.00050~0.0020	2.50	30mL 硝酸①	2.50g Na₂EDTA②，2.50g 柠檬酸铵③，1.25g 酒石酸④	50	3mL 硝酸⑤	全量
		>0.0020~0.010	1.00	20mL 硝酸①	1.00g Na₂EDTA②，1.00g 柠檬酸铵③，0.50g 酒石酸④	100	3mL 硝酸⑤	全量
		>0.010~0.05	1.00	20mL 硝酸①		100	3mL 硝酸⑤	20.0
		>0.05~0.20	1.00	20mL 硝酸①		100	3mL 硝酸⑤	5.00
		>0.20~0.60	1.00	20mL 硝酸①		100	3mL 硝酸⑤	2.00
铅锭及铅合金	铁	0.0002~0.001	5.00	50mL 硝酸⑥	2g 酒石酸④，10mL Na₂EDTA⑦，补加 2g 柠檬酸⑧（铅锡合金）	50	—	全量
		>0.001~0.005	5.00	50mL 硝酸⑥	2~4g 酒石酸④，2~4g 柠檬酸⑧，10mL Na₂EDTA⑦	250	—	全量
		>0.005~0.025	2.00	30mL 硝酸⑥		100	10mL 硝酸⑨	20.0
		>0.025~0.050	0.50	15mL 硝酸⑥		100	10mL 硝酸⑨	20.0
铅锭及不含锡锑的合金	锌	0.0003~0.002	10.0	60mL 硝酸①		50		全量
		>0.002~0.010	1.0	15mL 硝酸①		100		—
		>0.010~0.050	0.5	10mL 硝酸①		250		—
含锡锑合金	锌	0.0003~0.002	5.0	40mL 硝酸①	3g Na₂EDTA②，5g 柠檬酸⑧，2.5g 酒石酸④	100		全量
		>0.002~0.010	1.0	15mL 硝酸①	2g Na₂EDTA②，2g 柠檬酸⑧，2g 酒石酸④	100		—
		>0.010~0.050	0.5	10mL 硝酸①		250		—

① 硝酸：1+2。
② Na₂EDTA：分析纯。
③ 柠檬酸铵：分析纯。
④ 酒石酸：优级纯。
⑤ 硝酸：$\rho=1.42g/mL$。
⑥ 硝酸：1+3，由优级纯试剂配制。
⑦ Na₂EDTA（100g/L）：称取 10g Na₂EDTA（优级纯）溶于 80mL 水中，用水稀释至 100mL。
⑧ 柠檬酸：优级纯。
⑨ 硝酸：1+1，由优级纯试剂配制。

种类及其质量分数，按表 9-18 称取样品，精确至 0.0001g。独立地进行两次测定，取其平均值。称取与样品相同量的高纯铅（质量分数≥99.99％，不含被测元素）代替样品，随同样品做空白试验。其中，分析锌含量时，如果样品中锡、锑含量高，匹配铅基体做空白试验。

（1）样品溶解　将准确称量的样品置于 300mL 烧杯中，根据被测元素的种类及其质量分数，按表 9-18 加入相应量的溶样酸［分析铜、铁含量时，当样品中锡、锑含量高时，加入表 9-18 中规定量的 Na_2EDTA、柠檬酸铵或柠檬酸、酒石酸；分析铅锡合金中的铁含量 $w(Fe)≤0.001\%$ 时，再加入 2g 柠檬酸］，盖上表面皿，于电热板上低温加热溶解完全，继续蒸至出现大量结晶，取下稍冷，用水吹洗表面皿及杯壁，加少许水，摇动，使晶体全部溶解。

（2）分离基体　当样品中被测元素铜、铁、锌含量低时，需要以硫酸铅的形式沉淀分离基体铅，以稀硫酸洗涤沉淀，取滤液浓缩，以酸溶解盐类。当滤液中存在大量干扰元素锡、锑时，需将滤液加热至完全炭化，以高氯酸、氢溴酸溶解，挥发除锡、锑，直至除尽。分离基体的条件如表 9-19 所列。

▫ 表 9-19　分析铅及铅合金中铜、铁、锌含量的分离基体条件

样品类型	测项	被测元素质量分数/%	硫酸	高氯酸	酸溶液
铅及铅合金	铜	0.00050～0.0020	15mL 硫酸①	10mL 高氯酸②	3mL 硝酸③
铅锭	铁	0.0002～0.001	5mL 硫酸①	—	5mL 硝酸④
铅合金 （含高锑和高锡）	铁	0.0002～0.001	5～10mL 硫酸①	3～5mL 高氯酸②	5.0mL 盐酸⑤，0.5g 酒石酸⑥，补加 0.5g 柠檬酸⑦（含高锡）
铅锭及不含锡锑的合金	锌	0.0003～0.002	15mL 硫酸①	—	10mL 硝酸⑧

① 硫酸：1＋1，由优级纯试剂配制。

② 高氯酸：$\rho=1.67g/mL$，优级纯。

③ 硝酸：$\rho=1.42g/mL$，优级纯。

④ 硝酸：1＋1，由优级纯试剂配制。

⑤ 盐酸：$\rho=1.19g/mL$，优级纯。

⑥ 酒石酸：优级纯。

⑦ 柠檬酸：优级纯。

⑧ 硝酸：1＋3，由优级纯试剂配制。

根据被测元素的种类及其质量分数，边搅拌边加入表 9-19 规定的相应量硫酸，混匀，静置 20min，沉淀用慢速滤纸过滤，用硫酸（2＋98）洗涤烧杯及沉淀 5～6 次，收集滤液置于 300mL 烧杯中（分析锌含量时，将此滤液移入 100mL 容量瓶中，以水稀释至刻度，混匀。移取 25.00mL 上述溶液置于 100mL 烧杯中），将滤液置于电热板上加热蒸至白烟散尽，取下，冷却至室温。

当样品中锡、锑含量高时，将滤液置于电热板上加热至完全炭化，取下稍冷，沿杯壁加入表 9-19 规定量的高氯酸，于电热板上加热蒸至白烟冒尽（保持湿盐状），赶尽高氯酸［分析铜含量时，取下稍冷，加入 10mL 氢溴酸（$\rho=1.67g/mL$），加热至冒白烟，蒸至近干，若锡、锑有残余，可再加入适量的氢溴酸（$\rho=1.67g/mL$），直至除尽为止］，取下，冷却至室温。

沿杯壁加入表 9-19 规定量的酸溶液，用少量水冲洗杯壁，于电热板上微热至沸，使盐类溶解，取下，冷至室温。

(3) 样品溶液 [分析 $w(Cu)>0.0020\%$，$w(Fe)>0.001\%$，$w(Zn)>0.002\%$ 的样品和含锡、锑合金中的被测元素铜、铁、锌时，将上述步骤（1）的溶液冷却至室温] 根据被测元素的种类及其质量分数，按表 9-18 移入相应定容体积的容量瓶中，用水稀释至刻度，混匀。分取表 9-18 规定的相应量此样品溶液，置于另一个表 9-17 定容体积中规定的容量瓶中，补加表 9-17 规定的相应量的试剂，以水定容并混匀，待测。

（三）仪器条件的选择

分析铅锭及铅合金中 8 种杂质元素锑、铜、铁、碲、钙、锌、镉、镍的含量时，推荐的火焰原子吸收光谱仪工作条件，参见表 9-3。测定不同元素有不同的仪器操作条件，以镉元素的测定为例，介绍仪器操作条件的选择。

(1) 选择镉元素的空心阴极灯作为光源（如测定锑、铜、铁、碲、钙、锌、镉、镍元素时，选择相应元素的空心阴极灯）。

(2) 选择原子化器。分析铅及铅合金中锑、铜、铁、碲、钙、锌、镉、镍的含量时，选用火焰原子化器，其原子化器条件参见表 9-3。选择火焰原子化器的原则和火焰类型的介绍参见第二章第二节-一、-（三）-（2）选择原子化器。

(3) 在仪器最佳工作条件下，凡能达到下列指标者均可使用。

1) 灵敏度 在与测量样品溶液的基体一致的溶液中，镉的特征浓度应 $\leqslant 0.05\mu g/mL$。检出限定义，参见第二章第二节-一、-（三）-（3）-1）灵敏度。

2) 精密度 其测量计算的方法和标准规定参见第二章第二节-一、-（三）-（3）-2）精密度。

3) 标准曲线线性 将标准曲线按浓度等分成五段，最高段的吸光度差值与最低段的吸光度差值之比 $\geqslant 0.8$。

（四）干扰的消除

(1) 分析铅及铅合金中杂质元素锑 [$w(Sb)\leqslant 0.20\%$]、铜 [$w(Cu)\leqslant 0.0020\%$]、铁 [$w(Fe)\leqslant 0.001\%$]、锌 [$w(Zn)\leqslant 0.002\%$]、镉、镍的含量时，以硫酸铅沉淀形式分离铅基体，避免铅元素的干扰。

(2) 分析铅及铅合金中杂质元素铜、铁、锌的含量时，当样品含有大量锡、锑干扰元素时，加入 Na_2EDTA、柠檬酸铵或柠檬酸、酒石酸助溶和防止水解。向沉淀铅后的滤液中反复加高氯酸、氢溴酸，挥发除锡、锑。分析锌含量时，匹配铅基体做空白试验，同时采用基体匹配标准曲线法进行定量分析，即匹配相应的铅基体和 Na_2EDTA、柠檬酸、酒石酸，以消除基体铅、锡、锑的干扰。

(3) 分析铅及铅合金中杂质元素钙含量时，在稀硝酸介质中，以镧盐作释放剂，避免其他元素的干扰。采用基体匹配工作曲线法进行计算，在标准系列溶液中加入与样品相当量的铅溶液和铝溶液，消除基体铅、铝的干扰。

(4) 分析铅及铅合金中杂质元素碲含量时，采用基体匹配工作曲线法进行计算，在标准系列溶液中加入与样品铅含量相等的铅溶液，消除基体铅的干扰。

(5) 其他干扰消除方法，参见表 9-3 干扰物质消除方法。

（五）标准曲线的建立

1. 标准溶液的配制

配制各种被测元素标准储备溶液和标准溶液的原则，参见第二章第三节-二、-(五)-1. 标准溶液的配制。分析铅锭及铅合金中8种杂质元素锑、铜、铁、碲、钙、锌、镉、镍的含量时，各种被测元素标准储备溶液和标准溶液的制备方法参见表9-20。

⊡ 表9-20　分析铅锭及铅合金中8种杂质元素锑等含量的被测元素标准储备溶液和标准溶液

被测元素	标准储备溶液制备方法	标准溶液制备方法
锑	称取0.5986g三氧化二锑[$w(Sb_2O_3) \geqslant 99.99\%$]，溶解于50mL盐酸($\rho=1.19$g/mL)中，移入500mL容量瓶中，加入50mL盐酸($\rho=1.19$g/mL)，以水定容，混匀。锑的浓度为1mg/mL	移取25.00mL锑标准储备溶液，移入250mL容量瓶中，加25mL盐酸($\rho=1.19$g/mL)。用超纯水定容至刻度，摇匀。锑的浓度为100μg/mL
铜	称1.0000g金属铜[$w(Cu) \geqslant 99.99\%$]，置于250mL烧杯中，加入20mL硝酸(1+2)，盖上表面皿，置于电热板上低温加热至完全溶解，微沸以除去氮的氧化物，取下，用水吹洗表面皿及杯壁，冷至室温。用超纯水定容至1L，混匀。铜的浓度为1mg/mL	用时现配。移取10.00mL铜标准储备溶液，用超纯水定容至500mL，混匀。铜的浓度为20μg/mL
铁	称1.0000g金属铁[$w(Fe) \geqslant 99.99\%$]，置于250mL烧杯中，加入50mL硝酸(1+1)，盖上表面皿，置于电热板上低温加热至完全溶解，微沸以除去氮的氧化物，取下，用水吹洗表面皿及杯壁，冷至室温。用超纯水定容至1L，混匀。铁的浓度为100μg/mL	用时现配。移取10.00mL铁标准储备溶液，移入100mL容量瓶中，加2mL硝酸(1+1)。用超纯水定容至刻度，摇匀。铁的浓度为10μg/mL
碲	称1.0000g金属碲[$w(Te) \geqslant 99.99\%$]，置于200mL烧杯中，加入25mL硝酸($\rho=1.42$g/mL，优级纯)，盖上表面皿，置于电热板上低温加热至完全溶解，微沸以除去氮的氧化物，取下，冷至室温。用超纯水定容至1L，混匀。碲的浓度为1.0mg/mL	移取10.00mL碲标准储备溶液，移入100mL容量瓶中，加入2mL硝酸($\rho=1.42$g/mL，优级纯)，用超纯水定容至100mL，混匀。碲的浓度为100μg/mL
钙	称2.4972g碳酸钙(基准试剂，预先在105~110℃烘干1h，置于干燥器中，冷却至室温)于250mL烧杯中，加入60mL硝酸(1+2)，低温加热至完全溶解，煮沸，取下冷却，用超纯水定容至1L，混匀。钙的浓度为1.0mg/mL	移取10.00mL钙标准储备溶液，移入100mL容量瓶中，用硝酸(1+99)定容至100mL，混匀。钙的浓度为100μg/mL
锌	称0.1000g金属锌[$w(Zn) \geqslant 99.99\%$]，置于250mL烧杯中，加入20mL硝酸(1+3)，盖上表面皿，置于电热板上低温加热至完全溶解，微沸以除去氮的氧化物，取下，用水吹洗表面皿及杯壁，冷至室温。用超纯水定容至1L，混匀。锌的浓度为100μg/mL	用时现配。移取50.00mL锌标准储备溶液，移入1000mL容量瓶中，加10mL硝酸(1+3)。用超纯水定容至刻度，摇匀。锌的浓度为5μg/mL
镉	称0.5000g金属镉[$w(Cd) \geqslant 99.99\%$]，置于250mL烧杯中，加入20mL硝酸($\rho=1.42$g/mL)，盖上表面皿，置于电热板上低温加热至完全溶解，微沸以除去氮的氧化物，取下，用水吹洗表面皿及杯壁，冷至室温。用超纯水定容至1L，混匀。镉的浓度为500μg/mL	移取10.00mL镉标准储备溶液，移入500mL容量瓶中，加20mL硝酸(1+1)，用超纯水定容至500mL，混匀。镉的浓度为10μg/mL
镍	称0.5000g金属镍[$w(Ni) \geqslant 99.95\%$]，置于200mL烧杯中，加入20mL硝酸(1+1)，盖上表面皿，置于电热板上低温加热至完全溶解，微沸以除去氮的氧化物，取下，用水吹洗表面皿及杯壁，冷至室温。用超纯水定容至1L，混匀。镍的浓度为500μg/mL	移取10.00mL镍标准储备溶液，移入500mL容量瓶中，加20mL硝酸(1+1)，用超纯水定容至500mL，混匀。镍的浓度为10μg/mL

2. 标准曲线的建立

标准系列溶液的配制原则，参见第二章第二节-一、-(五)-2. 标准曲线的建立中标准系列溶液的配制原则。分析铅锭及铅合金中杂质元素锑、铜、铁、锌、镉、镍的含量时，采用标准曲线法进行定量。分析铅锭及铅合金中杂质元素碲、钙、锌（含高锡和高锑）的含量时，采用基体匹配标准曲线法进行定量。这两种方法的原理介绍参见第二章第二节-一、-(五)-2. 标准曲线的建立。下面分别介绍标准系列溶液的具体配制方法。

(1) 分析锑、铜、铁、锌、镉、镍的含量（标准曲线法） 标准系列溶液的配制方法参见表 9-21。

▣ 表 9-21　分析铅锭及铅合金中杂质元素锑等含量的标准系列溶液

被测元素	被测元素标准溶液浓度/(μg/mL)	分取被测元素标准溶液体积/mL	定容体积/mL	酸溶液
锑	100	0、5.00、10.00、15.00、20.00、25.00	100	5mL 酒石酸溶液[①]，20mL 硝酸[②]
铜	20	0、1.00、2.00、3.00、4.00、5.00、6.00	100	3mL 硝酸[③]
铁	10	0、2.00、4.00、6.00、8.00、10.00	100	10mL 硝酸[②]，或 10mL 盐酸[④]（盐酸介质）
锌	5	0、2.00、4.00、6.00、8.00、10.00	50	10mL 硝酸[⑤]
镉	10	0、2.00、4.00、6.00、8.00、10.00	100	20mL 硝酸[⑥]
镍	10	0、2.00、4.00、6.00、8.00、10.00	50	20mL 硝酸[⑥]

① 酒石酸溶液：200g/L。
② 硝酸：1+1，由优级纯试剂配制。
③ 硝酸：$\rho = 1.42$g/mL，优级纯。
④ 盐酸：$\rho = 1.19$g/mL，优级纯。
⑤ 硝酸：1+2，由优级纯试剂配制。
⑥ 硝酸：1+3，由优级纯试剂配制。

根据被测元素种类及其质量分数，按表 9-21 移取一系列体积的被测元素标准溶液（被测元素浓度如表 9-21 所列，相应标准溶液的制备方法参见表 9-20），置于一组表 9-21 规定的容量瓶中，分别加入表 9-21 规定的相应量的酸溶液，用水稀释至刻度，混匀。

分析锌含量时，如果样品中锡、锑含量高，则匹配与样品等量锡、锑的铅基体以及制备样品溶液时所用等量的 Na_2EDTA、柠檬酸、酒石酸，加入至上述锌的标准系列溶液中。

(2) 分析碲、钙的含量（基体匹配标准曲线法） 分析铅锭及铅合金产品中杂质元素碲、钙的含量时，配制标准系列溶液采用基体匹配法，即配制与被测样品基体一致、质量分数相近的标准系列溶液。称取纯基体物质 [金属铅，$w(Pb) \geqslant 99.99\%$，$w(Ca) < 0.001\%$，$w(Te) < 0.0005\%$；金属铝，$w(Pb) \geqslant 99.9\%$，$w(Ca) < 0.01\%$]，按照样品溶液的制备方法，分别制备铅基体溶液和铝溶液，再根据样品中的铅、铝质量，在标准系列溶液中加入等量的基体溶液。

样品中的被测元素及其质量分数不同，需分别绘制独立的标准曲线，即其标准系列溶液不同。这些标准系列溶液的配制方法参见表 9-22。

被测元素	被测元素质量分数/%	分取被测元素标准溶液体积/mL	铅溶液	铝溶液⑦	补加试剂
碲	0.0050～0.12	0、2.00、4.00、6.00、8.00、10.00、12.00	5.00mL 铅基体溶液⑤	—	10.00mL 硝酸①，25.00mL 酒石酸②
钙	0.010～0.040	0、1.00、2.00、3.00、4.00、5.00	10.00mL 铅溶液⑥	与样品铝量相等	10.00mL 酒石酸-硝酸混合酸③，10.00mL 镧溶液④
	＞0.040～0.200	0、2.00、4.00、6.00、8.00、10.00	5.00mL 铅溶液⑥	与样品铝量相等	
	＞0.200～1.000	0、2.00、4.00、6.00、8.00、10.00	1.00mL 铅溶液⑥	与样品铝量相等	

① 硝酸：1+3，由优级纯试剂配制。

② 酒石酸：160g/L，由优级纯试剂配制。

③ 酒石酸-硝酸混合酸：称取 30g 酒石酸（分析纯），溶于 500mL 硝酸（1+2）中，混匀。

④ 镧溶液（50g/L）：称取 5.87g 三氧化二镧 $[w(La_2O_3)\geqslant99\%]$，置于 250mL 烧杯中，加入 10mL 硝酸（$\rho=1.42g/mL$，优级纯），加热溶解完全，冷却，稀释至 100mL，混匀。

⑤ 铅基体溶液（200g/L）：称取 20.0g 铅 $[w(Pb)\geqslant99.99\%，w(Te)<0.0005\%]$，置于 200mL 烧杯中，分次加入硝酸（1+3），低温加热，以最少量的硝酸使铅完全溶解，微沸以除去氮的氧化物，取下，冷却至室温。用超纯水定容至 100mL，混匀。

⑥ 铅溶液（0.1g/mL）：称取 10.0g 金属铅 $[w(Pb)\geqslant99.99\%，w(Ca)<0.001\%]$，置于 250mL 烧杯中，加入 40mL 硝酸（1+2），低温溶解完全，取下冷却，用超纯水定容至 100mL，混匀。

⑦ 铝溶液（100μg/mL）：称取 0.100g 铝片 $[w(Al)>99.9\%，w(Ca)<0.01\%]$，置于 250mL 烧杯中，缓缓加入 20mL 盐酸（1+1），低温加热至完全溶解，取下，冷却至室温。用超纯水定容至 1000mL。

　　根据被测元素种类及其质量分数，按表 9-22 移取一系列体积的被测元素标准溶液（碲、钙浓度各为 100μg/mL，相应标准溶液制备方法参见表 9-20），置于一组 100mL 容量瓶中，分别加入表 9-22 规定的相应量的"补加试剂"，用水稀释至刻度，混匀。

　　标准系列溶液的测量方法，参见第二章第二节-二、-(五)-2.-(3) 标准系列溶液的测量（标准曲线法）。以被测元素的质量浓度（μg/mL）为横坐标、净吸光度（A）为纵坐标，绘制标准曲线。

　　(六) 样品的测定

　　样品溶液的测量方法，参见第二章第二节-二、-(六)-(2) 分析氧化镁 $[当 w(MgO)>0.20\%～1.50\%时]$、氧化铅的含量（标准曲线法）中的测量方法。从标准曲线上查出相应的被测元素质量浓度（μg/mL）。

　　(七) 结果的表示

　　当被测元素的质量分数≤0.1%时，分析结果表示至 2 位有效数字；当被测元素的质量分数＞0.1%时，分析结果表示至 3 位有效数字。

　　(八) 质量保证和质量控制

　　具体操作方法参见第二章第三节-一、-(八) 质量保证和质量控制。

　　(九) 注意事项

　　(1) 参见第二章第二节-一、-(九) 注意事项 (1)、(2)。

　　(2) 参见第二章第三节-一、-(九) 注意事项 (1)、(3)。

（3）检测方法中所用仪器的标准，参见第二章第三节-三、-（九）注意事项（3）。

（4）分析铅及铅镉合金中镉的含量时，除另有说明，试验中用于制备溶液和分析用水均为一级水，试验所用器皿均用稀硝酸（1+4）浸泡后，用一级水彻底清洗。

五、镍中杂质元素的分析

现行国家标准[24]中，石墨炉原子吸收光谱法可以分析镍中5种痕量元素砷、锑、铋、锡、铅的含量。此方法适用于上述各元素的独立测定，也适用于多元素的同时测定，其元素测定范围参见表9-4。石墨炉原子吸收光谱法又称为塞曼效应电热原子吸收光谱法，该检测方法的概要，参见本书第三章第二节-九、钢铁及合金中痕量元素的分析。实际工作中，石墨炉原子吸收光谱法分析镍中杂质元素砷、锑、铋、锡、铅的步骤包括以下几个部分。

（一）样品的制备和保存

将样品加工成厚度≤1mm的碎屑。

（二）样品的消解

石墨炉原子吸收光谱法分析镍中的砷、锑、铋、锡、铅杂质元素的含量时，消解的方法主要采用湿法消解中的电热板消解法。关于消解方法分类的介绍，参见第二章第二节-一、-（二）样品的消解。本部分中，样品用硝酸分解，制得待测的样品溶液。

称取0.5000g样品，精确至0.0001g。独立地进行2次测定，取其平均值。用同批硝酸溶解高纯镍和样品，以标准系列溶液的零浓度溶液作为样品空白溶液。

将样品置于100mL烧杯中，加入12mL硝酸（1+1），于电热板上低温加热至样品完全溶解，煮沸驱除氮的氧化物，冷却至室温，移入50mL容量瓶中，以水稀释至刻度，混匀。

（三）仪器条件的选择

分析镍中杂质元素砷、锑、铋、锡、铅的含量时，推荐的石墨炉原子吸收光谱仪的工作条件，参见表9-4。测定不同元素有不同的仪器操作条件。以砷元素的测定为例介绍仪器操作条件的选择。

（1）选择砷元素的空心阴极灯或无极放电灯作为光源（如测定锑、铋、锡、铅元素时，选择相应元素的空心阴极灯或无极放电灯）。

（2）选择原子化器。分析镍中的砷、锑、铋、锡、铅元素含量时，选择石墨炉原子化器，其原子化器条件参见表9-4。选择石墨炉原子化器（电热原子化器）的原则，参见第三章第二节-九、-（三）-（2）选择原子化器。

（3）在仪器最佳工作条件下，凡能达到下列指标者均可使用。

1）最低灵敏度　标准曲线中所用等差标准系列溶液中的浓度最大者，其吸光度应不低于0.300。

2）标准曲线的$R^2 \geqslant 0.995$。

3）精密度最低要求　用最高浓度的标准溶液测量10次吸光度，其标准偏差应不超过平均吸光度的1.5%；用最低浓度的标准溶液（不是零浓度溶液）测量10次吸光度，其标准偏差应不超过最高浓度标准溶液平均吸光度的 0.5％。

（四）干扰的消除

（1）分析镍中杂质元素砷、锑、铋、锡、铅的含量，绘制标准曲线时，采用基体匹配法配制标准系列溶液，避免基体元素的干扰。

（2）用同批硝酸溶解高纯镍和样品，避免硝酸的浓度及杂质对测定产生干扰。

（五）标准曲线的建立

1. 标准溶液的配制

配制各个被测元素标准储备溶液和标准溶液的原则，参见第二章第三节-二、-(五)-1. 标准溶液的配制。分析镍中杂质元素砷、锑、铋、锡、铅的含量时，各种被测元素标准储备溶液和标准溶液的制备方法见表 9-23。

⊡ 表 9-23　分析镍中杂质元素砷等含量的被测元素标准储备溶液和标准溶液

被测元素	标准储备溶液制备方法	标准溶液制备方法
铅	称 0.2000g 金属铅（铅的质量分数≥99.95％），置于烧杯中，加入 20mL 硝酸(1+1)，盖上表面皿，于电热板上低温加热至完全溶解，煮沸除去氮的氧化物，用水洗涤表面皿及杯壁，冷却。移入盛有 20mL 硝酸(1+1) 的 200mL 容量瓶中，以水定容，混匀。铅的浓度为 1mg/mL	铅、铋、砷、锑、锡混合标准溶液Ⅰ：分别移取 10.00mL 铅、铋、砷、锑、锡标准储备溶液，置于盛有 100mL 硝酸(1+1) 的 1000mL 容量瓶中，用超纯水定容，混匀。铅、铋、砷、锑、锡的浓度分别为 10μg/mL
铋	称 0.20000g 金属铋（铋的质量分数≥99.95％），置于烧杯中，加入 20mL 硝酸(1+1)，盖上表面皿，于电热板上低温加热至完全溶解，煮沸除去氮的氧化物，冷却。移入盛有 20mL 硝酸(1+1) 的 200mL 容量瓶中，以水定容，混匀。铋的浓度为 1mg/mL	
砷	称 0.20000g 单体砷[1]（砷的质量分数≥99.95％），置于烧杯中，加入 20mL 硝酸(1+1)，盖上表面皿，于电热板上低温加热至完全溶解，煮沸除去氮的氧化物，冷却。移入盛有 20mL 硝酸(1+1) 的 200mL 容量瓶中，以水定容，混匀。砷的浓度为 1mg/mL	铅、铋、砷、锑、锡混合标准溶液Ⅱ（用时现配）：分别移取 10.00mL 铅、铋、砷、锑、锡混合标准溶液Ⅰ，置于盛有 10mL 硝酸(1+1) 的 100mL 容量瓶中，用超纯水定容，混匀。铅、铋、砷、锑、锡的浓度分别为 1μg/mL
锑[2]	准确称取 0.2740g 酒石酸锑钾[K(SbO)C₄H₄O₆·1/2H₂O] 于 150mL 烧杯中，加 50mL 水溶解，移入 100mL 容量瓶中，以水定容，混匀。锑的浓度为 1mg/mL	
锡	称 0.1000g 金属锡粒（锡的质量分数≥99.95％），置于塑料烧杯中，加入 1mL 硝酸(ρ=1.42g/mL，高纯)、1mL 氢氟酸(ρ=1.13g/mL)，盖上表面皿，加热至完全溶解，冷却至室温。以水定容至 100mL，混匀。立即移入干燥的塑料瓶中保存。锡的浓度为 1mg/mL	

① 单体砷：如单体砷表面被氧化，可用 40g/L 氢氧化钠溶液浸泡至出现金属光泽后取出，用蒸馏水清洗后再用无水乙醇去除水分，用滤纸吸干后称量。

② 锑：锑标准储备溶液久置会产生霉菌，应新鲜配制，利用较稀的酸性溶液稳定。

2. 标准曲线的建立

标准系列溶液的配制原则，参见第二章第二节-一、-(五)-2. 标准曲线的建立中的标准系列溶液的配制原则。分析镍中杂质元素砷、锑、铋、锡、铅的含量时，配制标准系列溶液，采用基体匹配标准曲线法，即配制与被测样品基体一致、质量分数相近的标准系列溶液。基体匹配标准曲线法的原理介绍，参见本书第二章第二节-一、-(五)-2.-(2) 标准曲线法。

称取纯基体物质［高纯金属镍，$w(\text{Ni}) \geqslant 99.999\%$，$w(\text{Fe}) \leqslant 0.0005\%$，$w(X) \leqslant 0.0001\%$（$X$ 分别为砷、锑、铋、锡、铅）］，按照样品溶液的制备方法制备镍基体溶液，再根据样品中的镍含量，将等质量的镍基体溶液分别加入标准系列溶液中。

（1）基体溶液　镍基体溶液［40mg/mL，5%（体积分数）硝酸］：称取 10.00g 高纯金属镍［$w(\text{Ni}) \geqslant 99.99\%$，$w(\text{Fe}) \leqslant 0.0005\%$，$w(X) \leqslant 0.0001\%$（$X$ 分别为铅、铋、砷、锑、锡）］，置于 500mL 烧杯中，加适量水，分次加入 140mL 硝酸（1+1），放置，待剧烈反应停止后，低温加热至完全溶解，煮沸驱除氮的氧化物，冷却至室温。用预先以硝酸（1+1）洗过的致密滤纸过滤于 250mL 容量瓶中，用水洗涤滤纸，用水稀释至刻度，混匀。

（2）标准系列溶液　用移液管分别移取 0mL、1.00mL、2.50mL、3.50mL、5.00mL、7.50mL 铅、铋、砷、锑、锡混合标准溶液 Ⅱ（铅、铋、砷、锑、锡的浓度分别为 1μg/mL），置于一组 50mL 容量瓶中，各加入 12.50mL 镍基体溶液（40mg/mL），以硝酸（1+19，由高纯试剂配制）稀释至刻度，混匀。

标准系列溶液的测量方法，参见第三章第二节-九、-(五)-2.-(3) 标准系列溶液的测量。以被测元素的质量浓度（μg/mL）为横坐标、净吸光度（A）为纵坐标，分别绘制铅、铋、砷、锑、锡的标准曲线。标准曲线 $R^2 > 0.995$ 时，方可使用。

（六）样品的测定

对所用各元素电热原子化器参数的选择，原子吸收光谱仪的测试准备工作，以及样品溶液的测量方法，参见第三章第二节-九、-(六) 样品的测定。其中检测分析线参见表 8-1。以样品溶液和空白溶液（即标准系列溶液的零浓度溶液）的平均吸光度的差值为净吸光度（A），从标准曲线上查出相应的被测元素的质量浓度（μg/mL）。

（七）结果的表示

当被测元素的质量分数 $\leqslant 0.1\%$ 时，分析结果表示至 2 位有效数字；当被测元素的质量分数 $< 0.1\%$ 时，分析结果表示至 3 位有效数字。

（八）质量保证和质量控制

具体操作方法参见第二章第三节-一、-(八) 质量保证和质量控制。

（九）注意事项

（1）参见第二章第二节-一、-(九) 注意事项（1）。

（2）参见第二章第三节-一、-(九) 注意事项（1）、（2）。本分析所用硝酸为高纯硝酸，以及以此硝酸配制的硝酸溶液。

（3）用同批硝酸溶解高纯镍和样品。

（4）检测方法中所用仪器的标准，参见第二章第三节-三、-(九) 注意事项（3）。所用器皿均用硝酸（1+19）浸泡 12h 后，用水彻底清洗。

（5）制备砷标准储备溶液时，如单体砷表面被氧化，可用 40g/L 氢氧化钠溶液浸泡至出现金属光泽后取出，用蒸馏水清洗后再用无水乙醇去除水分，用滤纸吸干后称量。制备过程中，应使用塑料烧杯及其他塑料容器。

（6）锑标准储备溶液久置会产生霉菌，应新鲜配制，利用较稀的酸性溶液稳定。

第三节 原子荧光光谱法

在现行有效的标准中，采用 AFS 分析锌及锌合金产品的标准有 2 个，分析锑及三氧化二锑产品的标准有 3 个，分析铅及铅合金产品的标准有 6 个，共计 11 个标准方法。对比分析了这些方法的各部分内容，并深入解析方法中的难点。

一、锌及锌合金中杂质元素的分析

现行国家标准[25-35]中，原子荧光光谱法可以分析锌及锌合金中杂质元素砷、锑的含量，此方法适用于上述各元素的独立测定，其元素测定范围参见表 9-5。下面详细介绍原子荧光光谱法分析锌及锌合金中杂质元素砷、锑含量的步骤。

（一）样品的制备和保存

样品应做表面处理，取适量样品加入硝酸（1+9）反应后立即流水冲洗，彻底洗净后加入乙醇冲洗，取出阴干。

（二）样品的消解

采用原子荧光光谱法分析锌及锌合金中杂质元素砷、锑含量的消解方法主要为湿法消解中的电热板消解法。关于消解方法分类的介绍，参见第二章第二节-一、-(二)样品的消解。分析砷含量时样品用硝酸溶解，分析锑含量时样品用硝酸-酒石酸溶解，然后分别以抗坏血酸进行预还原，以硫脲掩蔽铜。在氢化物发生器中，被测元素被硼氢化钾还原为氢化物，制得即刻上机测定的溶液。

称取 1.000g 样品，精确至 0.0001g。独立地进行 2 次测定，取其平均值。随同样品做空白试验。

样品中被测元素的质量分数越大，分取样品溶液体积越小，定容时加入的盐酸和硫脲-抗坏血酸的量也相应越大。下面将消解样品时，添加的酸及掩蔽剂的量一起列于表 9-24 中，介绍消解方法。

⊡ **表 9-24 分析锌及锌合金中杂质元素砷、锑含量的样品溶液**

被测元素	被测元素质量分数/%	溶样酸	分取样品溶液体积/mL	盐酸	硫脲-抗坏血酸[3]量/mL	定容体积/mL
砷	0.0010～0.010	10mL 硝酸[1]	10.00	10mL 盐酸[2]	10	100
	>0.010～0.020		10.00	20mL 盐酸[2]	20	200
	>0.020～0.050		5.00	20mL 盐酸[2]	20	200
锑	0.0010～0.010	12mL 硝酸-酒石酸溶液[4]	10.00	20mL 盐酸[5]	10	100
	>0.010～0.050		5.00	20mL 盐酸[5]	10	100

① 硝酸：1+1。

② 盐酸：$\rho = 1.19g/mL$。

③ 硫脲-抗坏血酸：称取硫脲、抗坏血酸各 25g 溶解于 500mL 水中，用时现配。

④ 硝酸-酒石酸溶液：将 100g 酒石酸溶解于 500mL 硝酸（1+1）中。

⑤ 盐酸：1+1。

将准确称量的样品置于 200mL 烧杯中，盖上表面皿，根据被测元素的种类，按表 9-

24 加入相应的溶样酸，于电热板上低温加热至溶解完全，冷却后，移入 100mL 容量瓶中（分析锑含量时，加入表 9-24 规定的盐酸和硫脲-抗坏血酸），用水稀释至刻度，混匀。根据被测元素的种类及其质量分数，按表 9-24 分取上述样品溶液置于表中规定相应定容体积的容量瓶中，再加入表 9-24 规定的盐酸和硫脲-抗坏血酸，用水稀释至刻度，混匀，室温放置 25～30min。

（三）仪器条件的选择

分析锌及锌合金中杂质元素砷、锑的含量时，推荐的原子荧光光谱仪工作条件参见表 9-5。测定不同元素有不同的仪器操作条件，以砷元素的测定为例介绍仪器操作条件的选择。

（1）原子荧光光谱仪应配有由厂家推荐的砷特种空心阴极灯（测定锑元素时，选择锑特种空心阴极灯）、氢化物发生器（配石英炉原子化器）、加液器或流动注射进样装置。

（2）在仪器最佳工作条件下，凡达到下列指标者均可使用。

1）灵敏度　在与测量样品溶液基体相一致的溶液中，砷的检出限≤1ng/mL（分析锑元素时，其检出限参见表 9-5）。检出限定义，参见第二章第三节-一、-(三)-(3)-1) 灵敏度。

2）精密度　用 0.1μg/mL 的砷标准溶液（测定锑元素时，选择锑标准溶液）测量 10 次荧光强度，其标准偏差应不超过平均荧光强度的 5.0%。其测量计算的方法和标准规定参见第二章第二节-一、-(三)-(3)-2) 精密度。

3）稳定性　30min 内的零点漂移≤5%，短期稳定性 RSD≤3%。

4）标准曲线的线性　将标准曲线按浓度等分成五段，最高段的吸光度差值与最低段的吸光度差值之比≥0.80。

（四）干扰的消除

分析锌及锌合金中砷、锑的含量时，在经消解的样品溶液中加入抗坏血酸进行预还原，以硫脲作掩蔽剂，消除基体元素的干扰。

（五）标准曲线的建立

1. 标准溶液的配制

配制各个被测元素标准储备溶液和标准溶液的原则，参见第二章第三节-二、-(五)-1. 标准溶液的配制。

2. 标准曲线的建立

标准系列溶液的配制原则，参见第二章第二节-一、-(五)-2. 标准曲线的建立中的"标准系列溶液的配制原则"。分析锌及锌合金中杂质元素砷、锑的含量时，采用标准曲线法进行定量分析，该方法的原理介绍参见本书中第二章第二节-一、-(五)-2.-(2) 标准曲线法。下面介绍本部分中标准系列溶液配制方法。

（1）分析锌及锌合金中杂质元素砷的含量　移取 0mL、2.00mL、4.00mL、6.00mL、8.00mL、10.00mL、12.00mL、14.00mL 砷标准溶液（1μg/mL）置于一组 100mL 容量瓶中，分别加入 10mL 盐酸（$\rho=1.19g/mL$）和 10mL 硫脲-抗坏血酸溶液（此溶液配制方法参见表 9-24 中注释③），用水稀释至刻度，混匀，室温放置 25min。

（2）分析锌及锌合金中杂质元素锑的含量　移取 0mL、0.50mL、1.00mL、

2.00mL、3.00mL、4.00mL、5.00mL 锑标准溶液（1＋1）置于一组 100mL 容量瓶中，分别加入 20mL 盐酸（1＋1）和 10mL 硫脲-抗坏血酸溶液（此溶液配制方法参见表 9-24 中注释③），用水稀释至刻度，混匀，室温放置 30min。

标准系列溶液的测量方法，参见第三章第三节--一、-(五)-2.-(3) 标准系列溶液的测量。其中，分析锌及锌合金中杂质元素砷、锑的含量时，载流剂为盐酸（1＋9）。以被测元素的质量浓度（ng/mL）为横坐标，净荧光强度为纵坐标，绘制标准曲线。当标准曲线的 $R^2 \geqslant 0.995$ 时，方可进行样品溶液的测量。

（六）样品的测定

原子荧光光谱仪的开机准备操作和检测原理，参见本书第三章第三节--一、-(六) 样品的测定。分析锌及锌合金中杂质元素砷、锑的含量时（测定锑含量时，加热原子化炉温至 700℃），以盐酸（1＋9）为载流调零，氩气（Ar≥99.99％，体积分数）为屏蔽气和载气，将样品溶液和硼氢化钾溶液［20g/L，称取 10g 硼氢化钾溶解于 500mL 氢氧化钾溶液（100g/L）中，混匀。过滤备用，用时现配］导入氢化物发生器的反应池中，载流液和样品溶液交替导入，依次测量空白溶液及样品溶液中被测元素的原子荧光强度 3 次，取 3 次测量平均值。样品溶液中被测元素的荧光强度平均值，减去随同样品的等体积空白溶液中相应元素的荧光强度平均值，为净荧光强度。从标准曲线上查出相应的被测元素质量浓度（ng/mL）。

（七）结果的表示

当被测元素的质量分数≤0.1％时，分析结果表示至 2 位有效数字；当被测元素的质量分数＞0.1％时分析结果表示至 3 位有效数字。

（八）质量保证和质量控制

分析时，应用国家级或行业级标准样品或控制样品进行校核（当前两者没有时，也可用控制标样替代），每季校核一次本分析方法标准的有效性。当过程失控时，应找出原因，纠正错误后重新进行校核，并采取相应的预防措施。

（九）注意事项

（1）参见第二章第二节--一、-(九) 注意事项（1）、（2）。

（2）参见第二章第三节--一、-(九) 注意事项（1）。

（3）除非另有说明，在分析中仅使用确认为分析纯的试剂、蒸馏水（去离子水或相当纯度的水）。

（4）测试中所用仪器的标准，参见第二章第三节-三、-(九) 注意事项（3）。

（5）分析锌及锌合金中杂质元素砷、锑的含量时，制备好的样品溶液以及标准系列溶液，需要室温放置 25～30min，再以抗坏血酸进行预还原，以硫脲掩蔽铜，立即在原子荧光光谱仪上进行检测。

二、锑及三氧化二锑中杂质元素的分析

现行国家标准[27-29]中，原子荧光光谱法可以分析锑及三氧化二锑中杂质元素硒、铋、

汞的含量，此方法适用于上述各元素的独立测定，其元素测定范围参见表 9-5。下面详细介绍 AFS 分析锑及三氧化二锑中上述杂质元素含量的步骤。

（一）样品的制备和保存

锑及三氧化二锑的取样应按照已颁布的标准方法进行，将样品加工成厚度≤1mm 的碎屑。

（二）样品的消解

分析锑及三氧化二锑中杂质元素硒、铋、汞含量的消解方法主要为湿法消解中的电热板消解法。关于消解方法分类的介绍，参见第二章第二节-一-(二) 样品的消解。分析硒、铋含量时，样品用王水溶解，以掩蔽剂酒石酸络合基体锑。分析汞含量时，样品用王水溶解，制得盐酸介质的待测样品溶液。在氢化物发生器中，被测元素被硼氢化钾还原为氢化物，立即在原子荧光光谱仪上测定。

样品中被测元素的质量分数越大，样品称取量越小，样品溶液总体积也相应越大，分取样品溶液体积相应减小，详情见表 9-25。按表 9-25 称取样品，精确至 0.0001g。独立地进行 2 次测定，取其平均值。随同样品做空白试验。

⊡ **表 9-25　分析锑及三氧化二锑中杂质元素硒等含量的样品溶液**

被测元素	被测元素质量分数/%	样品量/g	溶样酸	补加试剂	定容体积/mL	分取样品溶液体积/mL	测定体积/mL	酸溶液
硒	0.0003～0.0020	0.30	少量水摇散样品，5mL 王水①	5mL 酒石酸溶液②，5mL 盐酸③	100	2.00	25	12.5mL 盐酸③
	>0.0020～0.010	0.20			100	2.00	25	
	>0.010～0.050	0.10			200	2.00	25	
铋	0.0001～0.0020	0.30	10mL 王水④	5mL 酒石酸溶液②，5mL 盐酸③	50	2.00	50	25.0mL 盐酸③
	>0.0020～0.010	0.20			50	2.00	50	
	>0.010～0.020	0.10			100	2.00	50	
	>0.020～0.050	0.10			500	2.00	50	
	>0.050～0.10	0.10			500	1.00	50	
汞	0.00002～0.00006	0.50	10mL 王水④	1mL 重铬酸钾溶液⑤，10mL 盐酸③	50	5.00	25	5.0mL 盐酸③
	>0.00006～0.00015	0.20			50	5.00	25	
	>0.00015～0.0003	0.10			50	5.00	25	

① 王水：3 体积盐酸（$\rho=1.19\text{g/mL}$）+1 体积硝酸（$\rho=1.42\text{g/mL}$），用时现配。

② 酒石酸溶液：200g/L，用优级纯酒石酸配制。

③ 盐酸：$\rho=1.19\text{g/mL}$，优级纯。

④ 王水：1+1，3 体积盐酸（$\rho=1.19\text{g/mL}$，优级纯）+1 体积硝酸（$\rho=1.42\text{g/mL}$，优级纯)+4 体积水，用时现配。

⑤ 重铬酸钾溶液：50g/L。

将准确称量的样品置于 100mL 烧杯中，根据被测元素的种类及其质量分数，按表 9-25 加入相应量的溶样酸，盖上表面皿，于电热板上低温加热，摇动烧杯使样品溶解清亮，并微沸驱除氮的氧化物，取下冷却，然后加入表 9-25 规定的相应量补加试剂，冷却至室温，按表 9-25 移入相应"定容体积"的容量瓶中，用水稀释至刻度，摇匀。

根据被测元素的种类及其质量分数，按表 9-25 分取上述样品溶液置于测定体积的容量瓶中，加入表 9-25 规定的相应量酸溶液（分析硒含量时，再加入约 8mL 水，混匀，于

50～80℃水浴中放置 10min，取出冷却），以水定容，混匀。

（三）仪器条件的选择

分析锑及三氧化二锑中杂质元素硒、铋、汞的含量时，推荐的原子荧光光谱仪的工作条件参见表 9-5。测定不同元素有不同的仪器操作条件，以硒元素的测定为例介绍仪器操作条件的选择。

（1）原子荧光光谱仪应配有由厂家推荐的硒特种空心阴极灯（分析铋、汞元素时，选择相应元素的特种空心阴极灯）、氢化物发生器（配石英炉原子化器）、加液器或流动注射进样装置。

（2）在仪器最佳工作条件下，凡达到下列指标者均可使用。

1）灵敏度　在与测量样品溶液基体相一致的溶液中，硒的检出限≤1ng/mL（如分析铋、汞元素时，其检出限参见表 9-5）。检出限定义，参见第二章第三节-一、-(三)-(3)-1) 灵敏度。

2）精密度　用 0.02μg/mL 的硒标准溶液（分析铋元素时，选择 0.02μg/mL 的铋标准溶液；分析汞元素时，选择 2ng/mL 的汞标准溶液），测量 10 次荧光强度，其标准偏差应不超过平均荧光强度的 5.0%。其测量计算的方法和标准规定参见第二章第二节-一、-(三)-(3)-2) 精密度。

3）稳定性　30min 内的零点漂移≤5%，短期稳定性 RSD≤3%。

4）标准曲线的线性　将标准曲线按浓度等分成五段，最高段的吸光度差值与最低段的吸光度差值之比≥0.80。

（四）干扰的消除

（1）分析锑及三氧化二锑的硒、铋含量时，在样品的溶解液中，加酒石酸络合基体锑，消除基体锑的干扰。

（2）分析锑及三氧化二锑的汞含量时，经消解的样品溶液，加重铬酸钾溶液氧化基体锑及其他杂质元素，消除基体锑及其他杂质元素的干扰。

（五）标准曲线的建立

1. 标准溶液的配制

配制各个被测元素标准储备溶液和标准溶液的原则，参见第二章第三节-二、-(五)-1. 标准溶液的配制。

2. 标准曲线的建立

标准系列溶液的配制原则，参见第二章第二节-一、-(五)-2. 标准曲线的建立中"标准系列溶液的配制原则"。分析锑及三氧化二锑中杂质元素硒、铋、汞的含量时，采用标准曲线法进行定量分析，该方法的原理介绍参见本书第二章第二节-一、-(五)-2.-(2) 标准曲线法。本部分中标准系列溶液的配制详情如下。

▢ 表 9-26　分析锑及三氧化二锑中杂质元素硒等含量的标准系列溶液

被测元素	被测元素标准溶液浓度/(μg/mL)	被测元素标准溶液体积/mL	定容体积/mL	补加试剂
硒	0.1	0、0.50、2.50、5.00、7.50、10.00	100	50mL 盐酸①
铋	0.1	0、0.50、1.00、2.00、4.00、6.00、8.00	100	50mL 盐酸①

被测元素	被测元素标准溶液浓度/(μg/mL)	被测元素标准溶液体积/mL	定容体积/mL	补加试剂
汞	0.1	0、0.50、1.00、1.50、2.00	100	5mL 盐酸[①]，1mL 重铬酸钾溶液[②]

① 盐酸：$\rho = 1.19g/mL$，优级纯。

② 重铬酸钾溶液：50g/L。

根据被测元素的种类，按表 9-26 移取一系列体积的被测元素标准溶液（被测元素浓度各为 0.1μg/mL，参见表 9-26），置于一组表 9-26 定容体积规定的容量瓶中，按表 9-26 分别补加相应的试剂，用水稀释至刻度，混匀。

标准系列溶液的测量方法，参见第三章第三节-一、-(五)-2.-(3) 标准系列溶液的测量。其中，分析硒、铋含量时，载流剂为盐酸（1+1）；分析汞含量时，载流剂为盐酸（1+95）。以被测元素的质量浓度（ng/mL）为横坐标，净荧光强度为纵坐标，绘制标准曲线。当标准曲线的 $R^2 \geqslant 0.995$ 时，测量样品溶液。

（六）样品的测定

原子荧光光谱仪的开机准备操作和检测原理，参见本书第三章第三节-一、-(六) 样品的测定。

分析锑及三氧化二锑中杂质元素硒、铋的含量时，以盐酸（1+1）为载流调零，氩气（Ar≥99.99%，体积分数）为屏蔽气和载气，将样品溶液和硼氢化钾溶液 [15g/L，称取 7.50g 硼氢化钾，加 25mL 氢氧化钠溶液（100g/L，用优级纯氢氧化钠配制），溶解完全，加水定容至 500mL，混匀。过滤备用，用时现配] 导入氢化物发生器的反应池中。

分析锑及三氧化二锑中杂质元素汞的含量时，以盐酸（1+95，体积比）为载流调零，氩气（Ar≥99.99%，体积分数）为屏蔽气和载气，将样品溶液和硼氢化钾溶液 [0.5g/L，称取 0.25g 硼氢化钾，加 25mL 氢氧化钾溶液（100g/L，用优级纯氢氧化钾配制），溶解完全，加水定容至 500mL，混匀。过滤备用，用时现配] 导入氢化物发生器的反应池中。

载流溶液和样品溶液交替导入，依次测量空白溶液及样品溶液中被测元素的原子荧光强度 3 次，取 3 次测量平均值。样品溶液中被测元素的荧光强度平均值，减去随同样品的等体积空白溶液中相应元素的荧光强度平均值，为净荧光强度。从标准曲线上查出相应的被测元素质量浓度（ng/mL）。

（七）结果的表示

当被测元素的质量分数≤0.01%时，分析结果表示至小数点后第 4 位；当被测元素的质量分数＞0.01%时，分析结果表示至小数点后第 3 位。

（八）质量保证和质量控制

分析时，应用国家级或行业级标准样品或控制样品进行校核（当前两者没有时，也可用控制标样替代），每季校核一次本分析方法标准的有效性。当过程失控时，应找出原因，纠正错误后重新进行校核，并采取相应的预防措施。

（九）注意事项

(1) 参见第二章第二节-一、-(九) 注意事项 (1)。

（2）参见第三章第三节--一、-（九）注意事项（2）。

（3）分析汞含量时，所用重铬酸钾试剂是一种有毒且有致癌性的强氧化剂，被国际癌症研究机构划归为第一类致癌物质，使用前需查阅安全使用方法。

（4）除非另有说明，在分析中仅使用确认为分析纯的试剂、蒸馏水（或去离子水、相当纯度的水）。分析汞含量时，所用水为高纯水（电阻率大于 $18M\Omega/cm$）。

（5）测试中所用仪器的标准，参见第二章第三节-三、-（九）注意事项（3）。

（6）参见第二章第三节--一、-（九）注意事项（1）。

三、铅及铅合金中杂质元素的分析

现行国家标准[30-35]中，原子荧光光谱法可以分析铅及铅合金中 6 种杂质元素锡、锑、铋、砷、硒、碲的含量，此方法适用于上述各元素的独立测定，其元素测定范围参见表 9-5。实际工作中，原子荧光光谱法分析铅及铅合金中上述 6 种杂质元素含量的步骤包括以下几个部分。

（一）样品的制备和保存

铅及铅合金的取样应按照已颁布的标准方法进行，将样品加工成最大边长不超过 3mm 的样屑。

（二）样品的消解

采用原子荧光光谱法分析铅及铅合金中杂质元素锡、锑、铋、砷、硒、碲含量的消解方法主要为湿法消解中的电热板消解法。关于消解方法分类的介绍，参见第二章第二节--一、-（二）样品的消解。

分析铅锭、再生铅锭、电解沉积用铅阳极板（纯铅部分）中的锡含量时，样品经稀硝酸溶解，铅以硫酸铅沉淀形式与锡分离。分析铅锭和特硬铅锑合金中的硒含量时，样品经硝酸-酒石酸溶解，加硫酸使铅以硫酸铅沉淀形式与锡分离，制得盐酸介质的待测样品溶液。分析铅锭、铅钙合金中的碲含量时，样品经硝酸-酒石酸溶解，加硫酸使铅以硫酸铅沉淀形式与碲分离，制得盐酸介质的待测样品溶液。

分析铅锭、再生铅锭及铅钙合金中的锑含量时，样品以硝酸或硝酸-酒石酸溶解，加入硫脲-抗坏血酸掩蔽基体干扰元素。分析铅锭、再生铅锭及铅铋合金中的铋含量时，样品用硝酸溶解，加入硫脲-抗坏血酸掩蔽基体干扰元素，制得盐酸介质的待测样品溶液。分析铅锭、蓄电池板栅铅钙合金中的砷含量时，样品以硝酸或硝酸-酒石酸溶解，加入硫脲-抗坏血酸掩蔽基体干扰元素，制得盐酸（1+4）介质的待测样品溶液。

下面分别介绍上述的样品消解方法。

1. 分析铅及铅合金中杂质元素锡、硒、碲的含量

样品中被测元素的含量越高，称取样品量越少，样品定容体积越大，溶样酸试剂和掩蔽剂的量也相应变化，如表 9-27 所列。根据样品中被测元素的种类及其质量分数，按表 9-27 称取相应质量的样品，精确至 0.0001g。独立地进行 2 次测定，取其平均值。称取与样品相同量的高纯铅（质量分数≥99.99%，且不含被测元素）代替样品，随同样品做空白试验。

☐ **表 9-27　分析铅及铅合金中杂质元素锡、硒、碲含量的样品溶液**

被测元素	被测元素质量分数/%	样品量/g	溶样酸	硫酸溶液	干扰消除剂	定容体积/mL	分取样品溶液体积/mL	测定体积/mL
锡	0.0002~0.0010	0.20	10mL 硝酸①	4mL 硫酸②	2mL 硫酸②，5mL 硫脲-抗坏血酸溶液③	100	—	—
	>0.001~0.005	0.10			4mL 硫酸②，10mL 硫脲-抗坏血酸溶液③	200	—	—
硒	0.0050~0.010	1.00	1g 酒石酸④，30mL 硝酸⑤	5mL 硫酸②	20mL 盐酸⑥	100	5.00	50
	>0.010~0.060	0.50		5mL 硫酸②	20mL 盐酸⑥	100	1.00	50
碲	0.0005~0.0010	2.00	1g 酒石酸④，20mL 硝酸⑤	5mL 硫酸②	20mL 盐酸⑥	100	20.00	50
	>0.001~0.005	1.00		5mL 硫酸②	20mL 盐酸⑥	100	5.00	50

① 硝酸：1+3，由优级纯试剂配制。

② 硫酸（除锡、硒、碲）：1+1，由优级纯试剂配制。

③ 硫脲-抗坏血酸溶液：称取 5g 硫脲、5g 抗坏血酸，用水溶解并稀释至 100mL，混匀，用时现配。

④ 酒石酸：优级纯。

⑤ 硝酸：1+2，由优级纯试剂配制。

⑥ 盐酸：ρ＝1.19g/mL，优级纯。

（1）样品溶解　将样品置于 250mL 烧杯中，根据被测元素的种类及其质量分数，按表 9-27 加入相应量的溶样酸，盖上表面皿，在电热板上低温加热至样品溶解完全，煮沸驱除氮的氧化物，并蒸至有盐类析出。取下，以水吹洗杯壁和表面皿，控制溶液总体积约 50mL，再微热使盐类溶解。

（2）分离基体　按表 9-27 边搅拌边加入相应量的硫酸溶液，加热冒烟至湿盐状，冷却至室温，用约 10mL 水洗涤杯壁及表面皿，煮沸，取下冷却。以慢速滤纸过滤，将滤液移入表 9-27 规定的相应的容量瓶中，用水洗涤沉淀 5~8 次，洗涤液收集于上述容量瓶中。

（3）样品溶液　分析锡含量时，以酚酞溶液（5g/L）为指示剂，用氢氧化钠溶液（50g/L）调至溶液恰变红色；分析硒、碲含量时，以水定容上述容量瓶，混匀，根据硒、碲的质量分数，按表 9-27 分取相应量的此溶液，置于相应"测定体积"的容量瓶中。根据被测元素种类，准确加入表 9-27 干扰消除剂中规定的相应量试剂，以水稀释至刻度，混匀。

2. 分析铅及铅合金中杂质元素锑、铋、砷的含量

样品中被测元素的含量越高，称取样品量越少，溶样酸的量也越多，如表 9-28 所列。根据样品中被测元素的种类及其质量分数，按表 9-28 称取相应质量的样品，精确至 0.0001g。独立地进行两次测定，取其平均值。称取与样品相同量的高纯铅（质量分数≥ 99.99%，且不含被测元素）代替样品，随同样品做空白试验。

将样品置于 250mL 烧杯中，根据被测元素的种类及其质量分数，按表 9-28 加入相应量的溶样酸，盖上表面皿，在电热板上低温加热至样品溶解完全，煮沸驱除氮的氧化物，

⊡ 表9-28　分析铅及铅合金中杂质元素锑、铋、砷含量的样品溶液

被测元素	被测元素质量分数/%	样品量/g	溶样酸	干扰消除剂
锑	0.0001~0.0015 ＞0.0015~0.0050	1.00 0.30	15mL 硝酸①，补加 0.5g 酒石酸②（铅钙合金）	20mL 盐酸③，10mL 硫脲-抗坏血酸溶液④
铋	0.0001~0.0010 ＞0.0010~0.010	1.00 1.50	15mL 硝酸① 20mL 硝酸①	20mL 盐酸③，10mL 硫脲-抗坏血酸溶液④
砷	0.0001~0.0008 ＞0.0008~0.0030	1.00 0.20	15mL 硝酸①，补加 0.5g 酒石酸②（蓄电池板栅铅钙合金）	20mL 盐酸③，10mL 硫脲-抗坏血酸溶液④

① 硝酸：1+2，由优级纯试剂配制。

② 酒石酸：优级纯。

③ 盐酸：$\rho = 1.19g/mL$，优级纯。

④ 硫脲-抗坏血酸溶液：称取 5g 硫脲、5g 抗坏血酸，用水溶解并稀释至 100mL，混匀，用时现配。

并蒸至有盐类析出。取下，以水吹洗杯壁和表面皿，控制溶液总体积约 50mL，再微热使盐类溶解。移入 100mL 容量瓶中 ［分析 $w(Bi)＞0.0010\%$ 样品中的铋含量时，以水定容上述容量瓶，混匀，分取 10.00mL 此溶液置于另一 100mL 容量瓶中］，根据被测元素种类，准确加入表9-28 干扰消除剂中规定的相应量试剂，以水稀释至刻度，混匀。

（三）仪器条件的选择

分析铅及铅合金中杂质元素锡、锑、铋、砷、硒、碲的含量时，推荐的原子荧光光谱仪的工作条件参见表9-5。测定不同元素有不同的仪器操作条件。以锡元素的测定为例介绍仪器操作条件的选择。

（1）原子荧光光谱仪应配有由厂家推荐的锡高性能空心阴极灯（如分析锑、铋、砷、硒、碲含量时，选择相应元素的高性能空心阴极灯）、氢化物发生器（配石英炉原子化器）、加液器或流动注射进样装置。

（2）在仪器最佳工作条件下，凡达到下列指标者均可使用。

1）灵敏度　在与测量样品溶液基体相一致的溶液中，计算得出被测元素的检出限。检出限定义，参见第二章第三节-一、-（三）-(3)-1）灵敏度。

2）精密度　用 $0.02\mu g/mL$ 的锡标准溶液（如分析锑、铋、砷、硒、碲含量时，选择相应的被测元素标准溶液）测量 10 次荧光强度，其标准偏差应不超过平均荧光强度的 5.0％。其测量计算的方法和标准规定参见第二章第二节-一、-（三）-(3)-2）精密度。

3）稳定性　30min 内的零点漂移≤5％，短期稳定性 RSD≤3％。

4）标准曲线的线性　将标准曲线按浓度等分成五段，最高段的吸光度差值与最低段的吸光度差值之比≥0.80。

（四）干扰的消除

（1）分析铅及铅合金中杂质元素锡、硒、碲的含量时，以硫酸铅沉淀形式分离基体铅，避免铅元素的干扰。

（2）分析铅及铅合金中杂质元素铋、锑、砷的含量时，用抗坏血酸做预还原，以硫脲作掩蔽剂，消除基体其他杂质元素的干扰。

（3）分析铅钙合金中杂质元素钙的含量时，补加酒石酸助溶并防止水解，消除对测定的影响。

（五）标准曲线的建立

1. 标准溶液的配制

配制各个被测元素标准储备溶液和标准溶液的原则，参见第二章第三节-二、-（五）-1. 标准溶液的配制。

2. 标准曲线的建立

标准系列溶液的配制原则，参见第二章第二节-一、-（五）-2. 标准曲线的建立中的标准系列溶液的配制原则。分析铅及铅合金中 6 种杂质元素锡、硒、碲、铋、锑、砷的含量时，采用标准曲线法进行定量，标准曲线法的原理介绍参见本书第二章第二节-一、-（五）-2.-（2）标准曲线法。这里标准系列溶液的配制参见表 9-29。

⊡ 表 9-29 分析铅及铅合金中 6 种杂质元素锡等含量的标准系列溶液

被测元素	被测元素标准溶液浓度/(μg/mL)	分取被测元素标准溶液体积/mL	定容体积/mL	干扰消除剂
锡	0.5	0、0.50、1.00、2.00、3.00、4.00、5.00	100	2.00mL 硫酸① 5.00mL 硫脲-抗坏血酸②
硒	1.0	0、1.00、2.00、3.00、4.00、5.00	50	20.00mL 盐酸③
碲	1.0	0、1.00、2.00、3.00、4.00、5.00	50	20.00mL 盐酸③
锑	2.0	0、0.50、2.50、5.00、7.50、10.00	100	2.00mL 盐酸③ 10.00mL 硫脲-抗坏血酸②
铋	2.0	0、0.50、1.00、2.00、4.00、8.00	100	20.00mL 盐酸③ 10.00mL 硫脲-抗坏血酸②
砷	2.0	0、0.50、1.00、2.00、3.00、4.00	100	20.00mL 盐酸③ 10.00mL 硫脲-抗坏血酸②

① 硫酸：1+1，由优级纯试剂配制。

② 硫脲-抗坏血酸：称取 5g 硫脲、5g 抗坏血酸，用水溶解并稀释至 100mL，混匀，用时现配。

③ 盐酸：$\rho = 1.19g/mL$，优级纯。

根据被测元素的种类，按表 9-29 移取一系列体积的被测元素标准溶液（被测元素浓度如表 9-29 所列），分别置于一组表 9-29 规定的相应定容体积的容量瓶中［分析锡含量时，加入酚酞（5g/L）作指示剂，用氢氧化钠溶液（50g/L）调至溶液恰变红色］，按表 9-29 各补加相应量的干扰消除剂，以水定容，混匀。

标准系列溶液的测量方法，参见第三章第三节-一、-（五）-2.-（3）标准系列溶液的测量。其中，分析不同元素含量时，载流剂和还原剂硼氢化钾溶液不尽相同，如表 9-30 所列。以被测元素的质量浓度（ng/mL）为横坐标，净荧光强度为纵坐标，绘制标准曲线。当标准曲线的 $R^2 \geqslant 0.995$ 时，测量样品溶液。

（六）样品的测定

原子荧光光谱仪的开机准备操作和检测原理，参见本书第三章第三节-一、-（六）样品的测定。

分析铅及铅合金中 6 种杂质元素锡、锑、铋、砷、硒、碲的含量时，根据被测元素的种类，以表 9-30 中规定的载流剂为载流调零，氩气（Ar≥99.99%，体积分数）为屏蔽气和载气，将样品溶液和硼氢化钾溶液（此溶液配制方法参见表 9-30）导入氢化物发生器的反应池中，载流溶液和样品溶液交替导入，依次测量空白溶液及样品溶液中被测元素的原子荧光强度 3 次，取 3 次测量平均值。样品溶液中被测元素的荧光强度平均值，减去随同样品的等体积空白溶液中相应元素的荧光强度平均值，为净荧光强度。从标准曲线上查出相应的被测元素质量浓度（ng/mL）。

⊡ 表 9-30　分析铅及铅合金中 6 种杂质元素锡等含量的载流剂和还原剂

被测元素	载流剂	硼氢化钾溶液（还原剂）
锡	硫酸(1+99)	硼氢化钾溶液(15g/L)；称 7.5g 硼氢化钾，溶于 500mL 氢氧化钾(5.0g/L)中，混匀，用时现配
锑、铋、砷	盐酸(1+4)	硼氢化钾溶液(25g/L)；称 5g 硼氢化钾，加入 200mL 氢氧化钾(5.0g/L)中，混匀，用时现配
硒、碲	盐酸(2+3)	硼氢化钾溶液(20g/L)；称 10g 硼氢化钾，加入 500mL 氢氧化钾(5.0g/L)中，混匀，用时现配

（七）结果的表示

当被测元素的质量分数＜0.01％时，分析结果表示至小数点后第 4 位；当被测元素的质量分数＞0.01％时，分析结果表示至小数点后第 3 位。

（八）质量保证和质量控制

分析时，应用国家级或行业级标准样品或控制样品进行校核，或每年至少用标准样品或控制样品对分析方法校核一次。当过程失控时，应找出原因，纠正错误后重新进行校核，并采取相应的预防措施。

（九）注意事项

（1）参见第二章第二节-一、-(九)注意事项（1）。

（2）参见第三章第三节-一、-(九)注意事项（2）。

（3）参见第二章第三节-一、-(九)注意事项（1）、（3）。本部分所有分析过程中的酸试剂均为优级纯，酸溶液均由优级纯试剂配制。

（4）测试中所用仪器的标准，参见第二章第三节-三、-(九)注意事项（3）。

第四节　电感耦合等离子体原子发射光谱法

在现行有效的标准中，采用电感耦合等离子体原子发射光谱法分析锌锭及锌合金产品的标准方法有 1 个。这里将该标准方法的各部分内容归纳整理，并结合工作实际，重点解析分析方法中的难点和重点。

现行国家标准[36]中，电感耦合等离子体原子发射光谱法可以分析锌锭及锌合金中 11 种杂质元素铅、镉、铁、铜、锡、铝、砷、锑、镁、镧、铈的含量，此方法适用于上述各元素的独立测定，也适用于多元素的同时测定，其元素测定范围见表 9-6。下面讲解具体的分析步骤和方法，以及一些注意事项。

（一）样品的制备和保存

样品应做表面处理，取适量样品加入硝酸（1＋9）反应后立即流水冲洗，彻底洗净后加入乙醇冲洗，取出阴干。

（二）样品的消解

分析锌及锌合金中11种杂质元素铅、镉、铁、铜、锡、铝、砷、锑、镁、镧、铈含量的消解方法主要为湿法消解中的电热板消解法。关于消解方法分类的介绍，参见第二章第二节-一、-(二)样品的消解。本部分中，样品用稀硝酸分解，制得稀硝酸介质的待测样品溶液。

称取1.0000g样品，精确至0.0001g。独立测定2次，取其平均值。以高纯金属锌随同样品做空白试验。

分析$w(Al)\leqslant1.00\%$样品中的上述11种杂质元素含量时，将样品置于100mL烧杯中，加入12～16mL硝酸（1＋1），于电热板上加热至微沸并完全溶解，取下，冷却至室温，移入100mL容量瓶中，以水定容，混匀。

分析$w(Al)>1.00\%$样品中的上述11种杂质元素含量时，将样品置于100mL烧杯中，加入30～35mL硝酸（1＋1），于电热板上加热至微沸并完全溶解，取下，冷却至室温，移入250mL容量瓶中，以水定容，混匀。

（三）仪器条件的选择

分析锌及锌合金中11种杂质元素铅、镉、铁、铜、锡、铝、砷、锑、镁、镧、铈的含量时，推荐的电感耦合等离子体原子发射光谱仪的测试条件，参见表9-6。仪器具有等离子体光源，使用功率750～1750W。

(1) 选择分析谱线时，可以根据仪器的实际情况（如灵敏度和谱线干扰）做相应的调整。推荐的分析线见表9-6。分析谱线的选择，参见第二章第三节-一、-(三)仪器条件的选择。

注意：当$w(As)>0.01\%$时，镉的分析线采用214.4nm。

(2) 仪器的实际分辨率，参见第二章第三节-一、-(三)仪器条件的选择。

(3) 在仪器最佳工作条件下，凡能达到下列指标者均可使用。

1) 灵敏度　以测铅含量为例，通过计算溶液中仅含有铅的分析线（220.3nm），得出检出限（DL）。检出限定义，参见第二章第三节-一、-(三)-(3)-1)灵敏度。

2) 短期稳定性　每个最高浓度标准溶液发射谱线的标准偏差应不超过绝对或相对光强平均值的0.8%。此指标的测量和计算方法参见第二章第三节-一、-(三)-(3)-2)短期稳定性。

3) 长期稳定性　7个测量平均值的相对标准偏差＜2.0%。此指标的测量和计算方法参见第二章第三节-一、-(三)-(3)-3)长期稳定性。

4) 标准曲线$R^2\geqslant0.999$。

（四）干扰的消除

(1) 分析锌样品中11种杂质元素铅、镉、铁、铜、锡、铝、砷、锑、镁、镧、铈的含量，配制标准系列溶液时，采用基体匹配法，加入锌基体溶液抵消基体锌的影响。分析锌合金样品中的上述11种杂质元素含量时，同样采用基体匹配标准曲线法进行定量，分别根据样品中基体锌、铝的质量，加入适量的锌基体溶液和铝基体溶液，使标准系列溶液中的锌、铝质量与样品溶液保持一致。

（2）配制标准系列溶液时，为使混合标准系列溶液的离子浓度一致，某一混合标准系列溶液中各被测元素浓度不应都是最高或最低的。

（3）应处理样品表面，取适量样品加入硝酸（1+9）反应后立即流水冲洗，彻底洗净后加入乙醇冲洗，取出阴干，消除表面氧化膜的影响。

（4）根据样品中被测元素的含量，选择合适的分析线（无基体干扰），消除测定时的光谱干扰。

（五）标准曲线的建立

1. 标准溶液的配制

配制各个被测元素标准储备溶液和标准溶液的原则，参见第二章第三节-二、-（五）-1. 标准溶液的配制。分析锌及锌合金中 11 种杂质元素铅、镉、铁、铜、锡、铝、砷、锑、镁、镧、铈的含量时，各种被测元素的标准储备溶液和标准溶液的制备方法参见表 9-31。

▫ 表 9-31　分析锌及锌合金中 11 种杂质元素铅等含量的被测元素标准储备溶液和标准溶液

被测元素	标准储备溶液制备方法	标准溶液制备方法
铅	称取 0.2500g 金属铅[$w(Pb) \geqslant 99.99\%$]置于 100mL 烧杯中，加入 30mL 硝酸（1+1），盖上表面皿，加热至完全溶解，煮沸除去氮的氧化物，移入 250mL 容量瓶中，用水稀释至刻度，混匀。铅的浓度为 1.0mg/mL	移取 10.00mL 铅标准储备溶液置于 100mL 容量瓶中，加入 5mL 硝酸（$\rho=1.42g/mL$，优级纯），用水稀释至刻度，混匀。铅的浓度为 100μg/mL
镉	称取 0.2500g 金属镉[$w(Cd) \geqslant 99.99\%$]置于 100mL 烧杯中，加入 30mL 硝酸（1+1），盖上表面皿，加热至完全溶解，煮沸除去氮的氧化物，移入 250mL 容量瓶中，用水稀释至刻度，混匀。镉的浓度为 1.0mg/mL	移取 10.00mL 镉标准储备溶液置于 100mL 容量瓶中，加入 5mL 硝酸（$\rho=1.42g/mL$，优级纯），用水稀释至刻度，混匀。镉的浓度为 100μg/mL
铁	称取 0.2500g 金属铁[$w(Fe) \geqslant 99.99\%$]置于 100mL 烧杯中，加入 30mL 硝酸（1+1），盖上表面皿，加热至完全溶解，煮沸除去氮的氧化物，移入 250mL 容量瓶中，用水稀释至刻度，混匀。铁的浓度为 1.0mg/mL	移取 10.00mL 铁标准储备溶液置于 100mL 容量瓶中，加入 5mL 硝酸（$\rho=1.42g/mL$，优级纯），用水稀释至刻度，混匀。铁的浓度为 100μg/mL
铜	称取 0.2500g 金属铜[$w(Cu) \geqslant 99.99\%$]置于 100mL 烧杯中，加入 30mL 硝酸（1+1），盖上表面皿，加热至完全溶解，煮沸除去氮的氧化物，移入 250mL 容量瓶中，用水稀释至刻度，混匀。铜的浓度为 1.0mg/mL	移取 10.00mL 铜标准储备溶液置于 100mL 容量瓶中，加入 5mL 硝酸（$\rho=1.42g/mL$，优级纯），用水稀释至刻度，混匀。铜的浓度为 100μg/mL
砷	称取 0.3300g 三氧化二砷[$w(As_2O_3) \geqslant 99.9\%$]置于 100mL 烧杯中，加入 1.0mL 氢氧化钠溶液（10g/L），微热溶解后以硝酸（1.8mol/L）酸化，移入 250mL 容量瓶中用硝酸（1.8mol/L）稀释至刻度，混匀。砷的浓度为 1.0mg/mL	移取 10.00mL 砷标准储备溶液置于 100mL 容量瓶中，用硝酸（1.8mol/L）稀释至刻度，混匀。砷的浓度为 100μg/mL
锡	称取 0.2500g 锡片[$w(Sn) \geqslant 99.99\%$]置于 100mL 烧杯中，加入 10mL 酒石酸（200g/L）、20mL 浓硫酸（$\rho=1.84g/mL$，优级纯）溶解后，用盐酸（1+1）移入 250mL 容量瓶中并稀释至刻度，混匀。锡的浓度为 1.0mg/mL	移取 10.00mL 锡标准储备溶液置于 100mL 容量瓶中，加入 5mL 硝酸（$\rho=1.42g/mL$，优级纯），用水稀释至刻度，混匀。锡的浓度为 100μg/mL
铝	称取 0.2500g 铝片[$w(Al) \geqslant 99.99\%$]置于 100mL 烧杯中，加入 20mL 盐酸（$\rho=1.19g/mL$，优级纯）、15mL 硝酸（$\rho=1.84g/mL$，优级纯）溶解后，移入 250mL 容量瓶中，用水稀释至刻度，混匀。铝的浓度为 1.0mg/mL	移取 10.00mL 铝标准储备溶液置于 100mL 容量瓶中，加入 5mL 硝酸（$\rho=1.42g/mL$，优级纯），用水稀释至刻度，混匀。铝的浓度为 100μg/mL

被测元素	标准储备溶液制备方法	标准溶液制备方法
锑	称取 0.2500g 锑粉［w(Sb)≥99.99％］置于 100mL 烧杯中，加入 10mL 酒石酸（200g/L）、30mL 硝酸（1+1），加热溶解后，用硝酸（1+1）移入 250mL 容量瓶中并稀释至刻度，混匀。锑的浓度为 1.0mg/mL	移取 10.00mL 锑标准储备溶液置于 100mL 容量瓶中，加入 5mL 硝酸（$\rho=1.42$g/mL，优级纯），用水稀释至刻度，混匀。锑的浓度为 100μg/mL
镧	称 0.2932g 三氧化二镧［w(La$_2$O$_3$)≥99.9％，预先于 1000℃ 马弗炉中灼烧 1h，置于干燥器中冷却，备用］置于 100mL 烧杯中，加入 30mL 盐酸（1+1），加热溶解后移入 250mL 容量瓶中，用水稀释至刻度，混匀。镧的浓度为 1.0mg/mL	移取 10.00mL 镧标准储备溶液置于 100mL 容量瓶中，加入 5mL 硝酸（$\rho=1.42$g/mL，优级纯），用水稀释至刻度，混匀。镧的浓度为 100μg/mL
铈	称 0.3071g 氧化铈［w(CeO$_2$)≥99.9％，预先于 1000℃ 马弗炉中灼烧 1h，置于干燥器中冷却，备用］置于 100mL 烧杯中，加入 30mL 盐酸-硝酸混合酸（3+1），加热溶解后移入 250mL 容量瓶中，用水稀释至刻度，混匀。铈的浓度为 1.0mg/mL	移取 10.00mL 铈标准储备溶液置于 100mL 容量瓶中，加入 5mL 硝酸（$\rho=1.42$g/mL，优级纯），用水稀释至刻度，混匀。铈的浓度为 100μg/mL
镁	称取 0.4146g 氧化镁［w(MgO)≥99.9％，预先于 900℃ 马弗炉中灼烧 1h，置于干燥器中冷却，备用］置于 100mL 烧杯中，加入 30mL 盐酸（1+1），加热溶解后移入 250mL 容量瓶中，用水稀释至刻度，混匀。镁的浓度为 1.0mg/mL	移取 10.00mL 镁标准储备溶液置于 100mL 容量瓶中，加入 5mL 硝酸（$\rho=1.42$g/mL，优级纯），用水稀释至刻度，混匀。镁的浓度为 100μg/mL

2. 标准曲线的建立

标准系列溶液的配制原则，参见第二章第二节-一、-(五)-2. 标准曲线的建立中的标准系列溶液的配制原则。分析锌及锌合金中 11 种杂质元素铅、镉、铁、铜、锡、铝、砷、锑、镁、镧、铈的含量时，采用基体匹配标准曲线法进行计算，即配制与被测样品基体一致、质量分数相近的标准系列溶液，该方法原理介绍参见第二章第二节-一、-(五)-2.-(2) 标准曲线法。

(1) 基体溶液　锌基体溶液（0.1g/mL）：称取 10.0g 基体锌粒［w(Zn)≥99.9999％］，加入少量硝酸（1+1），缓慢溶解后，移入 100mL 容量瓶中，用水稀释至刻度，混匀。

铝基体溶液（分析锌铝合金）（0.01g/mL）：称取 2.5000g 铝片［w(Al)≥99.99％］置于 100mL 烧杯中，加入 20mL 盐酸（$\rho=1.19$g/mL，优级纯）、15mL 硝酸（$\rho=1.42$g/mL，优级纯）溶解后，移入 250mL 容量瓶中，用水稀释至刻度，混匀。

(2) 标准系列溶液　根据样品中的基体元素和被测元素含量，移取适当量的被测元素标准溶液（标准溶液浓度及配制方法参见表 9-31），按表 9-32 配制标准系列溶液，同时要匹配与称样量一致的锌基体溶液（0.1g/mL）。当分析锌铝合金样品时，匹配锌基体溶液（0.1g/mL）和铝基体溶液（0.01g/mL），配制酸度保持在 1～1.4mol/L。为使混合标准系列溶液的离子浓度一致，某一混合标准系列溶液中各被测元素浓度不应都是最高或最低的。标准系列溶液配制好后一般可用 1 个月。

⊡ 表 9-32　分析锌及锌合金中 11 种杂质元素铅等含量的标准系列溶液

标准曲线	1	2	3	4	5	6	7
基体元素 1	$0.8m$	m	$(3m+M)/4$	$(m+M)/2$	$(m+3M)/4$	M	$1.2M$
基体元素 2	$1.2M$	M	$(m+3M)/4$	$(m+M)/2$	$(3m+M)/4$	m	$0.8m$
基体元素 3	$(3m+M)/4$	m	$0.8m$	$(m+M)/2$	$1.2M$	M	$(m+3M)/4$

标准曲线	1	2	3	4	5	6	7
基体元素 4	$(m+3M)/4$	M	$1.2M$	$(m+M)/2$	$0.8m$	m	$(3m+M)/4$
基体元素 5	m	$(3m+M)/4$	$1.2M$	M	$(m+3M)/4$	$0.8m$	$(m+M)/2$
基体元素 6	M	$(m+3M)/4$	$0.8m$	$(m+M)/2$	$1.2M$	$(3m+M)/4$	m
基体元素 7	$(m+M)/2$	$0.8m$	$(3m+M)/4$	$1.2M$	$(m+3M)/4$	m	M
杂质元素 1	空白	$0.2L$	$0.5L$	$0.8L$	L	$1.2L$	$1.5L$
杂质元素 2	$0.2L$	$0.5L$	$0.8L$	L	$1.2L$	$1.5L$	空白
杂质元素 3	$0.5L$	$0.8L$	L	$1.2L$	$1.5L$	空白	$0.2L$
杂质元素 4	$0.8L$	L	$1.2L$	$1.5L$	空白	$0.2L$	$0.5L$
杂质元素 5	L	$1.2L$	$1.5L$	空白	$0.2L$	$0.5L$	$0.8L$
杂质元素 6	$1.2L$	$1.5L$	空白	$0.2L$	$0.5L$	$0.8L$	L
杂质元素 7	$1.5L$	空白	$0.2L$	$0.5L$	$0.8L$	L	$1.2L$

注：m—样品中基体元素最小含量，%。

M—样品中基体元素最大含量，%。

L—样品中杂质元素最大含量，%。

标准系列溶液的测量方法，参见第二章第三节--一、-(五)-2.-(3) 标准系列溶液的测量。分别以各被测元素的质量浓度（$\mu g/mL$）为横坐标，以分析线净强度为纵坐标，绘制标准曲线。当标准曲线的 $R^2 \geqslant 0.999$ 时，测定样品溶液。

（六）样品的测定

（1）优化仪器的方法　具体方法参见第二章第三节--一、-(六) 样品的测定。

（2）样品中被测元素的分析线发射强度的测量　具体方法参见第二章第三节--一、-(六) 样品的测定。从标准曲线上确定被测元素的质量浓度（$\mu g/mL$）。

（3）分析线中干扰线的校正　具体方法参见第二章第三节--一、-(六) 样品的测定。

（七）结果的表示

分析结果保留 2 位有效数字，当 w(Al、Cu)＞1.00% 时，保留至小数点后第二位。

（八）质量保证和质量控制

具体操作方法参见第二章第三节--一、-(八) 质量保证和质量控制。

（九）注意事项

（1）参见第二章第二节--一、-(九) 注意事项（1）。

（2）参见第二章第三节--一、-(九) 注意事项（1）～（3）。

（3）测试中所用仪器的标准，参见第二章第三节-三、-(九) 注意事项（3）。

（4）分析锌锭、锌合金时，根据被测元素的种类及其质量分数，选取合适的分析线和标准系列溶液配制浓度。

（5）分析样品中的同一被测元素含量时，可按照表9-32绘制多条标准曲线进行定量分析。

参考文献

[1]　彭容秋. 镍冶金 [M]. 长沙：中南大学出版社,2005.

[2]　彭容秋. 锌冶金 [M]. 长沙：中南大学出版社,2005.

［3］　雷霆. 锑冶金［M］. 北京：冶金工业出版社,2009.

［4］　彭容秋. 铅冶金［M］. 长沙：中南大学出版社,2005.

［5］　国家质量监督检验检疫总局. GB/T 8647. 5—2006 镍化学分析方法 镁量的测定 火焰原子吸收光谱法［S］. 北京：中国标准出版社, 2006.

［6］　国家质量监督检验检疫总局. GB/T 8647. 6—2006 镍化学分析方法 镉、钴、铜、锰、铅、锌量的测定 火焰原子吸收光谱法［S］. 北京：中国标准出版社, 2006.

［7］　国家质量监督检验检疫总局. GB/T 12689. 3—2004 锌及锌合金化学分析方法 镉量的测定 火焰原子吸收光谱法［S］. 北京：中国标准出版社, 2004.

［8］　国家质量监督检验检疫总局. GB/T 12689. 4—2004 锌及锌合金化学分析方法 铜量的测定 二乙基二硫代氨基甲酸铝分光光度法、火焰原子吸收光谱法和电解法［S］. 北京：中国标准出版社, 2004.

［9］　国家质量监督检验检疫总局. GB/T 12689. 5—2004 锌及锌合金化学分析方法 铁量的测定 磺基水杨酸分光光度法和火焰原子吸收光谱法［S］. 北京：中国标准出版社, 2004.

［10］　国家质量监督检验检疫总局. GB/T 12689. 7—2010 锌及锌合金化学分析方法 第 7 部分：镁量的测定 火焰原子吸收光谱法［S］. 北京：中国标准出版社, 2011.

［11］　国家质量监督检验检疫总局. GB/T 12689. 9—2004 锌及锌合金化学分析方法 锑量的测定 原子荧光光谱法和火焰原子吸收光谱法［S］. 北京：中国标准出版社, 2004.

［12］　国家质量监督检验检疫总局. GB/T 3253. 3—2008 锑及三氧化二锑化学分析方法 铅量的测定 火焰原子吸收光谱法［S］. 北京：中国标准出版社, 2008.

［13］　国家质量监督检验检疫总局. GB/T 3253. 5—2008 锑及三氧化二锑化学分析方法 铜量的测定 火焰原子吸收光谱法［S］. 北京：中国标准出版社, 2008.

［14］　国家质量监督检验检疫总局. GB/T 3253. 9—2009 锑及三氧化二锑化学分析方法 镉量的测定 火焰原子吸收光谱法［S］. 北京：中国标准出版社, 2009.

［15］　国家质量监督检验检疫总局. GB/T 3253. 11—2009 锑及三氧化二锑化学分析方法 铋量的测定 原子吸收光谱法［S］. 北京：中国标准出版社, 2009.

［16］　国家质量监督检验检疫总局. GB/T 4103. 2—2012 铅及铅合金化学分析方法 第 2 部分：锑量的测定——方法 2 火焰原子吸收光谱法［S］. 北京：中国标准出版社, 2012.

［17］　国家质量监督检验检疫总局. GB/T 4103. 3—2012 铅及铅合金化学分析方法 第 3 部分：铜量的测定［S］. 北京：中国标准出版社, 2012.

［18］　国家质量监督检验检疫总局. GB/T 4103. 4—2012 铅及铅合金化学分析方法 第 4 部分：铁量的测定［S］. 北京：中国标准出版社, 2012.

［19］　国家质量监督检验检疫总局. GB/T 4103. 8—2012 铅及铅合金化学分析方法 第 8 部分：碲量的测定——方法二 火焰原子吸收光谱法［S］. 北京：中国标准出版社, 2012.

［20］　国家质量监督检验检疫总局. GB/T 4103. 9—2012 铅及铅合金化学分析方法 第 9 部分：钙量的测定［S］. 北京：中国标准出版社, 2012.

［21］　国家质量监督检验检疫总局. GB/T 4103. 11—2012 铅及铅合金化学分析方法 第 11 部分：锌量的测定［S］. 北京：中国标准出版社, 2012.

［22］　国家质量监督检验检疫总局. GB/T 4103. 14—2009 铅及铅合金化学分析方法 第 14 部分：镉量的测定 火焰原子吸收光谱法［S］. 北京：中国标准出版社, 2009.

［23］　国家质量监督检验检疫总局. GB/T 4103. 15—2009 铅及铅合金化学分析方法 第 15 部分：镍量的测定 火焰原子吸收光谱法［S］. 北京：中国标准出版社, 2009.

［24］　国家质量监督检验检疫总局. GB/T 8647. 7—2006 镍化学分析方法砷、锑、铋、锡、铅量的测定电热原子吸收光谱法［S］. 北京：中国标准出版社, 2006.

［25］　国家质量监督检验检疫总局. GB/T 12689. 2—2004 锌及锌合金化学分析方法 砷量的测定 原子荧光光谱法［S］. 北京：中国标准出版社, 2004.

［26］　国家质量监督检验检疫总局. GB/T 12689. 9—2004 锌及锌合金化学分析方法 锑量的测定 原子荧光光谱法和火焰原子吸收光谱法——方法 1 原子荧光光谱法［S］. 北京：中国标准出版社, 2004.

[27]　国家质量监督检验检疫总局. GB/T 3253. 6—2008 锑及三氧化二锑化学分析方法 硒量的测定 原子荧光光谱法 [S]. 北京：中国标准出版社，2008.

[28]　国家质量监督检验检疫总局. GB/T 3253. 7—2009 锑及三氧化二锑化学分析方法 铋量的测定 原子荧光光谱法 [S]. 北京：中国标准出版社，2009.

[29]　国家质量监督检验检疫总局. GB/T 3253. 10—2009 锑及三氧化二锑化学分析方法 汞量的测定 原子荧光光谱法 [S]. 北京：中国标准出版社，2009.

[30]　国家质量监督检验检疫总局. GB/T 4103. 1—2012 铅及铅合金化学分析方法 第 1 部分：锡量的测定——方法一 氢化物发生-原子荧光光谱法 [S]. 北京：中国标准出版社，2012.

[31]　国家质量监督检验检疫总局. GB/T 4103. 2—2012 铅及铅合金化学分析方法 第 2 部分：锑量的测定——方法一 氢化物发生-原子荧光光谱法 [S]. 北京：中国标准出版社，2012.

[32]　国家质量监督检验检疫总局. GB/T 4103. 5—2012 铅及铅合金化学分析方法 第 5 部分：铋量的测定 氢化物发生-原子荧光光谱法 [S]. 北京：中国标准出版社，2012.

[33]　国家质量监督检验检疫总局. GB/T 4103. 6—2012 铅及铅合金化学分析方法 第 6 部分：砷量的测定——方法一 原子荧光光谱法 [S]. 北京：中国标准出版社，2012.

[34]　国家质量监督检验检疫总局. GB/T 4103. 7—2012 铅及铅合金化学分析方法 第 7 部分：硒量的测定 氢化物发生-原子荧光光谱法 [S]. 北京：中国标准出版社，2012.

[35]　国家质量监督检验检疫总局. GB/T 4103. 8—2012 铅及铅合金化学分析方法 第 8 部分：碲量的测定——方法一 氢化物发生-原子荧光光谱法 [S]. 北京：中国标准出版社，2012.

[36]　国家质量监督检验检疫总局. GB/T 12689. 12—2004 锌及锌合金化学分析方法铅、镉、铁、铜、锡、铝、砷、锑、镁、镧、铈量的测定 电感耦合等离子体-发射光谱 [S]. 北京：中国标准出版社，2004.

[37]　国家质量监督检验检疫总局. GB/T 8647. 10—2006 镍化学分析方法砷、镉、铅、锌、锑、铋、锡、钴、铜、锰、镁、硅、铝、铁量的测定 发射光谱法 [S]. 北京：中国标准出版社，2006.

[38]　国家质量监督检验检疫总局. GB/T 12689. 12—2004 锌及锌合金化学分析方法 铅、镉、铁、铜、锡、铝、砷、锑、镁、镧、铈量的测定 电感耦合等离子体-发射光谱法——附录 B [S]. 北京：中国标准出版社，2004.

[39]　国家质量监督检验检疫总局. GB/T 4103. 16—2009 铅及铅合金化学分析方法 第 16 部分：铜、银、铋、砷、锑、锡、锌量的测定 光电直读发射光谱法——附录 C [S]. 北京：中国标准出版社，2009.

第十章

锂、镁、钾、钙及其相关产品的分析

第一节　应用概况

　　轻金属是密度小于 4.5g/cm³ 的金属，包括：有色轻金属（轻有色金属）铝（Al）、镁（Mg）、钙（Ca）、锶（Sr）、钡（Ba）、钾（K）、钠（Na）；稀有轻金属铍（Be）、锂（Li）、铷（Rb）、铯（Cs）。本章介绍锂、镁、钾、钙 4 种轻金属及其相关产品中基体元素和杂质元素的分析方法。其中，锂产品包括金属锂、碳酸锂、单水氢氧化锂、氯化锂、氟化锂、钴酸锂（锂离子电池正极材料钴酸锂）；钾产品包括氟硼酸钾、氟钛酸钾。这 4 类轻金属产品在冶金领域中起着关键作用。

　　锂用于生产轻合金、超轻合金、耐磨合金、优质特殊合金钢材、导电合金及其他合金，碳酸锂为生产二次锂盐和金属锂的基础材料，单水氢氧化锂作锂基润滑脂的原料，氯化锂用作铝的焊接熔剂，氟化锂是制造高透紫外线玻璃的材料，钴酸锂用作锂离子电池的正极材料。镁为铝合金中的重要组分，在航天、航空和汽车等工业中镁基合金可代替部分铝材；以镁粉深脱硫可生产优质钢材；镁可作阴极防止金属腐蚀，用于地下铁制管道、石油管道、储罐、海上设施、装备、民用等。钾钠合金用作合金的脱氧剂、油类的脱水剂、冶金的还原剂、铁和铁合金的脱硫与脱碳剂以及电子管中的吸气剂等；氟硼酸钾应用于助熔剂，铸造铝或镁的磨料，铝钛硼的原料；氟钛酸钾用作引弧剂，制铝、钛、硼合金，钛酸和金属钛。金属钙（含钙的中间合金）用于钢铁的炉外精炼，钙还可用作油类的脱水剂、冶金的还原剂等。

　　下面将 AAS、ICP-AES、AES 的测定范围、检出限、仪器条件、干扰物质及消除方法等基本条件以表格的形式列出，为选择合适的分析方法提供参考。表 10-1 是火焰原子吸收光谱法分析锂产品、镁及镁合金、钾产品、金属钙的基本条件。表 10-2 是电感耦合等离子体原子发射光谱法分析钴酸锂、镁及镁合金的基本条件。表 10-3 是原子发射光谱法分析镁及镁合金的基本条件。

□ 表 10-1 火焰原子吸收光谱法分析锂产品、镁及镁合金、钾产品、金属钙的基本条件

适用范围	测项	检测方法	测定范围(质量分数)/%	检出限 I/(μg/mL)	波长/nm	原子化器	原子化器条件	干扰物质消除方法	国标号	参考文献
锂	钾	火焰原子吸收光谱法	0.0005~0.04	0.076	766.5	火焰	空气-乙炔火焰	标准加入法测定	GB/T 20931.1—2007	[1]
	钠		0.0005~0.20 >0.20~2.0	0.029	589.6 330.2	火焰	空气-乙炔氧化性火焰	$w(Na)\leqslant0.050\%$ 时,标准加入法测定;$w(Na)>0.050\%\sim2.0\%$ 时,基体匹配标准曲线法测定	GB/T 20931.2—2007	[2]
	钙		0.0010~0.1	0.10	422.7	火焰	乙炔-氧化亚氮富燃火焰	标准加入法测定	GB/T 20931.3—2007	[3]
	铜		0.0010~0.1	0.0018	324.7	火焰	空气-乙炔贫燃火焰	基体匹配标准曲线法测定	GB/T 20931.10—2007	[4]
	镁		0.0010~0.1	0.003	285.2	火焰	空气-乙炔贫燃火焰	标准加入法测定	GB/T 20931.11—2007	[5]
碳酸锂、单水氢氧化锂、氯化锂	钾	火焰原子吸收光谱法	0.0010~0.40	0.026	766.5	火焰	空气-乙炔火焰	标准加入法测定	GB/T 11064.4—2013	[6]
	钠		0.0010~0.40	0.024	589.0	火焰	空气-乙炔火焰	标准加入法测定	GB/T 11064.5—2013	[7]
	钙		0.0020~0.35	0.10	422.7	火焰	空气-乙炔火焰	镧盐和柠檬酸作释放剂,标准加入法测定	GB/T 11064.6—2013	[8]
	镁		0.0005~0.020	0.003	285.2	火焰	空气-乙炔火焰	氯化镧,硝酸镧作释放剂,标准曲线法测定		
氟化锂	镁	火焰原子吸收光谱法	≤0.15	0.07	285.2	火焰	空气-乙炔火焰	硫酸溶解样品,加热除氟	GB/T 22660.4—2008	[9]
	钙		≤0.50	0.24	422.7	火焰	空气-乙炔火焰	高氯酸赶氟,加热至除高氯酸烟冒尽;硝酸镧作释放剂去除干扰,基体匹配标准曲线法测定	GB/T 22660.5—2008	[10]

适用范围	测项	检测方法	测定范围(质量分数)/%	检出限/(μg/mL)	波长/nm	原子化器	原子化器条件	干扰物质消除方法	国标号	参考文献
镁及镁合金	锂	火焰原子吸收光谱法	0.0020~0.250	0.018	670.8	火焰	空气-乙炔贫燃火焰	基体匹配标准曲线法测定	GB/T 13748.3—2005	[11]
	银		1.00~3.00	0.02	328.1	火焰	空气-乙炔贫燃火焰	样品用硝酸溶解,在低酸性溶液中,加入硫脲络合银	GB/T 13748.6—2005	[12]
	铅		0.0010~0.010	0.23	283.3	火焰	空气-乙炔火焰	样品用盐酸溶解,以氢氧化铁作载体,共沉淀分离富集铅	GB/T 13748.13—2005	[13]
	锌		0.10~10.00	0.025	213.9	火焰	空气-乙炔贫燃火焰	标准曲线法测定	GB/T 13748.15—2013	[14]
	钙		0.0020~0.0500	0.15	422.7	火焰	空气-乙炔富燃火焰	氯化镧作释放剂;镁合金样品[w(Mo)>6%],加入8-羟基喹啉溶液消除干扰	GB/T 13748.16—2005	[15]
	钾		0.0010~0.0200	0.010	766.5	火焰	空气-乙炔贫燃火焰	标准加入法测定	GB/T 13748.17—2005	[16]
	钠		0.0010~0.0200	0.010	589.2	火焰	空气-乙炔贫燃火焰			
氟硼酸钾	镁	火焰原子吸收光谱法	≤0.5	—	285.2	火焰	空气-乙炔火焰	高氯酸赶氟,氯化镧溶液作释放剂	GB/T 22661.4—2008	[17]
	钙		≤0.5	—	422.7	火焰	空气-乙炔火焰	高氯酸赶氟,氯化镧溶液作释放剂	GB/T 22661.5—2008	[18]
	钠		≤0.5	—	589.6	火焰	空气-乙炔火焰	硫酸赶氟,氯化铯作放剂	GB/T 22661.7—2008	[19]
氟钛酸钾	钙	火焰原子吸收光谱法	≤0.5%	—	422.7	火焰	空气-乙炔火焰	硝酸、高氯酸溶解,氨水调pH,分离介质,1%盐酸作释放剂	GB/T 22662.5—2008	[20]
	铁		≤0.5%	—	248.3	火焰	空气-乙炔火焰	—	GB/T 22662.6—2008	[21]
	铅		≤0.50%	—	283.3	火焰	空气-乙炔火焰	—	GB/T 22662.7—2008	[22]
金属钙	铁	火焰原子吸收光谱法	≥0.002	0.20	248.3	火焰	空气-乙炔火焰	采用空心阴极灯校正背景;基体匹配配制标准;样品中共存元素浓度达到其浓度上限的2倍时不影响测定	GB/T 10267.3—2008	[23]
	镍		≥0.002	0.20	232.0	火焰	空气-乙炔火焰			
	铜		≥0.001	0.10	324.7	火焰	空气-乙炔火焰			
	锰		≥0.001	0.10	279.5	火焰	空气-乙炔火焰			
	镁		≥0.002	0.08	285.2	火焰	空气-乙炔火焰			

□ 表10-2 电感耦合等离子体原子发射光谱法分析钴酸锂、镁及镁合金的基本条件

适用范围	测项	检测方法	测定范围(质量分数)/%	检出限/(μg/mL)	分析线/nm	仪器条件	干扰物质消除方法	国标号	参考文献
钴酸锂 (锂离子电池正极材料钴酸锂)	锂	电感耦合等离子体原子发射光谱法	6.00~8.00	0.0521	610.362	①电感耦合等离子体原子发射光谱仪,谱线半高宽应不大于0.030nm。②被测元素最大质量浓度溶液连续测量5次,其发射光绝对强度的相对标准偏差应小于0.8%。③标准曲线的线性,其相关系数大于0.999	钴基体匹配法；标准曲线法	GB/T 23367.2—2009	[24]
	镍		0.01~0.20	0.0005	221.648				
	锰		0.01~0.20	0.0003	257.610				
	镁		0.01~0.20	0.0005	280.271				
	铝		0.01~0.20	0.0006	396.153				
	铁		0.01~0.20	0.0005	259.939				
	钠		0.01~0.20	0.0006	589.592				
	钙		0.01~0.20	0.0021	396.847				
	铜		0.01~0.20	0.0003	324.752				
	钇		3.00~6.00	—	224.3	①电感耦合等离子体原子发射光谱仪,中阶梯光栅+石英棱镜二维分光,分辨率0.005nm。②分析功率950W;冷却气流量15L/min;辅助气流量0.5L/min;观测高度线圈上方15mm;积分时间10s	以基体匹配法校正基体对测定量的影响	GB/T 13748.5—2005	[25]
镁及镁合金	铁	电感耦合等离子体原子发射光谱法	0.0020~0.100	—	259.940,239.562	—	以基体匹配法校正基体对测定量的影响	GB/T 13748.20—2009	[26]
	铜		0.0005~4.00	—	324.754,327.396				
	锰		0.0010~2.00	—	257.610,259.373				
	钛		0.0010~0.050	—	334.941,336.121				
	锌		0.010~7.00	—	206.200,213.856				
	钇		0.50~6.00	—	224.306,377.443				
	钕		0.50~3.00	—	403.358,394.151				
	锶		0.0010~0.050	—	407.771				
	镍		0.0002~0.010	—	231.604				
	锆		0.100~1.00	—	339.198				
	铍		0.0005~0.100	—	313.042,234.861				
	铝		0.0010~0.010	—	220.353				
	钙		0.0050~0.10	—	393.366				
	铝		0.010~10.00	—	396.152				
	铈		0.100~4.00	—	413.380,413.756				

☐ 表 10-3 原子发射光谱法分析镁及镁合金的基本条件

适用范围	测定项	检测方法	测定范围(质量分数)/%	分析谱线 波长/nm	分析谱线 测定范围/%	国标号	参考文献
镁及镁合金	铁	光电直读原子发射光谱法	0.001~0.10	238.20	0.0010~1.00	GB/T 13748.21—2009	[27]
				259.94	0.0010~2.00		
				317.99	0.020~0.100		
	硅		0.001~1.5	288.16	0.0010~0.050		
				251.61	0.10~1.50		
	锰		0.001~2.0	403.45	0.0010~3.00		
				293.30	0.010~3.00		
	锌		0.001~7.0	213.81	0.0005~1.00		
				334.50	0.010~3.00		
				481.05	0.50~7.00		
	铝		0.003~10.0	308.21	0.0010~2.00		
				266.04	1.00~10.00		
				305.46	1.00~12.00		
				396.15	0.0030~15.00		
	铜		0.0005~4.0	327.39	0.0050~0.30		
				324.75	0.0005~0.50		
				510.55	0.50~4.00		
	铈		0.10~4.0	—	—		
	铝		0.001~0.05	337.28	0.0005~0.10		
	钛		0.001~0.10	341.47	0.0001~0.030		
				231.60	0.0020~1.00		
	镍		0.0005~0.03	313.10	0.0001~0.10		
				313.04	0.0005~0.50		
	钕		0.0001~0.01	339.19	0.0010~1.00		
				349.62	0.0005~1.00		
				339.46	0.0010~1.50		
	锆		0.001~1.0	406.11	0.010~3.00		
				430.35	0.50~4.00		
	钇		0.50~6.0	—	—		
	钕		0.50~4.0	—	—		
	锶		0.01~0.05	—	—		
	镁(内标)		—	291.55,517.27,383.83	—		

其中，原子发射光谱法，如光电直读原子发射光谱法的应用不十分广泛，在本章中的方法介绍部分不作详细介绍。

第二节　原子吸收光谱法

在现行有效的标准中，采用火焰原子吸收光谱法分析锂产品的标准有 5 个，分析碳酸锂、单水氢氧化锂、氯化锂产品的标准有 3 个，分析氟化锂产品的标准有 2 个，分析镁及镁合金产品的标准有 6 个，分析氟硼酸钾产品的标准有 3 个，分析氟钛酸钾产品的标准有 3 个，分析金属钙产品的标准有 1 个，共计 23 个标准方法。立足于这些方法，对比分析了同一样品中不同被测元素检测的方法。

一、锂中杂质元素的分析

现行国家标准[1-5]中，火焰原子吸收光谱法可以分析锂中 5 种杂质元素钾、钠、钙、铜、镁的含量，此方法适用于上述各个被测元素含量的独立测定，其各元素测定范围见表 10-1。下面详细介绍火焰原子吸收光谱法分析锂产品中上述 5 种杂质元素含量的步骤。

（一）样品的制备和保存

（1）样品保存于石蜡油或密封的铝箔袋中。

（2）在手套箱内将样品用滤纸擦干，用剪刀削去表皮，切成小块，放入称量瓶中。

（二）样品的消解

分析锂中杂质元素钾、钠、钙、铜、镁含量的消解方法，不需加热装置，样品溶解在常温下或冷水浴中进行，是特殊的消解方法。消解方法分类参见第二章第二节-一、-(二) 样品的消解。

分析钾、钠含量时，样品用水溶解，对硝基酚作指示剂，制得硝酸介质的样品溶液。分析钙、镁含量时，样品用水溶解，对硝基酚作指示剂，制得稀盐酸介质的样品溶液。分析铜含量时，样品用水溶解，刚果红试纸作指示剂，制得稀盐酸介质的待测样品溶液。其中，采用标准加入法计算钾、钠 [$w(Na)$ 为 0.0005％～0.050％]、钙、镁的含量。下面介绍各种消解方法。

样品中被测元素的质量分数越大，称取样品量越小，如表 10-4 所列。根据样品中被测元素的种类及其质量分数，按表 10-4 在分析天平上用减量法称取样品，精确至 0.0001g。独立地进行 2 次测定，取其平均值。随同样品做空白试验。

▫ 表 10-4　分析锂中 5 种杂质元素钾等含量的样品溶液

被测元素	被测元素质量分数/%	样品量/g	指示剂	酸溶液	过量酸溶液体积/mL	定容容量瓶
钾	0.0005～0.04	1.00	2 滴对硝基酚指示剂①	硝酸②	5	100mL 石英容量瓶
钠	0.0005～0.050	1.00	2 滴对硝基酚指示剂①	硝酸②	5	100mL 石英容量瓶
钙	0.0010～0.10	1.50	2 滴对硝基酚指示剂①	盐酸③	1	100mL 塑料容量瓶

被测元素	被测元素质量分数/%	样品量/g	指示剂	酸溶液	过量酸溶液体积/mL	定容容量瓶
铜	0.001～0.005 ＞0.005～0.025 ＞0.025～0.10	2.0 1.0 0.2	刚果红试纸	盐酸③	4	100mL 塑料容量瓶
镁	0.0010～0.010	1.50	2滴对硝基酚指示剂①	盐酸③	1	100mL 塑料容量瓶

① 对硝基酚指示剂：1.0g/L，对硝基酚乙醇溶液。

② 硝酸：$\rho=1.42g/mL$，优级纯。

③ 盐酸：1+1，由优级纯试剂配制。

根据被测元素的种类，将准确称量的样品逐块投入盛有 20mL 水的 250mL 塑料杯中（分析铜含量时，将塑料杯置于冷水浴中冷却），待样品完全溶解后（分析铜含量时，用表 10-4 中盐酸中和至刚果红试纸恰好变为蓝色，以下从"过量加上述酸溶液"继续），滴加表 10-4 规定的相应量指示剂，缓慢加入表 10-4 规定的"酸溶液"至溶液黄色褪去，按表 10-4 再过量加上述酸溶液，移入表 10-4 规定的相应定容容量瓶中，以水稀释至刻度，混匀。

分析 $w(Na)＞0.050\%～2.0\%$ 锂样品中的钠含量时，分取上述样品溶液 10.00mL，置于 100mL 石英容量瓶中，用水稀释至刻度，混匀，待测。

（三）仪器条件的选择

分析锂中杂质元素钾、钠、钙、铜、镁的含量时，推荐的火焰原子吸收光谱仪的工作条件参见表 10-1。测定不同元素有不同的仪器操作条件，下面以钠元素的测定为例，介绍仪器操作条件的选择。

（1）选择钠元素的空心阴极灯作为光源（如测定钾、钙、铜、镁元素时，选择相应元素的空心阴极灯）。上机测量时需注意，根据样品中钠的质量分数，选择相应的分析线。

（2）选择原子化器。分析锂中的钾、钠、钙、铜、镁的含量时，选用火焰原子化器，其原子化器条件参见表 10-1。选择火焰原子化器的原则和火焰类型的介绍参见第二章第二节-一、-(三)-(2) 选择原子化器。

（3）在仪器最佳工作条件下，凡能达到下列指标者均可使用。

1）灵敏度　在与测量样品溶液基体相一致的溶液中，钠的特征浓度应≤0.029μg/mL（如测定钾、钙、铜、镁元素时，其相应的检出限参见表 10-1）。检出限定义，参见第二章第二节-一、-(三)-(3)-1) 灵敏度。

2）精密度　用最高浓度的标准溶液测量 10 次吸光度，其标准偏差应不超过平均吸光度的 1.50%；用最低浓度的标准溶液（不是零浓度溶液）测量 10 次吸光度，其标准偏差应不超过最高浓度标准溶液平均吸光度的 0.5%。

3）标准曲线线性　将标准曲线按浓度等分成五段，最高段的吸光度差值与最低段的吸光度差值之比≥0.7。

（4）手套箱　相对湿度＜5%。

（四）干扰的消除

（1）分析锂中钾、钠、钙、镁的含量，当钠的质量分数为 0.0005%～0.050% 时，采用标准加入法配制系列浓度标准溶液-样品溶液进行定量分析，避免基体元素的干扰。

（2）分析锂中铜的含量时，采用基体匹配标准曲线法进行定量分析，即配制与被测样品基体一致、质量分数相近的标准系列溶液，避免基体元素的干扰。

（3）分析锂中铜的含量时，消解样品过程中，样品和水的反应在冷水浴中进行，并用刚果红试纸测试加盐酸的终点，消除干扰元素对测定的影响。

（4）分析锂中钾、钠、钙、铜、镁的含量，制备样品溶液和标准系列溶液时，应选用塑料杯、石英容量瓶或塑料容量瓶，消除常规容器材质玻璃对测定产生的影响。

（五）标准曲线的建立

1. 标准溶液的配制

配制各个被测元素标准储备溶液和标准溶液的原则，参见第二章第三节-二、-（五）-1.标准溶液的配制。分析锂中钾、钠、钙、铜、镁的含量时，各种被测元素的标准储备溶液和标准溶液的制备方法参见表10-5。

▫ 表10-5　分析锂中钾等含量的被测元素标准储备溶液和标准溶液

被测元素	标准储备溶液配制方法	标准溶液配制方法
钾	称1.9068g基准氯化钾（预先在450～500℃灼烧1.5h，并在干燥器中冷却至室温），置于聚乙烯烧杯中，加水溶解。用超纯水定容至1L，混匀，储备于塑料瓶中。钾的浓度为1mg/mL	Ⅰ：移取10.00mL钾标准储备溶液，用超纯水定容至100mL。储备于塑料瓶中，混匀。钾的浓度为100μg/mL
		Ⅱ：移取10.00mL钾标准溶液Ⅰ，用超纯水定容至100mL。储备于塑料瓶中，混匀。钾的浓度为10μg/mL
钠	称2.5421g基准氯化钠（预先在450～500℃灼烧1.5h，并在干燥器中冷却至室温），置于聚乙烯烧杯中，加水溶解。用超纯水定容至1L，混匀，储备于塑料瓶中。钠的浓度为1mg/mL	Ⅰ：移取10.00mL钠标准储备溶液，用超纯水定容至100mL。储备于塑料瓶中，混匀。用时现配。钠的浓度为100μg/mL
		Ⅱ：移取10.00mL钠标准溶液Ⅰ，用超纯水定容至100mL。储备于塑料瓶中，混匀。钠的浓度为10μg/mL
钙	称2.4970g基准碳酸钙（预先在105℃烘干2h，并在干燥器中冷却至室温），置于烧杯中，缓慢加入10mL盐酸（1+1，优级纯），溶解后加热煮沸驱除二氧化碳，冷却至室温，用超纯水定容至1L，混匀。钙的浓度为1mg/mL	Ⅰ：移取10.00mL钙标准储备溶液，用超纯水定容至100mL，混匀。钙的浓度为100μg/mL
		Ⅱ：移取10.00mL钙标准溶液Ⅰ，用超纯水定容至100mL，混匀。用时现配。钙的浓度为10μg/mL
铜	称1.0000g金属铜（铜的质量分数≥99.95%），置于烧杯中，加入20mL硝酸（1+1），盖上表面皿，加热至完全溶解，煮沸去除去氮的氧化物，取下，用水洗涤表面皿及杯壁，冷至室温。移入1000mL容量瓶中，以水定容，混匀。铜的浓度为1mg/mL	移取10.00mL铜标准储备溶液，用超纯水定容至100mL，混匀。铜的浓度为100μg/mL
镁	称1.6580g氧化镁（氧化镁的质量分数≥99.99%，预先在800℃灼烧2h，并在干燥器中冷却至室温），置于烧杯中，以水润湿，缓慢加入20mL盐酸（1+1，优级纯），低温加热至完全溶解，冷却至室温，用超纯水定容至1L，混匀。镁的浓度为1mg/mL	Ⅰ：移取10.00mL镁标准储备溶液，用超纯水定容至100mL，混匀。镁的浓度为100μg/mL
		Ⅱ：移取10.00mL镁标准溶液Ⅰ，用超纯水定容至100mL，混匀。镁的浓度为10μg/mL

2. 标准曲线的建立

标准系列溶液的配制原则，参见第二章第二节-一、-（五）-2.标准曲线的建立中的标准系列溶液的配制原则。分析锂样品中的钾、钠 [w(Na) 为 0.0005%～0.050%]、钙、镁的含量时，采用了标准加入法进行定量。分析锂样品中的钠 [w(Na)＞0.050%～2.0%]、铜含量时，采用基体匹配标准曲线法进行计算。上述 2 种定量方法的原理介绍，参见第二章第二节—一、-(五)-2. 标准曲线的建立。其中，标准加入法绘制的是标准加入曲线，配制的是系列浓度标准溶液-样品溶液。然而，标准曲线法绘制的是标准（工作）曲线，配制的是系列浓度标准溶液。

(1) 分析钾、钠 [w(Na) 为 0.0005%～0.050%]、钙、镁的含量（标准加入法）根据样品中被测元素的种类及其质量分数，按表 10-6 移取 4 份等体积的同一上述样品溶液，置于一组表 10-6 规定的相应定容容量瓶中。按表 10-6 依次加入相应的一系列体积的被测元素标准溶液（被测元素浓度为 10μg/mL，其标准溶液的制备方法参见表 10-5），用水稀释至刻度，混匀。

⊡ 表 10-6　分析锂中钾等含量的系列浓度标准溶液-样品溶液

被测元素	被测元素质量分数/%	分取样品溶液体积/mL	定容容量瓶	分取被测元素标准溶液体积/mL
钾	0.0005～0.0020	20.00	25mL 石英容量瓶	0、0.20、0.40、0.60
	＞0.0020～0.010	10.00		0、0.50、1.00、1.50
	＞0.010～0.04	5.00		0、1.00、2.00、3.00
钠	0.0005～0.0050	20.00	25mL 石英容量瓶	0、0.50、1.00、1.50
	＞0.0050～0.020	15.00		0、2.00、4.00、6.00
	＞0.020～0.050	10.00		0、2.50、5.00、7.50
钙	0.0010～0.0030	20.00	50mL 塑料容量瓶	0、0.50、1.00、1.50
	＞0.0030～0.010	10.00		0、1.00、2.00、3.00
	＞0.010～0.030	5.00		0、1.50、3.00、4.50
	＞0.030～0.10	2.00		0、2.00、4.00、6.00
镁	0.0010～0.0030	10.00	50mL 塑料容量瓶	0、0.30、0.60、0.90
	＞0.0030～0.010	5.00		0、0.50、1.00、1.50

(2) 分析钠 [w(Na)＞0.050%～2.0%]、铜的含量（基体匹配标准曲线法）　称取纯基体物质 [碳酸锂，w(Li$_2$CO$_3$)≥99.999%]，按照样品溶液制备方法制备锂基体溶液。根据被测样品中锂的质量，在标准系列溶液中加入适量的锂基体溶液，使得标准系列溶液与样品溶液中锂的质量保持一致。

1) 基体溶液的制备　锂基体溶液 I （测钠）（50mg/mL）：准确称取 66.6350g 碳酸锂 [w(Li$_2$CO$_3$)≥99.999%]，置于 500mL 塑料烧杯中，加入 50mL 水，小心缓慢加入 150mL 硝酸（ρ＝1.42g/mL，优级纯），溶解，冷却至室温，移入 250mL 容量瓶中，用水定容，储备于塑料瓶中。

锂基体溶液 II （测铜）（50mg/mL）：准确称取 66.6350g 碳酸锂 [w(Li$_2$CO$_3$)≥99.999%]，置于 500mL 塑料烧杯中，加入 50mL 水，小心缓慢加入 150mL 盐酸（ρ＝1.19g/mL，优级纯），溶解，冷却至室温，移入 250mL 容量瓶中，用水定容，储备于塑料瓶中。

2) 标准系列溶液的配制　根据样品中被测元素的种类及其质量分数，按表 10-7 分取一系列体积的被测元素标准溶液（被测元素浓度参见表 10-7，其标准溶液的制备方法参见表 10-5），分别置于一组表 10-7 规定的"定容容量瓶"中，按表 10-7 加入相应体积的锂基体溶液和酸溶液，以水稀释至刻度，混匀。

⊡ 表 10-7　分析钠［w(Na)＞0.050%～2.0%］、铜含量的标准系列溶液

被测元素	被测元素质量分数/%	被测元素标准溶液浓度/(μg/mL)	分取被测元素标准溶液体积/mL	锂基体	酸溶液	定容容量瓶
钠	0.050～0.20	10	0、2.50、5.00、10.00、20.00	2.00mL 锂基体溶液①	3.00mL 硝酸③	100mL 石英容量瓶
	0.20～2.0	100	0、2.00、5.00、10.00、20.00			
铜	0.001～0.005	100	0、0.20、0.40、0.60、0.80、1.00	40.00mL 锂基体溶液②	4.00mL 盐酸④	100mL 塑料容量瓶
	＞0.005～0.025	100	0、0.50、1.00、1.50、2.00、2.50	20.00mL 锂基体溶液②		
	＞0.025～0.1	100	0、0.50、1.00、1.50、2.00、2.50	4.00mL 锂基体溶液②		

① 锂基体溶液（50mg/mL）：其溶液配制方法参见上述基体溶液的制备-锂基体溶液 I。

② 锂基体溶液（50mg/mL）：其溶液配制方法参见上述基体溶液的制备-锂基体溶液 II。

③ 硝酸：$\rho = 1.42$g/mL，优级纯。

④ 盐酸：1＋1，由优级纯试剂配制。

标准系列溶液（标准曲线法）的测量方法，参见第二章第二节-二、-(五)-2.-(3) 标准系列溶液的测量（标准曲线法）。以被测元素的质量浓度（μg/mL）为横坐标、净吸光度（A）为纵坐标，绘制标准曲线。

（六）样品的测定

分析锂中钾、钠、钙、铜、镁的含量时，采用了标准加入法和基体匹配标准曲线法进行定量。两种方法中样品溶液的测定不同，下面分别介绍。

（1）分析钾、钠［w(Na) 为 0.0005%～0.050%］、钙、镁的含量（标准加入法）采用标准加入法计算的样品溶液的测量方法，参见第二章第二节-一、-(六) 样品的测定。

（2）分析钠［w(Na)＞0.050%～2.0%］、铜的含量（基体匹配标准曲线法）　采用标准曲线法定量分析样品溶液的测量方法，参见第二章第二节-二、-(六) 样品的测定。从标准曲线上查出相应的被测元素质量浓度（μg/mL）。

（七）结果的表示

当被测元素的质量分数＜0.01%时，分析结果表示至小数点后第 4 位；当被测元素的质量分数＞0.01%时，分析结果表示至小数点后第 3 位。

（八）质量保证和质量控制

具体操作方法参见第二章第三节-一、-(八) 质量保证和质量控制。

（九）注意事项

（1）参见第二章第二节-一、-(九) 注意事项（1）、（2）。

（2）参见第二章第三节-一、-(九) 注意事项（1）、（3）。

（3）分析锂中的钾、钠、钙、铜、镁含量时，称取样品采用减量法，在手套箱（相对

湿度＜5％）中操作。

（4）制备钾、钠标准储备溶液及其标准溶液时，使用聚乙烯烧杯，制备好的溶液立即储存于塑料瓶中。

（5）分析锂中的钾、钠、钙、铜、镁含量时，制备样品溶液选用塑料杯。其中，分析锂中钾、钠含量时，样品溶液定容选用石英容量瓶。

（6）分析锂中铜的含量时，消解样品过程中，在冷水浴中样品和水反应。

（7）检测方法中所用仪器的标准，参见第二章第三节-三、-（九）注意事项（3）。

二、碳酸锂、单水氢氧化锂、氯化锂中杂质元素的分析

现行国家标准[6-8]中，火焰原子吸收光谱法可以分析碳酸锂、单水氢氧化锂、氯化锂中杂质元素钾、钠、钙、镁的含量，此方法适用于上述各被测元素含量的独立测定，也适用于多元素的同时测定，其各元素测定范围见表10-1。下面详细介绍火焰原子吸收光谱法分析上述锂化合物产品中杂质元素钾、钠、钙、镁含量的步骤。

（一）样品的制备和保存

（1）碳酸锂、氯化锂样品预先在 250～260℃烘 2h，置于干燥器中冷却至室温。

（2）单水氢氧化锂应装满于塑料器皿中，密封储备，储备期不超过 1 个月。

（二）样品的消解

分析碳酸锂、单水氢氧化锂、氯化锂中杂质元素钾、钠、钙、镁含量的消解方法主要为湿法消解中的电热板消解法。关于消解方法分类的介绍，参见第二章第二节-一、-（二）样品的消解。

分析钾、钠、钙含量时，碳酸锂、单水氢氧化锂样品以盐酸分解，氯化锂用水溶解，制得稀盐酸介质的样品溶液（分析钙含量时，定容前加入镧盐和柠檬酸作释放剂）。分析镁含量时，碳酸锂、单水氢氧化锂样品以盐酸分解，氯化锂用水溶解，在稀盐酸介质中，加入氯化镧和硝酸锶作释放剂，制得待测样品溶液。其中，采用标准加入法计算钾、钠、钙的含量。下面介绍各种消解方法。

样品中被测元素的质量分数越大，称取样品量越小，溶样酸的添加量也相应减小。根据被测元素的种类及其质量分数，按表10-8 称取样品，精确至 0.0001g。独立地进行两次测定，取其平均值。随同样品做空白试验，加入与制备样品溶液时用量相等的酸，并在电热板上低温加热蒸发至近干，以水定容至与样品溶液相同体积。

▫ 表 10-8　分析碳酸锂、单水氢氧化锂、氯化锂中杂质元素钾等含量的样品溶液

产品类型	被测元素	被测元素质量分数/%	样品量/g	消解容器	水体积/mL	盐酸[①]体积/mL	定容体积/mL
碳酸锂	钠（钾）	0.0010～0.0050	4.00	250mL塑料杯	20	24	100
		＞0.0050～0.010	2.00			16	100
		＞0.010～0.10	1.00			8	100
		＞0.10～0.40	0.50			4	250
单水氢氧化锂	钠（钾）	0.0010～0.0050	4.00	250mL塑料杯	20	20	100
		＞0.0050～0.010	2.00			16	100
		＞0.010～0.10	1.00			8	100
		＞0.10～0.40	0.50			4	250

产品类型	被测元素	被测元素质量分数/%	样品量/g	消解容器	水体积/mL	盐酸①体积/mL	定容体积/mL
氯化锂	钠（钾）	0.0010~0.0050	4.00	250mL塑料杯	20	2	100
		>0.0050~0.010	2.00			2	100
		>0.010~0.10	1.00			1	100
		>0.10~0.40	0.50			1	250
碳酸锂	钙	0.0020~0.0060	5.00	100mL聚四氟乙烯烧杯	约5	25	100
		>0.0060~0.35	2.00			10	
单水氢氧化锂	钙	0.0020~0.0060	5.00		约5	23	100
		>0.0060~0.35	2.00			10	
氯化锂	钙	0.0020~0.0060	5.00		约5	2	100
		>0.0060~0.35	2.00			1	
碳酸锂	镁	0.0005~0.008	2.50	250mL塑料杯	以水润湿	12.5	200
单水氢氧化锂	镁	0.0005~0.008	2.50		以水润湿	11	200
氯化锂	镁	0.0005~0.008	2.50		20	1	200

① 盐酸：1+1，用优级纯试剂配制。

根据被测元素的种类及其质量分数，将准确称量的样品置于表 10-8 规定的消解容器中，按表 10-8 加入相应量的水，并缓慢加入相应量的盐酸，待样品分解后（分析钙、镁含量时，盖上表面皿，于电热板上低温加热煮沸驱除二氧化碳，冷却至室温），将样品溶液移入表 10-8 规定定容体积的塑料容量瓶中，以水稀释至刻度，混匀。

分析 $w(Mg) \geqslant 0.0005\% \sim 0.0020\%$ 样品中的镁含量时，分取 20.00mL 上述样品溶液置于 25mL 塑料容量瓶中，加入 0.4mL 盐酸（1+1），加入 1.0mL 镧盐溶液 1 和 1.0mL 锶盐溶液 2，以水稀释至刻度，混匀。

分析 $w(Mg) > 0.0020\% \sim 0.0080\%$ 样品中的镁含量时，分取 5.00mL 上述样品溶液置于 25mL 塑料容量瓶中，加入 0.5mL 盐酸（1+1），加入 1.0mL 镧盐溶液 1 和 1.0mL 锶盐溶液 2，以水稀释至刻度，混匀。

分析 $w(Mg) > 0.008\% \sim 0.020\%$ 样品中的镁含量时，移取 25.00mL 上述样品溶液，置于 100mL 塑料容量瓶中，以水稀释至刻度，混匀。分取 5.00mL 此样品溶液置于 25mL 塑料容量瓶中，加入 0.5mL 盐酸（1+1），加入 1.0mL 镧盐溶液 1 和 1.0mL 锶盐溶液 2，以水稀释至刻度，混匀。

镧盐溶液 1（镧 12.5mg/mL）：称 15.9g 氯化镧（$LaCl_3 \cdot 6H_2O$，分析纯）置于 250mL 烧杯中，用水溶解，滴入几滴盐酸（1+1）使其清亮，移入 500mL 容量瓶中，以水稀释至刻度，混匀。

锶盐溶液 2（锶 50mg/mL）：称 60.4g 硝酸锶 [$Sr(NO_3)_2$，分析纯] 置于 250mL 烧杯中，用水溶解，移入 500mL 容量瓶中，以水定容，混匀。

（三）仪器条件的选择

分析碳酸锂、单水氢氧化锂、氯化锂中杂质元素钾、钠、钙、镁的含量时，推荐的火焰原子吸收光谱仪的工作条件，参见表 10-1。测定不同元素有不同的仪器操作条件，以钠元素的测定为例，介绍仪器操作条件的选择。

（1）选择钠元素的空心阴极灯作为光源（如分析钾、钙、镁元素时，选择相应元素的空心阴极灯）。

（2）选择原子化器。分析碳酸锂、单水氢氧化锂、氯化锂中的钾、钠、钙、镁的含量时，选用火焰原子化器，其原子化器条件参见表10-1。选择火焰原子化器的原则和火焰类型的介绍参见第二章第二节-一、-(三)-(2)选择原子化器。

（3）在仪器最佳工作条件下，凡能达到下列指标者均可使用。

1）灵敏度　在与测量样品溶液基体相一致的溶液中，钠的特征浓度应≤0.024μg/mL（如测定钾、钙、镁元素时，其相应的检出限见表10-1）。检出限定义，参见第二章第二节-一、-(三)-(3)-1）灵敏度。

2）精密度　其测量计算的方法和标准规定参见第二章第二节-一、-(三)-(3)-2）精密度。

3）标准曲线线性　将标准曲线按浓度等分成五段，最高段的吸光度差值与最低段的吸光度差值之比≥0.7。

（四）干扰的消除

（1）分析碳酸锂、单水氢氧化锂、氯化锂中钾、钠、钙的含量时，采用标准加入法配制系列浓度标准溶液-样品溶液进行测定，避免基体元素的干扰。

（2）分析碳酸锂、单水氢氧化锂、氯化锂中镁的含量时，在样品溶液和标准系列溶液中加入氯化镧和硝酸锶作释放剂，消除基体元素的干扰。

（3）分析碳酸锂、单水氢氧化锂、氯化锂中钙的含量时，在系列浓度标准溶液-样品溶液中加入镧盐和柠檬酸作释放剂，消除基体元素的干扰。

（4）分析碳酸锂、单水氢氧化锂、氯化锂中钾、钠、钙、镁的含量时，空白试验中，加入与分解样品等量的酸，在低温下蒸发至近干，消除酸试剂中杂质的干扰。

（5）分析钾、钠、钙含量时，应选用塑料杯或聚四氟乙烯烧杯溶解样品，选用塑料容量瓶定容样品溶液和系列浓度标准溶液-样品溶液。制备钾、钠的标准溶液时，同样选用塑料杯溶解基准物质，用塑料容量瓶定容，并储存于塑料瓶中，防止常规容器材质玻璃对测定产生的影响。

（五）标准曲线的建立

1. 标准溶液的配制

配制各个被测元素标准储备溶液和标准溶液的原则，参见第二章第三节-二、-(五)-1.标准溶液的配制。分析碳酸锂、单水氢氧化锂、氯化锂中钾、钠、钙、镁的含量时，各种被测元素标准储备溶液和标准溶液的制备方法参见表10-9。

⊡ **表10-9　分析碳酸锂、单水氢氧化锂、氯化锂中杂质元素钾等含量的被测元素标准储备溶液和标准溶液**

被测元素	标准储备溶液配制方法	标准溶液配制方法	
钾	称1.9070g基准氯化钾（预先在马弗炉中500~600℃灼烧1.5h，并在干燥器中冷却至室温），置于聚乙烯烧杯中，用100mL水溶解，加入20mL盐酸(1+1)，用超纯水定容至1L，混匀，保存于塑料瓶中。钾的浓度为1mg/mL	移取50.00mL钾标准储备溶液，用超纯水定容至500mL，混匀，储备于塑料瓶中。钾的浓度为100μg/mL	混合标准溶液：移取50.00mL钾标准溶液、50.00mL钠标准溶液，用超纯水定容至500mL，混匀，储备于塑料瓶中。钾、钠的浓度各为10μg/mL
钠	称2.5420g基准氯化钠（预先在马弗炉中500~600℃灼烧1.5h，并在干燥器中冷却至室温），置于聚乙烯烧杯中，用200mL水溶解，加入20mL盐酸(1+1)，用超纯水定容至1L，混匀，保存于塑料瓶中。钠的浓度为1mg/mL	移取50.00mL钠标准储备溶液，用超纯水定容至500mL，混匀，储备于塑料瓶中。钠的浓度为100μg/mL	

被测元素	标准储备溶液配制方法	标准溶液配制方法
钙	称 2.4972g 基准碳酸钙（预先在 105℃烘干 2h，并在干燥器中冷却至室温），置于烧杯中，加入 100mL 水，盖上表面皿，从杯嘴缓慢加入 10mL 盐酸(1+1,优级纯)，加热至碳酸钙全部溶解，煮沸驱除二氧化碳，冷却至室温，用水吹洗表面皿，用超纯水定容至 1L,混匀。钙的浓度为 1mg/mL	移取 50.00mL 钙标准储备溶液，用超纯水定容至 500mL,混匀。钙的浓度为 100μg/mL
镁	称 1.6580g 氧化镁[$w(MgO) \geqslant 99.99\%$，预先在马弗炉 800℃中灼烧 2h,并在干燥器中冷却至室温]，置于烧杯中，以水润湿，缓慢加入 20mL 盐酸(1+1,优级纯)，低温加热至完全溶解，冷却至室温，用超纯水定容至 1L,混匀。镁的浓度为 1mg/mL	Ⅰ:移取 10.00mL 镁标准储备溶液，用超纯水定容至 1000mL,混匀。镁的浓度为 10μg/mL Ⅱ:移取 10.00mL 镁标准溶液Ⅰ,用超纯水定容至 100mL,混匀。镁的浓度为 1μg/mL

2. 标准曲线的建立

标准系列溶液的配制原则，参见第二章第二节-一、-(五)-2. 标准曲线的建立中的标准系列溶液的配制原则。分析碳酸锂、单水氢氧化锂、氯化锂中钾、钠、钙的含量时，采用标准加入法进行定量。分析碳酸锂、单水氢氧化锂、氯化锂中镁的含量时，采用标准曲线法进行测定。标准加入法与标准曲线法的原理介绍参见第二章第二节-一、-(五)-2. 标准曲线的建立。其中，标准加入法绘制的是标准加入曲线，配制的是系列浓度标准溶液-样品溶液。然而，标准曲线法绘制的是标准（工作）曲线，配制的是系列浓度标准溶液。

（1）分析钾、钠、钙的含量（标准加入法） 根据样品中被测元素的种类及其质量分数，按表 10-10 移取 4 份等体积的同一上述样品溶液，置于一组表 10-10 规定的相应"定容体积"的塑料容量瓶中。按表 10-10 分别加入相应的一系列体积的被测元素标准溶液（溶液中被测元素浓度参见表 10-10，其标准溶液的制备方法参见表 10-9），按表 10-10 加入相应量的"干扰消除剂"，用水稀释至刻度，混匀。

⊡ 表 10-10 分析碳酸锂、单水氢氧化锂、氯化锂中杂质元素钾等含量的系列浓度标准溶液-样品溶液

被测元素	被测元素质量分数/%	分取样品溶液体积/mL	被测元素标准溶液浓度/(μg/mL)	分取被测元素标准溶液体积/mL	干扰消除剂	定容体积/mL
钠 (钾)	0.0010～0.0050	10.00	10	0、1.00、2.00、3.00		25
	>0.0050～0.010	10.00	10	0、1.00、2.00、3.00		50
	>0.010～0.050	10.00	10	0、2.00、4.00、6.00	—	50
	>0.050～0.10	10.00	10	0、2.00、4.00、6.00		100
	>0.10～0.40	10.00	10	0、5.00、10.00、15.00		100
钙	0.0020～0.0060	20.00	100	0、0.50、1.00、1.50		50
	>0.0060～0.020	20.00	100	0、0.50、1.00、1.50	1mL 镧盐溶液① 1mL 柠檬酸溶液②	50
	>0.020～0.070	10.00	100	0、0.50、1.00、1.50		50
	>0.070～0.20	5.00	100	0、0.50、1.00、1.50		50
	>0.20～0.35	2.00	100	0、0.50、1.00、1.50		50

① 镧盐溶液（10mg/mL）：称 5.864g 氧化镧 [$w(La_2O_3) \geqslant 99.9\%$]，置于 100mL 烧杯中，滴加盐酸（1+1）溶解使其清亮（必要时加热），移入 500mL 容量瓶中，以水稀释至刻度，混匀。

② 柠檬酸溶液（100g/L）：称 50g 柠檬酸置于 500mL 烧杯中，加入约 500mL 水溶解，用氢型阳离子交换树脂提纯。

（2）分析镁的含量（标准曲线法） 移取 0mL、2.50mL、5.00mL、7.50mL、

10.00mL、15.00mL 镁标准溶液 Ⅱ（1μg/mL，此标准溶液制备方法参见表 10-9），置于一组 50mL 容量瓶中，加入 1.0mL 盐酸（1＋1）、2.0mL 镧盐溶液 1（镧 12.5g/mL，此溶液配制方法参见本部分样品的消解）、2.0mL 锶盐溶液 2（锶 50mg/mL，此溶液配制方法参见本部分"样品的消解"），以水定容，混匀。

标准系列溶液（标准曲线法）的测量方法，参见第二章第二节-二、-(五)-2.-(3) 标准系列溶液的测量（标准曲线法）。以被测元素的质量浓度（μg/mL）为横坐标、净吸光度（A）为纵坐标，绘制标准曲线。

（六）样品的测定

分析碳酸锂、单水氢氧化锂、氯化锂中杂质元素钾、钠、钙、镁的含量时，采用了标准加入法和标准曲线法进行定量。2 种方法中样品溶液的测定不同，下面分别介绍。

（1）分析钾、钠、钙的含量（标准加入法）　采用标准加入法计算的样品溶液的测量方法，参见第二章第二节-一、-(六) 样品的测定。

（2）分析镁的含量（标准曲线法）　样品溶液的测量方法，参见第二章第二节-二、-(六)-(2) 分析氧化镁［当 $w(MgO) > 0.20\% \sim 1.50\%$ 时］、氧化铅的含量（标准曲线法）中的测量方法。从标准曲线上查出相应的被测元素质量浓度（μg/mL）。

（七）结果的表示

当被测元素的质量分数＜0.01％时，分析结果表示至小数点后第 4 位；当被测元素的质量分数＞0.01％时，分析结果表示至小数点后第 3 位。

（八）质量保证和质量控制

分析时，应用国家级或行业级标准样品或控制样品进行校核，或每年至少用标准样品或控制样品对分析方法校核一次。当过程失控时，应找出原因，纠正错误后重新进行校核，并采取相应的预防措施。

（九）注意事项

（1）参见第二章第二节-一、-(九) 注意事项（1）、（2）。

（2）单水氢氧化锂样品应密封储备于塑料器皿中，且应装满。

（3）分析碳酸锂、单水氢氧化锂、氯化锂中的钠、钾、钙含量时，制备样品溶液、系列浓度标准溶液-样品溶液时，使用聚四氟乙烯烧杯或塑料杯及塑料容量瓶。

（4）制备钾、钠标准储备溶液及其标准溶液时，使用聚乙烯烧杯，溶液储存于塑料瓶中。

（5）参见第二章第三节-一、-(九) 注意事项（1）、（3）。

（6）检测方法中所用仪器的标准，参见第二章第三节-三、-(九) 注意事项（3）。

三、氟化锂中杂质元素的分析

现行国家标准[9,10]中，火焰原子吸收光谱法可以分析氟化锂中杂质元素镁、钙的含量，此方法适用于上述各元素的独立测定，其元素测定范围见表 10-1。下面详细介绍火焰原子吸收光谱法分析氟化锂中镁、钙含量的步骤。

（一）样品的制备和保存

氟化锂的采集和保存应按照已颁布的标准方法进行，即《氟化锂化学分析方法 第 1 部分：试样的制备和贮存》（GB/T 22660.1—2008）。

将样品研磨过试验筛，直到全部通过孔径为 0.75μm 的试验筛（试验筛用不引入被测杂质元素的材料制成，根据氟化锂和待测杂质元素的性质选择试验筛）为止。充分混合过筛后的样品，放入铂皿中，置于电烘箱中，在 110℃±2℃烘干 2h，于干燥器中冷却至室温。将干燥的样品保存在密闭的容器内，要求该容器的容积刚好完全被样品充满为宜。

（二）样品的消解

分析氟化锂中杂质元素镁、钙含量的消解方法主要为湿法消解中的电热板消解法。关于消解方法分类的介绍，参见第二章第二节-一、-（二）样品的消解。分析镁含量时，样品用硫酸溶解后，加热去除氟，用盐酸和水溶解，制得待测样品溶液。分析钙含量时，样品以高氯酸去除氟，加热至高氯酸烟冒尽，用盐酸和水溶解，以硝酸镧作释放剂，制得样品溶液，待测。下面分别进行介绍。

1. 分析氟化锂中杂质元素镁的含量

称取 0.5g 干燥样品，精确至 0.0001g。独立地进行 2 次测定，取其平均值。随同样品做空白试验。

将样品置于铂皿（平底，直径 80mm，高 35mm）中，加入 5mL 浓硫酸（$\rho=1.84$g/mL），在电热板上低温加热缓缓溶解（15～20min）除氟，然后升高温度蒸发开始冒浓烟，取下冷却至室温，加入 6mL 盐酸（1+1）和 20mL 水，在电热板上低温加热至盐类全部溶解，取下冷至室温，将溶液移入 250mL 容量瓶中，用水稀释至刻度，混匀。

2. 分析氟化锂中杂质元素钙的含量

称取 0.5g 干燥样品，精确至 0.0001g。独立地进行 2 次测定，取其平均值。随同样品做空白试验。

将样品置于铂皿（平底，直径 80mm，高 35mm）中，加入 5mL 高氯酸（$\rho=1.67$g/mL），在电热板上低温加热缓缓溶解除氟，待高氯酸白烟冒尽，取下冷却至室温，加入 1mL 盐酸（1+1，优级纯）和 20～30mL 热蒸馏水，在电热板上低温加热至盐类溶解，取下冷至室温，将溶液移入 250mL 容量瓶中，用水稀释至刻度，混匀。

再分取上述样品溶液 50mL 于 100mL 容量瓶中，加入 4mL 硝酸镧溶液，用水稀释至刻度，混匀。

硝酸镧溶液（200g/L）：称 100g 硝酸镧 [$La(NO_3)_3 \cdot H_2O$，分析纯]，置于烧杯中，用水溶解，移入 500mL 容量瓶中，以水定容，混匀。

（三）仪器条件的选择

分析氟化锂中杂质元素镁、钙的含量时，推荐的火焰原子吸收光谱仪工作条件，参见表 10-1。测定不同元素有不同的仪器操作条件，以镁元素的测定为例，介绍仪器操作条件的选择。

（1）选择镁元素的空心阴极灯作为光源（如测定钙时，选择钙元素的空心阴极灯）。

（2）选择原子化器。分析氟化锂中杂质元素镁、钙的含量时，选用火焰原子化器，其原子化器条件参见表 10-1。选择火焰原子化器的原则和火焰类型的介绍参见第二章第二节-一、-(三)-(2) 选择原子化器。

（3）在仪器最佳工作条件下，凡能达到下列指标者均可使用。

1）灵敏度　在与测量样品溶液基体相一致的溶液中，镁的特征浓度≤0.07μg/mL，钙的特征浓度≤0.24μg/mL。检出限定义，参见第二章第二节-一、-(三)-(3)-1) 灵敏度。

2）精密度　其测量计算的方法和标准规定参见第二章第二节-一、-(三)-(3)-2) 精密度。

3）标准曲线线性　将标准曲线按浓度等分成五段，最高段的吸光度差值与最低段的吸光度差值之比≥0.85（分析钙含量时≥0.7）。

（四）干扰的消除

（1）分析氟化锂中的镁含量，消解样品时，样品中加入硫酸溶解，加热除氟，消除氟的干扰。

（2）分析氟化锂中的钙含量，制备样品溶液时，加入高氯酸赶氟，加热至高氯酸烟冒尽，消除氟、高氯酸的干扰；加入释放剂硝酸镧溶液，避免干扰元素的影响；采用基体匹配标准曲线法进行计算，消除基体元素的干扰。

（五）标准曲线的建立

1. 标准溶液的配制

配制各个被测元素标准储备溶液和标准溶液的原则，参见第二章第三节-二、-(五)-1. 标准溶液的配制。分析氟化锂中的镁、钙含量时，被测元素镁、钙标准储备溶液和标准溶液的制备方法如下。

（1）镁标准储备溶液（1mg/mL）：称取 0.8291g 基准氧化镁（预先在 110℃ 烘干并在干燥器中冷却），置于烧杯中，加入 10mL 水润湿后，再加入 10mL 盐酸（1+1）溶解，待氧化镁完全溶解，移入 500mL 容量瓶中，以水稀释至刻度，混匀。

镁标准溶液（100μg/mL）：移取 25.00mL 镁标准储备溶液于 250mL 容量瓶中，用超纯水定容，混匀。

（2）钙标准储备液（1mg/mL）：称取 1.2486g 基准碳酸钙（预先在 110℃ 烘干并在干燥器中冷却），置于烧杯中，加入 50mL 水和 10mL 盐酸（1+1），盖上表面皿，于电热板上加热至反应完全，取下，冷却至室温。移入 500mL 容量瓶中，以水定容，混匀。

钙标准溶液（40μg/mL）：移取 10.00mL 钙标准储备溶液于 250mL 容量瓶中，用超纯水定容，混匀。

2. 标准曲线的建立

标准系列溶液的配制原则，参见第二章第二节-一、-(五)-2. 标准曲线的建立中的标准系列溶液的配制原则。分析氟化锂中镁的含量时，采用标准曲线法进行定量。分析氟化锂中钙的含量时，采用基体匹配标准曲线法进行计算。这两种定量方法的原理介绍参见第二章第二节-一、-(五)-2. 标准曲线的建立。

下面分别介绍此方法中标准系列溶液的配制。

（1）分析氟化锂中杂质元素镁的含量　分别移取 0mL、0.50mL、1.00mL、1.50mL、2.00mL、2.50mL 镁标准溶液（100μg/mL，此溶液制备方法参见"标准溶液的配制"），分别置于一组 500mL 容量瓶中，用水稀释至 200mL，加入 5mL 浓硫酸（$\rho = 1.84g/mL$）和 10mL 盐酸（1+1），用水稀释至刻度，混匀。

（2）分析氟化锂中杂质元素钙的含量　锂基体溶液（7.5mg/mL）：准确称取 6.5628g 单水氢氧化锂 [$w(LiOH \cdot H_2O) \geqslant 99.9\%$]，置于聚四氟乙烯烧杯中，加约 50mL 水溶解，待反应停止后，冷却至室温，移入 500mL 塑料容量瓶中，以水定容，混匀。

分别移取 0mL、0.50mL、1.00mL、1.50mL、2.00mL、2.50mL 钙标准溶液（$40\mu g/mL$，此溶液制备方法参见标准溶液的配制），分别置于一组 500mL 容量瓶中，各加入 4mL 锂基体溶液、4mL 硝酸镧溶液（200g/L，此溶液配制方法参见本部分"样品的消解"），用水稀释至刻度，混匀。

标准系列溶液的测量方法，参见第二章第二节-二、-（五）-2.-（3）标准系列溶液的测量（标准曲线法）。以被测元素的质量浓度（$\mu g/mL$）为横坐标、净吸光度（A）为纵坐标，绘制标准曲线。

（六）样品的测定

样品溶液的测量方法，参见第二章第二节-二、-（六）-（2）分析氧化镁 [当 $w(MgO) > 0.20\% \sim 1.50\%$ 时]、氧化铅的含量（标准曲线法）中的测量方法。从标准曲线上查出相应的被测元素质量浓度（$\mu g/mL$）。

（七）结果的表示

当被测元素的质量分数 $\leqslant 0.01\%$ 时，分析结果表示至小数点后第 4 位；当被测元素的质量分数 $> 0.01\% \sim 0.10\%$ 时，分析结果表示至小数点后第 3 位。

（八）质量保证和质量控制

具体操作方法参见第二章第三节-一、-（八）质量保证和质量控制。

（九）注意事项

（1）参见第二章第二节-一、-（九）注意事项（1）、（2）。

（2）参见第二章第三节-一、-（九）注意事项（1）、（3）。

（3）分析氟化锂中杂质元素钙、镁的含量，制备样品溶液时，溶液需在铂皿中进行加热溶解。

（4）制备锂基体溶液时，需选用聚四氟乙烯烧杯溶解基准物质，用塑料容量瓶定容。

（5）检测方法中所用仪器的标准，参见第二章第三节-三、-（九）注意事项（3）。

四、镁、原生镁锭及镁合金中杂质元素的分析

现行国家标准[11-16]中，火焰原子吸收光谱法可以分析镁、原生镁锭及镁合金中 7 种杂质元素锂、银、铅、锌、钙、钾、钠的含量，此方法适用于镁合金中锂、银、锌、钙含量的测定，镁中铅、锌、钙含量的测定，以及原生镁锭中钾、钠含量的测定，其元素测定范围见表 10-1。下面详细介绍火焰原子吸收光谱法分析镁及镁合金中上述 7 种杂质元素含量的步骤。

（一）样品的制备和保存

将样品加工成厚度≤1mm的碎屑。

（二）样品的消解

分析镁及镁合金中7种杂质元素锂、银、铅、锌、钠、钾、钙含量的消解方法主要为湿法消解中的电热板消解法和熔融法。其中，分析镁合金中的锂、钙含量时，样品采用电热板消解法溶解，溶解残渣采用干法消解（熔融法）。关于消解方法分类的介绍，参见第二章第二节-一、-(二）样品的消解。

分析镁合金中锂的含量时，样品以硝酸溶解，过氧化氢助溶。残渣需回收，置于铂坩埚中，灰化，于550℃灼烧，以硫酸、氢氟酸、硝酸溶解，再于750℃灼烧，用水和硝酸溶解残渣，与滤液合并，待测。

分析镁及镁合金中钙的含量时，样品以盐酸溶解，过氧化氢助溶。残渣需回收，置于铂坩埚中，灰化，于550℃灼烧，以高氯酸、氢氟酸、硝酸溶解，再于700℃灼烧，用水和盐酸溶解残渣，与滤液合并，以氯化镧作释放剂测定。

分析镁合金中银的含量时，样品以硝酸溶解，在低酸性溶液中，以硫脲络合银，待测。分析镁中铅的含量时，样品用盐酸溶解，以氢氧化铁作载体，共沉淀分离并富集铅，过滤，用氨-氯化铵洗液和热盐酸溶解富集铅的沉淀，待测。分析镁及镁合金中的锌含量时，样品以盐酸、过氧化氢和氢氟酸溶解，待测。分析原生镁锭中钾、钠的含量时，样品以盐酸溶解，制得样品溶液。其中，采用标准加入法计算钾、钠的含量。

下面分别详细介绍上述分析方法中的样品消解方法。

1. 分析镁及镁合金中杂质元素锂、钙的含量

样品中被测元素的含量越高，取样量越小，详情见表10-11。根据样品中被测元素的种类，按表10-11称取样品，精确至0.0001g。独立地进行两次测定，取其平均值。称取与样品相同量的金属镁 [w(Mg)≥99.99%，不含被测元素] 代替样品，随同样品做空白试验。

⊡ 表10-11　分析镁及镁合金中杂质元素锂、钙含量的样品溶液

被测元素	被测元素质量分数/%	样品量/g	溶样试剂	溶残渣酸	洗涤用酸	定容体积/mL	分取体积/mL	测定体积/mL	氯化镧[8]体积/mL
锂	0.0020~0.010	0.50	15mL 硝酸[1]，数滴过氧化氢[2]	2mL 硫酸[3]，5mL 氢氟酸[4]，逐滴加硝酸[1]	硝酸[1]	100	—	—	—
	>0.010~0.050	0.50				500	—	—	—
	>0.050~0.250	0.50				250	10.0	100	—
钙	0.0020~0.010	1.00	10~20mL 水，分次加入 20mL 盐酸[5]，2~3滴过氧化氢[2]	2mL 高氯酸[6]，5mL 氢氟酸[4]，逐滴加硝酸[7]	盐酸[5]	—	全量	100	10
	>0.010~0.050	1.00				100	20.0	100	5

① 硝酸：1+1，由高纯试剂配制。
② 过氧化氢：ρ=1.10g/mL，优级纯。
③ 硫酸：1+1，由高纯试剂配制。
④ 氢氟酸：ρ=1.14g/mL，优级纯。
⑤ 盐酸：1+1，蒸馏提纯。
⑥ 高氯酸：ρ=1.67g/mL，优级纯。
⑦ 硝酸：ρ=1.42g/mL，高纯。
⑧ 氯化镧（200g/L）：称取100g氯化镧（$LaCl_3 \cdot nH_2O$），以水定容于500mL容量瓶中。

（1）样品溶解　将准确称量的样品置于 250mL 烧杯中，根据被测元素的种类，按表 10-11 加入相应量的溶样试剂，待剧烈反应停止后，于电热板上缓慢加热至样品溶解完全，必要时滴加表 10-11 中规定的相应量过氧化氢助溶，加热煮沸，缓慢蒸发至刚好析出盐类，稍冷，加 20～30mL 水，加热至盐类溶解，冷却。

（2）残渣熔融　如有不溶物，过滤（过滤用漏斗和滤纸需用表 10-11 中洗涤用酸和去离子水清洗，以除去其中带入的被测元素）洗涤，将残渣连同滤纸置于铂坩埚上，灰化，于马弗炉中 550℃ 灼烧，冷却。加入表 10-11 规定的相应量"溶残渣酸"，逐滴加入硝酸至溶液清亮，加热蒸至近干，于马弗炉中 750℃（测钙时为 700℃）灼烧数分钟，冷却。用少量的表 10-11 中"洗涤用酸"溶解残渣，必要时过滤，将此样品溶液合并于上述滤液中。

（3）样品溶液［对于经（1）步骤处理而完全溶解无残渣的样品，按如下步骤进行］根据样品中被测元素的种类及其质量分数，将上述滤液和残渣的洗涤液合并后，置于表 10-11 定容体积规定的相应容量瓶中，以水定容，混匀。按表 10-11 分取相应体积的此样品溶液，置于表 10-11 测定体积规定的相应容量瓶中，加入表 10-11 规定的相应量氯化镧溶液，以水定容并混匀，待测。

特别地，分析 $w(Ca) \geqslant 0.0020\% \sim 0.010\%$ 且 $w(Al) > 6\%$ 的镁合金样品中的钙含量时，需在样品溶液定容前，再加入 10mL 8-羟基喹啉溶液［50g/L，称取 25g 8-羟基喹啉置于 200mL 烧杯中，加入 50mL 盐酸（1+1，蒸馏提纯）微热溶解，冷却，移入 500mL 容量瓶中，以水稀释至刻度，混匀］，并在标准系列溶液中同时加入该试剂。

2. 分析镁及镁合金中杂质元素银、铅、锌、钾、钠的含量

样品中被测元素的含量越大，取样量越小，详情见表 10-12。根据样品中被测元素的

☐ 表 10-12　分析镁及镁合金中杂质元素银、铅、锌、钾、钠含量的样品溶液

被测元素	被测元素质量分数/%	样品量/g	溶样酸 I	溶样酸 II	定容体积/mL	分取体积/mL	测定体积/mL	补加试剂
银	1.00～3.00	1.0	20mL 水，缓慢加 10mL 硝酸[①]	10mL 硝酸[①]	1000	10.00	100	4mL 硝酸[①]，2mL 硫脲溶液[②]
铅	0.0010～0.0050	2.5	约 5mL 水，分次加入 35mL 盐酸[③]	—	25	—	—	—
	>0.0050～0.010	2.0	约 5mL 水，分次加入 30mL 盐酸[③]	—	25	—	—	—
锌	0.10～1.00	1.0	约 50mL 水，分次加入 20mL 盐酸[④]	5 滴过氧化氢[⑤]，2 滴氢氟酸[⑥]	1000	10.00	50	—
	>1.00～7.00	1.0			1000	5.00	100	—
	>7.00～10.00	0.5			1000	5.00	100	—
钾	0.0010～0.0200	2.0	约 50mL 水，分次加入 30mL 盐酸[③]	2 滴过氧化氢[⑤]	100	—	—	—
钠		2.0			100	—	—	—

① 硝酸：1+1，由优级纯试剂配制。
② 硫脲溶液：50g/L。
③ 盐酸：1+1，由优级纯试剂配制。
④ 盐酸：$\rho = 1.19g/mL$，优级纯。
⑤ 过氧化氢：$\rho = 1.10g/mL$，优级纯。
⑥ 氢氟酸：$\rho = 1.14g/mL$，优级纯。

种类及其质量分数，按表 10-12 称取样品，精确至 0.0001g。独立地进行 2 次测定，取其平均值。称取与样品相同量的金属镁 [w(Mg)≥99.99%，不含被测元素] 代替样品，随同样品做空白试验。

(1) 样品溶解　将准确称量的样品置于 500mL 烧杯中，盖上表面皿，按表 10-12 加入相应量的溶样酸 I （分析锌含量时，低温加热至完全溶解），待反应缓慢时，再加入表 10-12 规定相应量的溶样酸 II，于电热板上低温加热至样品完全溶解，用水冲洗杯壁，煮沸（分析锌含量时，煮沸 5min；分析钾、钠含量时，煮沸 3min），取下冷却至室温（分析锌含量时，如有沉淀，则过滤，取滤液）。

(2) 富集铅　分析镁中铅含量时，在上述样品溶液中，加入 4mL 铁溶液 [1mg/L，称取 0.484g 氯化铁 （$FeCl_3 \cdot 6H_2O$），加入 5mL 盐酸 （1+1，优级纯），以水溶解并稀释至 100mL]，用水稀释至约 50mL。加入 4 滴酚酞乙醇溶液 （1g/L），搅拌下，加入氨水 （1+1，优级纯）至溶液呈紫红色，再过量 1mL。加入 10mL 氨-氯化铵缓冲溶液 [pH=9，称取 135g 氯化铵，以 500mL 水溶解，加入 48mL 氨水 （1+1，优级纯），以水稀释至 1000mL]，放置 2h。

用中速定量滤纸过滤，以氨-氯化铵洗液 （10mL 氨-氯化铵缓冲溶液，以水稀释至 500mL）洗涤沉淀 4 次，用 5mL 热盐酸 （1+1，优级纯）分次完全溶解沉淀。

(3) 样品溶液　将上述样品溶液按表 10-12 移至相应定容体积的容量瓶中，用水稀释至刻度，混匀。分取此样品溶液表 10-12 规定的相应量，置于表 10-12 测定体积规定的相应容量瓶中，按表 10-12 补加相应量的试剂，用水稀释至刻度，混匀。

（三）仪器条件的选择

分析镁及镁合金中 7 种杂质元素锂、银、铅、锌、钠、钾、钙的含量时，推荐的仪器工作条件，参见表 10-1。测定不同元素有不同的仪器操作条件，以锂元素的测定为例，介绍仪器操作条件的选择。

(1) 选择锂元素的空心阴极灯作为光源（如测定银、铅、锌、钠、钾、钙元素时，选择相应元素的空心阴极灯）。

(2) 选择原子化器。分析镁及镁合金中杂质元素锂、银、铅、锌、钠、钾、钙的含量时，选用火焰原子化器，其原子化器条件参见表 10-1。选择火焰原子化器的原则和火焰类型的介绍参见第二章第二节-一、-（三）-（2）选择原子化器。

(3) 在仪器最佳工作条件下，凡能达到下列指标者均可使用。

1) 灵敏度　在与测量样品溶液的基体一致的溶液中，锂的特征浓度应≤0.018μg/mL （如测定银、铅、锌、钠、钾、钙的含量时，其检出限参见表 10-1）。检出限定义，参见第二章第二节-一、-（三）-（3）-1) 灵敏度。

2) 精密度　其测量计算的方法和标准规定参见第二章第二节-一、-（三）-（3）-2) 精密度。

3) 标准曲线线性　将标准曲线按浓度等分成三段，最高段的吸光度差值与最低段的吸光度差值之比≥0.7。

（四）干扰的消除

(1) 分析镁及镁合金中的锂元素含量，绘制标准曲线时，加入镁基体溶液，即采用基体匹配标准曲线法测定，避免基体镁干扰。

（2）分析镁及镁合金中的银元素含量，在低酸性溶液中，加入硫脲络合银，使被测元素银富集并与基体分离；绘制标准曲线时，采用基体匹配标准曲线法测定，避免基体镁干扰。

（3）分析镁及镁合金中的铅元素含量，以氢氧化铁作载体，使被测元素铅与其共沉淀，过滤而富集铅，避免基体元素的干扰。

（4）分析镁及镁合金中的锌元素含量，绘制标准曲线时，加入镁基体溶液，以抵消基体镁的干扰。

（5）分析镁及镁合金中的钾、钠元素含量，采用标准加入法求出钾、钠的含量，避免基体复杂元素的干扰。

（6）分析镁及镁合金中的钙元素含量，以氯化镧作掩蔽剂，消除干扰。对于 $w(Ca) \geqslant 0.0020\% \sim 0.010\%$，$w(Al) > 6\%$ 的镁合金样品，需在溶液中加入 8-羟基喹啉溶液，消除基体镁元素的干扰。同时，采用基体匹配标准曲线法进行定量分析，避免基体镁、铝的干扰。

（五）标准曲线的建立

1. 标准溶液的配制

配制各个被测元素标准储备溶液和标准溶液的原则，参见第二章第三节-二、-（五）-1.标准溶液的配制。分析镁及镁合金中 7 种杂质元素锂、银、铅、锌、钠、钾、钙的含量时，各被测元素标准储备溶液和标准溶液的制备方法参见表 10-13。

▢ 表 10-13　分析镁及镁合金中 7 种杂质元素锂等含量的被测元素标准储备溶液和标准溶液

元素	标准储备溶液配制方法	标准溶液配制方法
锂	称 5.3228g 碳酸锂（光谱纯），置于 500mL 烧杯中，盖上表面皿，缓慢加入 120mL 硝酸（1+9），加热至完全溶解，煮沸数分钟，赶尽二氧化碳，冷却。用超纯水定容至 1000mL，混匀。锂的浓度为 1mg/mL	Ⅰ：移取 10.00mL 锂标准储备溶液，用超纯水定容至 200mL，混匀。锂的浓度为 50μg/mL
		Ⅱ：移取 10.00mL 锂标准储备溶液，用超纯水定容至 1000mL，混匀。锂的浓度为 10μg/mL
银	方法Ⅰ：称取 0.2000g 金属银 [w(Ag)≥99.9%] 置于 500mL 烧杯中，加入 20mL 硝酸（1+1），加热溶解完全后，继续加热煮沸以除去氮的氧化物，冷却，用超纯水定容至 200mL，混匀。银的浓度为 1mg/mL。 方法Ⅱ：称取 1.5748g 基准硝酸银溶于 100mL 水中，用超纯水定容至 1000mL，混匀。银的浓度为 1mg/mL	移取 25.00mL 银标准储备溶液，用超纯水定容至 500mL，混匀。银的浓度为 50μg/mL
铅	称 1.0000g 铅（质量分数≥99.9%），置于 400mL 烧杯中，加入 30mL 硝酸（1+2），溶解后，加热除去氮的氧化物，冷却，用超纯水定容至 1000mL，混匀。铅的浓度为 1mg/mL	移取 25.00mL 铅标准储备溶液，加入 1mL 盐酸（1+1，优级纯），用超纯水定容至 250mL，混匀。铅的浓度为 100μg/mL
锌	方法Ⅰ：称 1.0000g 金属锌（质量分数≥99.9%），置于 400mL 烧杯中，盖上表面皿，加入 50mL 水，加入 25mL 盐酸（ρ=1.19g/mL）溶解，用超纯水定容至 1000mL，混匀。锌的浓度为 1mg/mL。 方法Ⅱ：称取 1.2600g 基准试剂氧化锌（预先在 1000℃ 灼烧 1h，并于干燥器中冷却至室温），置于 400mL 烧杯中，盖上表面皿，加入 25mL 盐酸（ρ=1.19g/mL）溶解，用超纯水定容至 1000mL，混匀。锌的浓度为 1mg/mL	Ⅰ：移取 10.00mL 锌标准储备溶液，用超纯水定容至 200mL，混匀。锌的浓度为 50μg/mL
		Ⅱ：移取 10.00mL 锌标准储备溶液，用超纯水定容至 500mL，混匀。锌的浓度为 20μg/mL

元素	标准储备溶液配制方法	标准溶液配制方法
钾钠	准确称取 2.541g 和 1.907g 基准氯化钠和氯化钾（预先在 450～500℃灼烧 1.5～2h，并于干燥器中冷却至室温），于 300mL 烧杯中溶解，移入 1000mL 容量瓶中，以水定容，摇匀，储备于干燥的聚乙烯瓶中。此溶液钾的浓度为 1mg/mL，钠的浓度为 1mg/mL	移取 10.00mL 钾、钠标准储备溶液于 1000mL 容量瓶中，以水定容，摇匀。钾的浓度为 1μg/mL，钠的浓度为 1μg/mL
钙	称 1.2486g 碳酸钙（预先于 105℃烘干），置于 250mL 烧杯中，盖上表面皿，加入 50mL 水，加 10mL 盐酸微热，待反应完全后，冷却，用超纯水定容至 1000mL，混匀。钙的浓度为 500μg/mL	移取 20.00mL 钙标准储备溶液于 500mL 容量瓶中，以水定容，摇匀。钙的浓度为 20μg/mL

2. 标准曲线的建立

标准系列溶液的配制原则，参见第二章第二节-一、-(五)-2.-标准曲线的建立中的标准系列溶液的配制原则。分析镁及镁合金中杂质元素锂、银、锌、钙的含量时，采用基体匹配标准曲线法。分析镁及镁合金中杂质元素铅的含量时，采用标准曲线法。分析镁及镁合金中杂质元素钾、钠的含量时，采用标准加入法。这三种方法的原理介绍参见第二章第二节-一、-(五)-2. 标准曲线的建立。

其中，标准加入法绘制的是标准加入曲线，配制的是系列浓度标准溶液-样品溶液。然而，标准曲线法绘制的是标准（工作）曲线，配制的是系列浓度标准溶液。下面分别介绍。

（1）分析镁及镁合金中锂、银、锌、钙的含量（基体匹配标准曲线法） 采用基体匹配法配制标准系列溶液，即配制与被测样品基体一致、质量分数相近的标准系列溶液。称取纯基体物质 [高纯镁，$w(Mg) \geqslant 99.99\%$，且不含被测元素]，按照样品溶液的制备方法制备镁基体溶液，再根据样品的称取量，在标准系列溶液中加入等量的镁基体溶液。

样品中的被测元素不同，镁基体溶液的制备方法也不相同。根据被测元素的种类，选择相应的镁基体溶液制备方法，参见表 10-14。详情如下所述。

1）基体溶液 镁（基体）溶液（20mg/mL）：称 20.00g 高纯镁 [$w(Mg) \geqslant 99.99\%$，且不含锂]，置于 2000mL 烧杯中，分次加入 600mL 硝酸（1+1），低温加热至溶解完全（可加 1 滴汞助溶），取下冷却至室温。用超纯水定容至 1000mL 容量瓶中，混匀。

镁（基体）溶液（1mg/mL）：称 1.0000g 高纯镁 [$w(Mg) \geqslant 99.99\%$，且不含银]，置于 500mL 烧杯中，盖上表面皿，分次加入 20mL 水，缓慢加入 10mL 硝酸（1+1），待剧烈反应停止时，再加入 10mL 硝酸（1+1），低温加热至溶解完全（可加 1 滴汞助溶），用水冲洗杯壁，煮沸，取下冷却至室温。用超纯水定容至 1000mL 容量瓶中，混匀。

镁（基体）溶液（1mg/mL）：称 1.0000g 高纯镁 [$w(Mg) \geqslant 99.99\%$，且不含锌]，置于 250mL 烧杯中，盖上表面皿，加入 50mL 水，分次加入总量为 20mL 的盐酸（$\rho = 1.19g/mL$），低温加热使其溶解完全。加入 5 滴过氧化氢，煮沸 5min，冷却。用水定容至 1000mL，混匀。

镁（基体）溶液（40mg/mL）：称 20.00g 高纯镁 [$w(Mg) \geqslant 99.99\%$，且不含钙]，置于 1000mL 烧杯中，盖上表面皿，分次加入总量为 400mL 的盐酸（1+1，蒸馏提纯），待剧烈反应停止后，缓慢加热至完全溶解，低温蒸发至盐类刚好析出，稍冷，加适量水溶解盐类，冷却。用水定容至 500mL，混匀。

2）标准系列溶液　分析镁及镁合金中杂质元素锂、银、锌、钙的含量时，根据被测元素的种类及其质量分数，分别配制标准系列溶液，其具体的配制方法参见表 10-14。

☐ 表 10-14　分析镁及镁合金中杂质元素锂等含量的被测元素标准系列溶液

被测元素	被测元素质量分数/%	被测元素标准溶液浓度/(μg/mL)	分取被测元素标准溶液体积/mL	镁溶液量	补加试剂
锂	0.0020~0.0100	10	0、1.00、2.00、3.00、4.00、5.00	25.00mL 镁溶液①	2.00mL 硝酸⑤
	>0.0100~0.050	50	0、1.00、2.00、3.00、4.00、5.00	25.00mL 镁溶液①	2.00mL 硝酸⑤
	>0.050~0.250	10	0、1.00、2.00、3.00、4.00、5.00	1.00mL 镁溶液①	2.00mL 硝酸⑤
银	1.00~3.00	50	0、1.00、2.00、3.00、4.00、5.00、6.00、7.00	10.00mL 镁溶液②	4.00mL 硝酸⑤，2.00mL 硫脲溶液⑥
锌	0.10~1.00	20	0、1.00、3.00、5.00、7.00、9.00、10.00	20.00mL 镁溶液③	—
	>1.00~7.00	50	0、1.00、2.00、3.00、4.00、5.00、6.00、7.00	5.00mL 镁溶液③	—
	>7.00~10.00	50	0、1.00、2.00、3.00、4.00、5.00、6.00	2.50mL 镁溶液③	—
钙	0.0020~0.010	20	0、1.00、2.00、3.00、4.00、5.00	25.00mL 镁溶液④	10.00mL 氯化镧溶液⑦，10mL 8-羟基喹啉溶液⑧
	>0.010~0.050	20	0、1.00、2.00、3.00、4.00、5.00	5.00mL 镁溶液④	5.00mL 氯化镧溶液⑦

① 镁溶液（20mg/mL）：此溶液制备方法参见上述基体溶液-镁（基体）溶液。

② 镁溶液（1mg/mL）：此溶液制备方法参见上述基体溶液-镁（基体）溶液。

③ 镁溶液（1mg/mL）：此溶液制备方法参见上述基体溶液-镁（基体）溶液。

④ 镁溶液（40mg/mL）：此溶液制备方法参见上述基体溶液-镁（基体）溶液。

⑤ 硝酸：1+1，优级纯。

⑥ 硫脲溶液：50g/L。

⑦ 氯化镧溶液（200g/L）：称取 100g 氯化镧（$LaCl_3 \cdot nH_2O$），以水定容于 500mL 容量瓶中。

⑧ 8-羟基喹啉溶液（50g/L）：称取 25g 8-羟基喹啉置于 200mL 烧杯中，加入 50mL 盐酸（1+1，蒸馏提纯）微热溶解，冷却，移入 500mL 容量瓶中，以水稀释至刻度，混匀。该液仅在分析 $w(Al)>6\%$ 的镁合金中测钙含量时使用，同时在标准系列溶液中加入相同量。

根据样品中被测元素的种类及其质量分数，按表 10-14 移取相应的一系列体积的被测元素标准溶液（溶液中被测元素的浓度参见表 10-14，其制备方法参见表 10-13），分别置于一组 100mL 容量瓶中，按表 10-14 各加入相应量的镁（基体）溶液，再按表 10-14 加入相应量的补加试剂（酸溶液及释放剂溶液），以水稀释至刻度，混匀。

（2）分析镁及镁合金中铅的含量（标准曲线法）　移取 0mL、0.25mL、0.50mL、1.00mL、1.50mL、2.00mL、2.50mL 铅标准溶液（100μg/mL，其溶液制备方法参见表 10-13），分别置于 6 个 25mL 容量瓶中，加入 5mL 盐酸（1+1，优级纯），用水稀释至刻度，混匀。

（3）分析镁及镁合金中钾、钠的含量（标准加入法）　移取 20.00mL 上述样品溶液（经消解并定容），置于 4 个 50mL 容量瓶中，分别加入 0mL、1.00mL、2.00mL、

4.00mL钠、钾混合标准溶液（钠、钾浓度分别为10μg/mL，其溶液制备方法参见表10-13），分别以水定容，混匀。

标准系列溶液的测量方法，参见第二章第二节-二、-(五)-2.-(3)标准系列溶液的测量（标准曲线法）。以被测元素的质量浓度（μg/mL）为横坐标、净吸光度（A）为纵坐标，绘制标准曲线。

（六）样品的测定

分析镁及镁合金中杂质元素锂、银、锌、钙、铅、钾、钠的含量时，采用了基体匹配标准曲线法、标准曲线法和标准加入法进行定量。其中，基体匹配标准曲线法与标准曲线法测定样品溶液的方法相同。下面分别介绍标准曲线法和标准加入法中样品溶液的测定。

（1）分析锂、银、锌、钙、铅的含量（标准曲线法）　样品溶液的测量方法，参见第二章第二节-二、-(六)-(2)分析氧化镁［当$w(MgO)>0.20\%\sim1.50\%$时］、氧化铅的含量（标准曲线法）中的测量方法。从标准曲线上查出相应的被测元素质量浓度（μg/mL）。

（2）分析钾、钠的含量（标准加入法）　采用标准加入法计算的样品溶液的测量方法，参见第二章第二节-一、-(六)样品的测定。

（七）结果的表示

当被测元素的质量分数<0.01%时，分析结果表示至小数点后第4位；当被测元素的质量分数>0.01%时，分析结果表示至小数点后第3位。

（八）质量保证和质量控制

分析时，应用国家级或行业级标准样品或控制样品进行校核，或每年至少用标准样品或控制样品对分析方法校核一次。当过程失控时，应找出原因，纠正错误后重新进行校核，并采取相应的预防措施。

（九）注意事项

（1）参见第二章第二节-一、-(九)注意事项（1）、（2）。

（2）参见第二章第三节-一、-(九)注意事项（1）、（3）。

（3）检测方法中所用仪器的标准，参见第二章第三节-三、-(九)注意事项（3）。

（4）对于采用熔融法消解样品溶解残渣而言，将不溶物在马弗炉中约550℃灼烧进行灰化处理时，注意勿使滤纸燃烧。

五、氟硼酸钾中杂质元素的分析

现行国家标准[17-19]中，火焰原子吸收光谱法可以分析氟硼酸钾中杂质元素镁、钙、钠的含量。此方法适用于上述各元素的独立测定，其元素测定范围参见表10-1。实际工作中，火焰原子吸收光谱法分析氟硼酸钾中杂质元素镁、钙、钠含量的步骤包括以下几个部分：

（一）样品的制备和保存

氟硼酸钾的采集和保存应按照已颁布的标准方法进行，即《氟硼酸钾化学分析方法

第 1 部分：试样的制备和贮存》（GB/T 22661.1—2008）。

将样品研磨过试验筛，直到全部通过孔径为 0.125mm 的试验筛（试验筛用不引入被测杂质元素的材料制成，根据氟硼酸钾和待测杂质元素的性质选择试验筛）为止。充分混合过筛后的样品，放入铂皿中，置于电烘箱中，在 110℃±5℃ 烘干 2h，于干燥器中冷却至室温。将干燥的样品保存在密闭的容器内，要求该容器的容积刚好完全被样品充满为宜。

（二）样品的消解

分析氟硼酸钾中杂质元素镁、钙、钠含量的消解方法主要为湿法消解中的电热板消解法。关于消解方法分类的介绍，参见第二章第二节-一、-（二）样品的消解。分析镁、钙含量时，样品以高氯酸赶氟，加热至高氯酸烟冒尽，用盐酸和水溶解，使用氯化镧作释放剂，制得待测样品溶液。分析钠含量时，样品以硫酸赶氟，加热至硫酸烟冒尽，用盐酸和水溶解，使用氯化锶作释放剂，制得用于测定的样品溶液。下面介绍各种消解方法。

根据样品中被测元素的种类，按表 10-15 称取干燥样品，精确至 0.0001g。独立地进行 2 次测定，取其平均值。随同样品做空白试验。

☐ 表 10-15　分析氟硼酸钾中杂质元素镁等含量的样品溶液

被测元素	样品量/g	溶样酸Ⅰ	溶样酸Ⅱ	分取样品溶液体积/mL	补加试剂
镁	0.2	10mL 高氯酸①	10mL 盐酸② 30mL 水	25.00	7.5mL 盐酸② 1.0mL 氯化镧溶液③
钙	0.2	10mL 高氯酸①	5mL 盐酸② 30mL 水	25.00	2.5mL 盐酸② 2.0mL 氯化镧溶液③
钠	0.5	2mL 硫酸④	2mL 硝酸⑤ 10~30mL 水	10.00	2.0mL 硝酸④ 2.0mL 氯化锶溶液⑥

① 高氯酸：$\rho = 1.67g/mL$。

② 盐酸：1+1。

③ 氯化镧溶液（100g/L）：称取 25.00g 七水氯化镧于烧杯中，加 150mL 水，加热溶解，然后稀释到 250mL 容量瓶中，摇匀，备用。

④ 硫酸：1+1。

⑤ 硝酸：1+1。

⑥ 氯化锶溶液（100g/L）：称取 25.00g 氯化锶于烧杯中，加 150mL 水，加热溶解，然后稀释到 250mL 容量瓶中，摇匀，备用。

将准确称量的样品置于铂皿（平底，直径 80mm，高 35mm）中，按表 10-15 要求加入相应量的溶样酸Ⅰ，于电热板上低温加热至冒尽白烟或硫酸烟，取下冷却至室温，按表 10-15 加入相应量的溶样酸Ⅱ，加热至盐类溶解，取下冷至室温，将溶液移入 100mL 容量瓶中，用水稀释至刻度，混匀。按表 10-15 移取相应量的样品溶液于 100mL 容量瓶中，按表 10-15 加相应量的补加试剂，用水稀释至刻度，混匀。

（三）仪器条件的选择

分析氟硼酸钾中杂质元素镁、钙、钠的含量时，推荐的火焰原子吸收光谱仪工作条件，参见表 10-1。测定不同元素有不同的仪器操作条件，以镁元素的测定为例，介绍仪器操作条件的选择。

（1）选择镁元素的空心阴极灯作为光源（如测定钙、钠元素时，选择相应元素的空心阴极灯）。

（2）选择原子化器。分析氟硼酸钾中的镁、钙、钠元素时，选用火焰原子化器，其原子化器条件参见表 10-1。选择火焰原子化器的原则和火焰类型的介绍参见第二章第二节-一、-（三）-（2）选择原子化器。

（3）在仪器最佳工作条件下，凡能达到下列指标者均可使用。

1）灵敏度　在与测量样品溶液基体相一致的溶液中，测定镁（钙、钠）的特征浓度。检出限定义，参见第二章第二节-一、-（三）-（3）-1）灵敏度。

2）精密度　其测量计算的方法和标准规定参见第二章第二节-一、-（三）-（3）-2）精密度。

3）标准曲线线性　将标准曲线按浓度等分成五段，最高段的吸光度差值与最低段的吸光度差值之比≥0.7。

（四）干扰的消除

（1）分析氟硼酸钾中镁、钙的含量，消解样品时，溶液中加入高氯酸赶氟，消除氟的干扰。制备样品溶液时，加入释放剂氯化镧溶液，避免干扰元素的影响。

（2）分析氟硼酸钾中钠的含量，消解样品时，溶液中加入硫酸赶氟，消除氟的干扰。制备样品溶液时，加入释放剂氯化锶溶液，避免干扰元素的影响。

（3）分析氟硼酸钾中镁、钙、钠的含量，以铂皿作为样品溶液和标准系列溶液的消解容器，防止常规容器材质玻璃在消解过程中对测定产生干扰。

（五）标准曲线的建立

1. 标准溶液的配制

配制各个被测元素标准储备溶液和标准溶液的原则，参见第二章第三节-二、-（五）-1. 标准溶液的配制。分析氟硼酸钾中杂质元素镁、钙、钠的含量时，各种被测元素标准储备溶液和标准溶液配制的方法参见表 10-16。

▫ 表 10-16　分析氟硼酸钾中杂质元素镁等含量的被测元素标准储备溶液和标准溶液

被测元素	标准储备溶液配制方法	标准溶液配制方法
镁	称 0.0829g 基准氧化镁（预先在 110℃烘干并在干燥器中冷却），置于烧杯中，加入 10mL 水润湿后，再加入 10mL 盐酸(1+1)，溶解，待氧化镁完全溶解，移入 500mL 容量瓶中，以水稀释至刻度，混匀。镁的浓度为 0.1mg/mL	移取 25.00mL 镁标准储备溶液于 250mL 容量瓶中，用超纯水定容，混匀。镁的浓度为 10μg/mL
钙	称 1.2486g 基准碳酸钙（预先在 110℃烘干并在干燥器中冷却），置于烧杯中，加入 50mL 水和 10mL 盐酸(1+1)，盖上表面皿，加热至完全溶解，取下，用水洗涤表面皿及杯壁，冷至室温。移入 500mL 容量瓶中，以水定容，混匀。钙的浓度为 1.0mg/mL	移取 25.00mL 钙标准储备溶液于 500mL 容量瓶中，用超纯水定容，混匀。钙的浓度为 50μg/mL
钠	称 1.2717g 基准氯化钠（预先在 105℃±5℃烘干并在干燥器中冷却），置于烧杯中，加水溶解后移入 500mL 容量瓶中，以水定容，混匀。钠的浓度为 1.0mg/mL	移取 10.00mL 钠标准储备溶液于 250mL 容量瓶中，用超纯水定容，混匀。钠的浓度为 40μg/mL

2. 标准曲线的建立

标准系列溶液的配制原则，参见第二章第二节-一、-（五）-2. 标准曲线的建立中的标准系列溶液的配制原则。分析氟硼酸钾中杂质元素镁、钙、钠的含量时，采用标准曲线法进行定量。其中，制备镁和钙的标准系列溶液时，采用试剂基体匹配法。将分取的被测元素标准溶液置于铂皿中，按照相应的制备样品溶液的方法制备标准系列溶液。标准曲线法定量的原理介绍参见第二章第二节-一、-(五)-2. 标准曲线的建立。下面分别介绍各被测元素标准系列溶液的制备方法。

⊡ 表 10-17　分析氟硼酸钾中杂质元素镁等含量的标准系列溶液

被测元素	被测元素标准溶液浓度/(μg/mL)	分取被测元素标准溶液体积/mL	高氯酸①体积/mL	盐酸和水	补加试剂
镁	10	0、1.00、2.00、3.00、4.00	10	10mL 盐酸② 30mL 水	1.0mL 氯化镧溶液③
钙	50	0、1.00、2.00、3.00、4.00	10	5mL 盐酸② 30mL 水	2.0mL 氯化镧溶液③
钠	40	0、1.00、2.00、3.00、4.00	—	—	2.0mL 硝酸④ 2.0mL 氯化锶溶液⑤

① 高氯酸：$\rho=1.67g/mL$。

② 盐酸：1+1。

③ 氯化镧溶液（100g/L）：称取 25.00g 七水氯化镧于烧杯中，加 150mL 水，加热溶解，然后稀释到 250mL 容量瓶中，摇匀，备用。

④ 硝酸：1+1。

⑤ 氯化锶溶液（100g/L）：称取 25.00g 氯化锶于烧杯中，加 150mL 水，加热溶解，然后稀释到 250mL 容量瓶中，摇匀，备用。

根据被测元素的种类，按表 10-17 移取一系列体积的被测元素标准溶液（被测元素浓度如表 10-17 所列，相应标准溶液的制备方法参见表 10-16），分别置于 5 个铂皿（平底，直径 80mm，高 35mm）中（分析钠含量时，直接置于 5 个 100mL 容量瓶中，并按其后面步骤进行），按表 10-17 要求加入高氯酸，于电热板上低温加热至冒尽白烟，取下冷却至室温，按表 10-17 加入相应量的盐酸和水，加热至盐类全部溶解，取下冷至室温，将溶液移入 100mL 容量瓶中，按表 10-17 加入相应量的补加试剂，用水稀释至刻度，混匀。

标准系列溶液的测量方法，参见第二章第二节-二、-(五)-2.-(3) 标准系列溶液的测量（标准曲线法）。以被测元素的质量浓度（μg/mL）为横坐标、净吸光度（A）为纵坐标，绘制标准曲线。

（六）样品的测定

样品溶液的测量方法，参见第二章第二节-二、-(六)-(2) 分析氧化镁［当 $w(MgO)>$ 0.20%～1.50%时］、氧化铅的含量（标准曲线法）中的测量方法。从标准曲线上查出相应的被测元素质量浓度（μg/mL）。

（七）结果的表示

当被测元素的质量分数≤0.1%时，分析结果表示至 2 位有效数字；当被测元素的质量分数>0.1%时，分析结果表示至 3 位有效数字。

（八）质量保证和质量控制

具体操作方法参见第二章第三节-一、-(八)质量保证和质量控制。

（九）注意事项

(1) 参见第二章第二节-一、-(九)注意事项 (1)、(2)。

（2）参见第二章第三节-一、-(九) 注意事项（1）、（3）。

（3）检测方法中所用仪器的标准，参见第二章第三节-三、-(九) 注意事项（3）。

（4）分析氟硼酸钾中杂质元素镁、钙、钠的含量，制备样品溶液和标准系列溶液时，溶液需在铂皿中进行加热溶解。

六、氟钛酸钾中杂质元素的分析

现行国家标准[20-22]中，火焰原子吸收光谱法可以分析氟钛酸钾中杂质元素钙、铁、铅的含量，此方法适用于上述各元素的独立测定，其元素测定范围参见表 10-1。下面详细介绍 FAAS 分析氟钛酸钾中上述 3 种杂质元素含量的步骤。

（一）样品的制备和保存

氟钛酸钾的采集和保存应按照已颁布的标准方法进行，样品应符合《氟钛酸钾化学分析方法 第 1 部分：试样的制备和贮存》（GB/T 22662.1—2008）中 3.3 的要求。

将样品研磨过试验筛，直到全部通过孔径为 0.125mm 的试验筛（试验筛用不引入被测杂质元素的材料制成，根据氟钛酸钾和待测杂质元素的性质选择试验筛）为止。充分混合过筛后的样品，放入铂皿中，置于电烘箱中，在 110℃±5℃烘干 2h，于干燥器中冷却至室温。将干燥的样品保存在密闭的容器内，要求该容器的容积刚好完全被样品充满为宜。

（二）样品的消解

分析氟钛酸钾中杂质元素钙、铁、铅含量的消解方法主要为湿法消解中的电热板消解法（酸法消解）。关于消解方法分类的介绍，参见第二章第二节-一、-(二) 样品的消解。

分析氟钛酸钾中钙的含量时，采用硝酸-高氯酸消解法，样品用硝酸和高氯酸溶解后，用氨水调节 pH 值，分离钛，在 1%的盐酸介质中，以氯化镧作释放剂，制得样品待测溶液。

分析氟钛酸钾中铁的含量时，采用硫酸消解法，样品用硫酸溶解后，制得用于测定的样品溶液。

分析氟钛酸钾中铅的含量时，采用硝酸-盐酸消解法，样品用硝酸和盐酸溶解后，制得样品溶液，待测。

下面分别详细介绍上述分析方法中的样品消解方法。

1. 分析氟钛酸钾中钙的含量

称取 0.1000g 干燥样品，精确至 0.0001g。独立地进行 2 次测定，取其平均值。称取与样品相同量的高纯氟钛酸钾（质量分数≥99.99%，不含被测元素）代替样品，随同样品做空白试验。

将样品置于铂皿（平底，直径 80mm，高 35mm）中，加入 4.0mL 硝酸（$\rho=1.42$g/mL）、4mL 高氯酸（$\rho=1.67$g/mL），低温加热至冒尽白烟，取下冷至室温，加入 2mL 硝酸（$\rho=1.42$g/mL），用水吹洗铂皿内壁至体积 30mL，加热浸取 20~30mim（体积不得小于 15mL），取下，洗入 200mL 烧杯中，用水吹洗铂皿至样品溶液体积为 70mL，加 2 滴甲基红指示剂（0.4g/L），用氨水（1+1）调至黄色，加热煮沸，取下，过滤，滤液收集于预先加有 2mL 盐酸（1+1）、2.5mL 氯化镧溶液（100g/L，称取 25.00g 七水氯化镧于烧杯中，加 150mL 水，加热溶解，然后稀释到 250mL 容量瓶中，摇匀，备用）的 100mL 容量瓶中，洗至近刻度，冷却，用水稀释至刻度，混匀。

2. 分析氟钛酸钾中铁的含量

称取 0.5000g 干燥样品，精确至 0.0001g。独立地进行 2 次测定，取其平均值。称取与样品相同量的高纯氟钛酸钾（质量分数≥99.99％，不含被测元素）代替样品，随同样品做空白试验。

将样品置于黄金皿中，加入 10mL 硫酸（1+1），于电热板上低温加热至冒尽白烟，取下冷却至室温，加入 10mL 硫酸（1+1）和 30mL 水，加热至盐类溶解，取下冷至室温，将溶液移入 100mL 容量瓶中，用水稀释至刻度，混匀。

3. 分析氟钛酸钾中铅的含量

称取 0.5000g 干燥样品，精确至 0.0001g。独立地进行两次测定，取其平均值。称取与样品相同量的高纯氟钛酸钾（质量分数≥99.99％，不含被测元素）代替样品，随同样品做空白试验。

将样品置于烧杯中，用少量水润湿样品，加 15mL 盐酸（$\rho=1.19g/mL$）、5mL 硝酸（63％，质量分数），于电热板上低温加热分解至溶解完全，继续加热保持 6～7min，取下冷却至室温，将溶液移入 100mL 容量瓶中，用水稀释至刻度，混匀。

（三）仪器条件的选择

分析氟钛酸钾中杂质元素钙、铁、铅的含量时，推荐的火焰原子吸收光谱仪工作条件，参见表 10-1。测定不同元素有不同的仪器操作条件，以钙元素的测定为例，介绍仪器操作条件的选择。

（1）选择钙元素的空心阴极灯作为光源（如测定铁、铅元素时，选择相应元素的空心阴极灯）。

（2）选择原子化器。分析氟钛酸钾中钙、铁、铅的含量时，选用火焰原子化器，其原子化器条件参见表 10-1。选择火焰原子化器的原则和火焰类型的介绍参见第二章第二节-一、-（三）-（2）选择原子化器。

（3）在仪器最佳工作条件下，凡能达到下列指标者均可使用。

1）灵敏度　在与测量样品溶液基体一致的溶液中，测定钙（铁、铅）的特征浓度。检出限定义，参见第二章第二节-一、-（三）-（3）-1）灵敏度。

2）精密度　其测量计算的方法和标准规定参见第二章第二节-一、-（三）-（3）-2）精密度。

3）标准曲线线性　将标准曲线按浓度等分成五段，最高段的吸光度差值与最低段的吸光度差值之比≥0.7。

（四）干扰的消除

（1）分析氟钛酸钾中钙的含量，消解样品时，样品用硝酸和高氯酸溶解后，用氨水调节 pH 值，分离基体钛元素，在 1％的盐酸介质中，以氯化镧作释放剂，消除钛及其他元素的干扰。

（2）分析氟钛酸钾中铁的含量时，以黄金皿消解样品；分析钙的含量时，以铂皿消解样品，消除常规容器材质玻璃在消解过程中对测定产生的干扰。

（五）标准曲线的建立

1. 标准溶液的配制

配制各个被测元素标准储备溶液和标准溶液的原则，参见第二章第三节-二、-(五)-1. 标准溶液的配制。分析氟钛酸钾中杂质元素钙、铁、铅的含量时，各种被测元素的标准储备溶液和标准溶液的制备方法参见表 10-18。

⊡ 表 10-18　分析氟钛酸钾中杂质元素钙等含量的被测元素标准储备溶液和标准溶液

被测元素	标准储备溶液制备方法	标准溶液配制方法
钙	称 1.2486g 基准碳酸钙（预先在 110℃烘干并在干燥器中冷却），置于烧杯中，加入 50mL 水和 10mL 盐酸(1+1)，盖上表面皿，加热至完全溶解，取下，用水洗涤表面皿及杯壁，冷至室温。移入 500mL 容量瓶中，以水定容，混匀。钙的浓度为 1.0mg/mL	移取 25.00mL 钙标准储备溶液于 500mL 容量瓶中，用超纯水定容，混匀。钙的浓度为 50μg/mL
铁	称 0.1430g 基准三氧化二铁（预先在 105℃±5℃烘干并在干燥器中冷却），置于烧杯中，加 2mL 硫酸(1+1)，溶解后，移入 1000mL 容量瓶中，以水定容，混匀。铁的浓度为 100μg/mL	直接以铁的标准储备溶液作为铁标准溶液。铁的浓度为 100μg/mL
铅	称 0.1603g 基准硝酸铅，置于烧杯中，加 2mL 硝酸(63%，质量分数)，加少量水溶解后移入 1000mL 容量瓶中，以水定容，混匀。铅的浓度为 10mg/mL	直接以铅的标准储备溶液作为铅标准溶液。铅的浓度为 10mg/mL

2. 标准曲线的建立

标准系列溶液的配制原则，参见第二章第二节-一、-(五)-2. 标准曲线的建立中的标准系列溶液的配制原则。分析氟钛酸钾中杂质元素钙、铁、铅的含量时，采用标准曲线法进行定量。其中分析钙含量时，采用试剂匹配法配制标准系列溶液，将分取的被测元素标准溶液置于铂皿中，按照制备样品溶液的方法制备标准系列溶液。上述两种定量方法的原理介绍参见第二章第二节-一、-(五)-2. 标准曲线的建立。下面分别介绍标准系列溶液的具体配制方法，列于表 10-19 中。

⊡ 表 10-19　分析氟钛酸钾中杂质元素钙等含量的标准系列溶液

被测元素	被测元素标准溶液浓度/(μg/mL)	分取被测元素标准溶液体积/mL	溶样酸 I	溶样酸 II	补加试剂
钙	50	0、2.00、5.00、10.00、15.00	4mL 硝酸① 4mL 高氯酸②	2mL 盐酸③ 20～30mL 水	2.5mL 氯化镧溶液④
铁	100	0、1.00、2.00、3.00、4.00	—	—	10mL 硫酸⑤
铅	10	0、1.00、2.00、4.00、6.00、8.00、10.00	—	—	10mL 硝酸⑥

① 硝酸：$\rho = 1.42g/mL$。

② 高氯酸：$\rho = 1.67g/mL$。

③ 盐酸：1+1。

④ 氯化镧溶液（100g/L）：称取 25.00g 七水氯化镧于烧杯中，加 150mL 水，加热溶解，然后稀释到 250mL 容量瓶中，摇匀，备用。

⑤ 硫酸：1+1。

⑥ 硝酸：1+1。

根据被测元素的种类，按表 10-19 移取一系列体积的被测元素标准溶液（被测元素浓度如表 10-19 所列，相应标准溶液的制备方法参见表 10-18），分别置于 5 个铂皿（平底，直径 80mm，高 35mm）中（分析铁、铅含量时，直接置于 5 个 100mL 容量瓶中，并按其后面步骤进行），加入表 10-19 规定的相应量溶样酸Ⅰ，于电热板上低温加热至冒尽高氯酸白烟，取下冷却至室温，按表 10-19 加入相应量的溶样酸Ⅱ，加热至盐类全部溶解，取下冷至室温，将溶液移入 100mL 容量瓶中，加入表 10-19 要求的相应量补加试剂，冷却后，用水稀释至刻度，混匀。

标准系列溶液的测量方法，参见第二章第二节-二、-(五)-2.-(3) 标准系列溶液的测量（标准曲线法）。以被测元素的质量浓度（$\mu g/mL$）为横坐标、净吸光度（A）为纵坐标，绘制标准曲线。

（六）样品的测定

样品溶液的测量方法，参见第二章第二节-二、-(六)-(2) 分析氧化镁［当 $w(MgO) >$ 0.20%～1.50% 时］、氧化铅的含量（标准曲线法）中的测量方法。从标准曲线上查出相应的被测元素质量浓度（$\mu g/mL$）。

（七）结果的表示

当被测元素的质量分数≤0.1% 时，分析结果表示至 2 位有效数字；当被测元素的质量分数>0.1% 时，分析结果表示至 3 位有效数字。

（八）质量保证和质量控制

分析时，应用国家级或行业级标准样品或控制样品进行校核，每半年至少用标准样品或控制样品对分析方法校核一次。当过程失控时，应找出原因，纠正错误后重新进行校核，并采取相应的预防措施。

（九）注意事项

(1) 参见第二章第二节-一、-(九) 注意事项 (1)、(2)。

(2) 参见第二章第三节-一、-(九) 注意事项 (1)、(3)。

(3) 检测方法中所用仪器的标准，参见第二章第三节-三、-(九) 注意事项 (3)。

(4) 分析氟钛酸钾中钙的含量时，样品溶液和标准系列溶液的消解过程需在铂皿中进行。分析铁含量时，则需在黄金皿中消解样品。

七、金属钙中杂质元素的分析

现行国家标准[23]中，FAAS 可以分析金属钙中 5 种杂质元素铁、镍、铜、锰、镁的含量，此方法适用于电解蒸馏法制备的金属钙中杂质铁、镍、铜、锰、镁含量的多元素同时测定，也适用于其中一个元素的独立测定，测定范围见表 10-1。下面详细介绍 FAAS 分析金属钙中上述 5 种杂质元素含量的步骤。

（一）样品的制备和保存

金属钙的采集和保存应按照已颁布的标准方法进行，即《金属钙及其制品》（GB/T 4864—2008）。

样品新截断面呈银白色金属光泽，表面不得有肉眼可见夹杂物，表面无油污。

金属钙及其制品按形状、尺寸分为：钙锭、钙屑、钙块、钙粒。取样时，钙锭随机抽取一个，在其长度四等分线上各钻一个孔，钻头直径≤10mm，钻孔深度≥20mm（距表面3~5mm的钻屑弃去），取样量不少于50g。钙块随机抽取一桶，从该桶中任取3块，在其表面中部钻孔取样，取样量不少于50g。钙屑、钙粒随机抽取一桶，取样量不少于50g。

样品应充氩密封后送检。

（二）样品的消解

分析金属钙中杂质元素铁、镍、铜、锰、镁含量的消解方法主要为湿法消解中的电热板消解法。关于消解方法分类的介绍，参见第二章第二节-一、-(二)样品的消解。

本部分中，金属钙样品用硝酸溶解后，根据被测元素含量适当进行稀释，制得待测样品溶液。消解样品的详情如下。

将样品混匀后，称取2g，精确至0.0001g。独立地进行两次测定，取其平均值。随同样品做空白试验。

将准确称量的样品置于200mL烧杯中，盖上表面皿，缓慢滴加硝酸（1+1，用优级纯硝酸配制），待样品完全溶解后，再加2mL硝酸（1+1，用优级纯硝酸配制），转入200mL容量瓶中，用水定容，混匀，用于分析铁、镍、铜、锰的含量。

分取10mL上述样品溶液置于25mL容量瓶中，以水定容，混匀，用于分析镁的含量。

（三）仪器条件的选择

分析金属钙中杂质元素铁、镍、铜、锰、镁的含量时，推荐的火焰原子吸收光谱仪工作条件，参见表10-1。测定不同元素有不同的仪器操作条件，以镁元素的测定为例，介绍仪器操作条件的选择。

（1）选择镁元素的空心阴极灯作为光源（如测定铁、镍、铜、锰时，选择相应元素的空心阴极灯）。

（2）选择原子化器。分析金属钙中铁、镍、铜、锰、镁的含量时，选用火焰原子化器，其原子化器条件参见表10-1。选择火焰原子化器的原则和火焰类型的介绍参见第二章第二节-一、-(三)-(2)选择原子化器。

（3）在仪器最佳工作条件下，凡能达到下列指标者均可使用。

1）灵敏度 在与测量样品溶液基体相一致的溶液中，镁的特征浓度≤0.08μg/mL（如测定铁、镍、铜、锰时，其特征浓度参见表10-1）。检出限定义，参见第二章第二节-一、-(三)-(3)-1）灵敏度。

2）精密度 其测量计算的方法和标准规定参见第二章第二节-一、-(三)-(3)-2）精密度。

3）标准曲线线性 将标准曲线按浓度等分成五段，最高段的吸光度差值与最低段的吸光度差值之比≥0.7。

（四）干扰的消除

（1）分析金属钙中铁、镍、铜、锰、镁的含量，采用基体匹配标准曲线法测定，消除基体元素的干扰。

（2）采用氘空心阴极灯校正背景或其他背景校正的方法，测量样品溶液、混合标准系列溶液中被测元素的吸光度，消除光谱背景干扰。

（3）当样品中共存元素浓度达到被测元素浓度上限的2倍时则不影响测定。

（五）标准曲线的建立

1. 标准溶液的配制

配制各个被测元素标准储备溶液和标准溶液的原则，参见第二章第三节-二、-（五）-1. 标准溶液的配制。分析金属钙中杂质元素铁、镍、铜、锰、镁的含量时，被测元素铁、镍、铜、锰、镁的标准溶液配制方法如下。

铁、镍、铜、锰混合标准溶液 $[\rho$（Fe、Ni、Cu、Mn）$=10\mu g/mL$，2% HNO_3 介质]：分别移取 1.00mL 铁、镍、铜、锰单元素标准溶液 $[\rho$（Fe、Ni、Cu、Mn）$=1000\mu g/mL$，2% HNO_3 介质，市售]，置于 100mL 容量瓶中，加 2mL 硝酸（1+1，用优级纯硝酸配制），用超纯水定容，混匀。

镁标准溶液 $[\rho$（Mg）$=4\mu g/mL$，2% HNO_3 介质]：移取 10.00mL 镁标准溶液 $[\rho$（Mg）$=1000\mu g/mL$，2% HNO_3 介质]于 100mL 容量瓶中，加 2mL 硝酸（1+1，用优级纯硝酸配制），用超纯水定容。再取 2mL 上述溶液于 50mL 容量瓶中，加 1mL 上述硝酸（1+1），用超纯水定容，混匀。

2. 标准曲线的建立

标准系列溶液的配制原则，参见第二章第二节-一、-（五）-2. 标准曲线的建立中的"标准系列溶液的配制原则"。分析金属钙中杂质元素铁、镍、铜、锰、镁的含量时，采用基体匹配标准曲线法进行定量，即配制与样品基体一致、质量分数相近的标准系列溶液。此定量方法的原理介绍参见第二章第二节-一、-（五）-2. 标准曲线的建立。具体方法如下。

（1）基体溶液　钙基体溶液 A（100mg/mL）：称取 14.00g 基准氧化钙 $[w$（CaO）$\geqslant$ 99.99%]，置于 200mL 烧杯中，加 10mL 硝酸（1+1，用优级纯硝酸配制）溶解，冷却，移入 100mL 容量瓶中，加 2mL 上述硝酸（1+1），以水定容。

钙基体溶液 B（20mg/mL）：分取 10mL 钙基体溶液（100mg/mL）于 50mL 容量瓶中，加 1mL 上述硝酸（1+1），以水定容。

（2）标准系列溶液

1）分析金属钙中杂质元素铁、镍、铜、锰的含量　分别移取 0mL、0.50mL、1.00mL、2.00mL、3.00mL、4.00mL、5.00mL 铁、镍、铜、锰标准溶液 $[\rho$（Fe、Ni、Cu、Mn）$=10\mu g/mL$，2% HNO_3 介质]，分别置于一组 50mL 容量瓶中，加入 1mL 上述硝酸（1+1）和 5.0mL 钙基体溶液 A（100mg/mL），用水稀释至刻度，混匀。

2）分析金属钙中杂质元素镁的含量　分别移取 0mL、1.00mL、2.00mL、3.00mL、4.00mL、5.00mL 镁标准溶液 $[\rho$（Mg）$=4\mu g/mL$，2% HNO_3 介质]，分别置于一组 50mL 容量瓶中，加入 1mL 上述硝酸（1+1）和 10.0mL 钙基体溶液 B（20mg/mL），用水稀释至刻度，混匀。

各被测元素标准系列溶液的浓度如表 10-20 所列，方便读者绘制标准曲线。

标准系列溶液的测量方法，参见第二章第二节-二、-（五）-2.-（3）标准系列溶液的测量（标准曲线法）。以被测元素的质量浓度（$\mu g/mL$）为横坐标、净吸光度（A）为纵

被测元素	C_0	C_1	C_2	C_3	C_4	C_5	C_6
铁、镍	基体空白	—	0.20	0.40	0.60	0.80	1.00
铜、锰	基体空白	0.10	0.20	0.40	0.60	0.80	1.00
镁	基体空白	—	0.08	0.16	0.24	0.32	0.40

坐标，绘制标准曲线。

（六）样品的测定

将原子吸收分光光度计调节至最佳工作状态，用氘空心阴极灯校正背景或其他方法校正背景。

样品溶液的测量方法，参见第二章第二节-二、-(六)-(2) 分析氧化镁［当 $w(MgO)>$ 0.20％～1.50％时］、氧化铅的含量（标准曲线法）中的测量方法。从标准曲线上查出相应的被测元素质量浓度（$\mu g/mL$）。

（七）结果的表示

当被测元素的质量分数＜0.01％时，分析结果表示至小数点后第 4 位；当被测元素的质量分数＞0.01％时，分析结果表示至小数点后第 3 位。

（八）质量保证和质量控制

具体操作方法参见第二章第三节-一、-(八) 质量保证和质量控制。

（九）注意事项

(1) 参见第二章第二节-一、-(九) 注意事项 (1)、(2)。

(2) 参见第二章第三节-一、-(九) 注意事项 (1)、(3)。

(3) 检测方法中所用仪器的标准，参见第二章第三节-三、-(九) 注意事项 (3)。

第三节　电感耦合等离子体原子发射光谱法

在现行有效的标准中，采用电感耦合等离子体原子发射光谱法分析钴酸锂产品的标准有 1 个，分析镁及镁合金产品的标准有 2 个，共计 3 个标准方法。本节中将这些方法归纳，方便读者进行同一类产品中多种被测元素的同时测定。

一、钴酸锂中基体元素和杂质元素的分析

现行国家标准[24]中，电感耦合等离子体原子发射光谱法可以分析钴酸锂（锂离子电池正极材料）中基体元素锂和 8 种杂质元素镍、锰、镁、铝、铁、钠、钙、铜的含量，此方法适用于上述各元素的独立测定，也适用于多种元素的同时测定，其元素测定范围见表 10-2。下面介绍具体的分析步骤和注意事项。

（一）样品的制备和保存

(1) 样品应通过 $50\mu m$ 筛。

（2）样品分析前应在 110℃±5℃烘 2h，并置于干燥器中冷却至室温。

（二）样品的消解

分析钴酸锂（锂离子电池正极材料）中基体元素锂及 8 种杂质元素镍、锰、镁、铝、铁、钠、钙、铜含量的消解方法主要为湿法消解中的电热板消解法。关于消解方法分类的介绍，参见第二章第二节-一、-(二) 样品的消解。本部分中，样品以盐酸溶解，制得盐酸介质的样品溶液，待测。

样品中被测元素的质量分数越大，称取样品量越小。当被测元素的质量分数为 0.01%～0.05%时，称样量为 0.50g；当被测元素的质量分数为＞0.05%～0.20%时，称样量为 0.20g；当被测元素的质量分数为 6.0%～8.0%时，称样量为 0.10g。

根据样品中被测元素的质量分数，称取相应质量的样品，精确至 0.0001g。独立测定 2 次，取其平均值。随同样品做空白试验。

将准确称量的样品置于 100mL 烧杯中，加入 10mL 盐酸（1+1），于电热板上低温加热溶解，冷却至室温。将溶液移至 100mL 容量瓶中，用超纯水稀释至刻度，混匀。

（三）仪器条件的选择

分析钴酸锂（锂离子电池正极材料）中基体元素锂及 8 种杂质元素镍、锰、镁、铝、铁、钠、钙、铜的含量时，推荐的电感耦合等离子体原子发射光谱仪的测试条件，参见表 10-2。

（1）选择分析谱线时，可以根据仪器的实际情况（如灵敏度和谱线干扰）做相应的调整。推荐的分析线见表 10-2，这些谱线不受基体元素的明显干扰。

（2）分析谱线的选择，参见第二章第三节-一、-(三) 仪器条件的选择。

（3）在仪器最佳工作条件下，凡能达到下列指标者均可使用。

1）灵敏度　以测镍含量为例，通过计算溶液中仅含有镍的分析线（221.648nm），得出的检出限（DL）应≤0.0005μg/mL。（如测定锂、锰、镁、铝、铁、钠、钙、铜的含量时，其分析线处对应的检出限参见表 10-2）。检出限定义，参见第二章第三节-一、-(三)-(3)-1) 灵敏度。

2）短期稳定性　每个最高浓度标准溶液发射谱线的标准偏差应不超过绝对或相对光强平均值的 0.8%。此指标的测量和计算方法参见第二章第三节-一、-(三)-(3)-2) 短期稳定性。

3）长期稳定性　11 个测量平均值的相对标准偏差不应超过绝对或相对光强平均值的 2.0%。此指标的测量和计算方法参见第三章第四节-七、-(三)-(3)-3) 长期稳定性。

4）标准曲线的线性　标准曲线的 $R^2 \geqslant 0.999$。

（四）干扰的消除

分析钴酸锂（锂离子电池正极材料）中基体元素锂的含量时，采用与样品组成相似的钴基体匹配的标准系列溶液绘制标准曲线，以基体匹配法校正基体对测定的影响。

（五）标准曲线的建立

1. 标准溶液的配制

配制各个被测元素标准储备溶液和标准溶液的原则，参见第二章第三节-二、-(五)-1. 标准溶液的配制。本方法中配制镍、锰、镁、铝、铁、钠、钙、铜的混合标准溶液，方法如下。

混合标准溶液 A［ρ（Ni、Mn、Mg、Al、Fe、Na、Ca、Cu）＝100μg/mL］：分别移取 10.00mL 镍、锰、镁、铝、铁、钠、钙、铜单元素标准储备溶液（镍、锰、镁、铝、铁、钠、钙、铜各为 1.00mg/mL），置于 100mL 容量瓶中，用盐酸（5＋95）稀释至刻度，混匀。

混合标准溶液 B［ρ（Ni、Mn、Mg、Al、Fe、Na、Ca、Cu）＝10μg/mL］：移取 10.00mL 混合标准溶液 A，置于 100mL 容量瓶中，用盐酸（5＋95）稀释至刻度，混匀。

2. 标准曲线的建立

标准系列溶液的配制原则，参见第二章第二节-一、-(五)-2. 标准曲线的建立中的标准系列溶液的配制原则。分析钴酸锂（锂离子电池正极材料）中锂的含量时，采用基体匹配标准曲线法测定，即配制与被测样品基体一致、质量分数相近的标准系列溶液。分析钴酸锂中上述 8 种杂质元素的含量时，采用标准曲线法进行定量。这 2 种定量方法的原理介绍，参见第二章第二节-一、-(五)-2.-(2) 标准曲线法。

标准系列溶液的制备详情如下。

（1）分析杂质元素镍、锰、镁、铝、铁、钠、钙、铜的含量（标准曲线法）　分别移取 0mL、5mL、10mL、20mL、30mL、40mL 混合标准溶液 B［ρ（Ni、Mn、Mg、Al、Fe、Na、Ca、Cu）＝10μg/mL］，置于一组 100mL 容量瓶中，以水定容，混匀。

（2）分析基体元素锂的含量（基体匹配标准曲线法）　称取纯基体物质，按照样品溶液的制备方法制备钴基体溶液，根据样品溶液中钴的质量，在标准系列溶液中加入适量钴基体溶液，使得标准系列溶液与样品溶液中的钴质量相等。

1）基体溶液　钴基体溶液（3.0mg/mL）：称 3.0000g 金属钴［w(Co)≥99.99％］置于 400mL 烧杯中，加 50mL 盐酸（1＋1），低温溶解后移入 1000mL 容量瓶中，以水定容，混匀。

2）标准系列溶液　分别移取 0mL、2.5mL、5.0mL、7.5mL、10.0mL、12.5mL 锂标准储备溶液（锂 1.00mg/mL），置于一组 100mL 容量瓶中，加入 20.00mL 钴基体溶液（钴 3.0mg/mL），以水定容，混匀。

标准系列溶液的测量方法，参见第二章第三节-一、-(五)-2.-(3) 标准系列溶液的测量。

分别以各被测元素的质量浓度（μg/mL）为横坐标，以分析线净强度为纵坐标，由计算机自动绘制标准曲线。当标准曲线的线性相关系数≥0.999 时，即可进行样品溶液的测定。

（六）样品的测定

（1）优化仪器的方法　具体方法参见第二章第三节-一、-(六) 样品的测定。

（2）样品中被测元素的分析线发射强度的测量　具体方法参见第二章第三节-一、-(六) 样品的测定。从标准曲线上确定被测元素的质量浓度（μg/mL）。

（3）分析线中干扰线的校正　具体方法参见第二章第三节-一、-(六) 样品的测定。

（七）结果的表示

分析结果在 1％以上的保留 3 位有效数字；在 1％以下的保留 2 位有效数字。

（八）质量保证和质量控制

具体操作方法参见第二章第三节-一、-（八）质量保证和质量控制。

（九）注意事项

（1）参见第二章第二节-一、-（九）注意事项（1）。

（2）参见第二章第三节-一、-（九）注意事项（1）～（3）。

（3）测试中所用仪器的标准，参见第二章第三节-三、-（九）注意事项（3）。

二、镁及镁合金中杂质元素的分析

现行国家标准[25,26]中，电感耦合等离子体原子发射光谱法可以分析镁及镁合金中 15 种杂质元素钇、铁、铜、锰、钛、锌、钕、锶、镍、锆、铍、铅、钙、铝、铈的含量，此方法适用于上述各元素的独立测定，也适用于多种元素的同时测定，其元素测定范围见表 10-2。下面讲解具体的分析步骤和注意事项。

（一）样品的制备和保存

将样品加工成厚度≤1mm 的碎屑。

（二）样品的消解

采用电感耦合等离子体原子发射光谱法分析镁及镁合金中 15 种杂质元素钇、铁、铜、锰、钛、锌、钕、锶、镍、锆、铍、铅、钙、铝、铈含量的消解方法主要为湿法消解中的电热板消解法。关于消解方法分类的介绍，参见第二章第二节-一、-（二）样品的消解。本部分中，样品以盐酸、过氧化氢溶解，制得盐酸介质的待测样品溶液。

样品中被测元素的质量分数越大，称取样品量越小，样品溶液定容体积也越大。根据样品中被测元素的质量分数，按表 10-21 称取相应质量的样品，精确至 0.0001g。独立测定 2 次，取其平均值。称取与样品相同质量的高纯镁 [w(Mg)≥99.999%]，随同样品做空白试验。

⊡ 表 10-21　分析镁及镁合金中 15 杂质元素钇等含量的样品溶液

产品类型	被测元素	被测元素质量分数/%	称样量/g	盐酸	过氧化氢②	定容体积/mL
镁合金	钇	3.00～6.00	0.2	20mL 盐酸①	5 滴	200
镁及镁合金	钇、铁、铜、锰、钛、	0.0005～0.050	0.50	25mL 盐酸③	适量	100
	锌、钕、锶、镍、锆、	>0.050～1.00	0.25			250
	铍、铅、钙、铝、铈	>1.00～10.00	0.20			500

① 盐酸：1+4。

② 过氧化氢：$\rho=1.10g/mL$。

③ 盐酸：1+1。

样品溶液的制备：将准确称量的样品置于 300mL 烧杯中，根据产品类型和被测元素的质量分数，分次加入表 10-21 中规定的相应量盐酸，盖上表面皿，待剧烈反应停止后，于电热板上低温加热分解，按表 10-21 加入相应量的过氧化氢[分析锆、锰、钇含量高的镁合金样品时，补加 1～2 滴氢氟酸（$\rho=1.14g/mL$）助溶]，至样品完全溶解，煮沸分解过量的过氧化氢，冷却至室温，用少量水洗涤表面皿及杯壁，将溶液移入表 10-21 中规定的相应定容体积的容量瓶中，用超纯水定容，混匀。

必要时根据被测元素质量分数范围，稀释待测样品溶液。

（三）仪器条件的选择

分析镁合金中杂质元素钇的含量和镁及镁合金中 15 种杂质元素钇、铁、铜、锰、钛、锌、钕、锶、镍、锆、铍、铅、钙、铝、铈的含量时，推荐的电感耦合等离子体原子发射光谱仪的测试条件，参见表 10-2。

(1) 选择分析谱线时，可以根据仪器的实际情况（如灵敏度和谱线干扰）做相应的调整。推荐的分析线见表 10-2，这些谱线不受基体元素的明显干扰。分析谱线的选择，参见第二章第三节-一、-（三）仪器条件的选择。

(2) 仪器的实际分辨率：计算每条应当使用的分析线（包括内标线）的半高宽（即带宽），分析线的半高宽≤0.005nm（200nm）。

(3) 在仪器最佳工作条件下，凡能达到下列指标者均可使用。

1) 灵敏度　以测铝含量为例，通过计算溶液中仅含有铝的分析线（396.152nm），得出检出限（DL）。检出限定义，参见第二章第三节-一、-（三）-(3)-1) 灵敏度。

2) 短期稳定性　每个最高浓度标准溶液发射谱线的标准偏差应不超过绝对或相对光强平均值的 1.0%。此指标的测量和计算方法参见第二章第三节-一、-（三）-(3)-2) 短期稳定性。

3) 长期稳定性　7 个测量平均值的相对标准偏差＜2.0%。此指标的测量和计算方法参见第二章第三节-一、-（三）-(3)-3) 长期稳定性。

4) 标准曲线的线性　标准曲线的线性相关系数≥0.9995。

（四）干扰的消除

分析镁合金中杂质元素钇的含量和镁及镁合金中 15 种杂质元素钇、铁、铜、锰、钛、锌、钕、锶、镍、锆、铍、铅、钙、铝、铈的含量时，采用与样品组成相似的镁基体匹配的标准系列溶液绘制标准曲线，以基体匹配法校正基体对测定的影响。

（五）标准曲线的建立

1. 标准溶液的配制

配制各个被测元素标准储备溶液和标准溶液的原则，参见第二章第三节-二、-（五）-1. 标准溶液的配制。

2. 标准曲线的建立

标准系列溶液的配制原则，参见第二章第二节-一、-（五）-2. 标准曲线的建立中的标准系列溶液的配制原则。分析镁合金中杂质元素钇的含量，分析镁及镁合金中 15 种杂质元素钇、铁、铜、锰、钛、锌、钕、锶、镍、锆、铍、铅、钙、铝、铈的含量时，采用基体匹配标准曲线法进行定量，即配制与被测样品基体一致、质量分数相近的标准系列溶液。此定量方法的原理介绍参见第二章第二节-一、-（五）-2.-(2) 标准曲线法。

(1) 分析镁合金中杂质元素钇的含量　称取纯基体物质，按照样品溶液的制备方法制备镁基体溶液，根据样品溶液中镁的质量，在标准系列溶液中加入适量镁基体溶液，使得标准系列溶液与样品溶液中的镁质量相等。

1）基体溶液　镁基体溶液（20mg/mL）：称取 2.0000g 镁 [w（Mg）≥99.8％]，置于 200mL 烧杯中，分次加入 30mL 盐酸（1+1），盖上表面皿，于电热板上低温加热溶解，冷却至室温。用水洗涤表面皿及杯壁，移入 100mL 容量瓶中，以水稀释至刻度，混匀。

2）标准系列溶液　移取 0mL、2.00mL、4.00mL、6.00mL、8.00mL 钇标准溶液（1mg/mL）置于一组 100mL 容量瓶中，加入 5mL 镁基体溶液（20mg/mL），加入 10mL 盐酸（1+4），用水稀释至刻度，混匀。

（2）分析镁及镁合金中 15 种杂质元素钇、铁、铜、锰、钛、锌、钕、锶、镍、锆、铍、铅、钙、铝、铈的含量

方法Ⅰ：称取数份与被测样品相同质量的纯基体物质——高纯镁 [w（Mg）≥99.999％]，随同样品制备基体溶液，定容时分别加入一系列体积的被测元素标准溶液。此标准系列溶液的镁基体浓度、溶液酸度应与样品溶液保持一致。

称取数份与分析样品溶液中相同质量的上述基体高纯镁，置于一组 250mL 烧杯中，分别加入 25mL 盐酸（1+1），待剧烈反应停止后，低温加热分解，分别加入适量的过氧化氢（$\rho = 1.10$g/mL），至样品完全溶解，煮沸分解过量的过氧化氢，冷却。将溶液转入一组表 10-21 相应定容体积的容量瓶中（与分析样品溶液等体积的容量瓶），加入适量的被测元素标准溶液，使镁基体浓度、溶液酸度与样品溶液基本一致，用水稀释至刻度，混匀。以不加被测元素标准溶液的标准系列溶液作为空白溶液。标准系列溶液中被测元素的含量要略高于样品中该元素的含量。标准系列溶液的数量由精度要求决定，一般 3～5 个。

方法Ⅱ：根据分析样品的牌号也可选择相应的标准系列样品（国家一级标样），按样品溶液制备方法制备基体溶液，再配制标准系列溶液，标准系列溶液的数量由精度要求决定，一般 3～5 个。

标准系列溶液的测量方法，参见第二章第三节-一、-（五）-2.-（3）标准系列溶液的测量。分别以各被测元素的质量浓度（μg/mL）为横坐标，以分析线净强度为纵坐标，绘制标准曲线。当标准曲线的 $R^2 \geq 0.999$ 时测定样品溶液。

（六）样品的测定

（1）优化仪器的方法　具体方法参见第二章第三节-一、-（六）样品的测定。

（2）样品中被测元素的分析线发射强度的测量　具体方法参见第二章第三节-一、-（六）样品的测定。从标准曲线上确定被测元素的质量浓度（μg/mL）。

（3）分析线中干扰线的校正　具体方法参见第二章第三节-一、-（六）样品的测定。

（七）结果的表示

分析结果在 1％以上的保留 3 位有效数字；在 1％以下的保留 2 位有效数字。

（八）质量保证和质量控制

具体操作方法参见第二章第三节-一、-（八）质量保证和质量控制。

（九）注意事项

（1）参见第二章第二节-一、-（九）注意事项（1）。

（2）参见第二章第三节-一、-（九）注意事项（1）～（3）。

（3）测试中所用仪器的标准，参见第二章第三节-三、-（九）注意事项（3）。

（4）多元素标准溶液的配制原则：互有化学干扰、产生沉淀及互有光谱干扰的元素应

分组配制。标准储备溶液的稀释溶液，需与标准储备溶液保持一致的酸度（用时现稀释）。

（5）分析锆、锰、钇含量高的镁合金样品中的杂质元素含量时，在溶样时可加 1～2 滴氢氟酸助溶。

参考文献

［1］ 国家质量监督检验检疫总局. GB/T 20931. 1—2007 锂化学分析方法 钾量的测定 火焰原子吸收光谱法［S］. 北京：中国标准出版社，2007.

［2］ 国家质量监督检验检疫总局. GB/T 20931. 2—2007 锂化学分析方法 钠量的测定 火焰原子吸收光谱法［S］. 北京：中国标准出版社，2007.

［3］ 国家质量监督检验检疫总局. GB/T 20931. 3—2007 锂化学分析方法 钙量的测定 火焰原子吸收光谱法［S］. 北京：中国标准出版社，2007.

［4］ 国家质量监督检验检疫总局. GB/T 20931. 10—2007 锂化学分析方法 铜量的测定 火焰原子吸收光谱法［S］. 北京：中国标准出版社，2007.

［5］ 国家质量监督检验检疫总局. GB/T 20931. 11—2007 锂化学分析方法 镁量的测定 火焰原子吸收光谱法［S］. 北京：中国标准出版社，2007.

［6］ 国家质量监督检验检疫总局. GB/T 11064. 4—2013 碳酸锂、单水氢氧化锂、氯化锂化学分析方法 第 4 部分：钾量和钠量的测定 火焰原子吸收光谱法［S］. 北京：中国标准出版社，2013.

［7］ 国家质量监督检验检疫总局. GB/T 11064. 5—2013 碳酸锂、单水氢氧化锂、氯化锂化学分析方法 第 5 部分：钙量的测定 火焰原子吸收光谱法［S］. 北京：中国标准出版社，2013.

［8］ 国家质量监督检验检疫总局. GB/T 11064. 6—2013 碳酸锂、单水氢氧化锂、氯化锂化学分析方法 第 6 部分：镁量的测定 火焰原子吸收光谱法［S］. 北京：中国标准出版社，2013.

［9］ 国家质量监督检验检疫总局. GB/T 22660. 4—2008 氟化锂化学分析方法 第 4 部分：镁含量的测定 火焰原子吸收光谱法［S］. 北京：中国标准出版社，2008.

［10］ 国家质量监督检验检疫总局. GB/T 22660. 5—2008 氟化锂化学分析方法 第 5 部分：钙含量的测定 火焰原子吸收光谱法［S］. 北京：中国标准出版社，2008.

［11］ 国家质量监督检验检疫总局. GB/T 13748. 3—2005 镁及镁合金化学分析方法锂含量的测定火焰原子吸收光谱法［S］. 北京：中国标准出版社，2005.

［12］ 国家质量监督检验检疫总局. GB/T 13748. 6—2005 镁及镁合金化学分析方法银含量的测定火焰原子吸收光谱法［S］. 北京：中国标准出版社，2005.

［13］ 国家质量监督检验检疫总局. GB/T 13748. 13—2005 镁及镁合金化学分析方法铅含量的测定火焰原子吸收光谱法［S］. 北京：中国标准出版社，2005.

［14］ 国家质量监督检验检疫总局. GB/T 13748. 15—2013 镁及镁合金化学分析方法 第 15 部分：锌含量的测定［S］. 北京：中国标准出版社，2013.

［15］ 国家质量监督检验检疫总局. GB/T 13748. 16—2005 镁及镁合金化学分析方法钙含量的测定火焰原子吸收光谱法［S］. 北京：中国标准出版社，2005.

［16］ 国家质量监督检验检疫总局. GB/T 13748. 17—2005 镁及镁合金化学分析方法钾含量和钠含量的测定火焰原子吸收光谱法［S］. 北京：中国标准出版社，2005.

［17］ 国家质量监督检验检疫总局. GB/T 22661. 4—2008 氟硼酸钾化学分析方法 第 4 部分：镁含量的测定 火焰原子吸收光谱法［S］. 北京：中国标准出版社，2008.

［18］ 国家质量监督检验检疫总局. GB/T 22661. 5—2008 氟硼酸钾化学分析方法 第 5 部分：钙含量的测定 火焰原子吸收光谱法［S］. 北京：中国标准出版社，2008.

［19］ 国家质量监督检验检疫总局. GB/T 22661. 7—2008 氟硼酸钾化学分析方法 第 7 部分：钠含量的测定 火焰原子吸收光谱法［S］. 北京：中国标准出版社，2008.

［20］ 国家质量监督检验检疫总局. GB/T 22662. 5—2008 氟钛酸钾化学分析方法 第 5 部分：钙含量的测定 火焰原

子吸收光谱法［S］. 北京：中国标准出版社，2008.

［21］ 国家质量监督检验检疫总局. GB/T 22662. 6—2008 氟钛酸钾化学分析方法 第 6 部分：铁含量的测定 火焰原子吸收光谱法［S］. 北京：中国标准出版社，2008.

［22］ 国家质量监督检验检疫总局. GB/T 22662. 7—2008 氟钛酸钾化学分析方法 第 7 部分：铅含量的测定 火焰原子吸收光谱法［S］. 北京：中国标准出版社，2008.

［23］ 国家质量监督检验检疫总局. GB/T 10267. 3—2008 金属钙分析方法 第 3 部分：原子吸收分光光度法 直接测定铁、镍、铜、锰、镁［S］. 北京：中国标准出版社，2008.

［24］ 国家质量监督检验检疫总局. GB/T 23367. 2—2009 钴酸锂化学分析方法 第 2 部分：锂、镍、锰、镁、铝、铁、钠、钙和铜量的测定 电感耦合等离子体原子发射光谱法［S］. 北京：中国标准出版社，2009.

［25］ 国家质量监督检验检疫总局. GB/T 13748. 5—2005 镁及镁合金化学分析方法 钇含量的测定 电感耦合等离子体原子发射光谱法［S］. 北京：中国标准出版社，2005.

［26］ 国家质量监督检验检疫总局. GB/T 13748. 20—2009 镁及镁合金化学分析方法 第 20 部分：ICP-AES 测定元素含量［S］. 北京：中国标准出版社，2009.

第十一章

钛、铌、钽、硒、铟、硬质合金及其相关产品的分析

第一节　应用概况

稀有元素分为以下五类：稀有轻金属，包括锂（Li）、铷（Rb）、铯（Cs）、铍（Be）；稀有难熔金属，包括钛（Ti）、锆（Zr）、铪（Hf）、钒（V）、铌（Nb）、钽（Ta）、铬（Cr）、钼（Mo）、钨（W），与碳、氮、硅、硼等生成的化合物熔点较高；稀有分散金属，简称稀散金属，包括镓（Ga）、铟（In）、铊（Tl）、锗（Ge）、铼（Re）、硒（Se）、碲（Te），大部分赋存于其他元素的矿物中；稀有稀土金属，简称稀土金属，包括钪（Sc）、钇（Y）及镧系元素［镧（La）、铈（Ce）、镨（Pr）、钕（Nd）、钷（Pm）、钐（Sm）、铕（Eu）、钆（Gd）、铽（Tb）、镝（Dy）、钬（Ho）、铒（Er）、铥（Tm）、镱（Yb）、镥（Lu）］；稀有放射性金属，包括天然存在的钫（Fr）、镭（Ra）、钋（Po）和锕系金属中的锕（Ac）、钍（Th）、镤（Pa）、铀（U）。上述分类不是十分严格。

本章介绍了稀有难熔金属钛、铌、钽和稀有分散金属硒、铟五种稀有金属及其相关产品，与硬质合金（稀有难熔金属铬、铌、钽、钛、钨、钒的碳化物及相关合金产品）中杂质元素的分析方法。其中，钛产品包括海绵钛、钛及钛合金、钛镍形状记忆合金；铟产品包括高纯氢氧化铟和高纯氧化铟；硬质合金产品包括稀有难熔金属铬、铌、钽、钛、钨、钒的碳化物，上述碳化物与黏结金属的混合物，硬质合金（包括完全除去涂层的涂层硬质合金）。这些金属及其合金产品的应用十分广泛，特别是在冶金领域中起着重要作用。

钛及钛合金在航空工业、造船工业、化学工业、制造机械部件、电信器材、硬质合金等方面的应用日益广泛。钛镍合金作为形状记忆合金（自身的塑性变形在某一特定温度下自动恢复为原始形状的特种合金）是各类工程和医学中的理想材料。钽铌有吸气、耐腐蚀、超导性、单极导电性和在高温下强度高等特性。高纯硒用于制备元素周期表中ⅡA～ⅣA化合物的半导体、光电材料、静电摄影和光学仪器等，在冶金方面硒用于电解锰，生

□ 表 11-1 火焰原子吸收光谱法分析海绵钛、钛及钛合金、钽、硬质合金产品①的基本条件

适用范围	测项	检测方法	测定范围(质量分数)/%	检出限/(μg/mL)	波长/nm	仪器条件 原子化器	仪器条件 原子化器条件	干扰物质消除方法	国标号	参考文献
海绵钛、钛及钛合金	铁	火焰原子吸收光谱法	0.01~2.00	0.1	248.3	火焰	空气-乙炔贫燃火焰	以硝酸氧化钛、铁及其他元素,用硼酸除干扰	GB/T 4698.2—2011	[1]
钽	钠	火焰原子吸收光谱法	0.0005~0.020	0.0186	589.0	火焰	空气-乙炔火焰	在稀硝酸介质中,以三氯化铝掩蔽氟	GB/T 15076.16—2008	[2]
	钾		0.0005~0.020	0.0355	766.5					
	钙		0.001~0.02	0.03	422.7	火焰	一氧化二氮-乙炔火焰	氯化锶作消电离剂;氟化铵除去干扰	GB/T 20255.1—2006	[3]
	镁		0.001~0.02	0.02	285.2					
	钾		0.001~0.02	0.04	769.9		空气-乙炔火焰			
	钠		0.001~0.02	0.02	589.3					
	钴		0.01~0.5	0.7	240.7	火焰	一氧化二氮-乙炔火焰	氯化铯作消电离剂;氟化铵除去干扰	GB/T 20255.2—2006	[4]
	铁		0.01~0.5	0.3	248.3					
	锰		0.01~0.5	0.1	279.8					
	镍		0.01~0.5	0.3	232.0					
	钼		0.01~0.5	0.3	313.3	火焰	一氧化二氮-乙炔火焰	氯化铯作消电离剂;氟化铵除去干扰	GB/T 20255.3—2006	[5]
	钛		0.01~0.5	1.0	364.3					
	钒		0.01~0.5	0.8	318.4					
硬质合金产品	钴	火焰原子吸收光谱法	0.5~2	20	352.7	火焰	一氧化二氮-乙炔火焰	氯化铯作消电离剂;氟化铵除去干扰	GB/T 20255.4—2006	[6]
	铁		0.5~2	0.3	248.3					
	锰		0.5~2	0.1	279.8					
	钼		0.5~2	6	313.3					
	镍		0.5~2	0.3	232.0					
	钛		0.5~2	30	364.3					
	钒		0.5~2	1.0	318.4					
	铬		0.01~2	0.04	357.9	火焰	一氧化二氮-乙炔火焰	焦硫酸钾、高氯酸溶解样品,柠檬酸铵和过氧化氢除去涂层干扰	GB/T 20255.5—2006	[7]

① 硬质合金产品：包括钛、铌、钽、钨、钒的碳化物，上述碳化物与黏结金属的混合物，硬质合金（包括完全除去涂层的涂层硬质合金）。

□ 表 11-2 原子荧光光谱法分析高纯氢氧化铟、高纯氧化铟的基本条件

适用范围	测项	检测方法	测定范围(质量分数)/%	检出限/(ng/mL)	原子化器	原子化器条件	国标号	参考文献
高纯氢氧化铟	砷	原子荧光光谱法	0.00001~0.0050	0.5	石英炉	电热石英炉，硼氢化钾为还原剂，盐酸为载流，氩气为屏蔽气和载气	GB/T 23362.1—2009	[8]
高纯氢氧化铟	锑	原子荧光光谱法	0.00001~0.0050	0.5	石英炉	电热石英炉，硼氢化钾为还原剂，盐酸为载流，氩气为屏蔽气和载气	GB/T 23362.3—2009	[9]
高纯氧化铟	砷	原子荧光光谱法	0.00001~0.0050	0.5	石英炉	电热石英炉，硼氢化钾为还原剂，盐酸为载流，氩气为屏蔽气和载气	GB/T 23364.1—2009	[10]
高纯氧化铟	锑	原子荧光光谱法	0.00001~0.0080	0.5	石英炉	电热石英炉，硼氢化钾为还原剂，盐酸为载流，氩气为屏蔽气和载气	GB/T 23364.3—2009	[11]

□ 表 11-3 电感耦合等离子体原子发射光谱法分析海绵钛、钛及钛合金、钛镍形状记忆合金的基本条件

适用范围	测项	检测方法	测定范围(质量分数)/%	分析线/nm	检出限/(μg/mL)	仪器条件及说明	干扰物质消除方法	国标号	参考文献
海绵钛、钛及钛合金	铁	电感耦合等离子体原子发射光谱法	0.01~3.0	238.20, 259.94	—	配前氢氟酸雾化器。分析线：Fe 238.20nm 时，内标 Ti 255.60nm；Fe 259.94nm 时，内标 Ti 333.21nm	①采用基体匹配配制标准曲线法测定，消除钛的干扰。②用硫酸+氢氟酸消解样品时，采用内标法（以钴、钇、镧为内标）消除钛的干扰。③用硝酸+氢氟酸消解样品时，以钴为内标。④用硫酸消解样品时，以基体钛为内标	GB/T 4698.2—2011	[12]
海绵钛、钛及钛合金	钴(内标)			228.62	—				
海绵钛、钛及钛合金	钇(内标)		—	371.03	—				
海绵钛、钛及钛合金	镧(内标)			398.85	—				
海绵钛、钛及钛合金	钛(内标)			255.60, 333.21	—				
钛镍形状记忆合金	钴	电感耦合等离子体原子发射光谱法	0.01~0.1	394.401	0.098	配前氢氟酸进样系统。仪器最小光谱带宽≤0.030nm 的半高宽	采用基体匹配配制标准曲线法测定，消除钛、镍的干扰	GB/T 23614.2—2009	[13]
钛镍形状记忆合金	铜		0.005~0.05	202.034	0.024				
钛镍形状记忆合金	铬		0.005~0.05	238.208	0.017				
钛镍形状记忆合金	铁		0.01~0.1	251.615	0.040				
钛镍形状记忆合金	铌		0.005~0.05	205.560	0.024				

□ 表 11-4 电感耦合等离子体质谱法分析钽、铌，高纯硒，高纯氢氧化铝，高纯氧化铟的基本条件

适用范围	测项	检测方法	测定范围(质量分数)/%	测定下限/(ng/mL)	测定同位素的质量数	仪器条件及说明	国标号	参考文献
钽、铌	钠	电感耦合等离子体质谱法	0.0001~0.0020	—	23	具有冷焰或反应碰撞池的电感耦合等离子体质谱仪	GB/T 15076.16—2008	[14]
	钾		0.0001~0.0020	—	39			
	硼		0.0001~0.0010	—	11			
	铝		0.00005~0.0010	—	27			
	铁		0.00005~0.0010	—	56			
	锌		0.00005~0.0010	—	56			
	砷		0.00005~0.0010	—	75			
	银		0.00005~0.0010	—	107			
	锡		0.00005~0.0010	—	118,119			
	锑		0.00005~0.0010	—	121			
	碲		0.00005~0.0010	—	128			
高纯硒	汞	电感耦合等离子体质谱法	0.00005~0.0010	—	202	内标：铑(^{103}Rh) 铁（Fe）和锡（^{118}Sn）采用去干扰技术测定。通过阳离子交换将被测元素与硒基体分离并富集	GB/T 26289—2010	[15]
	镁		0.00001~0.00020	—	24			
	钛		0.00001~0.00020	—	47,48			
	镍		0.00001~0.00020	—	60			
	铜		0.00001~0.00020	—	63			
	镓		0.00001~0.00020	—	69			
	镉		0.00001~0.00020	—	111			
	铟		0.00001~0.00020	—	115			
	铅		0.00001~0.00020	—	208			
	铋		0.00001~0.00020	—	209			

适用范围	检测方法	测项	测定范围(质量分数)/%	测定下限/(ng/mL)	测定同位素的质量数	仪器条件及说明	国标号	参考文献
高纯氢氧化铟	电感耦合等离子体质谱法	铝	0.00005~0.0040	0.3	27	内标:钪(Sc)45 工作模式:碰撞反应池 内标:铑(Rh)103 工作模式:标准 接口:耐高盐	GB/T 23362.4—2009	[16]
		铁	0.00005~0.0040	0.3	56			
		铜	0.00002~0.0040	0.2	63			
		锌	0.00005~0.0040	0.3	64			
		镉	0.00002~0.0040	0.1	114			
		铅	0.00005~0.0040	0.1	208			
		铊	0.00002~0.0040	0.1	205			
高纯氧化铟	电感耦合等离子体质谱法	铝	0.00005~0.0040	0.3	27	内标:钪(Sc)45 工作模式:碰撞反应池 内标:铑(Rh)103 工作模式:标准 接口:耐高盐	GB/T 23364.4—2009	[17]
		铁	0.00005~0.0040	0.3	56			
		铜	0.00002~0.0040	0.2	63			
		锌	0.00005~0.0040	0.3	64			
		镉	0.00002~0.0040	0.1	114			
		铅	0.00005~0.0040	0.1	208			
		铊	0.00002~0.0040	0.1	205			

□ 表 11-5　原子发射光谱法分析海绵钛、钛及钛合金、钽、铌的基本条件

适用范围	检测方法	测项	测定范围(质量分数)/%	分析线/nm	内标线/nm	仪器条件	国标号	参考文献
海绵钛、钛及钛合金	摄谱法	锰	0.02~0.20	294.920	—	摄谱仪:290.0~348.0nm,三透镜照明系统,中间光栅高5.0mm,狭缝宽15μm。光源:直流电弧,电流16A,阴极激发。曝光时间:50s,无预燃。暗室处理:显影液A+B配方,18~20℃显影4min,定影,水洗,干燥。黑度测量:S标尺,狭缝宽150μm。	GB/T 4698.21—1996	[18]
		铬	0.02~0.20	302.156	Ti 308.482			
		镍	0.02~0.20	303.794	Ti 308.482			
		铝	0.01~0.15	308.216	Ti 308.482			
		钼	0.01~0.15	317.035	Ti 308.482			
		锡	0.01~0.15	317.502	Ti 308.482			
		钒	0.01~0.15	318.539	Ti 308.482			
		钇	0.01~0.15	332.788	Ti 333.699			
		铜	0.001~0.015	324.754	Ti 308.482			
		钴	0.01~0.15	343.823	Ti 333.699			

适用范围	测项	检测方法	测定范围(质量分数)/%	分析线/nm	内标线/nm	仪器条件	国标号	参考文献
钽	铝	电弧原子发射光谱法	0.00010~0.020	308.2	Pd 340.4	直流电弧原子发射光谱仪。光源:直流电弧。曝光:35s。激发电流:18A。预燃:1s。电极距离:3mm	GB/T 15076.9—2008	[19]
	铜		0.00010~0.020	327.3	Pd 340.4			
	锰		0.00010~0.040	257.6	Pd 340.4			
	钛		0.00010~0.040	337.2	Pd 340.4			
	锡		0.00010~0.040	317.5	Ge 303.9			
	铝		0.00010~0.040	283.3	Ge 303.9			
	锆		0.00010~0.040	339.1	Ta 271.4			
	铁		0.0003~0.040	296.6	Pd 340.4			
	铬		0.0003~0.040	427.4	背景			
	镍		0.0003~0.040	306.0	Pd 340.4			
铌	锆		0.0001~0.010	339.198	Pd 325.878	平面光栅摄谱仪:倒数线色散率≤0.35nm/mm,中心波长300.0nm,三透镜照明系统,狭缝宽12μm,中间光栅高3.2mm。光源:直流电弧阳极激发,电流14A,极距3mm。曝光时间:60s。暗室处理:显影液A+B配方,以等量水稀释,(20±1)℃显影3~4min,定影,水洗,干燥。黑度测量:S标尺	GB/T 15076.10—1994	[20]
	锰		0.0001~0.010	280.106	—			
				265.568	—			
	钛		0.0001~0.020	307.865	Pd 325.878			
	铝		0.0002~0.010	308.216	Pd 325.878			
				257.510	—			
	铁		0.0003~0.030	302.107	Pd 325.878			
				259.837	—			
	镍		0.0003~0.030	300.249	Pd 325.878			
	铬		0.0003~0.030	302.156	Pd 325.878			
钽、铌	砷		0.0010~0.030	234.98	—	平面光栅摄谱仪:倒数线色散率≤0.4nm/mm,波段范围230.0~310.0nm,三透镜照明系统,狭缝宽15μm,中间光栅高5.0mm。光源:直流电弧阳极激发,5A起弧,曝光10s,立刻开至12A曝光50s。暗室处理:显影液A+B配方,将短波处的感光板在(26±1)℃显影6min。长波处感光板在(20±1)℃显影4~5min。F-5定影液,定影,水洗,干燥。黑度测量:S标尺	GB/T 15076.11—1994	[21]
	锑		0.0004~0.010	259.81	Ga 262.48			
	铝		0.0001~0.010	283.30	Ga 262.48			
	锡		0.0001~0.010	286.33	Ga 262.48			
	铋		0.0001~0.030	306.77	Ga 262.48			
				298.90	Ga 262.48			

生产碳素钢、不锈钢和铜合金。铟用作生产液晶显示器的原材料、电子半导体、焊料和合金、较高温度下的真空缝隙填充材料。硬质合金用作刀具材料（如车刀、铣刀、刨刀、钻头、镗刀等）而用于切削，特别是用于切削耐热钢、不锈钢、高锰钢、工具钢等难加工的材料。

对于同一种样品中的同一元素进行定量分析，通常，2种原子光谱法可以提供选择，如分析海绵钛、钛及钛合金中铁的含量，AAS 和 ICP-AES 都可以采用。各种方法的灵敏度和检测范围不同，根据实际检测需求选择。AAS 的步骤明晰，样品的消解程度和干扰元素消除的水平（必要时，可加入适量的干扰消除剂）是此方法检测准确度的决定因素，而且检测成本低；但是消解过程复杂，耗时耗力，方法重现性有局限性。ICP-AES 的灵敏度（即方法检出限）较低，消解方法步骤少，样品溶解后，除去主要的基体即可测定。其他基体元素的干扰，可通过内标校正标准曲线法或基体匹配标准曲线法进行校正，方法的检测效率高，准确度和重现性好。但是此项技术正在逐步发展中，方法步骤有待进一步完善。

下面将 FAAS、AFS、ICP-AES、ICP-MS、AES 的测定范围、检出限、仪器条件、干扰物质及消除方法等基本条件以表格的形式列出，为选择合适的分析方法提供参考。表 11-1 是火焰原子吸收光谱法分析海绵钛、钛及钛合金，钽，硬质合金产品的基本条件。表 11-2 是原子荧光光谱法分析高纯氢氧化铟、高纯氧化铟的基本条件。表 11-3 是电感耦合等离子体原子发射光谱法分析海绵钛、钛及钛合金，钛镍形状记忆合金的基本条件。表 11-4 是电感耦合等离子体质谱法分析钽、铌，高纯硒，高纯氢氧化铟，高纯氧化铟的基本条件。表 11-5 是原子发射光谱法分析海绵钛、钛及钛合金，钽、铌的基本条件。

其中，原子发射光谱法（如摄谱法、电弧原子发射光谱法）的应用不十分广泛，在本节中的方法介绍部分不做详细介绍。

第二节　原子吸收光谱法

在现行有效的标准中，采用火焰原子吸收光谱法分析海绵钛、钛及钛合金的标准有 1个，分析钽的标准有 1 个，分析硬质合金产品的标准有 5 个，共计 7 个标准。归纳这些方法，并根据工作实际诠释了样品消解和含量计算方法。

一、海绵钛、钛及钛合金中杂质元素的分析

现行国家标准[1]中，火焰原子吸收光谱法可以分析海绵钛、钛及钛合金中杂质元素铁的含量，此方法中铁元素的测定范围见表 11-1。下面详细介绍火焰原子吸收光谱法分析海绵钛、钛及钛合金中铁含量的步骤。

（一）样品的制备和保存

海绵钛、钛及钛合金的取样应按照已颁布的标准方法进行，即《钛及钛合金化学成分分析取制样方法》（GB/T 31981—2015）。

① 取样前样品用四氯化碳、丙酮或无水乙醇溶液清洗，在搅拌的条件下，浸泡不少于 3min，清洗不少于 2 次，至除去油脂等脏物。干燥采用自然晾干、冷风吹干或烘干的

方式，烘干的温度不宜过高，防止样品氧化。样品表面去除氧化层，露出金属本色。

② 将样品加工成厚度不大于 1mm 的碎屑。所有剪切后的样品应进行磁选处理，除去取制样过程中引入的铁磁性污染。

③ 样品保存于干燥洁净的器皿或样品袋中，保存时间不得超过 48h。

需要特别注意的是，样品不得用手直接接触。

（二）样品的消解

分析海绵钛、钛及钛合金中杂质元素铁含量的消解方法主要为湿法消解中的电热板消解法。关于消解方法分类的介绍，参见第二章第二节-一、-（二）样品的消解。

分析海绵钛、钛及钛合金中铁的含量时，样品以盐酸和氢氟酸溶解，用硝酸氧化钛、铁和其他元素，然后加入硼酸消除干扰，制得待测的样品溶液。下面具体介绍其消解方法。

称取 0.50g 样品，精确至 0.0001g。独立地进行两份样品测定，取其平均值。随同样品以纯钛 [w(Ti)≥99.95%。w(Fe) 尽可能小且已知，如果 w(Fe) 未知，应采用 1,10-二氮杂菲分光光度法（GB/T 4698.2—2011 方法一）准确测定] 做空白试验。

将准确称量的样品置于 200mL 聚乙烯烧杯中，加入 10mL 盐酸 [1+1，将 500mL 盐酸（ρ=1.16~1.19g/mL）缓慢加入 500mL 水中] 和 5mL 氢氟酸 [1+1，将 100mL 氢氟酸（ρ=1.14g/mL）缓慢加入 100mL 水中]，盖上聚乙烯表面皿，水浴加热溶解样品。加入 3mL 硝酸 [1+1，将 500mL 硝酸（ρ=1.42g/mL）缓慢加入 500mL 水中]，于电热板上加热驱除氮的氧化物。加入 3g 硼酸（分析纯），搅拌溶解，冷却至室温。将溶液移入 100mL 容量瓶中，以水定容，混匀。

样品中被测元素的质量分数越大，取样量越小（即分取样品溶液体积越小），定容前样品溶液中补加的盐酸量也相应变化。根据样品中铁元素的质量分数，按表 11-6 分取相应量的样品溶液于 100mL 容量瓶中，并补加表 11-6 中相应量的盐酸，以水定容至表 11-6 规定的体积，混匀。

⊡ 表 11-6　分析海绵钛、钛及钛合金中杂质元素铁含量的样品溶液

被测元素	铁质量分数/%	分取样品溶液体积/mL	补加盐酸①体积/mL	定容体积/mL
铁	0.01~0.10	全量	—	100
	>0.10~0.50	20.00	8.00	100
	>0.50~2.00	5.00	9.50	100

① 盐酸：1+1，将 500mL 盐酸（ρ=1.16~1.19g/mL）缓慢加入 500mL 水中。

（三）仪器条件的选择

分析海绵钛、钛及钛合金中杂质元素铁的含量时，推荐的火焰原子吸收光谱仪工作条件，参见表 11-1。下面介绍仪器操作条件的选择。

（1）选择铁元素的空心阴极灯作为光源。

（2）选择原子化器。分析海绵钛、钛及钛合金中铁的含量时，选用火焰原子化器，其原子化器条件参见表 11-1。选择火焰原子化器的原则和火焰类型的介绍参见第二章第二节-一、-（三）-（2）选择原子化器。

（3）在仪器最佳工作条件下，凡能达到下列指标者均可使用。

1）灵敏度　在与测量样品溶液基体相一致的溶液中，铁的特征浓度应≤0.1μg/mL（其检出限见表11-1）。检出限定义，参见第二章第二节-一、-（三）-（3）-1）灵敏度。

2）精密度　其测量计算的方法和标准规定参见第二章第二节-一、-（三）-（3）-2）精密度。

3）标准曲线线性　将标准曲线按浓度等分成五段，最高段的吸光度差值与最低段的吸光度差值之比≥0.7。

（四）干扰的消除

（1）分析海绵钛、钛及钛合金中铁的含量时，样品消解过程中，以硝酸来氧化钛、铁及其他元素，再加入硼酸去除基体钛及其他元素的干扰。

（2）绘制标准曲线时，配制标准系列溶液采用基体匹配法，抵消基体中其他元素的干扰。即称取数份与样品等质量的纯钛样品，随同样品制备钛基体溶液，再加入一系列体积的被测元素铁标准溶液，以水定容，得到标准系列溶液。

（3）本方法中消解样品和基体纯物质钛时，用聚乙烯烧杯，配聚乙烯表面皿制备样品溶液和基体溶液，防止常规容器材质玻璃对样品的测定产生影响。

（五）标准曲线的建立

1. 标准溶液的配制

配制各个被测元素标准储备溶液和标准溶液的原则，参见第二章第三节-二、-（五）-1. 标准溶液的配制。海绵钛、钛及钛合金中被测元素铁的标准储备溶液和标准溶液的配制方法如下。

铁标准储备溶液（500μg/mL）：称取0.500g金属铁 $[w(Fe)≥99.9\%]$ 于300mL烧杯中（精确至0.0001g），加入30mL盐酸 $[1+1$，将500mL盐酸（$\rho=1.16～1.19$g/mL）缓慢加入500mL水中]，置于电热板上加热溶解。加入5mL硝酸 $[1+1$，将500mL硝酸（$\rho=1.42$g/mL）缓慢加入500mL水中]来氧化铁，继续加热驱除氮的氧化物，冷却至室温。将溶液移入1000mL容量瓶中，以水定容，混匀。

铁标准溶液（50μg/mL）：移取10.00mL铁标准储备溶液（500μg/mL）于100mL容量瓶中，以水定容，混匀，用时现配。

2. 标准曲线的建立

标准系列溶液的配制原则，参见第二章第二节-一、-（五）-2. 标准曲线的建立中的标准系列溶液的配制原则。分析海绵钛、钛及钛合金中铁的含量时，采用基体匹配标准曲线法进行定量，即配制与被测样品基体一致、质量分数相近的标准系列溶液。这种定量方法的原理介绍参见第二章第二节-一、-（五）-2. 标准曲线的建立。下面详细介绍本分析方法中标准系列溶液的制备方法。

（1）**基体溶液**　称取6份纯钛 $[w(Ti)≥99.95\%$，$w(Fe)$ 尽可能小且已知。同"样品的消解"中空白溶液所用的纯钛]，每份0.50g，精确至0.0001g，置于200mL聚乙烯烧杯中。加入10mL盐酸 $[1+1$，将500mL盐酸（$\rho=1.16～1.19$g/mL）缓慢加入500mL水中]和5mL氢氟酸 $[1+1$，将100mL氢氟酸（$\rho=1.14$g/mL）缓慢加入100mL水中]，盖上聚乙烯表面皿，水浴加热溶解样品。加入3mL硝酸 $[1+1$，将500mL硝酸（$\rho=1.42$g/mL）缓慢加入500mL水中]，于电热板上加热驱除氮的氧化物。

加入 3g 硼酸（分析纯），搅拌溶解，冷却至室温，将上述溶液转移至 6 个 100mL 容量瓶中［分析 $w(Fe)>0.1\%$ 样品中的铁含量时，用水稀释至刻度，混匀］。

（2）标准系列溶液　根据样品中被测元素铁的质量分数，分别从上述 6 份钛基体溶液中移取表 11-6 分取样品溶液体积规定的相应量，置于另外 6 个 100mL 容量瓶中，分别加入 0.00mL、2.00mL、4.00mL、6.00mL、8.00mL、10.00mL 上述铁标准溶液（50μg/mL），按表 11-6 分别补加相应量的盐酸（1+1，同"样品的消解"中盐酸），以水稀释至刻度，混匀。

标准系列溶液的测量方法，参见第二章第二节-二、-（五）-2.-（3）标准系列溶液的测量（标准曲线法）。以被测元素铁的质量浓度（mg/100mL）为横坐标、标准系列溶液的吸光度值（A）为纵坐标，绘制标准曲线。平行移动相关曲线，使之通过坐标原点。

（六）样品的测定

样品溶液的测量方法，参见第二章第二节-二、-（六）-（2）分析氧化镁［当 $w(MgO)>0.20\%\sim1.50\%$ 时］、氧化铅的含量（标准曲线法）中的测量方法。从标准曲线上查出相应的被测元素铁浓度（mg/100mL）。

（七）结果的表示

当被测元素的质量分数 $\leqslant0.01\%$ 时，分析结果表示至小数点后第 4 位；当被测元素的质量分数 $>0.01\%\sim0.10\%$ 时，分析结果表示至小数点后第 3 位。

（八）质量保证和质量控制

具体操作方法参见第二章第三节-一、-（八）质量保证和质量控制。

（九）注意事项

（1）参见第二章第二节-一、-（九）注意事项（1）、（2）。

（2）参见第二章第三节-一、-（九）注意事项（1）、（3）。

（3）检测方法中所用仪器的标准，参见第二章第三节-三、-（九）注意事项（3）。

（4）分析海绵钛、钛及钛合金中铁的含量，制备样品溶液和标准系列溶液时，消解过程中，需使用聚乙烯烧杯、聚乙烯表面皿；加盐酸和氢氟酸溶解样品时，考虑到酸的挥发性，采用水浴加热控制加热温度。

二、钽中杂质元素的分析

现行国家标准[2]中，火焰原子吸收光谱法可以分析钽中杂质元素钠、钾的含量，此方法适用于被测元素钠、钾含量的同时测定，也适用于钠、钾含量的独立测定，其各元素测定范围见表 11-1。下面详细介绍火焰原子吸收光谱法分析钽产品中杂质元素钠、钾含量的步骤。

（一）样品的制备和保存

样品可以是块状、碎屑或粉末状，其中块状、碎屑颗粒大小要均匀，并且颗粒要尽量小。

（二）样品的消解

分析钽中杂质元素钠、钾含量的消解方法主要为湿法消解中的电热板消解法。关于消解方法分类的介绍，参见第二章第二节-一、-(二）样品的消解。本部分中，样品以氢氟酸、硝酸分解，在稀硝酸介质中，以三氯化铝作为掩蔽剂，消除氟的干扰，制得待测样品溶液。下面介绍样品的消解方法。

样品中被测元素的质量分数越大，称样量越小。当钠、钾的质量分数为 0.0005％～0.0040％时，称样量为 0.2000g；当钠、钾的质量分数为＞0.0040％～0.020％时，称样量为 0.1000g。

根据样品中被测元素的质量分数，称取样品，精确至 0.0001g。独立地进行 2 次测定，取其平均值。随同样品做空白试验。

将准确称量的样品置于 30mL 铂坩埚中，以少许水湿润，加入 1mL 氢氟酸（$\rho=$1.14g/mL，MOS 级），待剧烈反应停止后，滴加 3～9 滴硝酸（$\rho=1.42$g/mL，MOS 级），于电热板上加热，至溶解完全，并蒸发浓缩体积至 0.2～0.4mL，取下冷却。加入 0.5mL 硝酸（$\rho=1.42$g/mL，MOS 级）、2mL 三氯化铝溶液（77g/L），冷却至室温，将溶液移至 25mL 塑料容量瓶中。用少量水洗涤坩埚 3～4 次，以水定容，混匀。

三氯化铝溶液（77g/L）：称取 14g 结晶三氯化铝 [w（$AlCl_3 \cdot 6H_2O$）≥99.99％，w（K）≤0.0001％，w（Na）≤0.0001％]，置于 200mL 烧杯中，加 60mL 超纯水溶解，以超纯水定容至 100mL。

（三）仪器条件的选择

分析钽中杂质元素钠、钾的含量时，推荐的火焰原子吸收光谱仪工作条件，参见表 11-1。测定不同元素有不同的仪器操作条件，以钠元素的测定为例介绍仪器操作条件的选择。

（1）选择钠元素的空心阴极灯作为光源（如测定钾元素时，选择钾元素的空心阴极灯）。

（2）选择原子化器。分析钽中的杂质元素钠、钾的含量时，选用火焰原子化器，原子化器条件参见表 11-1。选择火焰原子化器的原则和火焰类型的介绍参见第二章第二节-一、-(三)-(2) 选择原子化器。

（3）在仪器最佳工作条件下，凡能达到下列指标者均可使用。

1）灵敏度　在与测量样品溶液基体相一致的溶液中，钠的特征浓度应≤0.0186μg/mL（如测定钾元素时，其特征浓度见表 11-1 检出限）。检出限定义，参见第二章第二节-一、-(三)-(3)-1) 灵敏度。

2）精密度　用最高浓度的标准溶液测量 10 次吸光度，其标准偏差应不超过平均吸光度的 1.5％；用最低浓度的标准溶液（不是零浓度溶液）测量 10 次吸光度，其标准偏差应不超过最高浓度标准溶液平均吸光度的 0.5％。

3）标准曲线线性　将标准曲线按浓度等分成五段，最高段的吸光度差值与最低段的吸光度差值之比≥0.7。

（四）干扰的消除

（1）分析钽中杂质元素钠、钾的含量时，样品消解液中加入三氯化铝溶液以掩蔽氟，消除干扰。

（2）分析钽中钾、钠含量时，样品、钽基体（基体匹配纯物质）和被测元素混合溶液置于铂坩埚中进行消解，消除常规瓷坩埚中的二氧化硅对测定产生的干扰，并采用塑料容量瓶定容。被测元素钠、钾的标准溶液在聚乙烯烧杯中制备，保存于塑料瓶中，防止常规容器玻璃中的二氧化硅对测定产生影响。

（3）绘制标准曲线时，以基体匹配法配制标准系列溶液，避免基体元素钽的干扰。

（五）标准曲线的建立

1. 标准溶液的配制

配制各个被测元素标准储备溶液和标准溶液的原则，参见第二章第三节-二、-(五)-1. 标准溶液的配制。分析钽中杂质元素钠、钾的含量时，被测元素钠、钾的标准储备溶液和标准溶液的制备方法如下。

（1）钠标准储备溶液（1000μg/mL）　称 2.5421g 基准氯化钠（预先于马弗炉中450～500℃灼烧，至无爆裂声），置于 300mL 聚乙烯烧杯中，加水溶解，移至 1000mL 容量瓶中，以水定容，混匀。溶液移至塑料瓶中保存。

（2）钠标准溶液（100μg/mL）　移取 20.00mL 钠标准储备溶液，置于 200mL 容量瓶中，以水稀释至刻度，摇匀。溶液移至塑料瓶中保存。

（3）钾标准储备溶液（1000μg/mL）　称 1.9068g 优级纯氯化钾（预先于马弗炉中450～500℃灼烧，至无爆裂声），置于 300mL 聚乙烯烧杯中，加水溶解，移至 1000mL 容量瓶中，以水定容，混匀。溶液保存于塑料瓶中。

（4）钾标准溶液（100μg/mL）　移取 20.00mL 钾标准储备溶液，置于 200mL 容量瓶中，以水稀释至刻度，摇匀。溶液保存于塑料瓶中。

（5）钠、钾混合标准溶液 $[\rho(Na、K)=5\mu g/mL]$　分别移取钠标准溶液（100μg/mL）和钾标准溶液（100μg/mL）各 10.00mL 至 200mL 容量瓶中，以水定容，混匀。溶液保存于塑料瓶中。

2. 标准曲线的建立

标准系列溶液的配制原则，参见第二章第二节-一、-(五)-2. 标准曲线的建立中的标准系列溶液的配制原则。分析钽中杂质元素钠、钾的含量时，采用基体匹配标准曲线法进行定量，即配制与被测样品基体一致、质量分数相近的标准系列溶液。这种定量方法的原理介绍，参见第二章第二节-一、-(五)-2. 标准曲线的建立。

称取数份与被测样品相同质量纯基体物质——钽基体 $[w(Ta)\geqslant99.99\%$，$w(K)<0.0001\%$，$w(Na)<0.0001\%]$，加入一系列体积的被测元素钠、钾混合标准溶液，随同样品制备标准系列溶液。根据样品中被测元素的质量分数，分别配制标准系列溶液如下。

（1）分析 $w(Na、K)$ 为 0.0005%～0.0040%样品中钠、钾的含量　称取 5 份上述钽基体 0.2000g，分别置于 30mL 铂坩埚中，分别移取 0.00mL、0.25mL、0.50mL、1.00mL、2.00mL 钠、钾混合标准溶液 $[\rho(Na、K)=5\mu g/mL]$。然后对这组溶液进行消解，消解方法同样品溶液的制备，从"加入 1mL 氢氟酸（$\rho=1.14g/mL$，MOS级）……"进行到"将溶液移至 25mL 塑料容量瓶中。用少量水洗涤坩埚 3～4 次，以水定容，混匀"。

（2）分析 $w(Na、K)>0.0040\%$～0.020%样品中钠、钾的含量　称取 5 份上述钽基体 0.1000g，分别置于 30mL 铂坩埚中，分别移取 0.00mL、0.50mL、1.50mL、

2.50mL、4.00mL 钠、钾混合标准溶液 [ρ(Na、K)＝5μg/mL]。以上这组溶液进行消解的过程与样品溶液制备方法相同。

标准系列溶液的测量方法，参见第二章第二节-二、-(五)-2.-(3) 标准系列溶液的测量（标准曲线法）。以被测元素的质量浓度（μg/mL）为横坐标、净吸光度（A）为纵坐标，绘制标准曲线。

（六）样品的测定

样品溶液的测量方法，参见第二章第二节-二、-(六)-(2) 分析氧化镁 [当 w(MgO)＞0.20％～1.50％时]、氧化铅的含量（标准曲线法）中的测量方法。从标准曲线上查出相应的被测元素浓度（μg/mL）。

（七）结果的表示

当被测元素的质量分数≤0.01％时，分析结果表示至小数点后第 4 位；当被测元素的质量分数＞0.01％～0.10％时，分析结果表示至小数点后第 3 位。

（八）质量保证和质量控制

具体操作方法参见第二章第三节-一、-(八) 质量保证和质量控制。

（九）注意事项

（1）参见第二章第二节-一、-(九) 注意事项（1）、（2）。

（2）参见第二章第三节-一、-(九) 注意事项（1）、（3）。

（3）检测方法中所用仪器的标准，参见第二章第三节-三、-(九) 注意事项（3）。

（4）分析钽中杂质元素钠、钾的含量时，制备样品溶液、标准系列溶液选用铂坩埚为消解用容器，选用塑料容量瓶为定容器皿；制备钠、钾标准储备溶液和标准溶液使用的容器为聚乙烯烧杯，溶液保存于塑料瓶中。

三、硬质合金及涂层硬质合金中杂质元素的分析

现行国家标准[3-7]中，火焰原子吸收光谱法可以分析硬质合金中 12 种杂质元素钙、镁、钾、钠、钴、铁、锰、镍、钼、钛、钒、铬的含量，此方法适用于上述各被测元素含量的独立测定，也适用于多种元素的同时测定，其各元素测定范围见表 11-1。下面详细介绍火焰原子吸收光谱法分析硬质合金中杂质元素含量的步骤。

（一）样品的制备和保存

（1）如果样品含有成型剂或涂层，分析前应予以清除。

（2）将样品置于研钵（由不会改变样品成分的材料制成）中研碎，将样品加工成厚度≤0.180mm 的碎屑。

（二）样品的消解

分析硬质合金中 12 种杂质元素钙、镁、钾、钠、钴、铁、锰、镍、钼、钛、钒、铬含量的消解方法主要为湿法消解中的电热板消解法。关于消解方法分类的介绍，参见第二章第二节-一、-(二) 样品的消解。

本部分中，样品用氢氟酸和硝酸溶解，以氯化铯为消电离剂，再加入氟化铵，得到用

于测定的样品溶液。其中，分析硬质合金中的铬含量时，样品以焦硫酸钾、高氯酸溶解，再加入柠檬酸铵和过氧化氢，得到待测样品溶液。下面分别具体介绍这 2 种消解方法。

1. 分析钙、镁、钾、钠、钴、铁、锰、镍、钼、钛、钒的含量

样品中被测元素的质量分数越大，称样量越小。按表 11-7 称取样品，精确至 0.0001g。独立地进行 3 次测定，测量值间极差应在允许差（参见表 11-7）之内，取其平均值。

随同样品做空白试验。空白试验应加入与样品等质量的基体物质（与样品组成相似，且不含被测元素或含量极微）。

⊡ 表 11-7　分析硬质合金中杂质元素钙等含量的称样量与测量允许差

被测元素	被测元素质量分数/%	称样量/g	允许差/%
钙、钾、镁、钠	0.001～0.003	1.00	0.0005
	＞0.003～0.005	1.00	0.0008
	＞0.005～0.010	1.00	0.0010
	＞0.010～0.015	1.00	0.0015
	＞0.015～0.020	1.00	0.0020
钴、铁、锰、镍	0.01～0.10	1.00	0.2(质量分数)
	＞0.10～0.50	0.50	
钼、钛、钒	0.01～0.10	1.00	0.2(质量分数)
	＞0.10～0.50	0.50	
钴、铁、锰、镍、钼、钛、钒	0.500～2.00	1.00	0.1(质量分数)

将准确称量的样品置于 100mL 聚四氟乙烯烧杯中，加入 10mL 水、5mL 氢氟酸（$\rho=1.12g/mL$），然后逐滴加入 5mL 硝酸（$\rho=1.42g/mL$），盖好烧杯，于电热板上缓慢加热至样品完全溶解，冷却。加入 10mL 氯化铯溶液（10g/L）、10mL 氟化铵溶液（100g/L），将溶液移入 100mL 聚丙烯容量瓶中，以水定容，混匀。

对于灵敏度较高的仪器，移取 10.00mL 上述样品溶液于 100mL 聚丙烯容量瓶中，加入 10mL 氯化铯溶液（10g/L）、10mL 氟化铵溶液（100g/L），以水定容，混匀。

2. 分析铬的含量

随着样品中被测元素的质量分数增大，取样量减小，样品溶液的定容体积也相应增大。按表 11-8 称取样品，精确至 0.0001g。独立地进行 3 次测定，测量值间极差应在允许差（参见表 11-8）之内，取其平均值。

随同样品做空白试验。空白试验应加入与样品等质量的基体物质（与样品组成相似，且不含被测元素或含量极微）。

⊡ 表 11-8　分析硬质合金中杂质元素铬含量的称样量与测量允许差

被测元素	被测元素质量分数/%	称样量/g	样品溶液定容体积/mL	允许差/%
铬	0.010～0.10	0.50	100	0.012
	＞0.10～0.20	0.10	100	0.012
	＞0.20～0.50	0.10	100	0.1(质量分数)
	＞0.50～2.00	0.10	500	0.1(质量分数)

将准确称量的样品置于 100mL 石英烧杯中，加入 5g 焦硫酸钾（固体），加入几滴高

氯酸（$\rho=1.54\text{g/mL}$ 或 1.67g/mL，优级纯），于电热板上缓慢加热至样品完全溶解，取下，冷却。加入 40mL 柠檬酸铵溶液 [50mg/mL，溶解 100g 柠檬酸于 1500mL 水中，加入 400mL 氨水（$\rho=0.91\text{g/mL}$，优级纯）]，加入约 0.5mL 过氧化氢（30%，质量分数，优级纯），根据被测元素铬的质量分数，按表 11-8 将溶液移入相应定容体积的聚丙烯容量瓶中，以水定容，混匀。

（三）仪器条件的选择

分析硬质合金中 12 种杂质元素钙、镁、钾、钠、钴、铁、锰、镍、钼、钛、钒、铬的含量时，推荐的仪器工作条件，参见表 11-1。测定不同元素有不同的仪器操作条件，以钙元素的测定为例介绍火焰原子吸收光谱仪操作条件的选择。

（1）选择钙元素的空心阴极灯作为光源（如测定镁、钾、钠、钴、铁、锰、镍、钼、钛、钒、铬元素时，选择相应元素的空心阴极灯）。

（2）选择原子化器。分析硬质合金中的钙、镁、钾、钠、钴、铁、锰、镍、钼、钛、钒、铬的含量时，选用火焰原子化器，其原子化器条件参见表 11-1。选择火焰原子化器的原则和火焰类型的介绍参见第二章第二节-一、-（三）-（2）选择原子化器。

（3）在仪器最佳工作条件下，凡能达到下列指标者均可使用。

1）灵敏度　在与测量样品溶液基体一致的溶液中，钙的特征浓度应 $\leqslant 0.03\mu\text{g/mL}$（测定镁、钾、钠、钴、铁、锰、镍、钼、钛、钒、铬元素时，其检出限见表 11-1）。检出限定义，参见第二章第二节-一、-（三）-（3）-1）灵敏度。

2）精密度　用最高浓度的标准溶液测量 10 次吸光度，其标准偏差应不超过平均吸光度的 1.5%；用最低浓度的标准溶液（不是零浓度溶液）测量 10 次吸光度，其标准偏差应不超过最高浓度标准溶液平均吸光度的 0.5%。

3）标准曲线线性　将标准曲线按浓度等分成五段，最高段的吸光度差值与最低段的吸光度差值之比 $\geqslant 0.7$。

（四）干扰的消除

（1）分析硬质合金中杂质元素钙、镁、钾、钠、钴、铁、锰、镍、钼、钛、钒的含量时，消解样品过程中，以氯化铯为消电离剂，用氟化铵去除干扰元素，消除基体元素的干扰。

（2）分析硬质合金中铬的含量时，消解样品过程中，加入柠檬酸铵和过氧化氢助溶，防止水解，消除基体元素的干扰。

（3）绘制标准曲线时，配制标准系列溶液采用基体匹配法，即配制与被测样品溶液基体一致、质量分数相近的标准系列溶液，避免基体中其他元素的干扰。

（4）分析钙、镁、钾、钠、钴、铁、锰、镍、钼、钛、钒的含量时，以聚四氟乙烯烧杯消解样品、基体物质；分析铬含量时，以石英烧杯消解样品，以锥形瓶消解基体。钠、钾的标准溶液在石英烧杯中消解，以聚乙烯容量瓶定容上述样品溶液、标准系列溶液、被测元素标准溶液，消除常规容器材质玻璃中的二氧化硅对测定产生影响。另外，石英烧杯使得样品溶液受热均匀，可消除受热不均匀对测定的干扰。

（五）标准曲线的建立

1. 标准溶液的配制

配制各个被测元素标准储备溶液和标准溶液的原则，参见第二章第三节-二、-（五）-1.

标准溶液的配制。分析硬质合金中 12 种杂质元素钙、镁、钾、钠、钴、铁、锰、镍、钼、钛、钒、铬的含量时，各种被测元素标准储备溶液和标准溶液的制备方法参见表 11-9。

⊡ 表 11-9   分析硬质合金中 12 种杂质元素钙等含量的被测元素标准储备溶液和标准溶液

被测元素	标准储备溶液制备方法	标准溶液制备方法
钙	称 0.1399g 氧化钙[$w(CaO)\geqslant99.95\%$，经 750℃ 灼烧 1h]，置于 250mL 烧杯中，加入 20mL 盐酸(1+1)，盖上表面皿，加热至完全溶解，冷却至室温。将溶液移入 1000mL 聚丙烯容量瓶中，以水定容，混匀。钙的浓度为 100μg/mL	移取 10.00mL 钙标准储备溶液于 100mL 聚丙烯容量瓶中，用超纯水定容，混匀。钙的浓度为 10μg/mL
钾	称 0.1907g 氯化钾[$w(KCl)\geqslant99.95\%$，经 450℃ 灼烧 1h]，置于 250mL 石英烧杯中，加水溶解，冷却至室温。将溶液移入 1000mL 聚丙烯容量瓶中，以水定容，混匀。钾的浓度为 100μg/mL	移取 10.00mL 钾标准储备溶液于 100mL 聚丙烯容量瓶中，用超纯水定容，混匀。钾的浓度为 10μg/mL
镁	称 0.1658g 氧化镁[$w(MgO)\geqslant99.95\%$，经 750℃ 灼烧 1h]，置于 250mL 烧杯中，加入 20mL 盐酸(1+1)，盖上表面皿，低温加热至完全溶解，冷却至室温。将溶液移入 1000mL 聚丙烯容量瓶中，以水定容，混匀。镁的浓度为 100μg/mL	移取 10.00mL 镁标准储备溶液于 100mL 聚丙烯容量瓶中，用超纯水定容，混匀。镁的浓度为 10μg/mL
钠	称 0.2543g 氯化钠[$w(NaCl)\geqslant99.95\%$，经 450℃ 灼烧 1h]，置于 250mL 石英烧杯中，加水溶解，冷却至室温。将溶液移入 1000mL 聚丙烯容量瓶中，以水定容，混匀。钠的浓度为 100μg/mL	移取 10.00mL 钠标准储备溶液于 100mL 聚丙烯容量瓶中，用超纯水定容，混匀。钠的浓度为 10μg/mL
钴	称 1.0000g 金属钴[$w(Co)\geqslant99.95\%$]，置于烧杯中，加入 50mL 硝酸(1+1)，盖上表面皿，缓慢加热至完全溶解，煮沸除去氮的氧化物，取下冷却。移入 1000mL 容量瓶中，用超纯水定容，混匀。钴的浓度为 1mg/mL	移取 10.00mL 钴标准储备溶液于 100mL 容量瓶中，用超纯水定容，混匀。钴的浓度为 100μg/mL
铁	称 1.0000g 金属铁[$w(Fe)\geqslant99.95\%$]，置于烧杯中，加入 50mL 硝酸(1+1)，盖上表面皿，缓慢加热至完全溶解，煮沸除去氮的氧化物，取下，用水洗涤表面皿及杯壁，冷至室温。移入 1000mL 容量瓶中，以水定容，混匀。铁的浓度为 1mg/mL	移取 10.00mL 铁标准储备溶液于 100mL 容量瓶中，用超纯水定容，混匀。铁的浓度为 100μg/mL
锰	称 1.0000g 金属锰[$w(Mn)\geqslant99.95\%$]，置于烧杯中，加入 50mL 硝酸(1+1)，盖上表面皿，缓慢加热至完全溶解，煮沸除去氮的氧化物，取下冷却。移入 1000mL 容量瓶中，用超纯水定容，混匀。锰的浓度为 1mg/mL	移取 10.00mL 锰标准储备溶液于 100mL 容量瓶中，用超纯水定容，混匀。锰的浓度为 100μg/mL
镍	称 1.0000g 金属镍[$w(Ni)\geqslant99.95\%$]，置于烧杯中，加入 50mL 硝酸(1+1)，盖上表面皿，缓慢加热至完全溶解，煮沸除去氮的氧化物，用水洗涤表面皿及杯壁，取下冷却。移入 1000mL 容量瓶中，用超纯水定容，混匀。镍的浓度为 1mg/mL	移取 10.00mL 镍标准储备溶液于 100mL 容量瓶中，用超纯水定容，混匀。镍的浓度为 100μg/mL
钼	称 1.5003g 三氧化钼[$w(MoO_3)\geqslant99.95\%$，经 600℃ 灼烧 1h]，置于 250mL 烧杯中，加入 20mL 氨水($\rho=0.90$g/mL)，盖上表面皿，低温加热至完全溶解，加入 50mL 水，煮沸后微沸 10min，加入 10mL 盐酸($\rho=1.19$g/mL)，冷却至室温。将溶液移入 1000mL 容量瓶中，以水定容，混匀。钼的浓度为 1mg/mL	移取 10.00mL 钼标准储备溶液于 100mL 容量瓶中，用超纯水定容，混匀。钼的浓度为 100μg/mL
钛	称 1.6683g 二氧化钛[$w(TiO_2)\geqslant99.95\%$，经 800℃ 灼烧 1h]，置于 500mL 锥形瓶中，加入 20g 硫酸铵(固体)、40mL 硫酸($\rho=1.84$g/mL)，置于电热板上高温加热至完全溶解，冷却，加入 80mL 硫酸(1+9)，迅速摇动，将溶液移入 1000mL 容量瓶中，冷却至室温。用硫酸(1+9)定容，混匀。钛的浓度为 1mg/mL	移取 10.00mL 钛标准储备溶液于 100mL 容量瓶中，用超纯水定容，混匀。钛的浓度为 100μg/mL
钒	称 1.7852g 五氧化二钒[$w(V_2O_5)\geqslant99.95\%$，经 500℃ 灼烧 1h]，置于 250mL 烧杯中，加入 10mL 氢氧化钠溶液(200g/L)，待完全溶解，加入 80mL 硫酸(1+1)中和并使溶液酸化，冷却至室温。将溶液移入 1000mL 容量瓶中，以水定容，混匀。钒的浓度为 1mg/mL	移取 10.00mL 钒标准储备溶液于 100mL 容量瓶中，用超纯水定容，混匀。钒的浓度为 100μg/mL

被测元素	标准储备溶液制备方法	标准溶液制备方法
铬	称 2.8280g 重铬酸钾(基准物,经 140℃ 烘干,并在干燥器中冷却至室温),置于 250mL 烧杯中,加入 40mL 水、20mL 盐酸(1+1),盖上表面皿,至完全溶解。滴加 20mL 过氧化氢(30%,质量分数,优级纯)放置 12～24h,至溶液的黄色完全消失,温热(不要煮沸)分解过量的过氧化氢,冷却。将溶液移入 1000mL 聚丙烯容量瓶中,以水定容,混匀。铬的浓度为 1mg/mL	移取 10.00mL 铬标准储备溶液于 100mL 聚丙烯容量瓶中,用超纯水定容,混匀。铬的浓度为 100μg/mL

2. 标准曲线的建立

标准系列溶液的配制原则,参见第二章第二节-一、-(五)-2. 标准曲线的建立中的标准系列溶液的配制原则。分析硬质合金中 12 种杂质元素钙、镁、钾、钠、钴、铁、锰、镍、钼、钛、钒、铬的含量时,采用基体匹配标准曲线法进行定量。这种定量方法的原理介绍参见第二章第二节-一、-(五)-2. 标准曲线的建立。本部分中,称取数份与样品等质量的基体(与样品组成相似,且不含被测元素或含量极微),随同样品制备基体溶液,再加入一系列体积的被测元素标准溶液,以水定容,得到标准系列溶液。下面介绍其标准系列溶液的制备方法。

(1) 分析钙、镁、钾、钠、钴、铁、锰、镍、钼、钛、钒的含量 根据样品中被测元素的种类及其质量分数,按表 11-10 配制相应的标准系列溶液。对于每种被测元素,分别配制标准系列溶液,绘制标准曲线。

称取 6 份与样品等质量的上述基体,置于一组 100mL 聚四氟乙烯烧杯中。加入 10mL 水、5mL 氢氟酸($\rho=1.12$g/mL),然后逐滴加入 5mL 硝酸($\rho=1.42$g/mL),盖好烧杯,于电热板上缓慢加热至样品完全溶解,冷却。根据被测元素的质量分数,按表 11-10 移取相应一系列体积的单一被测元素标准溶液(被测元素浓度如表 11-10 所列,其溶液配制方法参见表 11-9),加入 10mL 氯化铯溶液(10g/L)、10mL 氟化铵溶液(100g/L),将溶液移入 100mL 聚丙烯容量瓶中,以水定容,混匀。

☐ 表 11-10　分析硬质合金中 11 种杂质元素钙等含量的标准系列溶液

被测元素	被测元素质量分数/%	被测元素标准溶液浓度/(μg/mL)	分取被测元素标准溶液体积/mL
钙	0.001～0.005	10	0.00、1.00、2.00、3.00、4.00、5.00
	>0.005～0.02	10	0.00、5.00、7.50、10.00、15.00、20.00
钾	0.001～0.005	10	0.00、1.00、2.00、3.00、4.00、5.00
	>0.005～0.02	10	0.00、5.00、7.50、10.00、15.00、20.00
镁	0.001～0.005	10	0.00、1.00、2.00、3.00、4.00、5.00
	>0.005～0.02	10	0.00、5.00、7.50、10.00、15.00、20.00
钠	0.001～0.005	10	0.00、1.00、2.00、3.00、4.00、5.00
	>0.005～0.02	10	0.00、5.00、7.50、10.00、15.00、20.00
钴	0.010～0.100	100	0.00、1.00、2.00、3.00、4.00、5.00
	>0.100～0.500	100	0.00、5.00、10.00、15.00、20.00、25.00
铁	0.010～0.100	100	0.00、1.00、2.00、3.00、4.00、5.00
	>0.100～0.500	100	0.00、5.00、10.00、15.00、20.00、25.00
锰	0.010～0.100	100	0.00、1.00、2.00、3.00、4.00、5.00
	>0.100～0.500	100	0.00、5.00、10.00、15.00、20.00、25.00
镍	0.010～0.100	100	0.00、1.00、2.00、3.00、4.00、5.00
	>0.100～0.500	100	0.00、5.00、10.00、15.00、20.00、25.00

被测元素	被测元素质量分数/%	被测元素标准溶液浓度/(μg/mL)	分取被测元素标准溶液体积/mL
钼	0.010~0.100	100	0.00、1.00、2.00、3.00、4.00、5.00
	>0.100~0.500	100	0.00、5.00、10.00、15.00、20.00、25.00
钛	0.010~0.100	100	0.00、1.00、2.00、3.00、4.00、5.00
	>0.100~0.500	100	0.00、5.00、10.00、15.00、20.00、25.00
钒	0.010~0.100	100	0.00、1.00、2.00、3.00、4.00、5.00
	>0.100~0.500	100	0.00、5.00、10.00、15.00、20.00、25.00
钴	0.500~2.000	1000	0.00、5.00、7.50、10.00、15.00、20.00
铁	0.500~2.000	100	0.00、5.00、7.50、10.00、15.00、20.00
锰	0.500~2.000	100	0.00、5.00、7.50、10.00、15.00、20.00
镍	0.500~2.000	1000	0.00、5.00、7.50、10.00、15.00、20.00
钼	0.500~2.000	1000	0.00、5.00、7.50、10.00、15.00、20.00
钛	0.500~2.000	1000	0.00、5.00、7.50、10.00、15.00、20.00
钒	0.500~2.000	1000	0.00、5.00、7.50、10.00、15.00、20.00

（2）**分析铬的含量** 根据样品中被测元素铬的质量分数，需分别绘制标准曲线，即分别配制标准系列溶液。其中，标准系列溶液的定容体积与加入被测元素铬的标准溶液的体积不同。下面具体介绍。

称取 7 份与样品等质量的上述基体，置于一组 100mL 锥形烧杯中。加入 5g 焦硫酸钾（固体），加入几滴高氯酸（$\rho=1.54g/mL$ 或 $1.67g/mL$，优级纯），于电热板上缓慢加热至样品完全溶解，取下，冷却。加入 40mL 柠檬酸铵溶液（50mg/mL，同"样品的消解"中的柠檬酸铵溶液），加入约 0.5mL 过氧化氢（30%，质量分数，优级纯），移入 100mL 聚丙烯容量瓶中 [当 $w(Cr)>0.5\%\sim2\%$ 时，移入 500mL 聚丙烯容量瓶中]。移取被测元素铬的标准溶液 （100μg/mL） 0.00mL、1.00mL、2.00mL、3.00mL、4.00mL、5.00mL、6.00mL [当 $w(Cr)>0.5\%\sim2\%$ 时，移取被测元素铬的标准溶液 （100μg/mL） 0.00mL、5.00mL、10.00mL、15.00mL、20.00mL、25.00mL、30.00mL]，以水定容，混匀。

标准系列溶液的测量方法，参见第二章第二节-二、-（五）-2.-（3）标准系列溶液的测量（标准曲线法）。以被测元素的质量浓度（μg/mL）为横坐标、净吸光度（A）为纵坐标，绘制标准曲线。

（六）样品的测定

样品溶液的测量方法，参见第二章第二节-二、-（六）-（2）分析氧化镁 [当 $w(MgO)>$ 0.20%~1.50%]、氧化铅的含量（标准曲线法）中的测量方法。从标准曲线上查出相应的被测元素质量浓度（μg/mL）。

（七）结果的表示

当被测元素的质量分数≤0.01%时，分析结果表示至小数点后第 4 位；当被测元素的质量分数>0.01%~0.10%时，分析结果表示至小数点后第 3 位。

当被测元素的质量分数>0.10%时，分析结果表示至小数点后第 2 位。

（八）质量保证和质量控制

具体操作方法参见第二章第三节-一、-（八）质量保证和质量控制。

（九）注意事项

（1）参见第二章第二节-一、-（九）注意事项（1）、（2）。

（2）参见第二章第三节-一、-（九）注意事项（1）、（3）。

（3）检测方法中所用仪器的标准，参见第二章第三节-三、-（九）注意事项（3）。

（4）分析硬质合金中的钙、镁、钾、钠、钴、铁、锰、镍、钼、钛、钒的含量，制备样品溶液、标准系列溶液时，使用 100mL 聚四氟乙烯烧杯、100mL 聚丙烯容量瓶。分析硬质合金中的铬含量时，制备样品溶液、标准系列溶液时，使用 100mL 石英烧杯、100mL 聚丙烯容量瓶、500mL 聚丙烯容量瓶。

（5）制备钙、镁、钾、钠、铬标准储备溶液及其标准溶液时，使用聚丙烯容量瓶定容。钠、钾的标准溶液在石英烧杯中消解。

第三节 原子荧光光谱法

在现行有效的标准中，采用原子荧光光谱法分析高纯氢氧化铟产品的标准有 2 个，分析高纯氧化铟产品的标准有 2 个。将这些标准的每部分内容分别归纳，对比不同方法中的样品消解和标准曲线建立方法，总结了干扰消除的方法和注意事项。

一、高纯氢氧化铟中杂质元素的分析

现行国家标准[8,9]中，原子荧光光谱法可以分析高纯氢氧化铟中杂质元素砷、锑的含量，此方法适用于上述各元素的独立测定，其元素测定范围参见表 11-2。下面详细介绍原子荧光光谱法分析高纯氢氧化铟中砷、锑含量的步骤。

（一）样品的制备和保存

样品在 105～110℃干燥 2h，置于干燥器中冷却至室温。

（二）样品的消解

分析高纯氢氧化铟中杂质元素砷、锑含量的消解方法主要为湿法消解中的电热板消解法。关于消解方法分类的介绍，参见第二章第二节-一、-（二）样品的消解。分析砷含量时，样品用盐酸、氢溴酸溶解，砷被硫酸肼预还原，再经蒸馏、冷凝，用水吸收，得到用于测定的样品溶液。分析锑含量时，样品用盐酸溶解，以抗坏血酸进行预还原，以硫脲作掩蔽剂，得到用于测定的样品溶液。下面具体介绍这 2 种消解方法。

1. 样品的称量

样品中被测元素的质量分数越大，称样量越小。按表 11-11 称取样品，精确至 0.0001g。独立地进行 2 次测定，取其平均值。随同样品做空白试验。

☐ 表 11-11　分析高纯氢氧化铟中砷、锑含量的称样量

砷的质量分数/%	称样量/g	锑的质量分数/%	称样量/g
0.00001～0.00010	4.00	0.00001～0.00010	1.00

砷的质量分数/%	称样量/g	锑的质量分数/%	称样量/g
>0.00010～0.00025	0.40	>0.00010～0.00050	0.50
>0.00025～0.0010	0.40	>0.00050～0.0010	0.25
>0.0010～0.0050	0.10	>0.0010～0.0050	0.20

2. 样品溶液的制备

（1）分析高纯氢氧化铟中砷的含量　将准确称量的样品置于 250mL 蒸馏瓶中，加 10mL 水、10mL 盐酸（$\rho=1.19g/mL$）、2g 硫酸肼（固体）和 2mL 氢溴酸（$\rho=1.49g/mL$，蒸馏后使用），接好蒸馏装置，于电热板上低温加热分解样品并蒸馏，用预先加入 50mL 水的 100mL 容量瓶吸收蒸馏液。待蒸馏瓶中溶液蒸至近干，取下容量瓶，以水定容，混匀，待测。

（2）分析高纯氢氧化铟中锑的含量　将准确称量的样品置于 100mL 烧杯中，加少量水润湿，加入 10mL 盐酸（1+1），于电热板上低温加热（勿沸）至样品溶解完全，冷却。移入 50mL 容量瓶中［$w(Sb)>0.0010\%～0.0050\%$时，以水定容，混匀。分取 10mL 上述样品溶液于 50mL 容量瓶中，加入 8mL 盐酸（1+1）］，加入 10mL 硫脲-抗坏血酸溶液（分别称 25g 分析纯硫脲和 25g 分析纯抗坏血酸，溶解于 500mL 水中，混匀，用时现配），以水定容，混匀，放置 30min，得到用于测定的样品溶液。

（三）仪器条件的选择

分析高纯氢氧化铟中杂质元素砷、锑的含量时，推荐的原子荧光光谱仪工作条件参见表 11-2。测定不同元素有不同的仪器操作条件。以砷元素的测定为例介绍仪器操作条件的选择。

（1）原子荧光光谱仪应配有由厂家推荐的砷特种空心阴极灯（测定锑元素时，选择相应的锑特种空心阴极灯）、氢化物发生器（配石英炉原子化器）、加液器或流动注射进样装置。

（2）在仪器最佳工作条件下，凡达到下列指标者均可使用。

1）灵敏度　在与测量样品溶液基体相一致的溶液中，砷的检出限≤0.5ng/mL（如测定锑元素时，其检出限参见表 11-2）。检出限定义，参见第二章第三节-一、-（三）-（3）-1）灵敏度。

2）精密度　用 0.1μg/mL 的砷标准溶液（如测定锑含量，选择同浓度的锑标准溶液）测量 10 次荧光强度，其标准偏差应不超过平均荧光强度的 5.0%。其测量计算的方法和标准规定参见第二章第二节-一、-（三）-（3）-2）精密度。

3）稳定性　30min 内的零点漂移≤5%，短期稳定性 RSD≤3%。

4）标准曲线的线性　标准曲线在 0～50ng/mL 范围内，$R^2≥0.995$。

（四）干扰的消除

（1）分析高纯氢氧化铟中砷的含量时，在消解溶液中，样品中的砷被硫酸肼预还原，再经蒸馏、冷凝、水吸收，以消除基体元素的干扰。

（2）分析高纯氢氧化铟中锑的含量时，在经消解的样品溶液中加入抗坏血酸，将锑预还原为三价，以硫脲作掩蔽剂，消除基体元素的干扰。

（3）配制砷、锑的标准系列溶液时，需补加与样品溶液相同量的同种试剂，或补加空白试剂溶液（与样品溶液的制备方法相同），消除试剂中其他元素的干扰。

（五）标准曲线的建立

1. 标准溶液的配制

配制不同浓度的标准溶液首先要制备各个元素的标准储备溶液。如果实验室不具备配制标准储备溶液条件，可使用有证的系列国家或行业标准样品（溶液）。选择与被测样品基体一致、质量分数相近的有证标准样品。

2. 标准曲线的建立

标准系列溶液的配制原则，参见第二章第二节-一、-(五)-2. 标准曲线的建立中的标准系列溶液的配制原则。分析高纯氢氧化铟中杂质元素砷、锑的含量时，采用标准曲线法进行测定，配制标准系列溶液时，加入试剂匹配样品溶液。标准曲线法及基体匹配标准曲线法的原理介绍，参见本书第二章第二节-一、-(五)-2.-(2) 标准曲线法。

配制砷的标准系列溶液时，需要加空白试剂，即系列浓度的砷标准溶液按照样品溶液制备方法进行处理。配制锑的标准系列溶液时，在系列浓度的砷标准溶液中直接加入与制备样品溶液时相同量的同种试剂。下面分别具体介绍。

（1）砷的标准系列溶液　根据样品中砷的质量分数，分别绘制标准曲线。当砷的质量分数不同，分取砷标准溶液的浓度不同，配制不同的标准系列溶液。当 w（As）0.00001%～0.000025%、>0.00010%～0.00025%，分取砷标准溶液的浓度为 100ng/mL。当 w（As）>0.000025%～0.00010%、>0.00025%～0.0050%，分取砷标准溶液的浓度为 500ng/mL。

根据样品中砷的质量分数，选择相应浓度的砷标准溶液进行如下操作。移取 0mL、2.00mL、4.00mL、6.00mL、8.00mL、10.00mL 砷标准溶液于一组 250mL 蒸馏瓶中，用水补足体积至 10mL。加入 10mL 盐酸（ρ=1.19g/mL），2g 硫酸肼（固体）和 2mL 氢溴酸（ρ=1.49g/mL，蒸馏后使用）；接好蒸馏装置，低温加热溶解并蒸馏，用预先加入 50mL 水的 100mL 容量瓶吸收蒸馏液。待蒸馏瓶中溶液蒸至近干，取下容量瓶，以水定容，混匀。

（2）锑的标准系列溶液　　移取 0mL、0.50mL、1.00mL、2.00mL、3.00mL、4.00mL、5.00mL、6.00mL 锑标准溶液（500ng/mL）于一组 50mL 容量瓶中，分别以盐酸（1+4）补至 25mL，加入 10mL 硫脲-抗坏血酸溶液（分别称 25g 分析纯硫脲和 25g 分析纯抗坏血酸，溶解于 500mL 水中，混匀，用时现配），用水稀释至刻度，混匀，室温放置 30min。

标准系列溶液的测量方法，参见第三章第三节-(五)-2.-(3) 标准系列溶液的测量。其中，分析高纯氢氧化铟中杂质元素砷、锑的含量时，载流剂为盐酸（1+19）。以被测元素的质量浓度（ng/mL）为横坐标，净荧光强度为纵坐标，绘制标准曲线。当标准曲线的 $R^2 \geqslant 0.995$ 时，方可进行样品溶液的测量。

（六）样品的测定

原子荧光光谱仪的开机准备操作和检测原理，参见本书第三章第三节-(六) 样品的测定。

分析高纯氢氧化铟中砷、锑的含量时，以盐酸（1+19）为载流调零，氩气（Ar≥99.99％，体积分数）为屏蔽气和载气，将样品溶液和硼氢化钾溶液［20g/L，称10g硼氢化钾溶解于500mL氢氧化钾溶液（5g/L）中，混匀，过滤备用，用时现配］导入氢化物发生器的反应池中，载流溶液和样品溶液交替导入，依次测量空白溶液及样品溶液中被测元素的原子荧光强度3次，取3次测量平均值。样品溶液中被测元素的荧光强度平均值，减去随同样品的等体积空白溶液中相应元素的荧光强度平均值，为净荧光强度。从标准曲线上查出相应的被测元素质量浓度（ng/mL）。

（七）结果的表示

当被测元素的质量分数小于0.01％时，分析结果表示至小数点后第4位；当被测元素的质量分数大于0.01％时，分析结果表示至小数点后第3位。

（八）质量保证和质量控制

分析时，应用国家级或行业级标准样品或控制样品进行校核（当前两者没有时，也可用控制标样替代），每季校核一次本分析方法标准的有效性。当过程失控时，应找出原因，纠正错误后重新进行校核，并采取相应的预防措施。

（九）注意事项

（1）参见第二章第二节-一、-（九）注意事项（1）。

（2）参见第三章第三节-（九）注意事项（2）。

（3）参见第二章第三节-一、-（九）注意事项（1）、（3）。

（4）测试中所用仪器的标准，参见第二章第三节-三、-（九）注意事项（3）。

（5）制备好的样品溶液以及标准系列溶液，需要室温放置25～30min，再在原子荧光光谱仪上进行测量。

二、高纯氧化铟中杂质元素的分析

现行国家标准[10,11]中，原子荧光光谱法可以分析高纯氧化铟中杂质元素砷、锑的含量，此方法适用于上述各元素的独立测定，其元素测定范围参见表11-2。下面详细介绍原子荧光光谱法分析高纯氧化铟中砷、锑含量的步骤。

（一）样品的制备和保存

样品在105～110℃干燥2h，置于干燥器中冷却至室温。

（二）样品的消解

分析高纯氧化铟中杂质元素砷、锑含量的消解方法主要为湿法消解中的电热板消解法。关于消解方法分类的介绍，参见第二章第二节-一、-（二）样品的消解。

分析砷含量时，样品用盐酸、氢溴酸溶解，砷被硫酸肼预还原，再经蒸馏、冷凝，用水吸收，得到用于测定的样品溶液。分析锑含量时，样品用盐酸溶解，以抗坏血酸进行预还原，以硫脲作掩蔽剂，得到待测样品溶液。下面具体介绍两种消解方法。

1. 样品的称量

样品中被测元素的质量分数越大，称样量越小。按表11-12称取样品，精确至

0.0001g。独立地进行两次测定，取其平均值。随同样品做空白试验。

⊡ 表 11-12　分析高纯氧化铟中砷、锑含量的称样量

砷的质量分数/%	称样量/g	锑的质量分数/%	称样量/g
0.00001～0.000025	4.00	0.00001～0.00010	1.00
＞0.000025～0.00010	4.00	＞0.00010～0.00050	0.50
＞0.00010～0.00025	0.40	＞0.00050～0.0010	0.25
＞0.00025～0.0010	0.40	＞0.0010～0.0050	0.20
＞0.0010～0.0050	0.10	＞0.0050～0.0080	0.10

2. 样品溶液的制备

(1) 分析高纯氧化铟中的砷含量　将准确称量的样品置于 250mL 蒸馏瓶中，加 10mL 水、10mL 盐酸（$\rho=1.19g/mL$）、2g 硫酸肼（固体）和 2mL 氢溴酸（$\rho=1.49g/mL$，蒸馏后使用），接好蒸馏装置，于电热板上低温加热分解样品并蒸馏，用预先加入 50mL 水的 100mL 容量瓶吸收蒸馏液。待蒸馏瓶中溶液蒸至近干，取下容量瓶，以水定容，混匀，待测。

(2) 分析高纯氧化铟中的锑含量　将准确称量的样品置于 100mL 烧杯中，加少量水润湿，加入 10mL 盐酸（1+1），于电热板上低温加热（勿沸）至样品溶解完全，冷却。移入 50mL 容量瓶中 [$w(Sb)＞0.0010\%\sim0.0080\%$ 时，以水定容，混匀。分取 10mL 上述样品溶于 50mL 容量瓶中，加入 8mL 盐酸（1+1）]，加入 10mL 硫脲-抗坏血酸溶液（分别称 25g 分析纯硫脲和 25g 分析纯抗坏血酸，溶解于 500mL 水中，混匀，用时现配），以水定容，混匀，放置 30min，待测。

（三）仪器条件的选择

分析高纯氧化铟中杂质元素砷、锑的含量时，推荐的原子荧光光谱仪工作条件参见表 11-2。测定不同元素有不同的仪器操作条件。以砷元素的测定为例介绍仪器操作条件的选择。

(1) 原子荧光光谱仪应配有由厂家推荐的砷特种空心阴极灯（测定锑元素时，选择相应的锑特种空心阴极灯）、氢化物发生器（配石英炉原子化器）、加液器或流动注射进样装置。

(2) 在仪器最佳工作条件下，凡达到下列指标者均可使用。

1) 灵敏度　在与测量样品溶液基体相一致的溶液中，砷的检出限≤0.5ng/mL（测定锑元素时，其检出限参见表 11-2）。检出限定义，参见第二章第二节-一、-(三)-(3)-1) 灵敏度。

2) 精密度　用 0.1μg/mL 的砷标准溶液（测定锑元素时，选择锑标准溶液）测量 10 次荧光强度，其标准偏差应不超过平均荧光强度的 5.0%。其测量计算的方法和标准规定参见第二章第二节-一、-(三)-(3) -2) 精密度。

3) 稳定性　30min 内的零点漂移≤5%，短期稳定性 RSD≤3%。

4) 标准曲线的线性　标准曲线在 0～50ng/mL 范围内，$R^2\geq0.995$。

（四）干扰的消除

(1) 分析高纯氧化铟中砷的含量时，在消解溶液中，样品中的砷被硫酸肼预还原，再

经蒸馏、冷凝、水吸收，消除基体元素的干扰。

（2）分析高纯氧化铟中锑的含量时，在经消解的样品溶液中加入抗坏血酸，将锑预还原为三价，以硫脲作掩蔽剂，消除基体元素的干扰。

（3）配制砷、锑的标准系列溶液时，需补加与样品溶液相同量的同种试剂，或补加空白试剂溶液（与样品溶液的制备方法相同），消除试剂中其他元素的干扰。

（五）标准曲线的建立

1. 标准溶液的配制

配制不同浓度的标准溶液首先要制备各个元素的标准储备溶液。如果实验室不具备配制标准储备溶液条件，可使用有证的系列国家或行业标准样品（溶液）。选择与被测样品基体一致、质量分数相近的有证标准样品。

2. 标准曲线的建立

配制各个被测元素标准储备溶液和标准溶液的原则，参见第二章第三节-二、-(五)-1.标准溶液的配制。分析高纯氧化铟中杂质元素砷、锑的含量时，采用标准曲线法进行测定，配制标准系列溶液时，加入试剂匹配样品溶液。标准曲线法及基体匹配标准曲线法的原理介绍，参见本书第二章第二节--一、-(五)-2.-(2) 标准曲线法。

本方法中，配制砷的标准系列溶液时，需要加空白试剂，即系列浓度的砷标准溶液，按照样品溶液制备方法进行处理。配制锑的标准系列溶液时，在系列浓度的砷标准溶液中加入与制备样品溶液时相同量的同种试剂。下面分别具体介绍。

（1）砷的标准系列溶液　根据样品中砷的质量分数，分别绘制标准曲线。即砷的质量分数不同，分取砷标准溶液的浓度不同，分别配制标准系列溶液。当 $w(As)$ 0.00001%～0.000025%、>0.00010%～0.00025%时，分取砷标准溶液的浓度为 100ng/mL。当 $w(As)$>0.000025%～0.00010%、>0.00025%～0.0050%时，分取砷标准溶液的浓度为 500ng/mL。

根据样品中砷的质量分数，选择相应浓度的砷标准溶液进行如下操作。移取 0mL、2.00mL、4.00mL、6.00mL、8.00mL、10.00mL 砷标准溶液于一组 250mL 蒸馏瓶中，用水补体积至 10mL。加入 10mL 盐酸（$\rho=1.19g/mL$）、2g 硫酸肼（固体）和 2mL 氢溴酸（$\rho=1.49g/mL$，蒸馏后使用），接好蒸馏装置，低温加热溶解并蒸馏，用预先加入 50mL 水的 100mL 容量瓶吸收蒸馏液。待蒸馏瓶中溶液蒸至近干，取下容量瓶，以水定容，混匀。

（2）锑的标准系列溶液　移取 0mL、0.50mL、1.00mL、2.00mL、3.00mL、4.00mL、5.00mL、6.00mL 锑标准溶液（500ng/mL）于一组 50mL 容量瓶中，分别以盐酸（1+4）补至 25mL，加入 10mL 硫脲-抗坏血酸溶液（分别称 25g 分析纯硫脲和 25g 分析纯抗坏血酸，溶解于 500mL 水中，混匀，用时现配），用水稀释至刻度，混匀，室温放置 30min。

标准系列溶液的测量方法，参见第三章第三节-(五)-2.-(3) 标准系列溶液的测量。其中，分析高纯氧化铟中杂质元素砷、锑的含量时，载流剂为盐酸（1+19）。以被测元素的质量浓度（ng/mL）为横坐标，净荧光强度为纵坐标，绘制标准曲线。

当标准曲线 $R^2 \geq 0.995$ 时方可进行样品溶液的测量。

（六）样品的测定

原子荧光光谱仪的开机准备操作和检测原理，参见本书第三章第三节-（六）样品的测定。

分析高纯氧化铟中砷、锑的含量时，以盐酸（1+19）为载流调零，氩气（Ar≥99.99%，体积分数）为屏蔽气和载气，将样品溶液和硼氢化钾溶液［20g/L，称10g硼氢化钾溶解于500mL氢氧化钾溶液（5g/L）中，混匀。过滤备用，用时现配］导入氢化物发生器的反应池中，载流溶液和样品溶液交替导入，依次测量空白溶液及样品溶液中被测元素的原子荧光强度3次，取3次测量的平均值。样品溶液中被测元素的荧光强度平均值，减去随同样品的等体积空白溶液中相应元素的荧光强度平均值，为净荧光强度。从标准曲线上查出相应的被测元素质量浓度（ng/mL）。

（七）结果的表示

当被测元素的质量分数<0.01%时，分析结果表示至小数点后第4位；当被测元素的质量分数>0.01%时，分析结果表示至小数点后第3位。

（八）质量保证和质量控制

分析时，应用国家级或行业级标准样品或控制样品进行校核（当前两者没有时，也可用控制标样替代），每季校核一次本分析方法标准的有效性。当过程失控时，应找出原因，纠正错误后重新进行校核，并采取相应的预防措施。

（九）注意事项

（1）参见第二章第二节-一、-（九）注意事项（1）。

（2）参见第三章第三节-（九）注意事项（2）。

（3）参见第二章第三节-一、-（九）注意事项（1）、（3）。

（4）测试中所用仪器的标准，参见第二章第三节-三、-（九）注意事项（3）。

（5）制备好的样品溶液以及标准系列溶液，需要室温放置25~30min，再在原子荧光光谱仪上进行测量。

第四节　电感耦合等离子体原子发射光谱法

在现行有效的标准中，采用电感耦合等离子体原子发射光谱法分析海绵钛、钛及钛合金产品的标准有1个，分析钛镍形状记忆合金产品的标准有1个，共2个标准方法。本节中将这些标准方法的各部分内容进行了归纳整理。

一、海绵钛、钛及钛合金中杂质元素的分析

现行国家标准[12]中，电感耦合等离子体原子发射光谱法可以分析海绵钛、钛及钛合金中杂质元素铁的含量，此方法中铁元素测定范围见表11-3。

（一）样品的制备和保存

海绵钛、钛及钛合金的取样应按照已颁布的标准方法进行，即《钛及钛合金化学成分

分析取制样方法》（GB/T 31981—2015）。

（1）取样前样品用四氯化碳、丙酮或无水乙醇溶液清洗，在搅拌的条件下，浸泡不少于 3min，清洗不少于 2 次，至除去油脂等脏物。干燥采用自然晾干、冷风吹干或烘干的方式，烘干的温度不宜过高，防止样品氧化。去除样品表面氧化层，露出金属本色。

（2）将样品加工成厚度不大于 1mm 的碎屑。所有剪切后的样品应进行磁选处理，除去取制样过程引入的铁磁性污染。

（3）样品保存于干燥洁净的器皿或样品袋中，保存时间不得超过 48h。

特别注意的是，样品不得用手直接接触。

（二）样品的消解

电感耦合等离子体原子发射光谱法分析海绵钛、钛及钛合金中杂质元素铁含量的消解方法主要为湿法消解中的电热板消解法。关于消解方法分类的介绍，参见第二章第二节-一、-(二) 样品的消解。本部分中，样品用硝酸和氢氟酸或硫酸和氢氟酸溶解，制得用于测定的样品溶液。根据产品的类型，纯钛、钛合金采用不同的消解方法。下面分别进行介绍。

称取 0.500g 样品，精确至 0.0001g。独立测定 2 次，取其平均值。随同样品做空白试验，以纯钛 $[w(Ti) \geqslant 99.95\%$，$w(Fe)$ 尽可能小且已知。如果 $w(Fe)$ 未知，应采用 1,10-二氮杂菲分光光度法（GB/T 4698.2—2011 方法一）准确测定]代替样品。根据样品的产品类型，选择合适的样品消解方法制备样品溶液。

1. 分析钛（包括商业纯钛）**及钛合金中铁的含量**（硝酸＋氢氟酸消解法）

将准确称量的样品置于表 11-13 规定的消解容器中。按表 11-13 加入溶样酸Ⅰ，盖上聚乙烯表面皿，水浴加热至完全溶解。于电热板上继续加热驱除氮的氧化物。冷却至室温，取下表面皿，将上述样品溶液移入 100mL 容量瓶中。按表 11-13 加入相应量的内标液，以水定容，混匀，立刻转移至干燥的聚乙烯或聚四氟乙烯瓶中保存。

2. 分析钛（含商业纯钛）**及钛合金中铁的含量**（硫酸＋氢氟酸消解法）

将准确称量的样品置于表 11-13 规定的消解容器中。按表 11-13 加入溶样酸Ⅰ，盖上聚四氟乙烯表面皿，于电热板上低温加热溶解样品（如果溶解不完全，可加入少量表 11-13 中的氢氟酸，继续低温加热至样品完全溶解）。

按表 11-13 加入溶样酸Ⅱ，加热 2～3min。取下表面皿，继续加热至冒白烟 3～5min，冷却至室温，用少量水冲洗杯壁，加热至冒浓白烟 2～3min（采用内标法校正烧杯中残留的硫酸对被测元素铁谱线强度的影响），冷却至室温。按表 11-13 加入溶样酸Ⅲ和少量水，溶解盐类，冷却至室温。将上述样品溶液移入 100mL 容量瓶中。按表 11-13 加入内标液，以水定容，混匀，立刻转移至干燥的聚乙烯或聚四氟乙烯瓶中保存。

3. 分析商业纯钛中铁的含量（硫酸消解法，特别是以基体钛作内标）

将准确称量的样品置于表 11-13 规定的消解容器中。按表 11-13 加入溶样酸Ⅰ，于电热板上低温加热至样品完全溶解，加水保持体积恒定。按表 11-13 逐滴加入溶样酸Ⅱ，使钛被氧化，继续加热至冒白烟。冷却至室温。将上述样品溶液移入 100mL 容量瓶中，以水定容，混匀。

消解方法	产品类型	消解容器	溶样酸Ⅰ	溶样酸Ⅱ	溶样酸Ⅲ	内标液
(1)	钛(含商业纯钛)及钛合金	200mL 聚乙烯烧杯	50mL 硝酸② 10mL 氢氟酸③	—	—	5.0mL 钴溶液⑦
(2)	钛(含商业纯钛)及钛合金	200mL 聚四氟乙烯烧杯	20mL 硫酸④ 4mL 氢氟酸③	4mL 硝酸②	20mL 盐酸⑥	5.0mL 钴溶液⑦ 5.0mL 钇溶液⑧ 5.0mL 镧溶液⑨
(3)	商业纯钛	100mL 锥形瓶	40mL 硫酸⑤	逐滴加硝酸①	—	基体钛

① 硝酸：$\rho = 1.42$g/mL。

② 硝酸：1+1，将 500mL 硝酸 ($\rho = 1.42$g/mL) 缓慢加入 500mL 水中。

③ 氢氟酸：1+1，将 100mL 氢氟酸 ($\rho = 1.14$g/mL) 小心、缓慢加入 100mL 水中。

④ 硫酸：1+1，将 500mL 硫酸 ($\rho = 1.84$g/mL) 缓慢加入 500mL 水中，冷却。

⑤ 硫酸：1+3，将 100mL 硫酸 ($\rho = 1.84$g/mL) 缓慢加入 300mL 水中，冷却。

⑥ 盐酸：1+1，将 500mL 盐酸 ($\rho = 1.16 \sim 1.19$g/mL) 缓慢加入 500mL 水中。

⑦ 钴溶液 (1mg/mL)：准确称 1.00g 纯钴 [w(Co)$\geqslant$99.5%] 至 300mL 烧杯中，加入 40mL 硝酸 [1+1，将 500mL 硝酸 ($\rho = 1.42$g/mL) 缓慢加入 500mL 水中]，加热溶解，冷却后转至 1000mL 容量瓶中，以水定容，混匀。

⑧ 钇溶液 (1mg/mL)：准确称 1.27g 三氧化二钇 [w(Y$_2$O$_3$)$\geqslant$99.5%] 至 300mL 烧杯中，加入 20mL 盐酸 [1+1，将 500mL 盐酸 ($\rho = 1.16 \sim 1.19$g/mL) 缓慢加入 500mL 水中]，加热溶解，冷却后转至 1000mL 容量瓶中，以水定容，混匀。

⑨ 镧溶液 (1mg/mL)：准确称 1.17g 三氧化二镧 [w(La$_2$O$_3$)$\geqslant$99.5%] 至 300mL 烧杯中，加入 20mL 盐酸 [1+1，将 500mL 盐酸 ($\rho = 1.16 \sim 1.19$g/mL) 缓慢加入 500mL 水中]，加热溶解，冷却后转至 1000mL 容量瓶中，以水定容，混匀。

(三) 仪器条件的选择

分析海绵钛、钛及钛合金中杂质元素铁的含量时，推荐的电感耦合等离子体原子发射光谱仪的测试条件，参见表 11-3。等离子体发射光谱仪，需配备耐氢氟酸进样系统。光谱仪可是同时型和顺序型两种，但必须具有同时测定内标线的功能，否则不能使用内标法。

(1) 选择分析谱线时，可以根据仪器的实际情况 (如灵敏度和谱线干扰) 做相应的调整。推荐的分析线见表 11-3，这些谱线不受基体元素的明显干扰。分析谱线的选择，参见第二章第三节-一、-(三) 仪器条件的选择。

(2) 仪器的实际分辨率，参见第二章第三节-一、-(三) 仪器条件的选择。

(3) 在仪器最佳工作条件下，凡能达到下列指标者均可使用。

1) 灵敏度　通过计算溶液中仅含有铁的分析线 (238.20nm、259.94nm)，得出的检出限 (DL) $\leqslant$0.05μg/mL。检出限定义，参见第二章第三节-一、-(三)-(3) -1) 灵敏度。

2) 短期稳定性　每个最高浓度标准溶液发射谱线的标准偏差应不超过绝对或相对光强平均值的 0.8%。此指标的测量和计算方法参见"第二章第三节-一、-(三)-(3)-2) 短期稳定性。

3) 长期稳定性　11 个测量平均值的相对标准偏差不应超过绝对或相对光强平均值的 2.0%。此指标的测量和计算方法参见第三章第四节-七、-(三)-(3)-3) 长期稳定性。

4) 标准曲线的线性　标准曲线 $R^2 \geqslant 0.999$。

（四）干扰的消除

（1）分析海绵钛、钛及钛合金中铁的含量时，采用基体匹配标准曲线法，即配制与被测样品基体一致、质量分数相近的标准系列溶液，计算被测元素铁的质量浓度，消除基体钛的干扰。

（2）分析钛（包括商业纯钛）及钛合金中铁的含量，采用硫酸＋氢氟酸消解法处理样品过程中，加热样品溶液冒烟后，烧杯中残留的硫酸体积会影响被测元素铁的谱线发射强度值。因此，建议残留的硫酸体积保持恒定，或采用内标法，消除硫酸的影响。本方法中采用内标法，在样品溶液定容前，加入钴、钇、镧内标液进行测量，消除其他元素干扰。

（3）分析钛（包括商业纯钛）及钛合金中铁的含量，采用硝酸＋氢氟酸消解法处理样品时，在样品溶液定容前加入钴内标液再测量，消除其他元素干扰。

（4）分析商业纯钛中铁的含量，采用硫酸消解法处理样品时，以基体钛作内标进行测量，消除干扰，无须加入其他元素的内标液。

（五）标准曲线的建立

1. 标准溶液的配制

配制各个被测元素标准储备溶液和标准溶液的原则，参见第二章第三节-二、-(五)-1. 标准溶液的配制。

2. 标准曲线的建立

内标法校正的标准系列溶液的配制原则，参见第二章第四节-一、-(五)-2.-(2) 标准系列溶液的配制。分析海绵钛、钛及钛合金中杂质元素铁的含量时，采用基体匹配标准曲线法进行定量，即配制与被测样品基体一致、质量分数相近的标准系列溶液。这种定量方法的原理介绍，参见第二章第二节-一、-(五)-2.-(2) 标准曲线法。

内标校正的标准曲线法是电感耦合等离子体原子发射光谱法（ICP-AES）经常采用的定量方法，可以校正仪器的灵敏度漂移并消除基体效应的影响。该方法的原理介绍，参见第二章第四节-一、-(五)-2.-(1) 内标校正的标准曲线法（内标法）的原理及使用范围。

本方法中，称取数份与样品等质量的纯钛 [$w(Ti) \geqslant 99.95\%$，$w(Fe)$ 尽可能小且已知。同制备空白溶液所用的纯钛，参见样品的消解] 代替样品，按照制备样品溶液的方法制备钛基体溶液，定容前，加入一系列体积的被测元素铁标准溶液。对于采用不同消解法处理的样品，需分别绘制标准曲线，即配制不同的标准系列溶液。下面进行介绍。

（1）标准曲线 A——适用于采用硝酸＋氢氟酸消解法处理的样品　称取 4 份纯钛 [$w(Ti) \geqslant 99.95\%$，$w(Fe)$ 尽可能小且已知。同样品的消解中空白溶液所用的纯钛]，每份 0.50g，精确至 0.0001g。将准确称量的样品置于表 11-13 规定的消解容器中。按表 11-13 加入溶样酸 I，盖上聚乙烯表面皿，水浴加热至完全溶解。于电热板上继续加热驱除氮的氧化物。冷却至室温，取下表面皿，分别移取 0.00mL、5.00mL、10.00mL、15.00mL 铁标准溶液（1.000mg/mL），将上述溶液移入 4 个 100mL 容量瓶中。按表 11-13 加入内标液，以水定容，混匀，立刻转移至干燥的聚乙烯或聚四氟乙烯瓶中保存。

（2）标准曲线 B——适用于采用硫酸＋氢氟酸消解法处理的样品　称取 4 份纯钛 [$w(Ti) \geqslant 99.95\%$，$w(Fe)$ 尽可能小且已知。同"样品的消解"中空白溶液所用的纯钛]，每份 0.50g，精确至 0.0001g。将准确称量的样品置于表 11-13 规定的消解容器中。按表

11-13 加入溶样酸Ⅰ，盖上聚四氟乙烯表面皿，于电热板上低温加热溶解样品［如果溶解不完全，可加入少量表 11-13 中氢氟酸③，继续低温加热至样品完全溶解］。

按表 11-13 加入溶样酸Ⅱ，加热 2～3min。取下表面皿，继续加热至冒白烟 3～5min，冷却至室温，用少量水冲洗杯壁，加热至冒浓白烟 2～3min（采用内标法校正烧杯中残留的硫酸对被测元素铁谱线强度的影响）。冷却至室温，按表 11-13 加入溶样酸Ⅲ和少量水，溶解盐类，冷却至室温。分别移取 0.00mL、5.00mL、10.00mL、15.00mL 铁标准溶液（1.000mg/mL），将上述溶液移入 4 个 100mL 容量瓶中。按表 11-13 加入内标液，以水定容，混匀，立刻转移至干燥的聚乙烯或聚四氟乙烯瓶中保存。

（3）标准曲线 C——适用于采用硫酸消解法处理的样品 称取 4 份纯钛［$w(Ti)\geqslant$ 99.95%，$w(Fe)$ 尽可能小且已知。同样品的消解中空白溶液所用的纯钛］，每份 0.50g，精确至 0.0001g。将准确称量的样品置于表 11-13 规定的消解容器中，按表 11-13 加入溶样酸Ⅰ，于电热板上低温加热至样品完全溶解，加水保持体积恒定。按表 11-13 逐滴加入溶样酸Ⅱ，使钛被氧化，继续加热至冒白烟，冷却至室温。分别移取 0.00mL、5.00mL、10.00mL、15.00mL 铁标准溶液（1.000mg/mL），将上述样品溶液移入 100mL 容量瓶中。以水定容，混匀。

内标校正的标准系列溶液的测量方法，参见第三章第四节-一、-（五）-2.-（3）标准系列溶液的测量。分别以各被测元素的质量浓度（μg/mL）为横坐标，以分析线净强度比为纵坐标，由计算机自动绘制标准曲线。当标准曲线 $R^2\geqslant0.999$ 时，即可进行样品溶液的测定。

（六）样品的测定

（1）优化仪器的方法 具体方法参见第二章第三节-一、-（六）样品的测定。

使用内标时，准备用钇（371.03nm）作内标并计算每个被测元素与钇的强度比的软件。内标强度应与被测元素强度同时测量。

（2）样品中被测元素的分析线发射强度的测量 内标校正的样品测量，方法参见第三章第四节-一、-（六）-2.-（1）内标校正的样品测量。从标准曲线上确定被测元素的质量浓度（μg/mL）。

（3）分析线中干扰线的校正 具体方法参见第二章第三节-一、-（六）样品的测定。

（七）结果的表示

分析结果在 1% 以上的保留 4 位有效数字；在 1% 以下的保留 3 位有效数字。

（八）质量保证和质量控制

具体操作方法参见第二章第三节-一、-（八）质量保证和质量控制。

（九）注意事项

（1）参见第二章第二节-一、-（九）注意事项（1）。

（2）参见第二章第三节-一、-（九）注意事项（1）～（3）。

（3）测试中所用仪器的标准，参见第二章第三节-三、-（九）注意事项（3）。

（4）本部分中制备样品溶液和标准系列溶液使用的容器：采用硝酸＋氢氟酸消解法处理样品时，选用聚乙烯烧杯和表面皿，制得的溶液保存于聚乙烯或聚四氟乙烯瓶中；采用硫酸＋氢氟酸消解法处理样品时，选用聚四氟乙烯（PTFE）烧杯和表面皿；采用硫酸消解法处理样品时，选用锥形瓶。

（5）采用电感耦合等离子体原子发射光谱法分析海绵钛、钛及钛合金中铁的含量时，用硫酸＋氢氟酸消解法制备的样品溶液，以钴、钇、镧为内标进行测量。测量时，在各元素相应的分析线（表 11-3 推荐的分析线）下同时测定铁和 3 种内标元素的谱线强度，分别计算谱线强度比，从标准曲线上确定被测元素的质量浓度。

二、钛镍形状记忆合金中杂质元素的分析

现行国家标准[13]中，电感耦合等离子体原子发射光谱法可以分析钛镍形状记忆合金中杂质元素钴、铜、铬、铁、铌的含量，此方法适用于上述各被测杂质元素的独立测定，也适用于多种元素的同时测定，其元素测定范围见表 11-3。

我们以此为应用实例讲解具体的分析步骤和方法，以及一些注意事项。

（一）样品的制备和保存

将样品加工成厚度≤1mm 的碎屑。

（二）样品的消解

电感耦合等离子体原子发射光谱法分析钛镍形状记忆合金中杂质元素钴、铜、铬、铁、铌含量的消解方法主要为湿法消解中的电热板消解法。关于消解方法分类的介绍，参见第二章第二节-一、-（二）样品的消解。本部分中，样品用硫酸和氢氟酸分解，制得用于测定的样品溶液。

称取 0.50g 样品，精确至 0.0001g。独立测定两次，取其平均值。随同样品做空白试验。

将样品置于 100mL 聚四氟乙烯烧杯中，加入 10mL 硫酸（1＋1）、0.5mL 氢氟酸（$\rho = 1.15\text{g/mL}$），低温加热溶解。滴加硝酸（$\rho \approx 1.42\text{g/mL}$）氧化至三价钛的紫色褪去，冷却，将溶液移入 100mL 聚乙烯容量瓶中，用水定容，混匀。

（三）仪器条件的选择

分析钛镍形状记忆合金中杂质元素钴、铜、铬、铁、铌的含量时，推荐的等离子体光谱仪测试条件，参见表 11-3。电感耦合等离子体原子发射光谱仪，需配备耐氢氟酸进样系统。

（1）选择分析谱线时，可以根据仪器的实际情况（如灵敏度和谱线干扰）做相应的调整。推荐的分析线见表 11-3，这些谱线不受基体元素的明显干扰。分析谱线的选择，参见第二章第三节-一、-（三）仪器条件的选择。

（2）仪器的实际分辨率，参见第二章第三节-一、-（三）仪器条件的选择。

（3）在仪器最佳工作条件下，凡能达到下列指标者均可使用。

1）灵敏度　以测钴含量为例，通过计算溶液中仅含有钴的分析线（394.401nm），得出的检出限（DL）≤0.098μg/mL（如测定铜、铬、铁、铌的含量时，元素分析线处对应的检出限参见表 11-3）。检出限定义，参见第二章第三节-一、-（三）-（3）-1）灵敏度。

2）短期稳定性　每个最高浓度标准溶液发射谱线的标准偏差应不超过绝对或相对光强平均值的 0.8％。此指标的测量和计算方法参见第二章第三节-一、-（三）-（3）-2）短期

稳定性。

3）长期稳定性　7个测量平均值的相对标准偏差＜2.0％。此指标的测量和计算方法参见第二章第三节-一、-(三)-(3)-3）长期稳定性。

4）标准曲线的线性　标准曲线 $R^2 \geqslant 0.999$。

（四）干扰的消除

（1）分析钛镍形状记忆合金中杂质元素钴、铜、铬、铁、铌的含量时，采用基体匹配标准曲线法计算各被测元素的含量，消除基体元素钛、镍的干扰。操作方法为：称取与样品中基体组分等质量的金属钛和金属镍，按照制备样品溶液的方法制备标准系列溶液。

（2）此分析过程中，制备样品溶液、标准曲线溶液、被测元素铌的标准溶液（以铂坩埚消解）、混合元素标准溶液时，选用聚四氟乙烯烧杯作消解容器，聚乙烯容量瓶定容，防止常规实验容器材质玻璃、陶瓷中二氧化硅对测定产生影响。

（五）标准曲线的建立

1. 标准溶液的配制

配制各个被测元素标准储备溶液和标准溶液的原则，参见第二章第三节-二、-(五)-1. 标准溶液的配制。

2. 标准曲线的建立

内标法校正的标准系列溶液的配制原则，参见第二章第四节-一、-(五)-2.-(2) 标准系列溶液的配制。分析钛镍形状记忆合金中钴、铜、铬、铁、铌含量时，采用基体匹配标准曲线法进行定量，即配制与被测样品基体一致、质量分数相近的标准系列溶液。此定量方法的原理介绍参见第二章第二节-一、-(五)-2.-(2) 标准曲线法。

本部分中，称取数份与被测样品相同质量的纯基体物质金属钛 [$w(\mathrm{Ti}) \geqslant 99.99\%$，$w(\mathrm{Co}、\mathrm{Cu}、\mathrm{Cr}、\mathrm{Fe}、\mathrm{Nb}) \leqslant 0.001\%$] 和金属镍 [$w(\mathrm{Ni}) \geqslant 99.99\%$，$w(\mathrm{Co}、\mathrm{Cu}、\mathrm{Cr}、\mathrm{Fe}、\mathrm{Nb}) \leqslant 0.001\%$]，随同样品制备基体溶液，定容时分别加入一系列体积的被测元素标准溶液。下面介绍此部分中标准系列溶液的制备。

称取上述基体金属钛 0.220g 和金属镍 0.280g 共 6 份，精确至 0.0001g，分别置于 6 个 100mL 聚四氟乙烯烧杯中，加入 10mL 硫酸（1＋1）、0.5mL 氢氟酸（$\rho = 1.15\mathrm{g}/\mathrm{mL}$），于电热板上低温加热溶解。滴加硝酸（$\rho \approx 1.42\mathrm{g}/\mathrm{mL}$）氧化至紫色褪去，冷却，将溶液分别移入 6 个 100mL 聚乙烯容量瓶中。移取 0mL、0.25mL、0.50mL、1.00mL、3.00mL、5.00mL 混合标准溶液 [$\rho(\mathrm{Co}、\mathrm{Cu}、\mathrm{Cr}、\mathrm{Fe}、\mathrm{Nb}) = 100\mu\mathrm{g}/\mathrm{mL}$]，分别置于以上容量瓶中，用水稀释至刻度，混匀。

标准系列溶液的测量方法，参见第二章第三节-一、-(五)-2-(3) 标准系列溶液的测量。分别以各被测元素的质量浓度（$\mu\mathrm{g}/\mathrm{mL}$）为横坐标，以分析线净强度为纵坐标，绘制标准曲线。当标准曲线的 $R^2 \geqslant 0.999$ 时，测定样品溶液。

（六）样品的测定

（1）优化仪器的方法　具体方法参见第二章第三节-一、-(六) 样品的测定。

（2）样品中被测元素的分析线发射强度的测量　具体方法参见第二章第三节-一、-(六) 样品的测定。从标准曲线上确定被测元素的质量浓度（$\mu\mathrm{g}/\mathrm{mL}$）。

（3）分析线中干扰线的校正　具体方法参见第二章第三节-一、-(六) 样品的测定。

（七）结果的表示

分析结果在 1% 以上的保留 4 位有效数字，在 1% 以下的保留 3 位有效数字。

（八）质量保证和质量控制

具体操作方法参见第二章第三节-一、-（八）质量保证和质量控制。

（九）注意事项

（1）参见第二章第二节-一、-（九）注意事项（1）。

（2）参见第二章第三节-一、-（九）注意事项（1）～（3）。

（3）测试中所用仪器的标准，参见第二章第三节-三、-（九）注意事项（3）。

（4）分析钛镍形状记忆合金中钴、铜、铬、铁、铌含量时，配制样品溶液和标准曲线溶液，选用聚四氟乙烯烧杯作消解容器，以聚乙烯容量瓶定容。制备被测元素铌的标准溶液时，以铂坩埚消解高纯金属铌，以聚乙烯容量瓶定容。配制混合被测元素（钴、铜、铬、铁、铌）标准溶液时，同样以聚乙烯容量瓶定容。

第五节　电感耦合等离子体质谱法

在现行有效的标准中，采用电感耦合等离子体质谱法分析钽、铌产品的标准有 1 个，分析高纯硒产品的标准有 1 个，分析高纯氢氧化铟产品的标准有 1 个，分析高纯氧化铟产品的标准有 1 个，共计 4 个标准方法。本节中将这些标准方法的各部分内容归纳整理，并结合工作实际重点解析分析方法中的难点和重点。

一、钽、铌中杂质元素的分析

现行国家标准[14]中，电感耦合等离子体质谱法可以分析钽、铌中杂质元素钠、钾的含量，其元素测定范围见表 11-4。我们以此为应用实例讲解具体的分析步骤和方法，以及一些注意事项。

（一）样品的制备和保存

（1）氧化物样品或钽粉样品在 105～110℃烘干，于干燥器中冷却至室温，取样后立即称量。

（2）钽片或钽丝等样品，用四氯化碳清洗后，再用超纯水洗净、烘干，于干燥器中冷却至室温，取样后立即称量。

（二）样品的消解

电感耦合等离子体质谱法分析钽、铌中杂质元素钠、钾含量的消解方法主要为湿法消解中的电热板消解法、微波消解法。关于消解方法分类的介绍，参见第二章第二节-一、-（二）样品的消解。采用微波消解法，即将样品置于氟塑料高压消解罐（图 3-1）中，在烘箱中以溶样酸恒温溶解，再高温高压消解。

本部分中，样品中加入硝酸、氢氟酸，于电热板上低温加热至溶解完全，或通过微波消解设备使其溶解完全，在稀酸介质中进行测定。下面具体介绍这种消解方法。

称取经处理的样品 0.250g，精确至 0.0001g。独立测定 2 次，取其平均值。随同样品做空白试验。

将准确称量的样品置于聚四氟乙烯坩埚中，加入 2mL 氢氟酸（$\rho = 1.14$g/mL，BVⅢ级）、1mL 硝酸（$\rho = 1.42$g/mL，BVⅢ级），于电热板上低温加热，至样品完全溶解，或通过微波消解设备使其溶解完全。冷却至室温，转移至 50mL 洁净的 PET（聚对苯二甲酸乙二醇酯）容量瓶中，用超纯水（电阻率 $\geqslant 18.3$MΩ/cm）定容，摇匀。移取 2.50mL 上述样品溶液，置于 50mL 洁净的 PET 容量瓶中，用超纯水定容，摇匀。

BVⅢ级试剂，符合国际 SEMI-C7 标准，金属杂质 $\leqslant 10^{-8}$ g/mL，适用于 0.8 ～ 1.2μm IC（集成电路）工艺技术产品的制作。

（三）仪器条件的选择

分析钽、铌中杂质元素钠、钾的含量时，推荐的仪器工作条件参见表 11-4。电感耦合等离子体质谱仪的配置要求，参见第二章第四节-一、-（三）仪器条件的选择。其中，仪器配备耐氢氟酸溶液雾化进样系统，采用冷焰或反应碰撞池，自动进样或手动进样。按照以下方法选择仪器条件。

（1）选择同位素的质量数时，可以根据仪器的实际情况做相应的调整。推荐的同位素的质量数见表 11-4。同位素的质量数选择方法，参见第二章第四节-一、-（三）仪器条件的选择。

（2）在仪器最佳工作条件下，凡能达到下列指标者均可使用。

1）短时精密度 连续测定的 10 个质谱信号强度的相对标准偏差 $\leqslant 5\%$。此指标的测量和计算方法，参见第二章第四节-一、-（三）-（2）-1）短时精密度。

2）灵敏度 此指标的测量和计算方法，参见第二章第四节-一、-（三）-（2）-2）灵敏度。

3）测定下限 此指标的测量和计算方法，参见第二章第四节-一、-（三）-（2）-3）测定下限。

4）标准曲线的线性 标准曲线的 $R^2 \geqslant 0.999$。

（四）干扰的消除

（1）采用电感耦合等离子体质谱法分析钽、铌中杂质元素钠、钾的含量，制备样品溶液和系列浓度标准溶液-基体样品溶液时，以聚四氟乙烯坩埚消解样品，PET（聚对苯二甲酸乙二醇酯）容量瓶定容，防止常规玻璃容器中的二氧化硅等物质与样品发生反应，对测定产生影响。

（2）绘制标准曲线时，采用基体匹配法制备标准系列溶液，消除基体钽、铌的干扰。选用的纯物质基体为被测元素含量较低的样品，用标准加入法校正标准曲线中钠、钾的浓度，消除系列浓度标准溶液-基体样品溶液中较低钠、钾含量（系列浓度标准溶液-基体样品溶液制备方法见下述"标准曲线的建立"）对测定产生的影响。

（五）标准曲线的建立

1. 标准溶液的配制

配制各个被测元素标准储备溶液和标准溶液的原则，参见第二章第三节-二、-（五）-1.

标准溶液的配制。

2. 标准曲线的建立

标准系列溶液的配制原则，参见第二章第二节--一、-(五)-2. 标准曲线的建立中的标准系列溶液的配制原则。采用电感耦合等离子体质谱法分析钽、铌中杂质元素钠、钾的含量时，采用基体匹配标准曲线法，即配制与被测样品基体一致、质量分数相近的标准系列溶液。该定量方法的原理介绍参见本书第二章第二节--一、-(五)-2.-(2) 标准曲线法。本部分中，以被测元素含量较低的样品作为基体，称取与被测样品相同的质量，按照样品溶液制备方法制备标准系列溶液，定容前加入一系列体积的钠、钾标准溶液。采用标准加入法，计算基体样品中被测元素钠、钾的含量。标准加入法的原理介绍参见第二章第二节--一、-(五)-2. 标准曲线的建立。具体分为以下两个步骤。

（1）系列浓度标准溶液-基体样品溶液的制备　准确称量 0.2500g 钠、钾含量较低的样品，置于聚四氟乙烯坩埚中，加入 2mL 氢氟酸（$\rho=1.14g/mL$，BVⅢ级，参见"样品的消解"）、1mL 硝酸（$\rho=1.42g/mL$，BVⅢ级），于电热板上低温加热，至样品完全溶解，或通过微波消解设备使其溶解完全。冷却至室温，转移至 50mL 洁净的 PET（聚对苯二甲酸乙二醇酯）容量瓶中，用超纯水（电阻率≥18.3MΩ/cm）定容，摇匀。移取 2.50mL 上述样品溶液 4 份，置于 4 个 50mL 洁净的 PET 容量瓶中，分别加入 0.0mL、1.0mL、2.0mL、3.0mL 钠、钾混合标准溶液（钠、钾浓度各为 100ng/mL），用超纯水定容，摇匀。

（2）系列浓度标准溶液-基体样品溶液的测量与计算　将系列浓度标准溶液-基体样品溶液引入电感耦合等离子体质谱仪中，输入根据试验所选择的仪器最佳测定条件，按照与测量样品溶液相同的条件，浓度由低到高的顺序，测量系列浓度标准溶液-基体样品溶液中被测元素同位素（其质量数参见表 11-4）的信号强度（通常为每秒计数率，cps）3 次，取 3 次测量平均值。分别以各被测元素质量浓度（ng/mL）为横坐标，其信号强度平均值（通常为每秒计数率，cps）为纵坐标，由计算机自动绘制标准加入曲线。将所作的直线向下延长至与横坐标轴相交，该交点与坐标原点之间的距离，为基体样品（含被测元素较低）溶液中被测元素的浓度（ng/mL）。对于每个测量系列，应单独绘制标准曲线。当标准曲线的 $R^2≥0.999$ 时，即可进行样品溶液的测定。

（六）样品的测定

（1）仪器的基本操作方法　具体方法参见第二章第四节--一、-(六) 样品的测定。

（2）样品中被测元素的同位素信号强度的测量　具体方法参见第二章第四节--二、-(六)-2. 样品中被测元素的同位素信号强度的测量。

同时测量样品溶液和空白溶液中被测元素的同位素信号强度，以样品溶液中各被测元素的信号强度平均值，减去空白溶液中相应被测元素的信号强度平均值，为该样品溶液的净信号强度。以此净信号强度从上述系列浓度标准溶液-基体样品溶液的标准加入曲线上查得的浓度，就是样品溶液中被测元素的浓度（ng/mL）。

测量溶液的顺序，具体方法参见第二章第四节--一、-(六) 样品的测定。

控制样的检测，具体方法参见第二章第四节--一、-(六) 样品的测定。

（七）结果的表示

分析结果在 1% 以上的保留 4 位有效数字，在 1% 以下的保留 3 位有效数字。

（八）质量保证和质量控制

具体操作方法参见第二章第三节-一、-（八）质量保证和质量控制。

（九）注意事项

（1）参见第二章第二节-一、-（九）注意事项（1）。

（2）参见第二章第三节-一、-（九）注意事项（1）。

（3）测试中所用仪器的标准，参见第二章第四节-一、-（九）注意事项（3）。

（4）除非另有说明，在分析中仅使用各被测元素质量分数均低于0.0001%的高纯试剂或相当纯度的试剂和超纯水（电阻率≥18MΩ/cm，由水纯化系统制取）。

（5）分析钽、铌中杂质元素钠、钾的含量时，制备样品溶液和系列浓度标准溶液-基体样品溶液，选用聚四氟乙烯坩埚为消解容器，PET容量瓶为定容器皿。制备钠、钾标准储备溶液和标准溶液时，使用的容器为聚乙烯烧杯，溶液保存于塑料瓶中。

二、高纯硒中痕量元素的分析

现行国家标准[15]中，电感耦合等离子体质谱法可以分析高纯硒中19种痕量元素硼、铝、铁、锌、砷、银、锡、锑、碲、汞、镁、钛、镍、铜、镓、镉、铟、铅、铋的含量，既适用于上述杂质元素的多种元素同时测定，也适用于其中一个元素的独立测定。其元素测定范围见表11-4。下面讲解具体的分析步骤和注意事项。

（一）样品的制备和保存

高纯硒的取样应按照已颁布的标准方法进行，将样品加工成厚度≤1mm的碎屑。

（二）样品的消解

电感耦合等离子体质谱法分析高纯硒中19种痕量元素硼、铝、铁、锌、砷、银、锡、锑、碲、汞、镁、钛、镍、铜、镓、镉、铟、铅、铋含量的消解方法主要为湿法消解中的电热板消解法。关于消解方法分类的介绍，参见第二章第二节-一、-（二）样品的消解。

分析高纯硒中硼、铝、铁、锌、砷、银、锡、锑、碲、汞的含量时，样品用硝酸溶解，制得待测样品溶液。分析高纯硒中镁、钛、镍、铜、镓、镉、铟、铅、铋的含量时，样品用硝酸溶解后，以强酸性阳离子交换柱将被测元素与大量硒基体分离并得到富集，制得用于测定的样品溶液。下面具体介绍这两种消解方法。

1. 分析高纯硒中硼、铝、铁、锌、砷、银、锡、锑、碲、汞的含量

称取0.100g样品，精确至0.0001g。独立测定2次，取其平均值。随同样品做空白试验。

将准确称量的样品置于300mL聚四氟乙烯烧杯中，盖上烧杯盖，分次加入总量为3mL的硝酸（$\rho = 1.42$g/mL），于电热板上低温加热，待样品溶解完全，取下，冷却至室温。移入100mL塑料容量瓶中，加入1.0mL铑内标溶液（1.0μg/mL），用去离子水稀释至刻度，摇匀待测。

铑内标溶液（1.0μg/mL）：称0.3856g氯铑酸铵，置于300mL烧杯中，加入10mL盐酸（1+1），移入100mL容量瓶中，加入10mL盐酸（$\rho = 1.19$g/mL），以水定容，摇匀。此溶液含铑 $1000\mu g/mL$。使用前稀释，以十倍稀释法逐级稀释 3 次，至溶液中铑含量为 $1.0\mu g/mL$，每一步的稀释溶液中保持体积分数为 2% 的硝酸介质。

2. 分析高纯硒中镁、钛、镍、铜、镓、镉、铟、铅、铋的含量

称取 1.500g 样品，精确至 0.0001g。独立测定两次，取其平均值。随同样品做空白试验。

将准确称量的样品置于 300mL 聚四氟乙烯烧杯中，盖上烧杯盖，分次加入总量为 5mL 的硝酸（$\rho=1.42g/mL$），于电热板上低温加热，待样品溶解完全。继续低温加热至烧杯内有少量白色固体析出，加入少量水溶解，取下，冷却至室温。

移入 100mL 塑料容量瓶中，用去离子水稀释（稀释体积约 50mL 为宜），并用氨水（$\rho=0.90g/mL$）调节 pH 值至 $1.0\sim3.0$。然后以 2mL/min 的速度泵入准备好的离子交换柱中。进样完毕后，用 5mL 硝酸（1+1500）淋洗，再用 5mL 硝酸（4+11）以 0.5mL/min 的速度洗脱。收集洗脱液，加入 0.25mL 铑内标溶液（$1.0\mu g/mL$），用去离子水稀释至刻度，摇匀待测。

离子交换柱：管长约 50mm，管内径 1.5mm。将洗净后的玻璃纤维塞至管底，以防止树脂流出。管内充满水，将处理好的树脂〔强酸性阳离子交换树脂（70～200 目筛，交联度为 7%，001 型），先用水冲洗至出水清澈无浑浊、无杂质，然后用盐酸（1+1）浸泡 2h，再用大量水淋洗，至出水接近中性，如此重复 3 次，每次酸用量为树脂体积的 2 倍。最后用水洗至中性〕注入管内，装入树脂高度为 25～40mm（树脂体积约 0.5mL），上面再覆盖些玻璃纤维。泵入水，保持树脂湿润。

此离子交换柱再生的方法：以 0.5mL/min 的流速泵入 15mL 硝酸（1+2）。然后用 10mL 去离子水以 1mL/min 的流速冲洗柱中树脂，待用。

（三）仪器条件的选择

分析高纯硒中 19 种痕量元素硼、铝、铁、锌、砷、银、锡、锑、碲、汞、镁、钛、镍、铜、镓、镉、铟、铅、铋的含量时，推荐的仪器工作条件参见表 11-4。电感耦合等离子体质谱仪的配置要求，参见第二章第四节--一、-（三）仪器条件的选择。其中，仪器质谱分辨率 $\geqslant(0.8\pm0.1)amu$。按以下方法选择仪器条件。

（1）选择同位素的质量数时，可以根据仪器的实际情况做相应的调整。推荐的同位素的质量数见表 11-4，这些质量数不受基体元素的明显干扰。

（2）在仪器最佳工作条件下，凡能达到下列指标者均可使用。

1）短时精密度　连续测定的 10 个质谱信号强度的相对标准偏差 $\leqslant5\%$。此指标的测量和计算方法，参见第二章第四节--一、-（三）-（2）-1）短时精密度。

2）灵敏度　此指标的测量和计算方法，参见第二章第四节--一、-（三）-（2）-2）灵敏度。

3）测定下限　此指标的测量和计算方法，参见第二章第四节--一、-（三）-（2）-3）测定下限。

4）标准曲线的线性　标准曲线的 $R^2\geqslant0.999$。

（四）干扰的消除

（1）分析高纯硒中镁、钛、镍、铜、镓、镉、铟、铅、铋的含量，制备样品溶液时，以强酸性阳离子交换树脂将被测元素与基体硒分离，并得到富集，消除基体硒对测定的干扰。

（2）分析高纯硒中硼、铝、铁、锌、砷、银、锡、锑、碲、汞、镁、钛、镍、铜、镓、镉、铟、铅、铋元素的含量时，以铑为内标元素，来校正仪器的灵敏度漂移，并消除基体效应的影响。

（3）分析高纯硒中的铁和锡含量时，对于^{56}Fe和^{118}Sn采用去干扰技术测定。去干扰技术的方法为先检查各共存元素对被测元素同位素的质量数的质谱干扰。在质谱干扰的情况下，求出质谱干扰校正系数，即当共存元素质量分数为1%时相当的被测元素的质量分数。

（4）以表11-4推荐的同位素的质量数测量信号强度，如果空白样品溶液的质谱信号强度，较标准系列溶液和样品溶液的质谱信号强度相同或更高，则可能存在一些干扰，选择其他同位素可能降低或消除干扰。但是，对于单一同位素元素则没有这种可能，需加强控制背景信号。

（5）制备高纯硒的样品溶液和标准系列溶液、含被测元素钛的标准溶液时，选用聚四氟乙烯烧杯和塑料容量瓶，以消除普通材质玻璃中二氧化硅在消解过程中产生的干扰。

（五）标准曲线的建立

1. 标准溶液的配制

配制各个被测元素标准储备溶液和标准溶液的原则，参见第二章第三节-二、-(五)-1. 标准溶液的配制。本方法中配制以下两个多元素标准溶液。

（1）标准溶液A 银、砷、硼、汞、铁、碲、锌、镁、铋、铜、镉、镓、铟、镍、铅含量分别为1.0μg/mL。

（2）标准溶液B 锑、锡、铝、钛含量分别为1.0μg/mL。

2. 标准曲线的建立

内标法校正的标准系列溶液的配制原则，参见第二章第四节—一、-(五)-2.-(2)标准系列溶液的配制。如果标准曲线不呈线性，可采用次灵敏度同位素的质量数测量，或者适当稀释样品溶液和标准系列溶液。

分析高纯硒中19种杂质元素硼、铝、铁、锌、砷、银、锡、锑、碲、汞、镁、钛、镍、铜、镓、镉、铟、铅、铋的含量时，采用内标校正的标准曲线法进行定量分析。内标校正标准曲线法（内标法）的原理介绍，参见本书第二章第四节—一、-(五)-2.-(1)内标校正的标准曲线法（内标法）的原理及使用范围。本部分中，根据样品中被测元素的种类，分别配制内标校正的标准系列溶液，如表11-14所列。

▫ 表11-14 分析高纯硒中19种杂质元素硼等含量的标准系列溶液

被测元素	分取被测元素标准溶液体积/mL	标准系列溶液被测元素浓度/(ng/mL)
硼、铁、锌、砷、银、碲、汞	0.00、0.20、0.50、1.00（标准溶液A）	0、2、5、10
铝、锡、锑	0.00、0.20、0.50、1.00（标准溶液B）	0、2、5、10
镁、钛、镍、铜、镓、镉、铟、铅、铋	0.00、1.00、5.00、10.00、15.00 （标准溶液A＋标准溶液B）	0、10、50、100、150

根据样品中被测元素的种类，按表11-14所列体积加入一系列的被测元素混合标准溶

液（各元素浓度分别为 1.00μg/mL），置于一组 100mL 塑料容量瓶中，加入 1.00mL 铑内标溶液（1.0μg/mL，其制备方法参见样品的消解），以水定容，混匀。所得标准系列溶液中各被测元素浓度参见表 11-14。

内标校正的标准系列溶液的测量方法，参见第二章第四节-一、-(五)-2.-(3) 标准系列溶液的测量。分别以各被测元素质量浓度（ng/mL）为横坐标，其净信号强度比为纵坐标，由计算机自动绘制标准曲线。对于每个测量系列，应单独绘制标准曲线。当标准曲线的 $R^2 \geqslant 0.999$ 时即可进行样品溶液的测定。

（六）样品的测定

（1）仪器的基本操作方法　具体方法参见第二章第四节-一、-(六) 样品的测定。

（2）样品中被测元素的同位素信号强度的测量　具体方法参见第二章第四节-二、-(六)-2. 样品中被测元素的同位素信号强度的测量。从标准曲线上查得相应被测元素质量浓度（ng/mL）。

（七）结果的表示

分析结果在 1% 以上的保留 4 位有效数字，在 1% 以下的保留 3 位有效数字。

（八）质量保证和质量控制

具体操作方法参见第二章第三节-一、-(八) 质量保证和质量控制。

（九）注意事项

（1）参见第二章第二节-一、-(九) 注意事项（1）。

（2）参见第二章第三节-一、-(九) 注意事项（1）、（3）。

（3）测试中所用仪器的标准，参见第二章第四节-一、-(九) 注意事项（3）。

（4）分析高纯硒中硼、铝、铁、锌、砷、银、锡、锑、碲、汞、镁、钛、镍、铜、镓、镉、铟、铅、铋元素的含量，制备样品溶液、内标校正的标准系列溶液、钛元素标准溶液及含钛的混合标准溶液时，使用的容器为聚四氟乙烯烧杯和塑料容量瓶。

三、高纯氢氧化铟中痕量元素的分析

现行国家标准[16] 中，ICP-MS 可以分析高纯氢氧化铟中 7 种痕量元素铝、铁、铜、锌、镉、铅、铊的含量，适用于上述杂质元素的多种元素同时测定，也适用于其中一个元素的独立测定。其元素测定范围见表 11-4。

我们以此为应用实例讲解具体的分析步骤和方法，以及一些注意事项。

（一）样品的制备和保存

样品在 105～110℃ 环境下干燥 2h，置于干燥器中冷却至室温。

（二）样品的消解

电感耦合等离子体质谱法分析高纯氢氧化铟中痕量元素铝、铁、铜、锌、镉、铅、铊含量的消解方法主要为湿法消解中的电热板消解法。关于消解方法分类的介绍，参见第二章第二节-一、-(二) 样品的消解。本部分中，样品用硝酸溶解，分多次加入浓硝酸，并于电热板上低温加热蒸至近干；以硝酸和水溶解盐类，制得用于测定的样品溶液。分析

铝、铁的含量时，以钪为内标；分析铜、锌、镉、铅、铊的含量时，以铑为内标。下面具体介绍。

称取 0.100g 样品，精确至 0.0001g。独立测定 2 次，取其平均值。随同样品做空白试验。

将样品置于 100mL 聚四氟乙烯烧杯中，加入 8mL 硝酸（$\rho=1.42g/mL$，经亚沸蒸馏提纯），于电热板上低温加热，待样品完全溶解，蒸至近干，取下加入 2mL 硝酸（$\rho=1.42g/mL$，经亚沸蒸馏提纯），低温加热蒸至近干，重复 2 次。取下，加入 1mL 硝酸（$\rho=1.42g/mL$，经亚沸蒸馏提纯），吹少许水，低温加热溶解盐类，取下冷却至室温，转移至 100mL 塑料容量瓶中，加入钪、铑内标溶液，用超纯水（电阻率≥18MΩ/cm）定容，摇匀。

注意：内标元素浓度适宜与被测元素浓度接近，通常其浓度差异不超过 2 个数量级。对于多元素测定，内标元素浓度与被测元素浓度差异超过 2 个数量级的，可将浓度接近的分组，并采用合适内标校正仪器漂移。由于分析前元素浓度未知，需进行预分析，以确定被测元素浓度水平。在高纯氢氧化铟中被测元素浓度会很低，则选择内标溶液为 5ng/mL 合适。

(1) 铑内标溶液（5ng/mL）　称 0.3856g 光谱纯氯铑酸铵 [$(NH_4)_3RhCl_6 \cdot 1/2H_2O$]，置于 250mL 聚四氟乙烯烧杯中，加入 20mL 硝酸（1+1），盖上表面皿，于电热板上低温加热，待完全溶解，用水洗涤表面皿及杯壁，冷却。移入 1000mL 容量瓶中，加入 40mL 硝酸（$\rho=1.42g/mL$，经亚沸蒸馏提纯），以水定容，摇匀（此溶液为铑标准储备溶液，含铑 100μg/mL）。移取 10.00mL 铑标准储备溶液，置于 1000mL 容量瓶中，加入 10mL 硝酸（$\rho=1.42g/mL$，经亚沸蒸馏提纯），以水定容，摇匀。再分取 0.50mL 上述铑标准溶液，置于 100mL 容量瓶中，加入 1mL 硝酸（$\rho=1.42g/mL$，经亚沸蒸馏提纯），以水定容，摇匀。

(2) 钪内标溶液（5ng/mL）　称 0.1000g 金属钪 [$w(Sc)≥99.99\%$]，置于 250mL 聚四氟乙烯烧杯中，加入 10mL 硝酸（1+1），盖上表面皿，于电热板上低温加热，待完全溶解，用水洗涤表面皿及杯壁，冷却。移入 1000mL 容量瓶中，加入 50mL 硝酸（$\rho=1.42g/mL$，经亚沸蒸馏提纯），以水定容，摇匀（此溶液为钪标准储备溶液，含钪 100μg/mL）。移取 10.00mL 钪标准储备溶液，置于 1000mL 容量瓶中，加入 10mL 硝酸（$\rho=1.42g/mL$，经亚沸蒸馏提纯），以水定容，摇匀。再分取 0.50mL 上述钪标准溶液，置于 100mL 容量瓶中，加入 1mL 硝酸（$\rho=1.42g/mL$，经亚沸蒸馏提纯），以水定容，摇匀。

(三) 仪器条件的选择

分析高纯氢氧化铟中痕量元素铝、铁、铜、锌、镉、铅、铊的含量时，推荐的仪器工作条件参见表 11-4。电感耦合等离子体质谱仪的配置要求，参见第二章第四节-一、-(三) 仪器条件的选择。

(1) 选择同位素的质量数时，可以根据仪器的实际情况做相应的调整。推荐的同位素的质量数见表 11-4。同位素的质量数选择方法，参见第二章第四节-一、-(三) 仪器条件的选择。

(2) 在仪器最佳工作条件下，凡能达到下列指标者均可使用。

1）短时精密度　连续测定的 10 个质谱信号强度的相对标准偏差≤5%。此指标的测量和计算方法，参见第二章第四节--一、-(三)-(2)-1) 短时精密度。

2）灵敏度　此指标的测量和计算方法，参见第二章第四节--一、-(三)-(2)-2) 灵敏度。

3）测定下限　此指标的测量和计算方法，参见第二章第四节--一、-(三)-(2)-3) 测定下限。以测量铝含量为例，铝的测定下限≤0.3ng/mL（如测量铁、铜、锌、镉、铅、铊的含量时，其测定下限见表 11-4）。

4）标准曲线的线性　标准曲线的 $R^2 \geqslant 0.999$。

（四）干扰的消除

（1）分析高纯氢氧化铟中铝、铁的含量时，以钪为内标元素；分析铜、锌、镉、铅、铊的含量时，以铑为内标元素来校正仪器的灵敏度漂移并消除基体效应的影响，消除基体铟及其他元素的干扰。

（2）由于在湿法消解的氢氧化铟样品中存在大量的基体导致仪器漂移，建议在分析多个样品时使用内标。内标溶液加入量的确定，参见本部分的（二）样品的消解。

（3）制备样品溶液，内标校正的标准系列溶液，被测元素铝、铁、铜、锌、镉、铅、铊的标准溶液，钪、铑内标溶液时，选用聚四氟乙烯烧杯和塑料容量瓶，以消除普通材质玻璃中二氧化硅在消解过程中产生的干扰。

（五）标准曲线的建立

1. 标准溶液的配制

配制各个被测元素标准储备溶液和标准溶液的原则，参见第二章第三节-二、-(五)-1. 标准溶液的配制。本方法中配制以下四个多元素标准溶液。

（1）标准溶液 A　铝、铁、锌、铅的含量分别为 1000ng/mL。

（2）标准溶液 B　铝、铁、锌、铅的含量分别为 100ng/mL。

（3）标准溶液 C　铜、镉、铊的含量分别为 500ng/mL。

（4）标准溶液 D　铜、镉、铊的含量分别为 50ng/mL。

2. 标准曲线的建立

内标法校正的标准系列溶液的配制原则，参见第二章第四节--一、-(五)-2.-(2) 标准系列溶液的配制。如标准曲线不呈线性，可采用次灵敏度同位素的质量数测量，或者适当稀释样品溶液和标准系列溶液。分析高纯氢氧化铟中铝、铁、铜、锌、镉、铅、铊元素的含量时，采用内标校正的标准曲线法进行定量分析。内标校正标准曲线法（内标法）的原理介绍，参见本书第二章第四节--一、-(五)-2.-(1) 内标校正的标准曲线法（内标法）的原理及使用范围。

本部分中，标准系列溶液的配制：分别移取 0.00mL、0.50mL、1.00mL、5.00mL 上述标准溶液 B，1.00mL、2.00mL、3.00mL、4.00mL 上述标准溶液 A 置于 8 个 100mL 塑料容量瓶中，再分别移取 0.00mL、0.40mL、2.00mL、10.00mL 上述标准溶液 D，2.00mL、4.00mL、6.00mL、8.00mL 上述标准溶液 C 置于上述 8 个 100mL 塑料容量瓶中。分别加入 1mL 硝酸（$\rho = 1.42$g/mL，经亚沸蒸馏提纯），加入与样品溶液中等量的钪、铑内标溶液（5ng/mL，同样品的消解中钪、铑内标溶液），用超纯水定容，摇匀。

内标校正的标准系列溶液的测量方法，参见第二章第四节-一、-(五)-2.-(3)标准系列溶液的测量。分别以各被测元素质量浓度（ng/mL）为横坐标，其净信号强度比为纵坐标，由计算机自动绘制标准曲线。对于每个测量系列，应单独绘制标准曲线。当标准曲线的 $R^2 \geqslant 0.999$ 时，即可进行样品溶液的测定。

（六）样品的测定

(1) 仪器的基本操作方法　具体方法参见第二章第四节-一、-(六) 样品的测定。

(2) 样品中被测元素的同位素信号强度的测量　测量铝、铁同位素的信号强度时，以钪为内标，在碰撞反应池工作模式下进行。测量铜、锌、镉、铅、铊同位素的信号强度时，以铑为内标，在正常工作模式下采用耐高盐接口进行。

内标校正的样品溶液测量方法，参见第二章第四节-二、-(六)-2. 样品中被测元素的同位素信号强度的测量。从标准曲线上查得相应被测元素质量浓度（ng/mL）。

（七）结果的表示

分析结果在 1% 以上的保留 4 位有效数字，在 1% 以下的保留 3 位有效数字。

（八）质量保证和质量控制

具体操作方法参见第二章第三节-一、-(八) 质量保证和质量控制。

（九）注意事项

(1) 参见第二章第二节-一、-(九) 注意事项 (1)。

(2) 参见第二章第三节-一、-(九) 注意事项 (1)、(3)。

(3) 测试中所用仪器的标准，参见第二章第四节-一、-(九) 注意事项 (3)。

(4) 试验中所有标准溶液、试剂溶液储存于塑料瓶中。

(5) 根据被测元素的种类，选择相应的内标溶液和测量模式。参见本部分中 (六)-(2) 样品中被测元素的同位素信号强度的测量。

(6) 分析高纯氢氧化铟中铝、铁、铜、锌、镉、铅、铊元素的含量，制备样品溶液，标准系列溶液及 7 个被测元素标准溶液，多元素混合标准溶液，钇、铑内标溶液时，使用的容器为聚四氟乙烯烧杯和塑料容量瓶。

四、高纯氧化铟中痕量元素的分析

现行国家标准[17]中，电感耦合等离子体质谱法可以分析高纯氧化铟中 7 种痕量元素铝、铁、铜、锌、镉、铅、铊的含量，适用于上述杂质元素的多种元素同时测定，也适用于其中一个元素的独立测定。其元素测定范围见表 11-4。

我们以此为应用实例讲解具体的分析步骤和方法，以及一些注意事项。

（一）样品的制备和保存

样品在 105～110℃ 干燥 2h，置于干燥器中冷却至室温。

（二）样品的消解

电感耦合等离子体质谱法分析高纯氧化铟中的 7 种痕量元素铝、铁、铜、锌、镉、铅、铊含量的消解方法主要为湿法消解中的电热板消解法。关于消解方法分类的介绍，参见第二章第二节-一、-(二) 样品的消解。

本部分中，样品用硝酸溶解，分多次加入浓硝酸，并于电热板上低温加热蒸至近干；以硝酸和水溶解盐类，制得用于测定的样品溶液。分析铝、铁的含量时，以钪为内标；分析铜、锌、镉、铅、铊的含量时，以铑为内标。下面具体介绍。

称取 0.100g 样品，精确至 0.0001g。独立测定 2 次，取其平均值。随同样品做空白试验。

将样品置于 100mL 聚四氟乙烯烧杯中，加入 8mL 硝酸（$\rho = 1.42$g/mL，经亚沸蒸馏提纯），于电热板上低温加热，待样品完全溶解，蒸至近干，取下加入 2mL 硝酸（$\rho = 1.42$g/mL，经亚沸蒸馏提纯），低温加热蒸至近干，重复 2 次。取下，加入 1mL 硝酸（$\rho = 1.42$g/mL，经亚沸蒸馏提纯），吹少许水，低温加热溶解盐类，取下冷却至室温，转移至 100mL 塑料容量瓶中，加入钪、铑内标溶液，用超纯水（电阻率≥18MΩ/cm）定容，摇匀。

内标元素浓度适宜与被测元素浓度接近，通常其浓度差异不超过 2 个数量级。对于多元素测定，内标元素浓度与被测元素浓度差异超过 2 个数量级的，可将浓度接近的分组，并采用合适内标校正仪器漂移。由于分析前元素浓度未知，需进行预分析，以确定被测元素浓度水平。在高纯氧化铟中被测元素浓度会很低，则选择内标溶液为 5ng/mL 合适。

(1) 铑内标溶液（5ng/mL） 此溶液制备方法参见第十一章第五节-三、-(二) 样品的消解。

(2) 钪内标溶液（5ng/mL） 此溶液制备方法参见第十一章第五节-三、-(二) 样品的消解。

(三) 仪器条件的选择

分析高纯氧化铟中的 7 种痕量元素铝、铁、铜、锌、镉、铅、铊的含量时，推荐的仪器工作条件参见表 11-4。电感耦合等离子体质谱仪的配置要求，参见第二章第四节-一、-(三) 仪器条件的选择。

(1) 选择同位素的质量数时，可以根据仪器的实际情况做相应的调整。推荐的同位素的质量数见 11-4。同位素的质量数选择方法，参见第二章第四节-一、-(三) 仪器条件的选择。

(2) 在仪器最佳工作条件下，凡能达到下列指标者均可使用。

1) 短时精密度 连续测定的 10 个质谱信号强度的相对标准偏差≤5%。此指标的测量和计算方法，参见第二章第四节-一、-(三)-(2)-1) 短时精密度。

2) 灵敏度 此指标的测量和计算方法，参见第二章第四节-一、-(三)-(2)-2) 灵敏度。

3) 测定下限 此指标的测量和计算方法，参见第二章第四节-一、-(三)-(2)-3) 测定下限。以测量铝含量为例，铝的测定下限≤0.3ng/mL（如测量铁、铜、锌、镉、铅、铊的含量时，其测定下限见表 11-4）。

4) 标准曲线的线性 标准曲线的 R^2≥0.999。

(四) 干扰的消除

(1) 分析高纯氧化铟中铝、铁的含量时，以钪为内标元素；分析铜、锌、镉、铅、铊的含量时，以铑为内标元素来校正仪器的灵敏度漂移并消除基体效应的影响，消除基体铟及其他元素的干扰。

（2）由于在湿法消解的氧化铟样品中存在大量的基体导致仪器漂移，建议在分析多个样品时使用内标。内标溶液加入量的确定，参见本部分（二）样品的消解。

（3）制备样品溶液，内标校正的标准系列溶液，被测元素铝、铁、铜、锌、镉、铅、铊的标准溶液，钪、铑内标溶液时，选用聚四氟乙烯烧杯和塑料容量瓶，以消除普通材质玻璃中二氧化硅在消解过程中产生的干扰。

（五）标准曲线的建立

1. 标准溶液的配制

配制各个被测元素标准储备溶液和标准溶液的原则，参见第二章第三节-二、-（五）-1. 标准溶液的配制。本方法中配制以下四个多元素标准溶液。

（1）标准溶液 A　铝、铁、锌、铅的含量分别为 1000ng/mL。

（2）标准溶液 B　铝、铁、锌、铅的含量分别为 100ng/mL。

（3）标准溶液 C　铜、镉、铊的含量分别为 500ng/mL。

（4）标准溶液 D　铜、镉、铊的含量分别为 50ng/mL。

2. 标准曲线的建立

内标法校正的标准系列溶液的配制原则，参见第二章第四节-一、-（五）-2.-（2）标准系列溶液的配制。如果标准曲线不呈线性，可采用次灵敏度同位素的质量数测量，或者适当稀释样品溶液和标准系列溶液。分析高纯氧化铟中铝、铁、铜、锌、镉、铅、铊元素的含量时，采用内标校正的标准曲线法进行定量分析。内标校正标准曲线法（内标法）的原理介绍，参见本书第二章第四节-一、-（五）-2.-（1）内标校正的标准曲线法（内标法）的原理及使用范围。

本部分中，标准系列溶液的制备：分别移取 0.00mL、0.50mL、1.00mL、5.00mL 上述标准溶液 B，1.00mL、2.00mL、3.00mL、4.00mL 上述标准溶液 A 置于 8 个 100mL 塑料容量瓶中，再分别移取 0.00mL、0.40mL、2.00mL、10.00mL 上述标准溶液 D，2.00mL、4.00mL、6.00mL、8.00mL 上述标准溶液 C 置于上述 8 个 100mL 塑料容量瓶中。分别加入 1mL 硝酸（$\rho=1.42\text{g/mL}$，经亚沸蒸馏提纯），加入与样品溶液中等量的钪、铑内标溶液 [5ng/mL，其制备方法参见本部分的（二）样品的消解]，用超纯水定容，摇匀。

内标校正的标准系列溶液的测量方法，参见第二章第四节-一、-（五）-2.-（3）标准系列溶液的测量。分别以各被测元素质量浓度（ng/mL）为横坐标，其净信号强度比为纵坐标，由计算机自动绘制标准曲线。对于每个测量系列，应单独绘制标准曲线。当标准曲线的 $R^2 \geqslant 0.999$ 时即可进行样品溶液的测定。

（六）样品的测定

（1）仪器的基本操作方法　具体方法参见第二章第四节-一、-（六）样品的测定。

（2）样品中被测元素的同位素信号强度的测量　测量铝、铁同位素的信号强度时，以钪为内标，在碰撞反应池工作模式下进行。测量铜、锌、镉、铅、铊同位素的信号强度时，以铑为内标，在正常工作模式下采用耐高盐接口进行。

内标校正的样品溶液测量方法，参见第二章第四节-二、-（六）-2.样品中被测元素的同位素信号强度的测量。从标准曲线上查得相应被测元素质量浓度（ng/mL）。

（七）结果的表示

分析结果在1%以上的保留4位有效数字，在1%以下的保留3位有效数字。

（八）质量保证和质量控制

具体操作方法参见第二章第三节-一、-（八）质量保证和质量控制。

（九）注意事项

（1）参见第二章第二节-一、-（九）注意事项（1）。

（2）参见第二章第三节-一、-（九）注意事项（1）、（3）。

（3）测试中所用仪器的标准，参见第二章第四节-一、-（九）注意事项（3）。

（4）试验中所有标准溶液、试剂溶液储存于塑料瓶中。

（5）根据被测元素的种类，选择相应的内标溶液和测量模式。参见本部分中（六）-（2）样品中被测元素的同位素信号强度的测量。

（6）分析高纯氧化铟中铝、铁、铜、锌、镉、铅、铊元素的含量，制备样品溶液，标准系列溶液及7个被测元素标准溶液，多元素混合标准溶液，钇、铑内标溶液时，使用的容器为聚四氟乙烯烧杯和塑料容量瓶。

参考文献

[1] 国家质量监督检验检疫总局. GB/T 4698.2—2011 海绵钛、钛及钛合金化学分析方法 铁量的测定——方法二 原子吸收光谱法 [S]. 北京：中国标准出版社，2011.

[2] 国家质量监督检验检疫总局. GB/T 15076.16—2008 钽铌化学分析方法 钠量和钾量的测定——方法一 火焰原子吸收光谱法 [S]. 北京：中国标准出版社，2008.

[3] 国家质量监督检验检疫总局. GB/T 20255.1—2006 硬质合金化学分析方法 钙、钾、镁和钠量的测定 火焰原子吸收光谱法 [S]. 北京：中国标准出版社，2006.

[4] 国家质量监督检验检疫总局. GB/T 20255.2—2006 硬质合金化学分析方法 钴、铁、锰和镍量的测定 火焰原子吸收光谱法 [S]. 北京：中国标准出版社，2006.

[5] 国家质量监督检验检疫总局. GB/T 20255.3—2006 硬质合金化学分析方法 钼、钛和钒量的测定 火焰原子吸收光谱法 [S]. 北京：中国标准出版社，2006.

[6] 国家质量监督检验检疫总局. GB/T 20255.4—2006 硬质合金化学分析方法 钴、铁、锰、镍、钼、钛和钒量的测定 火焰原子吸收光谱法 [S]. 北京：中国标准出版社，2006.

[7] 国家质量监督检验检疫总局. GB/T 20255.5—2006 硬质合金化学分析方法 铬量的测定 火焰原子吸收光谱法 [S]. 北京：中国标准出版社，2006.

[8] 国家质量监督检验检疫总局. GB/T 23362.1—2009 高纯氢氧化铟化学分析方法 第1部分：砷量的测定 原子荧光光谱法 [S]. 北京：中国标准出版社，2009.

[9] 国家质量监督检验检疫总局. GB/T 23362.3—2009 高纯氢氧化铟化学分析方法 第3部分：锑量的测定 原子荧光光谱法 [S]. 北京：中国标准出版社，2009.

[10] 国家质量监督检验检疫总局. GB/T 23364.1—2009 高纯氧化铟化学分析方法 第1部分：砷量的测定 原子荧光光谱法 [S]. 北京：中国标准出版社，2009.

[11] 国家质量监督检验检疫总局. GB/T 23364.3—2009 高纯氧化铟化学分析方法 第3部分：锑量的测定 原子荧光光谱法 [S]. 北京：中国标准出版社，2009.

[12] 国家质量监督检验检疫总局. GB/T 4698. 2—2011 海绵钛、钛及钛合金化学分析方法 铁量的测定——方法三 电感耦合等离子体原子发射光谱法 [S]. 北京：中国标准出版社，2011.

[13] 国家质量监督检验检疫总局. GB/T 23614. 2—2009 钛镍形状记忆合金化学分析方法 第2部分：钴、铜、铬、铁、铌量的测定 电感耦合等离子体发射光谱法 [S]. 北京：中国标准出版社，2009.

[14] 国家质量监督检验检疫总局. GB/T 15076. 16—2008 钽铌化学分析方法 钠量和钾量的测定——方法二 电感耦合等离子体质谱法 [S]. 北京：中国标准出版社，2008.

[15] 国家质量监督检验检疫总局. GB/T 26289—2010 高纯硒化学分析方法 硼、铝、铁、锌、砷、银、锡、锑、碲、汞、镁、钛、镍、铜、镓、镉、铟、铅、铋量的测定 电感耦合等离子体质谱法 [S]. 北京：中国标准出版社，2010.

[16] 国家质量监督检验检疫总局. GB/T 23362. 4—2009 高纯氢氧化铟化学分析方法 第4部分：铝、铁、铜、锌、镉、铅和铊量的测定 电感耦合等离子体质谱法 [S]. 北京：中国标准出版社，2009.

[17] 国家质量监督检验检疫总局. GB/T 23364. 4—2009 高纯氧化铟化学分析方法 第4部分：铝、铁、铜、锌、镉、铅和铊量的测定 电感耦合等离子体质谱法 [S]. 北京：中国标准出版社，2009.

[18] 国家技术监督局. GB/T 4698. 21—1996 海绵钛、钛及钛合金化学分析方法 发射光谱法测定 锰、铬、镍、铝、钼、锡、钒、钇、铜、锆量 [S]. 北京：中国标准出版社，1996.

[19] 国家质量监督检验检疫总局. GB/T 15076. 9—2008 钽铌化学分析方法 钽中铁、铬、镍、锰、钛、铝、铜、锡、铅和锆量的测定 [S]. 北京：中国标准出版社，2008.

[20] 国家质量监督检验检疫总局. GB/T 15076. 10—1994 钽铌化学分析方法 铌中铁、镍、铬、钛、锆、铝和锰量的测定 [S]. 北京：中国标准出版社，1994.

[21] 国家质量监督检验检疫总局. GB/T 15076. 11—1994 钽铌化学分析方法 铌中砷、锑、铅、锡和铋量的测定 [S]. 北京：中国标准出版社，1994.

第十二章

金属盐、工业硅和其他产品的分析

第一节 应用概况

本章着重介绍金属盐产品中草酸钴和氟化镁、工业硅、石油化工（铝硅载体）废催化剂中杂质元素的原子光谱定量分析方法。

这些产品都有广泛的应用。草酸钴用于制氧化钴、金属钴、其他钴化合物、钴有机催化剂、指示剂。氟化镁在陶瓷、光学材料、电子工业有广泛的应用，适于作冶炼镁金属的助熔剂，电解铝的添加剂。工业硅主要用于冶炼硅铁合金，在很多金属冶炼中作还原剂。石油化工催化剂种类繁多，铝硅载体的催化剂包括：银催化剂，钒-钛系氧化物，铋-钼-磷系复合氧化物，钯、铂或镍、钴、钼等，镍-氧化铝、铬-氧化钼（硅铝胶载体）等。催化剂中的贵金属或其他有价金属的含量较高，甚至高于贫矿中的相应组分的含量，可回收处理，做二次资源利用[1]。

原子光谱法在分析金属盐、工业硅产品杂质元素含量中的应用还不十分广泛。尤其是采用 ICP-AES 分析样品中杂质元素含量时，从样品的取制样，空白试验的操作，样品消解过程中溶样酸及其他试剂的使用量，标准系列溶液的浓度跨度范围，基体溶液的制备，到仪器工作条件，对于分析线中的干扰元素影响的处理方法及修正，这些步骤都有设计和操作的原则，但是由于样品中化学成分的复杂性和多样性，这些步骤没有详细的规定，有待进一步标准化。

下面将 AAS、AFS、ICP-AES 的测定范围、检出限、仪器条件、干扰物质及消除方法等基本条件以表格形式列出，为读者选择合适的分析方法提供参考。表 12-1 是原子吸收光谱法分析草酸钴、氟化镁、工业硅的基本条件。表 12-2 是原子荧光光谱法分析草酸钴的基本条件。表 12-3 是电感耦合等离子体原子发射光谱法分析草酸钴、工业硅、石油化工铝硅载体废催化剂的基本条件。

□ 表12-1　原子吸收光谱法分析草酸钴、氟化镁、工业硅的基本条件

适用方法	测项	检测方法	测定范围(质量分数)/%	检出限/(μg/mL)	波长/nm	灯电流/mA	狭缝宽度/nm	原子化器	原子化器条件	干扰物质消除方法	国标号	参考文献
								仪器条件				
草酸钴	钙	火焰原子吸收光谱法	0.001~0.01	0.05	422.7	10	0.7	火焰	空气-乙炔火焰，空气流量6.0L/min，乙炔气流量1.5L/min	基体匹配标准曲线法；测钠含量时，以氯化铯溶液作释放剂	GB/T 23273.5—2009	[2]
	镁		0.001~0.01	0.005	285.2	6	0.7					
	钠		0.001~0.01	0.01	589.0	8	0.2					
氟化镁	钙	火焰原子吸收光谱法	≤1.5	2.0	422.7	—	—	火焰	空气-乙炔火焰	高氯酸挥发除氟，以氯化镧或氯化锶作释放剂	GB/T 21994.5—2008	[3]
工业硅	钙	火焰原子吸收光谱法	0.020~0.30	0.042	422.7	—	—	火焰	空气-乙炔贫燃火焰	高氯酸冒烟除硅、氟，以镧盐抑制铝的干扰	GB/T 14849.3—2007	[4]
草酸钴	铅	电热原子吸收光谱法(GF-AAS)	0.001~0.01	0.0025	283.3	10	—	石墨炉	进样量:20μL。推荐 PE-SIMAA6000 型石墨炉原子吸收光谱仪。干燥:110℃，保持20s，斜坡升温10s；130℃，斜坡升温15s，保持10s，通气。灰化：800℃，斜坡升温10s，保持20s，通气。原子化：1650℃，保持3s，不通气。清除:2450℃，保持3s，通气。氩气流量:250mL/min	塞曼效应扣除背景，测吸收峰面积；匹配钴基体标准曲线法	GB/T 23273.2—2009	[5]

表12-2 原子荧光光谱法分析草酸钴的基本条件

适用范围	测项	检测方法	测定范围(质量分数)/%	检出限/(ng/mL)	灯电流/mA	原子化器	原子化器条件	干扰物质消除方法	国标号	参考文献
草酸钴	砷	氢化物发生-原子荧光光谱法(HG-AFS)	0.0001~0.004	0.5	60	石英炉	电热石英炉,硼氢化钾为还原剂为载流,氩气为屏蔽气和载气。辅阴极电流25mA,负高压280V,载气流量0.4L/min,屏蔽气流量0.8L/min,读数时间12s,延迟时间0.5s,读数方式为峰面积,观察高度8mm	以抗坏血酸预还原,盐酸,以硫脲作掩蔽剂;以匹配钴基体的标准曲线法,消除钴的干扰	GB/T 23273.3—2009	[6]

表12-3 电感耦合等离子体原子发射光谱法分析草酸钴、工业硅、石油化工铝载体废催化剂的基本条件

适用范围	测项	检测方法	测定范围(质量分数)/%	检出限/(μg/mL)	分析线/nm	仪器条件	干扰物质消除方法	国标号	参考文献
草酸钴	镍	电感耦合等离子体原子发射光谱法	0.001~0.01	0.0033	218.461	等离子体光源功率:1150W。雾化气压力:25psi。辅助气流量:1.0L/min。积分时间:紫外16s,可见4s。积分次数:3次	①干法消解:样品于300~400℃,空气环境中煅烧,转化成黑色氧化物,再用王水溶解。②采用钴基体匹配标准曲线法测定,消除钴基体的干扰	GB/T 23273.8—2009	[7]
	铜		0.001~0.01	0.0081	324.754				
	铁		0.001~0.01	0.0084	259.837				
	锌		0.001~0.01	0.0010	206.200				
	铝		0.0005~0.005	0.0030	167.081				
	锰		0.001~0.01	0.0012	257.610				
	铅		0.001~0.01	0.051	182.203				
	砷		0.0001~0.004	0.012	189.042				
	钙		0.001~0.01	0.016	317.933				
	镁		0.001~0.01	0.0003	280.271				
	钠		0.001~0.01	0.020	589.592				

适用范围	测定项	检测方法	测定范围(质量分数)/%	检出限/(μg/mL)	分析线/nm	仪器条件	干扰物质消除方法	国标号	参考文献
工业硅	铁	电感耦合等离子体原子发射光谱法	0.020~1.00	0.05	259.9	测硼元素时，用耐氢氟酸雾化系统。等离子体光源功率：1150W。雾化气压力：31~35psi。辅助气流量：0.5L/min。泵：50r/min。积分时间：长波5~10s，短波8~15s	①氢氟酸和硝酸溶解样品，高氯酸冒烟除去硅酸，盐酸溶解残渣。②当采用磷（P）分析线（213.6nm）时，标准溶液和样品溶液中铜元素含量应匹配，消除共存元素铜的干扰。	GB/T 14849.4—2014	[8]
	铝		0.020~1.00	—	396.1、308.2				
	钙		0.010~1.00	—	317.9				
	锰		0.0050~0.50	—	257.6				
	钛		0.0050~0.50	—	334.9、336.1、337.2				
	镍		0.0050~0.50	—	231.6				
	铜		0.0010~0.50	—	324.7				
	铬		0.0010~0.50	—	267.7				
	钒		0.0005~0.20	—	292.4				
	镁		0.0010~0.50	—	280.2、279.6				
	钴		0.0005~0.20	—	228.6				
	磷		0.0010~0.50	—	177.4、178.3、213.6				
	钾		0.0010~0.50	—	766.4				
	钠		0.0010~0.50	—	589.5				
	铅		0.0030~0.10	—	220.3、283.3				
	锌		0.0010~0.50	—	213.8、202.5				
	硼		0.0005~0.20	—	249.6、249.7				
石油化工铝硅载体废催化剂	铂	电感耦合等离子体原子发射光谱法	0.100~0.800	0.05	265.945	高频发生器功率：1300W。氩气流量：冷却气15.0L/min；保护气0.80L/min；辅气0.20L/min。观测方式：轴向观测。进样流速：1.50L/min	硫酸溶解样品，氯气氧化络合铂	GB/T 23524—2009	[9]

注：1psi=6.895kPa。

第二节　原子吸收光谱法

在现行有效的标准中，采用火焰原子吸收光谱法分析草酸钴产品、氟化镁产品、工业硅产品的标准各 1 个，采用石墨炉原子吸收光谱法分析草酸钴的标准有 1 个，共计 4 个标准。将这些方法各部分归纳，并根据工作实际阐述方法的难点。

一、草酸钴中杂质元素的分析

现行国家标准[2]中，火焰原子吸收光谱法可以分析草酸钴中杂质元素钙、镁、钠的含量，此方法适用于上述多元素的同时测定，也适用于各元素的独立测定，各元素测定范围见表 12-1。FAAS 分析草酸钴中上述杂质元素含量的步骤如下。

（一）样品的制备和保存

样品为浅粉红色粉末，保存于广口试剂瓶中。

（二）样品的消解

分析草酸钴中杂质元素钙、镁、钠含量的消解方法主要为湿法消解中的电热板消解法。关于消解方法分类的介绍，参见第二章第二节-一、-（二）样品的消解。本部分中，样品用硝酸溶解，在稀硝酸介质中进行测定。其中，分析钠含量时，以氯化铯作释放剂，消除干扰。下面进行具体介绍。

在分析天平上称取 1.0000g 样品，精确至 0.0001g。独立地进行 2 次测定，取其平均值。随同样品做空白试验。

样品中被测元素不同，消解样品选用的容器不同，参见表 12-4。样品中被测元素质量分数越大，取样量（即分取样品溶液体积）越小，定容体积也相应变化。

⊡ 表 12-4　分析草酸钴中杂质元素钙等含量的样品溶液

被测元素	消解容器	被测元素质量分数/%	分取样品溶液的体积/mL	定容体积/mL
钙	250mL 烧杯	0.001～0.01	全量	全量
镁	250mL 烧杯	0.001～0.0025	全量	全量
		＞0.0025～0.01	10.00	50.00
钠	250mL 石英烧杯	0.001～0.005	全量	全量
		＞0.005～0.01	20.00	50.00

按表 12-4 要求，将准确称量的样品置于相应的消解容器中，加入 20mL 硝酸（1＋1），盖上表面皿，于电热板上加热，取下稍冷，用水洗涤表面皿及杯壁，煮沸，取下冷却至室温。将溶液移入 100mL 容量瓶中［测钠含量时，定容前补加 10.00mL 氯化铯溶液（5g/L，以光谱纯氯化铯配制）］，以水定容，混匀。

根据样品中被测元素的质量分数，按表 12-4 分取相应体积的上述样品溶液，置于相应定容体积的容量瓶中，以水定容，混匀。

（三）仪器条件的选择

分析草酸钴中杂质元素钙、镁、钠的含量时，推荐的火焰原子吸收光谱仪工作条件参见表 12-1。测定不同元素使用不同的仪器操作条件。下面以钠元素的测定为例，介绍仪器操作条件的选择。

（1）选择钠元素的空心阴极灯作为光源（如测定钙、镁元素时，选择相应元素的空心阴极灯）。

（2）选择原子化器。分析草酸钴中杂质元素钙、镁、钠的含量时，选用火焰原子化器，其原子化器条件参见表 12-1。选择火焰原子化器的原则和火焰类型的介绍参见第二章第二节-一、-(三)-(2) 选择原子化器。

（3）在仪器最佳工作条件下，凡能达到下列指标者均可使用。

1）灵敏度　在与测量样品溶液基体相一致的溶液中，钠的特征浓度应≤0.01μg/mL（如测定钙、镁元素时，其相应的检出限见表 12-1）。检出限定义，参见第二章第二节-一、-(三)-(3)-1) 灵敏度。

2）精密度　用最高浓度的标准溶液测量 10 次吸光度，其标准偏差应不超过平均吸光度的 1.50％；用最低浓度的标准溶液（不是零浓度溶液）测量 10 次吸光度，其标准偏差应不超过最高浓度标准溶液平均吸光度的 0.5％。

3）标准曲线线性　将标准曲线按浓度等分成五段，最高段的吸光度差值与最低段的吸光度差值之比≥0.80。

（四）干扰的消除

（1）分析草酸钴中杂质元素钙、镁、钠的含量时，采用基体匹配标准曲线法进行测定，消除基体钴的干扰。

（2）分析草酸钴中钠的含量时加氯化铯作释放剂，消除基体中其他元素的干扰。

（3）分析草酸钴中钠的含量时，制备样品溶液用石英烧杯消解，制备好钠的标准溶液储存于塑料瓶中，防止常规容器材质玻璃中二氧化硅对测定产生影响。

（五）标准曲线的建立

1. 标准溶液的配制

配制各个被测元素标准储备溶液和标准溶液的原则，参见第二章第三节-二、-(五)-1. 标准溶液的配制。分析草酸钴中杂质元素钙、镁、钠的含量时，各种被测元素标准储备溶液和标准溶液的制备方法参见表 12-5。

▫ 表 12-5　分析草酸钴中杂质元素钙等含量的被测元素标准储备溶液和标准溶液

被测元素	标准储备溶液配制方法	标准溶液配制方法
钙	称 0.7000g 基准氧化钙[$w(CaO)$≥99.99％，预先经过 800℃灼烧(2h)至恒重，并在干燥器中冷却至室温]，置于烧杯中，加入 20mL 硝酸(1+1,优级纯)，低温加热溶解，取下，用水洗涤表面皿及杯壁，冷却至室温，用超纯水定容至 1L。钙的浓度为 0.5mg/mL	移取 10.00mL 钙标准储备溶液，用超纯水定容至 100mL。钙的浓度为 50μg/mL
镁	称 1.6580g 氧化镁[$w(MgO)$≥99.99％，预先在 800℃灼烧(2h)至恒重，并在干燥器中冷却至室温]，置于烧杯中，加入 20mL 硝酸(1+1,优级纯)，于电热板上煮沸驱除氮的氧化物，取下，用水洗涤表面皿及杯壁，冷却至室温，用超纯水定容至 1L。镁的浓度为 0.1mg/mL	移取 5.00mL 镁标准储备溶液，用超纯水定容至 100mL。镁的浓度为 5μg/mL

被测元素	标准储备溶液配制方法	标准溶液配制方法
钠	称 0.2542g 氯化钠[基准试剂,预先在 550℃灼烧至恒重(约 2h),并在干燥器中冷却至室温],置于烧杯中,加水溶解后,冷却至室温,用超纯水定容至 1L,摇匀,立即移入塑料瓶中保存。钠的浓度为 0.1mg/mL	移取 10.00mL 钠标准储备溶液,用超纯水定容至 200mL。钠的浓度为 5μg/mL

2. 标准曲线的建立

标准系列溶液的配制原则,参见第二章第二节-一、-(五)-2. 标准曲线的建立中的标准系列溶液的配制原则。分析草酸钴中杂质元素钙、镁、钠的含量时,配制标准曲线中的标准系列溶液,采用基体匹配法,即配制与被测样品基体一致、质量分数相近的标准系列溶液。这种定量方法的原理介绍,参见第二章第二节-一、-(五)-2. 标准曲线的建立。

本部分中,称取纯基体物质金属钴 [w（Co）≥99.98%，w（Ca、Mg、Na）<0.0005%],按照样品溶液制备方法制备钴基体溶液,根据被测样品中钴的质量,分取数份等量的钴基体溶液,再加入一系列体积的被测元素钙、钠、镁的标准溶液,按照样品溶液制备方法,补加相应的试剂,定容。

(1) 基体溶液的制备 钴基体溶液 (25mg/mL):称取 2.5000g 上述纯基体物质金属钴,置于 500mL 烧杯中,加入 40mL 硝酸 (1+1),待完全溶解后,煮沸驱除氮的氧化物。取下,冷至室温,移入 100mL 容量瓶中,以水定容。

(2) 标准系列溶液的配制 对于不同的被测元素,分别配制标准系列溶液 (如表12-6所列),绘制相应的标准曲线。

▢ 表 12-6 分析草酸钴中杂质元素钙等含量的标准系列溶液

被测元素	分取被测元素标准溶液浓度/(μg/mL)	分取被测元素标准溶液体积/mL
钙	50	0、0.50、1.00、1.50、2.00、2.50
镁	5	0、0.50、1.00、1.50、2.00、2.50
钠	5	0、1.00、2.00、3.00、4.00、5.00

根据样品中被测元素的种类,按表 12-6 分取一系列体积的被测元素标准溶液 (被测元素的浓度如表 12-6 所列,其标准溶液的配制方法参见表 12-5),分别置于一组 50mL 容量瓶中,加入与被测样品溶液中相同质量的钴基体溶液,加入 2mL 硝酸 (1+1) [分析钠含量时,定容前补加 5.00mL 氯化铯溶液 (5g/L,以光谱纯氯化铯配制)],以水稀释至刻度,混匀。

标准系列溶液的测量方法,参见第二章第二节-二、-(五)-2.-(3) 标准系列溶液的测量 (标准曲线法)。以被测元素的质量浓度 (μg/mL) 为横坐标、净吸光度 (A) 为纵坐标,绘制标准曲线。

(六) 样品的测定

样品溶液的测量方法,参见第二章第二节-二、-(六)-(2) 分析氧化镁 [当 w(MgO)>0.20%～1.50%时]、氧化铅的含量 (标准曲线法) 中的测量方法。从标准曲线上查出相应的被测元素质量浓度 (μg/mL)。

(七) 结果的表示

所得结果保留 2 位有效数字。

（八）质量保证和质量控制

分析时，应用国家级或行业级标准样品或控制样品进行校核，或每年至少用标准样品或控制样品对分析方法校核一次。当过程失控时，应找出原因，纠正错误后重新进行校核，并采取相应的预防措施。

（九）注意事项

（1）参见第二章第二节-一、-（九）注意事项（1）（2）。

（2）参见第二章第三节-一、-（九）注意事项（1）、（3）。其中，试验所用器皿均用热的稀硝酸充分洗涤后，再用水清洗干净。

（3）检测方法中所用仪器的标准，参见第二章第三节-三、-（九）注意事项（3）。

（4）分析草酸钴中杂质元素钠的含量时，样品溶液的制备以石英烧杯作容器，被测元素钠的标准溶液需保存于塑料瓶中。

二、氟化镁中杂质元素的分析

现行国家标准[3]中，火焰原子吸收光谱法可以分析氟化镁中杂质元素钙的含量，此方法中钙元素的测定范围见表12-1。下面详细介绍火焰原子吸收光谱法分析氟化镁产品中钙含量的步骤。

（一）样品的制备和保存

样品应符合 GB/T 21994.1—2008《氟化镁化学分析方法 第 1 部分：试样的制备和储备》中 3.3 的要求。

1. 干燥样品的制备

将样品研磨过筛，直到全部通过孔径为 0.125mm 的筛子为止。充分混合过筛后的样品置于铂皿中，在 110℃±5℃烘干 2h，于干燥器中冷却至室温。

试验筛用不引入被测杂质元素的材料制成，根据氟化镁和被测杂质元素的性质选择试验筛。研钵使用钢玉研钵或玛瑙研钵。

2. 样品的保存

将样品储备于密闭的容器内，该容器的容积以几乎完全被样品所充满为宜。

（二）样品的消解

分析氟化镁中杂质元素钙含量的消解方法主要为湿法消解中的电热板消解法。关于消解方法分类的介绍，参见第二章第二节-一、-（二）样品的消解。

本部分中，样品以高氯酸、盐酸分解，用氯化镧溶液或氯化锶溶液作释放剂，制得用于测定的样品溶液。下面进行具体介绍。

称取 0.2g 干燥样品，精确至 0.0001g。独立地进行 2 次测定，取其平均值。随同样品做空白试验。

将准确称量的样品置于铂皿中，加入少量水和 5mL 高氯酸（$\rho=1.67$g/mL，优级纯），于电热板上低温加热，至白烟冒尽。再次加入少量水和 5mL 高氯酸（$\rho=1.67$g/mL，优级纯），于电热板上低温加热，至白烟冒尽。取下，冷却至室温，加入 5mL 盐酸

（1+1）和 30mL 水，加热溶解盐类。取下冷却至室温，将溶液转移至 100mL 容量瓶中，以水定容，混匀。

分取 20.00mL 上述溶液，置于 50mL 容量瓶中，加 5mL 氯化锶溶液（$SrCl_2$，100g/L）或 1mL 氯化镧溶液（$LaCl_3 \cdot 7H_2O$，100g/L），以水定容，混匀。

（三）仪器条件的选择

分析氟化镁中杂质元素钙的含量时，推荐的火焰原子吸收光谱仪工作条件，参见表 12-1。下面介绍仪器操作条件的选择。

（1）选择钙元素的空心阴极灯作为光源。

（2）选择原子化器。分析氟化镁中钙的含量时，选用火焰原子化器，其原子化器条件参见表 12-1。选择火焰原子化器的原则和火焰类型的介绍参见第二章第二节-一、-（三）-（2）选择原子化器。

（3）在仪器最佳工作条件下，凡能达到下列指标者均可使用。

1）灵敏度　在与测量样品溶液基体一致的溶液中，钙的特征浓度应≤2.0μg/mL。检出限定义，参见第二章第二节-一、-（三）-（3）-1）灵敏度。

2）精密度　其测量计算的方法和标准规定参见第二章第二节-一、-（三）-（3）-2）精密度。

3）标准曲线线性　将标准曲线按浓度等分成五段，最高段的吸光度差值与最低段的吸光度差值之比≥0.7。

（四）干扰的消除

（1）分析氟化镁中杂质元素钙的含量，制备样品溶液时，用高氯酸冒烟挥发除氟，以氯化镧溶液或氯化锶溶液作释放剂，消除基体中其他元素的干扰。

（2）配制标准系列溶液时，采用基体匹配法，以消除基体氟化镁的干扰。

（3）空白试验中，加入与溶解样品等量的酸，在低温下蒸发至近干，以消除酸中杂质产生的干扰和酸体积变化造成的影响。

（五）标准曲线的建立

1. 标准溶液的配制

配制各个被测元素标准储备溶液和标准溶液的原则，参见第二章第三节-二、-（五）-1. 标准溶液的配制。分析氟化镁中杂质元素钙的含量时，被测元素钙的标准储备溶液和标准溶液配制方法如下。

（1）钙标准储备溶液（1000μg/mL）　称取 1.2486g 基准碳酸钙 [$w(CaCO_3)$≥99.9%，预先在 110℃烘干 2h，并在干燥器中冷却至室温]，置于 500mL 烧杯中，加 50mL 水和 10mL 盐酸（1+1），于电热板上低温加热。继续加热除去二氧化碳，取下，冷却至室温。将溶液移入 500mL 容量瓶中，以水定容，混匀。

（2）钙标准溶液（100μg/mL）　移取 20.00mL 钙标准储备溶液（1000μg/mL）于 200mL 容量瓶中，以水定容，混匀，用时现配。

2. 标准曲线的建立

标准系列溶液的配制原则，参见第二章第二节-一、-（五）-2. 标准曲线的建立中的标准系列溶液的配制原则。分析氟化镁中杂质元素钙的含量时，采用基体匹配标准曲线法进行定量，即配制与被测样品基体一致、质量分数相近的标准系列溶液。这种定量方法的原理介绍参见第二章第二节-一、-(五)-2. 标准曲线的建立。

本部分中，称取纯基体物质氟化镁［光谱纯，$w(MgF_2) \geqslant 99.98\%$，$w(Ca) < 0.0005\%$］，按照样品溶液制备方法制备氟化镁基体溶液，根据被测样品溶液中氟化镁的质量，分取数份等量的氟化镁基体溶液，再加入一系列体积的被测元素钙标准溶液，按照样品溶液制备方法，补加相应的试剂，定容。

(1) 基体溶液的制备　氟化镁基体溶液（2.0mg/mL）：称取 0.2000g 上述纯基体物质氟化镁（光谱纯），置于铂皿中，加入少量水和 5mL 高氯酸（$\rho = 1.67g/mL$，优级纯），于电热板上低温加热，至白烟冒尽。再次加入少量水和 5mL 高氯酸（$\rho = 1.67g/mL$，优级纯），于电热板上低温加热，至白烟冒尽。取下，冷却至室温，加入 5mL 盐酸（1+1）和 30mL 水，加热溶解盐类。取下冷却至室温，将溶液转移至 100mL 容量瓶中，以水定容，混匀。

(2) 标准系列溶液的配制　分别移取 0.00mL、1.00mL、2.00mL、3.00mL、4.00mL、5.00mL、6.00mL 的上述钙标准溶液（100μg/mL），分别置于一组 50mL 容量瓶中，加入 20mL 氟化镁基体溶液（2.0mg/mL），加入 5mL 氯化锶溶液（$SrCl_2$，100g/L）或 1mL 氯化镧溶液（$LaCl_3 \cdot 7H_2O$，100g/L），以水定容，混匀。

标准系列溶液的测量方法，参见第二章第二节-二、-(五)-2.-(3) 标准系列溶液的测量（标准曲线法）。以被测元素的质量浓度（μg/mL）为横坐标、净吸光度（A）为纵坐标，绘制标准曲线。

(六) 样品的测定

样品溶液的测量方法，参见第二章第二节-二、-(六)-(2) 分析氧化镁［当 $w(MgO) > 0.20\% \sim 1.50\%$ 时］、氧化铅的含量（标准曲线法）中的测量方法。从标准曲线上查出相应的被测元素质量浓度（μg/mL）。

(七) 结果的表示

分析结果保留 2 位有效数字。

(八) 质量保证和质量控制

分析时，应用国家级或行业级标准样品或控制样品进行校核，或每年至少用标准样品或控制样品对分析方法校核一次。当过程失控时，应找出原因，纠正错误后重新进行校核，并采取相应的预防措施。

(九) 注意事项

(1) 参见第二章第二节-一、-(九) 注意事项 (1)、(2)。

(2) 参见第二章第三节-一、-(九) 注意事项 (1)、(3)。

(3) 检测方法中所用仪器的标准，参见第二章第三节-三、-(九) 注意事项 (3)。

(4) 分析氟化镁中杂质元素钙的含量，制备样品溶液和氟化镁基体溶液时，使用的容器为铂皿。

三、工业硅中杂质元素的分析

现行国家标准[4]中，火焰原子吸收光谱法可以分析工业硅中杂质元素钙的含量，此方法中钙元素的测定范围见表 12-1。下面详细介绍火焰原子吸收光谱法分析工业硅产品中钙含量的步骤。

（一）样品的制备和保存

样品应通过 0.149mm 的标准筛，并用磁铁吸去铁粉。

（二）样品的消解

分析工业硅中杂质元素钙含量的消解方法主要为湿法消解中的电热板消解法。关于消解方法分类的介绍，参见第二章第二节-一、-（二）样品的消解。本部分中，样品以氢氟酸、硝酸分解，高氯酸冒烟除去硅、氟等，残渣用盐酸溶解，用镧盐抑制铝的干扰，制得用于测定的样品溶液。下面进行具体介绍。

称取 0.5g 样品，精确至 0.0001g。独立地进行 2 次测定，取其平均值。随同样品做空白试验。

将准确称量的样品置于 100mL 铂皿中，加入 10mL 氢氟酸（$\rho = 1.14g/mL$，优级纯），分次滴加硝酸（1+1），至样品大部分溶解。加入 1mL 高氯酸（$\rho = 1.67g/mL$，优级纯），于电热板上加热，至样品完全溶解并白烟冒尽。取下，冷却至室温。加入 5mL 盐酸（1+1），沿铂皿壁吹入少许水，加热至残渣溶解完全。取下冷却至室温，将溶液转移至 100mL 容量瓶中，以水定容，混匀。

样品中被测元素钙的质量分数越大，取样量越小（即分取样品溶液的体积越小）。当 $[w(Ca) \geqslant 0.020\% \sim 0.10\%]$ 时，移取样品溶液 50.00mL；当 $[w(Ca) > 0.10\% \sim 0.30\%]$ 时，移取样品溶液 20.00mL。

根据样品中钙的质量分数，移取相应量的上述样品溶液，置于 100mL 容量瓶中，加入 10mL 镧盐溶液 [10g/L，称 5.00g 氧化镧，置于 250mL 烧杯中，加入 15mL 盐酸(1+1)，低温加热溶解，冷却至室温。溶液转移至 500mL 容量瓶中，以水定容，混匀]，以水定容，混匀。

（三）仪器条件的选择

分析工业硅中杂质元素钙的含量时，推荐的火焰原子吸收光谱仪工作条件，参见表 12-1。下面介绍仪器操作条件的选择。

（1）选择钙元素的空心阴极灯作为光源。

（2）选择原子化器。分析工业硅中杂质元素钙的含量时，选用火焰原子化器，其原子化器条件参见表 12-1。选择火焰原子化器的原则和火焰类型的介绍参见第二章第二节-一、-（三）-（2）选择原子化器。

（3）在仪器最佳工作条件下，凡能达到下列指标者均可使用。

1）灵敏度　在与测量样品溶液基体相一致的溶液中，钙的特征浓度应≤0.042μg/mL（其检出限见表 12-1）。检出限定义，参见第二章第二节-一、-（三）-（3）-1）灵敏度。

2）精密度　其测量计算方法和标准规定参见第二章第二节-一、-（三）-（3）-2）精密度。

3）标准曲线线性　将标准曲线按浓度等分成五段，最高段的吸光度差值与最低段的吸光度差值之比≥0.7。

（四）干扰的消除

（1）分析工业硅中杂质元素钙的含量，制备样品溶液时，用高氯酸冒烟沉淀硅，挥发氟，消除硅、氟的干扰；以镧盐溶液作抑制剂，消除铝的干扰。

（2）空白试验中，加入与分解样品等量的酸，在低温下蒸发至近干，以消除酸中杂质产生的干扰和酸体积变化造成的影响。

（3）制备样品溶液时，以铂皿作为消解容器，防止常规容器玻璃中的二氧化硅对测定产生影响。

（五）标准曲线的建立

1. 标准溶液的配制

配制各被测元素标准储备溶液和标准溶液的原则，参见第二章第三节-二、-（五）-1. 标准溶液的配制。工业硅中被测元素钙标准储备溶液和标准溶液的配制：

（1）钙标准储备溶液（500μg/mL）　称取 0.6243g 基准碳酸钙 $[w(CaCO_3) \geqslant$ 99.9%，预先在 110℃烘干 2h，并在干燥器中冷却至室温]，置于 300mL 烧杯中，加入 20mL 水，滴加盐酸（1+1），至溶解完全，并过量 10mL。于电热板上加热煮沸除去二氧化碳，取下冷却至室温。将溶液移入 500mL 容量瓶中，以水定容，混匀。

（2）钙标准溶液（50μg/mL）　移取 25.00mL 钙标准储备溶液（500μg/mL）于 250mL 容量瓶中，以水定容，混匀，用时现配。

2. 标准曲线的建立

标准系列溶液的配制原则，参见第二章第二节-一、-（五）-2. 标准曲线的建立中的"标准系列溶液的配制原则"。分析工业硅中杂质元素钙的含量时，采用标准曲线法进行定量，此方法的原理介绍参见第二章第二节-一、-（五）-2. 标准曲线的建立。根据样品中钙的质量分数，分别绘制标准曲线，配制相应的标准系列溶液。

（1）分析 $[w(Ca) \geqslant 0.020\% \sim 0.10\%]$ 样品中钙的含量　分取 0.00mL、1.00mL、2.00mL、3.00mL、4.00mL、5.00mL 的上述钙标准溶液（50μg/mL），分别置于一组 100mL 容量瓶中，各加 10mL 镧盐溶液（10g/L，同"样品的消解"镧盐溶液）和 2.5mL 盐酸（1+1），以水定容，混匀。

（2）分析 $[w(Ca) > 0.10\% \sim 0.30\%]$ 样品中钙的含量　分取 0.00mL、1.00mL、2.00mL、3.00mL、4.00mL、5.00mL、6.00mL 的钙标准溶液（50μg/mL），分别置于一组 100mL 容量瓶中，各加 10mL 镧盐溶液（10g/L，同样品的消解镧盐溶液）和 1.0mL 盐酸（1+1），以水定容，混匀。

标准系列溶液的测量方法，参见第二章第二节-二、-（五）-2.-（3）标准系列溶液的测量（标准曲线法）。以被测元素的质量浓度（μg/mL）为横坐标、标准系列溶液的吸光度值（A）为纵坐标绘制标准曲线，平行移动相关曲线使之通过坐标原点。

（六）样品的测定

样品溶液的测量方法，参见第二章第二节-二、-（六）-（2）分析氧化镁 [当 $w(MgO) > 0.20\% \sim 1.50\%$ 时]、氧化铅的含量（标准曲线法）中的测量方法。从标准曲线上查出相应的被测元素质量浓度（μg/mL）。

（七）结果的表示

当被测元素的质量分数<0.01%时，分析结果表示至小数点后第 4 位；当被测元素的质量分数>0.01%时，分析结果表示至小数点后第 3 位。

（八）质量保证和质量控制

分析时，应用国家级或行业级标准样品或控制样品进行校核，或每年至少用标准样品或控制样品对分析方法校核一次。当过程失控时，应找出原因，纠正错误后重新进行校核，并采取相应的预防措施。

（九）注意事项

（1）参见第二章第二节-一、-(九) 注意事项（1）、（2）。

（2）参见第二章第三节-一、-(九) 注意事项（1）、（3）。

（3）检测方法中所用仪器的标准，参见第二章第三节-三、-(九) 注意事项（3）。

（4）分析工业硅中杂质元素钙的含量，制备样品溶液时，使用的容器为铂皿。

四、草酸钴中杂质元素的分析

现行国家标准[5]中，石墨炉原子吸收光谱法可以分析草酸钴中杂质元素铅的含量。此方法中铅元素的测定范围参见表 12-1。石墨炉原子吸收光谱法的概要，参见本书第三章第二节-九、钢铁及合金中痕量元素的分析。实际工作中石墨炉原子吸收光谱法分析草酸钴中杂质元素铅的含量的步骤包括以下几个部分。

（一）样品的制备和保存

样品为浅粉红色粉末，保存于广口试剂瓶中。

（二）样品的消解

石墨炉原子吸收光谱法分析草酸钴中杂质元素铅的含量，其消解的方法主要采用电热板消解法。关于消解方法分类的介绍，参见第二章第二节-一、-(二) 样品的消解。本部分中，样品用硝酸分解，在稀硝酸介质中测定，详情如下。

样品中被测元素的质量分数越大，称取样品量越小，分取样品消解溶液的体积也越小，样品测定溶液的定容体积也相应变化。

1. 分析 $[w(Pb) \geqslant 0.001\% \sim 0.002\%]$ 样品中的铅含量

称取 0.500g 样品，精确至 0.0001g。独立地进行 2 次测定，取其平均值。随同样品做空白试验。

将准确称量的样品置于 250mL 烧杯中，加入 10mL 硝酸（1+1），盖上表面皿，于电热板上低温加热，至样品完全溶解，并蒸发至体积为 3~4mL，取下冷却。用硝酸（1+99）冲洗表面皿及杯壁，低温加热，煮沸驱除氮的氧化物，取下，冷却至室温。移入 100mL 容量瓶中，以水定容，混匀，制得样品测定溶液。

空白样品溶液定容前，加入 10.00mL 钴基体溶液。

钴基体溶液（16.5mg/mL）：称 16.50g 金属钴 $[w(Co) \geqslant 99.98\%，w(Pb) < 0.0005\%]$，置于 1000mL 烧杯中，加入 40mL 硝酸（1+1），盖上表面皿，于电热板上低温加热，至样品完全溶解，煮沸驱除氮的氧化物，取下冷却至室温。用水冲洗表面皿及杯壁，移入 1000mL 容量瓶中，以水定容，混匀。

2. 分析 $[w(Pb) > 0.002\% \sim 0.01\%]$ 样品中的铅含量

称取 0.200g 样品，精确至 0.0001g。独立地进行 2 次测定，取其平均值。随同样品做空白试验。

将准确称量的样品置于250mL烧杯中，加入10mL硝酸（1+1），盖上表面皿，于电热板上低温加热，至样品完全溶解，并蒸发至体积为3~4mL，取下冷却。用硝酸（1+99）冲洗表面皿及杯壁，低温加热，煮沸驱除氮的氧化物，取下，冷却至室温。移入100mL容量瓶中，以水稀释至刻度，混匀。

空白样品溶液定容前，加入10.00mL钴基体溶液（16.5mg/mL）。

移取25.00mL上述样品溶液，置于50mL容量瓶中，以水稀释至刻度，混匀，制得样品测定溶液。随同稀释空白样品溶液。

（三）仪器条件的选择

分析草酸钴中杂质元素铅的含量时，推荐的石墨炉原子吸收光谱仪工作条件，参见表12-1。

（1）选择铅元素的无极放电或空心阴极灯作为光源。

（2）选择原子化器。分析草酸钴中杂质元素铅的含量时，选择石墨炉原子化器，原子化器条件参见表12-1。选择石墨炉原子化器（电热原子化器）的原则，参见第二章第二节-一、-(三)-(2)选择原子化器。

（3）在仪器最佳工作条件下，凡能达到下列指标者均可使用。

1）灵敏度　在与测量样品溶液基体相一致的溶液中，铅的特征浓度应≤2.5ng/mL。检出限定义，参见第二章第二节-一、-(三)-(3)-1)灵敏度。

2）精密度　其测量计算的方法和标准规定参见第二章第二节-一、-(三)-(3)-2)精密度。

3）标准曲线线性　将标准曲线按浓度等分成五段，最高段的吸光度差值与最低段的吸光度差值之比≥0.7。

（四）干扰的消除

分析草酸钴中杂质元素铅的含量，绘制标准曲线时，采用基体匹配法配制标准系列溶液，在一系列体积的铅标准溶液中，加入与样品测定溶液中相等质量的钴基体（溶液），以消除基体钴的干扰。

（五）标准曲线的建立

1. 标准溶液的配制

配制各被测元素标准储备溶液和标准溶液的原则，参见第二章第三节-二、-(五)-1.标准溶液的配制。草酸钴中被测元素铅标准储备溶液和标准溶液的制备：

（1）铅标准储备溶液（1mg/mL）　称0.2000g金属铅［$w(Pb) \geqslant 99.95\%$］，置于150mL烧杯中，加入20mL硝酸（2+3），盖上表面皿，于电热板上低温加热，至溶解完全，煮沸驱除氮的氧化物，冷却至室温。转移至200mL容量瓶中，加入20mL硝酸（1+1），以水定容，混匀。

（2）铅标准溶液（1μg/mL）　移取10.00mL铅标准储备溶液于1000mL容量瓶中，加入10mL硝酸（1+1），以水定容，混匀。分取10.00mL上述铅标准溶液于100mL容量瓶中，加入10mL硝酸（1+1），以水定容，混匀。

2. 标准曲线的建立

标准系列溶液的配制原则，参见第二章第二节-一、-(五)-2.标准曲线的建立中的

"标准系列溶液的配制原则"。分析草酸钴中杂质元素铅的含量时，采用基体匹配标准曲线法定量，即配制与被测样品基体一致、质量分数相近的标准系列溶液。此定量方法的原理，参见本书第二章第二节-一、-(五)-2. 标准曲线的建立部分。

本部分中，称取纯基体物质金属钴 $[w(Co) \geqslant 99.98\%, w(Pb) < 0.0005\%]$，按照样品溶液的制备方法制备钴基体溶液，再根据被测样品溶液中的钴含量，移取数份等量的钴基体溶液，再加入一系列体积的被测元素铅标准溶液，加入硝酸与样品溶液保持同样酸度，定容。

(1) 基体溶液　钴基体溶液 (16.5mg/mL)：称 16.50g 上述纯基体物质金属钴，置于 1000mL 烧杯中，加入 40mL 硝酸 (1+1)，盖上表面皿，于电热板上低温加热，至样品完全溶解，煮沸驱除氮的氧化物，取下冷却至室温。用水冲洗表面皿及杯壁，移入 1000mL 容量瓶中，以水稀释至刻度，混匀。

(2) 标准系列溶液　分别移取 0mL、2.00mL、4.00mL、6.00mL、8.00mL、10.00mL 铅标准溶液 (1μg/mL) 于一组 100mL 容量瓶中，加入与样品测定溶液中相等质量的钴基体 (溶液)，加入 4mL 硝酸 (1+1)，以水稀释至刻度，混匀。

标准系列溶液的测量方法，参见第二章第二节-二、-(五)-2.-(3) 标准系列溶液的测量 (标准曲线法)。以被测元素的质量浓度 (μg/mL) 为横坐标、净吸光度 (A) 为纵坐标，绘制标准曲线。

(六) 样品的测定

对所用各元素电热原子化器参数的选择，原子吸收光谱仪的测试准备工作，以及样品溶液的测量方法，参见第三章第二节-九、-(六) 样品的测定。其中，检测分析线参见表 12-1。以样品溶液和空白溶液的平均吸光度的差值，为净吸光度 (A)，从标准曲线上查出相应的被测元素的质量浓度 (μg/mL)。

(七) 结果的表示

当被测元素的质量分数<0.01%时，分析结果表示至小数点后第 4 位，当被测元素的质量分数>0.01%时，分析结果表示至小数点后第 3 位。

(八) 质量保证和质量控制

具体操作方法参见第二章第三节-一、-(八) 质量保证和质量控制。

(九) 注意事项

(1) 参见第二章第二节-一、-(九) 注意事项 (1)。

(2) 参见第二章第三节-一、-(九) 注意事项 (1)、(3)。

(3) 检测方法中所用仪器的标准，参见第二章第三节-三、-(九) 注意事项 (3)。

(4) 试验所用器皿均用热的稀硝酸处理后，用水清洗干净。

(5) 未加被测元素标准溶液的标准系列溶液为零浓度溶液。

第三节　原子荧光光谱法

在现行有效的标准中，采用原子荧光光谱法分析草酸钴的标准有 1 个。这里将该标准方法的各部分归纳，并结合工作实际讲解样品的消解方法和定量方法。

现行国家标准[6]中，原子荧光光谱法可以分析草酸钴中杂质元素砷的含量，此方法中砷元素的测定范围参见表 12-2。下面详细介绍原子荧光光谱法分析草酸钴产品中砷含量的步骤。

（一）样品的制备和保存

样品为浅粉红色粉末，保存于广口试剂瓶中。

（二）样品的消解

分析草酸钴中杂质元素砷含量的消解方法主要为湿法消解中的电热板消解法。关于消解方法分类的介绍，参见第二章第二节-一、-(二) 样品的消解。本部分中，样品用盐酸分解，在盐酸介质中，以抗坏血酸预还原，以硫脲作掩蔽剂，制得用于测定的样品溶液。下面具体进行介绍。

样品中被测元素的质量分数越大，称样量越小。当 $w(As) \geqslant 0.0001\% \sim 0.001\%$ 时，称取样品 0.500g；当 $w(As) > 0.001\% \sim 0.004\%$ 时，称取样品 0.200g。根据样品中被测元素砷的质量分数，称取相应量的样品，精确至 0.0001g。独立地进行 2 次测定，取其平均值。随同样品做空白试验。

将准确称量的样品置于 250mL 烧杯中，加入 10mL 盐酸 (1+1)，约 80℃水浴加热，待溶解完全，取下冷却至室温。移入 100mL 容量瓶中，加入 25mL 盐酸 ($\rho = 1.19$g/mL)，加入 10mL 硫脲-抗坏血酸溶液 (100g/L，称 10.0g 硫脲，加入约 80mL 水加热溶解，冷却。加入 10.0g 抗坏血酸，溶解后，以水定容至 100mL，混匀，用时现配)，混匀 (空白样品溶液定容前加入 10.00mL 钴基体溶液)，以水稀释至刻度，混匀，放置 20min。

钴基体溶液 (16mg/mL)：称 1.6000g 金属钴 [$w(Co) \geqslant 99.98\%$，$w(As) < 0.0001\%$]，置于 1000mL 烧杯中，加入 20mL 硝酸 (1+1)，盖上表面皿，于电热板上低温加热，使样品完全溶解，煮沸驱除氮的氧化物，稍冷。加入 10mL 盐酸 ($\rho = 1.19$g/mL)，低温加热溶解并蒸发至体积为 3～4mL，取下冷却至室温。用水冲洗表面皿及杯壁，移入 100mL 容量瓶中，以水稀释至刻度，混匀。

（三）仪器条件的选择

分析草酸钴中杂质元素砷的含量时，推荐的原子荧光光谱仪工作条件见表 12-2。下面介绍仪器操作条件的选择。

（1）原子荧光光谱仪应配有由厂家推荐的砷高强度空心阴极灯、氢化物发生器（配石英炉原子化器）、加液器或流动注射进样装置。

其中，断续流动自动注射进样装置的工作程序分四步：保持时间 6s，转速 0r/min，不读数；保持时间 10s，转速 100r/min，不读数；保持时间 6s，转速 0r/min，不读数；保持时间 17s，转速 120r/min，读数。

（2）在仪器最佳工作条件下，凡达到下列指标者均可使用。

1）灵敏度 在与测量样品溶液基体相一致的溶液中，砷的检出限应≤0.5ng/mL。检出限定义，参见第二章第二节-一、-(三)-(3)-1) 灵敏度。

2）精密度 用 20ng/mL 的砷标准溶液测量 10 次荧光强度，其标准偏差应不超过平均荧光强度的 2.0%。其测量计算的方法和标准规定参见第二章第二节-一、-(三)-(3)-2)

精密度。

3）稳定性　30min 内的零点漂移≤5％，短期稳定性 RSD≤3％。

4）标准曲线的线性　将标准曲线按浓度等分成五段，最高段的荧光强度差值与最低段的荧光强度差值之比≥0.80。

（四）干扰的消除

（1）AFS 分析草酸钴中杂质元素砷的含量，制备样品溶液时，在盐酸介质中，抗坏血酸将砷Ⅴ预还原为砷Ⅲ，以硫脲作掩蔽剂，消除钴等元素的干扰。

（2）绘制标准曲线时，以基体匹配法配制标准系列溶液，在系列体积的砷标准溶液中，加入与样品测定溶液中等质量的钴基体（溶液），消除基体钴的干扰。

（五）标准曲线的建立

1. 标准溶液的配制

配制各个被测元素标准储备溶液和标准溶液的原则，参见第二章第三节-二、-（五）-1.标准溶液的配制。

2. 标准曲线的建立

标准系列溶液的配制原则，参见第二章第二节-一、-（五）-2. 标准曲线的建立中的"标准系列溶液的配制原则"。分析草酸钴中杂质元素砷的含量时，采用基体匹配标准曲线法进行定量，即配制与被测样品基体一致、质量分数相近的标准系列溶液。此定量方法的原理介绍，参见本书第二章第二节-一、-（五）-2. 标准曲线的建立。

本部分中，称取纯基体物质金属钴 $[w(Co)≥99.98％，w(As)<0.0001％]$，按照样品溶液的制备方法制备钴基体溶液，再根据被测样品溶液中的钴含量，移取数份等量的钴基体溶液，再加入一系列体积的被测元素砷标准溶液，加入盐酸与样品溶液保持同样酸度，加入还原-掩蔽剂，定容。

（1）基体溶液　钴基体溶液（16mg/mL）：称 1.6000g 金属钴 $[w(Co)≥99.98％，w(As)<0.0001％]$，置于 1000mL 烧杯中，加入 20mL 硝酸（1+1），盖上表面皿，于电热板上低温加热，使样品完全溶解，煮沸驱除氮的氧化物，稍冷。加入 10mL 盐酸（$ρ=1.19g/mL$），低温加热溶解并蒸发至体积为 3~4mL，取下冷却至室温。用水冲洗表面皿及杯壁，移入 100mL 容量瓶中，以水稀释至刻度，混匀。

（2）标准系列溶液　分别移取 0mL、2.00mL、4.00mL、6.00mL、8.00mL、10.00mL 砷标准溶液（1μg/mL）于一组 100mL 容量瓶中，加入与样品测定溶液中相等质量的钴基体（溶液），加入 25~30mL 盐酸（$ρ=1.19g/mL$），加入 10mL 硫脲-抗坏血酸溶液（100g/L，称 10.0g 硫脲，加入约 80mL 水加热溶解，冷却。加入 10.0g 抗坏血酸，溶解后，以水定容至 100mL，混匀，用时现配），以水稀释至刻度，混匀，放置 20min。

标准系列溶液的测量方法，参见第二章第三节-二、-（五）-2.-（3）标准系列溶液的测量（标准曲线法）。其中，分析草酸钴中杂质元素砷的含量时，载流剂为盐酸（1+3）。以被测元素的质量浓度（ng/mL）为横坐标，净荧光强度为纵坐标，绘制标准曲线。当标准曲线的线性相关系数≥0.995 时方可进行样品溶液的测量。

（六）样品的测定

原子荧光光谱仪的开机准备操作和检测原理，参见本书中第三章第三节-（六）样品的测定。

开启原子荧光光谱仪，至少预热 20min，设定灯电流及负高压并使仪器最优化，设定仪器参数，使仪器性能符合灵敏度、精密度、稳定性、标准曲线的线性的要求，方可测量。

分析草酸钴中杂质元素砷的含量时，以盐酸（1＋3）为载流调零，氩气（Ar≥99.99%，体积分数）为屏蔽气和载气，将样品溶液和硼氢化钾溶液［20g/L，称 2.0g 硼氢化钾溶解于 100mL 氢氧化钠溶液（5g/L）中，混匀，过滤备用，用时现配］导入氢化物发生器的反应池中，载流溶液和样品溶液交替导入，依次测量空白溶液及样品溶液中被测元素的原子荧光强度 3 次，取 3 次测量平均值。样品溶液中被测元素的荧光强度平均值，减去随同样品的等体积空白溶液中相应元素的荧光强度平均值，为净荧光强度。从标准曲线上查出相应的被测元素质量浓度（ng/mL）。

（七）结果的表示

当被测元素的质量分数含量小于 0.01% 时，分析结果表示至小数点后第 4 位；当被测元素的质量分数大于 0.01% 时，分析结果表示至小数点后第 3 位。

（八）质量保证和质量控制

分析时，应用国家级或行业级标准样品或控制样品进行校核，或每年至少用标准样品或控制样品对分析方法校核一次。当过程失控时，应找出原因，纠正错误后重新进行校核，并采取相应的预防措施。

（九）注意事项

（1）参见第二章第二节-一、-（九）注意事项（1）。

（2）参见第三章第三节-（九）注意事项（2）。

（3）参见第二章第三节-一、-（九）注意事项（1）、（3）。

（4）测试中所用仪器的标准，参见第二章第三节-三、-（九）注意事项（3）。

（5）试验所用器皿均用热的稀硝酸处理后，用水清洗干净。

（6）制备好的样品溶液以及标准系列溶液，需要室温放置 25～30min，再在原子荧光光谱仪上进行测量。

第四节　电感耦合等离子体原子发射光谱法

在现行有效的标准中，采用电感耦合等离子体原子发射光谱法分析草酸钴产品、工业硅产品、石油化工（铝硅载体）废催化剂的标准各 1 个，共计 3 个标准。本节中将这些方法的各部分归纳，并阐述了干扰元素的消除与注意事项。

一、草酸钴中杂质元素的分析

现行国家标准[7]中，电感耦合等离子体原子发射光谱法可以分析草酸钴中 11 种杂质元素镍、铜、铁、锌、铝、锰、铅、砷、钙、镁、钠的含量，此方法适用于上述各被测杂质元素的独立测定，也适用于多种元素的同时测定，其元素测定范围见表 12-3。下面讲解具体的分析步骤和方法，以及一些注意事项。

（一）样品的制备和保存

样品为浅粉红色粉末，保存于广口试剂瓶中。

（二）样品的消解

电感耦合等离子体原子发射光谱法分析草酸钴中 11 种杂质元素镍、铜、铁、锌、铝、锰、铅、砷、钙、镁、钠含量的消解方法主要为干法消解，消解残渣采用电热板消解法处理。关于消解方法分类的介绍，参见第二章第二节--一、-（二）样品的消解。本部分中，样品于低温马弗炉中 300～400℃ 煅烧成黑色氧化物，再以王水溶解，在王水介质中进行测定。下面进行具体介绍。

称取 1.000g 样品，精确至 0.0001g。独立测定 2 次，取其平均值。随同样品做空白试验。

将准确称量的样品置于 100mL 洁净干燥的石英烧杯中，于低温马氟炉中 300～400℃、空气环境煅烧，转化成黑色氧化物。稍冷，吹入少量水，加入 5mL 王水 ［3 体积盐酸（$\rho=1.19g/mL$）+1 体积硝酸（$\rho=1.42g/mL$）］，盖上表面皿，于电热板上低温加热，至样品完全溶解。吹入少量水，煮沸驱除氮的氧化物，取下，冷却至室温。将溶液移入 100mL 容量瓶中，用超纯水定容，混匀。

（三）仪器条件的选择

分析草酸钴中 11 种杂质元素镍、铜、铁、锌、铝、锰、铅、砷、钙、镁、钠的含量时，推荐的电感耦合等离子体原子发射光谱仪测试条件，参见表 12-3。

（1）选择分析谱线时，可以根据仪器的实际情况（如灵敏度和谱线干扰）做相应的调整。推荐的分析线见表 12-3，这些谱线不受基体元素的明显干扰。分析谱线的选择，参见第二章第三节--一、-（三）仪器条件的选择。

（2）仪器的实际分辨率，参见第二章第三节--一、-（三）仪器条件的选择。

（3）在仪器最佳工作条件下，凡能达到下列指标者均可使用。

1）灵敏度　以测镍含量为例，通过计算溶液中仅含有镍的分析线（218.461nm），得出的检出限（DL）应≤0.0033μg/mL（如测定铜、铁、锌、铝、锰、铅、砷、钙、镁、钠的含量时，其分析线处对应的检出限参见表 12-3）。检出限定义，参见第二章第三节--一、-（三）-（3）-1）灵敏度。

2）短期稳定性　每个最高浓度标准溶液发射谱线的标准偏差应不超过绝对或相对光强平均值的 0.8％。此指标的测量和计算方法参见第二章第三节--一、-（三）-（3）-2）短期稳定性。

3）长期稳定性　7 个测量平均值的相对标准偏差＜2.0％。此指标的测量和计算方法参见第二章第三节--一、-（三）-（3）-3）长期稳定性。

4）标准曲线的线性　标准曲线的 R^2≥0.9995。

（四）干扰的消除

（1）分析草酸钴中 11 种杂质元素镍、铜、铁、锌、铝、锰、铅、砷、钙、镁、钠的含量时，样品采用干法消解，即样品于 300～400℃进行熔融分解，在空气环境中煅烧，转化成黑色氧化物。不加熔剂，消除熔剂引入的大量碱金属离子。温度控制在 500℃以下，消除石英烧杯中二氧化硅对测定产生的影响。先采用干法消解，以消除只用湿法消解不完全造成的干扰。

（2）采用钴基体匹配标准曲线法进行测定，消除基体钴的干扰。

（3）制备样品溶液和钠标准溶液，需用洁净干燥的石英烧杯消解样品或基准物质，并保存于塑料瓶中，防止常规容器材质玻璃中的杂质引入待测溶液中。

（五）标准曲线的建立

1. 标准溶液的配制

配制各个被测元素标准储备溶液和标准溶液的原则，参见第二章第三节-二、-(五)-1.标准溶液的配制。

2. 标准曲线的建立

标准系列溶液的配制原则，参见第二章第二节-一、-(五)-2.标准曲线的建立中的"标准系列溶液的配制原则"。分析草酸钴中 11 种杂质元素镍、铜、铁、锌、铝、锰、铅、砷、钙、镁、钠的含量时，采用基体匹配标准曲线法进行定量，即配制与被测样品基体一致、质量分数相近的标准系列溶液。这种定量方法的原理介绍，参见第二章第二节-一、-(五)-2.标准曲线的建立。

本部分中，称取纯基体物质金属钴 $[w(Co)\geqslant99.999\%$，$w(Ni、Cu、Fe、Zn、Al、Mn、Pb、As、Ca、Mg、Na)<0.00001\%]$，按照样品溶液制备的方法制备钴基体溶液，或者直接加入制备好的基体溶液。再根据被测样品溶液中的钴含量，移取数份等量的钴基体溶液，再加入一系列体积的混合被测元素标准溶液，加入王水与样品溶液保持同样酸度，定容。

（1）基体溶液 钴基体溶液（32mg/mL）：称取 3.2000g 上述基体纯物质金属钴，置于 400mL 烧杯中，缓慢加入 30mL 硝酸（1+1），于电热板上低温加热，至完全溶解，煮沸驱除氮的氧化物。吹入少量水，煮沸，取下冷至室温。移入 100mL 容量瓶中，以水定容，混匀。

（2）标准系列溶液 根据草酸钴中 11 种被测元素的含量范围，用各被测元素的标准储备溶液（各被测元素含量均为 1mg/mL）和钴基体溶液（钴 32mg/mL）配制成浓度分别为 0μg/mL、0.1μg/mL、1.0μg/mL、5.0μg/mL 的多元素混合标准系列溶液。此系列溶液中，每个标准溶液钴含量为 3.2mg/mL，王水浓度为 5%（体积分数）。

标准系列溶液的测量方法，参见第二章第二节-二、-(五)-2.-(3) 标准系列溶液的测量（标准曲线法）。分别以各被测元素的浓度（μg/mL）为横坐标，以分析线净强度为纵坐标，绘制标准曲线。当标准曲线的 $R^2\geqslant0.9995$ 时，测定样品溶液。

（六）样品的测定

（1）优化仪器的方法 具体方法参见第二章第三节-一、-(六)样品的测定。

（2）样品中被测元素的分析线发射强度的测量 具体方法参见第二章第三节-一、-(六)样品的测定。从标准曲线上查出被测元素的质量浓度（μg/mL）。

（3）分析线中干扰线的校正 具体方法参见第二章第三节-一、-(六)样品的测定。

（七）结果的表示

分析结果在 1‰ 以上的保留 3 位有效数字，在 1‰ 以下的保留 2 位有效数字。

（八）质量保证和质量控制

具体操作方法参见第二章第三节-一、-（八）质量保证和质量控制。

（九）注意事项

（1）参见第二章第二节-一、-（九）注意事项（1）。

（2）参见第二章第三节-一、-（九）注意事项（1）～（3）。

（3）测试中所用仪器的标准，参见第二章第三节-三、-（九）注意事项（3）。

（4）分析草酸钴中 11 种杂质元素镍、铜、铁、锌、铝、锰、铅、砷、钙、镁、钠的含量时，制备样品溶液需使用洁净干燥的石英烧杯。制备钠标准溶液也使用石英烧杯，并储存于聚乙烯瓶中。

（5）分析过程中，制备的溶液均储备于塑料瓶中备用。

二、工业硅中杂质元素的分析

现行国家标准[8]中，电感耦合等离子体原子发射光谱法可以分析工业硅中 17 种杂质元素铁、铝、钙、锰、钛、镍、铜、铬、钒、镁、钴、磷、钾、钠、铅、锌、硼的含量，此方法适用于上述各被测杂质元素的独立测定，也适用于多种元素的同时测定，其元素测定范围见表 12-3。下面讲解具体的分析步骤和注意事项。

（一）样品的制备和保存

将样品加工成能通过 0.149mm 标准筛的碎屑。

（二）样品的消解

ICP-AES 分析工业硅中 17 种杂质元素铁、铝、钙、锰、钛、镍、铜、铬、钒、镁、钴、磷、钾、钠、铅、锌、硼含量的消解方法主要为湿法消解中的电热板消解法。关于消解方法分类的介绍，参见第二章第二节-一、-（二）样品的消解。本部分中，样品以氢氟酸、硝酸溶解，高氯酸冒烟沉淀硅、挥发氟，除去干扰物质，残渣用盐酸溶解，制得用于测定的样品溶液。对于不同的被测元素，根据其化学性质的特点，样品的消解方法不尽相同，下面分别进行介绍。

样品中被测元素不同，称取样品量也不同，加入的溶样酸和样品溶液的定容体积也相应变化，如表 12-7 所列。

▣ 表 12-7　分析工业硅中 17 中杂质元素铁等含量的样品系列溶液

被测元素	称样量/g	溶样酸 I	溶样酸 II	溶样酸 III	溶样酸 IV	定容体积/mL
铁、铝、钙、锰、钛、镍、铬、镁、钾、钠、锌	0.25	5～10mL 氢氟酸①	滴加硝酸②至全溶	1～3mL 高氯酸③	5～10mL 盐酸④	100
钴、磷、铅	0.50	5～10mL 氢氟酸①	滴加硝酸②至全溶	1～3mL 高氯酸③	5～10mL 盐酸④	50

被测元素	称样量/g	溶样酸Ⅰ	溶样酸Ⅱ	溶样酸Ⅲ	溶样酸Ⅳ	定容体积/mL
铜、钒	0.50	5～10mL 氢氟酸①	滴加硝酸②至全溶	5mL 盐酸④	5mL 盐酸④	50
硼	0.30	5～10mL 氢氟酸①	滴加硝酸②至全溶	1mL 硝酸②	10mL 盐酸⑤	50

① 氢氟酸：$\rho=1.14\text{g/mL}$，优级纯。

② 硝酸：1+1，优级纯。

③ 高氯酸：$\rho=1.67\text{g/mL}$，优级纯。

④ 盐酸：1+1，优级纯。

⑤ 盐酸：1+2，优级纯。

1. 分析铁、铝、钙、锰、钛、镍、铬、镁、钴、磷、钾、钠、铅、锌含量

根据样品中被测元素的种类，按表12-7称取相应质量的样品，精确至0.0001g。独立测定2次，取其平均值。随同样品做空白试验。

将准确称量的样品置于100mL铂皿或250mL聚四氟乙烯烧杯中，用少许水润湿，按表12-7分次加入相应体积的溶样酸Ⅰ，待反应停止。于电热板上低温加热，缓慢滴加表12-7中的溶样酸Ⅱ，至样品溶解完全。

按表12-7加入相应体积的溶样酸Ⅲ，继续加热使样品溶解完全，待高氯酸白烟冒尽，取下冷却。按表12-7加入相应体积的溶样酸Ⅳ，用少许水洗皿壁或杯壁，加热使残渣完全溶解，冷却至室温。移入表12-7相应定容体积的塑料容量瓶中，用水稀释至刻度，混匀。

2. 分析铜、钒的含量

根据被测元素的不同，按表12-7称取相应质量的样品，精确至0.0001g。独立测定2次，取其平均值。随同样品做空白试验。

将准确称量的样品置于250mL聚四氟乙烯烧杯中，用少许水润湿，按表12-7分次加入相应体积的溶样酸Ⅰ，待反应停止，于电热板上低温加热，缓慢滴加表12-7中的溶样酸Ⅱ，至样品溶解完全。

按表12-7加入相应体积的溶样酸Ⅲ，继续加热使样品溶解完全，并蒸发至0.5mL，取下冷却。再加入表12-7中相应体积的溶样酸Ⅲ，加热蒸发至0.5mL，取下冷却。用少许水洗皿壁或杯壁，按表12-7加入相应体积的溶样酸Ⅳ，加热使残渣完全溶解，冷却至室温。移入表12-7相应定容体积的塑料容量瓶中，用水稀释至刻度，混匀。

3. 分析硼的含量

根据被测元素的不同，按表12-7称取相应质量的样品，精确至0.0001g。独立测定两次，取其平均值。随同样品做空白试验。

将准确称量的样品置于100mL铂皿中，用少许水润湿，按表12-7分次加入相应体积的溶样酸Ⅰ，待反应停止，于电热板上低温加热，缓慢滴加表12-7中的溶样酸Ⅱ，至样品溶解完全。

按表12-7加入相应体积的溶样酸Ⅲ，待剧烈反应停止，加热至近干（控制加热温度低于140℃），取下冷却。按表12-7加入相应体积的溶样酸Ⅳ，水浴加热使残渣完全溶解，冷却至室温。移入表 12-7 相应定容体积的塑料容量瓶中，用水稀释至刻度，混匀。

（三）仪器条件的选择

分析工业硅中 17 种杂质元素铁、铝、钙、锰、钛、镍、铜、铬、钒、镁、钴、磷、钾、钠、铅、锌、硼的含量时，推荐的等离子体光谱仪测试条件，参见表 12-3。电感耦合等离子体原子发射光谱仪，配备耐氢氟酸雾化系统。等离子体光源使用功率 750～1750W。

（1）选择分析谱线时，可以根据仪器的实际情况（如灵敏度和谱线干扰）做相应的调整。推荐的分析线参见表 12-3，这些谱线不受基体元素明显干扰。分析谱线的选择，参见第二章第三节-一、-(三) 仪器条件的选择。

（2）仪器的实际分辨率，参见第二章第三节-一、-(三) 仪器条件的选择。

（3）在仪器最佳工作条件下，凡能达到下列指标者均可使用。

1）灵敏度　以测铁含量为例，通过计算溶液中仅含有铁的分析线（259.9nm），得出的检出限（DL）$\leqslant 0.05\mu g/mL$（如测定铝、钙、锰、钛、镍、铜、铬、钒、镁、钴、磷、钾、钠、铅、锌、硼的含量时，其分析线处对应的检出限按定义计算）。检出限定义，参见第二章第三节-一、-(三)-(3)-1) 灵敏度。

2）短期稳定性　每个最高浓度标准溶液发射谱线的标准偏差应不超过绝对或相对光强平均值的 1.0%。此指标的测量和计算方法参见第二章第三节-一、-(三)-(3)-2) 短期稳定性。

3）长期稳定性　7 个测量平均值的相对标准偏差小于 2.0%。此指标的测量和计算方法参见第二章第三节-一、-(三)-(3)-3) 长期稳定性。

4）标准曲线的线性　标准曲线的 $R^2 \geqslant 0.999$。

（四）干扰的消除

（1）分析工业硅中 17 种杂质元素铁、铝、钙、锰、钛、镍、铜、铬、钒、镁、钴、磷、钾、钠、铅、锌、硼的含量时，在氢氟酸和硝酸溶解样品后，以高氯酸冒烟沉淀硅、挥发氟等，消除基体中硅、氟等元素的干扰。

（2）在分析低含量的易污染元素时，使用高纯酸和石英亚沸蒸馏水，以及清洁的分析器皿，消除试剂和容器产生的干扰。

（3）制备样品溶液和标准系列溶液时，使用铂皿或聚四氟乙烯烧杯进行消解，塑料容量瓶定容，防止常规容器材质玻璃中二氧化硅对测定产生的影响。

（4）采用电感耦合等离子体原子发射光谱仪测定被测元素谱线强度时，当选用磷（P）分析线（213.6nm）时，存在共存元素铜的干扰。需在配制标准系列溶液时匹配铜基体，即配制与样品溶液中铜元素含量相等的标准系列溶液，消除铜的干扰。

（五）标准曲线的建立

1. 标准溶液的配制

配制各个被测元素标准储备溶液和标准溶液的原则，参见第二章第三节-二、-(五)-1. 标准溶液的配制。分析工业硅中 17 种杂质元素铁、铝、钙、锰、钛、镍、铜、铬、钒、镁、钴、磷、钾、钠、铅、锌、硼的含量时，分别以各被测元素的基准物质（纯度$\geqslant$99.99%）制备单一元素标准溶液，根据上述原则配制混合元素标准溶液。其中，磷、钾、钠、硼的标准溶液需单独配制使用。

2. 标准曲线的建立

标准系列溶液的配制原则，参见第二章第二节-一、-(五)-2. 标准曲线的建立中的"标准系列溶液的配制原则"。

分析工业硅中 17 种杂质元素铁、铝、钙、锰、钛、镍、铜、铬、钒、镁、钴、磷、钾、钠、铅、锌、硼的含量时，采用标准曲线法进行定量。这种定量方法的原理介绍，参见第二章第二节-一、-(五)-2. 标准曲线的建立。

取一组 100mL 容量瓶，加入适量被测元素标准溶液（各被测元素的含量为 $10\mu g/mL$），以水定容，摇匀。标准系列溶液的酸介质种类和酸度需与样品溶液保持一致。标准系列溶液中，不加被测元素标准溶液的作为零浓度溶液。标准系列溶液的数量由精度要求决定，一般取 6 个。

在标准系列溶液中，如存在被测元素以外的共存元素（铜等干扰元素）影响被测元素发光强度，在标准系列溶液中应使此共存元素的量相同，样品溶液中也应加入与标准系列溶液中等量的此共存元素。

标准系列溶液的测量方法，参见第二章第二节-二、-(五)-2.-(3) 标准系列溶液的测量（标准曲线法）。分别以各被测元素的质量浓度（$\mu g/mL$）为横坐标，以分析线净强度为纵坐标，由计算机自动绘制标准曲线。当标准曲线 $R^2 \geqslant 0.999$ 时即可进行样品溶液的测定。

（六）样品的测定

（1）优化仪器的方法　具体方法参见第二章第三节-一、-(六) 样品的测定。

（2）样品中被测元素的分析线发射强度的测量　具体方法参见第二章第三节-一、-(六) 样品的测定。从标准曲线上查出被测元素的质量浓度（$\mu g/mL$）。

（3）分析线中干扰线的校正　具体方法参见第二章第三节-一、-(六) 样品的测定。

（七）结果的表示

分析结果在 1% 以上的保留 3 位有效数字，在 1% 以下的保留 2 位有效数字。

（八）质量保证和质量控制

具体操作方法参见第二章第三节-一、-(八) 质量保证和质量控制。

（九）注意事项

（1）参见第二章第二节-一、-(九) 注意事项（1）。

（2）参见第二章第三节-一、-(九) 注意事项（1）~（3）。

（3）测试中所用仪器的标准，参见第二章第三节-三、-(九) 注意事项（3）。

（4）分析钾、钠、硼的含量时，使用容量瓶为 PFA（可溶性聚四氟乙烯）材质，推荐使用带证书的 BLAUBRAND® 体积计量设备。

（5）分析工业硅中 17 种杂质元素铁、铝、钙、锰、钛、镍、铜、铬、钒、镁、钴、磷、钾、钠、铅、锌、硼的含量时，制备样品溶液和标准系列溶液，用 100mL 铂皿或 250mL 聚四氟乙烯烧杯进行消解，以塑料容量瓶定容。

（6）制备铝标准溶液，选用聚四氟乙烯烧杯；制备钛标准溶液，选用铂金坩埚；制备钾、钠、硼的标准溶液，使用 PFA（可溶性聚四氟乙烯）容量瓶。

三、石油化工铝硅载体废催化剂中杂质元素的分析

现行国家标准[9]中，电感耦合等离子体原子发射光谱法可以分析石油化工铝硅载体废催化剂中杂质元素铂的含量，此方法中铂元素测定范围见表 12-3。

我们以此为应用实例讲解具体的分析步骤和方法，以及一些注意事项。

（一）样品的制备和保存

（1）样品经 800℃ 恒温煅烧 3h，除去有机物和水分，置于干燥器中冷却至室温，并计算烧失率（即样品质量损失的百分比）。研磨样品，使其能通过 0.149mm 标准筛（100 目标准筛）。

（2）样品置于烘箱中，经 105℃ 恒温干燥 2h，置于干燥器中冷却至室温，密封保存于干燥器中备用。

（二）样品的消解

分析石油化工铝硅载体废催化剂中杂质元素铂含量的消解方法为湿法消解中的电热板消解法。样品采用电热板消解法溶解，溶解残渣采用干法消解（熔融法）。关于消解方法分类的介绍，参见第二章第二节-一、-（二）样品的消解。本部分中，样品以硫酸溶解，用氯气氧化络合铂，使铂进入溶液中。如果有过滤残渣，高温灰化，熔融，盐酸溶解残渣，再用氯气氧化络合铂，合并入原溶液，制得用于测定的样品溶液。下面进行详细介绍。

称取 2.00g 样品，精确至 0.0001g。独立测定 2 次，取其平均值。随同样品做空白试验。

将准确称量的样品置于 250mL 烧杯中，加入 40mL 硫酸（1+1），盖上表面皿，于电热板上加热，使样品溶解完全，取下冷却至室温。加水至体积约 100mL，继续加热溶液至近沸，保温通入氯气（质量分数≥99.9%）0.5h，加热浓缩至约 40mL，取下冷却至室温。干过滤，滤液转入 200mL 容量瓶中。

如果样品未完全溶解，则回收过滤后的残渣。过滤后的不溶样品连同滤纸置于镍坩埚中，先进行灰化，即在高温炉中 550℃ 保温 1h，取出，于干燥器中冷却至室温。向经灰化的残渣中加入 6g 氢氧化钠（固体），将此镍坩埚转入马弗炉中，800℃ 保温碱解 45min，取出坩埚，于干燥器中冷却至室温。将坩埚放入烧杯中，用 50mL 水溶出经高温处理的残渣。加入 40mL 盐酸（1+1）酸化，加水至约 150mL，升温至近沸，保温通入氯气（质量分数≥99.9%）0.5h，加热浓缩至约 80mL。与原滤液合并，置于上述 200mL 容量瓶中。

以水稀释至约 170mL，冷却至室温后，以水稀释至刻度，混匀。移取 10.00mL 上述样品溶液于 50mL 容量瓶中，以水稀释至刻度，混匀。

（三）仪器条件的选择

分析石油化工铝硅载体废催化剂中杂质元素铂的含量时，推荐的电感耦合等离子体原子发射光谱仪测试条件，参见表 12-3。

(1) 选择分析谱线时，可以根据仪器的实际情况（如灵敏度和谱线干扰）做相应的调整。推荐的分析线参见表 12-3，这些谱线不受基体元素的明显干扰。分析谱线的选择，参见第二章第三节-一、-(三) 仪器条件的选择。

(2) 仪器的实际分辨率，参见第二章第三节-一、-(三) 仪器条件的选择。

(3) 在仪器最佳工作条件下，凡能达到下列指标者均可使用。

1) 灵敏度　通过计算溶液中仅含有铂的分析线（265.945nm），得出的检出限（DL）≤0.05μg/mL。检出限定义，参见第二章第三节-一、-(三)-(3)-1) 灵敏度。

2) 短期稳定性　每个最高浓度标准溶液发射谱线的标准偏差应不超过绝对或相对光强平均值的 1.0%。此指标的测量和计算方法参见第二章第三节-一、-(三)-(3)-2) 短期稳定性。

3) 长期稳定性　7 个测量平均值的相对标准偏差<2.0%。此指标的测量和计算方法参见第二章第三节-一、-(三)-(3)-3) 长期稳定性。

4) 标准曲线的线性　标准曲线的 $R^2 \geqslant 0.9998$。

（四）干扰的消除

(1) 分析石油化工铝硅载体废催化剂中杂质元素铂的含量时，以硫酸溶解样品，氯气将被测元素铂氧化并络合入溶液中，消除基体中铝、硅等元素的干扰。

(2) 分析石油化工废催化剂中的铂含量，制备样品溶液时，采用干法消解残渣，所使用的器皿为镍坩埚，消除常用陶瓷坩埚材质中二氧化硅、硅铝酸盐对测定产生的影响。

（五）标准曲线的建立

1. 标准溶液的配制

配制各个被测元素标准储备溶液和标准溶液的原则，参见第二章第三节-二、-(五)-1. 标准溶液的配制。分析石油化工铝硅载体废催化剂中杂质元素铂的含量时，被测元素铂标准溶液制备方法如下。

铂标准溶液（1.0mg/mL）：称 1.0000g 海绵铂 [w(Pt)≥99.99%]，置于 250mL 烧杯中，加入 20mL 盐酸（ρ=1.19g/mL）、10mL 硝酸（ρ=1.42g/mL），盖上表面皿，于电热板上低温加热，至溶解完全并蒸发近干。以 10mL 盐酸（ρ=1.19g/mL）蒸发近干，驱赶硝酸，重复此操作 3 次。加入 40mL 盐酸（1+1），低温溶解盐类，取下，冷却至室温。转入 1000mL 容量瓶中，以水定容，混匀。

2. 标准曲线的建立

标准系列溶液的配制原则，参见第二章第二节-一、-(五)-2. 标准曲线的建立中的标准系列溶液的配制原则。分析石油化工废催化剂中杂质元素铂的含量时，采用标准曲线法进行定量，这种定量方法的原理介绍，参见第二章第二节-一、-(五)-2. 标准曲线的建立。

本部分中标准系列溶液的配制方法分别移取 0.00mL、0.20mL、0.40mL、0.60mL、0.80mL、1.00mL 上述铂标准溶液（1000μg/mL）置于一组 50mL 容量瓶中，分别加入 2.0mL 硫酸（1+1），以水定容，摇匀。

标准系列溶液的测量方法，参见第二章第二节-二、-(五)-2.-(3) 标准系列溶液的测量（标准曲线法）。分别以各被测元素的质量浓度（μg/mL）为横坐标，以分析线净强度为纵坐标，绘制标准曲线。当标准曲线的 $R^2 \geqslant 0.9998$ 时测定样品溶液。

（六）样品的测定

（1）优化仪器的方法　具体方法参见第二章第三节-一、-（六）样品的测定。

（2）样品中被测元素的分析线发射强度的测量　具体方法参见第二章第三节-一、-（六）样品的测定。从标准曲线上查出被测元素的质量浓度（μg/mL）。

（3）分析线中干扰线的校正　具体方法参见第二章第三节-一、-（六）样品的测定。

（七）结果的表示

分析结果保留3位有效数字。

（八）质量保证和质量控制

具体操作方法参见第二章第三节-一、-（八）质量保证和质量控制。

（九）注意事项

（1）参见第二章第二节-一、-（九）注意事项（1）。

（2）参见第二章第三节-一、-（九）注意事项（1）～（3）。

（3）测试中所用仪器的标准，参见第二章第三节-三、-（九）注意事项（3）。

（4）分析石油化工铝硅载体废催化剂中杂质元素铂的含量，制备样品溶液时，溶解残渣需回收，将样品过滤残渣连同滤纸一并置于镍坩埚中，进一步消解处理。

参考文献

［1］　刘健，邱兆富，杨骥，等.我国石油化工废催化剂的综合利用［J］.中国资源综合利用，2015，33（6）：38-42.

［2］　国家质量监督检验检疫总局.GB/T 23273.5—2009草酸钴化学分析方法 第5部分：钙、镁、钠量的测定 火焰原子吸收光谱法［S］.北京：中国标准出版社，2009.

［3］　国家质量监督检验检疫总局.GB/T 21994.5—2008氟化镁化学分析方法 第5部分：钙含量的测定 火焰原子吸收光谱法［S］.北京：中国标准出版社，2008.

［4］　国家质量监督检验检疫总局.GB/T 14849.3—2007工业硅化学分析方法 第3部分：钙含量的测定——方法一 火焰原子吸收光谱法［S］.北京：中国标准出版社，2007.

［5］　国家质量监督检验检疫总局.GB/T 23273.2—2009草酸钴化学分析方法 第2部分：铅量的测定 电热原子吸收光谱法［S］.北京：中国标准出版社，2009.

［6］　国家质量监督检验检疫总局.GB/T 23273.3—2009草酸钴化学分析方法 第3部分：砷量的测定 氢化物发生-原子荧光光谱法［S］.北京：中国标准出版社，2009.

［7］　国家质量监督检验检疫总局.GB/T 23273.8—2009草酸钴化学分析方法 第8部分：镍、铜、铁、锌、铝、锰、铅、砷、钙、镁、钠量的测定 电感耦合等离子体发射光谱法［S］.北京：中国标准出版社，2009.

［8］　国家质量监督检验检疫总局.GB/T 14849.4—2014工业硅化学分析方法 第4部分：杂质元素含量的测定 电感耦合等离子体原子发射光谱法［S］.北京：中国标准出版社，2014.

［9］　国家质量监督检验检疫总局.GB/T 23524—2009石油化工废催化剂中铂含量的测定 电感耦合等离子体原子发射光谱法［S］.北京：中国标准出版社，2009.